LEXIKON DER BIOLOGIE
4

HERDER
LEXIKON DER BIOLOGIE

Vierter Band
Gehölze
bis Kasugamycin

Spektrum Akademischer Verlag
Heidelberg · Berlin · Oxford

Redaktion:
Udo Becker
Sabine Ganter
Christian Just
Rolf Sauermost (Projektleitung)

Fachberater:
Arno Bogenrieder, Professor für Geobotanik an der Universität Freiburg
Klaus-Günter Collatz, Professor für Zoologie an der Universität Freiburg
Hans Kössel, Professor für Molekularbiologie an der Universität Freiburg
Günther Osche, Professor für Zoologie an der Universität Freiburg

Autoren:
Arnheim, Dr. Katharina (K.A.)
Becker-Follmann, Johannes (J.B.-F.)
Bensel, Joachim (J.Be.)
Bergfeld, Dr. Rainer (R.B.)
Bogenrieder, Prof. Dr. Arno (A.B.)
Bohrmann, Dr. Johannes (J.B.)
Breuer, Dr. habil. Reinhard
Bürger, Dr. Renate (R.Bü.)
Collatz, Prof. Dr. Klaus-Günter (K.-G.C.)
Duell-Pfaff, Dr. Nixe (N.D.)
Emschermann, Dr. Peter (P.E.)
Eser, Prof. Dr. Albin
Fäßler, Peter (P.F.)
Fehrenbach, Heinz (H.F.)
Franzen, Dr. Jens Lorenz (J.F.)
Gack, Dr. Claudia (C.G.)
Ganter, Sabine (S.G.)
Gärtner, Dr. Wolfgang (W.G.)
Geinitz, Christian (Ch.G.)
Genaust, Dr. Helmut
Götting, Prof. Dr. Klaus-Jürgen (K.-J.G.)
Gottwald, Prof. Dr. Björn A.
Grasser, Dr. Klaus (K.G.)
Grieß, Eike (E.G.)
Grüttner, Dr. Astrid (A.G.)
Hassenstein, Prof. Dr. Bernhard (B.H.)
Haug-Schnabel, Dr. habil. Gabriele (G.H.-S.)
Hemminger, Dr. habil. Hansjörg (H.H.)
Herbstritt, Lydia (L.H.)
Hobom, Dr. Barbara
Hohl, Dr. Michael (M.H.)
Huber, Christoph (Ch.H.)
Hug, Agnes (A.H.)
Jahn, Prof. Dr. Theo (T.J.)
Jendritzky, Dr. Gerd (G.J.)

Jendrsczok, Dr. Christine (Ch.J.)
Kaspar, Dr. Robert
Kirkilionis, Dr. Evelin (E.K.)
Klein-Hollerbach, Dr. Richard (R.K.)
König, Susanne
Körner, Dr. Helge (H.Kör.)
Kössel, Prof. Dr. Hans (H.K.)
Kühnle, Ralph (R.Kü.)
Kuss, Prof. Dr. Siegfried (S.K.)
Kyrieleis, Armin (A.K.)
Lange, Prof. Dr. Herbert (H.L.)
Lay, Martin (M.L.)
Lechner, Brigitte (B.Le.)
Liedvogel, Dr. habil. Bodo (B.L.)
Littke, Dr. habil. Walter (W.L.)
Lützenkirchen, Dr. Günter (G.L.)
Maier, Dr. Rainer (R.M.)
Maier, Dr. habil. Uwe (U.M.)
Markus, Dr. Mario (M.M.)
Mehler, Ludwig (L.M.)
Meineke, Sigrid (S.M.)
Mohr, Prof. Dr. Hans
Mosbrugger, Prof. Dr. Volker (V.M.)
Mühlhäusler, Andrea (A.M.)
Müller, Wolfgang Harry (W.H.M.)
Murmann-Kristen, Luise (L.Mu.)
Neub, Dr. Martin (M.N.)
Neumann, Prof. Dr. Herbert (H.N.)
Nübler-Jung, Dr. habil. Katharina (K.N.)
Osche, Prof. Dr. Günther (G.O.)
Paulus, Prof. Dr. Hannes (H.P.)
Pfaff, Dr. Winfried (W.P.)
Ramstetter, Dr. Elisabeth (E.F.)
Riedl, Prof. Dr. Rupert
Sachße, Dr. Hanns (H.S.)
Sander, Prof. Dr. Klaus (K.S.)

Sauer, Prof. Dr. Peter (P.S.)
Scherer, Prof. Dr. Georg
Schindler, Dr. Franz (F.S.)
Schindler, Thomas (T.S.)
Schipperges, Prof. Dr. Dr. Heinrich
Schley, Yvonne (Y.S.)
Schmitt, Dr. habil. Michael (M.S.)
Schön, Prof. Dr. Georg (G.S.)
Schwarz, Dr. Elisabeth (E.S.)
Sitte, Prof. Dr. Peter
Spatz, Prof. Dr. Hanns-Christof
Ssymank, Dr. Axel (A.S.)
Starck, Matthias (M.St.)
Steffny, Herbert (H.St.)
Streit, Prof. Dr. Bruno (B.S.)
Strittmatter, Dr. Günter (G.St.)
Theopold, Dr. Ulrich (U.T.)
Uhl, Gabriele (G.U.)
Vollmer, Prof. Dr. Dr. Gerhard
Wagner, Prof. Dr. Edgar (E.W.)
Wagner, Prof. Dr. Hildebert
Wandtner, Dr. Reinhard
Warnke-Grüttner, Dr. Raimund (R.W.)
Wegener, Dr. Dorothee (D.W.)
Welker, Prof. Dr. Dr. Michael
Weygoldt, Prof. Dr. Peter (P.W.)
Wilmanns, Prof. Dr. Otti
Wilps, Dr. Hans (H.W.)
Winkler-Oswatitsch, Dr. Ruthild (R.W.-O.)
Wirth, Dr. Ulrich (U.W.)
Wirth, Dr. habil. Volkmar (V.W.)
Wuketits, Dozent Dr. Franz M.
Wülker, Prof. Dr. Wolfgang (W.W.)
Zeltz, Patric (P.Z.)
Zissler, Dr. Dieter (D.Z.)

Grafik:
Hermann Bausch
Rüdiger Hartmann
Klaus Hemmann
Manfred Himmler
Martin Lay
Richard Schmid
Melanie Waigand-Brauner

Die Deutsche Bibliothek – CIP-Einheitsaufnahme

Herder-Lexikon der Biologie / [Red.: Udo Becker ... Rolf Sauermost (Projektleitung). Autoren: Arnheim, Katharina ... Grafik: Hermann Bausch ...]. – Heidelberg ; Berlin ; Oxford : Spektrum, Akad. Verl.
  ISBN 3-86025-156-2
NE: Sauermost, Rolf [Hrsg.]; Lexikon der Biologie
  4. Gehölze bis Kasugamycin. – 1994

Alle Rechte vorbehalten – Printed in Germany
© Spektrum Akademischer Verlag GmbH, Heidelberg · Berlin · Oxford 1994
Die Originalausgabe erschien in den Jahren 1983–1987 im Verlag Herder GmbH & Co. KG, Freiburg i. Br.
Bildtafeln: © Focus International Book Production, Stockholm, und Spektrum Akademischer Verlag Heidelberg
Satz: Freiburger Graphische Betriebe (Band 1–9), G. Scheydecker (Ergänzungsband 1994), Freiburg i. Br.
Druck und Weiterverarbeitung: Freiburger Graphische Betriebe
ISBN 3-86025-156-2

Gehölze, die ↗Holzgewächse.
Gehölzkunde, die ↗Dendrologie.
Gehölzschnitt, *Wuchserziehung,* entscheidende Maßnahme im Obst-, Wein- u. Zierholzbau. Obstbäume werden sofort beim Pflanzen bzw. nach 1 Jahr zugeschnitten. Später wird ausgelichtet, um eine lockere Baumkrone aufzubauen u. zu erhalten. Beim Auslichten werden alte u. kranke Zweige u. Äste, aber auch „Wasserschosse" beseitigt. Der G. zielt auf eine nach Art, Sorte, Standort u. Ertragswünschen ausgerichtete Bildung des ↗Fruchtholzes, wobei die Zahl der Augen, die an einem Trieb stehenbleiben, u. die künftige Art des Anbindens entscheidend sind.
Gehör, der ↗Gehörsinn.
Gehörgang, *äußerer G., Meatus acusticus externus,* im äußeren ↗Ohr (☐) gelegener Gang zw. Ohrmuschel u. Trommelfell. B Gehörorgane.
Gehörknöchelchen, *Hörknöchelchen, Ossicula auditus,* im Innenohr der Amphibien, Reptilien, Vögel u. Mittelohr der Säuger gelegene Knöchelchen, die der Schallwellenübertragung dienen. Bei einigen Fischen (Weißfischen, Messeraalen, Welsen) fungieren die ↗Weber-Knöchelchen als G. u. übertragen die v. der Schwimmblase perzipierten Schwingungen auf die Gehörsinneszellen des Labyrinths. Die ↗Columella der Amphibien, Reptilien u. Vögel geht entwicklungsgeschichtl. aus einem Teil des oberen Zungenbeinbogens (Hyomandibulare) der Fische hervor u. tritt bei den Säugern als *Steigbügel* (Stapes) auf. Die beiden anderen G. der Säuger entstehen ebenfalls aus Knochen des Kiefergelenks, der *Hammer* (Malleus) aus dem ↗Articulare, der *Amboß* (Incus) aus dem Quadratum. Untereinander sind die G. mit Bändern verbunden, wobei der Stiel des Hammers mit dem Trommelfell u. der Steigbügel mit dem ovalen Fenster verwachsen sind. Aufgabe der G. ist es, den Schall, d.h. Schwingungen der Luft, die physikal. durch große Auslenkungen u. geringe Kräfte gekennzeichnet sind, umzusetzen in Schwingungen der Lymphflüssigkeit im Innenohr, wo entgegengesetzte Bedingungen herrschen; kleine Auslenkungen u. große Kräfte. Die enormen Kraftunterschiede zw. Luft u. Wasser, die im Falle des ↗Gehörorgans um den Faktor 3500 differieren, werden zum einen durch das Flächenverhältnis v. Trommelfell u. ovalem Fenster, das beim Menschen 27:1 beträgt, zum anderen durch die Hebelwirkung der G. überwunden. B Gehörorgane, ☐ Ohr.
Gehörn, Bez. für die paar. *Hörner* der „Hornträger" od. Boviden (Rinder, Schafe, Ziegen, Antilopen). Das einzelne Horn besteht aus einem dem Stirnbein *(Os frontale)* aufsitzenden Knochen- od. Hornzapfen u. wird v. einer epidermalen, hohlen Hornscheide umhüllt. Das G. wird im Ggs. zum ↗Geweih nicht gewechselt (Ausnahme: ↗Gabelbock). Fälschl. wird das Geweih des Rehbocks auch als G. bezeichnet. ↗Horngebilde (☐). ☐ Gemse.
Gehörnerv, *Nervus (stato)acusticus,* der VIII. ↗Hirnnerv, ↗Statoacusticus.
Gehörorgane, *Hörorgane,* dem ↗Gehörsinn dienende Organe. Bei den *Insekten* haben einige Ord. unabhängig voneinander G. entwickelt, die in drei Grundtypen unterschieden werden können: Hörhaare, Johnstonsches Organ, Tympanalorgane (☐ 4). Die *Hörhaare* von Insekten sind i.d.R. besonders lang, leicht bewegl. u. an exponierten Körperstellen lokalisiert. Bei den Raupen einiger Schmetterlinge (Weißlinge, Edelfalter) reagieren diese auf Töne zw. 32 u. 1024 Hz. Die Hörhaare, die auch bei anderen Insekten anzutreffen sind, werden aufgrund ihrer leichten Beweglichkeit v. schnell schwingenden Teilchen in Resonanz (Schallschnelle-Empfänger, ↗Gehörsinn) versetzt. Jedoch reagieren diese auch auf anderweitige mechan. Reize (↗Becherhaar), so daß häufig eine eindeutige Zuordnung dieser Sinnesorgane nicht möglich ist. Ebenfalls als Schallschnelle-Empfänger arbeitet das *Johnstonsche Organ* der männl. Stechmücken, Zuckmücken u. Taumelkäfer. Bei diesem Organ ist im 2. Fühlerglied (Pedicellus) die Grundplatte des Antennen-(Geißel-)schafts mit den dreidimensional angeordneten Rezeptorzellen (↗Skolopidien, z.B. bei den Stechmücken 30000) verbunden. Bei Abbiegung der Geißel wird ein sehr spezif. Erregungsmuster erzeugt. Bes. empfindl. reagiert dieses Gehörorgan auf Frequenzen zw. 100 u. 500 Hz, den Frequenzbereich der Fluglaute weibl. Tiere. Das Johnstonsche Organ ist bei allen ektognathen Insekten anzutreffen. Da es die relativen Bewegungen der Antennen gegenüber deren Basis registriert, dient es auch zur Messung der Fluggeschwindigkeit (unterschiedl. Geschwindigkeiten bewirken verschieden große Abbiegungen der ↗Antennen) wie auch der Orientierung im Raum (infolge der Schwerkraft erfahren die Antennen bei verschiedener Lage des Körpers im Raum eine verschieden starke Auslenkung). *Tympanalorgane* sind unabhängig voneinander in verschiedenen Insekten-Familien entstanden u. besitzen ausschl. Hörfunktion. Die Schallwellenperzeption erfolgt i.d.R. über ein, bei den Singschrecken u. Grillen über zwei Trommelfelle auf jeder Körperseite. Tympanalorgane finden sich an der Basis der

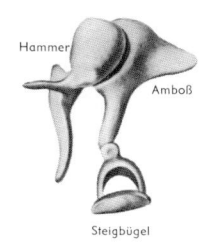

Gehörknöchelchen
G. des rechten menschl. Ohres im natürl. Zusammenhang

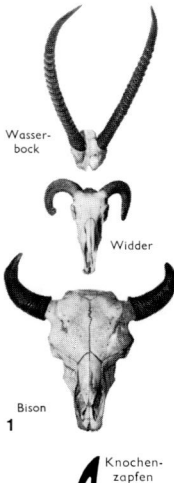

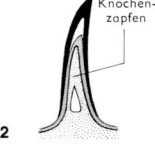

Hammer
Amboß
Steigbügel

Gehörn
1 Verschiedene Formen des G.s; 2 Aufbau eines Rinderhorns

Wasserbock
Widder
Bison
1
Knochenzapfen
2

Gehörorgane

Hörtheorie von Békésy

Vgl. Abb. unten und B rechts: Eine frequenzabhäng. Erregung der Rezeptoren im Cortischen Organ wird nach ↗Békésy dadurch erreicht, daß sich die Schwingungen der Basilarmembran nicht, wie ↗Helmholtz annahm (Resonanztheorie), in Form einer stehenden Welle ausbilden, sondern als Wanderwelle entlang dieser Membran verlaufen; d. h., die Wanderwellen beginnen am ovalen Fenster, breiten sich unter Amplitudenzunahme entlang der Basilarmembran aus, bilden ein frequenzabhäng. Maximum u. nehmen dann helicotremawärts wieder ab. Eine Erregung der Rezeptoren erfolgt nur im Wellenmaximum. Da jeder Ton ein räuml. definiertes Wellenmaximum erzeugt, findet auf der Basilarmembran eine Frequenzanalyse v. Klängen statt. Die Rezeptoren des Cortischen Organs sind in Reihen angeordnete, v. Stützzellen umgebene *Haarzellen,* die nach ihrer Lage in innere u. äußere Haarzellen unterschieden werden. Während die inneren Haarzellen in einer einzigen Reihe angeordnet sind, bilden die äußeren drei parallele Reihen. Über dem Cortischen Organ befindet sich die *Deckmembran* (Membrana tectoria), mit der die Haarzellen verwachsen sind. Dies gilt auf jeden Fall für die inneren, für die äußeren scheint es nach neueren Befunden ebenfalls zuzutreffen. Adäquate Reize für diese Rezeptoren stellen Scherkräfte dar. Da die Basilarmembran u. die Deckmembran an verschiedenen Stellen der knöchernen Trennwand befestigt sind, bewirken die v. der Innenohrflüssigkeit auf diese beiden Membranen übertragenen Schwingungen ein Verschieben der beiden Membranen gegeneinander, was eine Abbiegung der Hörhaare zur Folge hat. Bei dieser Theorie muß jedoch eine Nichtlinearität der Rezeptoren gefordert werden, da mit der frequenzabhäng. Zunahme der Schwingungsamplituden diese Scherkräfte so groß werden, daß sie eine Zerstörung der Hörhaare zur Folge haben können.

Vorderbein-Tibiae (Grillen, Laubheuschrecken) od. im Grenzbereich zw. Thorax u. Abdomen. Sie sind stets aus ↗Chordotonalorganen entstanden. Bei Feldheuschrecken, Spannern u. Zünslern liegen sie im 1. Abdominalsegment (bei Zikaden im 2. Abdominalsegment), bei anderen Schmetterlingen (Eulenfalter, Zahnspinner, Bärenspinner) befinden sie sich im Metathorax, bei einigen Wasserwanzen *(Corixa, Sigara, Notonecta, Naucoris, Plea)* im Mesothorax. Schwärmer *(Sphingidae)* besitzen dagegen G. in den verdickten Spitzen der Labialpalpen, einige Augenfalter u. Eckenfalter *(Nymphalidae)* haben diese in der basalen Cubitalader des Vorderflügels. Die Schallwellenperzeption erfolgt hier stets über dem Trommelfell (Tympanum) anliegende Skolopidien, deren Zahl v. einem *(Plea),* zwei (Eulenfalter), vier (Spanner) bis sehr vielen (bei Grillen, Laubheuschrecken, Singzikaden) reicht. Dem Trommelfell unterlagert sind i. d. R. Tracheenblasen, die die Schallresonanz besser ausnutzbar machen. Die Vertreter der Nachtfalter-Fam. (Ausnahme: Totenkopffalter) gehören zu den wenigen Tieren, die zwar zur Lautwahrnehmung, aber nicht zur Lauterzeugung befähigt sind. Die größte Empfindlichkeit ihrer G. liegt im Ultraschallbereich, wobei noch Frequenzen bis zu 240 kHz wahrgenommen werden können. In diesem Frequenzbereich liegen auch die Peillaute ihrer größten Feinde, der ↗Fledermäuse (↗Echoorientierung). In diesem Fall dienen die G. nicht der innerartl. Kommunikation, sondern der Feinderkennung. Bei den übr. Insekten liegt die größte Empfindlichkeit der Tympanalorgane in dem Frequenzbereich, den auch die arteigenen Laute aufweisen. Frequenzanalysen können mit diesen Organen nur begrenzt durchgeführt werden, die Determination der Schallrichtung ist aber gut ausgeprägt. Dies ist für die Erhaltung der Arten wichtig, da die Kopulationsbereitschaft durch Gesang angezeigt wird. – Die G. der *Wirbeltiere* gehen einheitl. auf Teile des *Labyrinths* (B mechanische Sinne II) zurück u. arbeiten als Schalldruck-Empfänger. Bei den Knochenfischen haben die *Macula sacculi* u. die *M. lagenae* Hörfunktion. Hier befinden sich durch Gallerte fest verbackene *Gehörsteinchen* über einigen tausend Haarsinneszellen. In der Nähe der M. lagenae entwickelt sich bei den Landwirbeltieren ein zusätzl. Sinnesorgan in Form eines schlauchförm. Anhangs. Dieser besteht aus 3 (bei Vögeln 2) durch Membranen voneinander getrennten Gängen, der *Scala tympani, S. media (Ductus cochlearis)* u. *S. vestibuli.* Bei den Säugetieren (Ausnahme: Kloakentiere) windet sich dieses Gangsystem schraubig auf u. bildet die *Schnecke* (↗Cochlea). Die Scala media, gefüllt mit *Endolymphe,* wird v. der S. tympani durch die ↗*Basilarmembran* (Membrana basilaris) u. dem ihr aufliegenden ↗*Cortischen Organ* getrennt. Zw. S. media u. S. vestibuli ist die *Reissnersche Membran* gelegen. Am *Helicotrema,* dem „Ende der Cochlea", stehen S. tympani u. S. vestibuli miteinander in Verbindung. Bei den Vögeln sind nur die S. media u. S. tympani vorhanden, die jedoch nicht schraubig aufgewunden sind. Amphibien u. Reptilien besitzen mit Ausnahme der Krokodile keine Cochlea. In diesen Tiergruppen ist das Hörvermögen bisher wenig untersucht u. scheint auch nicht sonderl. gut ausgeprägt zu sein. Ausnahmen bilden bei den Amphibien einige Froschlurche (für diese ist die akust. Kommunikation v. bes. Bedeutung) u. bei den Reptilien die Krokodile. Das Hörvermögen der Fische beschränkt sich im allg. auf tiefere Töne, die obere Hörgrenze liegt bei 1000–2000 Hz. Ledigl. einige Vertreter der Ostariophysen können noch Töne bis zu 13 kHz hören. Der Hörbereich der Vögel umfaßt als untere Grenze zieml. einheitl. Frequenzen um 50 Hz, als obere solche zw. 12 kHz u. 30 kHz. – Bei den *Säugetieren* variiert das hörbare Tonspektrum erhebl. stärker. Während der Hörbereich des jungen *Menschen* zw. etwa 15 Hz u. 20 kHz liegt (im Alter sinkt die obere Grenze auf 12–5 kHz), können Tiere mit Echoorientierung noch Frequenzen über 150 kHz auflösen. Am besten untersucht ist bisher das Gehörorgan *(Ohr)* der Säugetiere. Die Schallwellen werden vom Außenohr aufgenommen u.

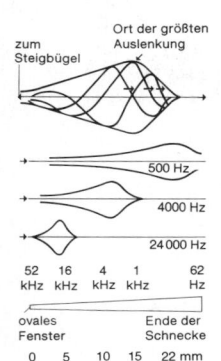

Die Druckwelle (Wanderwelle) erreicht je nach Schallfrequenz ihr Schwingungsmaximum an verschiedenen Orten der Basilarmembran (Abb. oben). Abb. unten: Schema der Basilarmembran mit den Regionen maximaler Schwingungsamplitude bei den eingetragenen Frequenzen.

GEHÖRORGANE

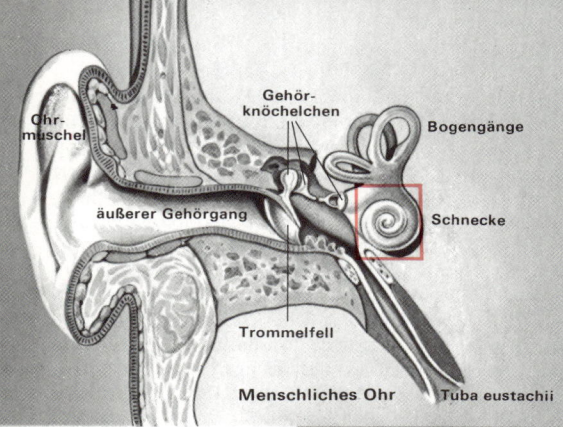

Gehörsinnesorgane sind hochentwickelte mechanosensorische Organe zur Wahrnehmung von Schallwellen; sie dienen u. a. der Verständigung und dem Beutefang. Echte Gehörsinnesorgane finden wir nur bei Gliederfüßern, z. B. Insekten, und Wirbeltieren.

Das Säugerohr

Die durch die *Ohrmuschel* »gesammelten« Schallwellen gelangen durch den *äußeren Gehörgang* zu einer ausgespannten Membran (*Trommelfell*, Abb. links) und versetzen diese in synchrone Schwingungen. Die Schwingungen des Trommelfells werden durch das Hebelsystem der *Gehörknöchelchen (Hammer, Amboß* und *Steigbügel)* über das *ovale Fenster* auf die Flüssigkeit im Innern der spiralig aufgewundenen *Schnecke (Cochlea)* übertragen. Die Schnecke ist nahezu über ihre ganze Länge durch die *Basilarmembran* in zwei Gänge (*Scala vestibuli* und *Scala tympani*) unterteilt. Die auf der Basilarmembran sitzenden Haarzellen werden durch die die Schnecke durchlaufenden Wanderwellen erregt.

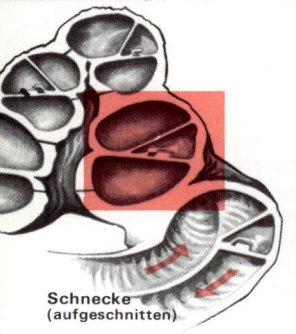

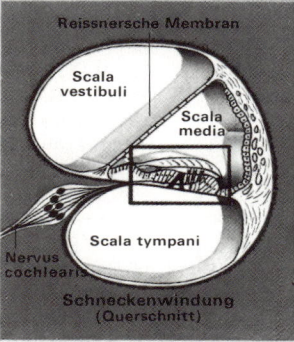

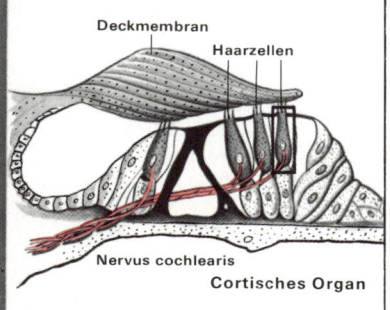

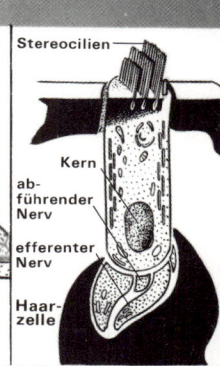

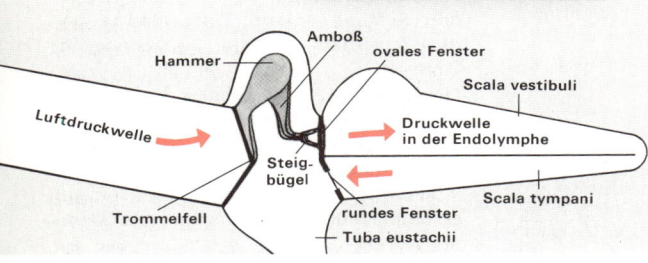

Die Abbildungsreihe oben zeigt an einem Querschnitt durch eine Schneckenwindung die Lage und den Aufbau des eigentlichen Hörorgans (*Cortisches Organ*). Die stark schematisierte Darstellung des Säugerohrs (links) veranschaulicht den Weg des Schallsignals vom äußeren Gehörgang über Trommelfell, Gehörknöchelchen und ovales Fenster in die Schneckengänge. Die farbigen Pfeile geben die Ausbreitungsrichtung der Wellen an.

über den Gehörgang (↗Ohr) dem *Trommelfell* zugeleitet. Manche Tiere können ihre Ohrmuscheln bewegen, wodurch eine verbesserte Richtungslokalisation v. Schallquellen ermöglicht wird. Die durch die Schallwellen erzeugten Schwingungen des Trommelfells werden v. den ↗*Gehörknöchelchen* auf das ovale Fenster übertragen, das an der Schneckenbasis die Scala vestibuli gegenüber dem Mittelohr abgrenzt. Die Übertragungseigenschaften des Trommelfell-Gehörknöchelchen-Apparates sind frequenzabhängig u. in mittleren Frequenzbereichen am besten ausgebildet. Nach früherer Auffassung sollten hohe Frequenzen durch Knochenleitung, d. h. durch Schwingungen des Schädels, übertragen werden. Dies ist heute aber umstritten, da nach neueren Befunden eine Resonanz der Schädelknochen nur bei direktem Kontakt mit der Schallquelle auftritt. Scala vestibuli u. S. media sind nur durch die sehr dünne Reissnersche Membran voneinander getrennt. Von daher können die Flüssigkeitsschwingungen in beiden Scalae, ausgelöst durch die Schwingungen des ovalen Fensters, als Einheit betrachtet werden. Wegen der Inkompressibilität sowohl dieser Flüssigkeiten als auch der die Cochlea umgebenden Knochenkapsel erfolgt der Ausgleich dieser Schwingungen in Abhängigkeit v. deren Frequenz über die Basilarmembran, das Helicotrema (für sehr tiefe Frequenzen)

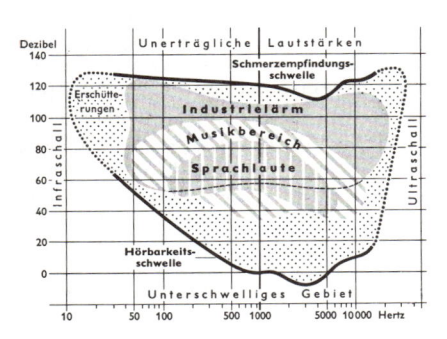

Hörbereich, in Zahl der Schwingungen pro Sekunde (Hz):

Schwanzlurche	unter 250
Aal	16–500
Stechmücke	um 380
Zikaden	1000–5000
Elritze	16–7000
Eidechsen	bis 8000
Froschlurche	50–10000
Taube	40–12000
Hunde	bis 35000
Heuschrecken	90000
Ratten	bis 100000
Nachtfalter	bis über 200000
Fledermäuse	175000
Mensch:	
Kind	16–21000
35jähriger	16–15000
Greis	16–5000

Hörbereich (Hörfläche) aller hörbaren Töne des menschl. Ohres (vgl. S. 5)

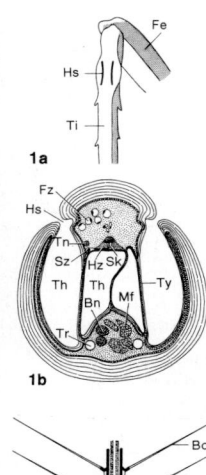

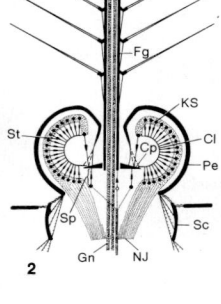

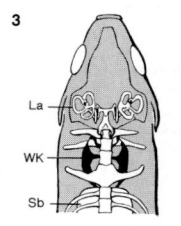

Gehörorgane

od. das runde Fenster, der Grenze zw. Mittelohr u. Scala tympani. Die Schwingungen bewirken nun ihrerseits eine frequenzabhängige Erregung der Rezeptoren im *Cortischen Organ* (B 3). Von den Rezeptoren ziehen Nervenfasern (beim Menschen 30000–40000), die in ihrer Gesamtheit den *Gehörnerv* (Nervus acusticus) bilden, zum Gehirn. Jede dieser Fasern kommt v. einem eng umschriebenen Bereich des Cortischen Organs bzw. einer inneren Haarzelle. Da nach der Wanderwellentheorie jeder Ort der Basilarmembran einer bestimmten Frequenz zugeordnet ist (☐ 2), folgt, daß jede Nervenfaser nur durch die entspr. Frequenz optimal erregt werden kann. Man bezeichnet diese als die charakterist. Frequenz einer Nervenfaser. Auf dem Weg zur primären Hörrinde des Gehirns durchziehen die Nervenbahnen mehrere Kerngebiete, wo sowohl eine Verschaltung der Fasern eines Ohres als auch eine mit denen des anderen Ohres stattfindet. In diesen Kernen erfolgt die erste neuronale Analyse u. Verarbeitung der aufgenommenen akust. Reize. Eine Schallwelle muß, um gehört zu werden, d. h. im *Hörbereich* zu liegen, nicht nur eine bestimmte Frequenz, sondern auch einen definierten Schalldruckpegel aufweisen (☐ 3). Dieser Schwellenwert *(Hörschwelle, Hörbarkeitsschwelle)* ist frequenzabhängig u. für das menschl. Ohr in den Bereichen von 2000–4000 Hz am niedrigsten. In diesen liegt auch ein Großteil der Frequenzen der menschl. Stimme, wobei das geübte Ohr noch Tonhöhenunterschiede von 3 Hz, das entspricht einer Frequenzunterschiedsschwelle von etwa 0,3%, wahrnehmen kann. Ist der entspr. Schwellenwert einmal überschritten, so wird, unabhängig v. der Frequenz, mit zunehmendem Schalldruck ein Ton immer lauter empfunden. Bei kontinuierlich weiter steigendem Schalldruck wird zunächst eine Schmerzempfindung *(Schmerzschwelle, Schmerzempfindungsschwelle)* ausgelöst, die schließl. in Taubheit übergeht. Diese kann bei nur kurzer Schalleinwirkung reversibel sein. Mit steigender Einwirkungszeit führen über der Schmerzschwelle liegende Schalldruckpegel aber immer zu einer irreversiblen Schädigung des Gehörorgans. Diese sind im allg. auf eine Verletzung der Sinneszellen u. Störung der Mikrozirkulation in der Cochlea zurückzuführen. *Hörschäden* können jedoch auch schon bei geringeren Schallintensitäten auftreten, sofern diese lange genug einwirken. Diese schädigenden Intensitäten sind bereits bei einer Dauerbelastung von 90 dB erreicht. Derart. Schalldruckpegel werden häufig in der Arbeitswelt, an Flughäfen u. in Diskotheken weit überschritten. – Eine weitere Leistung der G. von Insekten und Wirbeltieren besteht in der akust. *Lokalisation* einer Schallquelle. Diese wird mit beiden Ohren (binaural) durchgeführt. Zur „Berechnung" der Schallrichtung werden folgende Kriterien herangezogen: 1) Die zeitl. Differenz, d. h. die Zeitspanne, die zw. dem Ankommen einer Schallwelle am linken bzw. rechten Ohr liegt, wenn sich die Schallquelle seitl. des Hörers befindet. Diese Zeitdifferenz Δt berechnet sich nach der Formel $\Delta t = d \cdot \sin \alpha / v$ (d = Ohrenabstand, α = seitl. Einfallswinkel der Schallwellen, v = Schallgeschwindigkeit). Dieses Kriterium gilt vermutl. aber nur für Tiere mit hinreichend großem Ohrabstand. Unter günst. Bedingungen können Mensch u. Katze noch Zeitdifferenzen von 10^{-5} s auswerten, was einer Winkelauflösung von 1° entspricht. 2) Die Differenz des Schalldrucks. Die von einer seitl. vom Hörer befindl. Schallquelle ausgesandten Schallwellen werden auf dem Wege zu dem der Schallquelle abgewandten Hörorgan beim Durchtritt durch den Schädel gedämpft. 3) Unterschiede in der Klangfarbe. Diese resultieren daraus, daß beim Durchtritt durch den Schädel höhere Töne stärker gedämpft werden als tiefere. B mechanische Sinne I–II. *H. W.*

Gehörsinn, *Hörsinn, Gehör,* v. Tieren (Ausnahme: viele Wirbellose) u. Mensch erworbene Fähigkeit zur Wahrnehmung u. Auswertung v. Schallwellen. Diese werden v. schwingenden Körpern (Schallquellen) erzeugt u. durch Luft, Flüssigkeiten od. feste Körper dadurch übertragen, daß die Masseteilchen dieser Medien ebenfalls in Schwingungen versetzt werden. Durch diese Hin- und Herbewegung der Materialteilchen entstehen alternierende Zonen der Verdichtung u. Verdünnung, die durch Maxima bzw. Minima des Schalldrucks u. der Schallschnelle gekennzeichnet sind. Der Abstand zw. zwei aufeinanderfolgenden Zonen der Verdichtung (od. der Verdünnung) wird als Wellenlänge bezeichnet, die Anzahl der Schwingungen pro Zeiteinheit ist die Frequenz, gemessen in Hertz (Hz = Schwingungen/s). Lassen sich Schallwellen als reine Sinusschwingungen charakterisieren, bezeichnet man die durch sie hervorgerufenen Empfindungen als Töne. Klänge od. Laute sind Gemische v. Tönen, wohingegen Geräusche nichtpe-

Gehörorgane
1a Lage der *Tympanalorgane* im Vorderbein einer Laubheuschrecke; **1b** Querschnitt durch das Tympanalorgan im Vorderbein der Laubheuschrecke *Decticus* (Warzenbeißer). **2** Schema der Antenne einer Stechmücke *(Culicidae)* mit Johnstonschem Organ. **3** Schalleitungsapparat bei Karpfenfischen.

Bn Beinnerv, Bo Borsten, Cl Chitinlamelle, Cp Chitinplatte, Fe Femur, Fg Fühlergeißel, Fz Fettzelle, Gn Geißelnerv, Hs Hörspalt (Öffnungsschlitz der Tympanalhöhle), Hz Hüllzelle, KS Kerne der Sinneszellen, La Lagena, Mf Muskelfaser, NJ Nerven des Johnstonschen Organs, Pe Pedicellus (2. Fühlerglied), Sb Schwimmblase, Sc Scapus (1. Fühlerglied), Sk Skolops, Sp Skolopidium, St Stift, Sz Sinneszelle, Th Tympanalhöhle, Ti Tibia, Tn Tympanalnerv, Tr Trachee, Ty Tympanum, Wk Webersche Knöchelchen

riod. Schwingungen darstellen. Die Schwingungen der Masseteilchen eines Mediums versetzen die Empfangsstrukturen eines Gehörorgans in Mitschwingung (Resonanz), wobei dieses entweder auf den Schalldruck od. die Schallschnelle reagieren kann. Demzufolge unterscheidet man bei ↗ Gehörorganen nach ihrer Arbeitsweise Schalldruck- u. Schallschnelleempfänger. In beiden Fällen werden die Schallwellen zunächst unter Beibehaltung des Schwingungscharakters sensiblen Strukturen zugeführt u. dabei einer ersten Analyse unterworfen. Die erregten Sinneszellen wandeln die mechan. Schwingungen in elektr. Aktionspotentiale um, so daß eine weitere neurale Verarbeitung durchgeführt werden kann. Durch diese beiden Vorgänge der Verarbeitung v. Schallwellen wird letztl. die individuelle Hörempfindung bestimmt. ↗ mechanische Sinne, B Gehörorgane. [then.

Gehörsteinchen ↗ Gehörorgane, ↗ Statolithen.

Gehyra w, Gatt. der ↗ Geckos.

Geier, große aasfressende Vögel; die ↗ Altweltgeier *(Aegypiinae)* sind Greifvögel aus der Fam. der Habichtartigen *(Accipitridae),* die ↗ Neuweltgeier *(Cathartidae)* werden neuerdings aufgrund v. morpholog. u. Verhaltensmerkmalen in die Verwandtschaft der Störche gestellt.

Geierschildkröten, *Macroclemys,* Gatt. der ↗ Alligatorschildkröten.

Geigenrochen, *Rhinobatoidei,* U.-Ord. der Rochen mit nur 1 Fam. *Rhinobatidae;* rochenähnl., abgeplatteter Vorderkörper mit Kiemenspalten auf der Unterseite u. Brustflossen, die den Kopf verbreitern, während der kräft., schlanke Körper mit 2 Rückenflossen u. Plakoidschuppen haiähnl. wirkt. G. leben am Küstenboden trop. u. subtrop. Meere. Hierzu gehören der bis 1 m lange G. *(Rhinobatos rhinobatos)* des östl. Atlantik u. des Mittelmeers, der v. a. Muscheln (auch v. Austernbänken) frißt, der etwas größere Gitarrenfisch *(R. cemiculus)* v. den südl. Küsten des Mittelmeers u. der bis 3 m lange, indopazif. Riesen-G. *(Rhynchobatos djiddensis).*

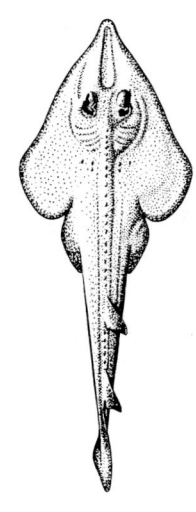

Geigenrochen *(Rhinobatos rhinobatos)*

Geilsäcke, Afterdrüsen (↗ Analdrüsen) bei Marder, Fischotter usw., die ein fettiges, stark riechendes Sekret liefern. ↗ Bibergeil.

Geilstellen, Stellen des Ackers od. einer Wiese mit üppigem Pflanzenwuchs; verursacht durch Stickstoffanhäufung bzw. Exkremente. [Gems-, Stein- u. Rehwild.

Geiß, das weibl. Tier bei Ziegen u. bei

Geißbart, *Aruncus,* Gatt. der Rosengewächse. Der Wald-G. *(A. dioicus)* ist eine 1 bis 2 m hohe, ausdauernde, zweihäus. Pflanze mit zwei- bis dreifach gefiederten, doppelt gesägten Blättern; gelbl.-weiße Blütchen stehen in langen, reichblüt. Rispen (☐ 6); die sehr leichten Samenkörner (0,00008 g) werden durch Wind verbreitet. Der G. gedeiht auf lockeren, humusreichen u. sickerfeuchten Böden; sein Areal erstreckt sich auf die montanen-subalpinen Stufen v. Schlucht- u. Bergwäldern (Pyrenäen, Himalaya). Alte Heilpflanze; geschützt (gewerbl. Sammelverbot); wie der Japan-G. *(A. astilboides)* Zierpflanze.

Geißblatt, die ↗ Heckenkirsche.

Geißblattgewächse, *Caprifoliaceae,* mit den Krappgewächsen eng verwandte, in den gemäßigten Zonen der Nordhalbkugel, bes. in O-Asien und dem östl. N-Amerika heimische Fam. der Kardenartigen *(Dipsacales)* mit 18 Gatt. und ca. 450 Arten. Überwiegend Sträucher, seltener kleine Bäume, Halbsträucher, Stauden od. Lianen mit kreuzgegenständ., meist einfachen Blättern u. bisweilen nebenblattart., z. T. als Nektarien ausgebildeten Anhängseln. Die zwittrigen, meist in cymösen Blütenständen angeordneten Blüten sind im allg. 5zählig. Kelch- u. Kronblätter sind verwachsen; die Blütenkrone ist strahlig, seitl. symmetrisch od. sogar 2lippig. Aus ihr entspringen die im Wechsel mit den Kronblatt-

Gehörsinn

Physikalische Grundlagen:

1 Schallfeldgrößen

Schall(wechsel)druck p, gemessen in N/m²:
durch die Schallschwingungen hervorgerufener Wechseldruck, der sich dem stationären Luftdruck (ca. 10^5 Pascal) überlagert (beträgt bei normaler Sprechlautstärke nur ca. 10^{-2} Pascal).

Schallschnelle v, gemessen in m/s:
Geschwindigkeit eines schwingenden Teilchens, mit der es sich um die Ruhelage bewegt (Amplitude beträgt bei Sprechlautstärke nur ca. 10^{-4} m/s), überlagert sich der therm. Geschwindigkeit des Teilchens (bei Zimmertemp. einige 100 m/s).

2 Schallmeßgrößen

Die *Schallintensität J (Schallstärke)* ist ein objektives Maß für die v. einer Schallwelle transportierte Leistung. Sie ist v. den subjektiven Empfindungen der menschl. Ohres unabhängig u. berechnet sich aus der auf einer Empfängerfläche A auftreffenden Schalleistung P (gesamte, in einer Sek. von dem Empfänger aufgenommene Schallenergie) zu: $J = P/A$, $[J] = W/m^2$. Die subjektive Empfindungsstärke des Ohres wächst annähernd mit dem Logarithmus der einfallenden Schallintensität *(Weber-Fechnersches Gesetz).* In Naturwiss. u. Technik verwendet man deshalb ein logarithm. Schallintensitätsmaß *(Schallpegel).* Dabei werden alle gemessenen Schallintensitäten J auf den Schwellenwert der Schallintensität $J_0 = 10^{-12}$ W/m²

bezogen. Der Schwellenwert ist die gerade noch wahrnehmbare Schallintensität eines 1000 Hz-Tones. Der zehnfache dekadische Logarithmus der relativen Schallintensität J/J_0 gibt dann das logarithm. Schallintensitätsmaß in *Dezibel* (dB) an. Schallpegel:
$$L = 10 \log (J/J_0) \text{ in dB}$$
Berücksichtigt man die quadrat. Abhängigkeit der Schallintensität v. der Schallwechseldruckamplitude p, so folgt mit dem Schwellenwert des Schalldrucks $p_0 = 20$ μN/m²:
$$L = 20 \log (p/p_0) = 10 \log \frac{p^2}{p_0^2}$$
Die Schallintensitätswerte bzw. Schallpegelwerte sind v. der Frequenz des Schalls unabhängig. Die Empfindlichkeit (Hörempfindung) des Ohres ist aber frequenzabhängig (größte Empfindlichkeit bei ca. 3 kHz, Wahrnehmungsgrenze = Hörschwelle bei ca. 10^{-15} W Schalleistung). Direkte Schallintensitätsmessungen geben deshalb keine Auskunft über die Lautstärke eines Geräusches. Für Lärmmessungen ist es wichtig, eine Meßskala zu haben, die gleiche Lautstärken angibt. Als Lautstärkemaß wird der *Lautstärkepegel* verwendet. Er entspricht dem in dB angegebenen Schallpegel der Normalfrequenz 1 kHz. Um ihn vom Schallpegel zu unterscheiden, wird dB die Angabe des Lautstärkepegels durch *phon* ersetzt. Lautstärkepegel:
$$L_s = 10 \log (J/J_0) \text{ in phon}$$
Nur für die Frequenz 1 kHz sind Lautstärkeangabe in phon und Schallintensitätsangabe in dB identisch. Bei allen anderen Frequenzen haben sie verschiedene Werte.

Geißelalgen

zipfeln stehenden Staubblätter. Der unterständ., meist aus 3–5 verwachsenen Fruchtblättern gebildete Fruchtknoten entwickelt sich zu einer Beere od. fleischigen Steinfrucht, seltener zu einer Kapsel. Zu den G.n gehören zahlr., winterharte Ziersträucher. Von Bedeutung sind v. a. ↗Heckenkirsche *(Lonicera),* ↗Holunder *(Sambucus),* ↗Schneeball *(Viburnum),* Schneebeere *(Symphoricarpus)* u. Weigelie *(Weigela).* Aus der vorwiegend nordam. Gatt. *Symphoricarpus* wird seit Ende des letzten Jh. in eur. Gärten u. Anlagen häufig die Gemeine Schneebeere *(S. albus, S. racemosus)* kultiviert; der sommergrüne, 2–3 m hohe Strauch besitzt rutenförm. Zweige, kleine rundl., oberseits bläul.-grüne Blätter u. unscheinbare, glockige, rötl.-weiße Blüten in Ähren; seine Zierde sind die zahlr., auch nach dem Laubfall noch längere Zeit an den Zweigen verbleibenden, kugelrunden, weißen, ca. 1 cm großen Beeren. Kleinere, zunächst lila-, später magentarote Früchte besitzt die Korallenbeere *(S. orbiculatus).* Beliebte Ziergehölze sind auch die Arten der aus O-Asien stammenden Gatt. *Weigela.* Neben einer Anzahl v. Hybridsorten *(Weigela × hybrida)* wird v. a. *W. florida,* ein in der Mitte des letzten Jh. aus N-China eingeführter, sommergrüner Strauch, angepflanzt. Seine Blätter sind eiförm.-längl., zugespitzt, die hellrosa bis tief rot gefärbten, bis 4 cm langen Blüten stehen zu 3–4 in den Blattachseln u. besitzen eine glockige Krone mit langer Röhre und 5lapp., meist nach außen gebogenem Saum. Die Frucht ist eine Kapsel.

Geißelalgen ↗Geißeltierchen.

Geißelamöben, *Amoeboflagellaten,* Einzeller der Gatt. *Naegleria, Vahlkampfia, Mastigamoeba* u. a., die als amöboide Kriechform u. als begeißelte Schwimmform auftreten können; Zuordnung zu den Wurzelfüßern od. den Geißeltierchen.

Geißelantenne ↗Antenne (☐).

Geißelepithel *s* [v. gr. epithēlein = wachsen auf], Sonderform des ↗Flimmerepithels, bei dem die einzelnen Zellen nicht einen Besatz mit zahlr. Cilien, sondern nur je eine od. zwei lange Geißeln (↗Cilien) tragen. G.ien sind wenig verbreitet im Tierreich u. werden nur verstreut bei wenigen Gruppen gefunden, so bei Schwämmen, Hohltieren, Gnathostomuliden, Gastrotrichen u. Schädellosen, wobei Schwämme u. Gnathostomuliden typischerweise ausschließl. G. ausbilden. ↗Epithel.

Geißelkammern, mehr od. minder kugelförm. Ausbuchtungen innerhalb des Kanalsystems der ↗Schwämme (☐) vom Leucontyp; bestehen aus ↗Choanocyten u. dienen als Pumpen für den Wasserstrom.

Geißeln, *Flagellen,* lange, peitschenförm.

Blütenrispen des Geißbarts *(Aruncus)*

Geißblattgewächse
Wichtige Gattungen:
↗Heckenkirsche *(Lonicera)*
↗Holunder *(Sambucus)*
↗Moosglöckchen *(Linnaea)*
↗Schneeball *(Viburnum)*
Schneebeere *(Symphoricarpus)*
Weigelie *(Weigela)*

1 Früchte u. Blüten der Gemeinen Schneebeere *(Symphoricarpus albus);* die Früchte enthalten neben Saponin einen noch nicht erforschten Wirkstoff, der bei äußerer Einwirkung Reizerscheinungen bzw. Entzündungen der Haut u. Schleimhäute, bei Verzehr eine Reizung des Magen-Darm-Kanals hervorruft.
2 Blütenzweig der Weigelie *(Weigela)*

Organelle zur Fortbewegung bei Einzellern bzw. zum Transport v. Stoffen entlang der Zelloberfläche bei bestimmten Zelltypen der Vielzeller. ↗Cilien, ↗Bakteriengeißel, ↗Begeißelung, ↗Antenne.

Geißelskorpione, *Uropygi,* U.-Ord. der *Pedipalpi,* mit ca. 125 Arten über die Tropen u. Subtropen der Erde verbreitete Spinnentiere. Sie bevorzugen etwas feuchte Biotope u. leben unter Laub, Steinen u. Rinde sowie unter Brettern u. Gerümpel. Manche Arten graben sich Schlupfwinkel in die Erde, wo sie den Tag verbringen. Nachts gehen sie auf Beutefang (Insekten, Asseln, Tausendfüßer). Der Körper setzt sich aus einem Prosoma sowie einem breiten, langen Mesosoma u. einem kurzen Metasoma, die das Opisthosoma bilden, zusammen. Das Körperende trägt eine Schwanzgeißel. Diese Körpergliederung erinnert an Skorpione. Die Ähnlichkeit beruht jedoch nicht auf näherer Verwandtschaft. Im Opisthosoma liegen 2 große Giftdrüsen, die neben dem After münden. Das Drüsensekret ist ein hochprozent. Säuregemisch (bei *Mastigoproctus* 84% Essigsäure, 5% Caprylsäure, 11% Wasser), das gezielt auf Angreifer gespritzt wird (nicht beim Beutefang!). Im Mundbereich bilden die Coxen der Taster einen trogförm. Mundvorraum (Camarostom), in dem die Beute mit Verdauungssekret übergossen wird. Die Pedipalpen sind so kräftig, daß sie die Beute ergreifen u. leicht zerquetschen können. Das 1. Beinpaar ist als Tastbein entwickelt. Innerhalb der G. unterscheidet man systemat. die zwergwüchs. *Schizopeltidia* (bis 0,7 cm) u. die großen *Holopeltidia,* deren größte Art, *Mastigoproctus giganteus,* 7,5 cm Länge erreicht. Die Paarung ist v. mehreren Gatt. dieser Gruppe bekannt. Das Männchen bestreicht zunächst das Weibchen mit seinem Tastbeinpaar, um es danach mit Palpen u. Cheliceren am 1. Beinpaar zu ergreifen. (In dieser Haltung laufen die Tiere manchmal mehrere Stunden zus. herum.) Nun läßt das Männchen los, dreht sich um 180° u. setzt eine Spermatophore ab. Mit Bestreichen u. Balzbewegungen lockt das Männchen das Weibchen über die Spermatophore, die mit Haken am Genitaloperculum ergriffen wird. Bei manchen Arten schiebt das Männchen anschließend das Samenpaket in die Geschlechtsöffnung. Nach der Begattung gräbt sich das Weibchen eine Erdhöhle u. bewacht die Eier, die in einen an der Geschlechtsöffnung hängenden Sekretbeutel abgelegt werden. Die nach 4–5 Wochen schlüpfenden Jungen klettern auf den Rücken der Mutter, wo sie sich mit speziellen Saugscheiben an ihren Tarsusenden festheften können. Die Jungen haben erst nach einer Häutung die Körper- u. Gliedmaßenform eines erwachsenen Geißelskorpions.

Geißelspermium [v. gr. sperma = Same], das ↗ Flagellospermium.

Geißelspinnen, *Amblypygi,* U.-Ord. der *Pedipalpi,* mit ca. 60 Arten über die Tropen u. Subtropen verbreitete Spinnentiere. Sie leben unter Steinen u. Rinde, in Höhlen, hohlen Bäumen, Schuppen u. Häusern. In der Dämmerung verlassen sie ihr Versteck, um auf Beutefang zu gehen (Insekten, Spinnen usw.). G. sind wahrscheinl. den Webspinnen *(Araneae)* nächst verwandt, was sich in Morphologie u. Anatomie ausdrückt. Der Körper ist flachgedrückt u. in ein Pro- u. ein einheitl. Opisthosoma gegliedert. Die beiden Körperteile trennt eine Spinnentaille (Petiolus). Wie bei den Spinnen sind als Gliedmaßen Cheliceren, Pedipalpen u. 4 Beinpaare ausgebildet; die Pedipalpen tragen eine Schere od. sind stark bedornt u. dienen dem Ergreifen u. Quetschen der Beute, die dann den bewegl. klappmesserart. Cheliceren zugeführt wird. Das 1. Beinpaar ist als Tastbein ausgebildet, das vielgliedrig (Tibia u. Tarsus stark untergliedert) ist u. eine enorme Länge erreichen kann (Spannweite bis 50 cm). G. haben weder Spinnwarzen noch Giftdrüsen. Eine wicht. anatom. Übereinstimmung mit den Spinnen ist die gut entwickelte hintere Saugpumpe des Magens. Das Balz-Kopulations- u. Brutpflegeverhalten wurde bei einer Reihe v. Arten untersucht. Die Partner betrillern sich (meist stundenlang) mit den Tastbeinen; dabei stehen sie sich frontal gegenüber od. laufen kurze Strecken hin u. her. Dann dreht sich das Männchen um 180°, setzt eine Spermatophore ab u. wendet sich wieder dem Weibchen zu, um langsam mit zitternden Tastbeinen od. nach außen schlagenden Palpen rückwärts zu schreiten. Das Weibchen folgt ihm u. wird so über die Spermatophore gelockt, die es mit der Geschlechtsöffnung aufnimmt. Bei manchen Arten frißt das Männchen den Spermatophorenstiel auf. Die Eier werden in einen Sekretsack gelegt, der am Bauch getragen wird. Im Ggs. zu den verwandten ↗ Geißelskorpionen graben sich die Weibchen während dieser Zeit nicht ein. Die Jungen bleiben nach dem Schlüpfen noch einige Tage auf dem Rücken der Mutter. *Damon* u. *Phrynichus* sind typische Gattungen der Alten Welt, *Admetus* und *Tarantula* dagegen der Neuen Welt.

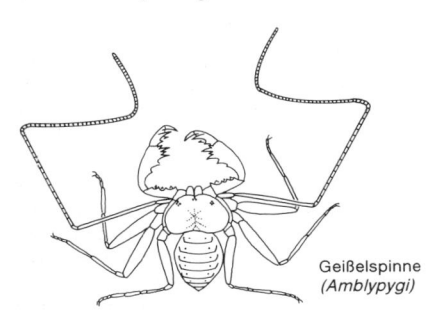

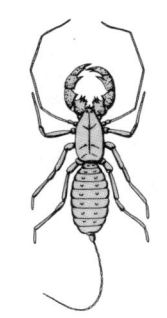

Geißelskorpion (Uropygi)

Geißeltierchen
Klassifizierung der G. in Zoologie (Ordnungen) und (in Klammern) Botanik (Klassen):

Phytoflagellata
 Chrysomonadina
  (≙ Chrysophyceae)
 Silicoflagellata
  (≙ Silicophyceae)
 Haptomonadina
  (≙ Haptophyceae)
 Cryptomonadina
  (≙ Cryptophyceae)
 Euglenoidina
  (≙ Euglenophyceae)
 Chloromonadina
  (≙ Chloromonadophyceae)
 Dinoflagellata
  (≙ Dinophyceae)
 Prasinomonadina
  (≙ Prasinophyceae)

Zooflagellata
 ↗ *Protomonadina*
 ↗ *Diplomonadina*
 ↗ *Polymastigina*
 ↗ *Opalinina*

Geißelspinne (Amblypygi)

Gewöhnlicher Geißfuß (Aegopodium podagraria)

Geißeltang, Bez. für die Braunalgen-Ord. ↗ *Chordariales.*

Geißeltierchen, *Geißelalgen, Flagellaten, Flagellata, Mastigophora,* formenreiche Gruppe der ↗ Einzeller mit ca. 6000 Arten; G. tragen als Fortbewegungsorganell eine od. mehrere Geißeln (☐ Cilien), die bei vielen, v. a. autotrophen Arten bei vorübergehender Trockenheit eingeschmolzen werden können (Palmella-Stadium); hierbei behalten sie die Stoffwechsel- u. Teilungsaktivität bei. Die Fortpflanzung ist meist eine Längsteilung, selten eine multiple Teilung. Sexualprozesse sind nur v. ↗ *Phytomonadina* u. ↗ *Polymastigina* bekannt. Da sowohl photoautotrophe als auch heterotrophe G. auftreten, verläuft die Grenze zw. Pflanzen- u. Tierreich durch diese Gruppe. Häufig faßt man Gruppen mit Plastiden (auto-, mixo- u. amphitrophe) u. farblose, die sich direkt davon ableiten lassen, als *Phytoflagellata,* u. die heterotrophen, nicht ableitbaren als *Zooflagellata* zus. Heterotrophie ist hier sicher konvergent mehrfach entstanden. Koloniebildung ist häufig, bes. bei Phytoflagellaten. G. leben im Meer, im Süßwasser u. als Parasiten u. Kommensalen in u. auf anderen Organismen. Zool. u. bot. Systematik stimmen in der Klassifizierung der G. nicht überein (vgl. Tab.). ⒷAlgen I.

Geißfuß, *Giersch, Zipperleinskraut, Aegopodium,* Gatt. der Doldenblütler mit 2 Arten in Europa u. Sibirien; der Gewöhnliche G. *(A. podagraria)* ist eine bis meterhohe, ausdauernde Staude mit kant., gefurchtem, glasig durchscheinendem Stengel u. kleinen weißen Blüten in großen Dolden; alte Heil- (gg. Gicht u. Rheuma) u. Wildgemüsepflanze; wächst u.a. an Waldrändern u. ist ein läst. Gartenunkraut in schatt. Lagen; Nährstoffzeiger.

Geißklee, *Bohnenstrauch, Cytisus,* Gatt. der Hülsenfrüchtler mit ca. 50 Arten im östl. Mittelmeerraum u. in gemäßigt-kontinental beeinflußten Gegenden; die 3 einheim., seltenen Arten findet man in Trockenwäldern u. -rasen; sie sind bei uns an der W-Grenze ihres Areals, so der Schwarze G. *(C. nigricans),* bis 30 cm hoch, mit rutenförm. Ästen u. gelben Blüten.

Geißraute, *Galega,* Gatt. der ↗ Hülsenfrüchtler.

Geist – Leben und Geist, Geist und Leben

Der Begriff des Geistes hat in der Geschichte vielfältige Wandlungen erfahren. Es handelt sich dabei um einen jener Begriffe, die in unterschiedlichen Zusammenhängen auch verschieden gebraucht werden. Als Übersetzung der in der Antike vorkommenden Begriffe *pneuma* und *spiritus* bedeutet Geist zunächst soviel wie „Atem" oder „Hauch", gleichsam als Träger des Lebens. In seiner allgemeinsten Wortbedeutung wird der Geist, heute wie ehedem, als etwas über das Materielle, über die körperlich-stofflichen Gebilde Hinausgehendes aufgefaßt.

In der philosophischen Terminologie steht der Geist häufig als Gegensatz zu Natur – dieser Gegensatz hat sich im Zeitalter der Romantik und des Idealismus ausgebildet. So war für Hegel der Kosmos eine Offenbarung des Geistes und die geschichtliche Wirklichkeit des Menschen der Prozeß des *Weltgeistes*. Dieser Weltgeist entspricht einem *absoluten Geist*, der „gleichsam einen Stafettenlauf der einzelnen Nationen und der jeweils in ihnen lebenden ‚subjektiven', in der Vereinzelung verharrenden Geister und ihrer ‚objektiven' materialisierten Geistgebilde veranstaltet, um schließlich den allgemeinen Kulturzustand, die Vollendung der Welt, zu realisieren" (L. Geldsetzer, in: A. Diemer u. I. Frenzel). Damit ist der Geist sozusagen der größere Rahmen der *Kultur,* und die Geistesgeschichte manifestiert sich als *Kulturgeschichte*.

Für die philosophische Bestimmung des Menschen hat der Begriff des Geistes in der abendländischen Tradition eine hervorragende Rolle gespielt: Der Mensch als *animal rationale*, als das „Lebewesen mit Geist", ist die klassische abendländische Definition. Als „Geistwesen" soll der Mensch über die Fähigkeit verfügen, das unmittelbar Gegebene, das Körperliche, zu „transzendieren" und sich daher als *homo metaphysicus,* d. h. als philosophierendes, „metaphysik-bedürftiges" Wesen von den übrigen belebten Objekten abheben (Schopenhauer). Der Geist – insofern auch im wesentlichen identisch mit Verstand, Vernunft – ist somit das hervorragende Kriterium des Menschen, der grundlegende Bezugspunkt jeder Bestimmung des Menschen im Gegenüber zu anderen Lebewesen.

In den verschiedensten Versuchen, die gesamte Wirklichkeit nach hierarchischen Prinzipien zu ordnen, rangiert der Geist, das Geistige, stets an oberster Stelle, sofern er nicht als etwas von der (erfahrbaren) Wirklichkeit grundsätzlich Verschiedenes angenommen wird („Gott"). Die *Schichtenontologie* von Nicolai Hartmann (1882–1950) beispielsweise erkennt die Welt zwar als Einheit, unterscheidet aber als „Seinsschichten" die anorganische, die organische und die geistige. Ähnlich, wenngleich unterschiedlich akzentuiert, sind bis in die Gegenwart reichende Versuche ausgerichtet, die Einheit der Welt in ihren mannigfaltigen „Entäußerungen" darzustellen. Die *Drei-Welten-Theorie* von Karl Popper (* 1902) hebt die Kultur (als Wissen im objektiven Sinn) als Welt 3 ab von den Bewußtseinszuständen (= subjektives Wissen, Welt 2) und den physischen Gegenständen und Zuständen (= materielle, anorganische und organische Phänomene, Welt 1).

In der Geschichte der Biologie hat der Begriff des Geistes eine lange und stolze Tradition. Die Deutung des Lebenden oder bestimmter Lebensaktivitäten hat sich immer wieder auf den Geist zu stützen versucht. Namentlich die *Lebensmetaphysik* bzw. der *Psychovitalismus* ist eine in der Antike wurzelnde Lehre, die den Geist, das Geistige, als Fundament allen Lebensgeschehens nimmt. Demnach sollen die einzelnen Lebewesen als Entfaltung eines „spirituellen Prinzips", einer „immateriellen Kraft" zu deuten sein. Galen (129–199) bezeichnete dieses Prinzip als *spiritus* und *pneuma* (den lateinischen und griechischen Bezeichnungen für „Geist" entsprechend), Paracelsus (1493–1541) als *archeus* und Swedenborg (1688–1772) als *fluidum spirituosum*. Doch wie immer diese postulierte immaterielle Kraft auf den Begriff gebracht wurde: stets wollte man damit zum Ausdruck bringen, daß dem Lebensgeschehen „geistige Aktivitäten" zugrunde liegen, wonach die Lebewesen vom Unbelebten zu unterscheiden wären. Und auch in neuerer Zeit findet sich das Fundament des Geistes bei einigen Biologen ausgesprochen, in dem Sinne, daß „hinter" den empirisch begreifbaren Einzelerscheinungen noch ein „Unfaßbares", eben ein „Geist", vermutet wird. Das gilt vor allem für die philosophischen Betrachtungen des Biologen Adolf Portmann (1897–1982). Nach Portmann bezeichnet die Gegenüberstellung von Natur und Geist jene Bedeutung des Geistbegriffes, wonach dieser „ein Reich über oder jenseits der Naturdinge" bildet oder die Naturdinge „auch in geheimnisvoller Weise durchdringt".

Entgegen solch metaphysisch verbrämten

Geist

Deutungen des Lebens und des Geistes schrieb schon Friedrich Nietzsche (1844–1900): „Das, was gemeinhin dem Geiste zugewiesen wird, scheint mir das Wesen des Organischen auszumachen: und in den höchsten Funktionen des Geistes finde ich nur eine sublime Art der organischen Funktion (Assimilation, Auswahl, Sekretion usw.)." Hiermit kehrt sich das Verhältnis von Leben und Geist, wie es die idealistische Philosophie sah, um: Das Leben, in seinen konkreten Erscheinungsformen (auch menschliches Leben), ist nicht die Manifestation des Geistes, sondern der Geist ist Ausdruck des Lebens. Mit dieser Betrachtungsweise näherte sich Nietzsche bereits jener Konzeption des Geistes, die heute, ausgehend von der *Evolutionstheorie* und der *evolutionären Erkenntnistheorie*, vorrangig zu werden beginnt und den Geist als eine spezifische Eigenschaft des menschlichen Gehirns ausweist. Was wir an geistigen Funktionen beobachten, ist mithin Folge eines komplizierten zentralnervösen Geschehens.

Da nun die Mechanismen des Zentralnervensystems in der Evolution allmählich entstanden sind, muß in letzter Konsequenz auch alles Geistige (Vernunft, Verstand, Rationalität) ein Produkt der Evolution des Lebendigen sein, wenngleich ein sehr spätes Produkt in dieser Entwicklung und im engeren Sinne nur bei der Spezies Homo sapiens ausgeprägt. Denn „wie alles andere, was es auf dieser Welt gibt, so ist auch dieses Bewußtsein in allen seinen Besonderheiten das Produkt einer realen Geschichte, die Summe der Abfolge ganz bestimmter und konkreter Ereignisse, die es hervorgebracht haben" (H. von Ditfurth). Daraus aber ergibt sich, daß Natur und Geist, Leben und Geist keine Gegensätze sein können. Sie sind *realgeschichtlich* miteinander verknüpft; der Geist ist keine eigenständige, von der übrigen Wirklichkeit losgelöste Kategorie, sondern ist Ausdruck spezifischer Wirklichkeitsformen.

Der Standpunkt, der hier eingenommen wird, ist der des *Emergentismus:* Das Geistige ist demnach *einmalig* in der Evolution entstanden, wohingegen der *panpsychistische Identismus* davon ausgeht, daß der Geist in „Vorstufen" schon der Materie schlechthin immanent sei (z. B. Haeckels „Kristallseelen"). Wenn das materielle Substrat (Zentralnervensystem) eine adäquate Entwicklungshöhe erreicht, dann kann gewissermaßen schlagartig jene neue (System-)Eigenschaft des Lebens entstehen, die wir als Geist bezeichnen. Anstelle von Emergentismus wäre vielleicht von „Fulgurationismus" zu sprechen, in Anlehnung an den von Konrad Lorenz gebrauchten Terminus *Fulguration (fulguratio* = der Blitz). Die Fulguration, die zur Entstehung des (menschlichen) Geistes führte, war zweifelsohne ein einschneidendes Ereignis in der Evolution, ein Ereignis, das die weitere Entwicklung des Menschen als *Kulturwesen* erst möglich machte. Der evolutionäre Standpunkt, der den Geist nicht als eine „ewige", „unwandelbare Kategorie" nimmt, sondern an die Evolution des Organischen bindet, verträgt sich natürlich nicht mehr mit dem Denkstil der idealistischen Philosophie, die den Menschen sozusagen von oben her, allein von seiner Geistigkeit ausgehend, bestimmen will.

Die in der Evolutionslehre wurzelnde Betrachtungsweise des Geistigen führt somit zu einer Überwindung jenes *Dualismus,* der den Geist von der Natur, vom Leben scheidet. Man darf aber andererseits nicht den Fehler begehen und meinen, das Geistige wäre *nichts anderes* als Materie. Diese Meinung, die im *strikten Materialismus* (z. B. bei J. O. de Lamettrie [1709–51]) ihren Niederschlag gefunden hat, entspricht einem ontologischen Reduktionismus und ist eine illegitime Simplifizierung der „geistigen Wirklichkeit". Denn das „geistige Leben" des Menschen ist in der Tat eine neue Art von Leben (mit kulturellen Traditionen, Sitten, ethischen Normen usw.; ↗Ethik). Jedoch: „Um die neue Kategorie des realen Seins, die mit der Fulguration des menschlichen Geistes in die Welt gekommen ist, voll verstehen zu können, muß man zuvor diesen essentiellen Vorgang des organischen Werdens verstanden haben" (K. Lorenz). Dieses organische Werden – von den ersten biomolekularen Strukturen bis zum Auftreten der Primaten (und mit ihnen der Hominiden) – liefert die evolutiven, biologischen *Vorbedingungen* des Geistigen, das in seinen *spezifischen* Ausprägungen aber die biologische Evolution übersteigt und eine kulturelle Evolution ermöglicht.

Damit wäre ein Weg anvisiert, der sowohl an den extrem materialistischen Positionen als auch an den spekulativen, idealistischen Denksystemen vorbeiführt und letztlich die Überwindung beider gestattet. Das würde nicht weniger bedeuten als eine Neuorientierung in unserer „Geistesgeschichte", in deren Verlauf der Mensch zwischen seinem eigenen Geist und der übrigen Wirklichkeit eine Trennmauer errichtet hatte, die den Dialog zwischen den Fakultäten („Geisteswissenschaften" und „Naturwissenschaften") erschwert.

Lit.: *Bunge, M.:* The Mind-Body Problem. A Psychobiological Approach. Oxford – New York – Toronto 1980. *Diemer, A. u. Frenzel, I.* (Hg.): Das Fischer Le-

Geistchen

xikon Bd. 11 (Philosophie). Frankfurt/M. 1973. *Ditfurth, H. v.:* Der Geist fiel nicht vom Himmel. Die Evolution unseres Bewußtseins. Hamburg 1976. *Lorenz, K.:* Die Rückseite des Spiegels. Versuch einer Naturgeschichte menschlichen Erkennens. München – Zürich 1973. *Lorenz, K. u. Wuketits, F. M.* (Hg.): Die Evolution des Denkens. München – Zürich 1983. *Popper, K. R. u. Eccles, J. C.:* The Self and Its Brain. An Argument for Interactionism. Berlin – Heidelberg – London – New York 1977. *Portmann, A.:* Biologie und Geist. Frankfurt/M. 1973.

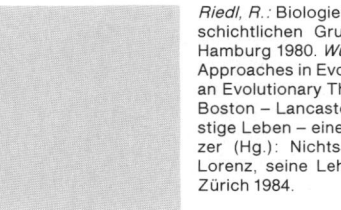

Riedl, R.: Biologie der Erkenntnis. Die stammesgeschichtlichen Grundlagen der Vernunft. Berlin – Hamburg 1980. *Wuketits, F. M.* (Hg.): Concepts and Approaches in Evolutionary Epistemology. Towards an Evolutionary Theory of Knowledge. Dordrecht – Boston – Lancaster 1984. *Wuketits, F. M.:* Das geistige Leben – eine neue Art von Leben. In: F. Kreuzer (Hg.): Nichts ist schon dagewesen. Konrad Lorenz, seine Lehre und ihre Folgen. München – Zürich 1984.

Franz M. Wuketits

Gelatineverflüssigung

Zusammensetzung (in g/l) der Nährgelatine für einen Test auf Gelatineverflüssigung:

Fleischextrakt	3
Spezialpepton	5
Gelatine	120
pH-Wert ca. 7,0	

Die Nährgelatine wird i. d. R. in hoher Schicht in ein Kulturröhrchen gefüllt u. nach dem Erstarren mit den Mikroorganismen beimpft (Stichkultur). Die Bebrütungstemp. darf nicht höher als 22 °C liegen, da sonst eine Verflüssigung durch die Wärme eintritt. Kulturdauer bis 14 Tage.

Geistchen, Name für die ↗Federmotten u. die ↗Orneodidae.

Geisterhaie, die ↗Chimären.

Geisterkrabben, *Ocypodidae,* die ↗Rennkrabben.

Geitonogamie *w* [v. gr. geitōn = Nachbar, gamos = Hochzeit], die Nachbar-↗Bestäubung.

Geitonogenese *w* [v. gr. geitōn = Nachbar, genesis = Entstehung], die ↗Parallelentwicklung.

Geizen, *Geiztriebe,* in der Winzersprache Bez. für die Kurztriebe der Weinrebe, die ein in Kurz- u. Langtriebe (Lotten) differenziertes, sympodiales Sproßsystem besitzt.

Gekkonidae [Mz.; v. malaiisch gēhoq], die ↗Geckos.

Gekkota [Mz.; v. malaiisch gēhoq], *Gekkoartige,* Zwischen-Ord. der Echsen mit 3 Fam. (↗Geckos, ↗Flossenfüße, ↗Schlangenschleichen); weltweit, vorwiegend in subtrop. u. trop. Gebieten verbreitet; Wirbelkörper amphicoel (vorn u. hinten ausgehöhlt; Geckos) od. procoel (vorn ausgehöhlt, hinten vorspringend; Flossenfüße); Jochbögen meist fehlend, Zunge fleischig.

geköpfte Profile ↗Auenböden.

gekoppelte Erbanlagen, die zu einer Kopplungsgruppe gehörenden, d. h. auf einem gemeinsamen Chromosom lokalisierten Gene. ↗Chromosomen.

gekreuzt-gegenständige Blattstellung, *kreuzgegenständige Blattstellung,* ↗dekussierte Blattstellung.

Gekreuztnervigkeit, die ↗Chiastoneurie.

Gekröse, 1) das ↗Mesenterium. **2)** *Kutteln,* die eßbaren Innereien v. Kalb u. Lamm, beim Rind *Kaldaunen* gen.

Gelatine *w* [über frz. gélatine v. lat. gelatus = gefroren, erstarrt], durch partielle saure od. alkal. Hydrolyse gewonnenes Abbauprodukt des ↗Kollagens, das sich durch starkes Quellungsvermögen in (warmem) Wasser auszeichnet u. nach Abkühlen zu einer gallert. Masse (Gel) erstarrt. G. findet vielseit. Verwendung, z. B. in der Nahrungsmittel-Ind. (Aspik, Pudding usw.), in Bakteriologie, Kosmetik, Medizin u. als Kapseln für Arzneimittel.

Gelatineeinbettung ↗mikroskopische Präparationstechniken.

Gelatineverflüssigung, die Fähigkeit verschiedener Mikroorganismen (hpts. Bakterien u. Pilze), mit Gelatine verfestigte Nährböden (Nährgelatine) enzymat. aufzulösen. Die G. dient zum Nachweis des Proteinabbaus der Mikroorganismen u. wird bei der Wasseruntersuchung u. als Bestimmungsmerkmal verwendet. Oft können auch Aussehen u. Form des verflüssigten Anteils (im Hochschichtröhrchen) als charakterist. Merkmal dienen.

Gelbblättrigkeit, die ↗Gelbspitzigkeit.

Gelbbrandkrankheit, durch Blattläuse verbreitete Viruskrankheit der Erdbeeren; die Blattränder färben sich gelb u. wölben sich auf; das Wachstum der Stiele wird gehemmt.

gelbe Fermente, die ↗Flavinenzyme.

gelbe Rasse, die Menschengruppen des Ostens mit der „gelben" Hautfarbe der ↗Mongoliden.

Gelberde, gelbgefärbter ↗Latosol; trop. Boden, der im Ggs. zur Roterde durch einen geringeren Gehalt an Eisenoxiden gekennzeichnet ist.

gelber Fleck, *Macula lutea,* Areal der ↗Netzhaut, in dem vorwiegend Zäpfchen als Rezeptoren lokalisiert sind; Mittelpunkt des gelben Flecks u. Zone des schärfsten Sehens ist die Fovea centralis (Sehgrube). □ Auge.

Gelber Fleckenbarsch, *Promicrops lanceolatus,* ↗Zackenbarsche.

Gelbe Rübe ↗Möhre.

Gelbfieber, *Dschungelfieber, yellow fever, schwarzes Erbrechen, Ochropyra,* durch Viren (G.virus, ↗Togaviren) hervorgerufene, gefährl. trop. Infektionskrankheit, die in Afrika, Mittel- u. S-Amerika endem. auftritt. Die Übertragung erfolgt durch die G.mücke *Aëdes aegypti* (↗Stechmücken). Neben harmlosen Verläufen mit Fieber, Gliederschmerzen u. Abgeschlagenheit gibt es schwer verlaufende Formen: zunächst Schüttelfrost u. hohes Fieber, meist am 3. Tag Ikterus, Erbrechen v. schwarzem Blut, zunehmend allg. Kräfteverfall, Hämolyse, Blutungen, Gewebsschädigung in Niere u. Leber; oft tödl. Verlauf. Der Nachweis erfolgt durch Antikörperbestimmung im Serum. Eine Vorbeugung durch Schutzimpfung mit Aktivimpfstoff ist möglich; die Schutzdauer

beträgt 10 Jahre. Die Krankheit ist in der BR Dtl. nach dem Bundesseuchengesetz meldepflichtig. [mücken.
Gelbfiebermücke, *Aëdes aegypti,* ↗ Stech-
Gelbfiebervirus, engl. *yellow fever virus,* Erreger des ↗ Gelbfiebers; ↗ Togaviren.
Gelbfüße, *Gomphidiaceae* R. Mre., Fam. der *Boletales;* Hutpilze mit fleisch. Fruchtkörper, dessen lamell. Hymenophor weit am Stiel herabläuft. Die Lamellen sind dickl., entfernt stehend, trocken od. schleimig u. besitzen eine bilaterale Trama. Das Sporenpulver ist fast schwarz od. olivschwärzlich; die Sporen sind fast spindelig. G. sind Mykorrhizapilze bestimmter Nadelbäume. Bekanntester Vertreter ist der eßbare *Gomphidius glutinosus* Schaeff. (Großer Schmierling, Kuhmaul, Großer Gelbfuß); sein Hut (5–10 cm ⌀) ist mit dicker Schleimhaut überzogen, die beim jungen Pilz auch die Lamellen einschließt; auch der Stiel ist schleimig, weißlich, an der Basis zitronengelb, mit schleim., durch Sporen dunkel gefärbtem Schleimring; er kommt häufig in Nadelwäldern, v. a. in jungen Fichtenbeständen, vor (Juli–Okt.).
Gelbgrünalgen ↗ Xanthophyceae.
Gelbhafte, *Potamanthidae,* Fam. der ↗ Eintagsfliegen.
Gelbhalsmaus, *Sylvaemus* (= *Apodemus*) *flavicollis,* rotbraune, großohrige Waldmaus Mittel- u. O-Europas; Kopfrumpflänge 9–12 cm, Schwanzlänge ca. 11 cm. Von der eigentl. Waldmaus *(S. sylvaticus)* unterscheidet sich die G. durch ein gelbes Kehlband u. die scharf abgesetzte weiße Bauchseite.
Gelbholz, *Fiset(t)holz, Fustik,* hartes, schweres, hellgelbes Holz des Färbermaulbeerbaums *(Chlorophora tinctoria)* u. des Perückenstrauchs *(Cotinus* spec., ↗ Sumachgewächse), enthält Fisetin (orangengelber Farbstoff), das fr. zum Färben verwendet wurde.
Gelbkörper, *Corpus luteum,* ein nach dem Follikelsprung (↗ Ovulation) sich unter Einfluß v. ↗ luteinisierendem Hormon (G.bildungshormon) aus dem Graafschen ↗ Follikel (□ Oogenese) entwickelndes Gewebe gelbl. Färbung im Eierstock (↗ Ovar) der Säuger, das die für die Eireifung verantwortl. ↗ G.hormone (↗ Progesteron) absondert. Während des ↗ Menstruationszyklus ist der G. am 18.–20. Tag voll ausgereift. Bei Befruchtung des Eies vergrößert er sich u. bleibt bis zur Geburt erhalten, um nach der Entbindung zu vernarben. Bei Nichtbefruchtung des Eies bildet er sich zurück.
Gelbkörperbildungshormon, das ↗ luteinisierende Hormon.
Gelbkörperhormone, *Gestagene, Corpus-*

Gelbfüße
Großer Gelbfuß *(Gomphidius glutinosus* Schaeff.)

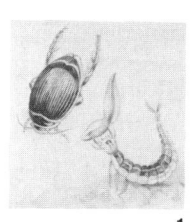

Gelbbrandkäfer
1 Gemeiner Gelbrand *(Dytiscus marginalis),* Weibchen u. seine Larve; **2** Breitrand *(D. latissimus),* unser größter heim. Gelbrandkäfer.

luteum-Hormone, „Schwangerschaftshormone", Steroidhormone, die in dem nach der Ovulation aus dem Follikel sich entwickelnden ↗ Gelbkörper (Corpus luteum) u. in der Placenta gebildet werden. Synthesevorstufe ist das Cholesterin. Die physiolog. wichtigsten G. sind das ↗ Progesteron u. das 17-α-Hydroxyprogesteron.
Gelbling, *Sibbaldia,* Gattung der Rosengewächse, mit *S. procumbens,* einer kraut., rasenbildenden Pflanze mit gelben, 5zähl. Blüten u. graugrünen, 3zähl. Blättern; Fiedern an der Spitze 3zähnig. Der G. ist in Schneetälchen u. Schneemulden der alpinen Stufe zu finden.
Gelblinge, *Colias,* Gatt. der ↗ Weißlinge.
Gelbrandkäfer, Arten der Gatt. *Dytiscus;* die Gatt. umfaßt bei uns mit 25–45 mm Länge die größten Vertreter der Fam. Schwimmkäfer. Die G. sind breitoval, schwach gewölbt, schwarzbraun, häufig mit olivgrünem Schimmer. Ihren Namen haben sie v. einem gelben Saum am Halsschild u. an den Seiten der Flügeldecken. Die Männchen besitzen stets glatte Flügeldecken, u. die 3 ersten Tarsenglieder der Vorderbeine sind zu kreisrunden Paletten erweitert, die mit je einem großen u. mittleren Saugnapf sowie mit einer artmäßig verschiedenen, sehr großen Zahl v. winzigen weiteren Saugnäpfen versehen sind. Den Weibchen fehlen die Saugnäpfe; meist haben sie auffallend tiefe Längsfurchen auf den Flügeldecken (B Käfer I), nur bei *D. circumcinctus* u. *D. circumflexus* finden sich i. d. R. ungefurchte Weibchen. Mit den Saugnäpfen halten sich die Männchen während der Paarung auf dem Halsschild des Weibchens fest. Alle Arten sind wie alle Schwimmkäfer als Larve u. Käfer räuberisch u. leben v. a. von anderen Insekten, aber auch v. Kaulquappen, Molchen u. gelegentl. v. Jungfischen. Die Käfer sind dank ihrer zu Schwimmbeinen umgebildeten Hinterbeine sowie der hydrodynamisch günst. Körperform elegante Schwimmer. – Die verbreitetste Art ist der Gemeine Gelbrand *(D. marginalis,* B Insekten III), 27–35 mm groß u. 15–18 mm breit; er findet sich in allen Arten stehender u. sehr langsam fließender Gewässer mit Ausnahme v. Mooren u. sehr huminreichen Waldseen. Auf größere Teiche u. Seen beschränkt ist der bei uns nur noch sehr lokal verbreitete Breitrand *(D. latissimus),* der mit 36–45 mm Länge u. bis 25 mm Breite der größte G. ist; die Flügeldeckenränder sind nach außen stark erweitert u. flach abgesetzt. Mit Vorliebe in Moorgewässern finden sich *D. semisulcatus* (Unterseite im Ggs. zu der der anderen Arten ganz schwarz: „Schwarzbauch") u. der mehr im N verbreitete *D. lapponicus,* 24–28 mm

Gelbringfalter

lang. (Die drei letztgen. Arten sind nach der ⌐Roten Liste „stark gefährdet".) Alle Arten fliegen nachts häufig umher auf der Suche nach neuen Gewässern; dabei scheint die spiegelnde Wasserfläche ein Signal zur Landung zu sein; daher finden sich gelegentl. G. auf nassen Straßen od. Glasdächern. Zu den G.n rechnet man meist auch den etwa 30 mm großen Gaukler *(Cybister lateralimarginalis),* der bei uns in sauberen stehenden Gewässern nur noch selten anzutreffen ist („vom Aussterben bedroht"). [falter.

Gelbringfalter, *Lopinga achine,* ⌐Augen-

Gelbrost, *Streifenrost,* eine der bedeutendsten Rostkrankheiten des Weizens u. der Gerste, auch an Roggen u. vielen Wildgräsern auftretend; verursacht durch *Puccinia striiformis (= P. glumarum).* Weltweit verbreitet, doch wird Getreide bevorzugt in kühlen, feuchten Küsten- u. Mittelgebirgslagen befallen. Auf der Blattspreite erscheinen im Sommer streifenförmig leuchtend gelbe Uredosporenlager, die später auch auf Blattscheiden, Halmen u. Ähren zu finden sind. Im späteren Entwicklungsstadium treten dunkle strichförm. Teleutosporenlager auf. Die Teleutosporen (Basidiosporen) können Getreide nicht infizieren, ihre biol. Funktion ist unbekannt. Aecidiosporen u. Zwischenwirt sind nicht bekannt. Die Übertragung des G.s erfolgt durch die Uredosporen, die Überwinterung in Blättern, die im Herbst befallen wurden. G. kann epidem. auftreten u. Ertragsverluste bis 50% verursachen. Die Bekämpfung erfolgt durch Beizung mit system. Fungiziden u. Resistenzzüchtung.

Gelbschwanzmakrele, *Seriola dumerili,* ⌐Stachelmakrelen.

Gelbspitzigkeit, 1) ⌐Waldsterben; 2) *Gelbblättrigkeit,* Viruskrankheit der Tomatenpflanze, bei der sich Triebspitzen u. junge Blätter gelb färben; Überträger sind Blattläuse.

Gelbstern, *Goldstern, Gagea,* Gatt. der Liliengewächse mit ca. 90 Arten in Eurasien u. N-Afrika. Der Wald-G. *(G. lutea,* B Europa IX) ist ein Frühjahrsblüher im ⌐Alno-Padion. Etwas später im Jahr blüht in subalpinen u. alpinen Fettweiden der Röhrige G. *(G. fistulosa);* seine grundständ. Blätter sind im Ggs. zu anderen mitteleur. Arten hohl.

Gelbstreifigkeit, Viruskrankheit der Zwiebel u. a. Zwiebelgewächse (Lauch, Narzissen usw.), verursacht durch *Allium-Virus* 1. Die befallenen Blätter sind gelbgrün gestreift, wellig u. mißgebildet, bei starkem Befall schlaff herabhängend. Die Übertragung erfolgt durch Blattläuse, die Überwinterung in Samenzwiebeln, nicht im Samen.

Gelbsucht, ugs. Bez. für eine Gelbverfär-

Gelbweiderich
Pfennigkraut *(Lysimachia nummularia)*

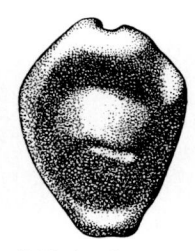

Geldschnecke
(Cypraea moneta)

bung der Haut als Folge einer krankhaften Erhöhung des ⌐Bilirubins im Blutplasma; ⌐Ikterus.

Gelbweiderich, *Gilbweiderich, Felberich, Lysimachia,* Gatt. der Primelgewächse mit über 100 Arten in den gemäßigten Zonen, v. a. in O-Asien (Zentralchina). Stauden, seltener Sträucher, mit ganzrand. Blättern u. radiären Blüten mit glocken- od. radförm., meist 5spalt. Krone. Die Frucht ist eine kugel- od. eiförm. Kapsel. In Mitteleuropa anzutreffen ist das Pfennigkraut *(L. nummularia),* eine niederliegende, wenig verzweigte, weit kriechende Pflanze mit gegenständ., rundl., drüsig punktierten Blättern u. blattachselständ., gelben, innen dunkelrot gepunkteten Blüten. Standorte sind Fettwiesen, Weiden u. Gärten, Auenwälder sowie Pionier-Ges. an Ufern u. Gräben. Ebenfalls in Auenwäldern sowie an Quellen u. Gräben, in Moorwiesen u. moorigen Staudenfluren wächst der bis ca. 100 cm hohe Gemeine G. *(L. vulgaris),* mit langen, eilanzettl. Blättern u. ebenfalls gelben, in endständ., beblätterten Rispen stehenden Blüten. Ihm ähnl. ist der aus Europa stammende, als Gartenzierpflanze gezogene u. gelegentl. verwilderte Tüpfelstern *(L. punctata).*

Gelbwurz, *Xanthorrhiza simplicissima,* ⌐Hahnenfußgewächse. [cuma.

Gelbwurzel, *Curcuma domestica,* ⌐Cur-

Gelchromatographie w [Kurzw. aus ⌐Gelatine], ⌐Chromatographie.

Geldschnecke, *Cypraea (Monetaria) moneta,* Art der Porzellanschnecken mit in Aufsicht rhomb., bis 3,8 cm langem Gehäuse, dessen Rand cremefarben, dessen Oberseite gelb od. hellblau ist; lebt in Korallenriffen des Indopazifik. Sie und die verwandte, auf der Oberseite des Gehäuses mit einem gelben Ring verzierte *Cypraea annulus* haben in SO-Asien u. Afrika bis ins 19. Jh. als Zahlungsmittel gedient.

Gele [Mz.; Kurzw. aus ⌐Gelatine], durch Quervernetzung linearer Makromoleküle u. Vermischung mit wäßr. (seltener organ.) Lösungsmitteln entstehende gallertart. (⌐Gallerte) Lösungen hoher Viskosität; dabei bilden die jeweil. Lösungsmittelmoleküle nicht nur die äußere Umgebung der gelösten Makromoleküle bzw. Partikel; vielmehr dringen sie (im Ggs. zu Suspensionen fester Stoffe in Lösungsmitteln) in die Poren u. Hohlräume derselben ein u. bilden zus. mit den extrapartikulären Lösungsmittelmolekülen ein zusammenhängendes System. Von bes. analyt. Bedeutung zur Auftrennung v. Makromolekülen sind die aus Agarose (⌐Agar) bzw. Polyacrylamid aufgebauten G. (⌐Polyacrylamidgel, ⌐Chromatographie; ⌐Gelelektrophorese). Aus polymerer Kieselsäure bzw.

Aluminiumoxid bestehende G. finden bes. zur Auftrennung niedermolekularer Naturstoffe Verwendung. Gelbildend sind außerdem ↗Gelatine, ↗Pektine u. ↗Mucopolysaccharide.

Gelechiidae [Mz.; v. gr. gēlechēs = in die Erde gebettet], die ↗Palpenmotten.

Gelée royale s [schele rºajal; v. frz. gelée = Gelee, royal = königlich], *Royal Jelly, Weiselzellenfuttersaft, Königinfuttersaft* (nicht zu verwechseln mit der als Pheromon wirkenden sog. Königinsubstanz), v. Ammenbienen aus Kopfdrüsensekret u. Honigmageninhalt bereiteter Nahrungsbrei der Königinlarven; gelbl. trübe, dickflüss. Substanz, die zu ⅔ ihres Gewichts aus Wasser besteht. Der Trockenanteil enthält zu 50% wasserlösl. Bestandteile, wie v. a. Kohlenhydrate, Aminosäuren u. Vitamine; 40% sind Proteine u. 10% freie Fettsäuren. G. r. gewinnt man, indem man ein entweiseltes Volk od. einen eigens aus 5 Pfund Bienen zusammengestellten Anbrüter zur Anzucht von Königinlarven veranlaßt, diese jedoch am 3. Tag entfernt u. den Futterbrei entnimmt. Zu Pillen, Pasten u. Salben verarbeitet, kommt er auf den Markt – oft als eine Art Wundermittel bei altersbedingten Schwächezuständen empfohlen.

Gelege, u. a. bei Vögeln, Reptilien u. Insekten die Gesamtheit der v. einem Tier an einer Stelle (z. B. Nest) abgelegten Eier je Brut. 1) Bei *Vögeln* ist die G.größe v. Art zu Art sehr unterschiedl.; auch intraspezif. gibt es große Unterschiede, die v. zahlr. Faktoren modifikativ beeinflußt werden: geogr. Position, Höhenlage, Jahreszeit („Kalendereffekt"), Populationsdichte, Habitat, Nistplatzbeschaffenheit, Nahrungsangebot, Alter der Weibchen. Ausschlaggebend für die Reaktion auf diese Faktoren scheint der Nahrungsparameter zu sein, d. h. die Anpassung der G.größe an das prospektive Nahrungsangebot, das für die Fütterung der Jungen zur Verfügung steht. Ein direkter Einfluß der Beutetierdichte auf die G.größe wurde bei Eulen, Greifvögeln u. a. nachgewiesen. Einige Vögel produzieren pro Brutsaison mehrere G., so z. B. viele freibrütende Singvögel sowie (höhlenbrütende) Meisen unter suboptimalen Bedingungen. Bei Verlust eines G.s wird oft wenig später ein – meist kleineres – Ersatz-G. gezeitigt. Der Schutz u. die Überlebenschancen sind ungleich höher als bei anderen Tieren, da ↗Brutpflege bei Vögeln hoch entwickelt ist u. die Eier im Nest relativ gut geschützt sind. Das Verhältnis gelegter Eier (B Vogeleier I–II) zu geschlüpften u. selbständig werdenden Jungen liegt gegenüber den Verhältnissen bei Fischen, Amphibien u. auch Reptilien

Gelée royale
Wie Versuche gezeigt haben, sind Pantothensäure u. die beiden Pterine Biopterin u. Neopterin nicht dafür verantwortl., welche der weibl. Kasten sich aus der erbgleichen Larve entwickelt. Hierfür muß ein anderer Determinationsfaktor angenommen werden, der nur in einer kurzen, sensiblen Phase der Postembryonalentwicklung wirksam wird. Eine 3tägige Arbeiterinlarve kann nicht mehr zur Königin umgestimmt werden.

Gelege
Eizahl bzw. Größe von Gelegen (Durchschnittswerte)

Spulwurm	64 000 000
Bienenkönigin, während des Lebens	40 000–50 000
Karpfen	200 000–700 000
Wels	60 000
Lachs	10 000–40 000
Forelle	1500–2000
Stichling	80–100
Grasfrosch	1000
Flußkrebs	100–300
Nilkrokodil	90–100
Ringelnatter	15–35
Elefantenschildkröte	10–14
Zauneidechse	4–14
Haushuhn im Jahr	200
Rebhuhn	10–20
Krickente	8–12
Kohlmeise	6–10
Elster	6–8
Schleiereule	4–8
Graugans	4–7
Haussperling	5–6
Rauchschwalbe	4–5
Mäusebussard	2–4
Mauersegler	2–3
Silbermöwe	2–3
Steinadler	2–3
Fregattvögel, Pinguine, Sturmvögel, Lummen, Kiwi, Nashornvögel	1

wesentl. günstiger. Dementspr. basiert die Populationsdynamik bei Vögeln auf völlig anderen Prinzipien. 2) Auch bei *Reptilien* hat das G. je nach Art unterschiedl. Größe (bis zu rund 100 Eiern bei Meeresschildkröten). G. werden v. Reptilien nicht bebrütet, doch bewachen die Weibchen einiger Arten (z. B. Krokodile) die Eier während der gesamten Brutdauer, betreiben Brutpflege – wie z. B. manche Skinke – od. ringeln sich um ihr G. u. erzeugen durch Muskelbewegungen höhere Temp. (in Gefangenschaft bis zu +10°C). 3) Bei *Insekten* u. a. Gliederfüßern kann das G. frei auf einem Untergrund (Blatt, Rinde) od. in einem Gespinst als Eipaket (viele Spinnen) angeordnet sein. ☐ Aleurodina.

Gelegenheitswirt, *accidenteller Wirt,* Wirtsart, die nur bei Gelegenheit (bei zufäll. Zusammentreffen, bei zeitweiser Massenentwicklung der Wirtsart) v. einem Parasiten besiedelt wird. Der Parasitismus in dieser Wirtsart ist fakultativ, kann aber (im Ggs. zum Leben im ↗Fehlwirt) durchaus erfolgreich sein.

Geleitzellen, die sehr plasmareichen u. mit einem großen, oft polyploiden Zellkern u. vielen Mitochondrien ausgestatten Zellen des Siebteils der ↗Leitbündel bei den Angiospermen. Sie gehen als Schwesterzellen der Siebröhrenglieder durch inäquale Längsteilung aus derselben Mutterzelle hervor, teilen sich aber häufig mehrfach quer. Mit den im reifen Zustand kernlosen Siebröhren stehen sie über zahlr. Plasmodesmen in enger plasmat. Verbindung u. steuern vermutl. nachhaltig den Stoffwechsel der Siebröhren.

Gelelektrophorese *w* [v. Gel, Kurzw. aus ↗Gelatine, gr. ēlektron = Bernstein, phorēsis = das Tragen], wichtige Methode zur Auftrennung v. Gemischen elektr. geladener hochmolekularer Stoffe, bes. von Nucleinsäuren u. Proteinen sowie deren Fragmenten. Diese wandern dabei innerhalb eines Gels (↗Gele) unter der Wirkung eines elektr. Feldes in Abhängigkeit v. Ladungsanzahl u. Molekülmasse unterschiedl. schnell zu den jeweiligen Polen (↗Elektrophorese). Die aufzutrennenden Makromoleküle werden dabei entweder in nativer Form erhalten *(native G.)* od., um die auf Sekundär-, Tertiär- u. Quartärstrukturen basierenden Effekte auszuschalten, durch denaturierende Agentien denaturiert *(denaturierende G.).* Bes. Bedeutung im Rahmen der modernen ↗Gentechnologie hat die G. in Agarosegelen (↗Agar) u. in ↗Polyacrylamidgelen erlangt. Da die Porengrößen dieser Gele mit Hilfe der Konzentration bzw. des Vernetzungsgrades der Gelbildner genau eingestellt u. damit dem jeweil. Trennpro-

Gelenk

Gelenk

Die an einem G. beteiligten Skelettbereiche haben je nach ihrer Form bestimmte Namen.

G.höcker (G.kopf, Condylus): rundl. verdickte, konvex gewölbte Enden, z.B. Hinterhauptshöcker, Oberschenkelkopf.
G.pfanne (Acetabulum): rundl., konkav gewölbte Bereiche, z.B. Hüftgelenkspfanne, Schultergelenkspfanne.
G.rolle (G.walze, Trochlea): zylindr. geformte Bereiche, z.B. Oberarmrolle am Ellenbogen-G.
G.fortsatz, i.w.S. alle vom Hauptteil (Schaft, Diaphyse) eines Knochens abstehenden Anhänge, die an einem G. beteiligt sind, z.B. G.fortsatz des Unterkiefers, i.e.S. die ↗ Zygapophysen an den Wirbeln der Tetrapoden.

blem angepaßt werden können. Zur G. von Proteinen, die auch zur Bestimmung v. deren relativer Molekülmasse herangezogen werden kann, werden diese häufig mit Natrium-Dodecylsulfat (SDS) denaturiert u. gleichzeitig durch hydrophobe Bindung mit demselben Agens in eine anion. Form übergeführt *(SDS-G.)*. Harnstoff wird bes. zur Denaturierung v. Nucleinsäuren u. Polynucleotiden eingesetzt, um Sekundärstruktureffekte auszuschalten *(Harnstoff-G.)*. Eine spezielle Form der G. ist die ↗ Disk-Elektrophorese. □ Elektrophorese.

Gelenk, 1) Zool.: a) *Spaltgelenk, Diarthrose, Articulatio, Junctura synovialis*, bei *Wirbeltieren* bewegl. Verbindung v. Skelettelementen. (Im Ggs. zu einem solchen „echten G." hat ein sog. „falsches G." [Synarthrose] keine od. nur sehr geringe Beweglichkeit.) Knochenenden sind im Bereich eines G.s speziell geformt u. mit hyalinem ↗ Knorpel überzogen. Die gesamte v. diesem *G.knorpel* bedeckte Oberfläche eines Knochens ist anatom. die *G.fläche*. Zw. den G.flächen der beteiligten Knochen bleibt ein Lücke, der *G.spalt* (*G.höhle*). Er ist umhüllt v. der *G.kapsel*, als Fortsetzung der *Knochenhaut* (Periost) der artikulierenden Knochen. Die G.kapsel ist zweischichtig: außen liegt die faserreiche *Membrana fibrosa*, innen die lockere gefäß- u. nervenreiche *Membrana synovialis*. Sie ragt mit Zotten u. Falten (Villi u. Plicae synoviales) in den G.spalt hinein. Von der Membrana synovialis wird die viskose *G.flüssigkeit* (*G.schmiere, Synovia*) produziert, welche viel Hyaluronsäure enthält u. den G.spalt ausfüllt. Die G.flüssigkeit ernährt den G.knorpel u. dient als Gleitmittel. Die G.knorpel berühren sich nicht direkt od. nur mit einem bestimmten Bereich *(Kontaktfläche)* der gesamten G.fläche. Die Druckübertragung v. einem Knochen zum anderen erfolgt in dem Bereich der Kontaktfläche, der genau senkrecht zur Kraftrichtung liegt. Dies ist die *Tragfläche*. Bei manchen G.n liegen im G.spalt eine od. mehrere *G.scheiben* (*G.zwischenschei-*

ben). Sie bestehen aus faser., straffem Bindegewebe mit wenig Grundsubstanz, gleichen Unebenheiten der G.flächen aus, führen zur Druckverteilung u. bilden ein Gleitpolster. Eine G.scheibe kann den G.spalt fast völlig ausfüllen u. randl. mit der G.kapsel verwachsen sein. Sie wird dann als *Discus articularis* bezeichnet u. trennt das G. in zwei Teile, da jeweils über u. unter ihr ein schmaler G.spalt bleibt. Ein solcher Diskus findet sich z.B. im menschl. Kiefergelenk. Nur durch ihn ist mit dem Kiefergelenk außer der Scharnierbewegung auch ein Vorschieben des Unterkiefers u. eine mahlende Kaubewegung mögl. Eine kleinere bogenförm. G.scheibe, die den G.spalt nicht voll ausfüllt, wird als *Meniscus articularis* bezeichnet. Im menschl. Knie-G. befinden sich zwei solche Menisci. Der innere ist halbkreisförmig, der äußere dreiviertelkreisförmig. – Nach Form u. Bewegungsmöglichkeit unterscheidet man verschiedene G.arten. Beim *Scharnier-G.* (*Winkel-G.*) weist ein Knochen eine längl. Auskehlung auf, in die das walzenförm. Ende des „Nachbarn" hineinpaßt (Oberarm-Ellen-G., G.e zw. den Fingerknochen). Beim *Sattel-G.* treffen zwei sattelförm. gewölbte G.flächen quer aufeinander (Halswirbel der Vögel, Daumen-Handwurzel-G.). Beim *Dreh-G.* faßt ein zapfenart. Fortsatz in einen Knochenring (Atlas-Axis-G. der Amnioten). Beim *Kugel-G.* bildet ein Partner einen rundlichen G.höcker (G.kopf), der in die schalenförmige G.pfanne des anderen paßt (Hüft-G., Schulter-G., Finger-Grund-G.). – Die Bewegungsmöglichkeiten eines G.s werden angegeben in *Freiheitsgraden*, d.h. der Anzahl v. Achsen, um die od. entlang derer eine Bewegung mögl. ist. Ein Kugel-G. hat drei Freiheitsgrade, da ein Knochen gg. den anderen um zwei aufeinander senkrecht stehende Achsen gekippt werden kann u. außerdem eine Drehung um seine Längsachse mögl. ist. Ein Sattel-G. hat zwei Freiheitsgrade, da es eine Bewegung um jede der beiden Sattellängsach-

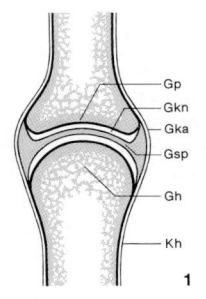

Gelenk

1 Aufbau eines *Kugel-G.s*. 2 Die verschiedenartigen G.e des menschl. Skeletts; a *Kugel-G.* (Hüft-G.), b *Scharnier-G.* (Ellenbogen-G.), c *Dreh-G.* (Halswirbel-G.), d *Sattel-G.* (Daumen-G.). Gh Gelenkhöcker, Gka Gelenkkapsel, Gkn Gelenkknorpel, Gp Gelenkpfanne, Gsp Gelenkspalt mit Gelenkflüssigkeit, Kh Knochenhaut

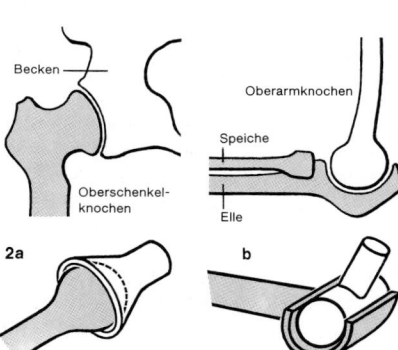

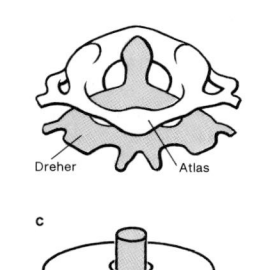

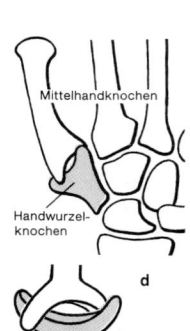

sen, die aufeinander senkrecht stehen, zuläßt. Ein Scharnier-G. ist nur um eine Achse drehbar, hat daher nur einen Freiheitsgrad. – Der Zusammenhalt der G.e wird durch Bänder, Muskeln u. Sehnen gewährleistet, die auch für die seitl. Führung sorgen. Da im G.spalt Unterdruck herrscht, spielt bei großen G.n auch der Luftdruck eine gewisse Rolle für den Zusammenhalt. Zu starke Zug-, Druck- od. Scherkräfte können zu G.verletzungen führen. b) Bei *Gliederfüßern* sind gegeneinander bewegl. Teile des Außenskeletts über Membranen *(G.häute)* miteinander verbunden; entweder sind nur solche Membranen vorhanden *(akondyles G.)*, od. es besteht zw. zwei Teilen noch eine Verbindung aus G.kopf u. G.pfanne *(Angel-G., Köpfchen-G., monokondyles G.)*; es gibt ein eingesenktes Kugel-G. (z. B. G. an Fühlerbasis) u. ein ausgestülptes Kugel-G. (z. B. Hüft-G. am Thorax); ein doppelter G.kopf *(dikondyles G.)* findet sich bei Insekten (außer Urinsekten) zw. Mandibel u. Kopfkapsel. 2) *Bot.* wulst- od. polsterförm. Verdickungen bestimmter Stengel- u. Blattstielzonen, die aufgrund ihrer speziellen anatom. Struktur Krümmungsbewegungen ermöglichen. *Wachstums-G.e* sind aus noch streckungsfähigem u. schnell wachsendem Gewebe innerhalb ausdifferenzierten Zellmaterials aufgebaut, wie z. B. die Knoten der Grashalme (können sich daher nach Niedertreten relativ schnell wieder aufrichten). *G.polster* (auch *Blattpolster, Blattkissen* od. *Pulvini* gen.), hpts. an Blattstielen u. -fiedern, haben stark entwickeltes Parenchymgewebe um Leitbündel, die zu einem zentralen Strang vereinigt sind. Infolge v. Turgoränderungen der G.parenchymzellen durch meist mechan. Außenreize senken bzw. heben sich die entspr. Blätter od. Blattfiedern (z. B. bei Mimosen). ↗ Biomechanik (☐).　　　　A. K.
Gelenkfortsatz, der ↗ Condylus; ↗ Gelenk.
Gelenkhaut, Gelenkmembran, ↗ Gelenk.
Gelenkhöcker, der ↗ Condylus; ↗ Gelenk.
Gelenkrezeptoren ↗ mechanische Sinne.
Gelenkschildkröten, Kinixys, Gatt. der ↗ Landschildkröten.
Gelfiltration ↗ Chromatographie.
Gelidiales [Mz.; v. lat. gelidus = kalt, starr], Ord. der ↗ Rotalgen (U.-Kl. ↗ Florideophycidae) mit 8 Gatt.; die 40 Arten v. *Gelidium* (Knorpelfeder) sind in allen Meeren verbreitet; *G. corneum* an eur. Felsküsten, *G. cartilagineum* wird in Japan als ↗ Agarophyt geerntet.
Gelochelidon w [v. gr. gelōs = Lachen, chelidōn = Schwalbe], Gatt. der ↗ Seeschwalben.
Gelsemium s [v. it. gelsomino = Jasmin], Gatt. der ↗ Brechnußgewächse.
Gelsen, die ↗ Stechmücken.
Gelte w [v. mhd. geilen = üppig wachsen], *Narrenkopf,* Krankheit des Hopfens, vermutl. durch zu hohes Stickstoffangebot verursacht; an den Blütenkätzchen werden dabei statt dünner, kleiner Blättchen große laubblattähnl. Blätter entwickelt.
gemäßigte Zonen ↗ Klima.
gemeißelte Puppe, die ↗ freie Puppe.
Gemella w [v. lat. gemellus = Zwilling, doppelt], Gatt. der *Streptococcaceae,* unbewegl., kokkenförm. Bakterien, einzeln od. in Paaren auftretend, mit grampositivem Zellwandaufbau. *G. haemolysans* (0,5 × 0,5–0,6 µm), die auf Blutagar eine Hämolyse verursacht, wurde beim Menschen aus Bronchialsekreten u. aus Schleim des Atmungstrakts isoliert.
Gemellicystis w [v. lat. gemellus = Zwilling, doppelt, gr. kystis = Blase], Gatt. der ↗ Asterococcaceae.
Gemengesaat, Aussaat mehrerer gleichzeitig reifender Fruchtarten auf der gleichen Fläche, z. B. Weizen – Roggen, Hafer – Lupinen; führt meist zu höheren Erträgen.
Gemini [Mz.; lat., = Zwillinge], 1) die ↗ Zwillinge; 2) zwei während der Prophase I der Reduktionsteilung (↗ Meiose) gepaarte homologe od. z. T. homologe Chromosomen; ↗ Bivalent.
Geminiviren [Mz.; v. lat. gemini = Zwillinge], Gruppe v. Pflanzenviren (Prototyp: Maisstrichel-Virus) mit sehr kleiner, ringförm., einzelsträng. DNA (relative Molekülmasse $7–8 \cdot 10^5$) u. charakterist. Zwillings-Viruspartikeln; das komplette Geminivirus-Genom besteht wahrscheinl. aus zwei Teilen. G. sind die einzigen Pflanzenviren, die eine einzelsträngige DNA enthalten.
gemischte Säuregärung, characterist. Gärungsstoffwechsel v. ↗ Enterobacteriaceae (z. B. *Escherichia coli*), bei dem neben Ameisensäure als ein typ. Endprodukt (↗ Ameisensäuregärung) weitere Säuren ausgeschieden werden (vgl. Tab.). ↗ Gärung.　　　　[↗ Zwittrigkeit.]
Gemischtgeschlechtigkeit, die ↗ Monözie.
Gemmatio w [v. lat. gemmare = Knospen hervortreiben], die ↗ Knospung.
Gemmen [Mz.; v. lat. gemma = Auge, Knospe], Riesenzellen, bei Pilzen unterschiedl. große Zellen, die exogen in Ketten v. Hyphen der *Zygomycetales* (z. B. *Mucor*) abgeschnürt werden; die Wände sind wenig od. nicht verdickt. G. können auch als Arthrosporen u., soweit dickere Zellwände vorliegen, als Chlamydosporen angesehen werden.
gemmipare Fortpflanzung [v. lat. gemma = Auge, Knospe, parere = hervorbringen, zeugen], asexuelle Fortpflanzung durch ↗ Knospung.

gemischte Säuregärung

Bei der g.n S. wird Glucose in der Glykolyse bis zu Phosphoenolpyruvat bzw. Pyruvat abgebaut. Abhängig v. den Wachstumsbedingungen u. der Bakterienart, entstehen qualitativ u. quantitativ unterschiedl. Gärprodukte. *Essigsäure, Ameisensäure, Kohlendioxid* u. *Wasserstoff* entstehen in der ↗ Ameisensäuregärung; *Milchsäure* durch direkte Reduktion v. Pyruvat; *Bernsteinsäure* durch Reduktion v. Oxalacetat, das durch Carboxylierung v. Phosphoenolpyruvat gebildet wird (↗ Succinatgärung). *Äthanol* ist Reduktionsprodukt v. Acetaldehyd, der aus Acetyl-CoA entsteht. *2,3-Butandiol* bildet sich in der ↗ 2,3-Butandiol-Gärung aus Pyruvat.
Endprodukte, die in der g.n S. von *Escherichia coli* (bzw. *Enterobacter aerogenes*, Werte in Klammern) ausgeschieden werden (Mol/100 Mol vergorener Glucose):
Ameisensäure:　　2,4 (17,0)
Essigsäure:　　36,5 (0,5)
Milchsäure: 79,5 (2,9)
Bernsteinsäure:　　10,7 (–)
Äthanol:　49,8 (69,5)
2,3 Butandiol:　　– (66,4)
Kohlendioxid:　　88,0 (172,0)
Wasserstoff:　　75,0 (35,4)

Gemmula

Gemmula w [lat., = kleine Knospe], *Dauerknospe*, ungeschlechtl. entstandenes Dauerstadium bei ↗Schwämmen des Süßwassers u. einigen marinen Formen der Küstenregion, wie z. B. Arten der Gatt. *Cliona, Haliclona, Suberites* u. *Laxosuberites;* dient dem Überdauern ungünst. Perioden. Als G.e überstehen die mitteleur. Spongilliden den Winter u. die im Amazonasgebiet auf überfluteten Bäumen lebenden Arten, wie z. B. *Drulia brownii*, die Trockenzeit. Die im allg. kugelförmige, im ⌀ 1–2 mm große G. besteht aus zweikern., nährstoffreichen Archaeocyten, die in eine v. ↗Amphidisken od. anderen Mikroskleriten verstärkte Sponginhülle eingeschlossen sind. Bei einigen Arten *(Ephydatia muelleri, Spongilla lacustris, Haliclona loosanoffi)* keimt die G. erst nach einer Diapause v. 2–3 Monaten aus, offenbar durch einen *Gemmulastasin* gen. Keimungshemmstoff gesteuert. B Schwämme.

Gempylidae [Mz.; v. gr. gempylos = junger Thunfisch], die ↗Schlangenmakrelen.

Gemsbüffel, der ↗Anoa.

Gemse, *Gams, Rupicapra rupicapra*, westl. paläarkt. Art aus der U.-Fam. *Caprinae* (Ziegenartige); Kopfrumpflänge bis 130 cm, Schulterhöhe bis 90 cm, Gewicht bis 60 kg (Geißen kleiner u. leichter); Fell im Sommer rötl.-braun mit schwarzem Aalstrich, im Winter braunschwarz, sehr dicht u. (bes. bei Böcken) mit langen Rückengrannen (Gamsbart); deutl. Gesichtsmaske. Die G. bewohnt fels. Regionen der Hoch- u. Mittelgebirge; sie ernährt sich im Sommer v. Gräsern u. Kräutern, im Winter v. Knospen, Flechten u. Sauergräsern. Die Böcke leben z. T. solitär u. vereinigen sich zur Brunst (Okt.–Dez.) mit Geißen u. Jungtieren zu sog. Brunstrudeln. Der Begattung gehen lebhafte Hetzjagden voran mit häufigem Breitseitimponieren; das Gehörn od. die „Krucken" (bei Geißen 18–22 cm, bei Böcken 25–28 cm lang) spielen dabei eine untergeordnete Rolle. Tragzeit 170–180 Tage, Setzzeit zw. April u. Juli; i. d. R. nur 1 Junges. Die Lebensdauer der Böcke beträgt 12–14, der Geißen 17–22 Jahre. Das Verbreitungsgebiet der G. erstreckt sich über die Gebirgsregionen S- u. Mitteleuropas bis Kleinasien (Pyrenäen, Alpen, Karpaten, Balkan, Kaukasus). Von den ca. 15 U.-Arten kommt die mitteleur. U.-Art, *R. r. rupicapra*, noch sehr zahlr. vor u. hat in den letzten 100 Jahren ihr Areal teils natürl. (z. B. im Allgäu), teils durch Einbürgerung (Schwarzwald, Jura, Vogesen, Elbsandsteingebirge; Neuseeland) stark erweitert; im Ggs. dazu sind v. a. einige südl. U.-Arten (z. B. Abruzzengams) u. Bestände Kleinasiens durch geringe Populationsgrößen u. Wilderei gefährdet. B Europa XX.

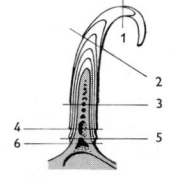

Gemse
Gemse und Längsschnitt durch eine Gamskrucke mit Wachstums-(Jahres-)Ringen

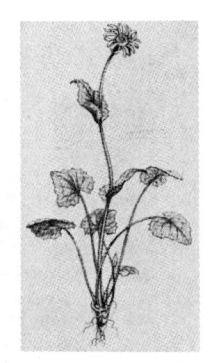

Gemswurz *(Doronicum)*

Gemsenräude, die ↗Gamsräude.

Gemskresse, *Hutchinsia*, Gatt. der Kreuzblütler mit etwa 10 Arten insbes. in Europa, W-Asien und N-Afrika; 1jährige od. ausdauernde, niedrige Kräuter mit fiederteil. Blättern u. weißen od. rötl. Blüten. Die in den Gebirgen Mittel- u. S-Europas beheimatete *H. alpina* ist eine ausdauernde, 5–12 cm hohe Pflanze mit rosettig angeordneten Blättern u. in einer Traube stehenden, kleinen weißen Blüten; wächst in alpinen Steinschuttfluren (auf Kalk) und gilt als Schuttkriecher.

Gemskugel, Bezeichnung für den ↗Bezoarstein bei Gemsen.

Gemswurz, *Doronicum*, Gatt. der Korbblütler, die mit etwa 35 Arten insbes. in den Gebirgen des gemäßigten Asien, aber auch in Europa und Afrika beheimatet ist. Stauden mit ungeteilten, wechselständ. Laubblättern u. großen, gelben, aus röhrenförm. Scheiben- u. zungenförm. Randblüten bestehenden Blütenköpfen. Die meisten der in den Gebirgen Mittel- u. S-Europas vertretenen Arten sind selten bis sehr selten. *D. grandiflorum*, die zerstreut in Steinschuttfluren der alpinen Stufe (auf Kalk) wachsende Großblütige G., besitzt breiteiförm. bis herzförm., grob buchtig gezähnte Blätter u. bis 6 cm breite Blütenköpfe. Viele G.-Arten (z. B. *D. caucasicum*) sind beliebte Zierpflanzen. B Europa XX.

Gemüse, Pflanzen od. Pflanzenteile, die in rohem, gekochtem od. konserviertem Zustand als Beilagen zur kalorienreichen Grundkost verzehrt werden. Im Ggs. zum Obst handelt es sich dabei i. d. R. um einjährige Kulturpflanzen. Ihre ernährungsphysiolog. Bedeutung liegt weniger im Gehalt an Kohlenhydraten, Fetten od. Proteinen, als vielmehr im Gehalt an Vitaminen, Mineralsalzen, äther. Ölen (geschmacksgebend) und Rohfasern (die Darmtätigkeit anregend). Je nach genutztem Organ unterscheidet man Wurzel-, Knollen-, Zwiebel-, Blattstengel-, Blatt-, Blütenstand-, Frucht- u. Samengemüse. G. enthalten natürliche Gifte, z. B. Hemmstoffe der Enzyme des Proteinstoffwechsels (in Bohnensamen, Kartoffeln, roten Rüben), die durch Erhitzen u. Vergärung zerstört werden. Da G.anbau meist im Gartenbau betrieben wird, können unsere G.sorten – regional unterschiedlich – zahlr. Umweltgifte, v. a. Fungizide u. Schwermetalle, enthalten. Die zu intensive Nitratdüngung führt z. B. zu einer Anreicherung v. Nitrat in den Pflanzenteilen. Das Nitrat wird im Magensaft zu Nitrit reduziert u. verbindet sich mit Proteinen zu den als krebserregend geltenden ↗Nitrosaminen. B Kulturpflanzen IV–V. [falter]

Gemüseeule, *Mamestra oleracea*, ↗Eulen-

Gen s [v. *gen-], *Erbanlage, Erbfaktor, Cistron,* von W. L. Johannsen 1909 eingeführter Begriff für die von G. ↗Mendel postulierten konstanten, untereinander frei kombinierbaren Erbeinheiten. Heute ist ein G. definiert als ein Abschnitt auf der DNA (↗Desoxyribonucleinsäuren) eines ↗Chromosoms, auf der in Mitochondrien u. Plastiden vorhandenen DNA od. auf Plasmiden, der bestimmte erblich bedingte Strukturen od. Funktionen eines Organismus codiert. Das G. stellt somit die kleinste *Funktionseinheit* im ↗Genom eines Organismus dar (↗Cis-Trans-Test). Zus. mit Umwelteinflüssen bestimmen G.e die Ausbildung der Merkmale eines Organismus. I. d. R. nimmt jedes G. auf dem Chromosom od. den anderen, G.e tragenden Strukturen einen ganz bestimmten Ort ein, der als *Genort* oder *Genlocus* bezeichnet wird. Inzwischen gibt es allerdings auch eine Reihe v. Beispielen dafür, daß G.e ihren Ort im Genom wechseln können (↗Transposonen). Neuerdings sind auch Beispiele dafür gefunden worden, daß G.e in der Keimbahn aus mehreren, auf einem Chromosom verteilten Bereichen bestehen. So werden z. B. die für Antikörper codierenden G.e erst im Lauf der Differenzierung v. Lymphocyten durch Rekombinationsereignisse aus mehreren Teilen zu einer funktionsfähigen, durchgehenden Einheit zusammengefügt. G.e, die entsprechende *Genloci* auf homologen Chromosomen besetzen, bezeichnet man als *allele* G.e (kurz, aber inkorrekt, Allele). Sie können bezügl. der Erbinformation, d. h. letztl. der Nucleotidsequenz des betreffenden DNA-Abschnitts, völlig identisch sein; in diesem Fall wird der Genort bzw. der Organismus als *homozygot* bezeichnet. Sie können aber auch voneinander verschieden sein, dann wird der Genort bzw. Organismus für das betreffende Allelpaar als *heterozygot* bezeichnet. Überdeckt eine Zustandsform eines G.s, d. h. ein Allel, eine andere in ihrer Merkmalsausprägung, so spricht man v. einem *dominanten* gegenüber einem *rezessiven* Allel. Bei *intermediärer* Merkmalsausbildung sind die verschiedenen Allele des betreffenden G.s mehr od. weniger gleich wirksam. Die Gesamtheit der G.e eines Organismus in ihren jeweils ident. od. verschiedenen Zustandsformen wird als *Genotypus* od. *Genotyp* bezeichnet. Die Größe v. G.en streut zw. den Extremen von ca. 100 Basenpaaren (t-RNA-Gene) u. 100 000 Basenpaaren (eukaryot. Gene mit extremer Mosaikstruktur). Die Mehrzahl der G.größen liegt zw. 300 u. 3000 Basenpaaren. – Die Funktion eines G.s besteht darin, daß der betreffende DNA-Abschnitt in RNA (r-RNA, t-RNA od. m-RNA) transkribiert (↗Transkription) wird u. bei Protein-G.en die gebildete m-RNA gemäß den Regeln des ↗genet. Codes in eine Polypeptidkette translatiert (↗Translation) wird (↗Ein-Gen-ein-Enzym-Hypothese). Außer dem RNA codierenden Abschnitt eines G.s (sog. Strukturbereich eines G.s) werden auch die zur Regulation der Transkription notwend. Signalstrukturen zu den Bestandteilen eines G.s gerechnet. Bes. bei Prokaryoten sind mehrere funktionell zusammengehörige G.e häufig zu einem sog. *Operon* zusammengefaßt. Innerhalb der Nucleotidsequenz eines G.s können an allen (d. h. sehr vielen) Positionen Punktmutationen u. Rekombinationen auftreten, weshalb die urspr. Definition eines G.s als Einheit der Mutation u. Rekombination zugunsten einer Definition des G.s als Einheit der Transkription (Funktion) aufgegeben wurde. (Als Einheit der Mutation u. Rekombination wird heute das einzelne Nucleotidpaar eines DNA-Moleküls angesehen.) – Entspr. einer Übereinkunft werden in der Nomenklatur v. Erbgängen Wildtyp-G.e durch ein + od. einen mit + versehenen Buchstaben (z. B. a^+) gekennzeichnet. Mutierte G.e werden durch Buchstaben symbolisiert, die sich an den meist lat. Merkmals-Bez. orientieren, wobei dominante Mutationen durch einen großen Anfangsbuchstaben gekennzeichnet sind (↗Chromosomen). ↗Desoxyribonucleinsäuren. [B] Chromosomen I–III. *G. St.*

Gena w [lat., =], *Wange,* jederseits die ventrolaterale Region der Kopfkapsel v. Insekten.

Genabstand [v. *gen-], der Abstand zw. Genen einer Kopplungsgruppe. ↗Chromosomen.

Genaktivierung [v. *gen-], die spezif. Aktivierung der Transkription einzelner Gene in Abhängigkeit v. Umwelteinflüssen bzw. vom biochem. u. biophysikal. Zustand der Zelle. Die regulierbare G. (↗Genregulation) ermöglicht es den Organismen, sich an v. außen gebotene Situationen anzupassen. Bakterienzellen reagieren i. d. R. auf das Angebot einzelner Zuckerarten (Arabinose, Galactose, Lactose), die zuvor nicht im Medium vorhanden waren, mit der selektiven Neusynthese v. Enzymen (codiert durch die jeweil. Gene), die den entspr. Zucker abbauen können u. somit für die Bakterienzellen als Kohlenstoff- u. Energiequelle verwertbar machen (↗Arabinose-Operon, ↗Galactose-Operon, ↗Lactose-Operon). Bei höheren Organismen ist die G. außer für die Regulation des Grundstoffwechsels v. bes. Bedeutung für den Prozeß der Differenzierung v. Zellen bzw. Geweben, wobei zu bestimmten Zeitab-

gen- [v. gr. gignesthai = werden, entstehen, abstammen; daraus: -genēs = entstanden, genesis = Entstehung, Zeugung, genos = Abstammung, Nachkommenschaft, Geschlecht, Gattung].

Genalstachel

gen- [v. gr. gignesthai = werden, entstehen, abstammen; daraus: -genēs = entstanden, genesis = Entstehung, Zeugung, genos = Abstammung, Nachkommenschaft, Geschlecht, Gattung].

Anfangspunkt der Replikation
Endpunkte der Replikation
1. Replikationsrunde
2. Replikationsrunde
usw.

Ausschneiden des DNA-Segments aus dem Chromosom u. Ringbildung

Replikation des ausgeschnittenen DNA-Segments nach dem „rolling circle"-Modell

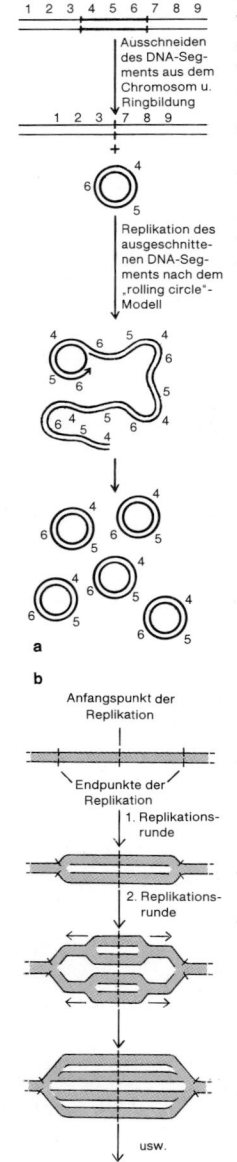

schnitten – häufig unter dem spezif. Einfluß v. Hormonen – nur bestimmte Gene aktiv werden. An den Riesenchromosomen v. Dipteren wird die *Genaktivität* durch die Ausbildung sog. ↗ Puffs (↗ Balbiani-Ring) lichtmikroskop. sichtbar. B 19.

Genalstachel *m* [v. lat. gena = Wange], *Wangenstachel*, rückwärts gerichtete, stachelart. Verlängerung der ↗ freien Wangen vieler ↗ Trilobiten.

Genamplifikation *w* [v. *gen-, lat. amplificatio = Vermehrung], Vervielfachung einzelner Gene durch selektive DNA-Replikation im Verlauf der Differenzierung bestimmter Zellen (z. B. ↗ Amphibienoocyten od. Follikelzellen v. *Drosophila*). Die vervielfachten DNA-Abschnitte liegen entweder als extrachromosomale DNA-Ringe vor od. bleiben im Chromosom integriert. In den Oocyten des Krallenfrosches *Xenopus laevis* entstehen z. B. aus den ca. 1000 Genen für 28S- u. 18S-r-RNA durch G. bis zu 2 Mill. extrachromosomale Kopien der beiden Gene, was durch die Bildung einer großen Anzahl Nucleoli, in denen die amplifizierten r-RNA-Gene lokalisiert sind u. transkribiert werden, lichtmikroskop. erkennbar ist. Die Expression v. r-RNA-Genen ist nach der Transkription u. evtl. Prozessierung des Primärtranskripts bereits abgeschlossen; somit fehlt die Translation, die bei der Expression v. Proteingenen als weiterer Mechanismus zur Vervielfachung der genet. Information wirksam ist (v. einem Gen werden viele m-RNA-Moleküle transkribiert, u. an jedem einzelnen m-RNA-Molekül werden jeweils wieder viele Polypeptidketten translatiert). Werden in bestimmten Differenzierungsstadien, z. B. in Oocyten v. Amphibien, viele Ribosomen u. damit große Mengen v. r-RNA benötigt, so können r-RNA-Gene dies durch G. ausgleichen. G. ist daher generell als Mechanismus der Genaktivierung über die selektive Erhöhung der Gendosis aufzufassen.

Genaustausch [v. *gen-], der Austausch v. Genen zw. homologen Chromosomen beim ↗ Crossing over.

Mechanismen der Genamplifikation

a Ein DNA-Segment, auf dem das zu amplifizierende Gen lokalisiert ist, wird aus dem Chromosom ausgeschnitten u. zu einem ringförm. Molekül geschlossen, das dann nach dem sog. „rolling circle"-Modell (↗ Replikation) vervielfacht wird. Als Ergebnis liegt eine Vielzahl v. Kopien des ursprünglichen ringförm. DNA-Moleküls vor (z. B. bei r-RNA-Genen in Oocyten v. *Xenopus laevis*).
b Das Gen bleibt während u. nach der wiederholten Replikation im Chromosom integriert. Die molekularen Mechanismen an den Endpunkten der „Replikationsblasen" sind noch nicht geklärt (z. B. Chorion-Gene in Follikelzellen v. *Drosophila melanogaster*).

Genbank [v. *gen-], *Gen-Bibliothek*, die Ansammlung (möglichst) aller Gene eines Organismus in Form v. klonierten DNA-Fragmenten. Zur Erstellung einer G. muß die gesamte DNA eines Organismus durch limitierte Einwirkung v. Restriktionsenzymen in Fragmente der Länge v. ca. 40000 Basenpaaren zerlegt werden, die danach in einen geeigneten Klonierungs-↗ Vektor (meist ↗ Cosmide) eingefügt u. vermehrt werden (↗ Klonierung). Z. B. würde eine G. des aus ca. 4 Mrd. Basenpaaren zusammengesetzten menschl. Genoms aus mindestens 100000 verschiedenen Klonen bestehen, wenn Fragmente der durchschnittl. Länge v. 40000 Basenpaaren zur Klonierung eingesetzt werden. Die Anreicherung u. Isolierung einzelner Klone (u. damit DNA-Fragmente bzw. Gene des urspr. Genoms) aus dem Klongemisch einer G. erfolgt meist durch Hybridisierung der DNA einzelner in Form v. Bakterienkolonien vermehrter Klone mit radioaktiver RNA od. ↗ c-DNA als Hybridisierungsprobe. [tion, ↗ Gentechnologie.

Genchirurgie [v. *gen-] ↗ Genmanipula

Gendosis [v. *gen-, gr. dosis = Gabe], die Häufigkeit eines in aktiver Form vorliegenden Gens im Genom eines Organismus. Die G. hängt u. a. von der Ploidiestufe des Organismus ab: in haploiden Organismen liegen nahezu alle ↗ Gene (Ausnahmen: ↗ Genfamilien) einmal vor, in einem diploiden zweimal (in hetero- od. homozygoter Form). Bei Genen, die auf Geschlechtschromosomen lokalisiert sind, gibt es einen vom Geschlecht abhängigen Unterschied in der G. (wenn sich die Geschlechter durch XX/XY- bzw. XX/X0-Situation unterscheiden): im homogametischen Geschlecht (XX) kommt jedes Gen zweimal vor, im heterogametischen Geschlecht (XY od. X0) nur einmal. In homogametischen Somazellen kommt es durch die Inaktivierung von einem der beiden Geschlechtschromosomen (↗ Lyon-Hypothese) zu einer sog. *G.-Kompensation*. Die G. der auf dem Chondrom u. Plastom lokalisierten Gene ist hoch, da einerseits in jedem Mitochondrium bzw. Chloroplasten mehrere DNA-Kopien vorliegen u. andererseits auch die Organellen in Vielzahl pro Zelle vorhanden sind.

Gendrift [v. *gen-, engl. drift = Strömung], *Alleldrift, Sewall-Wright-Effekt*, die zufäll. Veränderung der ↗ Allelhäufigkeit (Allelenfrequenz) in kleinen Populationen; wird vermutl. als ↗ Evolutionsfaktor nur in verhältnismäßig sehr kleinen Populationen wirksam; eine gewisse Bedeutung kommt ihr auch in Gründerpopulationen zu. Da die Auswahl der ein neues Gebiet besiedelnden Individuen, die nur einen kleinen Aus-

GENAKTIVIERUNG

Riesenchromosomen der Dipteren (Zweiflügler) lassen gut die spezifische Aktivität der Gene erkennen. Je nach Anordnung in einem bestimmten Gewebe oder je nach Entwicklungsstadium des Organismus werden verschiedene Gene aktiv, was an der Ausbildung unterschiedlicher Puffmuster mikroskopisch erkennbar ist.

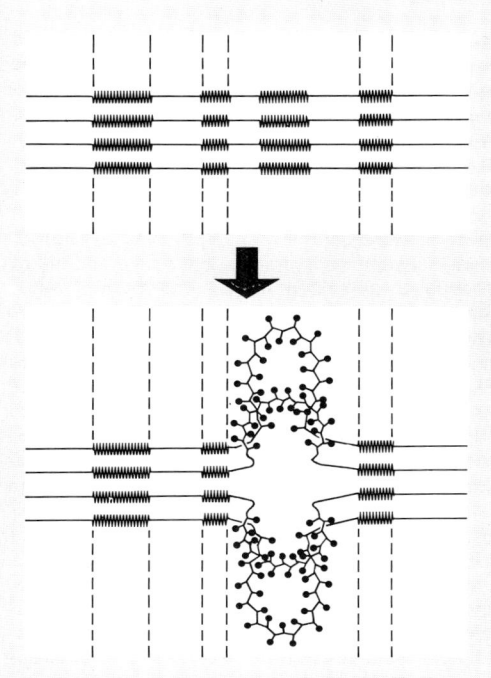

Puffs sind Querscheiben und damit auch Genorte hoher primärer Aktivität. An der entfalteten DNA der Puffs wird m-RNA gebildet. In Abb. oben sind nur vier Chromatiden mit der lokal entfalteten DNA dargestellt. In Wirklichkeit beteiligen sich Tausende von Chromatiden an der Puffbildung.

Gewebespezifische Ausbildung von Balbianiringen
Balbianiringe (BR) sind stark entwickelte Puffs. Dargestellt sind in Abb. rechts homologe Abschnitte des I. Chromosoms aus Speicheldrüsenzellen der Mücke *Acricotopus lucidus*. Die Chromosomen stammen aus dem Vorderlappen (oben), Hauptlappen (Mitte) und dem Nebenlappen (unten) der Speicheldrüse. Im Vorderlappen ist kein BR ausgebildet, im Haupt- und Nebenlappen ein BR am Genlocus 35, im Nebenlappen noch ein zweiter BR an Genlocus 14.

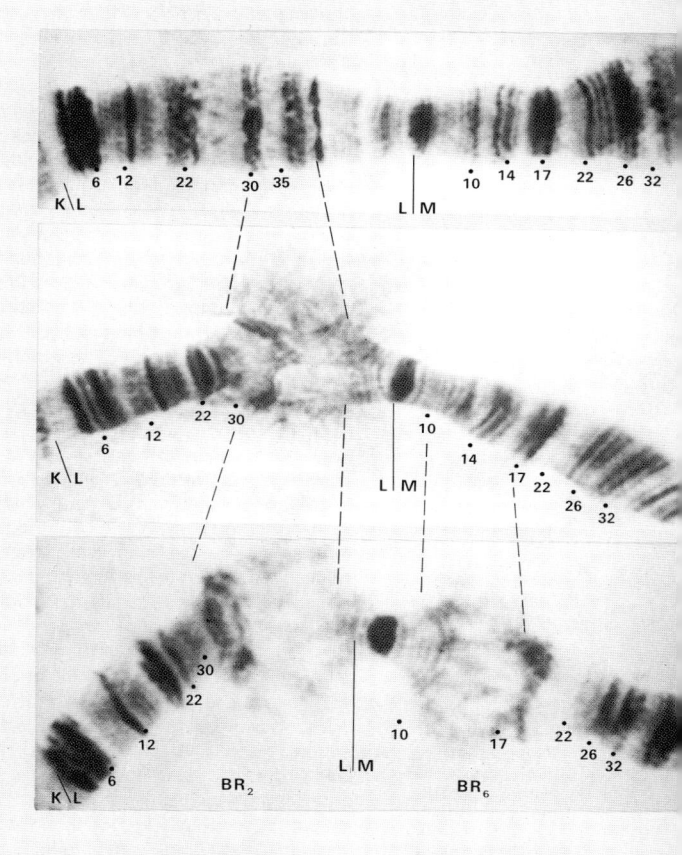

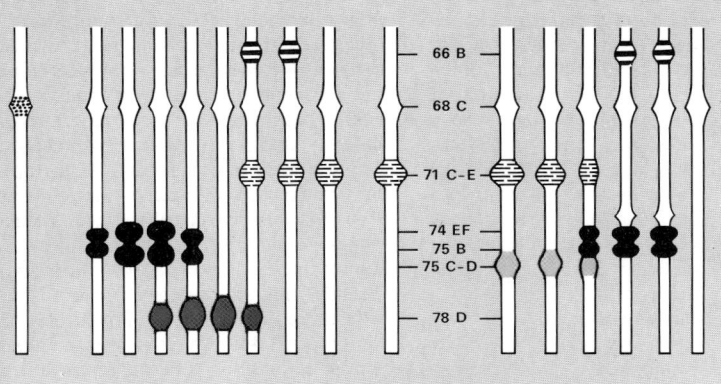

Stadienspezifische Puffmuster
Dargestellt ist ein Teil des III. Chromosoms aus Speicheldrüsenzellen von *Drosophila melanogaster* während des Übergangs vom dritten Larvenstadium zur Puppe. Die Ziffern-Buchstaben-Kombinationen bezeichnen die einzelnen Querscheiben bzw. zu Puffs entfalteten Querscheiben.

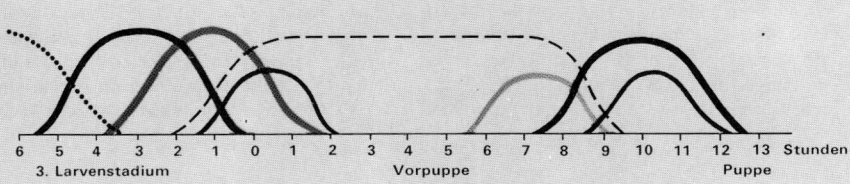

© FOCUS/HERDER
11-J:20

Geneaceae

schnitt der gesamten genet. Variation enthalten, sicher zufällig erfolgt, werden sich diese Populationen sowohl untereinander als auch gegenüber der Ausgangspopulation unterscheiden. Diesem *Gründerprinzip* (Gründereffekt) kommt bei der Entstehung neuer Arten eine gewisse Bedeutung zu. [die ↗Blasentrüffel].

Geneaceae [Mz.; v. gr. geneias = Bart], **Genealogie** *w* [v. gr. genealogia = Geschlechtsregister, Stammfolge], *Familienforschung, Ahnenforschung, Geschlechterforschung, Sippenforschung,* die Wiss. v. den auf ↗Abstammung beruhenden Zusammenhängen zw. Menschen, eine Hilfs-Wiss. der Gesch. u. der Rechts-Wiss.

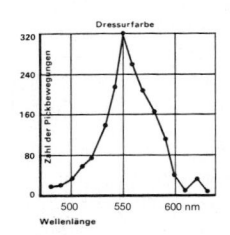

Generalisierung [v. lat. generalis = allgemein], *Generalisation,* eine Eigenschaft v. Lernvorgängen, durch die sich die Wirkung erlernter Verknüpfungen über die Situation der urspr. Erfahrung hinaus auch auf andere, ähnl. Situationen u. Reizkombinationen ausdehnt. So kann z. B. ein Affe, der als Jungtier v. a. mit der Mutter in Sozialkontakt steht, das dort erlernte Sozialverhalten auch auf Spielpartner usw. übertragen. Betrifft die G. die Reaktion auf Reize, spricht man auch v. einer *Reizgeneralisation.* Die G. ist v. der ↗Abstraktion zu unterscheiden, die sich nicht nach allg. Ähnlichkeiten richtet, sondern durch die wesentl. Züge eines Reizsystems od. einer Situation herausgehoben werden. G. ist im Ggs. zum Abstraktionsvermögen im Tierreich weit verbreitet. Z. B. können auch Bienen, die die Farbe einer nektarreichen Blüte erlernen, in gewissem Maß generalisieren.

Generation *w* [v. lat. generatio = Zeugung, Menschenalter], 1) ein Zeitabschnitt: Der Entwicklungsabschnitt, der mit der Bildung eines Individuums durch einen Fortpflanzungsvorgang beginnt u. mit der nächstfolgenden Fortpflanzung endet; unabhängig davon, ob diese Fortpflanzungsvorgänge gleichartig oder unterschiedl. sind. 2) eine Erscheinungsform: Bez. für die unterschiedl. Formen beim heteromorphen G.swechsel, z. B. ugs.: „der Polyp ist die eine G., die Meduse die andere G." 3) ein Kollektiv: Gesamtheit aller annähernd gleichaltrigen Individuen einer Art; scharf begrenzt bei all den Arten, die nur einmal pro Jahr zur Fortpflanzung gelangen.

Generationsdimorphismus *m* [v. lat. generatio = Zeugung, Generation, gr. dimorphos = doppelgestaltig], *unterschiedl. Erscheinungsform* in aufeinanderfolgenden Generationen der gleichen Pflanzen- od. Tierart. Es gibt G. ohne Generationswechsel (dann oft Saisondimorphismus), wie bei vielen Insekten (z. B. dem Landkärtchen, *Araschnia levana;* die unterschiedl. Formen hängen v. der Tageslänge zur Zeit der Entwicklung ab; es gibt Frühjahrs- u. Sommerformen). G. mit ↗Generationswechsel tritt z. B. bei Farnen, Salpen u. Blattläusen auf. ☐ Blattläuse.

Generationsorgane [v. lat. generatio = Zeugung], die ↗Geschlechtsorgane.

Generationswechsel, 1) allg.: G. liegt vor, wenn sich verschiedene Generationen ein u. derselben Art auf unterschiedl. Weise fortpflanzen. Der G. ist entweder *obligatorisch* (regelmäßig, d. h. period. abwechselnd) od. *fakultativ* (im allg. von Außenbedingungen abhängig). – Der (stammesgesch. gesehen) *primäre G.* ist der Wechsel zw. Generationen mit ↗Gamogonie (bisexuelle Fortpflanzung durch Gameten) u. solchen mit Agamogonie (Fortpflanzung durch Agameten, d. h. *ein*zellige Sporen, Zoosporen, Schwärmer usw.); er kommt bei vielen Einzellern (z. B. vielen Protozoen) u. manchen vielzell. Pflanzen vor (vgl. 2). Als *sekundärer G.* gelten die beiden nur bei Metazoen vorkommenden Formen des G.s: die ↗*Metagenese* ist der Wechsel zw. Generationen mit Gamogonie u. solchen mit ↗asexueller Fortpflanzung durch *viel*zellige Fortpflanzungskörper (*poly*cytogen); bei ↗*Heterogonie* wechselt Gamogonie mit unisexueller Fortpflanzung (Parthenogenese) ab. – Der G. ist oft, aber keineswegs immer mit einem *Kernphasenwechsel* verbunden (vgl. 2). – Nicht zu verwechseln mit dem G. ist der *Fortpflanzungswechsel*: Bei ein u. demselben Individuum kommen unterschiedl. Fortpflanzungsweisen vor, z. B. Bildung v. Knospen u. Gameten beim Süßwasserpolypen *Hydra* (☐ Hohltiere I), od. die Bildung v. Zoosporen u. Neutralsporen bei der Braunalge *Ectocarpus* (☐ Algen V). **2)** Botanik: *Biontenwechsel;* am G. der Pflanzen sind i. d. R. zwei Generationen beteiligt (Ausnahme ↗Rotalgen), die sich durch ihre *Kernphase* unterscheiden; hierbei wechselt eine haploide, geschlechtszellbildende Gametophytengeneration mit einer diploiden, meiosporenbildenden Sporophytengeneration ab (Diplo-Haplonten); diese Form des G.s wird *Heterogenese, heterophasischer* od. *antithetischer G.* genannt. (Ein G. ohne Kernphasenwechsel *(Homogenese, homophasischer G.)* ist u. a. bei vielen niederen Tieren (Protozoen) verbreitet.) Ein heterophasischer G. ist bei Algen u. Pilzen häufig, bei Moosen, Farnen (☐ Farnpflanzen I) u. Samenpflanzen die Regel; man unterscheidet hierbei noch zw. einem *isomorphen G.,* wenn beide Generationen morpholog. gleichgestaltet sind, u. dem *heteromorphen G.* bei unterschiedl. Gestalt der Ge-

---

Generalisierung

Eine Taube hatte gelernt, gg. eine gelbgrüne Scheibe zu picken, um Futter zu erhalten. Die Dressurfarbe, d. h. die Farbe der Scheibe, hatte eine Wellenlänge von 550 nm. Dann wurde die Belohnung eingestellt u. die Scheibe in zufäll. Reihenfolge auch mit anderen Farben beleuchtet. Jede dieser Farben wurde im ganzen gleich lange geboten, u. bei jeder wurden die Pickbewegungen der Taube gg. die Scheibe registriert. – Die G. besteht darin, daß das Versuchstier nicht nur auf die Dressurfarbe, sondern auch auf andere, ähnl. Farben in einem nach der Ähnlichkeit abgestuften Maß anspricht.

nerationen. Der heterophasische, heteromorphe G. ist der häufigere. Mit der Höherentwicklung der Landpflanzen erfolgt eine stärkere morpholog. Rückbildung der Gametophytengeneration zugunsten der Sporophytengeneration; bei den Nackt- wie Bedecktsamern ist der Gametophyt nicht mehr selbständig lebensfähig, er entwickelt sich stets in der Blüte (Schutz vor Austrocknung. **3)** Zoologie: **a)** *primärer G.:* ist im Ggs. zu dem der Pflanzen nur selten heterophasisch (Diplo-Haplonten: nur ↗ Foraminifera); meist homophasisch, u. zwar überwiegend haplo-homophasisch (Haplonten): sowohl der Gamont als auch der Agamont sind haploid (z. B. alle Sporozoen); selten diplo-homophasisch, dies nur in fakultativer Form bekannt, z. B. die unregelmäßige Folge v. Zweiteilung u. Konjugation bei Ciliaten (Wimpertierchen). Ein dreigliedriger G. kommt bei vielen Sporozoen vor, z. B. beim Malaria-Erreger *Plasmodium* (vergleichbar der Situation bei den ↗ Rotalgen). **b)** *sekundärer G.,* ↗ Heterogonie, ↗ Metagenese.

R. B. / U. W.

Generationszeit, *Generationsdauer,* 1) allg.: durchschnittl. zeitl. Abstand zw. zwei aufeinanderfolgenden Generationen, z. B. beim Menschen etwa 25 Jahre; bei Organismen, die sich nur durch Zweiteilung fortpflanzen, ident. mit der durchschnittl. Lebensdauer. 2) Mikrobiol.: Zeitspanne, in der bei Mikroorganismen unter Wachstumsbedingungen eine Verdoppelung der Zellzahl erfolgt (↗ mikrobielles Wachstum). Unter optimalen Bedingungen kann bei Bakterien die G. nur 15–60 Min., für einzellige Eukaryoten (z. B. Hefen) 90–120 Min. betragen.

generative Fortpflanzung [v. *generativ], die ↗ sexuelle Fortpflanzung.

generative Vermehrung [v. *generativ], ugs., ungenaue Bez. für ↗ sexuelle Fortpflanzung. ↗ Fortpflanzung.

generative Zelle *w* [v. *generativ], Fortpflanzungskörper (z. B. Sporen, Gameten) bildende Zelle; Ggs.: vegetative Zelle.

Generatorpotential *s* [v. lat. generator = Erzeuger, potentia = Kraft, Vermögen], Bez. für ein Rezeptorpotential (↗ Membranpotential), das am ↗ Axon ein ↗ Aktionspotential auslöst, wirkt so als Generator für fortgeleitete Aktionspotentiale.

generisch [v. lat. genus, Gen. generis = Art, Geschlecht, Gattung], das Geschlecht, die Gattung betreffend, zur Gattung gehörend.

Genese *w* [v. gr. genesis = Entstehung, Zeugung], allg.: Entstehung, Entwicklung, z. B. der Welt, v. Mineralien, Krankheiten usw., bes. aber die des Lebens (↗ Biogenese).

Generationswechsel
Sowohl der primäre als auch der sekundäre G. sind gerade bei Parasiten oft mit Wirtswechsel verbunden (z. B. Malariaerreger, Trematoden: Leberegel), aber keineswegs immer (z. B. ↗ *Gregarinida* u. manche anderen Sporozoen). Umgekehrt gibt es wichtige Parasiten, bei denen zwar Wirtswechsel, aber kein G. auftritt (alle ↗ Bandwürmer außer dem Hundebandwurm, ↗ *Echinococcus*).

Generationswechsel
Den G. bei Tieren (Metagenese) entdeckte A. v. Chamisso bei Salpen (Tunikaten) während der Weltreise O. v. Kotzebues (1815–18), an der er als Biologe teilnahm. Die Aufklärung des G.s bei den Kormophyten gelang *W. Hofmeister.*

gen- [v. gr. gignesthai = werden, entstehen, abstammen; daraus: -genēs = entstanden, genesis = Entstehung, Zeugung, genos = Abstammung, Nachkommenschaft, Geschlecht, Gattung].

generativ [v. lat. generare = erzeugen].

Genetik

genetic engineering [dschinetik endschiniering; engl., = genetische Technik], ↗ Genmanipulation, ↗ Gentechnologie.

genetic load [dschinetik lo^ud; engl., =], die genetische ↗ Bürde.

Genetik *w* [v. *gen-], *Erblehre, Vererbungslehre, Erbbiologie,* als Teilgebiet der allg. Biol. die Wiss. v. den Gesetzmäßigkeiten u. materiellen Grundlagen der Ausbildung v. erbl. Merkmalen u. deren Übertragung v. den Eltern auf die Nachkommen. Zur *klassischen G.,* die um 1865 v. G. ↗ Mendel (↗ Mendelsche Regeln) begr. wurde, ist neben cytolog. Untersuchungen der ↗ Chromosomen u. deren Anomalien (↗ Cyto-G.) die Erforschung der formalen Gesetzmäßigkeiten der Erbgänge v. Merkmalen v. a. bei höheren Organismen bzw. in Populationen (↗ Populations-G.) zu rechnen. – In der erst in den 40er Jahren begr. *molekularen G.* (biochem. G.) werden die grundlegenden Phänomene der Vererbung auf der Ebene v. Makromolekülen untersucht, die Träger der Erbinformation (DNA, ↗ Desoxyribonucleinsäuren) sind bzw. die Realisierung dieser Information (RNA, Proteine) bewerkstelligen. Forschungsschwerpunkte sind bzw. waren hierbei die Feinstrukturanalyse v. ↗ Genen, die Entschlüsselung des ↗ genet. Codes, die Sequenzanalyse v. DNA, RNA u. Proteinen, die Veränderung v. DNA-Sequenzen durch Mutation sowie die Untersuchung der molekularen Mechanismen der Replikation, Rekombination u. der Teilschritte der Genexpression (Transkription, Translation). Durch den Erkenntnis- u. Methodenfortschritt bes. auf dem Gebiet der molekularen G. ist in zunehmendem Maße auch die gezielte Manipulation v. Genen möglich geworden, wodurch die Anwendung v. G. zunehmend mit ethischen Problemen konfrontiert ist (↗ Genmanipulation, ↗ Gentechnologie). – Die Vielfältigkeit der *angewandten G.* entspricht den obengen. Inhalten der klass. u. molekularen G. Zu nennen sind die Züchtung v. wirtschaftl. ertragreicheren Pflanzen u. Tieren nach den klass. Methoden der Auslesezüchtung, die ↗ Erbdiagnose, die ↗ genet. Beratung sowie die molekulare Gentechnologie. ↗ Humangenetik. B Biologie II–III.

Lit.: *Bresch, C., Hausmann, R.:* Klassische und Molekulare Genetik. Berlin, Heidelberg, New York ³1972. *Brewbaker, J. L.:* Angewandte Genetik. Stuttgart 1967. *Günther, E.:* Grundriß der Genetik. Stuttgart ³1978. *Heß, D.:* Biochemische Genetik. Berlin, Heidelberg, New York 1968. *Jungermann, K., Möhler, H.:* Biochemie. Berlin, Heidelberg, New York 1980. *Kaudewitz, F.:* Molekular- und Mikrobengenetik. Berlin, Heidelberg, New York 1973. *Knippers, R.:* Molekulare Genetik. Stuttgart ³1982. *Kull, U., Knodel, H.:* Genetik und Molekularbiologie. Stuttgart ²1980. *Lenz, W.:* Medizinische Genetik. Stuttgart ⁵1981.

genetische Balance [v. *genetisch-], das regulierte Zusammenwirken der Einzelgene eines ↗Genoms; die Ausprägung eines Merkmals wird meist durch mehrere Gene kontrolliert, die in ausgeglichener Wechselwirkung miteinander stehen.
genetische Beratung [v. *genetisch-], v. a. bei mit ↗Erbkrankheiten vorbelasteten Familien durchgeführte Beratung, bei der z. B. im Rahmen einer ↗Erbdiagnose die Wahrscheinlichkeit für die Geburt erbgeschädigter Kinder ermittelt wird. ↗Amniocentese, ↗Eugenik. [↗Bürde.
genetische Bürde [v. *genetisch-], die
genetische Defekte [v. *genetisch-], die durch Veränderungen des Erbguts (Mutationen) verursachten ↗Erbkrankheiten u. ↗Erbfehler, z. B. ↗Chromosomenanomalien (↗Chromosomenaberrationen).
genetische Drift [v. *genetisch-], die ↗Gendrift.
genetische Flexibilität [v. *genetisch-], die Fähigkeit eines Genotyps od. einer Mendel-Population, sich ändernden Umweltbedingungen im Verlauf mehrerer Generationen durch Selektion genetisch anzupassen (↗Variabilität).
genetische Information [v. *genetisch-], die in der ↗Basensequenz v. DNA codierte ↗Information über die erbl. Eigenschaften eines Organismus (↗Desoxyribonucleinsäuren). Bei manchen Viren ist die g. I. in Form von RNA-Basensequenzen verschlüsselt. B Desoxyribonucleinsäuren II.
genetischer Block [v. *genetisch-], die Blockierung einer Stoffwechselreaktion durch den genet. bedingten Ausfall der entspr. Enzymaktivität; ein g. B. wird daher letztl. durch ein defektes Gen, durch das entweder kein Enzymprotein, nur ein inaktives Fragment desselben od. ein nichtfunktionelles Enzymprotein codiert wird, verursacht. Die meisten ↗Erbkrankheiten sind durch genet. Blöcke bedingt (z. B. ↗Alkaptonurie, ↗Glykogenosen). Die Analyse v. durch Mutagenese bei Mikroorganismen künstl. ausgelösten genet. Blöcken ist ein wichtiges Hilfsmittel zur Aufklärung v. Stoffwechselreaktionsketten. ↗Enzymopathien; ↗Genwirkketten (B).
genetischer Code [v. *genetisch-], *Triplett-Code, Dreiercode,* die Zuordnung der 64 mögl. ↗Codonen (Trinucleotide, Tripletts) v. m-RNA zu den 20 in Proteinen vorkommenden ↗Aminosäuren. 61 Codonen des g. C.s codieren für Aminosäuren; die restl. drei Codonen (UAA, UAG u. UGA) signalisieren als Stop-Codonen den Kettenabschluß der Translation. AUG (seltener GUG u. UUG) signalisiert als Start- od. Initiations-Codon den Kettenstart mit der Aminosäure Methionin (Eukaryoten) bzw. Formyl-Methionin (Prokaryoten). Der

genetischer Code
Zu einem Codon (= Gruppe v. drei benachbarten Nucleotiden in m-RNA) sucht man die zugehörige Aminosäure auf, indem man das erste Nucleotid am linken Rand wählt, das zweite am oberen und das dritte am rechten Seitenrand. Beispiel: das Triplett AUG codiert für Methionin. Wie 1979 entdeckt wurde, wirkt das Triplett UGA nur in Prokaryoten als Stop-Codon, in einer Reihe (vermutlich in allen) von Eukaryoten u. in Mitochondrien codiert es hingegen für die Aminosäure Tryptophan. – Bei der Translation v. mitochondrialen Proteinen, deren Gene auf mitochondrialer DNA lokalisiert sind, wurden neuerdings weitere Einzelabweichungen v. universalen g. C. (z. B. AUA für Met u. AGA u. AGG für Stop bei Säuger-Mitochondrien, dagegen AUA für Met u. CUA für Thr bei Hefe-Mitochondrien) gefunden. Einzelne Abweichungen finden sich auch in mikrobiellen Suppressorstämmen, z. B. fungieren bei Nonsense-Suppressoren einzelne Stop-Codonen auch als Aminosäure-Codonen.

1. Position (5'-Ende)	2. Position				3. Position (3'-Ende)
	U	C	A	G	
U	Phe	Ser	Tyr	Cys	U
	Phe	Ser	Tyr	Cys	C
	Leu	Ser	Stop	Stop/Trp	A
	Leu	Ser	Stop	Trp	G
C	Leu	Pro	His	Arg	U
	Leu	Pro	His	Arg	C
	Leu	Pro	Gln	Arg	A
	Leu	Pro	Gln	Arg	G
A	Ile	Thr	Asn	Ser	U
	Ile	Thr	Asn	Ser	C
	Ile	Thr	Lys	Arg	A
	Met	Thr	Lys	Arg	G
G	Val	Ala	Asp	Gly	U
	Val	Ala	Asp	Gly	C
	Val	Ala	Glu	Gly	A
	Val	Ala	Glu	Gly	G

g. C. ist *degeneriert,* d. h., für die meisten Aminosäuren gibt es mehr als ein Codon (bis zu 6 Codonen; z. B. bei Arginin, Leucin u. Serin). Die Degeneration folgt einem bestimmten Muster, indem häufig jeweils die dritten Codon-Positionen begrenzt od. völlig austauschbar sind. – Die Ermittlung des g. C.s erfolgte Mitte der 60er Jahre durch die Arbeitsgruppen um H. G. Khorana u. M. Nirenberg sowohl mit Hilfe zellfreier Translationssysteme, die mit synthet. m-RNA zur Synthese definierter Polypeptide (z. B. polyU → poly-Phenylalanin) programmiert wurden, als auch mit Hilfe des Trinucleotidbindetests (↗Bindereaktion). Später konnten durch Korrelation v. DNA- (bzw. den v. diesen abgeleiteten RNA-)Nucleotidsequenzen mit den Aminosäuresequenzen der durch diese codierten Proteine die Zuordnungen des g. C.s in vielen Systemen bestätigt werden. Der g. C. gilt daher, v. wenigen Ausnahmen abgesehen (vgl. Tab.), universal für alle Lebewesen *(Universalität des g. C.s).* ↗Information und Instruktion.

genetisch- [v. *gen-], in Zss.: die Vererbung betreffend.

genetische Variabilität [v. *genetisch-], ↗Variabilität, ↗genetische Flexibilität.

Genetta *w* [über frz. genette, span. jineta v. arab. djernieti = Ginsterkatze], die ↗Ginsterkatzen.

Genetyllis w [ben. nach der gr. Göttin der Zeugung], Gatt. der ⟶Phyllodocidae.

Genexpression w [v. *gen-, lat. expressio = Ausdruck], i.e.S. die im Verlauf der ⟶Transkription stattfindende Synthese v. t-RNA, r-RNA u. m-RNA *(primäre Genprodukte)* sowie die darauf aufbauende ⟶Translation reifer m-RNA-Sequenzen zu Proteinen *(sekundäre Genprodukte);* i.w.S. die vollständ. Ausprägung der genet. Information zum Phänotyp eines Organismus; diese umfaßt auch alle über die Transkription u. Translation hinausgehenden, im Falle der Stoffwechselreaktionen heute weitgehend verstandenen, im Falle v. morphogenet. u. Entwicklungsprozessen jedoch noch weitgehend ungeklärten Vorgänge. Die Ausbildung eines Merkmals wird meist durch mehrere miteinander in Wechselwirkung stehende Gene kontrolliert (Polygenie) u. hängt darüber hinaus z.T. auch v. Umwelteinflüssen ab. Die Regulation der G. erfolgt häufig auf der Ebene der Transkription (⟶Genregulation), jedoch sind auch Beispiele zur Regulation über spezif. DNA-Amplifikationen u. über die Translation bekannt. ⟶differentielle G.

Genfamilie [v. *gen-], im haploiden Genom eines Organismus eine Gruppe v. zwei od. mehr bezügl. ihrer Nucleotidsequenz ident. od sehr ähnl. Genen. G.n entstehen im Laufe der Evolution durch Duplikationen einer urspr. nur einmal vorhandenen Sequenz; danach können die duplizierten Sequenzen entweder in Form v. Clustern zusammenbleiben od. sich im Genom verteilen, so daß sie schließl. sogar auf verschiedenen Chromosomen lokalisiert sind. Man unterscheidet zw. *homogenen G.n* u. *heterogenen G.n.* In homogenen G.n, zu denen z.B. die im Säugetiergenom in bis zu 1000 Kopien vorliegenden r-RNA-Gene od. die einzelnen Histongene gezählt werden, sind die in Vielzahl vorliegenden Gene ident.; die Gene codieren i.d.R. für Produkte, die in der Zelle in großen Mengen gebraucht werden. In heterogenen G.n, zu denen z.B. die Globin-, Actin- od. Tubulingene zusammengefaßt werden, unterscheiden sich die Nucleotidsequenzen der einzelnen Gene in gewissem Umfang; die in Struktur u. Funktion unterschiedl., aber dennoch meist ähnl. Genprodukte werden in verschiedenen Zelltypen u./od. in verschiedenen Entwicklungsstadien bereitgestellt; so werden z.B. die verschiedenen Globingene (α, β, γ, δ od. ε) zu verschiedenen Zeitpunkten der menschl. Entwicklung exprimiert.

Genfluß [v. *gen-], ein ⟶Evolutionsfaktor, der durch Migration zustande kommt; durch G. wird die ⟶Allelhäufigkeit in benachbarten Populationen verändert; G. ist eine gg. die ortspezif. Selektion gerichtete Kraft. [keit.

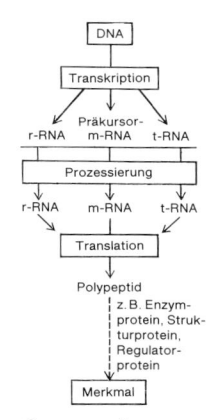

Genfrequenz [v. *gen-], die ⟶Genhäufig-
Genhäufigkeit [v. *gen-], *Genfrequenz,* 1) die Häufigkeit, mit der ein bestimmtes Gen in ident. od. fast ident. (d.h. allelischer) Form im Genom eines Organismus enthalten ist (⟶Genfamilie); weitgehend synonym mit ⟶Gendosis. 2) inkorrekte Bez. für die ⟶Allelhäufigkeit.

Genick, *Nacken,* dorsaler Teil des Halses, i.e.S. die Halswirbelsäule (G.bruch = Bruch der Halswirbelsäule).

Genickstarre, die ⟶Bornasche Krankheit.

Geninaktivierung [v. *gen-], *Genrepression,* die v. Umwelteinflüssen bzw. dem biochem. u. biophysikal. Zustand einer Zelle abhängige Blockierung der Transkription einzelner Gene (⟶Genregulation). Eine bes. Form der G., die nicht auf der Ebene der Transkription erfolgt u. zu einer dauerhaften Stillegung einzelner Gene führt, stellt die Bildung der ⟶Barr-Körperchen (☐) in den Zellen weibl. Säuger dar, was lichtmikroskop. sichtbare Folge der Inaktivierung ganzer X-Chromosomen ist.

Genista w [lat., =], der ⟶Ginster.

genital [v. *genital-], zu den Geschlechtsorganen gehörend, die Geschlechtsorgane betreffend.

Genitalapparat [v. *genital-], 1) männl. G. der Insekten ⟶Aedeagus, ⟶Endophallus; 2) weibl. G. der Insekten ⟶Eilegeapparat.

Genitalfalte [v. *genital-], die ⟶Geschlechtsfalte.

Genitalfüße [v. *genital-], *Gonopoden,* zu Kopulationsorganen umgewandelte ⟶Extremitäten bei Gliederfüßern. ⟶Begattungsorgane, ⟶Geschlechtsorgane.

Genitalhöcker [v. *genital-], *Geschlechtshöcker, Tuberculum genitale, Phallus,* bei Säugetieren der embryonal angelegte kegelförm. Vorsprung, aus dem sich der Penis bzw. die Clitoris entwickelt. ⟶Geschlechtsorgane.

Genitalien [Mz.; v. *genital-], die ⟶Geschlechtsorgane. Häufig wird der Begriff nur auf die *äußeren G.* von Säugetieren, Mensch u. Insekten bezogen.

Genitalorgane [v. *genital-], *Genitalien,* die ⟶Geschlechtsorgane.

Genitalpräsentation w [v. *genital-, lat. praesentare = zeigen], Signal aus dem Bereich des Balzverhaltens, durch das der Partner zur Begattung aufgefordert wird, indem man ihm die Genitalregion präsentiert. Bei vielen Säugetieren wurde die G. von einem sexuellen Auslöser zu einem Signal mit anderer Funktion umgewandelt. So dient die Präsentation des männl. Penis bei vielen Primaten als *Drohsignal,* während das weibl. Präsentieren umgekehrt

---

DNA
↓
Transkription
↓
Präkursor-
r-RNA m-RNA t-RNA
↓
Prozessierung
↓
r-RNA m-RNA t-RNA
↓
Translation
↓
Polypeptid
z.B. Enzymprotein, Strukturprotein, Regulatorprotein
↓
Merkmal

Genexpression
Schema der Expression des genetischen Materials bei Eukaryoten

gen- [v. gr. gignesthai = werden, entstehen, abstammen; daraus: -genēs = entstanden, genesis = Entstehung, Zeugung, genos = Abstammung, Nachkommenschaft, Geschlecht, Gattung].

genital- [v. lat. genitalis = Zeugungs-, Geschlechts-].

Genitalsegmente

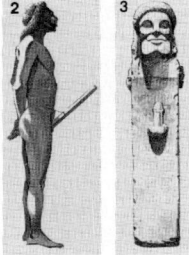

Genitalpräsentation

Das Imponieren gg. Artgenossen ist bei vielen Affen mit einer Erektion des Penis verbunden. **1** ein wachesitzender *Nasenaffe*. Arten, deren Männchen am Rande der Gruppe Wache halten, haben oft auffällig bunte männl. Geschlechtsorgane. Die Erektion hat hier nichts mit Sexualität zu tun.
Beim Steppenpavian werden soziale Aggressionen innerhalb der Gruppe beschwichtigt, indem der Unterlegene seine Genitalregion vorzeigt. Dieses Signal entstand aus der (identisch ablaufenden) weibl. Begattungsaufforderung. Es wird aber auch v. Männchen benutzt; dabei kann es sogar zu einem Aufreiten des überlegenen Männchens kommen, das keine sexuelle Funktion hat (☐ Demutsgebärde).

2 Die Betonung der männl. Geschlechtsorgane durch *Penisstulpen* bei manchen *Papuas* von Neuguinea erinnert an das Genitalimponieren der Affen.
3 Die sog. *Hermen* des alten Griechenlands und entspr. Statuetten bei Naturvölkern sind Wächterfiguren, die mit dem Rücken zur bedrohten Gruppe stehen und „böse Geister" (verstorbene Artgenossen, Dämonen) fernhalten sollen. Die Abb. zeigt eine griech. Herme.

genital- [v. lat. genitalis = Zeugungs-, Geschlechts-].

Genkonversion

In den Produkten einer Meiose kann es durch G. zu einer ungleichen Aufspaltung der Allele, z. B. im Verhältnis 3:1, kommen.

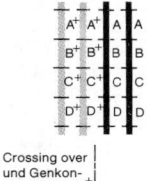

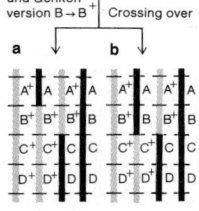

a 3:1-Aufspaltung der Allele v. Gen B in den Produkten der Rekombination;
b 2:2-Aufspaltung sämtl. Allele in den Produkten der Rekombination

eine *beschwichtigende* Funktion hat. Es wird in dieser Funktion auch v. männl. Tieren benutzt u. hat dann (ebenso wie das drohende Penispräsentieren) keinen sexuellen Bezug mehr (☐ Demutsgebärde). Bei den ostafr. Tüpfelhyänen weist auch das weibl. Tier durch die lang ausgezogene Clitoris eine *Penisattrappe* auf, ein Signal im Bereich der sozialen Rangkonflikte. In der Ethnologie lassen sich wohl Hermen, Penisstulpen u. ä. von der G. ableiten.

Genitalsegmente [v. *genital-, lat. segmentum* = Einschnitt, Abschnitt], bei Insekten die 8. und 9. Abdominalsegmente, die Träger der äußeren Genitalanhänge sind, bei ♂ der ↗Aedeagus, bei ♀ der Ovipositor, orthopteroider ↗Eilegeapparat.

Genkarte [v. *gen-], ↗Chromosomen.

Genklonierung [v. *gen-, gr. klōn = Zweig, Schößling], ↗Gentechnologie.

Genkonversion [v. *gen-, lat. *conversio* = Umkehrung], die Umwandlung eines Allels in ein anderes während der Rekombination zw. zwei DNA-Molekülen, auf denen die beiden allelen Formen des betreffenden Gens liegen. G. führt dazu, daß die beiden Allele in den Produkten des Rekombinationsereignisses ungleich (nicht 2:2, sondern 3:1 od. 1:3) verteilt sind. Aus diesem Grund läßt sich G. bei eukaryoten Organismen am besten dann beobachten, wenn die Produkte einer Meiose, während der das Crossing over stattfindet, direkt faßbar sind, wie z. B. bei den Ascosporen v. *Neurospora crassa*. Bes. häufig wird G. bei Allelen gefunden, die in direkter Nachbarschaft des Austauschpunkts (Ort v. „Brechen u. Wiedervereinigen") während des Crossing over auf den beiden beteiligten DNA-Molekülen lokalisiert sind. Die Häufigkeit der G. nimmt mit der Entfernung v. den Bruchpunkten ab. Ursache der G. sind Reparaturprozesse (↗DNA-Reparatur) an fehlgepaarten DNA-Abschnitten (*Heteroduplices,* engl. *mismatches*), die während der einleitenden Phase des ↗Crossing over entstehen, wenn sich nicht vollständig komplementäre DNA-Einzelstränge v. homologen, aber nicht ident. Genen (Allelen) paaren. Sofern z. B. in Reparatur-defekten Mutantenstämmen die ↗Heteroduplex-Bereiche nicht repariert werden, trennen sich die allelen DNA-Stränge bei der nächsten Replikation u. führen dann *ohne* G. in der Folgegeneration zu einer 1:1-Aufspaltung der beiden Allele. Bes. in bakteriellen Systemen führt die G. auch zu anderen Aufspaltungsverhältnissen der Nachkommen-Allele als zu den durch die Tetradenbildung bedingten 1:3- bzw. 3:1-Verhältnissen.

Genkoppelung [v. *gen-], ↗Faktorenkoppelung.

Genlisea *w* [ben. nach der frz. Schriftstellerin Comtesse de Genlis (schälį:ß), 1746–1830, Verfasserin der Schrift „La botanique historique et littéraire"], Gatt. der ↗Wasserschlauchgewächse.

Genlocus *m* [Mz. *Genloci;* v. *gen-, lat. locus = Ort], der ↗Genort.

Genmanipulation [v. *gen-, lat. manus = Hand], ugs. Bez. für die *Genchirurgie* („genetic engineering"), die gezielte Veränderung v. Genen (Erbanlagen) od. v. Signalstrukturen, die zur Replikation od. Expression v. Genen erforderl. sind, u. ihre Einschleusung in lebende Zellen mit Hilfe gentechnolog. Methoden (↗Gentechnologie). I. w. S. müssen auch die Methoden der ↗Zellfusion u. Gametenmanipulation (künstl. Befruchtung, ↗Insemination) zur G. gerechnet werden, da auch bei der Anwendung dieser Methoden Neukombinationen v. Genen bzw. Gensätzen (Chromosomen) erfolgen. Die rekombinierten Gene u./od. Signalstrukturen können entweder v. derselben Organismenart stammen, in die sie wieder eingeschleust werden, od. aus der DNA eines artfremden Organismus isoliert worden sein. In zunehmendem Maße werden heute auch chem. synthetisierte Gene bzw. Signalstrukturen (↗Gensynthese) einbezogen. Im method. Ansatz ist G. ident. mit Gentechnologie. Die durch G. möglich gewordene Einschleusung artfremder DNA in Mikroorganismen durch Klonierung hat den experimentellen Zugang zur strukturellen u. funktionellen Analyse v. Gen- u. Signalstrukturen enorm erweitert u. damit entscheidend zu den jüngeren Erkenntnisfortschritten auf dem Gebiet der molekularen Genetik beigetragen. Die Konstruktion v. Mikroorganismen,

Genmanipulation

Genkonversion

Entstehung von G. durch Reparatur v. *Rekombinations-Heteroduplices* (reduplizierte Chromosomen sind durch zwei DNA-Doppelstränge schematisiert; die beiden Schwesterstränge werden durch das Centromer zusammengehalten):

a Paarung der beiden homologen Chromosomen in Prophase I der Meiose; die allelen Formen eines Gens auf den beiden Chromosomen sind durch zwei unterschiedl. Basenpaare (A/T und G/C) symbolisiert. **b** Durch Crossing over zw. zwei DNA-Strängen in unmittelbarer Nachbarschaft der beiden Allele entstehen in zwei der vier Chromatiden Bereiche mit je einer Fehlpaarung (im Beispiel G/T und A/C); diese Bereiche, die auch eine größere Anzahl v. Fehlpaarungen umfassen können, bezeichnet man als *Rekombinations-Heteroduplices*. **c** Die Reparatur der Fehlpaarungen führt dazu, daß in beiden Fällen die hier farbig wiedergegebenen Anteile ersetzt werden, d. h. daß im ursprüngliches A/T Paar in ein G/C-Paar umgewandelt wird. Grundsätzlich mögl. wäre auch die Umwandlung eines G/C-Paares in ein A/T-Paar od. die gleichzeit. Umwandlung eines A/T-Paares in ein G/C-Paar bzw. eines G/C-Paares in ein A/T-Paar; im letztgen. Fall könnte die G. nicht am Verteilungsverhältnis der Allele in den Meiose-Produkten erkannt werden. **d** Nach der Aufteilung der Chromatiden in Meiose II liegen die genet. Marken (Allele) G/C und A/T im Verhältnis 3:1 in den Meiose-Produkten vor.

---

deren Genome die Gene für die Bildung v. sonst schwer zugängl. Produkten (z. B. menschl. Insulin, Interferon) enthalten u. die durch Expression dieser Fremdgene biotechnolog. (↗ Biotechnologie) genützt werden können, ist für die gen. Produkte bereits realisiert u. findet für weitere Proteine zunehmende Anwendung. Ein weiteres Ziel der G. ist der Ersatz v. defekten Genen bzw. Signalstrukturen im Genom erbl. defekter Organismen, was beim Menschen gleichbedeutend mit der Heilung v. ↗ Erbkrankheiten wäre. Obwohl diese Problemstellung bei vielen Mikroorganismen (Bakterien, Hefen) weitgehend gelöst ist u. hier die Methoden der G. heute fast schon zu den Routinetechniken gehören, stehen der Anwendung bei höheren Organismen noch schwerwiegende Probleme, bes. in der Einschleusung u. stabilen Integration v. DNA in das Genom der Zielzellen, entgegen. Trotz vielversprechender Ansätze u. Modellversuche, z. B. bei der Transformation v. Pflanzen mit Hilfe des Ti-Plasmids (↗ Agrobacterium) od. der Taufliege (↗ Drosophila melanogaster) mit Hilfe des ↗ P-Elements bleibt abzuwarten, ob und inwieweit G. zur Heilung menschl. Erbkrankheiten u. zur züchter. Verbesserung tier. od. pflanzl. Gene einen Beitrag leisten kann. Man hat abgeschätzt, daß mit Hilfe konventioneller Züchtungsmethoden neue Erbmerkmale etwa 10^3 bis 10^4mal schneller hervorgebracht werden können als durch natürl. evolutionäre Prozesse u. daß sich das Veränderungspotential durch die moderne Gentechnologie möglicherweise nochmals um dieselbe Größenordnung er-

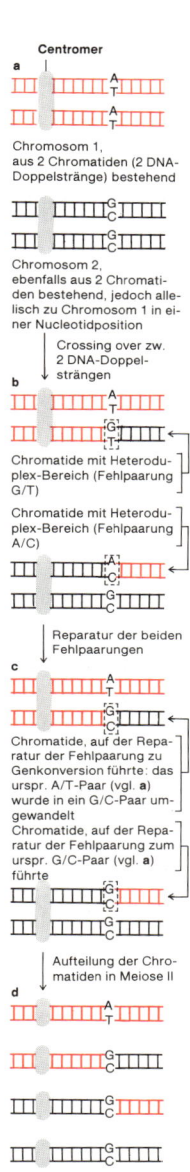

Centromer

a Chromosom 1, aus 2 Chromatiden (2 DNA-Doppelstränge) bestehend

Chromosom 2, ebenfalls aus 2 Chromatiden bestehend, jedoch allelisch zu Chromosom 1 in einer Nucleotidposition

Crossing over zw. 2 DNA-Doppelsträngen

b Chromatide mit Heteroduplex-Bereich (Fehlpaarung G/T)

Chromatide mit Heteroduplex-Bereich (Fehlpaarung A/C)

Reparatur der beiden Fehlpaarungen

c Chromatide, auf der Reparatur der Fehlpaarung zu Genkonversion führte: das urspr. A/T-Paar (vgl. **a**) wurde in ein G/C-Paar umgewandelt

Chromatide, auf der Reparatur der Fehlpaarung zum urspr. G/C-Paar (vgl. **a**) führte

Aufteilung der Chromatiden in Meiose II

d

---

gen- [v. gr. gignesthai = werden, entstehen, abstammen; daraus: -genēs = entstanden, genesis = Entstehung, Zeugung, genos = Abstammung, Nachkommenschaft, Geschlecht, Gattung].

---

höht. Die Kritiker der G., wozu auch viele Genetiker zählen, sehen in diesem enormen Zuwachs an Manipulierbarkeit des Erbguts die Gefahr, daß die Natur leichtfertig u. evtl. unvorhersehbar, unwiderrufl. in ihrem Gleichgewicht u. in ihrem evolutiven Lauf gestört wird. Auch die Gefahr einer – evtl. unbeabsichtigten – Erzeugung neuer Organismen mit unvorhersehbaren, schädl. Eigenschaften, z. B. v. pathogenen Mikroorganismen mit mehrfacher Hemmstoffresistenz, wird vielfach diskutiert. Diese Kritik führte Mitte der 70er Jahre zu einem weltweit v. vielen Genetikern unterzeichneten Moratorium, als dessen Folge int. Richtlinien zum Schutz vor Gefahren durch in vitro neu kombinierte Nucleinsäuren ausgearbeitet wurden, die v. den Regierungen der meisten Länder (darunter auch der BR Dtl.) übernommen wurden. Nach diesen Richtlinien sind bei der Durchführung gentechnolog. Arbeiten Laborsicherheitsmaßnahmen zu befolgen, die sich nach dem Grad der mögl. Gefahren in vier Stufen (L1 bis L4) einteilen (z. B. Stufe L1 für Transfer v. bakterieller DNA, L2 für Transfer viraler u. pflanzl. DNA, L3 für Transfer v. DNA aus Warmblütern, L4 für Transfer v. DNA pathogener Organismen). Inzwischen konnte in Serienversuchen experimentell gezeigt werden (z. B. in Versuchen mit rekombinante DNA enthaltenden Darmbakterien, die in den tier. od. – in Selbstversuchen – menschl. Verdauungstrakt eingeschleust wurden u. dabei nicht zur eigenen Vermehrung bzw. nicht zur Verdrängung der organismeneigenen Darmflora führten), daß zumindest für die heute gentechnolog. vorwiegend eingesetzten Bakterienspezies (bes. ↗ *Escherichia coli*) das Risiko rekombinanter DNA (außer beim Transfer v. DNA pathogener Organismen: Stufe L4) wohl zu hoch eingeschätzt wurde. Da die Züchtung v. rekombinante DNA enthaltenden höheren Organismen bisher nur in Einzelfällen gelungen ist, liegen entspr. Untersuchungen zum Sicherheitsrisiko bisher nicht vor, zumal die im Vergleich zu Bakterien erhebl. längeren Generationszeiten u. geringeren Populationsgrößen der meisten Pflanzen u. Tiere solche Untersuchungen sehr aufwendig machen. Die evtl. Beseitigung od. Vermeidung des Sicherheitsrisikos entkräftet jedoch nicht die allg. Kritik an der durch G. heute möglich erscheinenden u. teilweise od. in Ansätzen schon realisierbaren Aufhebung der genet. Barrieren zw. den verschiedensten nicht unmittelbar verwandten Spezies. Die Diskussion, ob u. inwieweit der Mensch diese Methoden weiterentwickeln u. zur prakt. Anwendung einsetzen soll, ist daher weltweit im Fluß. Das Meinungsspektrum reicht v. fast un-

Genmosaikstruktur

gen- [v. gr. gignesthai = werden, entstehen, abstammen; daraus: -genês = entstanden, genesis = Entstehung, Zeugung, genos = Abstammung, Nachkommenschaft, Geschlecht, Gattung].

geno- [v. gr. genos = Geschlecht, Art, Abstammung].

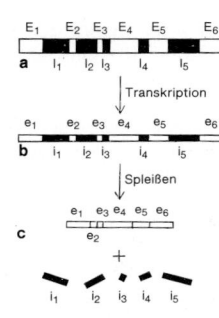

Genmosaikstruktur
a *Mosaikgen* (DNA), bestehend aus 6 Exonen (E_{1-6}) u. 5 intervenierenden Sequenzen (Intronen, I_{1-5}).
b Primäres Transkript (einzelsträngige RNA), in dem sowohl die v. den Exonen (e_{1-6}) als auch v. den intervenierenden (i_{1-5}) Sequenzen codierte RNA enthalten ist. **c** Prozessiertes Transkript (reife RNA), in dem die Exon-codierten Sequenzen (e_{1-6}) durch Herausschneiden der v. den intervenierenden Sequenzen codierten Bereiche (i_{1-5}) kovalent verbunden sind.

eingeschränkter Empfehlung bis hin zur völligen Ablehnung. Vielfach beziehen Biologen die Mittelstellung: einerseits Weiterentwicklung gentechnolog. Methoden, um die Mechanismen der Genwirkung bes. im Verlauf der Entwicklung des Einzelorganismus besser verstehen zu lernen, andererseits äußerste Zurückhaltung bei der techn. Anwendung im großen Maßstab u. völlige Ablehnung, soweit ethische Prinzipien verletzt würden (z. B. bei der Klonierung menschl. Erbguts mit dem Ziel v. Menschenzüchtung). Wie generell bei ethische Probleme aufwerfenden Anwendungsmöglichkeiten wiss. Erkenntnisse werden auch die durch die G. tangierten ethischen Fragen sicher nicht v. den Genetikern allein, sondern im Dialog mit Juristen, Politikern, Theologen u. Philosophen gelöst werden müssen.

Lit.: *Klingmüller, W.:* Genmanipulation und Gentherapie. Berlin, Heidelberg, New York 1976. *Klingmüller, W.* (Hg.): Genforschung im Widerstreit. Stuttgart 1980. H. K.

Genmosaikstruktur, die durch intervenierende Sequenzen (sog. *Intronen*) bedingte Struktur vieler eukaryot., mitochondrialer u. plastidärer Gene, in denen sich der in Form v. reifer RNA u./od. Protein exprimierte Anteil mosaikartig aus 2 od. mehreren (bis zu 50) *Exonen* zusammensetzt. Die Vereinigung der Exonen, die im primären Transkript eines ↗ *Mosaikgens* zunächst noch durch die intervenierenden Sequenzen getrennt sind, erfolgt auf RNA- (m-RNA-, r-RNA- oder t-RNA-)Ebene. ↗ Spleißen.

Genmutation [v. *gen-, lat. mutatio = Veränderung], ↗ Mutation.

Gennaeus *m* [v. gr. gennaios = Kampfhahn], Gatt. der ↗ Fasanen. [mente.

Genoelement [v. *geno-], ↗ Florenelemente.

Genogeographie *w,* die ↗ Epiontologie.

Genökologie [v. *gen-, gr. oikos = Hauswesen, logos = Kunde], Wiss., die sich mit den Beziehungen zw. Genetik u. Ökologie beschäftigt.

Genokopie [v. *gen-, lat. copia = Menge, Vielfalt], die Ausprägung des gleichen Merkmals durch verschiedene Gene bzw. verschiedene Mutationen desselben Gens.

Genom *s* [v. *geno-], die in einem Virus, einer Einzelzelle od. in den Zellen eines mehrzell. Organismus enthaltene Gesamtheit der Gene u. genet. Signalstrukturen sowie auch der DNA-Bereiche, denen keine (oder noch keine) Funktion zugeordnet werden kann. Außer für RNA-Viren, deren G. aus RNA besteht, ist der Begriff G. deckungsgleich mit der Gesamtheit der DNA einer Zelle od. eines Virus. Bei den aus kernhalt. Zellen aufgebauten Organismen (Eukaryoten) unterteilt sich das G. in das Kern-G., d. h. die in den Chromosomen des Zellkerns enthaltene DNA, das hier häufig auch als das eigentl. G. bezeichnet wird, u. das in den cytoplasmat. Organellen enthaltene G. (↗ Plasmon), das aus dem in den Mitochondrien lokalisierten G. (mitochondriales G. od. ↗ Chondrom) u. bei Pflanzen und Grünalgen zusätzl. aus dem in Plastiden lokalisierten G. (plastidäres G. od. ↗ Plastom) besteht. Entspr. dem Ploidiegrad der betreffenden Organismen bzw. Zellstadien unterscheidet man zw. haploiden (Haplom), diploiden usw. bis polyploiden G.en.

Genommutation [v. ↗ Genom, lat. mutatio = Veränderung], ↗ Mutation.

Genort [v. *gen-], *Genlocus,* die genaue Lage eines bestimmten ↗ Gens od. einer bestimmten genet. wirksamen Signalstruktur auf einem Chromosom. Die Reihenfolge bzw. relativen Abstände von G.en auf ↗ Chromosomen (☐) werden in Form v. Genkarten (Chromosomenkarten) angegeben. B Chromosomen II, III.

Genotyp *m* [v. *geno-, gr. typos = Schlag, Form], *Genotypus,* die Gesamtheit der Erbanlagen eines Organismus; auf molekularer Ebene gleichbedeutend mit der Gesamtheit der in Form v. Nucleotidsequenzen v. DNA codierten genetischen Information eines Organismus. Ggs.: Phänotyp(us). ↗ Gen.

genotypische Geschlechtsbestimmung [v. *geno-], ↗ Geschlechtsbestimmung.

Genpool *m* [-pul; v. *gen-, engl. pool = Behälter, Kartell], Bez. für die Gesamtheit der genet. Variationen, d. h. der verschiedenen Gene, einer ↗ Population.

Genprodukte [v. *gen-], ↗ Genexpression.

Genregulation *w* [v. *gen-, lat. regulare = regeln], *genetische Regulation, Regulation der Genaktivität, Regulation der Transkription,* die v. dem biochem. u. biophysikal. Zustand einer Zelle od. eines vielzell. Organismus sowie v. Umwelteinflüssen abhängige Regulation der Transkription v. ↗ Genen. Die G. ist v. entscheidender Bedeutung für die ↗ *differentielle Genexpression.* Zwei grundlegende Mechanismen der G. werden unterschieden: 1) *Negative G.:* Die Bindung eines *Repressors* an die Kontrollregion eines Strukturgens verhindert die Transkription des Gens; die v. Regulatorgenen codierten Repressorproteine vermitteln die Signalwirkung v. kleineren Molekülen, den *Effektoren* (Substrate od. Endprodukte biochem. Reaktionsketten), auf die Aktivität bestimmter Gene od. Gengruppen; hierfür ist entscheidend, daß Repressors Spezifität zur Bindung der entspr. Effektoren einerseits u. zur Bindung an die entspr. DNA-Kontrollregionen (Operatoren) andererseits

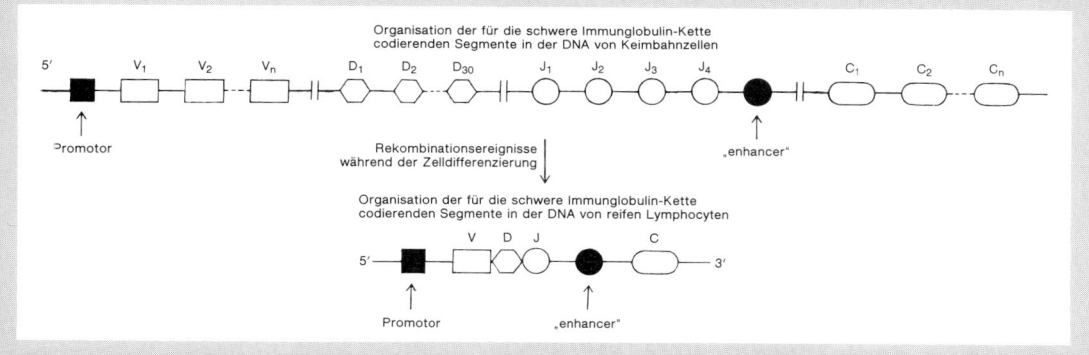

GENREGULATION

Organisation der für die schwere Immunglobulin-Kette codierenden Segmente in der DNA von Keimbahnzellen

5' — ■ — V₁ — V₂ — Vₙ — D₁ — D₂ — D₃₀ — J₁ — J₂ — J₃ — J₄ — ● — C₁ — C₂ — Cₙ

Promotor ↑ → Rekombinationsereignisse während der Zelldifferenzierung → "enhancer"

Organisation der für die schwere Immunglobulin-Kette codierenden Segmente in der DNA von reifen Lymphocyten

5' — ■ — V — D — J — ● — C — 3'

Promotor · "enhancer"

Genregulation durch DNA-Umlagerung am Beispiel des Gens für die schwere *Immunglobulin*-Kette (stark vereinfachtes Schema):
Im Laufe der Entwicklung zu einem reifen Lymphocyten, der einen spezifischen *Antikörper* produziert, werden Teilstücke des Gens für die schwere Kette eines Immunglobulins durch DNA-Umlagerung zu einer Transkriptionseinheit zusammengefügt. Jeweils eines der C-Segmente (aus den Segmenten C_{1-n}, n = bis zu 200), das für den konstanten („c" von englisch „constant") Teil der schweren Immunglobulin-Kette codiert, wird in gewissem Abstand durch Rekombination hinter jeweils eine Kombination von V-, D- und J-Segmenten gefügt, die ihrerseits aus einer großen Anzahl von V-, D- bzw. J-Segmenten durch Rekombination zusammengesetzt wurde („V" steht für „variabel", „D" für „Diversität" und „J" für englisch „junction" = Verbindung). Durch diese DNA-Umlagerungen im Verlauf der Zelldifferenzierung gelangen die D-, J- und C-Segmente unter die Kontrolle des vor dem V-Segment lokalisierten Promotors, und dieser Promotor gelangt seinerseits unter den Einfluß der 3'-terminal hinter dem J-Segment liegenden „enhancer"-Sequenz; erst jetzt bilden alle vier Segmente (V-, D-, J- und C-Segmente) eine transkriptionelle Einheit. Auch die Diversität der Antikörper hängt letztlich von diesem auf Rekombinationsereignissen basierenden Regulationsprinzip ab, da jeweils unterschiedliche V-, D-, J- und C-Segmente aneinandergefügt werden, die zu unterschiedlichen Antikörper-Spezifitäten der entsprechenden Immunglobulin-Ketten führen. Dieses Prinzip der Gensegmentierung gilt auch für die Gene der leichten Immunglobulin-Ketten.

1 R | P O a b c — Induktion in Anwesenheit von Substrat als Effektor — R | P O a b c
Repressor — vor Substratinduktion ⇌ Repression in Abwesenheit von Effektor — Repressor ○ Effektor — m-RNA → E_a E_b E_c Enzymproteine — nach Substratinduktion

2 R | P O a b c — Endproduktrepression in Anwesenheit vom Endprodukt als Effektor — R | P O a b c
m-RNA → E_a E_b E_c Enzymproteine — Repressor — vor Endproduktrepression ⇌ Induktion in Abwesenheit vom Endprodukt — Repressor ○ Effektor — nach Endproduktrepression

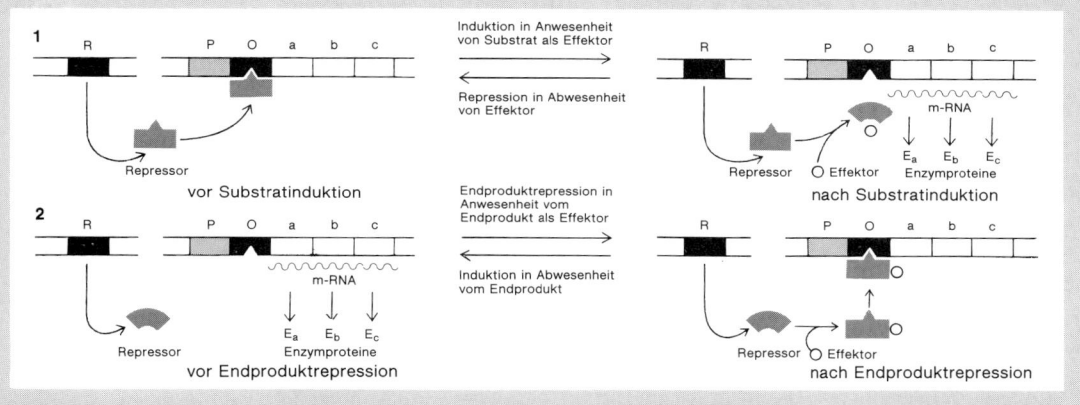

Negative Genregulation (schematisch), nach *Jacob-Monod-Modell*:
Die Transkription der Strukturgene (a, b, c) eines Operons steht unter der Kontrolle eines Repressors (Produkt des Regulatorgens R). Ist der Repressor an die Operatorregion (O), die den Strukturgenen vorangekoppelt ist, angelagert, so wird die Bindung von RNA-Polymerase an die benachbarte Promotorregion (P) verhindert und damit die Transkription blockiert.
1 Im Fall der *Substratinduktion* wird der Repressor durch ein Effektormolekül allosterisch verändert, so daß er nicht mehr an den Operator binden kann. Dadurch wird die Promotorregion für RNA-Polymerase wieder zugänglich, und die Strukturgene werden transkribiert. Das Effektormolekül ist gleichzeitig das Substrat eines der vom Operon gebildeten Enzyme. Daher wird das Effektormolekül nach Induktion der Enzymbildung umgesetzt, worauf das Operon durch den allmählich frei werdenden Repressor wieder verschlossen wird.
2 Im Fall der *Endproduktrepression* kann der vom Regulatorgen gebildete Repressor in freier Form nicht an den Operator binden, wodurch die Transkription der Strukturgene nicht blockiert ist, was zur Bildung der Enzymproteine (E_a, E_b, E_c) führt. Unter der Wirkung dieser Enzyme entsteht ein Endprodukt, das bei einer bestimmten Konzentration als Effektor für eine allosterische Umwandlung des Repressors wirkt und diesen dabei aktiviert. In der aktivierten Form kann der Repressor an den Operator binden und damit die Transkription des Operons blockieren. Nach Erniedrigung der Endproduktkonzentration (durch Abbau oder weitere Umwandlung) kann die Transkription des Operons durch zunehmende Repressorinaktivierung wieder in Gang kommen.

Aktivator-Bindestelle — P a b c | RNA-Polymerase ⇌ Aktivator-Bindestelle — P a b c | m-RNA → E_a E_b E_c Enzymproteine — Aktivator · RNA-Polymerase

Positive Genregulation (schematisch): Die Transkription der Strukturgene (a, b, c) eines Operons hängt von der Anlagerung eines Aktivators an die Aktivator-Bindestelle ab, die vor den Strukturgenen in Nachbarschaft zur Promotorregion (P) liegt. Ist die Aktivator-Bindestelle unbesetzt, so hat RNA-Polymerase keine oder nur geringe Affinität zum Promotor, und die Strukturgene werden nicht transkribiert. Die Anlagerung des Aktivators hat zur Folge, daß RNA-Polymerase an den Promotor bindet, womit die Transkription der Strukturgene in Gang kommt. Wie bei der negativen Genregulation können auch hier Effektormoleküle regulierend auf Aktivatoren (bei negativer Genregulation sind es Repressoren) einwirken (z. B. cAMP auf das cAMP-bindende Protein, das u. a. das Lactose-Operon reguliert).

Genregulation

besitzen. Zwei Typen v. Repressoren werden unterschieden: a) Repressoren, die die Transkription v. Genen eines katabolischen Stoffwechselweges kontrollieren, können an ihre Operatorregion nur in *Abwesenheit* des Effektors (Substrat eines der codierten Enzyme) anlagern u. damit die Aktivität des betreffenden Gens od. Operons blockieren; b) Repressoren, die die Transkription v. Genen eines anabolischen Stoffwechselweges kontrollieren, werden erst durch die *Anwesenheit* des Effektors (Endprodukt des Stoffwechselweges) allosterisch (/Allosterie) so verändert, daß sie an die Operatorregion binden u. damit den Transkriptionsprozeß blockieren. Das Prinzip der negativen G. wurde 1961 durch Jacob u. Monod *(Jacob-Monod-Modell)* für die Regulation der Synthese zuckerabbauender Enzyme (/Lactose-Operon) v. Mikroorganismen postuliert. Mittlerweile sind zahlr. andere Operonen in Prokaryoten in molekularen Details untersucht worden, deren Transkription nach demselben Prinzip reguliert wird (/Arabinose-Operon, /Galactose-Operon). Inwieweit negative G. auch bei der Steuerung der Genaktivität in eukaryot. Zellen v. Bedeutung ist, ist noch nicht geklärt. Da eine sehr große Anzahl verschiedener Repressoren zur Inaktivierung der Gene einer eukaryot. Zelle notwendig wäre (in ausdifferenzierten Zellen sind bis zu 90% der Gene inaktiv), erscheint ein starker Anteil negativer G. für Eukaryoten eher unwahrscheinlich. 2) *Positive G.:* die Transkription v. Genen od. Gengruppen wird durch die Anlagerung v. *Aktivator*proteinen (wiederum Produkte v. Regulatorgenen) an die Kontrollregion stimuliert; ohne angelagerte Aktivatoren besitzt RNA-Polymerase nur geringe Affinität zu den Promotoren der entspr. Gene bzw. Operonen. Die Wirksamkeit des Aktivators hängt (analog zu den Repressoren) v. der Ggw. bestimmter, als *Effektoren* wirkender Kleinmoleküle ab. Ein Beispiel positiver G. bei /*Escherichia coli* stellt die *Katabolitrepression* dar: bei Abwesenheit v. Glucose im Medium steigt die intrazelluläre Konzentration v. cAMP (zykl. /Adenosinmonophosphat), wodurch die Transkription mehrerer Operonen, welche die Enzyme zur Vergärung anderer Zucker codieren, stimuliert wird; dabei bindet cAMP, das Effektormolekül, an das cAMP-bindende Protein, das als Aktivatorprotein dieser Operonen wirkt (/Arabinose-Operon, /Galactose-Operon, /Lactose-Operon). Die positive G. ist in diesem Fall der spezif. negativen G. jedes einzelnen Operons übergeordnet. Auch bei Eukaryoten ist das Prinzip der positiven G. verwirklicht: Stero-

Genregulation
Ein in vielen Einzelheiten noch ungeklärter Mechanismus der G. ist die sog. *stringente Kontrolle* bei der Transkription prokaryot. r-RNA- u. t-RNA-Gene. Steigt bei Mangel an Aminosäuren die Konzentration v. unbeladenen t-RNAs im Cytoplasma, so wird das Nucleotid Guanosin-5'-diphosphat-3'-diphosphat (ppGpp) gebildet, das die Initiation der Transkription v. r-RNA- u. t-RNA-Genen inhibiert.

gen- [v. gr. gignesthai = werden, entstehen, abstammen; daraus: -genēs = entstanden, genesis = Entstehung, Zeugung, genos = Abstammung, Nachkommenschaft, Geschlecht, Gattung].

idhormone wie Östradiol od. Ecdyson fungieren als Effektoren u. stimulieren nach Bindung an einen intrazellulären Rezeptor die Transkription spezif. Gene. Die Initiation der Transkription kann außer durch die Wechselwirkung mit Startsignalen für RNA-Polymerase (/Transkription), wie es bei negativer u. positiver G. verwirklicht ist, auch durch DNA-Umlagerungen (Translokationen, Inversionen od. Insertionen) gesteuert werden. Die Entstehung bestimmter Tumoren wird in Zshg. gebracht mit der Translokation bestimmter, vor der Tumorbildung im Genom bereits vorhandener, aber inaktiver od. weniger aktiver Gene, wodurch solche Gene an stärker wirksame Startsignale für die Transkription gekoppelt werden u. damit mit erhöhter Rate exprimiert werden. Die Synthese einer großen Anzahl verschiedener Antikörper (*Diversität* der Antikörper) kommt dadurch zustande, daß unterschiedl. DNA-Segmente, die für den konstanten bzw. variablen Teil der schweren u. leichten Ketten der /Immunglobuline codieren, im Laufe der Entwicklung eines reifen Lymphocyten in die Nähe v. Startsignalen der Transkription transloziert werden, um erst dann exprimiert zu werden. Neben der Steuerung des Transkriptionsstarts kann auch die Steuerung einer vorzeit. Termination, wie sie bei der /Attenuatorregulation (☐) vorliegt, zur G. beitragen. Weiterhin ist zumindest für Prokaryoten nachgewiesen, daß auch die helikale Torsion v. DNA (/DNA-Topoisomerasen) Einfluß auf die Effizienz der Transkription hat („supercoiled" Plasmid-DNA wird effizienter transkribiert als „entspannte" od. linearisierte Plasmid-DNA); möglicherweise ist dies auch v. bes. Bedeutung für die Regulation eukaryot. Gene, da hier eine lokale Auflösung od. Lockerung der Nucleosomenstruktur für die Genaktivierung erforderl. zu sein scheint. Die molekularen Strukturen u. Mechanismen, die den Wirkketten zugrunde liegen, über welche Umweltfaktoren wie Licht, Temp. od. auch das soziale Umfeld eines Individuums Einfluß auf die G. nehmen, sind noch weitgehend unbekannt u. daher Gegenstand intensiver Forschung. B Genaktivierung. B 27. *G. St.*

Gensynthese *w* [v. *gen-, gr. synthesis = Zusammenstellung], die außerhalb v. lebenden Zellen mit Methoden der organ. Chemie u. Biochemie durchgeführte Synthese v. Genen od. Genbruchstücken. Nach der enzymatischen in-vitro-Replikation infektiöser Phagen-RNA (Spiegelman 1966) u. Phagen-DNA (Goulian, Kornberg u. Sinsheimer 1967), die als Vorläufer der G.n aufzufassen ist, gelang 1970 mit Hilfe einer Kombination organ.-chem. u. enzy-

Gentechnologie

Gensynthese

Zur Synthese v. Genen ist die Kenntnis ihrer Nucleotidsequenzen Voraussetzung. Entspr. der jeweil. Sequenz (im Schema nicht aufgeführt) werden zunächst Desoxyoligonucleotide der Kettenlängen 10–30 mit Hilfe organ.-chem. Methoden aus Mononucleotiden synthetisiert (a), wobei die einzelnen Synthesen so programmiert werden, daß Nachbarfragmente (z. B. 1 bis 5 bzw. 1' bis 5' im Schema) beider Stränge entstehen, welche die Überlappung der jeweil. Lücken des Gegenstrangs (Prinzip der versetzten Lücken) aufgrund der Basenpaarungs-Spezifität ermöglichen. Nach Hybridisierung dieser Fragmente zu einer Doppelstrangstruktur (b) mit versetzten Einzelstrangbrüchen werden letztere unter der katalyt. Wirkung v. DNA-Ligasen unter ATP- od. NAD-Spaltung verschlossen, wodurch ein durchgehender DNA-Doppelstrang (c) entsteht. Die Synthese erfolgt durch Auswahl entspr. Sequenzen so, daß die Enden des Produkts (c) einzelsträngig bleiben u. gleichzeitig die für ein bestimmtes Restriktionsenzym spezif. Sequenzen enthalten, wodurch die Klonierung in die entspr. Restriktionsstelle eines Klonierungsvektors ermöglicht wird. Da Gene heute meist in klonierter Form, d. h. letztl. aus der DNA der betreffenden Organismen isoliert, zugängl. sind, werden häufig nicht die vollständ. Gene, sondern nur diejen. Bereiche, die gezielt abgewandelt werden sollen (z. B. durch Koppelung an andere Signalstrukturen), neu synthetisiert.

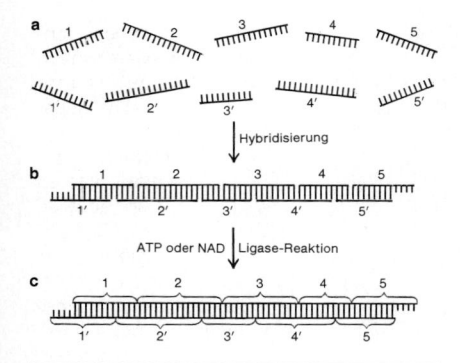

mat. Methoden die erste Totalsynthese eines Gens (des für eine t-RNA^{Ala} aus Hefe codierenden t-RNA-Gens, ↗Alanin-t-RNA, □) durch die Arbeitsgruppe v. H. G. Khorana. 1976 wurde v. derselben Arbeitsgruppe das für eine Suppressor-t-RNA aus E. coli codierende Gen zus. mit den für die Expression in der Zelle erforderl. Signalstrukturen synthetisiert (über 200 Basenpaare) u. in E. coli-Zellen eingeschleust, wo es die erwartete Suppressor-Aktivität (Einbau der Aminosäure Tyrosin, codiert durch das sonst als Terminatorcodon wirkende Triplett UAG) zeigte u. damit als erstes synthet. Gen in einer lebenden Zelle aktiv war. Die in jüngster Zeit bes. hinsichtl. der organ.-chem. Reaktionen noch erhebl. verbesserte (z. B. durch ↗Festphasensynthesen) Methodik erlaubt heute die verhältnismäßig rasche Synthese v. Genen bis zu mehreren Hundert Basenpaaren (z. B. Gene für Insulin u. Interferon), wovon in der ↗Gentechnologie (↗Genmanipulation) zunehmend Gebrauch gemacht wird. Mit Hilfe von G.n sind (im Ggs. zur Replikation v. Genen) beliebige Änderungen, d. h. gezielte Mutationen der Nucleotidsequenzen der betreffenden Gene u. ihrer Signalstrukturen mögl. geworden, was v. bes. Bedeutung für die Gentechnologie ist.

Gentamycin s [v. lat. gentiana = Enzian, gr. mykēs = Pilz], *Gentamicin,* Gemisch verwandter Aminoglykosidantibiotika (G. C_1, C_2 u. C_{1a}) aus *Micromonospora*-Arten mit breitem Wirkungsspektrum durch Inhibition der Proteinbiosynthese in Prokaryoten u. Schädigung der Cytoplasmamembran.

Gentechnologie [v. *gen-, gr. technē = Kunstfertigkeit, logos = Kunde], Teilgebiet der ↗Biotechnologie, dessen Inhalt sowohl die theoret. Grundlagen als auch bes. die prakt. Methoden zur Analyse, gezielten Veränderung u. Neukombination v. Genen u. genet. Signalstrukturen bilden. Voraussetzung für die während der 70er Jahre einsetzenden raschen Fortschritte der G. war v. a. die Entwicklung bzw. Verfeinerung der folgenden molekulargenet. Methoden: 1) *Techniken zur Einschleusung isolierter DNA in lebende Empfängerzellen.* Ein großer Teil der heute angewandten Verfahren geht im Prinzip auf die schon in den 40er Jahren entwickelte bakterielle ↗Transformation zurück. Für die routinemäßige Anwendung der Transformationstechnik in der G. war die systemat. Erweiterung auf ↗Plasmid-DNAs u. auf virale DNAs (z. B. DNA von ↗SV40) bzw. DNAs, die sich v. Bakteriophagen-DNA ableiten (z. B. ↗Cosmide), sowie die Einführung v. Antibiotikaresistenzgenen (od. anderer Resistenzgene) auf diesen DNAs als genet. Selektionsmarker ausschlaggebend. Mit Hilfe der letzteren ist es mögl., transformierte Zellen u. damit indirekt die in ihren Plasmiden enthaltene Fremd-DNA aufgrund ihrer Antibiotikaresistenzen gegenüber den in großer Überzahl verbleibenden, nichttransformierten Antibiotikasensitiven Zellen zu unterscheiden u. selektiv abzutrennen. Die gen. DNAs (Plasmid-DNAs, virale DNAs) werden, sofern sie gekoppelt an Fremd-DNA (s. u.) gleichsam als Vehikel zu deren Einschleusung in lebende Zellen eingesetzt werden, als Klonierungs-↗Vektoren (auch Vektor-DNA, od. kurz Vektor) bezeichnet. Zur Einschleusung von DNA in Einzelzellen menschl. u. tier. Zellkulturen (jedoch nicht in Einzelzellen differenzierter Organismen) eignet sich auch die Mikroinjektionstechnik (↗Mikroinjektion). Diese Zellen bzw. deren Zellkerne, die eigtl. Zielorganellen der Mikroinjektion, sind im Ggs. zu bakteriellen Zellen genügend groß zur Anwendung dieser Technik. Das Verfahren hat den Vorteil, daß die einzuschleusende DNA beliebig in freier Form od. lediglich an ein bakterielles Plasmid, nicht aber an die zur Transformation tier. Zellen sonst erforderl. virale DNA gekoppelt, eingesetzt werden kann. Auch die Einschleusung v. DNA in die Nuclei befruchteter Mäuse-Eier, die nach Reimplantation in die Uteri v. Ammenmäusen zur Entwicklung adulter Tiere mit stabil im Genom integrierter u. daher auch in den Folgegenerationen nachweisbarer Fremd-DNA führt, erfolgt durch Mikroinjektion. 2) Die Möglichkeit zur *Spaltung v. DNA u. zur Isolierung definierter DNA-Fragmente mit Hilfe v. Restriktionsendonucleasen* (↗Restriktionsenzyme) außerhalb der lebenden Zelle. Dies ist eine unabdingbare Voraussetzung sowohl zur Verwendung v. Fremd-DNA u. Vektor-DNA bei den Klonierungsschritten als auch zur Feinstrukturuntersuchung (Restriktionskartierung u. Sequenzanalyse) v. DNA. 3) Die *Ligierung v. Fremd-DNA-Fragmenten,* welche die zu klonieren-

GENTECHNOLOGIE

Die neuen Methoden der Gentechnologie erlauben es, beliebige Gene völlig neu zu kombinieren. Sie eröffnen dem Menschen die Möglichkeit, gezielt und schnell das Erbgut der Lebewesen zu verändern und es seinen Bedürfnissen zu unterwerfen. Heute steht im Mittelpunkt genchirurgischer Aktivität die Konstruktion von Bakterienzellen, die durch den Einbau eines Säugergens zu Produktionsstätten für medizinisch oder technisch interessante Produkte (z. B. Hormone, Impfstoffantigene u. a.) werden. Das ferne Ziel der Genchirurgen ist es, den Nährwert von Kulturpflanzen zu verbessern, Pflanzen unabhängig von Stickstoffdüngern zu machen und schließlich eines Tages Erbkrankheiten durch das Einschleusen eines zusätzlichen Gens in den Chromosomenverband des Menschen zu heilen.

Seit mehr als 10 000 Jahren greift der Mensch lenkend in die Evolution ein. Er züchtete Getreidesorten gegen den Hunger und bizarre Goldfische zum Ergötzen des Kaiser von China; er wählte aus unter dem, was nach den Gesetzen der Natur entstand. Die Gentechnologen von heute aber konstruieren gezielt genetische Neukombinationen durch das Zusammenfügen ausgewählter einzelner Gene.

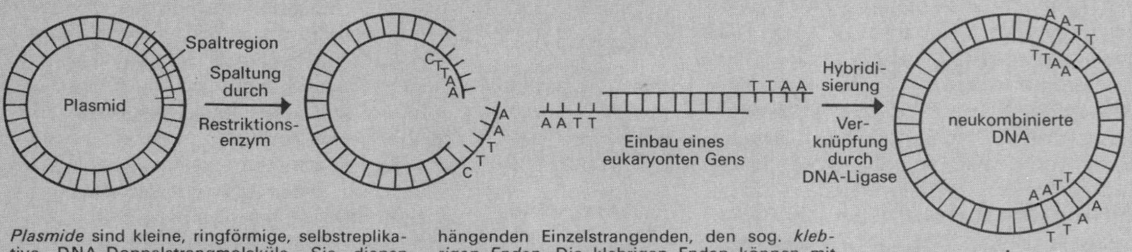

Plasmide sind kleine, ringförmige, selbstreplikative DNA-Doppelstrangmoleküle. Sie dienen zum Einschleusen von fremder DNA in eine Empfängerzelle. Mit Hilfe von *Restriktionsenzymen* werden die Plasmide aufgeschnitten und die fremden Gene in die Spaltstelle eingebaut. Meistens benutzen die Gentechnologen solche Restriktionsenzyme, die die DNA in ihren beiden Strängen stufenartig versetzt hinter einer typischerweise spiegelsymmetrischen Nucleotidsequenz aufschneiden. Nach dem Lösen der Wasserstoffbrückenbindungen im Bereich der Schnittsequenz entstehen DNA-Stücke mit überhängenden Einzelstrangenden, den sog. *klebrigen Enden*. Die klebrigen Enden können mit beliebigen fremden Genen verkoppelt werden, vorausgesetzt, diese enthalten die gleichen klebrigen Enden, so daß sie über die Wasserstoffbrückenbindungen komplementärer Basen mit den überstehenden Enden des Plasmids verknüpft werden können. Die beiden dann noch offenen Anschlußstellen werden mit dem Enzym *DNA-Ligase* kovalent verbunden, und das Ergebnis ist ein neukombiniertes DNA-Molekül, beispielsweise ein Plasmid, das das Gen für das Wachstumshormon enthält.

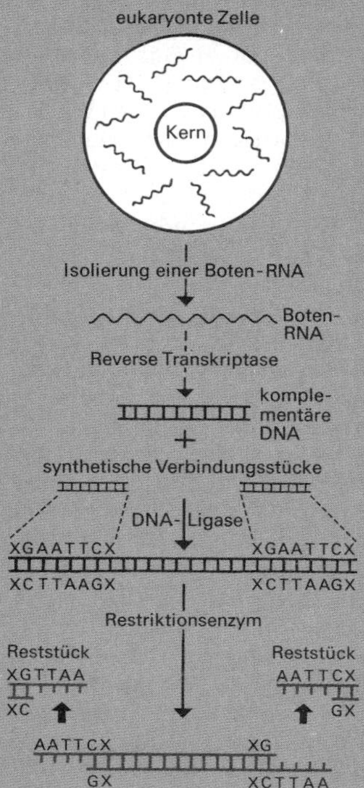

Die Gene höherer Organismen sind mosaikartig aufgebaut und bestehen aus einander abwechselnden Folgen von codierenden und nichtcodierenden Nucleotidsequenzen. Da solche, komplex aufgebauten Gene vom bakteriellen Übersetzungsapparat nicht verarbeitet werden können, müssen eukaryonte Gene vor ihrem Transfer in Bakterienzellen erst in eine Art „Netto-Information" umgewandelt werden. Oft bietet sich die Möglichkeit, aus bestimmten Zellen (z. B. Tumorzellen) die Boten-RNA des gewünschten Gens zu isolieren und sie mit Hilfe des Enzyms *Reverse Transkriptase* in eine komplementäre DNA [cDNA] umzuschreiben. Diese enthält ausschließlich codierende Sequenzen. Um sie für den Einbau in ein Plasmid geeignet zu machen, wird diese DNA an ihren freien Enden mit einem solchen chemisch synthetisierten doppelsträngigen DNA-Fragment verkoppelt, das die doppelte Schnittsequenz eines Restriktionsenzyms enthält. Nach der kovalenten Verbindung dieser Fragmente mit den beiden Enden der cDNA werden durch den Einsatz des betreffenden Restriktionsenzyms die genau richtigen klebrigen Enden an der cDNA bereitgestellt, und das eukaryonte Gen kann direkt mit einem Plasmid mit denselben klebrigen Enden verkoppelt werden.

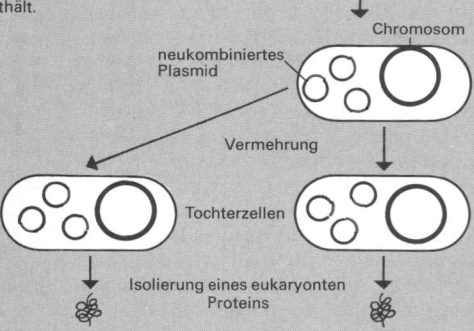

Die neukombinierte DNA wird mit geeigneten Empfängerzellen (heute vor allem Bakterienzellen) gemischt. Nur wenige Zellen (etwa 1:1 Million) nehmen ein DNA-Ringmolekül auf und werden *transformiert*. Die seltenen Transformanten können durch einfache genetische Selektionstricks aus der großen Masse der nichttransformierten Zellen herausgefischt und weitervermehrt werden. Das Ergebnis ist ein *Zellklon*, der ein ausgewähltes Fremdgen als festen Bestandteil seiner Zellen enthält.

Um ein Gen eines höheren Organismus in einer Bakterienzelle in das seiner genetischen Information entsprechende Genprodukt übersetzt zu bekommen, sind eine Reihe von Tricks notwendig, denn die Übersetzungsmaschinerie der prokaryonten Zelle ist unfähig, das Startsignal für die Translation eines eukaryonten Gens zu erkennen. Das Säugergen wird daher stets so in das Plasmid eingebaut, daß ihm die für die Transkription und Translation eines bakteriellen Gens notwendigen bakteriellen Genregulationssignale vorangeschaltet sind. Diese Signalsequenzen schließen die kleine Polynucleotidsequenz zum Erkennen der Bindungsstelle der Boten-RNA in dem bakteriellen Ribosom mit ein, so daß die Ribosomen überlistet werden, das eukaryonte Gen nicht anders als ein bakterielles Gen zu behandeln und sinngemäß in ein Protein zu übersetzen.

den intakten Gene, Genteilbereiche bzw. genet. wirksame Signalstrukturen enthalten, in die geöffnete Lücke einer Vektor-DNA. Das Produkt dieser unter der katalyt. Wirkung v. ↗DNA-Ligase noch außerhalb der lebenden Zelle erfolgenden Ligierung ist eine DNA, die sich aus zwei urspr. nicht verbundenen, i. d. R. sogar aus verschiedenen Organismen stammenden DNA-Stükken zusammensetzt (sog. ↗chimäre DNA); die Ligierung stellt daher den eigtl. Schritt der in-vitro-Gen- bzw. DNA-Neukombination dar. 4) *Die Einschleusung u. Vermehrung der in vitro rekombinierten Gene bzw. DNA-Fragmente in lebende Empfängerzellen* durch Transformation od. Mikroinjektion, wodurch die eingeschleuste Fremd-DNA Bestandteil des Genoms der Empfängerzellen wird. Dies gilt unabhängig davon, ob die Fremd-DNA in der Empfängerzelle u. deren Nachkommen (= dem Klon) in Form eines freien Plasmids weiterexistiert u. dabei mit chromosomaler DNA nicht kovalent verbunden ist, od. ob sie, wie es bei mikroinjizierter DNA die Regel ist, durch rekombinat. Folgeprozesse kovalent in chromosomale DNA integriert wird. Generell bezeichnet man die Gesamtheit der durch asexuelle Vermehrung aus einer Zelle od. einem mehrzell. Organismus hervorgegangenen Nachkommen als *Klon*. Auch die Nachkommen einer Zelle, in der eine durch gentechnolog. Methoden herbeigeführte Einschleusung von in vitro neukombinierter DNA vorgenommen wurde, stellen einen Klon dar. Die Kombination der gen. Methoden, die zur Einschleusung u. Neukombination von DNA in Einzelzellen u. zur Vermehrung dieser DNA in Form v. Klonen führt, wird daher als *DNA-Klonierung* (häufig auch abgekürzt *Klonierung*) bezeichnet. Alle Zellen eines Klons sind genet. einheitlich. Je nachdem, in welchem Volumen ein Klon vermehrt wird u. um welche Zellen es sich im Einzelfall handelt, kann ein Klon aus vielen Mill. od. Mrd. Zellen bestehen (z. B. enthält die 10 l-Kultur eines bakteriellen Klons bis zu 10^{13} Einzelzellen). 5) Methoden zur ↗*Sequenzanalyse* v. Nucleinsäuren (↗Desoxyribonucleinsäuren). Die Sequenzanalyse v. DNA als Methode zur Feinstrukturermittlung v. Genen u. Signalstrukturen zus. mit der Kartierung v. Restriktionsstellen auf der betreffenden DNA eröffnet die Möglichkeit zur Auswahl exakt definierter Fragmente u. Subfragmente v. gleichsam „maßgeschneiderter" Länge für weitere Klonierungsschritte od. für funktionelle Untersuchungen. 6) Verfeinerung der Methoden der *molekularen Hybridisierung* (↗Hybridisierung) zum Nachweis u. zur Isolierung v. DNA in komplexen DNA-Fragmentgemischen bzw. zur spezif. Selektion einzelner Klone aus der Vielzahl v. Klonen einer ↗Genbank. 7) Methoden zur *organ.-chem. u. enzymat. Synthese v. Genen* (↗Gensynthese) u. genet. wirksamen Signalstrukturen. Diese Methoden sind außer für die Neusynthese bes. für die gezielte Veränderung vorgegebener Nucleotidsequenzen v. Genen u. Signalstrukturen v. zunehmender Bedeutung. – Mit Hilfe dieser (u.a.) Methoden konnte die moderne G. wesentl. Beiträge zur Grundlagenforschung wie z.B. der Analyse v. Struktur u. Funktion zahlr. Gene (besonders der Mosaikgene) sowie v. Signalstrukturen der Replikation (z. B. Replikationsstartstellen) u. der Genexpression (z. B. Operator-, Promotor-, Terminator- u. Attenuator-Strukturen) leisten. Darüber hinaus hat die G. durch ihre Möglichkeit zur techn. Nutzung, die auf dem Gebiet der mikrobiellen G. heute schon vielfach realisiert ist, einer-

---

Gentechnologie

Historische Daten zur Entwicklung der G. (soweit sie über die bei ↗Desoxyribonucleinsäuren aufgeführten Daten hinausgehen):

1972: Mit Hilfe v. DNA-Ligase werden Restriktionsfragmente v. DNA ligiert.

1973: Restriktionsfragmente v. Fremd-DNA werden mit Plasmid-DNA zu einer chimären DNA ligiert u. anschließend in funktionell aktiver Form in E. coli-Zellen eingeschleust. – Die Teilnehmer einer int. wiss. Konferenz (Gordon Research Conference on Nucleic Acids) verabschieden mit großer Mehrheit ein Memorandum über mögl. Gefahren der in-vitro-DNA-Neukombination.

1975: Eine int. wiss. Konferenz in Asilomar (Kalifornien) erarbeitet Richtlinien zur Sicherheit bei Produktion u. Handhabung v. Organismen, die in vitro rekombinierte DNA enthalten, u. empfiehlt, als Rezipienten v. Fremd-DNA nur solche durch Mutation abgewandelten mikrobiellen Stämme zu verwenden, die außerhalb der Laborbedingungen nicht lebensfähig sind.

1976: Die auf der Asilomar-Konferenz erarbeiteten Richtlinien werden in den USA vom National Institute of Health (NIH) als verbindl. anerkannt. In den Folgejahren werden die NIH-Richtlinien in zahlr. Ländern (darunter auch in der BR Dtl.) übernommen.

1977: Gründung der ersten Firma (Genentech), die sich die Produktion u. den Einsatz künstl. rekombinierter DNA zur Synthese v. Arzneimitteln in kommerziellem Maßstab zum Ziel setzt. In den Folgejahren kommt es zu zahlr. weiteren Firmengründungen mit ähnl. Zielsetzung.

1978: Das Gen für das Peptidhormon Somatostatin wird synthetisiert u. in Bakterien eingeschleust, wo es die Synthese v. Somatostatin bewirkt.

1979: Lockerung der NIH-Richtlinien bezügl. der Rekombination viraler DNA. – Isolierung eines Krebsgens mit Hilfe gentechnolog. Methoden.

1980: Insulin wird als erstes v. einem rekombinanten Gen codiertes Produkt im industriellen Maßstab erzeugt.

1981: Lockerung der NIH-Richtlinien hinsichtl. der Verwendung gewöhnl. Laborstämme v. E. coli u. Hefe als DNA-Rezipienten, sofern nicht Gene für toxische Produkte transferiert werden. Sichelzellanämie kann pränatal auf Genebene durch Analyse der Restriktionsfragmente des defekten Gens diagnostiziert werden.

1982: Als Folge der Injektion des klonierten Gens für Wachstumshormon in die befruchteten Eier v. Mäusen entstehen Mäuse, deren erhöhter Wachstumshormonspiegel zum erbl. Großwuchs führt. Ein menschl. Krebsgen wird analysiert; es stellt sich heraus, daß die Normalform (das Wildtyp-Allel) dieses Gens im Genom normal wachsender Zellen enthalten ist u. daß der Austausch eines einzigen Basenpaars den Übergang vom Wildtyp-Gen zum Krebs-Gen verursacht.

Gentechnologie

gentian- [v. lat. gentiana = Enzian].

seits weltweites Interesse als „sanfte" Technologie der Zukunft gefunden, andererseits aber auch Horrorvisionen über den mögl. Mißbrauch geweckt, der sich z. B. durch Klonierung menschl. Erbguts od. durch die Auslösung einer überstürzten u. daher bezügl. der Folgewirkungen schwer abschätzbaren od. irreversibel ablaufenden Evolution ergeben könnte (↗ Genmanipulation). Die Anwendung gentechnolog. Methoden hat in jüngster Zeit u. a. zur Konstruktion u. zur ind. Nutzung bakterieller Klone geführt, durch die einzelne Vertreter sonst schwer zugängl. Stoffklassen wie Peptidhormone (z. B. Humaninsulin u. Wachstumshormon), Interferone, Impfstoffe (z. B. die nichtinfektiösen, aber als Antigene wirksamen Hüllproteine v. Viren od. die nichttoxischen Membranproteine toxischer Bakterien) od. bestimmte Enzyme im kommerziellen Maßstab produziert werden. Diese Situation hat in den USA dazu geführt, die Anwendung v. Patentrechten v. gezüchteten Nutzpflanzen-Spezies, wofür in den USA schon seit 1930 Patentrechte geltend gemacht werden können, auch auf den Einsatz bakterieller Klone auszudehnen. Damit wurde die Diskussion über die ethischen Bedenken zur „Patentierung v. Lebewesen" (die weltweit keineswegs einheitl. praktiziert wird) aktualisiert. Ursprüngliche, Mitte der 70er Jahre sogar zu einem Moratorium führende Bedenken über mögl. Gefahren auch der mikrobiellen G. konnten inzwischen experimentell weitgehend widerlegt bzw. auf die Klonierung v. Genen toxischer Produkte reduziert werden; mit einer weiteren Expansion der mikrobiellen G. im ind. Bereich ist daher zu rechnen. Auch zur Diagnostik v. ↗ Erbkrankheiten gibt es bereits Einzelbeispiele für den Einsatz gentechnolog. Methoden (z. B. chem. synthetisierte Oligonucleotide als spezif. Hybridisierungsproben für Defektallele), so daß sich auch auf diesem Gebiet ein weites Feld für die angewandte G. öffnet. Andererseits stehen der gezielten Therapie menschl. Erbkrankheiten durch Anwendung gentechnolog. Methoden an befruchteten Eizellen, Embryonen bzw. an menschl. Patienten sowohl gravierende ethische Bedenken als auch große, bisher kaum in Ansätzen lösbare Probleme entgegen. Völlig ungelöst ist z. B. – trotz der Erfolge an entspr. Zellkulturen – das Problem der selektiven Einschleusung v. Fremd-DNA in die differenzierten Zellen adulter höherer Organismen, was Voraussetzung für eine Therapie defekter Gene wäre. Dagegen konnten in jüngster Zeit Methoden zur Einschleusung v. DNA in die Keimbahn höherer Organismen entwickelt werden. Sofern dies an Zellen entspr. Zellkulturen erfolgt, die anschließend, wie z. B. bei pflanzl. Zellen, zu differenzierten Pflanzen regeneriert werden, kommt es erst viele Generationen nach der DNA-Einschleusung zur Ausprägung des entspr. Phänotyps im differenzierten Organismus. Andererseits kann bei der Anwendung v. Mikroinjektionstechniken an befruchteten Eizellen (wie z. B. der Maus, s. o.) od. an Zellen des sehr frühen Embryonalstadiums (wie z. B. bei der Taufliege ↗ *Drosophila melanogaster*) die mit DNA eingeschleuste genet. Information schon in derselben Generation, d. h. in den aus den Eizellen direkt hervorgehenden adulten Tieren, zur Ausprägung gelangen. In Modellversuchen hat sich für die Zellen zweikeimblättriger, bisher jedoch nicht einkeimblättriger Pflanzen das Ti-Plasmid des Bodenbakteriums *Agrobacterium tumefaciens* (↗ Agrobacterium) als Klonierungs-Vektor gut bewährt. Die prakt. Anwendbarkeit dieses Systems auf pflanzenzüchter. Probleme wird z. Z. intensiv untersucht. Bei der Taufliege hat sich das sog. ↗ P-Element als Klonierungs-Vektor bewährt, da dieses durch Mikroinjektion einschleusbare „springende" DNA-Element (↗ Transposonen) die Integration v. in das P-Element ligierter DNA in die chromosomale DNA der Taufliege vermittelt. – Die ethischen Probleme, die sich in zunehmendem Maße bes. aus den Anwendungsmöglichkeiten gentechnolog. Methoden an höheren Zellen u. Organismen abzeichnen, sind schon seit den 70er Jahren Gegenstand einer intensiven weltweiten Diskussion (↗ Genmanipulation). In Anbetracht des sehr weitgestreuten Meinungsspektrums, welches v. strikter Ablehnung gentechnolog. Methoden (auch an Mikroorganismen) bis hin zu unreflektiertem Enthusiasmus reicht, bleibt abzuwarten, wo längerfristig ein nicht nur v. den Wissenschaftlern, sondern auch v. der Allgemeinheit verantwortbarer Mittelweg zw. den Extremen – einem dogmatischen, Innovations-hemmenden u. wissenschaftsfeindl. Gesetzesdirigismus einerseits u. einer ungehemmten, alles Machbare ohne Rücksicht auf ethische Bedenken durchführenden Technologiementalität andererseits – gefunden werden kann. B 30.

Lit.: *Gassen, H. G.*: Gentechnologie. Eine Einführung in Prinzipien und Methoden. Stuttgart 1984.

H. K.

Gentiana w [lat., =], der ↗ Enzian.
Gentianaalkaloide [Mz.; v. *gentian-], v. a. in *Gentiana*-Arten (↗ Enzian), aber auch in *Centaurium* u. *Menyanthes trifoliata* vorkommende ↗ Alkaloide (T), die strukturell sowohl zu den Terpen- als auch zu den Pyridinalkaloiden gezählt werden können.

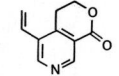

Gentianaalkaloide
Strukturformel von *Gentianin*

Hauptalkaloid ist das *Gentianin* (↗ Delphinidin), das bei Anwesenheit v. NH₄⁺ aus Gentiopikrosid (↗ Gentiopikrin) entsteht.

Gentianaceae [Mz.; v. *gentian-], die ↗ Enziangewächse. [zianartigen.]

Gentianales [Mz.; v. *gentian-], die ↗ En-

Gentianaviolett *s* [v. *gentian-], *Methylviolett,* blauviolett färbendes Gemisch aus Penta-, Tetra- u. Hexamethylparafuchsin, das z. B. zum Anfärben v. Zellkernen, Gewebe- u. Zellbestandteilen, zur Gram-Färbung v. Bakterien u. zur Herstellung v. Kohlepapier und Farbbändern verwendet wird. [loide, ↗ Delphinidin.]

Gentianin *s* [v. *gentian-], ↗ Gentianaalka-

Gentiano-Koelerietum *s* [v. *gentian-,* ben. nach dem dt. Prof. G. L. Koeler, 1765–1807], Assoz. des ↗ Mesobromion.

Gentianose *w* [v. *gentian-], Glc(β1→6)-Glc(α1→2)Fru, in den Wurzeln verschiedener *Gentiana*-Arten (↗ Enzian) als Reserve- u. Speicherkohlenhydrat vorkommendes Trisaccharid, das sich aus zwei Molekülen D-Glucose u. einem Molekül D-Fructose zusammensetzt u. durch Invertase in Gentiobiose u. Fructose bzw. durch Emulsin in Saccharose u. Glucose gespalten werden kann.

Gentiobiose *w* [v. *gentian-, gr. biōsis = Leben], *Amygdalose,* aus zwei β-1,6-glykosid. verknüpften Molekülen D-Glucose aufgebautes, bitter schmeckendes Disaccharid, das in der Natur nicht frei, sondern glykosid. gebunden, z. B. in ↗ Amygdalin (☐), Gentianose u. Crocin, vorkommt.

Gentiopikrin *s* [v. *gentian-, gr. pikros = bitter], zuerst aus ↗ Enzian (*Gentiana,* „Enzianbitter"), später auch aus Tausendgüldenkraut u. anderen Pflanzen isolierter ↗ Bitterstoff; diente fr. als Malariamittel.

Gentransfer *m* [v. *gen-, lat. transferre = übertragen], die ↗ Genübertragung.

Gentransposition *w* [v. *gen-, lat. transponere = versetzen], ↗ Transposonen.

Genübertragung [v. *gen-], *Gentransfer,* die Übertragung v. genet. Information in Form v. DNA v. einer Donor-Zelle auf eine Akzeptor-Zelle mit Hilfe der ↗ Transformation, ↗ Transduktion od. ↗ Transfektion.

Genus *s* [lat., = Geschlecht, Gattung], die ↗ Gattung.

Genußmittel, z. T. den Lebensmitteln (Nahrungsmitteln) zugeordnete Stoffe, wie Kaffee, Tee, Kakao, Tabak, alkohol. Getränke u. Gewürze, die keinen bedeutenden Nähr- u. Kalorienwert besitzen; enthalten oft ↗ Alkaloide oder andere Wirkstoffe, die anregend wirken. G. werden v. a. aufgrund ihres Wohlgeschmacks konsumiert, teilweise tragen sie auch zur besseren Verdaulichkeit der Nahrung bei (Gewürze).

Genwirkketten [v. *gen-], die Abfolge mehrerer voneinander abhängiger gegen-

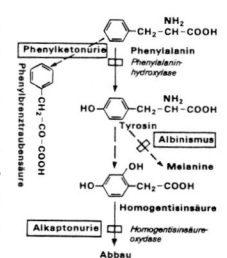

Genwirkketten
Ausschnitt aus dem Stoffwechsel des Phenylalanins mit einigen genetisch bedingten Blockierungen und den daraus resultierenden Krankheitsbildern (in Rahmen).

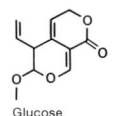

Gentiopikrin
Strukturformel von *Gentiopikrosid,* des Glykosids von Gentiopikrin

gentian- [v. lat. gentiana = Enzian].

gen- [v. gr. gignesthai = werden, entstehen, abstammen; daraus: -genēs = entstanden, genesis = Entstehung, Zeugung, genos = Abstammung, Nachkommenschaft, Geschlecht, Gattung].

Genzentrentheorie

steuerter Stoffwechselreaktionen bzw. morphogenet. Prozesse. Zur Ausbildung eines Merkmals sind i. d. R. viele hintereinandergeschaltete Stoffwechselreaktionen, die jeweils v. Enzymen gesteuert werden, u./od. das Zusammenwirken einer Reihe v. Strukturproteinen erforderl. Über die Bildung dieser Enzyme bzw. Strukturproteine steuern letztl. die entspr. Gene die Ausprägung v. Merkmalen. – Bei der Morphogenese des ↗ Bakteriophagen T4 vereinigen sich drei G.: eine führt zur Bereitstellung v. Phagenköpfen, eine weitere zur Synthese v. Schwanzstücken mit Endplatte (jedoch ohne Schwanzfibern), eine dritte G. bewirkt den Aufbau v. Schwanzfibern. In jeder dieser G. sind viele Gene hintereinandergeschaltet, wobei oft für einen Syntheseschritt die Funktion mehrerer Gene erforderl. ist. Die Tryptophan-Synthese bei *Neurospora crassa* hängt vom Zusammenwirken v. mindestens zehn Genen ab; dies folgt aus der Existenz v. *Mangelmutanten,* bei denen jeweils einer der Syntheseschritte blockiert ist, deren Wachstum jedoch auf Minimalmedium durch Zugabe unterschiedl. (aber durch Enzymreaktionen ineinander überführbarer) Substanzen wieder mögl. wird (↗ genet. Block). Auch die Synthese des Blütenfarbstoffs Anthocyan u. der Augenfarbstoffe v. *Drosophila* hängt v. mehreren Enzymreaktionen ab u. steht somit unter der Kontrolle einer G. Im *Phenylalanin*-Stoffwechsel des Menschen liegen mehrere G. vor. Die Stoffwechselkrankheiten *Phenylketonurie, Alkaptonurie* u. *Albinismus* werden durch einen genet. Block in jeweils einer der verschiedenen G. ausgelöst (vgl. Abb.). B 34, 35.

Genwirkung [v. *gen-], die geregelt ablaufende Realisierung der genet. Information; die G. umfaßt die Prozesse der ↗ Transkription u. ↗ Translation, die zur Bildung v. Proteinen führt, letztendlich aber auch die Manifestierung bestimmter biochem., physiolog. od. morpholog. Merkmale v. Zellen bzw. mehrzell. Organismen.

Genypterus *m* [v. gr. genys = Kehle, pteron = Flügel, Flosse], Gatt. der ↗ Eingeweidefische.

Genzentrentheorie [v. *gen-]; der Pflanzenzüchter N. I. ↗ Wawilow untersuchte die geogr. Verbreitung v. Primitivformen u. wilden Verwandten unserer Kulturpflanzen. Er fand heraus, daß die Fülle der vorhandenen Formen sich keineswegs gleichmäßig über das ganze Areal verteilt, das von der betreffenden Kulturpflanze eingenommen wird, sondern daß es bestimmte Gebiete gibt, in denen sich eine bes. reiche Fülle verschiedenartigster Formen findet, während außerhalb dieser Gebiete die Formenmannigfaltigkeit sehr viel geringer ist.

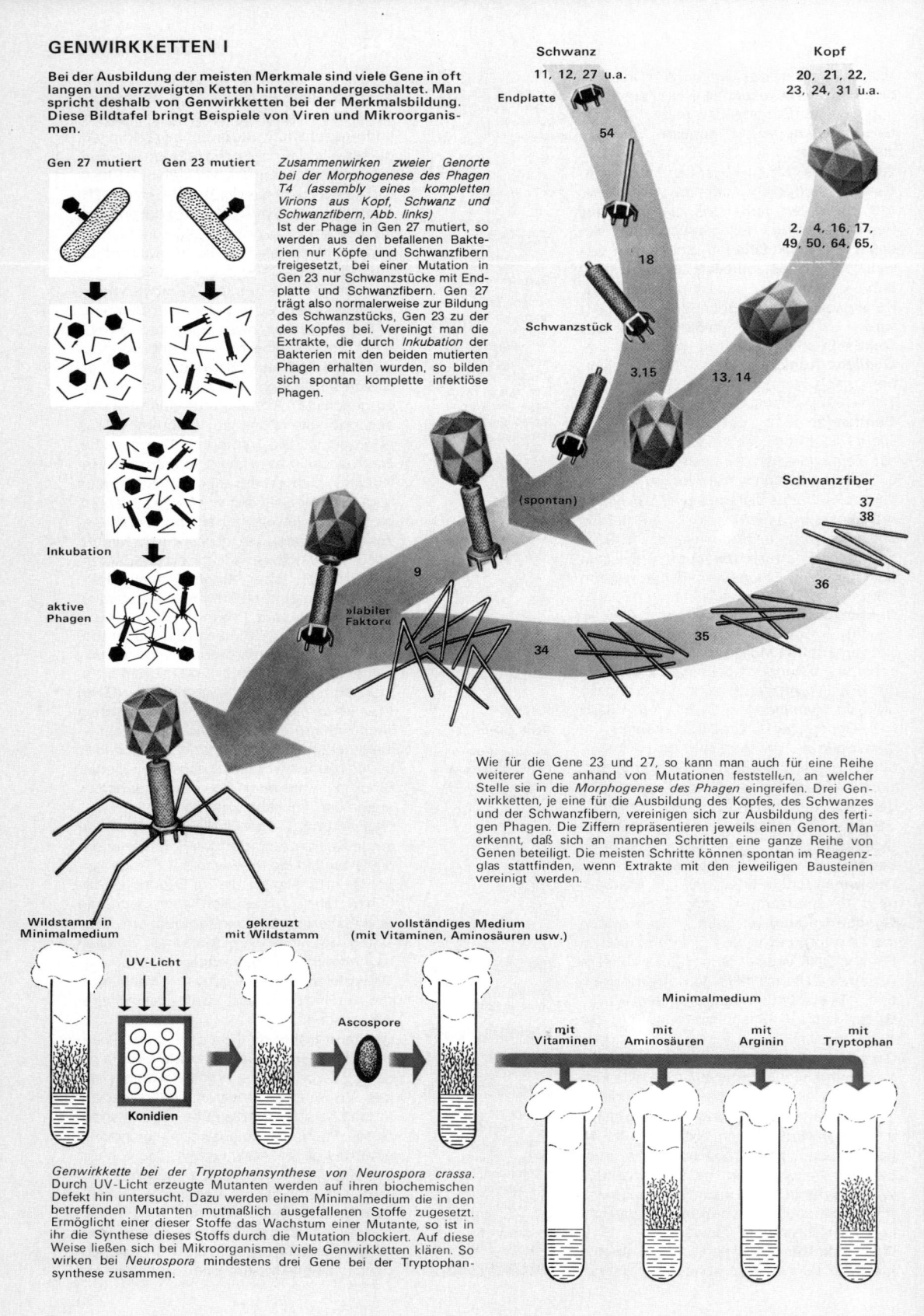

GENWIRKKETTEN I

Bei der Ausbildung der meisten Merkmale sind viele Gene in oft langen und verzweigten Ketten hintereinandergeschaltet. Man spricht deshalb von Genwirkketten bei der Merkmalsbildung. Diese Bildtafel bringt Beispiele von Viren und Mikroorganismen.

Gen 27 mutiert | **Gen 23 mutiert**

Zusammenwirken zweier Genorte bei der Morphogenese des Phagen T4 (assembly eines kompletten Virions aus Kopf, Schwanz und Schwanzfibern, Abb. links)
Ist der Phage in Gen 27 mutiert, so werden aus den befallenen Bakterien nur Köpfe und Schwanzfibern freigesetzt, bei einer Mutation in Gen 23 nur Schwanzstücke mit Endplatte und Schwanzfibern. Gen 27 trägt also normalerweise zur Bildung des Schwanzstücks, Gen 23 zu der des Kopfes bei. Vereinigt man die Extrakte, die durch *Inkubation* der Bakterien mit den beiden mutierten Phagen erhalten wurden, so bilden sich spontan komplette infektiöse Phagen.

Inkubation

aktive Phagen

Schwanz 11, 12, 27 u.a.
Endplatte 54
18
Schwanzstück
3, 15
9
»labiler Faktor«
(spontan)
34 35 36
37 38
Schwanzfiber

Kopf 20, 21, 22, 23, 24, 31 u.a.
2, 4, 16, 17, 49, 50, 64, 65,
13, 14

Wie für die Gene 23 und 27, so kann man auch für eine Reihe weiterer Gene anhand von Mutationen feststellen, an welcher Stelle sie in die *Morphogenese des Phagen* eingreifen. Drei Genwirkketten, je eine für die Ausbildung des Kopfes, des Schwanzes und der Schwanzfibern, vereinigen sich zur Ausbildung des fertigen Phagen. Die Ziffern repräsentieren jeweils einen Genort. Man erkennt, daß sich an manchen Schritten eine ganze Reihe von Genen beteiligt. Die meisten Schritte können spontan im Reagenzglas stattfinden, wenn Extrakte mit den jeweiligen Bausteinen vereinigt werden.

Wildstamm in Minimalmedium → UV-Licht → Konidien → gekreuzt mit Wildstamm → Ascospore → vollständiges Medium (mit Vitaminen, Aminosäuren usw.)

Minimalmedium: mit Vitaminen | mit Aminosäuren | mit Arginin | mit Tryptophan

Genwirkkette bei der Tryptophansynthese von Neurospora crassa. Durch UV-Licht erzeugte Mutanten werden auf ihren biochemischen Defekt hin untersucht. Dazu werden einem Minimalmedium die in den betreffenden Mutanten mutmaßlich ausgefallenen Stoffe zugesetzt. Ermöglicht einer dieser Stoffe das Wachstum einer Mutante, so ist in ihr die Synthese dieses Stoffs durch die Mutation blockiert. Auf diese Weise ließen sich bei Mikroorganismen viele Genwirkketten klären. So wirken bei *Neurospora* mindestens drei Gene bei der Tryptophansynthese zusammen.

GENWIRKKETTEN II

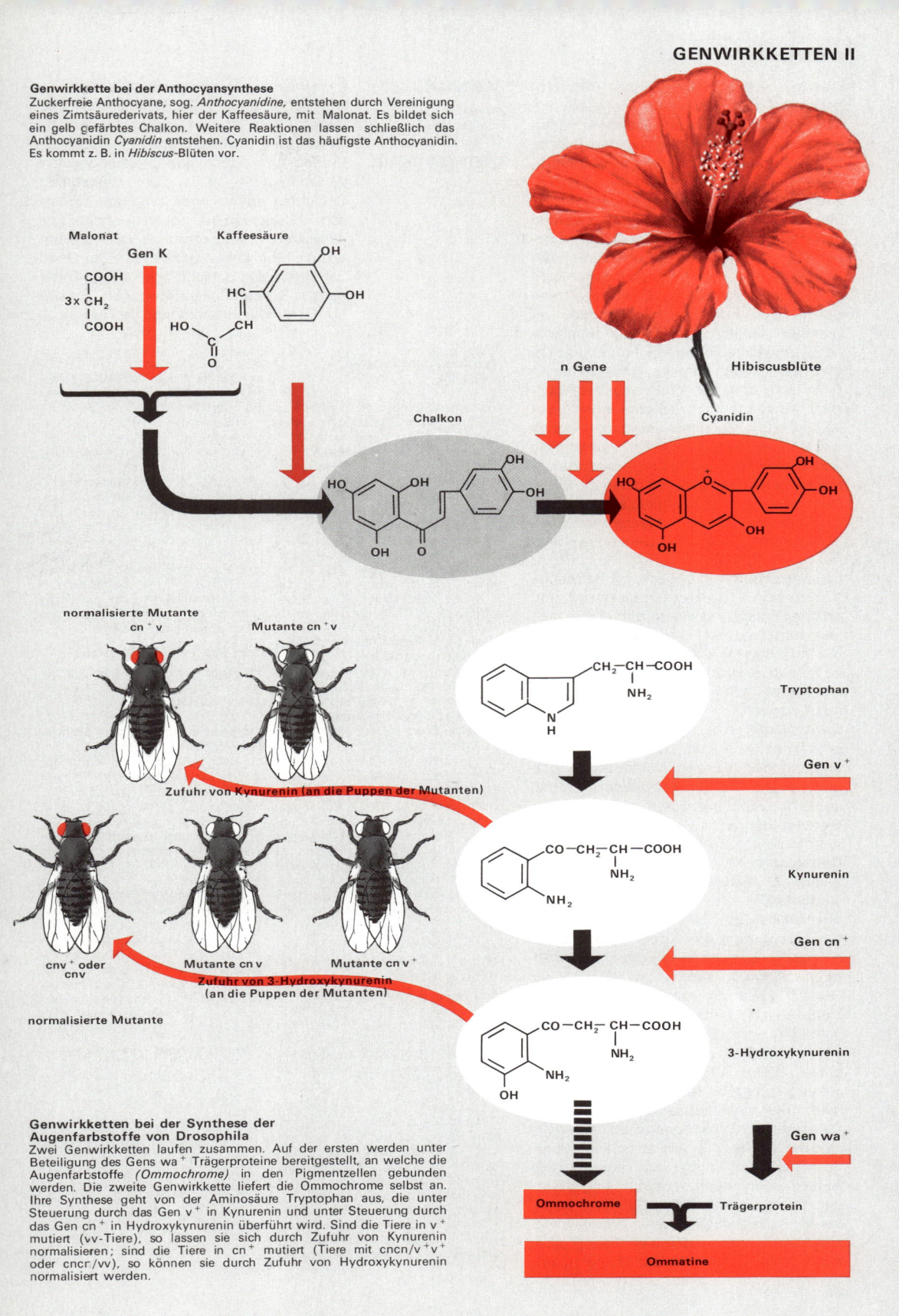

Genwirkkette bei der Anthocyansynthese

Zuckerfreie Anthocyane, sog. *Anthocyanidine,* entstehen durch Vereinigung eines Zimtsäurederivats, hier der Kaffeesäure, mit Malonat. Es bildet sich ein gelb gefärbtes Chalkon. Weitere Reaktionen lassen schließlich das Anthocyanidin *Cyanidin* entstehen. Cyanidin ist das häufigste Anthocyanidin. Es kommt z. B. in *Hibiscus*-Blüten vor.

Genwirkketten bei der Synthese der Augenfarbstoffe von Drosophila

Zwei Genwirkketten laufen zusammen. Auf der ersten werden unter Beteiligung des Gens wa$^+$ Trägerproteine bereitgestellt, an welche die Augenfarbstoffe *(Ommochrome)* in den Pigmentzellen gebunden werden. Die zweite Genwirkkette liefert die Ommochrome selbst an. Ihre Synthese geht von der Aminosäure Tryptophan aus, die unter Steuerung durch das Gen v$^+$ in Kynurenin und unter Steuerung durch das Gen cn$^+$ in Hydroxykynurenin überführt wird. Sind die Tiere in v$^+$ mutiert (vv-Tiere), so lassen sie sich durch Zufuhr von Kynurenin normalisieren; sind die Tiere in cn$^+$ mutiert (Tiere mit cncn/v$^+$v$^+$ oder cncr/vv), so können sie durch Zufuhr von Hydroxykynurenin normalisiert werden.

Genzentrum

Wawilow bezeichnete diese Regionen größten Formenreichtums als *Gen-* od. *Mannigfaltigkeitszentren*. Wawilow postulierte, daß diese Genzentren den Entstehungsräumen der Kulturpflanzen entsprechen. Die Genzentren sind für pflanzenzüchter. Arbeiten v. erhebl. Bedeutung, da hier noch genet. Material gefunden werden kann, das in den hochentwickelten u. genet. stark eingeengten Sortenspektren der Kulturarten in den heut. Anbaugebieten nicht mehr vorhanden ist. Genzentren pflegen dort zu entstehen, wo innerhalb begrenzter Regionen stark unterschiedliche Umweltbedingungen herrschen, die gleichzeitig auch starken Schwankungen (z. B. aufgrund der Witterungsbedingungen) unterliegen, so daß eine einseit. Selektion auf bestimmte Merkmale kaum wirksam werden kann. Derart. Verhältnisse finden sich häufig in Gebirgsgegenden u. Hochebenen; diese stellen daher die klass. Gen- bzw. Mannigfaltigkeitszentren dar.

Genzentrum [v. *gen-], *Allelzentrum, Mannigfaltigkeitszentrum*, ↗ Genzentrentheorie.

Geobatrachus *m* [v. *geo-, gr. batrachos = Frosch], *G. walkeri*, ein kleiner (2 cm), brauner Frosch mit einem dorsomedianen Längsstreifen, der endemisch im Santa Marta-Gebirge v. Kolumbien ist u. sich dort im Fallaub, in Bromelien u. a. verbirgt; Biol. unbekannt, gehört vermutl. zu den Engmaulfröschen.

Geobiologie *w* [v. *geo-, gr. bios = Leben, logos = Kunde], Wiss. von der Verbreitung der Pflanzen (↗ Pflanzengeographie) u. der Tiere (↗ Tiergeographie) auf der Erde. ↗ Biogeographie

Geobionten [Mz.; v. *geo-, gr. bioōn = lebend], die ↗ Bodenorganismen.

Geoblasten [Mz.; v. *geo-, gr. blastos = Keim], die ↗ Erdkeimer.

Geobotanik *w* [v. *geo-, gr. botanikē = Pflanzenkunde], ↗ Botanik.

Geochronologie *w* [v. *geo-, spätgr. chronologia = Zeitrechnung], *geologische Altersbestimmung*, stratigraph. Methodik zur Gewinnung erdgesch. Ordnungsprinzipien. – Nach bibl. Zeugnissen rechnete man mit einer Erdentstehung im Jahre 4004 v. Chr. Dem dän. Arzt N. Stensen (Nicolaus Steno, 1669) wird die später als „stratigraphisches Grundgesetz" bezeichnete Erkenntnis zugeschrieben, daß bei Ablagerung v. Schichtgesteinen die jeweils jüngere die jeweils ältere Schicht überdeckt, also bei ungestörter Lagerung die Gesteine nach oben hin immer jünger werden. Daraus leitete sich die Möglichkeit ab, benachbarte Schichtfolgen zu vergleichen, zu parallelisieren u. nach dem Prinzip „älter als – jünger als" in zeitl. Beziehung zu setzen (*relative geologische Zeitrechnung*, relative Chronologie). Da Gesteine verschiedenen Alters oft ähnl. aussehen, war die Gefahr des Irrtums groß. Erst durch die Entdeckung des engl. Bauingenieurs W. Smith (1796, 1817), daß in bestimmten Schichten immer nur bestimmte ↗ Fossilien vorkommen, v. denen manche bes. charakterist. sein können (↗ Leitfossilien), war die Möglichkeit zu zweifelsfreier Orientierung in der Schichtfolge u. des Erkennens v. Schichtlücken gewonnen (Biostratigraphie, Biochronologie). Die erdgesch.

geo- [v. gr. geō- = Erd- (zu gē = Erde)], in Zss.: Erd-.

Radiometrische Datierungsmethoden

Die Umwandlungen der radioaktiven Isotope *(Radionuklide)* folgen vielgliedr. Zerfallsreihen u. unterliegen keinerlei äußeren Einflüssen (Druck, Temp.). Für die G. ist diese Unabhängigkeit v. der physikal. Umgebung sehr wichtig. Der Vorgang des Zerfalls des Mutternuklids in das Tochternuklid vollzieht sich so, daß in gleichen Zeiten stets gleiche Bruchteile des Mutternuklids umgewandelt werden. Diese Zahl ist für jedes Radioisotop spezifisch. Man mißt die Geschwindigkeit des Zerfalls nach der Zeit, in der die Hälfte der Ausgangsmenge (Mutternuklid) in das Tochternuklid umgewandelt ist *(Halbwertszeit)*. Um das Alter einer Substanzprobe zu messen, muß also das Verhältnis der Isotopenhäufigkeiten ermittelt werden. Dabei ist zu berücksichtigen, daß bei Zerfallsprozessen mit sehr langen Halbwertszeiten (z.B. $^{238}U \rightarrow ^{206}Pb$, Uran-Blei-Methode) kleine Zeitabschnitte nicht exakt gemessen werden können, weil sich noch keine meßbare Konzentration des Tochternuklids gebildet hat. Auf der anderen Seite sind Zerfallsprozesse mit kurzen Halbwertszeiten (z.B. $^{14}C \rightarrow ^{14}N$, Radio-Carbon-Methode) für die Messung längerer Zeiträume ungeeignet, weil die Muttersubstanz schon weitgehend verschwunden ist.

Radio-Carbon-Methode (^{14}C-Methode, Kohlenstoff-14-Methode, Radiokohlenstoffdatierung):

Das seltene Kohlenstoffisotop ^{14}C wandelt sich mit einer Halbwertszeit von 5730 Jahren durch Betazerfall in das stabile Stickstoffisotop ^{14}N um. ^{14}C wird in der hohen Atmosphäre ständig neu gebildet durch die Kernreaktion

$$^{14}_{7}N + ^{1}_{0}n \rightarrow ^{14}_{6}C + ^{1}_{1}p$$

– Neutronen aus der kosm. Strahlung treffen auf den Stickstoff der Luft (vgl. Abb.). Der gebildete Kohlenstoff verbindet sich sofort mit Sauerstoff zu Kohlendioxid (CO_2) und diffundiert langsam in die Biosphäre. Dort werden die CO_2-Moleküle durch Pflanzen, Tiere und Menschen solange aufgenommen, wie diese leben. Solange entspricht deren ^{14}C-Gehalt dem der Atmosphäre. Nach dem Tod des Organismus nimmt dieser Gehalt mit der Halbwertszeit des ^{14}C ab. Bestimmt man ihn in den Überresten des Organismus, so kann man den Zeitpunkt des Todes feststellen. Dabei wird im Grunde vorausgesetzt, daß der Gehalt der Atmosphäre an ^{14}C damals stets gleiche war wie heute. Heutzutage müssen wir durch die seit Ende des letzten Jh. (im Zuge der Industrialisierung) ständig wachsende Zahl v. Verbrennungsprozessen zunehmende CO_2-Gehalt der Atmosphäre u. die damit verbundene Abnahme des ^{14}C-Gehalts um ca. 3% berücksichtigt werden („Industrieeffekt"). ↗ Kohlendioxid.

Uran-Blei-Methode (Blei-Methode): Natürl. Blei ist eine Mischung von vier stabilen Isotopen mit den Massenzahlen 204, 206, 207 und 208. Die letzten drei sind „Radioblei" (Endprodukte von radioaktiven Zerfallsreihen). Solange andere Nuklide dieser Reihen zugegen sind, nimmt der Gehalt an Radioblei gegenüber dem ^{204}Pb ständig zu. Trennt sich das Blei von der Zerfallsreihe, so hört die Anreicherung auf. Dieser Zeitpunkt läßt sich feststellen, wenn man den Gehalt der verschiedenen Bleiisotope mit einem Massenspektrometer bestimmt. Zeigt die Isotopenanalyse eines Minerals beispielsweise ein Konzentrationsverhältnis zw. ^{206}Pb und ^{204}Pb von 38,5, so kann man abschätzen, daß sich das Blei vor etwa 300 Millionen Jahren vom Uran getrennt haben muß (z.B. bei einem Vulkanausbruch). Durch Analyse aller Bleiisotope erhält man Aufschluß über das Alter der Erde (ca. 4,7 Mrd. Jahre).

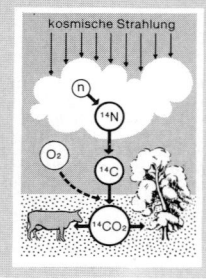

Radiometrische Datierungsmethoden in der Geochronologie

Methode	Datierbarer Bereich	Mutterisotop und Zerfallsart	Tochterisotop	Halbwertszeit (Jahre)
Uran-Blei	Präkambrium bis Tertiär	^{238}U α, γ	^{206}Pb	$4,5 \cdot 10^9$
		^{235}U α, γ	^{207}Pb	$0,7 \cdot 10^9$
Thorium-Blei		^{232}Th α, γ	^{208}Pb	$1,4 \cdot 10^{10}$
Rubidium-Strontium		^{87}Rb β⁻	^{87}Sr	$4,7 \cdot 10^{10}$
Kalium-Argon	Präkambrium bis Pleistozän	^{40}K β⁻, γ	^{40}K ^{40}Ar	$1,3 \cdot 10^9$
Radio-Carbon	bis Würm-Eiszeit	^{14}C β⁻	^{14}N	$5,73 \cdot 10^3$

Tab. (B Erdgeschichte) war also in ihren Grundzügen bereits richtig erarbeitet, bevor eine begr. Vorstellung vom zahlenmäßigen, absoluten Alter der Gesteine existierte. Schätzungen des Erdalters auf naturwiss. Grundlage schwankten zwar in weiten Grenzen, waren aber dennoch weitaus realistischer als die eingangs gen. Zahl. J. S. Goodchild veröff. 1897 eine Zeitskala, die den Beginn des Kambriums auf 704 Mill. Jahre vor heute festsetzte. 1898 berechnete J. Joly den Natrium-Gehalt der heutigen Ozeane nach der Denudationsstatistik auf 80 bis 90 Mill. Jahre. 1903 wies E. Rutherford als erster auf die Möglichkeit hin, aus dem Zerfall radioaktiver Substanzen ein absolutes Zeitmaß zu erhalten. Damit war der Ansatz für eine *absolute geologische Zeitrechnung* (absolute Chronologie, Geochronometrie) geschaffen. Die moderne G. stützt sich im wesentl. auf *radiometr. Datierungsmethoden* (vgl. Tab.), die vom natürl. Zerfall radioaktiver Isotope (^{14}C, ^{40}K, ^{232}Th, ^{238}U, ^{235}U usw.) in einer Zeiteinheit (Halbwertszeit in Jahren) u. dem Mengenverhältnis radioaktiver u. radiogener Isotope ausgehen. – Eine „paläomagnetische Methode", die sich unvermittelte Umpolungen des magnet. Erdfeldes zunutze macht, findet einstweilen noch vorwiegend für das jüngere Tertiär u. Quartär Anwendung. Für die Altersbestimmung v. Organismen bis 70 000 Jahre vor heute, insbes. an Knochen und Zähnen, wurde jüngst die „Razemisations-Methode" entwickelt, die auf der Umwandlung von Aminosäuren von der primären L-Form in die sekundäre D-Form basiert (*Aminosäuren-Datierung*). – ↗Dendro- u. ↗Warvenchronologie sind abzählende Methoden, die für die jüngsten geol. Zeiträume Anwendung finden. *S. K.*

Geococcyx *m* [v. *geo-, gr. kokkyx = Kuckuck], Gatt. der ↗Kuckucke.

Geocorisae [Mz.; v. *geo-, gr. koris = Wanze], U.-Ord. der ↗Wanzen.

Geodiidae [Mz.; v. gr. geōdēs = erdartig], Schwamm-Fam. der Kl. *Demospongiae* (Ord. ↗*Astrophorida*) mit 7 Gatt. Meist klumpenförm. Schwämme mit einem Skelett aus Sterrastern, Euastern, Mikrorhabden, Rhabden u. Triänen v. der Form eines Ankers od. Dreizacks. Bekannteste Art der namengebenden Gatt. *Geodia* ist *G. cydonium*, ballen- bis hirnförm. Gestalt, weiß bis gelbgrau, ⌀ bis ca. 30 cm; lebt im Felslitoral in 20–30 m Tiefe auf Grobsediment u. schlamm. Sandböden; stets v. zahlr. Organismen bewohnt, z. B. von *Pilumnus*. Vorkommen im Mittelmeer, Nordatlantik, Indik u. Pazifik.

geoelektrischer Effekt [v. *geo-], infolge unterschiedl. Diffusionsgeschwindigkeiten v. Kationen u. Anionen im Schwerefeld der Erde auftretende positive Auflladung (um einige mV) der Unterseite gegenüber der Oberseite v. Pflanzenorganen bzw. -zellen. ↗Tropismus, ↗Statolithenhypothese.

Geoelement [v. *geo-], der ↗Arealtyp.

Geoemyda *w* [v. *geo-, gr. emys = Sumpfschildkröte], Gattung der ↗Sumpfschildkröten.

Geoffroy Saint-Hilaire [ʃofroa ßãntilär], **1)** *Étienne*, frz. Zoologe, * 15. 4. 1772 Étampes (Seine-et-Oise), † 19. 6. 1844 Paris; seit 1793 Prof. zus. mit Lamarck, Cuvier, Latreille u. Bichat am Pariser „Museum national d'Histoire naturelle", das nach der Frz. Revolution den „Jardin du Roy" u. das „Cabinet du Roy" ablöste u. großen Einfluß auf die Entfaltung der Biol. im 19. Jh. nahm. 1798–1804 Forschungsreise nach Ägypten, zus. mit Berthollet, unter der Leitung v. Napoleon. Wie schon 200 Jahre zuvor T. Willis, versuchte G., den Körperbau der Wirbeltiere u. Wirbellosen zu analogisieren u. stellte der Aufspaltung des Tierreichs in 4 unabhängige Zweige mit unabhängigen Bauplänen, wie sie v. ↗Cuvier vertreten wurde, einen für alle Tiere einheitlich gültigen Bauplan (unité de plan), den er v. der Wirbeltierorganisation ableitete, gegenüber. Er stand mit dieser Vorstellung der Goetheschen Idee v. der „Urpflanze" nicht fern, was diesen zu einer aufmerksamen Beobachtung (u. krit. Stellungnahme) des zw. G. und Cuvier über diese prinzipielle Frage entstandenen „Pariser Akademiestreites" veranlaßte. Innerhalb der Gruppe der Wirbeltiere führten die Vorstellungen von G. zur Aufklärung zahlr. Homologien (die G. selbst als Analogien bezeichnete) u. Verwandtschaftsbeziehungen. Er anerkannte demgemäß u. wieder im Ggs. zu Cuvier auch die Kontinuität zw. fossilen u. rezenten Tieren u. verglich – sich dabei gedankl. E. Haeckel nähernd – deren „Evolution" mit ihrer Individualentwicklung. Er gelangte damit bereits zu einer Hypothese über die Abstammung der Vögel v. fossilen Reptilien u. zur Ableitung der Gehörorgane u. des Kehlkopfes höherer Wirbeltiere v. Opercularknochen u.

E. Geoffroy Saint-Hilaire

geo- [v. gr. geō- = Erd- (zu gē = Erde)], in Zss.: Erd-.

Geoglossaceae

Kiemenapparat der Fische. Durch Manipulation der Umwelteinflüsse löste er Mißbildungen bei der Keimesentwicklung aus u. begr. damit die Teratologie. WW „Philosophie anatomique" (Paris 1818, mit Atlas); mit Cuvier: „Histoire naturelle des mammifères" (1820–42, 7 Bde.); „Philosophie zoologique" (1830). **2)** *Isidore,* frz. Zoologe, Sohn v. 1), * 16. 12. 1805 Paris, † 10. 11. 1861 ebd.; seit 1837 Prof. in Paris; Arbeiten über Embryologie u. fetale Mißbildungen bei Tier u. Mensch, z. T. zus. mit seinem Vater.

Geoglossaceae [Mz.; v. *geo-, gr. glōssa = Zunge], die ↗ Erdzungen.

geographische Isolation ↗ Isolation, ↗ Separation.

geographische Rassen ↗ Abart, ⒷRassen- und Artbildung.

geographische Trennung ↗ Separation.

geöhrt, Bez. für den Blattspreitengrund sitzender Blätter, wenn er an seinem Grunde mit 2 Lappen od. Anhängseln („Öhrchen") versehen ist.

Geokarpie *w* [v. *geo-, gr. karpos = Frucht], *Erdfrüchtigkeit,* nach der Blühzeit wird durch geotrop. Verlängerungswachstum des Blütenstiels der Fruchtknoten in die Erde gedrückt; das Heranreifen der Frucht u. der Samen erfolgt ausschl. im Boden. Beispiel: Erdnuß.

Geologie *w* [v. *geo-, gr. logos = Kunde], *Geognosie,* fr. übersetzt als ↗ „*Erdgeschichte";* nach H. Murawski (1977) „im heutigen dt. Sprachgebrauch jene Wiss., die durch Untersuchung der durch natürl. od. künstl. Aufschlüsse zugängl. Teile der Erdkruste mit ihren Gesteinen, deren Lagerungs- u. Umwandlungserscheinungen sowie ihrem Fossilinhalt versucht, ein Bild von der Gesch. der Erde u. des Lebens zu entwerfen. Durch dieses Denken in ‚Raum u. Zeit' stellt sie innerhalb der Naturwiss. eine historisch ausgerichtete, jedoch mit naturwiss. Mitteln arbeitende Wiss. dar." – Teilgebiete der G. sind 1. allg., physikal. oder dynam. G., 2. Tektonik, 3. histor. G., 4. regionale G., 5. angewandte G., 6. Hydro-G., 7. Kosmo-G. (z. B. Lunar-G.). Der G. eng benachbart u. verbunden sind die Disziplinen der Paläogeographie, Paläoklimatologie, ↗ Paläontologie, Geochemie, Geophysik, Mineralogie, Petrologie (Gesteinskunde) u. Pedologie (Bodenkunde).

geologische Altersbestimmung, die ↗ Geochronologie.

geologische Formation, (G. C. Füchsel 1773?, A. G. Werner 1781), urspr. in Dtl. gebräuchl. Ausdruck für in einem Zeitabschnitt gebildete Schichtkomplexe (z. B. Triasformation, Juraformation), der heute int. durch „System" ersetzt ist. Im derzeitigen Sinne ist die g. F. eine kartierbare stratigraph. Einheit auf litholog. Basis ohne Rücksicht auf Zeitumfang u. Mächtigkeit.

geo- [v. gr. geō- = Erd- (zu gē = Erde)], in Zss.: Erd-.

Geometridae [Mz.; v. gr. geōmetrēs = Landmesser], die ↗ Spanner.

Geomikrobiologie *w* [v. *geo-], *Lithobiontik,* Teilgebiet der Boden- u. Gewässermikrobiologie, in dem untersucht wird, in welchem Maße Mikroorganismen bei Torf-, Kohle-, Erdöl-, Schwefel- u. verschiedenen Erz-Ablagerungen (z. B. Eisen u. Mangan) mitwirkten bzw. mitwirken, an der Mineralisation u. Sedimentbildung (z. B. Kalkablagerungen) beteiligt sind u. wieweit sie andererseits die Zersetzung u. Auflösung v. Gesteinen u. Erzen verursachen (↗ mikrobielle Laugung).

Geomyidae [Mz.; v. *geo-, gr. mys = Maus], die ↗ Taschenratten.

Geonemertes *m* [v. *geo-, ben. nach Nēmertēs = eine Meeresnixe], Schnurwurm-Gatt. der Kl. ↗ Enopla (Ord. *Hoplonemertini*); terrestrisch an feuchten Stellen trop. u. subtrop. Wälder, verschiedentl. auch in eur. Gewächshäusern eingeschleppt. *G. chalicophora,* ca. 12 mm lang, 2–3 mm breit, milchweiß, vorn rötl., 4 Augen; in Dtl. in Gewächshäusern nachgewiesen.

Geophagie *w* [v. *geo-, gr. phagos = Fresser], *Erdeessen,* **1)** Zool.: a) Ernährungsweise einiger bodenlebender Tiere (Anneliden); die unverdaul. Nahrungsbestandteile werden vielfach wie bei Regenwürmern als kegelförm. Kothäufchen oberird. abgesetzt; b) manche Tiere (z. B. Hunde) fressen Erde, um einen eventuellen Mangel an Mineralstoffen zu ersetzen. **2)** Brauch mancher Naturvölker, bestimmte ton-, salz- od. fetthaltige Erden zu verzehren, teils als Medizin, teils zur Aufnahme wicht. Nahrungsbestandteile; in Notzeiten auch als Nahrungsersatz.

Geophilus *m* [v. *geo-, gr. philos = Freund], Gatt. der ↗ Hundertfüßer.

Geophyten [Mz.; v. *geo-, gr. phyton = Gewächs], *Kryptophyten, Erdpflanzen,* mehrjähr kraut. Pflanzen, die die ungünst. Jahreszeit (Winter, Lichtmangel, sommerl. Dürre) mit Hilfe unterird. Erneuerungsknospen überdauern.

Geophyten
Unterscheidung nach Form der nährstoffspeichernden Überdauerungsorgane (mit Beispielen)

Rhizom-G.
Buschwindröschen, Schwertlilie
Zwiebel-G.
Zwiebel, Bärlauch
Sproßknollen-G.
Kartoffel
Wurzelknollen-G.
Dahlie, Scharbockskraut
Rüben-G.
Möhre

Geoplana *w* [v. *geo-, gr. planēs = umherstreifend], Strudelwurm-Gatt. der Ord. *Tricladida;* terrestrisch; für Dtl. nachgewiesen *G. multicolor.*

Geopora *w* [v. *geo-, gr. poros = Öffnung], Gatt. der ↗ Löchertrüffel.

Geoporella *w* [v. *geo-, gr. poros = Öffnung], Gatt. der ↗ Löchertrüffel.

Georgine *w* [ben. nach dem russ. Ethnographen J. G. Georgi, 1729–1802], die ↗ Dahlie.

Geosmin *s* [v. gr. gē = Erde, osmē = Duft], trans-1,10-Dimethyl-trans-9-decalol, $C_{12}H_{22}O$, von verschiedenen Streptomyce-

Geosmin

ten u. Myxobakterien gebildeter Geruchsstoff, der (neben ähnl. Verbindungen) für den charakterist. erdig-muffigen Geruch verantwortl. ist; er ist in hoher Verdünnung im Boden (↗Bodenorganismen) od. Wasser wahrnehmbar. G. ist auch im Rübensaft nachgewiesen worden.

Geospiza w [v. *geo-, gr. spiza = Fink], Gatt. der ↗Darwinfinken.

Geotaxis w [v. *geo-, gr. taxis = Anordnung], gerichtete Bewegung freibewegl. Pflanzen u. Tiere, die sich am Vektor der Schwerkraft orientiert. ↗Taxis.

Geothallus m [v. *geo-, gr. thallos = junger Zweig, Schößling], Gatt. der ↗Sphaerocarpaceae.

Geotrichum s [v. *geo-, gr. triches = Haare], Gatt. der Fungi imperfecti *(Moniliales)*; wichtigste Art ist *G. candidum (Oidium lactis)*, der Milchschimmel (sexuelle Form = *Endomyces geotrichum, Dipodascus g.* [Dipodascaceae], *Galactomyces g.*). Der Pilz ist weltweit verbreitet, häufig im Erdboden u. in Milchprodukten. Einige Stämme verursachen Fruchtfäulen an *Citrus*-Arten (z. B. Zitronen), Tomaten u. Melonen. *G. c.* lebt auch saprophyt. od. pathogen auf den Schleimhäuten im menschl. Magen-Darm- u. Atmungstrakt. – Die septierten Hyphen bilden anfangs hefeartig aussehende Kolonien; dann entwickelt sich ein feines, schimmelpilzart. Luftmycel, an dem Arthrosporen abgegliedert werden.

Geotropismus m [v. *geo-, gr. tropos = Wendung], *Gravitropismus, Erdwendigkeit,* Orientierung v. Wachstumsbewegungen festgewachsener Pflanzenteile am Vektor der Schwerkraft. ↗Tropismus.

Geotrupes m [v. *geo-, gr. trypan = bohren], Gatt. der ↗Mistkäfer.

Geotrypetes m [v. *geo-, gr. trypētēs = Bohrer], Gatt. der ↗Blindwühlen.

Geozoologie w [v. *geo-, gr. zōon = Lebewesen, Tier, logos = Kunde], die ↗Tiergeographie.

Gepäckträgerkrabben, *Dorippidae*, Fam. der ↗*Brachyura;* Krabben mit kurzem Carapax, der das 2. u. 3. Pleonsegment von oben frei läßt; mit ihren letzten beiden, mit Greifhaken versehenen Pereiopoden maskieren sich diese Krabben, indem sie Muschelschalen, Schwammstücke o. ä. über ihren Rücken halten; bei Gefahr wird die Bedeckung, z. B. die Muschelschale, dem Angreifer entgegengehalten. Bekannte Gatt. sind *Dorippe* u. *Ethusa,* im Mittelmeer; viele Arten in der Tiefsee.

Gepard m [über frz. guépard v. it. gattopardo = Katzen-Panther], *Acinonyx jubatus,* einzige Art der zu den Katzen *(Felidae)* rechnenden U.-Fam. *Acinonychinae*; Kopfrumpflänge 130 cm, Schulterhöhe 80 cm,

Gepard
(Acinonyx jubatus)

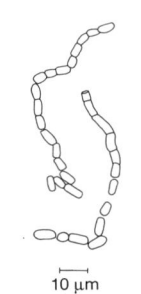

Geotrichum
Arthrosporen von *G. candidum*

Gepäckträgerkrabben
Ethusa mascarone

geo- [v. gr. geō- = Erd- (zu gē = Erde)], in Zss.: Erd-.

Schwanzlänge 60 cm; Fellfärbung gelbbraun mit schwarzen runden Flecken, Bauchseite fast weiß. Im Ggs. zum Leopard ist der G. schlank u. hochbeinig; er gilt als schnellstes Säugetier (auf kurzer Strecke bis 120 km/h!). Sein Lebensraum ist die offene Trockensavanne; urspr. in 4 U.-Arten über weite Teile Afrikas u. Asiens verbreitet, leben größere G.bestände heute nur noch im Etoschagebiet u. in den Reservaten O-Afrikas. G.e schleichen sich nahe an ihre Beute (v. a. Gazellen) an u. überwältigen sie nach kurzem Sprint. Der Mensch hat seit 3000 v. Chr. (Sumerer, Ägypter, später auch an eur. Fürstenhöfen) abgerichtete G.e (sog. „Jagdleoparden") zur Jagd benutzt. ⬜B Afrika IV.

Gephyrea [Mz.; v. gr. gephyra = Brücke], *Brückentiere,* veralteter Oberbegriff für drei heterogene Tierstämme, die ↗*Echiurida,* ↗*Priapulida* u. ↗*Sipunculida,* denen man irrtüml. eine Brückenstellung zw. Gliedertieren *(Articulata)* u. Stachelhäutern *(Echinodermata)* zuweisen zu können glaubte.

Gephyromantis w [v. gr. gephyra = Brücke, mantis = Prophetin], ↗Goldfröschchen.

gephyrozerk [v. gr. gephyra = Brücke, kerkos = Schwanz], ↗Flossen.

Geradflügler, *Orthoptera,* Sammelbez. für verschiedene Ord. bzw. Über-Ord. der hemimetabolen Insekten, hierzu ↗Fangschrecken *(Mantodea),* ↗Ohrwürmer *(Dermaptera),* ↗*Orthopteroidea,* ↗Schaben *(Blattariae)* u. ↗Termiten *(Isoptera)*.

Geradnervige, Schnecken, bei denen die Hauptlängsstrangpaare des Nervensystems auf der zugehör. Körperseite verlaufen, also ohne Überkreuzung (wie bei der Strepto- od. ↗Chiastoneurie). Zu unterscheiden sind: 1) *Orthoneurie:* die theoret. angenommene Geradnervigkeit der (fossilen) Urschnecken. 2) *Euthyneurie:* eine sekundäre Geradnervigkeit bei den Lungenschnecken u. Hinterkiemern, die entsprechend als *Euthyneura* zusammengefaßt werden. Die Euthyneurie entsteht bei beiden Gruppen aus der Streptoneurie, bei ersteren durch Verkürzung der Seitenstränge (Pleurointestinalkonnektive) u. Konzentration der Ganglien im Schlundringbereich, bei letzteren durch Rückdrehung (Detorsion) des Eingeweidesacks.

Geradzeilen

Geradzeilen, *Orthostichen,* die in Längsrichtung der Sproßachse durch die übereinanderstehenden Blätter projizierbaren Geraden. ↗ Blattstellung.
Geraniaceae [Mz.; v. *gerani-], die ↗ Storchschnabelgewächse.
Geranial s [v. *gerani-], ↗ Citral.
Geraniales [Mz.; v. *gerani-], die ↗ Storchschnabelartigen.
Geranien [Mz.; v. *gerani-], Hybriden der Gatt. ↗ Pelargonium.
Geranio-Allietum s [v. *gerani-, lat. allium = (Knob-)Lauch], Assoz. der ↗ Polygono-Chenopodietalia.
Geraniol s [v. *gerani-, lat. oleum = Öl], rosenartig riechender, acycl. Monoterpenalkohol, Bestandteil zahlr. äther. Öle, z. B. Palmarosaöl (95%), Geraniumöl (40–50%), Citronellöl (30–40%), Rosenöl, Neroliöl, Lavendelöl, Jasminöl; ist mit *Nerol* u. *Linalool* strukturisomer; wird auch synthet. gewonnen u. findet u. a. Verwendung in der Parfümerie u. Genußmittel-Ind. ☐ Blütenduft.
Geranion sanguinei s [v. *gerani-, lat. sanguineus = blutrot], Verb. der ↗ Trifolio-Geranietea.
Geranium s [v. *gerani-], der ↗ Storchschnabel. [↗ Geraniol.
Geraniumöl [v. *gerani-] ↗ Pelargonium,
Gerbera w [ben. nach dem dt. Arzt u. Pflanzensammler T. Gerber, † 1743], Gatt. der ↗ Korbblütler.
Gerberbock, *Prionus coriarius,* der ↗ Sägebock, Art der ↗ Bockkäfer.
Gerbillinae [Mz.], die ↗ Rennmäuse.
Gerbsäuren ↗ Tannin.
Gerbstoffe, chem. Verbindungen mit gerbender Wirkung, d. h. mit der Eigenschaft, Proteine zu fällen, wovon in der Gerberei (Umwandlung v. tier. Häuten in Leder durch Vernetzung der Kollagenketten) Gebrauch gemacht wird. 1) *Pflanzl. G.* kommen weit verbreitet u. in den verschiedensten Pflanzenteilen vor, z. B. in Blättern (Tee), Samen (Kaffee), Früchten („zusammenziehender" Geschmack der Preiselbeeren u. Heidelbeeren), Gallen, Hölzern usw. Sie können in Vakuolen lokalisiert (bes. in Rinden), nachträgl. in Zellwände eingelagert (z. B. Borke) od. auch in gelöster Form in Milchsaft enthalten sein. Funktionell betrachtet man den G.gehalt v. Geweben als Schutz gg. Fäulnis, Schädlinge od. Tierfraß. Pflanzl. G. werden nach ihrem chem. Aufbau in zwei Gruppen unterteilt: *Hydrolysierbare G.* (Gallotannine, Pyrogallolfarbstoffe) sind meist v. der Gallussäure abgeleitete Phenolcarbonsäureester, die auch mit Zuckern verknüpft sein können u. z. B. im Holz v. Eichen u. Edelkastanien, in den Blättern v. Sumach, in Früchten (Myrobalanen, Dividivi) u. in chin. u. oriental. Gallen (Aleppo-Gallen) vorkom-

gerani- [v. gr. geranion = Storchschnabel].

germin- [v. lat. germen = Keim, Knospe; germinare = keimen, sprossen].

Germer
Blütenrispe des Weißen Germer *(Veratrum album)*

Gallussäure

Ellagsäure

Gerbstoffe

men. Neben Gallussäure kann auch Ellagsäure (= „Galle" rückwärts gelesen) auftreten. *Kondensierte G.* (Pyrocatechin-G.) sind Polyphenole, deren Kondensation zu amorphen G.n durch Erhitzen, Enzyme od. Mineralsäuren bewirkt wird. Neben den Catechinen, den wichtigsten Verbindungen dieser Gruppe, tragen auch Flavandiolderivate (Leukoanthocyane), Kaffee-, Chlorogen- u. Ferulasäure zur Bildung kondensierter G. bei, die u. a. in Eichen-, Mimosen-, Mangroven- u. Hemlockrinde, in Holz (Quebracho) u. Blättern v. Gambir gefunden werden. 2) *Synthet. organ. G.* (Synthane): Zu ihnen zählen die Harz-G. (Harz- od. Melamin-Formaldehyd-Kondensationsprodukte), die Misch-G. (anion. Metallsalze) u. Ligninsulfonsäure. Andere organ. G. sind Form- u. Glutaraldehyd sowie Trane. 3) *Mineralische G.:* v. a. Chrom(III)Salze, daneben Polyphosphate, Aluminium-, Zirkonium- u. Eisensalze.
Gerenuk m [Somali, = giraffenhalsig], *Giraffengazelle, Litocranius walleri,* rötl.-braune, äußerst grazil erscheinende Gazelle der ostafr. Dornbuschsavanne mit auffallend langem Hals u. langen Gliedmaßen; Kopfrumpflänge ca. 150 cm, Schulterhöhe 90–105 cm, Weibchen hornlos. Beim Äsen richten sich G.s auf den Hinterbeinen frei auf od. stützen sich mit den Vorderbeinen ab, um höhergelegene Blätter u. Triebe zu erreichen.
Geriatrie w [v. gr. gerōn = alter Mann, iatreia = Heilung], ↗ Alterskrankheiten.
Gerinnung, die Verfestigung, Ausflockung bzw. das Unlöslichwerden kolloidal gelöster Stoffe entweder spontan od. ausgelöst durch äußere physikal.-chem. Einflüsse (Wärme, Säuren, Lösungsmittel), bei biol. Systemen durch *G.sfaktoren,* wie z. B. bei der ↗ Blut-G. ↗ Fibrin (☐).
Gerinnungsenzyme, die bei der Auslösung der ↗ Blutgerinnung enzymat. wirksamen Faktoren. [koagulantien.
gerinnungshemmende Mittel, die ↗ Anti-
Gerippe, das ↗ Skelett.
Germanonautilus m [v. lat. Germanus = germanisch, gr. nautilos = Schiffer], (Mojsisovics 1902), *Monilifer,* Gatt. der Ord. *Nautilida* mit großwüchs., engnabel. Formen, Sipho perlschnurartig, Gehäusequerschnitt rechteckig bis quadratisch; Typusart: *G. bidorsatus* (v. Schloth.). Verbreitung: Trias v. N-Amerika, Eurasien u. Afrika.
Germarium s [v. lat. germen = Keim], *Keimlager, Keimstock,* allg. der Bereich einer Gonade, in dem durch meist viele Mitosen Oogonien bzw. Spermatogonien gebildet werden (Proliferationszone, ☐ Gametogenese). a) Endteil od. Apikalteil der Hodenfollikel bzw. Endfach der Ovariolen

in den weibl. Gonaden der Arthropoden (u. a. Insekten), in denen die Urkeimzellen gelagert sind u. die ↗Spermatogenese bzw. ↗Oogenese beginnt. b) Bei vielen Plattwürmern (☐ Geschlechtsorgane) der kleine, meist unpaare „Eierstock", der die fast dotterlosen Eizellen bildet, denen erst vom ↗Dotterstock *(Vitellarium)* Dotterzellen zugegeben werden (↗zusammengesetzte Eier).

Germer *m* [v. ahd. germarrun], *Veratrum*, Gatt. der Liliengewächse mit etwa 48 Arten in Eurasien u. N-Amerika. Der Weiße G. *(V. album)* besitzt schraubig angeordnete, breit ovale, stark geriefte Blätter (B Blatt III); die giftige, 60–150 cm hohe ausdauernde Pflanze ist ein Weideunkraut der Alpen; der Verbreitungsschwerpunkt liegt im *Rumicion alpini*. Erst im Alter von 10 Jahren erscheint die Blütenrispe mit den weißl. bis grünen Blüten. Die Inhaltsstoffe Protoveratrin u. Germerin haben hypotensive Wirkung. ☐ 40, B Kulturpflanzen XI.

Germin *s* [v. ↗Germer], ein Alkaloid mit Steringerüst aus ↗Germer u. a. *Veratrum*-Arten, das in der Pflanze mit Essigsäure, Angelicasäure od. Tiglinsäure verestert vorkommt.

germinal [v. *germin-], *germinativ*, den Keim od. die Keimzellen betreffend.

Germinalniere, *Epigenitalis*, ↗Urniere.

Germination ↗Keimung.

germinativ ↗germinal.

Germizide [Mz.; v. lat. germen = Keim, -cida = -töter], Bez. für keimtötende Stoffe; ↗Bakterizide, ↗Desinfektion.

Germovitellarium *s* [v. lat. germen = Keim, vitellus = Dotter], ↗Dotterstock.

Geröllböden, feinmaterialarme Rohböden der Flußauen (Rambla) od. Steinschuttböden des Gebirges (↗Syrosem, ↗Ranker).

Geröllgeräte, *Pebble-tools*, einfachster Typ v. Steinwerkzeugen, bei dem Flußgerölle einseitig (Choppers) od. wechselseitig bearbeitet wurden (Chopping-tools). G. stellen den ältesten erkennbaren Typ v. Steinwerkzeugen überhaupt dar; hat sich in manchen Gegenden (z. B. Tasmanien) bis in die Neuzeit gehalten.

Geronticus *m* [v. gr. gerontikos = greisenhaft], der ↗Waldrapp.

Gerontologie *w* [v. gerōn, Gen. gerontos = Greis, logos = Kunde], die *Altersforschung*; ↗Altern.

Gerontoplasten [Mz.; v. gr. gerōn, Gen. gerontos = Greis, plastos = geformt], ↗Chromoplasten.

Gerrhonotus *m* [v. gr. gerrhon = Schild, nōtos = Rücken], Gatt. der ↗Schleichen.

Gerrhosaurus *m* [v. gr. gerrhon = Schild, sauros = Eidechse], Gatt. der ↗Schildechsen.

Gerridae [Mz.], die ↗Wasserläufer.

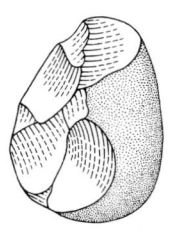

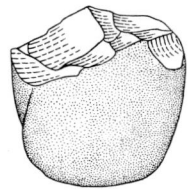

Geröllgeräte
1 Einseitig bearbeiteter Chopper, 2 wechselseitig bearbeitetes Chopping-tool

Gerste
a zweizeilige, b vierzeilige Gerste

Erntemenge (Mill. t) und Hektarerträge (in Klammern; in Dezitonnen/ha) der wichtigsten Erzeugerländer für 1982

Welt	160,1	(20,6)
UdSSR	41,0	(13,8)
Kanada	14,1	(27,1)
USA	11,4	(30,8)
Großbrit. u. Nordirland	10,9	(49,3)
Frankreich	10,0	(42,0)
BR Dtl.	9,5	(46,8)
Dänemark	6,4	(42,9)
Türkei	6,4	(20,4)
Spanien	5,3	(14,9)

Bestandteile des G.nkorns:

Stärke	55–70%
Protein	8–13%
Spelzenanteil	8–12%
Fett	1,8–2,5%
Salze (Asche)	2,7%
Wasser	13–18%

Gerstenhartbrand

Gerste, *Hordeum*, Gatt. der Süßgräser, mit etwa 25 Arten auf der N-Halbkugel, in den Anden u. im außertrop. S-Amerika beheimatet; Ährengräser mit alternierend je 3 ↗Ährchen (☐) pro Absatz der Ährenachse, so daß, v. oben betrachtet, in der nicht reduzierten Form 6 Zeilen von i. d. R. 1blütigen u. begrannten Ährchen zu sehen sind. Unter den einheim. Wild-G.n ist die Mäuse-G. *(H. murinum)* die häufigste; sie besiedelt trockene bis frische Ruderalstellen; die wärmeliebende Art ist heute in den warmtemperierten Zonen weltweit verschleppt. Die Getreide-G. *(H. vulgare)* gehört zu den ältesten Kulturpflanzen u. hat sich in Vorderasien aus der dort vorkommenden Wildart *H. spontaneum* unter Einkreuzung v. mindestens einer anderen Art *(H. agriocrithon)* gebildet. Heute wird die G. in allen gemäßigten Zonen angebaut, dabei weiter nach N als andere Getreide u. auch noch in sommertrockenen Gebieten wachsend, da sie bes. als Sommer-G. nur geringe Bodenansprüche hat (z. B. relativ salztolerant) u. nur 95 Tage zur Reife benötigt. Hierbei sind keine bes. hohen Temp. erforderl. Winter-G. ist allg. anspruchsvoller. Morpholog. unterscheidet man bei der G. 2 Formenkreise: 2zeilige G. mit 1 fertilen u. 2 sterilen Ährchen pro Ährenabsatz u. mehrzeilige G. mit je 3 fertilen Ährchen; 6zeilige G. weist einen Winkel v. 60° zw. benachbarten Ährchen auf; bei 4zeiliger G. stehen die Ährchen auf einem Absatz rechtwinklig zueinander, die äußeren Ährchen eines Absatzes befinden sich dabei direkt über denen des darunter befindl. In Entwicklungsländern mit trockenem Klima wird G. noch als Brotgetreide genutzt, bei uns jedoch bes. als Körnerfutter. Für beides werden proteinreiche, mehrzeilige G.sorten verwendet. Rund 10% der G.-Weltproduktion werden zur Bierherstellung gebraucht; aus proteinarmen, 2zeiligen Formen gewinnt man die erwünschten vollen bauchigen Körner zur Malzherstellung (↗Bier, Brau-G.). Außerdem dient G. zur Erzeugung v. Whisky u. anderem Kornbranntwein sowie zur Herstellung v. G.-Kaffee (Malzkaffee aus malzierter G.). ☐ Getreide, B Kulturpflanzen I.

Gerstenflugbrand, ↗Brand-Krankheit der Gerste, Erreger der ↗Brandpilz *Ustilago nuda*; ↗Flugbrand. B Pflanzenkrankheiten.

Gerstengelbverzwergungs-Virusgruppe, *Luteo-Virusgruppe*, Pflanzenviren mit einzelsträng. RNA-Genom (relative Molekülmasse $2 \cdot 10^6$) u. isometr. Viruspartikeln (∅ 25–30 nm); verursachen Chlorose, Rötung, Stauchung u. a.; durch Blattläuse übertragen; Wirtsbereich eng bis zieml. weit.

Gerstenhartbrand ↗Hartbrand.

Gerstenstreifenmosaik-Virusgruppe

Gerstenstreifenmosaik-Virusgruppe, die *Hordei-Virusgruppe,* Pflanzenviren mit einzelsträng. RNA-Genom, das aus 2–4 Komponenten besteht (relative Molekülmassen $1-1,5 \cdot 10^6$) u. stäbchenförm. Viruspartikeln ($\varnothing$ 20 nm, Länge 100–150 nm); erzeugen chlorot. od. nekrot. Symptome; Wirtsbereiche zieml. eng.

Geruch, 1) der v. einer Substanz ausgehende charakterist. Duft, der v. den Riechzellen wahrgenommen wird. **2)** *G.ssinn,* ↗chemische Sinne.

Geruchsklassen ↗chemische Sinne.

Geruchsnerv, *Riechnerv, Nervus olfactorius,* der I. ↗Hirnnerv, ↗Olfactorius.

Geruchsorgane, *Riechorgane, olfaktorische Organe,* mit speziellen Rezeptoren versehene Organe v. Tieren u. Mensch, die der Perzeption v. Geruchsstoffen dienen. Bei den Wirbellosen sind dies zum größten Teil Körperanhänge (z. B. Antennen, Palpen, Tarsen), bei den Wirbeltieren die Riechepithelien der Nasenhöhle. ↗chemische Sinne (B).

Geruchsrezeptoren [v. lat. recipere = entgegennehmen], ↗chemische Sinne.

Geruchssinn, *Geruch, Riechsinn,* ↗chemische Sinne.

Geruchsstoffe, *Riechstoffe,* chem. Stoffe in Gas-, Dampf- od. gelöster Form, auf welche die Geruchssinneszellen v. Tieren u. Mensch ansprechen. ↗chemische Sinne (☐), ↗Alarmstoffe, ↗Duftstoffe, ↗Blütenduft.

Gerüstproteine, die ↗Skleroproteine.

Gervais [scherwä], François Louis Paul, frz. Zoologe u. Paläontologe, * 29. 9. 1816 Paris, † 10. 2. 1879 ebd.; seit 1841 Prof. in Montpellier, 1865 Paris; zahlr. Arbeiten zur Paläontologie insbes. der Wirbeltiere sowie entomolog. Untersuchungen.

Gervaisiidae [Mz.; ben. nach F. L. P. ↗Gervais], die ↗Stäbchenkugler.

Geryonia w [ben. nach dem myth. König Gēryonēs], die ↗Rüsselqualle.

Gesang, in der ↗Ethologie u. ↗Bioakustik Bez. für eine tier. Lautäußerung, die eine gewisse Zeit andauert u. über einen komplexen Aufbau verfügt. Der G. unterscheidet sich durch diese Merkmale vom kurzen oder monotonen ↗Ruf, ohne daß eine klare Abgrenzung mögl. wäre. Der komplexe Aufbau eines G.s kann durch eine Abfolge verschieden hoher Töne, durch ein festes Zeitmuster gleich hoher Töne od. durch beides zustande kommen. Bes. typisch ist der G. für die Vögel. Bei ihrem G. unterscheidet man durch Pausen getrennte *Strophen,* wobei jede Strophe aus mehreren *Motiven* od. *Silben* besteht. Die Silben setzen sich wiederum aus einzelnen *Elementen* zus. Außer bei den Vögeln kommen „Gesänge" auch bei Säugetieren

Gesang

1 Lautspektrograph. Darstellung *(Sonagramm)* einer Strophe des Buchfinken-G.s *(Fringilla coelebs).* Auf der Ordinate sind die Frequenzen (Tonhöhen) aufgetragen, während die Abszisse die Zeitachse bildet. Die Abb. zeigt die Zusammensetzung der Strophe aus unterschiedl. Motiven u. Elementen. **2** G.sbeginn in Abhängigkeit v. der Helligkeit bei einigen Vogelarten im Lauf des Monats März.

Geschlecht

Beim *Menschen* ist zu unterscheiden: *genetisches G.* = chromosomales G. (XY ♂, XX ♀, feststellbar durch cytogenet. ↗Geschlechtsdiagnose); *Gonaden-G.* (Hoden ♂, Ovar ♀); *Genital-G.* (♂ bzw. ♀ äußere Genitalien). Letzteres ist im allg. Grundlage für den Standesamtseintrag, der das *juristische G.* festlegt. Nicht immer stimmen die genannten G.szustände bei ein u. demselben Individuum überein (↗Intersexualität).

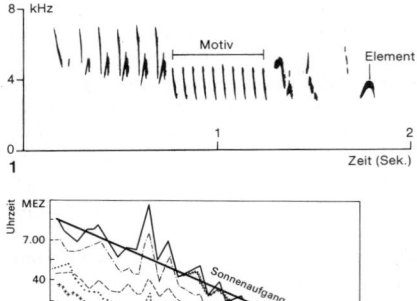

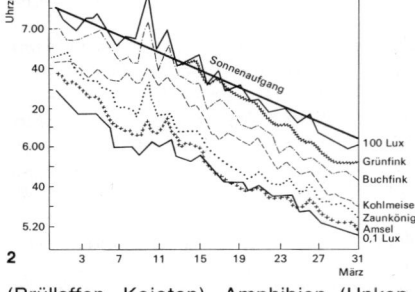

(Brüllaffen, Kojoten), Amphibien (Unken, Frösche), bei Insekten (Zikaden, Heuschrecken, Grillen) u. bei Fischen vor. Fast immer singen nur die Männchen, in Einzelfällen auch das Weibchen (Dompfaff) od. beide im ↗*Duett-G.* (☐). Häufig wird durch den G. das Territorium verteidigt od. markiert, od. er dient als Drohverhalten. Außerdem dient der G. häufig der Balz; er lockt z. B. ein Weibchen an u. stimuliert die Paarungsbereitschaft. Das G.srepertoire jeder Tierart kann in unterschiedl. Anteilen angeboren od. erworben sein. Im letzteren Fall wird er durch ↗Tradition weitergegeben. ↗Dialekt. B Kaspar-Hauser-Versuch.

Gesangsprägung, Erlernen des individuellen ↗Gesangs (meist v. den pflegenden Eltern) bei Vögeln (z. B. beim Buchfinken). Von ↗Prägung kann gesprochen werden, wenn das Lernen nur während einer kurzen Entwicklungsphase erfolgt (sensible Phase) u. wenn das erlernte Muster später nicht mehr geändert wird (relative Irreversibilität). Die G. führt nicht eigtl. zum Entstehen des Gesangs, da die Jungvögel meist gar nicht singen. Vielmehr wird ein akust. Sollmuster erworben, nach dem sich der eigene Gesang später richtet.

Gesäßschwielen, nackte, oft lebhaft gefärbte Hornhautstellen über den Sitzbeinhöckern mancher Affenarten (= *tolyglute* Affen); bei den *atylen* Affen fehlen sie.

gesättigte Fettsäuren ↗Fettsäuren.

gesättigte Kohlenwasserstoffe ↗Kohlenwasserstoffe.

Geschein, Bez. für den rispigen, fälschl. als Traube bezeichneten Blütenstand der Weinrebe.

Geschenkritual, ritualisierte Übergabe v. Futter bzw. Nestmaterial in der Balz od. innerhalb des Sozialverhaltens v. Tieren. ↗Ritualisierung.

Geschiebemergel, ungeschichtete carbonat- u. tonhalt. Gesteine, die v. Gletschern verfrachtet wurden.

Geschlecht, *Sexus,* die entgegengesetzte Ausprägung der ↗Gameten u. der sie erzeugenden elterlichen Individuen (↗Geschlechtsmerkmale, ↗Sexualdimorphismus). Bei unterschiedl. Gestalt der Gameten (Anisogametie bzw. Oogametie) werden die Mikrogameten bzw. Spermien als ♂, die Makrogameten bzw. Eizellen als ♀ bezeichnet, entspr. auch die sie erzeugenden Individuen. Auch wenn die Gameten gleiche Gestalt haben (Isogametie), gibt es in physiolog. Hinsicht stets nur 2 Sorten (Gesetz der allg. bipolaren Zweigeschlechtlichkeit, ↗Sexualität). Dann wird der „aktivere" Gamet (z. B. bei Heliozoen derjenige, der die Pseudopodien ausbildet) u. auch der Wanderkern bei der Ciliaten-Konjugation als ♂ bezeichnet; gibt es nicht einmal solche Unterschiede, werden die Geschlechter willkürl. mit + und − bezeichnet. Hermaphroditen (⚥) (↗Zwitter) erzeugen beide Gameten-Sorten gleichzeitig od. nacheinander (T 42).

Geschlechtertrennung, die ↗Getrenntgeschlechtigkeit. [verhältnis.

Geschlechterverhältnis ↗Geschlechts-

geschlechtliche Fortpflanzung, die ↗sexuelle Fortpflanzung; ↗Fortpflanzung.

Geschlechtsbestimmer ↗Geschlechtsrealisatoren.

Geschlechtsbestimmung, *Geschlechtsdetermination,* 1) die im allgemeinen irreversible Festlegung des ↗Geschlechts. Es wird angenommen, daß A-Gene (Andro-Komplex für ♂ ↗Geschlechtsmerkmale) und G-Gene (Gyno-Komplex für ♀) auch bei getrenntgeschlecht. Arten (↗Getrenntgeschlechtigkeit) in beiden Geschlechtern vorhanden sind (↗„bisexuelle Potenz"). Bei der ↗Geschlechtsdifferenzierung werden aber entweder nur die A-Gene od. nur die G-Gene wirksam. Schon vor dieser Differenzierung hat die alternative Determinierung stattgefunden: bei der genotyp. G. durch die ↗*Geschlechtsrealisatoren* (M für ♂, F für ♀), die im Zshg. mit den ↗Geschlechtschromosomen ungleich auf die Individuen verteilt werden; bei der modifikatorischen (= „phänotypischen") G. übernehmen vom Genom unabhängige Faktoren die Rolle dieser Realisatoren. – a) *Genotypische G.:* Bei der *diplogenotypischen* G. ist die Diplophase sexuell determiniert; sie ist von vielen Metazoen (Diplonten) u. von diözischen Blütenpflanzen (Haplo-Diplonten) bekannt. Meist sind zwei ungleich große Geschlechtschromosomen beteiligt; das kleinere wird Y, das größere X gen. Beim *XY-Typ* ist das ♂ „XY" und das ♀ „XX", z. B. beim Menschen, bei der Taufliege *Drosophila* u. auch bei manchen Blütenpflanzen (Lichtnelke *Melandrium,* Zaunrübe *Bryonia*). Seltener ist der *X0-Typ* (*Protenor-Typ* gen. nach einer Wanzen-Gatt., auch bei vielen Fadenwürmern): das ♂ hat ein einziges X ohne homologes Chromosom (deshalb diploide Chromosomenzahl ungerade), das ♀ hat XX. Beim XY- u. auch beim X0-Typ ist das ♂ *heterogametisch,* denn es liefert zwei Sorten von Spermien, nämlich Y-haltige und X-haltige (Abb. 1) bzw. X-haltige u. solche ganz ohne Geschlechtschromosom (Abb. 2); das ♀ ist *homogametisch,* denn alle Eizellen sind hinsichtl. der Geschlechtschromosomen gleich (alle mit einem X). Umgekehrt ist es bei Vögeln, manchen Reptilien, Schmetterlingen u. auch bei den nächstverwandten Köcherfliegen: hier sind die ♂ homo- u. die ♀ heterogametisch; zumindest für Wirbeltiere hat sich dafür in neuerer Zeit die Bez. *ZW-Typ* eingebürgert: ♂ = ZZ, ♀ = ZW (Abb. 3). – Bei allen drei Typen handelt es sich letztl. um ein Rückkreuzungsschema, das an sich zu einem 1:1-Verhältnis führt (mechanisches ↗Geschlechtsverhältnis); dies kann aber durch unterschiedl. Verhalten der Gameten vor der Besamung und v. a. durch unterschiedl. Sterblichkeit während der Embryonal- u. Larval- bzw. Juvenil-Entwicklung bis zur ↗Geschlechtsreife noch stark verändert werden (tertiäres ↗Geschlechtsverhältnis). – Hinsichtlich Stärke u. Lage der Geschlechtsrealisatoren gibt es verschiedene Typen, die durch Analyse patholog. Zustände (z. B. mehr als zwei Geschlechtschromosomen, ↗Intersexualität) erkannt wurden: *Melandrium-Typ* (Lichtnelken-Typ, dazu gehört auch der Mensch): M (♂-Realisator) liegt auf dem Y und ist dominant; F (♀-Realisator) liegt auf dem X; bei patholog. Konstellationen entscheidet das Zahlenverhältnis Y:X über das Geschlecht. Beim cytogenetisch ident. *Drosophila-Typ* (auch XY) liegt F ebenfalls auf dem X, aber M liegt auf den Autosomen (Y ist für die G. ohne Bedeutung); bei patholog. Konstellation ist einzig das Zahlenverhältnis X : Autosomen entscheidend (deshalb sind X0-Tiere vitale ♂♂, wenn auch steril). Beim *Lymantria-Typ* (Schwammspinner) ist F (♀-Realisator) zumindest funktionell mit dem Eicytoplasma assoziiert. – Die anschließende geschlechtl. *Differenzierung* ist entweder zellautonom, d. h., die Zellen richten sich nur nach dem Genom ihres eigenen Kerns („innerzellige G." bei Gliederfüßern, nur hier kann es ↗Gynander geben), od. hormonell gesteuert („zwischenzellige G." bei Wirbeltieren). – Bei der *haplogenotypischen* G. ist die Haplophase sexuell deter-

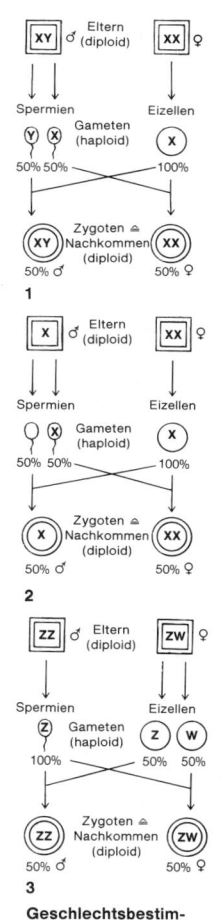

Geschlechtsbestimmung

Typen *diplogenotypischer Geschlechtsbestimmung*

1 *XY-Typ* (♂ heterogametisch, z. B. Mensch, *Drosophila*),
2 *X0-Typ* (♂ heterogametisch, z. B. Wanze *Protenor,* viele Fadenwürmer),
3 *ZW-Typ* (♀ heterogametisch, z. B. Vögel, Schmetterlinge)

43

Geschlechtschromatin

miniert, z. B. bei vielen Protisten, Algen, Pilzen u. Moosen; auch hier ein 1:1-Geschlechtsverhältnis, da nach der Meiose in jeder Sporentetrade zwei Sporen mit je einem X (wachsen zu ♀ Gametophyten heran) u. zwei Sporen mit je einem Y (werden zu ♂ Gametophyten) liegen. Bei Bienen u. a. Hautflüglern entstehen aus befruchteten Eiern je nach Ernährung ♀ (Königinnen) bzw. ♀ (Arbeiterinnen), aus unbefruchteten Eiern aber ♂ (Drohnen): *haplodiploide G.* – b) Bei der *modifikatorischen (= phänotypischen) G.* bei Haplonten, Diplonten u. Haplo-Diplonten sind Faktoren geschlechtsbestimmend, die nicht im Genom liegen. Meist sind es Außenfaktoren, wie z. B. beim Igelwurm ↗ *Bonellia*, dessen Larven sich zu ♂ entwickeln, wenn sie auf ein schon herangewachsenes ♀ treffen (experimentell auch: wenn man ♀-Stoffe auf die Larve wirken läßt); die Larve wird aber selbst zu einem ♀, wenn sie nicht auf ein ♀ trifft. Beim Polychaeten *Dinophilus* (↗ Dinophilidae) entscheidet sich schon vor der Meiose, also in genetisch ident. Zellen, welche Eier klein bleiben (→ Zwerg-♂) u. welche groß werden (→ ♀). Ähnlich ist die G. bei heterosporen Farnpflanzen: an ein u. demselben Sporophyten bilden sich Mikrosporen (→ ♂ Gametophyt) u. Makrosporen (→ ♀ Gametophyt); homolog ist die G. bei allen monözischen Samenpflanzen. Bei manchen Reptilien (Schildkröten, Alligator u. a.) ist die Temp. während der Embryonalentwicklung geschlechtsbestimmend. – Bisweilen wird auch bei ↗ Zwittern von G. gesprochen. Konsekutive Zwitter (meist proterandrisch) gelten dann als Beispiel für modifikatorische G.; hierbei sind jedoch G. u. Geschlechtsdifferenzierung nur schwer zu trennen, u. es handelt sich nicht um eine irreversible Determination (□ Geschlechtsumwandlung). – Hinsichtl. des Zeitpunktes der G. wird unterschieden: *progam* (vor der Befruchtung), *syngam* (im Moment der Befruchtung, dies der häufigste Fall: XY- und X0-Typ), *metagam* (nach der Befruchtung: alle haplogenotypischen G.n u. fast alle modifikatorischen G.n). 2) die ↗ Geschlechtsdiagnose. *U. W.*

Geschlechtschromatin, *X-Chromatin,* das *Sex-Chromatin,* ↗ Barr-Körperchen (□).

Geschlechtschromosomen, *Heterochromosomen, Heterosomen, Gonosomen,* v. den übr. ↗ Chromosomen, den ↗ *Autosomen,* in Struktur (z. B. Heterochromatin-Gehalt) u./od. Verhalten (z. B. „Nachhinken" in der Meiose) abweichende Chromosomen, die in Beziehung zur genotyp. ↗ Geschlechtsbestimmung stehen. Oft 2 durch einen Größenunterschied gekennzeichnete Chromosomen, z. B. XY.

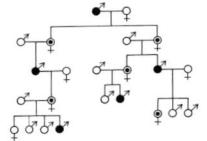

♀ Überträgerin
♀ Heterozygotie möglich
♂ farbenfehlsichtiger Mann
♂ normal

Geschlechtschromosomen-gebundene Vererbung

Stammbaum einer Familie mit *Farbenfehlsichtigkeit* als Beispiel Geschlechtschromosomen-gebundener Vererbung: die ↗ Farbenfehlsichtigkeit ist durch ein rezessives Defektallel auf einem X-Chromosom bedingt. Bei Männern kommt dieses Allel immer zur Ausprägung, da dem X-Chromosom kein homologes Chromosom gegenübersteht, das evtl. ein intaktes, dominantes Allel tragen könnte. Frauen fungieren als Überträgerinnen der Krankheit, wenn sie das rezessive Allel heterozygot tragen; bei ihnen wird die Krankheit jedoch nicht ausgeprägt, da dem rezessiven Allel ein intaktes, dominantes Allel gegenübersteht. Nur wenn das Allel bei Frauen homozygot vorliegt, führt es auch bei diesen zu Farbenfehlsichtigkeit.

Geschlechtschromosomen-gebundene Vererbung, inkorrekte Bez. *geschlechtsgebundene Vererbung,* die Vererbung v. Merkmalen, die v. Genen auf den Geschlechtschromosomen (Heterosomen) eines Organismus codiert sind. Beim Menschen liegen auf den X-Chromosomen [B] Chromosomen III) außer den Genen für die Ausbildung der Geschlechtsmerkmale z. B. auch Gene für das Farbensehen (Mutation kann zu ↗ Farbenfehlsichtigkeit führen) u. für normale Blutgerinnung (Defekt kann zur ↗ Bluterkrankheit führen); auf dem menschl. Y-Chromosom wurden bislang keine Gene außer dem für das ↗ H-Y-Antigen (wohl der „dominante Geschlechtsrealisator" der ↗ Geschlechtsbestimmung) gefunden. Charakterist. für die G. ist, daß sie nicht der ↗ Mendelschen Regel der *Reziprozität* folgt. Dies kommt dadurch zustande, daß in einem männl. Genom (XY- oder X0-Situation) einem Gen auf dem X-Chromosom kein homologes Gen gegenübersteht, wie dies in der weibl. Genom (XX-Situation) od. bei Lokalisation des gleichen Gens auf einem der Autosomen (↗ Chromosomen) der Fall wäre. Das männl. Genom ist in bezug auf die Geschlechtschromosomen *hemizygot;* somit werden im männl. Geschlecht auch rezessive Allele, die auf dem X-Chromosom lokalisiert sind, phänotyp. sichtbar, während im weibl. Geschlecht ein auf den X-Chromosomen lokalisiertes rezessives Allel nur zur Ausprägung kommt, wenn es homozygot vorliegt. [B] Chromosomen I.

Geschlechtsdetermination w, die ↗ Geschlechtsbestimmung.

Geschlechtsdiagnose w, *Geschlechtsbestimmung,* die Feststellung der Geschlechtszugehörigkeit vorwiegend aufgrund primärer u. sekundärer ↗ Geschlechtsmerkmale, jedoch sicherer mit Hilfe cytogenet. Methoden: Beim Menschen (z. B. bei der pränatalen G.) wird zur G. hpts. der Nachweis v. ↗ Barr-Körperchen (□) bzw. ↗ Drumsticks (□) in Amnionzellen bzw. den Zellen eines Abstriches der Mundschleimhaut benutzt (Barr-Körperchen liegen nur in den Kernen weibl. Zellen vor); ähnl. bei der „Sexkontrolle" weibl. Hochleistungssportlerinnen.

Geschlechtsdifferenzierung, Ausbildung der ♂ bzw. ♀ ↗ Geschlechtsmerkmale; nicht ident. mit der ↗ Geschlechtsbestimmung; z. B. erfolgt die Geschlechtsbestimmung beim Menschen im Moment der Befruchtung (Entscheidung über die Konstellation der Geschlechtschromosomen: XY bzw. XX); die G. beginnt aber erst in der 7. Embryonalwoche u. dauert bis zur Pubertät. [dimorphismus.

Geschlechtsdimorphismus, der ↗ Sexual-

Geschlechtsdrüsen, *Sexualdrüsen,* akzessor. Drüsen im Bereich der ⁊Geschlechtsorgane, deren Sekret der Weiterleitung der Gameten bzw. der Kopulation dient, z. B. ⁊Bläschendrüsen (♂), ⁊Prostata (♂), ⁊Bulbourethraldrüsen (♂), ⁊Bartholinsche Drüsen (♀); bisweilen auch Bez. für die ⁊Gonaden.

Geschlechtsfaktor ⁊ Plasmide.

Geschlechtsfalte, *Genitalfalte,* bei Säugetieren Vorstufe eines Teils der äußeren Genitalien: die embryonal rechts u. links vom Urogenitalspalt angelegte Falte. Aus ihr entstehen beim ♂ der Harnröhrenschwellkörper (Corpus spongiosum) u. die Eichel (Glans), beim ♀ die kleinen Schamlippen.

☐ Geschlechtsorgane. – Auf die Vorstufe der inneren Genitalien bezogen ist die Genitalfalte (-leiste, -strang) der ins ventrale Coelom (Splanchnocoel) vorspringende Bereich der Urnierenfalte (vom mesodermalen Nephrotom gebildet), in den die primär im Entoderm liegenden Urkeimzellen einwandern.

geschlechtsgebundene Vererbung, die ⁊ Geschlechtschromosomen-gebundene Vererbung.

Geschlechtshöcker, der ⁊ Genitalhöcker.

Geschlechtshormone, die ⁊Sexualhormone.

Geschlechtsknospen, bringen bei Salpen die geschlechtl. Generation hervor; entstehen ihrerseits durch Teilung aus Geschlechtsurknospen, die v. der ungeschlechtl. Generation gebildet wurden.

Geschlechtskrankheiten, *venerische Krankheiten,* Infektionserkrankungen, die meist durch geschlechtl. Kontakt übertragen werden. a) *Gonorrhoe (Tripper):* hervorgerufen durch den 1879 v. A. Neisser (1855–1916) entdeckten Gonokokkus, *Neisseria gonorrhoeae,* der u. a. die Schleimhäute der Harnröhre, des Uterus, der Tuben u. (bei Neugeborenen) die Augenbindehäute befällt; Inkubationszeit 1–2 Tage, Symptome: Jucken, Stechen u. später Brennen beim Wasserlassen mit schleimig-eitrigem Ausfluß. Komplikationen bzw. Spätfolgen: Harnröhrenstrikturen, Harnfisteln, Entzündungen der Prostata, der Samenblase, der Hoden u. Nebenhoden, die bis zur Sterilität führen können. Bei der Frau verläuft die G. oft symptomlos; Komplikationen können sein: Entzündungen der Bartholinschen Drüsen, Uterusschleimhaut, Eileiter u. Ovarien. Eine Sonderform, die *Blenorrhoe (Augentripper),* wird v. infizierten Müttern bei der Geburt übertragen, kann jedoch durch die Credésche Prophylaxe (1 Tropfen 1%iger Silbernitratlösung in die Bindehäute) verhindert werden. Die Therapie erfolgt heute mit Penicillin. b) *Syphilis (Lues, harter Schanker,* *Lustseuche):* eine durch *Treponema pallidum* (1905 v. F. Schaudinn u. E. Hoffmann entdeckt) hervorgerufene G., die außer durch Geschlechtsverkehr auch durch Instrumente, Geschirre o. ä. übertragen werden kann; chron. Verlauf. Das Primärstadium manifestiert sich durch ein lackart., hartes Geschwür (Schanker) zumeist am Genitale u. wird ca. 8 Wochen nach Infektion v. allg. Lymphknotenschwellung gefolgt. Das Sekundärstadium entwickelt sich ab der 9. Woche nach Infektion u. ist durch eine Vielzahl v. unterschiedl. Hautaffektionen gekennzeichnet, wie unscharf begrenzte depigmentierte Flecken, Haarausfall, ringförm., bläul. verfärbte Hautblüten, Papeln usw. Nach zunächst spontaner Rückbildung (Lues latens) kommt es nach ca. 3–5 Jahren zum Tertiärstadium, das durch derbe braune Knoten in der Haut mit aufbrechenden Geschwüren (Gummen) gekennzeichnet ist, bes. an Gaumen, Oberlippe u. Nase. Bei Befall der inneren Organe erfolgt Gummenbildung in den Organen, am häufigsten in der Aorta (Mesaortitis luetica) mit krankhafter Erweiterung der Aorta u. Aortenklappeninsuffizienz. Bei Befall des Zentralnervensystems entwickeln sich Gummen im Hirn, die sich durch Funktionsausfälle wie z. B. bei Tumoren (Halbseitenlähmung, Krämpfe) bemerkbar machen, sowie durch die sog. Tabes dorsalis, die sich in ataktischem Gang, Koordinationsstörungen, Areflexie, Pupillenstarre u. einschießende heftige Schmerzen äußert. Eine weitere Manifestation des Tertiärstadiums ist die progressive Paralyse, die durch Persönlichkeitsverfall mit Denk- u. Gedächtnisstörungen, Wahnideen usw. gekennzeichnet ist. Der Nachweis erfolgt durch serolog. Komplementbindungsreaktionen u. Antikörpertests (Wassermannsche Reaktion, Nelson-Test = Treponemen-Immobilisationstest) u. a. Die Therapie erfolgt mit Penicillin. c) *Weicher Schanker (Ulcus molle, Venerisches Geschwür):* eine harmlose, durch *Haemophilus ducreyi* übertragene G., die sich in eitr. schmerzhaften Geschwüren, gelegentl. mit Entzündung der regionalen Lymphknoten, manifestiert; Inkubationszeit 1–3 Tage. Sie gleichzeit. Infektion mit Syphilis spricht man v. Ulcus mixtum. d) *Lymphogranuloma inguinale (Lymphopathia venera):* eine durch das *Lymphogranuloma inguinale*-Virus hervorgerufene G., die sich zunächst in Form kleiner Bläschen am Genitale bemerkbar macht. Zusätzl. kommt es zu schmerzhaften, eiternden Lymphknotenvergrößerungen, die erst nach Wochen ausheilen. Als Spätfolge kann eine Elephantiasis genito-(ano-)rectalis auftreten. e) I. w. S. kann auch das

Geschlechtskrankheiten

Die *Syphilis* kann intrauterin ab dem 5. Schwangerschaftsmonat übertragen werden u. so zur fetalen Syphilis führen, die den Körper des Kindes mit Spirochäten in fast allen Organen überschwemmt u. so im 7.–8. Monat zur Totgeburt führt. Ein infiziertes, lebend geborenes Kind zeigt Hautinfiltrate (Pemphigus syphiliticus) u. in der weiteren Entwicklung Störungen des Knochenwachstums, die eine Deformierung der Röhrenknochen (Säbelscheidenform) u. die typ. luetische Sattelnase zur Folge haben. Außerdem bestehen tonnenförm. Deformierungen der Zähne, Taubheit u. Veränderungen des Augenhintergrunds (Lues connata).

Geschlechtsmerkmale

"acquired immune deficiency syndrom" *(AIDS)* zu den G. gezählt werden. ↗ Immundefektsyndrom.
H. N.

Geschlechtsmerkmale, *Geschlechtscharaktere, Sexualcharaktere,* Merkmale, durch die ♂ und ♀ unterschieden sind. *Primäre G.* sind die Gonaden, die Geschlechtsausführgänge (ggf. mit akzessor. Geschlechtsdrüsen) u. auch die Begattungsorgane, sofern sie direkt an der Geschlechtsöffnung liegen (primäre ↗ Kopulationsorgane). *Sekundäre G.* finden sich an allen übrigen Strukturen u. Verhaltensweisen, die i.w.S. mit der Fortpflanzung zu tun haben; z. B. im Zshg. mit Anlockung u. Aufsuchen des Partners (Duftdrüsen bei ♀ u. bes. stark entwickelte Sinnesorgane bei ♂ Schmetterlingen, Gesang u. Prachtgefieder bei vielen Vogel-♂), Rivalenkampf (Hirsch-Geweih), Imponierverhalten (Mähne bei Löwen- u. manchen Affen-♂), Brutpflege (Brutbeutel usw. im allg. bei ♀, beim Seepferdchen jedoch beim ♂; Euter; Brüste bei der Frau). *Tertiäre G.* haben keine direkte Beziehung zur Fortpflanzung, z. B. Unterschiede in Körpergröße, Knochenbau, Herzgröße, Bau der Mundwerkzeuge. ↗ Sexualdimorphismus.

Geschlechtsmerkmale

Andere Einteilungen:
primäre G.: Gonaden; sekundäre G.: die anderen mit der Fortpflanzung zusammenhängenden Merkmale; tertiäre G.: die übrigen Unterschiede. –
Auf den *Menschen* bezogen:
primäre G.: Geschlechtsorgane (Gonaden einschl. der äußeren Genitalien, schon bei Geburt ausgebildet);
sekundäre G.: alle übrigen angeborenen Unterschiede (z. B. Brust, Bart, Schamhaare, Stimmlage, Körper- u. Organgröße, im wesentl. erst im Zshg. mit der Pubertät);
tertiäre G.: die durch Tradition erworbenen Unterschiede in Kleidung, Haartracht u. Kosmetik.

Geschlechtsorgane, 1) Bot.: bei *Pflanzen* die geschlechtszellbildenden Organe. Bei Algen u. vielen Pilzen sind es einzelige *Gametangien,* in denen die Geschlechtszellen (Gameten) in Ein- od. Mehrzahl ausgebildet werden. Das ♀ G. wird als *Gynogametangium* bezeichnet, als *Oogonium,* wenn es nur eine unbewegl. Geschlechtszelle enthält (= Eizelle); das ♂ G. wird *Androgametangium* gen.; das vielkernige Gynogametangium vieler Ascomyceten heißt ↗ *Ascogon.* Bei Höheren Pflanzen sind die G. mehrzellig; das ♀ G. der Moose u. Farne ist das ↗ *Archegonium,* das ♂ G. das ↗ *Antheridium.* Die G. der Samenpflanzen sind morpholog. stark rückgebildet, lassen sich aber v. denen der Moose u. Farne ableiten. **2)** Zool.: *Genitalorgane, Generationsorgane, Sexualorgane, Reproduktionsorgane,* ugs. auch ↗ *Fortpflanzungsorgane.* Die G. der Metazoen (bei Protozoen kann es keine G. geben, weil ein Organ als abgegrenzte funktionelle Einheit aus verschiedenen Geweben definiert ist) haben folgende *Aufgaben:* Bildung u. Ausleitung der Geschlechtszellen (↗ Gameten), ↗ Begattung (nur bei Tiergruppen mit innerer ↗ Besamung, Schutz und ggf. Ernährung des sich entwickelnden ↗ Embryos (nur bei Ooviviparie bzw. Viviparie); ggf. Bildung v. Geschlechtshormonen (↗ Sexualhormone). Dementsprechend zeigen sie bei vielen Tiergruppen eine *Gliederung* in drei Abschnitte, sind dann streng genommen sogar ein Organ*system:* 1) Keim"drüsen" (↗ *Gonaden)* als Bildungsstätte der Gameten, und zwar mit Spermatogenese- u. Oogenese-Stadien *und* mit somatischen Zellen (z. T. Hormon-Produktion) im ↗ Hoden (Testis) bzw. Eierstock (↗ Ovar), selten in der ↗ Zwittergonade (Ovotestis). 2) Geschlechtsausführgänge (*Gonodukte,* "Geschlechtsleiter"), ggf. mit akzessorischen Drüsen (↗ Geschlechtsdrüsen) u. mit Organen zur Spermien-Speicherung (♂: Samenblase, ♀: Receptaculum) u. zur Bildung der Eischalen bzw. zur Aufnahme des Embryos. 3) ↗ *Begattungsorgane* (v. a. bei ♂), die vom Endabschnitt der Ausführgänge gebildet werden (= primäre ↗ Kopulationsorgane); auch Strukturen, die nicht direkt an der Geschlechtsöffnung liegen, können der Begattung dienen (sekundäre ↗ Kopulationsorgane); sie werden aber im allg. nicht zu den G.n gerechnet.

Gonaden-Struktur: Bei den niedersten Metazoen, den Schwämmen, entwickeln sich die Gameten im "Parenchym" zw. Archaeocyten, aus denen sie auch hervorgegangen sind; es gibt keine eigentlichen, sondern nur sog. *"diffuse Gonaden".* Bei den Hohltieren sind die Bildungsstätten der Gameten zwar lokalisiert, aber kaum abgegrenzt gg. ihr Herkunftsgewebe, das Ektoderm (bei den Hydrozoen) bzw. das Entoderm (bei Scyphozoen, Anthozoen u. Ctenophoren); die Schlußphase der ↗ Gametogenese läuft bisweilen erst im Gastralraum ab (↗ Enterocoeltheorie). Bei den übrigen Metazoen, also bei den Bilateria, sind die Gonaden im allg. durch vom Mesoderm abstammendes Gewebe vom übrigen Körper getrennt; bei Wirbeltieren können es sogar feste Bindegewebskapseln sein. Bei vielen Tiergruppen stehen sie zumindest zeitweilig mit dem Coelom bzw. Coelomresten in Beziehung (↗ Gonocoeltheorie). Die Gonaden sind, wie die meisten anderen Organe der Bilateria, im allg. paarig (Ausnahme z. B. Vögel: meist nur linkes Ovar voll ausgebildet); in

---

Geschlechtsorgane
(Zu Abb. rechte Seite)

Geschlechtsorgane einiger Tiergruppen mit innerer Besamung (stark vereinfacht) und G. des Menschen
1 Fadenwürmer, 2 Plattwürmer, 3 Insekten, 4 Lungenschnecken, 5 höhere Säugetiere (♂: Harnblase weggelassen, ♀: gilt für Primaten), 6 Mensch, 7 Entwicklung der äußeren G. beim Menschen.

Af After, Ba Bauchhöhle, Bl Bläschendrüse ("Samenblase"), Ci Cirrus, Cl Clitoris, Da Darm, Dm Damm, Do Dotterstock, Ei Eiweißdrüse, Ej Ejakulationskanal, Ge Germarium, Gf Geschlechtsfalte, Gh Geschlechtshöcker, Go Gonoporus, gS große Schamlippe, Gw Geschlechtswulst, Ha Harnröhre, HaS Harnröhrenschwellkörper, Hb Harnblase, HG gemeinsamer Harn- und Geschlechtsweg, Ho Hoden, Hs Hodensack, Kb Kreuzbein, Kl Kloake, kS kleine Schamlippe, Li "Liebespfeil" im Pfeilsack, Md Mastdarm, Mu Muttermund, Ni Niere, Od Oviduct, Ov Ovar, Pa Parameren, Pe Penis, PeS Penisschwellkörper, Pr Prostata, Re Receptaculum (♀), Sa Samenblase (♂), Scha Schambein, Ub vorderes rechtes Uterusband, Ut Uterus, Va Vagina bzw. Vulva, Vd Vas deferens (Samenleiter), Zw Zwittergonade.

→ Ort der Besamung, ⋮⋮⋮ Spermienspeicherung (♂: in Samenblase, ♀: in Receptaculum), ⋮⋮ akzessorische Drüsen, ● Gonaden

Geschlechtsorgane

der Evolution hat mehrmals konvergent eine Reduktion der Zahl (viele Paare → nur ein Paar) stattgefunden (Beispiel für ↗ Konzentration). – Die Hoden sind oft in Tausende v. Untereinheiten („Follikel") geteilt (im geringeren Ausmaß auch die Ovarien); durch Cystenzellen (z. B. bei vielen Gliederfüßern) bzw. durch somatische Zellen wird eine weitere Untergliederung erreicht. Die Cystenzellen u. im Ovar die Nährzellen stammen im allg. aus der ↗ Keimbahn; sie sind also Geschwisterzellen v. Spermatobzw. Oogonien, was man auch daran erkennt, daß zw. ihnen echte ↗ Zellbrücken bestehen. Die Follikel-, Sertoli- u. a. „Hilfs"-Zellen sind dagegen ebenso wie die hormonproduzierenden interstitiellen Zellen (z. B. Leydig-Zellen) somatisch. Die Eientwicklung findet selten ohne Hilfszellen statt (solitäre Oogenese), meist ist sie alimentär mit Nährzellen (nutritiv) od. Follikelzellen (follikulär) (beides kombiniert bei vielen Insekten, ☐ Oogenese). Bei vielen Ringelwürmern lösen sich die Spermatobzw. Oogonien vom Coelomepithel u. machen die weitere Gametogenese frei in der Coelomflüssigkeit schwebend durch. – Bei wenigen Tiergruppen ist die Gametogenese synchron, d. h., in den Gonaden findet sich jeweils nur ein u. dasselbe Stadium; meist jedoch läuft die Gametogenese kontinuierlich, bei langlebigen Arten mehr od. weniger zyklisch. Die Spermatobzw. Oogonien liegen peripher („basal") nahe den keimbereitenden Epithelien; diese Region wird als ↗ Germarium bezeichnet, falls die Gonade bipolar gebaut ist (z. B. Ovarien der Insekten). – Gonaden-Ontogenese: das prospektive ↗ Keimbahn-Material (↗ Urkeimzellen) wird im allg. schon früh in der Furchung abgesondert; die entspr. Cytoplasmabereiche sind bisweilen schon in der Eizelle erkennbar. Bei ↗ Chromosomendiminution (manche Fadenwürmer) sind die Urkeimzellen auch genetisch v. den Somazellen abgehoben. Die Urkeimzellen bleiben i. d. R. im Bereich des Entoderms liegen u. nehmen erst sekundär Kontakt auf mit dem oft vom Coelomepithel gebildeten Mesoderm, aus dem sich der somatische Anteil der Gonade (sog. Gonaden-Stroma, d. h. Hilfszellen usw.) einschl. der Gonaden-Hüllen bildet. Die Wanderung der Urkeimzellen ist bes. auffällig u. daher gut untersucht bei Amnioten (bei Vögeln u. Reptilien sogar im Blutstrom).

Die Gonodukte werden im ♂ ganz allg. ↗ Samenleiter (Ductus deferens, Vas deferens, Mz. Vasa deferentia) gen.; gibt es direkt am Hoden eine Vielzahl kleinerer ableitender Kanälchen, z. B. bei Wirbeltieren, spricht man v. Vasa efferentia (Ductuli efferentes) (↗ Hoden). Ein Ductus ejaculatorius („Ejakulationskanal") ist der muskulöse Endabschnitt eines Samenleiters (vgl. Abb. 1a). Die ♀ Gonodukte sind die Eileiter (↗ Ovidukte), oft unterteilt in Ovidukt i. e. S., Uterus u. Scheide (Vagina). Im Uterus werden die Eier gespeichert u. machen bei gewissen Tiergruppen die ersten Furchungsteilungen durch (Prädisposition zur Ooviviparie); ein Uterus im wörtl. Sinne (= ↗ Gebärmutter, ☐) ist der entspr. Abschnitt bei viviparen Tieren, z. B. bei allen Säugetieren (außer Kloakentieren), Haien, einigen Stummelfüßern (Onychophoren) u. auch bei der Tsetsefliege. – Die Gonodukte entstehen relativ spät, oft erst im Zshg. mit der Metamorphose bzw. letzten Häutung. Da die Gonaden im allg. paarig sind, sind es die Gonodukte zwangsläufig auch. Auch die Geschlechtsöffnung (falls eng = Gonoporus, beim ♀ oft Vulva gen.) ist primär paarig, u. zwar bei segmentierten Tieren bei den relativ urspr. Vertretern für jedes Genitalsegment einzeln, bei den höherentwickelten jedoch nur ein Paar (↗ Konzentration). Im Zshg. mit der über 20fach konvergent evolvierten inneren Besamung mit Begattung hat es einen Selektionsdruck auf nur eine einzige Geschlechtsöffnung gegeben; dies mußte selbstverständl. in beiden Geschlechtern geschehen, ein Grenzfall v. ↗ Synorganisation. Die ♂ Geschlechtsöffnung dient nur der Ausleitung der Spermien („Einbahnstraße"). Die ♀ Geschlechtsöffnung bei Tieren mit innerer Besamung hat im allg. jedoch zwei Aufgaben: 1) Aufnahme der Spermien in Form v. Samenflüssigkeit (↗ Sperma) bzw. ↗ Spermatophoren; 2) Eiablage bzw. Geburt. Mehrmals konvergent sind dafür getrennte Öffnungen evolviert, z. B. bei den meisten Schmetterlingen (Untergruppe Ditrysia: Begattungsöffnung im 8., Eiablageöffnung im 9. Abdominalsegment), aber auch bei vielen Spinnen u. Plattwürmern u. gewissen Schnecken. Ebenfalls ohne Benutzung der Eiablageöffnung erreichen die Spermien das Ovar im Falle der dermalen ↗ Kopulation. – Spermien-Speicherung im ♂ dienen manche Abschnitte des Samenleiters, z. B. der Nebenhoden (Epididymis) bei Wirbeltieren (mäanderartig gewundener Abschnitt, ☐

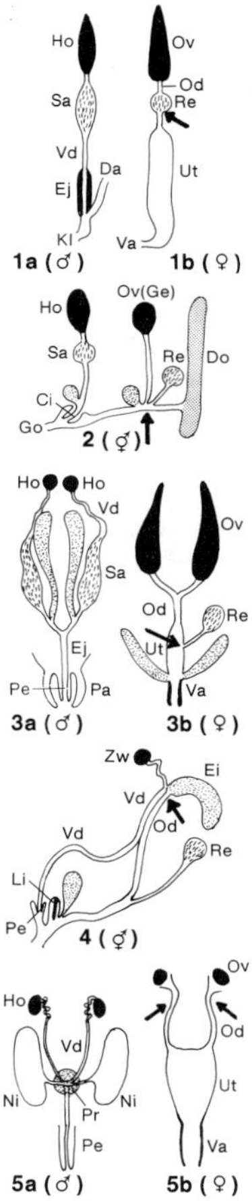

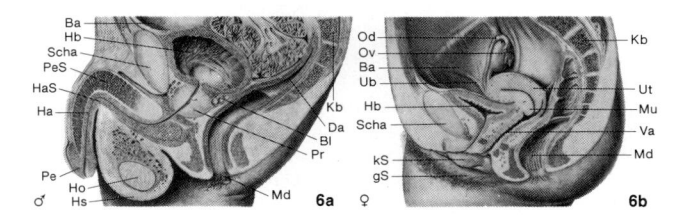

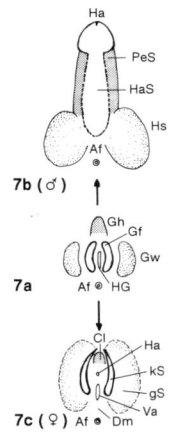

Geschlechtsorgane

Hoden) od. die ↗ *Samenblasen* (vgl. Abb.) vieler Wirbelloser. Im ♀ können Spermien bei einigen Tiergruppen im Uterus gespeichert werden (mehrere Monate bei Fledermäusen); meist ist dafür jedoch ein bes. ↗ *Receptaculum* ausgebildet: entweder als Erweiterung zw. Ovidukt u. Uterus (vgl. Abb. 1b: dort werden also Oocyten durch das Receptaculum gepreßt) od. als seitl. Blindsäcke od. Bläschen (vgl. Abb. 2–4). Königinnen v. Bienen u. Ameisen können darin nach einmaligem Hochzeitsflug lebenslang, also viele Jahre, Spermien speichern!. Die *Bursa copulatrix* („Samentasche", „Begattungstasche") ist ein meist näher an der ♀ Geschlechtsöffnung liegender Blindsack, der i. d. R. nur der zwischenzeitl. Spermien-Speicherung dient. – *Akzessorische Drüsen* (↗ *Geschlechtsdrüsen* i. e. S.) sind bei den meisten Tiergruppen mit innerer Besamung in beiden Geschlechtern vorhanden. Sie produzieren die Samenflüssigkeit (↗ Sperma), ggf. das Hüllmaterial für ↗ Spermatophoren; od. es sind ↗ Eiweißdrüsen, die z. B. bei Vögeln das Eiweiß um die eigtl. Eizelle herum abscheiden, u. Schalendrüsen. Bei der viviparen Tsetsefliege münden sog. Nährdrüsen in den Uterus. Gerade bei ♂ Insekten sind die Gonodukte u. akzessor. Drüsen um ein Vielfaches größer als die Gonaden selbst (vgl. Abb. 3a). Manche akzessor. Drüsen sondern Flüssigkeiten ab, die den Kopulationsorganen eine größere Geschmeidigkeit verleihen.

Kopulationsorgane (↗ *Begattungsorgane*) sind v. a. im ♂ ausgebildet. Als ♂ Kopulationsglied („Rute", ↗ *Penis* i. w. S.) gelten alle rohr- od. rinnenförm. Strukturen, die eine direkte Fortsetzung der Samenleiter sind (primäre ↗ Kopulationsorgane). Dieser Penis ist meist unpaar, sehr selten paarig (z. B. Eintagsfliegen). Ragt der Penis nur während der Begattung über die Körperperipherie, wird er bisweilen als *Cirrus* bezeichnet (insbes. Plattwürmer). Die ↗ *Vagina* (Scheide) ist der den Penis aufnehmende Abschnitt der ♀ Genitalwege. Penis u. ggf. benachbarte Hilfsstrukturen (↗ Aedeagus, ↗ Genitalfüße) u. die äußerl. sichtbaren Abschnitte von Vagina und ggf. ↗ Clitoris gelten als *Genitalien i. e. S.*

Vergleichende Betrachtung: Die G. stehen oft im engen räuml. u. funktionellen Zshg. mit den ↗ *Exkretionsorganen*. Oft dienen Metanephridien, bisweilen stark abgewandelt, der Ausleitung der Geschlechtsprodukte; bes. ausgeprägt ist dies bei den Wirbeltieren (↗ *Urogenitalsystem);* bei fast allen Wirbeltieren (zumindest embryonal) mündet das Urogenitalsystem in den Enddarm u. bildet somit eine ↗ *Kloake*; ebenfalls als Kloake wird der Enddarm der

Geschlechtsorgane

Die *Größe* der Gonaden ist, ganz stark vereinfacht, umgekehrt proportional zur Körpergröße: während z. B. beim Menschen das Hodengewicht weniger als 1‰ des Körpergewichts beträgt, füllen bei vielen kleinen Wirbellosen die Gonaden einen beträchtl. Teil der Körperhöhle aus; der Extremfall ist das Hummelälchen (↗ *Tylenchida)*, bei dem das ♀ am Ende der Entwicklung nur noch ein winziger Anhang am ausgestülpten Uterus ist. – Hinsichtlich der Komplexität ist zu betonen, daß gerade manche ugs. als „niedrig" geltende Wirbellose (z. B. Plattwürmer) bes. komplizierte G. haben; bei ihnen werden Nähreier in besonderen, abgesetzten ↗ Dotterstöcken (Vitellarien) produziert (morphologisch einem Ovar, funktionell einer Eiweißdrüse entsprechend).

Geschlechtsreife

Bei größeren (u. im allg. längerlebigen) Arten tritt die G. meist später als bei kleineren Arten aus demselben Verwandtschaftsbereich ein (J. = Jahre, M. = Monate, W. = Wochen):

Flußkrebs 3 J.
Hummer 5 J.
Maikäfer 3–4 J.
Hirschkäfer 5–6 J.
Singvögel im allg. 1 J.
Greifvögel 3–5 J.
Hausmaus 6 W.
Wanderratte 10 W.
Katze 6–15 M.
Löwe 3–5 J.
Rhesusaffe 3–4 J.
Mensch ca. 11–16 J.

Fadenwurm-♂ bezeichnet (vgl. Abb. 1a). Es gibt aber auch wenige Tiere, bei denen Gonodukte völlig fehlen, so bei *Branchiostoma* (↗ Lanzettfischchen, also bei der vermutl. Schwestergruppe der Wirbeltiere): dort gelangen die Geschlechtsprodukte durch Platzen der Gonadenwände in den Peribranchialraum u. von dort ins freie Meerwasser. – Mit der Verwendung gleicher Termini bei verschiedenen Tiergruppen (z. B. Prostata bei Säugetieren, Mollusken u. a.) wird keine Homologisierung gemacht; dies ist auch bei über 20fach konvergenter Entstehung der inneren Besamung nicht gerechtfertigt.

Die *G. des Menschen* entsprechen im Prinzip denen der Primaten (vgl. Abb.). Komplizierter ist die Situation im ♂ Geschlecht durch die auch bei vielen anderen Säugetieren eingetretene Verlagerung der beiden ↗ Hoden aus der Bauchhöhle heraus (Descensus testiculorum). Die Besamung findet gewöhnl. im Ovidukt statt, also jenseits des Uterus (vgl. Abb.; zur Umgestaltung der ♀ G. im Zshg. mit der Schwangerschaft: ▣ Embryonalentwicklung III). – Die *äußeren G.* beim Mann u. bei der Frau lassen sich aufgrund der Lagebeziehungen homologisieren, v. a. aber aufgrund der Entstehung aus gleichen Vorstufen in der Embryonalentwicklung (vgl. Abb. 7). Die Homologisierung berechtigt aber nicht zur Annahme, die Ur-Säugetiere seien zwittrig gewesen. ▢ Embryonalentwicklung, ▢ Gebärmutter. *R. B./U. W.*

Geschlechtspili [Mz.; v. lat. pili = Haare], ↗ F-Pili.

Geschlechtspolypen ↗ Geschlechtstiere.

Geschlechtsprodukte, Sammelbez. für Spermien u. Eizellen, i. w. S. auch für Eier, Spermatophoren usw.

Geschlechtsrealisatoren [v. mlat. realis = sachlich, wirklich], *Geschlechtsbestimmer, Realisatorgene,* Gene, die bei getrenntgeschlechtl. Arten mit genotyp. ↗ Geschlechtsbestimmung dafür verantwortl. sind, daß trotz der an sich bisexuellen Potenz jedes Individuums nur *eine* geschlechtl. Potenz realisiert wird. *M-Realisatoren* für ♂, *F-Realisatoren* für ♀; nicht ident. mit A (♂)- und G (♀)-Genen!

Geschlechtsreife, Entwicklungsstadium u. Alter, in dem die Fähigkeit zur Fortpflanzung eintritt; beim Menschen erfolgt die G. *(Pubertät)* im Alter v. 11–15 Jahren (Mädchen) bzw. 13–16 Jahren (Jungen); im ♀ Geschlecht nicht durch die Menarche (= 1. Menstruation), sondern erst durch die etwa ein Jahr später erfolgende 1. Ovulation erreicht. Der Zeitpunkt des Eintritts der G. ist erbl. bedingt, wird aber durch Umweltfaktoren (Klima, Ernährung, Krankheit usw.) beeinflußt (↗ Akzeleration).

Geschlechtsrelation, das ↗Geschlechtsverhältnis. ↗Geschlechtsbestimmung.

Geschlechtstiere, 1) *Gonozoide,* z. T. auch *Blastozoide* gen., a) in Tierstöcken (☐ Arbeitsteilung) solche Individuen, die der geschlechtl. Fortpflanzung dienen, z. B. bei Hohltieren („Geschlechtspolypen"), ↗*Hydrozoa;* b) die geschlechtl. Generation der ↗Salpen, im Rahmen der Metagenese durch Sprossung entstanden. 2) v. a. bei sozialen Insekten (Termiten, Ameisen, Wespen, Hummeln u. Honigbiene) die Königin u. die Männchen; bei Termiten tritt auch ein „König" auf.

Geschlechtstrieb ↗Sexualität.

Geschlechtsumwandlung, *Geschlechtsumkehr,* 1) die meist vollständ. Umwandlung eines Geschlechts in das andere. Als Normalfall, also auf natürl. Ursachen zurückgehend, bei allen konsekutiven ↗Zwittern. Aber auch bei genotyp. ↗Geschlechtsbestimmung kann es durch patholog. Vorgänge od. durch experimentelle Eingriffe (Kastration, Gonaden-Transplantation, Injektion v. Sexualhormonen) zur Ausbildung des Phänotyps des anderen Geschlechts kommen; dafür auch die Bez. *Geschlechtsumstimmung.* 2) Med. Eingriff (durch Operation, Hormontherapie) zur Angleichung der Geschlechtsmerkmale an das ♂ bzw. ♀ Geschlecht bei Hermaphroditen. – ↗Intersexualität, ↗Feminierung.

Geschlechtsunterschiede ↗Geschlechtsmerkmale, ↗Sexualdimorphismus.

Geschlechtsverhältnis, *Geschlechterverhältnis, Geschlechtsrelation, Sexualproportion, Sexualindex, Sex-Ratio,* das Zahlenverhältnis (auch Geschlechteranteil = *Sexilität)* zw. ♂ und ♀ Individuen einer Population. Bei einem Verhältnis von 2 ♂ : 3 ♀ kann das G. u. a. mit folgenden Zahlenwerten ausgedrückt werden: 40 bzw. 0,4 als „Männchenanteil" (Anteil der ♂ an der gleich 100 bzw. 1 gesetzten Population); entspr. der „Weibchenanteil": 60 bzw. 0,6; Zahl der ♂♂ auf 100 ♀♀ bezogen: 66,7; in der Bevölkerungsstatistik wird oft auf 1000 (Männer, Frauen od. Einwohner) Bezug genommen. – Als *primäres* G. gilt das im Zeitpunkt der Befruchtung, als *sekundäres* G. das z. Z. der Eiablage bzw. Geburt, als *tertiäres* G. das bei Eintritt der Fortpflanzungsfähigkeit (Geschlechtsreife). Wird das Geschlecht genotyp. bestimmt (XY-, X0- oder WZ-Typ; ☐ Geschlechtsbestimmung), so ist an sich ein primäres G. von 1:1 zu erwarten *(mechanisches G.).* Abweichungen davon sind u. a. durch Unterschiede der Spermien hinsichtl. Geschwindigkeit (↗Certation) u. Lebensdauer (z. B. im Receptaculum) erklärbar. – Bei modifikator. ↗Geschlechtsbestimmung kann das G. zur einen Seite hin verschoben sein.

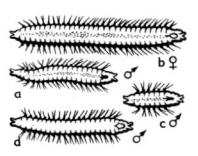

Geschlechtsumwandlung

Das jüngere Stadium des Meerespolychaeten *Ophryotrocha* (unter 30 Segmenten) ist männlich (a) und wird beim Heranwachsen weiblich (b); durch Amputation (c) oder durch Hungern (d) lassen sich normale Weibchen wieder in Männchen umwandeln.

Geschlechtsverhältnis beim Menschen

Der fr. angegebene Zahlenwert von 150 ♂ : 100 ♀ als *primäres G.* (nur indirekt zu erschließen aus der cytogenet. ↗Geschlechtsdiagnose n. Aborten) u. die damals gegebene Deutung (die Y-haltigen u. dadurch ♂-bestimmenden Spermien seien etwas leichter u. deshalb auch schneller als die X-haltigen, ♀-bestimmenden Spermien) sind wohl nicht zutreffend. Das *sekundäre G.* liegt bei 102–106 ♂ : 100 ♀; danach Annäherung an 1:1 durch leicht geringfügig höhere Sterblichkeit der ♂ Säuglinge.

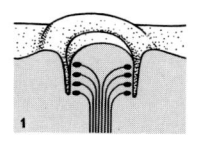

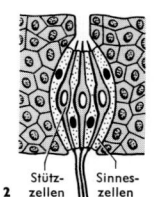

Geschlechtsknospen

1 umwallte Papille, 2 einzelne G.; beide auf der menschl. Zunge

Geschmacksstoffe

Geschlechtsverteilung, die unterschiedl. Verteilung der männl. u. weibl. Ausprägung, entweder als Gonochorismus (↗Getrenntgeschlechtigkeit) oder als Hermaphroditismus (↗Zwittrigkeit).

Geschlechtswulst, *Genitalwulst,* bei Säugetieren der embryonal angelegte Bereich beiderseits der ↗Geschlechtsfalte, aus dem beim ♂ der Hodensack (Skrotum), beim ♀ die großen Schamlippen entstehen. ☐ Geschlechtsorgane.

Geschlechtszellen, die ↗Gameten (Spermien, Eizellen, Mikrogameten usw.). Bei Metazoen werden bisweilen (nicht ganz korrekt) auch die Vorstufen (Spermatogonien, Spermatocyten, Oogonien, Oocyten, ☐ Gametogenese) so bezeichnet.

Geschmack, Fähigkeit zur Wahrnehmung chem. Substanzen (↗Geschmacksstoffe) u. deren Einteilung in G.squalitäten; ↗chemische Sinne.

Geschmacksknospen, *Schmeckbecher, Caliculi gustatorii,* ein in den Schleimhautfalten (Papillen) der ↗Zunge v. Wirbeltieren gelegener Rezeptortyp, der der Wahrnehmung u. Einteilung der Substanzen (↗chemische Sinne) dient. Die G. zeigen einen einheitl. morpholog. Bauplan u. bestehen aus Sinneszellen, Stützzellen u. Basalzellen. ☐ chemische Sinne II.

Geschmacksnerv, v. den Geschmacksknospen fortführende afferente Fasern, die sich auf zwei ↗Hirnnerven verteilen, den Gesichtsnerv u. Zungen-Schlund-Nerv.

Geschmacksorgane, der Geschmacksperzeption dienende, mit speziellen Rezeptoren (z. B. ↗Geschmacksknospen) ausgestattete Organe. Als wichtigstes G. fungiert bei den Wirbeltieren die ↗Zunge, bei den Wirbellosen treten Geschmacksrezeptoren im Mundbereich, an Mundanhängen u. an den Tarsen in den Dienst der Geschmackswahrnehmung. ↗chemische Sinne (☐).

Geschmacksqualitäten ↗chem. Sinne.

Geschmacksrezeptoren [v. lat. recipere = entgegennehmen], ↗chemische Sinne, ↗Chemorezeptoren, ↗Geschmacksknospen.

Geschmackssinn ↗chemische Sinne.

Geschmackssinneszellen, *Schmeckzellen,* in den ↗Geschmacksknospen (☐) gelegene Sinneszellen, die einen Mikrovillisaum tragen u. nur über eine begrenzte Lebensdauer (z. B. beim Menschen 10 Tage) verfügen. Die G. besitzen keine ableitenden Fortsätze, sondern werden v. afferenten Fasern unter Ausbildung v. Synapsen innerviert. ☐ chem. Sinne II.

Geschmacksstoffe, Substanzen, die über die entspr. ↗Chemorezeptoren (↗Geschmacksorgane) eine Geschmacksempfindung (z. B. süß, sauer, bitter od. salzig)

geschützte Pflanzen und Tiere

auslösen (↗chemische Sinne, ↗Aromastoffe, ↗Bitterstoffe, ↗Essenzen).
geschützte Pflanzen und Tiere ↗Naturschutz; ↗Artenschutzabkommen, ↗Rote Liste.
Geschwänzte Manteltiere, die ↗Copelata.
Geschwindigkeitsgleichung, allg. die den zeitl. Verlauf einer chem. Reaktion (sog. Reaktionskinetik) in Abhängigkeit v. der (den) Konzentration(en) des (der) umzusetzenden Stoffe(s) u. der Temp. beschreibende mathemat. Gleichung; v. biol. Bedeutung sind G.en enzym-katalysierter Reaktionen, wie z. B. die Michaelis-Menten-Gleichung (↗Enzyme). ↗chemisches Gleichgewicht.
Geschwisterbestäubung, die ↗Adelphogamie.   [gesellschaft.
Gesellschaft ↗Tiergesellschaft, ↗Pflanzen-
Gesellschaftstypus ↗Tiergesellschaft.
Gesetz ↗Erklärung in der Biologie, ↗Naturgesetz.
Gesicht, *Facies,* vorderer Teil des menschl. Kopfes, i. w. S. der meisten Säuger, v. a. Primaten u. Carnivoren. Das G. besteht aus Stirn-, Augen-, Nasen-, Mund-, Kinn-, Wangen- u. Ohrenregion. Es empfängt u. sendet Informationen als Sitz der Hauptsinnesorgane Auge, Nase, Ohr, (Zunge) u. ist Kommunikationsmittel durch Sprache u. ↗Mimik. Nichtsäuger besitzen keine Wangenregion u. keine mimische Muskulatur, so daß der Begriff „G." bei ihnen nur i. ü. S. verwendet werden kann.
Gesichtsdrüsen, säckchenförm. apokrine ↗Hautdrüsen der Säuger mit epithelialer Muskulatur u. einem lipid- u. proteinhalt. Sekret, das, an Zweigen od. Gräsern abgestreift, der olfaktor. Territoriumsmarkierung dient; Vorkommen bei Antilopen, Hirschen („Hirschtränen"), Ziegen, Schafen, Elefanten (Schläfendrüsen) u. auch Fledermäusen.
Gesichtsfeld, beim Auge: der bei Fixierung eines Gegenstands (also ohne Augenbewegungen, im Ggs. zum ↗Blickfeld) gleichzeit. noch überschaubare Raum, wird unterteilt in *monokulares G.* (mit einem Auge überschaubar) u. *binokulares G.* (mit beiden Augen zugleich überschaubar). Die Größe des G.s ist abhäng. v. der Lage der Augen im Kopf u. beträgt z. B. bei Menschen 140° (monokulares G.) bzw. 220° (binokulares G.). Bei den Komplexaugen der Gliedertiere entspricht das G. dem Öffnungswinkel eines Ommatidiums. Das Gesamt-G. eines ↗Komplexauges ist durch dessen Lage im Kopf u. seine Gesamtausdehnung festgelegt.
Gesichtsnaht ↗Häutungsnähte.
Gesichtsnerv, *Nervus facialis,* der ↗Facialis (VII. ↗Hirnnerv).   [↗Kieferschädel.
Gesichtsschädel, ungenaue Bez. für den

Geschmacksstoffe
Beispiele:
salzig
viele Chloride (z. B. Kochsalz), einige Sulfate
sauer
organ. u. anorgan. Säuren
bitter
viele Amide, Alkaloide, einige Glykoside, einzelne Aminosäuren
süß
Zucker (Saccharose, Fructose u. a.), einige Aminosäuren u. Peptide, Zuckeraustauschstoffe (Saccharin, Cyclamat u. a.)

Gesneriaceae
Wichtige Gattungen:
Columnea
Haberlea
Monophyllaea
Ramonda
Saintpaulia
Sinningia
Streptocarpus

Gesichtsschädel
Da das ↗Gesicht auch Kopfbereiche mit anderen (nichtviszeralen) Skelettelementen umfaßt, ist die dt. Bez. Kieferschädel für das Viscerocranium treffender als die Bez. G.

Gesichtsschwielen, nackte Hautstellen im Gesicht einiger Affenarten (z. B. Mandrill), oft gefärbt u. leicht aufgewölbt.
Gesichtssinn, die Fähigkeit v. Mensch u. Tier, sich mit Hilfe v. Lichtsinnesorganen (↗Auge, ↗Komplexauge, ↗Linsenauge) im Raum zu orientieren.
Gesner, *Conrad,* schweizer. Arzt, Naturforscher u. Altphilologe, * 26. 3. 1516 Zürich, † 13. 12. 1565 ebd.; neben U. ↗Aldrovandi einer der „Väter der Zoologie" u. als der „deutsche Plinius" bezeichnet. Nach Studium der Naturwiss., Med., griech. u. lat. Lit. zunächst Lehrer in Zürich; 1537 Prof. der griech. Sprache in Lausanne, 1541 Prof. der Physik u. Arzt in Zürich. G. arbeitete auf den verschiedensten Gebieten u. schuf dort grundlegende Werke. In Zürich gründete er eine bedeutende Naturalien-Slg. u. einen Bot. Garten. Sein berühmtestes Werk ist die zuerst in 4 (später in 5) reich illustrierten Foliobänden erschienene „Historia animalium" (Zürich 1551–58; dt. als „Allgemeines Thierbuch" in 5 Bde. 1669–70 erschienen). Die Gliederung des Werks orientiert sich noch ganz an der Einteilung des Tierreichs v. ↗Aristoteles bzw. ↗Albertus Magnus u. enthält eine Reihe v. Fabeltieren (so das Einhorn), deren Existenz aber bereits krit. diskutiert wird. Im Ggs. zu der weitgehend unsystemat. Aufzählung der Tiere erkannte G. in seinem bot. Werk „Stirpium historia" die Bedeutung der Blüten u. Früchte für die Beurteilung v. Verwandtschaftsbeziehungen.
Gesneriaceae [ben. nach C. ↗Gesner], *Gesneriengewächse,* Fam. der Braunwurzartigen mit rund 2000 Arten in 125 Gatt. Überwiegend in den Regenwäldern der Tropen u. Subtropen, mit einigen Arten jedoch auch in den gemäßigten Zonen verbreitete Rosettenpflanzen, Stauden od. Sträucher, seltener kleine Bäume. Die meist einfachen, ganzrand. od. gezähnten Blätter sind oft samtart. behaart; die leuchtend gefärbten, 5zähl. Blüten stehen einzeln, in Trauben od. Cymen u. besitzen eine radförm. bis langröhr. 2seitig symmetr., mehr od. minder 2lipp. Krone. V. den urspr. 5 Staubblättern sind meist nur 2 od. 4 fertil. Die Früchte sind runde od. längl. Kapseln, selten Beeren u. enthalten eine große Anzahl z. T. sehr kleiner Samen. Manche *G.* leben als Epiphyten auf Bäumen, verschiedentl. werden auch wasserspeichernde Organe (sukkulente Sprosse u. Blätter) sowie Speicherknollen u. Rhizome gebildet. Als Anpassung an Nektar sammelnde Vögel (Kolibris) haben manche Arten leuchtend rote, röhrenförm. Blüten entwickelt. Bei vielen Arten der *G.* wächst eines der Keimblätter stärker als das an-

dere (↗Anisokotylie). Die vegetative Entwicklung einiger dieser Arten, z. B. aus den Gatt. *Monophyllaea* (Name!) u. *Streptocarpus,* kann sich sogar auf die beständ. Vergrößerung eines Keimblatts durch basales Spreitenwachstum beschränken. Arten der südeur. Gatt. *Ramonda* u. *Haberlea* zeichnen sich durch bes. Trockenresistenz aus. Sie können völlig ausgetrocknet 3–4 Jahre verharren, um nach Befeuchtung wieder zu assimilieren. Viele G.-Arten sind ihrer leuchtenden Blüten wegen zu beliebten Zierpflanzen geworden. Aus der ostafr. Gatt. *Saintpaulia,* Usambaraveilchen (nach dem Verbreitungsschwerpunkt in den Usambarabergen), ist v. a. *S. ionantha* (B Afrika III) v. Bedeutung. Die kleine Staude mit in Rosetten stehenden, rundl.- fleisch. langgestielten u. samtig behaarten Blättern sowie radförm., blauvioletten Blüten ist die Stammform zahlloser weiß, blau, rosa, rot od. purpurfarbig blühender Topfpflanzen. Breitglock. bis röhrenförm. Blüten u. Rosetten aus ovalen, weich behaarten Blättern besitzen die aus dem trop. Amerika stammenden Gloxinien. Die unter der Bez. *Sinningia x hybrida* gehandelten rot, rosa, purpur od. weiß blühenden Topfpflanzen gehen hpts. auf die purpurn blühende, brasilian. Art *S. speciosa* (B Südamerika V) zurück. Gern als Ampelpflanze kultiviert wird die in Zentralamerika heim. *Columnea gloriosa,* ein Epiphyt mit achselständ., leuchtend scharlachroten, röhrenförm. Blüten an schlank herabhängenden Sprossen. Ebenfalls als Zierpflanzen gezüchtet werden Arten der in Afrika und SO-Asien heim. Gatt. *Streptocarpus,* Drehfrucht (nach der linealen, spiral. gedrehten Frucht). Die im Handel angebotenen Topfpflanzen mit meist großen, röhr. od. trichterförm., schief 2lipp., weißen, blauen od. purpurnen Blüten sind Kreuzungen verschiedener Arten u. werden als *Streptocarpus x hybridus* bezeichnet.

Gespenstaffen, *Tarsiidae,* die ↗Koboldmakis.

Gespenstfrösche, *Afrikanische Südfrösche, Heleophryne,* Gatt. der *Heleophrynidae,* fr. als U.-Fam. der Südfrösche geführt. 3 kleine bis mittelgroße (3–5 cm), schlanke, kräft. Froscharten mit langen, muskulösen Beinen, die alle in u. an rasch fließenden Strömen leben, wo sie sich an schlüpfr. Oberflächen mit verbreiterten Finger- u. Zehenspitzen festhalten. Die Männchen entwickeln zur Fortpflanzungszeit auffällig dorn. Brunstschwielen an den Fingern, Armen u. bei *H. purcelli* sogar an den Unterkiefern. Eier werden an ruhigen Stellen am Ufer od. sogar außerhalb des Wassers unter Steinen abgelegt. Larven mit typ. Fließwasseranpassungen, wie fla-

Gesneriaceae

1 Usambaraveilchen *(Saintpaulia ionantha),*
2 Gloxinie *(Sinningia x hybrida),*
3a *Streptocarpus wendlandii,* b *S. rexii*

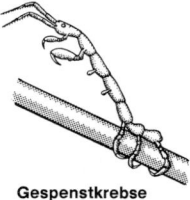

Gespenstkrebse

Caprella in Lauerhaltung

chem Körper u. großer Saugscheibe um den Mund.

Gespenstkrebse, *Caprellidae,* Fam. der Flohkrebse mit dünnem, fast drehrundem Körper, dem das Pleon völlig fehlt. Ebenso fehlen die 3. und 4. Pereiopoden, die zu diesen Beinen gehörenden Epipodite, näml. die Kiemen u. beim Weibchen die Oostegite, sind hingegen ausgebildet; die ersten beiden Pereiopoden mit großen Subchelae, die letzten drei mit hakenförm., einschlagbaren Endgliedern. G. halten sich im Litoral der Meere u. a. an Hydrozoenstöcken auf, wo sie sich mit den letzten Pereiopoden festhalten u. aufgerichtet auf Beute lauern, die mit den Subchelae gefangen wird. Bewegung spannerartig. Gatt. sind *Caprella* u. *Phthisica,* ca. 30 mm lang.

Gespenstlaufkäfer, *Malaiischer Laufkäfer,* Arten der Gatt. *Mormolyce;* bis über 10 cm große Laufkäfer, die v. a. auf Java, Borneo u. Sumatra verbreitet sind; durch ihre extrem abgeplatteten Körper auffällig, wobei die Flügeldecken seitl. wie dünnes Papier verbreitet sind; Lebensweise wenig bekannt.

Gespenstschrecken, auch *Gespenstheuschrecken, Stabschrecken, Cheleutoptera, Phasmoptera, Phasmida,* Ord. der Insekten, mit ca. 2000 Arten hpts. in den Tropen heim. Die G. sind 5 bis 35 cm groß; 3 Gestalttypen: langgestreckte, halm- od. astförm. G., z. B. die Gatt. *Bacillus;* gedrungene Formen u. horizontal abgeflachte, blattart. Formen, z. B. die Wandelnden Blätter (Gatt. *Phyllium*). Zus. mit Färbung, Musterung, Körperanhängen u. einem Starrezustand bei Störung ist die Tarnung (Mimese) im Lebensraum der G. perfekt. Die Augen sind schwach entwickelt, die Vorderflügel fast immer verkürzt, viele Arten sind ganz flügellos. Die meist langen,

Gespenstschrecken 1 Wandelndes Blatt *(Phyllium)*
2 Stabschrecke *(Bacillus)*

dünnen Schreit- u. Kletterbeine sind oft dornenbewehrt. Die kräft. Mundwerkzeuge sind kauend, dementspr. ernähren sich die G. hpts. v. Blättern. Viele G. werden in Mitteleuropa wegen ihrer bizarren Gestalt in Terrarien gehalten; die Stabschrecke *Carausius morosus* aus der Fam. *Phasmatidae* wird weltweit als Versuchstier in Labors gezüchtet. Bemerkenswert ist die

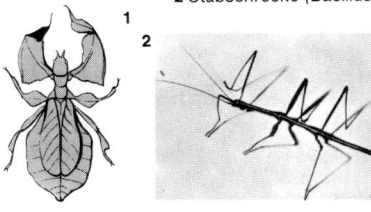

gesperbert

Gespinstmotten
Beispiele:
Apfelgespinstmotte *(Yponomeuta malinellus):* an Obstbäumen, v. a. Apfel u. Birne; Falter im Juli, ca. 20 mm Spannweite.
Pflaumengespinstmotte *(Y. padellus):* an Obstbäumen, v. a. Gatt. *Prunus;* Falter im Juni/Juli, ca. 24 mm Spannweite.
↗ Kirschblütenmotte

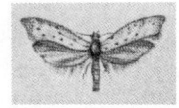

Apfelgespinstmotte *(Yponomeuta malinellus)*

fast ausschl. parthenogenet. Fortpflanzung dieser G., bei der die unbefruchteten Eier keine Meiose durchlaufen; nur ca. 0,2% aller schlüpfenden Tiere sind männl. Aus dem Mittelmeergebiet stammt die G. *Bacillus rossi.* B Insekten I.

gesperbert, Färbungsmuster des Gefieders v. Vögeln, vergleichbar mit der unterseit. Querbänderung des Sperbers *(Accipiter nisus).*

Gespinst, aus Sekretfäden, die an der Luft od. im Wasser erhärten, bestehendes Gewebe; G.e werden hpts. v. Spinnen, Milben (Spinnmilben), einigen Tausendfüßern u. Insekten mittels Spinndrüsen hergestellt u. haben verschiedene Funktionen. Alle Webspinnen besitzen im Hinterleib verschiedene Spinndrüsen, deren Sekret (Proteine) über Spinnwarzen abgegeben u. zu G.en verarbeitet wird; diese dienen u. a. dem Beutefang (Fangnetze), dem Auskleiden v. Wohnröhren u. Schlupfwinkeln u. dem Bau v. Eikokons. Manche Pseudoskorpione fertigen G.e zum Schutz während der Häutung, zum Überwintern, für die Eiablage u. die Jungenaufzucht an. G.e gibt es auch z. B. bei Schmetterlingen (Puppenkokons), Rindenläusen (Schutz der Eier), G.blattwespen u. G.motten (Schutz der Larven), Köcherfliegenlarven (Fangnetz), Felsenspringern (bei der Paarung) u.a. Die Spinndrüsen liegen bei Schmetterlingen u. Trichopteren im Kopf (Labialdrüsen), bei Netzflüglern, Käfern u. Felsenspringern im Abdomen (meist Malpighi-Gefäße). Die Tarsenfüßer (Embioptera) haben sie in den Tarsen der Vorderbeine.

Gespinstblattwespen, die ↗ Pamphiliidae.

Gespinstmotten, *Yponomeutidae, Hyponomeutidae,* weltweit mit etwa 800 Arten verbreitete Schmetterlings-Fam., in Mitteleuropa ca. 50 Vertreter. Auffäll. sind die zuweilen massenhaft u. dann schädl. auftretenden Larven, die gesell. in schleierart. Gespinsten auf Gehölzen leben, auch die Verpuppung erfolgt gemeinsam darin. Die Larven befressen zunächst die Knospen, später auch die Blätter, andere Arten leben als Minierer. Die Falter sind klein (Spannweite bis 30 mm), Vorderflügel oft weiß mit dunklen Punktreihen, Hinterflügel grau, Flügel in Ruhe dachförm. gehalten.

Gestagene, die ↗ Gelbkörperhormone.

Gestalt

Unter der Gestalt eines Lebewesens versteht man zunächst seine äußere Erscheinungsform, also den systematischen Zusammenhang der an ihm unmittelbar zu beobachtenden Merkmale. Organismen sind aber in ihrem Aufbau stets hierarchisch geordnet, so daß das Phänomen der Gestalt nicht nur auf der Komplexitätsebene des ganzen Lebewesens selbst, sondern auch auf allen Ebenen seiner Substrukturen auftritt: ein Wirbel ist ebenso eine Gestalt wie ein Kiemenbogen, eine Epithelzelle oder ein spezifisches Immunglobulin-Molekül. Jedes System von Einzelstrukturen, zwischen denen ein geordneter, d.h. in der Biologie genetisch determinierter *Zusammenhang* besteht, nennt man eine Gestalt. So spricht man auch in der Verhaltenslehre von der Zeitgestalt einer instinktiven Bewegungsweise oder in der Embryologie von der Gestalt eines Strukturbildungsprozesses, z. B. bei der Entstehung des Herzens der Säugetiere. Eine Gestalt weisen aber auch phylogenetische Vorgänge auf, wenn man etwa an die Evolution der Niere vom Pro- über den Meso- zum Metanephros denkt. Diejenige biologische Disziplin, die sich speziell mit dem Phänomen der Gestalt beschäftigt, ist die systematische und vergleichende Anatomie, ihre theoretische Methodenlehre ist die *Morphologie.*

Die schier grenzenlos erscheinende Ge-

Gestalt in der Biologie: es besteht ein genetisch determinierter Zusammenhang der Einzelstrukturen eines Systems.

staltvariabilität gehört zu den spezifischen Eigentümlichkeiten des Lebendigen. Dies beginnt schon im Bereich der molekularen Strukturbildung: aus 100 Aminosäuren können theoretisch 10^{130} verschiedene Proteine gebildet werden. Um ein Vielfaches erhöht sich diese Zahl aber, wenn durch Kombination dieser Proteine makroskopische Strukturen gebildet werden. Selbstverständlich wird man aber nicht alles, was in dieser Weise an Formenmannigfaltigkeit möglich ist, im biologischen Sinne als Gestalt bezeichnen. So bietet bezeichnenderweise die *Pathologie* zahlreiche Beispiele dafür, daß die Strukturbildung bei Zellproliferationen, denen keine übergeordnete Information zugrunde liegt (wie dies für maligne Entartungen typisch ist), nicht zu dem führt, was wir unter einer Gestalt verstehen. Vergleicht man etwa den Tumor eines Sarkoms mit dem Bild des gesunden Bindegewebes, so ist der Eindruck des Gestaltverlustes auch ohne spezielle histologische Diagnose offenkundig. Allein der normalerweise kaum reflektierte Umstand, daß Pathologie überhaupt *möglich* ist, zeigt, in welchem Ausmaß unser Verständnis der lebendigen Gestalt von der Tatsache abhängt, daß ihr nicht irgendeine, sondern eine ganz spezielle Information zugrunde liegt.

Sowohl das Phänomen der potentiell so gut wie unendlichen Mannigfaltigkeit als auch das Phänomen deren Limitierung und Kanalisierung scheint letztlich auf die Eigenschaften des genetischen Informationsspeichers (der DNA) zurückzugehen. So wie in unserer aus Buchstaben kombinierten Schrift gleichermaßen die Möglichkeit zu komplexester Gestaltbildung wie auch zu deren völliger Paralyse steckt, vermag auch die DNA alles zwischen der *Organisation* eines Säugetieres und dessen irreversibler *Zerstörung* zu programmieren. Für das Problem der Gestalt ergibt sich daher die Frage, welches epi-genetische System aus den Möglichkeiten der Kombination von Merkmalen jene auswählt bzw. zuläßt, die langfristig funktionell stabil sind. Damit erweist sich das Gestaltproblem als ein Spezialfall der prinzipiell phylogenetischen Frage nach den Gesetzen biologischer Strukturbildung.

Im Unterschied zu den vielzelligen Pflanzen, die infolge der Art ihres Energieerwerbes eine reiche Entfaltung in den Raum zeigen (und damit ihre äußere Reaktionsfläche vergrößern), erfolgt die Strukturbildung der Metazoa vorwiegend durch die Ausbildung und Differenzierung *innerer* Organe. Bei den Schwämmen und Hohltieren bestimmt noch das Darmsystem im wesentlichen die Tiergestalt, später kommen die anderen Organsysteme hinzu. Bedingt wird schließlich die Gestalt des Organismus durch die Parameter der Form, der Statik, der Größe und der Proportionen. Dazu kommen in manchen Fällen die Farbornamentierung und die Skulpturierung der Körperoberfläche sowie die Ausbildung verschiedener Symmetrieverhältnisse.

Untersucht man die anatomischen Verhältnisse einer Spezies mit der Absicht, diese nicht nur zu beschreiben und mit anderen Spezies strukturell zu vergleichen (wie es die „klassische" Morphologie tat), sondern diese Verhältnisse auch zu *verstehen* und zu *erklären,* dann wird offenkundig, daß der Großteil der Gestalt eines Lebewesens funktionell zu begründen ist. So ist z. B. die Struktur des menschlichen Oberschenkels viel weniger eine weiter nicht erklärbare „Selbstdarstellung" des Lebendigen (A. Portmann), als die Funktion seiner statischen und dynamischen Belastungslinien. Auch das Beispiel der Häute zeigt, daß die Form ausschließlich vom jeweiligen Kräfteverhältnis bestimmt wird; sie sind bekanntlich nur auf Zug belastbar und können vom Erbgut ebensowenig beeinflußt werden wie künstliche Häute vom Techniker (Segel, Schirme, Zelte usw.). Hier ist also die Gestalt die Folge der physikalischen Bedingungen, und zwar sehr einfacher Bedingungen. Wenn die statischen und dynamischen Funktionen physikalisch komplizierter werden, wie das z. B. schon bei den Schalen der Fall ist (Belastung auf Zug, Druck und Biegung), dann bestehen bereits zahlreiche Möglichkeiten, diesen Funktionen strukturell Genüge zu leisten. Welche spezifische Gestalt daher in der einzelnen Spezies realisiert wird, ist in zunehmendem Maße *auch* eine Folge der genetischen Determination, d. h., die betreffende Gestalt muß zusätzlich aus ihrem historischen Werdegang erklärt werden. Das Beispiel der Funktion des Fliegens zeigt mit besonderer Deutlichkeit, daß eine Gestalt neben ihren funktionellen auch *historische* Merkmale trägt. Es kann sich ja um den Flügel einer Biene, eines Sperlings oder einer Fledermaus handeln. Von entscheidender Bedeutung ist aber der Umstand, daß die Geschichtlichkeit einer Gestalt weder einen Widerspruch noch eine Alternative zu ihrer Funktionalität darstellt, was besonders deshalb betont werden muß, weil manche Morphologen den phylogenetisch-deskriptiv-vergleichenden Aspekt in der Weise überschätzen, daß sie die historischen Aspekte einer Gestalt in deren *Funktionslosigkeit* erwarten. Das „Organ ohne Funktion" ist aber deshalb noch nicht gefunden worden, weil es ein solches nicht geben kann!

In diesem Zusammenhang ist nochmals auf das Problem der „Selbstdarstellung" zurückzukommen, weil der Gestaltreichtum der Lebewesen tatsächlich prima facie den Eindruck des Entstehens purer Schönheit erwecken kann, welche von unmittelbaren biologischen Funktionen losgelöst ist. Besonders das Phänomen der Farbornamentierung spielt dabei eine große Rolle. Die Färbung von Schmetterlingen, Korallenfischen, Paradiesvögeln usw. hat immer wieder zu der Vorstellung geführt, das Lebendige verschwende seine Gestaltungskraft zur zweckfreien Produktion reiner Schönheit. Wiewohl nicht in Abrede gestellt werden kann, daß Schönheit in all diesen Fällen tatsächlich erlebbar ist, darf aber darob die Tatsache nicht vergessen werden, daß alle diese optischen Gestalt- und Musterbildungen keineswegs frei von biologischen *Funktionen* sind. Neben ihren physiologischen Funktionen besitzen die Farben vor allem *ethologische* Funktionen im Bereich des Tarnens (hier besteht der Zweck in einer Gestalt-Auflösung), des Erschreckens (Augenmuster), des Warnens (grelle Färbung z. B. bei Raupen), der Revierverteidigung (z. B. Korallenfische, bei denen, wie Konrad Lorenz sagte, jede Art ihre unverwechselbare Kriegsflagge führt) und den vielfältigen Formen der Mimikry. In keinem

> Die Gestalt enthält neben funktionellen auch historische Merkmale

> Es kann kein Organ ohne Funktion geben

> Der Großteil der Gestalt eines Lebewesens ist funktionell zu begründen

Gestaltlehre

einzigen Fall solcher Gestaltbildungen liegt Funktionslosigkeit vor, und schon gar nicht eine nur dem menschlichen Auge gewidmete Selbstdarstellung.

Es wäre aber ein schweres Mißverständnis der lebendigen Gestalt, wollte man annehmen, daß die Kenntnis der Funktion neben ihrer Existenz auch ihre *Entstehung* erklären würde. Denn bevor eine Gestalt in irgendeinem Funktionszusammenhang bestehen kann, muß sie herangebildet werden, und der Modus der Gestaltentstehung ist keine ausschließliche Folge ihrer Funktionen. Das Problem der Gestaltbildung gehört daher immer noch zu den großen Rätseln der Biologie. Unser kausales Verständnis der Entwicklung einer spezifischen Struktur endet beim Eiweißmolekül, dessen Herkunft von einer bestimmten DNA-Sequenz wir rekonstruieren können; wir wissen aber bereits nicht mehr, welche genetische Regulation ein Auge, eine Hand oder das Gefieder eines Vogels entstehen läßt. Selbst die Frage nach den kausalen Mechanismen des typischen Informationsverlustes einer bösartigen Neoplasie ist bislang unbeantwortet, was nichts anderes bedeutet, als daß wir auch die kausalen Mechanismen der Entstehung des gesunden Organs nicht kennen.

Das *ursächliche* Verständnis der Gestalt ist daher ein Desiderat der Biologie. Man kann ihm auf zwei Wegen näherkommen: einmal auf dem Wege einer exakten Analyse der phylogenetischen Strukturbildung, mit dem Ziel, auf dieser makroskopischen Ebene morphogenetische Gesetzmäßigkeiten zu finden. Dieser Weg führt zwar nicht von selbst zu den Ursachen der Gestalt, besitzt aber großen heuristischen Wert, weil die Kenntnis phylogenetischer Gestaltbildungsgesetze die Möglichkeit schafft, gleichsam an der richtigen Stelle nach deren Kausalität zu fragen. Diese selbst nun, und dies ist der andere Weg, läßt sich letztlich in den molekularen Prinzipien des gesteuerten Zellwachstums finden. Auf diesem Gebiet liegt bereits eine Reihe höchst interessanter und vielversprechender Arbeiten vor, besonders im Bereich der Musterdetermination während der Embryogenese, und es spricht vieles dafür, daß die lebendige Gestalt einst über diesen entwicklungsbiologischen Weg ursächlich verstanden werden kann. Dann wird es auch möglich sein, so komplexe Phänomene wie den *Typus* einer natürlichen Kategorie von der betrachtend-vergleichenden Anschauung zu einer biologischen Begründung zu führen. Nicht zuletzt sind es ja diese komplexen Formen der Gestalt und ihrer Metamorphosen, die nicht nur zur Erkenntnis der Evolution geführt haben, sondern uns auch das Grundproblem des Lebendigen vor Augen führen: auf welchen Prinzipien nämlich seine *Information* beruht. Somit ist die Gestaltforschung gleichsam der Anfang und das Ziel aller biologischen Erkenntnis.

Gestaltforschung ist gleichsam der Anfang und das Ziel aller biologischen Erkenntnis

Lit.: Ede, D. A.: Einführung in die Entwicklungsbiologie. Stuttgart, 1981. Kaspar, R.: Der Typus – Idee und Realität. Acta Biotheor. 26, 181–195, 1977. Remane, A.: Die Grundlagen des natürlichen Systems, der vergleichenden Anatomie und der Phylogenetik. Königstein-Taunus, 1952. Riedl, R.: Die Ordnung des Lebendigen. Hamburg 1975.

Robert Kaspar

Gestaltlehre, in der Biol. in Anlehnung an die *Gestaltpsychologie* entwickelte Vorstellung, daß sich in Körperbau u. Verhalten der Tiere immanente Gestaltungsprinzipien zeigen. Vergleichende Gestaltbetrachtungen wurden bes. von A. ↗Portmann angestellt. ↗Gestalt.

Gestaltungsbewegungen ↗morphogenetische Bewegungen.

Gestaltwechsel ↗Metamorphose; ↗Gestalt.

Gestation w [v. lat. gestatio = das Tragen], Oberbegriff für Schwangerschaft, Geburt u. Wochenbett.

Geste, die ↗Gebärde; ↗Gestik.

Gesteinsboden, *Rohboden,* ↗Syrosem, ↗Ranker, Rambla. □ Bodenprofil.

Gesteinspflanzen, *Petrophyten,* Pflanzen, die v. a. in der montanen u. alpinen Region auf stein. Untergrund vorkommen u. ihre Mineralstoffe durch Säureausscheidungen aus dem Untergrund herauslösen; z.B. Steinbrecharten, Flechten, Moose, Farne.

gestielte Bakterien, Bez. für Bakterien, die Schleimstiele ausscheiden, an denen sie festsitzen (so z.B. *Gallionella-, Nevskia-, Metallogenium*-Arten); sie werden in der Klassifizierung nach „Bergey's" (1974, [T] Bakterien) in der Gruppe (P) 4, den knospenden Bakterien u./od. Bakterien mit Anhängseln, eingeordnet. [zoa.

Gestielte Stachelhäuter, die ↗Pelmatozoa.

Gestik, Bez. für Ausdrucksverhalten *(Geste),* das mit Rumpf, Extremitäten od. Schwanz gezeigt wird, im Ggs. zur ↗*Mimik* des ↗Gesichts od. Kopfes. Innerhalb der G. werden zahlr. u. komplexe soziale Signale ausgetauscht; z.B. zeigt die G. des Schwanzes bei Wölfen deutl. ihre Stellung u. ihre Triebsituation bei sozialen Auseinandersetzungen an. ↗Gebärde.

Gesundheitslehre ↗Hygiene.

Getreide, i. w. S. alle wegen ihrer stärkehalt. Früchte kultivierten Pflanzen (z.B. auch Buchweizen, Reismelde), i. e. S. nur Süßgräser, die wegen ihrer stärkehalt.

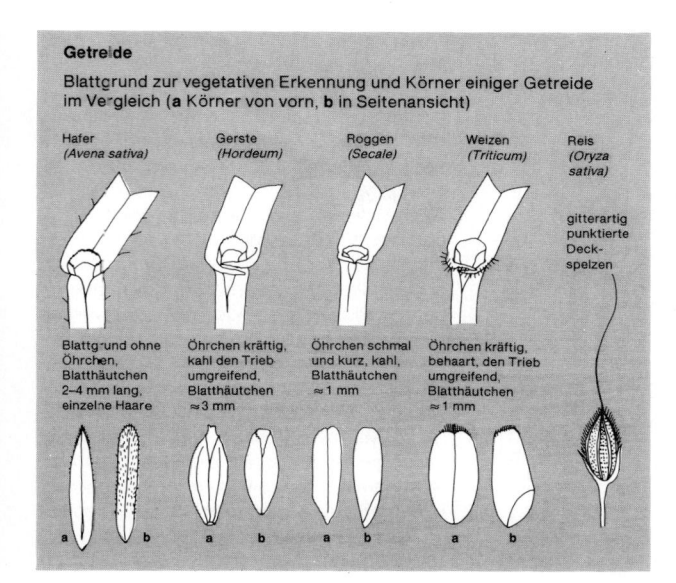

Getreidemehltau

Getreide

Blattgrund zur vegetativen Erkennung und Körner einiger Getreide im Vergleich (**a** Körner von vorn, **b** in Seitenansicht)

Hafer (*Avena sativa*): Blattgrund ohne Öhrchen, Blatthäutchen 2–4 mm lang, einzelne Haare

Gerste (*Hordeum*): Öhrchen kräftig, kahl den Trieb umgreifend, Blatthäutchen ≈ 3 mm

Roggen (*Secale*): Öhrchen schmal und kurz, kahl, Blatthäutchen ≈ 1 mm

Weizen (*Triticum*): Öhrchen kräftig, behaart, den Trieb umgreifend, Blatthäutchen ≈ 1 mm

Reis (*Oryza sativa*): gitterartig punktierte Deckspelzen

↗Karyopsen angebaut werden. Die G. sind die ältesten u. wichtigsten bekannten Kulturpflanzen. So sind Emmer u. Gerste schon seit ca. 8000–10 000 Jahren in Kultur. G. warmer Klimate sind v. a. Reis, Mais u. Hirsen, in kühl gemäßigten Gebieten sind Weizen, Gerste, Roggen u. Hafer wichtig. Für den Anbau ist gute Wasser-, Kalium- u. Stickstoffversorgung bes. zu Beginn der Vegetationsperiode notwendig. Nur die Hirsen sind dürreresistent. Wegen des hohen Nährstoffverbrauchs ist G. eine schlechte Vorfrucht. Durch zusätzl. Stickstoffspätdüngung können Qualität u. Proteingehalt der Körner beeinflußt werden. Günst. Bestockungszahlen (mittlere Halmzahl pro Pflanze) können durch eine entspr. Saattiefe erreicht werden (2–3 bei Winter-, 1–2 bei Sommerweizen). Man unterscheidet 4 *Reifestadien* der G. (vgl. Tab.). Beim *Spelz-G.* sind im Ggs. zum Nackt-G. Vor- u. Deckspelze mit der Frucht verwachsen (Hafer, Gerste, Reis). Weizen u. Roggen sind ↗ *Brot-G.*, die anderen ↗ *Brei-G.* Das wirtschaftl. wichtigste G. ist der Weizen. Die aus G. hergestellten Produkte werden *Cerealien* genannt. B Kulturpflanzen I.

Getreideackerfluren, acidophytische G., ↗Aperetalia spicae-venti; basiphytische G., ↗Secalietalia.

Getreideälchen s, Sammelbez. für einige an Getreide u. Gräsern parasitierende Vertreter der Fadenwurm-Ord. ↗ *Tylenchida*, v. a. *Anguina tritici* (↗Weizenälchen) u. ↗ *Heterodera avenae*.

Getreideameisen, die ↗ Ernteameisen.

Getreideeinheit, *Getreidewert,* Abk. *GE*, Naturalmaß zur Berechnung der ernährungswirtschaftl. Leistung landw. Betriebe. 1 GE entspr. bei Nutzpflanzen dem Kalorien-(Joule-)Gehalt eines dz (Doppelzentner, heute Angabe in Dezitonnen = 100 kg) Getreide (od. Mais od. Buchweizen) od. bei Sonderkulturen dem Arbeitsaufwand im Verhältnis zum Getreide (1 dz Hopfen ≙ 5,3 GE; 1 dz Erbsen ≙ 1,2 GE) od. bei tier. Produkten der verfütterten Nährstoffmengen (1 hl Milch ≙ 0,7 GE).

Getreideflugbrand ↗Flugbrand, ↗Haferflugbrand.

Getreidehähnchen, *Lema,* Arten der Käfer-Fam. ↗ Blattkäfer, ↗ Hähnchen.

Getreidekrankheiten, Schädigungen des Getreides, hpts. durch Pilze u. Viren; als äußere Symptome werden meist physiolog.-histolog. Veränderungen beobachtet; auch ↗ abiotische Faktoren können Schädigungen hervorrufen. B Pflanzenkrankheiten I.   [↗ Blatthornkäfer.

Getreidelaubkäfer, *Anisoplia segetum,*

Getreidemehltau, weltweit verbreiteter ↗Echter Mehltau des Getreides, hpts. in gemäßigten Klimabereichen Europas, in maritimen Gebieten Kanadas, der USA, in Vorderasien u. N-Indien. Gerste u. Weizen werden bes. stark befallen, seltener Roggen u. Hafer. Ein stärkerer Befall führt zu schlechterem Wachstum u. geringerem Ertrag. Die Ertragsverluste können örtl. 25% übersteigen. Der Befall ist am Auftreten des weißen, mehlart. Belags (mit Konidien) an Blättern u. Blattscheiden zu erkennen, in dem zum Vegetationsende dunkle Kleistothecien erscheinen. Erreger ist der Schlauchpilz *Erysiphe graminis,* der auf einer großen Zahl v. Gramineen parasitiert; neben den gen. Getreidearten (nicht Reis, Mais, Hirse) werden viele Wildgräser befallen, die als Dauerwirte dienen können. Die Unterscheidung der Formen erfolgt nach der Wirtsspezifität, die als *formae speciales* gekennzeichnet wird, z.B. *E. graminis* f. sp. *hordei* für den Gerstenmehltau. Die Be-

---

Getreide

Weltproduktion (Erntemenge, in Mill. t) und Hektarerträge (in Klammern; in Dezitonnen/ha) 1982

Getreide insges. 1695,8
Weizen 485,7 (20,3)
Mais (Körnermais) 452,7 (35,4)
Reis 424,4 (30,0)
Gerste 160,1 (20,6)
„Hirsen" 99,6 (–)
Hafer 44,9 (17,2)
Roggen 29,5 (16,9)

Wichtige Getreidekrankheiten

Viruskrankheiten
　Gelbverzwergung (Gerste)
　Gerstenvergilbungsmosaik
　Streifenmosaik

Pilzkrankheiten
　Rostkrankheiten
　Brandkrankheiten
　Fusarium-Fußkrankheiten
　Typhula-Fäule
　Rhynchosporium-Blattfleckenkrankheit
　Echter Mehltau
　Septoria-Blattkrankheiten
　Halmbruchkrankheit
　Schwarzbeinigkeit
　Streifenkrankheit
　Netzfleckenkrankheit
　Drechslera-Krankheit
　Mutterkorn

Getreide

Die 4 Reifestadien:

Milchreife: Halme gelb, Körner grün mit milch. Saft

Gelbreife: Körner gelb, noch weich, enthalten ca. 30% Wasser

Vollreife: harte Körner, knickende Halme: Erntezeit für Bindemäher u. von Hand

Totreife: Körner mit Wassergehalt von nur noch ca. 15%, Stroh brüchig: Erntezeit für Mähdrescher

G. finden sich in folgenden wichtigen Gattungen:

↗Borstenhirse (*Setaria*)
↗Fingergras (*Digitaria*)
↗Fingerhirse (*Eleusine*)
↗Gerste (*Hordeum*)
↗Hafer (*Avena*)
↗Hirse (*Panicum*)
↗Hühnerhirse (*Echinochloa*)
↗Mais (*Zea*)
↗Mohrenhirse (*Sorghum*)
↗Pennisetum
↗Reis (*Oryza*)
↗Roggen (*Secale*)
↗Weizen (*Triticum*)

Getreidemotte

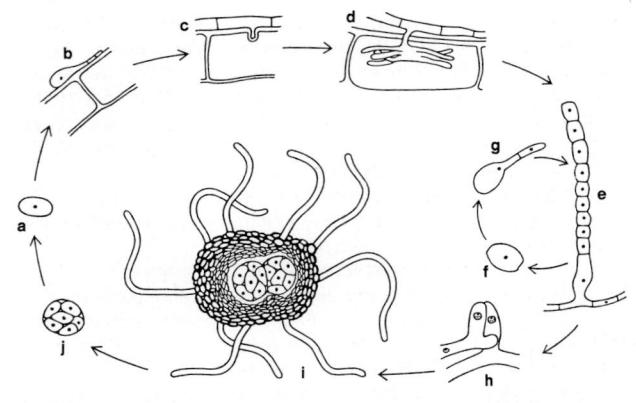

kämpfung erfolgt durch Resistenzzüchtung u. chem. mit Schwefel u. a. Fungiziden.
Getreidemotte, *Sitotroga cerealella,* ↗ Palpenmotten.
Getreiderost, durch ↗ Rostpilze verursachte, wirtschaftl. wicht. Getreidekrankheiten; der Pilz entwickelt sich nur in lebenden Pflanzen, teilweise mit Wirtswechsel.
Getreideschwärze, *Schwärzepilz,* Befall von verschiedenen Getreidearten durch Schwärzepilze, die bei anhaltender Feuchtigkeit auf Blättern, Blattscheiden u. Halmen, oft auch Körnern notreifer od. vollreifer Pflanzen einen schwärzl. Belag entwickeln. Die dunkle Färbung auf dem abreifenden u. abgestorbenen Gewebe entsteht durch dunkle Sporenträger, Lager od. Sporenmassen der Saprophyten u. Schwächeparasiten. Verschiedene Erreger, z. B. *Cladosporium herbarum* (sexuelle Form: *Mycosphaerella tassiana),* andere *Cladosporium*-Arten sowie *Alternaria-, Stemphylium-* u. *Coniosporium*-Arten.
Getreideunkräuter, spontan auftretende Wildpflanzen der Getreideäcker; meist einjähr. Arten (Therophyten). Viele v. ihnen sind mit dem Beginn des Getreidebaus im Neolithikum in unser Gebiet eingewandert u. sind seither charakterist. und unausrottbare Begleiter der Halmfrucht. Ihr schädigender Einfluß auf Wachstum u. Ertrag des Getreides ist unterschiedl., i. d. R. aber geringer als bei den Unkräutern der Hackfrucht. Allerdings haben planmäßiger Fruchtwechsel, Saatgutreinigung u. chem. Bekämpfung zu einer Verwischung der Unterschiede zw. Hackfrucht- u. Halmfruchtunkraut-Ges. geführt, andererseits aber auch zu einer Rückdrängung bestimmter Arten, in manchen Fällen bis zur akuten Gefahr der Ausrottung. Heute sind deshalb in Mitteleuropa i. d. R. nur noch Restges. der acidophyt. ↗ *Aperetalia spicaeventi* u. der basiphyt. ↗ *Secalietalia* anzutreffen, stark angereichert mit solchen

Entwicklung des Getreidemehltaus (↗ Echte Mehltaupilze)
a Ascospore, **b** Keimung auf Blattoberfläche, **c** Bildung v. Haftorganen (Appressorien), **d** Bildung v. Nährorganen (Haustorien), **e** Konidienträger, **f** Konidien, **g** sekundärer Pflanzenbefall, **h** Beginn der Fruchtkörperbildung (Initialhyphen), **i** ausgebildeter Fruchtkörper, **j** Ascus

Wichtige Getreiderostkrankheiten
↗ Gelbrost
Braunrost
(↗ Rostkrankheiten)
↗ Haferkronenrost
↗ Zwergrost
↗ Schwarzrost

Arten der Segetalvegetation, die aufgrund ihrer austriebsfähigen Wurzelstöcke od. der Fähigkeit zur Bildung unterird. Ausläufer durch maschinelle Bodenbearbeitung od. Herbizidanwendung direkt od. indirekt gefördert werden. ↗ Ackerunkräuter. B Unkräuter.
Getreidewert, die ↗ Getreideeinheit.
Getrenntgeschlechtigkeit, 1) Bot.: Diözie, die genet. gesteuerte Ausbildung der ♂ und ♀ Geschlechtsorgane auf verschiedenen Individuen; bei Algen u. Pilzen werden diese Arten häufig als „heterothallisch" bezeichnet (Ggs. Monözie, Gemischtgeschlechtigkeit; homothallisch). Nur bei wenigen getrenntgeschlechtl. Arten der Algen u. Moose sind die ♂ und ♀ Individuen gleichgestaltet (z. B. *Dictyota, Ulothrix, Marchantia),* meist weisen sie morpholog. Unterschiede auf (Geschlechtsdimorphismus), so z. B. bei den Algen die Gatt. *Laminaria,* bei den Moosen *Buxbaumia,* sowie die Moos- u. Wasserfarne u. alle Samenpflanzen. Hierbei sind i. d. R. die Sporen, aus denen sich der ♀ Gametophyt entwikkelt, größer als die, aus denen der ♂ hervorgeht (Heterosporie). Bei den Samenpflanzen (↗ Bedecktsamer) bezieht sich die Bez. G. auf die Verteilung der Staub- u. Fruchtblätter (= Sporophylle!). So werden Arten als getrenntgeschlechtig (diözisch, zweihäusig) bezeichnet, bei denen fruchtblatttragende u. staubblatttragende Blüten auf verschiedene Individuen verteilt sind. – Vor der Aufklärung des Generationswechsels bei Samenpflanzen durch W. Hofmeister wurden irrtüml. die Staubblätter als die ♂ u. die Fruchtblätter als die ♀ Geschlechtsorgane der Samenpflanzen angesehen. **2)** Zool.: *Gonochorismus:* männl. Gonaden (Hoden) u. weibl. Gonaden (Ovarien) sind auf zweierlei Individuen verteilt. Diese Form der Geschlechtsverteilung ist bei den Metazoen im Ggs. zum Hermaphroditismus (Zwittrigkeit) weit verbreitet, v. den „niederen" Wirbellosen (z. B. Hohltiere) bis hin zu fast allen Wirbeltieren; auch vorherrschend bei der artenreichsten aller Tiergruppen, den Gliederfüßern.
Geum *s* [lat., =], die ↗ Nelkenwurz.
Gewächshaus, *Glashaus, Hochglas,* ein mit Glas umschlossener Raum zur Anzucht u. Kultur v. Pflanzen, die vor Witterungseinflüssen geschützt werden sollen. Nach der Innentemp. unterscheidet man *Kalthäuser* oder *Überwinterungshäuser* (2–12 °C), *temperierte Häuser* (12–18 °C) u. *Warmhäuser,* die auch als *Treibhäuser* genutzt werden können (18–25° C).
Gewächshauseffekt, der ↗ Glashauseffekt; ↗ Kohlendioxid.
Gewächshausfrosch, *Eleutherodactylus ricordi planirostris,* ↗ Antillenfrösche.

Gewächshausschrecke, *Tachycines asynamorus,* ↗ Buckelschrecken.

Gewächshausspinne, *Theridion tepidariorum,* häufiger, nördl. der Alpen nur in Gewächshäusern u. ä. vorkommender Vertreter der Kugelspinnen; kosmopolit. Kulturfolger; Körper sehr variabel gefärbt u. gezeichnet; Weibchen erreichen ca. 7 mm. Die braunen Eikokons werden im Netz befestigt.

Gewässer, alle stehenden od. fließenden natürl. u. künstl., ober- u. unterird. Wassermassen. [stem.

Gewässergütestandard ↗ Saprobiensy-

Gewässerkunde, *Hydrologie,* Lehre v. den Erscheinungsformen des Wassers auf u. unter der Erdoberfläche, zu der die Einzeldisziplinen Limnologie (Binnengewässerkunde), Ozeanographie (Meereskunde), Hydrogeologie (Grundwasserkunde) u. Glaziologie (Gletscherkunde) zählen. Manchmal werden auch die Hydrobiologie u. Hydrochemie als Teilgebiete der G. aufgefaßt.

Gewässerschutz, Teil des Wasserrechts, der alle Maßnahmen zum Schutz der Gewässer vor Verunreinigungen u. zur Erhaltung der Selbstreinigungskraft unter wasserwirtschaftl. u. umweltschützer. Gesichtspunkten umfaßt.

Gewebe, Bez. für die größeren od. kleineren Verbände gleichartig differenzierter Zellen innerhalb eines vielzell. Organismus, die das Baumaterial für die Organe bilden. **1) Bot.:** Abgesehen v. den primitivsten vielzell. Thallophyten, bei denen der gesamte Vegetationskörper aus lauter gleichart. G.zellen besteht, findet man bei den höher organisierten Thallophyten schon eine arbeitsteilige ↗ Differenzierung in verschiedene G.arten. Die verschiedenen G.arten unterscheiden sich durch Form, Inhalt u. Zellwandbeschaffenheit ihrer Zellelemente. Insgesamt gilt, daß eine Pflanzengruppe um so höher organisiert, d. h. komplexeren Umweltverhältnissen angepaßt ist, je mehr G.arten sie besitzt. Man unterscheidet in der Bot. folgende G.arten: *Embryonal-G.* od. *Meristeme* (↗ *Bildungs-G.*), ↗ *Grund-G.,* ↗ *reproduktive G.,* ↗ *Abschluß-G.,* ↗ *Absorptions-G.,* ↗ *Leitungs-G.,* ↗ *Festigungs-G.,* ↗ *Exkretions-G.* (↗ *Absonderungs-G.*). Während die ersten drei G.arten bereits bei den Thallophyten ausgebildet sind, sind die restlichen hpts. erst auf der Stufe der Kormophyten entwickelt worden – sieht man v. dem Leitungs-G. bei den höchstentwickelten Braunalgen einmal ab. **2) Zool.:** Die Vielzahl tierischer G. läßt sich, obwohl sehr vielgestaltig in Größe u. Form ihrer Zellen, nach ihrer Funktion u. Organellenausstattung der Einzelzelle doch auf wenige Grundtypen zurückführen; das ↗ *Epithel-G.* in seinen verschiedenen Ausprägungsformen einschließl. des Drüsen-G.s, die ↗ *Binde-* u. *Stütz-G.* u. deren Abkömmlinge (Speicher-G. u. Blut, „flüssiges G."), das kontraktile ↗ *Muskel-* u. das ↗ *Nerven-G.* Ihrer entwicklungsgesch. Herkunft nach können diese G.-Grundtypen nur begrenzt bestimmten ↗ Keimblättern zugeordnet werden. Wenngleich z. B. Nerven-G. fast ausschl. dem Ektoderm entstammt, während Muskel- u. Binde-G. sich vornehml. vom Mesoderm ableiten, so gibt es doch zahlr. Abweichungen v. dieser Regel: Epithelien werden z. B. v. allen Keimblättern in gleicher Weise gebildet. Beim Bau v. Organen wirken gewöhnl. verschiedene G. zusammen, so z. B. Binde-G. u. Muskel-G. beim Aufbau des Muskels od. Epithel-G. u. Binde-G. beim Aufbau der Haut. Zellen des gleichen G.typs vermögen zwischeneinander spezielle Binde- u. Signalübermittlungsstrukturen (↗ Desmosomen, ↗ tight-junctions u. ↗ gap-junctions) auszubilden. Den zumindest in ihren Grund-Bildungstendenzen differenzierten G.n eines Organismus stehen die Keimzellen gegenüber, die kein G. bilden. *H. L./P. E.*

Gewebeflüssigkeit, die bei Metazoen die Interzellularräume u. Gewebslücken erfüllende extrazelluläre od. interstitielle Flüssigkeit. ↗ Flüssigkeitsräume.

Gewebekultur ↗ Zellkultur.

Gewebelehre, die ↗ Histologie.

Gewebeparasiten, Organismen, die parasit. im Bindegewebe od. in der Muskulatur ihrer Wirte leben, z. B. Nematoden *(Dracunculus,* Filarien, *Trichinella)* u. Einzeller *(Leishmania, Toxoplasma).*

Gewebespannung, beruht auf dem Zusammenwirken v. Turgordruck u. der Elastizität v. pflanzl. Zellwänden u. Geweben u. trägt zur Gestalt krautiger Pflanzen bei; äußert sich im Bestreben pflanzl. Gewebe, sich auszudehnen, wenn sie in voll turgeszentem Zustand aus dem natürl. Gewebsverband herausgeschnitten werden.

Gewebetiere, die ↗ Eumetazoa.

Gewebezüchtung ↗ Zellkultur.

Gewebshormone, aglanduläre Hormone, die im Ggs. zu den in innersekretor. Drüsen gebildeten glandulären Hormonen in verschiedenen Zellen u. Zellgruppen gebildet u. teils am Entstehungsort, teils über die Blutbahn transportiert, ihre Wirkung entfalten, jedoch in den meisten Fällen im gleichen Gewebe synthetisiert, freigesetzt u. abgebaut werden. Beispiele dafür sind die Prostaglandine, Prostacycline, Thromboxane u. die im Verdauungstrakt wirksamen Hormone Enterogastron, Gastrin, Sekretin, Cholecystokinin, Villikinin, ferner Angiotensin, Bradykinin, Histamin, Seroto-

Gewebshormone

Tierische Gewebe

Die Typen differenzierter Grund-G. stellen praktisch das in der Evolution erzielte Ergebnis einer Aufgabenteilung der Zellen innerhalb eines Organismus dar. Bes. bei phylogenet. urspr. Organismen trifft man auf funktionelle u. morpholog. Mischformen dieser Grund-G., z. B. epitheliale Muskel-(Myoepithelien) od. Stütz-G. (chordoides G.), auch epitheliale Nerven-G. (↗ Stachelhäuter), die darauf verweisen, daß Epithelien die ursprünglichsten G. vielzell. Organismen sind, v. denen die Aufgabendifferenzierung ihren Ausgang nahm. Solche primitiven plurifunktionellen Epithelien treten begrenzt noch bei höher entwickelten Tieren auf (Myoepithelien, primäre [Epithel-] Nervenzellen).

Gewebshormone

Es wird zunehmend offensichtlicher, daß unter dem Begriff „Gewebshormone" eine Reihe v. Wirkstoffen mit mehr od. weniger deutlich ausgeprägtem Hormoncharakter zusammengefaßt sind, die weder vom Entstehungsort noch vom Zielort eindeutig u. gemeinsam zu charakterisieren sind.

Gewebsverpflanzung

nin. Eine begriffl. unscharfe Trennung besteht zw. den G.n und den Neurotransmittern Acetylcholin, Adrenalin, Noradrenalin, die man bei ihrem Übertritt v. ihrem Bildungsort in die Blutbahn als Hormone, bei ihrer Wirkung an den Nervenendigungen jedoch als „Überträgerstoffe" bezeichnet.

Gewebsverpflanzung, die ↗Transplantation.

Gewebsverträglichkeit, *Histokompatibilität,* ↗HLA-System, ↗Transplantation, ↗Antigene, ↗Immunsuppression.

Geweih, paar. Stirnwaffen der Hirsche (Fam. *Cervidae),* die als „Turnierwaffen" im Rivalenkampf eingesetzt werden. Außer dem Rentier, wo beide Geschlechter ein G. tragen, treten G.e nur im männl. Geschlecht auf. 2 urspr. Hirscharten, das Moschustier *(Moschus moschiferus)* u. das Wasserreh *(Hydropotes inermis),* bilden überhaupt kein G. aus. Bei allen übr. Hirschen wachsen die G.e alljährl. aus 2 Knochenzapfen des Stirnbeins, den sog. „Rosenstöcken", neu aus. Während ihres Wachstums umgibt sie eine stark durchblutete Haut, die vor Beginn der Brunftzeit als „Bast" an Ästen abgescheuert („gefegt") wird. Beim Rothirsch erscheinen im Spätsommer des 2. Lebensjahres 2 einfache G.-Stangen („Spießer"), die im Mai des Folgejahres abgeworfen werden. Anschließend wird ein Gabel-G. („Gabler") oder Sechser-G. („Sechsender") geschoben, das im folgenden Febr. abfällt. Danach erfolgt regelmäßige G.-Neubildung v. März bis Aug.; Fegezeit im Aug. u. G.-Abwurf im Febr. („Hornung"). Der Rehbock bildet im 2. Jahr ein Spieß-G.; es wird im April „gefegt" u. im Nov. abgeworfen; ebenso das folgende Gabel-G. u. Sechser-G. Der Damhirsch wirft im Mai die Spieße des 1. Jahres ab; danach wächst ein längeres Spieß-G. od. ein Sechser-G.; Fegezeit: Aug./Sept., Abwurf im Mai. – Bei der hormonell gesteuerten G.-Bildung kann auch eine Stufe übersprungen werden od. eine Stufe 2 Jahre erhalten bleiben. G.-Mißbildungen kommen durch Krankheit, Futtermangel od. Verletzung der Hoden („Perücken-G.") zustande. Außer als „Jagdtrophäen" verwendet der Mensch Hirsch-G.e seit prähist. Zeiten als hartes u. zugleich gut zu bearbeitendes Rohmaterial für die Herstellung v. Gebrauchsgegenständen. ↗Gehörn. [felfarngewächse.

Geweihfarn, *Platycerium,* Gatt. der ↗Tüp-

Gewichtsprozent, besser *Massenprozent,* die Anzahl v. Gramm (od. kg) einer Substanz, die in 100 g (od. kg) eines Gemisches enthalten ist. In biol. Systemen muß häufig unterschieden werden zw. G., bezogen auf Feuchtgewicht, u. G., bezogen auf Trockengewicht. Von biotechnol. Be-

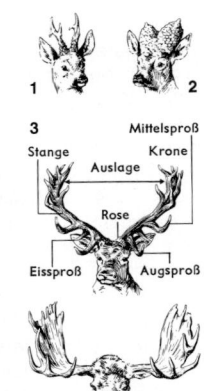

Geweih
Verschiedene G.formen: **1** Rehbock, **2** Perückenbock (Reh), **3** Rothirsch, **4** Elch

Mittelsproß
Stange Krone
Auslage
Rose
Eissproß Augsproß

Gewölle
Vögel, die mehr oder weniger regelmäßig G. hervorbringen:
Bienenfresser
Drosseln
Eisvögel
Eulen
Greifvögel
Kormorane
Krähen
Möwen
Reiher
Segler
Störche
Wasseramseln
Würger

deutung sind G.e von Produkten ind. genutzter Organismen (z.B. Milch, Mehl) bezügl. der einzelnen Substanzklassen (Proteine, Kohlenhydrate, Fette, Elektrolyte). ↗Volumprozent, ↗Konzentration.

Gewinde, Gesamtheit der Windungen eines Schneckengehäuses mit Ausnahme des letzten (jüngsten) Umgangs, der oft abweichend gestaltet ist.

Gewitterfliegen, 1) die ↗Blasenfüße; **2)** *Chrysozona pluvialis,* ↗Bremsen.

Gewöhnung, die ↗Habituation.

Gewölbesoral ↗Sorale.

Gewölle, der v. Vögeln in Ballenform ausgewürgte unverdaul. Teil der Nahrung. Bei Vögeln stellt der Muskelmagen eine Barriere für derart. Bestandteile dar (Federn, Knochen, Gräten, Insektencuticula, Krebspanzer, Schnecken- u. Muschelschalen); durch peristalt. Bewegungen werden sie zu kugelart. Gebilden geformt; das Ausspeien v. G.n schützt die Darmwand vor Verletzungen. Größe u. Form unterscheiden sich je nach Vogelart, beim Weißstorch *(Ciconia ciconia)* sind sie bis 9 cm lang. Die Untersuchung v. G.n, die tägl. ausgespien werden, liefert bei manchen Arten, insbes. Eulen, einen sehr genauen Aufschluß über die Zusammensetzung der Nahrung. [blütler.

Gewürzdolde, *Sison,* Gatt. der ↗Dolden-

Gewürznelke, *Syzygium aromaticum,* ↗Myrtengewächse.

Gewürzpflanzen, *Gewürzkräuter,* Pflanzen, die als Ganzes od. in einem Teil, auch in sehr kleinen Mengen, einen intensiven Geschmack haben u. zum Würzen der menschl. Nahrung verwendet werden. Dabei bestehen unscharfe Grenzen zu den Salaten u. Gemüsen einerseits u. den Heilpflanzen andererseits. G. enthalten Inhaltsstoffe, die spezif. Funktionen im Körper übernehmen. Hierzu gehören u.a. die ↗ätherischen Öle u. die Senfglykoside. Die Inhaltsstoffe kommen in verschiedenen Pflanzenteilen *(Gewürze)* vor: in Rhizomen (Ingwer), in der Rinde (Zimt), in Blättern (Lorbeer, Dill, Kerbel, Liebstöckel, Petersilie, Borretsch, Majoran, Melisse, Pfefferminze, Basilikum, Origanum, Rosmarin, Salbei, Bohnenkraut, Thymian, Estragon), in Blüten u. Blütenteilen (Beifuß, Gewürznelke, Safran) u. in Samen u. Samenmänteln (Muskat, Kardamom, Piment, Kümmel, Koriander, Fenchel, Anis, Vanille u. Wacholder). Durch Gewürze wird die Nahrung besser verdaut, da sie die verschiedenen Drüsen des Verdauungstrakts anregen; der gesamte Stoffwechsel wird stimuliert. Es gibt auch Kräuter, deren Inhaltsstoffe keimtötende Wirkung haben; sie werden bes. häufig in der Küche heißer Länder (Knoblauch) verwendet. Die meisten G.

gehören 3 Fam. an: den Lippenblütlern (Majoran, Melisse, Minze, Basilikum, Rosmarin, Salbei, Bohnenkraut, Thymian), den Doldenblütlern (Dill, Kerbel, Petersilie, Fenchel, Kümmel) u. den Kreuzblütlern (Senf, Meerrettich). Sie stammen meist aus trockenen, warmen Gebieten, wie dem Mittelmeerraum od. Vorderasien, od. aus den Tropen (Zimt, Ingwer, Vanille, Nelken, Muskat, Kardamom, Pfeffer u. Cayennepfeffer). B Kulturpflanzen VIII–IX.

Gewürzstrauchgewächse, die ↗ Calycanthaceae. [nobiologie.
Gezeitenrhythmik, tidale Periodik, ↗ Chro-
Gezeitenwald ↗ Mangrove.
G-Faktor, ein Translationsfaktor; ↗ Translation.
G-Horizont, Abk. für Grundwasserhorizont; ↗ Bodenhorizonte, ↗ Gley.
Ghost m [goust; engl., = Geist, Gespenst], leere Protein- bzw. Membranhülle, z. B. v. Viren, Erythrocyten; läßt sich durch Lyse der intakten Partikel in hypotonem Medium herstellen.
Giardiasis w [ben. nach dem frz. Zoologen A. Giard, 1846–1908], Lamblienruhr, Befall des Menschen u. vieler Wirbeltiere (hpts. Dünndarm) mit der parasit. Flagellaten Giardia (= Lamblia) intestinalis (↗ Diplomonadina), weltweit verbreitet. Typ. sind Durchfälle u. (bei Massenbefall) behinderte Resorptionstätigkeit der Darmschleimhaut. Die Infektion ist durch Vorhandensein widerstandsfähiger Cysten (↗ Amöbenruhr) im Stuhl des Wirtes erleichtert, die durch Staub od. Insekten überall hin verfrachtet werden.
Gibberella w [v. lat. gibber = gewölbt, bucklig], Pilz-Gatt. der Sphaeriales (Fam. Hypocreaceae), sexuelle Form verschiedener ↗ Fusarium-Arten, die blaue od. violette Perithecien auf der Substratoberfläche bilden. In G. fujikuroi (= Fusarium moniliforme) wurden die ↗ Gibberelline entdeckt. G. verursacht wichtige Pflanzenkrankheiten (T Fusarium).
Gibberellinantagonisten [Mz.; v. ↗ Gibberella, gr. antagōnistēs = Gegenspieler], Hemmstoffe der Gibberellinwirkung (↗ Gibberelline), deren Effekt durch Gabe v. Gibberellinen zumindest teilweise kompensiert werden kann. Zu den G. zählen z. B. das Phytohormon ↗ Abscisinsäure u. die synthet. Hemmstoffe der Gibberellinbiosynthese, wie ↗ Chlorcholinchlorid, Amo 1618 u. Phosfon D (werden als Wachstumshemmer angewandt). Kompetitive Inhibitoren der Gibberellinwirkung, sog. Antigibberelline, sind die partialsynthet. gewonnenen G. 3-Desoxygibberellin C und Pseudogibberellin A₁. Weitere G. sind EL 531, Bernsteinsäuremono-N-dimethylhydrazid, Morphaktine u. Tannine.

Gibberelline
1 Wirkung von G.n: **a** unbehandelte, **b** mit GA₃ behandelte Früchte (Weintrauben). 2 Ersatz der Kältebehandlung (Vernalisation) durch G. bei der Möhre (Daucus carota). Links nicht vernalisiert, Mitte mit GA₃ behandelt, rechts vernalisiert.

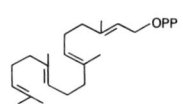

Geranylgeranylpyrophosphat

Kauren

GA₁₂-Aldehyd (C₂₀-Gibberelline)

GA₃ (C₁₉-Gibberelline)

Biosynthese der Gibberelline

Giardiasis
Giardia (= Lamblia) intestinalis wurde von Leeuwenhoek 1681 erstmals beschrieben. Der durch 8 Geißeln und 2 Kerne gekennzeichnete, 10–30 μm lange, flach birnförm. Parasit (☐ Diplomonadina) sitzt mit Hilfe kontraktiler Proteine des Körperrandes saugnapfart. an der Darmwand fest u. kann ca. 14 μm lange, ovale Cysten bilden.

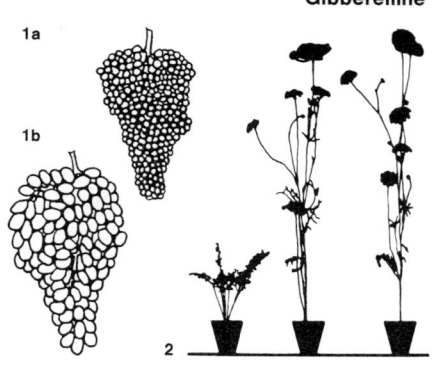

Gibberelline [Mz.; v. ↗ Gibberella], Gruppe v. Phytohormonen mit bisher über 50 bekannten natürl. Vertretern, die mit GA₁, GA₂, GA₃ usw. bezeichnet werden. Häufig nachgewiesen u. bes. aktiv ist GA₃ (Gibberellinsäure), der bekannteste Vertreter der G., der erstmals aus dem Reispflanzen befallenden Pilz ↗ Gibberella (fujikuroi) isoliert wurde. G. stellen tetracycl. Diterpenoide dar, denen das Grundgerüst des Gibberellans (Gibbans) gemeinsam ist. Man unterscheidet G. mit 20 C-Atomen (ent-Gibberellane) u. 19 C-Atomen (ent-20-nor-Gibberellane). Ihre Biosynthese verläuft in den Mikrosomen aus Geranylgeranylpyrophosphat über das Zwischenprodukt Kauren zunächst zu den ent-Gibberellanen (C₂₀), v. denen der Weg weiter zu den ent-20-nor-Gibberellanen (C₁₉) führt. Über den biol. Abbau der G. ist wenig bekannt; Gibberen, Gibberinsäure u. Gibberellensäure konnten als Abbauprodukte der GA₃ identifiziert werden. G. werden v. a. in wachsenden Geweben höherer Pflanzen, z. B. Sproß- u. Wurzelmeristemen, sowie in Samen, Früchten u. jungen Blättern gebildet. Neben der freien, biol. aktiven Form der G. findet man (z. B. in reifenden Samen u. im Frühjahrsblutungssaft der Bäume) Gibberellinglucoside u. -glucosylester. Diese konjugierten G. werden als Transport-, Speicher- u. Entgiftungsformen betrachtet. Im Zusammenspiel mit verschiedenen Faktoren (wie anderen Phytohormonen, z. B. Auxin; Außenfaktoren, z. B. Licht, Temp.) beeinflussen die G. viele physiolog. u. morphogenet. Prozesse. Am meisten untersucht wurde der spezif. Effekt der G. auf die Samenkeimung beim Gerstenkorn: Das Gibberellin, das v. Coleoptile u. Scutellum produziert wird, gelangt in die Aleuronschicht u. bewirkt dort die Bildung v. Glyoxisomen u. die Synthese u. Sekretion hydrolyt. Enzyme (u. a. α-Amylase), die die Speichermakromoleküle des Endosperms abbauen. Andere Wirkungen der G. sind Förderung des Längenwachstums v. Sproßachsen durch An-

Gibberellinsäure

regung v. Zellwachstum u. Zellteilung, Stimulierung zur Blütenbildung, Steigerung v. Fruchtwachstum u. Auslösen der Parthenokarpie bei Tomaten, Äpfeln u. Gurken. In manchen Fällen kann der Effekt eines Außenfaktors, z. B. Kälte (↗Vernalisation) u. Licht, durch Applikation v. G. ersetzt werden. Meist wird dazu GA_3 in wäßr. Lösung auf die Endknospen geträufelt. Prakt. Anwendung finden G. z. B. zum Auslösen der Blütenbildung bei Zierpflanzen u. zur Gewinnung großer Früchte. *E. F.*

Gibberellinsäure [v. ↗ Gibberella], ↗ Gibberen s, ↗ Gibberelline. [berelline.

Gibberinsäure ↗ Gibberelline.

Gibbium s [v. lat. gibbus = gewölbt], Gatt. der ↗ Diebskäfer.

Gibbons [Mz.; malaiisch], *Langarmaffen, Hylobatidae,* zu den Menschenartigen *(Hominoidea)* rechnende Fam. der Altweltaffen (↗Schmalnasen) mit 7 Arten; Kopfrumpflänge 45–90 cm, schwanzlos; lange Unterarme u. Hände mit weit abstehenden Daumen; stark verlängerte Eckzähne. Die größte Art, der Siamang *(Symphalangus syndactylus),* bewohnt die Baumkronen der Nebel- u. Regenwälder Sumatras bis in 1500 m Höhe. Der seltenere u. kleinere Zwergsiamang *(S. klossi)* lebt nur auf den Pageh-Inseln im S v. Sumatra. Siamangs hangeln mit den Armen v. Ast zu Ast od. schwingen sich durch die Baumwipfel. Morgens u. abends markieren die Fam.-Gruppen der Siamangs ihre Wohn- u. Nahrungsplätze durch lautstarke „Gesänge", wobei sich ihre nackten Kehlsäcke mit Luft füllen. – Die etwas kleineren, über SO-Asien verbreiteten Eigentlichen G. (Gatt. *Hylobates;* 5 Arten; B Asien VI) wirken mit ihren noch längeren Hangelarmen eleganter als die Siamangs. Unter Ausnützen federnder Äste können sie über 10 m weit durch die Baumwipfel „fliegen". – G. leben in Fam.-Verbänden v. 8–15 Individuen, meist 1 männl. Tier, 1–2 weibl. u. mehreren Jungtieren verschiedenen Alters. Nur alle 2 Jahre wird nach ca. 210 Tagen Tragzeit 1 Junges geboren; Geschlechtsreife tritt erst mit 7 Jahren ein. Als einzige Affen bewegen sich G. auf dem Boden fast immer aufrecht gehend fort. E. Haeckel hielt sie deshalb für die nächsten Verwandten des Menschen; heute werden die G. als früher Seitenzweig der Hominoideen betrachtet, deren Vertreter sich zu hochspezialisierten Hanglern u. Schwingkletterern entwickelt haben. G. sind beliebte Zootiere, die viel Bewegungsraum benötigen; ihre Zucht ist schwierig.

Gibbula w [v. lat. gibbus = gewölbt (Diminutiv)], Gatt. der Kreiselschnecken (Fam. *Trochidae*), marine Altschnecken mit kegel- bis kreiselförmigem Gehäuse mit fester Wand, die im allg. im oberen Sublitoral an Felsen u. Algen leben. Die Aschfarbene Kreiselschnecke *(Gibbula cineraria)* hat schwach gewölbte Umgänge; Gehäuse bis 2 cm hoch; sie ist v. Norwegen bis zur portugies. Küste zu finden, auch bei Helgoland. Die Spitze Kreiselschnecke *(G. tumida)* hat kräftiger gewölbte Umgänge; sie wird nur 14 mm hoch, kommt bei Helgoland im tiefen Wasser u. im übr. von der norweg. Küste bis zur Biscaya vor.

Gibbons
Arten:
Siamang
(Symphalangus syndactylus)
Zwergsiamang
(S. klossi)
Schopfgibbon
(Hylobates concolor)
Hulock
(H. hoolock)
Lar *(H. lar)*
Ungka *(H. agilis)*
Silbergibbon
(H. moloch)

Gicht

Die Therapie der Erwachsenen-G. erfolgt durch strenge Diät, die in der Vermeidung purinhalt. Nahrungsmittel besteht (Innereien, Sardinen), im akuten Anfall in Gaben v. Colchicin od. Antiphlogistika (Butazolidin). Zur Senkung der Harnsäure im Serum u. zur Anfallsprophylaxe erfolgt eine Therapie mit dem Xanthin-Oxidase-Hemmer Allopurinol; zur Erhöhung der Harnsäureausscheidung durch die Niere wird der Urin alkalisiert.

Giemsa-Färbung
Stammlösung für eine G.:
Giemsa-Pulver (Azur-Eosin-Methylenblau) 0,5 g
Glycerin 33 ml
Methanol (abs.) 33 ml
Die Farblösung wird meist in einer Verdünnung von 1:20 bis 1:30 verwendet.

Gibraltarfieber, auf der Halbinsel Gibraltar vorkommende Infektionskrankheit des Menschen; ↗ Brucellosen.

Gicht, 1) *Arthritis urica,* eine dominant erbl. Störung des Harnsäurestoffwechsels, die sich auch im Kohlenhydrat- u. Fettstoffwechsel manifestiert. Folge der Stoffwechselstörung ist eine erhöhte Harnsäurekonzentration (>6 mg% im Serum, Hyperurikämie), die zu Ausfällung v. Harnsäurekristallen in mesenchymalen Geweben u. Gelenken führt (bei Männern etwa 20mal häufiger als bei Frauen); etwa 1–3% der Erwachsenen haben G. bzw. erhöhte Harnsäurespiegel. Nach zunächst oft jahrelangem asymptomat. Verlauf kommt es oft akut zu einer schmerzhaften Rötung u. Schwellung meist im Großzehengrundgelenk *(Podagra)* od. im Kniegelenk *(Gonagra).* Unabhängig v. den Anfällen lagern sich Harnsäurekristalle auch in Unterhautgewebe, in Schleimbeuteln u. in der Niere (G.niere, Neigung zu Nierensteinen) ab. Bei chron. G. kommt es zur Ausbildung v. G.knoten mit G.tophi in den Fingergrundgelenken. Ursachen der G. sind a) eine verminderte Ausscheidung von Harnsäure durch die Niere (verstärkt bei Alkohol) bei gleicher Harnsäureproduktion wie bei Gesunden, b) vermehrte körpereigene Purinsynthese (ca. 20% der G.patienten), wobei eine Reihe v. Enzymdefekten des Purinstoffwechsels beschrieben sind (z. B. Phosphoribosylpyrophosphat-Synthetase, Xanthin-Oxidase). Pathophysiolog. unterscheidet sich die Erwachsenen-G. v. der Kindl. G. (Lesch-Nyhan-Syndrom); letztere entsteht als Folge eines Hypoxanthin-Guanin-Phosphoribosyl-Transferase-Mangels u. führt zur Debilität u. Neigung zur Selbstverstümmelung. **2)** ↗ Radekrankheit.

Gichtwespen, *Gasteruptiidae,* Fam. der ↗ Hautflügler. [rauschen.

Giebel m, *Carassius auratus gibelio,* ↗ Ka-

Giemsa-Färbung [ben. nach dem dt. Apotheker und Chemiker G. Giemsa, 1867 bis 1948], eine Kontrastfärbung (leuchtend rot-violett) für Gewebeschnitte u. Ausstriche zur Unterscheidung v. verschiedenen Gewebezellen, Protozoen u. Bakterien, bes. Rickettsien (im Gewebe) u. Zelleinschlüssen.

Gienmuscheln [Mz.; v. ahd. ginen = den Mund aufsperren, gähnen], *Felsenaustern, Chamidae,* Fam. der Hufmuscheln, marine Muscheln mit ungleichen, dicken Schalenklappen, die im Umriß rundl. sind. Eine der Klappen wird am Substrat angeklebt. Die oft intensiv gefärbte Schalenoberfläche ist bei vielen Arten zu Lamellen od. Stacheln ausgezogen. Die G. sind getrenntgeschlechtl. mit äußerer Befruchtung. Sie sind in trop. Meeren weitverbreitet u. umfassen ca. 70 rezente Arten, die 3 Gatt. zugeordnet werden: *Arcinella* (als Adulte nicht festgeheftet), ↗ *Chama* (mit der linken Klappe festgeheftet) u. *Pseudochama* (mit der rechten Klappe festgeheftet). [fuß.

Giersch, *Aegopodium podagraria,* ↗ Geiß-**Gießbeckenknorpel,** der ↗ Stellknorpel.

Gießkannenmuscheln, *Clavagellidae,* Fam. der U.-Ord. *Anomalodesmacea,* Meeresmuscheln, deren Schalenklappen nur bei Jungtieren wie bei anderen Muscheln gestaltet sind. Später werden die Klappen in eine Kalkröhre einbezogen, die v. der Muschel abgeschieden u. bewohnt wird. Das Vorderende der Röhre kann mit einer siebart. Platte verschlossen sein (Name!), die das Eindringen v. Sand in die Wohnhöhle verhindert. Die G. leben im Sandboden, in Kalkgestein od. Korallen, in denen sie mit Hilfe v. Sekreten bohren. Sie sind ☿. Die Fam. umfaßt etwa 10 Arten. Am bekanntesten sind die G. i. e. S. (*Penicillus vaginiferus,* früher *Brechites vaginiferum*) aus dem Roten Meer; bis 16 cm lang.

Gießkannenschimmel, der ↗ Aspergillus.
Giffordia w, Gatt. der ↗ Ectocarpales.
Giftbeere, *Nicandra,* Gatt. der ↗ Nachtschattengewächse.

Giftdrüsen, spezialisierte Drüsenorgane der Tiere, in denen für andere Organismen (Feinde od. Beute) tox. Substanzen produziert werden. G. finden sich bei Skorpionen im letzten Segment des Postabdomens (↗ Giftstachel); bei Spinnen sind die Chelicerendrüsen, bei Hundertfüßern (Chilopoden) die Coxaldrüsen der Extremitäten des 1. Rumpfsegments G. Vielfach sind die Speicheldrüsen bei Insekten mit stechendsaugenden Mundteilen od. die Anhangsdrüsen am Stechapparat der aculeaten Hautflügler G. Bei einigen Mollusken fungieren die Speicheldrüsen, bei Seeigeln die Pedicellarien als G. Bei Fischen sind an verschiedenen Körperregionen, wie dem Schwanzstachel bei Rochen, den Kiemendeckeln od. den Rückenflossenstrahlen G. entwickelt (↗ Giftige Fische). Einige Amphibien (Kröten) haben ↗ Hautdrüsen zu G. differenziert. Bei ↗ Giftschlangen sind die mit Giftzähnen in Verbindung stehenden Speicheldrüsen zu G. umgebildet. ↗ Cniden, ↗ Brennhaar.

Gießkannenmuscheln
Gattungen:
Clavagella
Humphreyia
Penicillus
(= *Brechites*)

Gifte
Beispiele:
Ätzgifte (Salzsäure, Natronlauge)
Alkohole (Äthanol, Methanol, Glykole)
Atemgifte (Blausäure u. Cyanide, Schwefelwasserstoff)
Blutgifte (Kohlenmonoxid, Cyankali, Benzol)
Genußgifte (Nicotin, Alkohol, Cocain)
Giftgase (Phosgen, Chlorcyan)
Herbizide (2,4-D, 2,4,5-T)
Herzgifte (Nicotin, Chinin, Aconitin, Digitalis)
Insektizide (DDT)
Lebergifte (Phosphor, viele Pilzgifte)
Magen-Darm-Gifte (Fluoride, Arsenik, Brechweinstein)
Nervengifte (Atropin, Strychnin, Cocain, Nervengase)
Organ. Lösungsmittel (Benzol)
Pfeilgifte (Curare)
Umweltgifte (SO_2, CO_2, HF, Schwermetalle, radioaktive Substanzen)
Schwermetalle (Blei, Quecksilber)
Stoffwechselgifte (Atemgifte, Entkoppler, Fluoressigsäure)

Gifte, *Giftstoffe,* im allg. körperfremde Stoffe, die in od. an einen lebenden Organismus gebracht, bereits in kleinen Mengen Funktionsstörungen hervorrufen u. bei Überschreiten der letalen Dosis zum Tode führen. Die spezif. Wirkung eines Giftstoffes ist sowohl v. seiner chem. Konstitution als auch v. der Dosis, v. Art, Ort, Dauer, Häufigkeit u. Zeit der Einwirkung (↗ Chronobiologie), Art der Aufnahme u. seiner Verteilung im Organismus abhängig. Manche Substanzen werden erst nach Aufnahme in den Körper u. Einschleusen in bestimmte Stoffwechselwege in G. umgewandelt; andere giftige Stoffe können durch Entgiftungsreaktionen (↗ Entgiftung, ↗ Biotransformation, ↗ endoplasmat. Reticulum) abgebaut u. dadurch unschädl. gemacht werden. Einfluß auf die Giftwirkung besitzt auch der individuelle Körperzustand (Gift-↗ Resistenz, Gewöhnung, Mithridatismus); z.B. toleriert der Körper „geübter Arsenikesser" höhere Dosen v. Arsen. Die Einteilung der G. erfolgt u.a. nach Art u. Ort der Schädigung, nach chem. Struktur, nach Herkunft od. ihrer Verwendung (vgl. Tab.). Zur Gruppe der *natürl. G.* (↗ Toxine), d. h. derjenigen G., die v. lebenden Organismen produziert werden od. in ihnen vorkommen, gehören die G. der Bakterien (↗ Bakterientoxine), der Pilze (↗ Pilzgifte, ↗ Giftpilze), ↗ Mykotoxine, ↗ Antibiotika), der Tiere (↗ Tiergifte, ↗ Gifttiere) u. Pflanzen (↗ Pflanzengifte, ↗ Giftpflanzen, ↗ Alkaloide). Sie erfüllen wichtige ökolog. Funktionen als Wehr- u. Angriffs-G. bei Beutefang, Schutz vor Feinden od. Tierfraß usw. Bes. Erwähnung verdienen auch die anthropogenen Giftstoffe (z. B. Herbizide, Insektizide, i. w. S. auch radioaktive Substanzen), die sich vielfach nicht fortschreitend verdünnen, sondern in Nahrungsketten zu gefährl. Konzentrationen anreichern (↗ Umweltgifte, ↗ abbauresistente Stoffe), z. B. ↗ DDT, ↗ TCDD, ↗ Chlorkohlenwasserstoffe. – G. werden v. Menschen seit jeher vielfach verwendet: vergiftete Waffen (Pfeil-G., ↗ Curare) u. ↗ Giftgase (Kampfstoffe) zu Jagd- u. Kriegszwecken, daneben Genuß-G., die bei maßvollem Gebrauch Wohlbehagen hervorrufen, nicht selten aber auch leicht zur Sucht (↗ Drogen) führen (Morphin, Cocain, Nicotin, Alkohol). Auf der anderen Seite haben die G. große Bedeutung in der Heilkunde, wo sie bei ausgewogener Dosierung dem Kranken Linderung u. Heilung bringen können. ↗ Atem-G., ↗ Fraß-G., ↗ Kontakt-G., ↗ Gegengift. *E. F.*

Giftfische ↗ Giftige Fische.
Giftfüßer, die ↗ Hundertfüßer.
Giftgase, chem. Kampfstoffe, die, in der Luft od. im Gelände versprüht, die Kampf-

Gifthaar

unfähigkeit des Gegners bewirken. Je nach bevorzugt angegriffenen Organen unterscheidet man Augen- (Bromaceton), Nasen- u. Rachenreizstoffe (Diphenylarsinchlorid), Lungen- (Phosgen), Haut- (Lost, Lewisit) u. Blut- u. Nervengifte (Blausäure, Chlorcyan).

Gifthaar, das ↗ Brennhaar bei Pflanzen u. Schmetterlingsraupen.

Giftige Fische, 1) ungenau *Giftfische,* Knorpel- u. Knochenfische mit einem Giftorgan, das aus Giftdrüsen u. meist Giftstacheln besteht u. vorwiegend der Verteidigung dient; etwa 250 Arten. Bekannte gift. Knorpelfische sind Arten der Fam. ↗ Stachel- u. ↗ Adlerrochen (*Dasyatidae* u. *Myliobatidae*). Bei den euch an eur. Küsten vorkommenden Stachelrochen ist der oben auf der Schwanzbasis stehende Giftstachel ein scharfer, an den Kanten gesägter Dorn mit 2 hinteren Rinnen, in denen sich giftabsonderndes Gewebe befindet. Fühlt sich der Fisch bedroht, verletzt er den Angreifer durch heft. Schwanzschläge mit dem Giftstachel u. entleert das Gift in die Wunde. Weitere gift. Knorpelfische sind einige Arten der Schmetterlingsrochen *(Gymnuridae)* u. der ↗ Chimären *(Chimaeriformes)*. Gift. Knochenfische gehören v. a. zu den Fam. ↗ Drachenfische *(Trachinidae)*, ↗ Drachenköpfe *(Scorpaenidae)*, ↗ Steinfische *(Synancejidae)*, Korallen- ↗ Welse *(Plotosidae)*, ↗ Froschfische *(Batrachoididae)*, Kaninchenfische *(Siganidae)*, ↗ Doktorfische) u. ↗ Muränen *(Muraenidae)*. Viele Arten haben hohle Giftstacheln, an deren Basis sich Giftdrüsen befinden. Beim Einstich wird das den Stachel einhüllende Gewebe verletzt, u. das Gift gelangt dabei in die Wunde. Die an flachen, sand. Ufern eur. Küsten lebende Viperqueise *(Trachinus vipera)* hat mehrere solcher Stacheln in der 1. Rückenflosse u. an den Kiemendeckeln. ↗ Rotfeuerfische *(Pterois)* haben zahlr., lange, gift. Flossenstacheln, deren einhüllendes Gewebe Giftdrüsen besitzt. Dagegen besitzen mehrere Arten der Muränen Giftdrüsen in der Gaumenschleimhaut u. an der Basis der Zähne; sie entleeren ihr Gift in die Bißwunden. Einige Kofferfische *(Ostraciontidae)* können bei Bedrohung am Kopf Giftstoffe absondern, die auf andere Fische wirken (↗ Fischgifte). **2)** *Passiv G. F.*, deren Verzehr u. a. bei Menschen Vergiftungen bewirkt. Sie kommen überwiegend in trop. Meeren vor. Von den ca. 500 Arten sind v. a. die Kugelfische *(Tetraodontidae)* bekannt (↗ Fischgifte). Durch Anreicherung natürl. Gifte, wahrscheinl. v. Blaualgen, in der Nahrungskette sind zu bestimmten Zeiten auch viele Barrakudas, Doktorfische, Drückerfische u. auch Flußbarben giftig. Frisches Blut v. Aalen u. Muränen enthält ein Gift, das Übelkeit u. in schweren Fällen Atembeschwerden u. Lähmungen verursacht, wenn es in Wunden gelangt od. verzehrt wird. Es wird beim Erhitzen zerstört. ↗ Fischgifte, ↗ Fischsterben.

Giftklauen, *Chilopodium,* bei den Hundertfüßern *(Chilopoda)* die zu einem Greifapparat umgebildeten, gift. Sekret absondernden Extremitäten des 1. Rumpfsegments. Gelegentl. werden auch die Chelicerenteile der Webspinnen (↗ Giftspinnen), durch die Gift in die Beute injiziert wird, als G. bezeichnet.

Giftnattern

Wichtige Gattungen:
↗ *Acanthophis*
Bauchdrüsenottern
(Maticora)
↗ Bungars
(Bungarus)
Echte ↗ Kobras
(Naja)
↗ *Hemachatus*
↗ Korallenschlangen
(Leptomicrurus, Micruroides, Micrurus)
↗ Mambas
(Dendroaspis)
Ophiophagus
↗ Taipans
(Oxyuranus)
Waldkobras
(Pseudohaje)
↗ Wasserkobras
(Boulengerina)

Giftnattern, *Elapidae,* Fam. der Schlangen mit ca. 40 Gatt. u. etwa 180 Arten auf allen Kontinenten (außer Europa; fehlen ferner auf Madagaskar u. im SW-Teil N-Amerikas); bes. zahlr. in Australien (etwa ¾ aller dort lebenden Schlangenarten) sowie in den Subtropen u. Tropen vertreten. Gesamtlänge 0,3 bis über 5 m; meist dämmerungs- u. nachtaktive Boden-, manche auch Baumbewohner (z. B. die Mambas u. Waldkobras). Kopf mit großen, regelmäßigen Schildern bedeckt, jedoch im Ggs. zu den meisten ungift. Nattern ohne „Zügelschild" *(Loreale,* das Voraugenschilder v. den das Nasenloch umgebenden Schildern trennt). Schlanker Körper eintönig grau, bräunl. od. leuchtend grün (Mambas) bzw. auffallend bunt gefärbt, mit Querbändern; drehrunder Schwanz meist sehr lang. G. haben im Vorderteil des Oberkiefers verhältnismäßig kurze ↗ Giftzähne mit einer kleinen Längsnaht („Furche"); diese sind feststehend, lassen sich also bei geschlossenem Maul im Ggs. zu den Ottern nicht nach hinten umlegen; Giftwirkung bes. durch Nervengifte (Neurotoxine; für den Menschen oft sehr gefährlich, z. T. tödlich). Hauptnahrung: kleine Wirbeltiere (Ratten, Mäuse, Vögel, Eidechsen; bei manchen Arten auch Schlangen); Beutetiere werden durch Biß gelähmt od. getötet. Fortpflanzung: lebendgebärend (v. a. die austr. Arten) od. eierlegend. Fossil seit dem Miozän bekannt. – Zur Gatt. *Ophiophagus* – aufgrund einiger abweichender Merkmale also nicht zu den Echten Kobras – gehört die auch tagaktive Königskobra od. Riesenhutschlange *(O. hannah);* sie ist die größte (Gesamtlänge bis über 5 m) u. eine der gefährlichsten aller ↗ Giftschlangen der Erde; betreibt als einzige der G. Brutpflege, wobei sie Pflanzenmaterial zu einem fast 1 m breiten Haufen zusammenträgt, in dem sie 18–40 Eier ablegt u. sich darüber zusammenrollt; in Erregung richtet die Königskobra den Vorderkörper hoch auf u. spreizt zischend die lose Nackenhaut auseinander; kann sich in dieser Haltung vorwärtsbewegen; ernährt sich

v. a. von (auch giftigen) Schlangen; wenig angriffsfreudig; Gift hochwirksam. Im Ggs. zu den übrigen G. haben die in SO-Asien beheimateten Bauchdrüsenottern (Gatt. *Maticora*) bes. stark entwickelte Giftdrüsen (nehmen ⅓ des Körpers ein), doch ist die Giftwirkung wesentl. geringer als bei den meisten anderen G.; Färbung: helle Längsstreifen auf dunklem Grund.

Giftpflanzen, Pflanzen, die bei Berührung od. Aufnahme in den Körper Vergiftungserscheinungen bzw. Gesundheitsschädigungen hervorrufen. Viele G. sind zugleich ↗ Heilpflanzen od. Genußmittel (↗ Drogen); über ihre Giftwirkung entscheiden die Art der Anwendung u. die Menge an aufgenommener Substanz. Trotz zahlr. G. in unserer Vegetation sind schwere od. gar tödl. Vergiftungen sehr selten, da die Toxizität der meisten Arten nur gering ist (wichtige Ausnahmen vgl. Tab.). Die als wirksam bekannten Inhaltsstoffe gehören zu ganz verschiedenen chem. Stoffklassen (Alkaloide, Glykoside, Proteine, Terpene); ihre Menge bzw. Zusammensetzung ist unterschiedl. u. hängt ab vom Standort, dem Entwicklungszustand u. der Art des pflanzl. Organs. Viele der Giftstoffe besitzen vermutl. Fraßschutz-Funktion; stark gift. Pflanzen werden v. warmblüt. Tieren meist gemieden, andererseits sind endozoochore Früchte im reifen Zustand häufig wesentl. ärmer an Giftstoffen. ↗ Arzneimittelpflanzen. B Kulturpflanzen X–XI.

Giftpilze, Fruchtkörper v. Ständer- u. Schlauchpilzen mit gift. Substanzen, nach deren Genuß bei Mensch u. Tier Vergiftungen auftreten. In Europa sind über 160 Arten bekannt, davon ca. 90 stark giftig (bis tödl.), ca. 40 roh giftig u. ca. 30 giftverdächtig od. möglicherweise roh giftig. Die Pilze enthalten meist mehrere toxische Substanzen, die je nach Standort, Jahreszeit, Witterung u. Alter in unterschiedl. Konzentration im Fruchtkörper vorliegen können. Die chem. Zusammensetzung u. Wirkung der in den G.n enthaltenen toxischen Substanzen auf den Menschen sind sehr unterschiedl. (↗ Pilzgifte; ↗ Nahrungsmittelvergiftungen). Viele Speisepilze reichern gift. Schwermetallsalze in hoher Konzentration im Fruchtkörper an, so daß beim Verzehr gesundheitl. Schädigungen eintreten können. Gefährl. Toxine werden auch v. vielen „Kleinpilzen" (z. B. *Aspergillus flavus*) ausgeschieden, u. dadurch Nahrungs- u. Futtermittel verdorben (↗ Mykotoxine). B Pilze III–IV.

Giftresistenz ↗ Gifte, ↗ Resistenz

Giftschlangen, Bez. für Schlangen (Giftnattern, Grubenottern, Seeschlangen, Trugnattern, Vipern), die durch Biß eine Giftdrüsenflüssigkeit mittels im Oberkiefer

Giftpflanzen
G. mit starker Toxizität
↗ Bilsenkraut (*Hyoscyamus niger*)
↗ Eibe (*Taxus baccata*)
↗ Eisenhut (*Aconitum napellus, A. vulparia*)
↗ Fingerhut (*Digitalis purpurea*)
↗ Goldregen (*Laburnum anagyroides*)
↗ Herbstzeitlose (*Colchicum autumnale*)
↗ Schierling (*Conium maculatum*)
↗ Seidelbast (*Daphne mezereum*)
↗ Stechapfel (*Datura stramonium*)
↗ Tabak (*Nicotiana tabacum*)
↗ Tollkirsche (*Atropa belladonna*)
↗ Wasserschierling (*Cicuta virosa*)

Giftpilze
Wichtige gefährliche Giftpilze:
Weißer Knollenblätterpilz u. a. ↗ Knollenblätterpilze
Roter Fliegenpilz u. a. ↗ Fliegenpilze
Bitterer Trichterling u. a. ↗ Trichterlinge
Striegeliger Rübling u. a. ↗ Rüblinge
Orangefleischiger Hautkopf (↗ Hautköpfe)
Nadelholz-Häubling (↗ Häublinge)
Spitzgebuckelter Schleierling (↗ Schleierlinge)
Frühjahrslorchel (↗ Lorchelpilze)
Sehr viele ↗ Rißpilze
Leuchtender ↗ Ölbaumpilz
Viele ↗ Röhrlinge
Tiger-Ritterling (↗ Ritterlinge)
Grünblättriger Schwefelkopf (↗ Schwefelköpfe)
Fleischrötlicher Schirmling (↗ Schirmlinge)
Kahler Krempling (↗ Kremplinge)

stehender ↗ Giftzähne (☐) übertragen. Dieses Verhalten dient dem Beuteerwerb u. der Abwehr. Die Gefährlichkeit der G. ist v. a. abhängig v. der Menge u. Zusammensetzung des Giftes (↗ Schlangengifte), der Beißlust – ↗ Bungars (↗ Bungarotoxine) sind tagsüber sehr beißunlustig, sie fehlt bei vielen Seeschlangen – u. dem Nahrungsbedarf sowie der Umgebungstemp. Nach den ersten, schnellen Giftinjektion kann das Beutetier im allg. zwar noch fliehen, doch der Fluchtversuch endet rasch durch eine schnelle Wirksamkeit des Giftes. Durch Züngeln nimmt die G. die Spur ihres Opfers auf, das schließl. im ganzen verschlungen wird. Nur etwa 1 Drittel der rezenten Schlangenarten sind so giftig, daß ihr Biß für den Menschen mehr od. weniger gefährl. ist; durch rechtzeit. Verabreichung v. in Schlangenfarmen gewonnenen Seren lassen sich ernste Folgen oft verhindern. – In Europa vorkommende G.: ↗ Aspisviper, ↗ Kreuzotter, ↗ Sandotter, ↗ Wiesenotter. Als gefährlichste G. gilt heute die sehr seltene Zornschlange (*Parademansia microlepidota*) aus den Wüstengebieten des östl. Zentralaustralien, eine nahe Verwandte des ebenfalls sehr giftigen ↗ Taipan.

Giftspinnen, allg. Bez. für Spinnen, die zum Beuteerwerb od. zur Verteidigung gift. Sekrete absondern. Zum Töten v. Beute besitzen alle Webspinnen (Ausnahme die Kräuselradnetzspinnen) ein hochwirksames Gift, das in einem Paar ↗ Giftdrüsen im Vorderkörper gebildet u. über die ↗ „Giftklauen" an den Chelizeren ausgeleitet wird. Spinnengift ist neurotoxisch, die Zusammensetzung kann variieren (meist verschiedene Polypeptide, Amine, proteolyt. Enzyme). Als G. werden i. d. R. nur solche Spinnen bezeichnet, deren Gift auch dem Menschen gefährl. werden kann (von ca. 30 000 Arten nur etwa 25!). Die oft als hochgiftig angesehenen ↗ Vogelspinnen haben nur kleine Giftdrüsen; ihr Biß ist häufig nicht gefährlicher als ein Wespenstich. Die im Mittelmeergebiet weit verbreiteten Taranteln (mehrere Wolfsspinnenarten, z. B. Gatt. *Lycosa, Hogna*) muß man auch zu den harmlosen G. rechnen. In den Tropen kommen dagegen Taranteln vor, deren Biß u. a. schwere Nekrosen des Gewebes um die Bißstelle hervorruft (z. B. *L. erythrognatha* in S-Amerika) u. zu schweren Schädigungen führen kann. Ebenfalls gefürchtet sind in Amerika *Loxosceles reclusa* (Sicariidae) u. in Australien *Atrax robustus* (Dipluridae). Bes. gefährl. sind manche Vertreter der Kammspinnen (*Ctenidae*), v. a. die Art *Phoneutria fera* (= *Ctenus ferus*). Diese G. injiziert pro Biß ca. 8 mg Gift u. gehört zu den aggressiven

Giftstachel

Spinnen; der Biß kann beim Menschen zum Tod führen. Eine der bekanntesten G. ist die „Schwarze Witwe"; hierher gehört die in Amerika verbreitet vorkommende *Latrodectes mactans* sowie *L. tredecimguttatus*, die in verschiedenen Varianten über das gesamte Mittelmeergebiet u. bis in die Steppen Rußlands nach O verbreitet ist (auch Karakurte od. Malmignatte gen.); der Biß verursacht starke Schmerzen, hohen Blutdruck, Lähmungen u. Atemnot u. kann zum Tod führen. In Mitteleuropa gibt es nur wenige G., da bei den meisten Spinnen die Giftklauen zu klein sind, um die menschl. Haut durchdringen zu können. Nur bei sehr großen Spinnenindividuen können Bisse vorkommen, die jedoch fast immer harmlos sind. Stärkere Beschwerden ruft der Biß des ↗Dornfingers u. der ↗Wasserspinne hervor. Normalerweise sind Spinnen nicht aggressiv (Ausnahme *Phoneutria* u. Dornfinger), so daß Bißverletzungen relativ selten sind.

Giftstachel, spitz zulaufender Stechapparat zur Injektion eines Giftsekrets (↗Gifttiere), dient v.a. der Abwehr v. Feinden, aber auch der Lähmung v. Beute. Ein G. findet sich bei den ↗Skorpionen am Ende des Hinterleibs (Opisthosoma); im Innern der verdickten Stachelbasis befinden sich 2 Giftdrüsen. Ein G. ist auch der ↗Stechapparat der aculeaten Hautflügler (Bienen u. Wespen); die eigtl. G.n sind hier die Valvulae 1 und 2 (☐ Eilegeapparat). Fälschlicherweise werden auch die spitzen Cheliceren der echten Spinnen als G.n bezeichnet („von der Tarantel gestochen"). Einen G. besitzen auch ↗Giftige Fische.

Gifttiere, Bez. für Tiere, die entweder zur Verteidigung u./od. zum Nahrungserwerb gift. Substanzen (meist aus ↗Giftdrüsen) absondern. Zur Einbringung des Gifts in einen Gegner (aktive Abwehr) bzw. in ein Beutetier (zur Lähmung od. Tötung) dienen Stachelapparate (↗Giftstachel), z. B. bei Skorpionen, Bienen u. Wespen, Mundwerkzeuge bei ↗Giftspinnen, ↗Giftzähne bei ↗Giftschlangen sowie Nesselkapseln (↗Cniden) bei Nesseltieren. G. erreichen einen individuellen Schutz, wenn sie v. Freßfeinden als Nahrung verschmäht werden. Wird das Gift erst nach dem Gefressenwerden wirksam, kann auf diese Weise – falls der Räuber aus Erfahrung „lernen" kann – die Art geschützt werden. G. können auch für den Menschen gefährl. werden, z. B. bestimmte Nesseltiere (v.a. Staatsquallen u. Würfelquallen), unter den Reptilien Giftschlangen u. Krustenechsen, einige ↗Giftige Fische, Giftspinnen, Hundertfüßer. Unter den Vögeln sind keine G. bekannt, bei den Säugetieren nur sehr vereinzelt, z. B. Ameisenigel u. Schnabeltier.

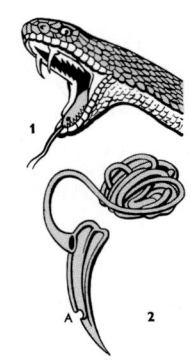

Giftzähne
1 Kopf der Kreuzotter, 2 Giftzahn im Schnitt mit Giftdrüse; A Austrittsöffnung

Giftzüngler
Familien:
↗Kegelschnecken *(Conidae)*
↗Schlitzturmschnecken *(Turridae)*
↗Schraubenschnecken *(Terebridae)*

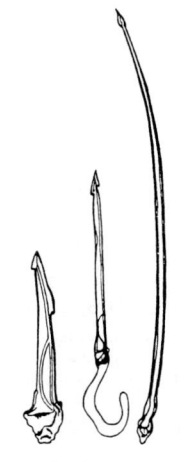

Giftzüngler
Funktionsbereite Einzelzähne von 3 Arten, von denen sich die linke auf Ringelwürmer, die mittlere auf Fische, die rechte auf Weichtiere spezialisiert hat.

Giftzähne, oft vergrößerte Zähne im Oberkiefer der ↗Giftschlangen (außer bei den Trugnattern stehen die G. vorn, jederseits 1 Zahn, dahinter mehrere Reserve-G.) bzw. im Unterkiefer v. ↗Krustenechsen; dienen dem Abfluß des Giftes (ein Gemisch aus verschiedenen Enzymen u. anderen, gift. Proteinen) v. einer ↗Giftdrüse (umgewandelte Speicheldrüse). Die Flüssigkeit wird über einen allseitig geschlossenen Kanal (Röhrenzähne) in die Bißwunde befördert; „vorderfurchenzähnige" *(proteroglyphe)* Bezahnung bei Giftnattern u. Seeschlangen, *opisthoglyph* sind die Trugnattern (ihre Zähne stehen weit hinten in der Mundhöhle). ⓑ Verdauung III.

Giftzüngler, *Pfeilzüngler, Toxoglossa*, U.-Ord. der Neuschnecken mit Gift- od. Pfeilzunge (toxoglosse Radula): meist sind nur die Randzähne erhalten, die pfeilförm. umgestaltet sind. Da die Radularmembran nicht ausgebildet ist, liegen die Zähne einzeln. Sie sind hohl, wie eine Harpune mit Widerhaken besetzt u. durch einen Gang mit Drüsen verbunden, deren Sekret bei vielen Arten toxisch wirkt (auch auf den Menschen). Jeweils ein Zahn liegt im Rüssel bereit, die anderen dienen als Reserve, da jeder Zahn nur einmal zu benutzen ist. Er wird in das Opfer (Ringelwürmer, Schnecken, kleine Fische) eingestoßen, das gelähmt u. getötet wird. Zu den G. gehören rund 1000 marine Arten, die 3 Fam. zugeordnet werden. Unter diesen nehmen die Schlitzturmschnecken eine Mittler-Stellung ein, da sie sowohl Arten mit einer Schmal- wie auch solche mit einer Pfeilzunge umfassen.

Gigantismus *m* [v. *gigant-], *Gigantosomie*, Riesenwuchs des gesamten Körpers (beim Menschen über ca. 2 m) od. bestimmter Körperteile, durch Erkrankung der vorderen Hypophyse bedingt. ↗Akromegalie.

Gigantopithecus *m* [v. *giganto-, gr. pithēkos = Affe], riesenhafter fossiler Primate; 1935 zuerst anhand einzelner Zähne aus chin. Apotheken beschrieben. Seit 1956 wurden 4 Unterkiefer bekannt, die sich auf 2 verschiedene Arten beziehen: *G. blacki* aus dem Pleistozän Chinas u. *G. giganteus* (= *G. bilaspurensis*) aus dem Mio-Pliozän Indiens. Mit relativ kleinen Eck- u. Schneidezähnen sowie einem 2höckerigen unteren Vorbackenzahn (P_3) menschenähnlich, jedoch heute zur Orang-Utan-Gruppe gerechnet. ☐ 65.

Gigantoproductus m [v. *giganto-, lat. productus = hervorgebracht], (Prentice 1950), *Gigantella,* Nominatgatt. der Fam. *Gigantoproductidae* mit den größten bisher bekannten ⇗Brachiopoden; Schloßrandlänge bis 30 cm, Schalen dick, unregelmäßig berippt u. bestachelt. Verbreitung: Unterkarbon (Visé), kosmopolitisch.
Gigantorana w [v. *giganto-, lat. rana = Frosch], der ⇗Goliathfrosch.
Gigantorhynchus m [v. *giganto-, gr. rhygchos = Rüssel], Gatt. der ⇗Archiacanthocephala.
Gigantostraca [Mz.; v. *gigant-, gr. ostrakon = Schale], die ⇗Eurypterida.
Giganturoidei [Mz.; v. *gigant-, gr. oura = Schwanz], die ⇗Teleskopfische.
Gigartinales [Mz.; v. gr. gigarton = Traubenkern], Ord. der Rotalgen (U.-Kl. *Florideophycidae*), umfaßt 80 Gatt. mit ca. 90 Arten; der Thallus ist knorpelig; bei der sexuellen Fortpflanzung werden Auxiliarzellen (Nährzellen) ausgebildet. Die wichtigsten Gatt. sind: *Gigartina,* ca. 90 Arten, weist flachen, blattart. Thallus auf, der bis 90 cm hoch wird; aus einigen Arten wird ⇗Carrageenan gewonnen, dgl. auch aus *Chondrus crispus,* dem Knorpeltang, dessen flacher Thallus wiederholtgabelig verzweigt ist. *Furcellaria fastigiata,* in nördl. Meeren verbreitet, besitzt 10–20 cm hohen, stielrunden, gabelig verzweigten, knorpel. Thallus. Die ca. 100 Arten der Gatt. *Gracilaria* sind wichtige ⇗Agarophyten; *G. confervoides* ist weit verbreitet. *Plocamium* kommt mit 50 Arten in fast allen Meeren vor; sie besitzen einen flachen Thallus mit kammartig gefiederten Seitenachsen; *P. coccineum* ist in der Nordsee häufig. Die 20 Arten der Gatt. *Euchema* kommen nur in wärmeren Meeren vor; *E. muricatum* u. *E. serra* sind Agarophyten. Die ca. 15 Arten der Gatt. *Phyllophora* besitzen blattart. Thallus mit derbem, bis einige cm langem Stiel. Im N-Atlantik ist *Ahnfeltia plicata,* auch ein Agarophyt, häufig. *Gymnogongrus* kommt mit ca. 40 Arten nur in wärmerem Meerwasser vor. *Halarachnion ligulatum* besitzt fläch., unregelmäßig verzweigten Thallus, der bis 9 cm groß wird. Der krustenförm. Tetrasporophyt ist als *Cruoria rosea* beschrieben. *Cruoria* ist eine dunkelweinrote Krustenalge auf Steinen im Watt. *Petrocelis hennedyi,* eine dunkelviolette Krustenalge, kommt häuf. unter *Fucus serratus* vor. *Cystoclonium* wird bis 40 cm hoch, hat braunrote derbe Thalli, Hauptachse mit zahlr. Seitenachsen u. haarart. Achsenenden, die vielfach eingerollt sind.
Gigasform [v. *gigas-], der ⇗Gigaswuchs.
Gigaspermaceae [Mz.; v. *gigas-, sperma = Same], Fam. der *Funariales,* sehr artenarme, vorwiegend auf der Südhalbkugel vorkommende Laubmoosgruppe. Im La-Plata-Gebiet und in Texas wächst auf Schlamm *Lorentziella imbricata;* bildet bis 200 µm große Sporen. Die Arten der Gatt. *Gigaspermum* kommen nur in Afrika u. S-Amerika vor.
Gigaswuchs [v. *gigas-], *Gigasform,* erbl. bedingter Riesenwuchs bei Pflanzen u. Tieren; verursacht durch Vergrößerung der Zellen (Vermehrung der Chromosomenzahl) infolge Polyploidisierung, Vermehrung der Zellzahl bei gleicher Zellgröße od. durch Vergrößerung der Zellen bei gleichbleibender Zell- u. Chromosomenzahl. Bei Artbastarden (Kreuzung v. zwei verschiedenen Arten) kann es zu G. kommen, wenn der aus nicht homologen Chromosomen bestehende Chromosomensatz sich verdoppelt u. damit tetraploid wird (*Gigasbastard,* ⇗Additionsbastarde, ⇗Allodiploidie).
Gila-Tier [ben. nach Colorado-Nebenfluß], *Heloderma suspectum,* ⇗Krustenechsen.
Gilbert [gilbᵉrt], *Walter,* am. Molekularbiologe, * 21. 3. 1932 Boston; seit 1968 Prof. ebd.; erhielt 1980 zus. mit P. ⇗Berg u. F. ⇗Sanger den Nobelpreis für Chemie für die Entwicklung einer Methode zur Nucleotidsequenzbestimmung der DNA.
Gilgai-Relief [austr., = kleines Wasserloch], ⇗Hydroturbation.
Gilia w [ben. nach dem span. Botaniker F. Gil (chil), 1756–1821], Gatt. der ⇗Polemoniaceae.
Gimpel, Finken mit kurzem, stark aufgetriebenem Schnabel. In weiten Teilen Eurasiens kommt der ca. 19 cm große G., Dompfaff od. Blutfink (*Pyrrhula pyrrhula,* ⎡B⎤ Europa XII, ⎡B⎤ Finken) vor; das Männchen besitzt eine auffallend rote Brustfärbung, schwarze Kopfkappe u. Kinn, das Weibchen ist braun gefärbt; nistet in Schonungen u. Gärten, zweimal im Jahr 4–6 hellblaue, schwach gefleckte Eier; weiche Pfeiflaute; Jahresvogel, der winters nicht selten an Futterplätzen erscheint; erhält Zuzug v. nördl., etwas größeren u. blasseren Rassen. Von den Kanar. Inseln über N-Afrika bis nach NW-Indien ist der Wüsten-G. oder Wüstentrompeter (*Bucanetes githagineus,* ⎡B⎤ Mediterranregion VI) verbreitet; seinem Habitat, steiniges Wüstengelände u. kahle Felsen, ist er durch graubraune Färbung gut angepaßt u. verrät sich v. a. durch seinen trompetenden Ruf.
Gingiva w [lat., =], das Zahnfleisch, ⇗Zähne.
Ginglymostoma s [v. gr. gigglymos = Gelenk, stoma = Mund], Gatt. der ⇗Ammenhaie.
Ginkgo w [über jap. gingko v. chin. kin-ko = Goldfruchtbaum, Silberaprikose], Gatt. der ⇗Ginkgoartigen.

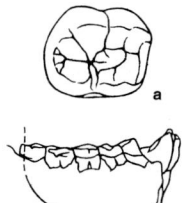

Gigantopithecus
a einzelner Unterkieferbackenzahn, v. der Kaufläche gesehen, b Unterkiefer v. der Seite

gigant-, giganto- [v. *gigas, Gen. gigantos = Riese], in Zss.: Riesen-.

gigas- [gr., = Riese], in Zss.: Riesen-.

Ginkgoartige

Ginkgoartige [Mz.; v. ↗Ginkgo], *Ginkgoales,* v. a. im Mesozoikum verbreitete Ord. der Nacktsamer, 1 rezente Art. Charakterist. Merkmale sind fächerförm. Blätter mit Gabelnervatur u. einfache, in den Achseln v. Tragblättern stehende „Blüten": die ♀ „Blüten" bestehen aus mehr od. weniger gestielten Samenanlagen, die ♂ sind i. d. R. kätzchenart. mit mehreren seitl. an einer Achse stehenden Staubblättern. Durch das Fehlen des Fiederblatt-Typus u. die ↗Stachysporie, darüber hinaus aber auch durch die Anatomie der Stämme (diese besitzen ein mächt. Sekundärxylem u. wenig Mark) zeigen die G. den typ. Bauplan der ↗*Coniferophytina,* zu denen sie daher meist als eigene Kl. ↗*Ginkgoatae* gestellt werden. Einziger lebender Vertreter der G. ist *Ginkgo biloba,* die Silberaprikose od. Silberpflaume (B Asien IV). Die großen, stark verzweigten Bäume kommen nach neueren Berichten wild nur im südöstl. China vor; sie wurden aber seit altersher in den Tempelanlagen Chinas u. Japans kultiviert, bereits im 18. Jh. von dort nach Europa u. Amerika gebracht u. gehören heute in den gemäßigten Breiten zu den beliebten Ziergehölzen. Die Art ist diözisch mit strukturell unterschiedl. Chromosomensätzen, laubwerfend u. besitzt fächerförm., meist durch einen medianen Spalt gegabelte Blätter, die an Langtrieben schraubig, an Kurztrieben schopfig stehen. Die Kurztriebe tragen auch die „Blüten"; dabei werden die an langen Stielen sitzenden Samenanlagen oft erst nach dem Abfallen befruchtet (interessanterweise wie bei den Cycadeen noch durch freie Spermatozoiden!) u. entwickeln eine mächt., bei Reife unangenehm nach Buttersäure riechende Sarkotesta. – Fossil reichen die G.n mit der Gatt. *Trichopitys* bis ins untere Perm zurück. Ihren Entwicklungshöhepunkt erreichen sie mit einem ausgedehnten Areal in Jura u. Unterkreide (z. B. *Baiera* v. Obertrias–Jura, *Ginkgo* selbst ab mittlerem Jura, daher als „lebendes Fossil" bezeichnet) u. nehmen danach sowohl an Artenvielfalt wie auch in der Verbreitung ab. In Europa tritt *Ginkgo* zuletzt in der pliozänen ↗Frankfurter Klärbeckenflora auf; die Gatt. wird dann durch die quartären Vereisungen auf das heutige Reliktareal zurückgedrängt. Bemerkenswert ist schließl. eine im Laufe der Evolution der G.n zunehmende Verwachsung der urspr. tief zerschlitzten Blätter (z. B. bei *Trichopitys, Baiera*), eine Entwicklung, die in der Ontogenie von *Ginkgo biloba* andeutungsweise „rekapituliert" wird.

Ginkgoatae [Mz.; v. ↗Ginkgo], *Ginkgopsida,* in ihrer Eigenständigkeit, systemat. Stellung u. Gliederung umstrittene Kl. der Gymnospermen. Das Taxon wird überwiegend bei den ↗*Coniferophytina* eingeordnet u. umfaßt meist nur die Ord. der ↗Ginkgoartigen mit zahlr. fossilen Formen u. *Ginkgo biloba* als einziger rezenter Art.

Ginseng *m* [über frz. v. chin. jen-shen = Menschenpflanze], Arten der ↗Efeugewächse.

Ginster, *Genista,* Gatt. der Schmetterlingsblütler mit ca. 90 Arten v. Kräutern u. Sträuchern, die in gemäßigten Zonen verbreitet sind. Zu den einheim. Arten gehören: Deutscher G. (*G. germanica*), dessen gelbe Blüten in endständ., reichblüt. Trauben stehen; Blätter einfach, lanzettl.; Kelch u. Hülsen behaart; ältere Zweige blattlos u. dornig; Versauerungszeiger, kommt v. a. in Heidesäumen vor, Charakterart des Genisto-germanico-Callunetum. Englischer G. (*G. anglica*); die gelben Blüten stehen in end- u. seitenständ., armblüt. Trauben; Blätter gefiedert, blaugrün; Kelch u. Hülsen kahl; Zweige bedornt; diese atlant. Pflanze wächst auf kalkarmen Sandböden; Charakterart des nordwestdt. Genisto anglicae-Callunetum (↗Calluno-Ulicetalia). Färber-G. (*G. tinctoria*), bis 60 cm hohe Pflanze mit rutenförm. Stengeln, deren gelbe Blüten in endständ., reichblüt. Trauben stehen; Blätter lanzettl. mit schmalen Nebenblättern; ziemlich häufig in trockenen Magerwiesen u. lichten Eichenwäldern v. Mittel- u. S-Europa; enthält einen gelben Farbstoff u. Alkaloide, deretwegen es fr. als Färbe- u. Heilpflanze geschätzt war. Flügel-G. (*G. sagittalis*); auf geflügelten, unverzweigten Stengeln sitzen die gelben Blüten in endständ., kurzen Trauben; Blätter einfach, sitzend u. behaart; wächst in sauren Magerrasen u. -weiden v. a. mittlerer Gebirgslagen Mittel- u. S-Europas.

Ginsterheiden, die ↗Calluno-Ulicetalia.

Ginsterkatzen, *Genetta,* Gatt. der Schleichkatzen, mit 8–9 Arten u. zahlr. U.-Arten hpts. über Afrika (außerhalb der Sahara) verbreitet; Kopfrumpflänge 50–60 cm, Schwanzlänge 40–50 cm; Fellfärbung hell mit dunklen Flecken, Schwanz gebändert. G. ruhen am Tag in Boden- od. Baumhöhlen; nachts machen sie Jagd auf Kleinsäuger, Vögel u. Reptilien. Die Kleinfleck-Ginsterkatze (*G. genetta,* B Mediterranregion III) kommt als einzige Schleichkatze auch in Europa vor, z. B. Iber. Halbinsel, Balearen, SW-Frankreich.

Gipfeldürre, *Wipfeldürre, Zopftrocknis,* allg.: Verdorren u. Absterben der Bäume v. der Spitze her; tritt auf a) bei Bäumen, die im Bestand aufgewachsen sind u. plötzl. freigestellt werden (z. B. Eiche, Fichte, Lärche); als Ursache nimmt man Störungen im Wasserhaushalt des Baums bzw. mangelnde Wasserversorgung der oberen

Stammregion an; b) bei (hpts. älteren) Kiefern als Folge einer Pilzerkrankung (↗Kiefernrindenblasenrost).

Gipfelknospe, die ↗Endknospe.

Gipskeuper m, *Salzkeuper,* (untere) salinare, überwiegend aus Gips bestehende Folge des mittleren ↗Keupers.

Gipskraut, *Gypsophila,* Gatt. der Nelkengewächse mit ca. 120 Arten, ostmediterraner Verbreitungsschwerpunkt u. Ausstrahlungen des Areals in den euras. Raum. Die schwierig abzugrenzende Gatt. umfaßt v. a. ein- u. mehrjähr. Kräuter mit häufig dickl., schmalen, blaugrünen Blättern; die Blüten sind weiß bis rötl. Wegen des Saponingehaltes werden manche G.-Arten als Heilpflanzen bzw. als Waschmittel genutzt. Ein heim. G. ist *G. muralis,* eine typ. Pflanze offener, nasser Pionierstandorte wärmerer Tieflagen; nach der ↗Roten Liste „gefährdet".

Giraffen [Mz., v. arab. zuräfa], *Giraffidae,* urspr. formenreiche u. weitverbreitete Fam. wiederkäuender, stirnwaffentragender Paarhufer, die sich vermutl. im frühen Miozän aus hirschähnl. Huftieren *(Palaeomerycidae)* entwickelten. Die großen Rinder-G. *(Sivatheriinae),* kurzhalsige G. mit rinderähnl. Körperbau, lebten im Plio-Pleistozän in Eurasien u. Asien. Die geol. ältesten G. sind die aus dem Miozän Europas u. Afrikas bekannten Kurzhals- od. Ur-G. *(Palaeotraginae);* umstritten ist, ob das Okapi ein Nachkomme dieser G.gruppe ist. Langhals- od. Steppen-G. *(Giraffinae)* erscheinen im Altpliozän. Heute leben nur 2 G.-Arten, das ↗Okapi (eine Waldgiraffe!) u. die (Steppen-)Giraffe *(Giraffa camelopardalis,* B Afrika III), beide auf Afrika südl. der Sahara beschränkt. Kennzeichen der G. (Kopfrumpflänge 3–4 m, Schulterhöhe 2,7–3,3 m, Scheitelhöhe 4,5–5,5 m) sind ein langer Hals (7 verlängerte Halswirbel), der stark abfallende Rücken u. die v. Haut bedeckten 2 od. 3 (bis 5) Stirnzapfen („Hörner") bei beiden Geschlechtern. Die Fellzeichnung besteht aus netzförm. gelbl. Linien auf hell- bis kastanienbrauner Grundfärbung. Färbung u. Zeichnung variieren bei den 8 U.-Arten, die früher z. T. als eigene Arten eingestuft wurden. Die Beine der nördl. G. sind unterhalb der „Knie" weiß, u. das 3. Horn ist gut entwickelt; die Netzzeichnung wird v. O nach W undeutlicher. Die südl. des Äquators vorkommenden G. haben dunklere Beine; das 3. Horn ist klein od. fehlt. Als Lebensraum bevorzugen G. trockene, offene Landschaften mit Buschwerk u. Bäumen, v. a. Akazien, deren Blätter u. Zweige sie in einer Höhe bis zu 6 m abäsen. Zum Trinken od. Äsen am Boden spreizen G. die Vorderbeine weit auseinander. Beim Senken bzw. Heben des Kopfes benötigen G. eine bes. Vorrichtung, um einen zu starken Blutdruckunterschied im Gehirn zu vermeiden; wahrscheinl. sorgen die Verschlußklappen in der großen Halsvene für den Druckausgleich. G. leben gesellig in kleinen od. auch über 50 Individuen zählenden Herden mit Rangordnung. Rivalenkämpfe der Bullen werden durch Aneinanderschlagen der Köpfe u. Hörner ausgefochten. Die schlagkräft. Vorderbeine u. -hufe setzen G. nur zur Verteidigung gg. Raubfeinde ein. Die Tragzeit dauert ca. 450 Tage. Während der Geburt steht das Muttertier; das Junge fällt dabei aus über 2 m Höhe herab u. richtet sich nach etwa 30 Min. auf. In Zoos werden G. schon seit 1839 (London) mit Erfolg gezüchtet. *H. Kör.*

Giraffengazelle, der ↗Gerenuk.

Giraffidae [Mz.; v. arab. zuräfa], die ↗Giraffen.

Girlandenboden ↗Frostböden.

Girlitze, *Serinus,* Gatt. der Finken mit 30 vorwiegend in Afrika verbreiteten Arten. Der einheim. 11 cm große Girlitz *(S. serinus,* B Finken) ist durch gelbl.-graugrüne Färbung mit dunklen Längsstreifen u. einen sehr kurzen Schnabel gekennzeichnet; bewohnt buschbestandene Gebiete u. landw. genutzte Flächen mit Baumgruppen u. ernährt sich v. Sämereien; Ruf u. Gesang sind aus klirrenden Lauten aufgebaut; zweimal im Jahr 3–5 auf hellblauem Grund gefleckte Eier; dehnt seit etwa 1800 sein Brutareal aus. Ungestreift u. grauer gefärbt ist der 12 cm große Zitronengirlitz *(S. citrinella),* der als Eiszeitrelikt-Endemit Lichtungen u. Ränder v. Gebirgsnadelwäldern in Mittel- u. SW-Europa bewohnt; überwintert in tieferen Lagen seines Brutgebiets; nach der ↗Roten Liste „potentiell gefährdet". Zu den G.n gehört auch der als Käfigvogel beliebte ↗Kanarienvogel *(S. canaria).*

Gironde-Natter [schirõnd-; ben. nach dem frz. Ästuar], *Coronella girondica,* ↗Schlingnattern.

Gitarrenfisch, *Rhinobatos cemiculus,* ↗Geigenrochen.

Gitoxigenin s [Kw. aus Digitalis = Fingerhut, Toxin], ↗Digitalisglykoside.

Gitoxin s, ↗Digitalisglykoside.

Gitterfalter, das ↗Landkärtchen.

Gitterfasern, *Reticulinfasern, argyrophile Fasern,* sehr feine Bindegewebsfäserchen (↗Bindegewebe, B) bei Wirbeltieren (⌀ 0,5 μm und darunter), die Muskelzellen umspinnen, in Drüsengeweben u. bes. in lymphat. Geweben (Milz, Lymphknoten, Knochenmark) elast. Netzwerke bilden u. sich durch ihre Färbeeigenschaften v. den übr. Bindegewebsfasern (Kollagen, Elastin) unterscheiden. Sie vermögen Silber-

Gitterfasern

Giraffen

Unterarten der Giraffe *(Giraffa camelopardalis):*

a) „Nördl." Giraffen:
Nubische Giraffe
(G. c. camelopardalis)
Kordofangiraffe
(G. c. antiquorum)
Tschadgiraffe
(G. c. peralta)
Netzgiraffe
(G. c. reticulata)
Ugandagiraffe
(G. c. rothschildi)

b) „Südl." Giraffen:
Massaigiraffe
(G. c. tippelskirchi)
Angolagiraffe
(G. c. angolensis)
Kapgiraffe
(G. c. giraffa)

Giraffe *(Giraffa camelopardalis)*

Girlitz
(Serinus serinus)

Gitterlingsartige

salze (AgNO$_3$) zu metall. Silber zu reduzieren u. lassen sich infolgedessen durch Versilberung selektiv darstellen, erweisen sich histochem. aber auch als PAS-positiv (Test auf Kohlenhydrate). G. können kontinuierl. unter Verlust ihrer spezif. Färbeeigenschaften in derbere Kollagenfasern übergehen. Chem. stellen sie wohl feine Kollagenfibrillen dar, die v. einem Kohlenhydratmantel umhüllt sind, der ihnen ihre bes. Färbeeigenschaften verleiht u. sie gg. proteolyt. Enzyme (Pepsin) sehr resistent macht. [menpilze.

Gitterlingsartige, *Clathraceae,* die ↗ Blu-

Gitterrost, Birnen-G., Erkrankung der Birnbäume (= Zwischenwirt), verursacht durch den Rostpilz *Gymnosporangium sabinae.* Anfangs erscheinen auf den Blättern gelbe, später leuchtend rote, runde Flecken mit Pyknidien; an der Unterseite entwickeln sich gelbl., kegelart. Anschwellungen, die Aecidien der Pilze. Die Aecidien können durch den Pilz *Tuberculina persicina* (Form-Ord. *Moniliales*) befallen werden, der die Bildung v. Aecidiosporen völlig verhindert. Während der Wintermonate lebt der Rostpilz auf dem Hauptwirt: verschiedene *Juniperus*-Arten, vorwiegend auf dem Sadebaum *(J. sabina)* od. Zierwacholder *(J. chinensis* var. *pfitzeriana, J. virgiana),* aber nicht am Säulenwacholder *(J. communis* var. *hibernica).* Auf dem Hauptwirt bildet er Basidiosporen, die bei feuchtem Wetter durch den Wind auf die Birnbäume übertragen werden. Die wirtschaftl. Bedeutung des G.s ist gering.

Gitterschnecken, *Cancellariidae,* Fam. der U.-Ord. Schmalzüngler, marine Schnecken mit meist eiförm., selten über 10 cm hohem Gehäuse, dessen Oberfläche gegittert od. axial gerippt ist; ein Deckel ist nicht ausgebildet. Zu den G. gehören 10 Gatt. mit etwa 150 Arten, die in allen Meeren u. auch in Tiefen unter 2000 m verbreitet sind.

Gitterschwanzleguan, *Callisaurus draconoides,* ↗ Callisaurus.

Gitterwanzen, Netzwanzen, Tingidae, Fam. der Wanzen mit weltweit ca. 700, in Mitteleuropa ca. 65 bekannten Arten; ca. 4 mm groß, abgeflacht, auffäll. gitter- u. netzart. Strukturen auf Vorderbrust u. -flügeln; ernähren sich v. Pflanzensäften, die sie aus der Blattunterseite saugen; bei Massenbefall können die Blätter absterben. Schädl. wird gelegentl. die Birnblattwanze *(Stephanitis pyri).*

Glabella *w* [v. lat. *glabellus* = glatt, unbehaart], *Glatze, Kopfbuckel,* a) bei ↗ Trilobiten eine median liegende, erhabene Aufwölbung des Kopfschildes *(Cephalon),* meist mit bis zu 4 (Paar) Seitenfurchen versehen, aboral begrenzt durch den Nackenring; b) bei Merostomen der erhabene Teil

Blüten der Gladiole

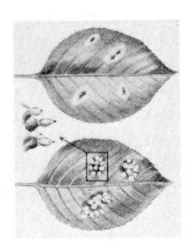

Gitterrost
G. der Birne; Ausschnitt: Aecidien des Rostpilzes

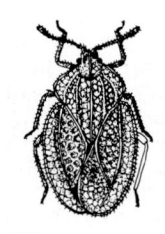

Gitterwanze
(Tingis reticulata)

Glanzfische
Unterordnungen:
↗ Bandfische
(Trachipteroidei)
↗ Fadenschwänze
(Stylephoroidei)
Glanzfische i. e. S.
(Lampridoidei)
Segelträger
(Veliferoidei)

des Prosomas zw. den beiden Komplexaugen; c) beim Menschen der Stirn-Nasen-Wulst, der vorspringendste mediane Punkt des Augenbrauenwulstes (↗ Augenbrauenbogen), wicht. kraniolog. Meßpunkt.

Gladiole *w* [v. lat. *gladiolus* = kleines Schwert], *Siegwurz, Gladiolus,* Gatt. der Irisgewächse mit ca. 250 Arten. Die schwertlilienähnl. Zwiebelpflanze aus S-Afrika (B Afrika VII), dem Mittelmeergebiet u. Asien besitzt prächt. gefärbte Blüten in einer langen einseitswend. Ähre. Die Sumpf-G. *(G. palustris)* wächst in Mitteleuropa nur noch selten in Moorwiesen *(Molinion);* nach der ↗ Roten Liste „stark gefährdet". Unsere heut. Garten-G.n sind aus der Genter-G. *(G. gandavensis),* einer Kreuzung aus 2 südafr. Arten *(G. psittacinus × G. cardinalis),* gezüchtet worden. 1841 wurden zum erstenmal gezüchtete G.n in Dtl. gehandelt.

Gladius *m* [lat., = Schwert], schwertförm., aus Conchin u. Chitin bestehender Schalenrest bei den Kalmaren; liegt unter der Oberseite, völlig vom Gewebe umschlossen, u. hat Stützfunktion.

Glandiceps *m* [v. lat. *glans,* Gen. *glandis* = Eichel, -ceps = -köpfig], Gatt. der Eichelwürmer (↗ Enteropneusten) aus der Fam. *Spengeliidae* mit einer aus der Tiefsee (4500 m) bekannten Art *G. abyssicola.*

glandotrope Hormone [v. lat. *glandulae* = Halsdrüsen, gr. *tropos* = Wendung], *Tropine,* Hormone v. a. des Hypophysenvorderlappens, die die Tätigkeit peripherer Drüsen (target glands) steuern u. zur Bildung ihrer spezif. effektor. Hormone veranlassen (z. B. Thyreotropin, Corticotropin, Gonadotropine, Somatotropin, Melanotropin).

Glandulae [Mz.; Bw. *glandulär;* v. lat. *glandulae* = Halsdrüsen], die ↗ Drüsen.

Glanzalge, *Chromulina,* Gatt. der ↗ Ochromonadaceae.

Glanzbienen, *Dufourea,* Gattung der ↗ Schmalbienen.

Glanzenten, Gruppe waldbewohnender u. meist in Baumhöhlen brütender Enten in allen Kontinenten außer Europa, wo verschiedene Arten wegen des z. T. farbenprächt., metall. glänzenden Gefieders auf Parkseen eingebürgert wurden, z. B. Mandarinente *(Aix galericulata),* Brautente *(Aix sponsa)* u. die als Hausgeflügel gezüchtete Moschusente *(Cairina moschata).* Die bis 1 m lange Sporengans *(Plectropterus gambiensis)* lebt im trop. Afrika u. nistet am Boden im Uferwuchs v. Gewässern; am Flügelbug sitzt ein großer Sporn.

Glanzfische, Lampridiformes, Ord. der Knochenfische mit 4 U.-Ord. (vgl. Tab.). Vorwiegend Hochsee- od. Tiefseefische v. ovaler bis bandförm. Gestalt mit weit vorstreckbaren Kiefern, meist weichen od. wenigen harten Flossenstrahlen, brustständ. Bauchflossen u., wenn vorhanden, geschlossener Schwimmblase. Die U.-Ord. Glanzfische i. e. S. *(Lampridoidei)* besteht aus 1 Fam. *Lamprididae* mit nur 1 Art, dem bis 2 m langen u. 100 kg schweren, seitl. abgeflachten Glanzfisch, Mondfisch od. Gotteslachs (*Lampris regius,* B Fische V); er ist weltweit verbreitet, lebt meist in Tiefen zw. 100 u. 400 m u. frißt vorwiegend Fische u. Tintenfische. Die 5 seltenen pazif. Arten der U.-Ord. Segelträger *(Veliferoidei)* sind hohe, seitl. abgeplattete Fische mit großen, segelförm. Rücken- u. Afterflossen.

Glanzgras, *Phalaris,* Gatt. der Süßgräser (U.-Fam. *Pooideae*) mit ca. 20 hpts. mediterranen Rispengräsern. Das Rohr-G. (*P. arundinacea*) ist ein bis 1,5 m hohes, schilfart. Gras mit bis 6 mm langem Blatthäutchen an Fließgewässern und an Seen mit stark schwankendem Wasserstand im Rohrglanzgrasröhricht (*Phalaridetum arundinaceae*). Das nur 20–50 cm hohe Kanariengras (*P. canariensis*) mit weißen, grün berandeten Hüllspelzen ist ein Ziergras u. wird als Vogelfutter angebaut.

Glanzkäfer, *Nitidulidae,* Fam. der polyphagen Käfer aus der Gruppe der *Clavicornia;* weltweit etwa 2500, in Mitteleuropa ca. 140 Arten. Meist kleine (2–7 mm), häufig dunkelbraune od. lackglänzende (Name) Käfer mit sehr unterschiedl. Lebensweise. Viele Arten leben in Blüten, unter der Rinde, am Saft blutender Bäume od. an Aas u. alten Knochen. *Amphotis marginata* (4 mm) bettelt an Straßen der Ameise *Lasius fuliginosus* durch Fühlertrillern um Futter, wobei ihn die Ameisen aus nicht geklärtem Grund füttern. Die Larven v. *Epuraea depressa* u. *E. melina* entwickeln sich in Hummelnestern; sonst leben die Käfer dieser Gatt. (bei uns 37 Arten) v. a. auf Blüten, ihre Larven in Pilzen od. Borkenkäfergängen. Bedeutsam sind bei uns einige Vertreter der artenreichen Gatt. *Meligethes* (bei uns 65 Arten); meist schwarz mit lichtem grünl. Metallglanz; leben v. a. an Blütenknospen, in Blüten u. Samenanlagen, wo sie bevorzugt Pollen u. Nektar fressen. Die meisten Arten sind auf Lippen- u. Kreuzblütler spezialisiert. Das Weibchen legt im Frühjahr jeweils 1 Ei an eine Blütenknospe, in die sich die Junglarve einbohrt, um darin hpts. die Staubgefäße zu fressen. Der Raps-G. (*M. aeneus*) legt dabei bis zu 400 Eier; die Larven verpuppen sich im Boden. Die im Frühjahr schlüpfenden Käfer fressen zunächst Blütenknospen an. Dabei können sie in Rapsfeldern schädl. werden.

Glanzschnecken, *Zonitidae,* Familie der Landlungenschnecken (Überfam. *Limaco-*

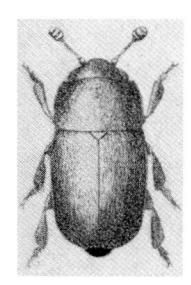

Glanzkäfer
Rapsglanzkäfer
(*Meligethes aeneus*)

Glanzschnecken
Mitteleuropäische Gattungen:
Aegopinella
↗ *Aegopis Carpathica*
↗ *Daudebardia*
↗ Kristallschnecken (*Vitrea*)
↗ *Nesovitrea*
↗ *Oxychilus*
↗ *Retinella*
↗ *Zonitoides*

Glanzstare
Erz- od. Langschwanz-Glanzstar
(*Lamprotornis caudatus*)

Glanzvögel
Grüner Jakamar
(*Galbula galbula*)

Glasaugen

idea), mit scheiben- bis ohrförm., transparentem, glänzend-glattem Gehäuse, das den Weichkörper bei vielen Arten nicht aufnehmen kann; über 100 Gatt., v. denen 9 mit 37 Arten in Mitteleuropa vorkommen.

Glanzstare, farbenprächt., in Afrika verbreitete Vögel aus der Fam. der Stare mit metall. glänzendem Gefieder; werden häuf. als Käfigvögel gehalten, wie der bis 50 cm große Erz- od. Langschwanz-Glanzstar (*Lamprotornis caudatus*).

Glanzstäubling ↗ Leocarpus.

Glanzstreifen, *Disci intercalares,* komplex gebaute Interzellularverbindungen zwischen End-zu-End aneinandergrenzenden Herzmuskelzellen (↗ Herzmuskulatur) bei Wirbeltieren, die im histolog. Präparat als stark lichtbrechende (Name!) od. stark anfärbbare Querbänder, im Elektronenmikroskop als intensiv miteinander verzahnte Zellgrenzen erscheinen, zw. denen dort, wo Myofilamenten-Bündel in den benachbarten Zellmembranen verankert sind, kräft. ↗ Desmosomen als Zugtrajektorien ausgebildet sind. In nicht zugbeanspruchten Membranzonen findet man, zw. die Desmosomen eingeschaltet, ↗ „gap junctions" als erregungsübertragende Zellverbindungen.

Glanzvögel, *Galbulidae,* Fam. lebhaft metall. gefärbter Vögel der Spechtartigen mit 15 Arten im trop. Mittel- u. S-Amerika; die 1. u. 4. Zehe der kurzen Füße weisen rückwärts, der schmale Schnabel ist leicht gekrümmt; in Urwaldgebieten mit lockeren Baumbeständen lauern die G. v. einer Sitzwarte aus auf vorbeifliegende Insekten, v. a. Schmetterlinge, die sie im Flug erbeuten. Ungeachtet der Größe (zw. 12 u. 27 cm), erinnern sie in Aussehen u. Stimme an Kolibris, mit denen sie jedoch nicht näher verwandt sind. Über das Brutverhalten ist wenig bekannt: die G. nisten in selbstgegrabenen Erdhöhlen mit langen Gängen od. auch in Termitenbauten; die aus den 2–4 Eiern schlüpfenden Jungen tragen – im Ggs. zu den meisten anderen Spechtvögeln – lange weiße Dunen; im Alter v. 3–4 Wochen verlassen sie die Höhle.

Glanzwelse, *Brochis,* Gatt. der ↗ Panzerwelse. [↗ Brachschwalben].

Glareolidae [Mz.; v. lat. *glarea* = Kies], die

Glasaugen, *Argentinoidei,* U.-Ord. der Lachsfische mit 3 Fam. Die Eigtl. G. od. Goldlachse (*Argentinidae*) sind gelbl., lachsähnl. Tiefseefische an den Säumen des Kontinentalschelfs mit einer Fettflosse, kleinem Maul u. großen Augen. Einen gedrungenen Körper mit nach oben gerichteten Teleskopaugen u. rüsselart. Schnauze haben die Hochgucker (*Opisthoproctidae*), die am Boden der Tiefsee leben.

Glasbarsche

Glasbarsche, *Centropomidae,* Fam. der Barschfische mit ca. 30 Arten; vorwiegend Küstenfische trop. Meere, die jedoch auch ins Brack- u. Süßwasser vordringen. Kleine Formen sind glasig durchsichtig, wie der 7 cm lange Ind. G. *(Chanda ranga),* der im Süß- u. Brackwasser lebt u. oft in Aquarien gehalten wird. Wirtschaftl. Bedeutung haben der bis 2 m lange Nilbarsch (*Lates niloticus,* B Fische IX) aus dem Nil u. aus zentralafr. Süßgewässern, der v. ind. Küsten bis Australien vorkommende, bis 1,8 m lange Barramundi (*L. calcarifer,* B Fische IX) u. der um das trop. u. subtrop. Amerika verbreitete, bis 1,4 m lange Schaufelkopfbarsch od. Snook *(Centropomus undecimalis),* der auch in Flußmündungen u. Mangrovesümpfen lebt.

Glaser, *Donald Arthur,* am. Physiker u. Molekularbiologe, * 21. 9. 1926 Cleveland; seit 1959 Prof. in Berkeley; entwickelte 1952 die als Teilchen-Nachweisgerät in der Elementarteilchenphysik bedeutende Blasenkammer; zuletzt Arbeiten auf dem Gebiet der Mikro- u. Molekularbiologie; erhielt 1960 den Nobelpreis für Physik.

D. A. Glaser

Glasfilter, ↗Filter *(Fritten)* verschiedener Form aus gesintertem Glaspulver, v. dessen (unterschiedl.) Korngröße die effektive Porenweite abhängt (ca. 0,2 mm – 0,2 µm); ↗Bakterienfilter.

Glasflügler, *Sesien, Sesiidae (Aegeriidae),* weltweit verbreitete Schmetterlings-Fam. mit etwa 1000 Arten, in Mitteleuropa ca. 45 Vertreter. Die Falter sind klein bis mittelgroß, haben schmale Flügel, die fast immer durchsicht., unbeschuppte „Glasfelder" aufweisen, Hinterleib gelb, weiß od. rot gebändert, Habitus insgesamt sehr wespenartig; einige G. gelten daher auch als Beispiele für ↗Batessche Mimikry; am bekanntesten der ↗Hornissen-G., der zudem auch im Flug einen dem Vorbild ähnl. tiefen Brummton erzeugt; weitere Kennzeichen: der Afterbusch am Hinterleibsende, Fühler oft mit apikalem Haarpinsel, Rüssel bei einigen Arten reduziert, andere sind Blütenbesucher; Larven leben bei fast allen Arten im Innern v. Pflanzen, Kopf u. Pronotum sklerotisiert, braun, Rumpfsegmente weißl.; Puppe mit Stirnfortsatz zur Befreiung aus Kokon od. Wirtspflanze, Abdominalsegmente mit Stachelreihen. Die Falter der G. sind tagaktiv, fliegen flink u. huschend im Sonnenschein, einige Arten können durch Raupenfraß schädl. werden. Beispiele einheim. G.: Himbeer-G. *(Pennisetia hylaeiformis),* Falter fliegt im Juni–Aug. um Bestände der Futterpflanzen, Spannweite um 27 mm, Vorderflügel sehr schmal, Hinterleib mit gelben Ringen, Larven im Wurzelstock u. Stengel v. Himbeer-, Johannisbeer-G. *(Aegeria tipuliformis),* fliegt Mai–Juli in Gärten, Obstanlagen u. a., Spannweite um 20 mm, blauschwärzl. mit feinen, gelben Hinterleibsringen, Raupen im Mark v. Johannisbeeren, Stachelbeeren u. a., kann als Schädling in Obstplantagen auftreten. Ebenfalls schädl. werden kann der Apfelbaum-G. *(A. myopaeformis),* Falter bis 28 mm spannend, mit einem roten Hinterleibsring, Larven fressen v. a. an krebsigen, schadhaften Stellen unter der Rinde verschiedener Obstbäume, v. a. Apfel. Im Wurzelstock v. Zypressen-Wolfsmilch lebt die Raupe des Wolfsmilch-G.s *(Chamaesphecia empiformis),* Falter bis 20 mm Spannweite, unruhig gelb beschuppt, besuchen gerne Blüten wie *Knautia spec.,* fliegen v. Juni bis Aug. häufig auf Trockenrasen, an Waldrändern u. auf warmen Lichtungen.

Glasflügler
Himbeer-G. *(Pennisetia hylaeiformis)*

Glasfrösche, *Centrolenidae,* Fam. kleiner bis mittelgroßer (2–8 cm) Frösche, die im Habitus u. in der Lebensweise an Laubfrösche erinnern; die meisten sind oberseits grün wie die Blätter, auf denen sie sitzen, u. auch in der Reflexion infraroten Lichts gleichen sie den Blättern; die Ventralseite ist so durchsicht., daß man die inneren Organe sieht. 4 Gatt. in Mittel- u. S.-Amerika: *Centrolene, Centrolenella, Cochranella* u. *Teratohyla.* Die Gatt. *Centrolenella* ist mit vielen Arten über den größten Teil S- u. Mittelamerikas verbreitet. Die Tiere halten sich auf Büschen u. Bäumen über Bergbächen u. Flüssen auf. Die Eier, ebenfalls grün gefärbt, werden in kleinen Gelegen auf Blättern über den Fließgewässern angebracht. Die Larven schlüpfen in weit entwickeltem Zustand u. führen dann eine fast unterird. Lebensweise am Boden der Ströme. Sie sind unpigmentiert, ihre Augen sind fast reduziert.

Glashafte, *Baëtidae,* Fam. der Eintagsfliegen mit nur wenigen Arten; häufig ist der Fliegenhaft *(Cloëon dipterum),* etwa 9 mm lang u. mit ca. 16 mm langen Cerci; Männchen mit mächtigen Turbanaugen (Doppel-Komplexaugen); die sofort nach der Eiablage schlüpfenden Larven (Ovoviviparie) haben 7 Paar blattförm. Tracheenkiemen u. leben in langsam fließenden Gewässern v. Algen u. Detritus.

Glashauseffekt, *Glashauswirkung, Gewächshauseffekt;* die wärmedämmende Eigenschaft der Erdatmosphäre ähnelt der Wirkung eines Glashauses. Die Umsetzung der kurzwell. Strahlung der Sonne in Wärme findet im wesentl. am Erdboden (Heizfläche) statt, die Abkühlungsfläche liegt dagegen in höheren Schichten der Atmosphäre. Zusätzl. besitzen Wasserdampf u. ↗Kohlendioxid als Bestandteile der Lufthülle für die kurzwell. Strahlung nur eine geringe Absorptionswirkung, aber eine erhebl. größere für die ausgehende langwell. Strahlung der Erdoberfläche. Auf diese Weise entsteht eine atmosphär. Gegenstrahlung, die die infrarote Ausstrahlung in den Weltraum ganz wesentl. vermindert. Je geringer der Gehalt der Atmosphäre an Wasserdampf (Luftmasseneigenschaft), desto höher die Wärmeverluste bzw. die Gefahr v. nächtl. Strahlungs-↗ Frost. Andererseits wächst mit der zunehmenden Freisetzung v. Kohlendioxid bei der Verbrennung fossiler Brennstoffe u. der fortschreitenden Abnahme der Biomasse z. B. durch Zerstörung großer Waldflächen die Gefahr einer allmähl. Aufheizung der erdnahen Luftschicht.

Glaskirsche, Sorte der Sauerkirsche, ↗ Prunus. [↗ Linsenauge.
Glaskörper, Corpus vitreum, ↗ Auge (□).
Glaskraut, Parietaria, in den gemäßigten und subtrop. Zonen Europas u. Asiens verbreitete Gatt. der ↗ Brennesselgewächse mit etwa 30 Arten. Ein- oder mehrjähr., meist behaarte Kräuter ohne Brennhaare mit wechselständ., ganzrand. Blättern u. unscheinbaren, knäuelig gebüschelt in den Blattachseln stehenden, grünl., 4zähl. Blüten. Die Frucht ist eine eiförm., glänzende Nuß. In Mitteleuropa wachsen 2 im Mittelmeerraum heim. Arten als Neophyten. Das Ästige G. (P. ramiflora) ist eine ausdauernde, bis 30 cm hohe, niederliegende, reich verzweigte Staude mit rötl. Stengel, eiförm.-rundl., glasartig glänzenden Blättern u. diözischen Blüten. Das ihm sehr ähnl. Aufrechte G. (P. erecta) hat einen einfachen, aufrechten Stengel sowie große, eiförm.-lanzettl. Blätter. Beide Arten sind selten; P. ramiflora gilt als wärmeliebende Mauerfugenpflanze, während P. erecta auch im Saum v. Auengebüschen u. in Auwaldlichtungen zu finden ist.

Glaskraut-Mauerfugengesellschaften
↗ Parietarietea judaicae.
Glasschleichen, Bez. für 3 in den USA beheimatete Arten der Gatt. Ophisaurus; Gesamtlänge 0,4–1 m; ihr sehr langer, leicht abbrechender Schwanz zerfällt oft in mehrere Teile; G. sind meist bräunl. gefärbt, mit dunklen Querstreifen od. grün. Die Östl. G. (O. ventralis; längste Echse in den USA) bewohnt die feuchte Flachland am Golf v. Mexiko, die Schlanke G. (O. attenuatus) große Gebiete beiderseits des Mississippibeckens, die Küsten-G. (O. compressus) die SO-Staaten. Alle Arten besiedeln Florida, sie sind dämmerungsaktiv und eierlegend.

Glasschmelz, der ↗ Queller.
Glasschnecken, Vitrinidae, Fam. der Landlungenschnecken (Überfam. Limacoidea), mit gedrückt-kugel. bis ohrförm., glasartig durchsichtig-grünl. Gehäuse. Der Mantel bildet zwei Lappen, v. denen der rechte das Gehäuse bis zum ↗ Apex bedecken kann. Die G. sind sehr bewegl., auch im Winter aktive Tiere, die feucht-kühle Habitate bevorzugen. In Mitteleuropa kommen ca. 6 Gatt. mit 14 Arten vor, die äußerl. ähnlich, in Einzelheiten des Genitaltrakts verschieden sind. Die Kugeligen G. (Vitrina pellucida) haben ein bis 6 mm breites, fast kugel. Gehäuse; sind holarkt. verbreitet.

Glasschwämme ↗ Hexactinellida.
Glattbauchspinnen, die ↗ Plattbauchspinnen. [↗ Steinbutt.
Glattbutt, Scophthalmus rhombus,
Glattdick, Acipenser nudiventris, ↗ Störe.
Glattechsen, Scincidae, die ↗ Skinke.
glatte Muskulatur, vegetative Muskulatur, nicht dem Willen unterliegendes, zellulär gegliedertes Muskelgewebe aus meist kleinen spindelförm., seltener sternförmig verzweigten plasmareichen kontraktilen Zellen, in denen die kontraktile Substanz (↗ Actin-, ↗ Myosin- und Paramyosinfilamente) weniger hochgeordnet vorliegt als in den meist viel längeren u. dickeren Fasern der ↗ schräggestreiften (helikoidalen) u. ↗ quergestreiften (Skelett- u. Herz-)Muskulatur. Glatte Muskelzellen zeichnen sich gegenüber der schräg- u. v. a. quergestreiften Muskulatur durch ihr hohes Kontraktionsvermögen u. geringe Ermüdbarkeit (Darmmuskulatur) bei geringerer Kontraktionskraft u. -geschwindigkeit aus.

Glatthafer, Arrhenatherum, Gatt. der Süßgräser (U.-Fam. Pooideae) mit ca. 50 ausdauernden Arten in Eurasien, N-Amerika u. trop. Gebirgen. Es sind Rispengräser mit je 1 ♀ und 1 ♂ Blüte im Ährchen u. einer ca. 1 cm langen geknieten Granne. Das Französische Raygras od. G. i. e. S. (A. elatius) in Europa u. Zentralasien ist ein wertvolles wicht. Futtergras der Fettwiesen der Tieflagen (↗ Arrhenatheretalia).

Glatthafer-Wiesen, Arrhenatherion, Verb. der ↗ Arrhenatheretalia. [haie.
Glatthai, Galeorhinus zyopterus, ↗ Blau-
Glatthaie, die ↗ Marderhaie.
Glattkäfer, Phalacridae, Fam. der polyphagen Käfer aus der Gruppe der Clavicornia; kleine (2–3 mm), rundl. ovale, stark gewölbte, schwarz glänzende Käfer mit loser 3gliedr. Fühlerkeule. Bei uns ca. 20 Arten: Vertreter der Gatt. Olibrus entwickeln sich im Blütenboden v. Korbblütlern, die v. Phalacrus leben v. a. von Brand- u. Rostpilzen an Gräsern u. Seggen.

Glattkopffische, Alepocephaloidei, U.-Ord. der Lachsfische mit 2 Fam. u. zahlr. vielgestalt. Arten. Diesen meist kleinen, schlanken, pelag. lebenden Tiefseefischen fehlen Schwimmblase u. Fettflosse. Zur Fam. Eigtl. G. (Platyproctidae) gehört der 13 cm lange Strahlenteleskopfisch (Dolich-

Glattkopffische

Glasschnecken

Mitteleuropäische Gattungen:
↗ Eucobresia Helicolimax
↗ Phenacolimax
↗ Semilimax
↗ Vitrina Vitrinobrachium

Glaskraut

Das Aufrechte G. (P. erecta oder P. officinalis) enthält neben Gerbstoff einen noch nicht erforschten Bitterstoff u. relativ viel Kaliumnitrat. Es gilt in der Volksmedizin als Diuretikum.

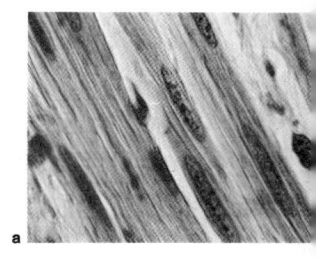

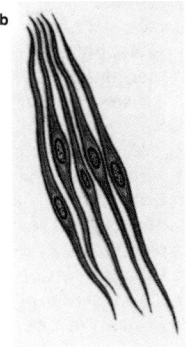

glatte Muskulatur

a mikroskop. Aufnahme von glatter Muskulatur,
b Schemazeichnung der spindelförm. glatten Muskelzellen

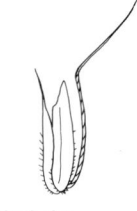

Glatthafer

Französ. Raygras (Arrhenatherum elatius), Ährchen mit 1 geknieten Granne

Glattnasen

opteryx longipes) mit 2 nach oben gerichteten röhrenförm. Augen. Die Arten der Fam. Leuchtheringe *(Searsiidae)* haben im Brustbereich ein sackförm. Sekretionsorgan, dessen zelliger Inhalt, ins Meer ausgestoßen, stark leuchtet.

Glattnasen, *Vespertilionidae,* weltweit verbreitete u. artenreichste Fledermaus-Fam. (ca. 300 Arten), der auch die meisten eur. Fledermäuse angehören. Kopfrumpflänge 3–10 cm, kein Nasenblatt (Name!), Ohren mit Deckel (Tragus), Schwanz überragt nicht od. nur wenig die Schwanzflughaut. Die G. haben fast alle Biotope besiedelt; sie ernähren sich nahezu ausschl. v. Insekten. – Die Mausohr-Fledermäuse (Gatt. *Myotis;* ca. 60 Arten) sind hpts. Höhlenbewohner; das Große Mausohr (*M. myotis*) ist die größte der einheim. G. (Kopfrumpflänge bis 8 cm, Flügelspannweite bis 30 cm), lebt gesellig u. fliegt erst spät am Abend aus. Zu den Zwergfledermäusen (Gatt. *Pipistrellus*) rechnen weltweit etwa 40 Arten; *P. pipistrellus,* die kleinste aller eur. G. (Kopfrumpflänge 3,5–4,5 cm), bevorzugt die Nähe menschl. Siedlungen u. verläßt schon kurz nach Sonnenuntergang den Schlafplatz. Die ↗ Abendsegler (Gatt. *Nyctalus*) sind überwiegend frühausfliegende Baumfledermäuse. Eine kurze, breite Schnauze kennzeichnet die Mopsfledermaus (Gatt. *Barbastella*). Über Europa weit verbreitet sind 2 Zwillingsarten der großohr. Langohrfledermäuse (Großohren, Gatt. *Plecotus*), v. denen auch Vertreter in Amerika leben. Die Breitflügelfledermäuse (Gatt. *Eptesicus;* weltweit ca. 30 Arten) sind in Mittel- u. S-Europa durch *E. serotinus,* in N-Europa durch die Nordfledermaus vertreten. Die unterseits sehr helle Zweifarbenfledermaus (Gatt. *Vespertilio*) kommt überwiegend im östl. Europa vor. Alle in Dtl. verbreiteten G.-Arten sind nach der ↗ Roten Liste „vom Aussterben bedroht" od. „stark gefährdet".

Glattnasen-Freischwänze, *Emballonuridae,* Fam. der Fledermäuse mit 13 Gatt. u. zus. 50 Arten, die hpts. in warmen Gebieten Amerikas, einige aber auch in der Alten Welt vorkommen; der Schwanz wird nur an der Basis v. der Flughaut eingeschlossen, der Rest bleibt frei (Name!).

Glattnatter, *Coronella austriaca,* ↗ Schlingnattern.   [↗ Alligatoren.

Glattstirnkaimane, *Paleosuchus,* Gatt. der

Glattwale, *Balaenidae,* Fam. der ↗ Bartenwale (↗ Barten) mit 3 Gatt. u. zus. 5 Arten. Die bis 21 m langen G. haben keine Kehlfurchen (Ggs. ↗ Furchenwale) u. meist keine Rückenfinne. Der auf das nördl. Eismeer beschränkte Grönlandwal od. Nordwal (*Balaena mysticetus,* B Polarregion III), fr. die bevorzugte Beute der arkt. Walfänger (die jederseits über 300 Barten v. 3 m Länge u. 25–30 cm Breite lieferten bis 1,5 t „Fischbein" pro Wal), ist heute eine der seltensten Walarten. Ebenso verfolgt wurden bis vor kurzem die zur Gatt. *Eubalaena* zusammengefaßten G., der Nordkaper *(E. glacialis),* der Nordpazifik-G. (*E. japonica*) u. der Südliche G. od. Südkaper (*E. australis*), deren Verbreitungsgebiete sich an die südl. Grenze des Grönlandwals (65° n.Br.) anreihen. Ohne wirtschaftl. Bedeutung u. dennoch selten ist der maximal 6 m lange Zwerg-G. (*Neobalaena marginata;* mit kleiner Rückenfinne) der südl. Meere um S-Afrika, S-Australien u. S-Amerika; über seine Lebensweise ist wenig bekannt. Für die dem Walfangabkommen beigetretenen Länder stehen heute alle G. unter völligem Schutz.

Glatzflechte, die ↗ Borkenflechte.

Glaucidium s [v. gr. glaux = Eule], Gatt. der ↗ Eulen.   [gewächse.

Glaucium s [v. *glauc-], Gatt. der ↗ Mohn-

Glaucocystis w [v. *glauc-, kystis = Blase], Gatt. der ↗ *Glaucophyceae,* Algen mit Endo-↗ Cyanellen, wurde fr. bei den *Chlorococcales* eingeordnet; *G. nostochinearum* häufig in Torfmooren.

Glaucophyceae [Mz.; v. *glauc-, gr. phykos = Tang], kleine Kl. der Algen mit z.Z. 9 bekannten Gatt. u. ca. 12, meist sehr seltenen Arten. Charakterist. für die auch *Cyanome* gen. photoautotrophen Einzeller sind die blaugrünen Endosymbionten (↗ Cyanellen), die als Plastiden fungieren. Bemerkenswert ist, daß das Genom der Cyanome in Struktur u. Größe weitgehend einem typ. Plastidengenom gleicht, mit einem bedeutenden Unterschied; in den Plastiden wird die größere Untereinheit der ↗ Ribulose-1,5-diphosphat-Carboxylase vom Plastidengenom codiert, die kleinere vom Kerngenom codiert; bei den Cyanomen werden beide Untereinheiten vom Cyanellengenom codiert. Häufigere Arten sind *Glaucocystis nostochinearum, Cyanoptyche gloeocystis, Gloeochaete wittrokkiana.*

Glauco-Puccinelletalia [v. *glauc-, nlat. puccinellia = Salzschwaden], Ord. der ↗ Asteretea tripolii.

Glaucus m [v. *glauc-], Gatt. der *Glaucidae* (Ord. Fadenschnecken), marine, pelag. Hinterkiemer mit transparentem, an der nach oben gewandten Bauchseite blauschimmerndem Körper, der mit 3 seitl. Büschelpaaren zum Treiben an der Wasseroberfläche eingerichtet ist. Zusätzl. werden Gasblasen als Auftriebselemente od. schwimmende Algen als Transportmittel benutzt. Als Nahrung dienen Segel- und Staatsquallen, deren Nesselkapseln (↗ Kleptocniden) in die Endabschnitte der

---

Glattnasen
Einheimische Gattungen und Arten:
Barbastella
  Mopsfledermaus
  (*B. barbastellus*)
Eptesicus
  Breitflügelfledermaus
  (*E. serotinus*)
  Nordfledermaus
  (*E. nilssoni*)
Myotis
  Große Bartfledermaus
  (*M. brandti*)
  Kleine Bartfledermaus
  (*M. mystacinus*)
  Bechsteinfledermaus
  (*M. bechsteini*)
  Fransenfledermaus
  (*M. nattereri*)
  Großes Mausohr
  (*M. myotis*)
  Wasserfledermaus
  (*M. daubentoni*)
  Wimperfledermaus
  (*M. emarginatus*)
Nyctalus
  Abendsegler
  (*N. noctula*)
  Kleinabendsegler
  (*N. leisleri*)
Pipistrellus
  Rauhhautfledermaus
  (*P. nathusii*)
  Zwergfledermaus
  (*P. pipistrellus*)
Plecotus
  Braunes Langohr
  (*P. auritus*)
  Graues Langohr
  (*P. austriacus*)
Vespertilio
  Zweifarbenfledermaus
  (*V. discolor*)

Glaucus atlanticus

glauc- [v. gr. glaukos = blaugrün, bläulich; davon glaukion = bläulich schimmernde Pflanze = Hornmohn].

Gleichgewichtsorgane

Mitteldarmdrüsen eingelagert u. als Waffen benutzt werden, die auch dem Menschen gefährl. werden können. An die Reste der Beute werden die Eischnüre geheftet. Die einzige Art *G. atlanticus* wird 3 cm lang. Nahe verwandt ist *Glaucilla* (nur 1 Art). Beide kommen in wärmeren Meeren vor.

Glauertia w, Gatt. der austr. Südfrösche, ↗ Myobatrachidae.

Glaukeszenz w [v. *glauc-], die Grau-, Blaugrün- od. Blaufärbung v. Blättern, Stengeln u. Früchten, die durch Wachsausscheidungen hervorgerufen wird.

Glaux w [gr., =], das ↗ Milchkraut.

Glazial s [Bw. *glazial;* v. *glazial-], die ↗ Eiszeit (Kaltzeit); Ggs.: Inter-G. (Warmzeit).

Glazialfauna w [v. *glazial-], Bez. für die die ↗ Glazialflora begleitende Fauna; in Mittel-↗ Europa eine Mischfauna aus kälteangepaßten Formen des nord. Tundrals u. des Oreals eur. Hochgebirge (↗ Alpentiere). Kennzeichnend waren verschiedene pflanzenfressende Großsäuger. Mammut u. Wollnashorn starben nacheiszeitl. aus, Moschusochse u. Ren wurden in ihre Herkunftsgebiete zurückgedrängt, andere konnten ihr Areal ausweiten (↗ arktoalpine Formen). In wärmeren Zwischenperioden wurde diese G. von zentralasiat. Steppenformen (z. B. Saiga-Antilope, Wildpferd), z. T. von Waldformen (z. B. Waldelefant, Merckschess Nashorn) verdrängt.

Glazialflora w [v. *glazial-], Bez. für die eiszeitl. Flora im periglazialen, eisfreien Bezirk um die großen Eisschilde; in Mitteleuropa eine zur Zeit der Maximalvereisung wahrscheinl. vollständig baumlose Tundrenvegetation, die sog. Dryasflora (↗ Dryaszeit), deren charakterist. Leitpflanze Silberwurz *(Dryas octopetala)* sich in fast allen Aufschlüssen der G. findet. Bei der nacheiszeitl. Rückwanderung der G. in ihre heut. Wohngebiete bleiben einige Pflanzen als ↗ Eiszeitrelikte (Glazialrelikte) auf wenigen, nicht vom Wald zu besiedelnden Sonderstandorten zw. den Teilarealen der arkt.-alpischen Großdisjunktion zurück.

Glazialrefugien [Mz.; v. *glazial-, lat. refugium = Zufluchtsort], die ↗ Eiszeitrefugien; ↗ Europa.

Glazialrelikte [Mz.; v. *glazial-, lat. relictus = zurückgelassen], die ↗ Eiszeitrelikte.

Glc, Abk. für ↗ Glucose.

Gleba w [Mz. *Gleben;* lat. = Erdscholle], Grundgeflecht mit dem sporenbildenden Gewebe im Innern eines angiokarpen (geschlossenen) Fruchtkörpers, z. B. bei ↗ Bauchpilzen u. ↗ Trüffeln.

Glechoma s [v. ionisch-gr. glēchōn = Polei], die ↗ Gundelrebe.

Glechometalia [Mz.; v. ↗ *Glechoma*], nitrophytische Saum- u. Verlichtungsgesellschaften, Ord. der ausdauernden Stickstoffkrautfluren (↗ *Artemisietea vulgaris*); nährstoffliebende, staudenreiche Krautfluren am Rande frischer Wälder u. an bodenfeuchten Waldlichtungen. Weit verbreitete Assoz. ist der Brennessel-Giersch-Saum *(Urtico-Aegopodietum),* in dem außer den beiden namengebenden Arten häufig Kleb-Labkraut, Gundermann od. Stinkender Storchschnabel vorkommen.

Gleditsch, *Johann Gottlieb,* dt. Botaniker, * 5. 2. 1714 Leipzig, † 5. 10. 1786 Berlin; seit 1746 Prof. u. Dir. des Bot. Gartens in Berlin; Arbeiten zur Sexualität der Pflanzen; beobachtete wie vor ihm schon ↗ Camerarius u. nach ihm ↗ Sprengel die Narbenbestäubung u. erkannte die Insekten als Pollenüberträger; in seinem 1749 im Bot. Garten durchgeführten „Experimentum Beroliniense" wies er durch künstl. Bestäubung der Dattelpalmen deren Sexualität nach; stellte als einer der ersten das Forstwesen auf eine wiss. Grundlage.

Gleditschie [ben. nach J. G. ↗ Gleditsch], *Gleditsia,* Gatt. der ↗ Hülsenfrüchtler.

Gleiboden ↗ Gley.

Gleichbeine, *Ossa sesamoidea phalangis primae,* bei vielen Säugetieren kleine ↗ Sesambeine am Gelenk zw. erstem u. zweitem Zehenglied (z. B. bei Raub- und Huftieren).

Gleicheniaceae [Mz.; ben. nach dem dt. Botaniker F. W. v. Gleichen-Rußwurm, 1717–83], *Gabelfarne,* Fam. der leptosporangiaten Farne (Ord. *Filicales*), rezent nur durch die (verschiedentl. in mehrere Genera aufgegliederte) Gatt. *Gleichenia* mit ca. 130 Arten in den Tropen u. Subtropen der Alten u. Neuen Welt vertreten; meist xerophytische, auch Ruderalflächen besiedelnde Erdfarne mit wiederholt pseudodichotom gegabelten Wedeln (d. h. „ruhende Knospen" in den Gabelungen); die fast ungestielten Sporangien stehen in Sori ohne Indusien u. tragen einen quer verlaufenden Anulus. – Fossil reichen die G. vielleicht bis ins Oberkarbon zurück, ihren Entwicklungshöhepunkt besitzen sie dann v. a. im jüngeren Mesozoikum.

Gleichflügler, 1) *Homoptera,* die ↗ Pflanzensauger. **2)** *Zygoptera,* U.-Ord. der ↗ Libellen.

Gleichgewicht, 1) Physik: der Zustand eines Körpers od. Systems, bei dem die Summe aller auftretenden Kräfte Null ist; **2)** Chemie u. Biol.: ↗ biologisches G., ↗ biozönotisches G., ↗ ökologisches G., ↗ chemisches G., ↗ dynamisches G. (Fließ-G.).

Gleichgewichtskonstante ↗ chemisches Gleichgewicht.

Gleichgewichtsorgane, *Gleichgewichtssinnesorgane, Schweresinnesorgane, statische Organe,* bei den meisten Tieren u.

glauc- [v. gr. glaukos = blaugrün, bläulich; davon glaukion = bläulich schimmernde Pflanze = Hornmohn].

glazial- [v. lat. glacies = Eis; davon glacialis = eisig, voller Eis], in Zss.: Eis-.

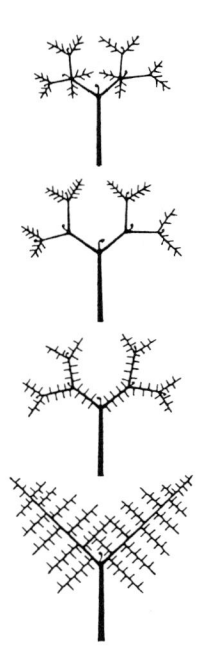

Gleicheniaceae

Typische pseudodichotome Gabelungsmuster der Wedel

Gleichgewichtssinn beim Menschen vorhandene Sinnesorgane, die der Wahrnehmung der Lage des Körpers im Raum dienen. Die G. der *Wirbellosen* sind i. d. R. Statocysten, runde bis ovale, mit Flüssigkeit gefüllte Blasen, in denen sich ein einzelner schwerer Körper (*Statolith*, „Schwerestein") od. mehrere kleinere *(Statoconien)* befinden. Diese können in der Statocyste frei bewegl. od. mit Sinneshaaren *(Schwererezeptoren, Gravirezeptoren)* verwachsen sein. Bei Lageveränderungen der G. infolge v. Körperbewegungen sind die Statolithen durch die Einwirkungen der Schwerkraft bestrebt, den tiefsten Punkt der Statocyste einzunehmen. Dabei wird Druck auf die Statocystenwand ausgeübt, od. bei verwachsenen Statolithen werden entspr. den Lageveränderungen die Sinnespolster (Gravirezeptoren) durch die Druck- bzw. Zugkomponente gereizt. Eine Ausnahme unter den Wirbellosen stellen die Insekten dar, die keine Statocysten besitzen. Bei diesen Tieren haben andere Organe *(Johnstonsches Organ, Gelenkrezeptoren)* od. der Körper selbst bzw. Körperanhänge, insbes. bei fliegenden Individuen, die Funktion der G. mitübernommen (↗ mechanische Sinne, ↗ Gehörorgane, ☐). Das G. der *Wirbeltiere* ist das im Innenohr gelegene ↗ Labyrinth, das aus dem Bogengangsystem (↗ Bogengänge), dem Utriculus u. Sacculus, besteht. Die G. der Wirbeltiere liefern nicht nur die für die Lageorientierung notwend. Informationen über die Richtung der einwirkenden Schwerkraft, sondern reagieren darüber hinaus auf Linear- u. Winkelbeschleunigungen des Kopfes bzw. Körpers. [B] mechanische Sinne II.

Gleichgewichtssinn, *statischer Sinn, Schweresinn, Schwerkraftsinn,* ↗ mechanischer Sinn zur Wahrnehmung der Lage des Körpers bzw. einzelner Körperteile im Raum, wobei die Konstanz der Schwerkraft (immer zum Erdmittelpunkt gerichtet) als „Richtlinie" dient. ↗ Gleichgewichtsorgane.

Gleichgewichtszentrifugation, Zentrifugationsmethoden, durch welche sich die zu isolierenden Substanzen aufgrund ihrer Schwebedichten in bestimmten Dichtezonen der zentrifugierten Lösungen ansammeln, da sie dort in einem Schwebegleichgewicht (daher die Bez. G.) stehen u. sich im Ggs. zu anderen Zentrifugationsmethoden auch bei längeren Zentrifugationszeiten nicht weiter in Gegenrichtung zur Zentrifugenachse bewegen. Bes. Bedeutung als G. hat die Cäsiumchlorid-↗ Dichtegradienten-Zentrifugation. Zur Isolierung v. Zellorganellen wird häufig auch die G. in Ggw. von Saccharose als Mittel zur Erzeugung bestimmter Lösungsmitteldichten angewandt.

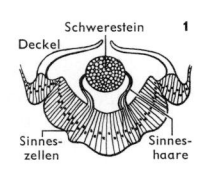

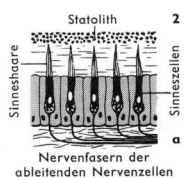

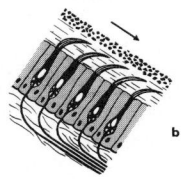

Gleichringler, *Isotomidae,* Fam. der Insekten-Ord. Springschwänze (*Collembola, Arthropleona*). Die G. haben einen, verglichen mit anderen Springschwänzen, relativ homonomen Körper, nur ihr Prothorax ist winzig. Die Vertreter sind sehr häufig im Humus, einige blinde Arten mit stark verkürzter Sprunggabel gehen aber auch tief in den Boden. Bekannt sind die Arten, die im Gebirge auf Schneefeldern od. Gletschern gelegentl. im zeit. Frühjahr zur Massenvermehrung neigen u. in großen Scharen den auf dem Schnee angewehten Pollen fressen. Dabei kann der Schnee wie stark berußt aussehen u. den Eindruck sehr starker Verschmutzung hervorrufen. In den Hochlagen der Alpen ist der Gletscherfloh *(Isotoma saltans)* verbreitet, in den höheren Lagen der Mittelgebirge (v. a. Südschwarzwald) der Schneefloh (*I. nivalis*). Beide Arten sind blauschwarz gefärbt u. ca. 1 mm groß; optimale Entwicklungsbedingungen bei 0° bis −4°C.

gleichwarme Tiere ↗ Homoiothermie.

Gleichwurzeligkeit, die ↗ Homorrhizie.

Gleitaare, *Elanus,* Gatt. der Habichtartigen mit 8 weltweit verbreiteten Arten; die kleinen gewandten Greifvögel jagen bes. in der Abenddämmerung Kleinsäuger (auch Fledermäuse), Eidechsen u. Insekten. Der in Steppen u. Halbwüsten der oriental. u. äthiop. Region vorkommende 33 cm große Gleitaar *(Elanus caeruleus)* brütet auch im südl. Portugal; er ist am grauen Gefieder mit schwarzen Schultern leicht zu erkennen.

Gleitbeutler, mit behaarten Gleitflughäuten zw. den Vorder- u. Hinterbeinen u. einem buschigen Schwanz als Steuerruder ausgestattete Beuteltiere aus der Fam. der Kletterbeutler *(Phalangeridae),* die ebenso (Konvergenz!) wie die Gleithörnchen *(Pteromyinae)* beim Springen meterweit schweben können. Die Gleithörnchenbeutler (Beutelflughörnchen) der Gattung *Petaurus* (3 Arten; Kopfrumpflänge 12 bis 30 cm, Schwanzlänge 15–45 cm) leben in Australien u. Neuguinea. Nur mausgroß sind die Zwerg-G. *Acrobates pygmaeus* (Australien) u. *A. pulchellus* (Neuguinea). Fast ausschl. v. Eucalyptusblättern ernährt sich der Riesen-G. *(Schoinobates volans),* Kopfrumpflänge 30–48 cm) der küstennahen Bergwälder O-Australiens, der v. hohen Bäumen aus Gleitflüge v. 80–100 m Länge ausführt. [schwanzhörnchen.

Gleitbilche, *Idiurus,* Gattung der ↗ Dorn

gleitende Bakterien, phylogenet. sehr heterogene Gruppe v. Bakterien, die sich durch eine langsame gleitende (kriechende) Bewegung an Grenzflächen, fe-

Gleichringler
Gletscherfloh *(Isotoma saltans)*

Gleichgewichtsorgane
1 Statocyste einer Rippenqualle; 2 Schnitt durch ein G. der Säugetiere, **a** in Normal-, **b** in Schieflage

gleitende Bakterien
(nach Reichenbach u. Dworkin, 1981)

Fam. *Chloroflexaceae* ([gleitende] grüne Schwefelbakterien) in der U.-Ord. *Chlorobiineae*

Kl. *Cyanobacteriae* (Cyanobakterien)

Kl. *Cyanomorphae* (farblose Cyanobakterien)

Kl. *Flexibacteriae* (einzellige gleitende Bakterien)

sten oder Flüssigkeits-Oberflächen auszeichnen. Wahrscheinlich können alle Schleim ausscheiden. Sie sind gramnegativ, stäbchenförm., oft flexibel u. besitzen keine Geißeln; einige bilden lange vielzell. Filamente od. Fruchtkörper *(Myxobacterales)*. Meist enthalten die Zellen Farbstoffe (gelbl., grünlichgelb, rötl. bis violett). Eine gleitende Bewegung, die wahrscheinl. bei den verschiedenen Gruppen durch unterschiedl. (noch unbekannte) Mechanismen erfolgt, ist bei vielen chemotrophen u. phototrophen Bakterien sowie den Cyanobakterien zu finden. In der Klassifikation nach Bergey's (1974, [T] Bakterien) werden in der 2. Gruppe (part) nur die nicht-phototrophen g.n B. (Ord. I *Myxobacterales* u. Ord. II *Cytophagales*) zusammengefaßt.

gleitende grüne Schwefelbakterien, *Chloroflexaceae,* ↗ grüne Schwefelbakterien.

Gleitfallenblumen, *Kesselfallenblumen, Fallenblumen,* Blüten od. Blütenstände, die Insekten im Dienst der Bestäubung über mehr od. weniger lange Zeit gefangenhalten. Die Bestäuber sind meist Fliegen od. Käfer, die durch spezif. Geruch (Kot, Urin, Aas) angelockt werden. Die als „Landeplatz" dienenden Blütenteile weisen eine so glatte Oberfläche auf, daß die Insekten abrutschen u. durch eine Röhre, die oft nur in einer Richtung passierbar ist (Reusenhaare), in einen „Kessel" fallen, den sie erst nach der Bestäubung wieder verlassen können. Bekannte Beispiele für G. sind die Blütenstände des ↗ Aronstabs (auch viele andere Vertreter der *Araceae*) u. die Blüten der Gatt. *Aristolochia* (↗ Osterluzei), *Ceropegia* u. *Cypripedium* (↗ Frauenschuh). Manche G. sind als *Fensterblüten* ausgebildet (z.B. *Aristolochia lindneri*). Durch die Anordnung v. dunkler Färbung u. lichtdurchläss. Gewebeteilen (Fenster) innerhalb der kompliziert gebauten Fallenblüte wird das „abgestürzte" Insekt (z.B. Fliege) zu Narbe u. Staubgefäßen geleitet u. so die Fluchtreaktion der Fliege zum Licht hin ausgenutzt. Nach erfolgter Bestäubung findet eine Umfärbung der Gewebe statt, so daß der Bestäuber den Weg ins Freie finden kann. Der Begriff Fensterblüten wird in der Blütenmorphologie auch für Blüten angewandt, deren Kronblattspitzen sich beim Aufblühen nicht trennen (Entfaltungshemmung, z.B. *Ceropegia*). So entstehen „Fenster" in der Blüte, durch welche Insekten Zugang haben. ↗ Aasblumen.

Gleitfasermechanismus, der ↗ sliding-filament-Mechanismus; ↗ Cilien.

Gleitflieger, *Cynocephalus,* Gattung der ↗ Riesengleiter.

Gleithörnchen, *Flughörnchen, Pteromyinae,* U.-Fam. der Hörnchen *(Sciuridae)* mit

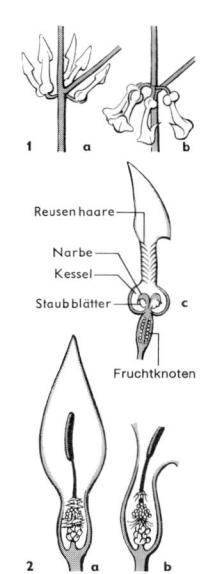

Gleitfallenblumen
1 Osterluzei *(Aristolochia),* **a** jüngere, **b** ältere Blüten; **c** Längsschnitt durch eine jüngere Blüte mit reifer Narbe, noch unreifen Staubblättern u. den Reusenhaaren, die bei der älteren Blüte schrumpfen. 2 Blüte des Aronstabs *(Arum),* **a** mit reifer Narbe, unreifen Staubblättern u. borstenart. Hindernisblüten als Kesselabschluß; **b** bestäubte Blüte mit reifen Staubblättern u. verwelkten Reusenhaaren

Gleithörnchen
Wichtige Arten:
Assapan *(Glaucomys volans)*
Gewöhnl. Gleithörnchen *(Pteromys volans)*
Taguan *(Petaurista petaurista)*

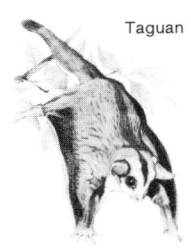

Taguan

13 Gatt. u. 36 Arten; Kopfrumpflänge meist 10–15 cm (Taguan: 60 cm); Verbreitung: N der Alten u. Neuen Welt, Inner-, O- u. SO-Asien. G. sind dämmerungs- u. nachtaktive Baumbewohner mit einer behaarten, v. den Vorder- zu den Hintergliedmaßen reichenden Gleitflughaut, die bei Sprüngen als „Tragfläche" wirkt. Bei Flucht vor Feinden (Marder, Greifvögel) können G. 30–50 m weit segeln; der buschige Schwanz dient als Steuerruder. G. sind Waldbewohner, bauen Baumnester od. benutzen Baumhöhlen zur Jungenaufzucht u. ernähren sich v. Blättern, Rinde, Knospen, Früchten u. Insekten. [B] Asien I.

Gleithörnchenbeutler, *Beutelflughörnchen, Petaurus,* Gatt. der ↗ Gleitbeutler mit 3 Arten.

Glenodinium *s* [v. gr. glēnē = Augenstern, Pupille, dinē = Wirbel], Gatt. der ↗ Peridinales.   [ringler.

Gletscherfloh, *Isotoma saltans,* ↗ Gleich-

Gletschergast, *Boreus,* Gatt. der ↗ Winterhafte.

Gley [russ., = schwerer Lehm, schlammiger Boden], *Gleiboden,* typ. Grundwasserboden, Profilaufbau A_h-G_o-G_r ([T] Bodenhorizonte). Der Oberboden bleibt vom Grundwasser weitgehend unbeeinflußt. Aufgrund der Sauerstoffarmut herrschen im ständig nassen G_r-Horizont reduzierende Verhältnisse. Eisen- u. Manganverbindungen liegen als grüne, graue od. blauschwarze Hydroxide, Carbonate od. Sulfide vor u. verleihen diesem Reduktionshorizont die charakterist. Farbe. Im Schwankungsbereich des Grundwassers (ca. 30–100 cm Tiefe) wechseln sich reduzierende u. oxidierende Bedingungen ab. Lösl. Eisen- u. Manganverbindungen werden mit dem Grundwasser aufwärts transportiert u. gehen beim Kontakt mit Luftsauerstoff in unlösl., rost- bis schwarzbraune Oxide über. Der G_o- od. Oxidationshorizont ist deshalb an der Rostfleckigkeit bzw. Marmorierung zu erkennen. Hohe Eisen- od. Kalkgehalte im Grundwasser können im G_o-Horizont zu festen Bänken akkumulieren (Raseneisen, Wiesen- od. Almkalke). Abgewandelte Bodentypen entstehen, wenn ständig hoch anstehendes Grundwasser die Oxidationszone auf einen schmalen oberflächennahen Bereich beschränkt (A_h G_o-G_r-Profil, Naßgley) od. der Sauerstoffzutritt fast völlig unterbleibt u. so die Humuszersetzung gehemmt ist (↗ Anmoor). Stauendes Grundwasser über verdichteten Schichten führt zur Entwicklung gleyähnl. Böden (↗ Pseudogley, ↗ Stagnogley). [B] Bodenzonen.

Glia *w* [gr., = Leim], *G.gewebe, Neuro-G.,* aus *G.zellen (Gliocyten)* bestehendes, hpts. ektodermales Stütz- u. Isolationsge-

Gliadin

glia-, glio [v. gr. glia = Leim].

webe (↗Bindegewebe, B) im Zentralnervensystem der Tiere; wird bes. bei Wirbeltieren unterteilt in *Makro-G.* (ektodermal; hierzu zählen die ↗Astrocyten u. ↗Oligodendrocyten) u. in *Mikro-G.* (mesodermal). G.zellen behalten im Ggs. zu Nervenzellen die Fähigkeit zur Zellteilung bei. Makro-G.zellen bilden u. a. die Myelinscheiden um neuronale Axone. Mikro-G.zellen wirken als Makrophagen, indem sie Fremdkörper u. abgestorbene Nervenzellen beseitigen. Eine Sonderform der G. ist das ↗Ependym, epithelartig angeordnete G.zellen, die Hirnhöhlen u. Rückenmarkskanal auskleiden u. Fortsätze in das Nervengewebe entsenden (Ernährung?).

Gliadin *s* [v. *glia-], ein zu den ↗Prolaminen zählendes einfaches Protein aus Weizen u. Roggen; Bestandteil des Kleberproteins (↗Gluten).

Glieder, *Gliedmaßen,* die ↗Extremitäten.

Gliederantenne, *myocerate Antenne,* bei Krebsen, Tausendfüßern u. entognathen Insekten vorhandene ↗Antenne (☐). Im Ggs. zur Geißel-↗Antenne (*amyocerate Antenne*) enthalten hier alle Fühlerglieder mit Ausnahme des letzten eine eigene Muskulatur.

Gliederfrucht, die ↗Bruchfrucht.

Gliederfüßer, *Euarthropoda,* Teilgruppe der ↗Gliedertiere *(Articulata);* stellt mit über 1 Million Arten (¾ aller bisher bekannten Tierarten) die bei weitem umfangreichste Gruppe dar. Zus. mit den ↗*Proarthropoda* bilden sie die *Arthropoda* (G. i. w. S.). Wichtige *Merkmale* der G. vgl. Spaltentext. Die urspr. G. haben einen mehr od. weniger homonom gegliederten Rumpf, deren Segmente alle je ein Paar Extremitäten tragen; nur das letzte (Telson od. Pygidium), definitionsgemäß nicht als Segment bezeichnet, hat keine Beine. Im vorderen Bereich sind insgesamt 6 Segmente u. das ↗Akron (Prostomium) zu dem typ. *Kopf* der G. verschmolzen. Sie tragen ebenfalls Extremitäten, die jedoch bei den einzelnen Teilgruppen in unterschiedl. Weise zu Mundwerkzeugen u. Fühlern umgebildet sind. Vollständig erhalten sind sie v. a. bei den Krebstieren. Hier finden wir v. vorne nach hinten 1. und 2. Antennen, 1 Paar Mandibeln und je 1. und 2. Maxillen als umgebildete Extremitäten der Kopfsegmente (weitere Abwandlungen u. deren Benennung vgl. Tab.; ↗Trilobiten, ↗Chelicerata, ↗Krebstiere, ↗Tausendfüßer, ↗Insekten). Die urspr. Segmentgrenzen sind am Kopf bis auf wenige Ausnahmen nicht mehr erkennbar. Der Kopf ist außerdem Träger wichtiger *Sinnesorgane:* ↗Antennen als Tast- u. Geruchsrezeptoren (↗chemische Sinne), auch die Taster (Palpen) der Mundteile tragen Tast- u. Geschmackssinnesorgane. Bes. auffällig sind z. T. mächtig entwickelte ↗*Komplexaugen.* Sie sind eine Neuerwerbung der *Euarthropoda* u. werden dem Akronteil des Kopfes zugeordnet. Wir finden sie bei allen Teilgruppen, wenn sie auch immer wieder reduziert od. umgebildet sein können. So haben unter den Chelicerata nur noch die Pfeilschwanzkrebse *(Limulus),* unter den Tausendfüßern nur die *Notostigmophora (Scutigera)* Komplexaugen. Die Spinnentiere *(Arachnida)* u. Tausendfüßer haben ihre urspr. Komplexaugen in ↗*Einzelaugen* aufgelöst u. weiter modifiziert. Dies gilt auch für die *Larvalaugen* (Stemmata) der Insektenlarven. Scharf zu trennen v. den lateralen Komplexaugen u. ihren Abwandlungen sind die *Medianaugen,* die als einfache Linsenaugen ausgebildet sind. Bei den Cheliceraten finden sich 2 (bei den echten Spinnen als *Hauptaugen* bezeichnet), bei den Krebstieren 3 (*Naupliusaugen*), bei den Insekten 3 (*Stirnocellen*). Urspr. hatten alle Teilgruppen 4 solcher Augen, die jedoch nur bei den Asselspinnen, unter den Krebstieren bei den *Phyllopoda* (Blattfußkrebse) u. bei Insekten bei den Springschwänzen erhalten sind. Die Tausendfüßer haben sie vollständig reduziert. – Der Kopf enthält das *Zentralnervensystem,* das durch enge Angliederung u. teilweise Verschmelzung der urspr. Ganglien eine morpholog. u. funktionelle Einheit bildet (↗Gehirn, ☐). Man unterscheidet das über dem Oesophagus liegende *Oberschlundganglion* (Supraoesophagealganglion) vom darunter liegenden *Unterschlundganglion* (Suboesophagealganglion). Im typ. Fall (z. B. Mandibulaten) gliedert sich das

---

Gliederfüßer

Wichtige Merkmale:
– segmentale Gliederung in Rumpf u. einen aus 6 Segmenten bestehenden Kopf.
– Chitincuticula, die periodisch gehäutet wird
– gegliederte Extremitäten (Arthropodien), d. h. mit echten Gelenken
– Rückbildung des Coeloms („Mixocoel")
– dorsales Herz mit Ostien
– Hautmuskelschlauch in Bündel v. Einzelmuskeln aufgelöst
– laterale Facettenaugen (Komplexaugen), mediane Punktaugen (ursprünglich 4)

Kopf- und Gehirngliederung der Gliederfüßer

Kopfabschnitt	Gehirnabschnitt		Extremitäten			
			Trilobita	*Chelicerata*	*Crustacea*	*Insecta*
Akron	Oberschlundganglion	Archicerebrum ⎱ Proto- Prosocerebrum ⎰ cerebrum	–	–	–	–
1. Prosocephalon			Labrum	Labrum	Labrum	Labrum
2. Deutocephalon		Deutocerebrum	1. Antenne	–	1. Antenne	1. Antenne
3. Tritocephalon		Tritocerebrum	Laufbein	Chelicere	2. Antenne	–
4. Gnathocephalon 1	Unterschlundganglion 1		Laufbein	Pedipalpus	Mandibel	Mandibel
5. Gnathocephalon 2	Unterschlundganglion 2		Laufbein	Laufbein	1. Maxille	1. Maxille
6. Gnathocephalon 3	Unterschlundganglion 3		Laufbein	Laufbein	2. Maxille	Labium

Oberschlundganglion in drei Bezirke: Proto-, Deuto- u. Tritocerebrum. Das *Protocerebrum* ist – wie die Embryonalentwicklung zeigt – das Verschmelzungsprodukt des Akronganglions (↗Archicerebrum) mit dem Ganglion des 1. Kopfsegments (Prosocerebrum). Es innerviert v. a. die Lichtsinnesorgane (Komplexaugen, Medianaugen) u. enthält die wicht. Zentren der Informationsverarbeitung (z. B. Corpora pedunculata, ↗Pilzkörper). Der prosocerebrale Anteil des Protocerebrums beinhaltet neben der sog. 1. Kommissur, die die beiden Ventralkörper verbindet, wichtige Regionen mit neurosekretor. aktiven Nervenzellen (Pars intercerebralis), die z. B. Aktivationshormone zu den ↗Corpora cardiaca (Neurohämalorgane) entsenden u. bei Insekten zus. mit den ↗Corpora allata (↗Juvenilhormon) die Häutungen steuern. Als epidermaler Anteil des Protocerebrums gelten die z. T. mächt. Augenloben (↗Lobus opticus), die wicht. Verschaltungszentren (2–4) der visuellen Information enthalten. Es folgt das die 1. Antennen innervierende ↗*Deutocerebrum*, das v. a. die Antennalglomeruli enthält. Das *Tritocerebrum* ist zwar dicht dem Deutocerebrum angeschlossen, hat aber seine Kommissur suboesophageal. Diese Tatsache u. die, daß urspr. Krebstiere (↗*Anostraca*, ↗*Phyllopoda*) das Tritocerebrum nicht dem Deutocerebrum angegliedert haben, wird so gedeutet, daß in der Evolution der G. der Prozeß einer ↗*Cephalisation* in zwei Schritten erfolgte: primäres Syncerebrum als Angliederung v. zunächst nur Archi-, Proso- u. Deutocerebrum; sekundäres Syncerebrum durch spätere Angliederung des Tritocerebrums. Dieser Gehirnteil innerviert die 2. Antennen bzw. als Homologon bei den Spinnentieren die Cheliceren. Den Tracheentieren ist diese Extremität verlorengegangen. Das dreiteilige Unterschlundganglion innerviert die zu Mundteilen umgebildeten Kopfextremitäten (Gnathocephalon): bei Mandibulaten Mandibeln, 1. und 2. Maxillen, bei Cheliceraten Pedipalpen sowie 1. und 2. Rumpflaufbeinpaar (Proterosoma). Bei Krebstieren u. Cheliceraten besteht die Tendenz, weitere Rumpfsegmente dem Kopf anzugliedern. Dies führt auch zur Angliederung weiterer Bauchganglien. Im Extrem sind alle Ganglien angegliedert, wie bei den Krabben. Bei vielen Spinnentieren verschmelzen sogar Ober- u. Unterschlundganglion zu einem einheitl. Ring um den Oesophagus. (Weitere Abschnitte des Gehirns: ↗stomatogastrisches Nervensystem.)

Der dem Kopf folgende *Rumpf* ist im urspr. Fall homonom gegliedert. Bei den einzelnen Teilgruppen erfolgte eine Tagmatabildung, die bei den Insekten zur Gliederung in einen 3gliedr. *Thorax* (↗Brust) und 11gliedr. ↗*Abdomen*, bei Krebstieren in Pereion („Thorax") u. Pleon (Abdomen) führte, deren Segmentzahlen jedoch selbst innerhalb der Gruppe der Krebstiere unterschiedl. sind. Die Spinnentiere haben ihren Körper durch Angliederung v. 2 Rumpfsegmenten an den Kopf in ein Prosoma u. ein Opisthosoma (übrige, maximal 12, Rumpfsegmente + Telson) unterteilt. – Urspr. gehören zu jedem Segment der G. 1 Paar ↗*Extremitäten*. Sie sind, entspr. mannigfaltigster Anpassungen, sehr unterschiedl. gebaut (□ Extremitäten). Die phylogenet. Entstehung dieser Arthropodien ist umstritten. Eine gängige Hypothese nimmt als Ausgangspunkt der Ableitung die Parapodien der Ringelwürmer, die bei den Polychaeten in urspr. Ausbildung v. den letzten gemeinsamen Vorfahren der Gliedertiere *(Articulata)* erhalten sind. Diese Parapodien wurden nach ventrolateral verschoben u. als Schreitbeine verwendet. Diese waren zunächst Lobopodien mit distalem Kiemenanhang, da die Ur-Arthropoden im Wasser lebten. Die Stummelfüßer *(Onychophora)* waren die ersten, die das Land eroberten u. dabei diese Lobopodien mit Krallen versahen (= Oncopodium). Im weiteren Verlauf der Arthropodisation entstand im Meer durch Bildung der starren Chitincuticula aus den Lobopodien durch Untergliederung das urspr. Arthropodium. An dessen Basis blieb zunächst der Kiemenast erhalten. Die Zahl der Beinglieder war hier bereits festgelegt. Dieses Ur-Euarthropodenbein bestand aus dem basalen (noch ungegliederten) Protopoditen (= Coxopodit). Dieser trug nach distal einen als Schreitast fungierenden Telopoditen u. als Schwimmast dienenden Exopoditen, der zugleich Träger v. Kiemenblättchen war. Dieses Bein ist ein Spaltbein (Schizopodium). Der Telopodit besteht aus 6 Gliedern, die bei den einzelnen Teilgruppen der G. unterschiedl. ben. sind (↗Extremitäten). Dieses Spaltbein findet sich wenig verändert bei den ↗Trilobiten, ↗*Merostomata* u. ursprünglichsten Krebstieren (↗*Cephalocarida*, □). Danach sind der Kiemenast der Trilobiten u. die Kiemen bzw. das Flabellum der *Merostomata* dem Exopoditen homolog. Erst bei den Krebstieren wird der Protopodit in drei Teile untergliedert (Praecoxa, Coxa, Basis), wobei die Basis den Exopoditen, Coxa u. Praecoxa nach außen jeweils einen Epipoditen, nach innen Endite tragen (so bei den *Malacostraca*). Bei den Tracheentieren geht der Exopodit weitgehend verloren u. ist nur bei

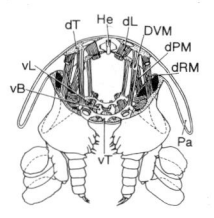

Gliederfüßer

Querschnitt („räumlich") durch ein Rumpfsegment eines Gliederfüßers. Der urspr. Hautmuskelschlauch der Gliedertiere ist in einzelne, genau benennbare Muskelstränge aufgelöst. dL dorsaler Längsmuskel, dPM dorsaler Promotor-Muskel, dRM dorsaler Remotor-Muskel, dT dorsale Transversalsehne, DVM Dorso-Ventral-Muskel, He Herz, Pa Paranotum (Pleurotergit), vB ventrales Bauchganglion, vL ventraler Längsmuskel, vT ventrale Transversalsehne

Gliederfüßer

Gliederfüßer

Ableitungsreihe der Extremitäten der G., dargestellt als schemat. Rumpf- bzw. Thoraxquerschnitte mit ansitzendem Beinpaar.
A stellt den mutmaßl., noch aquatilen Urarthropoden dar, der Oncopodien mit Kiemenästen hatte. Von hier erfolgte in einem ersten Evolutionsschritt der Weg zu den terrestrischen Stummelfüßern *(Onychophora)*. Zu **B** entwickelten sich dann die eigentlichen Gliederfüßer *(Euarthropoda)* durch die Bildung v. Arthropodien in Form eines Spaltbeins mit Endopodit als Schreit- u. Exopodit als Kiemenast. Bei den Dreilappern *(Trilobita)* ist diese Situation noch ursprüngl. erhalten. Bei den *Chelicerata* finden sich Exopoditreste nur in Form v. Kiemen od. Rudimenten. Von **C** („Urmandibulata") führt der Weg zu den Krebstieren *(Crustacea)*. Hier ist gleichzeitig die Entstehung der Epipodite aus ehemaligen Kiemenblättchen nach der Vorstellung von Lauterbach dargestellt. Danach ist die Unterteilung des Basipoditen in Praecoxa, Coxa u. Basis und ihre Anhänge Praeepi- u. Epipodit erst innerhalb der Gruppe der Krebstiere bei den *Malacostraca* entstanden. Bei den *Tracheata (Monantennata)* sind Reste des Exopoditen nur bei ursprüngl. Vertretern (bei den *Myriapoda* bei den *Symphyla*, bei den Insekten bei einigen Urinsekten) als Stylus erhalten.
Ca Carapax, Co Coxo- oder Basipodit, En Endopodit, Ep Epipodit, Ex Exopodit, PEp Praeepipodit, Pl Pleurotergit, Ru Rumpf, St Stylus

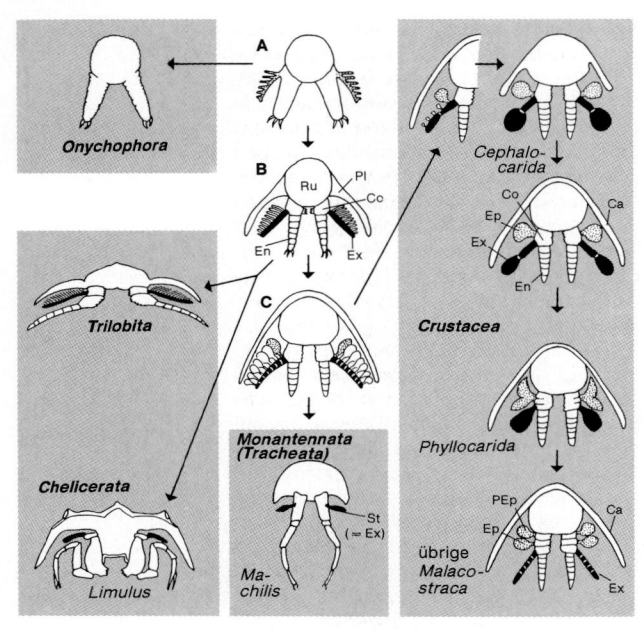

einigen urspr. Vertretern als ↗Hüftgriffel (Stylus) erhalten (Zusammenfassung: vgl. Abb.). Andere Hypothesen gehen v. einem Stabbein mit dreigliedr. Basis aus (wie bei den *Malacostraca*). Je nach weiterer Homologisierung werden die Kiemenanhänge der Trilobiten, *Merostomata* bzw. der Stylus der Tracheentiere dann entweder als Praeepipodit od. als Epipodit gedeutet. Urspr. dienen alle Extremitäten gleichermaßen der Lokomotion, dem Nahrungserwerb sowie der Atmung. Sie waren daher alle mehr od. weniger gleich gebaut. Die ersten Umbildungen erfolgten im Kopfbereich zu Mundwerkzeugen. So haben die *Chelicerata* als wichtigste Beißwerkzeuge die Cheliceren, die Krebstiere, Tausendfüßer u. Insekten Mandibeln entwickelt (zur Homologisierung vgl. Tab. S. 76, Evolution zur Mandibel ↗Mandibulata). Bei der Tagmatabildung wurden die Beine ebenfalls stets den neuen Funktionen angepaßt od. sogar wie bei den Insekten im Bereich des Abdomens bzw. bei den Spinnentieren am Opisthosoma reduziert.

Die ↗Atmung erfolgt primär über Kiemen (↗Atmungsorgane, B). Bei höheren Krebstieren übernehmen häufig zusätzl. zu den Epipoditen die Innenwand des Carapax od. weitere flächige Extremitätenanhänge die Funktion des Gasaustausches. Bei terrestr. G.n wurden Luftatmungsorgane entwickelt: Fächerlungen (= Buchlungen) bei Spinnentieren, Carapaxhöhlen als Lunge bei terrestr. *Decapoda*, Pseudotracheen (Tracheenlungen) in den Exopoditen des Pleons bei ↗Landasseln u. schließl. Tracheen als segmentale Hauteinstülpungen, die als kompliziertes, von Cuticula ausgekleidetes Röhrensystem Sauerstoff direkt bis zu den Organen u. Geweben führen. Sie entstanden konvergent bei Spinnen- u. Tracheentieren. Weitere Atmungsorgane stellen die sekundären Tracheen- od. Blutkiemen vieler aquatiler Insektenlarven dar (B Atmungsorgane II). Diese sind entweder abgewandelte Abdominalextremitäten od. Hautausstülpungen (↗Insekten). – Das *Blutgefäßsystem* (↗Blutkreislauf, ☐) ist offen. Ein Arteriensystem ist als dorsaler Herzmuskelschlauch, urspr. auch mit paar. segmentalen Aorten u. oft einem Ventralgefäß, ausgebildet. Die Kontraktion der Ringmuskeln bewirkt die Systole; antagonist. wirken ↗Flügelmuskeln (↗Perikardialmembran), deren Kontraktion die Diastole bewirkt (↗Herz). – Segmentale ↗*Exkretionsorgane* der G. sind aus Metanephridien hervorgegangen. Bei den Spinnentieren werden sie als ↗Coxaldrüsen, bei Mandibulaten als Antennen- u. Maxillennephridien bezeichnet. Bei höher entwickelten Formen finden sich davon nur noch 1 Paar Labialdrüsen. Bei terrestr. G.n übernehmen Teile des Darms die Bildung v. Exkreten (meist Guanin, ↗Exkretion). Häufiger wurden jedoch hier Malpighi-Gefäße entwickelt, die bei Spinnentieren Ausstülpungen des Mitteldarms (entodermal), bei Tracheentieren jedoch solche des Enddarms (ektodermal) sind. – Der ↗*Darm* besteht stets aus 3 Abschnitten: Stomodaeum (ektodermaler Vorderdarm), der mit Cuticula ausgekleidet ist u. bei jeder Häutung mit gehäutet wird. Er beginnt mit der

Mundhöhle u. setzt sich in den Oesophagus fort. Dieser kann sich vor seiner Vereinigung mit dem Mitteldarm erweitern u. einen Kropf (Insekten), einen Kaumagen (*Limulus,* viele Krebstiere, Insekten) od. einen Saugmagen (Spinnentiere) bilden. Der entodermale Mitteldarm (Mesodaeum) schließt sich als einfaches Rohr an den Vorderdarm an. Am Ende kann er sich zu einer Rektalblase erweitern, die als Kot- u. Exkretspeicher dient. Am Mitteldarmeingang münden häufig Mitteldarmdrüsen (Hepatopankreas), die bei großen Arten ein reich verzweigtes System v. Blindsäkken bilden. Bei Tracheentieren sind sie zu kleinen Caeca reduziert od. fehlend. Wie der Vorderdarm ist auch der Enddarm (Proctodaeum) mit Cuticula ausgekleidet u. bildet meist nur ein kurzes, muskulöses Endstück u. den After. ↗ Verdauung. – Die *Ontogenie* verläuft bei den G.n meist über centrolecithale, dotterreiche Eier mit superfizieller ↗ Furchung (B). Bei vielen Krebstieren finden sich auch dotterarme Eier mit totaler Furchung. Die ↗ Gastrulation erfolgt bei holoblast. Entwicklung durch Invagination od. Epibolie, bei meroblast. Entwicklung durch Immigration. Das Ergebnis dieser Entwicklung ist entweder eine wenig-segmentige Primärlarve (Nauplius bei Krebstieren, Protaspis bei Trilobiten, Protonymphon bei Asselspinnen, Hexapodenlarve bei Doppelfüßern u. einigen Hundertfüßern), die erst postembryonal weitere Segmente bildet (↗ Anamorphose), od. eine Sekundärlarve. Vertreter mit Sekundärlarven haben in der Phylogenie sekundär die Primärlarve verloren. Die teloblast. Segmentbildung wird bereits im Ei abgeschlossen (↗ Epimerie): Spinnentiere, viele Krebstiere, Insekten (außer Beintastlern), manche Hundertfüßer. *Phylogenie:* Die G. sind durch eine Reihe v. Spezialhomologien (Synapomorphien) als monophylet. Gruppe gekennzeichnet. Zu ihnen gehören u. a.: 1. Antennen, Komplexaugen, Komplexgehirn, Chitincuticula, offenes Gefäßsystem usw. (Großsystemat. Gliederung vgl. Tab.). B 80–81.

Lit.: Bergström, J. et al.: Arthropoden-Phylogenie – Abhandl. Naturwiss. Verein Hamburg [N.F.] 23. Hamburg 1980. Gupta, A. P. (Hg.): Arthropod phylogeny. New York 1979. *H. P.*

Gliederhülse ↗ Bruchfrucht; T Fruchtformen.
Gliederpflanzen, die ↗ Schachtelhalme.
Gliederschote ↗ Bruchfrucht; T Fruchtformen.
Gliederspinnen, die ↗ Mesothelae.
Gliedersporen, *Gliedsporen,* die ↗ Arthrokonidien.
Gliederstrahlen, die *Flossenstrahlen,* [↗ Flossen.
Gliedertiere, *Articulata,* Stammgruppe der

Gliedertiere
(Articulata)
↗ Ringelwürmer (Annelida)
↗ Gliederfüßer (Arthropoda)
Proarthropoda (Pararthropoda)
↗ Stummelfüßer (Onychophora)
↗ Bärtierchen (Tardigrada)
Zungenwürmer (↗ Pentastomiden)
Euarthropoda
↗ Trilobiten (Trilobita, Dreilapper)
↗ Chelicerata (Fühlerlose)
↗ Mandibulata

Gliederfüßer
(Euarthropoda)
Arachnata (↗ Amandibulata, Kieferlose)
Trilobita (↗ Trilobiten, Dreilapper)
↗ Chelicerata (Fühlerlose)
↗ Mandibulata
Crustacea (Diantennata, ↗ Krebstiere)
Tracheata (↗ Monantennata)
Myriapoda (↗ Tausendfüßer)
Insecta (Hexapoda, ↗ Insekten)

Gliedertiere

Tiere, in der die ↗ Ringelwürmer (*Annelida*) u. die ↗ Gliederfüßer (*Arthropoda*) zusammengefaßt sind. Hierher gehören gut ¾ aller bekannten Tierarten. Die G. sind *Coelomata* mit primär homonomer Segmentierung. Dieser Körper besteht im Grundplan aus dem Prostomium (↗ Akron), das vor der Mundöffnung liegt, mehreren bis vielen folgenden Rumpfsegmenten u. dem Pygidium (Telson), das den After trägt. Jedes Rumpfsegment beinhaltet primär 1 Paar Coelomsäckchen, 1 Paar Gonaden, 1 Paar Nephridien, 1 Paar Ganglien u. wahrscheinl. auch 1 Paar ↗ Extremitäten. Letztere sind bei den Ringelwürmern urspr. die Parapodien, bei den Gliederfüßern Oncopodien (*Proarthropoda*) u. gegliederte Extremitäten (*Euarthropoda*). Das ↗ Nervensystem ist ein Strickleiternervensystem, dessen ↗ Gehirn (Cerebralganglion) primär nur das im Prostomium über der Mundöffnung liegende Ganglion (↗ Archicerebrum) ist. Sowohl bei den Ringelwürmern als auch ganz bes. bei den Gliederfüßern kommt es zur Kopfbildung (↗ Cephalisation) durch Verschmelzung v. Rumpfsegmenten mit dem Prostomium. Die Extremitäten dieser Kopfsegmente werden in Abhängigkeit v. den jeweiligen Gruppen der G. zu ↗ Mundwerkzeugen u. ↗ Antennen (Fühlern). Dem primären Cerebralganglion werden die Ganglien der zum Kopf verschmolzenen Segmente angegliedert. Es entsteht ein Komplexgehirn (Syncerebrum). Dieses innerviert neben den Kopfextremitäten die Sinnesorgane. Erwähnenswert sind primär wohl 4 Punktaugen, zu denen bei den *Euarthropoda* teilweise mächt. Lateralaugen in Form der Facettenaugen (↗ Komplexaugen) kommen. Bei urspr. G. findet sich ein dorsales (Blutstrom nach vorn) u. ein ventrales (Blutstrom nach hinten) Längsgefäß, die an den Segmentgrenzen durch paar. Gefäßschlingen untereinander verbunden sind. Bei den Gliederfüßern wird dieses geschlossene Blutgefäßsystem (↗ Blutkreislauf, □) weitgehend aufgelöst. Es bleibt als dorsales ↗ Herz nur der dorsale Längsstrang. Die Körperwand ist primär ein Hautmuskelschlauch, der aus einer äußeren Ring- u. einer inneren Längsmuskelschicht besteht. Dieser wird bei den Gliederfüßern in einzelne Längsmuskelstränge aufgelöst (2 dorsale u. 2 ventrale Stränge). Hinzu kommen noch die Muskeln der Extremitäten. Die Körperdecke (Integument) setzt sich aus der ↗ Epidermis mit vielen Drüsenzellen u. einer von ihr abgeschiedenen ↗ Cuticula aus Proteinen u. Polysacchariden (Ringelwürmer) od. bei Gliederfüßern aus der Epidermis und der v. dieser abgeschiedenen Chitincuticula zu-

GLIEDERFÜSSER I

Bauplan der Krebse. Die *Gliederfüßer* sind im Lebensraum Wasser vor allem durch die artenreiche, vielgestaltige Gruppe der *Krebse* vertreten. Ihr Körper besteht meist aus 10 bis 20 Segmenten mit je einem Paar Beine, die oft in einen Innen- und Außenfuß gespalten sind (Spaltfuß) und an ihrer Basis Kiemenanhänge tragen. Am Kopf sitzen stets 2 Antennenpaare und 3 Paar Mundgliedmaßen. Die Organisation des Krebskörpers ist beim *Flußkrebs* recht übersichtlich. Vom Herzen gehen mehrere lange Arterien aus und ziehen auch zu den Kiemen, die vom harten Panzer geschützt werden. Zu Antennendrüsen umgebildete Nephridien dienen als Exkretionsorgane.

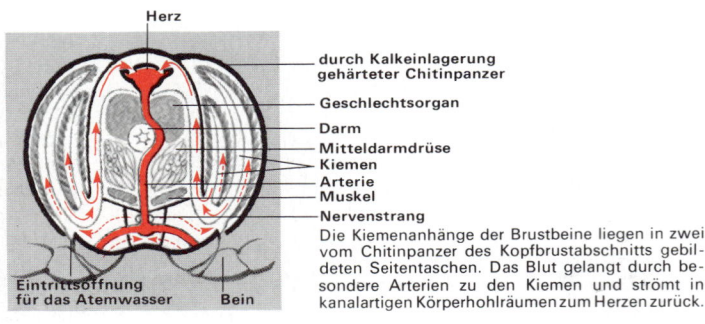

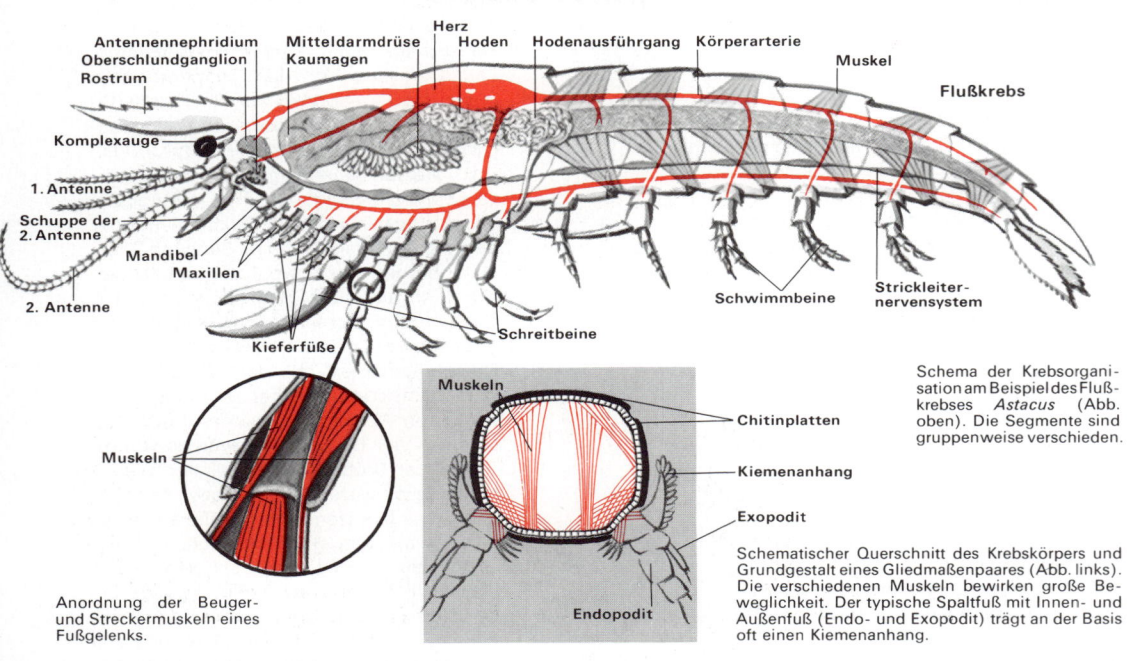

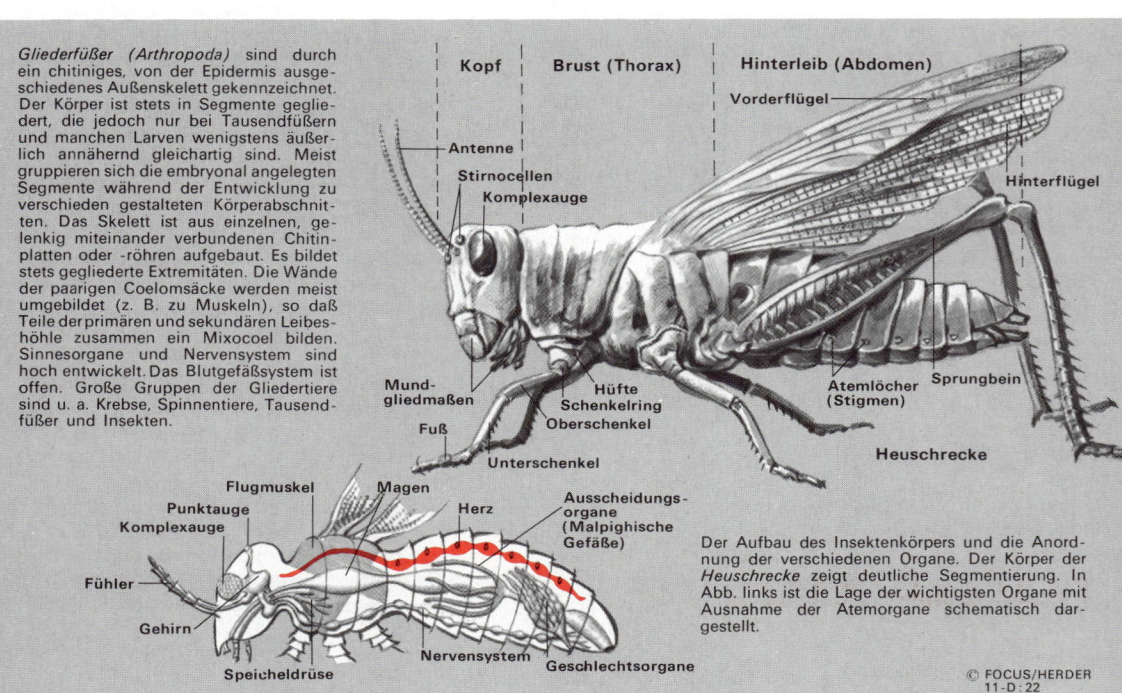

Die Kiemenanhänge der Brustbeine liegen in zwei vom Chitinpanzer des Kopfbrustabschnitts gebildeten Seitentaschen. Das Blut gelangt durch besondere Arterien zu den Kiemen und strömt in kanalartigen Körperhohlräumen zum Herzen zurück.

Schema der Krebsorganisation am Beispiel des Flußkrebses *Astacus* (Abb. oben). Die Segmente sind gruppenweise verschieden.

Anordnung der Beuger- und Streckermuskeln eines Fußgelenks.

Schematischer Querschnitt des Krebskörpers und Grundgestalt eines Gliedmaßenpaares (Abb. links). Die verschiedenen Muskeln bewirken große Beweglichkeit. Der typische Spaltfuß mit Innen- und Außenfuß (Endo- und Exopodit) trägt an der Basis oft einen Kiemenanhang.

Gliederfüßer (Arthropoda) sind durch ein chitiniges, von der Epidermis ausgeschiedenes Außenskelett gekennzeichnet. Der Körper ist stets in Segmente gegliedert, die jedoch nur bei Tausendfüßern und manchen Larven wenigstens äußerlich annähernd gleichartig sind. Meist gruppieren sich die embryonal angelegten Segmente während der Entwicklung zu verschieden gestalteten Körperabschnitten. Das Skelett ist aus einzelnen, gelenkig miteinander verbundenen Chitinplatten oder -röhren aufgebaut. Es bildet stets gegliederte Extremitäten. Die Wände der paarigen Coelomsäcke werden meist umgebildet (z. B. zu Muskeln), so daß Teile der primären und sekundären Leibeshöhle zusammen ein Mixocoel bilden. Sinnesorgane und Nervensystem sind hoch entwickelt. Das Blutgefäßsystem ist offen. Große Gruppen der Gliedertiere sind u. a. Krebse, Spinnentiere, Tausendfüßer und Insekten.

Der Aufbau des Insektenkörpers und die Anordnung der verschiedenen Organe. Der Körper der *Heuschrecke* zeigt deutliche Segmentierung. In Abb. links ist die Lage der wichtigsten Organe mit Ausnahme der Atemorgane schematisch dargestellt.

GLIEDERFÜSSER II

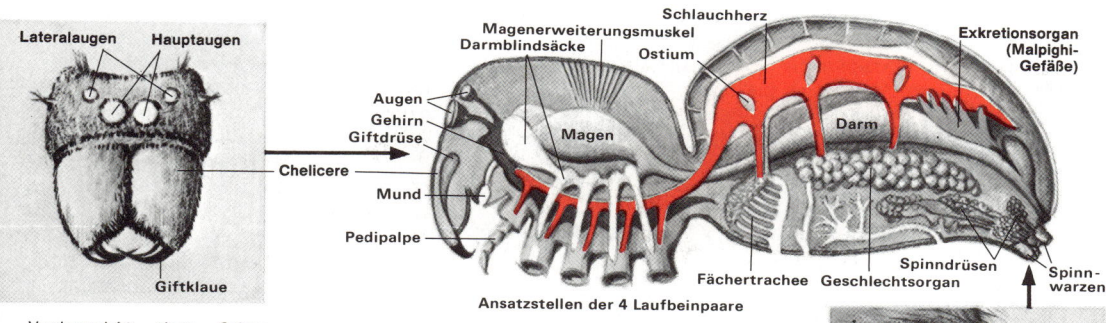

Vorderansicht einer *Spinne* (Abb. oben). In die Klauen der großen Cheliceren münden die Ausführgänge einer Giftdrüse. Von den insgesamt acht Augen sind vier sichtbar.

Bauplan der Spinnentiere. Der Körper der Spinnentiere besteht aus dem sechs Gliedmaßenpaare tragenden Vorderkörper und dem gliedmaßenfreien Hinterkörper, der bei den *Spinnen* ungegliedert, bei anderen Spinnentieren (z. B. *Skorpionen*) jedoch gegliedert ist. Das vorderste Gliedmaßenpaar, die *Cheliceren*, dient dem Beuteerwerb; das zweite, die *Pedipalpen*, ist oft bein- oder tasterartig entwickelt. Antennen fehlen. Extremitätenrudimente sind bei den Spinnen die *Spinnwarzen* (Abb. rechts). Die Atemorgane dieser Landtiere sind Fächer-, Sieb- oder Röhrentracheen. Als Exkretionsorgane dienen vor allem entodermale Schläuche am Darm. Wichtigste Sehorgane sind die beiden Medianaugen (bei Spinnen Hauptaugen genannt) und Lateralaugen (2–5 pro Kopfseite).

Spinnwarzen

Die landbewohnenden *Tausendfüßer (Myriapoda)* haben einen langgestreckten Rumpf aus vielen gleichartigen, meist beintragenden Segmenten. Sie atmen wie die Insekten durch Röhrentracheen und besitzen wie diese stets nur ein Paar Antennen. Bei der Gruppe der *Hundertfüßer (Chilopoda)* trägt jedes Segment nur ein Beinpaar, während bei den *Doppelfüßern (Diplopoda)* außer den ersten vier Segmenten an jedem Körperglied zwei Beinpaare ansetzen.

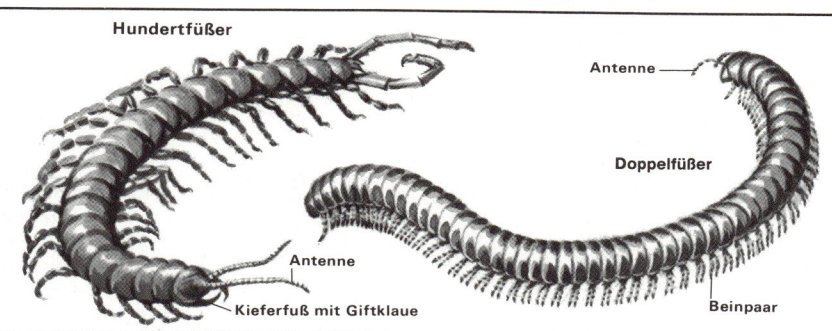

Bauplan der Insekten. Die hochentwickelten Insekten bilden die artenreichste Tiergruppe. Trotz mannigfaltiger Abwandlung ist der Grundbauplan meist gut erkennbar. So sind die Körpersegmente der erwachsenen, geschlechtsreifen Insekten meist deutlich in einen Kopf-, Brust- oder Hinterleibsabschnitt gruppiert. Nur die drei Brustsegmente besitzen je ein Beinpaar und die beiden hinteren oft noch je ein Paar Flügel. Am Kopf sitzen Komplexaugen, Fühler und Mundwerkzeuge. Das Tracheensystem ist stark verzweigt; Exkretionsorgane sind Darmblindschläuche. Die Jugendstadien sind oft einfach gebaut und werden meist durch eine Metamorphose zum flug- und fortpflanzungsfähigen Insekt, der *Imago*.

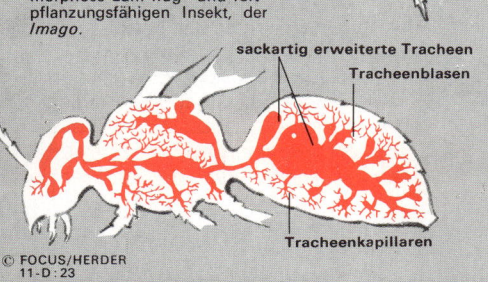

Das typische *Atemorgan* der Insekten ist ein paarig angelegtes, meist weitverzweigtes Röhrensystem aus luftführenden Tracheen. Die Einzeltrachee ist ein elastisches Röhrchen, das innen mit einer dünnen oder mit einer ring- oder spiralförmig verdeckten Chitinschicht ausgekleidet ist. Die ursprünglich segmental angeordneten Einzeltracheen bilden gewöhnlich ein einheitliches Tracheensystem (Abb. oben). Bei guten Fliegern sind die Luftröhren oft sackartig erweitert (Abb. links).

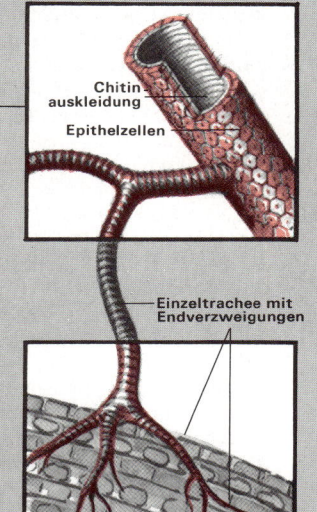

Gliederwürmer
sammen. Innerhalb der Gruppe der G. kommt es in vielfält. Weise zu Rückbildungen des ↗Coeloms durch Auflösung der Mesenterien u. Dissepimente (Mixocoel bei Gliederfüßern), Umbildung der Homonomie zur heteronomen Segmentierung, zur Tagmata-Bildung (Kopf, Brust, Hinterleib). ↗Ringelwürmer, ↗Stummelfüßer, ↗Bärtierchen, ↗Pentastomiden, ↗Gliederfüßer. *H. P.*

Gliederwürmer, die ↗Ringelwürmer.
Gliedmaßen, die ↗Extremitäten.
Gliedsporen, *Gliedersporen,* die ↗Arthrokonidien.
Glimmerköpfchen, *Psathyrella,* ↗Zärtlinge.
Gliocyten [Mz.; v. *glio-, kytos = Höhlung (heute: Zelle)], *Gliazellen,* ↗Glia.
Gliotoxin *s* [v. *glio-, toxikon = Gift], aus *Aspergillus-* u. *Gliocladinum-*Arten isoliertes Peptid-Antibiotikum mit fungistat. Wirkung, welches das Enzym ↗reverse Transkriptase hemmt; wird wegen seiner starken Toxizität nicht therapeut. angewandt; Saatbeizmittel.
Gliridae [Mz.; v. lat. glis, Gen. gliris = Haselmaus, Siebenschläfer], die ↗Bilche.
Glis *m* [lat., = Haselmaus, Siebenschläfer], Gatt. der ↗Bilche; einzige Art der ↗Siebenschläfer.
Glisson [glißⁿ], *Francis,* engl. Mediziner, * um 1597 Rampisham, † 16. 10. 1677 London; Mitgl. des Royal College of Physicians, ab 1636 Prof. in Cambridge; führte grundlegende anatom. Untersuchungen an der Leber durch u. entdeckte die fibröse Leberkapsel *(G.-Kapsel),* erfand die *G.-Schlinge* zur Extensionsbehandlung v. Wirbelsäulenerkrankungen u. beschrieb 1650 in seinem Buch „De rhachitide" die Rachitis.
Gln, Abk. für ↗Glutamin.
Globicephala *w* [v. *glob-, gr. kephalē = Kopf], Gatt. der ↗Grindwale.
Globigerina *w* [v. *globiger-], *Globigerinen,* Gatt. der ↗Foraminifera mit stark aufgetriebenen Kammern; das Gehäuse bildet oft Schwebefortsätze. G. gehört zur artenreichen Fam. *Globigerinidae,* die pelag. lebt. Die abgesunkenen Schalen bilden den ↗Globigerinenschlamm; Globigerinenkalke sind Gesteine, die aus diesen Schalen bestehen. □ Foraminifera.
Globigerinenschlamm [v. *globiger-], verbreitetes Sediment des Meeresbodens (ca. 37%, über 100 Mill. km²) in 2000 bis 5000 m Tiefe mit 30 bis 90% $CaCO_3$, aus dem wahrscheinl. der Rote Tiefseeton hervorgeht. Er enthält Trümmer v. Foraminiferenschalen – überwiegend Globigerinen –, Algen, Radiolarien u. Schwämmen, außerdem Mineralkörnchen.
Globigerinidae [Mz.; v. *globiger-], Fam. der ↗Foraminifera.

glia-, glio- [v. gr. glia = Leim].

glob- [v. lat. globus = Kugel, kugelförmiger Klumpen].

Globuline
Funktion der Globuline des menschlichen Blutplasmas
α-*Globuline:*
Prothrombin: Blutgerinnung
Profibrinolysin: Fibrinolyse
Transcortin: Cortisol-Transport
Haptoglobin: Transport von Hämoglobin lysierter Erythrocyten
Ferrioxidase (Caeruloplasmin): Fe^{2+}-Oxidation
α-Lipoprotein (HDL): Transport von Lipiden
β-*Globuline:*
Transferrin: Transport von Eisen
Plasminogen: Fibrinolyse
Complement-Faktor C'3: biologische Abwehr
Lecithin-Cholesterol-Acyl-Transferase (LCAT): Veresterung von Cholesterol
β-Lipoprotein (LDL): Transport von Lipiden
Fibrinogen: Blutgerinnung
γ-*Globuline:*
Immunglobuline: Antikörper
C6, C7, C8: Komplementfaktoren
Properdin: unspezifische Komplementaktivierung

Haftfaden
Schale   Sinneshaare
Glochidien

Globin *s* [v. *glob-], der Proteinbestandteil des ↗Hämoglobins bzw. ↗Myoglobins.
Globorotalidae [Mz.; v. *glob-, lat. rotalis = Rad-], Fam. der ↗Foraminifera.
Globulariaceae [Mz.; v. *globul-], die ↗Kugelblumengewächse.
Globuline [Mz.; v. *globul-], höhermolekulare Proteine, die in reinem Wasser unlösl. od. nur wenig lösl., in verdünnten Neutralsalzlösungen jedoch gut lösl. sind u. die bei Halbsättigung mit Ammoniumsulfat wieder ausgefällt werden. Diese Definition der G. ist rein operational u. entspricht vielen Proteinen aus prakt. allen Organismenarten (Mensch, Tiere, Pflanzen, Mikroorganismen) u. Zellfraktionen. So stellen G. strukturell u. funktionell meist sehr heterogene Proteinmischungen dar, u. die Zuordnung einzelner Proteine zu den G.n od. anderen Fraktionen (wie z. B. den ↗Albuminen) ist nicht immer eindeutig. Wegen ihrer diagnost. Bedeutung sind die G. des Blutplasmas v. Säugern einschl. des Menschen, die durch Elektrophorese in weitere Untergruppen (α-, β-, γ-G.) zerlegt werden können, bes. gut charakterisiert (↗Blutproteine, □). Im Ggs. zu den wasserlösl. kohlenhydratfreien Albuminen sind sie z. T. stark glykosyliert. Während die meisten G. in der Leber gebildet werden, entstehen die ↗Immunglobuline in den v. B-Lymphocyten abstammenden Zellen des Blutplasmas. ↗Gammaglobuline.
Globulinurie *w* [v. *globul-, gr. ouron = Harn], eine Form der ↗Albuminurie (Proteinurie), bei der mit dem Harn vermehrt Globuline ausgeschieden werden.
Glochiden [Mz.; v. gr. glōchis = Spitze], Bez. für die winzige Widerhaken tragenden Borsten od. Stacheln in den ↗Areolen bei den Kakteen.
Glochidien [Mz.; v. gr. glōchis = Spitze], **1)** Bot.: ↗Algenfarn. **2)** Zool.: die beschalten Larven der Fluß- u. Flußperlmuscheln. Sie entwickeln sich in den Kiemen des Muttertiers, werden mit dem Atemwasserstrom ausgestoßen u. liegen am Boden des Gewässers od. hängen mit einem v. einer Fußdrüse ausgeschiedenen Faden an Wasserpflanzen. Schon geringe Turbulenzen wirbeln sie auf; sie setzen sich mit ihrer zweiklapp., oft mit Haken besetzten Larvalschale an der Haut od. an den Kiemen v. Fischen fest, wo sie vom Wirtsgewebe umwachsen werden. In der Cyste erfolgt die Metamorphose zur Jungmuschel, die nach einiger Zeit abfällt od. vom Wirt abgerieben wird.
Glockenblume, *Campanula,* fast ausschl. in den gemäßigten u. subtrop. Regionen der nördl. Halbkugel, bes. in den Gebirgen Europas u. Vorderasiens, sowie im Mittelmeergebiet heim. Gatt. der Glockenblu-

Glockenblume

Einige mitteleuropäische Arten:

C. barbata (Bärtige G., in Magerrasen der subalpinen und alpinen Stufe sowie im Zwergstrauchgestrüpp). *C. cochleariifolia* (Zwerg-G., in feuchten Steinschuttfluren, im Geschiebe v. Alpenflüssen u. an Felsen). *C. latifolia* (Breitblättrige G., in staudenreichen Bergmisch- u. Schluchtwäldern sowie Hochstaudenfluren). *C. patula* (Wiesen-G., in kurzwüchs. Fettwiesen tieferer Lagen u. Brachen sowie an Wegen u. Gebüschsäumen). *C. persicifolia* (Pfirsichblättrige G., in lichten, sonn., kraut- u. grasreichen Wäldern, Wald- u. Gebüschsäumen sowie an Wegen). *C. rapunculus* (Rapunzel-G., in Halbtrockenrasen od. warmen Fettwiesen, im Saum sonn. Büsche, an Böschungen u. Wegen). *C. rotundifolia* (Rundblättrige G., in Magerrasen u. mageren Wiesen, in Heiden, lichten Eichenwäldern, Fels- u. Mauerspalten sowie in Wald- u. Wegrändern, B Europa IX). *C. scheuchzeri* (Scheuchzers G., in Mager- u. Steinrasen der subalpinen u. alpinen Stufe). *C. trachelium* (Nessel-G., in krautreichen Eichen- u. Buchenwäldern, in Hecken u. Waldlichtungen). *G. glomerata*, die Knäuel-G. (in Kalkmagerrasen od. mageren Fettwiesen, im Saum lichter Büsche sowie an Wald- u. Wegrändern), zeichnet sich durch in einem Köpfchen stehende blauviolette, *C. thyrsoidea*, die Straußblütige G. (in sonn. Rasenhängen der subalpinen u. alpinen Stufe), durch in einer dichten, kolbenförmigen Ähre stehende, gelbl.-weiße Blüten aus. Ihrer schönen Blüten wegen werden zahlr. *C.*-Arten als Zierpflanzen kultiviert. Von bes. Bedeutung ist die aus dem westl. Mittelmeergebiet stammende, schon seit dem 16. Jh. in Mitteleuropa kultivierte Marien-G. (*C. medium*) mit u. a. blauen, roten od. weißen Blüten.

mengewächse mit rund 300 Arten. Meist Stauden mit wechselständ., ungeteilten Laubblättern u. einzeln od. in traubigen od. kopfigen Blütenständen angeordneten, zwittrigen, 5zähl. Blüten. Die glockige od. trichter- bis sternförm. Blütenkrone (☐ Braktee) besitzt dreieck. bis lanzettl. Zipfel u. ist meist blau od. violett, seltener blaßgelb od. weiß gefärbt. Die Frucht ist eine sich mit seitl. Löchern öffnende, rundl. Kapsel mit zahlr. Samen. V. den in Mitteleuropa anzutreffenden Arten (s. o.) haben viele hellblaue bis dunkelviolette, einzeln oder in lockeren (wenigblüt.), z. T. durchblätterten Trauben angeordnete Blüten.

Glockenblumenartige, *Campanulales*, Ord. der *Dicotyledoneae* (U.-Kl. *Asteridae*) mit 5 Fam. (vgl. Tab.), ca. 90 Gatt., 2300 Arten. Überwiegend kraut. Pflanzen mit häufig einzeln stehenden, 5zähl. Blüten. Der meist unterständ., vielfach mehr- (meist 2–5)blättr. Fruchtknoten besitzt zahlr. Samenanlagen, die v. nur einem Integument umgeben werden. Der Pollen der meist zuerst reifenden Staubblätter wird vielfach in bes. Vorrichtungen festgehalten (bei den *Goodeniaceae* z. B. im Pollenbecher). Zudem ist eine Tendenz zur Vereinigung der Staubbeutel zu beobachten. Als Früchte überwiegen bei den G.n Kapseln; Kohlenhydrate werden in Form v. Inulin gespeichert.

Glockenblumengewächse, *Campanulaceae*, Fam. der Glockenblumenartigen, die mit rund 600 Arten in ca. 35 Gatt. (vgl. Tab.) hpts. in der nördl. gemäßigten Zonen, mit einer Anzahl v. Arten aber auch auf der S-Halbkugel vertreten ist. Häufig als Gebirgspflanzen lebende Kräuter, seltener Sträucher od. Halbsträucher mit oft fleisch. Wurzeln, meist einfachen Blättern u. i. d. R. zwittr., radiären, blau, seltener gelbl. od. weiß gefärbten Blüten. Diese stehen einzeln od., häufiger, in traub. bzw. cymösen Blütenständen u. besitzen eine glockige, trichterförm. od. röhrige Krone aus meist 5 teilweise od. ganz miteinander verwachsenen Blütenblättern. Die Zahl der Staubblätter entspricht der Anzahl der Kronblattzipfel; der i. d. R. 3 (2–5)blättr. Fruchtknoten wird in den meisten Fällen zu einer vielsam. Kapsel mit z. T. sehr unterschiedl. Öffnungsmechanismus, seltener zu einer Beere. Die G. weisen in ihren vegetativen Organen stets gegliederte Milchröhren auf. Anstelle v. Stärke wird das Kohlenhydrat Inulin als Reservestoff eingelagert. Für die G. ist Proterandrie charakterist. (☐ Autogamie). Aus der in Europa u. dem gemäßigten Asien heim. Gatt. *Adenophora* (Becherglocke od. Schellenblume) ist allein die sehr selten in Moorwiesen, Busch- u. Waldsäumen zu findende, nach der ↗ Roten Liste „vom Aussterben bedrohte" Lilienblütige Becherglocke (*A. liliiflora*) in Mitteleuropa vertreten. Einige *A.*-Arten werden in O-Asien wegen ihrer als Gemüse verwendbaren, fleisch. u. inulinhalt. Pfahlwurzeln gesammelt od. sogar angebaut. Die Gatt. *Wahlenbergia* (Moorglöckchen) ist mit der Mehrzahl ihrer Arten in S- u. W-Afrika zu Hause. In Mitteleuropa ist allein *W. hederacea*, das sehr selten in binsenreichen Flach- u. Quellmooren sowie Torfmoospolstern, an Gräben u. im Erlenbruch wachsende, „stark gefährdete" Efeublättrige Moorglöckchen zu finden. In O-Asien beheimatet ist *Platycodon* (Ballonblume) u. *Codonopsis* (Glockenwinde). Beide Gatt. enthalten für die chin. (Volks-) Medizin wichtige Arzneipflanzen. Die auf den Kanar. Inseln, im trop. Afrika u. auf den Molukken heim. Gatt. *Canarina* zeichnet sich aus durch beerenart. Früchte, die z. B. bei der gelb blühenden *C. canariensis* auch eßbar sind. Viele G. werden ihrer z. T. großen, auffäll. Blüten wegen als Zierpflanzen geschätzt. Die aus Turkestan stammende *Ostrowskia magnifica* (einzige Art der Gatt.) besitzt die (mit 12–15 cm Breite) größten Blüten der Familie.

Glockenheide, Heide, Erika, Erica, Gatt. der Heidekrautgewächse mit 500–600 Arten, als deren Ursprungsland S-Afrika angesehen wird (B Afrika VI). Bes. Entfaltungszentrum ist mit mehreren hundert,

---

globiger- [v. lat. globus = Kugel, -ger = -tragend].

globul- [v. lat. globulus = Kügelchen].

Glockenblume
Rundblättrige G. (*Campanula rotundifolia*)
C. rapunculus, die Rapunzel-G., wurde wegen ihrer rübenförm., als Gemüse od. Salat verwendbaren Wurzel im Mittelalter häufig kultiviert.

Glockenblumenartige
Wichtige Familien:
↗ Glockenblumengewächse (*Campanulaceae*)
↗ *Goodeniaceae*
↗ *Lobeliaceae*
↗ *Stylidiaceae*

Glockenblumengewächse
Wichtige Gattungen:
Adenophora
Canarina
Codonopsis
↗ Frauenspiegel (*Legousia*)
↗ Glockenblume (*Campanula*)
Ostrowskia
Platycodon
↗ Sandrapunzel (*Jasione*)
Symphyandra
↗ Teufelskralle (*Phyteuma*)
Wahlenbergia

Glockenrebe

gloeo- [v. gr. gloios = klebrige Substanz].

regional oft sehr begrenzten Arten das küstennahe, niederschlagsreiche Winterregengebiet des Kaplands. Vergleichsweise wenige Arten der G. sind auch in den Gebirgen des trop. Afrika, in der Mittelmeerregion (bes. im NW) u. in W-Europa zu finden. G.n sind meist niedr., reich verzweigte, immergrüne Sträucher mit sehr zahlr., meist quirlständ., nadelförm. Blättern u. einzeln od. zu mehreren bis vielen an den Zweigenden stehenden 4zähl. Blüten mit 8 freien Staubblättern. Die i. d. R. leuchtend rot (seltener weiß od. grünl.) gefärbte Blütenkrone ist glocken-, krug- od. röhrenförmig u. besitzt einen 4spalt. Saum. Die Frucht ist eine vielsamige, 4klappig aufspringende Kapsel. In Mitteleuropa anzutreffen ist die bis 30 cm hohe Frühlings- od. Schneeheide (*E. carnea* = *E. herbacea,* B Europa XX); sie wächst in sonn. Kiefern- u. Legföhren-Beständen des Alpenvorlands u. Hochgebirges auf meist kalkhalt. Untergrund. Die bis 70 cm hohe Echte M. Moor-G. (*E. tetralix,* B Europa VIII) ist selten u. wächst in Heidemooren auf sauren Torfböden. In Mitteleuropa sind ausgedehnte Bestände nur in höher gelegenen Küstengebieten der Nordsee zu finden. Im Mittelmeergebiet wächst die bis 5 m hohe Baumheide (*E. arborea,* B Mediterranregion I); sie bevorzugt niederschlagsreichere Gegenden u. tritt sowohl im Unterholz v. Steineichenwäldern als auch in der immergrünen Macchie auf, als deren Leitpflanze sie gilt. Ihre Wurzel liefert das ↗ Bruyère-Holz. Heiden od. Eriken sind beliebte, im Winter u. Frühling blühende Ziersträucher.

Glockenrebe, *Cobaea,* Gatt. der ↗ Polemoniaceae.

Glockentierchen, 1) *G. i. e. S.,* Wimpertierchen der Gatt. *Vorticella* (Ord. ↗ *Peritricha*); gestielte, an einer Unterlage festsitzende Einzeller mit glockenförm. Zellkörper; im Stiel befinden sich kontraktile Fibrillen (Spasmoneme, „Stielmuskel"), die ein schnelles Verkürzen des Stiels erlauben; bei *Vorticella* bildet der zusammengezogene Stiel eine Schraube. Sie leben als Einzelindividuen, bilden aber oft Rasen auf Holz, Pflanzen od. lebenden Tieren, wie kleinen Krebsen, Schneckenhäusern usw. G. sind Bakterienfresser. Manche Arten kommen nur in sauberen (*V. similis, V. monilata*), andere auch in stark verschmutzten Gewässern bis hin zu Abwasserkanälen u. Kläranlagen (*V. convallaria, V. microstoma*) vor. Bei hoher Individuenzahl bilden sie auf Steinen u. Pflanzen einen schleim., grauen Überzug. ☐ Einzeller. 2) *G. i. w. S.,* die ↗ Peritricha.

Glockenwinde, *Codonopsis,* Gatt. der ↗ Glockenblumengewächse.

Gloeobacter *s* [v. *gloeo-, gr. baktron = Stab], Gatt. der *Chroococcales,* einzell. stäbchenförm. Cyanobakterien mit Gallertscheide; die Zellen enthalten keine (!) Thylakoide. Der Photosyntheseapparat liegt in der Cytoplasmamembran, die zylindr. Antennenpigmentkomplexe (Phycobilisomen) sind an ihrer Innenseite lokalisiert. *G. violaceus* (1–2 μm lang) wurde v. Kalkfelsen (Schweiz) isoliert. ☐ Chroococcales.

Gloeocapsa *w* [v. *gloeo-, lat. capsa = Kapsel], *Gallertkapsel,* Gatt. der *Chroococcales,* einzell. runde Cyanobakterien, die Kolonien bilden; die Einzelzellen sind v. geschichteten, typisch blasig aufgetriebenen, farblosen od. gefärbten Gallerthüllen umgeben (☐ Chroococcales). Die Kolonien kommen einzeln vor od. bilden große Lager; die Vermehrung erfolgt durch Zweiteilung. Mehrere Arten können Luftstickstoff (N_2) binden. Die etwa 40 Arten leben vorwiegend auf dem Lande; häufig in Warmhäusern. Die häufigste Art, *G. sanguinea,* bildet rot gefärbte, mit dem Auge sichtbare Lager an feuchten Felsen, *G. alpina* violette bis schwärzl. Lager („Zitzensinter", „Tintenstriche") an berieselten Wänden aus Silicat- oder Kalkgestein. Gloeocapsaartige Formen kommen auch in Laubflechten vor.

Gloeococcaceae [Mz.; v. *gloeo-, gr. kokkos = Beere, Kern], Fam. der *Tetrasporales,* chlamydomonasähnl. Algen, in größeren Gallertlagern vereinigt; Geißel durch Einlagerung in Gallerthülle begrenzt bewegungsfähig (Gallertgeißel od. Pseudocilien). Leitart ist *Gloeococcus minor,* bildet bis apfelgroße, grünl., festsitzende Gallertlager in Teichen.

Gloeocystidaceae [Mz.; v. *gloeo-, gr. kystis = Blase], Fam. der *Chlorococcales,* einzellige Grünalgen, locker in Gallertlager eingebettet, mit großen Chloroplasten. *Gloeocystis vesiculosa* bildet braungrüne Gallertlager auf feuchten Felsen od. Böden. Die Gallertlager der Arten der Gatt. *Coccomyxis* mit spindelförm. Zellen überziehen Waldmoose, Flechten, feuchtes Holz.

Gloeophyllum *s* [v. *gloeo-, gr. phyllon = Blatt], Gatt. der Porlinge (Ord. *Poriales*), trametenähnl. Pilze mit brauner Trama (durch Trametin gefärbt) u. lamelligem bis porigem Hymenophor. Die Fruchtkörper sind lederartig bis korkig, ziemi. dünn, mehr od. weniger dachziegelartig, oft leistenförmig, in langen Streifen, auch konsolartig, an Holz wachsend, bes. Nadelholz. Häufigste Art ist der als Holzschädling gefürchtete Zaunblättling (*G. sepiarium* Karst.), er ruft eine intensive ↗ Braunfäule hervor; die Fruchtkörper, orangebraune bis dunkelbraune Hüte, mit meist

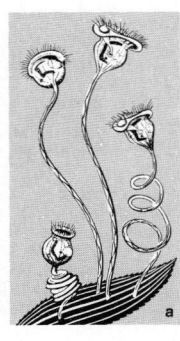

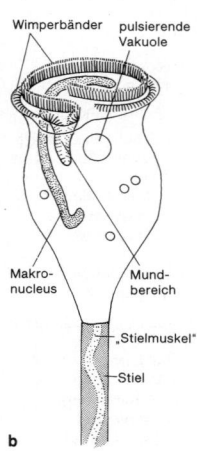

Glockentierchen

a kleine Kolonie von Glockentierchen (*Vorticella*); **b** glockenförm. Zellkörper und Stiel (Ausschnitt)

lamelligem Hymenophor, werden oft erst dann ausgebildet, wenn das Holz innen weitgehend zerstört ist. Der Fenchelporling, Fencheltramete (*G. odoratum* Imaz. = *Osmoporus odoratus* Sing.) ist an seinem würz. Geruch nach Fenchel od. Anis kenntlich; die korkig-festen, rostbraunen konsolart. Fruchtkörper haben ein Hymenophor mit *Poren*.

Gloeoporus *m* [v. *gloeo-, gr. poros = Öffnung], ⟋Schleimporlinge.

Gloeosporium *s* [v. *gloeo-, gr. spora = Same], Formgatt. der *Melanconiales* (Fungi imperfecti); Pilze dieser Gatt. verursachen Pflanzenkrankheiten u. sind der Gatt. ⟋ *Colletotrichum* in der Acervuli-Ausbildung sehr ähnl., wahrscheinl. sogar mit dieser Gatt. identisch. Erreger der ⟋ Bitterfäule (Lagerfäule) am Apfel sind *G. album* (sexuelles Stadium = *Pezicula alba*), *G. perennans* (= *P. malicorticis*) u. *G. fructigenum* (= *Glomerella angula*). Eine Fruchtfäule an Süßkirschen (*G.fäule*) wird durch *G. fructigenum* u. die ⟋ Brennfleckenkrankheit der Himbeere durch *G. venetum* (= *Elsinoe veneta*) verursacht.

Gloeothece *w* [v. *gloeo-, gr. thēkē = Behälter], Gatt. der *Chroococcales*, längl. einzell. Cyanobakterien, die mit ineinander geschachtelten Gallerthüllen zu Kolonien u. Lagern vereinigt bleiben (☐ Chroococcales). Die Lager können gefärbt sein: blaugrün bis violett (*G. violacea*), gelbbraun bis braungrün an Felswänden (*G. fusco-lutea*) od. lebhaft rot (*G. dubia*). Bei einigen Arten wurde eine Bindung v. Luftstickstoff (N_2) unter *aeroben* Bedingungen nachgewiesen, obwohl sie keine ⟋ Heterocysten ausbilden.

Gloeotrichia *w* [v. *gloeo-, gr. triches = Haare], *Schleimigel*, Gatt. der *Rivulariaceae*, fädige Cyanobakterien, deren Trichome an der Spitze in ein vielzell., meist verschleimtes Haar auslaufen, an der Basis Heterocysten ausbilden (N_2-Fixierung), u. v. deren Mitte Seitenäste durch Scheinverzweigung entstehen können. Die Fäden sind (radiär angeordnet) zu Kolonien vereinigt u. bilden Kugelpolster in stehenden u. langsam fließenden, meist nährstoffreichen Gewässern. Im Sommer entwickelt *G. echinulata* (Kolonie 5–7 mm), die Gasvakuolen ausbildet, eine Wasserblüte in Binnengewässern. Die hart-kugel., schwärzl.-grünen Kolonien v. *G. pisum* (1–2[10] mm) u. die weichen, olivgrünen Kolonien v. *G. natans* (1–10 cm) sitzen auf Wasserpflanzen u. leben planktisch in Süß- u. Brackwasser. Alle drei Arten bilden Akineten aus.

Glogersche Regel [ben. nach dem dt. Zoologen C. W. L. Gloger, 1803–63], *Färbungsregel*, eine Klimaregel (bio- od. ökogeograph. Regel), die besagt, daß die Melaninbildung bei Rassen feuchtwarmer Gebiete stärker ist als bei solchen kühltrockener Gebiete; dies führt zu überwiegend rötl.-braunen Tönen in feuchtwarmen Zonen u. zu Grautönen in Trockengebieten. ⟋Clines.

Glomera aortica [Mz.; v. *glomer-, gr. aortē = Schlagader], chemorezeptor. Regionen (Paraganglien) im Blutkreislauf der Wirbeltiere an den großen Lungenaortenbögen, die für die ⟋Atmungsregulation verantwortl. sind, indem sie den Kohlensäuregehalt des arteriellen Blutes über den Aortennerven (einen Zweig des Vagus) ans Gehirn melden.

Glomeridae [Mz.; v. *glomer-], die ⟋Saftkugler. [⟋Zwergkugler.

Glomeridellidae [Mz.; v. *glomer-], die

Glomerin *s* [v. *glomer-], im Wehrsekret v. *Glomeris marginata* (⟋Saftkugler, Fam. der Doppelfüßer) enthaltenes Chinazolinalkaloid.

Glomerulonephritis *w* [v. *glomer-, gr. nephritis = Nierenkrankheit], Nierenerkrankung, bei der die Glomeruli (⟋Glomerulus) durch Entzündung od. Proliferation verändert sind. Durch die Schädigung der Filterstruktur tritt im Urin Eiweiß auf, u. das Blut verarmt an Proteinen, sein osmot. Druck sinkt; dadurch entstehen Ödeme im Gewebe.

Glomerulus *m* [v. *glomer-], **1)** Bot.: veraltete Bez. für cymöse ⟋Blütenstände, bei denen die Blüten fast stiellos u. unregelmäßig gehäuft sind. **2)** Zool.: a) knäuelart. Kapillarschlingen in der ⟋Niere der Wirbeltiere, die v. der ⟋Bowmanschen Kapsel umgeben sind u. aus denen durch Druckfiltrationen der Primärharn gewonnen wird (⟋Nephron). ⟋Exkretionsorgane. b) Bei Insekten kleine inselart. Verästelungen der Globulineuronen in den Ganglien.

Glomus *s* [lat., = Knäuel], anatom. Bez. für Gefäß- od. Nervenknäuel, z. B. *G. caroticum* (⟋Atmungsregulation).

Glossa *w* [v. gr. glōssa =], die ⟋Zunge.

Glossina *w* [v. *gloss-], Gatt. der ⟋Muscidae

Glossiphoniidae [Mz.; v. *gloss-, gr. phōnē = Stimme], Fam. der *Hirudinea* (Ord. *Rhynchobdelliformes*, Rüsselegel) mit 22 Gatt. Körper dorsoventral abgeflacht; Süßwasserbewohner u. Parasiten. Viele treiben Brutpflege; sie schützen das Gelege, indem sie sich über den Kokon legen u. ihm durch Bewegungen der Körperränder frisches Wasser zuführen; kleinere Arten, wie *Glossiphonia heteroclita* u. *Helobdella stagnalis*, befestigen den Kokon an ihrem Bauch u. tragen ihn, wie auch die später schlüpfenden Jungen, mit sich umher. Namengebende Gatt. ist *Glossiphonia*

Glossiphoniidae

glomer- [v. lat. glomus, Gen. glomeris = Knäuel].

gloss-, glosso- [v. gr. glōssa = Zunge].

Glomerin

Glossiphoniidae

Wichtige Gattungen:
Actinobdella
Archaeobdella
Bakedebdella
Batrachobdella
Glossiphonia
(*Clepsine*)
Haementeria
Helobdella
Hemiclepsis
Marsupiobdella
Oculobdella
Placobdella
Theromyzon

Glossobalanus (Clepsine) mit den Arten G. complanata u. G. heteroclita in stehenden u. fließenden Gewässern, häufig; saugen beide v. a. an Schnecken.

Glossobalanus *m* [v. *glosso-, gr. balanos = Eichel], Gatt. der Eichelwürmer (↗Enteropneusten) aus der Fam. *Ptychoderidae*; der 10–15 cm lange *G. minutus* ist in der Nordadria u. an den Küsten des Ligur. Meeres häufig u. zeichnet sich durch ein zungenförm. Prosoma (Eichel) u. eine zu seitl. Flügeln verbreiterte Gonadenregion aus.

Glossodoris *w* [v. *glosso-, gr. Dōris = eine Meernymphe], früherer Name von ↗Chromodoris.

Glossophaginae [Mz.; v. *glosso-, gr. phagos = Fresser], U.-Fam. der ↗Blattnasen.

Glossopharyngeus *m* [v. *glosso-, gr. pharygx = Schlund], *Zungen-Schlund-Nerv,* von Falloppio 1561 beschriebener IX. ↗Hirnnerv, der die Schleimhaut v. Rachenwand, hinterem Zungendrittel, Paukenhöhle, Eustachi-Röhre u. der Schlundmuskulatur u. Ohrspeicheldrüse versorgt.

Glossopteridales [Mz.; v. *glosso-, gr. pteris = Farn], „Zungenfarne", nur in der Gondwana (↗Gondwanaflora) vorkommende, im wesentl. permokarbon. verbreitete Ord. baumförm. Farnsamer. Namengebend sind die zungenförm. Blätter mit Maschennervatur v. Typ *Glossopteris;* auf derart. Tragblättern stehen auch die zu Büscheln od. Köpfchen zusammengefaßten Mikrosporangien bzw. Samenanlagen. Wie aus den Zuwachszonen im Sekundärholz hervorgeht, wuchsen die G. in einem – vermutl. gemäßigten – Jahreszeitenklima u. waren offensichtl. laubwerfend. Über ihre phylogenet. Beziehungen ist wenig bekannt; sie starben im Laufe der Trias aus.

Glossoscolecidae [Mz.; v. *glosso-, gr. skōlēx = Wurm], Oligochaeten-(Wenigborster-)Fam. der Ord. *Opisthopora* mit 24 Gatt.; kleine bis sehr große Formen; meist 4 Paar Borsten je Segment; ein bis zwei Paar Hoden, ein Paar Ovarien; bei *Enantiodrilus* eine Zwitterdrüse; ein bis vier Paar Receptacula seminis, seltener mehr od. fehlend; meist terrestrisch, einige limnisch od. marin.

Glossus *m* [v. *gloss-], das ↗Ochsenherz.

Glottidia *w* [v. gr. glōtta = Zunge], (Dall 1870), rezente inarticulate ↗Brachiopode, äußerl. ähnl. *Lingula,* innen jedoch mit 2 vom Wirbel her divergierenden Septen auf der Stielklappe u. einem Medianseptum auf der Armklappe. Verbreitung: Küsten Kaliforniens.

Glottis *w* [v. gr. glōttis = Stimmritze], i. e. S. die *Stimmritze,* i. w. S. alle die Stimmritze begrenzenden stimmbildenden Strukturen; die Stimmritze selbst ist der v. den Stimmbändern u. den Haltebändern des Stellknorpels umgrenzte Spalt. ↗Kehlkopf.

Glotzaugen, *Boleophthalmus,* Gatt. der ↗Grundeln.

Gloxinie *w* [ben. nach dem dt. Botaniker B. P. Gloxin, † 1784], *Gloxinia,* Gatt. der ↗Gesneriaceae.

Glu, Abk. für ↗Glutaminsäure.

Glucagon *s* [v. *gluc-, gr. agōn = führend], Polypeptidhormon der Bauchspeicheldrüse bei Wirbeltieren mit 29 Aminosäuren (relative Molekülmasse ca. 3500), die (im Ggs. zu Insulin) linear ohne S-S-Brücken aufgereiht sind; 1967 erstmals synthet. dargestellt. Es wird aus den α-Zellen der Langerhansschen Inseln aus einer inaktiven Vorstufe, dem Pro-G., durch proteolyt. Spaltung produziert. Im Kohlenhydratstoffwechsel wirkt es synergistisch mit Adrenalin u. Noradrenalin als Gegenspieler des Insulins blutzuckersteigernd. Über den „second messenger" cAMP u. das Proteinkinasesystem wird in der Leberzelle mittels Aktivierung der Glykogen-Phosphorylase die Glykogenolyse induziert u. gleichzeitig die Aktivität der Glykogen-Synthetase gehemmt. Zu einer vermehrten G.produktion kommt es immer dann, wenn die Versorgung des Organismus mit Glucose nicht mehr gewährleistet ist, also im Hungerzustand od. nach einer kohlenhydratarmen Mahlzeit.

Glucane [Mz.; v. *gluc-], Sammelbez. für die aus D-Glucose-Einheiten linear od. verzweigt aufgebauten Polysaccharide, wie Cellulose, Dextran, Glykogen u. Stärke (Amylose, Amylopektin). Die glykosid. Bindungen sind für einzelne G. von unterschiedl. Typus.

Glucke, 1) die Pilz-Gatt. ↗*Sparassis*; **2)** *Bruthenne,* Huhn, das Eier erbrütet od. Küken führt.

Glucken, *Wollraupenspinner, Lasiocampidae,* Schmetterlings-Fam. mit etwa 1000, in Mitteleuropa ca. 22 Arten; Name wohl v. der in Ruhe eingenommenen, an eine „brütende Henne" erinnernden Sitzhaltung; Vorderflügel steil dachförmig, breit, Hinterflügelvorderrand überragt diese bisweilen nach unten, Kiefertaster kann schnabelart. verlängert sein, in dieser Haltung totes Laub imitierend. Falter klein bis sehr groß, Körper dickleibig u. plump, Weibchen meist größer, oft anders gefärbt; Rüssel stark rückgebildet, Fühler beim Männchen gekämmt, dieses oft durch Duftstoffe vom Weibchen angelockt; Falter normalerweise nachtaktiv, bei einigen G. fliegen die Männchen aber tags in heftigem Zick-Zack-Flug auf der Suche nach Weibchen; die G. treten in einer Generation im Jahr auf, einige Arten sind bedeutsame Schädlinge an Gehölzen, so der ↗Kiefernspinner (Dendroli-

---

gloss-, glosso- [v. gr. glōssa = Zunge].

His–Ser–Gln–Gly–Thr–Phe–Thr–Ser–Asp–Tyr–Ser–Lys–Tyr–Leu–Asp–Ser–Arg–Arg–Ala–Gln–Asp–Phe–Val–Gln–Trp–Leu–Met–Asn–Thr

Glucagon
Aminosäuresequenz des Glucagons

Glossopteridales
a *Glossopteris*-Blatt,
b beblätterter Sproß

Glossoscolecidae
Wichtige Gattungen:
Criodrilus
Enantiodrilus
Microchaetus
Pontoscolex
Rhinodrilus

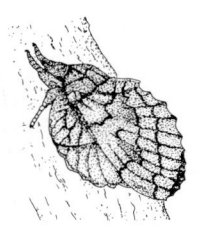

Glucken
Kupferglucke
(*Gastropacha quercifolia*) in typ. Ruhehaltung

mus pini) u. der ↗Ringelspinner *(Malacosoma neustria)*. Eiablage meist als Gelege, mitunter mit Afterwolle des Weibchens bedeckt; Raupen mit starker Behaarung, diese kann manchmal Entzündungen hervorrufen; Verpuppung in Gespinstkokon, der mit Haaren durchsetzt ist. – Beispiele einheim. G.: Trinkerin od. Grasglucke *(Philudoria potatoria)*, Falter im Sommer, um 70 mm spannend, dunkel bis gelbl.-braun, mit hellen Mittelpunkten u. dunkler Schräglinie auf den Vorderflügeln, Raupe an harten Gräsern, mit hohem Feuchtebedürfnis, nimmt daher gerne auch Wassertropfen auf (Name!), häufig in Bruchwäldern u. auf Feuchtwiesen; Brombeerspinner *(Macrothylacia rubi)*, Falter im Frühsommer, recht häufig, Vorderflügel braun mit 2 hellen Querlinien, Weibchen wesentl. größer als Männchen (bis 80 mm Spannweite), Larven polyphag an Kräutern u. Sträuchern, jung schwarz mit hellen Einschnitten, später dicht braun behaart, im Herbst vor der Überwinterung, die sie fest zusammengerollt unter Laub verbringen, zahlr. anzutreffen; Eichenspinner od. Quittenvogel *(Lasiocampa quercus)*, Falter im Sommer in Mischwäldern, die Männchen fliegen wie bei vorigen Arten tags, Färbung variabel, Weibchen gelbbraun u. wesentl. größer als die dunkelbraunen Männchen, hellere äußere Hälfte der Flügel gelbl., weißer Mittelpunkt, Spannweite bis 80 mm, Raupe polyphag an Gehölzen u. Kräutern; ähnl. der Kleespinner *(Pachygastria trifolii)*, mehr im Spätsommer, Falter graubraun, Raupen an Klee u. a. Kräutern, auf Trockenrasen; Wollafter *(Eriogaster lanestris)*, Falter im Frühjahr, grau, Vorderflügel mit weißem Mittelfleck, Abdomen stark behaart, Eigelege mit Afterwolle bedeckt, Larven in gemeinsamen Gespinsten an Gehölzen, v.a. Schlehe; Kupferglucke *(Gastropacha quercifolia)*, Falter im Sommer in Waldgebieten u. Gärten, kupferbraun, bis 90 mm Spannweite, in Ruhe typ. „G.haltung", Larve bis 120 mm lang, an Schlehe, Obstbäumen u.a. Gehölzen; ähnl. die Pappelglucke *(G. populifolia)*, Raupen an Pappeln u. Weiden, seltener, in Auwäldern. B Insekten IV. *H. St.*

Glückskäfer, die ↗Marienkäfer.

Glücksspinne, Bez. für Arten der Gatt. ↗Erigone.

Glucobrassicin *s* [v. *gluco-, lat. brassica = Kohl], in vielen Kreuzblütlern (bes. *Brassica*-Arten, z. B. Kohl) vorkommendes Thioglucosid mit Auxinaktivität; kann unter der Wirkung des ebenfalls in der Zelle befindl. (jedoch verschieden kompartimentierten) Enzyms *Myrosinase* in Indol-3-acetonitril überführt u. weiter durch eine Nitrilase in Indol-3-essigsäure umgewan-

gluc-, gluco- [v. gr. glykys = süß, lieblich].

Glucken

Auswahl einheimischer Glucken:
↗Ringelspinner *(Malacosoma neustria)*
Wolfsmilchspinner *(M. castrensis)*
Weißdornspinner *(Trichiura crataegi)*
Kleine Pappelglucke *(Poecilocampa populi)*
Wollafter *(Eriogaster lanestris)*
Eichenspinner, Quittenvogel *(Lasiocampa quercus)*
Kleespinner *(Pachygastria trifolii)*
Brombeerspinner *(Macrothylacia rubi)*
Grasglucke, Trinkerin *(Philudoria potatoria)*
Kupferglucke *(Gastropacha quercifolia)*
Pappelglucke *(G. populifolia)*
↗Kiefernspinner *(Dendrolimus pini)*

Glucobrassicin

↓ *Myrosinase*

Indol-3-acetonitril

↓ $2 H_2O$ Nitrilase → NH_3

Indol-3-essigsäure

Glucobrassicin

Umwandlung von G. in Indol-3-acetonitril und Indol-3-essigsäure

delt werden (↗Auxine). Beim Kochen v. Kohl wird aus G. Rhodanid (SCN^-) abgespalten, das die Anreicherung v. Iod in der Schilddrüse hemmt u. den sog. „Kohlkropf" verursacht.

Glucocorticoide [Mz.; v. *gluco-, lat. cortex = Rinde], *Glucosteroide,* an der Energieversorgung des Organismus beteiligte Steroid-↗Hormone (↗Corticosteroide), die längerfrist. Stoffwechselphasen, wie Streßbereitschaft u. Schlaf-Wach-Rhythmus, steuern. Chem. handelt es sich um 17-α-Hydroxy-C_{21}-Steroide, die in der Zona fasciculata der Nebennierenrinde aus ↗Cholesterin (□) synthetisiert (□ Steroidhormone), ans Blut abgegeben u. dort an Protein gebunden transportiert werden (80% binden an das G.-spezif. Protein *Transcortin,* 10% an die Erythrocytenmembran, und 10% liegen in freier u. damit biol. aktiver Form vor). Wichtigste u. wirksamste Substanz ist das Hydrocortison (↗Cortisol) neben geringen Mengen an ↗Cortison u. ↗Corticosteron (□), das auch mineralocorticoide Wirkung hat. Die Biosynthese der G. beginnt nach einem Corticotropinstimulus (↗adrenocorticotropes Hormon), vermittelt über den intrazellulären „second messenger" cAMP, u. führt, ausgehend vom Cholesterin, über zumeist Hydroxylierungsschritte zu einer Reihe v. ↗Steroidhormonen (Pregnenolon, Progesteron, Corticosteron, Cortisol, Aldosteron). Cortisol wird beim Menschen in einer Menge von tägl. 5–30 mg produziert bei einer Konzentration im Blut zw. 5 und 20 μg/100 ml (↗adrenogenitales Syndrom, □). Die Inaktivierung der Hormone erfolgt im wesentl. in der Leber durch Reduktions- u. Konjugationsprozesse, wobei die Endprodukte mit dem Harn ausgeschieden werden. Die physiolog. Wirkung der G. besteht v. a. in einer Stimulation der ↗Gluconeogenese aus Aminosäuren sowie einer Hemmung der ↗Glucose-Oxidation in den Zellen u. einer damit verbundenen Erhöhung des ↗Blutzucker-Spiegels. G. wirken in dieser Beziehung als Antagonisten zum ↗Insulin. Da die z. Gluconeogenese verwendeten Aminosäuren einem verstärkten Proteinabbau in den peripheren Organen (Muskelgewebe, Knochenmatrix) entstammen, kommt den G.n eine ausgesprochen katabole Wirkung zu. Im weiteren hemmen G. die Abwehrmechanismen des Körpers durch Unterdrückung mesenchymaler Gewebsreaktionen (Entzündungen), des Leukocytenaustritts, der Leukocytenphagocytose, Bakteriolyse u. Antikörperbildung. Die Regulation erfolgt in einem Regelkreis über Hypothalamus u. Hypophyse, wobei die Konzentration an G.n Regelstrecke ist. In der med. Therapie

Glucocorticosteroide

Einige Glucocorticoide

Cholesterin · Cortisol · Cortison

werden G. wegen ihrer antirheumat., antiallerg. u. immunsuppressiven Wirkung eingesetzt. Durch Abwandlung der Molekülstruktur konnten z.T. wirksamere Verbindungen synthetisiert werden, wie das aus Cortisol erhaltene *Prednisolon* u. das aus Cortison gewonnene *Prednison.*   L. M.

Glucocorticosteroide [Mz.; v. *gluco-, lat. cortex = Rinde, gr. stear = Fett], *Glucosteroide,* die ↗ Glucocorticoide.

glucogen [v. *gluco-, gr. gennan = erzeugen], *glucoplastisch,* den Aufbau v. Zuckern bewirkend od. durch metabol. Reaktionen in Zucker überführbar, wie speziell die g.en ↗ Aminosäuren.

Glucokinase w [v. *gluco-, gr. kinein = bewegen], Enzym, das die Übertragung eines Phosphatrests v. ATP auf Glucose unter Bildung v. ↗ Glucose-6-phosphat (Aktivierung v. Glucose zur Glykolyse bzw. zum Einbau in Polysaccharide, ↗ Gluconeogenese) katalysiert. G. unterscheidet sich v. ↗ Hexokinase, welche dieselbe Reaktion katalysiert, durch höhere Substratspezifität bzw. -affinität u. die Induzierbarkeit durch Insulin.

Gluconeogenese w [v. *gluco-, gr. neos = neu, genesis = Entstehung], die bei Wirbeltieren bes. in der Leber lokalisierte Kette v. Stoffwechselreaktionen, die zur Neubildung v. freier Glucose bzw. v. Glucose-1-phosphat u. Glykogen führt. Ausgehend v. Phosphoenolpyruvat, verläuft die G. weitgehend als Umkehr der einzelnen Reaktionsschritte der ↗ Glykolyse. Im Ggs. dazu erfolgt jedoch die Bildung v. Phosphoenolpyruvat über Oxalacetat (statt durch direkte Phosphorylierung). Auch in den letzten Teilschritten zeigen sich wicht. Unterschiede: die Abspaltung v. Phosphatresten aus Fructose-1,6-diphosphat u. Glucose-6-phosphat erfolgt bei der G. ATP/ADP-unabhängig durch Phosphatasen, während sich bei der Glykolyse die Einführung der entspr. Phosphatreste unter der katalyt. Wirkung v. Kinasen unter ATP-Verbrauch vollzieht. Im Ggs. zur Glykolyse, die ausschl. im Cytoplasma abläuft, sind einige Anfangsschritte der G. in den Mitochondrien (vgl. Abb.), der letzte Schritt, die Spaltung v. Glucose-6-phosphat, im endoplasmat. Reticulum lokalisiert. Da die meisten Aminosäuren durch ihren Abbau entweder direkt od. – wie auch die Fettsäuren – über die Acetyl-

Glucocorticoide
Verteilung der G. bei den Wirbeltierklassen:
Rundmäuler: Cortisol, Corticosteron
Knorpelfische: Cortisol, Corticosteron
Knochenfische: Cortisol, Cortison, 11-Deoxycortisol
Amphibien, Reptilien, Vögel: Corticosteron, 18-Hydroxycorticosteron, Aldosteron
Säuger: Cortisol, Cortison, Corticosteron, Aldosteron

Wirkungen der Glucocorticoide
fördernd:
aminogene Gluconeogenese, Lymphocytenauflösung, Knochenmark, Bildung v. Gerinnungsfaktoren, Proteinabbau, Calciummobilisierung aus Knochen, Galleproduktion, Pankreassekretion, Magensaftmenge u. -acidität, Induktion der PEP-Carboxykinase, Induktion der Pyruvat-Carboxylase

hemmend:
Entzündungen, Leukocytenwanderung, Leukocytenphagocytose, Wundheilung, Anstieg der Körper-Temp., Antikörperbildung, reticuloendotheliales System, Proteinsynthese, Calciumresorption

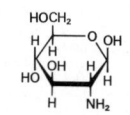

β-D-Glucosamin

Coenzym-A-Bildung in den ↗ Citratzyklus einmünden, kann die Neubildung v. Zuckern letztl. auch auf Kosten v. Aminosäuren u. Fetten erfolgen. Auch das bei der Fettspaltung entstehende Glycerin kann durch ATP-abhängige Phosphorylierung zu Glycerinphosphat u. anschließende Dehydrierung zu Glycerinaldehyd-3-phosphat in die G. eingeschleust werden. Die Neusynthese v. Glucose, Glucose-1-phosphat u. Stärke im Rahmen der ↗ Photosynthese muß strenggenommen ebenfalls zur G. gerechnet werden, zumal sie über Glycerinaldehyd-3-phosphat u. Dihydroxyacetonphosphat (beides Produkte des ↗ Calvin-Zyklus) in den oberen Teil der in der Abb. gezeigten Reaktionskette der G. einmündet. Aufgrund der bes. Stellung der Photosynthese (u. der zu ihr erforderl. zahlr. Schritte des Calvin-Zyklus) wird sie jedoch nicht zur G. i. e. S. gerechnet.

Gluconobacter s [v. *gluco-, gr. baktron = Stab], ↗ Essigsäurebakterien.

Gluconsäure [v. *gluco-], chemische Formel $CH_2OH \cdot (CHOH)_4$-COOH, durch Oxidation der Aldehydgruppe v. Glucose abgeleitete Säure; die Salze der G. sind die *Gluconate.* Das 6-Phosphat der G. (6-Phosphogluconat) entsteht in der Zelle aus ↗ Glucose-6-phosphat (↗ Pentosephosphatzyklus).

glucoplastisch [v. *gluco-, gr. plastikos = bildend], ↗ glucogen.

Glucosamin s [v. *glucos-], *Aminoglucose, Mannosamin, Chitosamin,* ein v. Glucose abgeleiteter, in der Natur in gebundener Form weit verbreiteter ↗ Aminozucker; meist in Form v. *N-Acetyl-G.* Baustein vieler Polysaccharide, z.B. v. Chitin, Heparin (hier in der Amidform mit Schwefelsäure als Säurekomponente), Hyaluronsäure u. Mucopolysacchariden sowie in Blutgruppensubstanzen. Bildung u. Einbau v. G. erfolgen über G.-6-phosphat, das als aktiviertes G. aufzufassen ist; dieses entsteht ausgehend v. Glucose über Glucose-6-phosphat, Fructose-6-phosphat u. dessen Aminierung mit Hilfe v. Glutamin als Aminogruppendonor.

Glucose w [v. gr. glykys = süß], *Traubenzucker, Dextrose, Glykose,* Abk. *Glc,* ein zu den Aldohexosen (☐ Aldosen) zählendes Monosaccharid. In freier Form kommt G. in fast allen süßen Früchten, im Honig, in Holz, Wurzel u. Rinde vieler Laubbäume u. Getreideähren sowie als ↗ *Blutzucker* (ca. 0,1%) vor. In gebundener Form ist G. Bestandteil vieler Oligosaccharide (z. B. Lactose), Polysaccharide (z.B. Cellulose, Stärke, Glykogen) u. Glykoside (z. B. Anthocyane). Im Energiestoffwechsel ist G. bes. als Endprodukt der Photosynthese (↗ Calvin-Zyklus) u. der ↗ Gluconeogenese

Gluconeogenese

Die besonderen, einseitig ablaufenden Reaktionen des Aufbauweges sind durch einen nicht-parallelen Verlauf der Reaktionspfeile hervorgehoben. Umgekehrt wie bei dem Glucose-Abbau (↗Glykolyse) werden je zwei C_3-Moleküle aus dem unteren (dunkleren) Teil in der reversiblen Aldolase-Reaktion zu einem C_6-Molekül im oberen (helleren) Teil des Reaktionsweges zusammengeführt. Dieses Verhältnis ist im unteren Teil durch den Zusatz (2) verdeutlicht. Außer beim Pyruvat kann die G. auch bei anderen Molekülen in den Mitochondrien beginnen, bes. vom Citratzyklus (Oxalacetat u. Malat) und von den glucogenen Aminosäuren aus. Die chem. Strukturen der beteiligten Moleküle sind in der entspr. Abb. der Glykolyse dargestellt.

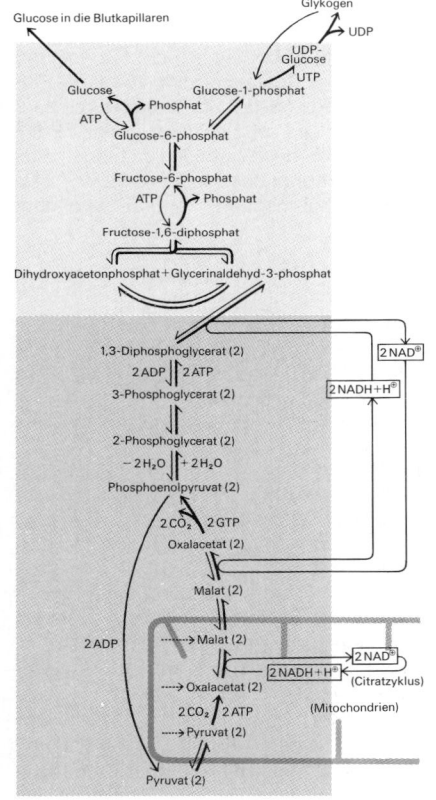

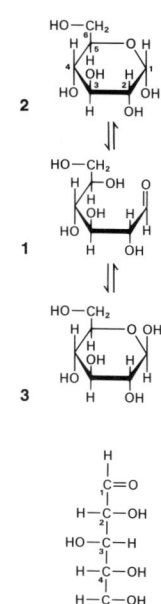

D-Glucose

1 offene Form, aus der die beiden Pyranose-Ringformen **2** (α-D-Glucose) und **3** (β-D-Glucose) hervorgehen. Die offene Form **4** ist ident. mit **1**, jedoch linear gestreckt dargestellt.

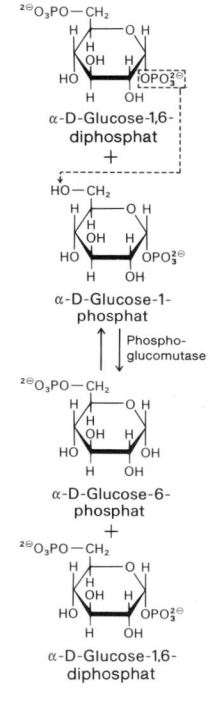

Glucose-1,6-diphosphat

Je ein Molekül G. steht auf beiden Seiten der Gleichgewichtsreaktion, weshalb als Bruttoreaktion die wechselseitige Umwandlung v. Glucose-1-phosphat zu Glucose-6-phosphat erfolgt und G. nur als immer wieder regeneriertes Cosubstrat fungiert.

Der gestrichelte Pfeil zeigt die bei der Hinreaktion erfolgende Phosphatgruppenübertragung an.

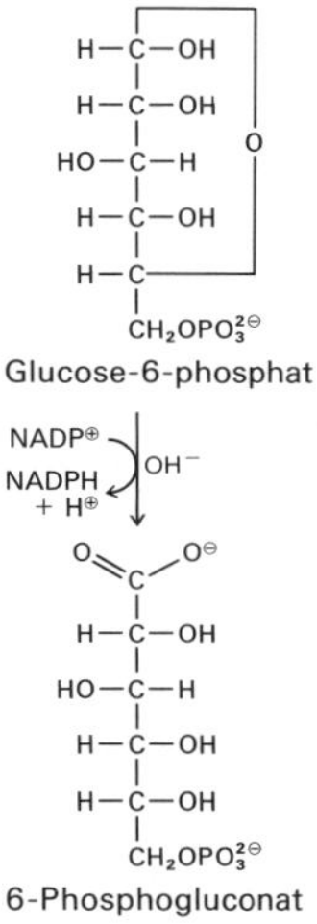

Glucose-6-phosphat

„Direkte" Glucose-Oxidation und NADPH-Bildung durch Glucose-6-phosphat-Dehydrogenase.

Glucose-1-phosphat, Produkt der Phosphorolyse des Glykogens u. der Stärke, durch welches diese in die ↗Glykolyse (☐) eingeschleust werden. Die Umsetzung von G. zu ↗Glucose-6-phosphat erfolgt im weiteren Verlauf der Glykolyse über ↗Glucose-1,6-diphosphat (☐) als Zwischenstufe. Umgekehrt entsteht G. auch als Endprodukt der ↗Gluconeogenese u. der Photosynthese u. kann über UDP-Glucose zu Glykogen (in der Leber) bzw. über ADP-Glucose zu Stärke (in den Chloroplasten der Pflanzen) umgewandelt werden.

Glucose-1,6-diphosphat, neuere Bez. *Glucose-1,6-bisphosphat*, Cosubstrat bei der durch das Enzym Phosphoglucomutase katalysierten Umwandlung v. ↗Glucose-1-phosphat zu ↗Glucose-6-phosphat (B ↗Glykolyse). G. bildet sich entweder durch ATP-abhängige Phosphorylierung aus Glucose-1-phosphat od. durch Übertragung eines Phosphatrestes zw. zwei Glucose-1-phosphat-Molekülen:
$2 \times$ Glucose-1-phosphat $\rightleftharpoons$ Glucose + G.

sowie als Ausgangsprodukt der ↗Glykolyse bzw. ↗alkohol. Gärung u. zur Synthese vieler Polysaccharide wie Stärke u. Glykogen v. zentraler Bedeutung. Ausgehend v. G. können sich in der Zelle Oxidationsprodukte wie Gluconsäure u. Glucuronsäure sowie viele andere Monosaccharide (auch Pentosen wie Ribose u. Heptosen) bilden, wobei G. meist in aktivierter Form als G.-1-phosphat od. G.-6-phosphat umgesetzt wird. Die Übertragung v. G.-Resten erfolgt häufig (z. B. bei der Glykogensynthese) über UDP-G. als aktivierter Zwischenstufe (↗Nucleosiddiphosphatzucker).

gluc-, gluco- [v. gr. glykys = süß, lieblich].

glucos- [v. ↗Glucose (v. gr. glykys = süß) = Traubenzucker].

Glucose-6-phosphat

Glucose-6-phosphat, Zwischenprodukt beim Glucoseabbau (↗Glykolyse, B), bei der Glucose- bzw. Polysaccharid-Synthese im Rahmen der ↗Gluconeogenese u. ↗Photosynthese u. beim Abbau bzw. der Umwandlung v. Glucose in andere Zucker im Verlauf des ↗Pentosephosphatzyklus u. des ↗Glucuronat-Wegs. Die Bildung von G. erfolgt entweder durch direkte Phosphorylierung v. Glucose unter ATP-Verbrauch (↗Glucokinase, ↗Hexokinase) od., ausgehend v. ↗Glucose-1-phosphat, über ↗Glucose-1,6-diphosphat (☐) als Zwischenstufe. Durch das Enzym *Glucose-6-phosphatase* wird G. hydrolyt. zu Glucose u. Phosphat gespalten (↗Gluconeogenese). Der erbl. bedingte Defekt v. Glucose-6-phosphatase ist die Ursache für die am häufigsten auftretende Form der ↗Glykogenosen. Durch die NADP$^+$-abhängige Dehydrierung von G. zu 6-Phosphogluconat, katalysiert durch das Enzym *Glucose-6-phosphat-Dehydrogenase,* wird G. (u. damit Glucose u. die in G. überführbaren Polysaccharide) in den Pentosephosphat-Weg eingeschleust, wodurch auch die Umwandlung in andere Zucker wie Ribulose, Ribose, Xylulose (als 5-Phosphate) erreicht wird. Die Aktivität von G.-Dehydrogenase wird durch das NADP$^+$/NADPH-Verhältnis reguliert: ein hohes NADP$^+$/NADPH-Verhältnis, verursacht durch den Verbrauch v. NADPH z. B. für Fettsynthese, führt zur Erhöhung der Enzymaktivität u. damit zum Nachschub von NADPH (= Erniedrigung des NADP$^+$/NADPH-Verhältnisses) und umgekehrt. Beim Menschen sind ca. 50 genet. Varianten des Enzyms bekannt.

Glucosidasen [Mz.; v. *glucos-], Gruppe v. hydrolyt. wirkenden ↗Enzymen, die glykosid. gebundene Glucose abspalten; nach der Stereospezifität (α od. β) der gespaltenen glykosid. Bindungen unterscheidet man zw. α- und β-G. Zu den α-G. gehört die Maltase, welche die Disaccharide Maltose u. Saccharose spaltet. Eine in den Lysosomen v. Säugerzellen lokalisierte α-G. baut Glykogen direkt zu Oligosacchariden u. Glucose ab. Der Mangel dieses Enzyms verursacht die Einlagerung v. Glykogen (↗Glykogenose) bes. im Muskelgewebe, wodurch die Kontraktion der Muskelfasern erhebl. gestört sein kann.

Glucoside [Mz.; v. *glucos-], Derivate der Glucose, in denen die 1-Hydroxyl-Gruppe der Ringform v. ↗Glucose durch Zuckerreste (z. B. in Maltose od. Saccharose) od. durch andere Substituenten ersetzt ist. ↗Glykoside.

Glucosurie *w* [v. *glucos-, gr. ouron = Harn], vermehrte Ausscheidung v. Glucose (↗Blutzucker) im Harn; normal nach

glucos- [v. ↗Glucose (v. gr. glykys = süß) = Traubenzucker].

kohlenhydratreicher Mahlzeit *(alimentäre G.),* meist Symptom einer Stoffwechselstörung od. Nierenerkrankung (z. B. Überfunktion v. Schilddrüse, Nebennierenrinde u. -mark, Diabetes mellitus).

Glucuronate ↗Glucuronsäure.

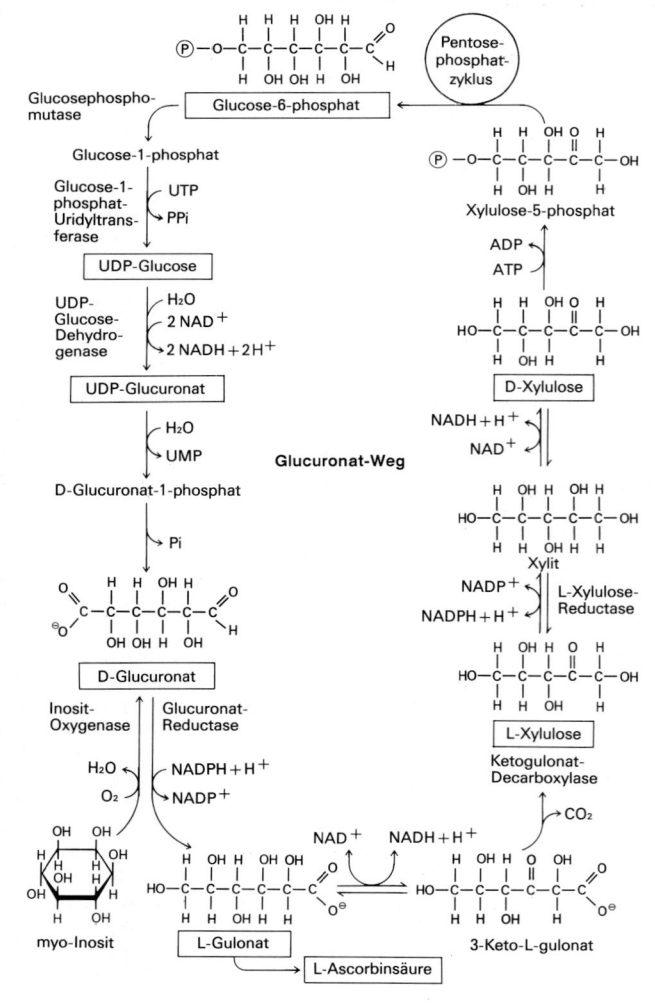

Glucuronat-Weg [v. gr. glykys = süß, ouron = Harn], *Glucuronat-Xylulose-Zyklus, Glucuronat-Gulonat-Weg,* eine zykl. Reaktionsfolge, die ausgehend v. Glucose-6-phosphat durch Oxidation des C_6-Kohlenstoffatoms zu Uronsäuren u. verschiedenen Pentosezuckern führt. V. bes. Bedeutung sind die Bildung v. Glucuronat (↗Glucuronsäure) u. v. Ascorbinsäure, die bei den meisten Tieren, nicht aber beim Menschen u. bei Affen, als Abzweigung des G.s aus Gulonat erfolgt, sowie die Einschleusung in den G. von Inosit durch dessen Umwandlung in Glucuronat. Beim Durchlaufen des G.s bilden sich aus 1 Mol Glucose-6-phosphat 1 Mol CO_2 u. 1 Mol Xylulose-5-phosphat; letzteres wird über die Reaktion des ↗ Pentosephosphatzyklus zu Glucose-6-phosphat regeneriert. Bei Bakterien verläuft der Abbau v. Glucuronat alternativ über mehrere vom G. abweichende Zwischenstufen zu Glycerinaldehyd-3-phosphat u. Pyruvat als Endprodukten.

Glucuronide [Mz.; v. gr. glykys = süß, ouron = Harn], ↗ Glucuronsäure.

Glucuronsäure [v. gr. glykys = süß, ouron = Harn], die v. Glucose abgeleitete Uronsäure; die Salze der G. sind die *Glucuronate* (Bildung von G., UDP-Glucuronat und Glucuronat-1-phosphat: ↗ Glucuronat-Weg); die Glykoside der G. heißen *Glucuronide*. Im tier. Stoffwechsel können viele körpereigene (z. B. Steroidhormone u. Bilirubin) wie körperfremde (Pharmaka) Stoffe, bes. die phenolisch aufgebauten Verbindungen, nach Koppelung an G. (sog. *Glucuronidierung* bzw. Bildung sog. G.-Konjugate) im Harn ausgeschieden werden. Die Koppelungen mit G. erfolgen mit UDP-Glucuronat als Donor für die G.-Gruppe.

Glugea-Krankheit, Befall des Stichlings *Gasterosteus* mit der Microsporidie *Glugea anomala*, oft in Form bestandsvernichtender Epidemien; äußerl. erbsengroße Beulen durch monströse Veränderung der Muskulatur, außerdem Schäden im Darmepithel. [↗ Anemonenfische.

Glühkohlenfisch, *Amphiprion ephippium*,

Glühwürmchen, die Larven od. meist die ungeflügelten Weibchen der ↗ Leuchtkäfer.

Glumae [Mz.; lat., = Hülsen, Spelzen], Bez. für die *Hüllspelzen* in den ↗ Ährchen (☐) der Grasblüte.

Glu-NH₂, Abk. für ↗ Glutamin.

Glutamat-Decarboxylase w, Enzym, das die Decarboxylierung v. Glutamat zu ↗ γ-Aminobuttersäure u. CO₂ katalysiert.

Glutamat-Dehydrogenase w, *Glutaminsäure-Dehydrogenase*, Enzym, das die NAD⁺-abhängige Dehydrierung v. Glutamat zu α-Ketoglutarat u. Ammoniak, aber auch die für die Bildung v. Glutamat wichtige Umkehrreaktion katalysiert. Da die Aminogruppen vieler Aminosäuren durch Transaminierungsreaktionen zur Aminogruppe v. Glutamat umgewandelt werden können, erfolgt durch den von G. katalysierten Abbau letztl. eine Freisetzung der aus verschiedenen ↗ Aminosäuren (☐) stammenden Aminogruppen als Ammoniak (katabol. Funktion von G.). Anabol. Funktion hat G. bei der Synthese v. Glutamat aus α-Ketoglutarat mit Hilfe des bei der Stickstoffixierung entstehenden Ammoniaks bzw. als Reaktion der Ammoniakassimilation (↗ Ammoniumassimilation) od. Ammoniakentgiftung (↗ Ammoniak).

Glutamate, die Salze der ↗ Glutaminsäure.

Glucuronsäure
β-D-Glucuronsäure (Ringform); offene Form ↗ Glucuronat-Weg (☐)

Glutamat-Dehydrogenase-Reaktion

Glutamin (zwitterionische Form)

Glutaminsäure (zwitterionische Form, Glutamat)

Glutaminsäure

Glutamat-Oxalacetat-Transaminase w, Abk. *GOT*, eine spezielle Transaminase, durch welche die ↗ Transaminierung zw. Oxalacetat u. Glutamat (u. die Umkehrreaktion) katalysiert wird. Reaktionsprodukte sind Aspartat u. α-Ketoglutarat. Die bes. Bedeutung der durch GOT katalysierten Reaktion für den Stickstoff-Stoffwechsel ist darin zu sehen, daß über Aspartat der aus Glutamat (u. über weitere Transaminierungsreaktionen letztl. v. fast allen Aminosäuren) stammende Stickstoff in den ↗ Harnstoffzyklus eingeschleust wird.

Glutamat-Pyruvat-Transaminase w, Abk. *GPT*, eine spezielle Transaminase, durch welche die ↗ Transaminierung zw. α-Ketoglutarat u. Alanin (sowie die Umkehrreaktion) katalysiert wird. Produkte dieser Reaktion sind Glutamat u. Pyruvat.

Glutamin s, Abk. *Gln* od. *Q*, früher auch *Glu-NH₂*, das Halbamid der ↗ Glutaminsäure; die Salze des G.s werden *Glutaminate* gen. Als proteinogene ↗ Aminosäure ist G. Baustein fast aller Proteine. In freier Form spielt es im Stickstoffmetabolismus eine zentrale Rolle. Durch Übertragung des Amidstickstoffs wirkt G. als Amino- bzw. Stickstoffgruppendonor in vielen synthet. Reaktionen, z. B. bei der Bildung v. Cytosin, Glucosamin, Guanin, Histidin, Tryptophan sowie für die N-3- und N-9-Stickstoffe bei der Purinsynthese. Auch die Bildung v. ↗ Carbamylphosphat erfolgt teilweise durch Umsetzung der Amidgruppe von G. G. bildet sich unter ATP-Verbrauch aus Glutamat u. Ammoniak (↗ G.-Synthetase); G. ist daher vielfach die Transport-, Entgiftungs- bzw. Speicherform (z. B. in Pflanzensamen) v. Ammoniak. Der Abbau erfolgt durch hydrolyt. Spaltung zu Glutamat u. Ammoniak unter der katalyt. Wirkung des Enzyms *Glutaminase*. [B] Aminosäuren.

Glutaminase w, ↗ Glutamin.

Glutaminsäure, α-*Aminoglutarsäure*, Abk. *Glu* od. *E*, eine proteinogene ↗ Aminosäure u. daher Baustein fast aller Proteine, bes. aber der pflanzl. Samenproteine. Die Salze der G. sind die *Glutamate*. Durch die Reaktion der ↗ Transaminierung (↗ Glutamat-Oxalacetat-Transaminase, ↗ Glutamat-Pyruvat-Transaminase) ist G. Schlüsselprodukt des Aminosäurestoffwechsels. G. ist Vorstufe bzw. Abbauprodukt des ↗ Glutamins. Durch Transaminierung bzw. oxidative Desaminierung (↗ Glutamat-Dehydrogenase) wird G. in α-Ketoglutarat umgewandelt u. damit dem weiteren Abbau durch die Reaktionen des Citrat-Zyklus zugänglich gemacht. Aus G. bilden sich unter Einbeziehung des Kohlenstoffgerüsts die (wie G. selbst) zur α-Ketoglutarat-Familie gehörenden Aminosäuren Prolin, Hydroxy-

Glutaminsäure-γ-semialdehyd

prolin, Ornithin, Citrullin u. Arginin. G. wirkt als Neurotransmitter bei den glutamatergen Neuronen des Zentralnervensystems. B Aminosäuren.

Glutaminsäure-γ-semialdehyd, durch Hydrierung der γ-Carboxylgruppe aus Glutaminsäure entstehende Zwischenstufe bei der Bildung v. Prolin sowie v. Arginin, Citrullin u. Ornithin aus Glutaminsäure; G. entsteht auch bei den Rückreaktionen dieser Aminosäuren zu Glutaminsäure.

Glutamin-Synthetase w, Enzym, das die ATP-abhängige Bildung v. Glutamin aus Glutaminsäure u. Ammoniak katalysiert. G. aus *Escherichia coli,* ein aus 12 ident. Untereinheiten (relative Molekülmasse jeweils 50000) aufgebautes, multimeres Protein, ist aufgrund seiner regulator. Eigenschaften bes. interessant: Jede einzelne Untereinheit besitzt neben den beiden Bindestellen für die Substrate 8 Bindestellen für die als allosterische Inhibitoren wirkenden Folgeprodukte des Glutamin-Stoffwechsels (Alanin, AMP, Carbamylphosphat, CTP, Glucosamin, Glycin, Histidin u. Tryptophan), weshalb G. einen Extremfall bezügl. der Vielfalt der regulator. wirksamen Effektoren darstellt. Darüber hinaus kann G. durch kovalente Bindung v. Adenylresten (sog. Adenylylierung), katalysiert durch ein spezif. G.-inaktivierendes Enzym, sukzessive – da insgesamt 12 Adenylylierungsstellen zur Verfügung stehen – in einen weniger aktiven Zustand überführt werden. Durch ebenfalls sukzessive Abspaltung der Adenylreste (sog. Desadenylylierung), katalysiert durch ein spezif. G.-reaktivierendes Enzym, wird diese Inaktivierung rückgängig gemacht.

Glutathion s [v. *glut-, gr. theios = Schwefel], γ-*Glutamyl-Cysteinyl-Glycin,* Abk. *GSH* für reduziertes G., *GS-SG* für die oxidierte, dimere Form des G.s mit einer Disulfidbrücke; ein aus Glutaminsäure, Cystein u. Glycin aufgebautes Tripeptid. G. ist Bestandteil der Erythrocyten, wo es durch die Reaktion 2 GSH+H_2O_2 → GS-SG + 2 H_2O die Entgiftung v. H_2O_2 bewirkt; aus GS-SG wird die reduzierte Form des G.s durch Reaktion mit NADPH unter der katalyt. Wirkung von *G.-Reductase* regeneriert.

Gluteline [Mz.; v. *glut-], *Glutenine,* Gruppe einfacher Sphäroproteine, die zus. mit den ⟋ Prolaminen die Speicherproteine der Getreidearten darstellen. Durch ihren Gehalt an Lysin u. Tryptophan ergänzen die G. die Prolamine bei der menschl. Ernährung. ⟋ Gluten.

Gluten s [lat., = Leim], *Kleber(eiweiß),* aus ⟋ Glutelinen u. ⟋ Prolaminen zusammengesetzte Proteinfraktion der ⟋ Brotgetreide (Roggen u. Weizen), die die Backfähigkeit v. Weizen- u. Roggenmehl bedingt.

Glutaminsäure-γ-semialdehyd

Über einen Ringschluß entsteht aus G. das Prolin, durch eine bes. Transaminierung das Ornithin u. daraus das Citrullin u. Arginin

Glycerat-Weg

Glutathion

Glutenine [Mz.; v. *glut-], die ⟋ Gluteline.
Glutin s [v. *glut-], aus Kollagen gewonnene Skleroproteine v. ähnl. Zusammensetzung, aber geringerer Reinheit als ⟋ Gelatine; findet als Leim Verwendung.
Glutinanten [Mz.; v. lat. glutinans = klebend], Nesselkapseltyp, ⟋ Cniden.
Gly, Abk. für ⟋ Glycin.
Glycerat-Weg [v. *glycer-], in Mikroorganismen u. Pflanzen ablaufender *anaplerotischer* Stoffwechselweg (⟋ Anaplerose), durch den unter Verwertung v. Glyoxylat Phosphoenolpyruvat in den Kohlenhydratstoffwechsel (z. B. in den ⟋ Dicarbonsäurezyklus) eingeschleust werden kann.
Glyceria w [v. *glycer-], der ⟋ Wasserschwaden.
Glyceridae [Mz.; ben. nach dem gr. Frauennamen Glykera (= die Süße)], Ringelwurm-Fam. (Kl. *Polychaeta*) mit 3 Gatt. Kennzeichen: Körper lang, Prostomium schlank u. kegelförmig, mit 4 kleinen Antennen; keine Palpen, keine Tentakelcirren; Parapodien ein- od. zweiästig; Rüssel vorstülpbar, mit Papillen u. 4 gleichgestalteten Kiefern; Substratfresser od. Räuber, bauen schleimverklebte Grabgänge. Manche Arten bilden epitoke (⟋ Epitokie) Fortpflanzungsstadien mit dorsalen Schwimmborsten u. verlängerten Parapodiallappen. Bedeutendste Gatt. ist *Glycera* mit den in der Nordsee vorkommenden Arten *G. ehlersi, G. capitata, G. alba, G. rouxii* u. *G. decorata.* [cerine.
Glyceride [Mz.; v. *glycer-], die ⟋ Acylgly-
Glycerin s [v. *glycer-], wichtigster dreiwert. Alkohol, in reiner Form eine farb- u. geruchlose, süßschmeckende, dickölige Flüssigkeit; sowohl in freier Form als auch in Form v. G.phosphat u. gebunden in Form v. Estern (⟋ Fette, ⟋ Phosphatide) in biol. Systemen weit verbreitet. Industriell wird G. als Nebenprodukt der ⟋ alkohol. Gärung, bes. durch Vergärung v. Holzzuckern, gewonnen u. u. a. zur Herstellung v. Salben u. Kosmetika, als Frostschutzmittel, bes. zur Stabilisierung u. zur Lagerung v. Enzymlösungen in flüss. Zustand unterhalb 0°C (bis −18°C) verwendet. G. bil-

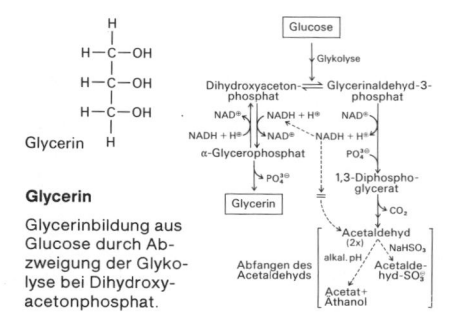

Glycerin

Glycerinbildung aus Glucose durch Abzweigung der Glykolyse bei Dihydroxyacetonphosphat.

det sich auch bei der künstl. Verseifung v. Fetten (Seifen- u. Kerzenfabrikation). □ Fette, B Lipide.

Glycerinaldehyd m, einfachster in zwei Stereoisomeren (D- u. L-Form) vorkommender Zucker (Aldotriose). G. entsteht (neben Dihydroxyacetonphosphat) durch Spaltung v. Fructose-1-phosphat. Durch Phosphorylierung wird G. zu G.-3-phosphat umgewandelt u. so in den Glykolyse-Stoffwechselweg eingeschleust.

D-Form   asymmetrisches Kohlenstoffatom   L-Form

Glycerinaldehyd-3-phosphat, Zwischenprodukt bei der ↗ Glykolyse, ↗ alkohol. Gärung, ↗ Gluconeogenese u. beim ↗ Calvin-Zyklus. Das Enzym G.-Dehydrogenase katalysiert bei der Glykolyse unter NAD⁺-Verbrauch u. in Ggw. v. Phosphat die Dehydrierung v. G. zu 1,3-Diphosphoglycerat (↗ 1,3-Diphosphoglycerinsäure) u. NADH (Mechanismus dieser Reaktion: □ Enzyme) bzw. bei der Gluconeogenese u. im Calvin-Zyklus die Umkehrreaktion (1,3-Diphosphoglycerat + NADH → G. + Phosphat + NAD⁺).

Glycerin-3-phosphat, ident. mit *Glycerin-1-phosphat* bzw. *α-Glycerophosphat,* als Säureform *Glycerin-3-phosphorsäure;* in veresterter Form Bestandteil der Lecithine, Kephaline u. Phosphatide. In freier Form bildet sich G. als Zwischenprodukt bei der Umwandlung v. Glucose zu ↗ Glycerin; umgekehrt kann Glycerin durch ATP-abhängige Umwandlung in G., katalysiert durch das Enzym Glycerin-Kinase, in die Reaktionen der Fettsynthese (□ Fette) bzw. durch anschließende Dehydrierung zu Dihydroxyacetonphosphat in die Glykolyse od. den Gluconeogenese-Weg eingeschleust werden. □ Acylglycerine.

Glycerinphosphat-Dehydrogenase w, Enzym, das Glycerin-3-phosphat mit Hilfe v. NAD⁺ zu Dihydroxyacetonphosphat dehydriert u. damit Glycerinphosphat, ein Produkt des Fettabbaus, in den Glykolyse-Stoffwechselweg einschleust.

Glycerinphosphatide, *Phosphoglyceride,* ↗ Phosphatide.

Glycerinsäure, eine Dihydroxycarbonsäure, HOCH₂-CHOH-COOH, die in Form der Phosphorsäureester (1-Phospho-, 2-Phospho-, 3-Phospho- u. 1,3-Diphospho-G.) Zwischenprodukt zentraler Stoffwechselwege (↗ Glykolyse, ↗ Gluconeogenese, ↗ Photosynthese) ist. Serin kann über Transaminierung u. Hydrierung des entstehenden Hydroxypyruvats zu G. umgewandelt werden.

glut- [v. lat. gluten = Leim, Kleber].

glycer- [v. gr. glykeros = süß].

Glycerinaldehyd
Die das zentrale C-Atom umgebenden Atome oder Atomgruppen, die an der Spitze (bzw. Basis) der „Keile" stehen, sind hinter (bzw. vor) der Papierebene liegend zu denken.

COO⁻
|
⁺H₃N—C—H
|
H
Glycin
(zwitterionische Form)

HC=O
|
HC—OH
|
H₂C—OPO₃²⁻
Glycerinaldehyd-3-phosphat

CH₂OH
|
HO—C—H
|
CH₂OPO₃²⁻
Glycerin-3-phosphat

glyc- [v. gr. glykys = süß].

glykyrrhiz- [v. gr. glykyrrhiza = Süßholz (v. glykys = süß, rhiza = Wurzel)].

glyko- [v. gr. glykys = süß].

Glycerio-Sparganion s [v. ↗ Glyceria, gr. sparganion = Igelkolben], ↗ Sparganio-Glycerion. [phosphat.
α-Glycerophosphat, das ↗ Glycerin-3-
Glycin s [v. *glyc-], Abk. *Gly* od. *G, Glykokoll, Aminoessigsäure,* als einfachste proteinogene ↗ Aminosäure Baustein fast aller Proteine, bes. des ↗ Kollagens; bildet sich aus Serin durch Abspaltung eines C₁-Rests; der Abbau v. G. erfolgt auf dem umgekehrten Weg über Serin. G. ist nicht opt. aktiv, da zwei gleiche Substituenten (zwei Wasserstoffatome) am α-Kohlenstoffatom gebunden sind (B Aminosäuren).

Glycine w [v. *glyc-], ↗ Sojabohne.

Glycinin s [v. *glyc-], zu den Globulinen zählendes Speicherprotein der ↗ Sojabohne.

Glyciphagus m [v. *glyc-, gr. phagos = Fresser], Gatt. der ↗ Vorratsmilben.

Glycymeris w [v. gr. glykymaris = eine Art Gienmuschel], die ↗ Samtmuscheln.

Glycyrrhetinsäure [v. *glykyrrhiz-] ↗ Glycyrrhizinsäure. [↗ Hülsenfrüchtler.

Glycyrrhiza w [v. *glykyrrhiz-], Gatt. der

Glycyrrhizinsäure [v. *glykyrrhiz-], *Süßholzzucker,* ein aus dem pentacycl. Triterpen *Glycyrrhetinsäure* u. einem Disaccharid aus 2 Molekülen β-D-Glucuronsäure aufgebautes, süß schmeckendes Saponinglykosid, das u. a. in der Süßholzwurzel (*Glycyrrhiza*) vorkommt; entzündungshemmendes Mittel, Bestandteil v. Hustensaft.

Glykämie w [v. *glyc-, gr. haima = Blut], das physiolog. Vorkommen v. Glucose im Blut (↗ Blutzucker), med. meist im Sinne v. ↗ Hyper-G. gebraucht. ↗ Diabetes.

Glykane [Mz.; v. *glyc-], die ↗ Polysaccharide.

Glykocholsäure [v. *glyko-, gr. cholos = Galle], eine ↗ Gallensäure (□).

Glykogen s [v. *glyko-, gr. gennan = erzeugen], *Leberstärke,* süßl. schmeckendes Polysaccharid, das aus 5000–100000 1,4-glykosidisch verknüpften α-D-Glucoseeinheiten mit zusätzl. 1,6-glykosidischen Verzweigungen (etwa an jeder 10. Glucoseeinheit) aufgebaut ist; kommt als Energiereservesubstanz generell im Tierreich u. bei Pilzen vor, bei Wirbeltieren bes. in der Leber (bis zu 10% des Feuchtgewichts), aber auch im Muskelfleisch u. Eidotter. G. ist (neben freier Glucose) Ausgangsprodukt der ↗ Glykolyse (B). Beim Abbau von G. (*Glykogenolyse*) wird G. in einem ersten, durch das Enzym *G.-Phosphorylase* katalysierten Schritt phosphorolyt. zu Glucose-1-phosphat abgebaut od. durch ↗ Amylasen hydrolyt. zu Glucose u. Maltose gespalten. An den Verzweigungspunkten kann G. nur durch Hy-

Glykogen

Abbau und Synthese des Glykogens in der Leber

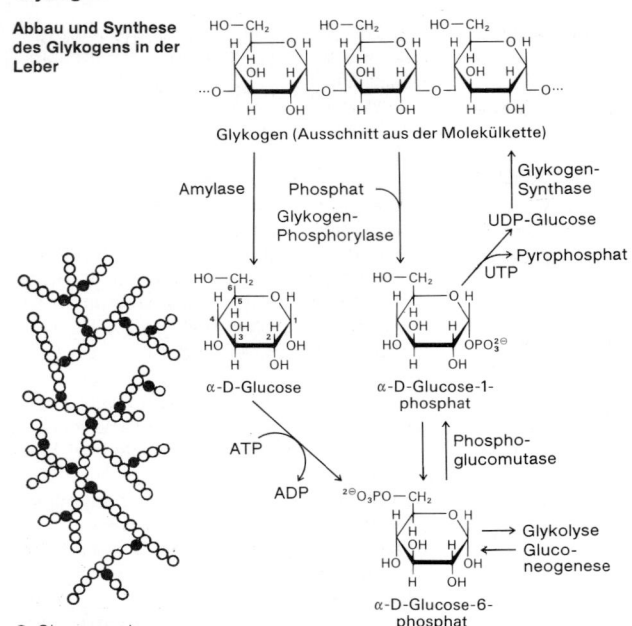

Glykogen (Ausschnitt aus der Molekülkette)

α-D-Glucose ↔ α-D-Glucose-1-phosphat ↔ α-D-Glucose-6-phosphat

Amylase, Phosphat, Glykogen-Phosphorylase, Glykogen-Synthase, UDP-Glucose, UTP, Pyrophosphat, ATP, ADP, Phosphoglucomutase, Glykolyse, Gluconeogenese

○ Glucosereste
● Glucosereste mit verzweigender 1,6-Verknüpfung

Glykogen
Ausschnitt aus einem Glykogenmolekül

glyko- [v. gr. glykys = süß]

drolyse gespalten werden, weshalb auch beim phosphorolyt. Abbau neben Glucose-1-phosphat immer ein gewisser Anteil (ca. 10%) an freier Glucose entsteht. Die Synthese von G. erfolgt über Glucose-1-phosphat, das entweder, ausgehend v. freier Glucose, durch ATP-abhäng. Phosphorylierung od. direkt über den Gluconeogenese-Weg bereitgestellt wird. Aus diesem bildet sich UDP-Glucose als aktivierte Vorstufe, deren Glucoserest unter der katalyt. Wirkung des Enzyms G.-Synth(et)ase auf die wachsende G.-Kette übertragen wird, was sich in vielen Schritten bis zur Ausbildung der für das Lebercytosol charakterist. G.-Granula v. 20–200 nm ⌀ wiederholt. Letztere bestehen vorwiegend aus G., enthalten jedoch in locker gebundener Form auch die Enzyme des G.-Auf- und G.-Abbaus. Die Verzweigungen der G.-Struktur kommen dadurch zustande, daß das Enzym Amylo-1,4→1,6-Transglucosidase (sog. Verzweigungs- od. Q-Enzym) die jeweils zuletzt aneinandergeknüpften 6–7 Glucosereste als Oligosaccharid auf die 6-OH-Gruppe eines Glucoserestes derselben od. einer anderen G.-Kette überträgt. Auf- u. Abbau von G. sind sowohl nervös über Calmodulin als auch hormonell durch Adrenalin über zykl. AMP u. eine v. diesen ausgelöste Kaskade v. Enzyminterkonversionen reguliert. In Ggw. v. ↗Adrenalin bildet sich die phosphorylierte Form (= aktive Form) v. G.-Phosphorylase u. gleichzeitig die phosphorylierte (= inaktive) Form der G.-Synthase, wodurch der Abbauweg des als Energiereserve gespeicherten G.s mobilisiert wird (↗Blutzucker). In Abwesenheit v. Adrenalin bilden sich die nichtphosphorylierten Enzyme zurück, wodurch der Stoffwechsel zugunsten v. G.-Bildung u. -Speicherung gelenkt wird. Die Energiereserve des G.s kann mit Hilfe dieser Regulation, im Ggs. zu der als Langzeitspeicher fungierenden Energiereserve der Fette u. Fettgewebe, sehr schnell für den Körper nutzbar gemacht werden. B Hormone.

Glykogenolyse w [v. *glyko-, gr. gennan = erzeugen, lysis = Lösung], der Abbau des ↗Glykogens.

Glykogenose w [v. *glyko-, gr. gennan = erzeugen], *Glykogenspeicherkrankheit*, erbl. bedingte Stoffwechselanomalie, die auf der Anhäufung bes. großer Glykogenmengen in der Leber u.a. Organen u. der dadurch verursachten Hypoglykämie beruht. Die Glykogenanhäufung in den Organen ist verursacht entweder durch Mutation eines der Gene, die für die am Glykogenabbau beteiligten Enzyme (z.B. Glykogen-Phosphorylase od. α-Glucosidase) codieren, od. durch eine verstärkte Einschleusung des ↗Gluconeogenese-Wegs in den Glykogenaufbau, wie beim Ausfall v. Glucose-6-phosphatase (↗Glucose-6-phosphat). Man unterscheidet nach den verschiedenen Enzymdefekten ca. 10 G.-Typen.

Glykogen-Phosphorylase w, ↗Glykogen.
Glykogenspeicherkrankheit [v. ↗Glykogen], die ↗Glykogenose.
Glykogen-Synthetase w, *Glykogen-Synthase*, ↗Glykogen.

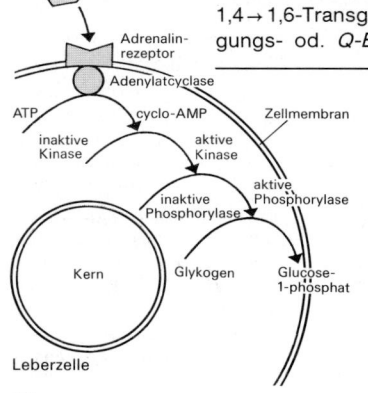

Glykogen
Aktivierung des G.-Abbaus durch *Adrenalin* – ein Beispiel für die Wirkungsweise v. *Peptidhormonen* über das cyclo-AMP

Das Hormon ↗ *Adrenalin* bindet an einen spezif. Rezeptor in der Membran beispielsweise einer Leberzelle. Durch die alloster. Umwandlung (↗Allosterie) des Rezeptors wird das mit diesem an der Innenseite der Membran lokalisierte Enzym ↗ *Adenylatcyclase* aktiviert. Dieses bildet aus ATP das cyclo-AMP. Mit Hilfe des cyclo-AMP wird daraufhin eine inaktive Protein-Kinase in eine aktive Form übergeführt; die aktivierte Kinase ihrerseits aktiviert eine Phosphorylase, u. diese bildet aus der Glucose-Speicherform G. schließl. das Glucose-1-phosphat, das aus der Leberzelle ausgeschleust wird u. über den Blutstrom direkt in den oxidativen Stoffwechsel eingeschleust werden kann. Das Hormon gibt v. außen also lediglich die Information zur Bereitstellung v. Glucose (↗Blutzucker) ab. Ausgelöst wird die ganze Reaktionskette im Innern der Zelle über das Alarmsignal cyclo-AMP, das deshalb auch „sekundärer Bote" („second messenger") genannt wird. ☐ Hormone.

Glykokalyx w [v. *glyko-, gr. kalyx = Hülle], Oberbegriff für Hüllschichten auf der Außenseite aller Proto- u. Eucyten, bestehend aus einem Filz von v. a. Oligosaccharidketten, der im Laufe der Evolution eine Vielzahl v. Funktionen erhalten und entspr. den spezif. Erfordernissen bei den einzelnen Zelltypen eine unterschiedl. Strukturausprägung erfahren hat ([T]). Bei Eucyten ist die G. als Teil des Plasmalemms ein Produkt des ↗Golgi-Apparats.
Lit.: Bennet, H. S.: Morphological Aspects of Extracellular Polysaccharides. J. Histochem. Cytochem. 11 (1963).

Glykokoll s [v. *glyko-, gr. kolla = Leim], veraltete Bez. für ↗Glycin.

Glykolipide [Mz.; v. *glyko-, gr. lipos = Fett], *Glykolipoide*, aus Zuckern (Mono- u. Oligosacchariden) u. lipophilen Gruppen, wie Fettsäuren od. Fettalkoholen, kompliziert aufgebaute Bestandteile v. Zellmembranen; die beiden Hauptgruppen der G. sind die ↗Cerebroside u. ↗Ganglioside.

Glykolsäure [v. *glyko-], *Äthanolsäure, Hydroxyessigsäure*, $HO-CH_2-COOH$ eine bes. in unreifen Früchten u. jungen Pflanzenteilen vorkommende Hydroxycarbonsäure; die Salze der G. sind die *Glykolate*. Durch Dehydrierung steht G. mit ↗Glyoxylsäure (↗Dicarbonsäurezyklus) u. durch deren Transaminierung auch mit ↗Glycin im Gleichgewicht.

Glykolyse w [v. *glyko-, gr. lysis = Auflösung], *Embden-Meyerhof-Parnas-Abbauweg*, der Abbau v. freier ↗Glucose oder v. Reservepolysacchariden wie ↗Glykogen u. ↗Stärke, die aus Glucoseeinheiten aufgebaut sind, unter Energiegewinn in Form von ATP. Unter anaeroben Bedingungen ist das Endprodukt der G. Milchsäure (Lactat) od. Äthanol; die G. ist in letzterem Fall ident. mit der ↗alkohol. Gärung. Unter aeroben Bedingungen werden fast dieselben Reaktionsschritte durchlaufen; Endprodukt ist jedoch Brenztraubensäure (Pyruvat), die unter CO_2-Abspaltung u. Oxidation zu Acetyl-Coenzym A weiterreagiert, um so zur weiteren Oxidation in den ↗Citratzyklus eingeschleust zu werden. Ausgehend v. Glucose, ist die Bruttoreaktion u. Energiebilanz der G. unter anaeroben Bedingungen:
Glucose $(C_6H_{12}O_6)$ + 2 ADP + 2 Phosphat → 2 Lactat$^-$ $(2 \times C_3H_5O_3^-)$ + 2 H$^+$ + 2 ATP $(\Delta G^{\circ\prime} = -136$ kJ/mol).
Anstelle v. 2 Milchsäuremolekülen (2 Lactat + 2 H$^+$) entstehen bei der alkohol. Gärung je 2 Moleküle Äthanol und CO_2. Ausgehend von Glucose-1-phosphat ist die Bruttoreaktion Glucose-1-phosphat + 3 ADP + 3 Phosphat → 2 Lactat$^-$ + 2 H$^+$ + 3 ATP, womit höhere Energieausbeute (3 ATP statt 2 ATP) erreicht wird. [B] 97.

Glykophyten [Mz.; v. *glyko-, gr. phyton = Gewächs], Pflanzen, die im Ggs. zu ↗Halophyten nicht auf deutlich salzbeeinflußten Böden vorkommen.

Glykoproteine [Mz.; v. *glyko-, gr. prōtos = der erste], veraltete Bez. *Glykoproteide*, Proteine mit kovalent gebundenen Mono- u./od. Oligosacchariden. Mit Ausnahme v. Bakterienzellen sind G. in prakt. allen Organismen u. Zelltypen weitverbreitet. Charakterist. Zuckerkomponenten der G. sind die Hexosen Galactose, Mannose u. seltener Glucose sowie die N-Acetylhexosamine (N-Acetylgalactosamin, N-Acetylglucosamin) u. als Kettenendglieder Sialinsäure u. Fucose. Die Oligosaccharidketten sind – meist verzweigt u. ohne period. Sequenz – aus 2–10 (maximal 15) Monosaccharideinheiten aufgebaut. Die Bindung der Mono- bzw. Oligosaccharide an die betreffenden Proteinkomponenten ist *O-glykosidisch* über die Hydroxylgruppen v. Serin- bzw. Threoninresten, *N-glykosidisch* über terminale Aminogruppen, ω-Aminogruppen v. Lysinresten bzw. Amidgruppe v. Asparaginresten, u./od. *Esterglykosidisch* über die Carboxylgruppen v. Asparagin- u. Glutaminsäureresten. Die Anheftung der Saccharidkomponenten erfolgt nach der am rauhen endoplasmat. Reticulum erfolgenden Synthese der Polypeptidketten in den Golgi-Vesikeln, wobei ↗Nucleosiddiphosphatzucker als Donoren für die einzelnen Saccharidbausteine unter der katalyt. Wirkung v. Glykosyl-Transferasen umgesetzt werden. Die Anzahl der Kohlenhydrat-Verknüpfungsstellen bzw. der Kohlenhydratanteil von G.n schwankt zw. nur einer (entspr. nur wenigen Prozenten Kohlenhydrat, z. B. im Serumalbumin) u. mehreren hundert (entspr. 50% Kohlenhydrat, z. B. im Submaxillaris-G. des Schafes). Aufgrund der Synthese im endoplasmat. Reticulum u. in den Golgi-Vesikeln sind G. i. d. R. Membranproteine bzw. extrazelluläre u./od. sekretor. Proteine (vgl. Spaltentext). ↗Gefrierschutzproteine.

Glykosaminglykane, Abk. *GAGs*, neue Bez. für die ↗Mucopolysaccharide.

Glykose w [v. *glyko-], veraltete Bez. für ↗Glucose.

Glykosidasen [Mz.; v. *glyko-], *Glykosylasen*, Gruppe v. Enzymen, durch die Glykoside hydrolyt. zu den entspr. Kohlenhydraten (Mono- od. Oligosaccharide) u. (falls vorhanden) kohlenhydratfreien Komponenten gespalten werden. Nach der Substratspezifität unterscheidet man zw. O- und N-G. bzw. α- und β-G. Wichtige Vertreter sind Amylase, Cellulase, Invertase, Neuramidase und Lysozym. ↗DNA-Reparatur.

Glykoside [Mz.; v. *glyko-], Klasse v. in al-

Glykoside

Glykokalyx

Die G.moleküle sind entweder an integrale ↗Membranproteine (↗Glykoproteine) od. an Membranlipide (↗Glykolipide) gebunden u. können, abhängig v. der jeweil. Funktion der G. (s. u.), mit weiteren extrazellulären Mucopolysaccharid-, Glykolipid- od. Glykoproteinschichten verknüpft sein (G. i. w. S.).

Funktionsformen:

Signalstrukturen der Zell-Zell-Erkennung (Membranantigene)

Rezeptor- u. „Fangstrukturen" im Dienst der Stoffaufnahme (↗Endocytose)

Zellhaftstrukturen („Interzellularkitt")

Abdichtungsstrukturen (↗Basallamina)

Strukturen des mechan. Schutzes (↗Zellwand bei Protocyten u. Pflanzenzellen, ↗Kapsel der Bakterien)

Schutzschichten gg. chem. Einwirkungen (Mucopolysaccharidschicht auf ↗Verdauungs-Epithelien zum Schutz gg. Selbstverdauung; ↗Darm, ↗Magen, ↗peritrophische Membran)

Glykoproteine

Zu den G.n zählen viele membrangebundene Enzyme u. die den Zellkontakt verursachenden Proteine, wie die Fibronektine, die Komplementfaktoren sowie allg. die Zelloberflächenantigene (z. B. die Blutgruppenantigene), die meisten Proteohormone, Plasmaproteine u. Schleimsubstanzen. ↗Membranproteine.

glykosidische Bindung

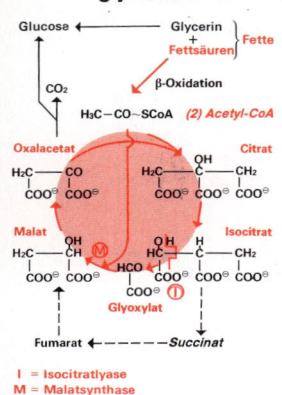

Glyoxylatzyklus

Bilanz: 2 Acetyl-CoA (aus Acetat od. Substraten, die über Acetyl-CoA abgebaut werden) ergeben eine C_4-Dicarbonsäure, die Bernsteinsäure (Succinat); sie wird, wie ihre Umwandlungsprodukte Malat u. Oxalacetat, hpts. für Biosynthese genutzt. Aus Oxalacetat kann Pyruvat bzw. Phosphoenolpyruvat gebildet werden, das als Ausgangssubstanz für den Kohlenhydrataufbau (↗Gluconeogenese) dient.
Die farbig gekennzeichneten Verbindungen sind Substrate, die über Acetyl-CoA im G. abgebaut werden, od. Zwischenprodukte des G.

Glyoxylsäure

glyoxi-, glyoxy- [v. gr. glykys = süß, oxys = sauer].

glypt-, glypto- [v. gr. glyptos = eingekerbt].

len Organismen, bes. in Pflanzen, weitverbreiteten chem. Verbindungen, die sich durch Acetalbildung zw. Mono- od. Oligosacchariden u. Hydroxylgruppen v. Alkoholen bzw. Phenolen *(O-Glykoside)* od. Aminogruppen *(N-Glykoside)* ableiten. Die Acetalbindung der G. wird auch als O- od. N-*glykosidische Bindung* bezeichnet. Als O-Glykoside sind auch die Oligo- u. Polysaccharide aufzufassen, da hier die Acetalbildungen zw. Aldehyd- (od. Keto-)Gruppen u. Hydroxylgruppen benachbarter Zuckerbausteine erfolgen. Durch Säuren od. unter der katalyt. Wirkung v. *Glykosidasen* werden G. hydrolyt. zu Mono- od. Oligosacchariden u. (bei den auch aus anderen Komponenten aufgebauten G.n) zum entspr. ↗Aglykon gespalten. Wichtige O-G. sind die Anthocyane, die cyanogenen G. (↗Amygdalin) u. die Saponine; N-G. sind die Nucleoside, Nucleotide u. Nucleinsäuren. O- und N-glykosidische Gruppen sind vielfach in den ↗Glykoproteinen enthalten. [koside.

glykosidische Bindung [v. *glyko-], ↗Gly-
Glykosylierung w [v. *glyko-], Übertragung v. in Form v. Nucleosiddiphosphatzuckern aktivierten Zuckerresten auf die Aglykone der entspr. ↗Glykoside unter der katalyt. Wirkung v. Glykosyl-Transferasen. Von bes. Bedeutung sind die G. v. Proteinen zu den ↗Glykoproteinen (↗endoplasmat. Reticulum, ↗Golgi-Apparat) u. die G. v. Lipiden zu den ↗Glykolipiden.

Glykosyl-Transferasen [Mz.; v. *glyko-, lat. transferre = hinübertragen], Gruppe v. Enzymen, welche die Übertragung v. Zuckerresten, meist v. Nucleosiddiphosphatzuckern, seltener durch Umlagerung innerhalb v. Oligo- u. Polysaccharidketten, katalysieren; G. sind je nach Spezifität der übertragenen Glykosylreste u. der als Akzeptor wirkenden Gruppen beteiligt am Aufbau v. Oligo- u. Polysacchariden, v. Glykosiden und v. Glykoproteinen.

Glyoxalatzyklus [v. *glyoxi-], der ↗Glyoxylatzyklus.

Glyoxisomen [Mz.; v. *glyoxi-, gr. sōma = Körper], *Glyoxysomen,* eine Gruppe der ↗Cytosomen, die wie die ↗Peroxisomen, v. denen sie strukturell nicht zu unterscheiden sind, als Leitenzym Katalase enthalten; zusätzl. besitzen die G. noch die Enzyme des ↗Glyoxylatzyklus, in dem aus dem Fettsäureabbau stammendes Acetyl-CoA zu Succinat verknüpft, aus den G. ausgeschleust u. für die Glucose-Synthese verwendet wird. Deshalb sind G. bes. zahlr. in den Zellen fettreicher Samen, wo sie für die Umwandlung v. Reservefett in Kohlenhydrate während der Keimung verantwortl. sind. [↗Glyoxylsäure.

Glyoxylate [Mz.; v. *glyoxy-], die Salze der

Glyoxylatzyklus *m* [v. *glyoxy-], *Glyoxylsäurezyklus, Glyoxalatzyklus, Krebs-Kornberg-Zyklus,* v. a. bei Pflanzen u. Mikroorganismen vorkommende modifizierte Form des ↗Citratzyklus (☐), der ein Wachstum auf Acetat (Essigsäure) u. Verbindungen ermöglicht, die über Acetyl-CoA abgebaut werden (z. B. Fette, Kohlenwasserstoffe). Zur Synthese v. Succinat u. Malat (bzw. Oxalacetat) sind – zusätzl. zu den Enzymen des Citratzyklus – nur noch 2 Enzyme nötig: Isocitratlyase u. Malatsynthase. In Pflanzen sind alle Enzyme in ↗Glyoxisomen lokalisiert. Der G. wurde auch in tier. Zellen (Leberegel *Fasciola*) entdeckt.

Glyoxylsäure [v. *glyoxy-], *Äthanalsäure, Glyoxalsäure,* eine bes. in unreifen Früchten, Keimpflanzen u. jungen Blättern bestimmter Pflanzen vorkommende Aldehydcarbonsäure, die sich durch Transaminierung od. oxidative Desaminierung v. Glycin ableitet. Durch Oxidation wird G. zu Oxalsäure, durch Oxidation u. Decarboxylierung zu Ameisensäure abgebaut. Die Salze der G. heißen *Glyoxylate.* G. bildet sich in einem als G.- oder ↗Glyoxylatzyklus bezeichneten Nebenweg des ↗Citratzyklus.

Glyoxylsäurezyklus [v. *glyoxy-], der ↗Glyoxylatzyklus.

Glyphipterygidae [Mz.; v. gr. glyphis = Kerbe, pterygion = Flügel], die ↗Rundstirnmotten.

Glyphoglossus *m* [v. gr. glyphis = Kerbe, glossa = Zunge], Gatt. der ↗Engmaulfrösche.

Glyptocephalus *m* [v. *glypto-, gr. kephalē = Kopf], Gatt. der ↗Zungen.

Glyptodon *m* [v. *glypt-, gr. odōn = Zahn], (Owen 1839), Nominat-Gatt. der † Überfam. *Glyptodontoidea* (Ord. Zahnarme, *Edentata);* bis 3 m lange, herbivore Riesengürteltiere mit dickem, schildkrötenart. Rückenpanzer aus polygonalen Knochenplatten, die während des Pleistozäns, vielleicht schon ab Oberpliozän, die Pampas v. S-Amerika bewohnten; einige Halswirbel verschmolzen zu drei gegeneinander bewegl. Segmenten; Schwanz gepanzert u. lang, Hand 4-, Fuß 5strahlig. Verwandte Formen erreichten im Pleistozän auch N-Amerika.

Glyptostrobus *m* [v. *glypto-, gr. strobos = Wirbel, Zapfen], vielfach zu *Taxodium* gestellte Gatt. der *Taxodiaceae;* heute mit einer Art (*G. lineatus,* Chines. Sumpfzypresse, Wasserfichte) auf SO-China beschränkt, im Jungtertiär auf der ganzen N-Hemisphäre verbreitet.

Glyptothorax *m* [v. *glypto-, gr. thōrax = Brustpanzer], Gatt. der ↗Saugwelse.

Glyzine *w* [v. gr. glykys = süß], Arten der Gatt. *Wisteria,* ↗Hülsenfrüchtler.

Gmelin, 1) *Johann Friedrich,* dt. Botaniker,

GLYKOLYSE

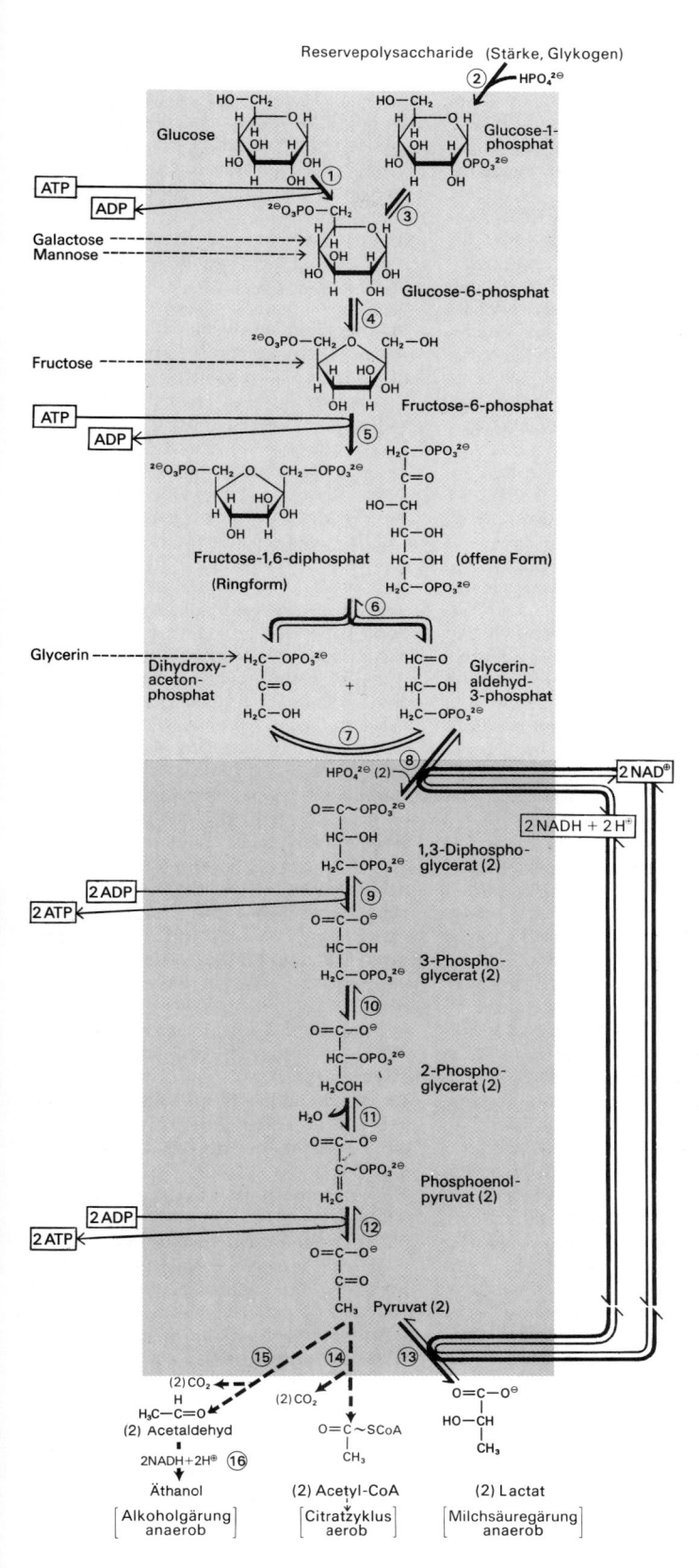

Der Abbauweg von *Glucose* od. v. Reservepolysacchariden bis zum *Pyruvat* kann in zwei Abschnitte unterteilt werden, die beide im Cytosol ablaufen:
1. Die einleitenden (vorbereitenden) Reaktionen, die Glucose bzw. das aus dem phosphorolytischen Abbau v. Reservepolysacchariden stammende Glucose-1-phosphat unter Energieverbrauch (2 ATP, ausgehend v. Glucose, nur 1 ATP, ausgehend v. Glucose-1-phosphat) durch Phosphorylierungen aktivieren und in zwei C_3-Verbindungen spalten ($C_6 \rightarrow 2\ C_3$);
2. Die eigentlichen energieliefernden Reaktionen.

In der ersten Phase entstehen aus einem Molekül Glucose über *Fructose-1,6-diphosphat* (Aldolase-Reaktion) ein Molekül *Glycerinaldehydphosphat* zusammen mit einem Molekül *Dihydroxyacetonphosphat*. In der Regel wird Dihydroxyacetonphosphat (durch die Triosephosphat-Isomerase) auch fast vollständig in Glycerinaldehydphosphat umgewandelt. Anschließend, bei der Oxidation von Glycerinaldehydphosphat zu *1,3-Diphosphoglycerat*, wird ein anorganisches Phosphat aufgenommen und damit ein Teil der Oxidationsenergie im Molekül konserviert. Dieses energiereiche gemischte Säureanhydrid (Phosphorsäure + Carbonsäure) kann die an der Carboxylgruppe gebundene Phosphatgruppe auf ADP (Adenosindiphosphat) übertragen, so daß ATP entsteht. Die bei der Oxidation freiwerdenden Elektronen werden von NAD^+ aufgenommen, das zu NADH reduziert wird.

In den weiteren Glykolyse-Schritten (Phosphorylverschiebung, Wasserabspaltung) wird das sehr energiereiche *Phosphoenolpyruvat* gebildet. Phosphoenolpyruvat kann auch seine Phosphatgruppe zur ATP-Synthese auf ADP übertragen; dabei entsteht *Pyruvat*. ATP wird in der Glykolyse direkt am Substrat 1,3-Diphosphoglycerat und Phosphoenolpyruvat gebildet. Man spricht daher von einer *Substratphosphorylierung* oder *Substratstufenphosphorylierung* (oft auch noch von Substratkettenphosphorylierung).

Die einzelnen Reaktionen werden durch folgende Enzyme katalysiert: 1 Hexokinase bzw. Glucokinase, 2 α-Glucanphosphorylase (z. B. Glykogenphosphorylase), 3 Phosphoglucomutase, 4 Phosphoglucoisomerase, 5 Phosphofructokinase, 6 Fructose-1,6-diphosphat-Aldolase, 7 Triosephosphat-Isomerase, 8 Triosephosphat-Dehydrogenase, 9 Phosphoglycerat-Kinase, 10 Phosphoglycerat-Mutase, 11 Enolase, 12 Pyruvat-Kinase, 13 Lactat-Dehydrogenase, 14 Pyruvat-Dehydrogenase, 15 Pyruvat-Decarboxylase, 16 Alkohol-Dehydrogenase. Für die G. spezif. Schlüsselenzyme sind Fructose-1,6-diphosphat-Aldolase u. die allosterisch regulierte Phosphofructokinase, die durch hohe ATP-Konzentrationen gehemmt bzw. durch hohe ADP- od. AMP-Konzentrationen aktiviert wird, wodurch die Menge der durch G. abgebauten Glucose dem Energiezustand der Zelle angepaßt wird.

Aufgeführt sind in der Abb. (bzw. bei den Enzym-Bez.) die anionischen Formen u. deren Bez. Für die Bez. der entspr. nichtionischen Säureformen sind die Wörter bzw. Endungen -Phosphat durch -Phosphorsäure, -Glycerat durch -Glycerinsäure, (-)Pyruvat durch (-)Brenztraubensäure u. Lactat durch Milchsäure zu ersetzen.

gnatho- [v. gr. gnathos = Kinnbacken, Kiefer].

gnathostom- [v. gr. gnathos = Kinnbakken, Kiefer, stoma, Gen. stomatos = Mund, Öffnung].

Gnadenkraut
Das bitter u. scharf schmeckende G. enthält in allen Organen u. a. die Glykoside Gratiolin, Gratiosid, Elaterinid u. Desacetylelaterinid sowie Gratiotoxin. Es wirkt örtl. stark reizend u. innerl. zunächst zentralerregend, dann lähmend.

Gnadenkraut
Gottes-G. *(Gratiola officinalis)*

Mediziner u. Chemiker, * 8. 8. 1748 Tübingen, † 1. 11. 1804 Göttingen; Neffe von 2) u. Vater v. 3); seit 1775 Prof. in Göttingen; auf zahlr. Gebieten arbeitend, war er einer der vielseitigsten Naturforscher des 18. Jh. **2)** *Johann Georg,* dt. Botaniker, Mediziner und Chemiker, * 10. 8. 1709 Tübingen, † 20. 5. 1755 ebd.; Sohn des Chemikers gleichen Namens (1674–1728), ab 1749 Prof. in Göttingen; 1733–43 naturwiss. Reise durch Sibirien, deren bot. Ergebnisse er in der umfangreichen „Flora Sibirica, sive Historia plantarum" (St. Petersburg 1747–49, 4 Bde.) u. der „Reise durch Sibirien" (Göttingen 1751–52, 4 Bde.) niederlegte. Die Beschreibungen haben geobot. Charakter, indem erstmals eine landschaftl. Gliederung der geogr. Gebiete vorgenommen wurde. **3)** *Leopold,* dt. Chemiker u. Physiologe, * 2. 8. 1788 Göttingen, † 13. 4. 1853 Heidelberg; Sohn v. 1); seit 1814 Prof. in Heidelberg; zus. mit F. Tiedemann zahlr. chem. u. mikroskop. Untersuchungen u. a. zur Verdauung u. Resorption, die die physiolog. Chemie begründeten; später Zusammenarbeit mit seinem Schüler F. Wöhler über Cyanverbindungen (Entdecker des roten Blutlaugensalzes, „G.sches Salz"). Berühmt u. noch heute vom „G.-Inst. für anorgan. Chemie u. Grenzgebiete in der Max-Planck-Ges." weitergeführt wurde sein „Handbuch der theoret. Chemie", in der das chem. Gesamtwissen geordnet u. dokumentiert wird (1. Aufl. Frankfurt a. M. 1817–19, 3 Bde.). **4)** *Samuel Gottlieb,* dt. Botaniker, * 4. 7. 1744 Tübingen, † 27. 7. 1774 Achmetkend (Kaukasus); Neffe v. 2); seit 1767 Prof. in St. Petersburg, 1768–73 naturwiss. Reise durch Rußland (Baku, Kasp. Meer).
GMP, Abk. für ↗ Guanosinmonophosphate.
Gnadenkraut, *Gratiola,* bes. in den gemäßigten Zonen anzutreffende Gatt. der Braunwurzgewächse mit etwa 20 Arten. In Mitteleuropa heim. ist allein das Gottes-G. *(G. officinalis),* eine ausdauernde, bis ca. 50 cm hohe Staude mit fleisch. Rhizom u. gegenständ., lanzettl., halbstengelumfassend sitzenden, scharf gesägten Blättern. Die langgestielten Blüten stehen einzeln in den Blattachseln u. besitzen eine 2lipp., trichterförm. Krone mit gelbem Schlund u. 5spalt., weißem, rotgeädertem Saum. Die Frucht ist eine vielsam., eiförm.-zugespitzte Kapsel. Standort dieser nach der ↗ Roten Liste „stark gefährdeten", gift. Pflanze sind Sumpf- u. Moorwiesen, nasse Mulden u. Gräben. [↗ Ruhrkraut.
Gnaphalium *s* [v. gr. gnaphalion =], das
Gnaphosidae [Mz.; v. gr. gnapheus = Walker], die ↗ Plattbauchspinnen.
Gnathobdelliformes [Mz.; v. *gnatho-, gr. bdella = Blutegel], *Kieferegel,* Ord. der Hirudinea mit den beiden Fam. *Hirudinidae* u. *Haemadipsidae.* Der abgeflachte Körper besteht aus dem Prostomium u. 33 Segmenten; Coelom zu schmalen Kanälen eingeengt, enthält Hämoglobin in der Coelomflüssigkeit; hinter der Mundöffnung 3 halblinsenförm. Kiefer; Magen mit Darm ohne Divertikel.
Gnathocephalon *s* [v. *gnatho-, gr. kephalē = Kopf], *Kieferkopf,* der hintere, die Mundwerkzeuge tragende Teil des Gliederfüßer-, insbes. Insektenkopfes.
Gnathochilarium *s* [v. *gnatho-, gr. cheilos = Lippe], die unterlippenförm., verschmolzenen 1. Maxillen am Kopf der Doppelfüßer.
Gnathonemus *m* [v. *gnatho-, gr. nēma = Faden], Gatt. der ↗ Nilhechte.
Gnathopoden [Mz.; v. *gnatho-, gr. podes = Füße], *Mundfüße, Kieferfüße,* die aus urspr. ↗ Extremitäten zu Mundwerkzeugen umgewandelten Beine des Kopfes der ↗ Gliederfüßer. Hierher gehören bei Spinnentieren die Cheliceren, bei *Mandibulata* die Mandibeln, 1. und 2. Maxillen. Bei höheren Krebsen werden häufig weitere, dem Kopf folgende Extremitäten (Kieferfüße, Maxillipeden) als Mundteile angegliedert.
Gnathorhynchus *m* [v. *gnatho-, gr. rhygchos = Schnabel, Rüssel], Gatt. der Strudelwurm-Ord. ↗ *Neorhabdocoela* (U.-Ord. *Kalyptorhynchia);* mit unbewaffnetem Begattungsorgan.
Gnathosoma *s* [v. *gnatho-, gr. sōma = Körper], Körperteil der ↗ Milben.
Gnathostoma *s* [v. *gnathostom-], Gatt. 1–3 cm langer Fadenwürmer aus der Ord. ↗ *Spirurida;* Kopf mit vielen winzigen Haken; Parasit an der Magenwand v. Raubtieren; Zwischenwirt: Hüpferlinge; verschiedenste Wirbeltiere können Transportwirt sein; selten im Menschen („Fehlwirt", subcutane Abszesse). Bildet mit 4 anderen Gatt. die Fam. *Gnathostomatidae* (bisweilen eigene Super-Fam. *Gnathostomatoidea).*
Gnathostomaria *w* [v. *gnathostom-], Gatt. der ↗ *Gnathostomulida* aus dem Sandlückensystem der frz. Mittelmeerküsten. [↗ Kieferlose.
Gnathostomata [Mz.; v. *gnathostom-],
Gnathostomula *w* [v. *gnathostom- (Diminutiv)], *Kiefermündchen,* namengebende Gatt. der ↗ *Gnathostomulida;* regelmäß. Bewohner des Sandlückensystems der dt. Nordseeküsten (Sylt, Helgoland).
Gnathostomulida [Mz.; v. *gnathostom- (Diminutiv)], *Kiefermündchen,* fälschl. auch *Kiefermünder,* Gruppe mikroskop. kleiner (0,5–3 mm) Meerestiere. Sie sind bis jetzt ausschl. in den Sandlückensystemen (Mesopsammal) O_2-armer u. H_2S-reicher Meeressedimente der Gezeiten- u. Küstenzonen aller Meere bis zu etwa 200 m

Tiefe hinab gefunden wurden. Den Bedingungen dieses Lebensraums angepaßt, sind sie v. faden- od. bandförm. Gestalt u. entbehren gewöhnl. einer auffäll. äußeren Körpergliederung bis auf ein mehr od. weniger deutl. gg. den Rumpf abgesetztes, lang zugespitztes od. stumpfkegelförm. Vorderende (Rostrum), das – wie zuweilen auch der Schwanz – mit Gruppen v. Sinnesborsten (Cilien) in für die einzelnen Fam. charakterist. Anordnung besetzt ist. Meist farblos, können die Tiere auch je nach bevorzugt aufgenommener Nahrung rot od. gelbgrün gefärbt sein. Der Fortbewegung dient ein „Geißel"-Besatz der gesamten Epidermis, mit dessen Hilfe sie gleitend auf Sandkörnern zu kriechen od. auch zu schwimmen vermögen. Die erste Art *(Gnathostomula paradoxa)* wurde 1928 im Sand der Kieler Bucht entdeckt, aber erst 1956 als eigener, vorerst den ↗ Plattwürmern *(Plathelminthes)* zugeordneter Organisationstyp beschrieben, später dann aufgrund auffäll. Baueigentümlichkeiten als eigener Tierstamm v. diesen abgetrennt. Bis heute sind ca. 80 weltweit verbreitete Arten bekannt, die in 2 Ord., 10 Fam. u. 20 Gatt. untergliedert werden. – *Anatomie:* Die einschicht. Epidermis besteht aus hochprismat. Zellen (↗ Epithel), deren jede ein einzelnes langes Cilium trägt (↗ „Geißelepithel"), das in einer v. einem Kranz v. 8 Mikrovilli umstandenen Plasmalemmeinsenkung inseriert. Zw. die cilientragenden Zellen eingestreut sind zahlr., zuweilen verzweigte Schleimdrüsenzellen, die sich vermutl. aus normalen Epidermiszellen differenzieren, unter ihnen bei manchen Arten auch solche Zellen, die geformte Sekrete abgeben, welche an die ↗ Rhabditen der Turbellarien erinnern. Unter der Epidermis folgt, durch eine dünne Basallamina v. dieser getrennt, ein geschlossener Muskelschlauch aus Ringmuskulatur, während die innerwärts liegende Längsmuskulatur sich auf 3–4 paar. Längsmuskelzüge beschränkt. Die *Muskulatur* wird als quergestreift beschrieben, unterscheidet sich jedoch v. der übl. quergestreiften Muskulatur durch das Fehlen echter Z-Scheiben; statt dessen erinnern die Z-Elemente eher an die Z-Stäbe der schräggestreiften Muskulatur, so daß die Muskelzellen der G. vielmehr als Sonderform dieser zu betrachten sind. Die Muskelanordnung verleiht den G. eine allseit. Beweglichkeit, wenngleich sie nicht der Fortbewegung dient. Das bisher nur unzureichend untersuchte *Nervensystem* scheint aus einem subepithelialen Gehirn in der Spitze des Rostrums u. mehreren Paaren zw. Epithel u. Basallamina verlaufender Nervenstränge zu bestehen, beidseits je einem Körper-Längsnerv u. 3–4 Paaren kurzer Nervenstränge, die das rostrale Sinnessystem versorgen. Der *Darmtrakt* durchzieht als wenig gegliedertes Epithelrohr den Körper in seiner ganzen Länge u. entbehrt ebenso eines inneren Cilienbesatzes wie einer Eigenmuskulatur. Er beginnt mit einer schlitzförm., längsgestellten Mundöffnung ventral hinter dem Rostrum. An die geräum. Mundhöhle schließt sich ein tonnenförm., derb muskulöser Pharynx an. Ein kräft. Kieferapparat ist das systemat. wichtigste (Name!) Merkmal dieser Tiergruppe: Eine gewöhnl. in der Hinterwand der Mundhöhle verankerte, schaufelförm. od. kammartig gezähnte cuticuläre „Basalplatte" ragt schräg abwärts in den Mundraum hinein u. dient vermutl. dem Abschaben der Nahrung (Kieselalgen, Pilze, Cyanobakterien u. Bakterienrasen) v. Sandkörnern. Im Pharynx sitzen zwei hakenförmig gekrümmte, zuweilen auch löffelart. Kiefer, die aus der Mundöffnung vorgestreckt als Greifpinzette u. Schabelöffel dienen. Ähnl. gestaltete Kieferapparate trifft man nur im ↗ Mastax der Rädertiere u. bei Archianneliden, niemals jedoch bei Turbellarien an. Der übrige Darm weist außer einigen (Verdauungs-?) Drüsen keine weiteren Differenzierungen auf u. endet wie bei Turbellarien blind geschlossen am Körperhinterende. Bei einigen Gatt. aus verschiedenen Ord. (*Haplognathia* aus der Ord. *Filospermoidea* u. *Gnathostomula* aus der Ord. *Bursovaginoidea*) wird eine Verbindung v. Enddarmepithel u. Epidermis beschrieben, die als rudimentäre od. transitorisch funktionierende Afteröffnung gedeutet wird. Das *Exkretionssystem* aus mehreren Protonephridienpaaren, die beidseits in das schwach ausgebildete Mesenchym zw. Darm u. Gonaden eingebettet sind, besitzt keine offenen Mündungsporen, sondern die Terminalzellkanäle sollen in das endoplasmat. Reticulum spezialisierter Epidermiszellen münden. Die Terminalorgane selbst erinnern in ihrer Struktur an die der ↗ *Gastrotricha*. Die G. sind generell Zwitter. Die *Gonaden*, ein unpaares dorsales Ovar im vorderen Körperabschnitt u. ein unpaarer od. paar. Hoden im Hinterkörper, füllen zus. mit dem Darm die Leibeshöhle fast aus. Bei den ursprünglicheren *Filospermoidea* hat das Ovar keine Öffnung nach außen, während bei den *Bursovaginoidea* am caudalen Ovarende eine teils muskulöse Samenblase (in Anlehnung an die ähnl., aber nicht homologen Strukturen der Turbellarien auch *Bursa copulatrix* gen.; Name!) ausgebildet ist, die bei einigen Arten eine dorsale Kopulationsöffnung *(Vagina)* besitzt. Die Spermaabgabe erfolgt in

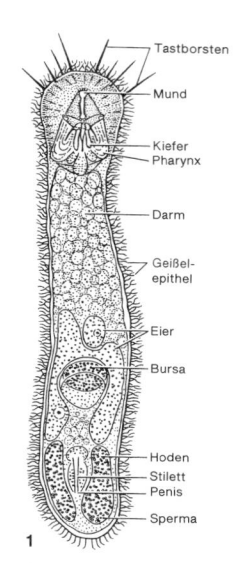

Gnathostomulida

1 Bauplan eines Gnathostomuliden (Gatt. *Problognathia*). **2** Mikroskop. Aufnahme v. *Gnathostomula paradoxa* Ax (v. der Nordseeküste).

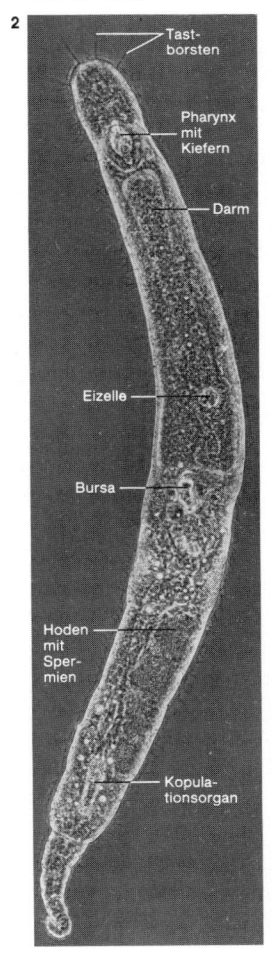

Gnetatae

Gnathostomulida

Verwandtschaft: Die wahrscheinl. ursprünglichen *Filospermoidea* sind durch das generelle Fehlen einer Bursa u. Vagina u. durch die Ausbildung als primitiv angesehener fadenförm., begeißelter Spermien gekennzeichnet, während die abgeleiteten *Bursovaginoidea* sich durch den Besitz der Bursa, zuweilen auch einer Vagina, eines manchmal stilettbewehrten Penis u. die Ausbildung unbewegl. rundl. Spermien auszeichnen. Die Stellung der G. innerhalb der ↗ Spiralier ist noch Gegenstand der Diskussion. Zuerst den Turbellarien zugerechnet, später als eigene Plathelminthenklasse angesehen, wurden die G. schließl. als eigener Tierstamm den Plathelminthen (Plattwürmern) als ↗ Schwestergruppe zur Seite gestellt. Da sie Merkmale sowohl der Turbellarien (blind geschlossener Darm, Anordnung der Muskulatur, Hermaphroditismus) wie auch der Rädertiere (Kieferapparat, Bau der Muskelzellen) u. mancher Gastrotrichen (monociliäre Epidermiszellen, Bau der Muskelzellen, Struktur der Protonephridien-Terminalorgane) in sich vereinen, ist man geneigt, sie als Bindeglied zw. Plathelminthen u. Aschelminthen (Nemathelminthen) zu betrachten.

jedem Fall durch eine muskulös verschließbare Geschlechtsöffnung am Hinterende, bei den *Bursovaginoidea* über einen muskulösen Penis, der bei einigen Arten mit einem cuticulären Stilet zur Injektion des Samens in den Körper des Geschlechtspartners ausgestattet ist. Über die Art der Spermaübertragung bei den *Filospermoidea* fehlen gesicherte Angaben. Die sehr großen reifen Eier werden nach einer inneren Besamung durch die aufbrechende dorsale Körperwand abgegeben. Sie durchlaufen eine echte Spiralfurchung u. entwickeln sich direkt ohne Larvenstadium zum erwachsenen Wurm, wie es bei Tieren des Psammals die Regel ist. Asexuelle Fortpflanzung ist bei G. nicht bekannt. *Austrognathia*, eine Form der Gezeitenzone, vermag sich bei Trockenfallen ihres Biotops zu encystieren. P. E.

Gnetatae [Mz.; malaiisch], *Gnetopsida, Chlamydospermopsida, Chlamydospermae,* Kl. der Gymnospermen (Nacktsamer) mit ↗ *Ephedra,* ↗ *Gnetum* u. ↗ *Welwitschia* als einzige rezente Gatt.; diese zeigen verhältnismäßig wenig Gemeinsamkeiten u. werden daher meist in 3 verschiedene Fam. u. Ord. gestellt. Es sind Gehölze mit schuppenförm., ellipt. od. bandförm. Blättern. Das Sekundärholz weist im Ggs. zu allen übr. Gymnospermen Tracheen auf. Die diklinen, z. T. auch monoklin angelegten Blüten sind zu Blütenständen zusammengefaßt, besitzen ein Perianth u. werden i. d. R. v. Hochblättern umgeben; ♀ Blüten enthalten eine direkt an der Achse stehende Samenanlage, die ♂ ein bis mehrere gestielte Synangien. Dieser Blütenbau weicht völlig v. dem typischer *Coniferophytina* ab, weshalb die G. meist bei den *Cycadophytina* eingeordnet werden. Unklar bleiben aber ihre verwandtschaftl. Beziehungen, da auch Makrofossilien vollständig fehlen. Vielleicht ist die G. v. mesozoischen *Bennettitatae* abzuleiten: wie diese zeigen sie eine Tendenz zur Monoklinie u. besitzen (sekundär?) stachy-

Gnathostomulida

Ord., Fam. u. wichtigste Gatt. (in Klammern: Arten)

Filospermoidea
  Haplognathiidae (1)
    Haplognathia
  Pterognathiidae (8)
Bursovaginoidea
  Agnathiellidae (3)
  Mesognathariidae (2)
  Gnathostomariidae (1)
    Gnathostomaria
  Rastrognathiidae (1)
  Problognathiidae (1)
  Onychognathiidae (2)
  Gnathostomulidae (20)
    Gnathostomula
  Austrognathiidae (2)
    Austrognathia
    Austrognatharia

Gnetatae

Ord., Fam. u. Gatt. (in Klammern: Arten)

Ephedrales
  Ephedraceae
    ↗ *Ephedra* (35)
Gnetales
  Gnetaceae
    ↗ *Gnetum* (30)
Welwitschiales
  Welwitschiaceae
    ↗ *Welwitschia* (1)

Gnus
Kopf des Weißbartgnus (*Connochaetes taurinus albojubatus*)

spore ♀ Organe u. überwiegend syndetocheile Spaltöffnungen. Auffällig sind andererseits einige angiospermoide Merkmale (Tracheen, Perianth, Tendenz zur Monoklinie, zur Bildung eines 2. Integuments, ferner zur Zoogamie u. Zoochorie); der Bau der Samenanlagen u. das Fehlen eines umhüllenden Fruchtblatts weisen die G. aber eindeutig als Gymnospermen aus, die als hochabgeleitete Formen sicher nicht zu den Vorläufern der Angiospermen gezählt werden können.

Gnetum *s* [malaiisch], Gatt. der ↗ *Gnetatae,* meist in eine eigene Ord. u. Fam. (*Gnetales* bzw. *Gnetaceae*) gestellt; hierzu gehören etwa 30 Arten in Zentralamerika, im nördl. S-Amerika, trop. W-Afrika, in Indien u. v. a. SO-Asien. Diese Lianen od. seltener Bäume u. Sträucher erinnern v. allen Nacktsamern am stärksten an die Angiospermen. Das Sekundärholz enthält neben Holzparenchym u. Tracheiden wie bei allen *Gnetatae* auch Tracheen. Die ellipt. Blätter besitzen Netznervatur (!). Die Blüten sind diklin-diözisch, gelegentl. auch diklin-monözisch u. sitzen in Scheinquirlen innerhalb eines Kreises aus verwachsenen Schuppenblättern in ährenart. Blütenständen. Die ♂ Blüte besteht aus einem „Staubblatt" u. einem Perianth aus 2 verwachsenen Hüllblättern, die ♀ aus 1 Samenanlage mit 2 (!) Integumenten (das innere ist wie bei ↗ *Ephedra* röhrenförmig ausgezogen) u. einem ebenfalls integumentartig ausgebildeten Perianth. Bei Samenreife entsteht eine rosa od. gelb gefärbte, zoochore Schein-Steinfrucht (Perianth fleischig, Integumente holzig bzw. pergamentartig), die bei manchen Arten eßbar ist. ☐ 101.

Gnitzen, 1) die ↗ Bartmücken; 2) die ↗ Kriebelmücken.

Gnotobiologie *w* [v. gr. gnōtos = bekannt], Forschungsrichtung in Biol. u. Mikrobiologie, die sich mit den Wechselwirkungen zw. definierten Mikroorganismen u. *gnotobiotischen Tieren* (*Gnotobionten*) befaßt. Diese keimfrei zur Welt gebrachten u. keimfrei aufgezogenen Tiere haben ein unterentwickeltes Immunsystem: Lymphknoten u. Thymus bleiben in ihrer Entwicklung zurück, der Leukocytengehalt im Blut ist erniedrigt, u. die Zusammensetzung der Gammaglobuline entspricht nicht der v. normalen Tieren; sie sind deshalb Infektionen gegenüber bes. anfällig. ↗ Gnotophor.

Gnotophor *s* [v. gr. gnōtos = bekannt, -phoros = -tragend], ein keimfrei zur Welt gebrachtes u. aufgezogenes Versuchstier, das künstl. mit einem od. mehreren definierten Mikroorganismenstämmen infiziert wurde.

Gnus [Mz.; hottentott.], *Connochaetes,* etwa hirschgroße afr. Antilopen mit Nakken- u. Brustmähne; beide Geschlechter tragen gebogene Hörner; 2 Arten. Das südafr. Weißschwanzgnu (*C. gnou*, Kopfrumpflänge 170–200 cm, Schulterhöhe bis 120 cm) wurde als „Wildebeest" v. den Buren ausgerottet; heutige Bestände in Schutzgebieten u. Zootiere stammen v. halbwild erhalten gebliebenen Farmtieren ab. Das Streifengnu (*C. taurinus*, Kopfrumpflänge 170–220 cm, Schulterhöhe 120–140 cm; Rücken stark abfallend; B Afrika II) lebt in 5 U.-Arten in O- u. S-Afrika, darunter das Östl. Weißbartgnu *(C. t. albojubatus)* u. das Südl. Streifengnu *(C. t. taurinus)*. Weißbartgnus leben heute v. a. noch im Ngorongorokrater u. in der Serengeti. (ca. 300 000 Tiere). Auf Nahrungssuche (v. a. Gräser) wandern die Serengeti-G. zu Tausenden in endlosem Reihenmarsch über 1000 km durch die Savanne, mit Beginn der Trockenzeit nach NW u. vor der Regenzeit nach SO, häufig gefolgt v. ihren Raubfeinden (Hyänen, Hyänenhunde), die den neugeborenen G. auflauern.

Gobiesociformes [Mz.; v. *gobio-, lat. esox = Hecht, forma = Gestalt], die ↗ Schildbäuche.

Gobiidae [Mz.; v. *gobio-], die ↗ Grundeln.

Gobikatze [ben. nach der Wüste Gobi], die ↗ Graukatze. [↗ Gründlinge.]

Gobiobotia w [v. *gobio-], Gatt. der

Gobioidei [Mz.; v. *gobio-], die ↗ Grundelartigen. [linge.]

Gobioninae [Mz.; v. *gobio-], die ↗ Gründ-

Gobiosoma w [v. *gobio-, gr. sōma = Körper], Gatt. der ↗ Grundeln.

Goebel, *Karl Eberhard* Ritter von, dt. Botaniker, * 8. 3. 1855 Billigheim (Baden), † 9. 10. 1932 München; Schüler v. Hofmeister in Tübingen u. de Bary in Straßburg, seit 1881 Prof. in Straßburg, 1882 Rostock, 1887 Marburg, 1891 München (Dir. des Bot. Gartens); 1885 u. 1886 Reisen nach Ceylon u. Java, 1890 u. 1891 Venezuela u. das damalige Britisch-Guayana. Arbeiten zur vergleichend funktionellen Anatomie, Morphologie u. Entwicklungsphysiologie der Pflanzen („Organographie der Pflanzen", Jena 1898–1901) unter phylogenet. Gesichtspunkten u. den Einfluß äußerer Faktoren auf die „Reaktionsbreite" ihrer Keimlinge. Seit 1889 Hg. der Zeitschrift „Flora".

Goethe, *Johann Wolfgang* von, dt. Dichter, * 28. 8. 1749 Frankfurt a. M., † 22. 3. 1832 Weimar. Parallel zu seinem dichter. Werk u. oft damit verknüpft, beschäftigte sich G. Zeit seines Lebens mit Naturwiss., wobei die Bewertung stets kontrovers war. Er schrieb über Geologie, Mineralogie, Meteorologie, Anatomie, insbes. Osteologie, Bot. u. Physik. Von ihm selbst wurde seine Farbenlehre, die in Ggs. zur Farbtheorie Newtons setzte, als sein Hauptwerk angesehen („Zur Farbenlehre", 1810). Auf dem Gebiet der Biol. strebte G. eine ganzheitl. Naturauffassung an u. suchte sowohl im zool. als auch im bot. Bereich das „Urbild", den allg. Bauplan, der sich durch Anpassung an die Umwelt u. seine äußeren Bedingungen unterschiedl. entwickelt. Die Verwandlung ident. Teile nannte er Metamorphose. Er faßte den Gedanken der „Subordination der Teile, die mit zunehmender Vervollkommnung immer unähnlicher werden" u. erwies sich damit als Wegbereiter des Differenzierungsbegriffs. Gemeinsam mit ↗ Burdach prägte er den Begriff „Morphologie". 1784 entdeckte er durch systemat. vergleichende Studien, unabhängig von Vicq d'Azur, den Zwischenkiefer (Os intermaxillare) beim Menschen, sah dadurch seine Idee des Grundtypus bestätigt u. widersprach so der damals herrschenden Meinung, daß der Zwischenkieferknochen nur beim Tier vorkomme u. ein Beweis für die Trennung v. Mensch u. Tier sei („Dem Menschen wie den Tieren ist ein Zwischenkieferknochen der oberen Kinnlade zuzuschreiben", 1784). Bei seinen Studien zur vergleichenden Anatomie benutzte G. bereits Homologiekriterien u. kann somit noch vor ↗ Owen gemeinsam mit E. ↗ Geoffroy Saint-Hilaire als Schöpfer des Homologiebegriffs angesehen werden. („Erster Entwurf einer allgemeinen Einleitung in die vergleichende Anatomie, ausgehend von der Osteologie", 1795). Auf seiner Italienreise kam ihm beim Anblick eines zerschlagenen Schafsschädels der Gedanke der Wirbeltheorie des Schädels, indem er postulierte, „die sämtl. Schädelknochen seien aus verwandelten Wirbelknochen entstanden". (Diese später v. ↗ Oken ebenfalls vertretene Auffassung hat sich nicht halten lassen, jedoch eine fruchtbare Diskussion ausgelöst.) Seine einzelnen zeitl. weit auseinanderliegenden Aufsätze zur Naturwiss. hat G. in der Schriftreihe: „Zur Naturwissenschaft überhaupt, besonders zur Morphologie" von 1817–1824 in 12 Heften zusammengefaßt u. mit autobiograph. Äußerungen verbunden. Der Gedanke des Urtypus hat seit der Italienreise bei G. den Begriff der „Urpflanze" entstehen lassen. Weitere Überlegungen führten zu der Schrift „Versuch, die Metamorphose der Pflanzen zu erklären" (1790). Die Grundform der Pflanze sei das Blatt, alle anderen Pflanzenteile entwickelten sich durch die Metamorphose des „Urblattes". In „Vorarbeiten zu einer Physiologie der Pflanzen" beschrieb G. ein „doppeltes Gesetz": 1. Das Gesetz der inneren Natur, wodurch die Pflanzen konstituiert werden, und 2. Das

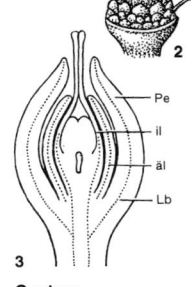

Gnetum
1 Beblätterter Sproß von *G. gnemon* mit ♂ Blütenständen;
2 Ausschnitt aus einem ♂ Blütenstand; oberhalb der ♂ Blüten befindet sich hier auch ein Kreis steriler ♀ Blüten;
3 Längsschnitt durch eine ♀ Blüte. äl äußeres Integument, il inneres Integument, Lb Leitbündel, Pe Perianth.

J. W. von Goethe

gobio- [v. lat. gobio od. gobius = Gründling (abgeleitet v. gr. kōbios = ein antiker Fisch)].

Goette

Gesetz der äußeren Umstände, wodurch die Pflanzen modifiziert werden. 1796 experimentierte er über die Wirkung verschiedenfarb. Lichtes auf das Wachstum der Pflanzen. Neben den Arbeiten über spezielle Themen, z. B. „Spiraltendenz der Vegetation" (1831), befaßte sich G. mit allg. erkenntnistheoret. Problemen. Sein Bestreben, die Natur als Ganzes zu erfassen, führte zur Warnung, eine Erkenntnis nur durch „Trennung der Teile" erreichen zu wollen. Er forderte die dynam. Betrachtungsweise, denn es sei „... nirgends ein Bestehendes, nirgends ein Ruhendes, ein Abgeschlossenes". Die Triebkräfte der Metamorphose beschrieb G. als Polarität u. als Steigerung, als Wechselbeziehung v. Geist u. Materie, die voneinander abhängig seien. In „Der Versuch als Vermittler von Objekt und Subjekt" (1793) legte G. grundlegende Gedanken über Funktion, Wesen u. Probleme v. Experimenten dar u. warnte vor der isolierten Betrachtung einzelner Phänomene, forderte die Verknüpfung der Beobachtung, verlangte Zusammenarbeit verschiedener Forscher u. beschrieb die subjektiven Gefahren, die durch Wunschdenken des Experimentators, Ungeduld, vorgefaßte Meinung, Leichtsinn, Selektion günstiger Ergebnisse, vorschnelle Urteile usw. entstehen. Seine naturwiss. Erkenntnisse durchdringen sein gesamtes Werk u. fanden in Gedichten, Dialogen, Aphorismen, Tagebüchern u. Briefen vielfält. Niederschlag. Sein letztes Werk, das im März 1832 abgeschlossen wurde, ist ein Kommentar zum Akademiestreit zw. ↗Cuvier u. E. ↗Geoffroy Saint-Hilaire an der königl. Akademie der Wiss. in Paris, wobei sich G. auf die Seite St-Hilaires schlug, der durch sein Bestreben, im Tierreich eine auf Gemeinsamkeiten im Bauplan beruhende Systematik zu entwickeln, G.s Vorstellung vom Urtypus entgegenkam. Die Beiträge G.s zur Naturwiss. erwiesen sich als anregend u. fruchtbar u. haben J. Müller, Burdach, Helmholtz, Haeckel, Virchow u. v. a. bedeutende Naturwissenschaftler angeregt. Sein Begriff v. der Naturwiss. ist der einer „Wahrnehmungswiss.", die im Widerspruch zur Wiss. als „Naturbeherrschung" steht u. den Menschen stets als Teil der Natur sieht. Mit dieser Gesamtschau wirkt G. bis in unsere Zeit. *H. N.*

Lit.: Goethe: Naturwiss. Schriften; Nachwort von C. F. v. Weizsäcker. Hamburger G.-Ausgabe, Bd. XIII.

Goette, *Alexander Wilhelm,* dt. Zoologe, * 31. 12. 1840 St. Petersburg, † 5. 2. 1922 Heidelberg; seit 1877 Prof. in Straßburg, 1882 Rostock, 1886 Straßburg; frühe morpholog. u. ontogenet. Arbeiten unter phylogenet. Gesichtspunkten, die die v. seinem Schüler W. ↗Roux etablierte For-

Goethe

In einem Brief an Herder vom 27. 3. 1784:
„Ich habe gefunden – weder Gold noch Silber, aber was mir eine unsägliche Freude macht – das os intermaxillare am Menschen! Ich verglich mit Lodern, Menschen und Tierschädel, kam auf die Spur und siehe da ist es ... Es soll Dich auch recht herzlich freuen, denn es ist wie der Schlußstein zum Menschen, fehlt nicht, ist auch da."

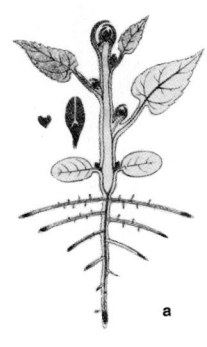

Goethe
a „Urpflanze" nach der einzigen erhaltenen Originalzeichnung (b) Goethes

Goldafter
Falter und Raupe des Goldafters *(Euproctis chrysorrhoea)*

schungsrichtung der „Entwicklungsmechanik" begründeten.

Goettesche Larve [ben. nach A. W. ↗Goette], mit 4 bewimperten Fortsätzen versehene, freischwimmende Larve mariner ↗*Polycladida* (Strudelwürmer); erinnert an die ↗Trochophora-Larve der Ringelwürmer u. Weichtiere, steht aber der ↗Pilidium-Larve der Schnurwürmer näher, insofern sie keinen After trägt u. ihre Wimpern nur zu *einem* Wimperband vereinigt sind. ↗Müllersche Larve; ↗Larven.

Goldafter, *Euproctis chrysorrhoea,* weit verbreiteter, nach N-Amerika verschleppter Trägspinner, wicht. Forstschädling; Falter weiß, Männchen mit einigen schwarzen Flecken an der Innenwinkel der Vorderflügel, Spannweite um 30 mm, Abdomenende u. Afterbusch goldbraun; fliegen im Sommer in einer Generation in jahrweise wechselnder Häufigkeit in Wald- u. Obstanbaugebieten; Weibchen legt Eier auf Blätter u. bedeckt die Gelege mit Afterwolle; Raupen braun mit roter Doppellinie auf dem Rücken, v. weißen Flecken gesäumt; Haare können Entzündungen hervorrufen; Larven leben gemeinsam in Gespinstnestern auf Eichen u. Obstbäumen, darin auch Überwinterung; bei Massenvermehrungen z. T. beachtl. Schäden.

Goldalgen, die ↗Chrysophyceae.

Goldaugen, die ↗Florfliegen.

Goldbarsch, der ↗Rotbarsch.

Goldbienen, *Euglossa,* Gatt. der ↗Apidae.

Goldblatt-Röhrling, *Phylloporus rhodoxanthus* Bres., in Europa einzige Art der Gatt. *Phylloporus* (Blätter-Röhrlinge), die als Bindeglied zw. Röhren- u. Lamellenpilzen aufgefaßt werden kann u. deren Hauptverbreitung in SO-Asien zu sein scheint. V. oben sieht der G. wie ein Krempling aus (daher auch „Goldblättriger Krempling" gen.); die goldgelben, herablaufenden Blätter an der Hutunterseite sind jedoch durch zahlr. Querwände (Anastomosen) verbunden, so daß sie löchrig-röhrig aussehen. Der Hut (3–8 cm) ist purpur-zimtbraun, die Trama bilateral u. der Sporenstaub ocker-olivbraun. Er kommt v. Juli bis Okt. in Laub- u. Nadelwald auf moosigem Boden, bes. unter Eichen u. Edelkastanien, vor. Der Pilz ist eßbar, aber zu schonen, da er selten auftritt.

Goldblume ↗Wucherblume.

Goldbrasse, *Sparus auratus,* ↗Meerbrassen. [len.

Goldbutt, *Pleuronectes platessa,* ↗Scholle.

Goldene Acht, *Colias hyale,* ↗Weißlinge.

Goldeulen, *Plusiinae,* U.-Fam. der Eulenfalter; mittelgroße Nachtfalter mit lebhafter, oft metallfarbener Zeichnung auf den Vorderflügeln, Thorax u. Abdomen oberseits mit kräft. Schöpfen, Rüssel lang, Blütenbesucher, einige Arten auch tagaktiv; Larven meist grün, die ersten beiden Afterfüße rückgebildet, Fortbewegung daher spannerraupenartig, leben meist an Kräutern, Verpuppung in seidenart. Gespinst. In Mitteleuropa knapp 30 Arten; bekanntester Vertreter ist die ↗ Gammaeule *(Autographa gamma)*; weit verbreitet u. ebenfalls häufig ist die Messingeule *(Plusia chrysitis)*, bei uns in 2 Generationen, nachtaktiv, Vorderflügel braun mit 2 grüngoldenen, breiten Querbinden, Spannweite etwa 40 mm, Raupe hellgrün mit weißl. Linien u. Flecken, polyphag an verschiedenen Kräutern.

Goldfisch, *Carassius auratus,* sehr häufiger Zier- u. Aquarienfisch, der in mannigfalt. Abwandlung die Zuchtform der Silber- ↗ Karausche ist.

Goldflieder, die ↗ Forsythie. [gen.

Goldfliegen, *Lucilia,* Gatt. der ↗ Fleischflie-

Goldfröschchen, *Mantella,* Gatt. der *Mantellinae,* einer auf Madagaskar beschränkten U.-Fam. der *Ranidae;* kleine (bis 2,5 cm) bunte Bewohner des feuchten Regenwalds. *M. aurantiaca* ist einheitl. orange od. rot, *M. cowani* schwarz mit grünen u. gelben Zeichnungen. Beides sind hübsche, lebhafte, auch tagaktive Frösche, die nur an sehr feuchten Stellen vorkommen. Die Eier werden (nach innerer Besamung?) an feuchten Stellen in der Nähe v. Wasser abgelegt; die Kaulquappen entwickeln sich im Wasser. Beide Arten sind beliebte, aber in ihrer Heimat gefährdete Terrarientiere. Manche Herpetologen halten die *Mantellinae* für eine U.-Fam. der Ruderfrösche u. zählen die madagass. Gatt. *Boophis, Gephyromantis, Mantidactylus* u. *Trachymantis* zu dieser U.-Fam. Die Gatt. *Boophis* enthält ca. 50 Arten; über die Biol. dieser Gatt. ist wenig bekannt.

Goldfuß, *Georg August,* dt. Paläontologe u. Zoologe, * 18. 4. 1782 Thurnau bei Bayreuth, † 2. 12. 1848 Bonn; Lehrer v. C. ↗ Fuhlrott, seit 1818 Prof. in Bonn; nach zunächst zool. Arbeiten zahlr. paläontolog. Untersuchungen, insbes. über den Fränk. Jura; prägte (1818) den Begriff „Protozoa".

Goldhafer, *Trisetum,* Gatt. der Süßgräser (U.-Fam. *Pooideae)* mit ca. 70 Arten der nördl. gemäßigten Zone; Rispengräser mit 5–8 mm langen Ährchen mit 1–3 nerv. Hüll- u. gekielten Deckspelzen. In Gebirgsfettwiesen ist der Gewöhnliche G. *(T. flavescens)* in humider Klimalage bes. in der G.-Wiese *(Trisetion flavescentis)* verbreitet; wertvolles Futtergras ohne oberird. Ausläufer, lockerrasig u. mit behaarten Knoten. [↗ Arrhenatheretalia]

Goldhafer-Wiesen, *Trisetion,* Verband der

Goldhähnchen, *Regulus,* winzige, olivgrüne baumbewohnende Singvögel aus der Fam. der Grasmücken, manchmal auch als eigene Fam. angesehen. 5 Arten, davon 2 in Europa, das Winter-G. *(R. regulus,* B Europa XII) u. das Sommer-G. *(R. ignicapillus)*. Mit einer Größe v. 9 cm u. einem Gewicht v. 5 g sind die beiden G. die kleinsten eur. Vögel überhaupt. Die Federn des leuchtend gelben, schwarz begrenzten Scheitels werden bei Erregung aufgerichtet u. verstärken dabei die Farbwirkung. Das Sommer-G. besitzt zusätzl. einen hellen Überaugenstreif; es ist Zugvogel, weniger stark an Nadelwälder gebunden als das Winter-G. Beide Arten ernähren sich v. Insekten u. Spinnen, rütteln bei der Nahrungssuche oft vor Zweigspitzen. Das kugel. Hängenest aus Moos u. Flechten nimmt 7–12 rötl. gefleckte weiße Eier (B Vogeleier I) auf, 2 Bruten pro Jahr; sehr hohe Stimme. B Rassen- und Artbildung.

Goldhase, *Dasyprocta aguti,* ↗ Agutis.

Goldhenne, *Carabus auratus,* ↗ Laufkäfer.

Goldjungfer, *Cordulia aenea,* ↗ Falkenlibellen.

Goldkäfer, *Cetonia aurata,* ↗ Rosenkäfer.

Goldkatzen, *Profelis,* stammesgesch. sehr alte, noch wenig erforschte Gatt. der Kleinkatzen mit 3 Arten. Die Afrikanische G. *(P. aurata,* Kopfrumpflänge 70–90 cm; Färbung u. Zeichnung variabel) lebt in 2 U.-Arten im Urwald v. Senegal bis Liberia *(P. a. celidogaster)* u. im Regenwald des Kongo *(P. a. aurata).* Auch die im Himalaya-Gebiet vorkommende Asiatische G. *(P. temmincki,* Kopfrumpflänge 75–100 cm; fuchsrot bis braun od. schwarz) ist ein hpts. am Boden lebender Waldbewohner. Über die Lebensweise der kleineren, auf Borneo beschränkten Borneokatze od. Borneo-G. *(P. badia,* Kopfrumpflänge ca. 50 cm; oberseits rotbraun) ist nichts bekannt.

Goldkeule, *Orontium,* Gatt. der ↗ Aronstabgewächse.

Goldkröte, *Bufo periglenes,* mittelgroße (4–7 cm) Kröte, deren Männchen leuchtend orange gefärbt ist; Weibchen unscheinbar grün u. schwarz mit kleinen rötl. Flecken. Die G. wurde erst 1964 in einem eng begrenzten Gebiet des Nebelwaldes v. Costa Rica entdeckt, das seitdem unter Schutz gestellt wurde. Die leuchtend gefärbten Männchen sammeln sich im April u. Mai an kleinen Tümpeln; sie rufen kaum; anscheinend finden die Weibchen die Männchen dank deren Farbe.

Goldlachse, die ↗ Glasaugen.

Goldlack, *Cheiranthus,* wahrschein. aus dem östl. Mittelmeergebiet u. W-Asien stammende Gatt. der Kreuzblütler mit rund 10 Arten. Flaumig behaarte Kräuter u. Halbsträucher mit längl.-lanzettl. Blättern u. gelben, braunen od. dunkelroten Blüten in endständ. Trauben. Am bekanntesten ist

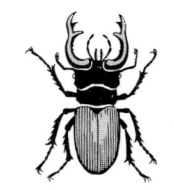

Goldhähnchen

Größenvergleich (maßstäblich) des kleinsten dt. Vogels (Winter-G., *Regulus regulus*) u. des größten dt. Käfers (Hirschkäfer, *Lucanus cervus*)

Goldlärche
die bereits seit dem MA in Mitteleuropa als Zier- u. Heilpflanze kultivierte Art *C. cheiri*, deren veilchenart. duftende, im Frühjahr erscheinende Blüten gefüllt od. ungefüllt in vielen Farbvariationen v. hellgelb über orange, braun, hellviolett bis purpur u. schwarzbraun (ein- od. mehrfarb.) gezüchtet werden. Verwildert wächst sie in klein gelbblühender Form auch auf Kalkfelsen u. in Mauerfugen.
Goldlärche, die Gatt ↗ Pseudolarix.
Goldmakrelen, *Coryphaenidae*, Fam. der Barschfische mit nur 2 Arten; räuber. Hochseefische aller trop. u. gemäßigten Meere mit langer Rücken- u. Afterflosse, kleinen Rundschuppen u. ohne Schwimmblase. Die als Speisefisch geschätzte Gemeine G. od. Dorado (*Coryphaena hippurus*, B Fische IV) wird bis 1,8 m lang u. jagt häufig Fliegende Fische. Die nur 50 cm lange Kleine G. (*C. equisetis*) ist etwas hochrückiger u. dunkler gefärbt.
Goldmelisse, *Monarda*, Gatt. der ↗ Lippenblütler.
Goldmulle, *Chrysochloridae*, stammesgesch. sehr alte, in S- u. Mittelafrika beheimatete Fam. der Insektenfresser (*Insectivora*); äußerl. maulwurfähnl. (Konvergenz), verwandtschaftl. jedoch den Tanreks (*Tenrecidae*) nahestehende Bodenwühler, die hpts. mit der 3. Kralle ihrer 4fingerigen Hände graben; Fellfarbe goldbraun, Ohrmuscheln fehlen, Augen verkümmert, Hornplatte auf der Nasenspitze. In S-, O- u. Mittelafrika ist die Gatt. *Chrysochloris* (4 Arten, z. B. Kapgoldmull, *C. asiatica*) vertreten. Der Riesengoldmull (*Chrysospalax trevelyani*, Kopfrumpflänge bis 23 cm) lebt im östl. Kapland. Zu den Kupfermullen (Gatt. *Amblysomus*) rechnen 7 Arten. Kleinster Goldmull ist der Wüstengoldmull (*Eremitalpa granti*, Kopfrumpflänge 8 cm), der ebenso wie der Winton-Goldmull (*Cryptochloris wintoni*) im Dünensand der afr. SW-Küste vorkommt. [fische.
Goldnerfling, *Leuciscus idus*, ↗ Weiß-
Goldnessel *Lamium galeobdolon*, ↗ Taubnessel.
Goldorfe, *Leuciscus idus*, ↗ Weißfische.
Goldpflaume, 1) *Chrysobalanus*, Gatt. der ↗ *Chrysobalanaceae* (G.ngewächse). **2)** *Spondias cytherea, S. dulcis*, ↗ Sumachgewächse.
Goldregen, *Laburnum*, Gatt. der Hülsenfrüchtler mit 3 Arten u. mehreren Kultursorten; die mit 6 m hohen, aus dem Mittelmeergebiet stammenden Holzgewächse sind wegen der hängenden gelben Blütentrauben beliebte Zierpflanzen; alle Teile, bes. aber der Samen, enthalten das gift. ↗ Lupinenalkaloid Cytisin.
Goldröschen ↗ Kerrie. [dylactis.
Goldrose, *Condylactis aurantiaca*, ↗ Con-

Goldlack
Cheiranthus cheiri enthält u. a. die digitalisartig wirkenden Glykoside Cheirosid A, Cheirotoxin u. Desglucocheirotoxin sowie das zentrallähmende Alkaloid Cheiriin.

Goldrute
Die schon im MA als Heilpflanze geschätzte Gewöhnliche G. (*Solidago virgaurea*) enthält neben geringen Mengen an ätherischem Öl, Gerb- u. Bitterstoff auch Saponine.

Goldrute, *Solidago*, Gatt. der Korbblütler mit rund 100, überwiegend in N-Amerika heim. Arten. Ausdauernde, kraut. Pflanzen mit bis zum Gesamtblütenstand einfachem Stengel, ungeteilten, wechselständ. Laubblättern u. zahlr. kleinen, goldgelben Köpfchen in endständ. Rispe od. Traube. In Europa heim. ist die Gewöhnliche G. (*S. virgaurea*, B Europa IV), eine bis 100 cm hohe Staude mit längl., meist gezähnten Blättern u. von relativ langen Zungenblüten umgebenen Köpfchen. Erst im Spätsommer u. Herbst blühend, wächst sie verbreitet in lichten, krautreichen Laub- u. Mischwäldern sowie Heiden u. Magerweiden. Als Gartenzierpflanzen, verwildert od. als Neophyten z. T. völlig in Auenwäldern u. Ufergebüschen eingebürgert, wachsen in Mitteleuropa die bis 250 cm hohen nordam. Arten *S. canadensis* (Kanadische G., auch Stammform zahlr. Gartensorten) u. die Riesen-G. od. Späte G. (*S. gigantea* = *S. serotina*); ihre zahlr., an der Oberseite bogig gekrümmter Äste stehenden Köpfchen haben nur kurze Zungenblüten.
Goldschimmel, *Hypomyces chrysospermus, Apiocrea chrysosperma*, parasit. Schlauchpilz auf Hutpilzen, bes. auf der Ziegenlippe (*Xerocomus subtomentosus*) u. a. Röhrlingen. Zuerst erscheint auf älteren Pilzen ein weißl., watteschimmelart. Mycel (Stroma), das sich dann durch Konidienmassen goldgelb färbt (Perithecium, 0,5 mm); der Wirt wird vollständig zerstört. Die systemat. Einordnung erfolgt unterschiedl.: meist in der Ord. *Sphaeriales*, auch bei den *Clavicipitales* (Mutterkornpilze). [↗ Schmuckbaumnattern.
Goldschlange, *Chrysopelea ornata*, Art der
Goldschmidt, *Richard*, dt.-am. Zoologe u. Genetiker, * 12. 4. 1878 Frankfurt a. M., † 25. 4. 1958 Berkeley (Calif.); Schüler v. Bütschli, Gegenbaur u. R. Hertwig, seit 1909 Prof. in München, 1921 Abt.-Leiter am 1914 gegr. Kaiser-Wilhelm-Inst. für Biol., 1936 Prof. in Berkeley. Nach fr. entwicklungsphysiolog. Arbeiten unter Hertwig wandte sich G. der Genphysiologie zu u. leitete aus Untersuchungen v. Schmetterlingen (*Lymantria dispar*) eine allg. Theorie der Geschlechtsbestimmung ab; übernahm sehr früh die v. H. Staudinger angeregte Vorstellung der Gene als Makromoleküle u. gründete darauf eine physiolog. Theorie der Vererbung, die allerdings noch die Proteine als alleinige Genbausteine annahm, im Prinzip aber den heut. Vorstellungen sehr nahe kam. [fer.
Goldschmied, *Carabus auratus*, ↗ Laufkä-
Goldschnecken, volkstüml. Bez. für goldglänzende, überwiegend aus Schwefelkies (Pyrit, FeS_2) bestehende Ammonitensteinkerne des mittleren Jura.

Goldregen (*Laburnum*)

Goldschnepfen, *Rostratulidae,* Fam. gedrungener, bekassinenähnl. Watvögel, 2 Arten, leben auf Naßwiesen u. Reisfeldern u. ernähren sich v. wirbellosen Süßwassertieren u. Sämereien. Das Weibchen der in Afrika, S-Asien u. Australien vorkommenden Buntschnepfe *(Rostratula bengalensis)* ist größer als das Männchen, bunter gefärbt, besitzt eine tiefere Stimme u. übernimmt bei der Balz den aktiveren Teil; Nestbau, Bebrütung der 4 Eier u. Jungenaufzucht werden v. Männchen übernommen, evtl. besteht Polyandrie. Die noch weniger bekannte südam. Goldschnepfe *(Nycticryphes semicollaris)* weist keine derart ausgeprägten Unterschiede in der Rollenverteilung auf; sie ist bes. aktiv in der Dämmerung u. bei Regenwetter.

Goldstern, der ↗ Gelbstern.

Goldstreifensalamander, *Chioglossa lusitanica,* schlanker, kleiner Salamander der Fam. *Salamandridae* in NW-Spanien (bis 15 cm mit Schwanz, der fast doppelt so lang ist wie der Rumpf). Die nachtaktiven, großäug. Tiere bewegen sich bei Störungen fast eidechsenart. schnell, springen ins Wasser, wo sie gut schwimmen können, od. verschwinden in Gesteinsspalten. Der Schwanz kann autotomiert u. regeneriert werden. Farbe meist braun mit zwei goldod. kupferfarbenen Längsstreifen. G. leben in Bergen bis 1300 m. Die Lungen sind reduziert. Die Männchen entwickeln während der Fortpflanzungszeit rauhe Oberarmwülste. Eier werden vom Weibchen in Bächen abgelegt.

Goldtetra *m* [v. gr. tetra- = vier], *Hemigrammus armstrongi,* ↗ Salmler.

Goldwespen, *Chrysididae,* Familie der ↗ Hautflügler mit insgesamt 6000, in Mitteleuropa ca. 60 Arten. Die G. sind 1,5–13 mm groß u. je nach Art verschieden gefärbt, jedoch immer mit metall. Glanz. Das erste Hinterleibssegment ist wie bei allen ↗ *Apocrita* in die Brust mit einbezogen, v. den weiteren Hinterleibssegmenten sind meist nur wenige sichtbar, da die letzten eine ausstülpbare Legeröhre bilden. Durch eine konkave Einbuchtung an der Unterseite des Hinterleibs können sich die G. bei Störung einrollen u. so einem Angreifer weniger Angriffspunkte bieten. Die Fühler bestehen aus 12 Gliedern, das Flügelgeäder ist vereinfacht. Die Imagines sind wärmeliebend u. ernähren sich v. Blütennektar. Die Weibchen legen ihre Eier in die Nester v. solitären Bienen u. Wespen; die Wirtsspezifität ist wenig ausgeprägt. Die Larve der G. ernährt sich nicht vom Nahrungsvorrat der Wirtslarve (Nektar u. Pollen od. Beutetiere), sondern v. der Larve selbst; deshalb schlüpft sie meist nach der Wirtslarve. Die Larve von *Chrysis dichroa*

C. Golgi

Goldwespe *(Chrysis spec.)*

schlüpft allerdings fast gleichzeitig mit der Larve der in leeren Schneckenhäusern nistenden Mauerbiene *Osmia rufohirta;* die Wirtslarve bleibt unbehelligt, bis sie den Nahrungsvorrat aufgebraucht hat. B Insekten II.

Golfingia *w,* Gatt. der *Sipunculida* (Spritzwürmer) mit zahlr., weltweit verbreiteten Arten; die 2–5 cm große *G. vulgare* ist im Mittelmeer ebenso häufig wie in der Nordsee.

Golgi [goldschi], *Camillo,* it. Histologe, * 7. 7. 1844 Corteno, † 21. 1. 1926 Pavia; Prof. in Siena (seit 1875) u. Pavia; klärte durch Anwendung neuer Färbemethoden *(G.-Färbung)* den Feinbau bes. der Nervenzellen u. des Gehirns auf (Neuronentheorie) u. erhielt dafür zus. mit S. Ramón y Cajal 1906 den Nobelpreis für Medizin; ferner wicht. Arbeiten über den Entwicklungsgang des Malariaerregers; entdeckte 1898 das plasmat. Zisternensystem in der Zelle *(G.-Apparat).*

Golgi-Apparat [goldschi-; benannt nach C. ↗ Golgi], ein aus Stapeln schüsselförm. Zisternen bestehendes Membransystem eukaryot. Zellen, das normalerweise in der Nähe des Zellkerns gelegen ist. Die einzelnen Stapel mit einem ⌀ von ca. 1 μm werden als *Dictyosom, Golgi-Körper* od. *Golgi-Feld* bezeichnet. Jeder besteht gewöhnl. aus etwa 6 Zisternen, in Zellen v. niederen Eukaryoten können es aber auch bis zu 30 sein. Die Anzahl der Dictyosomen pro Zelle variiert je nach Zelltyp sehr stark, es kann nur ein einziges, es können aber auch mehrere 100 Dictyosomen ausgebildet sein. Die einzelnen, etwa 10 bis 20 nm breiten Zisternen schnüren an ihren Rändern Vesikel *(Golgi-Vesikel)* unterschiedl. Größe ab; in der Mehrzahl sind es kleinere Vesikel mit einem ⌀ von ca. 50 nm, darunter auch ↗ coated vesicles, die wahrscheinl. für den Transport v. Membranproteinen zw. ↗ endoplasmat. Reticulum und G. verantwortl. sind. In auf Sekretion spezialisierten Zellen werden auch sehr große (⌀ 1000 nm), *sekretor.* Vesikel (auch *sekretorische Granula* od. *Vakuolen* gen.) v. den Zisternen abgeschnürt. Neben den Exportproteinen passieren noch zwei weitere Gruppen v. Proteinen den G.: die lösl. Proteine der Lysosomen u. die Membranproteine der intrazellulären Membranen u. der Plasmamembran. Der G. besitzt eine strukturelle Polarität: Die an das endoplasmat. Reticulum angrenzende Seite wird als *proximale, cis-* od. *Bildungsseite* bezeichnet, die Gegenseite, in sekretor. Zellen meist direkt an der Plasmamembran lokalisiert, ist die *distale, trans-* od. *Sekretionsseite*. Wahrscheinl. gelangen die Proteine aus dem endoplasmat. Reticulum auf der

Golgi-Apparat

proximalen Seite in den G. u. werden auf der distalen Seite zu ihren verschiedenen Bestimmungsorten ausgeschleust; jedoch ist der genaue Weg durch den G. bzw. v. Zisterne zu Zisterne innerhalb eines Stapels unbekannt. Die beiden Seiten des G.s sind biochem. unterschiedl. Die Membranen der proximalen Seite entsprechen in Dicke u. Kontrastierbarkeit denen des endoplasmat. Reticulums, an der distalen Seite sind sie dicker u. dichter, vergleichbar der Plasmamembran. Bei der klass. ↗Golgi-Färbung werden hpts. die beiden äußersten Zisternen der proximalen Seite gefärbt. Auch einige Enzymaktivitäten, z. B. die Thiaminpyrophosphatase (nur in den Vesikeln der Sekretionsseite), zeigen eine streng polare Lokalisation innerhalb des G.s. – *Funktionen:* Man kann den G. als Hauptumschlagplatz der Zelle bezeichnen. Hier finden Anreicherung, kovalente Modifikation u. Transport v. Makromolekülen statt, die vom G. aus zu ihren unterschiedl. Bestimmungsorten dirigiert werden. In pflanzl. Zellen ist eine Hauptfunktion des G.s die Synthese v. Polysacchariden (Pektin u. Hemicellulose), die dann über Golgi-Vesikel aus der Zelle transportiert u. in die Zellwand eingebaut werden. Die kovalente Modifikation v. Makromolekülen findet während ihres Transports durch die Zisternen des G.s statt. Hierzu gehört z. B. die spezif. Proteolyse: Bei vielen kleinen Peptidhormonen (Proinsulin, Proparathormon) u. sekretor. Proteinen wie Proalbumin muß zunächst ein bestimmtes Teilpeptid abgespalten werden, bevor sie in ihrer endgült. Struktur nach außen abgegeben werden. Ebenso kann ein Processing durch Anbindung v. Sulfat- u. Fettsäureresten stattfinden. Bei der ↗Glykosylierung v. Proteinen wird das im endoplasmat. Reticulum ansynthetisierte Kern-Oligosaccharid (bestehend aus N-Acetylglucosamin- u. Mannoseeinheiten) zunächst durch Abspalten einzelner Zukker modifiziert u. anschließend noch eine äußere Polysaccharidkette aus einer unterschiedl. Anzahl v. Trisacchariden angeknüpft. Diese Reaktionen werden durch 3 verschiedene Glykosyl-Transferasen katalysiert, die strikt sequentiell arbeiten: die Zucker werden in der Reihenfolge N-Acetylglucosamin – Galactose – Sialinsäure ansynthetisiert. (Das Leitenzym für den G. ist die Galactosyl-Transferase.) Die äußere Seitenkette kann allerdings auch verkürzt sein u. nur ein Disaccharid (N-Acetylglucosamin-Galactose) od. sogar nur N-Acetylglucosamin enthalten. Alle diese Reaktionen finden an der inneren Membranseite des G.s statt. Nach ihrem Transport durch den G. gelangen die Exportproteine in sog.

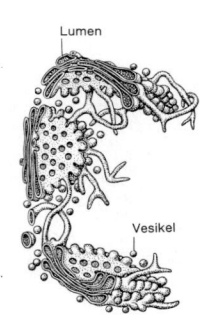

Golgi-Apparat
Räuml. Bild des Golgi-Apparats, wie er sich bei elektronenmikroskop. Aufnahmen v. tierischen Zellen darstellt.

Goliathkäfer *(Goliathus spec.)* aus Zentralafrika, 10–12 cm groß

kondensierende Vakuolen. Die konzentrierten Proteine werden dann in sekretor. Vesikeln (Exocytosevesikel) zur Plasmamembran befördert, wo deren Inhalt durch Fusion der Vesikelmembran mit der Plasmamembran nach außen abgegeben wird. – Bis heute nicht völlig geklärt ist die Frage, *wie „entschieden"* wird, daß die verschiedenen Makromoleküle an ihre unterschiedl. Bestimmungsorte gelangen. Bei lysosomalen Enzymen sollen Mannosylphosphat-Einheiten als spezif. Marker dienen, um diese Enzyme zu den Lysosomen zu dirigieren. ☐ Endocytose, B Zelle. *K. A.*

Golgi-Färbung [goldschi-; benannt nach C. ↗Golgi], histolog. Färbemethode, die sich bes. gut zur selektiven Darstellung einzelner Nervenzellen mit all ihren Fasern u. Fortsätzen inmitten des Zell- u. Faserfilzes v. Nervengewebe eignet, u. deren Anwendung wesentl. neue Erkenntnisse über die Struktur des Zentralnervensystems brachte. Die G. beruht auf einer Versilberung v. Zellstrukturen durch Behandlung des Gewebes mit $AgNO_3$-Lösungen u. Ausfällen metall. Silbergranula an den dargestellten Zellstrukturen nach Vorbehandlung mit Chromsalzen. Über den Chemismus dieser empir. gefundenen Darstellungsmethoden ist wenig bekannt.

Goliathfrosch, *Conraua* (= *Gigantorana* = *Rana*) *goliath* (Familie *Ranidae*), der größte bekannte Frosch, erreicht 40 cm Körperlänge; seine Oberschenkel sind so dick wie ein menschl. Handgelenk; lebt in W-Afrika an Flüssen.

Goliathkäfer, *Goliathus,* Gatt. der U.-Fam. Rosenkäfer; G. gehören zu den größten Käfern überhaupt (bis über 10 cm); leben v. a. im zentralen Afrika; Entwicklung in morschem Holz; leben v. Früchten u. dem Saft kranker Bäume. Die großen Arten haben eine rötl. braune Samtzeichnung mit unterschiedl. weißen Malen u. Linien *(G. goliathus goliathus,* B Insekten III). Bei der Rasse aus W-Afrika *(G. g. regius)* sind die Flügeldecken braun mit einem großen weißen Längsmal in der Mitte. Die größte Art ist *G. cacicus* aus W-Afrika (B Käfer II).

Gollscher Strang [ben. nach dem schweizer. Physiologen F. Goll, 1829–1903], *Fasciculus gracilis,* medialer Teil der Hinterstrangfasern in der weißen Substanz des Rückenmarks bei Säugern (↗Hinterstrang), die wie der lateral gelegene ↗Burdachsche Strang Informationen u. a. über die Tiefensensibilität zum Gehirn leiten.

Golumbacer Mücke [ben. nach dem serb. Ort Golubac (-baz)], *Melusina golumbaczensis,* ↗Kriebelmücken.

Gomontia w, Gatt. der ↗Trentepohliaceae.

Gomphidae [Mz.; v. *gomph-], die ↗Flußjungfern.

Gomphidiaceae [Mz.; v. *gomph-], die ↗ Gelbfüße.

Gomphoceras s [v. *gompho-, gr. keras = Horn], (Sowerby 1839), † Typus-Gatt. der schwer abgrenzbaren Nautiliden-Fam. *Gomphoceratidae* Pictet 1854; Gehäuse kurz-birnenförmig, Sipho meist in zentraler Lage, durch Obstruktionsringe perlschnurartig, Mündung T-förmig verengt. Verbreitung: mittleres Silurium v. Europa.

Gomphocerus m [v. *gompho-, gr. kēros = Wachs], Gatt. der ↗ Feldheuschrecken.

Gomphonema s [v. *gompho-, gr. nēma = Faden], Gatt. der ↗ Naviculaceae.

Gomphosus m [v. *gompho-], Gatt. der ↗ Lippfische.

Gomphus m [v. *gomph-], **1)** das ↗ Schweinsohr; **2)** Gatt. der ↗ Flußjungfern.

Gonactinia w [v. *gon- 2), gr. aktis = Strahl], Gatt. der ↗ Seerosen.

Gonaden [Mz.; v. *gon- 1), gr. adēn = Drüse], *Germinaldrüsen*, die männl. (↗ Hoden) und weibl. (↗ Ovar) Keim„drüsen" (↗ Drüsen), selten ↗ Zwittergonaden. ↗ Geschlechtsorgane.

gonadotrope Hormone [Mz.; v. *gon- 1), gr. tropos = Wendung], *Gonadotropine*, drei der glandotropen Hormone des Hypophysenvorderlappens der höheren Wirbeltiere, die die Hormonausschüttung der Keimdrüsen (Geschlechtsdrüsen) steuern (↗ follikelstimulierendes Hormon, ↗ luteinisierendes Hormon, ↗ luteotropes Hormon) sowie ein gonadotropes Hormon aus der Placenta, das ↗ Choriongonadotropin. Hypophyse u. Hypothalamus steuern die Freisetzung der g.n H. über die Sexualhormonkonzentration im Blut, wobei Umweltreize einen modifizierenden Einfluß ausüben (Streß kann zum Ausfall der Ovulation führen). ↗ Sexualhormone.

Gonangium s [v. *gon- 1), gr. aggeion = Gefäß], bei den *Thecaphorae* (U.-Ord. der *Hydroidea*) Einheit aus Blastozoiden, die an einem Stiel (Blastostyl) sitzen, u. der sie umgebenden Gonothek aus Periderm. Die Blastozoide schnüren entweder Medusen ab od. stellen reduzierte Medusen (↗ Gonophoren) dar. Oft findet die Entwicklung bis zur Planula noch innerhalb der Gonothek statt.

Gonapophyse w [v. *gon- 1), gr. apophysis = Auswuchs], *Valve, Valvula*, Teil des ↗ Eilegeapparats (□) der Insekten.

Gonastrea w [v. *gon- 2) gr. astēr = Stern], Gatt. der Steinkorallen, die durch intratentakuläre Knospung mit Trennung der Mundscheibe halbkugelige Kolonien bildet, die am Barriereriff bis 2,5 m ⌀ erreichen.

Gonatozygaceae [Mz.; v. gr. gony, Gen. gonatos = Knie, Knoten, zygon = Joch, Riemen], Fam. der *Zygnematales*, kokkale Grünalgen; leben einzeln od. in kurzen Fadenkolonien, Zellwand porös, mit Warzen u. Leisten. Die Gatt. *Gonatozygon* hat lange, zylindr., schwach gebogene Zellen mit einem axialen Chloroplasten; *G. brebissonii* in Sümpfen u. Torfmooren.

Gondwanaflora, fossile, perm-karbonische Flora des damals noch zusammenhängenden Südkontinents Gondwana. Leitformen der G. sind u. a. die eiförmig-lanzettl. mit feiner Netzaderung versehenen Blätter der Gatt. *Glossopteris*.

Gondwanaland, paläozoischer Kontinent der Südhalbkugel, der später durch Kontinentalverschiebungsvorgänge (↗ Kontinentaldrift-Theorie) in mehrere Teile zerlegt wurde. Auffallende Übereinstimmungen der Flora v. S-Amerika, S-Afrika u. Australien deuten auf ein gemeinsames Entstehungszentrum im ehemal. Kontinent Gondwana. Die Auftrennung der Landmassen erfolgte wahrscheinl. in der Jura-Kreide-Zeit, doch müssen bestimmte Wanderwege bis ins Tertiär bestanden haben.

Gonen [Mz.; v. *gon- 1)], Bez. für die aus der ↗ Meiose hervorgehenden haploiden Zellen: bei Metazoen sind es die Gameten, bei Moosen, Farnen u. a. Diplo-Haplonten (Meiose auf dem diploiden Sporophyten) sind es die Sporen (Agameten).

Gonepteryx w [wohl v. *gon- 2), gr. pteryx = Flügel], ↗ Zitronenfalter.

Gongora w [ben. nach dem span. Bischof A. Caballero y Góngora, Förderer der Botanik], Gatt. der Orchideen, zeichnet sich durch einen bes. Bestäubungsmechanismus aus: mittels eines Duftstoffs werden männl. Prachtbienen angelockt. In einer Art Rauschzustand nehmen sie diesen auf u. verwenden ihn zum Markieren ihres Balzterritoriums. Bei der Aufnahme rutschen sie auf der rutschbahnartig gestalteten „Säule" aus u. reißen dabei Pollenpakete mit und setzen diese auf den Narben der nächsten besuchten Blüten ab.

Gongrosira w [v. gr. goggros = Meeraal, seira = Seil, Fangstrick], Gatt. der ↗ Trentepohliaceae.

Gongylidien [Mz.; v. gr. goggylos = rund], die ↗ Bromatien.

Gongylonema s [v. gr. goggylos = rund, nēma = Faden], 3–6 (♂) bzw. 8 bis 15 (♀) cm lange Fadenwürmer aus der Super-Fam. *Thelazioidea* (Ord. ↗ Spirurida); Parasit in der Oesophagus-Schleimhaut v. Rind, Schaf, Ziege, Schwein u. a. Huftieren, selten auch in Bären, Affen u. Menschen („Gongylomiasis"); Käfer u. Schaben sind Zwischenwirte.

Gongylus m [v. gr. goggylos = rund], Gatt. der ↗ Fangschrecken.

Goniatiten [Mz.; v. *gon- 2)], taxonom. neutral endende Bez. für paläozoische

---

Goniatiten

gomph-, gompho- [v. gr. gomphos = Nagel, Pflock].

gon- 1) [v. gr. gonē = Zeugung (auch gonos = Geburt, Abkunft)].
gon- 2) [v. gr. gōnia = Winkel, Ecke].

Gonen
Die bisweilen gegebene Definition „Gonen = Gameten" ist ebensowenig korrekt wie die Erklärung „Gameten sind Meiose-Produkte": denn pflanzl. Gameten sind Mitose-Produkte, u. auch die Sporen können Meiose-Produkte u. demnach Gonen sein.

Goniatitida

gon- 1) [v. gr. gonē = Zeugung (auch gonos = Geburt, Abkunft)].
gon- 2) [v. gr. gōnia = Winkel, Ecke].

↗ *Ammonoidea (Palaeoammonoidea)* mit ↗ goniatit. Lobenlinie, i. e. S. nur die Arten der Gatt. *Goniatites* de Haan 1825 des Unterkarbons. ☐ Ammonoidea.

Goniatitida [Mz.; v. *gon- 2)], (Hyatt 1884), paläozoische Ord. der ↗ *Ammonoidea;* ihre Repräsentanten haben eingerollte Gehäuse mit externem Sipho und i. d. R. ↗ goniatit. Lobenlinien mit Umbilical- u. Adventivloben, aber auch ceratit. und ammonit. Suturen treten bereits auf. Verbreitung: mittleres Devon bis oberes Perm. ☐ Ammonoidea.

goniatitische Lobenlinie [v. *gon- 2)], ↗ Lobenlinie, bei der alle Loben u. Sättel glatt u. ungeschlitzt sind (☐ Ammonoidea); einzige Ausnahme: der Externlobus.

Gonidangium s [v. *gon- 1), gr. aggeion = Gefäß], Sporangium, in dem mitotisch Sporen (Mitosporen) (↗ Gonidium) ausgebildet werden.

Gonidium s [v. *gon- 1)], 1) bei niederen Pflanzen (Algen) in einem Sporangium mitotisch abgegliederte Sporen, die nicht in Beziehung zum Kernphasenwechsel stehen; 2) bei Flechten eine im Thallus befindl. Algenzelle.

Gonien [Mz.; v. *gon- 1)], Oberbegriff für die Gametogenese-Stadien in der Vermehrungsperiode (Spermatogonien bzw. Oogonien, ☐ Gametogenese), meist auch für die geschlechtl. noch nicht differenzierten Urkeimzellen; nicht zu verwechseln mit den ↗ Gonen (bei den Metazoen: Spermien u. Eizellen).

Goniodoris w [v. *gon- 2), ben. nach der Nymphe Dōris], Gatt. der *Goniodorididae* (Ord. *Doridacea*), marine Hinterkiemerschnecken, deren blättr. Rhinophoren nicht in Scheiden rückziehbar sind. Die in Mittelmeer u. O-Atlantik vorkommende *G. castanea* wird 28 mm lang, auf ihrem okkerfarb., weißgetüpfelten Rücken ist ein zentrales Feld durch eine Leiste abgegrenzt; sie ernährt sich saugend von Manteltieren (↗ *Botryllus*).

Gonionemus m [v. *gon- 2), gr. nēma = Faden], Gatt. der ↗ Limnohydroidae-Limnomedusae. [caceae.

Gonium s [v. *gon- 2)], Gatt. der ↗ Volvo-

Gonocephalus m [v. *gon- 2), gr. kephalē = Kopf], ↗ Winkelkopfagamen.

Gonochorismus m [v. *gon- 1), gr. chōrismos = Trennung], die ↗ Getrenntgeschlechtigkeit.

Gonocoel s [v. *gon- 1), gr. koilos = hohl], bei den Weichtieren der Teil der sekundären Leibeshöhle, in dem die Keimdrüsen liegen.

Gonocoeltheorie [v. *gon- 1), gr. koilos = hohl], eine der drei ↗ Coelomtheorien, die v. einem kompakten Vorstadium in Form einer mit Mesenchym erfüllten Blastula ausgehen. Wurde seit Bergh (1885) in verschiedenen Varianten immer wieder diskutiert u. besagt in der Auffassung v. A. Lang (1903), daß die echte od. sekundäre Leibeshöhle, das Coelom, phylogenet. v. serial angeordneten, paar. Gonadenhöhlen, wie sie sich bei einigen Turbellarien u. Nemertinen finden, abzuleiten seien. Am Anfang der *Bilateria* stände folglich ein v. Bindegewebe erfüllter Organismus, in dem sich – so Lang – in Anpassung an die Nahrungsversorgung der Geschlechtszellen Gonocoelräume durch Auseinanderweichen der Bindegewebszellen bilden. Da jedoch Gonaden ontogenet. nicht vor dem Coelom u. zudem getrennt v. den Keimzellen entstehen u. ferner es keinerlei Hinweise gibt, daß Gonadenräume nach Abgabe der Keimzellen erhalten bleiben u. zu Coelomhöhlen werden, kommt der G. heute so gut wie keine Bedeutung mehr zu. Die Einwände gg. die G. sind v. a. von Remane (1963) u. Clark (1964) formuliert.
Lit.: Clark, R. B.: Dynamics in Metazoan Evolution. Clarendon Press Oxford (1964). Lang, A.: Beiträge zur Trophocoeltheorie. Jena. Z. Naturw. 38, 1–373 (1903). Remane, A.: The evolution of the Metazoa from colonial flagellates plasmodial ciliates. The lower Metazoa 23–32 (1963). D. Z.

Gonocyten [Mz.; v. *gon- 1), gr. kytos = Höhlung (heute: Zelle)], die Vorläufer der ↗ Keimzellen.

Gonodukte [Mz.; v. *gon- 1), lat. ductus = Leitung, Gang], *Geschlechtsausführgänge*, „Geschlechtsleiter", Sammelbez. für Samenleiter (Vas deferens, Spermiodukt) u. Eileiter (Ovidukt); ☐ Geschlechtsorgane. [= Kern], ↗ Neisseria.

Gonokokken [Mz.; v. *gon- 1), gr. kokkos

Gonomerie w [v. *gon- 1), gr. meros = Teil, Glied], bedeutet, daß nach der Befruchtung die Gruppe der väterl. u. der mütterl. Chromosomen morpholog. getrennt bleibt, zumindest während der ersten Furchungsteilungen; z. B. bei manchen Hüpferlingen („Doppelkernigkeit": zwei sich berührende Kerne, die sich synchron teilen). Ein Grenzfall der G. sind die beiden Kerne im dikaryot. Mycel der Basidiomyceten (↗ Ständerpilze), die sich sogar ohne direkten Kontakt synchron teilen.

Gononemertes m [v. *gon- 1), ben. nach der Nymphe Nēmertēs], Schnurwurm-Gatt. der Kl. ↗ *Enopla* (Ord. Hoplonemertini); Kommensale in Seescheiden.

Gonophoren [Mz.; v. *gon- 1), gr.-phoros = tragend], reduzierte, am Polypenstock *(Hydrozoa)* bleibende Medusen, die Geschlechtsprodukte bilden; die ♂ G. heißen *Androphoren*, die ♀ *Gynophoren*.

Gonopoden [Mz.; v. *gon- 1), gr. podes = Füße], die ↗ Genitalfüße; ↗ Begattungsorgane.

Gonopodium s [v. *gon- 1), gr. podion =

Füßchen], *Begattungsflosse,* röhrenförm. ↗Begattungsorgan bei Männchen der lebendgebärenden Zahnkarpfen, das aus umgestalteten Strahlen der unpaaren Afterflosse gebildet wird; im Ggs. zu dem *Mixopterygium* oder *Pterygopodium* der männl. Knorpelfische, bei dem die penisart. Begattungsröhre aus umgewandelten, hinteren Strahlen beider Bauchflossen aufgebaut ist.

Gonoporus *m* [v. *gon- 1), gr. poros = Öffnung], *Porus genitalis,* Bez. für die Geschlechtsöffnung (↗Geschlechtsorgane) v. a. dann, wenn sie im Ruhezustand winzig ist, z. B. bei Strudelwürmern (B Plattwürmer), bei Regenwurm u. Weinbergschnecke.

Gonorhynchiformes [Mz.; v. *gon- 2), gr. rhygchos = Schnauze, Rüssel, lat. forma = Gestalt], die ↗Sandfische.

Gonosomen [Mz.; v. *gon- 1), gr. sōma = Körper], die ↗Geschlechtschromosomen.

Gonospore *w* [v. *gon- 1), gr. spora = Same], *Meiospore,* eine in Verbindung mit der Meiose aus einer Meiosporenmutterzelle (Gonotokont) entstandene haploide Spore.

Gonostomatidae [Mz.; v. *gon- 2), gr. stomata = Münder], Fam. der ↗Großmünder.

Gonothek *w* [v. *gon- 1), gr. thēkē = Behälter], Hülle aus Periderm, die bei den *Thekaphorae (Hydroidea)* die Blastozoide umgibt.

Gonothyrea *w* [v. *gon- 2), gr. thyra = Öffnung], Gatt. der ↗Campanulariidae.

Gonotokonten [Mz.; v. *gon- 1), gr. tokan = gebären, niederkommen], *Meiocyten,* die Zellen, aus denen nach erfolgter Meiose die ↗Gonen hervorgehen.

Gonozoide [Mz.; v. *gon- 1), gr. zōon = Lebewesen], ↗Geschlechtstiere.

Gonyaulax *w* [v. gr. gony = Knie, Knoten, aulax = Furche], marine Gatt. der *Peridinales* (Dinoflagellaten) mit panzerart. Zellhülle; einige Arten dieser Algen-Gatt. können leuchten, andere rufen Vegetationsfärbung hervor, so z. B. *G. catenella* u. *G. tamarensis* die „red tides" an der W-Küste der USA. Sie enthalten das tox. Alkaloid Saxitoxin (paralytic shellfish poison), das sich u. a. in Muscheln anreichert (bei übermäßigem Muschelgenuß dem Menschen tödl.). Das Massenauftreten dieser Algen ist oft v. ausgedehntem Fischsterben begleitet. ↗Chronobiologie (T , B).

Gonyostomum *s* [v. gr. gony = Knie, Knoten, stoma = Mund], Gatt. der ↗Chloromonadophyceae.

Gonypodaria *w* [v. gr. gony = Knie, Knoten, podes = Füße], *Barentsia,* Gatt. der ↗*Kamptozoa* (Kelchwürmer) aus der Fam. *Barentsiidae.*

Goodeniaceae [Mz.; ben. nach dem engl. Bischof u. Botaniker S. Goodenough (gudinaf), 1743–1827], den Glockenblumengewächsen nahestehende Fam. der Glockenblumenartigen mit über 300 Arten in 14, insbes. in Australien (Verbreitungsschwerpunkt W-Australien) u. Neuseeland heim. Gattungen; Kräuter, seltener Halbsträucher od. Sträucher mit meist ungeteilten Blättern u. einzeln od. in Ähren, Trauben od. Cymen stehenden, zwittr., 5zähl. Blüten. Die im allg. gelbe od. weiße bis blaue, gewöhnl. zygomorphe Blütenkrone ist 5zipflig, wobei die 5 Staubblätter mit den Kronblattzipfeln abwechseln. Der ganz od. teilweise unterständ. Fruchtknoten besteht aus 2 verwachsenen Fruchtblättern u. wird zu einer Kapsel, seltener Steinfrucht od. Nuß. Für die G. charakterist. ist, daß ein am Griffel dicht unterhalb der Narbe befindl. sog. Pollenbecher den Pollen der Staubbeutel auffängt, um ihn auf Blütenbesucher zu übertragen. In den G. wurde zudem Inulin als Speicherstoff nachgewiesen. Zu den größten Gatt. der Fam. gehört *Goodenia* mit ca. 100 in Australien heim. Arten. Ebenfalls rund 100, z. T. als Strand- u. Mangrovepflanzen an trop. Meeresküsten weit verbreitete Arten umfaßt *Scaevola;* die Schwimmfrüchte v. *S. plumierii* u. *S. taccada* können v. Meeresströmungen weit verbreitet werden, ohne ihre Keimfähigkeit zu verlieren; aus dem Mark der letztgen. Art stellt man das zur Anfertigung v. kunstgewerbl. Gegenständen benutzte malaiische „Reis-Papier" her; die Früchte werden v. Eingeborenen gegessen. Manche Arten der G. sind wegen ihres Gehalts an Bitterstoffen Heilpflanzen v. lokaler Bedeutung. Verschiedene Arten der Gatt. *Scaevola, Goodenia, Dampiera* u. *Leschenaultia* werden bei uns als Zierpflanzen in Gewächshäusern kultiviert.

Goodyera *w* [ben. nach dem engl. Botaniker J. Goodyer (gudj[er]), Anfang 17. Jh.], der ↗Kriechstendel.

Gopherus, Gatt. der ↗Landschildkröten.

Göppert, *Heinrich Robert,* dt. Botaniker u. Paläontologe, * 25. 7. 1800 Sprottau (Niederschlesien), † 18. 5. 1884 Breslau; seit 1831 Prof. in Breslau; wird wegen seiner Bemühungen, die fossile Pflanzenwelt in das rezente Pflanzenreich einzuordnen, als Begr. der Paläobotanik angesehen. („Die Entstehung der Steinkohlenlager aus Pflanzen", 1848).

Goral *m* [wohl aus einer ind. Sprache], *Nemorhaedus goral,* fr. zu den Antilopen, heute zur U.-Fam. der Ziegenartigen gerechnete, etwa ziegengroße Gemsenverwandte mit dichtem u. zottigem Haarkleid; kommen in 7 U.-Arten in trockenen Gebirgslagen zw. 1000 u. 4000 m in Mittel- u. NO-Asien vor; leben in kleinen Trupps,

gon- 1) [v. gr. gonē = Zeugung (auch gonos = Geburt, Abkunft)].
gon- 2) [v. gr. gōnia = Winkel, Ecke].

Gordius

sind sehr standorttreu u. hervorragende Felskletterer.

Gordius *m* [v. lat. nodus Gordius = gord. Knoten], Gatt. der ↗Saitenwürmer.

Gorgodera *w* [v. *gorgo-, gr. dera = Hals, Schlund], Saugwurm-Gatt. der Ord. *Digenea*; *G. minima* in der Harnblase v. Fröschen.

Gorgonaria [Mz.; v. *gorgo-], die ↗Hornkorallen.

Gorgonenhäupter [v. *gorgo-], *Medusenhäupter, Medusensterne, Gorgonocephalidae,* Fam. der Schlangensterne mit über 30 Gatt.; in allen Ozeanen, bis in die Tiefsee. G. i. e. S. sind Gatt. wie *Astrophyton, Astroboa* u. *Gorgonocephalus*, bei denen die Arme stark verzweigt sind (Analogie zu den ↗Seelilien). Das Gorgonen- od. Medusenhaupt *Gorgonocephalus* (z. B. *G. caput-medusae*) hat bis 70 cm lange Arme. Nahrungserwerb genauer untersucht bei der verwandten Gatt. *Astroboa*: breitet nachts zw. Korallen ihre Arme fächerförmig gg. den Wasserstrom aus u. umgreift blitzschnell anstoßende Hüpferlinge u. a. Kleinkrebse; erst am frühen Morgen werden die Armspitzen zum Mund zurückgebogen zum Fressen der Beutetiere. (Anders bei den Seelilien: ständiger Nahrungstransport mit Schleimteppich u. Cilienbändern ohne direktes Zurückbiegen der Armspitzen zum Mund.)

Gorgonin *s* [v. *gorgo-], mit dem Kollagen verwandtes Protein; Bausubstanz des Achsenskeletts vieler Hornkorallen, z. B. des Venusfächers.

Gorgonocephalidae [Mz.; v. *gorgo-, gr. kephalē = Kopf], die ↗Gorgonenhäupter.

Gorgosaurus *m* [v. *gorgo-, gr. sauros = Eidechse], (Lambe 1914), wuchtiger, zu den *Archosauria* gehörender bipeder † Carnosaurier bis 9 m Länge, mit sehr schmächtiger, zweifingeriger Vorderextremität, aus der oberen Kreide v. N-Amerika; heute meist unter dem Namen *Dinodon* (Cope 1866) bekannt.

Gorilla *m* [schon um 500 v. Chr. in punischen Texten überlieferte westafr. Bez.], *Gorilla gorilla,* größte rezente Menschenaffenart; männl. G.s werden ca. 170 cm groß u. bis 200 kg schwer (weibl.: 150 cm/ 70–110 kg); Gliedmaßen kurz u. kräftig; Kopf massig, beim männl. G. mit starkem knöchernem Scheitelkamm als Ansatzstelle für die Kaumuskulatur; Gesicht (auch bei jungen G.s) schwarz, Fellfärbung dunkelbraun bis schwarz, im Alter teilweise grau; 2 U.-Arten. – Der Westliche od. Flachland-G. (*G. g. gorilla*) hat ein schwächer entwickeltes, braunes Haarkleid; Vorkommen: Kamerun, Gabun, nördl. des Kongo. Der Östliche od. Berg-G. (*G. g. beringei*) hat ein dichteres u. fast schwarzes Haarkleid u. einen stärkeren Scheitelkamm; Vorkommen: östl. Kongo, Uganda. Als Lebensraum nutzen G.s sowohl Regenwälder als auch Sekundärwälder od. Anpflanzungen, bis in 3500 m Höhe. G.s sind vorwiegend Bodenbewohner, die „auf allen vieren gehen" u. nur selten (v. a. Jungtiere u. Weibchen) Bäume erklettern. Sie leben in Horden v. 2–30 Tieren, angeführt v. einem alten u. kräftigen G.mann, ziehen in ihrem 25–40 km² großen Wohngebiet ständig umher (ohne Revierverteidigung). Umfangreiche Stimmäußerungen u. Gebärden dienen der gegenseit. Verständigung; beim Drohverhalten trommeln G.s mit beiden Fäusten auf die Brust. G.s sind tagaktiv; nachts schlafen sie in Boden- od. Baumnestern aus Kräutern u. Zweigen. Ihre Nahrung besteht aus Blättern, Rinde u. Früchten u. wird mit den Händen gegriffen. G.weibchen werden vermutl. mit 6–7 Jahren geschlechtsreif, männl. Tiere mit 9–10 Jahren. Alle 4 Jahre kann ein G.weibchen 1 Junges gebären, das, obwohl es bis zu 1½ Jahre gesäugt wird, schon mit 2½ Monaten pflanzl. Nahrung aufnehmen kann. In Gefangenschaft wurden G.s bis zu 33 Jahren alt. [B] Afrika V.

gorgo- [v. gr. Gorgō = die schlangenhaarige Meduse Gorgo (wörtl.: die Starrblickende)].

Gorgonenhaupt (*Gorgonocephalus*)

Gorilla (*Gorilla gorilla*)

Gössel *s* [v. mittelniederdt. gōs = Gans], landw. Bez. für Gänseküken.

Gossypium *s* [v. lat. gossypion =], die ↗Baumwollpflanze.

Gossypol *s* [v. lat. gossypion = Baumwollpflanze, oleum = Öl], im Baumwollsamenöl (↗Baumwollpflanze) vorkommender gelber, aromat., polycycl. Triterpenaldehyd, der das Enzym Lactat-Dehydrogenase (bei Nagern die Malat-Dehydrogenase) hemmt. Im menschl. Organismus wird dadurch der anaerobe Stoffwechsel der Spermien blockiert; G. wird aufgrund dieser spermiziden Wirkung z. Z. auf seine prakt. Anwendung hin untersucht („Pille für den Mann"). [Transaminase.

GOT, Abk. für die ↗Glutamat-Oxalacetat-

Gotiglazial *s* [ben. nach der Ostseeinsel Gotland, lat. glacialis = Eis-], (G. de Geer 1910), Rückzugsstadium des quartären nord. Inlandeises v. S- nach Mittelschweden, Ende um 8500 v. Chr.

Gotlandium *s* [ben. nach der Ostseeinsel Gotland], veralteter stratigraphischer Ausdruck, heute ersetzt durch ↗Silurium.

Götterbaum, *Ailanthus,* Gatt. der ↗Simaroubaceae.

Gottesanbeterin, *Mantis religiosa,* weltweit in trocken-warmen Biotopen verbreitete Art der Fangschrecken (Ord. *Mantodea,* Fam. *Mantidae*); in Dtl. nur an wenigen Orten verbreitet, z. B. im Kaiserstuhl (nach der ↗Roten Liste „vom Aussterben bedroht"). Das Weibchen wird bis 8 cm, das Männchen nur bis 6 cm groß. Der stark verlängerte erste Brustabschnitt trägt die charakterist. ↗Fangbeine (☐) der ↗Fangschrecken, die in der Lauerstellung an gefaltete Hände (Name) erinnern. Aus dieser unbewegl. Lauerstellung kann die G. blitzschnell Insekten auch aus der Luft fangen u. festhalten. Die Beute wird mit den kräft. Mundwerkzeugen zerkleinert. Einen großen Teil des in der Aufsicht dreieckig erscheinenden Kopfes nehmen die großen Facettenaugen ein. Zw. den langen Fühlern befinden sich drei Ocellen. Die gut ausgebildeten Flügel werden hpts. vom Männchen zum Fliegen benutzt u. dienen auch einer Schreckreaktion, bei der die Flügel abgespreizt u. die Cerci am Hinterleibsende mit zischendem Geräusch über das Flügelgeäder gestrichen werden. Zur Begattung nähert sich das Männchen äußerst vorsichtig dem Weibchen, um v. diesem nicht als Beute angesehen zu werden. Oft gelingt es ihm erst nach Stunden, auf den Hinterleib des Weibchens zu springen u. eine Spermatophore zu übertragen. Dabei kann es vorkommen, daß das Weibchen das Männchen z. T. auffrißt, ohne daß dadurch der Begattungsvorgang unterbrochen würde, der v. einem Ganglion im Hinterleib gesteuert wird. Die ca. 200 Eier werden in eine charakterist. geformte, aus schaum. Eiweiß bestehende, ca. 4 cm lange Oothek gelegt, die in der Sonne erhärtet u. dann eine gelbbraune Farbe besitzt. Die Larven schlüpfen im nächsten Frühjahr u. durchlaufen eine hemimetabole Entwicklung; bis zur Geschlechtsreife häuten sie sich mindestens 5mal. ⬚ Insekten I.

Gotteslachs, *Lampris regius,* ↗Glanzfische.

Gougerotin s [benannt nach dem frz. Dermatologen H. Gougerot (guschro), 1881–1955], aus *Streptomyces gougeroti* isoliertes Pyrimidinantibiotikum, das die Proteinbiosynthese durch Blockierung der Peptidyltransferreaktion hemmt.

Gould [guld], *John,* engl. Zoologe, * 14. 9. 1804 Lyme Regis (Dorsetshire), † 7. 2. 1881 London; wurde durch zahlr. hervorragend illustrierte ornitholog. Werke (z. B. „Birds of Australia"), zu denen er das Material u. a. auf einer Forschungsreise nach Australien (1838–40) sammelte, bekannt; bearbeitete die Vogel-Slg. der Beagle-Reise ↗Darwins. [Gatt. der ↗Tauben.

Goura m [aus einer Sprache Neuguineas],

Gowers [gauᵉrs], Sir *William Richard,* engl. Mediziner, * 20. 3. 1845 London, † 4. 5. 1915 ebd.; Prof. in London; grundlegende Arbeiten über das Nervensystem vom Standpunkt der Klinik (Epilepsie, Ataxie, Paraplegie u. a.), beschrieb die Kleinhirnseitenstrangbahn *(G.scher Trakt),* führte die Augenhintergrunduntersuchung ein.

G-Phase ↗Zellzyklus; ⬚ Mitose.

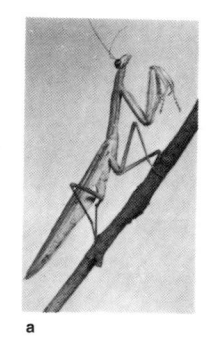

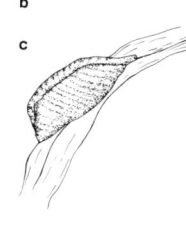

Gottesanbeterin
a G. in Lauerstellung; b Kopf u. Brustabschnitt mit den charakterist. Fangbeinen im Detail; c Eigelege

GPT, Abk. für ↗Glutamat-Pyruvat-Transaminase.

Graaf, *Reinier de,* niederländ. Anatom, * 30. 7. 1641 Schoonhoven, † 17. 8. 1673 Delft; zuletzt Arzt in Delft; arbeitete u. a. über das Pankreas u. den Eierstock; entdeckte 1672 den *G.schen Follikel.*

Graafscher Follikel [ben. nach R. de ↗Graaf], *Bläschenfollikel,* Tertiär-↗Follikel im Ovar des Menschen; ↗Oogenese.

Grabbeine, Thorakalbeine (↗Extremitäten) bei Insekten, die durch Verbreiterung u. starke Sklerotisierung bestimmter Beinabschnitte zum Graben umgebildet sind; bes. ausgeprägte G. haben die ↗Maulwurfsgrillen, manche Larven der ↗Zikaden od. viele grabende Käfer (↗Mistkäfer, Laufkäfer der Gatt. *Broscus, Scarites* u. a.).

Grabfrosch, *Südafrikanischer Ochsenfrosch, Pyxicephalus (= Rana) adspersus,* (Fam. *Ranidae*), großer (bis 20 cm), breitköpf. Frosch, der den größten Teil des Jahres vergraben zubringt; erscheint zur Paarungszeit oft in Massen an afr. Seen. Unterkiefer mit drei großen, zahnart. Strukturen; ernährt sich v. Ratten, Mäusen, Fröschen (auch der eigenen Art), Schlangen u. v. a. Organismen, die kaum kleiner sind als er. Bei Störungen verteidigt sich der G. energisch durch Beißen u. Anspringen u. stößt ein Geschrei aus, das an Rinder erinnert.

Grabfrösche, *Heleioporus,* Gatt. der austr. Südfrösche (↗ *Myobatrachidae*); der fast 10 cm große, krötenähnl. *H. australiacus* erscheint nur selten an der Bodenoberfläche; auch die Eier werden in Erdlöchern in großen Schaumnestern abgelegt, die zur Regenzeit überschwemmt werden.

Grabfüßer ↗Kahnfüßer.

Grabgemeinschaft, *Totengemeinschaft, Thanatozönose, Taphozönose,* noch nicht fossil gewordene Vergesellschaftung abgestorbener Organismen unter Sedimentbedeckung; nach der Fossilisation geht aus ihr eine ↗Oryktozönose hervor.

Grabmilben, die Gatt. ↗Sarcoptes.

Grabschrecken, die ↗Grillen.

Grabwespen, *Sandwespen, Mordwespen, Sphecidae, Sphegidae,* Fam. der Hautflügler mit weltweit ca. 5000 bekannten Arten, davon etwa 260 in Mitteleuropa. Zu den G. gehören mit 5 cm Körperlänge die größten Hautflügler, es sind aber auch 2–3 mm große Arten bekannt. Wie bei allen *Apocrita* ist das erste Hinterleibssegment mit in die Brust einbezogen; ansonsten sind die Arten in Körpergestalt u. -färbung recht unterschiedl. Gemeinsam sind ihnen die großen, nierenförm. Komplexaugen, dornart. Grabfortsätze an den Tarsen der Vorderbeine u. kräft. Mandibeln. V. den in der Lebensweise ähnl. ↗Wegwespen sind sie

Grabwespen

Grabwespen

Wichtige Gattungen und Arten mit ihren Beutetieren:

Bienenwolf *(Philanthus triangulum)*: Honigbiene
Heuschreckensandwespe *(Sphex maxillosus)*: Larven v. Laubheuschrecken
Knotenwespen *(Cerceris spec.)*: solitäre Bienen u. Käfer
Kotwespe *(Mellinus arvensis)*: verschiedene Fliegenarten
Kreiselwespe (Wirbelwespe, *Bembix rostrata*): verschiedene Fliegenarten
Kurzstielsandwespen *(Podalonia spec.)*: Schmetterlingsraupen
Mörtelgrabwespen *(Sceliphron spec.)*: verschiedene Spinnenarten
Sandwespen *(Ammophila spec.)*: Blattwespenlarven, Schmetterlingsraupen
Silbermundwespen *(Crabro spec.)*: Eintagsfliegen, Wanzen, Ameisen, Schlupfwespen, Schmetterlinge

Grabwespen

Sandwespe *(Ammophila spec.)* mit erbeuteter Spannerraupe

gracil- [v. lat. gracilis = schlank, zart, zierlich].

gramin- [v. lat. gramen, Gen. graminis = Gras; davon gramineus = Gras-].

u. a. durch die kürzeren Hinterbeine zu unterscheiden. Die G. sind nur wenig behaart; oft trägt der Kopf eine silbr. Flaumbehaarung. Die Weibchen der meisten Arten graben Erdnester, in die sie ihre Eier legen. Zur Ernährung der Larven jagen die Weibchen Insekten, lähmen sie mit dem Gift ihres Stachels u. tragen sie in das Nest ein (↗ *Eumenidae*). Die Beutespezifität ist meist sehr ausgeprägt u. bleibt innerhalb einer Gatt. sogar über Erdteile hinweg erhalten; so jagt die Gatt. *Larra* sowohl in Europa als auch in Japan u. auf den Philippinen Maulwurfsgrillen. Andererseits haben oft verschiedene Arten einer Gatt. ein völlig anderes Beutespektrum. Die Beute wird mit großer Sicherheit über z. T. noch unbekannte Mechanismen erkannt u. blitzschnell überwältigt. Der Stich erfolgt in ein Ganglion der Extremitätenmuskulatur des Beutetieres; wahrscheinl. zur besseren Verteilung des Giftes wird die Beute häufig mit den Mandibeln durchgeknetet. Das Beutetier wird je nach Schwere u. Art der G. im Flug od. zu Fuß zum Nest gebracht. Manchmal wird das Nest auch erst nach dem Beutefang angelegt. Nach dem Eintragen der Beute wird das Nest verschlossen, od. es werden weitere Kammern angelegt. Das Beutetier bleibt noch ca. 2 Wochen im Nest am Leben u. dient der Larve als Nahrung. Die Männchen schlüpfen meist früher als die Weibchen. Oft werden die Nester jedoch v. ↗ Goldwespen parasitiert, die ihre Eier in die Nester der G. legen u. sich v. deren Larven ernähren. Die Imagines ernähren sich v. Blütennektar. – Für die Imkerei schädl. ist der Bienenwolf *(Philanthus triangulum)*, ca. 12–16 mm lang, mit schwarz-gelber Zeichnung; die Weibchen schlüpfen im Juni u. jagen Honigbienen beim Blütenbesuch; die Beute wird opt. u. geruchl. erkannt. Das Nest wird im Sandboden oft in Ritzen zw. Pflastersteinen angelegt; es besteht aus einem bis 1 m langen Gang, der zu Seitengängen mit bis zu 100 Larvenzellen führt. Pro Ei werden 2–6 gelähmte Honigbienen eingetragen. Die Imagines schlüpfen im nächsten Frühling, die Männchen 2 Wochen früher als die Weibchen. Die Sandwespen i. e. S. (Gatt. *Ammophila*) unter den G. jagen solche Schmetterlingsraupen u. Afterraupen v. Blattwespen, die nicht durch Behaarung gg. den Angriff geschützt sind; ein Weibchen baut nacheinander bis zu 10 Nester im lockeren Sandboden; jedes wird nur mit 1 Ei belegt u. zur Anpassung an die Umgebung wieder sorgfält. verschlossen; einige Arten dazu ein Steinchen in die Mandibeln nehmen u. den Sand festklopfen (Werkzeuggebrauch!); der Hinterleib sitzt an einem sehr langen Stielchen aus dem 2. Hinterleibssegment. Vorwiegend in den Tropen kommen die schön gefärbten Mörtel-G. (Gatt. *Sceliphron*) vor, die Spinnen jagen u. ihre Nester aus Lehm bauen. Die ca. 10 mitteleur. Arten der Knotenwespen (Gatt. *Cerceris*) fallen durch Einschnürungen an den Hinterleibssegmenten auf; sie jagen solitäre Bienen u. verschiedene Käferarten. Die Kreiselwespe (Wirbelwespe, *Bembix rostrata*) versorgt ihre Brut mehrmals mit erbeuteten Fliegen; dazu wird das Nest geöffnet u. wieder verschlossen. Die Heuschreckensandwespe *(Sphex maxillosus)* wird bis 25 mm groß u. jagt Larven v. Laubheuschrecken; die Nester mehrerer Individuen sind kolonieart. gehäuft angelegt. Das Nest der Kurzstielsandwespen (Gatt. *Podalonia*) bleibt während der Jagd offen u. wird erst nach dem Einbringen der Beute (Schmetterlingsraupen) erstmalig u. endgültig verschlossen. In Mitteleuropa weit verbreitet ist die Kotwespe *(Mellinus arvensis)*, die Fliegen jagt, die ihrerseits v. Exkrementen angelockt werden; die Beute wird mit dem Rüssel festgehalten. Viele unterschiedl. Arten der G. sind in der Gatt. *Crabro* vereint; der dt. Name Silbermundwespen rührt v. der silbr. Behaarung im Kopfbereich her. B Insekten II; B Zoogamie. G. L.

Gracilaria w [v. *gracil-], **1)** Gatt. der ↗ Gigartinales; **2)** Gatt. der ↗ Gracilariidae.

Gracilariidae [Mz.; v. *gracil-], mit den ↗ *Tineidae* verwandte Schmetterlings-Fam.; etwa 1000 Arten, bei uns mehr als 100; Falter klein bis sehr klein, Flügel schmal mit langen Fransen, Saugrüssel gut entwickelt, Fühler lang; Dämmerungsflieger, in Ruhe Vorderkörper stark aufgerichtet; Larven meist minierend, Altraupen mancher Arten rollen Blattrand zu „Tüten" zus., darin fressend. 2 U.-Fam.: Miniermotten *(Gracilariinae)* u. Blatt-Tütenmotten *(Lithocolletinae)*; bei letzteren Kopf oberseits rauh beschuppt, mit artenreicher Gatt. *Lithocolletis*. Beispiel: Die Fliedermotte *(Xanthospilapteryx [= Gracilaria] syringella)*, Nordamerika u. Europa, Falter spannt um 11 mm, Vorderflügel golden, schwarz u. weiß gefleckt, fliegt in 2–3 Generationen, Larven anfangs minierend, später in Blattwickeln an Flieder, Esche u. Liguster fressend; bei Massenauftreten schädlich.

Gracilia̲ria w [v. *gracil-], ↗ Neostyriaca.

Gracula w [v. lat. graculus = Dohle], der ↗ Beo.

Gradation w [v. lat. gradatio = Stufenfolge, Steigerung], die ↗ Massenvermehrung.

Gradient m [v. lat. gradiens = schreitend], ein Vektor, der durch seine Richtung u.

Länge (Betrag) das auf eine bestimmte Strecke bezogene Gefälle od. den Anstieg einer veränderl. skalaren Größe (z. B. Temp., Druck, Salzkonzentration) angibt. Sowohl in der Physiologie, Entwicklungsphysiologie u. Biochemie (↗ Dichtegradienten-Zentrifugation, ↗ Diffusion) als auch in der Ökologie (Umweltfaktoren) spielen G.en eine wichtige Rolle.

Gradologie w [v. lat. gradus = Stufe, gr. logos = Kunde], Wiss., die sich mit dem ↗ Massenwechsel tier. Populationen beschäftigt.

Gradozön s [v. lat. gradus = Stufe, gr. koinos = gemeinsam], Gesamtheit der den ↗ Massenwechsel einer Tierpopulation bestimmenden exogenen u. endogenen Faktoren.

Gradualismus [v. lat. gradus = Schritt], die herkömml. Vorstellung, daß im Rahmen der Mikro-↗ Evolution der Artwandel allmählich u. nicht sprunghaft abgelaufen ist. Ggs.: ↗ Punktualismus.

Graecopithecus m [v. lat. graecus = griechisch, gr. pithēkos = Affe], Unterkiefer eines ↗ Dryopithecinen aus dem griech. Obermiozän mit tief ausgekauten Backenzähnen; heute auf ↗ Sivapithecus bezogen.

Graffizoon s [ben. nach dem dt. Zoologen L. v. Graff, 1851–1924, v. gr. zōon = Lebewesen], Gatt. der Strudelwurm-Ord. *Polycladida*; bekannteste Art *G. lobatum*.

Grahamella w, Gatt. der *Bartonellaceae* (Rickettsien); weltweit verbreitete, intrazellulär parasitierende Bakterien, die in Erythrocyten verschiedener Vertebraten (z. B. Nagetiere), aber nur selten in Haustieren u. *nicht* im Menschen gefunden werden; verursachen vermutl. keine schwerwiegenden Schädigungen u. keine Krankheiten im Wirt. Übertragung durch verschiedene Flohharten u. a. Arthropoden, in denen sie symbiont. leben. Innerhalb der Erythrocyten sind sie stäbchenförmig (1–2 μm lang), kugelig, manchmal Y- oder V-förmig. G. besitzt einen normalen Zellaufbau mit einer Zellwand, ist unbegeißelt u. hat einen chemoorganotrophen Stoffwechsel. Die Artabgrenzung ist schwierig, so daß die Formen meist nach dem Wirtsorganismus unterschieden werden.

Grallinidae [Mz.; v. lat. grallae = Stelzen], die ↗ Schlammnestkrähen.

Gram, *Hans Christian Joachim,* dän. Pathologe, * 13. 9. 1853 Kopenhagen, † 14. 11. 1938 ebd.; seit 1891 Prof. ebd.; entwickelte 1884 eine Färbemethode (↗ *G.-Färbung),* um ↗ Bakterien in infiziertem menschl. Gewebe v. Zellkernen u. Zelleinschlüssen zu unterscheiden.

Gram-Färbung, wicht., von H. C. J. ↗ Gram entwickeltes Färbeverfahren zur Differenzierung v. Bakterien. *Grampositive* (=

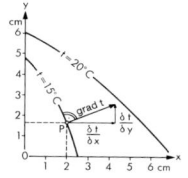

Gradient

Gradient (Kurzzeichen: grad) einer ebenen Temperaturverteilung t (x, y). Eingezeichnet sind 2 Niveaulinien, auf denen sich die Temperatur nicht ändert, und der Temperaturgradient grad t im Punkt P (x = 2; y = 1,7). Der Gradient steht senkrecht zu seiner Niveaulinie, seine Länge entspricht einem Temperaturgefälle von 2° C pro cm (Abstand der Niveaulinien bei P: 2,5 cm; zwischen ihnen Temperaturdifferenz von 5° C).

Gram-Färbung

Die G. ist ein wichtiges taxonom. Merkmal. Nach Gibbons u. Murray (1978) werden die Bakterien nach ihrer Zellwandzusammensetzung in 4 Gruppen (Divisionen) unterteilt:
I *Gracilicutes:* Zellwand mit Murein, starr u. *gramnegativ*
II *Firmacutes* (Firmicutes): Zellwand mit Murein, starr, dicker als (I) u. *grampositiv*
III *Mollicutes* (Tenericutes): keine starre oder halbfeste Zellwand
IV *Mendocutes* (Mendosicutes = Archaebakterien): starre Zellwand ohne Murein (gramnegativ od. grampositiv)

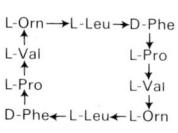

L-Orn → L-Leu → D-Phe
L-Val   L-Pro
L-Pro   L-Val
D-Phe ← L-Leu ← L-Orn
Gramicidin S

Gramicidine

Gramicidin S ist ein Antibiotikum, das während der Sporulation v. *Bacillus brevis* gebildet wird.

Gram-Färbung

Die fixierten Zellen werden mit basischem Kristallviolett angefärbt (2–3 Min.), dann mit Iod · Iodkali (I · KI) behandelt (1 Min). Es bildet sich mit diesem Farbstoff ein wasserunlösl. blauvioletter Farblack. Werden die Zellen kurz mit Alkohol gespült (1–3 Sek.), so geben die *gramnegativen* Zellen den Farbstoff-Iod-Komplex schnell ab, die *grampositiven* behalten ihn zurück. Die entfärbten gramnegativen Zellen werden mit Fuchsin nachgefärbt (rötlich).

---

gramfeste) Bakterien bleiben nach der Anfärbung mit bestimmten bas. Farbstoffen u. kurzem (1–3 Sek.) Spülen mit Alkohol violett gefärbt, *gramnegative* (= gramfreie) werden dagegen durch Alkohol entfärbt. I. d. R. ist das Färbeverhalten v. einem charakterist. Aufbau u. der Zusammensetzung der Zellwand abhängig: gramnegative Zellwände enthalten typischerweise einen dünnen ↗ Murein-Sacculus u. eine äußere Membran, grampositive eine dickere Zellwand mit einem mehrschicht. Mureinnetz u. Teichonsäure (↗ Bakterienzellwand, ☐). Die G. ist nicht immer eindeutig; so können Zellwände mit grampositivem Aufbau ein gramnegatives Färbeverhalten zeigen, od. die G. ändert sich mit dem physiolog. Zustand (z. B. Alter) der Bakterien (= *gramlabil, gramvariabel).* Der Farblack ist in od. am Protoplasten lokalisiert; die verschiedenen Zellwände verhindern in unterschiedl. Maße das alkohol. Auswaschen des Farblacks; sie selber od. Zellwandkomponenten werden nicht angefärbt. Auch Bakterien ohne Murein (Archaebakterien) od. Pilze können sowohl ein gramnegatives als auch ein grampositives Färbeverhalten zeigen; für die grampositive Reaktion scheinen hpts. die Dichte u. Dicke der Zellwand verantwortl.

gramfest ↗ Gram-Färbung. [zu sein.
gramfrei ↗ Gram-Färbung.

Gramicidine [Mz.; ben. nach H. C. J. ↗ Gram, v. lat. -cida = -töter], aus *Bacillus brevis* isolierte Peptidantibiotika, die aus D- und L-Aminosäuren aufgebaut sind u. gg. grampositive Bakterien wirken. *Gramicidin A, B, C (Gramicidin D = A + B + C):* offenkett. Pentapeptide (15 Aminosäuren), die sich in den Aminosäuren v. Position 1 und 11 unterscheiden; ihre Wirkung beruht auf der Zerstörung v. Protonengradienten (z. B. bei der oxidativen Phosphorylierung), indem sich zwei G.-Moleküle zu einem Dimeren mit helikaler Struktur zusammenlagern u. so einen Kanal durch die Membran bilden u. spezif. Kationen (Na^+ und K^+) hindurchschleusen können (Ionophorese). *Gramicidin S:* cycl. Dekapeptid, dessen Biosynthese ohne m-RNA od. Ribosomen stufenweise enzymat. erfolgt.

Gramin s [v. *gramin-], *Donaxin,* $C_{11}H_{14}N_2$, ein in Gräsern *(Gramineae),* u. a. in den

Graminales

Blättern des Span. Rohres, ↗ *Arundo (donax)*, u. in der Gerste enthaltenes Alkaloid mit antioxidativen Eigenschaften.

Graminales [Mz.; v. *gramin-], *Poales*, Ord. der Einkeimblättrigen Pflanzen mit der einzigen Fam. der ↗ Süßgräser *(Poaceae)*. [gräser.

Gramineae [Mz.; v. *gramin-], die ↗ Süß-

Gramineentyp *m* [v. *gramin-], Bez. für einen der vier Hauptbautypen u. Hauptfunktionsweisen der Schließzellen bzw. der Spaltöffnungsapparate der Landpflanzen. ↗ Spaltöffnungen.

gramlabil ↗ Gram-Färbung.

Grammaria *w* [v. gr. gramma = Schriftzeichen], Gatt. der ↗ Lafoeidae.

Grammicolepidae [Mz.; v. gr. gramma = Schriftzeichen, kōlēps = Kniekehle, Knöchel], Fam. der ↗ Petersfischartigen.

gramnegativ ↗ Gram-Färbung.

gramnegative anaerobe Kokken, Bakteriengruppe (P11, vgl. Tab.) mit einer Fam. *Veillonellaceae*. Kokkenförm. Bakterien unterschiedl. Größe (ca. 0,3–0,5 bis 2,5 μm), charakteristischerweise als Diplokokken auftretend, auch als Einzelzellen, in Klumpen od. (kurzen) Ketten. Das Färbeverhalten ist hpts. gramnegativ; es kommen aber auch gramvariable Stämme vor, die manchmal eine grampositive Reaktion aufweisen. Sie besitzen einen chemoorganotrophen Stoffwechsel; zur Anzucht sind meist komplexe Nährmedien notwendig. Die g.n a.n K. kommen mit anderen obligaten anaeroben Bakterien als Kommensalen u. Parasiten in warmblüt. Tieren u. dem Menschen vor. Es werden 4 Gatt. unterschieden: *Veillonella, Acidaminococcus, Megasphaera* u. *Gemmiger,* die hpts. nach Zellgröße u. Gärungsverhalten unterschieden werden. *V.* besiedelt in hoher Zahl den Mundraum (auch Speichel) u. den oberen Atmungstrakt; ihre Anzahl an der kultivierbaren Flora beträgt: im Speichel ca. 5–16%, im bakteriellen Zahnbelag bis 28%, am Zahnfleisch ca. 10%, auf der Zunge 8–15%. Alle Gatt. sind auch aus dem Darmtrakt zu isolieren (z.B. *A. fermentans, V. parvula, M. megasphaera, G. formicilis*). In einigen Fällen wurden diese Kokkenformen auch in der Vaginalflora nachgewiesen. *V.*- und *A.*-Arten sind auch in Gewebeinfektionen gefunden worden; inwieweit sie an den Entzündungen beteiligt sind, ist noch ungeklärt.

gramnegative Bakteriengruppen, g. B. in der Klassifizierung nach „Bergey's Manual of Determinative Bacteriology", 1974; [T] Gramnegative und grampositive Bakteriengruppen.

gramnegative Kokken und Kokkenbacillen, *Cocci und Coccibacilli,* [T] Gramnegative und grampositive Bakteriengruppen.

gramin- [v. lat. gramen, Gen. graminis = Gras; davon gramineus = Gras-].

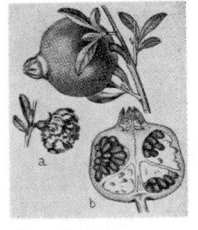

Granatapfel
Oben Fruchtzweig,
a Blütenzweig,
b Frucht (aufgeschnitten) des G.s
(Punica granatum)

Gramper, *Grampus griseus,* ↗ Delphine.

grampositiv ↗ Gram-Färbung.

grampositive Bakteriengruppen, g. B. in der Klassifizierung nach „Bergey's Manual of Determinative Bacteriology", 1974; [T] Gramnegative und grampositive Bakteriengruppen.

Grana [Mz.; Ez. *Granum;* lat., = Korn, Kern], lichtmikroskop. erkennbare, etwa 0,3–0,7 μm große, grün gefärbte Körnchen in den ↗ Chloroplasten v. Grünalgen, Moosen, Farnen u. Samenpflanzen. Im elektronenmikroskop. Bild erscheinen die G. als Thylakoidstapel. Die einzelnen G.-Stapel eines Chloroplasten sind durch Stromathylakoide miteinander verbunden ([B] Chloroplasten).

Granadille *w* [v. span. granada = Granatapfel], ↗ Passionsblumengewächse.

Granatapfel [v. lat. malum granatum = Granatapfel], *Punica granatum,* Art der Gatt. *Punica* (↗ G.gewächs). Die laubabwerfenden, krummäst. Sträucher od. kleinen Bäume mit einfachen, gegenständ., ganzrand. Blättern werden vom Balkan bis

---

Gramnegative und grampositive Bakteriengruppen

Bezeichnung der Gruppen (parts = P) in der Klassifizierung nach „Bergey's Manual of Determinative Bacteriology", 1974 ([T] Bakterien); Beispiele von Familien *(F)* und angegliederten Gattungen (letztere mit unsicherer Einordnung)
* Neue Einordnung der gramnegativen Bakterien in Sektionen (S) und neue Familien nach „Bergey's Manual of Systematic Bacteriology", Bd. 1, 1984

P7 (S4) *Gramnegative aerobe Stäbchen und Kokken*
 F I ↗ Pseudomonadaceae
 F II ↗ Azotobacteraceae
 F III ↗ Rhizobiaceae (Knöllchenbakterien)
 F IV ↗ Methylomonadaceae (*Methylococcaceae)
 F V Halobacteriaceae (↗ Halobakterien)
 F VI *Acetobacteraceae (↗ Essigsäurebakterien)
 F VII *Legionellaceae
 F VIII ↗ *Neisseriaceae
 ↗ Alcaligenes
 ↗ Bordetella
 ↗ Brucella
 ↗ Francisella
 ↗ Thermus

P8 (S5) *Gramnegative fakultativ anaerobe Stäbchen*
 F I ↗ Enterobacteriaceae
 F II ↗ Vibrionaceae
 F III ↗ *Pasteurellaceae
 ↗ Calymmatobacterium
 ↗ Cardiobacterium
 Chromobacterium
 ↗ Flavobacterium
 ↗ Streptobacillus
 ↗ Zymomonas

P9 *Gramnegative anaerobe Bakterien* (S6 *Anaerobe gramnegative gerade, gekrümmte oder helikale Stäbchen)
 F ↗ Bacteroidaceae

P10 *Gramnegative Kokken und Kokkenbacillen*
 (*neuerdings den gramnegativen aeroben Stäbchen und Kokken zugeordnet, P7/S4)
 F ↗ Neisseriaceae
 ↗ Lampropedia
 ↗ Paracoccus

P11 (S8) ↗ *Gramnegative anaerobe Kokken*
 F Veillonellaceae

P12 *Gramnegative chemolithotrophe Bakterien*
 a) Ammonium- oder Nitritoxidierer
  F Nitrobacteraceae (↗ nitrifizierende Bakterien)
 b) schwefelmetabolisierende Organismen
  (↗ schwefeloxidierende Bakterien)
 c) Organismen, die Eisen- oder Manganoxide ablagern
  F I ↗ Siderocapsaceae

P14 *Grampositive Kokken*
 a) aerob und/oder fakultativ anaerob
  F I ↗ Micrococcaceae
  F II ↗ Streptococcaceae
 b) anaerob
  F III ↗ Peptococcaceae

P16 *Grampositive, sporenlose stäbchenförmige Bakterien*
 F I ↗ Lactobacillaceae
 ↗ Caryophanon
 ↗ Erysipelothrix
 ↗ Listeria

zum Himalaya in vielen Sorten kultiviert. Blüten tiefrot od. weißbunt, einzeln stehend; ⁊Blütenformel: radiär, K 5–8, C 5–8, A∞, G($\overline{5+3}$). Die Fruchtblattwirtel stehen in 2 Stockwerken. Beerenfrüchte; Besonderheit: eine bleibende, harte Kelchröhre. Der G. stammt wohl aus dem W-Himalaya, Afghanistan u. südl. Mittelasien. Er wurde bereits 3000 v. Chr. im östl. Mittelmeergebiet kultiviert u. zählt zu den ältesten Kulturpflanzen. Verwendet wird die Frucht als Frischobst od. sie wird zur Saftgewinnung gepreßt. Aus den Blüten wird ein roter, aus den Fruchtschalen ein gelber Farbstoff für die Gerberei gewonnen. Die Rinde ist ein altes Mittel gg. Bandwürmer. Zierpflanze. B Mediterranregion III.

Granatapfelgewächse, *Punicaceae,* Fam. der Myrtenartigen mit der Gatt. *Punica* (Granatapfelbaum, Granatbaum), die aus den beiden Arten *P. protopenica* (Insel Sokotra) u. *P. granatum,* dem ⁊Granatapfel, besteht. Es gibt eine nahe Verwandtschaft zu den *Lythraceae* u. *Sonneratiaceae.*

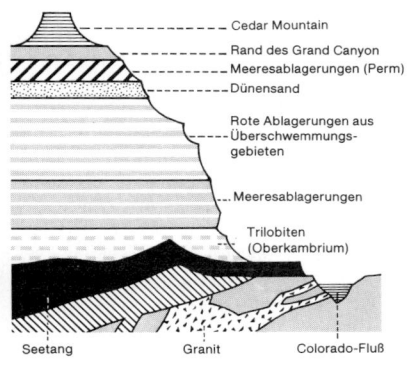

Grand Canyon *m* [gränd känjᵉn; v. span. grande = groß, caño = Schacht], *Grand Cañon, Gran Cañón,* 350 km lange, 6 bis 30 km breite Talschlucht des Colorado River, zw. der Mündung des Little Colorado u. dem Lake Mead; 1200 bis 1800 m tief in das Coloradoplateau eingeschnitten. Das dadurch aufgeschlossene geolog. Profil gehört zu den informativsten u. umfassendsten der Erde. Es reicht vom basal gefalteten präkambr. Grundgebirge über horizontal lagernde paläozoische Schichtfolgen bis zum Perm, diese meist aus gelbl. u. rötl. Sandsteinen. Der G. C. weist nur sehr spärl. Vegetation auf. Seit 1932 Nationalpark.

Grandry-Körperchen [ben. nach dem frz. Anatomen M. Grandry (grãdri), 19. Jh.], Rezeptoren des Tastsinns (⁊mechanische Sinne), deren freie Nervenendigungen v. Hüllzellen umgeben u. in Bindegewebskapseln eingeschlossen sind; bei Vögeln, bes. in den Schnabelhäuten v. Wasservögeln (⁊Entenvögel).

R. A. Granit

Grand Canyon
Geolog. Profil des Grand Canyon

Grantiidae
Wichtige Gattungen:
Anamixilla
Aphroceras
Eilhardia
Grantia
Grantiopsis
Leuconia
Sycodorus
Sycute
Scysissa

granul- [v. lat. granulum = Körnchen].

Granit, *Ragnar Arthur,* finn.-schwed. Neurophysiologe, *30. 10. 1900 Helsinki; Prof. in Helsinki u. Stockholm; bedeutende Arbeiten über die physiolog.-chem. Vorgänge in der Netzhaut (Retina, ⁊Dominator-Modulator-Theorie); erhielt 1967 zus. mit H. K. Hartline u. G. Wald den Nobelpreis für Medizin.

Granne, *Arista,* Bez. für die steife Borste, die auf dem Rücken od. an der Spitze der Deckspelzen im ⁊Ährchen (☐) vieler Grasarten ansetzt. Während die „Spelze" dem Unterblatt (⁊Blatt) entspricht, ist die G. homolog zur Blattspreite.

Grannenhaare ⁊Deckhaar.

Grantgazelle *w* [benannt nach dem schott. Forschungsreisenden J. A. Grant, 1827 bis 1892], *Gazella granti,* stattl. gebaute, in zahlr. U.-Arten in der ostafr. Savanne (B Afrika IV) vorkommende Gazelle; Schulterhöhe 80–90 cm; allg. Färbung gelbbraun, Flankenstreifen unauffällig. G.n bilden „Haremsrudel" aus 1 territorialen Bock u. 5–20 Weibchen; zur Trockenzeit wandern sie in Herden v. bis zu 200 Tieren (z. B. in der Serengeti); bevorzugte Nahrung: Kräuter, Blätter, Triebe. B Antilopen.

Grantiidae [Mz.; ben. nach dem engl. Zoologen R. E. Grant, 1793–1874], Fam. der ⁊Kalkschwämme, vom Sycon- bis Leucon-Typus. Bedeutendste Gatt. *Leuconia (= Leucandra),* bildet Krusten, Knollen od. strauchart. Stöcke. *L. nivea* überzieht als schneeweiße, meist nur 1 mm dicke Kruste von 1–2 cm ⌀ Steine; größere Überzüge kommen durch Verschmelzung v. mehreren, ggf. bis zu 50 Individuen zustande. *L. aspersa* bildet weißl. bis bräunl. flaschenförm. Individuen v. über 7 cm Länge. Bekannteste Art der namengebenden Gatt. *Grantia* ist *G. compressa.*

Granula [Mz.; Ez. *Granulum;* lat., = Körnchen], Bez. für körnchenart., im Cytoplasma vorhandene Strukturen, meist Speicherstoffe, z.B. Glykogen- oder Lipid-G.

Granulaptychus *m* [v. *granul-, gr. ptyx, Gen. ptychos = Falte], (Trauth 1927), dünnschal. ⁊Aptychus v. Perisphincten (Ammoniten), dessen Außenseite mit konzentr. Reihen v. Körnchen bedeckt ist; Innenseite mit einfachen Anwachslinien; Dogger bis Unterkreide.

Granulationsgewebe [v. *granul-], charakterist. junges ⁊Bindegewebe v. körn. Aussehen (Name), das bei der Wundheilung die Bildung eines differenzierten Narbengewebes vorbereitet; besteht aus amöboiden ⁊Fibroblasten („Granulationszellen"), die die Wundfläche überwuchern u., zw. diesen eingeschlossen, zahlr. Lymphocyten sowie aktiven u. abgestorbenen Leukocyten (⁊Granulocyten, ⁊Phagocyten).

Granulocyten

Granulocyten [Mz.; v. *granul-, gr. kytos = Höhlung (heute: Zelle)], *polymorphkernige Leukocyten,* granulierte weiße Blutkörperchen (↗Leukocyten), die im Knochenmark gebildet werden (↗Blutbildung) u. einen wichtigen Teil der Infektabwehr darstellen. Aufgabe der G. ist die *Phagocytose* v. Fremdkörpern, Bakterien usw. (↗Entzündung). Der tägl. G.-Umsatz beträgt 1,63 Mrd. Zellen, die unreife Reserve 8,2 Mrd. Zellen pro kg Körpergewicht. Nur ca. 1/30 der G.masse zirkuliert im Blut; die gleiche Menge liegt im Gewebe perikapillär. Bei ↗Infektionen werden die G. mobilisiert, wobei auch unreife G. ausgeschwemmt werden können (Leukocytose, Linksverschiebung). Neben den *neutrophilen G.,* welche die Hauptlast der zellulären Abwehr tragen u. die ca. 50–60% der gesamten Leukocyten ausmachen, gibt es noch die sog. *eosinophilen G.,* die bis ca. 5% der Leukocyten betragen u. im Rahmen v. Allergien u. Parasitenbefall vermehrt auftreten (↗Eosinophilie), u. die *basophilen G.,* die normalerweise nur um 1–2% nachweisbar, aber z. B. bei chron. myeloischer Leukämie v. diagnost. Bedeutung sind. Bei Fehlen v. G. kommt es zur ↗Agranulocytose. ☐ Blutbildung, ☐ Blutzellen.

Granulom *s* [v. *granul-], umschriebene Wucherung v. ↗Granulationsgewebe, z. B. durch Infektionserreger hervorgerufen; parasitolog.: Zellansammlung um Parasiten, z. B. Ei-G. in der Blasenwand eines Menschen um Eier des Erregers der Blasenbilharziose, *Schistosoma haematobium.*

Granulosaepithel *s* [v. *granul-, gr. epi- = auf, thēlē = Brustwarze], Follikel-↗Epithel des Säuger-Eies im Entwicklungszustand des Graafschen ↗Follikels. ↗Oogenese.

Grapefruit *w* [grei'pfru:t; engl., = Pampelmuse], *Citrus paradisi,* ↗Citrus.

Graphidaceae [Mz.; v. *graphi-], Flechtenpilzfam. der *Graphidales,* mit ca. 1000 Arten in 14 Gatt. (in Mitteleuropa 10 Arten in 4 Gatt.), z. B. *Graphina, Graphis* (↗Schriftflechte); Krustenflechten mit längl. bis verzweigten Fruchtkörpern (Lirellen) mit verkohltem Gehäuse u. farblosen bis braunen, querseptierten bis mauerförm. Sporen mit linsenförm. Zellen. Die Fruchtkörper erinnern oft an Schriftzeichen.

Graphidales [Mz.; v. *graphi-], Ord. lichenisierter Pilze *(Ascomycetes),* mit den weitgehend künstl. begrenzten Fam. *Graphidaceae* u. *Thelotremataceae,* die beide auch zu den *Ostropales* gestellt werden. Krustenflechten mit Grünalgen (v. a. *Trentepohlia),* bes. Rindenbewohner der Tropen. [phidaceae.

Graphina *w* [v. *graphi-], Gatt. der ↗Gra-
Graphiola *w* [v. lat. graphiolum = kleiner

granul- [v. lat. granulum = Körnchen].

graphi- [v. gr. graphē = Schrift bzw. graphis, Gen. graphidos = Griffel; auch lat. graphium = Griffel].

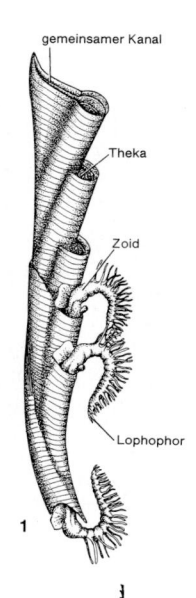

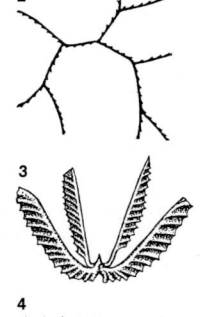

gemeinsamer Kanal

Theka

Zoid

Lophophor

1

2

3

4

Graptolithen

1 Bau eines G. (stark vergrößert); **2** *Clonograptus* (unteres Ordovizium); **3** *Tetragraptus* (unteres Ordovizium, weltweit); **4** *Monograptus* (Silur)

Griffel], Gatt. der Brandpilze, deren Vertreter direkt aus Sporidien keimen u. kein Promycel ausbilden; kommen nur auf Palmen vor, z. B. *G. phoenicis* auf Dattelpalmen.

Graphis *w* [v. *graphi-], Gatt. der ↗Graphidaceae, ↗Schriftflechte.

Graphium *s* [lat., = Griffel], Gatt. der *Moniliales;* ↗Ulmensterben.

Graphoglypten [Mz.; v. *graphi-, gr. glyptos = eingekerbt], (Fuchs 1895), reliefart. Spurenfossilien auf der Unterseite meist sand. Flyschsedimente, z. B. *Paleodictyon, Paleomeandron.*

Graphosoma *s* [v. *graphi-, gr. sōma = Körper], Gatt. der ↗Schildwanzen.

Graptolithen [Mz.; v. *grapt-, gr. lithos = Stein], *Graptolithina* (Bronn 1846), Klasse kleiner, koloniebildender Meeresorganismen mit weiter Verbreitung im fr. Paläozoikum, † im Karbon. Da keine rezenten Abkömmlinge existieren, war ihre systemat. Stellung stets umstritten, verwandtschaftl. Beziehungen zu den *Pterobranchia* gelten heute als gesichert. Die sessilen, mit einer wurzelart. Basis am Meeresboden befestigten dendroiden G. kommen vom mittleren Kambrium bis ins Karbon vor. Das Erscheinungsbild der Kolonien reicht v. strauchart. *(Ptilograptus, Dendrograptus)* bis zu konischen Formen *(Callograptus).* Die Äste (Stiele) enthalten paar. Reihen v. Autotheken u. Bitheken (vermutl. die weibl. u. männl. Zoide); bei einigen Gatt. (z. B. *Dictyonema)* bestehen fadenart. Verbindungen zw. benachbarten Ästchen. Die Kolonie wächst aus einem Stolon, eingeschlossen in eine einheitl. sklerotisierte Röhre (Stolotheka), das die Theken umgebende Rindengewebe bildet die äußere Wand der Ästchen. Im Ggs. zu den *Dendroidea* lebten die „echten" G. *(Graptoloidea)* offensichtl. planktonisch. V. der Spitze der nach unten zeigenden Anfangskammer (Sicula) geht ein Achsenfaden aus, an dem die Kolonie befestigt ist; einige Formen entwickeln auch Schwebeorgane. *Graptoloidea*-Kolonien bestehen nur aus Autotheken u. scheinen keinen Stolon besessen zu haben. Das Wachstum geht bei den *Dendroidea* wie den *Graptoloidea* v. der konischen Anfangskammer aus. Die *Graptoloidea* erscheinen als in Anpassung an eine pelag. Umwelt vereinfachte Formen der dendroiden G.; auch frühe, stark verzweigte Gatt., wie *Clonograptus, Anisograptus* u. *Bryograptus,* weisen offensichtl. auf eine nahe Verwandtschaft mit der zeitgleichen *Dictyonema* hin. *Tetragraptus* aus dem unteren Ordovizium besitzt vier Äste, *Didymograptus* nur zwei. Weitere Reduktion führt im unteren Silurium zu den einäst. Monograptiden *(Monograptus),* eine Gruppe, die im fr. Devon ausstirbt. Wegen ihrer raschen Entwicklung u. weiten geogr. Verbreitung sind die *Graptoloidea* im Ordovizium u. Silurium häufig benutzte ⇗Leitfossilien. Sie finden sich als häufigste Fossilien in dunklen Schiefertonen („Schwarzschiefern"), in denen benthische (bodenlebende) Formen selten auftreten. Dieser Sedimenttyp wird abgelagert, wenn in Bodennähe nur eine geringe Wasserzirkulation auftritt. Infolge Sauerstoffarmut herrschen daher ungünst. Lebensbedingungen, so daß Tierreste nur langsam zersetzt werden.

Graptoloidea [Mz.; v. *grapt-], (Lapworth 1875), † Ord. der ⇗Graptolithen mit plankt. od. epiplankt. Repräsentanten; Rhabdosome gewöhnl. aus wenigen uni-, bi- od. (selten) quadriserialen Stämmchen mit nur einer Art v. Theken (Autotheka). G. sind die wichtigsten Leitfossilien des Ordoviziums u. Siluriums; Vorkommen bis ins höhere Unterdevon.

Grasähre ⇗Ährchen (☐); B Blüte.
Grasblüte, die stark vereinfachte, an Windblütigkeit angepaßte, meist zwittrige ⇗Blüte der ⇗Süßgräser *(Poaceae)*. Sie ist zu mehreren in ⇗Ährchen zusammengefaßt u. stellt gleichsam das Endglied in der zur Windblütigkeit führenden Entwicklungsreihe innerhalb der ⇗*Commelinidae* dar. Ihr Grundbauplan, dargestellt im Blütendiagramm, läßt sich durch Wegfall einzelner Glieder aus dem Blütengrundbauplan der Einkeimblättrigen Pflanzen *(Monocotyledonae)* ableiten, wie Zwischenformen innerhalb der *Commelinidae* belegen. Weiterhin zeigt sich die Vereinfachung zur Windblütigkeit in der Verkleinerung u. in der Umwandlung der Vor-, Trag- u. Perigonblätter zu trockenhäutigen Spelzen. B Blüte.

Grasböcke, Arten der Gatt. *Dorcadion* der Fam. ⇗Bockkäfer, ⇗Erdböcke.
Gräser, 1) *Poaceae*, die ⇗Süßgräser. 2) *Cyperaceae*, die ⇗Sauergräser.
Graseule, *Scotia exclamationis*, ⇗Eulenfalter ([T]).
Grasfliegen, *Opomyzidae*, Fam. der Fliegen mit in Europa ca. 25 Arten; klein u. unscheinbar; Larven fressen in Gräsern, zuweilen auch in Getreide.
Grasfluren, *Grasland*, geschlossene, v. Gräsern beherrschte Vegetationsdecke. Im Ggs. zum *Grünland* umfassen die G. nicht die Röhrichte, Niedermoore u. Großseggenriede. Neben den Wiesen der gemäßigten Zonen unterscheidet man gewöhnl. ⇗Savannen, ⇗Prärien u. ⇗Steppen.
Grasfrosch, *Rana temporaria*, ⇗Braunfrösche.
Graslilie, *Anthericum*, Gatt. der Liliengewächse mit ca. 100 Arten hpts. in Afrika. Die in Europa vorkommenden Arten, die

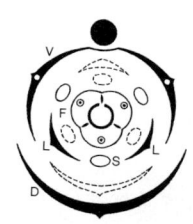

grapt- [v. gr. graptos = geschrieben].

Grasblüte
Blütendiagramm der typischen Grasblüte
Die vom Blütengrundbauplan der Einkeimblättrigen Pflanzen weggefallenen Blütenteile sind gestrichelt gezeichnet. D Deckspelze (Tragblatt), F pseudomonomerer Fruchtknoten mit 1 Samenanlage, L Lodiculae (innerer Perigonkreis), S Staubblatt, V Vorspelze (äußerer Perigonkreis)

Grasmücken
Gruppen (mit typischen Gattungen):
Cistensänger *(Cisticola)*
⇗Goldhähnchen *(Regulus)*
Grasmücken i. e. S. *(Sylvia)*
⇗Laubsänger *(Phylloscopus)*
⇗Prinien *(Prinia)*
⇗Rohrsänger *(Acrocephalus)*
⇗Schwirle *(Locustella)*
⇗Spötter *(Hippolais)*

Gartengrasmücke *(Sylvia borin)*

Astlose G. *(A. liliago)* u. die Ästige G. *(A. ramosum)*, wachsen auf Trockenrasen u. in Gebüsch- u. Waldsäumen *(Geranion sanguinei)*. Der Blütenstand der Astlosen G. ist eine einfache Traube, während die Ästige G. eine Rispe aus einer Hauptachse mit seitenständ. Trauben besitzt. Die Ästige G. ist in Kalkgebieten häufiger.
Grasmilbe, die ⇗Erntemilbe.
Grasminiermotten, *Elachistidae*, Schmetterlings-Fam. mit über 60 einheim. Vertretern; Falter klein (Spannweite bis 10 mm), dämmerungsaktiv, Vorderflügel oft dunkel mit weißl. od. silbr. Zeichnung, Rüssel mehr od. weniger reduziert; Larven minieren in Gräsern, Verpuppung außerhalb der Wirtspflanze. Die meisten Arten gehören der Gatt. *Elachista* an.
Grasmücken, *Sylviidae*, etwa 400 Arten umfassende Familie insektenfressender Singvögel mit schlankem Schnabel; meist unscheinbar graubraun gefärbt, Geschlechter gleich od. wenig verschieden; weltweit verbreitet mit Schwerpunkt in der Alten Welt; meist Zugvögel. Hierzu gehören eine Reihe ökolog. u. morpholog. verschiedener Gruppen (vgl. Tab.). Die G. i. e. S. (Gatt. *Sylvia*) bewohnen buschreiches Gelände, wo sie neben Insekten auch Beerennahrung aufnehmen u. ihr Nest mit 4–6 auf grünl.-weißem Grund gefleckten Eiern in Büschen anlegen, oft nicht weit v. Boden entfernt. Sehr stimmbegabte Sänger mit ausgeprägtem Territorialverhalten. Als Zugvögel legen sie teilweise sehr weite Strecken zurück, z. B. 9000 km v. Mitteleuropa bis nach S-Afrika. Nördl. Populationen derselben Art besitzen spitzere Flügel u. ziehen weiter als südl. Populationen, die teilweise sogar im Brutgebiet überwintern. Die Anlage v. ⇗Depotfett u. die experimentell an gekäfigten Vögeln quantifizierbare „Zugunruhe" lassen klare Beziehungen zum Zugverhalten erkennen. Die period. Wiederkehr v. Zugaktivität wird v. einer circannualen Rhythmik (⇗Chronobiologie) gesteuert. Hierbei ist nicht nur das zeitl. Auftreten der Zugunruhe, sondern auch die Zugentfernung genet. fixiert, wie Kreuzungsversuche mit Vögeln aus skand. u. südeur. Populationen zeigten. Von den 19 hpts. in Europa, N-Afrika u. Vorderasien verbreiteten Arten brüten 5 in Dtl.; sie leben relativ versteckt u. sind am Gesang recht gut unterscheidbar. Am häufigsten ist die 14 cm große Mönchs-G. *(S. atricapilla)*, beim Männchen schwarze, beim Weibchen braune Kopfplatte, der zweiteil. Gesang besteht aus einer leisen Vorstrophe u. einem lauten, melodiösen Hauptteil; bewohnt buschreiche Wälder u. Gärten; ebenso die gleichgroße einfarb. braungraue Garten-G. *(S. borin)*, die einen voll-

Grasnadel

tönenden, „orgelnden" Gesang besitzt. Die etwas kleinere Zaun- od. Klapper-G. *(S. curruca)* ist durch dunkle Kopfseiten gekennzeichnet, ihr Gesang ist ein leises Zwitschern u. ein lautes schnelles Klappern. Unter dem Rückgang v. Hecken in der offenen Feldlandschaft hat lokal die Dorn-G. *(S. communis)* zu leiden; ihr rauher Gesang wird häuf. in einem tänzelnden Singflug vorgetragen. Mit 15 cm die größte Art ist die unterseits quergestrichelte Sperber-G. *(S. nisoria),* die in geringer Anzahl Dickichte u. Waldränder in N- u. SO-Dtl. an der W-Grenze ihres Verbreitungsgebiets bewohnt (nach der ↗ Roten Liste „vom Aussterben bedroht"). Ein im Mittelmeerraum häuf. Bewohner der Zwergbuschsteppe ist die Samtkopf-G. *(S. melanocephala),* die einen roten Augenring am schwarzen Kopf aufweist; ihr Gesang enthält schnarrende Laute. In trockenem u. feuchtem Grasland des Mittelmeergebiets kommt der mehr rohrsängerart. 10 cm große Cistensänger *(Cisticola juncidis)* vor, der im Singflug andauernd „dsip ... dsip ... dsip" ruft. M. N.

Grasnadel, *Siphonostoma typhle,* ↗ Seenadeln.

Grasnarbe, die Pflanzendecke des Dauergrünlands, die aus einem Gemisch verschiedener Gräser, Kleearten u. Kräuter besteht, wobei sich je nach Standort u. Nutzungsweise das Verhältnis der Arten verändert; bei Wiesen herrschen Obergräser, bei Weiden Untergräser vor, ein Kleeanteil bis zu 20% ist jeweils erwünscht.

Grasnattern, *Opheodrys,* Gatt. der Nattern mit 3 Arten in den USA bzw. Mexiko; schlank, Körperfärbung leuchtend grün, v. a. in Feuchtgebieten im Gras od. auf niedrigen Bäumen lebend. Die Glatte G. (*O. vernalis;* Gesamtlänge bis 60 cm) bewohnt die USA, das Verbreitungsgebiet der Rauhen G. (*O. aestivus;* Gesamtlänge bis 1 m) reicht bis zum nördl. Mexiko, während *O. mayae* in S-Mexiko lebt. G. ernähren sich v. a. v. Insekten u. Spinnen.

Grasnelke, *Armeria,* Gatt. der Bleiwurzgewächse, mit etwa 50 Arten v. a. an den Küsten der N-Halbkugel verbreitet. Aus einer Rosette lineal. Blätter entspringen die köpfchenförm. Blütenstände tragenden Blütenstengel. Die heim. G.n besiedeln v. Natur aus waldfreie, oft sand. Standorte, z. B. Trockenrasen, Salzwiesen; Felsbandges., aber auch Schwermetallrasen sind die entspr. Ges. Bes. wichtig ist die nach der ↗ Roten Liste „gefährdete" Strand-G. *(A. maritima,* B Europa I), die bei uns in vielen Kleinarten an diesen verschiedenen Stellen wächst.

Grasnelken-Gesellschaft, *Armerion maritimae,* Verb. der ↗ Asteretea tripolii.

Grasschnecken
Mitteleuropäische Gattungen:
↗ *Acanthinula*
Planogyra
↗ *Spermodea*
Vallonia
↗ *Zoogenetes*

Gerippte Grasschnecke
(Vallonia costata)

Grasschnecken, *Valloniidae,* kosmopolit. Fam. der Landlungenschnecken mit scheiben- bis eikegelförm. Gehäuse unter 10 mm Höhe; die ☿ Tiere sind eierlegend od. lebendgebärend (ovovivipar). Die Gerippten G. *(Vallonia costata),* mit scheibenförm. Gehäuse von 2,7 mm ⌀, leben in Mitteleuropa an trockenen, kalkreichen Standorten in Rasen u. Geröll, während die Glatten G. *(V. pulchella)* feuchtere Habitate bevorzugen.

Grassi, *Giovanni Battista,* it. Zoologe, * 27. 5. 1854 Rovellasca (Prov. Como), † 10. 5. 1925 Rom; Prof. in Catania und seit 1895 Rom; Parasitenforscher, stellte als Malariaüberträger die Anophelesmücke fest u. führte die Chininprophylaxe in gefährdeten Malariagegenden ein; Forschungen über Aalwanderungen.

Grassteppe ↗ Steppe.

Grastetanie *w* [v. gr. tetanos = Spannung], *Weidetetanie,* bei Kühen auftretende Stoffwechselstörung (Verminderung des Ca- u. Mg-Gehalts im Blut), hervorgerufen durch Umstellung v. Stall- auf Weidefütterung od. durch üppige Grasfütterung; tetanoide Krämpfe, Gleichgewichtsstörungen, starke Erregbarkeit. [zen.

Graswanze, *Miris dolobratus,* ↗ Weichwan-

Graswirtschaft, landw. Betriebsform der mittleren Höhenlagen der Gebirge u. der Gegenden mit intensivem Obstbau, bei der mehr als die Hälfte der Nutzfläche aus Wiesen bestehen.

Gräten, *Fleisch-G.,* direkte Bindegewebsverknöcherungen ohne knorpel. Vorstadium; Vorkommen bei *Actinopterygii* (Strahlflosser). G. entstehen in transversalen Bindegewebssepten der Rumpfmuskulatur (Myocommata) oberhalb, unterhalb od. in Höhe der horizontalen Myoseptums. Sie können wie die ↗ Rippen die Wirbelsäule erreichen. Ob G. und Rippen scharf zu trennen sind, ist unklar.

Grätenfische, *Albulidae,* Fam. der Tarpunähnl. Fische mit 2 Gatt.; trop., bis 90 cm lange Meeresfische mit unterständ. Maul, zahlr. kleinen Gräten u. aallarvenähnl. Weidenblattlarven, die sich bei einer Größe von ca. 7 cm in nur 2,8 cm lange Jungfische mit G.-Form umwandeln. Hierzu gehört der bis 90 cm lange, bei Sportanglern geschätzte, küstenbewohnende G. od. Ladyfisch *(Albula vulpes,* B Fische VI). Eine verwandte Fam. sind die Großflossen-G. *(Pterothrissidae)* mit 2 Arten an den Küsten v. W-Afrika u. Japan.

Gratiola *w* [spätlat., = Huld, Gnade], das ↗ Gnadenkraut. [der ↗ Meerbrassen.

Graubarsch, *Pagellus centrodontus,* Art

Grauerde, *Sierozem, Serosem, Serosjom, Grauer Steppenboden,* Boden der russ. Steppen u. der Halbwüsten der westl. USA mit A_h-C-Profil; Oberboden humusarm, meist kalkhaltig u. flachgründig.

grauer Halbmond, im Amphibienei ein schwach pigmentiertes, halbmondförm. Areal, das schon vor der Besamung vorhanden ist od. sich nach der Besamung durch Plasmaumlagerungen auf der der Spermieneintrittsstelle entgegengesetzten Eiseite bildet. Mit dem Entstehen des g. H.s sind Medianebene u. dorsoventrale Polarität im Keim festgelegt; die Furchungszellen aus dem Bereich des g. H.s gelangen bei der Gastrulation als Chordamesoderm ins Urdarmdach (⇗ Induktion).

Grauerlen-Auewald ⇗ Alnetum incanae.

Grauer Waldboden, *Dunkelgrauer Waldboden,* ⇗ Brunizem; ⇗ Bodenhorizonte, ⇗ Bodentypen.

graue Substanz, *Substantia grisea,* im ⇗ Gehirn (B) u. Zentral-⇗ Nervensystem (B) der Wirbeltiere gelegene Ansammlungen v. marklosen Nervenzellen, die nach opt. Kriterien v. der sog. *weißen Substanz,* bestehend aus den markhalt. Fortsätzen der Nervenzellen, unterschieden wird.

Graufäulen, *Grauschimmelfäulen,* Pflanzenkrankheiten, die durch den Grauschimmel *(Botrytis cinerea)* verursacht werden. ⇗ Botrytis.

Graufüchse, *Urocyon,* mit den echten Füchsen nicht näher verwandte Gatt. nordam. Wildhunde; Kopfrumpflänge 50–70 cm, Schwanzlänge 28–40 cm; Rückenfärbung grau. 2 Arten: Auf den Inseln vor S-Kalifornien lebt der Insel-Graufuchs *(U. littoralis);* von S-Kanada durch die westl. USA bis S-Amerika kommt der Festland-Graufuchs (*U. cinereoargenteus,* B Nordamerika VII) vor. G. sind scheue Nachttiere; sie graben keine Baue. Da G. imstande sind, Bäume zu erklettern, heißen sie auch „Baumfüchse".

Graugans, *Anser anser,* einzige in Dtl. brütende Wildgansart, gut 80 cm groß, Verbreitungsgebiet erstreckt sich v. Mittel- u. N-Europa nach Mittelasien ostwärts bis zum Amur; westl. Rasse mit orangegelbem, östl. mit rötl. fleischfarbenem Schnabel, heller Flügelvorderrand; Brutplätze an größeren stehenden Gewässern mit ausgedehnten Verlandungszonen u. im Mündungsgebiet v. Flüssen; die eur. Graugänse überwintern v. a. im westl. Mittelmeerraum. Die G. führt eine lebenslange Einehe, 4–9 Eier werden 28–30 Tage lang v. Weibchen bebrütet, die Jungen v. beiden Eltern geführt, bleiben bis zur nächsten Brutperiode im Fam.-Verband zus. Die Geschlechtsreife ist im 3. Lebensjahr erreicht, an beringten Wildvögeln wurde ein Höchstalter v. 14 Jahren festgestellt, an Parkvögeln sogar v. 25 Jahren. – Das Verhaltensinventar v. Graugänsen wurde insbes. durch die eingehenden Untersuchungen v. O. ⇗ Heinroth u. K. ⇗ Lorenz bekannt u. hatte nachhalt. Einfluß auf das allg. Verständnis der Ethologie v. Vögeln. ☐ Gänse, B Europa I, B Motivationsanalyse.

Grauhai, *Carcharhinus obscurus,* ⇗ Braunhaie.

Grauhaie, 1) die ⇗ Blauhaie. **2)** *Hexanchidae,* Fam. der U.-Ord. Kammzähnerhaie mit wenigen Arten; primitive, weltweit verbreitete Haie mit 6 od. 7 Kiemenspalten, großen Unterkieferzähnen, die eine sägeblattart. Oberkante haben, u. nur einer, weit hinten sitzenden Rückenflosse. Die häufigste Art ist der 4–7 m lange, dunkelgraue bis braune Grauhai od. Sechskiemer *(Hexanchus griseus),* der bis in 1500 m Tiefe angetroffen wird. Der Siebenkiemer *(Heptranchias perlo)* wird nur 2 m lang u. kommt u. a. im Mittelmeer vor. Alle G. sind lebendgebärend; Angriffe auf Menschen sind nicht bekannt.

Grauhörnchen, *Sciurus carolinensis,* urspr. nur in der östl. Hälfte der USA beheimatetes Baumhörnchen; etwas größer u. kräftiger als unser einheim. ⇗ Eichhörnchen. 1889 wurden 350 G. in England ausgesetzt; heute leben in Großbritannien über 1,5 Mill. G., verdrängen dort die Eichhörnchen u. fügen der Forstwirtschaft beträchtl. Schaden zu. Auch in S-Afrika haben sich die um die Jh.-Wende ausgesetzten G. ausgebreitet u. plündern heute die Obstgärten der Farmer.

Graukappe, *Leccinum scabrum,* ⇗ Rauhfußröhrlinge.

Graukatze, *Gobikatze, Felis bieti,* eine der Wildkatze *(F. silvestris)* nahe verwandte Kleinkatze v. graugelber Grundfarbe mit seitl. blassen Querstreifen; Kopfrumpflänge 70–85 cm, Schwanzlänge 30–35 cm; bewohnt Buschgelände u. lichte Wälder in China. [linge.

Graukopf, *Clitocybe nebularis,* ⇗ Trichter-

Graulehm, aus Silicatgestein unter Staunässeeinfluß entstandener Boden der Tropen; ist wegen des hohen Anteils an Zweischicht-Tonmineralen (Kaolinit) plast. (Plastosol), dichtgelagert u. weiß bis grau gefärbt.

Graureiher, *Fischreiher, Ardea cinerea,* ca. 90 cm großer grauer Reiher Eurasiens mit weißem Kopf u. Hals u. schwarzen Haubenfedern, legt im Flug den Hals im Bogen zurück; Vorkommen an Gewässern mit seichter Uferzone u. auf feuchten Wiesen, watet schleichend auf der Jagd nach Fischen, Amphibien, Reptilien, Mäusen, auch vielen Insekten u. a. Nistet kolonieweise in Horsten auf hohen Bäumen, manchmal auch weitab v. Jagdgebiet; 4–6 blaugrüne Eier, aus denen nach einer Brutdauer v. 3–4 Wochen die Jungen schlüp-

Graugans

Die G. ist die Stammform der *Hausgans.* Die Hausgans wird in Europa schon seit dem Altertum gehalten. Wegen veränderter landwirtschaftl. Betriebsverhältnisse geht die Anzahl der Hausgänse in Dtl. ständig zurück; genutzt werden die Eier (jährl. bis 50 Eier zu 200 g), das Fleisch (meist 4–5 kg schwere Mastgänse) u. die Federn (bis 150 g Daunen u. 300 g Deckfedern pro Jahr); die Schwungfedern wurden fr. als Schreibfedern verwendet. Bekannte Hausgans-Rassen sind Diepholzer, Emdener, Toulouser Gans.

Graureiher (Ardea cinerea)

Grauschimmel
fen, die nach 8–9 Wochen gut flugfähig das Nest verlassen. Nach der ↗ Roten Liste „potentiell gefährdet" und unter Schutz gestellt. ⒷEuropa VII, ☐ Flugbild.
Grauschimmel ↗ Botrytis.
Grauschnäpper, *Muscicapa striata,* ↗ Fliegenschnäpper.
Grauwale, *Eschrichtiidae,* Fam. der Bartenwale mit nur 1 Art, dem Grauwal *(Eschrichtius gibbosus);* Gesamtlänge bis 15 m, jederseits ca. 150 Barten, nur 2–4 Kehlfurchen (↗ Furchenwale), keine Rückenfinne. Heimat des Grauwals ist der Nordpazifik; die Wintermonate verbringen die G. nahe der kaliforn. Küste u. in den Gewässern um S-Korea. Intensiver Fang vor der am. W-Küste im letzten Jh. rottete den Grauwal beinahe aus. Das weltweite Fangverbot (ab 1937) ließ den Bestand der am. G. wieder anwachsen; ungewiß ist das Schicksal der asiat. Grauwale.
Grauweiden-Gebüsche, *Salicion cinereae,* Verb. der ↗ Alnetea glutinosae, *Salicion eleagni,* Verb. der ↗ Salicetea purpureae.
Gravesia *w* [ben. nach dem engl. Pflanzensammler C. L. Graves], Gatt. der ↗ Melastomataceae. [↗ Schwangerschaft.
Gravidität *w* [v. lat. graviditas =],die
Gravirezeptoren [Mz.; v. lat. gravis = schwer, receptor = Aufnehmer], *Schwererezeptoren,* ↗ Gleichgewichtsorgane.
Gravitropismus *m* [v. lat. gravis = schwer, gr. tropos = Wendung], der ↗ Geotropismus; ↗ Tropismus.
Gray *s* [grei; ben. nach dem brit. Physiker L. H. Gray, 1905–65], Kurzzeichen Gy, Einheit für die Energiedosis (↗ Strahlendosis); Gray = Joule/kg; 1 Gy = 100 rd (↗ Rad).
Gray [grei], *Asa,* am. Botaniker, * 18. 11. 1810 Paris (Oneida County, N. Y.), † 30. 1. 1888 Cambridge (Mass.); seit 1842 Prof. an der Harvard Univ. u. Dir. des Bot. Gartens; korrespondierte mit C. ↗ Darwin u. war der wichtigste Vertreter seiner Lehren in Amerika.
Grazilisation *w* [v. lat. gracilis = schlank, schmal], *Grazilisierung,* Trend v. plumpen zu grazileren Formen des menschl. Skeletts in prähistor. Zeiten (z. B. Jungsteinzeit).
Greenpeace [engl., v. green = grün, peace = Frieden], 1971 in Vancouver (Kanada) gegr. int. Organisation zum Schutz der Umwelt; bekannt geworden durch zahlr. Protestaktionen ihrer Mitglieder.
Gregarina *w* [v. *gregar-], Gatt. der *Sporozoa;* parasit. Einzeller, die im Darmlumen v. Insekten leben; gehören zur Fam. *Polycystidae.* Bekannte Arten sind *G. polymorpha, G. steini* u. *G. cuneata* im Darm der Mehlkäferlarve (Mehlwurm).
Gregarinida [Mz.; v. *gregar-], *Gregarinen,* Ord. der *Sporozoa,* Einzeller, die häu-

gregar- [v. lat. gregarius = Herden- (v. grex, Gen. gregis = Herde)].

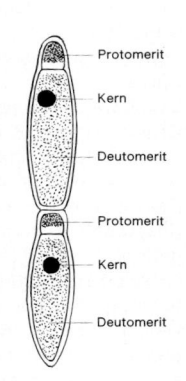

Gregarina
Zwei Gamonten der Gatt. *Gregarina* bilden vor der Gamontogamie eine Kette (Syzygie). Jedes Individuum ist gegliedert, wie es für Vertreter der ↗ *Polycystidae* typ. ist.

fige Parasiten v. Anneliden u. Arthropoden sind, wenige Arten in anderen Metazoen. Charakterist. ist Gamontogamie; beide Gamonten encystieren sich u. machen Vielfachteilung. Die Gameten können gleich od. verschieden gestaltet sein. Das Verschmelzungsprodukt sind zahlr. Zygoten, die eine starke Hülle abscheiden u. zur Spore werden. In den Sporen läuft Sporogonie ab. Auf eine Reduktionsteilung folgen i. d. R. 2 Mitosen, so daß sich 8 Sporozoiten in jeder Spore befinden. Je nachdem, ob in der Entwicklung eine Schizogonie eingeschaltet ist, teilt man die G. ein in ↗ *Schizogregarinida* mit u. ↗ *Eugregarinida* ohne zusätzl. Vermehrungszyklus.
Gregarismus *m* [v. *gregar-], Grad der ↗ Aggregation der Individuen in bestimmten Bereichen des Lebensraums einer Organismenart.
Gregärparasitismus *m* [v. *gregar-, gr. parasitos = Schmarotzer], Vorhandensein mehrerer Individuen einer Parasitenart im gleichen Wirtsindividuum, z. B. Hymenopterenlarven im Wirtsinsekt; Ggs.: Solitärparasitismus.
Grégoire [greg°ar], *Victor,* belg. Botaniker, * 5. 12. 1870 Anderlues, † 12. 12. 1938 Löwen; Prof. in Löwen; Entdecker (1907) der heterotyp. Kernteilung in der pflanzl. Zelle.
Greifantenne, zum Festhalten des Geschlechtspartners umgebildete Fühler, so bei dem Kugelspringer-Männchen *(Sminthurides aquaticus,* Springschwänze) od. bei manchen Männchen der Haarlingsgruppe *Ischnocera;* unter den Krebsen haben viele Männchen der *Anostraca* (z. B. Salinenkrebs) z. T. grotesk umgebildete ↗ Antennen (☐).
Greifbein, auf das Ergreifen u. Festhalten abgestimmte Beintypen bei Insekten, so zum Festhalten v. Wirten zur Eiablage, wie bei Zikadenwespen-Weibchen *(Dryinidae),* deren beide letzte Glieder der Vordertarsen zu einem pinzettenart. Greifapparat umgebildet sind. ↗ Fangbeine.
Greiffrösche, die ↗ Makifrösche.
Greiffuß, 1) analog zur ↗ Greifhand ausgebildetes ↗ Autopodium einer Säugerhinterextremität (Fuß) mit opponierbarer Großzehe. **2)** Bez. für den Fuß bei Vögeln, wenn 2 Zehen nach vorn und 2 nach hinten gerichtet sind (Beispiel: Spechte, Papageien).
Greifhand, ↗ Autopodium einer Primatenvorderextremität (Hand), das durch Opponierbarkeit (Gegenüberstellbarkeit) mindestens eines Fingers zum Umgreifen einer Struktur befähigt. Eine G. ist typischerweise bei vielen baumlebenden Primatenarten ausgebildet. I. d. R. ist der 1. Finger (↗ Daumen) opponierbar, d. h., seine Unterseite berührt beim Zugreifen

Greifvögel

die Unterseite der anderen Finger. Auch der Koala hat eine Art G. ausgebildet, wobei 1. und 2. Finger opponierbar sind. – Das Autopodium v. Chamäleons ist analog zur G. ausgebildet („Zangenhand"). ↗Greiffuß.

Greifschwanz, *Klammerschwanz,* der bei einigen waldlebenden Säugetieren (vgl. Tab.) durch seine Länge u. Greifmuskulatur zum Kletterorgan spezialisierte Schwanz. Der G. dient, gleichsam als 5. Extremität, bei der Fortbewegung zum Anklammern des Körpers im Geäst.

Greifstachler, *Coëndou, Coëndu,* Gatt. der ↗Baumstachler.

Greifvögel, ugs. Bez. *Raubvögel, Falconiformes,* vielgestalt. Vogel-Ord. mit 4 Fam. (vgl. Tab.), 83 Gatt. u. 280 Arten, ohne die ↗Neuweltgeier, die neuerdings in die Verwandtschaft der Störche gestellt werden. G. leben fast ausschließ. v. tier. Nahrung, die weitgehend erjagt wird. Hieran ist der Körperbau angepaßt. Kennzeichnend sind ein scharfrand. Hakenschnabel, kräft. Füße mit meist stark gebogenen scharfen Krallen, gedrungener u. breitbrüst. Körper, eine federfreie Wachshaut oberhalb der Nasenlöcher u. ein hervorstehender Knochen *(Supraorbitale)* über der Augenhöhle, der das Auge schützt u. den Vögeln ein „energisches" Aussehen verleiht. Die Männchen sind oft kleiner als die Weibchen u. dadurch auch nahrungsökolog. etwas anders eingenischt. Die Gefiederfarben sind vorwiegend Braun, Grau u. Schwarz; die Färbung der Iris ist meist gelb, braun od. rot, z.T. verschieden bei Alt- u. Jungvögeln; sie hat eine Signalfunktion u. ist evtl. mit unterschiedl. Sehleistungen verbunden. Die für das räuml. Sehen bei der Jagd wicht. Überschneidung der Gesichtsfelder beider Augen umfaßt 35–50°. Eine hohe Sehzellendichte auf der Netzhaut läßt die Sehschärfe das zwei- bis vierfache, an den beiden Sehgruben das achtfache der Auflösung des menschl. Auges betragen (⊤ Auflösungsvermögen). Die Flügelform variiert stark; bei segelnden u. kreisenden, d.h. die Thermik nutzenden Arten, wie Bussarden, Adlern u. Geiern, sind die Flügel lang u. breit gefächert, bei Kurzstreckenjägern der baumbestandenen Landschaft, wie Habichten, breit u. kurz u. bei Arten wie den Falken, die ihre Beute auf offener Fläche oft mit hoher Geschwindigkeit im Sturzflug erjagen, lang u. spitz (□ Flugbild). Die Schwanzform beeinflußt die Manövrierfähigkeit. Manche Arten, z. B. der Turmfalke *(Falco tinnunculus),* können „rütteln", d. h. wie die Kolibris schnelle Flügelschläge mit steil gestellten Flügeln ausführen u. so zur Fixierung eines Beuteobjekts „auf der Stelle" fliegen (□

Greifschwanz

Einen G. haben z. B.: Beutelratten, Zwergameisenbär, Tamandu, Greifstachler, Wickelbär, Kapuziner-, Woll-, Brüll- u. Klammeraffen (alle S-Amerika) sowie Binturong, Baumschuppentiere, Kletterbeutler u. Zwergmaus.

Greifvögel

Familien:
↗Falken *(Falconidae)*
↗Fischadler *(Pandionidae)*
↗Habichtartige *(Accipitridae)*
↗Sekretäre *(Sagittariidae)*

Flugmechanik). G. sind weltweit verbreitet u. fehlen nur in der Antarktis u. auf einigen polynes. Inseln; sie besiedeln Wälder ebenso wie die offene Landschaft, Hochgebirge, Gewässer u. Wüsten. Als Nahrung werden kleine bis mittelgroße Säuger, Reptilien, Amphibien, Vögel, Fische u. Insekten gejagt, gelegentl. werden auch Schnecken od. Früchte aufgenommen; Geier fressen regelmäßig Aas. Die Beute wird entweder im heftigen Überraschungsangriff od. v. Ansitz aus bzw. im langsamen Suchflug erjagt. Unverdaul. Nahrungsreste, wie Federn, Haare usw., speien die G. als ↗Gewölle wieder aus. Insbes. in kaltgemäßigten Klimazonen scheinen die Beutetiere die G.-Dichte zu regulieren, in den Tropen offenbar (auch) andere Faktoren. Einige G., wie der Rötelfalke *(Falco naumanni),* brüten in Kolonien, die meisten errichten jedoch Reviere, die je nach Art etl. Quadratkilometer umfassen können. Das Schlagen v. Beute unterbleibt i. d. R. in unmittelbarer Nestumgebung. Das selbstgebaute Nest *(Horst)* befindet sich auf Bäumen, auf Felsvorsprüngen od. am Boden, einige Falken legen ihre Eier in Baum- u. a. Höhlen. Die meisten G. sind monogam, u. viele verpaaren sich lebenslängl. Die Gelegegröße schwankt zw. 1 u. 10 Eiern, letztere erreichen bodenbrütende Weihen, deren Gelege bes. gefährdet sind. Für einige G. ist der Einfluß der Beutetierdichte auf die Gelegegröße nachgewiesen. Die Eiablage erfolgt im Abstand v. 2 bis 3 Tagen, wobei normalerweise bereits nach Ablage des ersten Eies mit dem Brüten begonnen wird; dies führt zu verschiedenen Schlüpfzeitpunkten u. damit zu unterschiedl. Alter der Jungen innerhalb einer Brut. Solche ausgeprägten Altersunterschiede erleichtern Regulationsmechanismen, die über die Verfügbarkeit der Nahrung wirken. Der Körper der frisch geschlüpften Jungen ist ganz mit Dunen bedeckt. Die Beute wird oft v. Männchen zum Nest gebracht, v. Weibchen zerkleinert u. an die Jungen verfüttert. Die Dauer der Nestlingsperiode hängt v. der Größe der Art ab u. beträgt 25–120 Tage. Viele G. unternehmen Wanderungen u. kehren zur Brutzeit in ihr Heimatquartier zurück. An verschiedenen Stellen kommt es – geogr. bedingt – zur Verdichtung des G.-Zuges, z. B. Falsterbo/Schweden, Bosporus/Türkei u. Eilath/Rotes Meer, Israel. Viele G. sind in ihrem Bestand gefährdet u. benötigen bes. Schutz; weltweit sind hiervon ca. 70 Arten betroffen, v. den 15 in der BR Dtl. brütenden Arten stehen 13 auf der ↗Roten Liste. Gefährdungen sind Veränderung der natürl. Lebensräume, Pestizide (Reduzierung der Eischalendicke u. damit des Brut-

Greiskraut

Gewöhnliches Greiskraut *(Senecio vulgaris)*

Greiskraut

Verschiedene Senecien sind ihres Alkaloidgehalts wegen giftig. Mitteleur. Arten, wie *Senecio vulgaris, S. silvaticus* oder *S. alpinus*, enthalten neben anderen Alkaloiden *Senecionin* od. ihm verwandte Verbindungen, die schon in geringen Dosen zu schweren Leberschäden, in höheren Dosen zum Tod führen können. Während Vergiftungen durch einheim. S.-Arten kaum bekannt sind, werden z. B. durch *S. latifolius* beim Vieh ausgelöste Massenvergiftungen mit hohen Verlusten beschrieben. *S. vulgaris* wie auch *S. jacobaea*, dessen Alkaloid *Jacobin* in seiner Wirkung dem Senecionin gleicht, galten fr. als Heilpflanzen. *S. anteuphorbium* enthält ein Gegengift zum Gift bestimmter Euphorbien.

Greiskraut

Mitteleuropäische Arten:

Die häufigste mitteleur. Art ist das heute als Unkraut- u. Ruderalpflanze fast weltweit verbreitete, wahrscheinl. aus dem Mittelmeerraum stammende, Gewöhnliche G. *(Senecio vulgaris)*; es wird bis 30 cm hoch u. besitzt fiederteil. Blätter u. kleine, meist nur aus Röhrenblüten bestehende Blütenköpfe. Zerstreut auf Weiden, an Böschungen u. Rainen wächst *S. jacobaea* (Jakobs-G.). In krautreichen Buchen(misch)wäldern der montanen Stufe (v. a. auf Schlägen u. Lichtungen) ist *S. fuchsii* (Fuchs-G.), an Waldwegen, auf Waldlichtungen u. -schlägen *S. silvaticus* (Wald-G.) zu finden. Das Raukenblättrige G. *(S. erucifolius)* wächst in Kalk-Magerrasen u. -weiden, Halbtrockenrasen od. trockenen Moorwiesen sowie an Wald- u. Buschrändern (Wegrainen). *S. aquaticus* (Wasser-G.) ist in Naß- od. Moorwiesen sowie an Gräben u. Quellen zu finden.
In Silicat-Magerrasen u. -weiden der alpinen Stufe wächst das nach der ↗Roten Liste "stark gefährdete" Graue G. od. Krainer G. *(S. carniolicus)*, in sonn. Kalk-Magerrasen der subalpinen u. alpinen Stufe *S. doronicum* (Gemswurz-G.) u. in Läger-, Hochstaudenfluren, um Sennhütten, auf Alpenweiden sowie an Wegen u. Erlenauen *S. alpinus* (Alpen-G.).

erfolgs) u. menschl. Verfolgungen (Jagd, Aushorstung, auch Falknerei). Realisierte Maßnahmen zum Schutz bestehen in gesetzl. Regelungen (Verbot v. Abschuß, Fang u. Handel), Erhaltung großer Wald- u. Feuchtgebiete u. – in bes. Fällen, wie beim Wanderfalken *(Falco peregrinus)* u. Seeadler *(Haliaeetus albicilla)* – in organisierter Horstbewachung während der Brutzeit.

Lit.: *Brown, L., Amadon, D.:* Eagles, Hawks and Falcons of the World. London 1969. *Brown, L.:* Die Greifvögel – ihre Biologie u. Ökologie. Hamburg/Berlin 1979. M. N.

Greiskraut, *Kreuzkraut, Senecio,* Gatt. der Korbblütler mit über 1500, fast über die gesamte Erde verbreiteten Arten. Ein- od. mehrjähr. Kräuter, (Kletter-)Sträucher od. Bäume mit einfachen bis fiederteil. Blättern u. kleinen bis sehr großen, einzeln od. in Ebensträußen stehenden Blütenköpfen aus röhr. Scheiben- u. zungenförm. Randblüten. Als eine der größten Gatt. der höheren Pflanzen besiedelt *S.* die unterschiedlichsten Lebensräume. In Anpassung an Wüsten, Strände, Steppen, Wiesen, Sümpfe, (trop.) Hochgebirge, arkt. Tundren sowie Wälder sind die verschiedensten Wuchsformen entstanden. Bes. zu erwähnen sind die für die Wüstengebiete S- u. SW-Afrikas typ. Stamm- (z. B. *S. anteuphorbium*) u. Blattsukkulenten (z. B. *S. herre(i)anus*); letztere wurden fr. einer gesonderten Gatt. „Kleinia" zugeordnet. Am bemerkenswertesten sind die für die Vegetation der alpinen Stufe ostafr. Hochgebirge charakterist. Riesen-Senecien, wie *S. keniodendron, S. kilimanjari* usw.; sie besitzen einfache od. wenig verzweigte, hohe Stämme, an deren Enden die sehr großen, eiförm.-lanzettl. Blätter in Rosetten angeordnet sind. In Mitteleuropa zu finden sind nur kraut-, hell- bis orangegelb blühende *S.*-Arten (vgl. Spaltentext). Von den als Zierpflanzen kultivierten Senecien sind allein die aus dem Mittelmeergebiet stammende Jakobee *(S. cineraria)*, eine reich verzweigte, weiß-filzig behaarte Pflanze mit fiederspalt. Blättern u. zahlr. gelben Blütenköpfen, sowie die v. den Kanar. Inseln stammende Cinerarie *(S. cruentus,* B Mediterranregion I) v. Bedeutung. Letztere hat dreieckig-herzförm., gezähnte Blätter u. zahlr., im Frühling erscheinende Blütenköpfe mit meist purpurnen od. violetten Blüten. Die Kultursorten besitzen auch weiße, rosafarbene, rote od. blaue, z. T. um die Mitte des Köpfchens ringförmig andersfarbig gezeichnete Blütenstände.

Gremmenia, Gatt. der ↗Hemiphacidiaceae.

Grenadierfische, *Langschwänze, Macrouroidei,* U.-Ord. der Dorschfische mit 1 Fam. u. zahlr. Gatt. Die etwa 60 cm langen G. leben v. a. in der Tiefsee; sie haben einen langen, zugespitzten Schwanz, saumart. After- u. 2 Rückenflossen, meist eine Kinnbartel u. ein unterständ. Maul; die Männchen einiger Arten können mit bes. Schwimmblasenmuskeln laute Trommelgeräusche erzeugen. Hierzu gehört der bis 90 cm lange nordatlant. G. *(Coryphaenoides rupestris,* B Fische II), der wegen seiner stachel. Schuppen auch Panzerratte gen. wird.

Grenadille *w* [v. span. granadilla = kleiner Granatapfel], ↗Passionsblumengewächse.

Grenadillholz *s* [v. span. granadilla = kleiner Granatapfel], *Grenadill,* Afrikan. Ebenholz, das braunschwarze, sehr harte, feinstrukturierte Holz v. *Dalbergia melanoxylon* (Grenadillbaum) aus dem trop. Afrika; zu Blasinstrumenten u. Schnitzereien.

Grenzdextrine [Mz.], Anteile v. Amylopektin (bis zu 40%) od. Glykogen, die wegen der Verzweigung derselben durch Amylase nicht weiter abgebaut werden können. ↗Dextrine.

Grenzflächen, Flächen, an denen zwei nicht mischbare Stoffe (z. B. Wasser u. Öl) od. die verschiedenen Aggregatzustände eines Stoffes (z. B. Wasser u. Eis) aneinandergrenzen. An G. herrschen vielfach andere Kräfte als im Stoffinneren, wie z. B. Oberflächenspannung, Kapillarität u. Adsorption. Von biol. Bedeutung sind die G. v. Makromolekülen (z. B. Enzyme, Nucleinsäuren) u. ihrer Komplexe (z. B. Ribosomen, Nucleosomen) sowie die als G. fungierenden Membransysteme v. Zellorganellen u. Zellen, an denen sich zahlr. für biol. Systeme charakterist. Vorgänge (u. a. Umsetzung genet. Information, Enzymkatalyse, Stoffaustausch, Bildung v. Elektropotentialen) abspielen.

grenzflächenaktive Stoffe, vorwiegend waschaktive Verbindungen für Wasch- u. Reinigungsmittel, die sich an ↗Grenzflächen anreichern; können flüss. Verunreinigungen u. feste Schmutzpartikel emulgieren bzw. dispergieren. ↗Detergentien, ↗Emulgatoren.

Grenzmembran, die ↗Basallamina.

Grenzschicht, Schicht eines fluiden Mediums (Gas od. Flüssigkeit), die sich aufgrund v. Viskosekräften an einer Oberfläche (Substrat) ausbildet: in der G. nimmt die Strömungsgeschwindigkeit vom ungestörten Wert der freien Strömung mit zunehmender Annäherung an die Oberfläche nicht-linear bis auf Null ab (vgl. Abb.). G.en sind für viele Organismen ein bedeutender Lebensraum (↗Mikroklima). Oft beträgt die G.dicke (vgl. Spaltentext) nur einige Millimeter u. kann Tieren mit entspr. geringen Abmessungen z. B. in Fließgewässern einen Strömungsschutz bieten. Die in der G. vorkommenden Tiere haben oft ↗Haftorgane (z. B. Saugnäpfe) u. drücken sich um so mehr an die Unterlage (Substrat), je dünner die G., d. h. je größer die Fließgeschwindigkeit ist (↗Bergbach, ☐). Die meisten Tiere halten sich nicht ständig in der G. auf – wie z. B. die Schnecke ↗*Ancylus (fluviatilis)* –, sondern kommen bei Dämmerung aus dem ↗Totwasser-Bereich herauf, um auf Steinen Algen abzuweiden (z. B. viele Insektenlarven). Trotz G. u. Anpassung der Tiere werden viele v. ihnen durch die Strömung weggerissen *(organische ↗Drift).*

Grenzstrang, *Truncus sympathicus,* paarige segmentale Ganglienkette des sympathischen ↗Nervensystems rechts u. links der Wirbelsäule bei den meisten Vertebraten; die Ganglienketten sind untereinander durch interganglionäre Äste verbunden; die Ganglien stehen über Rami communicantes mit den Spinalnerven u. über postganglionäre Fasern mit den betreffenden inneren Organen in Verbindung.

Gretel in der Heck, *Gretchen im Busch,* der ↗Schwarzkümmel.

Grevillea w [ben. nach dem schott. Botaniker C. F. Greville (grewil), 1749–1809], Gatt. der ↗Proteaceae.

Grew [gru], *Nehemiah,* engl. Botaniker, * 26. 9. 1641 Coventry, † 15. 3. 1711 (?) London; seit 1677 Sekretär der Royal Society in London; Mitbegr. der Pflanzenanatomie, Entdecker der Sexualität der Pflanzen; erkannte den zelligen Bau der Pflanzen, unterschied zw. parenchymat. Gewebe u. Leitungsbahnen u. prägte 1682 den Begriff „Gewebe"; grundlegende Arbeiten über den Verdauungstrakt v. Vertebraten.

Greyia w [ben. nach dem engl. Kolonialpolitiker Sir G. Grey, 1812–98], Gatt. der ↗Melianthaceae.

Griffel, *Stylus,* 1) Bot.: bei der ↗Blüte (☐, B) der faden- od. säulenförm. Teil des Fruchtblatts, der i. d. R. dem Fruchtknoten

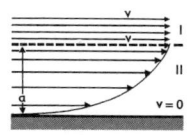

Grenzschicht

Schnitt durch einen Kanal mit einer Strömung gleichförm. Geschwindigkeit v in der Zone I, frei von dem Einfluß der bremsenden Berandung (Oberfläche bzw. Substrat). Zone II (a) ist G.: Die Geschwindigkeit der strömenden Schichten fällt von v bis auf 0. Die *G.dicke* nimmt zu mit der Zähigkeit (Viskosität) der strömenden Flüssigkeit, sie nimmt ab mit zunehmender Geschwindigkeit der Strömung; quantitativ wird sie durch die sog. *Reynolds-Zahl* (↗Flugmechanik) beschrieben, d. h. durch das Verhältnis der beschleunigenden Trägheitskräfte u. der verzögernden Viskosekräfte (Kräfte der „inneren Reibung"). Bei kleinen Reynolds-Zahlen u. geringer G.dicke herrscht *laminare Strömung,* d. h., die Stromlinien verlaufen parallel zur Berandungsfläche. Ein Wärme- u. Massetransport ist dabei nur durch molekulare ↗Diffusion möglich. Bei anwachsender Dicke der laminaren G. wird mit Erreichen einer krit. Reynolds-Zahl die Strömung instabil u. sie schlägt um in ein Muster unregelmäßiger wirbelhafter Bewegung *(Turbulenz).* Turbulenter Transport ist im Vergleich zu diffusivem um 4 bis 6 Größenordnungen effizienter.

aufsitzt u. die Narbe trägt; dient in seinem Innern der Führung u. Ernährung der Pollenschläuche u. bringt vielfach die Narbe in eine für die Bestäubung günstige Lage. 2) Zool.: ↗Hüftgriffel, ↗Extremitäten, ↗Gliederfüßer.

Griffelbeine, an Vorder- u. Hinterextremität der Pferdeartigen *(Equidae)* als Rudimente der reduzierten Fingerstrahlen II u. IV erhaltene Mittelhand-/Mittelfußknochen. Die G. liegen als schlanke Knochenstäbe jeweils dem Metacarpale/Metatarsale des dominierenden Fingerstrahles III an.

Griffelbürste, bürstenartig angeordnete Haare am Griffel bei den Wicken (Gatt. *Vicia),* durch die der Pollen aus dem Schiffchen der Schmetterlingsblüte herausgefegt wird, wenn ein Insekt sich darauf setzt.

Griffelpolster, *Stylopodium,* Bez. für die verdickten, drüsigen Basalteile der Griffel bei den ↗Doldenblütlern.

Griffelsäule, das ↗Gynostemium.

Griffelschnecke, *Ancula filigrosa,* Art der Fam. Goniodorididae, marine Hinterkiemer mit langgestrecktem Körper; weiß, Fortsätze mit gelben Spitzen. Die ca. 2 cm langen Tiere leben in O-Atlantik, Nordsee u. Mittelmeer in geringer Tiefe, an Algen weidend.

Griffelseeigel, G. i. w. S., Echinometridae, Fam. der Seeigel. Wichtige Gatt.: *Heterocentrotus* (G. i. e. S.): ⌀ bis 8 cm; Stacheln maximal 12 cm lang, bis über 1 cm dick, im Querschnitt oval; lebt in der Brandungszone des Indopazifik in kleinen Höhlen, die von ihm ständig erweitert wer-

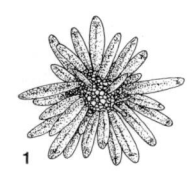

Griffelseeigel
1 *Heterocentrotus,*
2 *Colobocentrotus*

den; Hauptnahrung: Foraminiferen. *Echinostrephus,* bohrt zylindr. Röhren ins Gestein, in die er sich bei Gefahr fallen läßt. *Colobocentrotus (= Podophora),* mit extrem kurzen u. dicht stehenden Stacheln, die einen Aufenthalt in größter Brandung erlauben. (Lebensraum u. Körperform: Analogie zur ↗Napfschnecke *Patella).*

Griffithsia w [ben. nach dem am. Botaniker D. Griffiths (?), 1867–1935], Gatt. der ↗Ceramiaceae, mit über 30 Arten in den Meeren verbreitet; bis zu 15 cm große Rotalge mit gabelig verzweigtem Thallus; die mehrkern. Zellen meist tonnenförmig.

Grifola w [it., = Riesenporling], Gatt. der Büschelporlinge mit einer Art, *G. frondosa* S. F. Gray (= *Polypilus* f. Karst.), dem Klapperschwamm (Laubporling); gehört zu den größten eur. Pilzen u. ist jung eßbar.

Grillen

Sein Fruchtkörper gleicht einem auf dem Boden stehenden Busch (bis 50 cm hoch, 5–20 kg schwer); die Hüte (3–12 cm ⌀) sind auf der Oberseite braungrau, auf der Unterseite weiß, mit engen rundl. Poren, die weit am seitl. Stiel herablaufen u. sich bei Druck nicht schwärzen (im Ggs. zum ähnl. *Meripilus giganteus,* dem Riesenporling); ältere Hüte ergeben beim Aneinanderschlagen ein klapperndes Geräusch; Sporenpulver weiß. G. ist ein gefährl. Baumparasit u. Weißfäuleerreger; bes. oft kommt er am Grunde alter Eichenstämme u. echter Kastanien vor.

Grillen, *Grabschrecken, Grabheuschrecken, Grylloidea,* Über-Fam. der ↗ Heuschrecken. Hierzu gehören die Fam. ↗ Ameisen-G. *(Myrmecophilidae),* ↗ Dreizehenschrecken *(Tridactylidae),* ↗ Blüten-G. *(Oecanthidae),* ↗ Maulwurfs-G. *(Gryllotalpidae)* sowie ↗ *Gryllidae* (Eigentl. G.) mit den Arten Feldgrille *(Gryllus campestris),* Hausgrille (Heimchen, *Acheta domestica)* u. Waldgrille *(Nemobius sylvestris).*

Grillenartige, die ↗ Gryllacridoidea.

Grillenfrösche, *Acris,* Gatt. der Laubfrösche; zwei kleine (ca. 3 cm) Arten in N-Amerika mit Rufen, die an das Zirpen v. Grillen erinnern; die G. sind Uferfrösche an Pfützen, Tümpeln u. Teichen; sie erinnern in ihrer Gestalt mehr an kleine Wasserfrösche als an Laubfrösche u. haben wohl sekundär die Kletterfähigkeit verloren.

Grillenschrecken, die ↗ Gryllacridoidea.

Grimaldi-Rasse, aus den Skeletten einer Frau u. eines etwa 12jähr. Mädchens aus Schichten der jüngeren Altsteinzeit der Kindergrotte v. Grimaldi bei Mentone (Ligurien) abgeleitete Rasse; die angebl. negroiden Merkmale sind auf postmortale Deformationen u. fehlerhaftes Zusammensetzen zurückzuführen; heute zu den ↗ Cromagniden gerechnet.

Grimmdarm *m* [v. mhd. grimme = Kneifen, Reißen (als Leibschmerz)], *Colon, Intestinum colon,* längster, zw. Blind- u. Mastdarm liegender Abschnitt des ↗ Dickdarms; ↗ Darm.

Grimmiales [Mz.; ben. nach dem dt. Botaniker J. K. F. Grimm, 1737–1821], Ord. der Laubmoose mit 1 Fam. *(Grimmiaceae,* U.-Kl. *Bryidae);* ausdauernde, polster- od. rasenbildende Gesteinsmoose gemäßigter u. subarkt. Regionen. Die 5 Arten der Gatt. *Scouleria* kommen nur in Asien u. Amerika vor. Vertreter der artenreichsten Gatt. *Grimmia* dringen bis ins Hochgebirge vor od. sind Urgesteinsmoose (z. B. *G. pulvinata)* od. Wassermoose. Auf Steinen der Küsten N- und W-Europas wächst vielfach die salzliebende Art *Schistidium maritimum.* In den Hochanden Perus ist *Aligrimma perueriana* anzutreffen. Die Gatt.

Racomitrium bevorzugt saure Böden u. bildet lockere Rasen; *R. lanuginosum* ist ein Charaktermoos der Trockentundra.

Grind, 1) Bez. für verschiedene Pflanzenkrankheiten, wie Mauke des Weinstocks, Schorf bei Kartoffel u. Obstbäumen. **2)** volkstüml. Bez. für schuppende, krustenbildende u. nässende Hautausschläge, insbes. für den Erb-G. (↗ Favus).

Grindwale, *Globicephala,* Gatt. der Delphine (U.-Fam. *Orcininae)* mit auffallend runder Stirn; Länge 3,5–8,5 m; Brustfinnen lang u. schmal, nur 8–13 Zähne pro Kieferhälfte. Neben dem Gewöhnl. Grindwal od.

Grindwal, Schwarzwal *(Globicephala melaena)*

Schwarzwal *(G. melaena)* des N-Atlantik kennt man den Ind. Grindwal *(G. macrorhyncha)* u. den Pazif. Grindwal *(G. sieboldii).* G. leben in Herden v. 10 bis mehreren hundert Tieren u. ernähren sich hpts. v. Cephalopoden. Beim Fang (mehrere 1000 G. pro Jahr) nutzt man ihr Verhalten, einem (nach Verletzung) fliehenden Artgenossen blindlings zu folgen. Von dem kaum bekannten, nur 2,3 m langen Zwerggrindwal *(Feresa attenuata)* hat man bislang nur wenige Einzeltiere gefangen.

Grippe

Pandemien:
1173
Italien, Deutschland, Frankreich
1557 Europa
1758 Amerika
1889–92
(Russische G.)
weltweit (wenig Tote)
1918/19
(Spanische G.)
weltweit (ungewöhnl. hohe Todesrate)
1957/58
(Asiatische G.)
weltweit
(hohe Todesrate)
1968 (Hongkong-G.)

Grippe *w* [v. russ. chrip = Röcheln], Virus-G., *Influenza,* durch eine Vielzahl verschiedener Viren (↗ Influenzaviren) hervorgerufene Infektionserkrankung des Menschen. Übertragung durch Tröpfcheninfektion v. infizierten Personen; Inkubationszeit 1–3 Tage; Symptome: allg. Abgeschlagenheit, Frösteln, Gelenk-, Muskel- u. Thoraxschmerzen, Fieber, Halsschmerzen, Husten, Luftröhrenentzündung. Der größte Teil der Erkrankungen verläuft unkompliziert u. heilt nach einigen Tagen aus. Bei älteren Personen sind schwerere Verläufe möglich. Die G. verläuft meist epidemisch, im Winter gehäuft. In größeren Abständen traten durch neue Erreger verursachte Pandemien auf, die weltweit viele Mill. Todesopfer forderten. Eine Schutzimpfung gg. die häufigsten Erregertypen ist mögl. Da oft neue Antigenmuster der Viren auftreten (Antigendrift, ↗ Influenzaviren, ☐), muß die Impfung jährl. durchgeführt werden.

Grimmiales

Gattungen:
Aligrimma
Grimmia
Racomitrium
Schistidium
Scouleria

Grippeviren [v. russ. chrip = Röcheln], ↗ Influenzaviren.

Griquatherium *s* [ben. nach den Griqua-Hottentotten, v. gr. thērion = Tier], (Haughton 1922), zur † Subfam. *Sivatheriinae* gehörende Kurzhalsgiraffe; Typus-

Art: *G. cingulatum;* Verbreitung: Pleistozän von S-Afrika.
Grisebach, *August Heinrich Rudolf,* dt. Botaniker, * 17. 4. 1814 Hannover, † 9. 5. 1879 Göttingen; seit 1841 Prof. in Göttingen, zw. 1839 u. 1852 Reisen in die Türkei, Norwegen, Pyrenäen u. Siebenbürgen. Mit seinem Werk „Die Vegetation der Erde nach ihrer klimat. Anordnung" (Leipzig 1872, 2 Bde.), in dem er 24 Florengebiete beschrieb, gilt er neben A. P. de ↗ Candolle als Begr. einer eigenständ. Pflanzengeographie.
Grise<u>i</u>n *s* [v. *grise-], ein zu den Sideromycinen zählendes cycl. Polypeptidantibiotikum aus *Streptomyces griseus.*
Griseoflav<u>i</u>n *s* [v. *grise-, lat. flavus = goldgelb], das Antibiotikum ↗ Novobiocin.
Griseofulv<u>i</u>n *s* [v. *grise-, lat. fulvus = braungelb], v. verschiedenen *Penicillium-*Arten durch Polyketidaromatisierung synthetisiertes Antibiotikum mit fungistat. Wirkung (Antimykotikum). G., das bereits 1939 aus *Penicillium griseofulvum* isoliert wurde, fand zunächst gg. pflanzl. Pilzerkrankungen Verwendung u. wurde erst 20 Jahre später für den Menschen entdeckt, wo es v. a. gg. Dermatophyten eingesetzt wird. B Antibiotika.
Gr<u>i</u>sons [Mz.; v. frz. gris = grau], *Galictis,* Gattung der Marder; Kopfrumpflänge 40–55 cm; Fellfärbung dunkelbraun, oberseits heller. Die G. vertreten mit 2 Arten den eur. Iltis in S-Amerika. Der Großgrison *(G. vittata)* kommt v. S-Mexiko bis Peru u. Brasilien bis in 1200 m Höhe vor; der Kleingrison *(G. cuja)* lebt in über 1000 m Höhe v. Mittelamerika bis Patagonien. Die hpts. bodenlebenden G. erbeuten Chinchillas, Viscachas u. a. Kleinsäuger. Die Pampas v. W-Argentinien u. an der S-Grenze zu Chile bewohnt der wenig bekannte Zwerggrison *(Lyncodon patagonicus).*
Gr<u>i</u>zzlybär [v. am.-engl. grizzly = grau], *Graubär, Ursus arctos horribilis,* U.-Art des ↗ Braunbären.
Grobben, *Carl,* östr. Zoologe, * 27. 8. 1854 Brünn, † 13. 4. 1945 Salzburg; Schüler v. C. F. W. Claus, seit 1884 Prof. in Wien; anatom.-histolog. u. ontogenet. Arbeiten an niederen Crustaceen u. Mollusken, ferner über die Systematik des Tierreiches; zus. mit ↗ Claus u. A. ↗ Kühn Verfasser des bekannten Zool. Lehrbuchs (mehrere Aufl.).
Groenl<u>a</u>ndium *s* [ben. nach der Insel Grönland], das ↗ Eokambrium. [seeangler.
Grönlandangler, *Ceratias hollboli,* ↗ Tief-
Grönlandhai, *Somniosus microcephalus,* ↗ Dornhaie. [wale.
Grönlandwal, *Balaena mysticetus,* ↗ Glatt-
Gr<u>o</u>ppen [Mz.; zu mittelniederdt. krop = Vogelkopf], *Cottoidei,* U.-Ord. der Panzerwangen mit 8 Fam. Zur Fam. G. i. e. S. *(Cot-*

grise- [v. mlat. griseus (v. ahd. gris) = grau].

Griseofulvin

Groppen
Wichtige Familien:
Groppen i. e. S. *(Cottidae)*
Panzergroppen *(Agonidae)*
Ölfische *(Comephoridae)*
↗ Scheibenbäuche *(Cyclopteridae)*

Großblattnasen
Verbreitung der Arten:
Gelbflügelige Großblattnase *(Lavia frons):* hpts. O-Afrika
Herznasenfledermaus *(Megaderma cor):* v. Äthiopien bis Tansania
Lyra-Fledermaus *(M. lyra):* Vorder- u. Hinterindien
Malaiischer Falscher Vampir *(M. spasma):* SO-Asien
Austral. Gespenstfledermaus *(Macroderma gigas):* W- u. N-Australien

Großblattnasen

tidae) gehören ca. 300 Arten. Überwiegend räuber. lebende Bodenfische der Küstenzonen od. v. Fließgewässern der nördl. Halbkugel mit teils unbeschupptem, teils mit Knochenplatten bedecktem Körper, breitem Kopf, meist einer hartstrahl. 1. und einer weichstrahl. 2. Rückenflosse, fächerförm. Brustflossen u. oft mit stachelbewehrten Kiemendeckeln; keine Schwimmblase. In eur., vorderasiat. u. sibir. schnellfließenden, kühlen Gewässern, aber auch in Küstengebieten lebt die häuf., 10–15 cm lange G. od. Mühlkoppe *(Cottus gobio,* B Fische XI) mit einem kräft. Dorn am Kiemendeckel; bei uns bevorzugt sie die Forellenregion der Bäche. Der ca. 35 cm lange Seeteufel od. Seeskorpion *(Myoxocephalus scorpius,* B Fische I) kommt an den Küsten der Nord- u. Ostsee sowie des N-Atlantik vor; er hat Giftstacheln an den Kiemendeckeln u. kann grunzende Laute erzeugen. Ein arkt. Küstenfisch u. Bewohner kalter nordam. u. nordeur. Seen ist der ca. 30 cm lange Vierhörnige Seeskorpion *(M. quadricornis,* B Fische I). Ihm sehr ähnl. ist der nur 15 cm lange Seebull *(Taurulus bubalis)* der eur. Küsten v. der Biskaya bis Norwegen. Bis 60 cm lang wird der Seerabe *(Hemitripterus americanus)* der nordam. Atlantikküste; er hat zahlr. Hautlappen am Kopf u. eine stachel. Haut. Die ca. 40 Arten der Fam. Panzer-G. *(Agonidae)* leben v. a. in nördl. Meeren; ihr langgestreckter, kantiger Körper ist mit kräft. Knochentafeln bedeckt; hierzu gehört der an nördl. eur. Küsten u. in der westl. Ostsee verbreitete, bis 20 cm lange Steinpikker *(Agonus cataphractus)* mit extrem verjüngtem Hinterkörper. Nah verwandt mit den G. i. e. S. sind die auf den ↗ Baikalsee beschränkten, in Tiefen bis 500 m vorkommenden, bis 20 cm langen Ölfische *(Comephoridae);* sie sind schuppenlos, grätenarm, glasig durchsichtig, fettreich u. lebendgebärend. Nicht zur U.-Ord. G. gehören die ↗ Pelz-G.
Großart, die ↗ Sammelart.
Großaugenbarsche, *Priacanthidae,* Fam. der Barschfische; hochrückige, trop. u. subtrop. Meeresfische mit großen Augen, stachel. Flossen u. meist rötl. Färbung; der hintere Teil der brustständ. Bauchflossen ist mit der Bauchhaut verwachsen.
Großbären, *Ursidae,* Fam. der ↗ Bären.
Großblätter, *Megaphylle,* ↗ Blatt.
Großblattnasen, *Megadermatidae,* Fam. der Fledermäuse mit 3 Gatt. u. 5 Arten mit jeweils typ. Nasenblatt. Die Gelbflügelige G. *(Lavia frons)* bewohnt offenes Gelände mit Büschen u. Bäumen, die ihr auch als Ruheplätze dienen. Die 3 *Megaderma-*Arten (Eigentl. G.) sowie die Austral. Gespenstfledermaus, *Macroderma gigas* (mit

125

Größensteigerung

14 cm Kopfrumpflänge die größte G.-Art), sind Höhlenbewohner. Nächste Verwandte der G. sind die ↗Schlitznasen *(Nycteridae).*
Größensteigerung, ist aus allen größeren Tiergruppen u. für alle geolog. Epochen belegt. Dieser Trend einzelner Stammreihen zur sukzessiven Körper-G. wird ↗Copesches Gesetz gen. Auffällig ist, daß in Abkühlphasen Riesenformen bes. häufig auftreten, ebenso wie in kühleren Klimaten Riesenformen häufiger sind als in warmen Klimaten (↗Bergmannsche Regel). Der Selektionsvorteil wird hier in einem verringerten Energieverlust durch eine relativ geringere Körperoberfläche gesehen. In neuerer Zeit wird diskutiert, daß solche durch G. ausgezeichneten Stammreihen einer zunehmenden K-↗Selektion unterlagen. Auch das ↗Aussterben der als extreme K-Strategen bekannten ↗Dinosaurier wird z. T. dadurch erklärt, daß sie sich nicht mehr den veränderten klimat. Verhältnissen am Ende der Kreidezeit anpassen konnten. ↗Akzeleration.
Großer Fuchs, *Nymphalis polychloros,* bekannter einheim. Fleckenfalter mit paläarkt. Verbreitung, der den ähnl. u. häufigeren ↗Kleinen Fuchs an Größe übertrifft (Spannweite um 70 mm) u. sich v. diesem durch einen zusätzl. schwarzen Fleck auf den fuchsbraunen Flügeln unterscheidet, blaue Randmonde nur auf den Hinterflügeln, Unterseite tarnfarben; nur gelegentl. Blüten besuchend, gerne ab überreifem Obst u. Baumsäften. Der bei uns immer seltener werdende G. F. fliegt in Waldgebieten, Parklandschaften u. Gärten vom Sommer u. als Falter überwinternd bis ins Frühjahr; nach der ↗Roten Liste „gefährdet". Verantwortl. für den Rückgang sind Insektizideinsatz u. forstl. Intensivierungsmaßnahmen. Die schwarzbraunen Raupen leben gesellig auf Ulmen, Weiden u. Obstbäumen, wo sie früher gelegentl. Schäden verursachten.
Großflosser, die ↗Makropoden.
Großflügler, *Corydalidae,* Familie der ↗Schlammfliegen, auch gebräuchl. für die Schlammfliegen selbst.
Großforaminiferen [Mz.; v. lat. foramen, Gen. foraminis = Loch, -fer = -tragend], Bez. für ↗Foraminifera mit großen, vielkammer. Gehäusen (1 mm – 3 cm) verschiedener Verwandtschaft; leben in lichtdurchflutetem Flachwasser trop. u. subtrop. Meere u. beherbergen im Plasma symbiont. Algen, die eine Bildung so großer Kalkgehäuse erlauben. Im Tertiär waren G. z. B. im Bereich der Tethys an der Bildung v. Kalkablagerungen beteiligt. In neuerer Zeit untersuchte Gatt. sind *Heterostegina* u. *Amphistegina.*
Großfußhühner, *Megapodiidae,* Fam. bo-

Großfußhühner
Thermometerhuhn
(Leipoa ocellata)

Großkatzen
Arten:
↗Schneeleopard
 (Uncia uncia)
↗Leopard
 (Panthera pardus)
↗Jaguar *(P. onca)*
↗Tiger *(P. tigris)*
↗Löwe *(P. leo)*

denbewohnender trop. Hühnervögel der südöstl. Alten Welt, v. a. in Neu Guinea, mitunter Vögeln einzigart. Brutpflege; 12 dunkel gefärbte Arten, die haushuhn- bis fast truthahngroß sind; ernähren sich v. Insekten, Mollusken, Sämereien u. Früchten. Brüten nicht; die Weibchen vergraben mit Hilfe kräft. Scharrfüße die Eier im Boden, wo durch die Sonne od. Gärung v. Pflanzenstoffen die nötige Brutwärme erzeugt wird. Das Gelege umfaßt 5–35 Eier; diese werden in mehrtäg. Abstand gelegt, so daß ein Gelege z. T. erst nach Monaten vollständig ist; in entspr. großem Abstand schlüpfen die Jungen; sie sind bereits nach 24 Std. flugfähig, was ohne Parallele bei anderen Vögeln ist. Arten der Gatt. *Megapodius* nutzen für die Eiablage Plätze mit vulkan. Bodenwärme. Andere bauen, wie die Buschhühner *(Alectura)* u. Talegallas *(Talegalla),* im Wald gewalt. Hügel bis 9 m ⌀ u. 3 m Höhe aus Erde u. Laub; die Eier werden in kleine gegrabene Höhlungen v. oben od. v. der Seite abgelegt. Beim Thermometerhuhn (*Leipoa ocellata,* [B] Australien III), das in trockenen Buschgebieten Inneraustraliens mit großen Temp.-Schwankungen lebt, überwacht das Männchen mit seinem Schnabel ständig die Temp. des in den Boden eingegrabenen Bruthaufens durch Erzeugen u. Verschließen v. Öffnungen; es ist damit 10–11 Monate lang beschäftigt; die Brutdauer der einzelnen Eies liegt bei etwa 60 Tagen.
Großhirn, ↗Gehirn ([B]), ↗Telencephalon.
Großhirnrinde, *Pallium, Cortex cerebri,* ↗Gehirn ([B]), ↗Telencephalon.
Großkatzen, *Pantherini,* Gatt.-Gruppe der Katzen (Fam. *Felidae*) mit 2 Gatt.: G. i. e. S. (*Panthera;* 4 Arten) u. Schneeleoparden (*Uncia;* 1 Art). Im Ggs. zu den ↗Kleinkatzen ist der Zungenbeinapparat der G. nur unvollständig verknöchert: ein elast. Band ermöglicht den G. lautstarkes Brüllen. Die Behaarung des Nasenspiegels reicht bei G. bis zu seinem Vorderrand. G. nehmen ihre Nahrung im Liegen ein (Kleinkatzen im Sitzen) u. haben ein weniger ausgeprägtes Putzverhalten. Abweichende Verhältnisse kennzeichnen die ↗Schneeleoparden.
Großkern, der ↗Makronucleus.
Großkopfschildkröten, *Platysternidae,* Fam. der Halsberger-Schildkröten mit nur 1 Art *(Platysternon megacephalum);* beheimatet in den kalten Gebirgsbächen SO-Asiens, auch guter Kletterer (lange Krallen); braun gefärbt; ernährt sich v. a. v. Muscheln u. Schnecken. Kopf mit Hakenschnabel, groß, läßt sich nicht unter den verhältnismäßig flachen Panzer (Länge 20 cm) zurückziehen; langer, kräftig beschuppter Schwanz; Weibchen legt jeweils nur 2 Eier.

Großlibellen, *Anisoptera,* U.-Ord. der ⁊Libellen.
Großmünder, *Stomiatoidei,* U.-Ord. der Lachsfische mit 8 Fam. In allen Weltmeeren verbreitete Tiefseefische mit großen, stark bezahnten Mäulern, Leuchtorganen u. oft mit einer Kinnbartel. Die Fam. Kehlzähner od. Sternenfresser *(Astronesthidae)* umfaßt 35 ca. 15 cm lange, schwarzgefärbte Arten mit einem Bartfaden u. großem Maul, das außer an den Kiefern an den knöchernen Kiemenbögen lange, spitze Zähne trägt. Die Zungenkiemer *(Malacosteidae,* B Fische V) haben einen aufgeschlitzten Mundboden u. meist einen Bartfaden. Weitere zur Gruppe Tiefseebartelfische zählende Fam. sind die ⁊Drachenfische (2). Keine Barteln besitzen die meist nur 5 cm langen, sehr häuf. Borstenmäuler *(Gonostomatidae)* mit den stark leuchtenden Tiefsee-Elritzen *(Cyclothone)* u. den 3–5 cm langen Leuchtsardinen *(Maurolicus).* Nach oben gerichtete Teleskopaugen haben die ca. 15 Arten der Tiefseebeilfische *(Sternoptychidae),* wie das Silberbeil *(Argyropelecus,* B Fische IV).
Großohren, *Plecotus,* Fledermaus-Gattung, ⁊Glattnasen. [⁊Hausschaben.
Großschaben, *Periplaneta,* Gatt. der
Großschmetterlinge ⁊Schmetterlinge.
Großseggengesellschaften, *Großseggenrieder, Großseggensümpfe,* ⁊*Magnocaricion,* nur period. überflutete, an den Schilfgürtel anschließende Sumpf-Ges. aus hochwüchs. Seggen, im Verlandungsbereich der Binnenseen.
Großzehe, *Hallux,* 1. Fingerstrahl am Fuß v. Affen u. Menschen, meist deutl. kräftiger ausgebildet als die anderen Zehen, v. diesen etwas abgesetzt. Die G. ist serial homolog zum ⁊Daumen u. enthält wie dieser zwei Phalangenknochen. Wenn die G. opponierbar ist, handelt es sich um einen ⁊Greiffuß.
Großzikaden, die ⁊Singzikaden.
Grottenolm, *Proteus anguinus,* unpigmentierter, schlanker, bis 30 cm langer, wasserlebender Salamander (Fam. *Proteidae*) mit schlankem, flachem Kopf u. reduzierten, unter der Haut verborgenen Augen. Der G. ist auf unterird. Gewässer des dinar. Karstes beschränkt; das bekannteste Vorkommen ist die Höhle v. Postojna (Adelsberger Grotte), ein isoliertes Vorkommen liegt in N-Italien. Die Gliedmaßen sind, wie bei vielen Höhlentieren, sehr dünn; die Hände haben drei Finger, die Füße zwei Zehen. Der G. behält zeitlebens Larvalmerkmale wie äußere Kiemen. G.e sind lichtscheue Tiere, die sich vorwiegend olfaktorisch u. taktil, aber auch mit dem Seitenliniensystem orientieren. Im Aquarium

Großmünder
Familien:
Borstenmäuler *(Gonostomatidae)*
Kehlzähner *(Astronesthidae)*
Schuppen-⁊Drachenfische *(Stomiatidae)*
Schuppenlose ⁊Drachenfische *(Melanostomiatidae)*
Schwarze ⁊Drachenfische *(Idiacanthidae)*
Tiefseebeilfische *(Sternoptychidae)*
⁊Viperfische *(Chauliodontidae)*
Zungenkiemer *(Malacosteidae)*

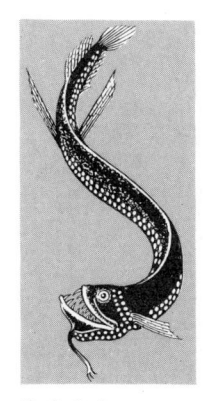

Großmünder
Schuppendrachenfisch *(Stomias)* mit Leuchtorganen

verbergen sich die Tiere unter flachen Steinen u. erkennen ihr Versteck olfaktorisch wieder. Wenn sie längere Zeit dem Licht ausgesetzt werden, bilden sie Pigmente u. werden grau. Der G. holt im Wasser oft Luft; innerhalb des Höhlensystems verläßt er zeitweilig das Wasser. Die Balz ist ähnl. wie bei Molchen. Die Eier werden in der Nähe des Verstecks abgelegt, u. das Weibchen bleibt bei den Eiern; zuweilen soll es auch Viviparie geben. B Amphibien I, II.
Grottensalamander, auch *Höhlenmolch, Typhlotriton spelaeus,* blinder, pigmentloser Vertreter der lungenlosen Salamander (Fam. *Plethodontidae*), der in Höhlen u. Grotten in Missouri vorkommt. Die Larven leben oberird. in Bächen u. Quellen; sie sind pigmentiert, haben Augen u. sehen wie die Larven anderer *Plethodontidae* aus. Während der Metamorphose verliert der G. nicht nur die Kiemen, sondern auch Pigment u. Augen, die unter den verwachsenden Lidern verborgen werden. Der G. erreicht 11 cm u. lebt in u. an unterird. Gewässern.
Grübchenschnecke, *Lacuna divaricata* (Überfam. *Littorinoidea*), marine Mittelschnecke mit dünnwand., kegelförm. Gehäuse bis 14 mm Höhe, die im Atlantik, in Nord- u. Ostsee sublitoral an Tangen u. Seegras lebt. Bei Helgoland kommt sie im zeit. Frühjahr bis in die Gezeitenzone u. klebt ihre Eiringe an *Fucus.* Die im selben Verbreitungsgebiet vorkommende Blasse G. *(L. pallidula)* hat ein halbeiförm. Gehäuse, das bei den ♀♀ 10, bei den ♂♂ nur 4 mm Höhe erreicht.
Grubea w [ben. nach dem frz. Zoologen A. E. Grube (?), 1812–80], *Brania,* Gatt. der Ringelwurm-Fam. *Syllidae* (Kl. *Polychaeta*). *G. clavata,* 2–3 mm lang, durch phänotyp. Geschlechtsbestimmung gekennzeichnet, treibt Brutpflege, indem sie die Embryonen am Körper trägt; im Mittelmeer nahe der Oberfläche zw. Algen u. Seepocken, aber auch auf Sand.
Grubenauge ⁊Auge.
Grubenkegel, *Sensilla coeloconica,* in eine Vertiefung der Cuticula v. Insekten eingelagertes kegelförm. Sinnesorgan, in dem Chemorezeptoren zur Geruchswahrnehmung lokalisiert sind.
Grubenorgan, der Thermorezeption dienendes Organ (⁊Temperatursinn) von ⁊Grubenottern, insbes. ⁊Klapperschlangen (☐). G.e sind etwa 3 mm breit u. beidseitig zw. den Augen u. der Nasenöffnung gelegen. Innerhalb der G.e befindet sich eine stark durchblutete Membran, die v. Ausläufern des Nervus trigeminus innerviert wird. Die Thermorezeptoren der G.e können noch Temperaturunterschiede von $^3/_{1000}$ °C wahrnehmen; auch ist durch

Grubenottern

das paar. Vorkommen der G.e u. die Anordnung der Wärmerezeptoren am Grunde dieser Organe eine genaue Richtungslokalisation v. Wärmequellen (warmblüt. Beutetiere) möglich.

Grubenottern, *Lochottern, Crotalidae,* Fam. der Schlangen mit ca. 130 Arten in N-, Mittel- u. S-Amerika (mehr als ⅔ aller Arten), Asien u. SO-Europa (1 Art); Gesamtlänge 0,4 – 3,75 m; v. a. Bodenbewohner (meist grau, braun od. olivfarben mit typ. hell-dunklem Rautenmuster od. dunklen Querbändern bzw. Flecken), mehrere Arten auch auf Bäumen lebend (mit Greifschwanz; grün od. gelbl. gefärbt). Ein bes. Kennzeichen der G. ist das der Thermorezeption dienende ↗ Grubenorgan. Kopf hinten verbreitert u. vom Hals deutl. abgesetzt; mit großen Kopfschildern (Dreieckskopfottern, Zwergklapperschlangen) od. kleinen Schuppen; Augen mit senkrecht stehenden Pupillen; lange, aufrichtbare Giftzähne mit allseitig geschlossenem Giftkanal im Vorderteil des Oberkiefers; Gift enthält v. a. Hämotoxine, manchmal zusätzl. auch Neurotoxine; Wirkung bei den verschiedenen Arten unterschiedl.; die meisten G. gelten aber als sehr gefährl. (z. B. Lanzenottern, Klapperschlangen). Schwanz verhältnismäßig kurz, bei den Echten und Zwergklapperschlangen am Ende mit einem komplizierten Rasselapparat. Die meisten Arten der G. sind lebendgebärend, nur wenige eierlegend (das Gelege wird geschützt, aber keine Brutpflege); Kommentkämpfe rivalisierender Männchen häufig; Paarung dauert meist viele Stunden. [B] Nordamerika VII, [B] Reptilien III.

Grubenwurm, der ↗ Hakenwurm.

Grubenwurmkrankheit, die ↗ Hakenwurmkrankheit.

Gruber, *Max* von, östr. Bakteriologe u. Hygieniker, * 6. 7. 1853 Wien, † 16. 9. 1927 Berchtesgaden; entdeckte 1896 die ↗ G.-Widalsche Reaktion u. leistete wicht. Beiträge zur Begr. der modernen Hygiene.

Gruber-Widalsche Reaktion [ben. nach M. v. ↗ Gruber u. dem frz. Arzt F. Widal, 1862–1929], *Widal-Reaktion,* Nachweis v. Antikörpern (Agglutinine) im Patientenserum durch eine Agglutination mit bekannten (pathogenen) Bakterienstämmen (als Antigen); wird v. a. zur Bestätigung v. Salmonellosen (hpts. Typhus, Paratyphus) u. Brucellosen angewandt, auch zur Diagnostik anderer Infektionen, z. B. Shigellosen, Tularämie u. Fleckfieber (indirekter Erregernachweis).

Grüblinge, *Gyrodon,* ↗ Erlengrübling.

Gruidae [Mz.; v. *grui-], die ↗ Kraniche.

Gruiformes [Mz.; v. *grui-, lat. forma = Gestalt], die ↗ Kranichvögel.

Grubenottern
Gattungen:
Amerikanische ↗ Lanzenottern *(Bothrops)*
Asiatische ↗ Lanzenottern *(Trimeresurus)*
↗ Buschmeister *(Lachesis)*
↗ Dreieckskopfottern *(Agkistrodon)*
Echte ↗ Klapperschlangen *(Crotalus)*
↗ Zwergklapperschlangen *(Sistrurus)*

Grünalgen
Hauptbestandteile getrockneter Mikroalgen im Vergleich mit Sojamehl (Circa-Werte in % der Trockensubstanz)

Grünalgen
Ordnungen:
↗ Acrosiphonales
↗ Bryopsidales (= Chlorosiphonales)
↗ Chaetophorales
↗ Charales
↗ Chlorococcales
↗ Cladophorales
↗ Dasycladales
↗ Oedogoniales
↗ Tetrasporales
↗ Ulotrichales
↗ Volvocales
↗ Zygnematales (= Conjugales)

grui- [v. lat. grus, Gen. gruis = Kranich; davon auch gruinus = Kranich-].

Gruinales [Mz.; v. *grui-], *Geraniales,* die ↗ Storchschnabelartigen.

Grünalgen, *Chlorophyceae,* Kl. der ↗ Algen, besitzen Plastiden (Chloroplasten), neben akzessor. Pigmenten ([T] Algen) Chlorophyll a und b; Reservesubstanz Stärke, gelegentl. noch Lipide. Bei G. kommen alle Organisationsstufen ([B] Algen I) vor; höher differenzierte Thalli fehlen. Die Zellen sind ein- od. vielkern.; die Zellwand besteht aus Cellulose u. Pektin. Begeißelte Fortpflanzungskörper mit 2, 4, selten mehr gleichgestalteten (isokonten) Geißeln. Sexuelle Fortpflanzung durch Iso-, Aniso- od. Oogamie. Bei Süßwasserarten ist die Zygote meist Überdauerungsstadium. Es gibt Haplonten, Diplo-Haplonten u. wenige Diplonten. Die über 7000 Arten sind in 450 Gatt. zusammengefaßt u. kommen überwiegend ($\approx$ 90%) im Süßwasser vor ([T] Algen). Die Ord.-Gliederung (Tab.) ist noch unbefriedigend, phylogenet. Zusammenhänge sind vielfach nicht sicher nachweisbar. – Blattartige G., z. B. *Monostroma,* werden in O-Asien als Suppen- u. Gemüsebeilage gegessen. In den vergangenen Jahrzehnten wurden Versuche unternommen, um Mikroalgen (u. a. *Chlorella* u. *Scenedesmus* u. die Blaualge *Spirulina*) zur Gewinnung insbes. essentieller Aminosäu-

Substanzen	Scenedesmus	Spirulina	Sojamehl
Proteine	53	60	36
Lipide	13	3	18
Kohlenhydrate	14	17	25
Wasser	6	10	8

ren zu verwenden. Bei Kulturen in den Tropen u. Subtropen erreichte man bei *Scenedesmus quadricauda* einen Tagesertrag von 45 g Algentrockenmasse pro m^2; das entspricht bei einer Kulturdauer von ca. 100 Tagen pro Jahr 45–60 t Algentrockenmasse pro ha mit 22–30 t Proteinen (zum Vergleich: Weizen erbringt 3,5 t Trockenmasse pro ha mit 0,4 t Proteinen). Die Produktionskosten liegen mit 4–6 DM/kg Trockenmasse noch sehr hoch (bei Sojamehl ca. 0,50 DM/kg). Weitere Nachteile der Algen: sie enthalten hohe Konzentrationen des carcinogenen Benzpyrens u. haben relativ hohen Schwermetallgehalt (Cadmium, Blei, Quecksilber u. a.) u. einen hohen Purinanteil, der den Harnstoffwechsel des Menschen stark beeinflussen kann (Gicht). [B] Algen II, IV–V.

Grünaugen, 1) die ↗ Halmfliegen; **2)** Fam. der ↗ Laternenfische.

Grünblindheit ↗ Deuteranopie; ↗ Farbenfehlsichtigkeit. [plasma.

Grundcytoplasma, das ↗ Cytosol, ↗ Cyto-

Grunddüngung, Kali-Phosphatdüngung, die meist schon im Herbst auf die Felder gebracht u. im Frühjahr u. während der Wachstumsperiode durch Stickstoffgaben ergänzt wird.

Grundelartige Fische, *Gobioidei,* U.-Ord. der Barschartigen Fische mit 10 Fam. Meist kleine Grundfische in trop. Küstengewässern, einige Arten auch in gemäßigten Zonen u. in Süßgewässern; haben meist einen längl., zylindr., nackten od. mit Kammschuppen bedeckten Körper, einen großen Kopf u. oft zu einer Saugscheibe umgebildete Bauchflossen. Bedeutendste Fam. sind die ↗ Grundeln *(Gobiidae).*

Grundeln, *Gobiidae,* Fam. der Grundelartigen Fische mit 400 Arten eine der größten Fisch-Fam. Durchweg 5–15 cm lange, überwiegend marine Bodenfische mit 2 Rückenflossen, gedrungenem Körper, an den Schultergürtel verlagerten, miteinander verschmolzenen Beckenknochen u. oft verwachsenen, eine Saugscheibe bildenden Bauchflossen; viele Arten betreiben Brutpflege. In der Seegrasregion der eur. Meere u. in Flußmündungen ist die ca. 15 cm lange, großschupp., oberseits dunkel gefärbte Schwarz-G. *(Gobius niger)* beheimatet; sie heftet ihre keulenförm. Eier an die Decke v. Höhlungen, das Männchen bewacht das Gelege. Ebenfalls an nahezu allen eur. u. an nordafr. Küsten in Tiefen v. 2–200 m ist die ca. 10 cm lange Sand-G. od. der Sandkülling *(Pomatoschistus minutus)* heimisch. Brackige Gewässer bevorzugt der eur., nur 5 cm lange, schwarmbildende Strandkülling *(P. microps),* der seine Eier meist in leere Muschelschalen ablegt. Die karib., bis 6 cm lange Neon-G. *(Gobiosoma oceanops)* betätigt sich als Putzerfisch, indem sie bei anderen Fischen Außenparasiten abliest. Zu den wenigen Süßwasserformen gehören die bis 4,5 cm lange, südostasiat., als Aquarienfisch gehaltene Goldringel-G. *(Brachygobius xanthozona),* die in Grotten SO-Madagaskars lebende, blinde Höhlen-G. *(Thyphleotris madagascariensis)* u. die 1,1 cm lange Zwerg-G. *(Pandaka pygmaea),* die in philippin. Gewässern lebt u. zum Laichen ins Meer abwandert; sie gilt als kleinstes Wirbeltier. Amphibisch lebende G. sind die ↗ Schlammspringer u. die in brackigen Mangrovesümpfen SO-Asiens heim., ca. 10 cm langen Glotzaugen *(Boleophthalmus),* die bei Ebbe auf dem Schlamm kriechend Nahrung suchen.

gründeln, Bez. für die Nahrungssuche von auf der Wasseroberfläche schwimmenden Tieren durch Eintauchen v. Kopf u. Vorderkörper zum Gewässergrund, z. B. bei Enten u. Schwänen.

Gründelwale, *Monodontidae,* Fam. der Zahnwale mit nur 2 Arten, dem ↗ Weißwal *(Delphinapterus leucas)* u. dem ↗ Narwal

Schwarz-Grundel *(Gobius niger)*

Grundgewebe
Zum *Assimilationsparenchym* gehören das grüne G. der Blätter sowie das grüne Rindengewebe vieler junger Sprosse; es besitzt entspr. seiner Hauptaufgabe neben großen Interzellularen chloroplastenreiche Zellen. Typische *Speicherparenchyme* sind das Mark u. die Rinde v. Sproßachse u. Wurzel, insbes. in deren Ausbildung als Knollen u. Rübe. Auch das aus lebenden Zellen bestehende *Holzparenchym,* das die toten Holzkörper netzartig durchzieht, u. die Markstrahlen im ↗ Holz sind wichtige Speichergewebe. Dabei haben die Markstrahlen aber auch Stofftransportfunktion u. sind daher wichtige *Leitparenchyme.* Die mit großen Interzellularräumen ausgestatteten Parenchyme vieler Wasser- u. Sumpfpflanzen dienen der *Durchlüftung* u. damit der Erleichterung des Gaswechsels der untergetauchten Organe.

(Monodon monoceros). G. haben keine Rückenflosse u. keine verwachsenen Hals-
Gründerprinzip ↗ Gendrift.   [wirbel.
Grundfinken, *Geospiza,* ↗ Darwinfinken.
Grundgewebe, 1) *Parenchym,* Bez. für das Gewebe, das im Pflanzenkörper den Raum zw. der Epidermis bzw. der Rhizodermis u. den Leitbündeln i. d. R. vollständig ausfüllt. In den älteren Sprossen (↗ Sproß) vieler Höherer Pflanzen bilden die einzelnen Leitbündel einen mehr od. weniger geschlossenen Zylindermantel, wodurch das G. in 2 Teile, das *Mark* u. die *Rinde,* geschieden wird. Einzelne Streifen von G. durchziehen diesen Leitbündelzylinder in Querrichtung u. stellen als Markstrahlen (bzw. Holz- u. Rindenstrahlen) eine Verbindung zw. Mark u. Rinde her. Da in den Sprossen der Einkeimblättrigen Pflanzen die Leitbündel ungleichmäßig über die Querschnittsfläche verteilt sind, sind Mark u. Rinde nicht scharf voneinander getrennt. In Pflanzenteilen, in denen die Leitbündel sich zu einem geschlossenen, zentral gelegenen Strang vereinen, wie z. B. in der ↗ Wurzel, ist das G. nur in Form der Rinde entwickelt. Im ↗ Blatt ([B] Blatt I) ist es hpts. als Assimilationsparenchym ausgebildet. Die Zellen des G.s sind lebend und i. d. R. isodiametrisch, rundl. bis vieleckig u. wenig differenziert (= *parenchymatisch,* da solche Zellformen hpts. im G. vorkommen). Gelegentl. finden sich auch prosenchymatische (= langgestreckte u. zugespitzte Zellform) Zellverbände. Die ↗ Zellwand ist i. d. R. nur schwach verdickt u. besteht aus elast. Celluloseschichten. Selten ist sie verholzt, so daß Stoffdurchtritte leicht sind. Das Cytoplasma der oft großen Parenchymzellen umschließt umfangreiche Safträume (Vakuolen), die bes. im Speicherparenchym viel Nährstoffe enthalten können. Neben Leukoplasten u. Chloroplasten kommen auch Chromoplasten vor. Infolge der prallen Füllung mit Zellsaft, infolge des Zellturgors also, dient das G. auch der allg. Festigung der kraut. Pflanzenteile. Das Welken ist stets hpts. durch Wasserverlust der Parenchyme bedingt. – Entspr. der Art der physiolog. Leistung kann man das G. in ↗ Assimilations-, ↗ Speicher-, ↗ Leit- u. Durchlüftungsgewebe (↗ Aerenchym) od. -parenchym einteilen. **2)** das ↗ Stroma.
Grundhai, 1) *Carcharhinus leucas,* ↗ Braunhaie; **2)** *Mustelus mustelus,* ↗ Marderhaie.
Grundlagenforschung, der Teil der Forschung, der ausschl. die Naturphänomene an sich ohne Hinblick auf die techn. Anwendung untersucht; bemüht sich um die Einordnung der gewonnenen Erkenntnisse u. Verbesserung der Theorien. Ggs. ist die Zweck- oder angewandte Forschung.

Gründlinge, *Gobioninae*, U.-Familie der Weißfische mit 18 Gatt. u. ca. 70 Arten. Kleine bis mittelgroße, vorwiegend ostasiat., bodenbewohnende Karpfenfische mit langgestrecktem, unterseits oft abgeflachtem Körper, end- od. unterständ. Maul, meist 1 Paar Oberlippenbarteln u. kurzer Rückenflosse. Zur eurasiat. Gatt. *Gobio* gehören der v. Irland bis Mittelchina v. a. in schnellfließenden Gewässern verbreitete, bis ca. 15 cm lange Gewöhnl. G. (*G. gobio*, B Fische X) u. der ihm sehr ähnl., nur auf das Donaugebiet beschränkte Steingreßling *(G. uranoscupus)*. 4 Bartelpaare besitzen die artenreichen Schmerlen-G. *(Gobiobotia)*. Brutpflege betreiben der Nestbauende G. *(Abbottina rivularis)*, bei dem das Männchen den Laich verteidigt, u. die Len-G. *(Sarcocheilichthys)*, deren Weibchen wie die Bitterlinge mit einer langen Legeröhre ihre Eier in die Mantelhöhle lebender Flußmuscheln le-
Grundmembran ↗ Membran. [gen.
Grundmeristem *s* [v. gr. meristḗs = Teiler], Sammelbez. für die noch embryonalen Gewebebezirke (↗ Bildungsgewebe) in der ↗ Differenzierungszone des ↗ Sproßscheitels der Samenpflanzen, die unter zunehmender Ausbildung parenchymat. Merkmale ihre Teilungsfähigkeit verlieren u. zum ↗ Grundgewebe werden. Das G. umfaßt demnach Urrinde u. Urmark. ↗ Sproß.
Grundnessel, *Hydrilla verticillata*, ↗ Froschbißgewächse.
Grundorgane, Sammelbez. für die den Bauplänen aller Kormophyten (Sproßpflanzen) gemeinsamen Organe *Blatt*, *Sproßachse* u. *Wurzel*. Die mannigfalt. Abwandlungen in der Ausgestaltung dieser G. in Anpassung an spezielle Umweltbedingungen sind Ursache des großen Formenreichtums der Höheren Pflanzen.
Grundplan ↗ Merkmale.
Grundplasma [v. gr. plasma = das Geformte], nicht einheitl. gebrauchter Begriff in der Zellbiol.; zum G. gehören Ribosomen, Mikrotubuli u. die aus ihnen aufgebauten Strukturen (Centriolen, Geißeln), Mikrofilamente u. Reservestoffablagerungen (Proteinkristalle, Lipidtröpfchen), aber nicht die inneren Membransysteme (Golgi-Apparat, endoplasmat. Reticulum, Mitochondrien, Chloroplasten).
Grundspirale, *genetische Spirale*, ↗ Blattstellung (□).
grundständige Blattstellung, Blattanordnung, bei der die Blätter an der Basis der Sproßachse entspringen u. daher unmittelbar über dem Boden stehen.
Grundstoffe, die ↗ chemischen Elemente.
Grundumsatz, *Basalumsatz*, der Energieverbrauch des ruhenden Körpers ohne Energiezufuhr beim Temp.-Optimum, der

Gründüngung
Zweck:
Bodenlockerung u. -anreicherung mit organ. Masse, Förderung der Bodengare durch Bodenbedekkung, Erosions- u. Verschlämmungsschutz.

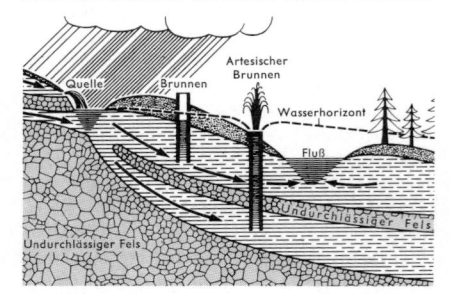

Grundwasser
Eingriffe des Menschen, wie Überbauung, Kanalisation, Vertiefung u. Begradigung v. Gewässern u. reichl. G.entnahme für Trink- u. Brauchwasser haben zur Absenkung des G.s mit bedenkl. Auswirkungen auf Vegetation u. Klima geführt.

zur Erhaltung des Lebens u. seiner Funktionen notwend. ist. ↗ Energieumsatz (T).
Gründüngung, Anbau u. anschließendes Unterpflügen v. Kulturpflanzen mit starker Bewurzelung u. raschem Bodenbedeckungsvermögen. Verwendet werden vorzugsweise Hülsenfrüchter wegen deren Fähigkeit, mit Hilfe der Knöllchenbakterien den Luftstickstoff zu binden, z. B. Lupine für arme Sandböden, Wicken, verschiedene Kleearten usw., daneben aber auch schnell wachsende Kreuzblütler wie Raps, Rübsen, Ölrettich.
Grundwanzen, *Aphelocheiridae*, Fam. der Wanzen; in Mitteleuropa nur die Art *Aphelocheirus aestivalis*, ca. 10 mm groß, braun mit gelber Zeichnung, Flügel kurz od. stark zurückgebildet; die Imagines leben am Grund v. Fließgewässern.
Grundwasser, dauernd vorhandene, die Gesteinshohlräume u. Bodenporen füllende Wasseranreicherung. G. entsteht durch die Versickerung v. Niederschlägen und Oberflächenwasser. Der G.spiegel schwankt jahreszeitl. u. hängt örtl. v. der Niederschlagsmenge, der Durchlässigkeit des Unterbodens u. der Oberflächenneigung ab. Nur vorübergehend über oberflächennahen undurchläss. Schichten angesammeltes Wasser wird als *Stauwasser* bezeichnet. Innerhalb einer Landschaft pegelt sich der G.spiegel nach den hydrostat. Druckverhältnissen ein. Höherliegendes G. fließt als G.strom lateral im Boden talwärts

od. es gelangt als *Quellwasser* an die Bodenoberfläche. Ist der hydrostat. Druck im Bodeninnern höher als an der Bodenoberfläche, so entsteht ein *Artesischer Brunnen*.
Grundwasserböden, hydromorphe Böden, deren Entwicklung unter dem Einfluß des Grundwassers verläuft (↗ Gley, ↗ Auenböden, Marsch, Niedermoor, Hochmoor). T Bodentypen.
Grundwasserfauna ↗ Stygobionten.
Grundzahl, *Basiszahl*, die Anzahl an Chromosomen im haploiden Genom eines Organismus (wird mit × bezeichnet); bei Euploidie ist die Zahl der Chromosomen ein ganzzahl. Vielfaches der G. (z. B. tetraploid = 4×).

grüne Bakterien, *Chlorobiineae*, U.-Ord. phototropher Bakterien, die in 2 Fam. unterteilt wird, die *Chlorobiaceae* u. die *Chloroflexaceae* (↗ grüne Schwefelbakterien).

Grünerlen-Busch, *Alnetum viridis*, Assoz. der ↗ Betulo-Adenostyletea.

grüne Schwefelbakterien, *Chlorobiaceae*, fr. *Chlorobacteriaceae*, Fam. der grünen Bakterien *(Chlorobiineae)*. Diese phototrophen Bakterien unterscheiden sich stark im Aufbau des Photosyntheseapparats u. im Stoffwechsel v. den übrigen Phototrophen. Charakterist. sind die Ausbildung v. bes. Organellen, den ↗ *Chlorosomen*, u. ihr Absorptionsspektrum (↗ Bakteriochlorophylle). G. S. sind obligat anaerob u. photolithotroph; sie nutzen reduzierte Schwefelverbindungen (H_2S, $S°$, $S_2O_3^{2-}$, viele auch H_2) als Elektronendonoren; ohne Licht u. Schwefelwasserstoff (H_2S) ist kein Wachstum möglich. Wenn elementarer Schwefel ($S°$) als Zwischenprodukt auftritt, wird er *nicht* innerhalb der Zellen gespeichert (Ggs. zu Schwefelpurpurbakterien). Haupt-Kohlenstoffquelle ist Kohlendioxid (CO_2), das wahrscheinl. nicht im Calvin-Zyklus, sondern in einem bes. autotrophen Assimilationsweg, einem ferredoxinabhängigen ↗ reduktiven Citratzyklus, in organ. Verbindungen überführt wird. Einige wenige organ. Substrate (z. B. Acetat, Propionat) können im Licht zusätzl. assimiliert werden. Die zur Reduktion von CO_2 notwend. Reduktionsäquivalente (NADH) werden wahrscheinl. direkt in einem lichtgetriebenen, *nicht-zyklischen* Elektronenfluß (über Ferredoxin) gebildet. Die ATP-Bildung erfolgt in einem *zyklischen* Elektronentransport (= Photosystem I, ↗ phototrophe Bakterien). Es gibt grüne u. braune Formen (mit charakterist. Carotinoiden) mit u. ohne Gasvesikel; alle sind unbeweglich. – G. S. kommen weltweit in allen Gewässern vor, wo organ. Substrat zersetzt wird u. H_2S vorliegt; sie können in dichten Lagen auf sulfidreichem (schwarzem) Faulschlamm leben, wo sie die unterste Schicht der phototrophen Organismen bilden (z. B. *Chlorobium*, ↗ phototrophe Bakterien). Formen mit Gasvakuolen schweben dagegen in oberen Lagen des sulfidreichen Hypolimnions, wo H_2S-Konzentrationen u. Lichteinfall für das Wachstum bes. günstig sind. – Die zweite Fam. der grünen Bakterien, die *Chloroflexaceae*, sind *gleitende* grüne Bakterien, die den gleichen Aufbau des Photosyntheseapparats (Chlorosomen) wie die g.n S. besitzen, sich aber morpholog. u. physiolog. stark v. ihnen unterscheiden. Es sind flexible, fädige Formen mit gleitender Beweglichkeit an Oberflächen. Die bekannteste Art, der thermophile *Chloroflexus aurantiacus* ($0,6-0,7[1,0] \times 30-100$ µm), lebt im Ausfluß heißer Schwefelquellen (optimales Wachstum 50–60 °C, maximal ca. 70 °C); sie bilden grüne od. orangefarb. Matten u. können mit Cyanobakterien vergesellschaftet sein. Ihr Photosyntheseapparat enthält Bakteriochlorophyll a und c. Normalerweise wachsen sie im Licht photoorganotroph mit verschiedenen organ. Substraten; außerdem ist ein photolithoautotropher Stoffwechsel ($CO_2 + H_2S$) und im Dunkeln ein chemoorganotropher Atmungsstoffwechsel möglich (↗ phototrophe Bakterien).

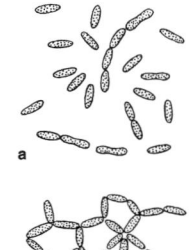

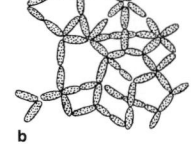

grüne Schwefelbakterien
Grüne Schwefelbakterien treten als Einzelzellen (*Chromatium*-Arten, **a**), sternförm. Aggregationen (*Prosthecochloris*), als dreidimensionales Netz (*Pelodictyon clathratiforme*, **b**) od. als symbiont. Assoziation („*Chlorochromatium aggregatum*", ↗ Consortium) mit Schwefel- od. Sulfatreduzierern auf.

Grünfäule, 1) *Grünschimmel*, allg. Bez. für Pflanzenkrankheiten, die durch Pilze mit grünl., staubart. Konidienpolstern verursacht werden; gehören hpts. der Gatt. ↗ *Aspergillus* od. ↗ *Penicillium* an. Auf Zitronen findet sich *Penicillium italicum*, auf Äpfeln *P. expansum* od. *P. glaucum*, auf Marmelade verschiedene *Aspergillus*-Arten. **2)** Holzzersetzung mit Grünfärbung durch *Chlorosplenium aeruginascens*, den Grünspanbecherling (Fam. *Helotiaceae*).

Grünfisch ↗ Aalmuttern.

Grünfrösche, Bez. für die meist grün gefärbten, mehr aquat. lebenden Arten der Gatt. *Rana* (Fam. *Ranidae*) der holarkt. Region, i. e. S. für die eur. Wasserfrösche *R. ridibunda* (Seefrosch), *R. esculenta* (Teichfrosch, Wasserfrosch), *R. lessonae* (Tümpelfrosch, kleiner Teichfrosch) sowie in S-Fkr. u. Spanien *R. perezi* (südl. Seefrosch). Im Ggs. zu den Braunfröschen halten sich die G. im Sommer am od. im Wasser auf; sie sind wärmeliebend, u. ihre laut keckernden (Seefrosch) od. schnurrenden (Tümpelfrosch) Rufe sind allg. bekannt. Die Männchen besetzen Reviere u. kämpfen häufig. Paarungen u. Eiablagen finden mehrfach an warmen Sommertagen od. -nächten statt. Der nach der ↗ Roten Liste „gefährdete" Seefrosch *(R. ridibunda)* ist mit bis 15 cm der größte; er verbringt den Winter im Gewässer, eingewühlt im Schlamm. Der Tümpelfrosch *(R. lessonae)* ist mit bis 9 cm der kleinste; er verbringt den Winter auf dem Lande vergraben; zum Eingraben dient ein Fersenhöcker, der beim Tümpelfrosch relativ am größten ist. Der Wasserfrosch *(R. esculenta)* ist im Vergleich zu den anderen beiden in allen Merkmalen, auch in biochem. u. im Ruf, intermediär. Untersuchungen der letzten beiden Jahrzehnte haben erwiesen, daß dieser bekannteste eur. Frosch keine eigenständ. Art ist, sondern ein Bastard zw. *R. ridibunda* u. *R. lessonae*, u. daß seine Populationen in verschiedenen Regionen unterschiedl. sind. Die meisten Populationen haben eine stark eingeschränkte Fertilität; neben diploiden gibt es triploide

Populationen. Selten sind reine *R. esculenta*-Populationen, die dann auch fertil sind. I. d. R. kommt *R. esculenta* zus. mit einer der beiden Eltern-Arten vor, bes. häufig mit *R. lessonae*. An solchen Stellen erhält sich die *R. esculenta*-Population durch ↗Hybridogenese: Von *R. esculenta* produzierte Gameten enthalten nur das *ridibunda*-Genom, das *lessonae*-Genom wird während der Gametogenese eliminiert. Dadurch entstehen bei Rückkreuzungen mit *R. lessonae* immer wieder Hybriden mit *ridibunda*- u. *lessonae*-Genom. Daß es *R. esculenta* trotz seiner eingeschränkten Fertilität nicht nur gibt, sondern daß er sogar der häufigste Grünfrosch in Mitteleuropa ist, liegt daran, daß er, wie bei einem ↗balancierten Polymorphismus, wenn er überhaupt überlebt, eine größere Vitalität u. Anpassungsfähigkeit als die beiden Elternarten hat u. daß in einer Population ein kleiner Prozentsatz einer Elternart zur Produktion neuer *R. esculenta* ausreicht. [B] Amphibien II.

Grunion *m, Leuresthes tenuis,* ↗Ährenfische.

Grünkohl ↗Kohl.

Grünland, Begriff aus der Landw., unter dem alle, vorwiegend aus grasart. Gewächsen und z. T. auch aus Kräutern (*G.kräuter*) aufgebauten, gehölzfreien, mäh- od. beweidbaren Pflanzen-Ges. zusammengefaßt werden: Rasen- u. Niedermoor-Ges., Röhrichte u. Streuwiesen.

Grünling, 1) *Tricholoma auratum* Gillet (*T. equestre* Quél.), ↗Ritterlinge. **2)** *Carduelis chloris,* ↗Finken.

Grünlinge, *Hexagrammoidei,* U.-Ord. der Panzerwangen; nordpazifische, langgestreckte, ca. 50 cm lange Fische. Viele Arten der Fam. G. *(Hexagrammidae)* werden an asiat. Küsten ebenso wie die ↗Schwarzfische wirtschaftl. genutzt.

Grünnattern, *Chlorophis,* Gatt. der Nattern, v. a. in den trop. Regenwäldern, einige auch in den angrenzenden Savannengebieten Afrikas beheimatet; typ. Baumbewohner; Körperfärbung grün; schlank u. mit gekielten Bauchschuppen (geschickte Kletterer). Alle Arten ungiftig; ernähren sich v. Fröschen u. Echsen; eierlegend.

Grünrüßler, Vertreter der Gatt. *Phyllobius,* gelegentl. auch *Polydrosus* der Familie ↗Rüsselkäfer. [läufer.

Grünschenkel, *Tringa nebularia,* ↗Wasser-

Grünschimmel, die ↗Grünfäule 1).

Grunzer, die ↗Süßlippen (Barschfische).

Grunzochse, *Bos mutus grunniens,* Haustierform des ↗Yak.

Gruppe, in der Ethologie Bez. für einen vorübergehenden od. dauerhaften Zusammenschluß mehrerer Individuen einer Art, gelegentl. sogar verschiedener Arten. In diesem Sinne wird G. synonym mit ↗Tiergesellschaft schlechthin benutzt. Im Ggs. dazu wird in der Soziologie u. Psychologie nur dann v. einer G. gesprochen, wenn die Mitgl. in spezif. sozialen Wechselwirkungen miteinander stehen u. zugehörige Individuen v. nichtzugehörigen unterschieden werden. Eine solche G. würde man in der Ethologie als eine *individualisierte* G. kennzeichnen; die Bez. G. sollte auch in der Ethologie entspr. dem Gebrauch in den anderen Verhaltenswiss. enger gefaßt werden.

Gruppenauslese, 1) ↗Auslesezüchtung. **2)** die Gruppen-↗Selektion.

Gruppenbalz, *kollektive Balz, Gemeinschaftsbalz, Gesellschaftsbalz,* Form der ↗Balz, an der mehr als zwei Individuen als Geschlechtspartner mitwirken. Von Vögeln ist die ↗Arenabalz bekannt, bei der sich mehrere ♂♂ an einem Ort einfinden u. durch ihre synchronisierten Lautäußerungen bzw. Sexualsignale ♀♀ anzulocken versuchen. Dabei versuchen alle ♂♂ zur Kopulation zu kommen, wobei meist ein dominantes ♂ bes. erfolgreich ist. Offenbar ist die Arenabalz unter gewissen Bedingungen (wenn z. B. keine Paarbindung existiert) besser zur Anlockung von ♀♀ geeignet als die Einzelbalz u. setzt sich daher in der Selektion durch, evtl. unterstützt durch einen hohen Verwandtschaftsgrad der ♂♂ untereinander (↗Sippenselektion). Auch der „Tanz" der Mückenmännchen u. ä. Verhalten anderer Insekten bildet eine G. mit der Funktion der Arenabalz. Daneben existiert eine weitere Form der G., bei der nicht nur ♂♂, sondern beide Geschlechter in größerer Zahl zusammenkommen, z. B. die gemeinsame Balz der Flamingos. Diese G. findet sich bes. bei sozial lebenden trop. Tieren, die sich durch sie in ihrer Fortpflanzungsbereitschaft abstimmen u. synchronisieren. Häufig folgt auf eine G. dieser Art die Brutpflege in einer gemeinsamen Brutkolonie.

Gruppenbildung ↗Tiergesellschaft.

Gruppenselektion [v. lat. selectio = Auslese], ↗Selektion.

Gruppentranslokation [v. lat. trans = hinüber, locare = stellen], ↗aktiver Transport.

Gruppenübertragung, *G.sreaktion, Gruppentransfer,* die bei zahlr. chem. Reaktionen des Zellstoffwechsels erfolgende, durch Transferasen (↗Enzyme) katalysierte Übertragung v. ↗funktionellen Gruppen od. von mehr od. weniger großen Molekülgruppen v. einem Donor- auf ein Akzeptormolekül. Durch die G. können die in einer Molekülgruppe vereinigten Atome als „vorgefertigte Teile" zum Aufbau größerer Moleküle verwendet werden u. müs-

Gruppenübertragungsreaktionen
Beispiele sind: Übertragung der endständigen Phosphatgruppe od. Pyrophosphatgruppe v. ATP auf andere Moleküle (Phosphatgruppenübertragung); Übertragung der Acetylgruppe v. Acetyl-Coenzym A bei vielen synthet. Reaktionen (z. B. bei den einleitenden Schritten des ↗Citratzyklus u. bei der Synthese v. ↗Fettsäuren); Übertragung v. Zuckerresten, ausgehend v. Nucleosiddiphosphat-Zuckern als Donoren bei der Bildung v. Glykosiden (Transglykosidierung); Transaldolierungsreaktionen bei der Umwandlung v. Zuckern z. B. im Rahmen des ↗Calvin-Zyklus; Übertragung v. Amino- bzw. Amidgruppen bei Transaminierungs- u. Transamidierungsreaktionen; Übertragung der Carbamylgruppe v. Carbamylphosphat als Donor bei der Biosynthese der Pyrimidinbasen; Übertragung v. Aminosäureresten auf t-RNA oder v. Peptidresten auf Aminoacyl-t-RNA bei der Proteinsynthese; Übertragung v. Nucleotidresten v. Nucleosidtriphosphaten auf wachsende DNA- od. RNA-Ketten bei deren Synthese.

sen nicht immer wieder v. neuem zusammengesetzt werden. Als Donormoleküle wirken vielfach die entspr. aktivierten Verbindungen (↗ Aktivierung, ↗ energiereiche Verbindungen), die sich unter Spaltung v. ATP (od. anderen energiereichen Phosphaten) aus den inaktiven Vorstufen bilden. Aufgrund der in den aktivierten Verbindungen bereits gespeicherten Energie (sog. G.spotential) verlaufen die eigtl. G.sreaktionen ohne zusätzl. Energieaufwand, d. h. ohne Spaltung v. ATP (od. anderen energiereichen Phosphaten). Ausnahmen v. dieser Regel bilden die direkt v. ATP od. anderen energiereichen Phosphaten ausgehenden Reaktionen (z. B. Phosphat-G. od. Nucleotid-G.), bei denen erstere als Gruppen-Donoren fungieren u. während der G. gespalten werden. Je höher das G.spotential einer aktivierten Verbindung ist, desto mehr liegt das Gleichgewicht der betreffenden G.sreaktion auf seiten der G. Auch beim Abbau v. Biomolekülen sind G.sreaktionen weit verbreitet; z. B. sind hydrolyt. Reaktionen als G.sreaktionen mit H_2O als Akzeptormolekül aufzufassen; bei phosphorolyt. Reaktionen (z. B. beim Abbau v. Glykogen u. Stärke) finden G.en auf Phosphatmoleküle statt.

Grus *m* [lat., = Kranich], Gatt. der ↗ Kraniche.

Grußverhalten, Austausch v. Signalen beim Zusammentreffen zweier Individuen, der der Hemmung v. aggressiven Verhaltensweisen dient u. Zeit zum individuellen Erkennen gibt. Bei bes. aggressiven Tieren kann es zur phylogenet. Entwicklung komplizierter *Grußzeremonien* kommen: z. B. muß ein Reiher, der den auf dem Nest befindl. Partner anfliegt, nach der Landung ein Zeremoniell durchlaufen, dessen Gestik sich v. Drohsignalen ableitet, die ritualisiert wurden. Ähnliches ist auch v. Cichliden (nestbauenden Fischen) bekannt. Das G. kann auch Elemente der ↗ Beschwichtigung enthalten, z. B. das Überreichen v. Futter oder irgendeines Objekts, das durch Ritualisierung an der Stelle des Futters steht. ↗ Augengruß.

Gryllacridoidea [Mz.; v. *gryll-, gr. akrides = Heuschrecken], *Grillenartige, Grillenschrecken,* Über-Fam. der ↗ Heuschrecken *(Saltatoria),* hierzu die Fam. ↗ Buckelschrecken *(Rhaphidophoridae).*

Gryllidae [Mz.; v. *gryll-], *Eigentliche Grillen,* Fam. der Heuschrecken (Langfühlerschrecken) mit weltweit ca. 2000, in Mitteleuropa nur ca. 5 Arten; klein bis mittelgroß, der walzenförm. Körper ist dunkel u. unscheinbar gefärbt; Halsschild breit u. rechteckig; Fühler lang u. vielgliedrig; Männchen singen durch Aneinanderreiben v. Schrilleiste u. Schrillkante der Deckflü-

gryll-, gryllo- [v. mlat. gryllus = Grille (abzuleiten v. lat. gryllare = einen Naturlaut ausstoßen od. v. gr. gryllos = Ferkel)], in Zss.: Grillen-.

gryp- [v. gr. grypos = gekrümmt; auch über (latinisiert) gryphus = gr. gryps, Gen. grypos = Vogel Greif].

gel. Die G. leben verborgen unter Laub od. in selbstgegrabenen Erdlöchern. Schon ab Mai singen die Männchen der bis 25 mm langen Feldgrille *(Gryllus campestris)* am Eingang der ca. 30 cm langen, selbstgegrabenen Erdröhre, um Weibchen anzulokken; jedes Männchen besitzt sein eigenes Revier, aus dem Rivalen vertrieben werden; die Larven durchlaufen, wie alle Heuschrecken, eine unvollkommene Entwicklung (Hemimetabolie). Die wärmeliebende *Hausgrille* (Heimchen, *Acheta domestica)* lebt in Europa meist in Wohnräumen; bis 20 mm groß, gelb bis braun gefärbt; hält sich tagsüber in Ritzen u. Löchern auf u. beginnt erst nachts zu singen u. auf Nahrungssuche zu gehen. Die *Waldgrille (Nemobius silvestris)* kommt bei uns in lichten Laubwäldern vor; nur ca. 10 mm groß, Hinterflügel fehlen, Vorderflügel verkürzt, leiser Gesang.

Grylloidea [Mz.; v. *gryllo-], die ↗ Grillen.
Gryllotalpidae [Mz.; v. *gryllo-, lat. talpa = Maulwurf], die ↗ Maulwurfsgrillen.
Gryllteiste *w* [v. *gryll-], *Cepphus grylle,* ↗ Lummen; ↗ Alken.
Gryllus *m* [mlat., = Grille], Gatt. der ↗ Gryllidae.
Gryphaea *w* [v. *gryp-], (Lamarck 1801), taxonom. u. nomenklator. schwer zu definierendes Austern-Genus, dem – meist unter diesem Namen – einige bekannte Leitfossilien zugeordnet werden, z. B. *G. arcuata* (Sinemurium), *G. bilobata* (Bajocium), *G. dilatata* (Callovium). – Die linke Klappe der dicken Schale ist längs u. quer mehr od. weniger gewölbt u. oft mit dem Wirbel festzementiert, rechte Klappe flach u. deckelförmig. Verbreitung: obere Trias bis oberer Jura, weltweit.
Gryphaeidae [Mz.; v. *gryp-], Überfam. *Ostreoidea,* marine Muscheln mit ungleichen Schalenklappen; rezent nur durch 2 Gatt. mit 5 Arten vertreten. ↗ *Gryphaea.*
Gryphus *m* [v. *gryp-], *G. vitreus,* Brachiopode mit bis 4 cm langen, sehr zarten Schalen, fast durchsichtig (wiss. Artname!); verwandt mit ↗ *Terebratulina* (U.-Kl. Testicardines).
Grypocera [Mz.; v. *gryp-, gr. keras = Horn], ↗ Tagfalter.
Grypotherium *s* [v. *gryp-, gr. thērion = Tier], (Reinhardt 1879), heute meist als *Mylodon* (Owen 1840) bezeichnete Gatt. der Säugetier-Ord. *Edentata* (Zahnarme), die im Pleistozän die Steppengebiete der Neuen Welt bewohnt hat. In S-Amerika vermutl. im älteren Holozän v. Menschen domestiziert.
GTP, Abk. für ↗ Guanosin-5'-triphosphat.
Gua, Abk. für ↗ Guanin.
Guacharofett [gu̯atsch-; indian.], ↗ Fettschwalme.

1 Feldgrille *(Gryllus campestris),* 2 Hausgrille *(Acheta domestica)*

133

Guajacum

Guajacum s [v. *guaja-], Gatt. der ↗Jochblattgewächse. [wächse.
Guajakholz [v. *guaja-], ↗Jochblattge-
Guajakol s [v. *guaja-, lat. oleum = Öl], stark nach Gewürzen duftender Inhaltsstoff aus Buchenholzteer u. aus den Destillationsprodukten des *Guajakharzes* (↗Jochblattgewächse), der fr. als Hustenmittel verwendet wurde.

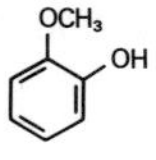

Guanako s [indian.], *Lama guanicoë,* südam. Kleinkamel, Stammform der Haustiere Lama (*L. g. glama*) u. Alpaka (*L. g. pacos*); Kopfrumpflänge 180–220 cm, Körperhöhe 90–130 cm. Als Lebensraum bevorzugt das G. v. a. trockene Gegenden im Flachland wie im Gebirge; seine Nahrung sind Gräser, Kräuter u. Moose. In weiten Teilen seines urspr. Verbreitungsgebiets, dem westl. u. südl. S-Amerika, ist das G. wegen seines begehrten Fells u. als Nahrungskonkurrent der Schafherden ausgerottet od. selten geworden. Als Rückzugsgebiete dienen heute die unzugängl. Gebiete des Anden-Hochlands bis in 4000 m Höhe. Dort leben die G.s in kleinen Herden aus maximal 20 Tieren, angeführt v. einem Hengst. Die Fortpflanzungsrate der G.s ist niedrig; nach ca. 11 Monaten Tragzeit gebiert die Stute i. d. R. nur 1 Junges.

Guanidin s [v. *guan-], *Iminoharnstoff,* stark bas. Harnstoffderivat, das unter physiolog. pH-Wert in kation. Form (Guanidinium-Kation) vorliegt, in dieser Form als Naturstoff in der Zuckerrübe u. in den Samen der Wicken. In der Natur weitverbreitet sind Derivate des G.s, wie ↗Arginin, ↗Canavanin u. ↗Octopin. Aufgrund seiner Neigung zur Ausbildung v. Wasserstoffbrückenbindungen eignet sich G. als denaturierendes Agens für Proteine u. Nucleinsäuren.

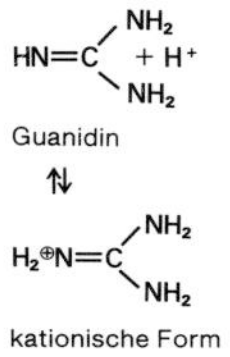

Guanin s [v. *guan-], *2-Amino-6-hydroxypurin,* Abk. *Gua* oder *G,* eine Purinbase, die in gebundener Form als eine der vier Nucleobasen v. ↗Desoxyribonucleinsäuren (☐) u. ↗Ribonucleinsäuren (☐) sowie in den Vorläufermolekülen (GMP, GDP, GTP) u. in Coenzymen (z. B. ↗Nucleosiddiphosphatzucker) weit verbreitet ist. Freies G. ist in Teeblättern u. Hefe enthalten; in kristalliner Form ist freies G. als Exkretionsprodukt der silbrigglänzende Bestandteil v. Fisch- u. Reptilienschuppen, ferner erscheint es im Exkretionsstoffwechsel v. Spinnen, Plattwürmern u. Regenwürmern (↗Exkretion). ☐ Basenpaarung, [T] Basenzusammensetzung.

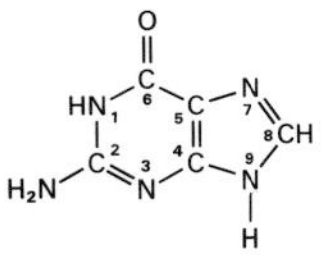

Guano m [span., v. *guan-], aus Exkrementen v. Seevögeln entstandener organ. Dünger, der sich an den Küsten v. Chile u. Peru angesammelt hat u. vorwiegend aus Calciumphosphat (bis 30%) u. Stickstoff (bis 15%) besteht.

Guajakol

Guanako (Lama guanicoë)

Guanidin

kationische Form

Guanidin

Guanin

guaja- [v. span. guayaco (aus einer Sprache Haitis übernommen) = Guajakbaum].

guan- [v. span. guano (aus Quechua huano) = (Vogel-)Mist].

Guanophoren [Mz.; v. ↗Guanin, gr. -phoros = -tragend], ↗Chromatophoren.

Guanosin s [v. ↗Guanin], Abk. *G,* seltener *Guo,* ein Nucleosid, das aus Guanin u. β-D-Ribose aufgebaut ist; einer der vier Grundbausteine v. ↗Ribonucleinsäuren sowie deren Vorläufer GMP, GDP u. GTP u. Bestandteil mancher Coenzyme (z. B. ↗Nucleosiddiphosphatzucker).

Guanosin-5′-diphosphat s, Abk. *GDP,* energiereiche Verbindung, die sich v. ↗Guanosin durch Veresterung mit Pyrophosphat am 5′-Kohlenstoffatom ableitet; gehört zur Klasse der Nucleosiddiphosphate u. bildet sich in der Zelle durch Phosphorylierung von Guanosin-5′-monophosphat; weitere Phosphorylierung führt zu ↗Guanosin-5′-triphosphat, der unmittelbaren Vorstufe der in Ribonucleinsäuren eingebauten Guanylsäure-Reste. GDP ist auch Bestandteil aktivierter Verbindungen, z. B. von GDP-Glucose.

Guanosindiphosphat-Zucker, die sich v. GDP ableitenden ↗Nucleosiddiphosphatzucker.

Guanosinmonophosphate, Salze der Guanylsäuren, zur Klasse der Nucleosidmonophosphate gehörend: je nachdem, an welchem Kohlenstoffatom die Phosphatestergruppe steht, unterscheidet man zwischen dem Guanosin-2′-monophosphat, Guanosin-3′-monophosphat, Guanosin-5′-monophosphat (GMP) und Guanosin-3′,5′-monophosphat (zyklisches GMP, cyclo-GMP, cGMP). Als Mononucleotid-Reste sind die 3′- u. 5′-Monophosphate Hauptbestandteile der Ribonucleinsäuren u. bilden sich als Spaltprodukte derselben

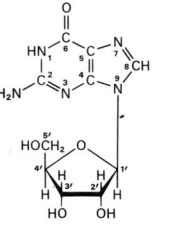

Guanosin

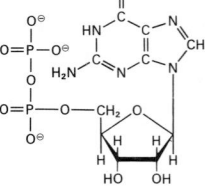

Guanosin-5′-diphosphat (GDP)

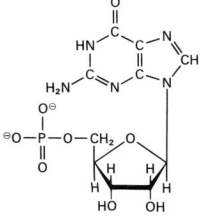

Guanosin-5′-monophosphat (GMP)

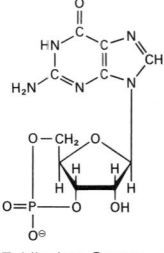

Zyklisches Guanosin-3′,5′-monophosphat

nach alkal. bzw. enzymat. Hydrolyse. *Cyclo-GMP,* dessen Struktur derjenigen v. cyclo-AMP (☐ Adenosinmonophosphat) analog ist, bildet sich aus Guanosin-5'-triphosphat unter der katalyt. Wirkung einer hochspezif. Guanylat-Cyclase, deren Aktivität – u. damit die Konzentration v. cyclo-GMP – durch bestimmte Hormone u. Überträgerstoffe (z. B. Acetylcholin, Prostaglandine u. Histamine) reguliert wird; cyclo-GMP wirkt auf diese Weise ähnl. wie cyclo-AMP (jedoch bei anderen Signalketten) als „second messenger".

Guanosin-5'-triphosphat s, Abk. *GTP,* entsteht als energiereiche Verbindung in zwei Phosphorylierungsschritten aus Guanosin-5'-monophosphat (GMP) über Guanosin-5'-diphosphat (GDP). Unter der Wirkung v. RNA-Polymerase wird die in GTP enthaltene GMP-Gruppe in RNA eingebaut, wobei die endständige Pyrophosphat-Gruppe freigesetzt wird. In einigen Stoffwechselreaktionen, z. B. bei einem der Fettsäureaktivierungsschritte, bei der Bildung v. Phosphoenolbrenztraubensäure aus Oxalessigsäure u. bei den Elongationsschritten in der Translation fungiert GTP (in analoger Weise wie sonst ATP) als Energie-Donor bzw. Phosphorylgruppen-Donor.

Guanylsäuren, die Säureformen der ↗ Guanosinmonophosphate.

Guarana [Tupi], ↗ Seifenbaumgewächse.

Guayave w [v. span. guayaba (indian. Ursprung) = Guayavenbaum], Frucht von *Psidium guajave,* ↗ Myrtengewächse.

Gubernaculum s [lat., = Steuerruder], Teil des ♂ Kopulationsapparates („Spicular-Apparat") der ↗ Fadenwürmer (☐); unpaar, stark cuticularisiert, vom dorsalen Kloaken-Epithel (ektodermal) gebildet; fungiert als „Gleitschiene" für die meist paar. Spicula.

Guenther, *Albert,* engl. Zoologe dt. Herkunft, * 3. 10. 1830 Esslingen, † 1. 2. 1914 London; zahlr. Arbeiten zur Fischkunde, Begr. des bibliograph. u. fortlaufend erscheinenden „Zoological Record".

Guépinia ↗ Zitterpilze.

Guereza [äthiop.], ↗ Stummelaffen.

Guggermukken, *Macrolepiota procera,* ↗ Riesenschirmlinge.

Guildfordia w, Gatt. der Turbanschnecken mit niedrig-kreiselförm., dünnwand. Gehäuse bis 12 cm ⌀, das an der Peripherie Stacheln trägt; 6 Arten im Indopazifik.

Guillemin [gijᵉmã̃n], *Roger Charles Louis,* frz. Biochemiker, * 11. 1. 1924 Dijon; zuletzt Prof. in San Diego (Calif.); erzielte zus. mit Schally bedeutende Fortschritte in der Hypothalamusforschung durch die Isolierung, Strukturaufklärung und Synthetisierung (1969) einer Hypothalamus-Sub-

gumm- [v. lat. cummi (urspr. gummi) = Gummi; aus dem Ägyptischen über gr. kommi].

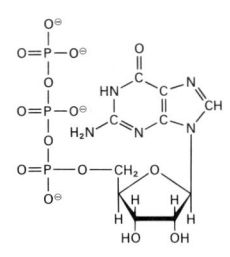

Guanosin-5'-triphosphat (GTP)

R. Guillemin

stanz (sog. Releaserfaktor, TSH-RF), welche die Ausschüttung v. thyreotropem Hormon (TSH) veranlaßt; erhielt 1977 zus. mit A. V. Schally u. R. Yalow den Nobelpreis für Medizin.

Guineapocken [gi-; ben. nach der westafr. Küstenlandschaft], die ↗ Frambösie.

Guineawurm [gi-], der ↗ Medinawurm.

Guizotia w [ben. nach dem frz. Politiker F. P. G. Guizot (giso), 1787–1874], Gatt. der ↗ Korbblütler.

Gula w [lat., =], *Kehle,* **1)** bei Insekten: Form eines ventralen Kopfkapselverschlusses: eine membranöse od. stark sklerotisierte Platte ist zw. Hinterhauptsloch u. Unterlippe ausgebildet; so bei Käfern, Köcherfliegen u. Netzflüglern. **2)** bei Wirbeltieren: die ↗ Kehle.

Gülle, flüss. organ. Dünger, Gemisch v. tier. Harn, Kot u. Wasser, wird in Gruben vergoren; enthält v. a. die Nährstoffe Stickstoff u. Kalium, aber wenig Phosphorsäure.

Gulo m [lat., = Fresser], ↗ Vielfraß.

Gulonsäure, Zwischenprodukt des ↗ Glucuronat-Wegs; in einer Abzweigung dieses Stoffwechselwegs bildet sich aus G. die Ascorbinsäure; die Salze der G. sind die *Gulonate.*

Gummi s, m [v. *gumm-], **1)** Bot.: *das* Gummi, Sammelbez. für pflanzl. Exsudate (Ausschwitzungen), die an der Luft mehr od. weniger elastisch erhärten u. in Verbindung mit Wasser klebr. Lösungen bilden. Bei der G.bildung wird durch Wundreize die Cellulose der Zellwände in andere wasserlösl. Kohlenhydrate umgewandelt. Als Bestandteile wurden Arabinose, Xylose, Galactose, Glucuronsäure u. in geringeren Mengen auch Mannose u. Rhamnose nachgewiesen. Die Zellen- u. Gewebeverflüssigung kann in den verschiedensten Geweben einsetzen: im Holz u. in der Rinde, im Phellogen des Stammes, in Blättern, in Früchten u. Samen. Im größeren Umfang wird G. von verschiedenen *Acacia-* (↗ G. arabicum), *Sterculia-* u. *Astragalus*-Arten gewonnen. Die pflanzl. G. können als Verdickungsmittel für Lebensmittel sowie als Schutzkolloide u. Emulgatoren in Kosmetika verwendet werden. **2)** Technik: *der* Gummi, entsteht durch Vulkanisieren des ↗ Kautschuks (↗ *Hevea*).

Gummi arabicum s [lat., v. *gumm-, arabicum = arabisch], aus der Rinde verschiedener Arten der ↗ Akazie gewonnenes Strukturpolysaccharid, das überwiegend aus Galactose- u. Glucuronsäure-Resten, daneben aber auch aus Arabinose u. Rhamnose aufgebaut ist. ↗ Gummi.

Gummibaum [v. *gumm-], ↗ Ficus.

Gummifluß [v. *gumm-], *Gummose, Gummosis,* v. a. beim Steinobst auftretender krankhafter Ausfluß heller bis dunkelbrau-

Gummigutt

ner, gummiart. Substanzen aus Stämmen od. Zweigen, bisweilen aus Früchten; Ursachen: Frostrisse, unzeitiges Beschneiden (bes. im Frühjahr zur Zeit lebhafter Stoffwanderung), Insektenfraß, Infektion durch Pilze u. Bakterien. Vom ↗Kallus abweichende Art des Wundverschlusses.

Gummigutt s [v. *gumm-, engl. gutta, v. malaiisch gētah = Baumharz], *Gummi Gutti, Gutti*, grünl.-gelbes β-Guttilactonhaltiges Harz, das aus dem Wundsaft v. *Garcinia morella* u. a. Guttiferen (Hartheugewächse) gewonnen wird; wirkt als Abführmittel u. wurde fr. in der Farben-Ind. verwendet; heute vereinzelt noch zur Herstellung gelber Aquarellfarbe.

Gummose w [v. *gumm-], *Gummosis*, der ↗Gummifluß.

Gundelrebe, *Gundermann*, *Glechoma*, Gatt. der Lippenblütler mit ca. 5 Arten im gemäßigten Eurasien. Einzige mitteleur. Art ist die Efeu-G. *(G. hederacea)*, eine ausdauernde, aromat. duftende Pflanze mit kriechendem, an den Knoten bewurzeltem, vorn aufsteigendem Stengel u. gegenständ., rundlich bis nierenförm., gekerbten Blättern mit oft rötl. überlaufener, netznerviger Spreite. Die meist blauvioletten, zu 2–3 in blattachselständ. Scheinquirlen stehenden Blüten besitzen eine vorn bauchig erweiterte Kronröhre, eine flache Ober- sowie 3spalt. Unterlippe. Von April bis Juni blühend, wächst die lange Ausläufer treibende G. verbreitet in Wiesen u. Weiden, an Wald-, Gebüsch- u. Heckenrändern (Mauern) sowie an Ufern.

Gundermann m [v. mhd. guntram, =], die ↗Gundelrebe.

Gunnera w [ben. nach dem norw. Botaniker J. E. Gunnerus, 1718–73], Gatt. der ↗Haloragaceae.

Günsel m [v. lat. consolida = Schwarzwurz, Beinwell], *Ajuga*, Gatt. der Lippenblütler mit etwa 45 in Eurasien u. Afrika verbreiteten Arten. Kräuter od. Halbsträucher mit am Grunde oft rosettig gehäuften Blättern u. meist zu endständ., beblätterten Scheinähren vereinigten, blauen, rötl., weißen od. gelben Blüten mit sehr kurzer Ober- u. langer, 3lapp. Unterlippe. Die Samen (Nüßchen) besitzen ein Elaiosom u. werden überwiegend v. Ameisen verbreitet (Myrmekochorie). In Mitteleuropa 4 Arten: Am häufigsten ist der auf Wiesen u. in Laubwäldern wachsende Kriechende G. *(A. reptans)*, eine ausdauernde, mit oberird. Ausläufern kriechende Pflanze mit verkehrt-eiförm. Blättern u. meist blauen, zu mehreren in den Achseln v. (oft violett überlaufenen) Hochblättern stehenden Blüten; er enthält Gerbstoff u. gilt seit alters her als Heilpflanze. Ebenfalls blaue Blüten besitzen der zottig behaarte, zer-

Gundelrebe
Die Efeu-G. *(Glechoma hederacea)* enthält den Bitterstoff *Glechomin*, Gerbstoffe sowie äther. Öl; alte Heilpflanze.

Guppy *(Poecilia reticulata)*, oben Männchen, unten Weibchen

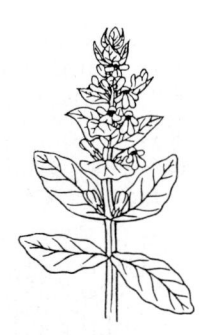

Kriechender Günsel *(Ajuga reptans)*

streut in Kalkmagerrasen u. Sandfeldern sowie an Böschungen, Wegrainen u. Gebüschsäumen wachsende Genfer G. od. Heide-G. *(A. genevensis)* u. der nach der ↗Roten Liste „gefährdete" Pyramiden-G. *(A. pyramidalis)*. Letzterer wächst in Silicat-Gebirgsmagerrasen u. zeichnet sich durch einen pyramidenförm. Blütenstand mit weinroten Hochblättern aus. Der ebenfalls „gefährdete", urspr. im Mittelmeergebiet u. Vorderasien heim. Gelbe G. *(A. chamaepitys)* besitzt 3teilige Blätter mit linealen Abschnitten sowie einzeln blattachselständ., gelbe Blüten mit rötl. gezeichneter Unterlippe u. wächst in Getreidefeldern, Weinbergen u. Brachen.

Günzeiszeit [ben. nach rechtem Donau-Nebenfluß], *Günzkaltzeit*, v. A. Penck u. E. Brückner 1909 im nördl. Alpenvorland nachgewiesene Klimazeugnisse (Günz-Moränen) für eine altpleistozäne Kältephase; als norddt. Äquivalent gilt die Weybourne-Kaltzeit (Menapien). ☐ Pleistozän.

Günz-Mindel-Interglazial s [ben. nach den rechten Donauebenflüssen, lat. inter = zwischen, glacialis = eisig], die ↗Cromer-[warmzeit.

Guo, Abk. für Guanosin.

Guppy m, *Millionenfisch*, *Poecilia reticulata*, *Lebistes reticulatus*, schwarmbildende, lebendgebärende Zahnkärpflinge, urspr. in Seen, Bächen u. Brackwasser mittelam. Inseln u. Venezuelas. Wegen der bunten Färbung des ca. 3 cm langen Männchens (B Aquarienfische I), der Anspruchslosigkeit u. der leichten Zucht (das bis 7 cm lange Weibchen gebiert alle 4 Wochen 10–100 Junge) sind G. wohl die häufigsten Aquarienfische u. existieren in vielen Farb- u. Flossenvarianten. Zur Mükkenbekämpfung ausgesetzte G.s besiedeln heute große Gebiete. B Bereitschaft.

Guramis [Mz.; malaiisch], *Knurrende G., Trichopsis*, Gatt. südostasiat. Labyrinthfische; besitzen fadenförm. verlängerte Bauchflossenstrahlen, können knurrende Töne erzeugen u. bauen Schaumnester. Der 6,5 cm lange, rotbraun gefärbte Echte Knurrende G. *(T. vittatus)* mit 3 dunklen Längsbändern ist ein beliebter Aquarienfisch. Eine eigene Fam. bilden die Küssenden G. *(Helostomatidae)* mit der einzigen, südostasiat. Art *Helostoma temmincki*; 30 cm lang, wirtschaftl. genutzt, mit langer Rückenflosse u. vorstülpbaren Lippenwülsten, mit denen sich – wahrscheinl. bei Rivalenkämpfen – zwei Tiere wie küssend berühren u. hin- u. herschieben.

Gurke, *Cucumis sativus*, ↗Cucumis.

Gurkenkernbandwurm, *Dipylidium caninum*, ↗Dipylidium.

Gurkenkrätze, Pilzkrankheit der Gurkenfrucht, bei der eingesunkene dunkle Flekken auftreten, in denen eine starke Konidienbildung des Erregers *(Cladosporium cucumerinum)* zu beobachten ist; Früchte meist mißgebildet; Überwinterung erfolgt am Saatgut od. befallenen Pflanzenrückständen; Bekämpfung durch Beizen.

Gurkenmehltau, weit verbreitete Pilzkrankheit der Gurke, verursacht durch den Echten Mehltau *(Erysiphe cichoriacearum).* Auf der Ober- u. Unterseite der Blätter entstehen mehlige Beläge, anfangs tupfenförmig, später flächig, gelegentl. starker Blattverlust; Bekämpfung mit schwefelhalt. Fungiziden.

Gurkenmosaik, Mosaikkrankheit der Gurke, v. Viren (↗G.-Virusgruppe), die durch Blattläuse übertragen werden, ausgelöst; Blätter u. Früchte haben mosaikartig verteilte gelbe Flecken u. verkrüppeln.

Gurkenmosaik-Virusgruppe, *Cucumovirus-Gruppe* (v. engl. *cucu*mber *mo*saic = Gurkenmosaik); Gruppe v. Pflanzenviren mit dreiteil. RNA-Genom (relative Molekülmassen 1,27, 1,13 und $0{,}82 \cdot 10^6$) und isometr. Viruspartikeln ($\varnothing$ ca. 29 nm). Bei den infizierten Pflanzen treten meist Mosaiksymptome (↗Gurkenmosaik) auf.

Gurkenwelken, pilzl. ↗Welkekrankheiten der Gurke, verursacht durch verschiedene Pilzarten, z. B. *Sclerotinia sclerotiorum* u. a. *Sclerotinia*- od. *Fusarium*-Arten.

Gürtel, 1) *Perinotum,* muskelreiches Mantelgewebe, das bei den Käferschnecken die Schalenplatten umgibt; nach oben wird es durch eine Cuticula geschützt, in die arttypisch Kalkschuppen od. -stacheln eingelagert sind. Bei einigen Käferschnecken überdeckt der G. die Schalenplatten teilweise (z. B. ↗ *Cryptoplax*) od. völlig (z. B. ↗ *Cryptochiton*). 2) *Clitellum,* ↗Gürtelwürmer.

Gürtelechsen, *Cordylidae,* Fam. der Echsen mit den U.-Fam. Gürtelechsen i. e. S. *(Cordylinae)* u. ↗Schildechsen *(Gerrhosaurinae).* Die bodenbewohnenden, tagaktiven G. sind mit über 50 Arten in Afrika südl. der Sahara u. auf Madagaskar beheimatet; Gesamtlänge 15 – 70 cm. Große, regelmäßig angeordnete Schilder am Schädel; starke Hautverknöcherungen bes. am Kopf u. Schwanz (hier oft dornenartig); an den Körperseiten mit kleinen Schuppen bedeckte Falte; Rücken meist mit großen, spitzen, in Querreihen stehenden Schuppen. Die Gliedmaßen sind bei mehreren Arten rückgebildet; bis auf 1 Art haben alle G. 1 Reihe v. Schenkelsporen. Weibchen sind ovovivipar (im allg. 2–4 Junge). – Langgestreckte, spitzköpfige u. sehr behende Bewohner der Grassteppe sind die Schlangen-G. (Gatt. *Chamaesaura;* Gesamtlänge 40–65 cm, davon entfallen ca. ¾ auf den Schwanz) mit recht kleinen Extremitäten, die noch 5 bekrallte Finger bzw. Zehen besitzen (Transvaal-Schlangenechse, *C. aenea;* Gesamtlänge 40 cm), od. es fehlen die Vordergliedmaßen fast vollständig, u. die hinteren Extremitäten sind zu 1zehigen Stummeln verkümmert (Großschuppige Schlangen-G., *C. macrolepis;* Gesamtlänge bis 65 cm). Die 4 Arten der Unechten Gürtelschweife (Gatt. *Pseudocordylus;* Gesamtlänge bis 32 cm) ähneln in ihrer Lebensweise mehr od. weniger den Echten ↗Gürtelschweifen. Die Platt-G. (Gatt. *Platysaurus;* Gesamtlänge bis 40 cm; ca. 10 Arten) bewohnen v. a. Felsspalten u. bilden dort unter günst. Voraussetzungen sogar Kolonien; an Nacken u. Schultern Hautfalten mit spitzen Stacheln.

Gürtelfüße, *Telamonia,* U.-Gatt. der Gatt. *Cortinarius* (Schleierlinge), Hutpilze mit einem nicht schmierigen, aber hygrophanen Hut, der in feuchtem Zustand viel dunkler als bei Trockenheit aussieht, u. deren Stiel durch die Reste eines 2. Velums flockiggegürtelt od. gestiefelt erscheint; etwa 40 Arten. Bekannteste Art ist der stattl. Geschmückte G. (*Cortinarius armillatus* Fr. [= *Telamona a.*]); er hat einen ziegelroten Hut (6–10 cm $\varnothing$) u. ist am hellen Stiel (ca. 10 cm) mit mehreren zinnoberroten Gürteln geschmückt; kommt an feuchten Stellen in Wäldern vor, bes. unter Birken, mit denen er in einer Mykorrhiza-Symbiose lebt. [↗Gürteltiere.

Gürtelmaus, *Chlamyphorus truncatus,*
Gürtelmulle, *Chlamyphorus, Burmeisteria,* Gatt. der ↗Gürteltiere.

Gürtelplacenta w [v. lat. placenta = Kuchen], ↗Placenta.

Gürtelpuppe, *Pupa cingulata, Pupa succinata,* ↗Schmetterlinge. [(zoster).

Gürtelrose, volkstüml. Bez. für ↗Herpes

Gürtelschorf ↗Rübenschorf.

Gürtelschweife, Echte G., *Cordylus,* Gatt. der Gürtelechsen mit 17 Arten (Gesamtlänge 20 – 40 cm); in S- u. O-Afrika beheimatet; bewohnen trockene, felsige Gebiete; Färbung variiert (Grundtöne fast schwarz, dunkel- bis gelb- od. rötl. braun), oft gesprenkelt; Kopf u. Rumpf meist zieml. flach; Nacken, v. a. aber Schwanz oft stark bedornt (bes. die spitzen Schwanzschuppen dienen häufig der Verteidigung); Extremitäten gut entwickelt. G. ernähren sich v. a. von Insekten u. anderen Kleintieren. Sehr beliebte Terrarientiere. – Größter

Gürtelschweife

Gürtelechsen

Gattungen der U.-Fam. Cordylinae:
Echte ↗Gürtelschweife *(Cordylus)*
Plattgürtelechsen *(Platysaurus)*
Schlangengürtelechsen *(Chamaesaura)*
Unechte Gürtelschweife *(Pseudocordylus)*

Gürtelschweife

Riesengürtelschweif *(Cordylus giganteus)*

Gürteltiere

Vertreter ist der Riesen-G. (*C. giganteus*) mit großen, nach außen gebogenen, kegelförm. Dornen am Hinterkopf, den Flanken, Beinen u. am Schwanz. Der schwerfällige, stark gepanzerte, in Felsenspalten lebende Panzer-G. (*C. cataphractus;* Gesamtlänge ca. 25 cm) besitzt röhrenförmig verlängerte Nasenöffnungen; bei Gefahr packt er den Schwanz mit dem Maul u. rollt sich kugelig zus., während der Riesen-G. sich am Boden festkrallt; beide G. schützen so ihre empfindl. Bauchseite u. bieten Angreifern nur die stachel. Rückenseite.

Gürteltiere, Fam. *Dasypodidae;* außer den Schuppentieren (Ord. *Pholidota*) die einzigen „gepanzerten" Säugetiere. Mit den Faultieren (Fam. *Bradypodidae*) u. den Ameisenbären (Fam. *Myrmecophagidae*) gehören die G. zu den recht ursprüngl. Nebengelenktieren *(Xenarthra),* der einzigen U.-Ord. der Zahnarmen (Ord. *Edentata*), deren Blütezeit im Tertiär lag. Die heute lebenden G. umfassen 21 Arten; ihre Gesamtkörperlänge reicht v. 15 cm (Gürtelmull od. Gürtelmaus, *Chlamyphorus truncatus*) bis zu 150 cm (Riesengürteltier *Priodontes giganteus).* Die Panzerung der G. besteht aus der verhornten Oberhaut (Epidermis) u. aus in der darunterliegenden Lederhaut (Corium) gebildeten vieleckigen Knochenplatten (Hautknochen). An Kopf, Schulter u. Becken sind die Knochenplatten miteinander verwachsen (Kopf-, Schulter-, Beckenschild); zw. Schulter- u. Beckenschild bilden sie zur Bauchseite hin offene „Gürtel" od. „Binden", die durch weiche Hautfalten miteinander verbunden u. damit bewegl. sind. Nach ihrer Anzahl unterscheidet man Neun-, Sechs- u. Dreibinden-G. Die ungepanzerte Bauchseite ist behaart; Borsten dringen auch durch Poren der Hornplatten. G. können ihre Beine unter dem Panzer verbergen; einige Arten rollen sich zusammen; kugelförm. einrollen können sich nur die beiden Kugel-G. *(Tolypeutes matacus* u. *T. tricinctus)* der argent. Pampas. Geruch- u. Gehörsinn der G. sind gut ausgebildet; Farben können G. wahrscheinl. nicht wahrnehmen. Die langen u. kräftigen Klauen dienen den G.n zum Wühlen nach Nahrung (Aufbrechen v. Termitenbauten) u. Graben v. unterird. Bauen. G. verfügen ausschl. über Backenzähne ohne Schmelzschicht, die sich ständig abnutzen u. nachwachsen. Die bes. lange u. klebr. Zunge dient der Aufnahme v. Insekten; außerdem fressen G. Würmer, Amphibien, Reptilien sowie Pflanzenteile u. Aas. Die meisten G. sind Nachttiere. Ihr Verbreitungsgebiet reicht v. südl. Kansas u. Florida bis Patagonien; die Mehrzahl der Arten lebt in Brasilien, Bolivien u. Argentinien. G. bevorzugen trockene, felsige Gegenden, kommen aber auch in der Pampas u. Savanne, im Sumpf u. im Wald vor. Die Körpertemp. der G. ist v. der Außentemp. abhängig; längere Frostperioden überstehen sie nicht; ihre Ausbreitung nach N wird daher v. Klima begrenzt. Nur dem Neunbindengürteltier (*Dasypus novemcinctus*, [B] Nordamerika VII) ist (v. Mexiko aus) die Ausbreitung ins südl. N-Amerika gelungen. Merkwürdig ist die Fortpflanzungsweise dieser Art: Es werden nur eineiige Vierlinge geboren (Polyembryonie, [B] asexuelle Fortpflanzung II). Da G. auch an Lepra (Erreger = *Mycobacterium leprae*) erkranken können, werden sie neuerdings zur Gewinnung einer Lepra-Vakzine eingesetzt.

H. Kör.

Gürtelwürmer, *Clitellata,* Kl. der Ringelwürmer mit den beiden U.-Kl. ↗ *Oligochaeta* (Wenigborster) u. ↗ *Hirudinea* (Egel), gekennzeichnet durch die Ausbildung eines bes. Gürtels *(Clitellum)* sowie weitgehende bis vollständ. Rückbildungen v. Prostomium, Parapodien u. Borsten. Das Clitellum ist eine auf ein od. mehrere bestimmte Segmente bei, vor od. hinter den männlichen Geschlechtsöffnungen beschränkte, v. a. Rücken u. Flanken umfassende, also sattel- bis ring- od. gürtelartige Hautverdickung, die vorwiegend od. zumindest während der Fortpflanzungszeit ausgebildet wird. Lage u. Ausdehnung des Clitellums sind artspezif. u. werden folgl. als Bestimmungsmerkmale verwendet. Bei den einheim. Regenwürmern liegt das Clitellum zw. dem 22. und 38. Segment. Bei den *Hirudinea,* bei denen das Clitellum nur zur Zeit der Eiablage deutl. zu erkennen ist, umfaßt es die Segmente 9–11. Besondere ventrale od. laterale Differenzierungen des Clitellums werden je nach ihrer Form als Pubertätstuberkel, Pubertätsleisten od. -wälle bezeichnet. Sie werden ebenfalls als Bestimmungsmerkmale verwendet. Das Clitellum liefert ein Sekret, aus dem bei beiden U.-Kl. die Kokonhülle für die Eier aufgebaut wird, u. stellt zudem eine proteinhalt. Nährflüssigkeit für die im Kokon schlüpfenden Larven bereit. Die Substanz, die bei den *Hirudinea* die Kokonhülle bildet, steht chem. dem Fibrin nahe u. wird bei *Hirudo medicinalis* (Medizinischer Blutegel) *Hirudoin* gen. Bei den *Oligochaeta* erfüllt das Clitellum eine weitere Auf-

---

Gürteltiere
Gattungen:
Borstengürteltiere *(Euphractus)*
Gürtelmulle *(Chlamyphorus, Burmeisteria)*
Kugelgürteltiere *(Tolypeutes)*
Nacktschwanzgürteltiere *(Cabassous)*
Riesengürteltiere *(Priodontes)*
Weichgürteltiere *(Dasypus)*

Gürteltier

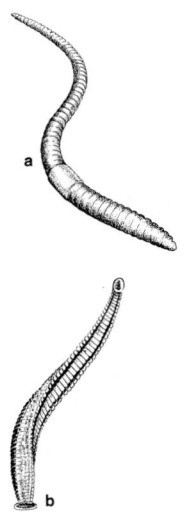

Gürtelwürmer
a Großer Regenwurm *(Lumbricus terrestris),* U.-Kl. Oligochaeta;
b Medizinischer Blutegel *(Hirudo medicinalis),* U.-Kl. Hirudinea

gabe, indem der v. ihm abgegebene Schleim die zwittrigen, zur Begattung aneinanderliegenden Partner im Bereich der Geschlechtssegmente umhüllt u. so diese gleichsam in eine Art feuchte Kammer einschließt, in der sich die gegenseit. Sperma-Übertragung vollziehen kann. – Das Prostomium ist im allg. soweit reduziert, daß einerseits im Innern der Raum so klein geworden ist, daß das Cerebralganglion in die ersten echten Segmente verlagert werden muß, wie andererseits auch die Oberfläche so verringert ist, daß alle Anhänge, wie Antennen u. Palpen, fehlen. Nur bei wenigen Oligochaetenarten ist das Prostomium vergrößert, wie z. B. bei *Stylaria,* bei der es zu einem Tastrüssel ausgewachsen ist. Die für die *Polychaeta* (Vielborster) typ. Parapodien sind verschwunden, die Borsten bei den *Oligochaeta* noch in sehr verminderter Zahl erhalten, bei den *Hirudinea* dagegen völlig rückgebildet. Die Entwicklung, die mit einer etwas abgeänderten Spiral-Quartett-4d-Furchung beginnt, vollzieht sich vollständig im Kokon. Ein frei schwimmendes Larvenstadium fehlt. Das Fehlen eines freien Larvenstadiums ist in Anpassung an die Lebensweise der G. zu sehen: sie sind fast ausschl. im Süßwasser (wo für Schwimmlarven die Gefahr der Verdriftung besteht) od. auf dem Land verbreitet. B Ringelwürmer. *D. Z.*

Güster, *Blicke, Halbbrachsen, Blicca bjoerkna,* ein 25 cm langer, hochrück., grätenreicher Weißfisch mit blaugrünem Rücken u. silbr. Seiten; vom ähnl. Brachsen *(Abramis brama)* durch rötl. Brustflossen u. größere Augen unterschieden; besiedelt bewachsene Seen u. größere Flüsse Mittel- u. O-Europas.

Gustometrie *w* [v. lat. *gustus* = Geschmack, gr. *metran* = messen], *Geschmacksmessung, Geschmacksprüfung,* qualitative u. quantitative Untersuchung des Geschmackssinns mit Hilfe definierter Schmecklösungen zur Bestimmung v. Erkennungs-, Unterschieds- u. Wahrnehmungsschwellen; ↗chemische Sinne.

Güstvieh, *Geltvieh,* weibl. Vieh (Kühe), das nicht trächtig ist.

Gutedel ↗Weinrebe. [*ricus,* ↗Gänsefuß.
Guter Heinrich, *Chenopodium bonus-hen-*
Guttapercha *s* u. *w* [engl., v. malaiisch *getah percha* = Gummiharz des Perchabaums], *Gutta,* im Milchsaft (Latex) v. G.baumarten (z. B. Gatt. ↗*Eucommia* u. *Palaquium,* ↗Sapotaceae) enthaltenes hochmolekulares ungesättigtes Polyterpen (↗Terpene), das aus ca. 100 Isopreneinheiten (C_5H_8) aufgebaut ist u. seinen C=C-Doppelbindungen in trans-Form vorliegen (all-trans-1,4-Polyisoprenkette) (↗Balata, ↗Kautschuk). Im Ggs. zu seinem cis-Strukturisomeren, dem Naturkautschuk, ist G. hart u. unelast., jedoch nicht spröde; bei Erwärmen ($>65\,°C$) erweicht es zu einer plast., formbaren Masse. G., das bes. als Isoliermaterial geeignet ist (z. B. für Tiefseekabel), findet vielseit. Verwendung z. B. für Pflaster, galvanoplast. Negative, Golfbälle usw.

Guttaperchabaum [v. ↗Guttapercha] ↗Eucommia, ↗Sapotaceae.

Guttation *w* [v. lat. *guttare* = tropfen], Ausscheidung (↗Exkretion) verdünnter wäßr. Lösungen aus Wasserspalten (↗Hydathoden) an Blatträndern u. -spitzen bei fehlender Transpiration infolge hoher Luftfeuchtigkeit, z. B. bei ↗Frauenmantel u. *Colocasia.* B Blatt II. [↗Gummigutt.
Gutti *s* [v. engl. *gutta* = Baumharz], das
Guttiferae [Mz.; v. lat. *gutta* = Tropfen, -fer = -tragend], die ↗Hartheugewächse.

Guzmania *w* [ben. nach dem span. Naturforscher A. Guzmán], Gatt. der ↗Ananasgewächse.

Gyalectales [Mz.; v. gr. *gyalon* = Höhlung], Ord. lichenisierter Pilze (Flechten) mit 1 Fam. *Gyalectaceae* (ca. 100 Arten in 5–12 Gatt.); Krusten- (z. B. *Gyalecta,* 34 Arten), selten Fadenflechten (*Coenogonium,* 15 Arten), mit gelbl. bis rötl. biatorinen od. zeorinen Apothecien, deren Scheibe zumindest in der Jugend krugförm. vertieft ist, mit farblosen, querseptierten bis mauerförm. Sporen u. fast durchweg *Trentepohlia*-Algen. Die Apothecienentwicklung ist durch ein anfangs geschlossenes, später mit einem kreisförm. Loch sich öffnendes Gehäuse charakterisiert. G. kommen v. a. an luftfeuchten Orten auf Kalkgestein u. Rinde vor.

Gymnadenia *w* [v. *gymn-, gr. *adēn* = Drüse], die ↗Händelwurz.

Gymnarchidae [Mz.; v. *gymn-, gr. *archos* = After], Fam. der ↗Nilhechte.

Gymnoascaceae [Mz.; v. *gymno-, gr. *askos* = Schlauch], Fam. der ↗Onygenales.

Gymnoascales [Mz.; v. *gymno-, gr. *askos* = Schlauch], ↗Onygenales.

Gymnocarpeae [Mz.; v. *gymno-, gr. *karpos* = Frucht], die ↗Scheibenflechten.

Gymnocarpium *s* [v. *gymno-, gr. *karpos* = Frucht], Gatt. der Wurmfarngewächse, ausgezeichnet durch lang kriechende Rhizome mit einzelstehenden Blättern, die randnah indusienlose Sori tragen. In Mitteleuropa 2 nahe verwandte Arten: Der Ruprechtsfarn *(G. robertianum)* besitzt dunkelgrüne, drüsige Blätter u. kommt als Kalkbewohner in Steinschutt-Ges. in boden- u. luftfeuchten Lagen der montanen u. subalpinen Stufe vor; der Eichenfarn *(G. dryopteris)* ist v. der vorigen Art durch hellgrüne, drüsenlose Wedel unterschieden u. findet sich auf Silicatgestein v. a. in fri-

---

gymn-, gymno- [v. gr. *gymnos* = nackt].

Gürtelwürmer

Es besteht kein Zweifel, daß die Oligochaeten aus Polychaeten-Vorfahren entstanden sind; welcher Gruppe der Polychaeten sie allerdings am nächsten stehen, ist völlig offen. *Acanthobdella peledina,* die ursprünglichste Egelart, wird morpholog. als ein Bindeglied zw. Oligochaeten u. Hirudineen gedeutet (↗*Acanthobdella*). Vermutl. ist die Stammform der Hirudineen den Vorfahren der Oligochaeten-Fam. ↗*Haplotaxidae* zu suchen.

Güster
(Blicca bjoerkna)

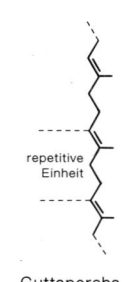

repetitive Einheit

Guttapercha (Molekülausschnitt)

Gymnocephalus

schen, krautreichen *Fagion*-Ges. der montanen Stufe.

Gymnocephalus *m* [v. *gymno-, gr. kephalē = Kopf], Gatt. der Echten ↗ Barsche.

Gymnocerata [Mz.; v. *gymno-, gr. keras, Gen. keratos = Horn], *Geocorisae,* U.-Ord. der ↗ Wanzen.

Gymnocolea *w* [v. *gymno-, gr. koleos = Schwertscheide], Gatt. der ↗ Lophoziaceae.

Gymnocorymbus *m* [v. *gymno-, gr. korymbos = Kuppe, Spitze], Gatt. der ↗ Salmler.

Gymnodactylus *m* [v. *gymno-, gr. daktylos = Finger, Zeh], Gattung der ↗ Geckos.

Gymnodiniales [Mz.; v. *gymno-, gr. dinē = Wirbel], Ord. der *Pyrrhophyceae,* Flagellaten mit 2 senkrecht zueinander schlagenden Geißeln, die in Längs- u. Querfurche verlaufen; ohne feste Zellwand; meist Meeresbewohner. Von den ca. 13 Arten der Gatt. *Gymnodinium* kommen etwa 4 im Süßwasser vor; *G. fuscum* ist häuf. in Moortümpeln, die blaugrüne *G. aeruginosum* vielfach in Teichen, *G. brevis* u. *G. monilata* rufen im Golf von Mexiko rote Vegetationsfärbung hervor („red tides"). Die Gatt. *Amphidinium* ähnelt *G.,* Querfurche vielfach an ein Zellende verschoben. Characterist. Meeresformen sind ↗ *Polykrikos* u. ↗ *Noctiluca.*

Gymnogongrus *m* [v. *gymno-, gr. goggros = Meeraal], Gatt. der ↗ Gigartinales.

gymnokarp [v. *gymno-, gr. karpos = Frucht], *nacktfrüchtig,* Art der Fruchtkörperentwicklung v. Pilzen, die auch im Jugendzustand keine Schutzhülle (Velum universale, V. partiale, ↗ Blätterpilze) um die Fruchtschicht (Hymenium) besitzen; bei Blätterpilzen z. B. der Pfifferling, bei Schlauchpilzen z. B. viele Apothecien v. Becherpilzen. Ggs.: ↗ *angiokarp.* Im *hemiangiokarpen* Entwicklungsgang ist die Fruchtschicht anfangs von häut. Hüllen umschlossen, die jedoch schon vor der Reife durch Wachstumsvorgänge des Fruchtkörpers aufreißen, so daß die Fruchtschicht dann freiliegt, z. B. beim Fliegenpilz. Bei einer *pseudoangiokarpen* Entwicklung liegt die Fruchtschicht wie bei der g.en Entwicklung anfangs frei, doch dann wächst der Hutrand gg. den Stiel, u. seine Hyphen verflechten sich mit den Stielhyphen.

Gymnolaemata [Mz.; v. *gymno-, gr. laimos = Schlund], *G. i. e. S. = Eurystomata,* umfangreichste der drei U.-Kl. der ↗ Moostierchen; mit den beiden Ord. *Ctenostomata* u. *Cheilostomata;* ca. 650 Gatt. in ca. 85 Fam., nahezu ausschl. marin. *G. i. w. S.* (*= Stelmatopoda)* umfassen außerdem neben einigen fossilen Ord. noch die jetzt

gymn-, gymno- [v. gr. gymnos = nackt].

Gymnostomata
Wichtige Gattungen:
↗ Chilodonella
↗ Coleps
↗ Didinium
↗ Dileptus
↗ Lacrymaria
↗ Loxodes
↗ Nassula
↗ Prorodon
↗ Trachelius
↗ Vasicola

meist zu einer eigenen U.-Kl. gerechneten *Stenostomata.*

Gymnomitriaceae [Mz.; v. *gymno-, gr. mitrion = kleine Binde], Fam. der *Jungermanniales* mit 3 Gatt., meist polsterbildende, kalkmeidende Gebirgsmoose der Nordhalbkugel. Die Arten der Gatt. *Gymnomitrium* erscheinen durch Reflexion des Sonnenlichts an abgestorbenen, luftgefüllten Zellen silbergrau; *G. coralloides* ist eine Charakterart der Trockentundra. Bei der Gatt. *Marsupella* besitzen die Arten als Schutz vor zu starker Sonnenbestrahlung dunkelgefärbte Wände. Die Gatt. *Stephaniella* ist mit 6 Arten xerophyt. lebend in S-Amerika verbreitet.

Gymnophiona [Mz.; v. *gymn-, gr. ophiōn = schlangenähnl. Tier], die ↗ Blindwühlen.

Gymnophthalmus *m* [v. *gymn-, gr. ophthalmos = Auge], Gatt. der ↗ Schienenechsen.

Gymnopilus *m* [v. *gymno-, gr. pilos = Filz], *Fulvidula,* Gatt. der Schleierlingsartigen Pilze, deren meist fleisch. Vertreter einen faser-, bei feuchtem Wetter schmier., gewölbten Hut u. rostbraunes Sporenpulver besitzen, sehr bitter sind u. eine orangebraune Färbung aufweisen; häuf. auf Holz u. Baumstümpfen. Bekannteste Art ist der Beringte Flämmling od. Rasige Schüppling (*G. spectabilis* Singer = *Pholiota s.* Quél.), ist in allen Teilen zitronengoldgelber, stattl. Pilz (Hut 5–15 cm ⌀), mit einem Ring am Stiel; wächst an Laubholzstrünken, meist in großen Gruppen, seltener einzeln.

Gymnopis *m* [v. *gymn-, gr. ōps, Gen. ōpos = Auge], Gatt. der ↗ Blindwühlen.

Gymnoplast *m* [v. *gymno-, gr. plastos = geformt], eine Zelle, die nicht v. einer Zellwand umschlossen ist.

Gymnosomata [Mz.; v. *gymno-, gr. sōmata = Körper], die ↗ Ruderschnecken.

Gymnospermae [Mz.; v. gr. gymnospermos = nacktsamig], *Gymnospermen,* die ↗ Nacktsamer.

Gymnosporangium *s* [v. *gymno-, gr. spora = Same, aggeion = Gefäß], Gatt. der Rostpilze mit dem wirtschaftl. wicht. Erreger des ↗ Gitterrosts, *G. sabinae.*

Gymnostomata [Mz.; v. *gymno-, gr. stoma = Mund], artenreiche U.-Ord. der *Holotricha,* Wimpertierchen, die keinerlei spezialisierte Wimperzonen zur Nahrungsgewinnung haben. Der meist stark erweiterungsfähige Zellmund liegt an der Oberfläche entweder am Vorderende, seitl. od. auf der Unterseite. Oft führen vom Zellmund Schlundfäden od. auch komplizierte Reusenapparate (herbivore Arten) in die Zelle, die helfen, Nahrung zu verschlingen od. Stücke abzuzwicken. Bei räuber. Arten sind oft Toxicysten entwickelt.

Gymnothorax *m* [v. *gymno-, gr. thōrax = Brustpanzer], Gatt. der ⟋Muränen.

Gymnotoidei [Mz.; v. gr. gymnotēs = Nacktheit], die ⟋Messeraale.

Gymnozyga *w* [v. *gymno-, gr. zygē = Paar], Gatt. der ⟋Desmidiaceae.

Gymnuridae [Mz.; v. *gymn-, gr. oura = Schwanz], die ⟋Schmetterlingsrochen.

Gynäkospermien [Mz.; v. *gynä-, gr. sperma = Same], weibchenbestimmende Spermien; im Falle der Säugetiere (einschl. Mensch), Fliegen *(Drosophila)* u. Fadenwürmer sind es die X-Chromosom tragenden Spermien. – Ggs. *Androspermien* (bei Säugern mit Y-Chromosom, bei Fadenwürmern ganz ohne Geschlechtschromosom). □ Geschlechtsbestimmung.

Gynander *m* [v. *gynandr-], *Gynandromorphe, Mosaikzwitter,* Mosaiktier, das aus Arealen mit männl. und Arealen mit weibl. determinierten u. entspr. differenzierten Zellen zusammengesetzt ist („Sexual-Chimäre"); i. d. R. nicht fortpflanzungsfähig; nur bei Gliederfüßern bekannt. Eine solche *Gynandrie (Gynandromorphismus)* ist nur mögl. bei Tieren mit zellautonomer Expression des Geschlechts, nicht bei Tieren mit hormoneller Steuerung der sekundären Geschlechtsmerkmale. Bes. auffällig sind die ⟋Halbseitenzwitter *(Halbseiten-G.)* bei Insekten. ⟋Chromosomenmosaike, ⟋Intersexualität, ⟋Zwittrigkeit.

Gynandrae [Mz.; v. *gynandr-], die ⟋Orchideenartigen.

Gynandrie *w* [v. *gynandr-], 1) *Gynandromorphismus,* ⟋Gynander; 2) Medizin: Scheinzwittrigkeit bei genotypisch weibl. Individuen; ⟋Androgynie (2); 3) gelegentl. Bez. für Hermaphroditismus (⟋Zwittrigkeit).

Gynäzeum *s* [v. gr. gynaikeion = Frauenhaus], heute nicht mehr übl. Schreibweise für ⟋Gynözeum; ⟋Blüte.

Gynerium *s* [v. *gyne-, gr. erion = Wolle], das ⟋Pampasgras.

Gynodimorphismus *m* [v. *gyno-, gr. dimorphos = zweigestaltig], Bez. für die Verschiedengestaltigkeit der rein karpellaten Blüten im Vergleich zu den Zwitterblüten, die getrennt v. ihnen auf anderen Individuen derselben Art vorkommen. Die karpellaten Blüten sind i. d. R. kleiner.

Gynodiözie *w* [v. *gyno-, gr. dioikein = getrennt wohnen], die ♀ (karpellaten) u. ☿ (Zwitter-) Blüten sind auf verschiedene Pflanzenindividuen verteilt.

gynodyname Blüten [v. *gyno-, gr. dynamis = Kraft], Zwitterblüten mit kräftig entwickelten ♀ (karpellaten) und mehr oder weniger unterentwickelten ♂ (staminaten) Organen.

Gynogamet *m* [v. *gyno-, gr. gametēs = Gatte], ♀ Geschlechtszelle, Oberbegriff für Makrogameten u. Eizellen; Ggs. *Androgamet* (Mikrogameten, Spermatozoide, Spermien).

Gynogamone [Mz.; v. *gyno-, gr. gamos = Hochzeit], ⟋Befruchtungsstoffe.

Gynogenese *w* [v. *gyno-, gr. genesis = Entstehung], Entwicklung einer Eizelle nach Eindringen eines Spermiums, jedoch ohne Beteiligung der väterl. Chromosomen. 1) Experimentell hervorgerufen durch vorherige Bestrahlung od. chem. Beeinflussung der Spermien-Chromosomen od. auch durch Ausschalten des ♂ Vorkerns durch Zentrifugieren der besamten Eizelle. Lebensfähige Nachkommen entstehen im allg. nur, wenn anschließend der ♀ Chromosomensatz zum diploiden Zustand aufreguliert (⟋Aufregulation) wird. ⟋Gynomerogonie. 2) Natürlich vorkommend bei manchen Fadenwürmern u. Fischen, dann meist *Pseudogamie* (= ⟋Merospermie) genannt.

Gynokardiaöl [v. *gyno-, gr. kardia = Herz], *Chaulmugraöl, Oleum hydnocarpi,* ⟋Flacourtiaceae.

Gynomerogonie *w* [v. *gyno-, gr. meros = Teil, gonē = Zeugung], experimentell hervorgerufene Entwicklung eines Ei-Fragments, das nur den ♀ Vorkern, also nur mütterl. Chromosomen, enthält. Ggs.: ⟋Androgenese.

Gynomonözie *w* [v. *gyno-, gr. monos = einzeln, oikia = Haus], die rein ♀ (karpellaten) u. ☿ (Zwitter-)Blüten kommen auf demselben Pflanzenindividuum vor.

Gynophor *m* [v. *gyno-, gr. -phoros = -tragend], der ⟋Fruchtträger 2); ⟋Gonophoren.

Gynophyllie *m* [v. *gyno-, gr. phyllon = Blatt], die ⟋Verlaubung.

Gynostegium *s* [v. *gyno-, gr. stegē = Decke], Bez. für den säulenart. Körper, der durch Verwachsen od. Verkleben der Staubblätter mit dem Stempel zustande kommt; bes. bei vielen Vertretern der Schwalbenwurzgewächse.

Gynostemium *s* [v. *gyno-, gr. stēmōn = Aufzug am Webstuhl], *Griffelsäule,* Bez. für das säulenart. Gebilde im Blütenzentrum der Orchideen-U.-Fam. *Orchidoidea,* das durch Verwachsung v. Griffel u. fruchtbarem Staubblatt entsteht.

Gynözeum *s* [v. *gyno-, gr. oikos = Hauswesen], *Gynäzeum,* Gesamtheit der Fruchtblätter einer ⟋Blüte.

Gynözie *w* [v. gr. gynē = Frau, oikia = Haus], Bez. für die Ausbildung rein ♀ (karpellater) Blüten auf einem Pflanzenindividuum. ⟋Diözie.

Gypaëtus *m* [v. gr. gyps, Gen. gypos = Geier, aetos = Adler], Gatt. der ⟋Altweltgeier. [geier.

Gyps *m* [gr., = Geier], Gatt. der ⟋Altwelt-

gynä-, gyne-, gyno- [v. gr. gynē, Gen. gynaikos = Frau].

gynandr- [v. gr. gynandros = zwitterhaft (aus gynē, Gen. gynaikos = Frau, anēr, Gen. andros = Mann)].

gyr-, gyro- [v. gr. gyros = Kreis].

Gypsophila w [v. gr. gypsos = Gips, philē = Freundin], das ↗ Gipskraut.

Gyrase w, ↗ DNA-Topoisomerasen.

Gyratrix w [v. lat. gyrare = sich im Kreise drehen], Gatt. der Strudelwurm-Ord. *Neorhabdocoela* (U.-Ord. *Kalyptorhynchia*). *G. hermaphrodita*, bis 2 mm lang, im Meer-, Brack- u. Süßwasser sowie auf feuchtem Land; mit 2 Augen; den Formen aus Brunnen u. großen Tiefen v. Seen fehlen Augen; Beutefang mit Hilfe des mit einer Chitinspitze u. Giftdrüsen versehenen Begattungsorgans.

Gyraulus m [v. *gyr-, gr. aulos = Flöte, Röhre], die ↗ Posthörnchen (Wasserschnecken).

Gyri [Mz.; lat., = Kreise], die nur im ↗ Gehirn höherer Wirbeltiere auftretenden Hirnwindungen. ↗ Gyrifikation; B Gehirn.

Gyrifikation w [v. *gyr-, lat. -ficare = machen], die Herausbildung v. Furchen (Sulci) u. Windungen (Gyri) am Großhirn (↗ Telencephalon, ↗ Gehirn) der Wirbeltiere. Die G. ist Ausdruck spezieller Wachstumsvorgänge des Gehirns u. der Anzahl verschaltender Neurone der Hirnrinde, damit auch teilweise ein Maß für die cerebrale Entwicklungshöhe des untersuchten Tieres. Der cytoarchitekton. Aufbau der Großhirnrinde aus 6 Neuronenschichten erlaubt eine Vermehrung der Neuronenzahl nur in der Fläche. Bei relativ gleichbleibender Hirngröße kann eine Oberflächenvergrößerung nur durch Einfaltung stattfinden (Furchen u. Windungen sind Ausdruck des gleichen Phänomens). Dabei ist zu beachten, daß bei Tieren gleicher Cerebralisationshöhe, aber unterschiedl. Körpergröße die größeren ein stärker gefurchtes Großhirn besitzen, da zur Versorgung der größeren Körperperipherie (wächst in der 3. Potenz) mehr Neurone erforderl. sind (Großhirnrinde wächst in der 2. Potenz). Die Hirnwindungen ordnen sich beim Wachstum zu einem gruppenspezif. Muster. Eine Zuordnung v. Assoziationsgebieten zu speziellen Furchen ist hingegen nicht gegeben. Die Hirnwindungen sind keine funktionellen Grenzen. – Auch an anderen Gehirnteilen (z. B. Kleinhirn, Nucleus ruber) kann ggf. eine Faltenbildung beobachtet werden. [fer.

Gyrinidae [Mz.; v. *gyr-], die ↗ Taumelkä-

Gyrinocheilidae [Mz.; v. gr. gyrinos = Kaulquappe, cheilos = Lippe], die ↗ Saugschmerlen.

Gyrinophilus m [v. gr. gyrinos = Kaulquappe, philos = Freund], Gattung der *Plethodontidae*; ↗ Porphyrsalamander.

gyrocon [v. *gyro-, gr. kōnos = Kegel, Zapfen], Bez. für spiral eingerollte Gehäuse v. Kopffüßern, deren Windungen sich nicht berühren.

Gyrocotyle w [v. *gyro-, gr. kotylē = Höhlung, Becher, Napf], namengebende Bandwurm-Gatt. der Ord. *Gyrocotylidea* (U.-Kl. *Cestodaria*); Parasiten im Spiraldarm v. *Holocephala* (Ord. der Knorpelfische). Größte Art *G. urna*, bis 5 cm lang, 11 mm breit, in *Chimaera monstrans*. Weitere Arten *G. fimbriata*, *G. rugosa*.

Gyrodactylus m [v. *gyro-, gr. daktylos = Finger, Zeh], Saugwurm-Gatt. der Ord. *Monogenea*, mit 120 Arten, davon 50 in Europa. Außenparasiten auf Haut u. an Kiemen v. Karpfenfischen u. anderen Meeres- u. Süßwasserteleostiern, in Ausnahmen auch bei Cephalopoden, fischparasit. Branchiuren u. bei Anuren; Viviparie u. (?) Polyembryonie. Bekannte Arten: *G. elegans*, *G. katharineri*, *G. medius*, *G. sprostonae*.

gyrodisc [v. *gyro-, gr. diskos = Scheibe], *gyrophor*, Bez. für mit Rillen versehene Apothecienscheibe, z. B. bei der Flechtengatt. *Umbilicaria* (= *Gyrophora*).

Gyrodon m [v. *gyr-, gr. odōn = Zahn], ↗ Erlengrübling.

Gyromitroideae [Mz.; v. *gyro-, gr. mitra = Mitra, Bund, Kopfbinde], die ↗ Mützenlorcheln.

Gyrophorsäure [v. *gyro-, gr. -phoros = -tragend], ↗ Flechtenstoffe.

Gyroporella w [v. *gyro-, gr. poros = Öffnung], Gatt. der ↗ Dasycladales.

Gyroporus m [v. *gyro-, gr. poros = Öffnung], Gatt. der Röhrlinge *(Boletaceae)*, in Europa selten u. nur mit 2 Arten vertreten; gelb-bräunl. Pilze mit hohem Stiel u. ockergelber Sporenfarbe, junge Pilze mit weißem Hymenium. Der eßbare Kornblumenröhrling (*G. cyanescens* Quél.) hat einen Hut mit 5–10 cm ⌀; sein weißes Fleisch verfärbt sich beim Anschneiden kornblumenblau; kommt in Laub- u. Nadelwald (Juli – Okt.), bes. auf Sandboden (oft mit *Calluna*), vor. Der bräunl. Hasenröhrling (*G. castaneus* Quél.) wächst an ähnl. Standorten wie der Kornblumenröhrling; sein Fleisch verfärbt sich nicht beim Anschneiden.

Gyrosigma s [v. *gyro-, gr. sigma = Buchstabe S], Gatt. der ↗ Naviculaceae.

Gyttja w [Mz. Gyttjen; schwed.], organogener, meist grünlich-grauer Halbfaulschlamm am Boden nährstoffreicher Seen u. brackischer Meeresgebiete; entsteht unter beschränkter Sauerstoffzufuhr.

H, 1) chem. Zeichen für Wasserstoff; **2)** Abk. für Histidin; **3)** Symbol für die Enthalpie.

Haake, *Wilhelm,* dt. Zoologe, * 23. 8. 1855 Klenze bei Hannover, † 6. 12. 1912 Lüneburg; Schüler Haeckels u. Möbius', 1882–84 Dir. des Museums in Adelaide (Austr.), 1888–93 Dir. des Zoolog. Gartens in Frankfurt a. M.; versuchte – erfolglos – die Weismannschen Vorstellungen zur Vererbung zu widerlegen, wobei seine Kreuzungen v. Mäusen aber ähnl. Ergebnisse erbrachten, wie v. Mendel (den er nicht kannte) an Pflanzen gefunden; starker Förderer der Einrichtung selbständ. naturkundl. Museen mit getrennten Schau- u. wiss. Slg.; entdeckte (unabhängig von E. Caldwell) die Fortpflanzungsweise des Schnabeligels (Kloakentiere) durch Eier.

Haarbalgmilben, *Demodicidae,* Fam. der ↗ *Trombidiformes;* kurzbein. Milben mit wurmförm. Körper u. sekundärer Ringelung; 0,09–0,5 mm lang, leben in Haarfollikeln v. Säugern vom Talg der Haarbalgdrüsen. Demodex canis bei den Hunden im Falle v. Massenvermehrungen die *Akarusräude* hervorrufen. ↗ Demodikose.

Haarbinse, *Trichophorum* (teilweise in die Gatt. *Scirpus* mit einbezogen), Gatt. der Sauergräser mit nur einem wenigblüt. Ährchen am Ende jedes Stengels u. reduzierten Stengelblättern. *T. alpinum* bildet einen feinen Schopf v. Wollhaaren. Die beiden in Dtl. vorkommenden Arten sind Bewohner der Hoch- u. Zwischenmoore. Sie zeichnen sich durch ein zirkumpolares, arktisch-alpines Verbreitungsbild aus (in dt. Mittelgebirgen also Glazialrelikte).

Haarblume, *Trichosanthes,* Gattung der ↗ Kürbisgewächse.

Haare, Sammelbez. für fadenförm. Oberflächenfortsätze unterschiedl. Größenordnung, Struktur u. Funktion (Schwebfortsätze, Haftorgane, Sinnesrezeptoren, Bewegungsorganelle, Drüsen, Organe zum Verdunstungsschutz u. zur Wärmeisolation, Signalorgane im Rahmen der Verhaltenskommunikation) auf dem Niveau der Einzelzelle wie des mehrzell. Organismus. Im mikroskop. u. submikroskop. Bereich der Zelle stellen H. Membranausstülpungen (↗ Cilien, „Flimmer-H.", Sinnes-H.) od. spezielle ↗ Glykokalyx-Differenzierungen (↗ Flimmergeißeln) dar. Auf der Ebene des mehrzell. Organismus sind H. entweder zellulär gliederte Epithelanhänge (Pflanzen-H., Wirbeltier-H.) od. nichtzellige Protuberanzen der ↗ Cuticula bei Polychaeten, Bärtierchen u. Gliederfüßern. **1)** Bot.: *Trichome,* Bez. für alle ein- u. mehrzell. Anhangsgebilde des Pflanzenkörpers, die aus einer, selten mehreren Epidermiszellen hervorgehen u. an deren Ausbildung die unter der ↗ Epidermis liegenden Gewebe nicht beteiligt sind (↗ *Emergenzen*). Die H. entstehen aus der (den) Initialzelle(n) durch deren starkes Streckenwachstum u. bei mehrzell. H.n durch später damit gekoppelte Zellteilungen. Stets wird der in der Epidermis steckende Teil als *Fuß* vom herausragenden *H.körper* od. *H.schaft* unterschieden. Oft sind die Epidermiszellen, die den Fuß umgeben, ring- od. strahlenförmig angeordnet (*Nebenzellen* des H.s). In der Ausgestaltung der H. und in der damit gekoppelten Funktion herrscht eine große Mannigfaltigkeit. Sie können lebend od. abgestorben, ein- od. mehrzellig, verzweigt od. rein haarförmig, papillös, schuppen-, warzen-, blasen- od. köpfchenförmig gestaltet sein. Vielfach unterstützen die H. die Epidermis bei ihren spezif. Aufgaben. So schaffen weißfilzig erscheinende Überzüge toter H. windgeschützte Räume u. vermindern so die Transpiration. Durch die Reflexion des Sonnenlichts schützen sie zudem vor direkter Sonnenstrahlung. Hakig gebogene *Klimm-H.* verhindern das Abgleiten windender od. klimmender Sprosse, hakig gebogene *Klett-H.* tragen zur Verbreitung v. Samen od. Früchten bei. *Absorptions-H.* (↗ *Absorptionsgewebe*) dienen der Wasser- u. Mineralaufnahme, z. B. die *Wurzel-H.;* ↗ *Drüsen-H.* scheiden Stoffe sehr unterschiedl. Art aus u. dienen z. T., wie die ↗ *Brenn-H.,* dem Fraßschutz. Im Aerenchym mancher Wasserpflanzen u. in den Luftwurzeln v. *Monstera* finden sich eingesprengt im parenchymat. Zellverband des Grundgewebes Zellen spezif. abweichender Gestalt (Idioblasten), die man als „innere Haare" bezeichnet. B Blatt II. **2)** Zool.: **a)** H. bei *Insekten* u. a. Gliederfüßern: haarförm. Anhänge der Cuticula. Man unterscheidet 1. *unechte H.* (*Microtrichia,* gelegentl. auch *Trichome* gen.): massive, nicht gelenkig mit der Cuticula verbundene Gebilde, meist nur aus Exo- u. Epicuticula bestehend. 2. *echte H.* (*Macrotrichia,* Setae, Chaetae, Borsten): hohle, meist gelenkig in einer Vertiefung der Cuticula eingesetzte Borsten, die bei Insekten v. charakterist. Zellen aufgebaut werden (trichogene, tormogene u. Hüllzellen), wobei das H. selbst aus der trichogenen Zelle hervorgeht. Alle echten H. sind gleichzeitig Sinnesborsten u. häufig bei Insekten u.

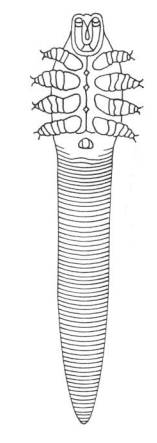

Haarbalgmilben

Demodex folliculorum (ca. 0,3 mm lang) ruft beim Menschen die ↗ Demodikose hervor.

Haare

Haarformen bei Pflanzen:
1 verzweigtes H. (Königskerze, *Verbascum*), **2** Stern-H. (Hirtentäschel, *Capsella bursa-pastoris*), **3** Klimm-H. (Hopfen, *Humulus lupulus*), **4** Schuppen-H. (Sanddorn, *Hippophaë rhamnoides*).

Pflanzen-H. sind wicht. *Bestimmungsmerkmale* für die Pharmakognosie, z. B. für die Feststellung der Zusammensetzung v. Teemischungen, Pulvern usw.

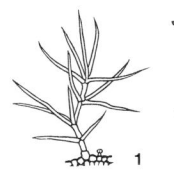

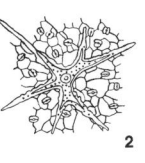

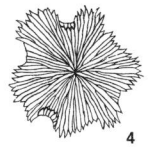

Haare

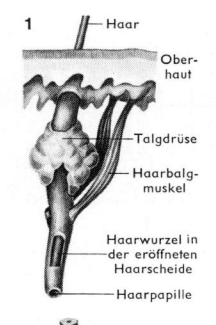

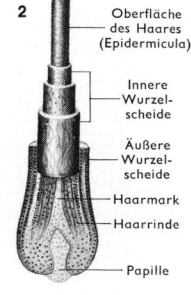

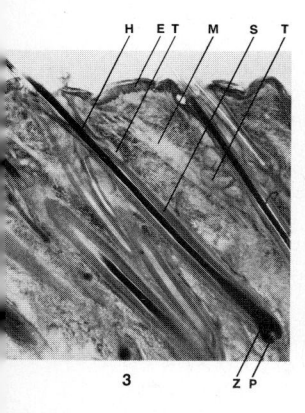

Haare

Säuger-Haar:

1 Modell eines H.s in der Haut; **2** Schichten eines H.s und seiner Wurzel; **3** Lichtmikroskop. Aufnahme von H.n in der Kopfhaut.

E Epithelschicht, H Haar, M Musculus arrector pili, P Haarpapille, S Haarscheiden, T Talgdrüsen, Z Haarzwiebel

Krebsen v. stiftführenden Sinneszellen begleitet. Man kann u. a. *Sinnes-H., Gift-H., Haft-H.* (Haftborsten) u. *Drüsen-H.* unterscheiden. Speziell umgewandelte H. stellen die ↗ *Schuppen* vieler Insekten dar (z. B. Schmetterlinge, aber auch Zweiflügler, manche Urinsekten). b) Unter den Wirbeltieren besitzen allein die Säugetiere *(Haartiere)* typische H., meist als Fell, das primär dem Wärmeschutz dieser „Warmblüter" dient. Das Säuger-H. stellt einen aus mehreren konzentr. Zellschichten bestehenden Hornfaden dar. Es ist seiner Länge nach gegliedert in den über die Haut ragenden *H.schaft* (Scapus pili) u. die lange, schräg in der Haut steckende u. tief in der Subcutis (↗Haut) zur *H.zwiebel* (H.bulbus, Bulbus pili) verdickte *H.wurzel* (Radix pili) u. entsteht aus einem soliden Epidermiszapfen, der von der Oberfläche her schräg in das Corium einwächst, sich an seinem Ende in der Subcutis birnenförmig verdickt (H.zwiebel, *H.follikel*) u. wie eine Glocke über eine fingerförm. Bindegewebspapille *(H.papille,* zur Ernährung) stülpt. Eine straffe Bindegewebsscheide umgibt die H.anlage. Stark proliferierende konzentr. Zellagen im Zentrum der H.zwiebel schieben sich in der Achse des Epithelzapfens oberflächenwärts vor u. verhornen, während sich über ihnen durch Absterben v. Zellen ein H.kanal zur Hautoberfläche öffnet. Die ebenfalls verhornenden Wandzellen des H.kanals gehen in die Epidermis über. Sie bilden eine äußere Wurzelscheide, innerhalb deren die Außenschicht des wachsenden H.es (innere Wurzelscheide) entlanggleitet. Nahe der Mündung des H.kanals zerfällt die innere Wurzelscheide in Hornschuppen, u. der zentrale Hornfaden aus drei Zellagen, Cuticula (Epidermicula), Rinde u. Mark (Matrix), tritt als H. nach außen. Die aus feinen, dachziegelartig einander überlappenden Hornschüppchen bestehende Cuticula zeigt in Zellform u. -anordnung ein artspezif. Muster u. besitzt deshalb taxonom. Wert. Die Rinde aus fibrillären Zellen verleiht dem H. seine Reißfestigkeit u. ist gleichzeitig Träger der *H.färbung* (Pigmentgranula), während die geldrollenförmig aneinandergereihten, bes. im Alter mit Gasblasen erfüllten (Ergrauen des H.es) Markzellen eine lockere Füllmasse bilden. Im oberen Drittel des H.kanals mündet eine voluminöse Talgdrüse (holokrine „Schmier"drüse, ↗Hautdrüsen), u. unmittelbar unter ihr setzt im stumpfen Winkel der H.neigung ein zur Hautoberfläche ausstrahlender Hautmuskel (Musculus arrector pili) an, der das H. zu sträuben vermag (↗Gänsehaut). – Nach ihrer Form lassen sich mehrere Typen unterscheiden: kurze stark gekräuselte *Woll-H. (Unter-H.,* Wärmeisolationsschicht) u. lange, kräftige ↗ *Deck-* od. *Kontur-H. (Ober-H.),* die vielfach die äußere Körperform bestimmen. Viele Säuger besitzen *Tast-H.* (Vibrissen), lange Borsten, deren Wurzeln v. Nervenendigungen umsponnen sind. Die H.zeichnung kann der Tarnung dienen, ebenso auch mit artspezif. Mustern der inner- u. zwischenartl. Kommunikation. Gleiches gilt für die Betonung v. Körperteilen durch unterschiedl. H.wuchs, z. B. Mähnen, ↗Bartwuchs u. Schambehaarung als sekundäre Geschlechtsmerkmale. Haarähnliche, den Säuger-H.n jedoch in keinem Fall homologe Epidermisanhänge kennt man auch bei einzelnen Amphibien, Reptilien und Vögeln. So trägt der ↗Haarfrosch im Brutkleid einen Pelz durchbluteter Epithelauswüchse (Gasaustausch?) an den Körperflanken; manche fossile Reptilien (Flugsaurier, Therapsiden) besaßen ein Wärmeschutzkleid aus haarförm. Schuppenderivaten, u. bei Vögeln findet man haarartig differenzierte Tastfedern (↗Vogelfeder) an Schnabelwurzel u. Augenlidern. ↗ Borsten, ↗Stacheln, [B] mechanische Sinne I–II, [B] Wirbeltiere II. *H. L./H. P./M. St./P. E.*

Die *Haarfarbe* wird durch den Gehalt eingelagerten Melanins, Gasblasen u. den Fettgehalt der Cuticula hervorgerufen. Sie ist mit der Augen- u. Hautfarbe korreliert, was auf einen einheitl. Genkomplex schließen läßt. Ein *Ergrauen* der H. erfolgt bei Beendigung der Melaninbildung od. Verlust v. Melanocyten beim H.wechsel, indem ein Zurückziehen der pigmentliefernden Fortsätze der Melanocyten unterbleibt u. diese mit dem H. verlorengehen. Derart. Störungen sind sowohl genet. bedingt, nehmen aber auch mit dem Alter zu. Bei Albinos (↗Albinismus) vermögen die Melanocyten aufgrund eines genet. Enzymdefekts kein Pigment zu erzeugen.

Haarflechten, *Fadenflechten,* Flechten mit sehr feinem, fädigem Lager, z. B. die Gatt. *Coenogonium, Cystocoleus, Racodium;* die Fäden bestehen aus einem Algenfaden, der v. Hyphen umgeben ist.

Haarflügler, die ↗Köcherfliegen.

Haarfrosch, *Astylosternus* (= *Trichobatrachus) robustus,* Vertreter der *Astylosterninae,* einer U.-Fam. westafr. Frösche, die entweder zu den *Ranidae* oder zu den *Hyperoliidae* gestellt wird. Andere Gatt. dieser U.-Fam. sind *Nyctibates, Scotobleps* u. *Gampsosteonyx.* Die Endglieder der Finger u. Zehen sind bei *Nyctibates* nur schwach gebogen. Bei den anderen sind sie so stark gebogen, daß sie die Haut durchstoßen u. wie Krallen eingesetzt werden können; einen H. kann man darum kaum in der Hand halten, ohne blutig gekratzt zu werden. Der H. hat seinen Namen von haarähnl. Hautpapillen, die das Männchen während der Fortpflanzungszeit an den Körperseiten ausbildet; die Funktion dieser Strukturen ist unbekannt; weil sie stark durchblutet sind, vermutet man eine atmungsunterstützende Funktion.

Haargefäße, die ↗ Blutkapillaren.

Haargerste, *Elymus,* Gatt. der Süßgräser (U.-Fam. *Pooideae*) mit ca. 30 Arten in N-Amerika u. Eurasien. Die Waldgerste *(E. europaeus)* ist ein ca. 0,6 – 1,2 m hohes Ährengras ohne Ausläufer bes. der Buchenwälder mit einblüt. Ährchen u. zottig behaarten Blattscheiden. Ein für die Dünenbefestigung wicht. Strandgras ist der Strandroggen *(E. arenarius)* mit 3–4blütigen Ährchen u. Ausläufern. B Europa l.

Haarigel, *Rattenigel, Echinosoricinae,* U.-Fam. der Igel *(Erinaceidae)* mit 4 Gatt. mit je 1 Art; stachellos, mit dichtem Fell, rüsselart. Schnauze u. langem, nacktem Schwanz (daher rattenähnl.); Heimat: SO-Asien. H. sind Waldbewohner, ernähren sich v. Wirbellosen u. kleinen Wirbeltieren.

Haarkelch, *Haarkrone,* der ↗ Pappus.

Haarlinge, *Federlinge, Kieferläuse, Läuslinge, Mallophaga,* U.-Ord. der Tierläuse mit insgesamt ca. 3000, davon in Mitteleuropa ca. 500 bekannten Arten. Kleine, selten über 6 mm lange, flügellose Insekten, die am Federkleid v. Vögeln *(Federlinge)* od. im Fell v. Säugetieren *(Haarlinge)* parasitieren. Die Färbung des abgeplatteten, sehr widerstandsfähigen Körpers ist meist der des Wirts angepaßt. Die Komplexaugen sind stark zurückgebildet; die Mundwerkzeuge im Ggs. zu den meisten ektoparasit. lebenden Insekten nicht stechend-saugend, sondern beißend-kauend. Die Beine besitzen als Halteapparat Krallen (Fam.-Gruppe *Amblycera*) od. noch zusätzlich Haftlappen (Familiengruppe *Ischnocera*). H. ernähren sich vom Keratin der Haare od. Federn, v. Hautschuppen u. manchmal auch vom Blut aus genagten Wunden. Einige Arten, wie z. B. die Gatt. *Menacanthus* beim Haushuhn, dringen in den Federschaft ein u. fressen die Federseele aus. Die Eier werden in die Federn bzw. Haare geklebt; die H. durchlaufen eine hemimetabole Entwicklung mit 3 Larvenstadien. Die Wirtsspezifität ist sehr ausgeprägt; auf einem Wirt können aber mehrere Arten der H. vorkommen. Die Übertragung erfolgt im Nest od. bei der Kopulation des Wirts. Bes. bei Massenbefall können die H. schwere Schäden im Gefieder od. Fell anrichten. Beim Pelikan können Freßgemeinschaften verschiedener Arten der Gatt. *Piagetiella* durch Befall des Kehlsacks Wunden verursachen. Die Eier werden im Kopfgefieder abgelegt, die Larven wandern dann durch die Mundhöhle in den Kehlsack. – Die H. werden in die beiden Fam.-Gruppen *Amblycera* u. *Ischnocera* (mit längeren Fühlern) gegliedert.

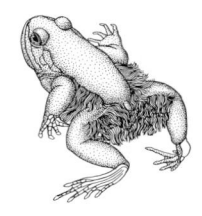

Haarmücken, *Bibionidae,* Fam. der Mücken mit weltweit ca. 400, in Mitteleuropa ca. 20 Arten. Die H. sind je nach Art 3–12 mm groß; plumpe Körpergestalt, dunkle Färbung u. kurze Fühler verleihen ihnen ein fliegenähnl. Aussehen. Im Flug fallen die lang herabhängenden Hinterbeine auf. Die Komplexaugen sind bei den Männchen groß u. behaart, bei den Weibchen viel kleiner entwickelt. Die Larven können durch Fraß an Pflanzenteilen in den oberen Erdschichten bisweilen Schaden anrichten, tragen dadurch aber auch zur Humusbildung bei. Die Imagines ernähren sich v. Blütennektar u. Honigtau. Im Frühjahr tritt oft massenhaft die stubenfliegengroße Markusfliege (*Bibio marci,* fälschl. Märzfliege gen.) auf; häufig ist auch die 9 mm große Gartenhaarmücke *(Bibio hortulanus).*

Haarqualle, *Cyanea capillata,* ↗ Cyanea.

Haarschleierlinge, *Cortinarius,* ↗ Schleierlingsartige Pilze.

Haarschnecken, nichtverwandte Gruppen v. Schnecken, deren Gehäuse „Haare" (aus dem Conchin des Schalenhäutchens) tragen. 1) *Trichia,* Gatt. der *Helicidae* mit gedrückt-rundl. Gehäuse; ca. 20 Arten, in Europa, N-Afrika u. Transkaukasien. Die Gemeinen H. (*T. hispida,* Gehäuse-⌀ bis 12 mm) sind in Europa weitverbreitet in Gebüsch u. Steinhalden; bei feuchtem Wetter steigen sie an Kräutern (Brennesseln) auf. 2) *Trichotropidae,* Fam. der Mittelschnecken, marine Schnecken mit scheiben- bis turmförm. Gehäuse (unter 3 cm Höhe) mit dickem Schalenhäutchen, das oft zu Borsten ausgezogen ist; protandrische ☿ mit Brutpflege; etwa 12 Gatt., meist in kalten Meeren verbreitet.

Haarschwänze, *Trichiuridae,* Fam. der Makrelenartigen Fische mit 8 Gatt. u. ca. 30 Arten; weltweit in trop. u. gemäßigten Meeren an der Oberfläche u. in der Tiefsee verbreitet, mit langem, aalähnl. Körper u. einer vom Kopf bis zum Schwanz reichenden, stachel. Rückenflosse sowie einer kleinen od. fadenförm. ausgezogenen Schwanzflosse. Hierzu gehört der bis 1,5 m lange, silbr. Degenfisch *(Trichiurus lepturus),* der in trop. Regionen als Speisefisch dient.

Haarschwindlinge, *Crinipellis,* Gatt. der

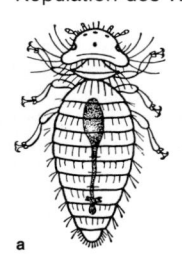

Haarsensillen

Tricholomataceae (Ritterlingsartige Pilze) mit schwindlingsart. kleinen Pilzen; die bekannteste Art, der Behaarte Schwindling (*C. stipitaria* Pat.), wächst gesellig, oft büschelig an Grasbüscheln, Zweigen, Strünken, am Wegrand (z. B. Sandboden) u. Dünen.

Haarsensillen [v. lat. sensus = Empfindung], zählen zu den Mechanorezeptoren der Arthropoden (↗ mechanische Sinne); einzeln od. in Borstenfeldern angeordnet, werden durch Abbiegung der Haarfortsätze erregt; auf der Körperoberfläche, den Beinen, Fühlern u. Mundwerkzeugen lokalisiert. ↗ Sinneshaare.

Haarstäublinge, die ↗ Trichiaceae.

Haarsteine, *Trichobezoare, Ägagropilen,* durch Fellecken aufgenommene, aus tier. Haaren bestehende ↗ Bezoarsteine.

Haarsterne, 1) *Trichaster,* Gatt. der ↗ Erdsterne; in Europa nur mit 1 Art, *T. melanocephalus* Czern. (Schwarzköpfiger H., Riesen H.), vertreten. Der geschlossene, oberird. Fruchtkörper bildet eine Kapsel v. 7–8 cm ⌀, deren Außenschicht (an der die Endoperidie haftenbleibt) in 4–7 Lappen aufreißt, so daß ein sternförm. Gebilde entsteht. Die schwarzbraune Innenkugel mit Capillitiumfasern u. Sporenmasse ist ohne Umhüllung u. steht auf einem Stielchen. Dieser seltene Pilz wächst auf Humus in Gärten, in Laub- u. Nadelwald; Hauptverbreitungsgebiete: SO-Europa, Asien u. Australien. **2)** *Federsterne, Comatulida,* Ord. der Stachelhäuter-Kl. *Crinoidea* (↗ Seelilien u. Haarsterne); umfaßt 17 Fam. mit ca. 550 Arten, d. h. ca. 90% aller rezenten *Crinoidea.* H. haben wie andere Stachelhäuter bilateralsymmetr. Larven mit apikalem Wimpernschopf u. mehreren Wimpernbändern (vgl. Abb.). Die Larve setzt sich mit dem apikalen Bereich fest, der zu einem Stiel auswächst; zugleich bildet sich die Pentamerie (fünfstrahl. Radiärsymmetrie): das gestielte Jungtier mit bis zu 1 cm langen Armen wird *Pentacrinoid*-Stadium gen. nach der im Jura ausgestorbenen Seelilie *Pentacrinus* (Beispiel für ↗ Rekapitulation). Nach mehreren Monaten löst sich das Tier vom Stiel u. lebt ab dann beinahe ↗ hemisessil, indem es sich mit den Cirren an Steinen od. Korallen festklammert. Die Arme (meist 10, selten nur 5, aber auch bis 200 bei der Gatt. *Comanthina* aus der Fam. *Comasteridae*) werden nach oben ausgebreitet; in den Pinnulae (fiederblattart.) Seitenäste u. in den Armen liegen Nahrungsrinnen, in denen ein Schleimteppich mit Detritus, Diatomeen, Kleinkrebsen usw. durch steten Wimpernschlag zum Mund geführt wird (innere Organisation: ☐ Seelilien). Selten lösen sich die H. vom Substrat u. laufen mit Hilfe der Arme (nicht Cirren) herum; durch peitschenförm. Schlagen der Arme können sie sogar über Strecken v. wenigen Metern schwimmen. – In eur. Meeren verschiedene Arten der Gatt. *Antedon;* der Mittelmeer-H. (*A. mediterranea*) hat 20 cm ⌀ u. kommt in verschiedenen Farbvarianten vor (auch leuchtend rot). Andere Gatt. der Fam. *Antedonidae* sind u. a. *Florometra, Heliometra* (größter H.: ⌀ 70 cm), *Isometra* (antarkt. Arten vivipar).

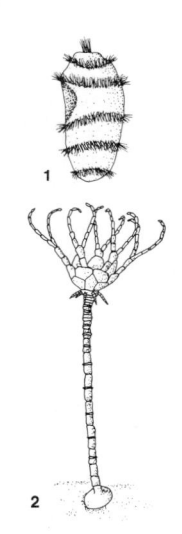

Haarsterne
1 freischwimmende Larve, 2 festsitzendes Jungtier (Pentacrinoid-Stadium), 3 hemisessiler erwachsener Haarstern

Haarstrang, *Peucedanum,* Gatt. der Doldenblütler mit ca. 160 Arten; weltweit. Die Meisterwurz, *Imperatoria* (*P. ostruthium*), ist eine bis 1 m hohe Staude mit weißl. Dolden u. breitgeflügelten Früchten, die in Gebirgswiesen u. subalpinen Staudenfluren wächst; enthält Bitterstoffe u. äther. Öle; v. a. das Rhizom wurde als Heilpflanze genutzt.

Haarstrich, *Haarschlag, Fellstrich,* durch schrägen u. gerichteten Austritt der ↗ Haare aus der Oberhaut (Epidermis) entstehende Streichrichtung der Körperbehaarung. I. d. R. sind die Haarspitzen (ebenso wie Federn u. Schuppen) nach caudal gerichtet, damit die schützende Hautbedeckung bei Vorwärtsbewegung nicht aufgelockert u. zum Hindernis wird. Stoßen Regionen mit unterschiedlicher Strichrichtung aneinander, so entstehen *Kämme, Scheitel* od. *Haarwirbel.* – Besonderheiten des H.s stehen in Zshg. mit der Lebensweise. So verläuft der H. bei den mit abwärts gerichtetem Rücken im Geäst hangelnden Faultieren am Rumpf v. ventral nach dorsal („Bauchscheitel") u. an den Gliedmaßen v. distal nach proximal; dadurch wird das Abfließen des Regenwassers begünstigt. Bei den meisten Landsäugetieren ist der H. an den Gliedmaßen nach distal gerichtet; bei den Menschenaffen hingegen, die in Ruhe ihre Arme im Ellbogengelenk abwinkeln u. bei Regen ihre Hände über den Kopf halten, u. beim Menschen sind die Haare am Oberarm distalwärts u. am Unterarm nach proximal gerichtet.

Haarstrich
Keinen H. haben Fledermäuse u. viele im Boden lebende Säugetiere (z. B. Maulwürfe, Sandgräber, einige Beuteltiere); ihre Haare sind gleichmäßig diffus angeordnet u. ergeben einen feinen, weichen Pelz.

Haartiere, die ↗ Säugetiere.

Haarvögel, *Bülbüls, Pycnonotidae,* 15 bis 30 cm große, wahrscheinl. relativ primitive Singvögel der Tropen u. Subtropen Afrikas u. Asiens, ca. 120 Arten, schlichte Färbung, gelegentl. mit roten od. gelben Abzeichen, im Nacken haarähnl. Federn, teilweise deutl. Haube, relativ langer Schwanz; halten sich gern in der Nähe menschl. Siedlungen auf u. ernähren sich v. Früchten, Knospen u. Insekten; gesellig u. sehr ruffreudig, bauen ihre Nester in Büsche u. Bäume.

Haarvögel
Pycnonotus cafer

Haarwechsel, durch zykl. Haarwachstum bedingtes Ausgehen v. Körperhaaren u. Nachwachsen v. neuen Haaren. Als sog.

Fellwechsel findet der H. bei den meisten Landsäugetieren zur Anpassung an jahreszeitl. Klimaschwankungen mittels unterschiedl. Haarlänge u. -dichte (Sommer-/Winterkleid) statt; mit dem H. kann gleichzeitig eine Farbanpassung (↗Farbwechsel) verbunden sein (z. B. Hermelin). Bei höheren Affen u. beim Menschen erfolgt der H. dauernd u. unauffällig; dabei wird die Haarzwiebel v. der Bindegewebspapille (↗Haare) abgehoben u. nach außen abgeschoben, an der Papillenoberfläche wächst aus Epithelresten ein neues Haar nach. Ein erwachsener Mensch verliert tägl. ca. 50–100 Haare. ↗Mauser.

Haarwirbel ↗Haarstrich.

Haarwürmer, ugs. Bez. für ↗*Capillaria* u. auch für andere sehr schlanke ↗Fadenwürmer, z. B. *Wuchereria* (↗Filarien); bisweilen auch für ↗Saitenwürmer.

Haarwurm-Krankheit, die ↗Kapilliose.

Haarzellen, in den ↗Gleichgewichts- u. ↗Gehörorganen v. Wirbeltieren, den ↗Seitenlinienorganen der Amphibien u. Fische gelegene ↗Mechanorezeptoren, die durch Druck-, Biegungs- od. Scherkräfte erregt werden; ↗mechanische Sinne (B I–II).

Haastia *w* [ben. nach dem holl. Botaniker W. van Haazen, um 1745], Gatt. der ↗Korbblütler.

Habenula *w* [lat., = schmales Streifchen], *Zügelchen*, an der Basis der ↗Epiphyse paarig zusammenlaufender Nervenstrang des Zwischenhirns, verbindet die Epiphyse mit dem Thalamus.

Haberlandt, *Gottlieb*, östr. Botaniker, * 28. 11. 1854 Ungarisch-Altenburg, † 30. 1. 1945 Berlin; seit 1884 Prof. in Graz, 1910 in Berlin, Begr. u. bis 1923 Dir. des pflanzenphysiolog. Inst., wirkte mit an der Gründung des Kaiser-Wilhelm-Inst. für Biol. in Berlin-Dahlem; grundlegende Arbeiten zur Hormonphysiologie der Pflanzen, 1904 Entdeckung der Wuchshormone („Wundhormone", „Nekrohormone"), die später als Auxine isoliert u. charakterisiert wurden; Begr. (zus. mit S. Schwendener) einer funktionellen Anatomie u. Histologie der Pflanzen.

Haberlea *w* [ben. nach dem östr. Botaniker K. C. Haberle, 1764–1832], Gatt. der ↗Gesneriaceae.

Habichtartige, *Accipitridae*, mit 128 Arten größte Fam. der Greifvögel (vgl. Tab.), sehr unterschiedl. Formen (18–150 cm groß); gemeinsame Merkmale: getrennte Nasengänge, Blinddärme des Verdauungstrakts u. eine stark entwickelte erste Zehe.

Habichte, Greifvögel mit kurzen, breiten Flügeln u. langem Schwanz aus der Fam. der Habichtartigen. Einheim. Vertreter der Gatt. *Accipiter* sind der bis 60 cm große Habicht *(A. gentilis)* u. der wie ein kleiner

Habichte
1 Habicht *(Accipiter gentilis)*, 2 Sperber *(A. nisus)*

Habichtartige
Gruppen (mit typischen Gattungen):
↗Adler *(Aquila)*
↗Altweltgeier *(Gyps)*
↗Bussarde *(Buteo)*
↗Gleitaare *(Elanus)*
↗Habichte *(Accipiter)*
↗Harpyie *(Harpia)*
↗Milane *(Milvus)*
↗Schlangenadler *(Circaetus)*
↗Seeadler *(Haliaeëtus)*
↗Weihen *(Circus)*
↗Wespenbussarde *(Pernis)*

Habicht wirkende Sperber *(A. nisus*, B Europa X), beide nach der ↗Roten Liste „potentiell gefährdet". Die Weibchen sind stets größer als die Männchen u. schlagen auch größere Beute. Die Jagdtechnik in baumbestandenem Gelände besteht darin, kleine bis mittelgroße Vögel im Flug über eine kurze Strecke mit großer Geschwindigkeit zu verfolgen; oft führt ein Überraschungsangriff zum Erfolg; zur Beute gehören auch Säugetiere wie Kaninchen, Hase u. Eichhörnchen, wobei das Spektrum in seiner Zusammensetzung jahreszeitl. je nach Angebot variiert. Die v. einem Paar beanspruchte Revierfläche ist recht groß u. beträgt beim Habicht 3000–5000 ha, beim Sperber ca. 1000 ha. Intensive Bejagung führte zu einem starken Schrumpfen der mitteleur. Bestände; nach Verfügung eines Jagdverbots zeichnet sich eine Erholung ab. Für den Neststandort bevorzugt der Sperber noch stärker als der Habicht Fichten, insbes. dann, wenn sie als kleine Gruppe in Laubalthölzbeständen stehen. 2–5 (Habicht) bzw. 3–6 Eier (Sperber) werden überwiegend v. Weibchen 5 bis 6 Wochen lang bebrütet (B Vogeleier I). Die Jungen verlassen nach einem ähnl. Zeitraum das Nest, halten sich danach aber noch längere Zeit in Horstnähe auf. Die afr. Sing-H. (Gatt. *Melierax*) jagen mit stark verlängerten Läufen zu Fuß in der Savanne; in Nestnähe geben sie vielseit. Rufe v. sich. ☐ Flugbild.

Habichtskraut, *Hieracium*, auf der nördl. Hemisphäre u. in den Anden verbreitete Gatt. der Korbblütler mit rund 800 Sammelarten. Der auf Apomixis beruhende, fast unüberschaubare Formenreichtum des H.s hat zu seiner Unterteilung in Tausende v. meist nur begrenzt verbreiteten Kleinarten geführt. Habichtskräuter sind ausdauernde, milchsaftführende Kräuter mit Rhizomen, einfachen bis sehr verzweigten, meist mehr od. minder beblätterten Stengeln u. einzeln od. in rispigen bis dold. Gesamtblütenständen stehenden Blütenköpfen. Die oft auch zu einer grundständ. Rosette angeordneten Blätter sind lineal bis herzförmig, meist ganzrandig, gesägt od. gezähnt u. besitzen bisweilen eine dunkelgefleckte Ober- u. eine durch stärkere

Habichtskraut

Das Wald-H. *(Hieracium sylvaticum)* wächst verbreitet in kraut- u. grasreichen Laub- u. Nadelwäldern, an Waldrändern sowie schatt. Mauern u. Felsen. Verbreitet ist auch das in sonn. Magerrasen zu findende Langhaarige H. od. Mausöhrchen *(H. pilosella,* B Europa XIX). Ziemi. häufig in lichten Eichenwäldern u. im Eichengebüsch bzw. in lichten Eichen- u. Kiefernwäldern sowie Heiden u. Magerrasen wachsen *H. sabaudum* (Savoyer H.) u. *H. umbellatum* (Doldiges H.). In lückigen Kalkmagerrasen, an Wegen, Rainen u. Mauern ist *H. piloselloides* (Florentiner H.), in Felsspalt-Fluren das seltene Niedrige H. *(H. humile)* zu finden. Sonn. Steinrasen u. Wildgras-Halden bzw. Magerrasen u. Silicat-Magerweiden der alpinen u. subalpinen Stufe beherbergen *H. villosum* (Zottiges H.) bzw. *H. aurantiacum* (Orangerotes Habichtskraut).

Habichtskrautspinner

Zottiges Habichtskraut (Hieracium villosum)

Behaarung meist hellere Unterseite. Die in sehr kleinen bis großen, kugel. bis zylindr. Köpfchen stehenden Blüten sind überwiegend gelb (weißl. gelb bis gelborange), seltener orange od. purpurn gefärbt. An der Basis sind sie röhrig, zur 5zähn. Spitze hin meist zungenförm. ausgebildet. Die Früchte (Achänen) des H.s besitzen einen zerbrechl. Pappus. Der vegetativen Verbreitung dienen unter- wie oberird. wachsende Ausläufer, die an ihren Spitzen bewurzelte Rosetten bilden. In Mitteleuropa kommen etwa 15 Sammelarten vor (vgl. Spaltentext S. 147). B Europa XIX.

Habichtskrautspinner, *Lemonia dumi,* ↗ Herbstspinner.

Habichtspilz, *Sarcodon imbricatum,* ↗ Stachelpilze.

Habitat s [v. lat. habitare = bewohnen], Aufenthaltsbereich einer Tier- od. Pflanzenart innerhalb eines Biotops.

Habitatselektion w [v. lat. habitare = bewohnen, selectio = Auswahl], *Biotopwahl,* Fähigkeit v. Tieren, den artspezif. Lebensraum zu suchen u. an speziellen Signalfaktoren zu erkennen. Hierbei gilt, daß Tiere über ihre Sinnesorgane nur eine begrenzte Zahl v. Faktoren (Signalen) dieser spezif. Umwelt wahrzunehmen brauchen, die ihnen eine Auskunft über Habitatqualitäten geben. Diese Faktoren liegen meist als ↗ Gradienten vor (z. B. Feuchte, Temp. u. a.). Die Organismen suchen sich den für sie passenden Bereich *(Präferendum).* Bei der H. werden i. d. R. unmittelbare, sogar unter Umständen physiolog. bedeutungslose Orientierungsfaktoren *(proximate factors)* verwendet, wenn sie mit den biol. essentiellen, stammesgesch. selektionierenden Faktoren *(ultimate factors)* hinreichend korreliert sind. Artspezif. bedeutsam ist dabei stets die Kombination mehrerer solcher proximate factors. Aus der Summe dieser Faktoren resultiert ein auch für das menschl. Wahrnehmungsvermögen nachvollziehbares ↗ Ökoschema. Die Fähigkeit zum Erkennen der Signalfaktoren dieses Ökoschemas ist normalerweise angeboren, kann aber bei höheren Organismen auch erlernt od. geprägt sein. So erkennt z. B. eine Zecke ihren Wirt (Warmblüter) als Nahrungshabitat an der Kombination des chem. Signals Buttersäure (im Schweiß enthalten) u. der Körpertemp. Großstadtvögel brüten deshalb in den Städten, weil das Häusermeer ihren vielfach urspr. Felsbiotopen als Ökoschema entspricht. ↗ Monotop, ↗ ökologische Valenz.

Habituation w [v. lat. habituari = mit etwas behaftet sein], urspr. aus dem ↗ Behaviorismus stammender Begriff, der die Abnahme in der Stärke eines unbedingten Reflexes beschreibt, wenn dieser häuf. ausgelöst wird: Der Reflex *habituiert.* Heute (bes. in der Ethologie) allg. i. S. von *Gewöhnung, Reaktionsermüdung, reizspezif. Reaktionsabschwächung* usw. gebraucht. Die H. als einfachste Form des Lernens sorgt dafür, daß häufig auftretende Reize, auf die weder positive noch negative Erfahrungen folgen, keine Reaktionen mehr hervorrufen. Daher trägt die H. zur für das Tier lebenswicht. Ausfilterung der relevanten Reize aus der Flut der v. den Sinnesorganen aufgenommenen Informationen bei. Trotz ihrer Einfachheit beruht die H. auf einem echten Lernprozeß (Aufnahme neuer Information in die Verhaltenssteuerung), da sie *reizspezifisch* ist. So habituieren Stare an das Geräusch einer Schußanlage, die sie v. einer Obstanlage fernhalten soll, wenn der Knall sich regelmäßig ohne weitere Folgen wiederholt. Auf ein Geräusch anderer Art werden sie jedoch sofort wieder aufmerksam u. fliehen. Dadurch unterscheidet sich die H. von der bloßen Absenkung einer ↗ Bereitschaft bzw. allg. Ermüdung, die nicht als Lernprozesse gelten. Auf der anderen Seite darf die H. nicht mit der komplexeren Lernform der ↗ Extinktion verwechselt werden. Für die *Extinktion* einer Verknüpfung od. Reaktion ist nicht nur folgenlose Wiederholung, sondern eine spezif. Gegenerfahrung erforderlich.

Habitus m [lat., = äußere Erscheinung], Gesamterscheinungsbild (Gestalt u. Verhalten) v. Lebewesen.

Habroderella w [v. *habro-, gr. derē = Hals, Nacken], vermeintl. Gatt. der ↗ Kinorhyncha (Hakenrüßler) aus der Ord. *Cyclorhagae;* neuerdings als Larvenform der weltweit verbreiteten Gatt. *Echinoderes* erkannt.

Habroderes w [v. *habro-, gr. derē = Hals, Nacken], umstrittene Gatt. der ↗ Kinorhyncha (Hakenrüßler), evtl. nur Larvenform der weltweit verbreiteten Gattung *Echinoderes* od. *Echinoderella.*

Habronema s [v. *habro-, gr. nēma = Faden], Gatt. der Fadenwürmer, namengebend für die Fam. *Habronematidae,* deren Vertreter in der Magenwand v. Säugetieren od. Vögeln parasitieren. Die 2 cm lange, weltweit verbreitete Art *H. muscae* (Zwischenwirt: Fliegen) führt bei starkem Befall in Pferd, Esel u. a. Equiden zu chron. Magenentzündung. Die Über-Fam. *Habronematoidea* enthält 4 Fam. mit ca. 35 Gatt. u. gehört zur Ord. ↗ *Spirurida.*

Habu-Schlange [Sprache der Ryukyu-Inseln], *Trimeresurus flavoviridis,* ↗ Lanzenottern.

Hackfrüchte, Bez. für alle Nutzpflanzen, bei denen während der Entwicklung der

habro- [v. gr. habros = weich, zart, zierlich].

Boden mehrfach gehackt werden muß, um eine Verunkrautung u. Verkrustung der Oberfläche zu vermeiden. Zu den H.n gehören Kartoffeln, Tabak u. alle Feldgemüsearten. Erfordern intensive Pflege u. Düngung, liefern aber die höchsten Flächenerträge in Masse, Nährwert (Stärke u. Zucker) u. Geldwert. Die Blattabfälle liefern zusätzl. hohe Grünfuttermengen. Der *Hackfruchtbau* ist die älteste Form des Akkerbaus; ersetzte in der Dreifelderwirtschaft die Brache, heute ein wesentl. Glied moderner Fruchtfolgen; nimmt z. Z. 25% des Ackerlands ein.

Hackfrucht-Unkrautgesellschaften ↗ Polygono-Chenopodietalia.

Hackordnung, engl. „peck order", Begriff für die ↗ Rangordnung innerhalb einer Gruppe v. Haushühnern, deren soziale Stellung sich am gg. subdominante Tiere gerichteten Schnabelhacken ablesen läßt. Dieser Begriff wurde fr. manchmal allg. für Rangordnung benutzt, heute ist er unübl. Neuere Forschungen zeigen, daß die Sozialstruktur bei Haushühnern durch die Haltung im Hühnerhof künstl. Züge hat u. v. der Struktur in Gruppen freilebender sozialer Tiere abweicht.

Hadal s [v. *had-], *Ultraabyssal*, Bereich der Tiefseegräben, der unterhalb 5000 m liegt; T bathymetrische Gliederung.

Hadar, Fundort in Äthiopien, ↗ Afar.

Hadon s [v. *had-], ökolog. Bez. für die Lebensgemeinschaften v. Tieren u. Mikroorganismen (über 300 bekannte Arten) in den Tiefseegräben der Ozeane.

Hadozön s [v. *had-, gr. koinos = gemeinsam], *Hadocoen*, das Ökosystem der ozean. Tiefseegräben; setzt sich zus. aus dem Biotop ↗ *Hadal* u. der Biozönose ↗ *Hadon*; bestimmend sind die Lichtlosigkeit (↗ aphotische Region) u. die extrem hohen hydrostat. Drücke v. 700 bis 1000 bar (barophile Arten). [bündel.

Hadrom s [v. *hadro-], das ↗ Xylem, ↗ Leit-

Hadromerida [Mz.; v. *hadro-, gr. meros = Teil, Glied], Ord. der Schwämme; Kennzeichen: massiger Körper mit mehr od. weniger Randschicht aus radiär angeordneten Skleriten (Monactinen, Tylostylen, Astern u. Asterderivaten); kein Spongin. Formen aus der Uferregion sind im allg. orangefarben, solche aus tieferen Bereichen oft grau, hin u. wieder durch Symbionten farbig.

hadrozentrisch [v. *hadro-, gr. kentron = Mittelpunkt], Bez. für Leitbündel, bei denen der Siebteil den Holzteil konzentrisch umgibt.

Haeckel, *Ernst,* dt. Naturforscher, * 16. 2. 1834 Potsdam, † 9. 8. 1919 Jena, seit 1862 Prof. in Jena. H. war seit seiner frühesten Jugend naturwiss. orientiert. Angeregt

had- [ben. nach Haidēs = Hades, der gr. Gott der Unterwelt], in Zss.: ganz unten.

hadro- [v. gr. hadros = voll, ausgewachsen, erwachsen, reif, dicht, stark].

E. Haeckel

Noch zu H.s Lebzeiten (1907) wurde das Phyletische Museum der Univ. Jena, das „bestimmt (ist) für den Ausbau u. die Verbreitung der Entwicklungslehre, insbes. der Stammesgeschichte oder Phylogenie ..." gegründet. Es bewahrt heute, zus. mit dem H.-Archiv in seinem ehem. Wohnhaus (Villa Medusa) nahezu den gesamten wiss. u. privaten Nachlaß H.s auf.

Hadromerida
Familien:
Clionidae (↗ Bohrschwämme)
Polymastiidae
Spirastrellidae
Suberidae
Tethyidae

durch ↗ Garcke, A. v. ↗ Humboldts „Ansichten der Natur" u. ↗ Schleidens „Die Pflanzen u. ihr Leben", beschloß er in Jena bei Schleiden Botanik zu studieren, absolvierte aber auf väterl. Wunsch zunächst in Würzburg ein Studium der Medizin. Während dieser Zeit wandte er sich aber bereits mehr u. mehr der Zool. zu. Von seinen dort. Lehrern ↗ Kölliker, ↗ Virchow u. Leydig war es bes. ersterer, der ihn prägte u. ihn mit den seinen weiteren Lebensweg bestimmenden Forschern ↗ Gegenbaur u. Joh. ↗ Müller bekannt machte. Bei Müller in Berlin studierte er bes. vergleichende Anatomie; während eines Aufenthalts auf Helgoland (1854) zus. mit Müller wurde die Bekanntschaft mit der Formenvielfalt des Meeresplanktons endgült. bestimmt für seine weiteren Arbeiten. Noch vor seiner Assistentenzeit bei Virchow in Würzburg (1856) u. Promotion zum Dr. med. in Berlin (1857) begann er seine erste bot.-zool. orientierte Reise (Alpen u. Italien), der zahlr. weitere folgten. Auf seiner zweiten Italienreise (1859–60) studierte u. intensiv die Radiolarienfauna des Golfes v. Messina u. entdeckte dabei 144 neue Arten. Mit den Ergebnissen dieser Arbeiten habilitierte er sich 1861 an der Univ. Jena u. veröff. seine erste große Monographie über die Radiolarien, in der er bereits als Verfechter der Darwinschen Theorien auftritt. 1862 erfolgte die v. Gegenbaur intensiv unterstützte Berufung zum Prof. u. Dir. des Zool. Museums in Jena. 1865–66 Anfertigung der „Generellen Morphologie", die in zwei Bd. alle wesentl. Gedanken u. Überzeugungen, die in den zahlr. späteren Werken H.s ausführl. vertreten werden, enthält. Das hier erstmalig auftauchende Konzept des „Biogenetischen Grundgesetzes" (↗ Biogenetische Grundregel) wurde in der „Anthropogenie" (1874) schlagwortartig formuliert. (Die von H. geprägten Begriffe Palingenese, Caenogenese u. Ökologie finden sich hier zum ersten Mal.) Bald darauf Begegnungen mit Ch. ↗ Darwin, T. H. ↗ Huxley, ↗ Lyell u. ↗ Wallace u. weitere Reisen u. a. auf die Kanar. Inseln, Norwegen, Dalmatien, Ägypten, Sardinien u. Korsika, Ceylon, Kleinasien, Algerien, Java, Sumatra. Die dort gemachten Beobachtungen u. wiss. Ergebnisse legte er teils in hervorragend populärwiss. Reisebeschreibungen (Algerische Reise, Indische Reisebriefe, Aus Insulinde u. v. a. mehr), teils in großen Monographien („Kalkschwämme" – mit der Formulierung der ↗ Gastraea-Theorie, „Medusen") nieder. Neben den eigenen Beobachtungen wertete er v. dem riesigen Material der Challenger-Expedition die Radiolarien, Hornschwämme, Medusen u. Siphonophoren aus u. beschrieb 3510 neue

149

Haecker

Radiolarien-Arten. Ab 1865 begannen die Bemühungen, die Abstammungslehre insbes. unter Einbeziehung der stammesgesch. Entwicklung des Menschen in weitesten Kreisen der „gebildeten" Bevölkerung zu verbreiten („Kampf um den Entwicklungsgedanken"). Aus dieser Zeit stammen eine Fülle gegen H. gerichteter Pamphlete u. Kampfschriften, gegen die er sich ebenso heftig in Vorträgen u. Schriften zur Wehr setzte. U. a. führte dieser weltanschaul. Streit in seiner Schrift „Freie Wissenschaft u. freie Lehre" zum Bruch mit Virchow. 1868 erschien in diesem Zshg. die „Natürliche Schöpfungsgeschichte", ein Klassiker der populärwiss. Lit. Unter „Freidenkerkreisen" weit verbreitet waren auch die später erschienenen „Welträtsel" (1904), in denen aber der Boden wiss. Erkenntnisse mehr u. mehr zugunsten einer religionsäquivalenten „monistischen" Philosophie (1906 Gründung des Monistenbundes) verlassen wird. Sein letztes Werk „Kristallseelen" (1917) ist ganz in diesem Sinne (u. damit zeitbedingt) zu verstehen. – H., auch heute noch nicht unumstritten, kann dennoch neben A. ↗ Weismann als der große Wegbereiter des Darwinismus u. damit der modernen Biol. in Dtl. angesehen werden. Hierzu trugen insbes. seine wissenschaftstheoret. Leistungen (Gastraea-Theorie, Biogenetisches Grundgesetz sowie die Vertiefung der von K. v. Baer aufgestellten Keimblättertheorie) bei. B Biologie I–III. K.-G. C.

Haecker, *Valentin,* dt. Zoologe u. Genetiker, * 15. 9. 1864 Ungarisch-Altenburg, † 19. 12. 1927 Halle; Schüler von A. Weismann in Freiburg i. Br., 1895 Prof. ebd., 1900 Stuttgart, 1909 Halle; Pionier der Entwicklungsgenetik, für die er 1915 den Begriff ↗ Phänogenetik prägte u. deren Inhalt als wiss. Disziplin er 1918 formulierte; bearbeitete die Radiolarien der Valdivia-Expedition. WW „Pluripotenzerscheinungen – Synthetische Beiträge zur Vererbungs- u. Abstammungslehre". Jena 1925.

Haemadipsidae [Mz.; v. *haema-, gr. dipsa = Durst], *Landegel,* Fam. der *Hirudinea* (Ord. *Gnathobdelliformes*) mit 9 Gatt.; Blutsauger u. Räuber in S- und SO-Asien, O-Australien u. Madagaskar. Bekannteste Gatt. *Haemadipsa, Nesophilaemon, Mesobdella, Chthonobdella.* Angehörige der Gatt. *Haemadipsa* sind als äußerst läst. Parasiten v. Säugern u. Mensch bekannt.

Haemanthus *m* [v. *haema-, gr. anthos = Blume], Gatt. der ↗ Amaryllisgewächse.

Haematococcaceae [Mz.; v. *haemato-, gr. kokkos = Kern, Beere], Fam. der *Volvocales* (Grünalgen); die 5 Arten der Gatt. *Haematococcus* mit krugförm., netzartig durchbrochenen Chloroplasten, Zelle mit

haema-, haemato-, haemo- [v. gr. haima, Gen. haimatos = Blut].

Haemobartonella

Einige H.-Arten (in Klammern Hauptwirt)

H. felis (Hauskatze)
H. muris (weiße Ratte)
H. pseudocebi (Affe)
H. canis (Hund)

Haemophilus

Wichtige Krankheitserreger

H. influenzae:
(v. R. Pfeiffer 1892 entdeckt u. fälschlicherweise für den Erreger der Influenza gehalten); einige Stämme sind Erreger einer Meningitis (Hirnhautentzündung), bes. bei Kindern unter 4 Jahren, von Entzündungsprozessen an Schleimhäuten, oft als Sekundärinfektion nach Schädigung der Schleimhäute durch Grippeviren

H. aegypticus:
(Koch-Weeks-Bacillus); hpts. in warmen Klimazonen (v. a. N-Afrika), Erreger akuter od. subakuter Konjunktivitis (Augenbindehautentzündung)

H. ducreyi:
Erreger der relativ seltenen Geschlechtskrankheit Weicher Schanker (*Ulcus molle*)

H. haemolyticus
u. a. normalerweise harmlose *H.*-Arten: Erreger v. Endokarditis (Herzinnenhautentzündung)

dicker Gallerthülle; ältere Zellen durch Carotinoidanreicherung oft rot gefärbt („Blutkorn"); *H. pluvialis* häufig in austrocknenden Kleinbecken (↗ Blutregen). *Stephanosphaera pluvialis* bildet manschettenart. Kolonien aus 8 bis 12 Zellen in einer Gallerthülle; häufig in kleinen Felsmulden.

Haematoloechus *m* [v. gr. haimatoloichos = blutleckend], Saugwurm-Gatt. der *Digenea.* *H. variegatus,* 18 mm lang u. 5 mm breit, Bauchsaugnapf kleiner als Mundsaugnapf, an der Grenze zw. Vorder- u. Hinterkörper; Parasit in der Lunge des Wasserfroschs *(Rana esculenta).* In der Lunge des Grasfroschs *(Rana temporaria)* lebt die ähnl. Art. *Haplometra cylindracea.*

Haematomyzus *m* [v. *haemato-, gr. myzan = saugen], Gatt. der ↗ Elefantenläuse.

Haematopinidae [Mz.; v. *haemato-, gr. pinein = trinken], Fam. der ↗ Anoplura.

Haematopodidae [Mz.; v. *haemato-, gr. podes = Füße], die ↗ Austernfischer.

Haematopota *w* [v. *haemato-, gr. potēs = Trinker], *Chrysozona,* Gatt. der ↗ Bremsen.

Haematoxylum *s* [v. *haemato-, gr. xylon = Holz], Gatt. der ↗ Hülsenfrüchtler.

Haementeria *w* [v. *haema-, gr. enteron = Eingeweide, Darm], Gatt. der *Hirudinea-* (Egel-)Fam. *Glossiphoniidae; H. officinalis,* 5–8 cm lang, an Säuger u. Mensch, Mittel- u. S-Amerika. *H. ghiliani,* der Riesenegel, bis 30 cm lang, an Wirbeltieren im Amazonasgebiet.

Haemobartonella *w* [v. *haemo-, ben. nach dem peruan. Arzt A. Barton], Gatt. der *Anaplasmataceae* (Rickettsien); ca. 30 Arten, zellwandlose, obligate Parasiten auf Erythrocyten, sehr ähnl. der Gatt. ↗ *Eperythrozoon;* *H.*-Arten treten als Kokken u. Kurzstäbchen u. sind im Ggs. zu *Eperythrozoon* nicht ringförm. u. nicht frei im Plasma zu finden. [↗ Laelaptidae].

Haemogamasus *m* [v. *haemo-], Gatt. der

Haemonchus *m* [v. *haem-, gr. ogkos = Haken], Gattung der Fadenwurm-Ord. ↗ Strongylida.

Haemophilus *m* [v. *haemo-, gr. philos = Freund], *Hemophilus,* 1) Gatt. der *Pasteurellaceae,* gramnegative, fakultativ anaerobe Stäbchenbakterien (über 10 Arten), oft pleomorph, auch kokkenähnl., sehr klein (z. B. $0{,}2$–$0{,}3 \times 0{,}5$–$2{,}0$ µm), unbewegl., aerob od. fakultativ anaerob. Gekennzeichnet durch den Bedarf an bes. Wachstumsfaktoren, die im Blut vorkommen (Name!): bes. X-Faktor (= Protoporphyrin IX od. Protohäm) u. V-Faktor (= NAD od. NADP). *H.*-Arten sind obligate Parasiten bes. auf Schleimhäuten v. Mensch u. Tieren; sie kommen im oberen Atmungstrakt, im Mund (Gesamtzahl im Speichel ca. $3{,}6 \cdot 10^7$) u. manchmal in der Vagina vor. *H.*

führt einen chemoorganotrophen Stoffwechsel aus; im Gärungsstoffwechsel entstehen verschiedene Endprodukte, Essig-, Milch- u. Bernsteinsäure aus Glucose. Wichtigste Art ist *H. influenzae* (= *Bacterium influenzae* = *Pfeiffer-Influenzabakterium*), das noch in Biotypen (I–IV) u. nach Kapselpolysaccharid-Antigenen in Serotypen (a–f) unterteilt werden kann, die eine unterschiedl. Pathogenität aufweisen; pathogene Stämme haben vorwiegend Kapseltyp b (Biotyp I). Menschl. Krankheitserreger vgl. Spaltentext. 2) *H. pertussis*, veraltete Bez. für ↗ *Bordetella (pertussis)*.

Haemopis *w* [v. gr. haimōpos = blutgierig], Gatt. der *Hirudinidae* (Ord. *Gnathobdelliformes*); *H. sanguisuga (Aulastomum gulo)*, der Pferdeegel, ist 10–15 cm lang, Rücken braun bis grünlichschwarz, bisweilen mit gelbl. Seitenbändern; die Kiefer tragen 2 Reihen v. je 14 Zähnchen, mit denen die Haut v. Wirbeltieren nicht durchsägt werden kann. Lebt in langsam fließenden u. stehenden Gewässern als Räuber (Schlinger) v. Insektenlarven, Würmern, Kaulquappen u. Jungfischen.

Haemosporidae [Mz.; v. *haemo-, gr. spora = Same], *Blutcoccidien,* zur Ord. *Coccidia (↗ Schizococcidia)* gehörige Fam. der *Sporozoa;* einzell. Blutparasiten mit Wirtswechsel. Überträger ist stets eine Stechmücke, die Sporozoiten in die Blutbahn des 2. Wirts (stets ein Wirbeltier) injiziert. Da der Parasit keine freie Phase durchläuft, werden keine Sporen mehr gebildet. Die Sporozoiten vermehren sich in Geweben (Leber) u. Erythrocyten. Nach dieser ungeschlechtl. Vermehrungsphase (Schizogonie) entstehen Gamonten, die vom Insekt beim Blutsaugen aufgenommen werden. Im Insektendarm läuft die Gamogonie ab (Mikro- u. Makrogameten). Die Zygote ist bewegl. (Ookinet), setzt sich an der Darmwand fest (Oocyste) u. bildet Sporozoiten (Sporogonie). Diese wandern in die Speicheldrüse u. stellen die infektiösen Stadien dar. Bedeutendste Gatt. ist ↗ *Plasmodium,* das beim Menschen ↗ Malaria (B) hervorruft.

Haemulon *m* [v. gr. haimylos = klug, listig], Gatt. der Barschfische, ↗ Süßlippen.

Hafenrose, *Diadumene lucia,* ↗ Mesomyaria.

Hafer, *Avena,* Gatt. der Süßgräser (U.-Fam. *Pooideae*) mit ca. 35 meist einjähr. Arten hpts. im Mittelmeergebiet u. Zentralasien. Es sind Rispengräser mit 2–6blütigem Ährchen, einer Deckspelze mit rückenständ., kurz geknieter Granne, die gedreht u. bei Kulturformen gerade ist. In mageren od. trockenen Glatthaferwiesen (↗ *Arrhenatheretalia*) u. im ↗ *Mesobromion* kommt der Flaum-H. (*A. pubescens*) mit 2blütigen Ährchen, purpurner gedrehter Granne u. zottig behaarten unteren Blattscheiden vor; er ist ein ertragsarmes Horstgras warmer Tieflagen, bes. auf Kalk. Der Saat-H. (*A. sativa,* B Kulturpflanzen I) ist ein wertvolles Getreide (entspelzt ca. 14% Protein, ca. 7% Rohfett). Seine Stammpflanze ist vermutl. der Wind- od. Flug-H. *(A. fatua),* ein lästiges Unkraut mit einseitswend. Rispe im Hafer. Spontane Kreuzungen mit dem Flug-H., sog. Fatuiden, kommen vor. Der Saat-H. ist als sekundäre Kulturpflanze mit dem Emmer (↗Weizen) in der Bronzezeit nach Mitteleuropa gekommen. Er gedeiht auch auf Sand- u. Magerböden u. wird bes. als Pferdefutter angebaut, braucht aber Wärme (4–5 °C für die Keimung) u. ist frostempfindlich. Anbau in Europa (bis 69,5° n. Br.), W-Asien u. N-Amerika; Verwendung für Haferflocken, -schleim u. -grütze. Der H. war fr. in Dtl. Hauptnahrungsmittel u. wurde noch bis zum 16. Jh. zur Bierherstellung verwendet. ☐ Getreide.

Haferbrand ↗ Gedeckter Haferbrand, ↗ Haferflugbrand.

Hafercoleoptilenkrümmungstest [v. gr. koleos = Schwertscheide, ptilon = Feder], *Avenakrümmungstest, Avenatest,* biol. Test zur quantitativen Bestimmung v. ↗ Auxinen (vgl. Abb.).

Haferfliege, *Oscinella frit,* ↗ Halmfliegen.

Haferflugbrand, Brandkrankheit (↗ Flugbrand, ↗ Brand) des Hafers, verursacht durch den Brandpilz *Ustilago avenae;* gehörte vor Einführung der Saatgutbeizung zu den wichtigsten Getreidekrankheiten in gemäßigtem Klima (Ausfälle: USA bis 90%, Mitteleuropa 10–20%). Bei Befall werden anstelle der Körner schwarze Brandsporenmassen ausgebildet. Es werden 2 Modifikationen unterschieden, der „Weich-

Haferflugbrand

Hafer

Erntemenge (in Mill. t) und Hektarerträge (in Klammern; in Dezitonnen/ha) der wichtigsten Erzeugerländer für 1982

Welt	44,9	(17,2)
UdSSR	14,0	(12,2)
USA	8,9	(21,0)
Kanada	3,7	(22,6)
BR Dtl.	3,1	(43,0)
Polen	2,6	(22,7)
Frankreich	1,8	(34,7)
Schweden	1,6	(32,3)
Finnland	1,3	(34,7)
Australien	0,8	(11,7)

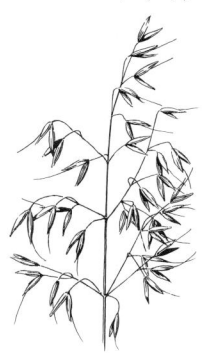

Saat-Hafer *(Avena sativa)*

Hafercoleoptilenkrümmungstest

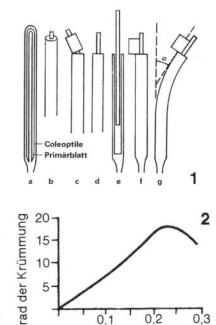

1 Schema des H.s. **a** Längsschnitt durch die Hafercoleoptile. **b** Dekapitation der Coleoptilspitze, die als Auxinlieferant den Test stören könnte. **c, d** Nach einigen Stunden hat sich eine „physiologische" Spitze gebildet, die Auxin produziert; sie wird auch entfernt. **e** Das ebenfalls dekapitierte Primärblatt wird durch Zug vom Korn getrennt u. damit v. der Auxin- u. Nährstoffzufuhr abgeschnitten; vielfach wird außerdem das Korn entfernt. **f** Mit Hilfe v. etwas verflüssigter Gelatine wird ein Agarblöckchen mit der zu prüfenden Substanz seitl. am Coleoptilstumpf befestigt. **g** Das Auxin wandert aus dem Agarblöckchen polar nach unten; durch einseit. Streckungswachstum kommt es zu einer Krümmung der Coleoptile; die Größe des Krümmungswinkels α ist innerhalb bestimmter Grenzen proportional zur Auxinkonzentration.

2 Abhängigkeit des Krümmungsgrads der Hafercoleoptile v. der Auxin-(IAA-)-konzentration im Agarblöckchen.

Haferkornschnecke

brand" mit lockerer u. der „Hartbrand" mit verklebter Sporenmasse. Nach dem Ausstäuben sind zur Erntezeit oft nur noch Rispen u. Spelzenreste zu finden. Die Übertragung erfolgt durch Brandsporen, die die Blüte infizieren u. bei feuchtem Wetter sofort keimen; das Mycel besiedelt die äußeren Zellschichten zw. Karyopse u. Spelze vor dem Ruhestadium des Samens. Die Keimung u. Besiedlung können auch später, während der Saatgutlagerung unter feuchten Bedingungen, eintreten.

Haferkornschnecke, die *Moosschraube, Chondrina avenacea,* ↗ Chondrina.

Haferkronenrost, Rostkrankheit (Getreiderost) des Hafers; Erreger ist der wirtswechselnde (heterözische) Rostpilz *Puccinia coronata,* eine Sammelart, die in mehrere *formae speciales* aufgegliedert wird. Sie befallen viele Gräsergatt. u. neben Kulturhafer auch andere Haferarten. Der H. ist weltweit verbreitet; wegen der hohen Temp.-Ansprüche sind in gemäßigten Zonen die Schädigungen begrenzt. Größere Epidemien (30–60% Ertragsverlust) beim Hafer sind aus dem S der USA u. SO-Europa bekannt. Bei Befall treten hpts. auf der Blattoberseite des Hafers rundl., lebhaft orangegefärbte Sporenlager (Uredolager) auf. Später werden auf Blattoberseite od. Blattscheiden schmale, stichelförm. Teleutolager angelegt. *P. coronata* f. sp. *avenae* bildet die Spermogonien auf *Rhamnus*-Arten (Haplontenwirt, hpts. Blattoberseite) in gelbl. Flecken, um die später auch unterseits die Aecidienlager auf gelbroten Flecken entstehen.

Hafermüdigkeit, Nachlassen des Ertrags bei wiederholtem Anbau v. Hafer auf demselben Feld; bedingt u. a. durch ↗ Bodenmüdigkeit u. Befall mit Haferälchen.

Haferwurz ↗ Bocksbart.

Hafnia w [= lat. Name v. Kopenhagen], Gatt. der *Enterobacteriaceae,* fakultativ anaerobe, gramnegative, stäbchenförm. (1,0 × 2,0–5,0 µm) Bakterien ohne Kapsel, bewegl. durch peritriche Begeißelung. Sie besitzen einen chemoorganotrophen Atmungs- u. Gärungsstoffwechsel u. wachsen auf normalen Nährböden; die meisten Stämme verwerten Citrat, Acetat u. Malonat als Kohlenstoffquelle. Einzige anerkannte Art *H. alvei* (fr. *Enterobacter hafniae, Paracolobactrum aerogenoides*), kommt in Fäkalien v. Mensch u. Tieren (auch Vögeln), im Wasser u. Erdboden vor. H. kann in viele Serotypen (unterschiedl. O- u. H-Antigene) unterteilt werden, v. denen einige möglicherweise krankheitserregend sein können. *Obesumbacterium proteus,* Biogruppe 1, ein Schädling in Brauereien, ist wahrscheinl. auch eine Varietät v. *H. alvei* (= „*H. protea*").

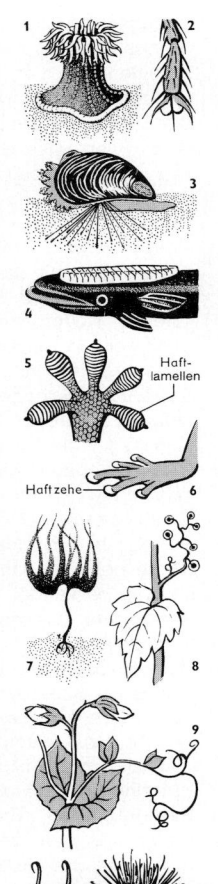

Haftorgane

1 Haftplatte bei der Seerose, 2 Haftballen am Fliegenfuß, 3 Haftfäden bei der Miesmuschel, 4 Saugscheibe des Schiffshalters, 5 Haftlamellen des Geckos, 6 Haftzehen des Laubfrosches, 7 Haftkrallen am Palmtang, 8 Sproßranke der wilden Weins mit Haftscheiben, 9 Blattranke der Erbse, 10 mit hakenförm., dorn. Spitzen versehene Hüllblätter des Fruchtstands der Klette.

Haft *m* oder *s,* ältere Bez. für am Ufer „haftende" Larvenhäute (Uferaas) der ↗ Eintagsfliegen (⊤) u. Steinfliegen. Sekundär übertragen auf die Netzflügler u. Schnabelfliegen unter den Insekten (Bachhaft *Osmylus,* Fang-H. *Bittacus,* Schmetterlings-H. *Ascalaphus* od. Winter-H. *Boreus*).

Haftballen, Haftstrukturen am Praetarsus der Insekten; ↗ Extremitäten (Insekten).

Haftbeine, Thorakalbeine der Insekten, die eine bes. starke Ausbildung v. Haftvorrichtungen an der Sohle der Tarsenglieder (↗ Haftsohlen, ↗ Haftlappen) u. am Praetarsus *(Arolium, Pulvilli)* besitzen; z. B. benutzt der ♂ Gelbrandkäfer seine H. u. a., um sich bei der Kopulation am Weibchen festzuhalten. ↗ Extremitäten (☐).

Haftblasen, Arolien (Haftstrukturen) bes. bei ↗ Blasenfüßen (Insekten), die zu schwellbaren (Blutdruck!) Blasen umgewandelt sind. ↗ Euplantulae.

Haftborste, spezielles ↗ Haar (v. a. bei Insekten), das an der Spitze trompetenart. erweitert ist u. als Saugnapf dient. ↗ Haftsohlen.

Haftdolde, *Caucalis,* Gatt. der Doldenblütler mit kalkliebenden, ca. 50 cm hohen Kräutern; charakterist. ist die ungeschnäbelte Frucht mit Stachelreihen. Die Breitblättrige H. (*C. latifolia*) u. die Möhren-H. (*C. platycarpos*) sind alte Kulturbegleiter in Getreidefeldern; beide heute selten.

Haftdrüsen, *Adhäsionsdrüsen,* an den Haftorganen v. Insekten ausgebildete Drüsen, die ein öl. Sekret ausscheiden.

Hafte ↗ Haft.

Haftfaser, die ↗ Rhizine.

Haftlappen, *Haftkissen,* 1) die ↗ Euplantulae; 2) Haftstrukturen an den Krallen *(Praetarsus)* als Pulvillen od. Arolium an den Beinen v. Insekten. ↗ Extremitäten (☐).

Haftorgane, Strukturen bei Pflanzen u. Tieren zum Verankern bzw. Festhalten an einer Unterlage. Bei *Pflanzen* besitzen die Algen, Flechten u. Moose ↗ Rhizoide od. Haftscheiben (↗ Appressorien), die großen Braunalgen Haftkrallen (bes. kräftig entwickelte Rhizoide) zur Verankerung an der Unterlage. Die als Kletterpflanzen lebenden Kormophyten haben ↗ Ranken, ↗ Dornen, Haken-↗ Haare, ↗ Stacheln u. ↗ Haftwurzeln als H. entwickelt. Eine Reihe v. Samen u. Früchten ist mit hakenförm. Stacheln, Haaren, einige Fruchtstände, z. B. die Klette, mit verdornten Hüllblättern ausgerüstet, so daß sie an vorbeistreichenden Tieren zeitweise haften bleiben u. somit wirkungsvoll verbreitet werden. Bei *Tieren* finden sich H. in mannigfalt. Ausprägung. Beispiele sind die Glutinanten (↗ Cniden) der Nesseltiere, Haftfäden (↗ Byssus) bei Muscheln, Saugnäpfe od. -gruben (↗ Saugorgane) z. B. bei verschiedenen Insektenlarven, bei Bandwürmern, Egeln, Kopffüßern u. Neunaugen (als Saugmaul), Saugfüßchen bei Stachelhäutern, Saugscheiben bei einigen Fischen (z. B. Schiffshalter), Haftlamellen bei Geckos, Haftzehen bei Laubfröschen. Bei Insekten treten H. meist am Praetarsus od. an den Tarsalia auf (↗Extremitäten, ☐). ↗Anheftungsorgane.

Haftpunkttheorie, von A. F. Frey-Wyssling u. W. J. Schmidt entwickelte Theorie zur Erklärung der Gel-Sol-Übergänge des Cytosols. ↗Zellskelett.

Haftscheibe ↗Appressorien 2).

Haftscheiben-Fledermäuse, Gruppe v. Fledermäusen mit Saugscheiben an den Gliedmaßen zum Festhalten beim Klettern; hierzu die Amerikan. H. (Fam. *Thyropteridae*; 2 Arten: *Thyroptera tricolor, T. discifera*) u. die Madagassischen H. (Fam. *Myzopodidae*; einzige Art: *Myzopoda aurita*.)

Haftsohlen, Haftorgane an den Tarsalia bei Insekten; entstehen durch ↗Haftborsten an den ↗Euplantulae; bei vielen Käfern.

Haftstiel, Verbindung zw. dem frühen menschl. Embryo u. der ↗Placenta-Anlage.

Haftwasser ↗Bodenwasser.

Haftwurzeln, 1) die sproßbürt., in Entwicklung u. innerem Aufbau reduzierten, auf der lichtabgewandten, der Unterlage zugewandten Seite entspringenden Wurzeln einiger Kletterpflanzen (z. B. Efeu), die mit ihren Wurzelhaaren eine feste Verbindung mit der Unterlage aufnehmen. 2) die z. T. anders gestalteten, ebenfalls das Licht fliehenden, die Zweige ihrer Wirtspflanzen wie mit Armen umklammernden Wurzeln kormophyt. ↗Epiphyten.

Haftzeher, *Gekkonidae*, die ↗Geckos.

Hagebutte, Frucht der ↗Rose.

Hagelschnur, *Chalaza,* Stränge im Vogelei (↗Hühnerei, ☐) aus dichter Eiweißsubstanz; halten den Dotter in richtiger Lage zu den Eipolen. ☐ Ei.

Häher, Rabenvögel der nördl. Waldgebiete mit runden Flügeln u. meist buntem Gefieder. Der 34 cm große Eichel-H. (*Garrulus glandarius,* B Europa XIII) macht sich durch laut rätschende Rufe im Wald bemerkbar; bes. im Flug leicht kenntl. an auffallend blauen u. weißen Flügelzeichnungen u. dem weißen Bürzel; plündert als Allesfresser auch Singvogelnester mit Eiern u. Jungen; legt sich im Herbst Vorräte an Haselnüssen an; das Nest steht auf Sträuchern u. Bäumen u. enthält 5–7 graugrüne, fein gefleckte Eier; tritt in manchen Jahren invasionsartig auf. Der 32 cm große Tannen-H. (*Nucifraga caryocatactes*) bewohnt Bergwälder; sein dunkles Gefieder ist durch tropfenförm. Flecken u. ein schwarz-weißes Schwanzmuster gekennzeichnet; legt ebenfalls Wintervorräte an, bes. aus Früchten v. Arven oder Haselstrauch, die er im Kropf teilweise kilometerweit trägt und damit auch zu deren Verbreitung beiträgt. In den Nadelwäldern des nördl. Eurasiens lebt der 30 cm große graubraune Unglücks-H. (*Perisoreus infaustus,* B Europa V); Flügel u. Schwanz besitzen rotbraune Abzeichen; turnt bei der Nahrungssuche meisenart. im Geäst.

Häherlinge, *Garrulax,* ↗Timalien.

Hahn, das Männchen bei Hühnervögeln (Auerhahn, Birkhahn), z. T. auch bei anderen Vogelgruppen, z. B. Kanarienhahn.

Hähnchen, *Criocerinae,* U.-Fam. der ↗Blattkäfer, weltweit ca. 1400 Arten, bei uns etwa 12. Der dt. Name bezieht sich auf das laute Stridulationsvermögen, das die Käfer durch Reiben eines rauhen Feldes auf der Innenseite der Flügeldeckenspitze gg. 2 quergeriefte Felder auf dem letzten Hinterleibssegment hervorrufen. Die Tiere sind meist längl. u. z. T. sehr lebhaft gefärbt. Blutrot sind die 3 Arten der Lilien-H. (*Lilioceris,* 6–8 mm) auf Liliengewächsen (*L. lilii* v. a. auf Türkenbundlilien, *L. merdigera* v. a. auf Salomonssiegel od. Maiglöckchen), wobei die Futterpflanzenwahl nicht sehr spezif. ist; so kann man beide Arten auch auf Gartenlilien finden. Die Spargel-H. od. Spargelkäfer (Gatt. *Crioceris,* 5–7 mm) leben an *Asparagus* (bei uns v. a. am Kulturspargel); sie sind ebenfalls rot, haben aber auf Halsschild und Flügeldecken schwarze Punkte in verschiedener Zahl und Anordnung (*C. 12-punctata* oder *C. 14-punctata*), od. die Flügeldecken sind metall. blau-schwarz mit gelben Würfelpunkten (*C. asparagi*). Metall. blau mit rotem Halsschild ist das Getreide-H. (*Oulema melanopus*), das an Gräsern u. gelegentl. auch an Getreide frißt; es wurde auch nach N-Amerika eingeschleppt u. tritt dort als Getreideschädling auf. Einfarbig metall. blau ist das Gras-H. (*Oulema lichenis*). Auf Disteln lebt das Distel-H. (*O. cyanella*), das in N-Amerika für die Bekämpfung der dort aus Europa eingeschleppten Ackerdistel eingesetzt wird.

Hahnemann, *Samuel Christian Friedrich,* dt. Arzt * 10. 4. 1755 Meißen, † 2. 7. 1843 Paris; Begr. der Homöopathie (1807).

Hahnenfedrigkeit, *Arrhenoidie,* die Ausbildung des männl. Federkleides durch normalerweise anders gefärbte, weibl. Vögel der gleichen Art infolge hormonaler Störungen.

Hahnenfuß, *Ranunculus,* Gatt. der Hahnenfußgewächse, mit ca. 850 Arten kosmopolit. verbreitet. Die H.-Arten haben weiße od. gelbe, radiäre od. zygomorphe Blüten mit der ↗Blütenformel: K5 C5 A∞ G∞. Aus den Fruchtblättern entwickeln sich meist geschnäbelte einsamige Nüßchen od. Balgfrüchte. Eine der submersen

Hähnchen

Einige Gattungen und Arten:

Lilienhähnchen (*Lilioceris*)
Spargelhähnchen (*Crioceris*)
Getreidehähnchen (*Oulema melanopus*)
Grashähnchen (*O. lichenis*)
Distelhähnchen (*O. cyanella*)

Hahnenfuß

Arten ist der weißblühende Flutende H. *(R. fluitans);* in schnell strömenden nährstoffreichen Bächen u. Flüssen mit maximal 3 m Tiefe werden seine Blätter mit parallelen Blattzipfeln bis zu 30 cm lang. Der nach der ↗ Roten Liste „potentiell gefährdete" Gletscher-H. *(R. glacialis,* B Alpenpflanzen, B Europa II) hat ebenfalls weiße Blüten, die sich später rosa verfärben; er ist eine arkt.-alpine Pflanze der Silicatschutt-Böden, die noch in einer Höhe über 4000 m gedeiht. Gleichfalls im Gebirge an sickernassen nährstoffreichen Stellen wächst der Eisenhutblättrige H. *(R. aconitifolius);* er bildet oft weißblühende Bänder bachbegleitender Hochstaudenfluren; seine Blattabschnitte sind rombisch, gg. die Basis plötzl. verschmälert; der äst. Blütenstiel ist bis 120 cm hoch, vielblüt. u. oben kraus behaart. In hochstaudenreichen Wäldern, z. B. im ↗ Aceri-Fagion, ferner in Hochstauden- u. Hochgrasfluren (Adenostylion, Calamagrostion) wächst der Platanenblättrige H. *(R. platanifolius);* er besitzt kahle od. nur schwach behaarte Blütenstiele; seine oberen Stengelblätter haben schmal-lanzettl. Abschnitte, die in eine ganzrandige Spitze ausgezogen sind. Zur gelbblühenden Gruppe gehört der Knollige H. *(R. bulbosus);* er ist leicht am basal knollig verdickten Stengel, den zurückgeschlagenen Kelchblättern u. dem oberwärts anliegend behaarten Stengel zu erkennen; man findet ihn häufig in Kalk-Magerrasen (Mesobromion) sowie als schwach gift. Unkraut in Weiden. In Pionier-Ges., auf Äckern, in feuchten Unkraut-Ges., an Ufern u. in Auwäldern ist der Kriechende H. *(R. repens)* kosmopolit. verbreitet; er hat oberird. Ausläufer u. Grundblätter mit deutl. gestielten Mittellappen. Fast genauso häufig, aber ohne Ausläufer findet man den Wald-H. *(R. nemorosus)* in Mischwäldern, Bergwiesen u. Magerrasen; sein aufrechter, stark gefurchter Blütenstiel ist zerstreut behaart u. trägt fast bis zum Grunde dreigeteilte Blätter. Die drei folgenden häufigen Arten haben einen runden Blütenstiel: Der Wollige H. *(R. lanuginosus)* mit dicht abstehend behaarten Stengeln u. ockergelben Blüten ist hpts. in Schluchtwäldern auf sickerfrischen Kalkböden anzutreffen. Auf Wiesen u. in Wäldern ist der Scharfe H. od. die Butterblume *(R. acris,* B Europa XII) mit fast kahlem, mehrblüt. Stengel verbreitet. Im Ggs. zu den ersten beiden Arten ist die Frucht beim Gold-H. *(R. auricomus)* behaart; er zeigt einen ausgeprägten Blattdimorphismus mit rundl. glänzenden Grundblättern u. tief-geteilten Stengelblättern mit lineal-lanzettl. Zipfeln u. ist eine myrmekochore (Verbreitung durch Ameisen) Art krautrei-

Hahnenfußartige
Wichtige Familien:
↗ Hahnenfußgewächse *(Ranunculaceae)*
↗ Lardizabalaceae
↗ Menispermaceae
↗ Sauerdorngewächse *(Berberidaceae)*

Hahnenfußgewächse
Wichtige Gattungen:
↗ Adonisröschen *(Adonis)*
↗ Akelei *(Aquilegia)*
↗ Christophskraut *(Actaea)*
Circaeaster
Coptis
↗ Eisenhut *(Aconitum)*
↗ Hahnenfuß *(Ranunculus)*
Kingdonia
↗ Küchenschelle *(Pulsatilla)*
↗ Leberblümchen *(Hepatica)*
↗ Mäuseschwanz *(Myosurus)*
↗ Nieswurz *(Helleborus)*
↗ Rittersporn *(Delphinium)*
↗ Scharbockskraut *(Ranunculus ficaria)*
↗ Schwarzkümmel *(Nigella)*
↗ Sumpfdotterblume *(Caltha)*
↗ Trollblume *(Trollius)*
↗ Waldrebe *(Clematis)*
↗ Wiesenraute *(Thalictrum)*
↗ Windröschen *(Anemone)*
↗ Winterling *(Eranthis)*
Xanthorrhiza

Scharfer Hahnenfuß, Butterblume *(Ranunculus acris)*

cher Laubmischwälder u. Bergwiesen. B Europa VI, B Polarregion II. *B. Le.*

Hahnenfußartige, *Ranunculales,* Ord. der *Magnoliidae* mit relativ urspr. Merkmalen wie bei den *Magnoliales,* jedoch ohne Ölzellen. Zu den primitiven Merkmalen gehören die zahlr. unverwachsenen spiral. stehenden Fruchtblätter u. das teilweise noch vorhandene Perigon.

Hahnenfußgewächse, *Ranunculaceae,* Fam. der Hahnenfußartigen mit ca. 50 Gatt. (vgl. Tab.) u. etwa 2000 Arten auf der Nordhemisphäre; meist Sträucher, Halbsträucher od. Lianen mit oft stark geteilten wechsel- od. grundständ. Blättern; in seltenen Fällen ist ein Perianth ausgebildet, meist ein Perigon; charakterist. ist das häufige Vorkommen v. Nektarien, bei denen es sich i. d. R. um modifizierte Staubblätter handelt. Die aus N-Amerika stammende Gelbwurz *(Xanthorrhiza simplicissima)* besitzt Nektardrüsen, die paarig auf einem Stiel angeordnet sind, so daß eine Ähnlichkeit mit Staubblättern besteht; es ist ein kleiner Strauch, dessen bitter schmeckende u. intensiv gelb gefärbte Wurzel- u. Stammrinde als Heilmittel verwendet wird. Ebenfalls med. genutzt wird die in Amerika u. Asien verbreitete Gatt. *Coptis.* Die monotyp. Gatt. *Circaeaster* u. *Kingdonia* sind in O-Asien beheimatet. *K. uniflora* ist eine kleine Staude mit unterird. Rhizom, das jedes Jahr nur ein grundständ. Laubblatt u. eine langgestielte Blüte hervorbringt; ein sehr urspr. Merkmal ist die dichotome Nervatur der handförm. geteilten Blattspreite. Trotz der ebenfalls dichotomen Blattnervatur ist *Circaeaster agrestis* hingegen die am stärksten abgeleitete Art der Fam.; die kleinen Blüten der Rosettenpflanze sind auf 2 od. 3 Hüllblätter, ebenso viele Staubblätter u. freie Karpelle reduziert.

Hahnenkamm, 1) *Ramaria botrytis,* ↗ Korallenpilze; **2)** *Celosia cristata,* ↗ Fuchsschwanzgewächse; **3)** nackter, gezackter Hautlappen der ♂ Hühnervögel. □ Kamm.

Hahnenkammaustern, Hahnenkammmuscheln, *Lopha cristagalli,* Familie *Ostreidae,* indopazif. Muscheln, deren Schalenklappen durch hohe Radiärrippen V-förm. gefaltet sind; auf den Rippen stehen Stacheln, mit denen sich die H. an Korallenstöcken befestigen.

Hahnentritt, *Cicatricula,* die Keimscheibe im Vogelei; ↗ Hühnerei (□).

Haideotriton *m* [ben. nach Haidēs (= gr. Gott der Unterwelt) u. Triton (= gr. Meergott)], der ↗ Blindsalamander.

Haie [isländ.], *Selachii, Pleurotremata,* Ord. der Knorpelfische mit 7 U.-Ord., 21 Fam. u. etwa 300 Arten. H. haben meist einen stromlinienförm. (B Konvergenz), unterseits oft etwas abgeplatteten Körper mit spitzem Kopf (B Fische, Bauplan), unterständ. Maul, 5–7 Kiemenspalten jederseits vor od. über den Brustflossen, steifen, fleisch. Flossen, einer im oberen Teil gewöhnl. verlängerten Schwanzflosse u. einer durch Plakoid-↗Schuppen rauhen Haut (B Wirbeltiere II). Die meist scharfen, dreieck. Zähne sind in mehreren, sich v. hinten ergänzenden Reihen in den Kiefern angeordnet; dünne, pfriemenförm. Zähne haben die Makrelen-H., stumpfe Mahlzähne die Hunds-H. Wichtigstes Sinnesorgan ist die Nase, die vor dem Maul auf der Kopfunterseite liegt. H. leben in allen Meeren u. sind bis auf wenige Ausnahmen räuberisch. Sie besitzen keine Schwimmblase u. sind deshalb meist ruhelose Schwimmer. Von etwa 27 Arten sind Angriffe auf Menschen bekannt. Die Eier werden im Körperinnern befruchtet u. entwickeln sich hier in vielen Fällen (z. T. unter Verbrauch des Dotters anderer Eier od. durch Aufnahme bes. Uterussekrete), so daß Viviparie bei H.n häufig ist (☐ Dottersack, ☐ Entwicklung); die Männchen haben bes. ↗Begattungsorgane (Mixopterygium). Die Größe der H. schwankt v. 15 cm beim Zwerghai (*Squaliolus laticaudus,* ↗Dornhaie) bis 18 m beim ↗Walhai (*Rhincodon typus*). – Primitivste Haigruppen mit 6–7 Kiemenspalten u. einer unvollständig entwickelten Wirbelsäule sind die U.-Ord. Kammzähner-H. (*Notidanoidei*) mit der einzigen, 6–7 Kiemenspalten besitzenden Fam. ↗Grau-H. u. die U.-Ord. Kragen-H. (*Chlamydoselachoidei*) mit nur 1 Art, dem bis 2 m langen, einem dicken Aal ähnl. Kragen- od. Krausen-H. (*Chlamydoselachus anguineus*); er hat ein fast endständ. Maul, eine weit hinten stehende Rücken- u. eine ungeteilte, unterseits am spitz auslaufenden Körperende ansitzende Schwanzflosse; v. den 6 Kiemenspalten ist die erste bauchwärts mit der der anderen Seite verbunden und v. einer kragenart. Haut überdeckt; er ist weltweit v. a. in der Tiefsee verbreitet, jagt Kopffüßer u. gebiert nach zweijähr. Entwicklungszeit der Embryonen jeweils bis 15 Junge. Die U.-Ord. Stierkopf-H. od. Horn-H. (*Heterodontoidei*) umfaßt nur die Gatt. Horn-H. (*Heterodontus*) mit etwa 5 Arten. Sie haben einen dicken, vorn abgestumpften Kopf mit weit vorn liegendem Maul, eine abgeplattete Bauchseite, 2 kräft. Rückenflossen mit je einem Dorn davor, 5 Kiemenspalten u. spitzen vorderen u. pflasterart. seitl. Zähnen. Die Wirbelsäule ist vollständig segmentiert. Diese noch urspr. H. leben nur im flachen, warmen Wasser des Indopazifik, fressen v. a. hartschal. Wirbellose u. legen bis 18 cm große Eier in hornart. Kapseln. Be-

Haie
Unterordnungen und Familien:
Kammzähnerhaie (*Notidanoidei*)
 ↗Grauhaie (*Hexanchidae*)
Kragenhaie (*Chlamydoselachoidei*)
 Krausenhaie (*Chlamydoselachidae*)
Stierkopfhaie (*Heterodontoidei*)
 Hornhaie (*Heterodontidae*)
Echte Haie (*Galeoidei*)
 ↗Sandhaie (*Carchariidae*)
 ↗Nasenhaie (*Scapanorhynchidae*)
 ↗Makrelenhaie (*Isuridae*)
 ↗Riesenhaie (*Cetorhinidae*)
 ↗Drescherhaie (*Alopiidae*)
 ↗Walhaie (*Rhincodontidae*)
 ↗Ammenhaie (*Orectolobidae*)
 ↗Katzenhaie (*Scyliorhinidae*)
 ↗Marderhaie (*Triakidae*)
 Falsche ↗Marderhaie (*Pseudotriakidae*)
 ↗Blauhaie (*Carcharhinidae*)
 ↗Hammerhaie (*Sphyrnidae*)
Stachelhaie (*Squaloidei*)
 ↗Meersauhaie (*Oxynotidae*)
 ↗Dornhaie (*Squalidae*)
 Unechte ↗Dornhaie (*Dalatiidae*)
 ↗Nagelhaie (*Echinorhinidae*)
 ↗Sägehaie (*Pristiophoroidei*)
 Sägehaie (*Pristiophoridae*)
↗Engelhaie (*Squatinoidei*)
 Engelhaie (*Squatinidae*)

kannte Arten sind die kaliforn. Stierkopf-H. (*H. francisci* u. *H. californicus*) u. der wirtschaftl. genutzte, 1 m lange, japan. Horn-H. (*H. japonicus*). Die formenreichste U.-Ord. Echte H. (*Galeoidei*) umfaßt 12 Fam. (vgl. Tab.) u. ca. 195 Arten. Es sind die typ. H. mit torpedoförm. Gestalt, heterozerker Schwanzflosse, meist 2 Rückenflossen, 5 Kiemenspalten u. voll entwickelter Wirbelsäule, in der nur noch kleine Reste der Chorda vorhanden sind. Zur U.-Ord. Stachel-H. (*Squaloidei*) zählen 4 Fam. (vgl. Tab.) mit insgesamt 60 Arten. Sie sind den Echten H.n sehr ähnl., haben aber meist einen Dorn vor den beiden Rückenflossen, u. die Afterflosse fehlt. Abweichende charakterist. Merkmale haben die beiden U.-Ord. ↗Säge-H. (*Pristiophoroidei*) u. ↗Engel-H. (*Squatinoidei*). T. J.

Haimeidae [Mz.; v. gr. haima = Blut], Fam. der ↗Alcyonaria.

Hainbuche, *Weißbuche, Carpinus,* Gatt. der Birkengewächse mit ca. 30 Arten in O-Asien, N-Amerika u. Europa. Die ♀ Blüten haben eine kelchart. Hülle. In Mitteleuropa kommt nur die H. i. e. S. (*C. betulus*) vor, ein schattenertragender Baum mit scharf gesägten, zweizeilig angeordneten Blät-

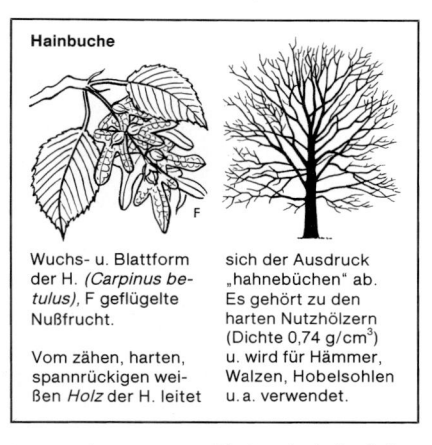

Hainbuche

Wuchs- u. Blattform der H. (*Carpinus betulus*), F geflügelte Nußfrucht.

Vom zähen, harten, spannrückigen weißen *Holz* der H. leitet sich der Ausdruck „hahnebüchen" ab. Es gehört zu den harten Nutzhölzern (Dichte 0,74 g/cm^3) u. wird für Hämmer, Walzen, Hobelsohlen u. a. verwendet.

tern u. glatter grauer Rinde mit drehwüchs. weißen Streifen. Auffällig sind die ♀ Blütentrauben, aus denen sich kantige Nußfrüchte mit einem dreizipfl. Deckblatt als Flugorgan entwickeln. Die H. ist kontinental verbreitet, bes. auf grundwassernahen Böden. Sie ist eine ausschlagsfähige Schnitthecke u. wird durch Niederwaldwirtschaft begünstigt. B Europa XI.

Hainbuchen-Wald, *Eichen-H.,* ↗Carpinion betuli. [ken.

Hainschnecken, die ↗Schnirkelschnecken.

Hainsimse, *Luzula,* Gatt. der Binsengewächse, mit etwa 80 Arten weltweit u. 14 Arten in Dtl. verbreitet. Die H.n sind hpts. Pflanzen des Wald- u. Heckenunterwuchses. An den flachen, zottig behaarten

Blattspreiten kann man die H. leicht v. den verwandten Binsen unterscheiden. Die Blattscheiden sind i. d. R. geschlossen. Ameisen sorgen bei vielen H.n für die Ausbreitung der mit ↗Elaiosomen versehenen Samen. Wichtige heim. Arten: Die Frühlings-H. *(L. pilosa)* hat bes. lange, sichelförm. Elaiosomen; kommt bes. in Buchenwald-Ges. vor. Die Weiße H. *(L. luzuloides)* u. die Wald-H. *(L. sylvatica)* wachsen bevorzugt in bodensauren Wäldern. Die Feld-H. *(L. campestris)* findet man v. a. in Magerrasen. [gion.

Hainsimsen-Buchenwälder ↗Luzulo-Fa-

Hakenbein, *Hamatum, Os hamatum, Os uncinatum,* ein distaler Handwurzelknochen der vorderen Extremitäten v. Reptilien u. Säugetieren (Ausnahme: Wale) bzw. der Hand des Menschen, hier auf der Ellenseite distal des Dreiecksbeins gelegen, Ansatz für den vierten u. fünften Finger. ↗Hand (☐).

Hakenkäfer, *Klauenkäfer, Dryopidae* u. *Elminthidae* (fr. auch *Elmidae*), Fam. der polyphagen Käfer, die als Larven u. Käfer im Wasser leben. Die weltweit verbreiteten Fam., die zus. fr. als *Dryopidae* geführt wurden, haben in Mitteleuropa 12 *(Dryopidae)* u. 28 *(Elminthidae)* Arten. Beiden Fam. gemeinsam sind die zu langen Klauen vergrößerten Tarsenendglieder aller Beine, die zum Verhaken an Steinen od. Pflanzen unter Wasser dienen. Larven u. Imagines leben ständ. unter Wasser; letztere fliegen nur, um neue Gewässer aufzusuchen. Während die Imagines über ein Plastron (↗Atmungsorgane) verfügen, atmen die Larven über Analkiemen. 1) *Dryopidae:* Bewohner stehender Gewässer, Körper überall dicht fein dunkel od. oliv behaart, Fühler kurz. Die Weibchen kriechen im Uferbereich an im Wasser stehenden Pflanzen hinab u. schieben mit einem langen, spießförm. Eilegeapparat Eier in die Pflanzen; die drahtwurmähnl. Larven fressen am od. im Boden an diesen Pflanzen; Gatt. *Dryops.* 2) *Elminthidae:* Bewohner kleinerer Fließgewässer, nur die Unterseite fein behaart, Fühler meist fadenförmig. Die Käfer sitzen meist auf u. unter Steinen im Strömungsbereich u. weiden den feinen Algenrasen ab. Die Larven sind entweder abgeplattet asselförmig *(Elmis)* od. drahtwurmähnlich (z. B. *Limnius).* Bei uns v. a. die Gatt. *Elmis, Riolus, Limnius, Esolus,* deren Arten z. T. auf die verschiedenen Regionen der Fließgewässer verteilt leben.

Hakenlarve, 1) *Acanthor,* Primärlarve der ↗*Acanthocephala;* 2) mit 6 Haken (Oncosphaera = ↗Coracidium) versehene Primärlarve der *Eucestoda* (↗Bandwürmer) od. mit 10 Haken (Lycophore) ausgestattete Primärlarve der *Cestodaria.*

Hakennattern, *Heterodon,* Gatt. der Nattern mit 3 in den USA beheimateten Arten; Körper gedrungen, Gesamtlänge 0,65 bis 1,20 m; einheitl. braunschwarz bzw. braun mit dunklen od. gelben Flecken gefärbt. Schnauzenschild gekielt, meist hakenförm. aufgebogen (damit im Boden wühlend); Schwanz kurz; ernähren sich v. a. von Kröten; im Juni/Juli Eiablage (8–40), schlüpfende Junge ca. 18 cm lang. H. krümmen sich bei Gefahr, blähen Vorderkörper auf u. schnellen unter lautem Zischen vor; können sich auch tot stellen, wobei sie sich auf den Rücken legen; für den Menschen ungefährlich.

Hakenrüßler, die ↗Kinorhyncha.

Hakenwurm, *Grubenwurm, Ancylostoma duodenale,* Fadenwurm aus der Ord. *Strongylida,* deren ♂♂ durch eine bes. große, zweiklappige Kopulationsbursa gekennzeichnet sind. ♂ 8–11 mm lang (⌀ 0,5 mm), ♀ 10–13 mm (⌀ 0,6 mm). Wie alle anderen ↗Fadenwürmer (☐) mit 4 Larvenstadien; die beiden ersten (L1, L2) sind freilebend („rhabditiforme Larven"); die 0,5 mm lange „filariforme Larve" (L3) nimmt keine Nahrung mehr auf; sie dringt percutan in den Menschen ein, v. a. im Bereich der Füße, u. gelangt mit dem Blutstrom über die ↗Herz-Lungen-Passage in den Dünndarm (B Parasitismus III). In 4–5 Wochen mit 2 weiteren Häutungen wachsen die Tiere heran. Sie sind Verursacher der ↗H.krankheit. Lebensdauer ca. 5 (–15?) Jahre, tägl. 10000 Eier! Da die mit dem Kot abgegebenen Eier nur Temp. zw. 10° und 45°C ertragen u. zur Entwicklung Temp. über 18°C benötigen (Optimum bei 30°C), ist das Vorkommen auf Tropen u. Subtropen beschränkt (Mittelmeerländer, SO-Asien, Australien). – Nah verwandt, sehr ähnlich, aber etwas kleiner ist der sog. „neuweltliche" H., *Necator americanus* (urspr. trop. Afrika, eingeschleppt nach S- u. N-Amerika; auch in Asien), ebenfalls ein gefährl. Parasit des Menschen („Todeswurm").

Hakenwurmkrankheit, *Grubenwurmkrankheit, Ankylostomiasis,* durch den ↗Hakenwurm *Ancylostoma duodenale* (vorwiegend Alte Welt) bzw. durch *Necator americanus* (vorwiegend Neue Welt) hervorgerufene Parasitose. Die aus menschl. Faeces stammenden Larven der Erreger (B Parasitismus III) dringen durch die Haut in das Blut ein, gelangen über Herz, Lunge, Bronchien, Luft- u. Speiseröhre in den Magen-Darm-Kanal, setzen sich dort mittels Haken der Mundkapsel in der Dünndarmschleimhaut fest u. saugen Blut (bis zu 0,2 ml pro Wurm und Tag). Folge bei Massenbefall: Blutarmut, Eisenmangel, Mangelernährung durch Verdauungsstörungen, Schwäche, Ödeme. Vorkommen meist in Tropen u. Subtropen, temperaturabhängig, in Mitteleuropa bei Tunnel- u. Grubenarbeitern. Jährlich ca. eine Million Todesfälle. Larven des Hundehakenwurms (*A. brasiliensis*) befallen auch den Menschen, werden aber nicht geschlechtsreif u. wandern in der Haut („Hautmaulwurf").

Halacaridae [Mz.; v. *hal-, gr. akari = Milbe], die ↗ Meeresmilben.

Halammohydra *w* [v. *hal-, gr. ammos = Sand, hydra = Wasserschlange], Gatt. der *Narcomedusae*, die das Mesopsammon bewohnt. *H. octopodoides* ist eine 1,3 mm lange polypenförm. Meduse mit schlankem Körper u. 2 Tentakelkränzen, unter denen Statocysten liegen; gesamte Oberfläche bewimpert; schwimmt mit Hilfe der Bewimperung über u. zw. den Sandkörnern. Aboral befindet sich eine Saugscheibe zum Festsetzen. Ei- u. Samenzellen reifen im Ektoderm; Entwicklung über eine Actinula-Larve. Die Art kommt auch an eur. Küsten in mittelfeinen Sanden vor. Systemat. Stellung umstritten (wird auch in eine eigene Ord. *Halammohydrina* od. zu den *Hydroidea* gestellt).

Halarachne *w* [v. *hal-, gr. arachnē = Spinne], die ↗ Robbenmilbe.

Halarachnion *s* [v. *hal-, gr. arachnion = Spinngewebe], Gatt. der ↗ *Gigartinales*.

Halbacetal *s* [v. lat. acetum = Essig], eine bes. in ringförm. Zuckermolekülen enthaltene ↗ funktionelle Gruppe ([B]).

Halbaffen, *Prosimiae*, den eigentlichen Affen (*Simiae*) vorangestellte, sehr verschiedengestaltige U.-Ord. der ↗ Herrentiere (*Primates*), ausgezeichnet durch morphol. u. anatom. Ähnlichkeit sowohl mit Nicht-Primaten (z. B. Insektenfressern) als auch mit Affen; fuchsart. Schnauze mit unbehaartem feuchtem „Nasenspiegel"; Kopfrumpflänge 13 cm (Mausmaki) bis 90 cm (Indri). Bei den meisten H. wirken Hände u. Füße durch Fingerbeeren u. platte Nägel affenartig; Putzkralle an 2. Zehe; 1. Finger und 1. Zehe opponierbar. Die meisten H. sind nachtaktive Baumbewohner; sie haben große, nach vorn gerichtete Augen mit einer stark lichtreflektierenden Schicht (*Tapetum lucidum*) in der Gefäßhaut u. einen gut ausgebildeten Gehörsinn mit großen Ohrmuscheln. Das Verbreitungsgebiet der H. reicht v. Mittel- u. S-Afrika über Madagaskar, Vorder- u. Hinterindien bis zu den großen Sundainseln.

Halbblut ↗ Blut 2).

Halbbrachsen ↗ Güster.

Halbdeckflügel, *Halbdecke, Hemielytre*, Vorderflügel der ↗ Wanzen, der nur im körpernahen Teil stärker sklerotisiert ist.

Halbepiphyten [Mz.; v. gr. epiphyein = darauf wachsen], die ↗ Hemiepiphyten.

hal- [v. gr. hals, Gen. halos = Salzkorn, Salz, dann auch: Meer, Salzflut], in Zss. meist: Meer-, Meeres-.

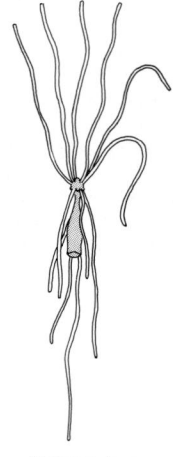

Halammohydra

Halbaffen
Familien:
↗ Fingertiere (*Daubentoniidae*)
↗ Galagos (*Galagidae*)
↗ Indris (*Indriidae*)
↗ Koboldmakis (*Tarsiidae*)
↗ Lemuren (*Lemuridae*)
↗ Loris (*Lorisidae*)

Halbaffe: Galago

Halbesel, *Pferdeesel, Hemionus*, U.-Gatt. der Pferde mit 1 Art, dem Asiatischen Wildesel od. H. (*Equus hemionus*, [B] Asien II); Fellfärbung fahlgelb bis rötlichbraun mit schwarzem Aalstrich. Die einst in Wüsten u. Halbwüsten v. Vorderasien bis zur Mongolei u. nach Tibet verbreiteten H. vereinigen Merkmale v. Pferd u. Esel (Name!). Von den insgesamt 7 U.-Arten ist der Anatolische H. (*E. h. anatoliensis*) sicher, der Syrische H. (*E. h. hemippus*) wahrscheinl. ausgerottet. Der in manchen Zoos gezeigte Persische H. oder Onager (*E. h. onager*) gilt als sehr gefährdet. Vom Kulan (*E. h. kulan*), dem Dschiggetai (*E. h. hemionus*) u. dem Khur (*E. h. khur*) gibt es nur noch kleine Restbestände. Der noch am häufigsten vorkommende H. ist der Kiang (*E. h. kiang*); er lebt (gleichfalls bedroht) in Hochgebirgssteppen v. Tibet.

Halbflügler, die ↗ Schnabelkerfe.

Halbimmergrüner Wald, Formation im Übergangsbereich zw. dem immergrünen Regenwald u. den regengrünen Monsun- bzw. Trockenwäldern. Die Pflanzenarten der Strauchschicht u. der unteren Baumschicht gehören noch zum Typus der immergrünen Pflanzen des trop. Regenwaldes; dagegen zeigen die Arten der oberen Baumschicht saisonale Belaubung u. Laubwurf während der Trockenzeiten.

Halbparasiten [Mz.; v. gr. parasitos = Schmarotzer], *Halbschmarotzer*, die ↗ Hemiparasiten.

Halbrosettenpflanzen, i. d. R. zweijährige Pflanzen, die im 1. Jahr eine grundständ. Blattrosette, im 2. Jahr einen verlängerten u. beblätterten, Blüten tragenden Sproß ausbilden; z. B. Futterrübe, Petersilie.

Halbschnabelhechte, die ↗ Halbschnäbler.

Halbschnäbler, *Halbschnabelhechte*, mehrere Gatt. der Familie Fliegende Fische mit etwa 70 Arten; mit hechtähnl. Gestalt, langem, den Oberkiefer überragendem Unterkiefer u. mittelgroßen Brustflossen, die zu kleinen Luftsprüngen befähigen. Eine große Art ist der 45 cm lange Küsten-H.

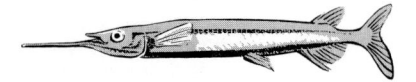

Küsten-Halbschnäbler (*Hemirhamphus brasiliensis*)

(*Hemirhamphus brasiliensis*) der Küsten des trop. Atlantik. Der südostasiat., ovovivipare, 7 cm lange Kampf-H. (*Dermogenys pusillus*) lebt im Süßwasser; die streitbaren Männchen mit rotgefleckter Rückenflosse liefern sich auch in Aquarien ausdauernde Kämpfe u. werden bei Wettkämpfen eingesetzt.

Halbseitenzwitter, *Halbseitengynander*,

Halbsträucher

Halbseitenzwitter
H. bei Insekten (links ♂, rechts ♀):
1 Schwammspinner (*Lymantria dispar*),
2 Hirschkäfer (*Lucanus cervus*)

hal- [v. gr. hals, Gen. halos = Salzkorn, Salz, dann auch: Meer, Salzflut], in Zss. meist: Meer-, Meeres-.

bes. auffällige Form eines ↗Gynanders, v. a. bei Insekten. Ein H. entsteht z. B. bei *Drosophila,* wenn bei einer Zygote mit zwei X-Chromosomen (XX-Konstitution, also ♀ determiniert) in der 1. Furchungsteilung während der Anaphase ein X verlorengeht (Elimination); dann haben später alle Zellen der einen Körperhälfte nur ein X (X0-Konstellation, bei *Drosophila* genauso wie XY wirkend, d. h. ♂-determinierend), bilden sekundäre ♂ Geschlechtsmerkmale (♂ Antennen, Mundwerkzeuge usw.) und lassen ggf. auch rezessive Allele zur Expression kommen (Hemizygotie).

Halbsträucher, *Hemiphanerophyten,* Pflanzen, deren untere Sproßteile verholzt sind u. in ungünstigen Jahreszeiten überdauern, während die oberen kraut. Sproßteile vorher absterben. Die neuen Triebe erwachsen aus Knospen (Erneuerungsknospen) der verholzten Sproßteile. Heute faßt man die H. mit den ↗Zwergsträuchern zur Lebensform der ↗*Chamaephyten* zus.

Halbtrockenrasen, dichte, wiesenähnl. Bestände trockenwarmer Standorte; *halbruderale H.* ↗Agropyretea intermedio-repentis, *subkontinentale H.* ↗Cirsio-Brachypodion, *submediterrane H.* ↗Mesobromion.

Halbwertszeit, Zeitspanne, in der eine (meist nach einer Exponentialfunktion) abfallende Größe auf die Hälfte ihres Anfangswerts abgesunken ist, z. B. bei radioaktivem Material; ↗biologische Halbwertszeit, ↗Geochronologie.

Halbwüste, Übergangsbereich zw. Savanne bzw. Steppe u. der eigtl. Wüste. Im Ggs. zur vegetationsfreien od. nur punktuell v. Pflanzen besiedelten Vollwüste trägt die H. meist eine mehr od. weniger gleichmäßig verteilte Vegetation, deren Deckungsgrad jedoch selten 25% übersteigt.

Halbzähner, *Hemiodontidae,* Familie der ↗Salmler mit etwa 50 mittel- u. südam. Arten; viele Arten ohne Unterkieferzähne.

Halbzeher, *Hemidactylus,* Gatt. der ↗Gekkos.

Halcampa *w* [v. *hal-, gr. kampē = Krümmung], Gatt. der ↗Abasilaria.

Halcyon *w* [v. gr. halkyōn = Eisvogel], Gatt. der ↗Eisvögel.

Haldane [håldeʲn], *John Scott,* brit. Physiologe, * 2. 5. 1860 Edinburgh, † 14. 3. 1936 Oxford; seit 1921 Prof. in Birmingham; arbeitete über die chem. Physiologie der Atmung *(↗H.-Effekt),* bewies experimentell am Menschen den Einfluß des CO_2 auf das Atemzentrum u. erfand einen Apparat zur Gasanalyse; daneben zahlr. Schriften philosoph. Inhalts (Neovitalismus).

Haldane-Effekt [håldeʲn-; benannt nach J. S. ↗Haldane], *Christiansen-Douglas-Haldane-Effekt,* bei ↗Hämoglobinen die Abhängigkeit der CO_2-Bindung vom Oxy-genierungsgrad. Da Oxyhämoglobin mehr freie basische Aminogruppen besitzt als Hämoglobin, wird umgekehrt die Dissoziation der Kohlensäure im Blut mit zunehmendem Hämoglobin-Anteil gefördert u. die CO_2-Aufnahme (als Hydrogencarbonat) aus den Geweben bzw. Abgabe in Lungen od. Kiemen begünstigt. Hämoglobin bindet ferner mehr CO_2 zu Carbhämoglobin als Oxyhämoglobin. ↗Blutgase, ↗Bohr-Effekt, ↗Root-Effekt.

Halechiniscus *m* [v. *hal-, gr. echiniskos = kleiner Igel], im Meer lebende Gatt. der Bärtierchen aus der Ord. ↗*Heterotardigrada.*

Haleciidae [Mz.; v. lat. halec = Fischsuppe aus Meeresfrüchten], Fam. der *Thecaphorae-Leptomedusae;* Polypenstöcke mit kurzen od. ganz reduzierten Hydrotheken; die Arten kommen im Felslitoral vor. *Halecium halecinum* lebt in eur. Meeren u. ist regelmäßig auf Hartböden unter 30 m zu finden; die Kolonie ist starr feder- od. fächerförm. mit kräft. Hauptstamm; bis 10 cm hoch. *Campanopsis spec.* mit kriechender Kolonie ist der Polyp der Meduse *Octorchis gegenbauri* (↗Eucopidae).

Hales [heʲls], *Stephen,* engl. Botaniker u. Physiologe, * 17. 9. 1677 Bekesbourne (Kent), † 4. 1. 1761 Teddington (Middlesex); erstes umfassendes Werk über die Ernährung u. Saftbewegung der Pflanzen, Transpiration u. Wasserbewegung im Holz, Messungen v. Wachstumsraten u. Saugkraft; erkannte ferner, daß gasförm. Stoffe zur Bildung der festen pflanzl. Substanzen beitragen; Versuche zur Blutdruckmessung u. Blutzirkulation an Tieren u. zur Meerwasserentsalzung.

Halesia *w* [ben. nach S. ↗Hales], Gatt. der ↗Styracaceae.

Halfterfische, *Zanclinae,* U.-Familie der ↗Doktorfische. [↗Seeadler.]

Haliaeëtus *m* [v. gr. haliaietos =], der

Haliastur *m* [v. *hal-, lat. astur = Habicht], Gatt. der ↗Habichtartigen.

Halichoerus *m* [v. *hal-, gr. choiros = Schwein], ↗Kegelrobbe.

Halichondrida [Mz.; v. *hal-, gr. chondros = Graupe, Knorpel], Schwamm-Ord., deren Angehörige v. massiger Gestalt sind u. deren Skelett durch unregelmäßig angeordnete Nadeln (Rhaphiden, Monactinen u. Diactinen) gekennzeichnet ist. 2 Fam.: ↗Hymeniacidonidae u. *Halichondriidae* mit der namengebenden Gatt. *Halichondria.* Bekannteste Art *H. panicea* (Brotkrumenschwamm, Meerbrot), krusten-, lappen- od. röhrenförmig, bis 20 cm hoch, in lebendem Zustand zähgallertig, getrocknet brotkrumenartig; in der Gezeitenzone u. in geringen Tiefen; Kosmopolit, häufigster Schwamm in Nord- u. Ostsee.

Haliclonidae [Mz.; v. *hal-, gr. klōn = junger Zweig, Schößling], Schwamm-Fam. der Ord. *Haplosclerida,* Kennzeichen: Skelett aus kleinen, bemerkenswert homogenen Skleriten, die an den Enden durch Sponginfasern netzart. verknüpft sind. Bekannte Gatt. *Haliclona* (= *Chalina*) u. ↗ *Adocia. Haliclona loosanoffi* (Geweihschwamm), bis ca. 30 cm hohes, geweihart. Bäumchen; in allen Meeren bis 150 m Tiefe, in der Nordsee häufig.

Haliclystus *m* [v. gr. haliklystos = meerbespült], Gatt. der ↗ Stauromedusae.

Halicryptus *m* [v. *hal-, gr. kryptos = verborgen], Gatt. der *Priapulida* (Priapswürmer), Fam. *Priapulidae,* mit einigen räuberisch im Mudd nördl. Meere lebenden Arten, denen die sonst bei Priapuliden übl. Schwanzanhänge fehlen; in Nord- u. Ostsee verbreitet *H. spinulosus.*

Halictidae [Mz.], die ↗ Schmalbienen.

Halicystis *w* [v. *hal-, gr. kystis = Blase], Gatt. der ↗ Derbesiaceae.

Halimeda *w* [ben. nach der Meernymphe Halimēdē], Gatt. der ↗ Codiaceae.

Halimione *w* [v. gr. halimos = salzig], die ↗ Salzmelde.

Haliotis *w* [v. *hal-, gr. ōtis = Ohrmuschel], die ↗ Meerohren.

Haliplankton *s* [v. gr. haliplagktos = im Meer umherschweifend], ↗ Plankton.

Haliplidae [Mz., v. gr. haliploos = im Meer schwimmend], die Käfer-Fam. ↗ Wassertreter.

Halisarcidae [Mz.; v. *hal-, gr. sarx = Fleisch], Fam. der Baumfaserschwämme, Kennzeichen: ohne Nadeln, mit weichem Spongin-Fasernetz. Bekannteste Art *Halisarca dujardini* (Gallertschwamm), krustenförmig u. gallertig, gelbl.-bräunl., bis 40 mm groß u. bis 5 mm dick; auf Algen, Steinen u. Muschelschalen, Nordsee, westl. Ostsee, Mittelmeer, Atlantik in Tiefen bis 300 m.

Halisaurier [Mz.; v. *hal-, gr. sauros = Eidechse], *Meerdrachen,* wenig gebräuchl. Sammelname für Reptilien, die sich dem Leben im Meer angepaßt haben, z. B. ↗ Ichthyosaurier u. ↗ Plesiosaurier.

Haliscera *w* [v. *hal-], Gatt. der ↗ Trachymedusae.

Haliscomenobacter *s* [v. gr. haliskomenos = gefangen, baktron = Stab], Gatt. der Scheidenbakterien; *H. hydrossis* wird oft in Belebungsflocken bei Blähschlammbildung in der ↗ Kläranlage gefunden.

Halistase *w* [v. *hal-, gr. stasis = Stand], (Joh. Walter), zw. Meeresströmungen bestehende Stillwasserbereiche mit unterbrochener Sauerstoffversorgung, die, obwohl an sich lebensfeindlich, die fossile Erhaltung nekton. u. plankton. Organismen begünstigen.

Halistemma *s* [v. *hal-, gr. stemma = Kranz], Gatt. der ↗ Physophorae.

Halitherium *s* [v. *hal-, gr. thērion = Tier], (Kaup 1838), *Manatherium* (Hartlaub 1886), zur Fam. der Gabelschwanz-Seekühe *(Dugongidae)* gehörende † tertiäre Gatt., die v. a. im Mainzer Becken durch zahlr. Reste v. *H. schinzi,* darunter einige vollständ. Skelette, dokumentiert ist; Länge bis ca. 2,5 m. Verbreitung: Oligozän v. Europa u. Madagaskar, Miozän v. Europa.

Hall [hål], *Marshall,* brit. Arzt u. Physiologe, * 18. 2. 1790 Basford (Nottinghamshire), † 11. 8. 1857 Brighton; Untersuchungen zur Physiologie der Reflexe; erkannte das Rückenmark als Ort der Reflexbildung; Arbeiten über Nervenkrankheiten, Blutkreislauf u. Kapillaren.

Halla *w* [ben. nach dem am. Paläontologen J. Hall, 19. Jh.], Gatt. der Ringelwurm-(Polychaeten-)Fam. *Lysaretidae;* bekannteste Art. *H. parthenopeia,* bis ca. 80 cm lang, freilebend, spielt als Angelköder in Japan eine ähnl. Rolle wie der Wattwurm an der Nordseeküste.

Haller, *Albrecht* von, schweizer. Arzt u. Schriftsteller, * 16. 10. 1708 Bern, † 12. 12. 1777 ebd.; Prof. in Göttingen u. Bern; Mit-Begr. der experimentellen Physiologie, beschrieb den Mechanismus der Atmung u. die Automatie des Herzens, erkannte die Bedeutung der Galle für die Fettverdauung, führte grundlegende embryol. Untersuchungen durch; gründete den Bot. Garten in Göttingen.

Hallersches Organ [ben. nach dem dt. Apotheker G. Haller, 1853–86], ↗ Zecken.

Hallimasch *m, Armillariella* Karst., *Armillaria* Fr., Gatt. der Blätterpilze. Etwa 7 Arten (noch in Kleinarten unterteilt) mit gelbl.-bräunl. Hut u. Lamellen, die zumindest kurz am Stiel (mit Ring) herablaufen; Sporenstaub weißl., wachsen Juli – Nov. büschelig an Baumstümpfen, am Fuße toter u. lebender Bäume od. in Mooren. Bekannte Arten: Honiggelber H. (*A. mellea* Karst.) u. der dunklere Braunschuppige H. (*A. obscura* Herink); gekocht eßbar, aber nicht für alle Menschen verträgl.; typisch der herbe, zusammenziehende (adstringierende) Geschmack der rohen Pilze im Hals. H.-Arten sind gefährl. Parasiten vieler Laub- u. Nadelbäume; können in der Forstwirtschaft, aber auch in Obstplantagen große Schäden anrichten u. die Bäume zum Absterben bringen. Es treten Rindenschäden, eine Weißfäule an absterbenden Laub- u. eine Kernfäule an Nadelhölzern auf. Zw. Rinde u. Holzteil finden sich weiße fächerart. gestielte Mycelstränge. An Nadelhölzern tritt am Fuße der Bäume auch ein starker Harzfluß *(Harzsticke)* auf. Verbreitung u. Befall neuer Hölzer erfolgen durch

hal- [v. gr. hals, Gen. halos = Salzkorn, Salz, dann auch: Meer, Salzflut], in Zss. meist: Meer-, Meeres-.

A. von Haller

Hallimasch

Biolumineszenz:
Bereits A. v. Humboldt berichtete, daß Freyesleben (1796) phosphoreszierendes Grubenholz beobachtet habe. Erste zusammenfassende Darstellungen über leuchtende Bäume wurden v. Heinrich (1815) u. über leuchtendes Holz in Bergwerkstollen v. Derschau (1823) veröffentlicht. Man hielt die dabei auftretenden Pilzstränge für eine bes. Pilzart *(Rhizomorpha fragilis).* Hartig erkannte (1873), daß die Rhizomorpha ein Entwicklungsstadium des H. (damals *Agaricus melleus*) sind. Heller (1843 u. 1853) stellte fest, daß nicht das Holz, sondern die Mycelstränge *(Rhizomorpha noctiluca)* leuchten können.

Halluzinogene

dicke (einige Millimeter), meterlange, schwarzbraune, verzweigte, mit weißem Mark gefüllte Mycelstränge *(Boden-Rhizomorphen)*, die v. Baum zu Baum wachsen u. unter bestimmten Bedingungen in die Wurzelrinde eindringen. Wenn das Weiterwachsen nicht durch Bildung v. Wundgewebe verhindert wird, bes. bei durch andere Einflüsse geschwächten Bäumen (z. B. saurer Regen), wachsen sie in die Siebröhren zum Kambium u. vernichten den Baum. Das v. Mycel des H. befallene Holz leuchtet bisweilen im Dunkeln (⁊Bioluminenszenz). B Pilze III.

Halluzinogene [Mz.; v. mlat. halucinatio = törichtes Reden, gr. gennan = erzeugen], ⁊ Drogen und das Drogenproblem.

Halm, *Culmus,* Bez. für die nicht verholzte Sproßachse (Stengel), die hohl u. durch Knoten in ⁊ Internodien gegliedert ist. Beispiele: Süßgräser.

Halmbruchkrankheit, 1) *Augenfleckenkrankheit, Medaillonfleckenkrankheit, Lagerfußkrankheit,* weltweit verbreitete Pilzkrankheit von Getreide, bes. Weizen und Gerste, sowie anderen Gräsern; Erreger *Pseudocercosporella herpetrichoides* (= *Cercosporella h.);* Ertragseinbußen von 10–15 (30)% u. höher. An der Halmbasis erscheinen ovale, spitz auslaufende „Augenflecke"; später knicken die Halme um. Die Winterfestigkeit ist gemindert, u. bei starkem Herbstbefall kann eine Auswinterung eintreten. Die Übertragung im Bestand erfolgt durch Konidien od. vom Boden aus durch das Pilzmycel, das an Ernterückständen od. bereits befallenen Keimpflanzen überwintern kann. Die H. ist eine typ. Fruchtfolgekrankheit. Auf dem befallenen Stengelgewebe entwickeln sich Konidien u. dunkelbraune, derbe Mycelgeflechte (Stromata), die ungünst. Bedingungen mehrere Jahre überstehen können. Bekämpfung durch Anbaumaßnahmen u. Fungizide. 2) parasitärer Halmbruch an Wintergetreide durch andere pilzl. Erreger, z. B. verschiedene *Fusarium*-Arten, bes. *F. culmorum* u. *Rhizoctonia cerealis.*

Halmfliegen, *Grünaugen, Chloropidae,* Fam. der Fliegen mit insges. ca. 1200, in Europa ca. 300 Arten. Die H. sind ca. 2 mm große Insekten mit meist dunkler Körperfärbung; Flügel u. Halteren sind klein u. häufig verkümmert; die H. sind daher schlechte Flieger u. bewegen sich hpts. zu Fuß. Die Imagines ernähren sich v. Blütennektar u. Honigtau, die Larven vieler Arten minieren in Halmen (Name) u. Blättern v. Gräsern. Über die gemäßigten Zonen der nördl. Halbkugel ist die nur 1 bis 2 mm große, schwarze Fritfliege (Haferfliege, *Oscinella frit)* weit verbreitet. Ihre Larven sind ausgesprochen polyphag u. v. a. für Hafer,

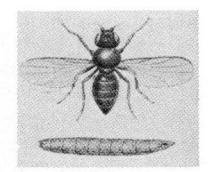

Halmfliegen
Fritfliege *(Oscinella frit)* mit Larve

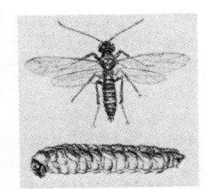

Halmwespen
Getreidehalmwespe *(Cephus pygmaeus)* mit Larve

hal- [v. gr. hals, Gen. halos = Salzkorn, Salz, dann auch: Meer, Salzflut], in Zss. meist: Meer-, Meeres-.

Gerste u. Mais schädl. Sie kann bei uns 2–3 Generationen durchlaufen u. verursacht Vergilben der Blätter, bei Befall der Fruchtanlagen der Gräser tritt die sog. *Weißjährigkeit* od. *Blasenkrankheit* auf, bei der die Getreidekörner sich nur unvollständig entwickeln. Weitere H. sind die Weizenfliegen (Gatt. *Chlorops*) u. die Schenkelfliegen (Gatt. *Meromyza*) mit verdickten Hinterschenkeln. Beide Gatt. rufen auch Schädigungen an Getreide hervor.

Halmfruchtunkrautgesellschaften ⁊ Aperetalia spicae-venti.

Halmwespen, *Cephidae,* Fam. der Hautflügler mit ca. 25 Arten in Mitteleuropa; mittelgroß, zart gebaut mit seitl. abgeflachtem Hinterleib; vielgliedr. Fühler in der Mitte od. oben verdickt; die Eier werden in Pflanzenstengel gelegt, in denen sich die Larven entwickeln. Wichtigste Art ist die weltweit verbreitete Getreidehalmwespe *(Cephus pygmaeus),* ca. 8 mm groß u. schwarz gefärbt mit gelben Querbinden am Hinterleib. Die Eier werden v. Mai bis Juli in die obersten Segmente v. Weizen-, Gersten- u. Roggenhalmen gelegt, die Larven fressen sich nach unten. Obwohl befallenes Getreide eine mangelhafte Kornausbildung zeigt, ist der verursachte Schaden gering, da die meisten überwinternden Puppen im abgeschnittenen Teil des Halms verbleiben u. dort zugrunde gehen.

Halobacteriaceae [Mz.; v. *hal-, gr. baktērion = Stäbchen], ⁊ Halobakterien.

Halobacterium *s* [v. *hal-, gr. baktērion = Stäbchen], Gatt. der ⁊ Halobakterien.

Halobakterien [Mz.; v. *hal-, gr. baktērion = Stäbchen], *Halobacteriaceae,* Fam. in der Gruppe der gramnegativen aeroben Stäbchen *(Halobacterium)* u. Kokken *(Halococcus);* nach neueren molekularbiol. Untersuchungen dem (Ur-)Reich der ⁊ Archaebakterien zugeordnet, wo sie in der Gruppe der extrem ⁊ halophilen Bakterien zusammengefaßt werden. H. sind bewegl. (lophotriche Begeißelung) od. unbewegl., meist streng aerob u. dadurch charakterisiert, daß sie hohe Kochsalzkonzentrationen (NaCl) zum Leben benötigen: mindestens 1,5molar (8%, einige Stämme), meist 3–4molar (17–23%) NaCl; zu geringe NaCl-Konzentrationen inaktivieren Stoffwechselreaktionen, u. die Proteinzellwand (kein Murein) zerfällt, so daß die Zellen zerplatzen. Im chemoorganotrophen Stoffwechsel werden hpts. Aminosäuren u. Kohlenhydrate abgebaut. H. sind in der Natur dort weit verbreitet, wo hohe bis gesättigte Salzlösungen vorliegen (z. B. Salzseen, Totes Meer, Großer Salzsee in Utah, in Salzgärten bei der Meersalzgewinnung) od. auf gesalzenem Fisch u. a. mit (Meeres-)Kochsalz konservierten Lebensmitteln. Meersalz kann 10^5–10^6 Zellen pro g enthalten, die mehrere Jahre lebensfähig bleiben. Die Zellen sind durch Carotinoide gelb-rot gefärbt; bei geringen Sauerstoffkonzentrationen werden in der Cytoplasmamembran dunkelrot-violette Flecken (Purpurmembran) ausgebildet, die ↗ Bakteriorhodopsin (u. a. Rhodopsine) enthalten; mit diesem Farbstoff kann im Licht eine spezielle Art einer Photophosphorylierung (ATP-Bildung) ablaufen.

Halobates m [v. *hal-, gr. -batēs = Läufer], Gatt. der ↗ Wasserläufer.

Halobios s [v. *hal-, gr. bios = Leben], Gesamtheit der Organismen salzhaltiger Standorte; die Organismen sind die Halobionten.

Halococcus m [v. *hal-, gr. kokkos = Kern, Beere], Gatt. der ↗ Halobakterien.

Halocynthia w [v. *hal-, gr. Kynthia, Beiname der Artemis], Gatt. der Seescheiden, ↗ Monascidien.

Halogenkohlenwasserstoffe [v. *hal-, gr. gennan = erzeugen], Kohlenwasserstoffe (bei aliphat. Kohlenwasserstoffen Alkylhalogenide gen.), in denen die Wasserstoffatome teilweise od. ganz durch Halogene ersetzt sind, z. B. Chloroform, Chlorbenzol, Iodoform, Tetrachlorkohlenstoff. ↗ Chlorkohlenwasserstoffe (☐).

halophil [v. *hal-, gr. philos = Freund], Bez. für Organismen, die eine salzreiche Umgebung bevorzugen od. obligat auf sie angewiesen sind; Ggs.: halophob. Die Endungen „-phil" bzw. „-phob" kennzeichnen den physiol. Präferenzbereich, nicht das Verhalten unter Konkurrenzbedingungen. Zur synökolog. Charakterisierung wird dagegen bei Pflanzen die Bez. halophytisch verwendet (↗ Halophyten); sie sind halotolerant, aber nicht unbedingt halophil. ↗ euryhalin, ↗ stenohalin.

halophile Bakterien [Mz.; v. *hal-, gr. philos = Freund], Bakterien, die vorzugsweise in Habitaten mit hohem Kochsalzgehalt (NaCl) wachsen *(fakultativ h. B.)* od. auf hohe NaCl-Konzentrationen im Medium angewiesen sind *(obligat h. B.)*. Die extrem h. n B. benötigen sehr hohe NaCl-Lösungen u. können sogar in gesättigten NaCl-Lösungen wachsen (Vorkommen ↗ Halobakterien). Der hohe osmot. Druck wird in der Zelle hpts. durch einen hohen Gehalt an Kaliumionen ausgeglichen; die Hauptgruppe der extrem h. n B., die Halobakterien *(Halobacteriaceae)*, gehören zu den Archaebakterien; neuerdings wurden obligat *haloalkalophile* Archaebakterien isoliert (*Natronobacterium-Natronococcus*-Arten), die sowohl einen hohen NaCl-Gehalt als auch ein alkal. Medium zum Wachstum benötigen. – Unter den moderat h.n B. (Eubakterien) finden sich auch obligate Anaerobier, z. B. *Haloanaerobicum*-u. *Halobacteroides*-Arten aus dem Toten Meer. H. B. leben überwiegend saprophytisch; es gibt jedoch auch phototrophe Formen (z. B. *Ectorhodospira*-Arten) u. Cyanobakterien (z. B. *Aphanocapsa halophytica, Aphanothece halophytica*), die hohe NaCl-Konzentrationen (6–23%) zum Leben benötigen.

Halophyten [Mz.; Bw. halophytisch; v. *hal-, gr. phyton = Pflanze], *Salzpflanzen*, (Ggs. Glykophyten), Pflanzen, die an Orten gedeihen können, deren Salzgehalt (bei Kochsalz) zumindest zeitweise die für Glykophyten erträgl. Menge von 0,5 Gew.% NaCl in der Bodenlösung übersteigt. Neben obligaten H., die ausschl. auf salzbeeinflußten Böden vorkommen, gibt es viele fakultative H. Dies zeigt, daß nicht alle H. salzreiche Standorte bevorzugen od. gar benötigen (↗ halophil), sondern daß sie im Ggs. zu anderen Pflanzen lediglich in der Lage sind, derartig ungünst. Bedingungen zu meistern. Grundlage dieser Fähigkeit ist eine im Vergleich zu Glykophyten wesentl. gesteigerte Salztoleranz *(Halotoleranz)*, oft verbunden mit direkter physiol. Förderung durch Salz *(halophile Pflanzen)*. Eine verbreitete Eigenschaft der H. ist die Fähigkeit der kontrollierten Salzaufnahme zur Anpassung der plasmat. Konzentration an die Außenkonzentration *(osmotische Adaptation)*, dagegen ist die aktive Salzausscheidung über Salzdrüsen nur innerhalb bestimmter Verwandtschaftsgruppen anzutreffen. Die Deutung der Sukkulenz („Salzsukkulenz") zahlr. H. ist noch umstritten. Standorte von H. finden sich entlang der Meeresküsten, an Salzquellen im Binnenland, v. a. aber in ariden, abflußlosen Gebieten, wo neben dem allgegenwärt. Kochsalz auch Gips u. Soda eine Rolle spielen. Trotz großer klimat. Unterschiede u. der weltweiten Verbreitung v. Salzstandorten stammen die H. der Höheren Pflanzen aus relativ wenigen, systemat. weit entfernt stehenden Gruppen: Seegras-, Bleiwurz- u. Tamariskengewächse, Süßgräser, Korbblütler und wenige weitere Fam. Daraus läßt sich auf polyphylet. Ursprung der Halotoleranz schließen. ⊤ Bodenzeiger.

Haloplankton s [v. *hal-, gr. plagktos = umherschweifend], Meeres-↗ Plankton.

Haloragaceae [Mz.; v. *halorag-], *Seebeerengewächse*, Fam. der Myrtenartigen mit 8 Gatt. u. 180 Arten, v.a. kraut. u. halbstrauch. Sumpf- u. Wasserpflanzen. Die behaarten Blätter sind einfach od. fiedrig geteilt; die vierzähl., unscheinbaren Blüten, deren Kronblätter unterschiedl. Reduktion erfahren, sind häufig in stattl. Blütenständen zusammengefaßt; unter-

Haloragaceae

halophile Bakterien

Einteilung der halophilen Bakterien nach ihrem Bedarf an Kochsalz (in %, g/100 ml) für ein gutes Wachstum u. einige repräsentative Arten

Nicht-Halophile
Escherichia coli (0,0–4)
Spirillum serpens (0,0–1)

marine Formen u. moderat (mäßig) Halophile
Pseudomonas marina (0,1–5)
Micrococcus halodenitrificans (2,3–20,5)
Pediococcus halophilus (0,0–20)

extrem Halophile
Halobacterium salinarium (12–36*)
Halococcus morrhuae (5–36*)

* = NaCl-gesättigt

halorag- [v. gr. hals, Gen. halos = Salz, Salzkorn, Meer, rhax, Gen. rhagos = Beere].

Haloragales

ständ. Fruchtknoten; Windbestäubung; nuß- od. steinfruchtart. Früchte. Gatt. Tausendblatt (*Myriophyllum,* nahezu kosmopolitisch); i. d. R. Wasserpflanzen, angepaßt an ihren Lebensraum durch wenig Widerstand bietende, aus feinen Einzelfiedern zusammengesetzte Blätter, bis 3 m lange Stengel, die luftgefüllte Hohlräume u. ein zentral gelegenes, konzentr. Leitbündel besitzen; typ. sind die Myriophyllindrüsen, deren Inhaltsstoffe sich mit Vanillin-Salzsäure rot färben. Gatt. *Gunnera* mit 40 Arten (Südhalbkugel), v. denen einige bei uns in bot. Gärten durch ihre an ca. 1 m langen Stengeln stehenden Blätter mit bis zu 2 m breiten Spreiten u. die aus zahlr., kronlosen Blüten zusammengesetzten Blütenstände imponieren; bemerkenswert ist eine Symbiose mit Cyanobakterien, die vorwiegend in speziellen Organen an den Blattansätzen auftreten. Gatt. *Haloragis* (Seebeeren); die 60 Arten sind v. a. in Austr. beheimatet.

Haloragales [Mz.; v. *halorag-], *Seebeerenartige,* Ord. der *Rosidae* mit den 3 Fam. ↗ *Haloragaceae, Hippuridaceae* u. *Theligonaceae;* umfaßt kraut. Pflanzen, die charakterisiert sind durch kollaterale Leitbündel, reduzierte Blütenhülle, freie Griffel u. Schließfrüchte mit endospermhalt. Samen. Einzige Gatt. der *Theligonaceae* ist *Theligonum* mit 3 Arten (Mittelmeer, China, Japan), mit ganzrand., fleisch., unten gegen-, oben wechselständ. Blättern; häutige Nebenblätter; einhäusig verteilte, eingeschlecht. Blüten; halbkugel. Steinfrüchte mit Elaiosom, werden durch Ameisen verbreitet. [loragaceae.

Halor*a*gis *w* [v. *halorag-], Gatt. der ↗ Ha-
Halosph*ae*ra *w* [v. *hal-, gr. sphaira = Kugel], Gatt. der ↗ Prasinophyceae.
Halosph*ae*ria *w* [v. *hal-, gr. sphaira = Kugel], Gatt. der *Halosphaeriaceae* (Sphaeriales), deren Vertreter im Meerwasser auf Holz u. Pflanzenresten leben; diese Schlauchpilze haben früh verschleimende Asci; die Ascosporen besitzen oft lange artcharakterist. schleim. Anhängsel, die an geeigneten Substraten haftenbleiben.
Halosydna *w* [v. gr. halosydnē = Meeresgöttin], ↗ Polynoidae.
Halotoler*a*nz *w* [v. *hal-, lat. tolerantia = Duldung], *Salztoleranz,* die Fähigkeit v. Organismen, hohe Salzkonzentration der Umgebung zu ertragen, z. B. ↗ Halophyten; ↗ halophil, ↗ Salinität.
Hal*o*xylon *s* [v. *hal-, gr. xylon = Holz], *Saksaul, Saxaul,* Gatt. der Gänsefußgewächse, mit 10 Arten in den Sandwüsten Afrikas u. Asiens verbreitet; die Sträucher (einige Meter hoch) sind auch als „Baum der Wüste" bekannt. Die Arten liefern wicht. Brenn- u. Nutzholz (sonst in den Wüsten kaum verfügbar). In Mittelasien (UdSSR) werden *H.*-Arten teilweise auch forstmäßig bzw. als Windschutzstreifen um Weideflächen herum gepflanzt. *H. schweinfurthii,* im Sinai heim., gehört zu den Mannalieferanten: Nach dem Einstich noch nicht genau bekannter Insekten an jüngeren Zweigen werden süße Stoffe ausgeschieden, die man absammeln kann.

Hals, *Collum,* Körperabschnitt der Tetrapoden zw. Kopf u. Rumpf, der v. ↗ *Halswirbeln* gestützt ist u. die Beweglichkeit des Kopfes ermöglicht. Die Weichteile des H.es bestehen aus der Muskulatur, die seitl. u. hinten am H. entlangzieht, aus Nerven, Blutgefäßen, Lymphgefäßen u. den H.eingeweiden: Schilddrüse, Thymus, Speiseröhre, Luftröhre, Kehlkopf. Die Ventralseite des H.es wird als *Kehle* bezeichnet, die Dorsalseite als *Nacken* od. *Genick.* I. e. S. bezeichnet „Genick" auch die H.wirbelsäule („Genickbruch").

Halsbandeidechsen, *Lacerta,* Gatt. der Echten ↗ Eidechsen. [↗ Crotaphytus.
Halsbandleguan, *Crotaphytus collaris,*
Halsberger-Schildkröten, *Cryptodira,* U.-Ord. der Schildkröten, mit 10 Fam. (vgl. Tab.) und ca. 170 Arten fast weltweit verbreitet; leben am Land, im Süß-, Brack- u. Meerwasser; Panzerlänge 0,1 bis 2 m; Halswirbel mit schwach entwickelten Querfortsätzen; Kopf wird durch S-förmige, vertikale Krümmung der Halswirbelsäule in den Panzer zurückgezogen (Ggs. ↗ Halswender-Schildkröten); am Vorderrand des Bauchpanzers 2 Hornschilder, die miteinander verwachsen sein können; Becken mit Bauchpanzer nur durch Bänder verbunden, nicht verwachsen.

Halsböcke, *Leptura,* Gatt. der ↗ Blütenböcke. [fer.
Halskäfer, *Odacantha melanura,* ↗ Laufkä-
Halskanalzellen, die sterilen Zellen der inneren Zellreihe im Halsteil des ↗ Archegoniums.
Halsnervengeflecht, *Halsgeflecht, Plexus cervicalis,* Bez. für das durch die ventralen Äste der ersten 4 Rückenmarksnerven gebildete Nervengeflecht im oberen Halsbereich, inerviert hpts. die Haut u. die Muskulatur des Halses.
Halsplatte, *Halssklerit, Cervicalia,* ↗ Nackenhaut (der Insekten).
Halsrippen, *Cervicalrippen, Costae cervicales,* an Halswirbeln der Tetrapoden inserierende Rippen. Urspr. waren alle Wirbel der Tetrapoden mit Rippen verbunden; Regionalisierung der Wirbelsäule führte, bis auf die Brustregion, zu Rippenreduktionen (Ausnahme: Schlangen). – Rezent gibt es freie H. noch bei *Crocodylia, Sphenodon* u. *Ratiten* (Laufvögel). Andere Tetrapoden haben die H. reduziert od. mit den Halswir-

---

hal- [v. gr. hals, Gen. halos = Salzkorn, Salz, dann auch: Meer, Salzflut], in Zss. meist: Meer-, Meeres-.

halorag- [v. gr. hals, Gen. halos = Salz, Salzkorn, Meer, rhax, Gen. rhagos = Beere].

Halsberger-Schildkröten

Familien:

↗ Alligatorschildkröten *(Chelydridae)*
↗ Großkopfschildkröten *(Platysternidae)*
↗ Landschildkröten *(Testudinidae)*
↗ Lederschildkröten *(Dermochelyidae)*
↗ Meeresschildkröten *(Cheloniidae)*
↗ Papua-Weichschildkröten *(Carettochelyidae)*
↗ Schlammschildkröten *(Kinosternidae)*
↗ Sumpfschildkröten *(Emydidae)*
↗ Tabasco-Schildkröten *(Dermatemydidae)*
Echte ↗ Weichschildkröten *(Trionychidae)*

beln verschmolzen. So bilden auch beim Menschen Rudimente der H. zus. mit den Querfortsätzen der Halswirbel kleine Knochenösen (Foramina processus transversi), in denen die Halsarterie verläuft.

Halsschild, 1) *Pronotum, Protergum, Scutum,* der meist kräftig sklerotisierte, oft seitl. herabgezogene dorsale Teil des Prothorax bei Insekten, so v. a. bei Käfern, Wanzen u. Heuschrecken. 2) *Collum,* der vergrößerte Tergit des 1. Rumpfsegments der ↗ Doppelfüßer.

Halsschlagader, *Halsarterie, Kopfschlagader, Carotis, Carotide, Arteria carotis communis,* paarige Hauptschlagader des Halses der Wirbeltiere; verläuft beim Menschen durch die seitl. Halspartien u. teilt sich in Höhe des Kehlkopfs in die *innere* (Arteria carotis interna) u. *äußere* H. (A. c. externa). Die äußere H. versorgt Gesicht u. Hals, die innere Gehirn u. Auge mit Blut. ↗ Aorta, ☐ Blutkreislauf.

Halswandzellen, die sterilen Zellen der äußeren Zellschicht des ↗ Archegonium-Halsteils.

Halswender-Schildkröten, *Pleurodira,* U.-Ord. der Schildkröten mit 2 Fam. (↗ Pelomedusen- u. ↗ Schlangenhalsschildkröten) u. ca. 40 Arten in den Süßgewässern der S-Kontinente; Panzerlänge 0,15–1 m; meist unscheinbar gefärbt; Halswirbel mit kräft. entwickelten Querfortsätzen; die H. können Kopf (Halswirbelsäule S-förmig, horizontal gekrümmt) nur seitl in die vordere Panzeröffnung legen (Ggs. ↗ Halsberger-Schildkröten); am Vorderrand des Bauchpanzers schiebt sich stets ein unpaares Schild zw. das vordere Schildpaar; Becken fest mit Bauchpanzer verwachsen. H. nehmen v. a. tier. Nahrung zu sich.

Halswirbel, *Cervicalwirbel,* Skelettelemente des ↗ Halses, bilden die oberste Region der ↗ Wirbelsäule der Tetrapoden. Amphibien besitzen nur 1 H. (↗ *Atlas*) u. haben keinen morpholog. abgesetzten Hals. Amnioten besitzen eine gruppenspezif. Vielzahl von H.n. Dabei sind die obersten beiden stets speziell differenziert (Atlas u. ↗ *Axis*). Die restl. H. sind dadurch gekennzeichnet, daß sie in Ggs. zu den ↗ Brustwirbeln keine Rippen, od. rudimentäre Rippen od. nicht bis zum Brustbein reichende ↗ Halsrippen besitzen. Säuger haben generell 7 H. (Giraffe!, Spitzmaus!). Ausnahmen bilden nur die Faultiere *Choloepus* mit 6, *Bradypus* mit 9 und die Seekuh *Manatis* mit 6 H.n. Bei Walen sind die H. zu flachen Scheiben umgeformt (Bildung einer strömungsgünst. Körperform durch Verkürzung des Halses), bei grabenden Säugern u. vielen Springmäusen treten Verschmelzungen auf (Versteifung der Körperachse).

häm-, hämato-, hämo- [v. gr. haima, Gen. haimatos = Blut].

hämagglut- [v. gr. haima = Blut, lat. agglutinatio = das Ankleben].

Hämagglutinationshemmungstest
Einige Viruserkrankungen, bei denen der H. zum Nachweis der Antikörperbildung verwendet werden kann:
verschiedene Enterovirusinfektionen
Influenza
Masern
Mumps
Reovirusinfektionen
Röteln
Vaccinia
Variola

Hälter, kleiner Teich zur Fischhaltung *(Fischhälterung)* bei der Fischzucht.

Halteren [Mz.; v. gr. halteres = Hanteln], *Schwingkölbchen,* umgewandelte Hinterflügel der ↗ Zweiflügler (↗ Fliegen u. ↗ Mücken). ☐ Fliegen.

Halteria *w* [v. gr. halteres = Hanteln], Gatt. der ↗ Oligotricha.

Halydris *w* [v. *hal-, gr. hydria = Wasserkanne], Gatt. der ↗ Fucales.

Halysschlange [ben. nach dem antiken Fluß Halys (heute: Kızıl Irmak)], *Agkistrodon halys,* ↗ Dreieckskopfottern.

Häm *s* [v. *häm-], *Protohäm,* die prosthet. Gruppe der ↗ Hämoglobine, ↗ Myoglobine u. ↗ Cytochrome. Das H. u. seine Abkömmlinge sind gekennzeichnet durch ein Porphyrin-System (↗ Porphyrine), in dessen Mitte Fe^{2+} od. Fe^{3+} (sog. *Häm-Eisen*) komplexiert ist. Fe^{3+} enthaltendes H. wird auch als *Hämin* bezeichnet. Die H.-Gruppen bedingen die rote Farbe der Hämoglobine, Myoglobine u. Cytochrome u. damit letztl. auch die rote Farbe des Blutes u. der Muskeln. ☐ Cytochrome.

Hämadsorption *w* [v. *häm-, lat. ad = zu, an, sorbere = saugen], Eigenschaft v. mit Orthomyxo- u. Paramyxoviren infizierten Zellen, Erythrocyten zu binden.

Hämagglutination *w* [v. *hämagglut-], ↗ Agglutination v. Erythrocyten; Eigenschaft verschiedener Viren, die als Bestandteil der Virushülle *Hämagglutinine* besitzen. Die H. erfolgt durch Anlagerung der Virus-Hämagglutinine an Rezeptoren der Erythrocytenmembran.

Hämagglutinationshemmungstest *m* [v. *hämagglut-], Abk. *HHT,* diagnost. Test zum Nachweis v. Antikörperbildung bei verschiedenen Virusinfektionen; beruht auf der Hemmung der ↗ Hämagglutination durch im Patientenserum vorhandene Antikörper.

Hämagglutinine [Mz.; v. *hämagglut-], die ↗ Hämagglutination bewirkende Antikörper. ↗ Agglutinine.

Hämalaun *s* [v. *häm-, lat. alumen = Alaun], ↗ Hämatoxylin-Eosin-Färbung.

Hämalbögen [v. *häm-], *Hämalrippen, Hämapophysen, chevron bones,* ventrale ↗ Rippen im Bereich der Schwanzwirbelsäule, unter der sie sich zum *Hämalkanal* schließen, in dem ein großes Blutgefäß verläuft. Bei Fischen sind ventrale Rippen an allen Wirbeln vorhanden. An den vorderen bilden sie einen unten offenen Bogen, an den Schwanzwirbeln sind sie Y-förmig verschmolzen u. bilden zus. mit der Wirbelsäule einen vollständig geschlossenen Kanal (Hämalkanal). Hier bezeichnet man die ventralen Rippen als H. Tetrapoden weisen H. nicht od. nur an den vorderen Schwanzwirbeln auf. Die Größe der H.

Hämalkanal

häm-, hämato-, hämo- [v. gr. haima, Gen. haimatos = Blut].

hamamel- [v. gr. hamamêlis = Baum- u. Strauchart mit eßbaren Früchten, vielleicht Mispel].

Hamamelididae
Wichtige Ordnungen:
↗ Buchenartige *(Fagales)*
↗ *Casuarinales*
↗ Gagelartige *(Myricales)*
Trochodendrales (↗ *Trochodendron*)
↗ Zaubernußartige *(Hamamelidales)*

Hämatoxylin

nimmt nach caudal ab, bis sie völlig fehlen. Ansonsten haben Tetrapoden keine ventralen Rippen.
Hämalkanal [v. *häm-], ↗ Hämalbögen.
Hämalrippen [v. *häm-], die ↗ Hämalbögen. [↗ Zaubernußgewächse.
Hamamelidaceae [Mz.; v. *hamamel-], die
Hamamelidales [Mz.; v. *hamamel-], die ↗ Zaubernußartigen.
Hamamelididae [Mz.; v. *hamamel-], *Amentiferae,* U.-Kl. der Zweikeimblättrigen Pflanzen mit 7 Ord. (vgl. Tab.); apetale, windbestäubte Kätzchenblütler mit wirtel. Blütengliedern; coenokarpe Fruchtknoten mit nur einer entwickelten Samenanlage, daher Nußfrüchte; Ölzellen fehlen im Ggs. zu den *Magnoliidae.*
Hamamelis *w* [v. *hamamel-], Gatt. der ↗ Zaubernußgewächse.
Hämapophysen [Mz.; v. *häm-, gr. apophysis = Auswuchs], die ↗ Hämalbögen.
Hämatein *s* [v. gr. haimatinos = blutig], ↗ Hämatoxylin-Eosin-Färbung.
Hämatin *s* [v. gr. haimatinos = blutig], ↗ Hämoglobin.
Hämatochrom *s* [v. *hämato-, gr. chrôma = Farbe], in Lipidtropfen gelöste carotinoidart. Pigmente; H. kommt bei einigen Grünalgen vor u. ist Ursache für die Rotfärbung einiger Arten (↗ Blutalgen, ↗ Blutregen) u. für viele ↗ Hypnozygoten.
Hämatocyten [Mz.; v. *hämato-, gr. kytos = Höhlung (heute: Zelle)], die ↗ Blutzellen.
hämatogen [v. *hämato-, gr. gennan = erzeugen], *hämogen,* vom Blut stammend, auf dem Blutweg transportiert bzw. eingeschleppt (z. B. Erreger); auch Bez. für blutbildend (hämatopoetisch).
Hämatokritwert [v. *hämato-, gr. kritēs = Beurteiler], *Hämatokrit, Hämokonzentration,* Bez. für den Anteil der zellulären Bestandteile (↗ Blutzellen) am Volumen des Bluts, ausgedrückt in Vol-%. Die Bestimmung erfolgt durch Zentrifugation einer ungerinnbar gemachten Blutprobe in einer Kapillare. Aus dem Verhältnis vom ↗ Blutserum u. den nach Zentrifugation dicht gepackten Zellen (überwiegend Erythrocyten) läßt sich der H. bestimmen. ⊤ Blut.
Hämatologie *w* [v. *hämato-], Lehre vom Blut u. seinen Erkrankungen.
Hämatopoese *w* [v. *hämato-, gr. poiēsis = Schaffung], die ↗ Blutbildung.
Hämatotoxine [Mz.; v. *hämato-, gr. toxikon = (Pfeil-)Gift], die ↗ Blutgifte.
Hämatoxylin *s* [v. *hämato-, gr. xylon = Holz], *Hydroxybrasilin,* aus dem Blauholz gewonnene Substanz, die v. a. zur mikroskopischen Gewebefärbung (↗ *H.-Eosin-Färbung),* als Indikator (pH-Bereich 5,0 gelb bis 6,4 violett) u. zur kolorimetr. Bestimmung v. Aluminium in Böden Verwendung findet.

Hämatoxylin-Eosin-Färbung [v. *hämato-, gr. xylon = Holz, gr. eōs = Morgenrot], Abk. *H. E.-Färbung,* Färbeverfahren für mikroskop. Präparate bes. tier. Gewebe (↗ mikroskopische Präparationstechniken). ↗ *Hämatoxylin,* ein farbloser Inhaltsstoff des mexikan. Blauholzbaums *(Haematoxylon campechianum),* färbt sich im Licht rot u. wird an der Luft zum stark sauren, braunroten *Hämatein* oxidiert, das in wäß. Lösung mit Metallionen (z. B. als Eisenhämatoxylin, Hämalaun) stark basische Chelate v. tief blauvioletter Farbe bildet. Diese werden v. sauren Zellstrukturen (DNA, RNA) begierig gebunden u. färben diese selektiv an. ↗ *Eosin* dagegen, ein saurer, gelbroter Xanthinfarbstoff, wird in Zellen v. den mehr basischen Plasmaproteinen gebunden u. erzeugt im mikroskop. Zellbild einen guten Farbkontrast zw. basophilen (Kern, ↗ Ergastoplasma) u. acidophilen (Zellplasma) Zellstrukturen. ↗ Eisenhämatoxylinfärbung.
Hamatum *s* [v. lat. hamatus = hakenförmig gekrümmt], *Os hamatum,* das ↗ Hakenbein.
Häm-Coenzyme [Mz.; v. *häm-], die als ↗ Coenzyme wirksamen Häm-Gruppen der ↗ Cytochrome.
Hämerythrin *s* [v. *häm-, gr. erythros = rot], *Hämoerythrin,* der eisenhalt. Blutfarbstoff verschiedener Wirbelloser; enthält etwa 3mal so viel Eisen wie ↗ Hämoglobin; relative Molekülmasse ca. 108000. ↗ Atmungspigmente.
Hämiglobin *s* [v. *häm-, lat. globus = Kugel], ↗ Hämoglobine.
Hämin *s* [v. *häm-], ↗ Häm.
Haminaea *w* [v. lat. haminaeus = hakenartig], *Haminea,* Gatt. der Kopfschildschnecken *(Fam. Atyidae),* marine Hinterkiemer mit dünnwand., eiförm. Gehäuse mit eingesenktem Gewinde; Lappen des Kopfschilds und des Fußes bedecken das Gehäuse. *H. hydatis* (Gehäuse ca. 11 mm hoch) ist braungrün mit tiefbraunen Flecken; in O-Atlantik u. Mittelmeer.
Hamingia *w,* Gatt. der ↗ *Echiurida* mit ausgeprägtem Sexualdimorphismus (↗ Bonellia).
Hamites *m* [v. lat. hamus = Haken], (Parkinson 1811), heteromorphe Ammoniten-Gatt. mit dreifach hakenförmig gekrümmtem Gehäuse. Verbreitung: Unterkreide.
Hammel, *Schöps,* männl. Hausschaf, das im Alter von ca. 4 Wochen kastriert wurde; *Leit-H.,* der unverschnittene Bock als Leittier der Schafherde.
Hammer, *Malleus,* mit dem Trommelfell verwachsenes ↗ Gehörknöchelchen (☐) im Mittelohr der Säugetiere.
Hammerhaie, *Sphyrnidae,* Fam. der Echten Haie mit etwa 10 Arten; mit abgeflach-

tem, hammerart. verbreitertem Kopf, an dessen Seiten sich die Augen u. Nasenöffnungen befinden; bis auf den bizarren Kopf ähneln sie sonst Blauhaien; vorwiegend in warmen Meeren verbreitet. In allen trop. u. gemäßigten Meeren ist der bis 4,3 m lange, auch Menschen angreifende Glatte H. (*Sphyrna zygaena*, B Fische VII) beheimatet; jagt v. a. Fische.
Hammerkopf, 1) *Hypsignathus monstrosus*, ↗ Flughunde. **2)** *Scopus umbretta*, ↗ Schattenvögel.
Hammermuscheln, *Malleidae*, Fam. der Perlmuscheln mit unregelmäß. Schale; die 15 Arten leben in trop. Meeren u. werden den Gatt. *Malleus* u. *Vulsella* zugeordnet. Die Schwarzen H. *(M. malleus)* haben einen nach vorn u. hinten verlängerten Scharnierrand, an dem der Klappenteil schräg ansetzt; bis 25 cm lang; kommen im Flachwasser des Indopazifik vor.
Hämoblasten [Mz.; v. *hämo-, gr. blastos = Keim], *Hämatoblasten, Häm(at)ocytoblasten*, Überbegriff für unreife Vorstufen der ↗ Blutbildung.
Hämoblastosen [Mz.; v. *hämo-, gr. blastos = Keim], Überbegriff für bösartige Entartung unreifer Knochenmarkszellen; ↗ Leukämien.
Hämochromatose *w* [v. *hämo-, gr. chrōma = Farbe], *Eisenspeicherkrankheit*, krankhafte Ablagerung v. eisenhalt. Pigment, bes. in Leber, Magen, Bauchspeicheldrüse, Herz. Mögl. Ursachen: angeborene Stoffwechselstörung, die zu übermäßiger Eisenresorption führt, tox. Einflüsse; auch bei Patienten, die jahrelang Bluttransfusionen benötigen; führt zur Schädigung der Organe, insbes. Leberzirrhose. Therapie u. a. mit eisenbindenden Mitteln.

häm-, hämato-, hämo- [v. gr. haima, Gen. haimatos = Blut].

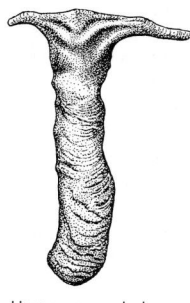

Hammermuschel

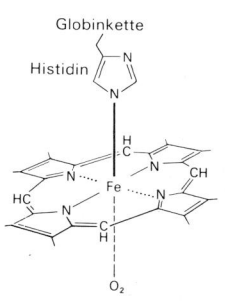

Hämoglobine
Anordnung und O_2-Bindung der Häm-Gruppe im Hämoglobin

Hämocyanin *s* [v. *hämo-, gr. kyanos = blaue Farbe], blaues respirator. Pigment verschiedener Wirbelloser (↗ Atmungspigmente), das ausschl. in kolloidaler Form im Blut gelöst vorkommt. H.e der Kopffüßer gehören mit einer relativen Molekülmasse von 7 Mill. zu den größten natürl. vorkommenden Molekülen.
hämogen [v. *hämo-, gr. gennan = erzeugen], ↗ hämatogen.
Hämogenase *w* [v. *hämo-, gr. gennan = erzeugen], der ↗ Intrinsic factor; ↗ Cobalamin.
Hämoglobinämie *w* [v. ↗ Hämoglobine, gr. haima = Blut], Auftreten v. freiem Hämoglobin im Blut nach ↗ Hämolyse.
Hämoglobine [Mz.; v. *hämo-, lat. globus = Kugel], Abk. *Hb* (auch für Ez. *Hämoglobin*), die *roten Blutfarbstoffe* (↗ Atmungspigmente) in den ↗ Erythrocyten des Menschen u. der Wirbeltiere, treten bei vielen Wirbellosen (z. B. Zuckmücken, Daphnien u. a.) frei in der Hämolymphe auf. Chem. sind Hb Chromoproteine, die aus 4, je 2 ident. Globin-Untereinheiten (T 166), u. 4 eisenhaltigen, farbgebenden prosthet. *Häm*-Gruppen aufgebaut sind. Hb dient vorwiegend dem Sauerstofftransport im Organismus: bei hohem O_2-Partialdruck (in der Lunge) wird O_2 an die zweiwert. Eisenatome (Fe^{2+}) der Häm-Gruppen angelagert, wodurch Hb in *Oxy-Hb* (Hb·O_2) übergeht; bei niedrigem O_2-Partialdruck (im Gewebe) gibt Oxy-Hb wieder O_2 ab (*Desoxy-Hb*, ☐ Blutgase). Fester als O_2 bindet Hb Kohlenmonoxid zu *Kohlenmonoxid-Hb* (Hb·CO); dadurch fällt bei Ggw. von CO viel Hb für den O_2-Transport aus (Ersticken durch Kohlenmonoxidvergiftung, ↗ Atemgifte). Oxidierende ↗ Blutgifte,

---

Konformative Umlagerung bei der Sauerstoffbeladung des Hämoglobins

In dieser Darstellung ist das Häm-Ringsystem in Kantenansicht zus. mit dem C-terminalen Teil einer α-Globin-Untereinheit (α-Helix-Bereiche F, G u. H) schemat. wiedergegeben. Bei der Sauerstoffbeladung bewegt sich das Eisenatom Fe um 0,075 nm in die Häm-Ebene hinein u. zieht über das fest verbundene Histidinmolekül 89 die α-Helix F des Globin-Anteils hinter sich her. Durch die drehende Bewegung der α-Helix F wird die α-Helix G an diese u. an das Häm herangezogen; sie verdrängt dort die Seitengruppe des Tyrosins 140. Deren Bewegung überträgt sich auf das benachbarte, C-terminale Arginin 141 u. bewirkt eine Verschiebung dieses doppelten Ladungsträgers über eine weite Strecke: die vierersymmetr. Korbstruktur, die sich durch Wechselwirkung der 4 C-terminalen Bereiche der 4 Globinuntereinheiten (im Schema nicht gezeigt) ausbildet, wird durch die konformative Umlagerung der einzelnen C-Termini schrittweise aufgebrochen; dabei erfordert die Umlagerung der ersten C-terminalen Region, d. h. die Anlagerung des ersten Sauerstoffmoleküls, den höchsten Energieaufwand, während die weiteren Umlagerungen bzw. Sauerstoffbindungen immer leichter bis hin zum Sauerstoff-gesättigten H. erfolgen, der eine neue stabilisierende Korbstruktur der 4 N-terminalen Bereiche aufweist. Diese Kooperativität der Sauerstoffanlagerung kommt in der sigmoiden Form der Sauerstoffsättigungskurve (☐ Bohr-Effekt, B 167) zum Ausdruck bzw. ist der eigentl. Ursache. H. zeigt mit den v. einzelnen Bindestellen ausgehenden Fernwirkungen auf andere Bereiche der makromolekularen Struktur die typ. Eigenschaften eines alloster. Proteins (↗ Allosterie) in bes. Klarheit, weshalb H. als klass. Modell zum Verständnis der Wirkungsweise allosterisch regulierter Proteine, darunter auch der Enzymproteine, dient.

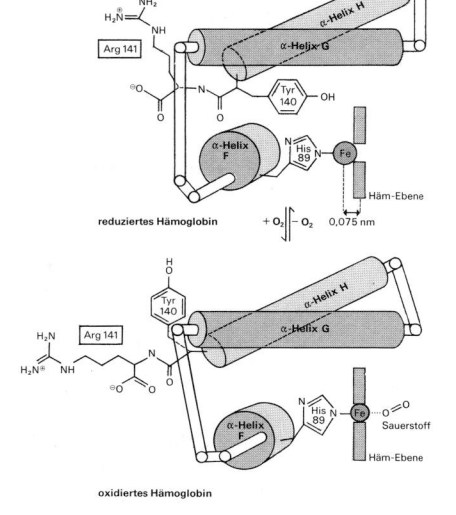

reduziertes Hämoglobin + O_2/- O_2 0,075 nm

oxidiertes Hämoglobin

Hämoglobinopathien

wie nitrose Gase, Chlorate u. a., führen das Fe^{2+} des Häms leicht in Fe^{3+} über; Häm wird so zu *Hämatin* (dessen Chlorid, das *Hämin,* als *Teichmannsche Kristalle* ein gutes Erkennungsmittel für Blut ist) und Hb zu *Met-Hb* od. *Hämiglobin,* das ebenfalls kein O_2 binden kann. Freies Hb, Oxy-Hb, Met-Hb und Hb·CO absorbieren Licht unterschiedl. Wellenlänge u. können daher über ihre Absorptionsspektren unterschieden werden. Auch im Organismus bietet die „Proteintasche" für die Häm-Gruppen keinen hundertprozent. Oxidationsschutz. Ein erhebl. Teil der Stoffwechselleistungen der Erythrocyten besteht darin, ständig Met-Hb wieder zu Hb zu reduzieren. In verschiedenen Entwicklungsstadien eines Organismus bilden sich häufig spezifische Hb, wie z. B. die embryonalen u. fetalen Hb (↗*Embryonal-H.,* ↗*Fetal-H.),* die im Laufe der Entwicklung zum adulten Organismus durch die Adult-Hb (↗ *Adult-H.,* ↗ *Adultneben-H.)* ersetzt werden. Fetales Hb kann O_2 schon bei geringerem O_2-Partialdruck binden u. stellt damit eine Anpassungsform an den in der Placenta herrschenden geringeren O_2-Partialdruck dar. Auch das Hb der Kaulquappe ist gegenüber dem Hb des Frosches dem geringeren O_2-Partialdruck seiner natürl. Umgebung angepaßt. Die Aminosäuresequenzen der Globin-Komponenten zahlr. Hb sind analysiert worden. Ihr Vergleich hat zur Aufstellung eines Hb-Stammbaums der Wirbeltiere sowie zum Postulat eines Ur-Globins geführt. Die Sequenzvergleiche konnten neuerdings auf die Nucleotidsequenzen der Globingene ausgedehnt werden. Der erbl. bedingte Austausch einzelner Aminosäuren der Globinkomponenten führt häufig zu Hb von mehr od. weniger defekter Funktionsfähigkeit, was die Ursache bestimmter Erbkrankheiten (↗Hämoglobinopathien), wie z. B. der ↗Sichelzellenanämie u. der ↗Thalassämien, ist. ↗Bohr-Effekt (☐), ⊤ Blut. ⊞ 167. *H. K.*

Hämoglobinopathien [Mz.; v. ↗Hämoglobine, gr. pathos = Leiden], *Hämoglobinosen,* Erkrankungen des Blutes, die durch genet. determinierte Störungen des Globinanteils des Hämoglobins verursacht sind. Meist liegt eine Störung der Aminosäuresequenz der Polypeptidketten zugrunde, die zu einer verkürzten Lebensdauer (↗Hämolyse) der ↗Erythrocyten führt. Durch biochem. Analysen ließ sich eine Vielzahl v. Subtypen unterscheiden, wobei oft nur eine Aminosäure ausgetauscht ist, z. B. bei der ↗Sichelzellenanämie. Weitere Formen der H. bestehen in einem Fortbestehen des fetalen Hämoglobins (HbF). Neben schweren tödl. verlaufenden Formen und H., die mit schweren

---

häm-, hämato-, hämo- [v. gr. haima, Gen. haimatos = Blut].

Hämoglobine
Nomenklatur u. Aufbau der verschiedenen menschl. Hämoglobine
↗ Adulthämoglobin (HbA): $\alpha_2\beta_2$
↗ Adultnebenhämoglobin (HbA$_2$): $\alpha_2\delta_2$
↗ Fetalhämoglobin (HbF): $\alpha_2\gamma_2$
↗ Embryonalhämoglobin (HbP, Hb Gowers II): $\alpha_2\epsilon_2$
Embryonalhämoglobin (HbP, Hb Gowers I): ϵ_4

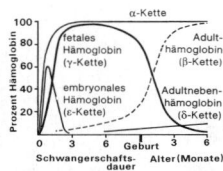

Hämoglobine
Bildung der Polypeptidketten der verschiedenen H. während der Individualentwicklung des Menschen. Die α-Ketten sind in allen H.n enthalten.

---

hämolyt. Krisen einhergehen, gibt es symptomfreie Varianten, die erst bei Infektionen od. durch bestimmte Medikamente klin. auffällig werden.

Hämolymphe *w* [v. *hämo-, lat. lympha = Wasser], die aus ↗Blut u. ↗Lymphe bestehende Leibeshöhlenflüssigkeit der Tiere (speziell Mollusken u. Arthropoden) mit offenem ↗Blutkreislauf (☐); erfüllt einheitl. Hämocoel u. interzelluläre ↗Flüssigkeitsräume.

Hämolyse *w* [v. *hämo-, gr. lysis = Auflösung], *Erythrolyse, Erythrocytolyse, Blutzerfall,* Verkürzung der normalen Lebensdauer der ↗Erythrocyten; Symptome sind dunkler Urin, ↗Ikterus, Blutarmut (↗Anämie), Hautjucken. H.-Formen vgl. Tab.

hämolysierende Bakterien [v. *hämo-, gr. lyein = lösen], *hämolytische Bakterien,* Bakterien, die durch Bildung bestimmter Toxine *(Hämolysine)* die Zellmembran v. Erythrocyten schädigen, so daß es zum Austritt des Hämoglobins kommt *(bakterielle Hämolyse).* Nach ihrem Hämolysevermögen im Blutagar lassen sich h. B. in verschiedene Typen unterteilen. Bei den Streptokokken werden (nach Schottmüller, 1903) 3 Formen unterschieden: 1. *vergrünende Streptokokken,* Streptokokken, die einen grünl. Hof um die Kolonie bilden, da das Hämoglobin im wesentl. durch Freisetzen v. H_2O_2 zu Met-Hämoglobin umgewandelt wird *(α-Hämolyse).* 2. *(β-)hämolysierende Streptokokken,* lösen die Erythrocytenmembran vollständig auf u. bauen das Hämoglobin ab, so daß sich klare, durchsicht. Höfe um die Bakterienkolonie bilden *(β-Hämolyse).* 3. *Nicht-hämolysierende Streptokokken,* ohne Hämolysine: *(γ-Hämolyse).* – Diese zur Bestimmung der krankheitserregenden Kokken wicht. Unterteilung ist analog auch für andere Mikroorganismen anwendbar.

Hämolyse
Formen der H. sind:
1) toxische H., durch Schädigungen durch Gifte, z. B. Benzol, Phenol, Anilin, Blei, Schlangengifte, Knollenblätterpilz, Medikamente;
2) im Rahmen schwer verlaufender bakterieller od. parasitolog. Infekte, z. B. Sepsis, Malaria, Gasbrand, Bartonellosen;
3) mechan. z. B. bei Herzklappenfehlern;
4) bei schweren Verbrennungen;
5) korpuskuläre H. als Folge angeborener od. erworbener Schäden der Erythrocyten, z. B. Sphärocytose, paroxysmale nächtl. Hämoglobinurie, Elliptocytose, Acanthocytose;
6) Hämoglobinopathien;
7) Störungen des Erythrocytenstoffwechsels (enzymopenische H.), am häufigsten durch genet. bedingte Defekte der Glucose-6-phosphat-Dehydrogenase, aber prakt. durch Defekte jedes Enzyms des Erythrocytenstoffwechsels möglich;
8) Porphyrien, erbl. Störung der Hämoglobinsynthese;
9) serogene immunhämolyt. H. durch Autoantikörper, z. B., Wärme- u. Kälteagglutinine, Kältehämolysine, Isoantikörper; hierbei sind die Erythrocyten normal; die Antikörper entstehen im Gefolge v. Autoimmunkrankheiten od. als Begleitphänomene von z. B. Lues, Leukämien, Lymphomen u. v. a., oft auch durch Medikamente ausgelöst;
10) als Folge v. Transfusionszwischenfällen, wenn Blut einer fremden, nicht kompatiblen Blutgruppe übertragen wird;
11) bei Favismus;
12) eine Sonderform ist der Morbus haemolyticus neonatorum als Folge einer Rhesus-Inkompatibilität bei Mutter u. Kind.

HÄMOGLOBIN – MYOGLOBIN

Struktur und Sauerstoffaffinität von Hämoglobinen

Hämoglobin ist aus 4 Globinketten mit je einer Häm-Gruppe aufgebaut, deren Kooperativität bei der Sauerstoffbindung die sigmoide Form der Sauerstoffsättigungskurve bedingt (Abb. unten). Im Gegensatz dazu besteht das sauerstoffbindende Protein des Muskels, das *Myoglobin*, aus nur einer Peptidkette und einer Häm-Gruppe, weshalb die Sauerstoffsättigungskurve einer normalen Absorptionskurve entspricht. Myoglobin zeigt größere Affinität zu Sauerstoff, was durch Halbsättigung bei geringerem Sauerstoffpartialdruck erkennbar ist. Die höhere Affinität des Myoglobins ist die treibende Kraft für den Sauerstofftransport vom Hämoglobin des Blutes zum Myoglobin des Muskelgewebes.

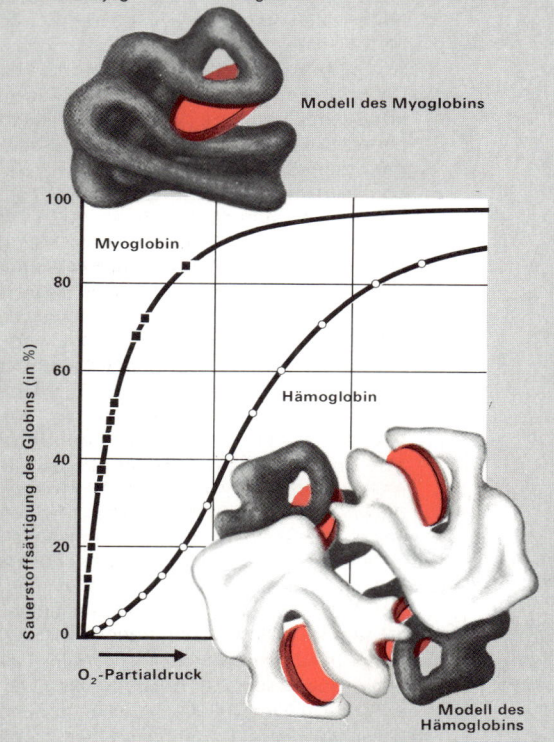

Verschiedene Entwicklungsstadien eines Tieres besitzen oft Sauerstoffakzeptoren mit unterschiedl. Bindungsaffinität

Während der Metamorphose von der *Kaulquappe* zum *Frosch* verändert sich das Hämoglobinmuster (Abb. unten): das Hämoglobin der Kaulquappe ist dem Wasserleben bei niedrigem Sauerstoffpartialdruck, das des Frosches dem Landleben und der Luftatmung angepaßt. Das Kaulquappenhämoglobin zeigt eine schnellere Wanderung im elektrischen Feld bei der Elektrophorese, besitzt also eine größere Zahl negativ geladener, saurer Aminosäuregruppen als das Hämoglobin des erwachsenen Frosches.

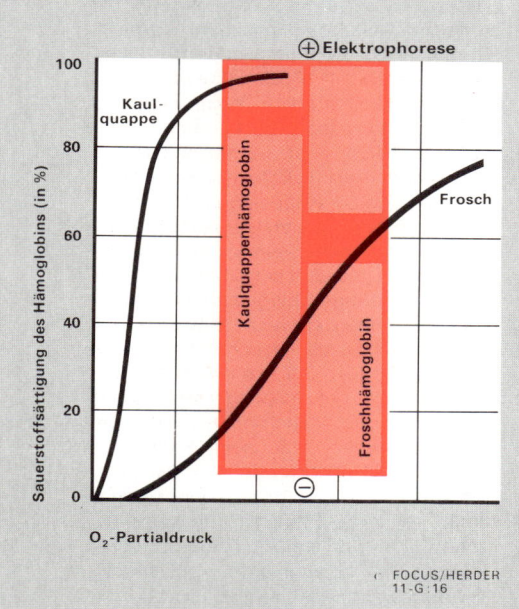

hämophile Bakterien [v. *hämo-, gr. philos = Freund], Bakterien, die für ihr Wachstum Komponenten des Blutes benötigen, z.B. den Faktor X (= Hämatin) od. Faktor Y (= NAD), u. deren Nährböden daher einen Blutzusatz erfordern (↗ Blutagar); wichtige h. B.: ↗ *Haemophilus*, ↗ *Bordetella*.

Hämophilie *w* [v. *hämo-, gr. philia = Freundschaft], die ↗ Bluterkrankheit.

Hämoproteine [Mz.; v. *hämo-, gr. prōtos = erster], *Häm-Eisenproteine*, veraltete Bez. *Hämoproteide*, Sammelbez. für Proteine wie Hämoglobine, Myoglobine, Cytochrome, Katalase u. Peroxidase, die ↗ Häm als prosthet. Gruppe enthalten.

Hämosiderin *s* [v. *hämo-, gr. sidēros = Eisen], ein bes. in der Leber vorkommendes Eisenspeicherprotein, das bis zu 35 Gewichtsprozent Eisen enthält. Bei Erkrankungen mit erhöhtem Blutzerfall od.

Wichtige hämolysierende Bakterien

Viele *Streptococcus*-Arten
Staphylococcus aureus
Clostridium perfringens
Vibrio parahaemolyticus
Listeria monocytogenes

hämophile Bakterien

Humanmedizinisch wichtige hämophile Bakterien:
Haemophilus influenzae
H. ducreyi
Bordetella pertussis

gesteigerter Eisenresorption ist die Ablagerung von H. in der Leber, z.T. auch in der Milz, stark erhöht; auch in Blutergüssen ist H. angereichert. ↗ Eisen, ↗ Eisenstoffwechsel.

Hamster, zu den Wühlern (Fam. *Cricetidae*) zählende Nagetiere. 1) Afrikan. H., *Mystromys* (2 Arten: *M. albicaudatus, M. longicaudatus*; Kopfrumpflänge 14–18 cm; keine Backentaschen) leben in afr. Savannen u. Halbwüsten u. ernähren sich v. grünen Pflanzenteilen. 2) *Cricetini*, 7 Gatt. v. Mitteleuropa bis Asien; meist ↗ Backentaschen (☐) als Nahrungsspeicher. Der eurasiat. H. od. Feld-H. (*Cricetus cricetus*; Kopfrumpflänge ca. 25 cm, B Europa XIX), ein Dämmerungstier, bevorzugt trockene Standorte (Steppen, Felder) u. ernährt sich v. Feldfrüchten (v.a. Getreide); in der Vorratskammer seines Erdbaues sammelt („hamstert") er Nahrung für die Winterruhe; nach der ↗Roten Liste „gefährdet". Die oft als Haus- od. wiss. Versuchstiere gehaltenen syrischen Gold-H. (*Mesocricetus auratus*, B Mediterranregion IV) sind alle Nachkommen eines 1930 in N-Syrien ausgegrabenen Wurfs. Nur 8–13 cm lang werden die osteur.-asiat. Zwerg-H. (Gatt. *Cricetulus*). □ Aggression.

Hamsterratten, *Cricetomyinae,* in Aussehen (z. B. Backentaschen) u. Lebensweise (z. B. Sammeln v. Nahrungsvorräten) Hamster-ähnl. Nagetiere des trop. Afrika; systemat. Stellung (Mäuse od. Wühler?) umstritten. 3 Gatt. mit 5 Arten: Riesen-H. (Gatt. *Cricetomys:* Kopfrumpflänge 29 bis 42 cm, Schwanzlänge 30–48 cm), Kleine H. (Gatt. *Beamys:* Kopfrumpflänge 12–19 cm, Schwanzlänge 11–16 cm), Kurzschwanz-H. (Gatt. *Saccostomus*: Kopfrumpflänge 11–17 cm, Schwanzlänge 4–8 cm).

Hamulus *m* [lat., = kleiner Haken], **1)** Flügelhäkchen, Frenalhäkchen, Teil einer Bindevorrichtung zur Koppelung v. Vorder- u. Hinterflügel bei Insekten (↗Insektenflügel). Hamuli sind Häkchen am Vorderrand des Hinterflügels, die sich in Kerben od. hinter den unten umgeschlagenen Hinterrand des Vorderflügels einhaken (z. B. bei Hautflüglern, Blattläusen, manchen Wanzen u. Zikaden). **2)** Bez. für die ↗Sprunggabel (*Retinaculum*) der ↗Springschwänze. **3)** anatom. Bez. für hakenförm. Fortsätze bei einigen Knochen, z. B. beim Hakenbein des menschl. Handgelenks. [wächse.

Hancornia *w*, Gattung der ↗Hundsgiftge-

Hand, *Manus,* bei Primaten terminaler Abschnitt (↗Autopodium) der Vorderextremität, deren Hauptfunktion nicht (mehr) die Fortbewegung ist. 1) allg.: Die Bez. H. (i. e. S.) wird nur verwendet, wenn eine ↗Greif-H. gemeint ist. Hierbei ist der 1. Finger opponierbar (gegenüberstellbar). Eine echte H. im Sinne v. Greif-H. ist nur bei höheren Säugern, speziell den baumlebenden Primaten u. dem Menschen, ausgebildet. Deren H. kann Gegenstände umgreifen od. zw. dem opponierbaren Finger u. den anderen Fingern festhalten. Die Finger sind lang, schlank, weitgehend einzeln bewegl. u. reich innerviert (↗Fingerbeere). So ermöglichen Eidonomie u. Anatomie einen vielfält. Einsatz der H. Sie wird bei der Fortbewegung am Boden benutzt, dient aber häufiger zum Klettern od. Hangeln. Wesentl. ist v. a. ihr Einsatz als Greif- u. Tastorgan beim Nahrungserwerb, bei sozialem Körperkontakt (Kraulen), als Kommunikationsorgan (Gestikulieren), als Organ des Werkzeuggebrauchs u. der Werkzeugherstellung usw. Es gilt als sicher, daß die Entwicklung der H. (u. damit völlig neuer *Handlungs*möglichkeiten) u. die Gehirnentwicklung bei Primaten eng miteinander

Feld-Hamster (Cricetus cricetus)

Hand
Handwurzelknochen des Menschen:
(Urspr. Bauplan bei Tetrapoden: ↗Extremitäten)
Die Handwurzel (*Carpus*) des Menschen weist 7 echte Handwurzelknochen (*Carpalia*) auf. Die proximale Reihe besteht aus:
 Kahnbein (Os scaphoideum)
 Mondbein (Os lunatum)
 Dreiecksbein (Os triquetrum)
Die distale Reihe besteht aus:
 Großes Vieleckbein (Os trapezium)
 Kleines Vieleckbein (Os trapezoideum)
 Kopfbein (Os capitatum)
 Hakenbein (Os hamatum)
Von der urspr. vorhandenen mittleren Reihe der Carpalia (Centralia) ist beim Menschen nur das Kopfbein erhalten, das in die distale Reihe integriert ist. Regelmäßig liegt ein ↗Erbsenbein (Os pisiforme) auf dem ↗Dreiecksbein.

verknüpft sind. – Eine scharfe Trennung von H. gegen „Nicht-H." ist problematisch. Unter den Marsupialiern ist eine Art Greif-H. beim Koala ausgebildet, der den 1. und 2. Finger opponieren kann. – Daumenlose Klammeraffen u. Schlankaffen können nicht nur im Geäst hangeln, sondern auch Gegenstände umfassen, aufheben od. Wasser schöpfen. Da ein opponierbarer Finger fehlt, ist dies keine Greif-H. (H. i. e. S.), wohl aber aufgrund Eidonomie, Anatomie u. Verhaltensrepertoire eine H. i. w. S. (Haken-H.). – Viele andere Säugerarten benutzen ihre Vorderextremitäten ebenfalls nicht nur zur Fortbewegung, sondern zum Aufheben u. Festhalten v. Gegenständen, meist im Zshg. mit dem Nahrungserwerb (z. B. Ratten, Hamster, Hörnchenartige, Präriehunde, Känguruhs). Ugs. wird auch hier gelegentl. der Begriff H. verwendet, was aber vermieden werden sollte. – Unter den Nichtsäugern haben die ↗Chamäleons eine der Greif-H. analog ausgebildete Vorderextremität. – **2)** Die *menschl. H.* stimmt im Aufbau noch weitgehend mit dem für Tetrapoden typ. Grundbauplan (↗Extremitäten) überein, ist also ein relativ unspezialisiertes Organ. Sie weist in der *H.wurzel (Carpus)* 7 *H.wurzelknochen (Carpalia)* auf, die in zwei Reihen angeordnet sind. Individuell verschieden treten ein bis mehrere ↗Erbsenbeine hinzu. Die H.wurzelknochen bilden mit den Unterarmknochen das *H.wurzelgelenk (H.gelenk).* Dabei wirkt die proximale Reihe der H.wurzelknochen wie eine einheitl. Gelenkscheibe (Discus articularis, ↗Diskus, ↗Gelenk), die in einen großen Gelenkspalt zw. Unterarmknochen u. distale H.wurzelknochen eingeschoben ist. Über u. unter den proximalen H.wurzelknochen bleibt je ein schmaler Gelenkspalt, so daß funktionell ein zweispalt. H.wurzelgelenk gebildet wird. Es ermöglicht Beugung u. Streckung sowie begrenzte Seitwärtsbewegung der H. Eine Drehung (H.rücken nach unten) wird durch Unterarmdrehung (Speiche dreht um die Elle) u. Mitführung der H. erreicht, da die H.wurzel nur mit der Speiche gelenkig verbunden ist. Von den distalen H.wurzelknochen tragen die 3 auf der Daumenseite je 1, der auf der Kleinfingerseite 2 *Mittelhandknochen (Metacarpalia).* Diese tragen jeweils die *Fingerknochen (Phalangen),* wobei Fingerstrahl I (Daumen) aus 2 Phalangen besteht, Strahl II–V jeweils aus 3 Phalangen (Phalangenformel: 2 3 3 3 3). Sie weisen untereinander Scharniergelenke auf, zu den Mittelhandknochen aber Kugelgelenke. – Die Fingerbewegungen werden durch Muskeln am Unterarm gesteuert. In den H.bereich ziehen nur deren Sehnen, die an den Knochen ansetzen. Die Finger II–V haben einen gemeinsamen Streckmuskel. Da nur die Finger II und V auch noch einen eigenen Strecker haben, können nur sie (u. der Daumen) einzeln gestreckt werden, ohne einen anderen Finger „mitzunehmen". Die Sehnen der Fingerbeugemuskulatur verlaufen an der Innenseite des Unterarms in elast. Gleithüllen *(Sehnenscheiden).* A. K.

Händelwurz, *Handwurz, Gymnadenia,* Gatt. der Orchideen mit ca. 10 Arten, davon 2 in Mitteleuropa; beide zeichnen sich durch einen schmalen Blütenstand aus; die rötl.-violetten Blüten besitzen einen langen, fadenförm. Sporn, die Knollen sind handförmig geteilt. Die Mücken-H. *(G. conopsea = G. conopea)* gilt als recht verbreiteter Wechselfrischezeiger, während die Wohlriechende H. *(G. odoratissima)* als Art der präalpinen Erico-Pinetea in der ↗ Roten Liste als „gefährdet" geführt wird.

Handflügel, Teil des ↗ Vogelflügels, der der Hand entspricht; an den Handknochen sitzen ↗ Handschwingen, Handdecken u. der ↗ Daumenfittich.

Handflügler, die ↗ Fledertiere.

Handfurchen, die ↗ Handlinien.

Handgelenk, *Handwurzelgelenk,* ↗ Hand; □ Gelenk.

Händigkeit, 1) Bez. für die Bevorzugung der rechten *(Rechts-H.)* od. linken Hand *(Links-H.)* als Schreib- od. Greifhand; vermutl. angeboren, kann aber durch Übung geändert werden. **2)** *Chiralität,* ↗ optische Aktivität.

Handlinien, *Handfurchen,* gröbere Furchen der Handfläche, im Unterschied zum Feinrelief der ↗ Hautleisten. Die H. sind angeborene, dauernd vorhandene *Bildungsfurchen.* Dagegen entstehen *Beugefurchen* durch wiederholte gleichart. Bewegungen, z. B. durch die Haut im Gelenkbereich. Bei Nichtgebrauch des Gelenks verschwinden die Beugefurchen. Analoge Bildungen zu den H. weist die Fußsohle

Handlung, die ↗ Aktion. [auf.

Handlungsbereitschaft ↗ Bereitschaft.

Handschwingen, *Remiges primariae,* Schwungfedern am Handteil des ↗ Vogelflügels; bei den meisten Arten 10 Federn, wobei häufig die 10. Feder kürzer u. sogar funktionslos ist (viele Singvögel, Spechte u. a.); Honiganzeiger *(Indicatoridae)* besitzen 9 H., Störche, Flamingos u. Lappentaucher 11 H. Die Längenverteilung der H. ergibt bei den verschiedenen Vogelgruppen eine charakterist. Flügelform mit unterschiedl. aerodynam. Eigenschaften (↗ Flugmechanik, □ Flugbild). Bei Vögeln, die alle Schwungfedern gleichzeitig mausern (z. B. Enten), wachsen die H. sehr rasch nach, so daß die Flugfähigkeit bereits nach 3–4 Wochen wieder erreicht ist.

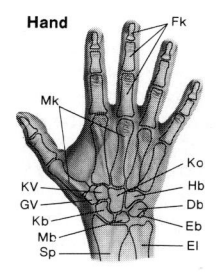

Hand

Skelett der Hand. Db Dreiecksbein, Eb Erbsenbein, El Elle, Fk Fingerknochen, GV Großes Vieleckbein, Hb Hakenbein, Kb Kahnbein, Ko Kopfbein, KV Kleines Vieleckbein, Mb Mondbein, Mk Mittelhandknochen, Sp Speiche

Hanf
Oben ♂, unten ♀
Pflanze

Handstück, meist mit dem Hammer formatisierte Gesteinsprobe v. handl. Format, etwa 8 × 12 cm.

Handtier, das ↗ Chirotherium.

Handwühlen, *Bipes,* Gatt. der ↗ Doppelschleichen. [↗ Extremitäten.

Handwurzelknochen, *Carpalia,* ↗ Hand,

Hanf, *Cannabis,* Gatt. der Maulbeergewächse mit der einzigen, aus Zentralasien stammenden, heute über alle gemäßigten u. subtrop. Regionen der Erde verbreiteten Art Gewöhnlicher H., *C. sativa* (B Kulturpflanzen XII). Einjähr., stark verzweigte, bis 4 m hohe, diözische Pflanze mit handförm. gefingerten Laubblättern (aus meist 5–7 lanzettl., grob gesägten Blättchen) u. unscheinbaren, grünl. Blüten. Letztere in lockeren, rispenartigen Gesamtblütenständen (♂) od. jeweils v. einem Vorblatt umhüllt in beblätterten Scheinähren (♀). Die Frucht ist eine einsamige Nuß. Alle oberird. Teile der Pflanze (bes. der obere Teil des Stengels, die oberen Blätter u. die Deckblätter) sind mit Harzdrüsen u. Haaren besetzt. H. ist bereits aus der Antike bekannte Kulturpflanze, die insbes. ihrer Samen u. ihres Harzes wegen in einer Reihe verschiedener Varietäten angebaut wird (vgl. Spaltentext).

Hänflinge, *Acanthis,* kleine bräunl. ↗ Finken (B), 13–15 cm groß, meist mit rötl. Gefiederpartien; außerhalb der Brutzeit gesellig. Der Hänfling *(A. cannabina,* B Europa XI, B Vogeleier I) gehört zu den häufigsten Finken; Männchen im Brutkleid mit rotem Scheitel u. roter Brust, im Winter ähnl. Weibchen braun gestreift; bewohnt buschreiches u. locker mit Bäumen bestandenes Gelände, häufig auch Weinberge. Der gelbschnäbl., in Skandinavien u. SW-Asien heim. Berghänfling *(A. flavirostris)* besucht winters in Schwärmen auch die mitteleur. Küsten, seltener das Binnenland. In der Strauch-

Hanf

Die 5–55 mm langen Bastfasern des Stengels der H.pflanze *(Cannabis sativa)* bestehen im wesentl. aus Cellulose u. werden ähnl. wie Jutefasern (↗ *Corchorus)* durch Rösten u. anschließendes Brechen der nach der Ernte entblätterten u. leicht getrockneten Sproßachse gewonnen. Ihre hohe Festigkeit, Dauerhaftigkeit u. Wasserbeständigkeit machen sie bes. geeignet zur Herstellung v. Tauwerk u. Säcken. Hauptanbaugebiete des H.s sind die UdSSR, Indien, China u. einige Ostblockstaaten. Gesamternte 1982: 282000 t.
Als Nebenprodukt der Fasergewinnung fallen die Früchte des H.s an. Sie werden als Vogelfutter genutzt oder wegen ihres Fettgehalts (30–35%) zur Ölgewinnung ausgepreßt. – Eine häufig als *C. indica* (Indischer H.) bezeichnete Varietät von *C. sativa* dient in erster Linie zur Gewinnung der Rauschdrogen (↗ *Haschisch* (H.-Harz) u. ↗ *Marihuana,* die geraucht, gegessen od. getrunken werden. Sie erzeugen je nach Zustand u. Persönlichkeit des Rauschgiftkonsumenten Apathie, Euphorie, Halluzinationen od. Erregungszustände. Chron. Haschischkonsum kann zu psych. Abhängigkeit u. schweren Persönlichkeitsveränderungen (u. U. Verblödung) auf der Basis hirnorgan. Schäden führen. Der halluzinogen wirksame Inhaltsstoff ist das zu den ↗ Cannabinoiden gehörende *Tetrahydrocannabinol.* Außerdem enthalten die Drogen für den charakterist. Geruch verantwortl. äther. Öle u. Alkaloide. Hauptproduzenten des Harzes sind Marokko, Libanon, Afghanistan, Nepal, Mexiko u. die USA.

Hängende Gärten

Hänflinge
Birkenzeisig *(Acanthis flammea)*

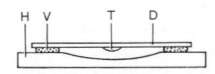

Hängetropfenkultur
Um die Vertiefung eines Hohlschliffobjektträgers (H) wird Vaseline (V) aufgetragen u. dann ein Deckglas (D) mit einem Tropfen (T) der Mikroorganismenkultur so aufgelegt, daß der Tropfen (nach unten) im abgeschlossenen Hohlraum liegt u. damit auch bei längerer Bebrütung nicht austrocknen kann.

tundra, in Misch- u. reinen Birkenwäldern des Nordens u. der Alpen lebt der Birkenzeisig *(A. flammea)*; rote Stirn, Männchen zusätzl. mit rötl. Brust; charakterist. scheppernde Rufe „dschädschädschäd"; kommt v. Okt. – April als Durchzügler u. Wintergast nach Mitteleuropa, in manchen Jahren invasionsartig.
Hängende Gärten, Baumnester der Gatt. *Camponotus* der ↗Schuppenameisen; ↗Ameisen.
Hängetropfenkultur, *Adhäsionskultur,* Kulturverfahren für Mikroorganismen, bei dem ihre Entwicklung direkt im Mikroskop betrachtet werden kann; auch für längere Beobachtungszeiten, wenn die Reinkultur v. Pilzen od. Bakterien steril angesetzt wird; v. R. Koch zum Nachweis des Milzbrandbakteriums *(Bacillus anthracis)* eingeführt.
Hangul *m* [Kaschmirsprache], *Kaschmirhirsch, Cervus elaphus affinis,* nordind. U.-Art des Rothirsches mit weit ausladendem, fünfendigem Geweih.
Hanleya *w* [ben. nach dem engl. Malakologen S. C. T. Hanley, 1819–99], Gatt. der *Hanleyidae,* Käferschnecken, die etwa 2 cm lang werden u. deren Gürtel fein bestachelt ist; *H. hanleyi* kommt in N-Atlantik u. N-Pazifik bis in 555 m Tiefe vor u. ernährt sich v. Schwämmen.
Hansen, 1) *Emil Christian,* dän. Botaniker u. Bakteriologe, * 8. 5. 1842 Ripen, † 27. 8. 1909 Hornbæck; seit 1879 Dir. der physiol. Abt. des Carlsberglaboratoriums bei Kopenhagen; bedeutende Arbeiten zur Physiologie der alkohol. Gärung und über Reinkulturen v. Hefen für ind. Zwecke (↗Bierhefe). **2)** *Gerhard Henrik Armauer,* norweg. Arzt, * 29. 7. 1841 Bergen, † 12. 2. 1912 ebd.; Dir. des Leprosoriums Bergen; entdeckte 1870 den Lepra-Erreger *(Mycobacterium leprae, H.-Bacillus).*
Hansen-Bacillus [ben. nach G. H. A. ↗Hansen], *Mycobacterium leprae,* ↗Mykobakterien.
Hanseniaspora *w* [ben. nach E. C. ↗Hansen, v. gr. spora = Same], Gatt. der Echten Hefen (U.-Fam. *Nadsonioideae*), ca. 6 Arten, deren Zellenden spitz auslaufen (= Apiculatahefen) u. an beiden Polen sprossen; die Ascosporen haben vielfält. Formen (v. rund bis hutförmig); *H.* kann einen Gärungsstoffwechsel ausführen. Die Arten kommen auf sich zersetzenden Früchten, im Erdboden u. im Wein vor, sind auch am Verderben v. Tomaten u. a. Früchten beteiligt *(H. uvarum = Kloeckera apiculata).*
Hansenula *w* [ben. nach E. C. ↗Hansen], Gatt. der Echten Hefen (U.-Fam. *Saccharomycoideae*); die rundl. ovalen Zellen vermehren sich durch Sprossung u. wachsen auch mit einem Pseudomycel od. echten Mycel; im Ascus werden 1–4 hut- oder saturnförm. Sporen gebildet; sie können meist einen Gärungsstoffwechsel ausführen. Es sind 30–35 Arten in unterschiedl. Habitaten bekannt; kommen auf Früchten (Trauben, Obst) vor u. gelangen v. dort in den Most. In südl. Weinen, Portwein u. Sherry, wachsen sie an der Oberfläche (= Kahmhefe) u. sind für die „Spätgärung" v. Bedeutung; sie können aber auch weinschädigend sein, wenn sie wertvolle Bestandteile des Weines verändern. Einige Arten sind mit Borkenkäfern vergesellschaftet u. dienen den Larven als Nahrung. *H.*-Arten kommen auch im Boden, in Baumausflüssen, in mit Zucker konservierten Nahrungsmitteln vor, sind bei der Nahrungsmittelfermentation (z. B. Kakao) beteiligt u. werden in der Biotechnologie eingesetzt (z. B. Citronensäure-, Aminosäuren- u. Fettproduktion). Man findet sie als Oberflächenfilm auf gesäuertem Gemüse u. als eine Art des „Kreideschimmels" auf dunklem Brot *(H. anomala* var. *anomale = Candida pelliculosa).*
Hanstein, *Johannes* von, dt. Botaniker, * 15. 5. 1822 Potsdam, † 27. 8. 1880 Bonn; seit 1865 Prof. in Bonn u. Dir. des Bot. Gartens und Inst.; Arbeiten zur mikroskop. Anatomie u. Morphologie der Pflanzen sowie zur Keimesentwicklung v. Mono- u. Dikotylen; beschrieb die Befruchtung u. Entwicklung der Farne.
Hanström-X-Organ ↗X-Organ, ↗Augenstielhormone.
H-Antigene [Mz.; v. gr. antigennan = dagegen erzeugen], thermolabile Geißelproteine (↗Bakteriengeißel), die mit spezif. Antikörpern agglutinieren; Bez. leitet sich von „Hauch" (H-Form) ab, der hauchart. Schwärmkolonie v. *Proteus vulgaris* auf einem festen Nährboden. Die H-A. treten in verschiedenen Phasen auf: typenspezifisch (a, b, c usw.) u. unspezifisch (1, 2, 3 usw.). Sie haben große Bedeutung für die serolog. Bestimmung wicht. Krankheitserreger, z. B. Salmonellen (↗Kauffmann-White-Schema).
Hantzschia *w* [ben. nach dem dt. Chemiker A. Hantzsch, 1857–1935], Gatt. der ↗Nitzschiaceae.
Hapalocarcinidae [Mz.; v. gr. hapalos = zart, karkinos = Krebs], Fam. der ↗Brachyura; etwa 30 merkwürd. kleine Krabben-Arten, deren Pleon nicht unter den Cephalothorax paßt u. eine geräum. Bruttasche bildet; leben an Korallen und erzeugen dort gallenartige Bildungen. Das Weibchen v. *Hapalocarcinus marsupialis* erreicht 5,5 mm Carapaxlänge, das Männchen nur 1 mm. Aus dem Ei schlüpft eine typ. Zoëa. Das junge Weibchen v. 1,5 mm Länge setzt sich an der Anlage einer Gabelungsstelle einer verzweigten Koralle (*Po-

cillophora od. *Seriatophora*) fest u. wird wie v. zwei Muschelklappen umwachsen. Zunächst bleibt noch ein Spalt; in dieser Zeit muß das Weibchen v. dem frei auf der Koralle lebenden Männchen begattet werden; später bleiben nur kleine Öffnungen. Die Tiere ernähren sich filtrierend; mit den Maxillipeden erzeugen sie einen Atemwasserstrom, aus dem Nannoplankton ausfiltriert wird. Andere Gatt. wachsen nicht völlig ein, sondern können ihre Höhlung in der Koralle noch verlassen.

Hapalopilus *m* [v. gr. hapalos = zart, pilos = Filz], die ⇗ Weichporlinge.

hapaxanthe Pflanzen [v. gr. hapax = einmal, anthos = Blüte], Pflanzen, die in ihrer Lebenszeit nur ein einziges Mal zur Blüten- u. Fruchtbildung gelangen. ⇗ Altern.

haplochlamydeisch [v. *haplo-, gr. chlamys = Oberkleid], Bez. für ⇗ Blüten, die nur einen Kreis v. Blütenhüllblättern aufweisen; diese Blütenhüllblätter können kelch- od. kronartig ausgebildet sein.

Haplochromis *m* [v. *haplo-, gr. chromis = ein Meerfisch], die ⇗ Maulbrüter.

Haploderes *w* [v. *haplo-, gr. derē = Hals, Schlund], fr. als eigene Art angesehenes Larvenstadium aller Arten der Fam. *Echinoderidae* aus dem Stamm der ⇗ *Kinorhyncha*.

haplodiözisch [v. *haplo-, gr. di- = zwei-, oikos = Haus], ⇗ heterothallisch.

Haplo-Diplonten [Mz.; v. *haplo-, gr. diplous = doppelt], die ⇗ Diplo-Haplonten.

Haplodiplosis *w* [v. *haplo-, gr. diplōsis = Doppelung], Gatt. der ⇗ Gallmücken.

haplodont [v. *haplo-, gr. odous, Gen. odontos = Zahn], Bez. für ⇗ Zähne in Form eines einspitzigen Kegels (Reptilien).

Haplognathia *w* [v. *haplo-, gr. gnathos = Kiefer], Gatt. der ⇗ *Gnathostomulida* (Ord. *Filospermoidea*) mit mehreren Arten, die sich durch den einfachen Bau ihrer Kiefer auszeichnen.

Haplogynae [Mz.; v. *haplo-, gr. gynē = Frau], Gruppe der Webspinnen, die nur einen sehr einfachen Bau des ♂ Tasters haben; die Eingänge in die Receptaculi seminis liegen an der ♀ Geschlechtsöffnung, nicht auf einer Epigyne. Ggs.: ⇗ *Entelegynae*.

Haploïdenzüchtung [v. *haplo-], ⇗ Antherenkultur, ⇗ Haploidie.

Haploïdie *w* [v. gr. haplois = einfach], Bez. für das Stadium im Lebenszyklus v. Organismen, das durch das Vorhandensein v. nur *einem* Chromosomensatz in den Zellen gekennzeichnet ist. Die Zeitdauer der *haploiden* Phase (Haplophase) im Lebenszyklus kann bei verschiedenen Organismen aus Tier- u. Pflanzenreich sehr unterschiedl. sein; aus diesem Grund unterscheidet man zw. ⇗ Haplonten, ⇗ Diplo-Haplonten u. ⇗ Diplonten. Haploide Pflanzen werden heute hpts. direkt aus unreifen Pollenkörnern durch Stimulation der Zellteilung gewonnen *(Haploidisierung)*; sie sind für die Pflanzenzüchtung v. Interesse *(Haploidenzüchtung)*, da die Phänotypen rezessiver Allele nicht durch dominante Allele überdeckt werden u. daher direkt erkannt werden können; durch Diploidisierung selektierter haploider Pflanzen können anschließend diploide Pflanzen gezüchtet werden. Der Gesamtwuchs v. *Haploiden* ist i.d.R. kleiner als bei den entspr. Diploiden. ⇗ Diploidie. [B] Algen IV.

Haploïdisierung *w* [v. *haplo-], ⇗ Haploidie.

haplokaulisch [v. *haplo-, gr. kaulos = Stengel], *einachsig,* Bez. für eine Pflanze, deren bei der Keimung entstehende Sproßachse, die Achse 1. Ord., mit einer Blüte abschließt. Wird erst die Achse 2., 3. usw. Ord. von einer Blüte begrenzt, so wird die Pflanze *zweiachsig (diplokaulisch), dreiachsig (triplokaulisch)* usw. genannt.

Haplom *s* [v. *haplo-], haploider Chromosomensatz eines Organismus. ⇗ Genom.

Haplometra *w* [v. *haplo-, gr. mētra = Gebärmutter], ⇗ Haematoloechus.

Haplometrose *w* [v. *haplo-, gr. mētra = Gebärmutter], *Monogynie,* bei sozialen Insekten (v.a. Ameisen) das Vorhandensein v. nur 1 eierlegenden Königin; Ggs.: Pleometrose (Polygynie).

Haplomitriaceae [Mz.; v. *haplo-, gr. mitrion = kleine Mütze], Fam. der ⇗ *Calobryales* (Ord. der Lebermoose); umfaßt nur 1 Gatt. *Haplomitrium* mit 8 Arten, v. denen nur *H. hookeri* verstreut in Europa u. N-Amerika vorkommt.

haplomonözisch [v. *haplo-, gr. monos = einzig, oikos = Haus], ⇗ homothallisch.

Haplonten [Mz.; v. *haplo-], haploide Organismen (⇗ Haploidie); in ihrer Ontogenese ist ledigl. die Zygote diploid; z.B. Phytoflagellaten u. Sporozoen. Ggs.: ⇗ Diplonten u. ⇗ Diplo-Haplonten. [B] Algen IV.

Haplophase *w* [v. *haplo-, gr. phasis = Erscheinung], *Gamophase,* ⇗ Haploidie.

Haplosclerida [Mz.; v. *haplo-, gr. sklēros = trocken, hart], Schwamm-Ord. mit 5 Fam. (vgl. Tab.), Skelett aus netzartig angeordneten Skleriten od. aus netzartig verbundenen Sponginfasern, in die Sklerite eingelagert sind. Die H. sind systemat.-phylogenet. noch nicht durchgearbeitet, so daß die derzeit. Fam.-Einteilung vorläufig ist.

Haplospora *w* [v. *haplo-, gr. spora = Same], Gatt. der *Ectocarpales;* trichal verzweigte Braunalge, deren Thallusfäden häufig seilart. zusammengedreht sind; bis 15 cm hoch; *H. globosa* z.B. im Felswatt Helgolands. *H.* ist wahrscheinl. die Sporo-

Haplospora

haplo- [v. gr. haploos = einfach].

Haplosclerida
Familien:
⇗ *Haliclonidae*
⇗ *Lubomirskiidae*
⇗ *Potamolepidae*
⇗ *Renieridae*
⇗ *Spongillidae*

Haplosporida

phytengeneration der gleichgestalteten *Scaphospora speciosa,* die Geschlechtsorgane ausbildet (= Gametophyt).

Haplosporida w [v. *haplo-, gr. spora = Same], Endoparasiten unsicherer system at. Stellung (meist zu den *Sporozoa* gerechnet); wichtig in der Humanmedizin ist *Pneumocystis carinii* als Erreger der ↗ Pneumocystose.

Haplosporie w [v. *haplo-, gr. spora = Same], mitotische Abgliederung v. Sporen (Haplomitosporen) während der Haplophase.

haplostemon [v. *haplo-, gr. stēmōn = Aufzug am Webstuhl], Bez. für Blüten mit nur 1 Staubblattkreis; Ggs.: ↗ diplostemon. ↗ Blüte.

Haplotaxidae [Mz.; v. *haplo-, gr. taxis = Anordnung], *Brunnenwürmer,* Fam. der *Opisthopora,* limnisch od. seltener in feuchtem Boden lebende Gürtelwürmer mit 2 Gatt.: *Haplotaxis* u. *Pelodrilus. H. gordioides,* nur 1,1 mm breit, jedoch 30 cm lang, in Brunnen, Quellen, Gräben, Flüssen u. Seen. *P. benedeni,* bis 12 cm lang, Höhlenbewohner. Da *Haplotaxis* im Bau der Kopfregion, in der Anzahl der vom Bauchmark ausgehenden segmentalen Nervenpaare (statt 3 nur 2) u. in der Lage des Clitellums (10.–12. Segment) sehr an die ↗ *Hirudinea* erinnert, wird derzeit deren Stammform v. den Vorfahren der *Haplotaxidae* abgeleitet.

Haplozoon s [v. *haplo-, gr. zōon = Lebewesen], Gatt. einfach gebauter, den *Mesozoa* ähnelnder mehrzell. Parasiten mariner Ringelwürmer; wird heute als Kolonie parasit. Dinoflagellaten (↗ Pyrrhophyceae) angesehen.

Haptene [Mz.; v. *hapt-], Sammelbez. für niedermolekulare Stoffe, die allein keine Bildung v. Antikörpern induzieren können, die jedoch immunogen wirken, wenn sie an makromolekulare Carrier (z. B. Proteine, Kohlenhydrate) gekoppelt sind. H. werden daher auch als unvollständ. ↗ Antigene bezeichnet. Die durch den Hapten-Carrier-Komplex induzierten Antikörper reagieren auch mit dem ungebundenen Hapten; sie führen jedoch dabei (da H. immunolog. einwertig sind) nicht zur Präzipitation des Antikörper-Hapten-Komplexes. Ein vielfach eingesetztes Hapten ist die 2,4-Dinitrophenyl-Gruppe (DNP), die z. B. durch Koppelung an die Proteine Rinderserumalbumin od. Ribonuclease immunogen wird.

Hapteren [Mz.; v. *hapt-], die beiden schmalen, parallel laufenden u. an ihren Enden spatelförm. Bänder an den Sporen der heut. Vertreter der ↗ Schachtelhalmgewächse; stellen die äußerste Schicht des vom Periplasmodium dem Exospor aufgelagerten Perispors dar. Im feuchten Zustand sind sie spiralig um die Spore gewunden, im trockenen Zustand rollen sie sich ab u. strecken sich aus, bleiben aber mit ihrem mittleren Teil untereinander u. mit der Spore verbunden. Diese hygroskop. Bewegungen verketten die Sporen gruppenweise miteinander u. lockern die Sporenmasse zur Erleichterung ihrer Ausbreitung auf.

haplo- [v. gr. haploos = einfach].

hapt- [v. gr. haptein = haften, heften].

Hardy-Weinberg-Regel
Bedingungen einer „idealen Population":
1. Keine Mutationen.
2. Population muß „unendlich" groß sein (nur dann lassen sich zufällige Abweichungen v. der Wahrscheinlichkeit, mit der bestimmte Allele bei der sexuellen Fortpflanzung kombiniert werden, ausschließen).
3. Panmixie: die Wahrscheinlichkeit der Zeugung gemeinsamer Nachkommen muß für alle (verschiedengeschlechtl.) Individuen (Genotypen) gleich groß sein. Es darf also keine bevorzugte Paarung benachbart lebender Individuen od. Auswahl bestimmter Geschlechtspartner (sexuelle Selektion) geben.
4. Jedes der betrachteten Allele muß dem Genotyp, in dem es vorkommt, die gleiche Eignung verschaffen. Es darf also keine Eignungsunterschiede zw. verschiedenen Genotypen u. folgl. keine Auslese (Selektion) geben. Außerdem darf *kein* Individuum aus der Population aus- bzw. einwandern.

A. Harden

Haptik w [Bw. *haptisch;* v. *hapt-], die Lehre vom Tastsinn (Hautsinn).

Haptoglobine [Mz.; v. *hapt-, lat. globus = Kugel], Glykoproteide im Serum des menschl. u. tier. Blutes, die überschüssiges Hämoglobin binden u. so durch Verhinderung der Ultrafiltration die Nierentubuli vor tox. Schädigung schützen. Sie sind ähnl. wie ↗ Immunglobuline aufgebaut u. stellen erbl. stabile Merkmale mit genet. Polymorphismus dar, der für die Blutgruppenbestimmung v. Bedeutung ist. ↗ Populationsgenetik.

Haptonastie w [v. *hapt-, gr. nastos = festgedrückt], ↗ Nastie.

Haptonema s [v. *hapt-, gr. nēma = Faden], fadenförm. Fortsatz der ↗ *Haptophyceae;* unterscheidet sich v. den Geißeln (↗ Cilien) im Querschnitt in der Feinstruktur durch 6–7 sichelförm. angeordnete Tubuli u. eine charakterist. Einstülpung des endoplasmat. Reticulums.

haptophore Gruppen [v. *hapt-, gr. -phoros = -tragend], ↗ Immunglobuline.

Haptophyceae [Mz.; v. *hapt-, gr. phykos = Tang], *Kalkalgen,* Kl. der ↗ Algen, od. als Familie *Coccolithinae* den ↗ *Chrysophyceae* zugeordnet. Gelbbraune, zweigeißlige Flagellaten mit Hülle u. aufgelagerten Calcit- od. Polysaccharidplättchen; daneben noch charakterist. ↗ *Haptonema,* d. i. geißelart. Struktur mit variabler Anzahl v. Mikrotubuli, dient vielfach zur Verankerung. Ontogenie der ca. 250 monadalen, kapsalen, kokkalen u. trichalen Arten vielfach nur lückenhaft bekannt; systemat. Gliederung unsicher. Meist marine Planktonorganismen. Trennung in 2 Ord. möglich: *Prymnesiales* (↗ *Prymnesiaceae*) und ↗ Kalkflagellaten *(Coccolithales).*

Haptotropismus m [v. *hapt-, gr. tropē = Wendung], ↗ Tropismus.

Haramyidae [Mz.; wohl v. lat. hara = kleiner Stall, gr. mys = Maus], *Haramiyidae,* Gruppe („Fam.") nur durch Einzelzähne aus der obersten Trias v. W-Europa bekannter † Wirbeltiere unsicherer systemat. Stellung; meist der U.-Kl. *Prototheria* angeschlossen. Beziehungen zu den ↗ *Therapsida* (Reptilien) oder ↗ *Multituberculata* wurden vermutet.

Hardella w, Gatt. der ↗ Sumpfschildkröten.

Harden [ha'rdn], Sir *Arthur,* engl. Chemiker, * 12. 10. 1865 Manchester, † 17. 6. 1940

London; Prof. in London; bedeutende Untersuchungen über Gärungsenzyme u. Phosphorylierung v. Zucker; erhielt 1929 zus. mit H. von Euler-Chelpin den Nobelpreis für Chemie.

hardiness w [ha̱dᵉneß; engl., = Widerstandsfähigkeit, Härte], artenspezif. und adaptierte Fähigkeit des Protoplasten eines Organismus, den Eintritt v. Schäden durch extreme Temp. u. Wasserverhältnisse zu vermeiden. ↗Austrocknungsfähigkeit.

Hardun, *Agama stellio*, ↗Agamen.

Hardy-Weinberg-Regel, *Hardy-Weinberg-Gesetz*, von dem engl. Mathematiker G. Hardy (1877–1947) u. dem dt. Biologen W. Weinberg (1862–1937) 1908 unabhängig voneinander gewonnene grundlegende Erkenntnis der ↗Populationsgenetik. Die H.-W.-R. sagt aus, daß in einer sog. „idealen ↗Population" (vgl. T 172) die prozentuale (relative) Häufigkeit (Frequenz), mit der bestimmte ↗Allele in ↗Genpool vertreten sind, über die Generationenfolge hinweg unverändert bleibt (= Stabilität der Allelenfrequenz, Statik in einer idealen Population). Unter den Bedingungen einer idealen Population lassen sich die Allelenfrequenzen über beliebig viele Generationen hinweg nach dem im Spaltentext wiedergegebenen Ansatz (im Beispiel 2 Allele A und a) berechnen. Die Wahrscheinlichkeit, daß bei der Befruchtung Gameten mit dem Allel A u. mit dem Allel a jeweils homozygote (AA od. aa) od. heterozygote (Aa) Kombinationen ergeben, hängt v. der Häufigkeit ab, mit der Gameten mit diesen Allelen vertreten sind (vgl. Spaltentext). – Da Evolution auf einer Veränderung der Allelenfrequenzen in der Generationenfolge beruht, Allelenfrequenzen in idealen Populationen nach der H.-W.-R. jedoch konstant bleiben, gibt es in diesen *keine* Evolution. In natürl. Populationen sind die Bedingungen für eine ideale Population nie erfüllt. Jede Abweichung davon führt daher zu Veränderungen der Allelenfrequenzen u. wirkt als ↗Evolutionsfaktor. In der Reihenfolge der 4 in T 172 gen. Bedingungen treten in natürl. Populationen daher folgende Evolutionsfakoren auf: 1. Mutationen, 2. Zufall (als Abweichung v. der statist. Wahrscheinlichkeit), 3. Aufteilung (Separation) in Lokalpopulationen (↗Deme), 4. Selektion.

Harem m [v. arab. harim = heilig, tabu], *Einmanngruppe*, Zusammenschluß eines Männchens mit mehreren Weibchen durch sexuelle Bindungen. Ein H. ist eine Form der ↗Polygamie u. tritt v. a. bei Säugetieren auf (Zebras, Mantelpaviane, Languren usw.). I. w. S. können auch die anonymen Verbände v. Robbenweibchen, die v. je-

Harfenschnecken
Davidsharfe
(*Harpa ventricosa*)

Hardy-Weinberg-Regel

p_A = Häufigkeit (Frequenz) des Allels A
q_a = Häufigkeit (Frequenz) des Allels a
Es gilt: $p_A + q_a = 1$
$(p_A + q_a) \cdot (p_A + q_a)$
$= (p_A + q_a)^2 = 1$
Daraus folgt allg.:
$p^2 + 2pq + q^2 = 1$
(p^2 = homozygote AA-Genotypen,
q^2 = homozygote aa-Genotypen,
pq = heterozygote Aa-Genotypen)
Für die Frequenz von z. B. A folgt bei Neukombination der Allele über beliebig viele Generationen:
$p^2 + \dfrac{2pq}{2}$
(nur die Hälfte der heterozygoten Allele von pq sind A)
$= p^2 + pq$
$= p^2 + p(1-p)$
(weil $q = 1-p$) =
$p^2 + p - p^2 = p$
p bleibt also über beliebig viele Generationen konstant; analoges gilt für q.

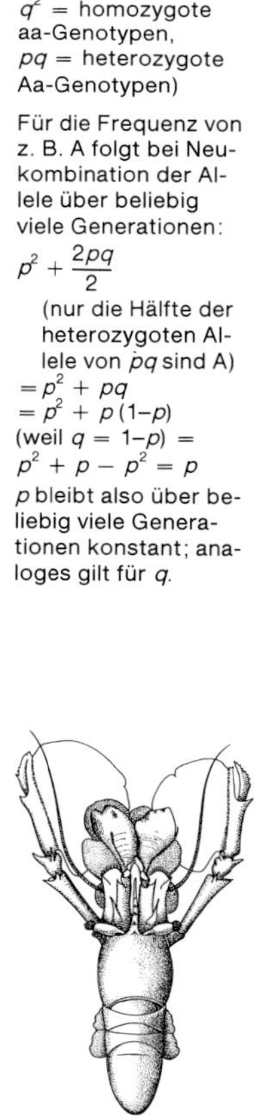

Harlekingarnele
(*Hymenocera picta*)

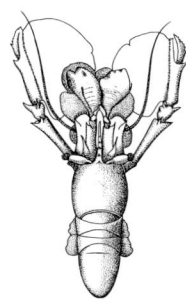

weils einem Männchen bewacht u. begattet werden, als H. bezeichnet werden.

Harengula w, Gatt. der ↗Heringe.

Harfenschnecken, *Harpidae*, Fam. der Neuschnecken mit ovalem Gehäuse mit weiter Endwindung; die Oberfläche trägt Axialrippen u. ist intensiv rotbraun bis rosa; ein Deckel wird nicht ausgebildet; Teile des Fußes können autotomiert werden. Die 14 Arten leben in trop. Meeren, wo sie sich – meist nachts aktiv – auf der Suche nach Krebsen durch den Sand graben. Alle Arten sind beliebte Sammelobjekte. Das Gehäuse der Davidsharfe (*Harpa ventricosa*) wird 10 cm hoch; häufig im Roten Meer u. vor O-Afrika im Flachwasser.

Harlekin, der ↗Stachelbeerspanner.

Harlekinbär, *Punktbär*, ↗Bärenspinner.

Harlekinfrösche, *Pseudidae*, Fam. der Froschlurche, fr. oft als U.-Fam. zu den Laubfröschen gestellt. 2 Gatt. aquat. Frösche, in S-Amerika vom Amazonas bis nach Argentinien. Wie die Laubfrösche haben die H. in jedem Finger einen zusätzl. Knochen, dieser ist hier aber eine Anpassung an die schwimmende Lebensweise. Der H. *Pseudis paradoxa* lebt an großen, permanenten Gewässern; paradoxerweise ist seine Kaulquappe mit bis 25 cm Länge viel größer als der erwachsene Frosch mit maximal 6,5 cm; auch ohne Schwanz ist die Larve größer als der ausgebildete Frosch. Die Frösche sind oberseits grün u. ruhen meist an der Wasseroberfläche od. auf Seerosenblättern. Die Eiablage findet im Wasser statt. Zur Gatt. *Lysapsus* gehören ähnl., kleinere Arten in Brasilien u. Argentinien, die auch vorwiegend grün sind u. im Wasser leben; *L. mantidactylus* erreicht 4,5 cm, *L. limellus* 2 cm.

Harlekingarnele, *Hymenocera picta* (Fam. *Gnathophyllidae*), sehr merkwürdige Garnele (↗Natantia), deren 1. Antennen u. Scheren des 2. Laufbeinpaares zu flachen Lamellen abgeplattet sind; außerdem auffällig leuchtend rotbraun u. weiß gefärbt. Die H. lebt paarweise auf Korallen, v. a. am Großen Barriereriff, u. ernährt sich v. dem sehr viel größeren ↗Dornenkronen-Seestern (*Acanthaster*), die sie hochstemmen u. umdrehen muß, um an die weiche Unterseite zu gelangen. Dauernde Paarbindung; die Tiere erkennen ihren Partner wahrscheinl. am Geruch.

Harlekinsbock, *Acrocinus longimanus*, südam. Bockkäfer; Männchen mit stark verlängerten Vorderbeinen (bis 14 cm lang!), die im Rivalenkampf als Klammerbeine eingesetzt werden; die Weibchen haben nur wenig verlängerte Vorderbeine. Beide sind durch orangerotes Linienmuster um ein schwarzes Fleckenmuster sehr bunt gefärbt; Körpergröße bis 8 cm.

Harlekinspinne

Harlekinspinne, *Zebraspinne, Salticus scenicus,* Springspinne mit auffäll. Schwarz-Weiß-Zeichnung des 5–7 mm langen Körpers; in Mitteleuropa sehr häufig, kommt oft an Häusern u. in Gärten vor. Das Männchen führt einen komplizierten Balztanz auf.

Harmin *s* [v. arab. harmal = Syrische Steppenraute], *Banisterin, Yagein, Telepathin,* Indolalkaloid mit β-Carbolin-Gerüst, das zus. mit *Harman* u. *Harmalin* z. B. in der Steppenraute *(Peganum harmala),* der Passionsblume *(Passiflora incarnata)* u. der südam. Liane *Banisteria caapi* vorkommt. H. inhibiert das Enzym Monoamin-Oxidase u. hemmt Ionentransportvorgänge; in geringen Dosen wirkt H. auf den Menschen euphorisierend, größere Mengen führen zu Rauschzuständen. Südam. Indianerstämme verwenden daher *Banisteriopsis*-Arten zur Bereitung v. Zaubertränken (Yage, Ayahuasca, Caapi).

harmonisch-äquipotentielles System, von H. ↗Driesch aufgestelltes Postulat: die einzelnen Tochterzellen des Systems „Eizelle" sollen gleichermaßen befähigt (= äquipotentiell) sein, sich wie die ganze Eizelle harmonisch (d. h. in den typ. Proportionen) in Organanlagen zu untergliedern; verwirklicht allenfalls bei manchen Hohltieren.

Harmothoë *w* [gr., Name einer myth. Königin], Ringelwurm-(Polychaeten-)Gatt. der Fam. *Polynoidae. H. imbricata,* 36–39 Segmente, bis 6,5 cm lang, freilebend carnivor od. kommensalisch in Einsiedlerkrebsen, Seesternen od. anderen Ringelwürmern wie *Diopatra ornata, Amphitrite robusta, Thelepus plagiostoma* od. einigen Chaetopteriden. *H. lunulata,* kommensalisch in Sipunculiden, Enteropneusten u. Echinodermen sowie in den Ringelwürmern *Mesochaetopterus rickettsi* und *Amphitrite edwardsi.*

Harn, *Urin,* flüssiges od. (z. B. bei Vögeln u. Insekten) mehr od. weniger festes Ausscheidungsprodukt v. ↗Exkretionsorganen (↗Exkretion). Der tatsächl. ausgeschiedene H. *(End-H.)* unterscheidet sich in seiner Zusammensetzung nahezu immer v. dem in den entspr. Organen gebildeten H. *(Primär-H.).* ↗H.blase, ↗Niere.

Harnblase, *Vesica urinaria,* dehnbares Hohlorgan zur Harnspeicherung, bei den meisten Wirbeltieren ausgebildet. Die H. entsteht ontogenet. als Ausstülpung der Kloake. Bei Säugern u. dem Menschen besteht die H.nwand aus geflechtart. angeordneter glatter Muskulatur, die die Größe der H. deren Füllungszustand anpaßt (Fassungsvermögen beim Menschen 300–500 cm^3). Die Entleerung erfolgt durch Kontraktion der Wandmuskulatur, wobei der Blasenschließmuskel entspannt ist. Die Steuerung der Blasenmuskulatur erfolgt über Zentren im Rückenmark (reflektorisch) u. in der Großhirnrinde (willkürlich). Die Zuleitung des Harns der Niere zur H. erfolgt über die Harnleiter *(Ureter),* die Ableitung aus der H. über die Harnröhre *(Urethra)* bzw. die Kloake. – Eine H. fehlt manchen Reptilien (Doppelschleichen, Warane, Krokodile, Schlangen) u. den Vögeln (Ausnahme: Strauß). Bei Fröschen u. Schildkröten dient die H. auch als Wasserreservoir. [↗Harnischwelse.

Harnischsauger, *Otocinclus,* Gattung der **Harnischwelse,** *Loricariidae,* artenreiche Fam. der Welse mit etwa 50 Gatt. Kopf u. Körper sind v. großen Knochenplatten bedeckt, die bei einigen Gatt. auf der stets abgeplatteten Bauchseite fehlen; das runde, unterständ., mit Barteln versehene Maul hat oft breite Lippen u. wirkt dann als Saugnapf. H. leben am Boden v. Flüssen u. reißenden Bächen des nördl. u. mittleren S-Amerika u. weiden mit horn. Zähnchen meist Aufwuchs ab. Mehrere Arten sind beliebte Aquarienfische, z. B. der bis 13 cm lange Zwerg-H. *(Loricaria parva),* bei dem das Männchen den in Höhlen abgelegten Laich bewacht, u. die 3–8 cm langen, als Aufwuchsfresser geschätzten Harnischsauger *(Otocinclus).* Bis 1,2 m lang werden die dunkel gefärbten Schilderwelse *(Plecostomus),* die mehrere Reihen großer Knochenplatten an den Körperseiten u. eine Fettflosse an der Schwanzwurzel haben.

Harnkanälchen ↗Niere.

Harnleiter, *Ureter,* ↗Harnblase, ↗Niere.

Harnorgane, Organe, die der Sammlung u. Ausscheidung des Harns dienen. ↗Exkre-

Harlekin *m* [v. frz. arlequin, it. arlecchino = Figur der Commedia dell'arte (komische Figur in buntem Flickenkleid)].

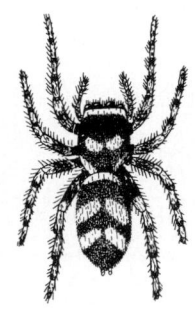

Harlekinspinne *(Salticus scenicus)*

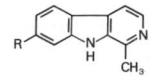

Harmin
Strukturformel von *Harmin* (R = OCH$_3$) u. *Harman* (R = H)

Harn des Menschen

Der H. des Menschen ist hellgelb bis rotbraun. Bei reichl. Fleischnahrung reagiert er sauer, bei Pflanzennahrung alkalisch. Abweichungen v. der normalen Zusammensetzung des H.s (vgl. Tab.) u. pathol. H.bestandteile lassen Rückschlüsse auf verschiedenste Erkrankungen zu. Im H. finden sich z. B. Zukker, Aceton u. Acetessigsäure bei ↗Diabetes mellitus, Eiweiß bei Nierenkrankheiten, verschiedene H.sedimente u. a. bei Herdinfektion u. H.wegsinfektionen. Nachweis v. Hormonen im H. bei der Schwangerschaftsreaktion.

Dichte 1,001–1,040 g/cm^3
pH-Wert: 4,8–7,4

Wichtigste Harnbestandteile
(Tagesmenge):
Gesamtmenge: 1–1,5 l, gesamte Trockensubstanz 50–70 g (davon Stickstoff: 10–18 g)

Organische Stoffe
Stickstoffhaltige Verbindungen:
Harnstoff 20–35 g
Harnsäure 0,1–2,0 g
Kreatinin 1–1,5 g
Ammoniak 0,5–1,0 g
Aminosäuren 1,0 g
Hippursäure 0,7 g
Phenole 0,1–0,3 g

Reduzierende Verbindungen:
Gesamtzucker 0,5–1,5 g, davon Glucose 0,5 g
Ketonkörper: Aceton u. Acetessigsäure 0,02 g
β-Hydroxybuttersäure 0,02–0,03 g
freie Fettsäuren 0,01–0,05 g
Oxalsäure 0,02 g
Citronensäure 0,15–0,3 g
Urobilinogen, Urobilin, Porphyrine und Hormone in Spuren

Anorganische Stoffe
Kochsalz 10–15 g
Sulfate 1,4–3,3 g
Phosphate 1–5 g
Natrium 4–6 g
Kalium 2,5–3,5 g
Calcium 0,01–0,3 g
Magnesium 0,2–0,3 g

tionsorgane, ⁊ Harnblase, ⁊ Niere, ⁊ Urogenitalsystem. B Wirbeltiere I.
harnpflichtige Substanzen, lösl. Stoffwechselendprodukte, die mit dem ⁊ Harn (T) abgegeben werden. ⁊ Exkretion.
Harnröhre, *Urethra,* ⁊ Harnblase, ⁊ Urogenitalsystem; ☐ Geschlechtsorgane.
Harnsack ⁊ Allantois.
Harnsäure, *2,6,8-Trihydroxypurin,* das stickstoffhalt. Endprodukt des Abbaus v. Proteinen, Aminosäuren, Nucleotiden u. a. stickstoffhalt. Verbindungen bei Reptilien, Vögeln u. zahlr. Insekten (⁊ Exkretion, ☐). Die Bildung v. H. erfolgt in Leber u. Niere bzw. entspr. Zentralorganen (Fettkörper) der Wirbellosen durch Einschleusung einfacher stickstoffhalt. Zwischenstufen wie Ammoniak, Glutamin u. Aspartat in den Purinstoffwechsel; durch Oxidation v. Hypoxanthin u. Xanthin, den Abbauprodukten der Purinnucleotide, entsteht H. Bei Primaten ist H. lediql. das Abbau- u. Ausscheidungsprodukt der Purinnucleotide, während die übr. Stickstoffverbindungen als ⁊ Harnstoff ausgeschieden werden. H. bzw. ihre Salze, die *Urate,* kommen daher auch im menschl. Urin vor (1–3% des Gesamtharnstickstoffs). Ablagerungen von Uraten in den Knorpelgelenken sind die Ursache v. ⁊ Gicht.
Harnsedimente [Mz.; v. lat. sedimentum = Bodensatz], anorgan. und organ. feste Bestandteile des End-⁊ Harns, die amorph, kristallin od. als zellige Bestandteile auftreten u. durch Zentrifugation od. Absitzenlassen gewonnen werden können. Neben den körpereigen gebildeten H.n treten auch zusätzl. H. nach Medikamenteneinnahme auf (z. B. Sulfonamidkristalle). Die zelligen H. sind von diagnost. Bedeutung, z. B. bei Pyelo- u. Glomerulonephritis.
Harnsteine, *Harnkonkremente,* Konkremente in den ableitenden Harnwegen (Harnblase, Niere). Man unterscheidet *primäre H.* (z. B. Urat-, Oxalat- od. Kreatinsteine) v. *sekundären H.n* (z. B. Calciumcarbonatstein, auch Fremdkörpersteine od. Gallenpigmentsteine). Ursachen können u. a. sein: chron. Infektion, Fehlernährung, Stoffwechselstörungen.
Harnstoff, *Carbamid, Kohlensäurediamid, Urea,* das Diamid der Kohlensäure, in reiner Form farblose, in Wasser leicht lösl. Kristalle; das hauptsächl. Stickstoffausscheidungsprodukt (⁊ Exkretion, ☐) des Menschen (bis zu 30 g pro Tag), der ureotelischen Tiere (Säugetiere, Amphibien, Meeres-Knorpelfische u. Lungenfische) u. bestimmter Pilze. Bei den Säugern bildet sich H. über den ⁊ H.zyklus, bei den Amphibien u. Fischen auch bzw. ausschl. durch oxidativen Abbau v. Purinen über Harnsäure, Allantoin u. Allantoinsäure. Durch

Harnsäure
Strukturformel der zwei tautomeren Formen; **b** ist die häufigere Form

Harnsedimente
Nicht-zellige H.:
Harnsäurekristalle
Urate (Calcium-, Magnesium-, Kalium-, Ammonium-, Natrium-Urat)
Calciumhydrogenphosphat
Ammonium-Magnesium-Phosphat
Calciumoxalat
Cystin
Cholesterin
Hippursäure
Bilirubin
Zellige H.:
Epithelzellen aus Nierentubuli, Harnleiter, Harnblase, Harnröhre, äußeren Genitalien
Erythrocyten
Leukocyten
Proteinzylinder mit aufgelagerten Zellen verschiedener Herkunft

Harnstoff

die Synthese von H. werden NH_3 u. die letztl. aus dem Aminosäurekatabolismus stammenden NH_2-Gruppen gebunden, wodurch das Auftreten v. freiem NH_3, welches ein starkes Zellgift ist, verhindert wird (sofern es nicht extrazellulär zur Pufferung verwendet wird); die Bildung von H. anstelle v. freiem NH_3 dient somit der Ammoniakentgiftung (⁊ Ammoniak). In Pilzen (Champignons, Stäublingen, Bovisten) fungiert H. auch als Stickstoffspeichersubstanz. Bei Meeres-Knorpelfischen dienen hohe H.konzentrationen in Gewebsflüssigkeiten u. Blut zur Aufrechterhaltung eines hohen osmot. Drucks, der die Tiere vor Wasserverlusten schützt. Ebenso speichern Lungenfische H. in den Körperflüssigkeiten, wodurch ein Schutz vor Wasserverlusten während der Trockenzeit erreicht wird. – Die 1828 von F. Wöhler durchgeführte H.synthese gilt als die erste chem. Synthese eines biogenen Stoffes. H. wird großtechn. aus CO_2 u. NH_3 dargestellt u. als Stickstoffdüngemittel (z. B. Hakaphos) od. in Gebieten mit kargem u. durch Trokkenzeiten reduziertem Futterpflanzenanbau als nicht proteinogener Stickstoff-Futtermittelzusatz für Kühe verwendet. Im Boden wird der als Dünger verwendete H. rasch durch die Ureasen v. Bodenbakterien zu NH_3 u. CO_2 gespalten. Um eine zu rasche Spaltung, die zu Stickstoffverlusten des Düngers führen kann, zu verhindern, werden H.-haltige Dünger häufig in Granulatform u./od. mit Ureaseinhibitoren vermischt eingesetzt. Die Verwendung von H. als Futtermittelzusatz bei Wiederkäuern beruht auf der Metabolisierung des im H. enthaltenen Stickstoffs durch die im Pansen enthaltenen symbiot. Mikroorganismen. 6–8molare Lösungen von H. in Wasser wirken als Denaturierungsmittel für Nucleinsäuren u. Proteine u. haben bei ⁊ Gelelektrophorese (H.gele) u. Säulen-⁊ Chromatographie große Bedeutung.
harnstoffzersetzende Bakterien, zahlr. Bakterien, die Harnstoff durch eine Urease spalten u. als Stickstoffquelle nutzen. In den bekannten Harnstoffzersetzern *Bacillus pasteurii, Sporosarcina ureae* u. *Proteus vulgaris* ist das Enzym konstitutiv vorhanden, so daß z. B. in Pferdeställen der gesamte Harnstoff gespalten wird u. damit hohe pH-Werte vorliegen (pH 9–10), an die diese h.n B. angepaßt sind. Bei anderen h.n B. wird Harnstoff nur zersetzt, wenn keine Ammoniumionen vorliegen (Urease adaptiv).
Harnstoffzyklus, *Ornithinzyklus,* aus 4 Schritten bestehende zykl. Folge v. Reaktionen, in deren Verlauf Harnstoff aus Ammoniak, Aminstickstoff v. Aspartat u. Kohlendioxid unter Verbrauch v. ATP gebil-

Harpa

Harnstoffzyklus

[Diagram of the urea cycle showing: Fumarat (Citratzyklus), Arginin, Harnstoff, Ornithin, Argininosuccinat, Carbamylphosphat, Aspartat, Citrullin, with AMP + Pyrophosphat, ATP, 2 ADP + Phosphat, 2 ATP, NH_4^+ + CO_2, H_2O]

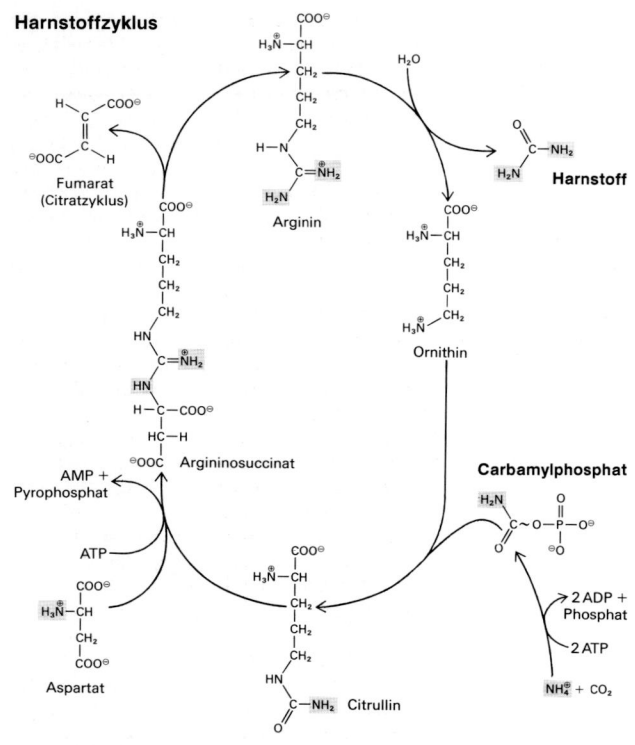

det wird. Als Zwischenprodukte entstehen dabei Citrullin, Argininosuccinat, Arginin u. Ornithin. Die Reaktionen des H. sind v. a. im Cytoplasma der Leberzellen v. Säugetieren, z. T. aber auch in deren Mitochondrien lokalisiert. Bereits bei Prokaryoten können alle Enzyme des H. nachgewiesen werden. Seine Bedeutung liegt hier wohl (wie bei anderen „niederen Tieren") in der Synthese der Zwischenprodukte, insbes. Arginin, das als ↗Argininphosphat eine wicht. energiereiche Verbindung bei Wirbellosen darstellt. Alle Tiere (Krebse, Insekten, Reptilien), die den H. sekundär ganz od. partiell verloren haben (die Eidechse besitzt noch alle Enzyme außer der Ammoniak-abhängigen Carbamylphosphat-Synthetase), benötigen Arginin als essentielle Aminosäure. Bei verschiedenen Tieren (Schnecken, Vögeln) ist der im H. anfallende Harnstoff kein Abfallprodukt. Sie produzieren ihn sogar in größeren Mengen (mittels einer Glutamin-abhängigen Carbamylphosphat-Synthetase), um ihn anschließend über eine Urease zu Ammoniak zu spalten. Das (extrazellulär abgegebene) Ammoniak wird hier zur Säure-Basen-Regulation bei der Bildung einer Kalkschale benötigt (↗Ammoniak). – Der H. wurde 1932 als erster zykl. Prozeß einer Stoffwechselreaktion von H. Krebs entdeckt.

Harpa *w* [spätlat., = Harfe], eine 10 Arten umfassende Gatt. der ↗Harfenschnecken.

Harpyie
(Harpia harpyja)

harp- [v. gr. harpē = Sichel].

Harpactes *w* [v. gr. harpaktēs = Räuber], Gatt. der ↗Dunkelspinnen.
Harpagonen [Mz.; v. gr. harpagē = Harke, Haken], bei Insektenmännchen mit komplizierten Begattungsapparaten zusätzl. i. d. R. von Extremitäten des 9. Segments ableitbare Gonopoden (meist homologisiert mit den Styli); Greifapparate zur festen Verankerung in der weibl. Geschlechtsöffnung.
Harpalus *m* [v. gr. harpaleos = räuberisch], Gatt. der ↗Laufkäfer.
Harpellales [Mz.; v. *harp-], Ord. der Jochpilze (Kl. *Zygomycetes* od. *Trichomycetes*), deren Vertreter (z. B. Gatt. *Harpella, Stipella*) als Endosymbionten od. Saprobien im Darmtrakt v. Arthropoden, hpts. Insekten (z. B. Kriebelmücken), leben.
Harpia *w* [v. gr. Harpyia = raubvogelgestalt. Göttin], die ↗Harpyie.
Harpoceras *s* [v. *harp-, gr. keras = Horn], (Waagen 1869), der Fam. *Hildoceratidae* angehörende † Ammoniten-Gattung (↗Ammonoidea) mit hochmündigem, seitl. stark abgeplattetem Gehäuse u. feiner, Sförm. Berippung, leitend im Lias ε.
Harpochytriales [Mz.; v. *harp-, gr. chytrion = Töpfchen], Ord. der *Chytridiomycetes;* Vertreter dieser pilzähnl. Protisten (niedere Pilze) besitzen einen unverzweigten Thallus, der mit einer Haftscheibe auf der Unterlage (z. B. Algen, tote Pflanzen) festsitzt; eine sexuelle Fortpflanzung ist nicht bekannt; die Sporangien bilden sich einzeln od. in Ketten apikal am (eukarpen) Thallus, der später weiterwächst; die Zoosporen ähneln denen der *Chytridiales*.
Harpodontidae [Mz.; v. *harp-, gr. odontes = Zähne], die ↗Bombay-Enten (Lachsfische).
Harpyie *w* [v. gr. Harpyia = raubvogelgestalt. Göttin], *Harpia harpyja,* mächtiger, bis 1 m langer Greifvogel (Fam. Habichtartige), den Adlern nahestehend, der in trop. Wäldern v. Paraguay bis Mexiko lebt u. dort vor allem Affen, Nasenbären und Faultiere schlägt; trotz der Größe wendiger Flieger, gilt als einer der kräftigsten Greifvögel. Nistet auf hohen Bäumen, 2 Eier. Indianer nehmen Junge aus dem Horst u. halten sie in Gefangenschaft, um die als Tauschobjekt begehrten Federn zu bekommen. B Südamerika III.
Harrimania *w*, Gatt. der ↗Enteropneusten (Fam. *Harrimaniidae*), mit der in der Nordsee vorkommenden Art *H. kupfferi.*
Harrison [härißn], *Ross*, am. Zoologe, * 13. 1. 1870 Philadelphia, † 30. 9. 1959 New Haven; seit 1907 Prof.; Arbeiten zur Embryologie, Entwicklungsphysiologie u. Differenzierung, Regeneration u. Transplantation bei Wirbeltieren; Begr. der tier. Gewebezüchtung.

Hartboviste [Mz.; v. spätmhd. vöhenvist = Fähenfurz (zu mhd. vöhe = Füchsin, vist = Bauchwind)], *Sclerodermataceae* Corda, Fam. der Bauchpilze (Ord. *Sclerodermatales*), deren Vertreter eine Peridie ohne deutl. Außenschicht besitzen; bei der Reife reißt sie am Scheitel unregelmäßig auf. Die Basidien sind im Fruchtkörper regellos verteilt od. in knäuel. Gruppen zusammengelagert. Die Gatt. *Scleroderma* (ca. 10 Arten) hat rundl.-knoll., derb-lederart. bis kork. Fruchtkörper mit einschicht. Peridie u. Mycelsträngen *(Mycelrhizoiden)*. Die Gleba ist anfangs weiß, reif dunkelbraun bis schwarz, bei der Reife pulverig zerfallend. Bekanntester Vertreter ist der sehr häufige gift. Kartoffelbovist (*S. citrinum* Pers., B Pilze IV), dessen kartoffelähnliche Fruchtkörper (⌀ 3–8 cm) eine feldrig-rissige od. schupp. Oberfläche u. einen widerlich-stechenden Geruch aufweist. Die Gleba ist anfangs weißl., dann violettschwarz, weißgeadert u. schließl. weiß- bis ockergelb. gefärbt. Er kommt hpts. im freien Gelände od. in lichten Wäldern auf saurem Boden vor. Die frühere 2. Gatt., die Erbsenstreulinge *(Pisolithus)*, wird heute in der Fam. *Pisolithaceae* eingeordnet.

Hartbrand, 1) *Gedeckter Gerstenbrand, Gersten-H.,* weltweit verbreitete ↗Brand-Krankheit, verursacht durch den ↗Brandpilz *Ustilago hordei,* v. gebietsweise unterschiedl. Bedeutung; in Dtl. stark zurückgegangen. Das Befallsbild ist dem des ↗Flugbrands ähnl., doch sind die Sporenlager längere Zeit v. einem silbergrauen Häutchen umhüllt. Die Grannen erscheinen deformiert od. bleiben normal. Zur Erntezeit sind die harten u. krümel. Sporenmassen noch nicht voll ausgestäubt, so daß sie noch beim Drusch freigesetzt werden. Die Sporen haften an der Außenseite der Körner, keimen u. bilden ein Ruhemycel zw. Karyopse u. Spelzen. Die Infektion erfolgt im frühen Keimlingsstadium, nach der Bildung des dikaryot., infektiösen Mycels. Bekämpfung durch Beizung des Saatguts. 2) eine Modifikation des ↗Haferflugbrands (Haferhartbrand).

Hartebeest *s* [v. Afrikaans hart = Hirsch, beest = Tier], ↗Kuhantilopen.

harte Hirnhaut, die ↗Dura mater, ↗Hirnhäute.

Hartfäule, die ↗Alternariafäule.

Hartheu, *Johanniskraut, Hypericum,* mit ca. 200 Arten fast über die gesamte Erde verbreitete Gatt. der Hartheugewächse. Kräuter, (Halb-)Sträucher, bisweilen auch Bäume mit oftmals durch Öldrüsen punktierten Blättern u. meist 5zähl. Blüten mit oberständ. Fruchtknoten u. zahlr. Staubblättern. Von etwa 10 in Mitteleuropa beheimateten Arten ist *H. perforatum,* das Echte J. (Tüpfel-J.), am verbreitetsten; die in Eurasien u. N-Afrika heim., heute fast weltweit eingebürgerte Staude besitzt eilängl. Blätter u. in Trugdolden stehende, goldgelbe Blüten, die beim Zerreiben einen roten Saft absondern; Standorte sind Brachen u. Magerweiden, Böschungen sowie Gebüsch-, Wald- u. Wegränder. *H. calycinum,* das Großblumige J., ein aus dem östl. Mittelmeergebiet stammender, kriechender Halbstrauch mit einzeln stehenden, bis 8 cm großen, goldgelben Blüten, wird häufig als bodendeckende Zierpflanze kultiviert.

Hartheugewächse, auch *Johanniskrautgewächse, Guttiferae, Hypericaceae,* v.a. im trop. u. subtrop. Amerika u. Asien beheimatete, jedoch weltweit verbreitete Fam. der *Theales* mit rund 1000 Arten in etwa 40 Gatt. Bäume od. (Halb-)Sträucher, seltener Kräuter, mit meist gegenständ., ungeteilten Blättern u. radiären, i.d.R. 4–5zähl. Blüten, die einzeln od. in zymösen Blütenständen angeordnet sind u. meist zahlr., in Form u. Anordnung sehr mannigfalt. Staubblätter besitzen. Die Frucht ist eine Kapsel, bisweilen Steinfrucht od. Beere. Für die H. charakterist. sind die in Blüten, Blättern u. Rinde usw. vorhandenen, schizogenen Sekretbehälter bzw. -gänge, in denen äther. Öl, Harz, Balsam, Fett u.a. abgesondert u. gelagert wird. Verschiedene Vertreter der H. besitzen wirtschaftl. Bedeutung, da sie neben eßbaren Früchten *(Garcinia, Mammea* u.a.) Fette u. Öle (Samen von *Calophyllum, Garcinia, Mammea* u.a.), verwertbare (Gummi-)Harze od. Farbstoffe *(Garcinia, Clusia* u.a.), Heilmittel *(Calophyllum, Clusia, Garcinia, Hypericum* usw.) sowie Kosmetika *(Clusia, Mesua* usw.) liefern. Darüber hinaus sind ihre leicht bearbeitbaren *(Calophyllum* u.a.) od. aber bes. harten, dauerhaften Hölzer *(Calophyllum, Mesua* usw.) v. Wichtigkeit. Einzige auch in Mitteleuropa heim. Gatt. der H. ist das ↗Hartheu.

Hartholz, i.e.S. ↗Holz (T) v. großer Härte u. Festigkeit sowie hoher Dichte (0,80–0,95

Hartheu

Das Echte Johanniskraut *(Hypericum perforatum)* wird seit dem Altertum als Heilpflanze, fr. auch als Zauberpflanze (zur Abwehr böser Geister, als Schutz gg. Blitzschlag usw.), geschätzt. Es enthält u.a. äther. Öl, Gerbstoff u. das photosensibilisierende ↗Hypericin.

Hartheugewächse

Oft werden die *Hypericoideae,* eine U.-Fam. der H., als eigenständige Fam. *Hypericaceae* behandelt.

Hartheugewächse von bes. Bedeutung:

Mammea americana, Mammey-Apfel (Westindien), mit bis 4 kg schweren, ovalen, rötl.-gelben Früchten, deren goldgelbes, aprikosenartig schmeckendes Fleisch als Obst verzehrt wird.

Garcinia mangostana, Mangostane (Malaysia), deren kugelförm., bis 7 cm breite, purpurbraune Beeren 4–7, v. jeweils einem weißen, saftigaromat. (süßsauren) Arillus umgebene Samen enthält u. als eine der besten Tropenfrüchte gilt.

Garcinia hanburyi (Hinterindien), die zus. mit anderen *G.*-Arten ↗Gummigutt liefert.

Mesua ferrea, Nagas- od. Eisenholzbaum (Vorder- u. Hinterindien), mit außergewöhnl. hartem, vielseitig verwertbarem Holz (für Eisenbahnschwellen, Masten, Furniere usw.) u. veilchenartig duftenden Blüten, deren äther. Öl v. der Parfüm-Ind. verwendet wird.

Hartheugewächse

Wichtige Gattungen:
Calophyllum
Clusia
Garcinia
↗Hartheu
(Hypericum)
Mammea
Mesua

Hartholzaue

g/cm³), bedingt durch hohen Anteil an englumigen Tracheen u. Tracheiden u. v. a. an dickwand. Holzfasern, die teilweise nestartig angeordnet sind; z. B. Buchsbaum, Esche, Ebenholz, Teak. I. w. S. gelegentl. Bez. für ↗ Kernholz, ↗ Eisenholz (T).

Hartholzaue ↗ Querco-Ulmetum.

Hartigsches Netz [ben. nach dem dt. Forstbotaniker R. Hartig, 1839–1901], interzelluläres, dichtes Netzwerk v. Hyphen symbiont. Pilze zw. Epidermis u. den äußeren Rindenschichten des Wirts bei der ektotrophen ↗ Mykorrhiza; dient dem Pilz zur Nährstoffaufnahme aus der Wirtszelle, kann aber auch vom Wirt verdaut werden.

Hartlaubvegetation, immergrüne Vegetation der Winterregengebiete mit kühlen, niederschlagsreichen Wintern u. trockenheißen Sommern (Mittelmeergebiet, Kalifornien, Südafrika usw.). Charakterist. sind Pflanzen mit relativ kleinen, ledr., wachsüberzogenen Blättern („Lorbeerblättrigkeit"). Der transpirationshemmende Bau dieser Laubblätter verhindert größere Wasserverluste während der Trockenzeiten, andererseits sorgt ihr hoher Anteil an versteifendem Sklerenchymgewebe für mechan. Festigkeit bei nachlassendem Turgor. Große Gebiete ehemal. *Hartlaubwälder* sind heute durch den Eingriff des Menschen (Brand, Beweidung) in Degradationsstadien umgewandelt, die in stärkster Ausprägung schließl. in offene Felsheiden bzw. Karstweiden übergehen u. keinen Hartlaubcharakter mehr zeigen. ↗ Afrika, ↗ Europa, ↗ Nordamerika.

Hartline [haːˈtlain], *Haldan Keffer*, am. Physiologe, * 22. 12. 1903 Bloomsburg (Pa.), † 17. 3. 1983 Fallston (Md.), seit 1953 Prof. in New York; Arbeiten zum Stoffwechsel v. Nervenzellen; physiolog. Untersuchungen zum Sehvorgang, bes. über die Einzelleistungen der Retinazellen; erhielt 1967 zus. mit R. Granit u. G. Wald den Nobelpreis für Medizin.

Hartmanella w [ben. nach M. ↗ Hartmann], ↗ Limax-Amöben.

Hartmann, *Max,* dt. Biologe, * 7.7. 1876 Lauterecken (Pfalz), † 11. 10. 1962 Buchenbühl (Allgäu); seit 1909 Prof. u. seit 1914 Abt.-Leiter des Kaiser-Wilhelm-Inst. für Biol. Berlin-Dahlem (ab 1944 in Hechingen), 1933–1945 dessen Dir., ab 1952 Tübingen (MPI). Grundlegende Arbeiten über Vermehrung u. Sexualität v. Protozoen; bestätigte (1925) experimentell an der Braunalge Ectocarpus die 1909 theoret. entwickelte Vorstellung v. der relativen Sexualität; zahlr. Arbeiten zur Erkenntnistheorie in der Naturwiss.; bekannt seine in mehreren Aufl. erschienene „Allgemeine Biologie" (1927).

Hartpolstersträucher, Zwergsträucher,

Hartriegel
1 Roter Hartriegel *(Cornus sanguinea)*, links Frucht-, rechts Blütenzweig; 2 blühender Zweig der Kornelkirsche *(C. mas)*

Hartriegelartige
Wichtige Familien:
↗ *Alangiaceae*
↗ *Hartriegelgewächse (Cornaceae)*
↗ *Nyssaceae*

M. Hartmann

bei denen sich die zahlr., meist verholzenden Endverzweigungen der Triebe zu einer dichten Oberfläche zusammenfügen, so daß ein kompaktes halbkugel. Polster entsteht. Die dichte Anordnung der Triebe wirkt stark transpirationsmindernd; entspr. findet sich diese Wuchsform v. a. in trocknis- od. frosttrocknisgefährdeten Lagen, in Hochgebirgswüsten, subarkt. Regionen usw.

Hartriegel, *Cornus,* Gatt. der Hartriegelgewächse mit 45 Arten v. sommergrünen Holzgewächsen (Nordhalbkugel). Blätter einfach, gegenständig; kleine, vierzähl. Blüten, die in Trugdolden od. v. 4–6 tellerartig angeordneten Hochblättern umgebenen Dolden stehen; Steinfrüchte. Der Rote H. *(C. sanguinea)* ist ein bis 5 m hoher Strauch, dessen junge Zweige rot sind; Blüten weiß, in endständ., reichblüt. Dolden; die einsam., schwarzen, kugel. Früchte werden durch Vögel verbreitet; häufig in Hecken u. krautreichen Laubmischwäldern, wird auch als Zier- u. Nutzstrauch gepflanzt. Die Kornelkirsche *(C. mas,* Mitteleuropa) ist ein häufig gepflanzter u. verwilderter Strauch, dessen scharlachrote Früchte roh u. kandiert gegessen u. zur Fruchtsaftbereitung verwendet werden; das Holz kann für Drechslerarbeiten genutzt werden. Der nach der ↗ Roten Liste „vom Aussterben bedrohte" Schwedische H. *(C. suecica,* B Polarregion II), dessen 4 helle Hochblätter mit den aus dunkelpurpurnen Blüten zusammengesetzten Blütenstand kontrastieren, ist eine Staude der arkt. Zwergstrauchges. *C. florida* u. a. werden als Ziergehölze (auffallende Hochblätter) gepflanzt.

Hartriegelartige, *Cornales,* Ord. der *Rosidae* mit 4 Fam. u. über 150 Arten (v. a. Nordhalbkugel); Holzpflanzen mit ungeteilten Blättern, meist ohne Harzgänge, mit den charakterisierenden Inhaltsstoffen Ellagsäure u. Irdoide.

Hartriegelgewächse, *Cornaceae,* Fam. der Hartriegelartigen mit 12 Gatt. u. ca. 100 Arten, überwiegend Holzgewächse (Tropen u. gemäßigte Breiten, v. a. in N-Amerika und Asien). Einfache Blätter, die gegenständ., manchmal wechselständ. angeordnet sind; kleine 4- oder 5zähl. Blüten, zwittrig od. eingeschlechtig (dann zweihäus. verteilt), die in manchmal v. auffallenden Hochblättern umgebenen Blütenständen stehen; 2–4blättr., unterständ. Fruchtknoten mit Diskus; Steinfrüchte. Namengebende Gatt. ↗ Hartriegel *(Cornus).* Die Gatt. *Aucuba* (Himalaya bis O-Asien) mit dem Goldblatt *(A. japonica)* ist bei uns als sehr genügsame, immergrüne, formenreiche Kübelpflanze mit i. d. R. gelb gepunkteten, derben Blättern bekannt. Die

Gatt. *Helwingia* (Himalaya bis O-Asien) umfaßt 3 strauch. Arten mit eingeschlecht. Blüten in Dolden, die zweihäus. verteilt sind; auffallend ist, daß die Dolden blattbürtig (auf der Blattmittelrippe sitzend) sind. Der Verbreitungsschwerpunkt der Gatt. *Mastixia* (25 Arten) ist heute Indomalesien; die charakterist. Samen mit tiefer Längsrippe konnten in mitteleur. Braunkohlelagern nachgewiesen werden; die Gatt. war also im Alttertiär weit verbreitet.

Hartsoeker, *Niklaas,* niederländ. Naturforscher u. Mikroskopiker, * 26. 3. 1656 Gouda, † 10. 12. 1725 Utrecht; Prof. in Heidelberg u. Utrecht; Mitentdecker der (menschl.) Spermatozoen u. Mitbegr. der Präformationstheorie (↗ animalcules, ↗ Entwicklungstheorien).

Harvey [ha'wi], *William,* engl. Arzt u. Physiologe, * 1. 4. 1578 Folkestone (Kent), † 3. 6. 1657 Hampstead; ab 1615 Prof. am Royal College of Physicians in London; beschrieb 1628 in seiner Schrift „Exercitatio anatomica de motu cordis et sanguis in animalibus" den großen ↗ Blutkreislauf; postulierte den Ursprung allen Lebens aus dem Ei („omnia vivum ex ovo"), lange bevor K. E. von Baer das Säugetierei mikroskop. nachweisen konnte; Arbeiten zur Embryologie.

Harzalkohole ↗ Resinole.

Harzbienen, *Anthidium,* Gatt. der ↗ Megachilidae.

Harze, meist amorphe, harte bis spröde, transparente, lipophile Gemische organ. Substanzen v. unterschiedl. chem. Zs., jedoch mit ähnl. physikal. Eigenschaften. Die *natürl. H.* (Resina) sind im allg. Abscheidungsprodukte (Exsudate) v. Pflanzen (vorwiegend Bäumen) u. liegen dort als ↗ *Balsame* (Lösungen von H.n in äther. Ölen) od. im Milchsaft (Latex) gelöst vor. Koniferen-H. werden in bes. epidermalen ↗ Drüsen *(Harzdrüsen)* gebildet u. in schizogene Sekretbehälter (*Harzkanäle,* B Blatt I) ausgeschieden. Oft enthält die unverletzte Pflanze nur wenig od. kein Harz. Erst bei Verletzung kommt es zu einer intensiven (patholog.) Harzproduktion, u. aus den natürl. (Harzfluß) od. künstl. (Lachten) Wunden treten zähe u. klebr. Flüssigkeiten aus, deren flücht. Bestandteile an der Luft verdunsten, während der Rückstand zum eigentl. Harz polymerisiert *(Verharzung).* Ein bekanntes Beispiel ist das H. *Kolophonium* aus dem Balsam *Terpentin* (↗ Balsame). Weitere Vertreter der H. sind *Benzoe* (↗ Benzoeharz), *Dammar* (Dipterocarpaceae), ↗ *Elemi,* ↗ *Guajakol,* ↗ *Mastix,* ↗ *Olibanumöl* (Weihrauch), *Jalapa-Harz* (↗ Windengewächse), ↗ *Kopal,* ↗ *Sandarakharz, Drachenblut* (↗ *Drachenbaum*) sowie ↗ *Bernstein,* das wichtigste der *fossilen H.* Sie sind meist gelb bis braun gefärbt (Drachenblut ist dunkelrot, manche Mastixarten grünl.), geruchlos u. geschmackfrei („Harzduft" beruht auf äther. Ölen) u. besitzen gärungs- u. fäulniswidrige Eigenschaften. Diese Eigenschaften, in denen neben dem Wundverschluß bei Verletzung die biol. Bedeutung der H. zu sehen ist, machte man sich bereits im Altertum zunutze, z.B. beim Einbalsamieren v. Leichen u. beim Harzen v. Wein. – Chem. gesehen, stellen die H. komplexe Stoffgemische v. nichtflücht. Terpenen (hpts. Diterpene, seltener Sesqui- u. Triterpene) u. Aromaten (v. a. Phenylpropan-Derivate) dar. Je nach Zs. der H., die v. der Art der jeweil. Pflanze abhängt, aber auch v. den klimat. Bedingungen beeinflußt wird, spricht man v. *Terpen-H.n* (z. B. Mastix u. Elemi) od. *Benz-H.n* (z. B. Benzoe u. Guajak). Eine weitere Gruppe bilden die *Gummi-H.* (Gummen, Schleim-H.), die als gelber od. weißer Milchsaft aus der verwundeten Pflanze austreten. Sie sind Gemische von H.n mit Schleimstoffen u. enthalten außer Isoprenoiden auch Polysaccharide. Zu ihnen zählen z. B. ↗ *Myrrhe* u. ↗ *Gummigutt.* Wichtigster Vertreter der *tier. H.* ist der v. den in S- und SO-Asien lebenden Schildläusen *Lakshadia* u. *Laccifer* gebildete ↗ *Schellack.* Verwendet werden H. und deren Derivate z. B. zur Herstellung v. Lacken, Firnissen, Seifen, Abdichtungsmitteln, Kosmetika, Salben, Pflaster usw., wobei jedoch die Natur-H. heute weitgehend durch Kunst-H. verdrängt sind. E. F.

Harzgallen, Harzausflüsse an Kiefern, umhüllen die Raupen der Harzmotte *Evetria resinella,* aber ernähren sie offenbar nicht; daher keine ↗ Gallen i. e. S.

Harzgänge, *Harzkanäle,* die langgestreckten, sich durch den Pflanzenkörper hinziehenden Interzellulargänge, die v. Harzdrüsenzellen ausgekleidet sind; entstehen durch Auseinanderweichen der ↗ Drüsen-Zellen u. nehmen das abgesonderte ↗ Harz auf. Entspr. ihrer Entstehung zählen sie zu den schizogenen ↗ Sekretbehältern. H. finden sich z.B. im ↗ Holz (☐), im Nadelblatt (B Blatt I) sowie in der Rinde u. Borke vieler Nadelhölzer. ↗ Sproß.

Harzsäuren ↗ Resinosäuren.

Haschisch *m* [v. arab. hašīš = Kraut, Hanf], die asiat. und afr. Anwendungsvariante (↗ Marihuana) der Rauschdroge *Cannabis* (Ind. Hanf); das reine, unveränderte Harz aus den Harzdrüsen der Blätter, Blüten u. Stengel der ♀ Hanfpflanze; im Handel meist in Form gepreßter Harzkugeln od. -platten. Aus H. kann durch Destilation od. Extraktion das wirksame *H.öl* gewonnen werden. ↗ Cannabinoide, ↗ Drogen und das Drogenproblem, ↗ Hanf.

Haschisch

Harze

Die einzelnen Bestandteile der H. unterteilt man in ↗ *Resinole* (Harzalkohole u. Phenole, z. B. ↗ Coniferylalkohole), ↗ *Resinosäuren* (Harzsäuren, z. B. ↗ Abietinsäure), *Resinotannole* (Harzalkohole mit Gerbstoffeigenschaften), *Resine* (Ester v. Harzsäuren u. Harzalkoholen, z. B. Coniferylbenzoat) u. *Resene* („indifferente" Stoffe, hochpolymere ungesättigte, z. T. sauerstoffhalt. Verbindungen).

Hasel

Hasel, 1) w, *Corylus,* Gatt. der Birkengewächse mit ca. 15 Arten in Europa u. Vorderasien. Windblüt., einhäus. Sträucher (selten Bäume), die ihre Blütenstände bereits im Vorjahr ausbilden. Die ♀ Blüten in Gestalt v. Knospen mit heraushängenden roten fäd. Narben u. die ♂ hängenden Kätzchen (B Blütenstände) blühen vor Laubausbruch. Sie sind eine wicht. Bienenweide. Die Befruchtung erfolgt erst im Mai, etwa 2 Monate nach der Bestäubung. Der H.strauch (*C. avellana,* B Europa XI) ist ein 4–5 m hoher Strauch, bes. in Niederwäldern, an Waldrändern, im Unterwuchs v. Mischwäldern u. auf Steinriegeln bis ca. 1400 m Höhe. In der fr. Wärmezeit (*H.zeit,* ↗Boreal) war der H.strauch weiter nach N und etwa 200 m höher in den Gebirgen verbreitet. Das rötl.-weiße, biegsame *Holz* (Dichte 0,63 g/cm^3) wird in der Drechslerei u. für Zeichenkohle verwendet; die H.ruten (H.gerten) liefern Flechtmaterial. Angebaut werden neben *C. avellana* v. a. wegen der H.nüsse mit einem charakterist. Fruchtbecher aus zerfransten Hochblättern 2 weitere Arten: Die frostempfindl. Lambertsnuß (*C. maxima*), etwa im 16. Jh. aus der Lombardei gekommen, ein südeur. Strauch (3–5 m) mit ca. 3 cm längl.-eiförm. Nüssen mit röhrig-glock. Fruchtbecher; außerdem die südosteur. Baum-H. (*C. colurna*) mit stark zerschlitztem Fruchtbecher, ein bis 25 m hoher winterharter Baum; er wird für Straßenbepflanzungen verwendet u. liefert ein wertvolles Möbelholz. Die *H.nüsse* sind ein Vitamin-C-reiches Nahrungsmittel u. enthalten ca. 58% Fett u. 20% Protein; aus ihnen wird das mandelölähnl. *H.nußöl* für Gebäck u. Kosmetika gewonnen. Hauptanbaugebiete sind Italien, Spanien und die Küstenstreifen des Schwarzen Meeres. **2)** m, *Leuciscus leuciscus,* ↗Weißfische. [hühner.

Haselhuhn, *Tetrastes bonasia,* ↗Rauhfuß-

Haselmaus, *Muscardinus avellanarius,* kleinster einheim. Bilch (Kopfrumpflänge 6–9 cm, Schwanzlänge ca. 7 cm) mit einfarbig gelbbrauner Oberseite. Die dämmerungsaktive H. bevorzugt buschreiche Landschaft mit dichtem Unterholz in klimat. günstiger Lage. Als Versteck u. zur Jungenaufzucht dient ein Erdnest od. ein in 1–2 m Höhe im Gebüsch kunstvoll aus Pflanzenteilen erbautes Kugelnest; Winterschlaf hält die H. in einem Erdloch unter Fallaub. B Europa XIII.

Haselnuß ↗Hasel. [selkäfer.

Haselnußbohrer, *Curculio nucum,* ↗Rüs-

Haselwurz, *Asarum,* Gatt. der Osterluzeigewächse mit ca. 100 ausdauernden, rhizombildenden Arten. Die Blätter sind breit nierenförmig, immergrün, glänzend; am Ende der Laubtriebe entwickelt sich dicht

männliche Kätzchen

Haselnüsse

Hasel *(Corylus)*

Hasenartige
Gattungen der H.n *(Leporinae),* Zahl der Arten in Klammern:
Echte Hasen (ca. 22) *(Lepus)*
Wildkaninchen (1) *(Oryctolagus)*
Baumwollschwanzkaninchen (ca. 12) *(Sylvilagus)*
Zwergkaninchen (1) *(Brachylagus)*
Rotkaninchen (ca. 3) *(Pronolagus)*
Buschmann-Hasen (1) *(Bunolagus)*
Riu-Kiu-Kaninchen (1) *(Pentalagus)*
Borstenkaninchen (1) *(Caprolagus)*
Buschkaninchen (1) *(Poelagus)*
Sumatra-Kaninchen (1) *(Nesolagus)*
Vulkankaninchen (1) *(Romerolagus)*

am Boden die Blüte. Die eur. Art *A. europaeum* bildet an jedem Trieb zuerst einige fleisch. Schuppenblätter, auf die 2 winterharte Laubblätter folgen. Die bräunl.-rote, etwa 1,5 cm lange, nach Pfeffer riechende Blüte ist kurzgestielt u. hat die Form eines kleinen Kruges; die Blütenzipfel sind kurz u. eingekrümmt. Die Ausbreitung der Samen erfolgt durch ↗Elaiosomen (Myrmekochorie). *A. europaeum* bevorzugt lockere u. feuchte Böden; die gift. Pflanze wächst in Laub- u. Nadelwäldern der planaren bis submontanen Stufe; ihre äther. Öle werden in der Heilkunde verwendet (↗Brechwurz).

Haselzeit, das ↗Boreal; ↗Hasel.

Hasen, ↗Hasenartige, ↗Hasentiere.

Hasenartige, 1) *Leporidae,* Fam. der ↗Hasentiere; hierzu die † *Palaeolaginae* (Urhasen) u. *Archaeolaginae* (Althasen) sowie **2)** die *Leporinae* (H. i. e. S.), mit 11 Gatt. (vgl. Tab.) u. insgesamt etwa 45 Arten; darunter der Europ. ↗Feldhase *(Lepus europaeus)* und das europ. ↗Wildkaninchen *(Oryctolagus cuniculus).*

Hasenlattich, *Prenanthes,* mit ca. 30 Arten bes. in Asien u. N-Amerika beheimatete Gatt. der Korbblütler. In Europa nur *P. purpurea,* der Purpur-H., eine ausdauernde, ca. 2 m hohe Pflanze mit längl. Blättern u. zahlr. kleinen, in lockerer Rispe nickenden, purpurroten Blütenköpfchen; in kraut- u. grasreichen Mischwäldern, Hochstaudenfluren u. Lichtungen.

Hasenmäuler, *Hasenfledermäuse, Noctilionidae,* südam. Fledermaus-Fam. mit 2 Arten; Oberlippe durch Hautfalte geteilt (Name!). Das Große Hasenmaul *(Noctilio leporinus;* Kopfrumpflänge 13 cm) ernährt sich hpts. v. Fischen, die mit den starken Fußkrallen im Flug ergriffen werden. Das Kleine Hasenmaul *(N. labialis;* Kopfrumpflänge ca. 7 cm) lebt ausschl. v. Insekten.

Hasenmäuse, *Lagidium,* Gatt. der ↗Chinchillas.

Hasenohr, 1) *Otidea leporina,* ↗Otidea. **2)** *Bupleurum,* Gatt. der Doldenblütler mit ca. 150 Arten (Eurasien, Kanar. Inseln, N-Afrika). Die Kräuter, Halbsträucher od. Sträucher haben stets ganzrand., parallelnerv. Blätter. Das nach der ↗Roten Liste „potentiell gefährdete" Berg-H. *(B. ranunculoides)* ist eine bis 30 cm hohe, kraut. Pflanze trocken-warmer Säume u. Eichen-Hainbuchenwälder, deren untere Blätter lanzettl., die oberen aber mit breitem, den Stengel umfassenden Blattgrund ausgebildet sind; Blütendolden 4–8strahl. mit gelben Hüllblättern. Das „stark gefährdete" Rundblättrige H. *(B. rotundifolium),* dessen mittlere u. obere Blätter vom Stengel durchwachsen sind u. dem die Hüllblätter fehlen, ist ein Getreideunkraut in Kalkgebieten. Das Sichel-H. *(B. falcatum)* ist ein wärmeliebendes, bis 1 m hohes, mehrfach verzweigtes Kraut, dessen obere Blätter 5–7nervig u. lanzettl. sind; gelbe Blüten in Dolden 2. Ord. mit schmal lanzettl. Hüllblättern; in Säumen, lichten Eichen- u. Kiefernwäldern u. Trockenrasen. [↗ Gyroporus.

Hasenröhrling, *Gyroporus castaneus,*
Hasenschwanzgras ↗ Lagurus.
Hasentiere, *Lagomorpha,* wurden lange Zeit als Nagetiere betrachtet u. wegen ihrer 2 Schneidezähne pro Oberkieferhälfte als *Doppelzähner (Duplicidentata)* „allen übrigen Nagern" gegenübergestellt; heute werden die H. allg. als eigene Säugetier-Ord. anerkannt. Ähnlichkeiten zw. den H.n und Nagetieren (v. a. das ↗ Nagegebiß) sind auf ähnl. Lebensweise (z. B. Ernährung) zurückzuführen u. gelten als Konvergenzen. Ein hasenart. Vordergebiß haben bereits die aus dem Paleozän Asiens bekannten Eurymyliden. Außer in der Antarktis u. auf Madagaskar gibt es heute H. auf der ganzen Erde; nach Austr. u. Neuseeland hat sie der Mensch eingeführt. Eine Besonderheit der H. (aber auch der Nagetiere) ist die Abgabe u. Wiederaufnahme v. vitaminreichem ↗ Blinddarmkot (Coecotrophie). – 2 Fam.: ↗ Hasenartige *(Leporidae)* und ↗ Pfeifhasen *(Ochotonidae).*

Hashimotosche Krankheit [ben. nach dem jap. Pathologen H. Hashimoto, 1881 bis 1934], ↗ Autoimmunkrankheiten.

Hassen, engl. *mobbing,* aggressives Gruppenverhalten vieler Vögel (□ Aggression), aber auch Säugetiere, gegenüber einem Freßfeind: Die Tiere sammeln sich um den entdeckten Räuber u. zeigen arttyp. Bewegungen des H.s, stoßen kennzeichnende Laute aus u. unternehmen ggf. Scheinangriffe. Das H. wird zur Jagd auf Krähenvögel u. a. ausgenutzt, indem ein Greifvogel od. eine Großeule (Uhu) festgebunden ins Freie gesetzt wird. Aus einem verborgenen Unterstand bejagt der Schütze dann die anfliegenden Vögel. Die Funktion des H.s ist unklar; möglicherweise wird der Räuber so verwirrt u. verläßt das Revier. Evtl. können unerfahrene Artgenossen durch H. Freßfeinde erkennen lernen. Auch manche Säugetiere (Schimpansen, Paviane) benehmen sich Hunden od. Leoparden gegenüber ähnlich. Zu beachten ist, daß das engl. „mobbing" eine breitere Bedeutung hat als das deutsche „Hassen" und u. a. auch kollektive Aggressivität gegenüber mißliebigen Artgenossen (z. B. gruppenfremde Tiere) einschließt, sofern sie ähnl. Züge annimmt.

Hata, *Sahatschiro,* japan. Bakteriologe, * 23. 3. 1873 Tsumo (Honschu), † 22. 11. 1938 Tokio; zuletzt Prof. in Tokio; bekannter Mitarbeiter P. Ehrlichs bei den Versuchen, die 1910 zur Erfindung des Salvarsans (Syphilisbehandlung) führten.

Hatch-Slack-Zyklus [hätsch-släk-], *C_4-Säurezyklus,* nach den Entdeckern ben. zykl. Folge v. Reaktionen bei C_4-Pflanzen (↗ Photosynthese), durch welche das CO_2 der Luft über die Mesophyllzellen zu den Bündelscheidenzellen, in denen die Assimilation des CO_2 zu Kohlenhydraten im Rahmen des Calvin-Zyklus erfolgt, transportiert wird. Die Bindung des CO_2 erfolgt in den Mesophyllzellen durch Reaktion mit Phosphoenolpyruvat zu Oxalacetat, das anschließend zu Malat umgewandelt wird. Nach dessen Transport in benachbarte Bündelscheidenzellen wird CO_2 unter Bildung v. Pyruvat freigesetzt; letzteres wird nach Rücktransport in die Mesophyllzelle unter ATP-Verbrauch zu Phosphoenolpyruvat regeneriert. Der durch den H.-S.-Z. beschleunigte, jedoch energetisch aufwend. Transport von CO_2 in die Bündelscheidenzellen ist v. großer Bedeutung für die Aufrechterhaltung einer hohen Photosyntheserate u. zur Minimalisierung v. Energieverlusten durch Photorespiration.

Hatschek, *Berthold,* östr. Zoologe, * 3. 4. 1854 Kirwein (Mähren), † 18. 1. 1941 Wien; Prof. in Prag, seit 1896 in Wien, dort Leiter des Zool. Inst.; zahlr. meereszool. Arbeiten (Messina), grundlegende Untersuchungen zum Ursprung des Wirbeltierbauplans am Lanzettfischchen.

Häubchenmuschel, *Musculium lacustre* (Familie Kugelmuscheln), Süßwassermuschel v. ca. 9 mm Länge, paläarkt. u. auch in ganz Dtl. in ruhigen Gewässern verbreitet; die H. ist ☿; die Eier entwickeln sich in Bruttaschen an den inneren Kiemen.

Haube, 1) Bot.: die ↗ *Calyptra.* **2)** Zool.: a) bei Vögeln ein aufrichtbarer Federschopf auf dem Kopf (z. B. H.nlerche, H.ntaucher), ↗ Busch 4); b) der Netzmagen der Wiederkäuer.

Haubennetzspinnen, die ↗ Kugelspinnen.
Haubenpilze ↗ Mitrula.
Haubenschnecken, *Calyptraeidae,* Fam. der Pantoffelschnecken, mit napfart. Gehäuse, dessen weite Mündung innen eine Platte (Septum) od. einen trichterförm. Fortsatz trägt. Die H. sind protandr. ☿; die Eier entwickeln sich unter dem Gehäuse, die Larven sind planktisch. Die H. sitzen oft in Gruppen zus., auch aufeinander; sie bewegen sich wenig u. ernähren sich filtrierend; in gemäßigten u. trop. Meeren verbreitet.

Haubentaucher, *Podiceps cristatus,* ↗ Lappentaucher.
Haubergwirtschaft, *Reutbergwirtschaft,* die ↗ Feld-Wald-Wechselwirtschaft.
Häublinge, *Mooshäubchen, Galerina* Earle, Gatt. der Schleierlingsartigen Pilze

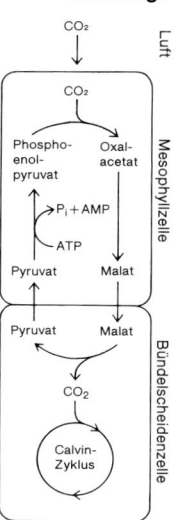

Häublinge

Hatch-Slack-Zyklus

Haubenschnecken

Gattungen:
↗ Calyptraea
↗ Crucibulum
↗ Pantoffelschnecken
(Crepidula)

Hauhechel mit ca. 60 Arten in Europa. Die kleinen, wäßr. Fruchtkörper sind oft zerbrechl.; der Hut ist glockig-kegelig, mehr oder weniger hygrophan u. meist durchscheinend gerieft; sein ⌀ selten >3,5 cm, meist viel kleiner. H. enthalten teils deutl. Velumreste, teils fehlen sie; das Sporenpulver ist rostbraun. Sie wachsen meist auf Moosen, moosigen Stümpfen, auf Holzstückchen u. auch an feuchten Stellen zw. Laub- u. Lebermoosen sowie auf nacktem Torfboden. Hochgiftig ist *G. marginata* Kühner.

Hauhechel w, *Ononis*, Gatt. der Hülsenfrüchtler mit ca. 70 Arten (Verbreitungsschwerpunkt im Mittelmeergebiet). Die Kräuter u. Sträucher sind meist dicht behaart u. tragen oft Dornen; Blätter dreizählig mit gesägten Fiedern; alle 10 Staubblätter sind miteinander verwachsen. In Mitteleuropa heimisch u. häufig: Dorniger H. *(O. spinosa)*, bis 50 cm hohe, dorn. Pflanze mit verholzendem Stengel; Blüten rosa, Fiederblättchen längl.; in Kalkmagerrasen u. -weiden, Moorwiesen u. an Wegen u. Böschungen. Kriechender H. *(O. repens)*, mit einzeln stehenden Blüten, niederliegendem bis aufsteigendem Stengel, der ringsum drüsig-zottig behaart ist; auf sonnigen Magerwiesen, an Wegen u. Böschungen.

Hauptkern, der ↗Makronucleus.

Hauptnährstoffe ↗Ernährung.

Hauptpigmentzellen, *primäre Pigmentzellen*, zwei Pigmente (meist Ommochrome) tragende Zellen um den Kristallkegel eines Ommatidiums im ↗Komplexauge der Insekten; bilden eine Art Irisblende um den dioptr. Apparat; sind den beiden Corneagenzellen im Ommatidium der Krebse homolog.

Hauptwirt, Wirtsart (od. -individuum), in der ein Parasit am häufigsten anzutreffen ist; Ggs.: Nebenwirt.

Hauptwurzel, die am Embryo angelegte u. dann auswachsende ↗Wurzel, die ihrerseits endogen Seitenwurzeln hervorbringt. Bei den Monokotyledonen bleibt sie klein od. stirbt sehr früh ab, bei den Nadelhölzern u. Dikotyledonen wird sie groß u. mächtig. ↗Allorrhizie, ↗Homorrhizie.

Hausbock, *Balkenbock*, *Hylotrupes bajulus*, Art der ↗Bockkäfer; 12–15 mm, düster graubraun, hellgraue Querbinden auf Elytren, Körper zieml. flach, Fühler relativ kurz. Larve in totem, trockenem Nadelholz, oft in verbautem Holz (Dachgebälk, Leitungsmasten u. a.), frißt dabei viele Jahre (meist 4–5, gelegentl. über 10) im Holz, ohne daß v. außen etwas zu sehen ist. Verpuppung dicht unter der Oberfläche; der Käfer nagt sich durch ovales Ausflugloch nach außen. Das Weibchen legt über 200 Eier in Holzritzen. Häuserschädling.

Häublinge Der stark giftige Nadelholz-Häubling (Nadelholz-Rübling od. -Schüppling, *Galerina marginata* Kühn) enthält wie die Knollenblätterpilze ↗Amatoxine (α-[β]-Amanitin). Er wächst an Nadelholz u. ähnelt dem eßbaren Stockschwämmchen *(Kuehneromyces mutabilis)*; dieser wächst jedoch hpts. an Laubholz, u. sein Stiel ist im Ggs. zum Nadelholz-Häubling unterhalb des Rings schuppig.

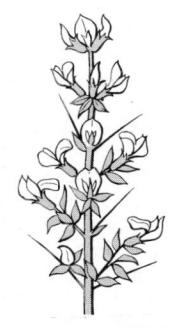

Dorniger Hauhechel (Ononis spinosa)

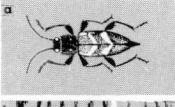

Hausbock a Käfer; b Larve u. Fraßgänge im Dachbalken; c Flugloch an der Oberfläche, durch das der sich im Holz entwickelte Käfer den Balken verläßt

Hausen, *Huso*, Gatt. der ↗Störe.

Hausenblase, Schwimmblase der Störe, wird zerschnitten u. getrocknet u. a. zum Klären (Schönen) des Weins verwendet; auch zur Leimherstellung *(Fischleim)*.

Hauser, *K.*, ↗Kaspar-Hauser-Versuch.

Hausfauna, *synanthrope Fauna*, Tiere (meist Gliedertiere), die der menschl. Kultur, insbes. den Häusern u. vergleichbaren festen Unterkünften gefolgt sind bzw. darin Ersatzbiotope gefunden haben. Dem Menschen unmittelbar gefolgt sind z.B. Menschenfloh u. Bettwanze. Als Ersatzbiotop nutzen zahlr. Gliedertiere Häuser, wie die Hausspinne, Zitterspinne, Staubmilbe, zahlr. Vorratsschädlinge, wie Mehlkäfer, Getreidekäfer, Kleidermotte u. a. Auch Wirbeltiere sind häufig ausschl. mit Häusern vergesellschaftet, z.B. Rauch- u. Mehlschwalbe, Hausmaus, Hausratte.

Hausfliege, *Muscina stabulans*, ↗Muscidae; ☐ Fliegen.

Hausgrille, *Acheta domestica*, ↗Gryllidae.

Haushuhn, Sammelbez. für die aus dem asiat. Bankivahuhn (*Gallus gallus*, B Asien VIII) gezüchteten Hühnerrassen. Früheste Hinweise auf eine Domestikation (↗Haustierwerdung) stammen v. Tonfiguren u. Gefäßmalereien der Kulturen des Industales aus der Zeit um 2500 v. Chr. Im 15. Jh. v. Chr. war das H. in China u. Ägypten bekannt, nach Europa kam es im 6. Jh. v. Chr. Der Hahn (Gockel) besitzt roten fleisch. Kopfkamm (☐ Kamm) u. Kehllappen, sichelförm. gebogene Schwanzfedern u. am Lauf einen Sporn. Die meist weißen Eier (↗Hühnerei, ☐) werden v. der Henne 20–21 Tage lang bebrütet; sie allein führt u. hudert die nestflüchtenden Jungen. Die Wirtschaftsgeflügelzucht verwendet zur Erzeugung v. Eiern u. Fleisch überwiegend Hybrid-Zuchten mit durchschnittl. Legeleistungen v. 250 Eiern pro Jahr. Eine so hohe Legeleistung ist durch die regelmäßige Wegnahme der abgelegten Eier mögl., so daß nie ein vollständ. Gelege erreicht wird, was normalerweise die Eiablage stoppt. Die Nahrungsansprüche des H.s als bestuntersuchtem Haustier sind so detailliert bekannt, daß weitgehend automatisierte Geflügelfarmen möglich sind (↗Massentierhaltung). Der Weltbestand v. etwa 2 Mrd. Haushühnern spielt eine wesentl. Rolle in der Proteinversorgung der Bevölkerung. Wo noch freilaufend gehaltene Hühner entspr. der Wildform soziale Gemeinschaften bilden, besteht eine durch Kämpfe ausgefochtene hierarchische ↗„Hackordnung". Die Liebhaberzucht ließ weitere Hühnerrassen (über 200) entstehen, die sich in Größe, Form u. Färbung unterscheiden. B S. 183. B Kaspar-Hauser-Versuch, B Konfliktverhalten, B Einsicht.

HAUSHUHN-RASSEN

1 Deutsches Langschanhuhn; **2** Plymouth-Rock-Huhn; **3** und **5** Italiener-Huhn; **4** und **6** Minorka-Huhn; **7** Rhodeländer Huhn; **8** Lachshuhn; **9** Hamburger Goldlackhuhn; **10** Gelbes Orpingtonhuhn; **11** Rheinländer Huhn; **12** Weißes Leghorn; **13** Wyandottenhuhn

Hausmaus

Hausmaus, *Mus musculus,* v. ihrer Urheimat (S-Europa, Asien) heute in vielen Formen weltweit verbreitete Art der Echten Mäuse (U.-Fam. *Murinae*); bezieht als Kommensale des Menschen v. ihm Nahrung u. Unterschlupf; Kopfrumpf- u. Schwanzlänge je 7–10 cm; Oberseite grau, Unterseite heller. Die v. der Baktrischen Maus *(M. m. bactrianus)* abstammende Westl. H. od. Haus-H. *(M. m. domesticus)* kommt westl. der Elbe, in W- u. NW-Europa vor u. lebt fast ausschl. innerhalb v. Gebäuden. Die Nördl. H. od. Feld-H. *(M. m. musculus)* sucht nur zeitweise (witterungsabhängig) das Gebäudeinnere auf; sie ist östl. der Elbe, in N-, O- und S-Europa verbreitet; ihre Stammform, die in SO-Europa beheimatete Ährenmaus *(M. m. spicilegus),* lebt ganzjährig im Freien. Obwohl Allesfresser, bevorzugt die H. Getreide u. -produkte als Nahrung, weshalb sie als Vorratsschädling verfolgt wird. Junge Hausmäuse kommen nach nur 20 Tagen Tragzeit als Nesthocker zur Welt; schon nach 2–3 Monaten sind sie geschlechtsreif u. danach das ganze Jahr über fortpflanzungsfähig. Hausmäuse leben gesellig. Hat eine Gruppe zu viele Individuen, so bleiben die nächsten Weibchen unfruchtbar (Geburtenregelung!). – Die zahme weiße Labormaus, eine Albinoform der H., kam im 19. Jh. aus Japan nach Europa; Medizin u. Genetik gewannen an ihr wesentl. Erkenntnisse. B Europa XVI.

Hausmilbe, die ↗ Polstermilbe.

Hausmutter, *Noctua (Agrotis, Triphaena) pronuba,* häufiger einheim. Eulenfalter; Spannweite um 60 mm, gelbe Hinterflügel mit schmalem schwarzem Saumband (↗ Bandeulen), Vorderflügelzeichnung variabel schwarzbraun bis gelbgrau; nachtaktiv, mitunter aber auch tags an Blüten saugend anzutreffen, verstecken sich gerne tagsüber in Häusern (Name!); die Falter fliegen im Sommer in einer langgestreckten Generation in Gärten, Parklandschaften u. Wiesengelände, Wanderfalter; die Larven leben an verschiedenen Kräutern, Gräsern, manchmal schädl. an Gemüse, Färbung grün bis braun mit dunklen Längsstrichen; die Raupe überwintert u. verpuppt sich in der Erde.

Hausratte, *Rattus rattus,* Art der Echten Mäuse (U.-Fam. *Murinae*), als Kulturfolger des Menschen u.a. durch den Schiffsverkehr heute weltweit (mit Ausnahme des kalten Nordens) in vielen U.-Arten verbreitet; Verbreitungsschwerpunkt O-Asien; Kopfrumpf- u. Schwanzlänge je 15–23 cm. Die in Europa vorherrschende grauschwarz gefärbte H. i. e. S. *(R. r. rattus)* lebt stark an Häuser gebunden. Die braungraue Alexandriner H. od. Dachratte *(R. r. ale-*

Hausmaus *(Mus musculus)*

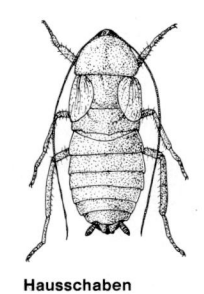

Hausschaben
Küchenschabe,
Orientalische Schabe
(Blatta orientalis)

Hausmutter
(Noctua pronuba)

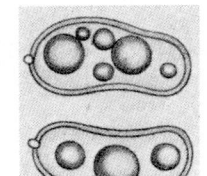

Hausschwamm
Sporen des
Hausschwamms
(9 – 12 × 5 – 6 μm)
mit Öltropfen

Hausratte
(Rattus rattus)

xandrinus) u. die Fruchtratte *(R. r. frugivorus;* Unterseite weiß*)* sind wärmeliebend, bevorzugen die Tropen u. Subtropen u. leben sowohl im Freiland als auch in Gebäuden. Als ehemals baumlebender Kletterer (wie noch heute im Mittelmeergebiet!) bevorzugt die H. im Ggs. zur Wanderratte die oberen Etagen bes. v. Holzgebäuden; sie ist vorwiegend nachtaktiv. H.n ernähren sich hpts. v. Früchten, Samen u. entsprechenden Vorräten des Menschen. Als Nahrungskonkurrent u. als Krankheitsüberträger (z. B. im MA der Pest über den Rattenfloh) wird die H. seit alters v. Menschen verfolgt, heute noch bes. in den Tropen u. Subtropen. Nach der Roten Liste „stark gefährdet". B Europa XVI.

Hausschabe, *Blattella germanica,* volkstüml. Bez. für die *Deutsche Schabe,* ↗ Blattellidae.

Hausschaben, *Blattidae,* Fam. der Schaben mit in Mitteleuropa 3 Arten, die aus trop. u. subtrop. Gebieten eingeschleppt wurden; kommen als Allesfresser überall im Wohnbereich des Menschen vor, wo auch im Winter eine Mindest-Temp. nicht unterschritten wird. Zwei Arten bei uns häufig: Die Orientalische Schabe (Bäckerschabe, Küchenschabe, Kakerlak, *Blatta orientalis*) ist dunkelbraun gefärbt u. wird ca. 20 mm groß, das Männchen hat fast körperlange, das Weibchen nur stummelförm. Flügel. Die Amerikanische (Groß-) Schabe *(Periplaneta americana)* wird ca. 30 mm groß, ist rotbraun gefärbt, die Flügel überragen bei beiden Geschlechtern den Hinterleib. Bei Massenauftreten können die H. lästig werden.

Hausschwamm, *Serpula,* Gatt. der Pilz-Fam. *Coniophoraceae* (Warzenschwämme). *S. lacrimans (Merulius vastator),* der echte H., lebt in Gebäuden mit hoher Luftfeuchtigkeit (z. B. schlecht gelüfteten Räumen, Kellern, Schuppen), wo er in kurzer Zeit das verbaute Holz (bes. Nadelholz) zerstören kann, das leicht brüchig u. querrissig wird u. sich schließt. zu braunem Staub zerreiben läßt (↗ Braunfäule). Von feuchten Stellen kann der H. auch in trokkenes Holz vordringen (z. B. Fußböden, Treppen) u. mit seinen differenzierten Mycelsträngen (⌀ 1–1,5 mm) sogar Mauerritzen durchwachsen u. in wenigen Jahren das gesamte Holzwerk eines großen Hauses vernichten. Die anfangs watteart. Mycelflocken entwickeln sich zu flächigen Häuten od. Platten, in denen sich eine bräunl. Fruchtkörperschicht (⌀ bis 1 m²) ausbildet, v. einer weißen Mycelwatte umgeben. Das Hymenium erscheint durch leistenartige, netzig verbundene Wülste gefältelt. Der Fruchtkörper sondert Flüssigkeitstropfen ab. – Zur Bekämpfung muß das befallene Holz vollständig vernichtet u. das verbliebene u. neue Holz chem. konserviert werden. Der H. bleibt etwa 5 Jahre im Holz od. Mauerwerk lebensfähig. – Der Wilde H., *S. himantioides* Karst. (= *Merulius silvester*), bildet kleinere u. dünnere Fruchtkörper als der Echte H. Er wächst hpts. an liegenden Stämmen v. Nadelhölzern, Lagerstämmen u. verbautem Holz im Freien; gelegentl. parasitiert er an lebenden Fichten (Kernholzfäule). – Die Hausschwämme können mit dem ↗Kellerschwamm verwechselt werden.

Hausstaubmilbe, *Dermatophagoides pteronyssinus,* 0,1 mm große Vorratsmilbe, die im Staub der Fußböden, Matratzen, Polstermöbel usw. lebt; findet bei hoher Temp. u. Luftfeuchtigkeit ideale Lebensbedingungen. Ihre Nahrung besteht aus organ. Material, z. B. tier. und menschl. Schuppen. Die Milben u. ihr Kot bilden ca. 80% des „Hausstaubes", der häufig Ursache v. Allergien ist, die wie ein ganzjähr. Heuschnupfen verlaufen.

Haustellum s [v. lat. haustus = Schöpfen, Einziehen], mittlerer Abschnitt des Tupfrüssels bei Dipteren, entspricht dem Prämentum der Unterlippe (Labium); die Köcherfliegen-Imagines haben ebenfalls eine zu einem H. erweiterte Unterlippe.

Haustiere, i. e. S.: zur Nutzbarmachung ihrer Produkte u. Leistungen od. aus Liebhaberei u. Menschen über eine Vielzahl v. Generationen gehaltene Tiere, die sich durch künstl. Zuchtwahl morpholog., physiolog. und etholog. gegenüber ihren wildlebenden Vorfahren verändert haben u. damit zu eigenen Rassen wurden. H. gibt es seit über 10 000 Jahren; die ältesten sind Schaf, Ziege, Rind u. Hund, die zunächst als Nahrungsmittel- u. Rohstofflieferanten genutzt wurden. Die Verwendung von H.n als Trag- od. Zugtiere u. der Gebrauch des Hundes als Jagdhelfer od. Hütehund folgten erst später. Nur aus etwa 20 von insgesamt ca. 6000 bekannten Säugetierarten gingen echte H. hervor (vgl. Tab.); wiederum nur ein Teil v. diesen erreichte wirtschaftl. Bedeutung u. weltweite Verbreitung. Als Pelzlieferanten (z. B. Silberfuchs, Waschbär, Nerz, Nutria, Chinchilla) od. zur wiss. Forschung (z. B. Labormaus, Laborratte, Goldhamster) gezüchtete H. sind jüngeren Datums. Auch bei den Vögeln ist die Zahl der Haustierformen (vgl. Tab.) gering im Vergleich zu ihrer Artenzahl. Auch einige Nutz- u. Zierfische (u. a. Karpfen u. Goldfische) sind H. des Menschen. Honigbienen u. Seidenspinner werden häufig als H. bezeichnet, sind es aber strenggenommen nicht (↗Bienenzucht). Die Mehrzahl der H. entstand in Eurasien; aus Afrika stammen nur Esel, Katze u. Perl-

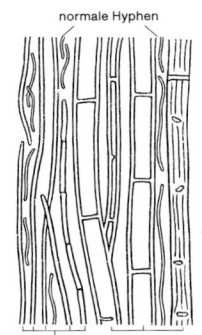

normale Hyphen

Faserhyphen Gefäßhyphen

Hausschwamm

Hyphen-Differenzierung beim H.: der H. bildet dichte Mycelstränge *(Rhizomorphen)*, die verschiedene Hyphentypen erkennen lassen; neben normalen vegetativen Hyphen sind dickwand. *Faserhyphen* u. weitlumige *Gefäßhyphen* ausgebildet.

Haustiere

Säugetiere:
↗Alpaka
Balirind (↗Banteng)
↗Dromedar
↗Esel
↗Frettchen
Gayal (↗Gaur)
↗Hunde
↗Kamele
↗Kaninchen
↗Katzen
↗Lamas
↗Meerschweinchen
↗Pferde
↗Rentier
↗Rinder
↗Schafe
↗Schweine
↗Yak
↗Ziegen

Vögel:
Hausgans (↗Gänse, ↗Entenvögel)
↗Haushuhn
Höckergans (Schwanengans, ↗Entenvögel)
↗Kanarienvogel
Moschusente (↗Entenvögel)
Perlhuhn (↗Perlhühner)
↗Pfauen
Stockente (↗Entenvögel)
↗Tauben
Truthuhn (↗Truthühner)
↗Wellensittich
u. a.

Haustierwerdung

huhn; in Amerika wurden Guanako (als Lama u. Alpaka), Meerschweinchen, Truthuhn u. Moschusente zu H.n; keine H. entstanden in Australien. – Ugs. werden auch in menschl. Obhut gehaltene, jedoch in ihrem Erbgut unveränderte Wildtiere oft als H. bezeichnet (↗Haustierwerdung).

Haustierwerdung, *Domestikation,* seit der Steinzeit, d. h. seit 10 000–12 000 Jahren, in Gang befindl. Prozeß, in dessen Verlauf der Mensch zu verschiedenen Zeiten u. in verschiedenen, geogr. voneinander getrennten Regionen (Europa, N-Afrika, Vorderasien, Mittel- u. S-Amerika) Einzeltiere v. Wildarten aus ihren *natürl. Populationen* u. somit auch aus ihrem ökolog. Gefüge herauslöste u. sie in folglich *künstl. Populationen* u. unter den v. ihm geschaffenen ökolog. Bedingungen des Hausstandes generationenlang auf ideellen (Kult, Religion, Liebhaberei) u. realen Nutzen (Nahrung, Kleidung, Arbeitshilfe) hin züchtete. Aus den Wildformen entstanden durch tiefgreifende Gestalt- u. Verhaltensänderungen *Haustiere,* die gegenüber der relativen Einheitlichkeit ihrer Vorfahren eine bemerkenswerte Mannigfaltigkeit aufweisen. So ist z. B. die Variationsbreite der Körpergröße bei Haustieren viel größer als bei Wildarten. Häufig – so bei Hund, Pferd, Lama u. Alpaka – treten Zwergformen auf, bei anderen, wie Hauskaninchen u. Haushuhn, Riesen u. Zwerge. Das Körpergewicht ausgewachsener Wölfe schwankt zw. 15 und 60 kg, das v. ihnen abstammender Haushunde zw. 1 und 70 kg. Die unterschiedl. Körpergröße bedingt einen unterschiedl. Einfluß auf die Organe. Der Schädel kleiner Tiere ist relativ zur Körpergröße größer als bei großen Tieren der gleichen Art. Nicht selten ist das Auftreten v. *Mopsköpfigkeit,* die durch eine Verkürzung v. Unterkiefer u. Gesichtsschädel bei gleichzeit. Aufbiegung des Gesichtsschädels zustande kommt. Eine schwächere Knickung der Nasenbeine mit dem Stirnbein führt zur *Schweinsköpfigkeit.* Im Vergleich zu den Stammformen ist das Gehirn bei Haustieren bis zu 30% kleiner. Haustiere sehen u. riechen schlechter als ihre Vorfahren, auch ist ihre Hörschwelle gegenüber den Wildformen herabgesetzt. Dafür sind sie weniger empfindlich gg. Lärm. Bes. vielgestaltig sind Form u. Farbe v. Haaren u. Federn. Hin u. wieder tritt Scheckung auf. Die Fortpflanzungsrate ist bei allen Haustieren gegenüber ihren Stammformen beachtl. gesteigert, das Warn-, Flucht-, Verteidigungs- u. Brutpflegeverhalten vielfach wesentl. weniger gut entwickelt, während die sexuelle Reaktionsbereitschaft ins Unermeßliche gesteigert sein kann *(Hypersexualisierung).*

Haustorien

Auch wenn bei der als *Veränderungsprozeß* (Hediger, 1939) erkannten Domestikation kein Merkmal unverändert bleibt, so wird doch die Artgrenze nie überschritten. Alle Haustiere sind folgl. Unterarten (Rassen) der wildlebenden Vorfahren u. bleiben mit diesen fruchtbar. Selbst wenn, durch Größenunterschiede bedingt, eine Kopulation unmögl. wird (Bernhardiner – Dackel), bleibt doch das gegenseitige sexuelle Interesse erhalten. – Der Wandel vom Wild- zum Haustier läßt sich *populationsgenetisch* u. *-dynamisch* sowie *selektionistisch* verstehen. Eine Rolle spielen Genhäufigkeit und Genomzusammensetzung; denn die kleine Ausgangspopulation enthielt ja nur einen zufällig vereinten, geringen Teil des ganzen, die Wildtierart bedingenden Genpools u. wurde v. diesem langfristig sexuell isoliert. Damit waren, ähnl. wie in isolierten natürl. Populationen, die Voraussetzungen für bes. *Genkombinationen* u. ⁊ *Gendrift* gegeben. Andererseits führten die vom Menschen geschaffenen optimalen Aufzuchtbedingungen zu Frühreife u. stark vermehrter Nachkommenschaft, so daß häufiger als bei den Wildformen *Rekombinationen* zustande kommen. Während natürl. Populationen stark heterozygot sind, ist in den kleinen Haustierpopulationen ein Trend zur *Homozygotie* zu beobachten. Ferner gehen Gene verloren, die im Wildzustand ihre Funktion hatten, für die Haustiere aber bedeutungslos geworden sind. Hinsichtl. der Mannigfaltigkeit stehen die Wildtiere genet. keineswegs hinter den Haustieren zurück. Ihre Einheitlichkeit ist im wesentl. eine Folge der Selektion; denn nur ein Bruchteil der geborenen Wildtiere erreicht das fortpflanzungsfähige Alter. Bei Wölfen sterben 50% der Jungen, bei Wildschweinen im Urwald von Białowieża sollen es gar nur 8% sein, die sich fortpflanzen. – Die im wesentl. an Säugetieren u. Vögeln vollzogene Domestikation hat zus. mit der weitgehend parallel u. analog verlaufenen Domestikation v. *Pflanzen* (⁊Pflanzenzüchtung, ⁊Kulturpflanzen) die Entwicklung der Menschheit entscheidend geprägt, indem durch beide die Umweltabhängigkeit des Menschen verkleinert wie seine Freizeit vergrößert u. so zweifellos die Weiterentwicklung seiner geistigen (z.B. künstler.) Fähigkeiten beachtl. gefördert wurden.

Lit.: *Hediger, H.:* Tierpsychologie und Haustierforschung. Z. Tierpsychol. 2, 1939. *Herre, W.:* Domestikation. Ein experimenteller Beitrag zur Stammesgeschichte. Naturw. Rdsch. 34, 1981. *Herre, W., Röhrs, M.:* Haustiere – zoologisch gesehen. Stuttgart 1973.   *D. Z.*

Haustorien [Mz.; v. lat. haustus = Schöpfen, Einziehen], *Saugorgane* bei parasitisch od. halbparasitisch lebenden Pflanzen. Bei kormophyt. Parasiten entwickeln sie sich aus papillären Wucherungen des Parasiten u. dringen mehr od. weniger tief in das Wirtsgewebe ein. Treffen sie auf Leitgewebe des Wirtes, werden in den H. ebenfalls Leitbündel angelegt. Im einzelnen handelt es sich bei der H. um: a) Ernährungsorgane der Embryonen der Sporophytengeneration der Moos- u. Farnpflanzen, die aus dem basalen Pol der Zygote neben der Primärwurzel entstehen; b) zu Saugorganen umgewandelte Zellen des Embryosacks od. des Endosperms; c) abgewandelte Keimblattabschnitte; d) Saugwarzen od. -wurzeln schmarotzender Blütenpflanzen; e) Saughyphen beim Pilz-Partner der Flechten od. Saughyphen parasit. Pilze. [B] Parasitismus I.

Haustren [Mz.; v. lat. haustra = Schöpfkellen], *Haustra coli*, durch lokale Muskelkontraktion erzeugte Dickdarmabschnitte, die den Prozeß der ⁊Verdauung unterstützen. ⁊Darm.

Hauswurz w, *Sempervivum*, Gatt. der Dickblattgewächse mit ca. 30 Arten v. Halbrosettenstauden u. -sträuchern (Gebirge des Mittelmeergebiets bis Vorderasien, Alpen). Die Echte H. *(S. tectorum)* galt als blitzabweisende Zauberpflanze u. wurde daher auf Dächer u. Mauern gepflanzt; wildwachsend geschützt; ihre Blattrosetten werden aus spitz zulaufenden, oft rötl. überlaufenen, am Rande kurz behaarten Blättern gebildet; die hellroten Blüten stehen auf bis zu 50 cm hohen Stengeln. Die nach der ⁊Roten Liste „potentiell gefährdete" Spinnwebige H. od. Spinnweben-H. *(S. arachnoideum*, [B] Alpenpflanzen), deren Name sich auf die langen, spinnweb. Haare, die sich v. Blatt zu Blatt ziehen, bezieht, ist eine Alpenpflanze, die auf Felsköpfen od. in lückigen Silicatmagerrasen wächst; ebenfalls geschützt.

Haut, i.w.S. Sammelbez. für flexible, zugelast. u. abdichtende Deck- u. Grenz„membranen" unterschiedl. Aufbaus, die ganze Organismen (Integument, Zell-H.), einzelne Organe (⁊Knochen-H.) od. Körperhohlräume (Schleimhäute, Bauchfell, Rippenfell, Netz-H.) umkleiden od. auskleiden können. – I.e.S.: *Integument*, äußere Körperbedeckung aller mehrzell. Tiere aus i.d.R. einschicht., nur bei ⁊Chaetognatha u. ⁊Wirbeltieren mehrschicht. ⁊Epithel (⁊Epidermis), das bei Nemertinen u. v.a. Wirbeltieren mit einer Schicht unterlagernden Bindegewebes eine funktionelle Einheit (Cutis) bildet. Als Grenzschicht zw. Körperinnerem u. Außenwelt kommen der H. einerseits mechan. Funktionen zu; sie stellt eine zugelast., zuweilen auch starre Körperhülle dar u. bietet so Schutz gg. Außeneinwirkungen mannigfacher Art, dich-

---

Haustierwerdung

Die H. wird häufig hinsichtl. Zeitdauer, Generationenzahl, Individuenmenge u. Individuengröße als *einmaliges Experiment* bezeichnet (Herre u. Röhrs, 1973). Dieser Gedanke geht letztl. auf Darwins „The Variation of Animals and Plants under Domestication" (1868) zurück, der offenbar histor. ersten Betrachtung v. Haustieren u. Kulturpflanzen unter biol. Gesichtspunkten. Darin heißt es: „Man kann daher sagen, daß der Mensch ein Experiment in riesigem Maßstabe versucht habe, und zwar ist dies ein Experiment, welches auch die Natur selbst während des langen Verlaufs der Zeit unablässig gemacht hat. Hieraus folgt, daß die Grundsätze der Domestikation für uns bedeutungsvoll sind. Das hauptsächliche Resultat ist, daß so behandelte Wesen beträchtlich variiert haben und daß die Abänderungen vererbt worden sind." Hiermit wird einerseits zum Ausdruck gebracht, daß die Domestikation eines Tieres als Modell für einen stammesgesch. Ablauf betrachtet werden kann, wie andererseits klar wird, daß das *Wesen der Domestikation* nichts anderes ist als ein *durch Auslese betriebener Vererbungsprozeß*. Zähmung u. Haltung v. Wildtieren wirken allein nicht domestizierend. Gezähmte Nutztiere (Arbeitselefanten, Jagdgeparde) sind keine Haustiere.

Hauswurz *(Sempervivum)*

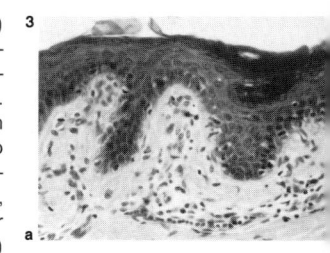

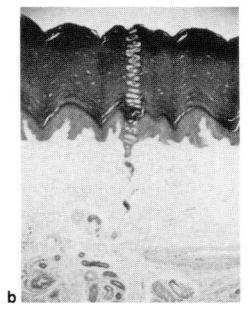

Haut

tet zugleich auch den Körper ab (Barriere gg. das Eindringen v. Schadstoffen u. Parasiten; Verdunstungsschutz bei Landtieren). Anderseits unterhält sie (Wassertiere) aber auch einen kontrollierten Stoffaustausch zw. Innen- u. Außenmilieu (↗Osmo- u. Ionenregulation, ↗Exkretion, Gasaustausch, ↗Atmungsorgane), dient der Aufnahme v. Sinneseindrücken (Chemo-, Mechano-, Thermorezeption) u. dem Aussenden opt. und chem. Signale im Dienste der Verhaltenskommunikation (Pigmentierungsmuster, Lock-, Wehr- u. Schrecksekrete von ↗H.drüsen), spielt für manche Organismen eine Rolle bei der ↗Fortbewegung (↗Flimmerepithel, Sekretion v. Gleitschleimen z. B. bei Schnecken; Schleimsekretion bei Fischen u. druckelast. „Dämpfungshaut" bei Walen zur Unterdrückung v. Wirbelbildung u. Verringerung des Schwimmwiderstands) u. ist bei Säugern zugleich wichtigstes Organ der ↗Temp.-Regulation. Spezielle Struktur u. vorherrschende Funktionen der H. werden im wesentl. durch die Lebensraumbedingungen der Organismen geprägt u. haben bei den Wirbeltieren, bes. bei den Säugern, ihre komplexeste Ausbildung u. weiteste Entfaltung erfahren. – Die *Wirbeltier-H.* *(Cutis),* bestehend aus der ektodermalen, oft vielschicht. ↗*Epidermis* (Ober-H.) u. der unterlagernden mesodermalen Bindegewebslage (↗Bindegewebe, B) des ↗*Coriums* (Dermis, Leder-H., Unter-H.) gewinnt durch die Fasertextur des letzteren ihre zähe Reißfestigkeit (Leder). Beide Schichten sind durch ein System papillen- od. leistenförm. Coriumvorwölbungen u. tief zw. diese hineinragender Epidermiszapfen innig miteinander verzahnt. Vom reich durchbluteten Corium her erfolgt die Ernährung der Epidermis; Pigmentzellen im Corium liefern die Pigmente, die der H. ihre Färbung verleihen (↗H.farbe), u. in den Coriumpapillen liegen die Sinnesrezeptoren der H.sinne für Tast-, Schmerz- u. Temp.-Empfindung. Das genet. fixierte Muster der Coriumleisten bestimmt u. a. die individuelle Ausprägung der epidermalen H.felderung u. ↗H.leisten (↗Fingerbeere) an Handflächen u. Fußsohlen der Primaten. In der Tiefe geht das Corium kontinuierl. in ein fettreiches Unterhautbindegewebe *(Subcutis)* über, das als Verschiebe- u. Einbauschicht die Verbindung zu Skelett u. Muskulatur herstellt. – Die oberfläch. Zellagen der Wirbeltierepidermis unterliegen einem ständ. Verschleiß u. werden nach Art einer holokrinen ↗Drüse aus einer basalen, zeitlebens teilungsaktiven Keimschicht *(Stratum basale* od. *germinativum)* kontinuierl. ersetzt (↗Epithel, ☐). Bei den phylogenet. ursprünglichen wasserlebenden Wirbeltieren (Fische, Amphibien) bleibt die Epidermis gewöhnl. wenigschichtig (Gasaustausch, Exkretion, geringer Oberflächenverschleiß), u. die mechan. Verfestigung der Körperdecke wird durch Verknöcherungen im Corium erreicht, so durch die Ausbildung v. Schuppen (Plakoid-↗Schuppen der ↗Knorpelfische, Schuppen der ↗Knochenfische) od. gar ganzer H.knochenpanzer (↗Deckknochen) bei Fischen des Paläozoikums (↗*Ostracodermata,* ↗*Placodermi*). Bei den abgeleiteten, landlebenden Wirbeltieren dagegen tritt die Abdichtungsfunktion der Epidermis in den Vordergrund; sie ist vielschicht., ihre oberen Lagen verhornen mehr od. minder stark durch zunehmende Einlagerung miteinander verfilzender Keratin-Granula in die absterbenden mittleren epidermalen Zellschichten *(Stratum granulosum* u. *lucidum)* u. gewinnen dadurch an Wasserundurchlässigkeit u. Verschleißfestigkeit. Flächenhaft od. lokal begrenzt erhöhte Zellproduktion u. Verhornung der Epidermis führen bei Säugern zur Bildung v. Horn-Schwielen an stark belasteten H.partien (Hand, Fußsohlen), zu Panzerbildungen (Nashorn), zur Ausbildung v. Hufen, Klauen, Nägeln u. Hörnern als Werkzeuge, zur Bildung v. Schnabelscheiden (Vögel, Schnabeltiere), epidermalen Schuppenfeldern (Vogelbeine, Schwänze mancher Nager, z. B. Biber) od. auch ganzen Hornschuppenpanzern (Reptilien), wobei letztere sich nicht mehr durch kontinuierl. Zellnachschub erneuern können, sondern durch Abstoßen der gesamten H. period. gehäutet werden müssen (↗Natternhemd). Furchen geringerer Verhornung zw. den einzelnen Schuppen wahren die Flexibilität solcher Schuppenpanzer. Bei manchen Reptilien (Krokodile, Schildkröten) u. einigen Säugern (Gürteltiere, Schuppentiere) sind Epidermis *und* Corium an der Panzerbildung beteiligt; ihr dermaler Knochenpanzer ist v. einem epidermalen Hornschuppenkleid bedeckt. Sonderbildungen der epidermalen Verhornung u. zugleich i. w. S. hochspezialisierte

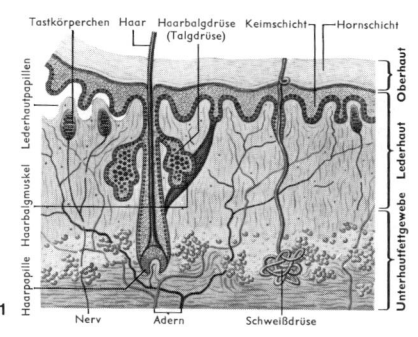

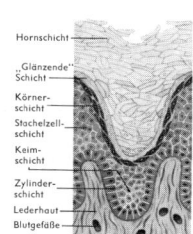

Haut
1 Schnitt durch die menschliche H.
2 Schnitt durch die Schichten der Ober-H.: von der Keimschicht werden neue Zellen durch Teilung gebildet, die zur Oberfläche hin allmählich verhornen u. dann abblättern. **3** Mikroskop. Aufnahmen der H.: **a** Querschnitt schwach verhornter Lippen-H. (Epidermis u. Cutis), Cutispapillen mit Blutgefäßen; **b** H.querschnitt mit Schweißdrüse, Epidermisschichten, Cutis u. Subcutis.

Hautatmer

geformte Produkte holokriner ↗Drüsen stellen die ↗Haare der Säuger u. die ↗Vogelfedern dar. Eine Vielzahl aus der Epidermis hervorgehender Drüsen unterschiedl. Sekretionstypen (↗H.drüsen) dient bes. bei Säugern der Temp.-Regulation (Schweiß-Drüsen), der Geschmeidigkeit der H. (Talg-Drüsen), dem Sozialkontakt u. der Sexualattraktion (Duft-Drüsen) sowie der Brutpflege (Milch-Drüsen). B Wirbeltiere II. P. E.

Hautatmer, in feuchten Biotopen lebende Tiere, deren Körperoberfläche in den Dienst der ↗Atmung (über reine ↗Diffusion) tritt u. damit spezialisierte ↗Atmungsorgane gänzlich od. teilweise ersetzt.

Hautbakterien ↗Hautflora.

Hautblatt, das ↗Ektoderm.

Hautbremsen ↗Dasselfliegen.

Hautdrüsen, *Dermaldrüsen*, ein- od. mehrzell. ↗Drüsen in der ↗Haut der meisten mehrzell. Tiere, die aus umgewandelten Epidermiszellen entstehen u. in manchen Fällen ganze epidermale Drüsenplatten od. tief in das Unterhautgewebe absinkende komplexe Drüsenpakete bilden können, die nur noch über einzelne Ausführungskanäle mit der Epidermis in Verbindung stehen. Das Funktionsspektrum der H. ist weit; es reicht v. *Schleimdrüsen* (↗Drüsen, ↗Becherzellen), die dem Schutz der Haut dienen u. sie gleitfähig machen (Strudelwürmer, Gnathostomuliden, Mollusken, Polychaeten, Enteropneusten, Fische, Amphibien) u. von diesen abgeleiteten *Gift-* (Amphibien) u. *Leuchtstoffdrüsen* (Fische) über *Klebdrüsen* (Gastrotrichen, Rotatorien, Kamptozoen, Insekten), *Cuticula-, Spinn-, Gift-, Öl-, Wachs-* u. *Lackdrüsen* bei Arthropoden (v. a. Spinnen u. Insekten), *Duftdrüsen* (Insekten, Wirbeltiere), *Talg-* u. *Schweißdrüsen* (Säuger) bis zu Drüsen zur Mineral- und Ionenregulation (Chloridzellen, *Salzdrüsen*) bei Wassertieren u. Drüsen zur Feuchtigkeitsresorption bei Wüstentieren (Skorpione, Geißelskorpione). Unter den Wirbeltieren besitzen Fische, Amphibien u. Säuger eine drüsenreiche, Reptilien u. Vögel eine extrem drüsenarme Haut (↗Bürzeldrüse der Vögel). Vornehmlich *Säugetiere* haben in der Evolution ein bes. vielseit. Spektrum an H. entwickelt, so die holokrinen Talgdrüsen als Anhänge der Haarbälge zur Einfettung u. Geschmeidigerhaltung v. Haut u. Fell, die v. ihnen abgeleiteten Duftdrüsen u. die Schweißdrüsen. Das fettig proteinreiche Sekret der traubenförm., gewöhnl. auch mit Haarbälgen (Duftpinsel) in Verbindung stehenden Duftdrüsen mit apokriner Sekretion (↗Drüsen, ↗Analdrüsen, Achseldrüsen) steht im Dienst der innerartl., v. a. sexuellen, aber auch zwischenartl. Kom-

Haut

Ein Quadratzentimeter Haut des Menschen enthält im Durchschnitt:
6 000 000 Zellen
5 000 Sinneskörper
4 m Nervenfasern
1 m Blutgefäße
100 Schweißdrüsen
15 Talgdrüsen
20–200 Haare
12 Kältepunkte
2 Wärmepunkte
10–25 Druckpunkte
200 Schmerzpunkte

Hautfarne

Die stammesgeschichtl. Entwicklung der H. bleibt unklar. Eindeutige Fossilreste kennt man erst aus dem Tertiär; vielleicht gehören ihr aber auch die als *Hymenophyllites* bekannten Formen aus dem Oberkarbon. Im übrigen zeigen die H. gewisse Übereinstimmungen mit den *Schizaeaceae*.

munikation. Dementsprechend findet man diese Drüsen (auch beim Menschen) auf bestimmten Körperregionen konzentriert, in den Achselhöhlen, entlang der Milchleiste u. in der Anal- und Genitalregion. Von ihnen leiten sich auch die dem gleichen Sekretionstyp angehörenden *Milchdrüsen* der Säuger ab. Echte Schweißdrüsen, tubuläre Knäueldrüsen vom ekkrinen Sekretionstyp, die unabhängig v. den Haaren auf der Hautoberfläche münden (↗Hautleisten) u. deren wäßr., proteinarmes Sekret der Temp.-Regulation dient, sind ausschl. bei Primaten entwickelt. I. w. S. muß man auch die Haarbälge als holokrine Drüsen ansehen, die hochspezialisierte geformte Sekrete abscheiden. P. E.

Hautfarbe, die v. der Pigmentierung (aber auch der Durchblutung, der Hautdicke u. dem Fettgehalt) abhängige Färbung der ↗Haut. Die Pigmente, die bei manchen Tierarten in ↗Chromatophoren eingelagert sind, befinden sich in den tieferen Schichten der Epidermis (Oberhaut) und v. a. im Corium (Lederhaut). Die Hautpigmentierung ist erbl. fixiert (↗Albinismus) u. gehört zu den wicht. Rassenmerkmalen des Menschen; die ↗Melanine (Pigmente bei Wirbeltieren) variieren in der Farbe v. gelb, rotbraun bis schwarz. Die H. ist bei den Säugetieren unabhängig v. der Fellfärbung; so ist z. B. die Haut des Eisbären bräunl. Die verschiedenen Körperteile des Menschen sind unterschiedl. stark pigmentiert, z. B. Handflächen u. Fußsohlen bes. hell (gut zu erkennen bei Negroiden). Leberflecke, Muttermale und Sommersprossen sind Stellen übermäßiger Pigmentkonzentration. Bei UV-Bestrahlung (z. B. im Sonnenlicht) bilden sich (bes. bei hellhäut. Menschen) verstärkt Melanine (Bräunung), welche einen gewissen Schutz vor weiterer UV-Strahlung (durch Absorption) bieten. ↗Farbe, ↗Farbwechsel, ↗DNA-Reparatur.

Hautfarne, *Hautfarngewächse*, Hymenophyllaceae, Fam. der *Filicales* mit ca. 650 Arten; meist kleine, zarte, v. a. epiphyt., seltener als Fels- od. Erdbewohner lebende Farne mit kriechendem Rhizom ohne Spreuschuppen. Kennzeichnendes Merkmal sind marginal, am Ende einer oft über den Blattrand hinaus verlängerten Blattader (Receptaculum) stehende Sori aus fast sitzenden Sporangien mit horizontal od. schief verlaufendem Anulus; die Sori werden v. einem becherförm. oder zweilipp. Indusium umgeben, das aus Auswüchsen der Blattober- u. -unterseite hervorgeht. Die Prothallien sind im Ggs. zu denen der meisten *Filicales* bandartig od. fädig verzweigt. Ökolog. zeigen die H. eine Beschränkung auf Standorte mit sehr hoher Luftfeuchtigkeit. Entspr. besitzen sie eine fast ausschl. trop.-subtrop. Verbreitung mit Schwerpunkt in den Nebelwäldern der Südhemisphäre; die wenigen Arten, die die gemäßigte Zone erreichen, besiedeln dort v. a. extrem feuchte Sonderstandorte (z. B. im Spritzwasserbereich v. Wasserfällen). Zahlr. Besonderheiten der H. sind als Anpassungen an diesen Lebensraum zu werten. So bestehen die Blätter (ganzrandig, gefiedert od. haarförm., Nervatur stets offen) außerhalb der Adern bei fast allen Arten aus nur 1 Zellschicht u. besitzen daher keine Spaltöffnungen. Die Leitelemente werden z. T. weitgehend reduziert. Einigen Formen fehlen darüber hinaus auch Wurzeln; sie verfügen statt dessen über Einrichtungen zur direkten Wasseraufnahme über das Blatt. – Systemat. gehören zu den H.n nur die beiden Gatt. *Trichomanes* i. w. S. (ca. 350 Arten; Indusium becherförm., Prothallium fädig verzweigt) u. *Hymenophyllum* i. w. S. (ca. 300 Arten; Indusium 2lippig, Prothallium bandförm. verzweigt). Allerdings erweisen sich diese in mancher Hinsicht als heterogen, so daß oft zahlr. weitere Gatt. ausgegliedert werden (z. B. *Didymoglossum* mit nur wenige mm großen trop. Epiphyten). Die einzige bis nach Mitteleuropa vordringende Art ist der (im übrigen pantrop. verbreitete) Englische Hautfarn (*Hymenophyllum tunbrigense;* nach der ↗ Roten Liste „vom Aussterben bedroht"); er kommt hier als seltenes Element in atlant. geprägter, luftfeuchter Klimalage als Aufwuchs auf Sandsteinfelsen vor (O-Grenze im Bereich Vogesen – Luxemburg). Das atlant. W-Europa erreichen ferner *Hymenophyllum wilsonii* u. *Trichomanes speciosum*.

Hautflora, charakterist. (autochthone) Mikroorganismenflora, die in unterschiedl. Anzahl die verschiedenen Hautregionen besiedelt; vorherrschend, wo ein höherer Feuchtigkeitsgehalt vorliegt, meist an Stellen mit Schweißdrüsen (z. B. Achseln, After-, Ohrregion, Zwischenzehenraum), auch in Haarfollikeln. Die *Hautbakterien* sind hpts. *Staphylococcus*-Arten, aerobe u. anaerobe coryneforme Bakterien, auch *Propionibacterium acnes,* das gewöhnl. harmlos ist, unter bes. Bedingungen aber Akne verursacht, *Micrococcus*-Arten u. in geringerer Anzahl gramnegative Bakterien *(Enterobacteriaceae, Pseudomonas).* Es werden außerdem wenige Hefen (z. B. *Pityrosporum*) gefunden, seltener fädige Pilze (*Hautpilze,* ↗ Dermatophyten). Die H. ernährt sich vom ↗ Schweiß, der viele Nährstoffe (z. B. Harnstoff, Aminosäuren, Milchsäure u. Lipide) enthält. Der Schweißgeruch entsteht hpts. durch die bakterielle Stoffwechselaktivität; es wer-

Hautflora
Wichtige Hautbakterien:
Staphylococcus-Arten
  S. epidermidis
  S. hominis
  S. haemolyticus
  S. capitis
  S. aureus
coryneforme Bakterien *(Propionibacterium)*
  P. acnes
  P. granulosum
  P. avidum
Micrococcus-Arten
  M. luteus

Hautflügler
1 Dolchwespe (Fam. *Scoliidae*), **2** Hungerwespe (Fam. *Evaniidae*)

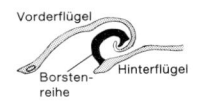

Hautflügler
Funktionelle Zweiflügeligkeit bei der Honigbiene *(Apis mellifera)*

Hautflügler

den auch Säuren gebildet, die das Wachstum vieler (auch pathogener) Mikroorganismen verhindern; daher ist eine überhöhte Hygiene, die den Säureschutz (pH 4–6) vermindert, ungünstig.

Hautflügler, *Hymenoptera,* Ord. der ↗ Insekten mit über 100 000 bekannten Arten, davon in Mitteleuropa ca. 10 000 in ca. 50 Fam. Einige Arten können bis 6 cm lang werden, andere gehören mit 0,1 mm zu den kleinsten Insekten überhaupt. Der Körper der Imagines ist meist stark gepanzert; Behaarung u. Farbe sind je nach Fam. u. Art sehr unterschiedl. Einen großen Teil des Kopfes nehmen die längl.-ovalen, rundl. od. nierenförm. Komplexaugen ein, die bei vielen Fam. hochentwickelt sind u. aus bis zu 7500 Einzelaugen bestehen können. Ursprüngliche H., wie die Pflanzenwespen, besitzen kauend-beißende Mundwerkzeuge; davon kann man den leckendsaugenden Typ der Bienen ableiten. Die Fühler sind Tast- u. Riechorgane; sie unterscheiden sich je nach Fam. in Länge, Form u. Anzahl der Glieder beträchtl. Wie bei allen Insekten, gliedert sich der Thorax in drei Segmente mit je einem Beinpaar; die beiden hinteren Segmente tragen je ein Paar häutige, durchsicht. Flügel. Die Vorderflügel sind i. d. R. größer u. umgreifen mit den nach unten umgeschlagenen Hinterrändern eine Häkchenreihe am Vorderrand der Hinterflügel, so daß die Flügel im Flug verbunden sind (funktionelle Zweiflügeligkeit). Das 1. Hinterleibssegment ist mit der Brust mehr od. weniger verschmolzen, die übr. Segmente des Hinterleibs setzen an der Brust breit (U.-Ord. Pflanzenwespen) an od. sind durch ein Stielchen von der Brust abgesetzt („Wespentaille", U.-Ord. *Apocrita*). Die hinteren Segmente sind bei vielen Fam. auch verschmolzen, so daß die urspr. 9 Hinterleibssegmente nicht immer zu erkennen sind. Aus Teilen der 8. und 9. Hinterleibssegmente ist der v. den Geradflüglern ableitbare ↗ Eilegeapparat der Pflanzenwespen entstanden, der bei vielen Fam. der *Apocrita* in einen kurzen Giftstachel umgewandelt ist. Dieser dient zur Lähmung v. Beutetieren (z. B. Fam. ↗ Grabwespen) od. als Wehrstachel (z. B. Ameisen, Honigbienen, Faltenwespen). Männl. H. können daher nicht stechen. Einige H. (z. B. Ameisen, soziale Faltenwespen, Honigbienen) gehören zu den staatenbildenden Insekten u. haben mit der Bildung v. Kasten ein hohes Maß an Arbeitsteilung erreicht. Die H. pflanzen sich i. d. R. zweigeschlechtl. fort, aber auch Parthenogenese, z. B. bei ↗ Gallwespen, kommt vor. Alle H. durchlaufen eine holometabole Entwicklung. Die Larven der Pflanzenwespen entsprechen

Hautknochen

Hautflügler
Wichtige Familien und Überfamilien:

U.-Ord. Pflanzenwespen *(Symphyta)*
↗ Argidae
↗ Cimbicidae
↗ Diprionidae
↗ Halmwespen *(Cephidae)*
↗ Holzwespen *(Siricidae)*
Orussidae
↗ Pamphiliidae
↗ Tenthredinidae

U.-Ord. Apocrita
↗ Ameisen *(Formicoidea)*
↗ Andrenidae
↗ Apidae
↗ Apoidea
↗ Blattlauswespen *(Aphidiidae)*
↗ Brackwespen *(Braconidae)*
↗ Chalcididae
Diebswespen *(Cleptidae)*
Dolchwespen *(Scoliidae)*
↗ Drüsenameisen *(Dolichoderidae)*
↗ Eumenidae
↗ Feigenwespen *(Agaonidae)*
↗ Gallwespen *(Cynipidae)*
Gichtwespen *(Gasteruptiidae)*
↗ Goldwespen *(Chrysididae)*
↗ Grabwespen *(Sphecidae)*
Hungerwespen *(Evaniidae)*
↗ Ibaliidae
↗ Ichneumonidae
Keulenwespen *(Sapygidae)*
↗ Knotenameisen (Stachelameisen, Myrmicidae)
Masaridae
↗ Megachilidae
↗ Meliponinae
↗ Melittidae
↗ Pteromalidae
Rollwespen *(Tiphiidae)*
↗ Schmalbienen *(Halictidae)*
↗ Schuppenameisen *(Formicidae)*
↗ Seidenbienen *(Colletidae)*
↗ Stechameisen *(Poneridae)*
↗ Torymidae
↗ Treiberameisen *(Dorylidae)*
↗ Trichogrammatidae
↗ Vespidae
↗ Wegwespen *(Pompilidae)*
↗ Zikadenwespen *(Dryinidae)*
↗ Zwergwespen *(Mymaridae)*

meist dem Typ der ↗ Afterraupe, die der *Apocrita* sind fußlose Maden. Die Larve spinnt sich zur Verpuppung meist in einen Kokon ein. Die Ernährung ist sehr vielgestaltig u. besteht je nach Fam. aus erbeuteten Insekten, Pflanzen, Nektar u. Pollen. Auch Parasitismus, z.B. bei der Fam. ↗ *Ichneumonidae,* kommt vor. – Das System der H. wird nicht einheitl. gehandhabt, auch sind die Pflanzenwespen phylogenet. nicht einheitl. Zu ihnen gehört außer den gesondert behandelten Fam. (vgl. Tab.) auch die Fam. *Orussidae* mit nur 2 Arten in Mitteleuropa, deren Larven parasit. leben. Die Einteilung der U.-Ord. *Apocrita* in *Terebrantes* (Legimmen, parasitische H.) und *Aculeata* (Stechimmen, H. mit Giftstachel) ist heute aufgegeben worden. Zu den *Apocrita* gehören auch (vgl. Tab.) einige kleinere Fam., so die den Goldwespen ähnelnden Diebswespen *(Cleptidae),* die in Mitteleuropa nur mit zwei Arten vertretenen Dolchwespen *(Scoliidae),* die Hungerwespen *(Evaniidae),* deren Larven der einheim. Arten in Eikokons v. Schaben parasitieren, sowie die mit den ↗ *Vespidae* verwandten Keulenwespen *(Sapygidae)* u. *Masaridae;* beide Fam. sind nur mit wenigen Arten bei uns vertreten. Die Larven der Rollwespen *(Tiphiidae)* ernähren sich v. gelähmten Käferlarven. Ektoparasit. an solitären Bienen leben die Larven der Gichtwespen *(Gasteruptiidae),* v. denen es ca. 10 Arten in Mitteleuropa gibt. Etwa 30% der einheim. Arten der H. gelten nach der ↗ Roten Liste als „gefährdet". [B] Insekten II. G. L.

Hautknochen, die ↗ Deckknochen.
Hautknochenschädel, das ↗ Dermatocranium; ↗ Deckknochen. [↗ Deckknochen.
Hautknochenskelett, das ↗ Dermalskelett;
Hautköpfe, *Dermocybe* Wünsche, Gatt.

der Schleierlingsartigen Pilze mit ca. 30 Arten, mit rostbraunem Sporenpulver; Fruchtkörper lebhaft gelb, rot oder grünl. gefärbt (v.a. Anthrachinone u. verwandte Farbstoffe); Hut trocken, manchmal seidig, meist nicht durchfeuchtet (hygrophan), Stiel fast gleichmäßig dünn. Einige H. haben blutrote Lamellen, z.B. der Blutblättrige H. (*D. semisanguineus* Fr.), od. sind in allen Teilen blutrot, wie der Blutrote H. (*D. sanguineus* Wünsche); beide H. wachsen im Nadelwald u. sind ungenießbar.

Hautköpfe

Der bis 1952/1955 für ungefährl. gehaltene Orangefuchsige Hautkopf (Schmierling, *Dermocybe orellana* = *Cortinarius orellanus*) enthält die lebensgefährl. *Orellanin*-Zellgifte, ein Stoffgemisch v. ca. 10 Polypeptid-Toxinen. Die Vergiftungen schädigen primär die Nieren, ihr Verlauf kann Monate andauern; in gravierenden Fällen tritt der Tod bei Kindern nach einigen Tagen ein, bei Erwachsenen nach 2–3 Wochen, selten später (Urämie).

Hautleisten, *Papillarleisten, Tastleisten, Dermoglyphae, Cristae cutis,* finden sich an Hand- u. Fußsohlen der Primaten. Dort ist die Epidermis verdickt u. bes. tief mit dem Corium (↗ Haut) verzapft. Tastkörperchen u. Schweißdrüsen sind vermehrt, während Haare u. Talgdrüsen fehlen. Die Ausbildung v. H. steht im Zshg. mit der Entwicklung v. Hand u. Fuß zum Tast- u. Greiforgan (baumbewohnende Lebensweise); die Anfeuchtung der Haut durch Schweißdrüsen u. die Leistenstruktur sichern den Griff im Geäst. Die reiche Versorgung dieser Hautareale mit Tastkörperchen ermöglicht eine feine taktile Wahrnehmung ergriffener Gegenstände (Fingerspitzengefühl). H. sind individualtyp. angeordnet (Fingerabdrücke, ↗ Fingerbeere) u. werden beim Menschen zur Personenidentifikation verwendet (☐ Daktyloskopie). ↗ Handlinien.

Hautlichtsinn, *dermatoptischer Sinn,* die Fähigkeit, durch in der Haut verteilte Sinneszellen Lichtreize wahrzunehmen; der H. ist also nicht an spezielle Sinnesorgane (↗ Auge) gebunden; es können die gesamte Körperoberfläche od. nur bestimmte Bereiche lichtempfindl. sein. Der H. kommt bei der meisten Tierarten vor, v. den Einzellern bis zu den Wirbeltieren. Amöben reagieren bei Lichteinfall mit Pseudopodienbildung in den unbelichteten Bereichen. Bei vielen augenlosen Muscheln sind der Mantelrand u. der Sipho (hier wurden einzell. Photorezeptoren nachgewiesen) lichtempfindl. Stachelhäuter sind photosensibel, wobei Seesterne außer dem H. auch Augen besitzen. Das gleiche gilt für Schnecken, Krebse u. niedere Wirbeltiere. Bei einigen Fischen liegen lichtempfindl. Bereiche im Gehirn od.

Hautleisten
1 H. auf der Fingerbeere (Fingerabdruck, ☐ Daktyloskopie); 2 H.muster vergrößert; die Punkte in den Furchen sind die Mündungen der Schweißdrüsen

an der Schwanzwurzel (z. B. Neunaugenlarven). ↗Farbwechsel.

Hautmilben, in der Haut lebende Milben, die bei Säugetieren ↗Räude, beim Menschen ↗Krätze hervorrufen od. auch mehr oder minder unbemerkt bleiben (Haarbalgmilbe *Demodex* des Menschen, ↗Demodikose).

Hautmuskelschlauch, Körperwand wurmförm. Tiere, besteht aus Epidermis mit Cuticula u. einer od. mehreren Muskelschichten; stellt eine funktionelle Einheit dar, die in antagonistischer Wechselwirkung mit einem Parenchym (↗Plattwürmer) od. einem Flüssigkeitspolster als ↗Hydroskelett (↗Rundwürmer, ↗Ringelwürmer) den ↗Bewegungsapparat bildet. Die Muskulatur kann aus Ring- u. Längsmuskeln (Ringelwürmer) od. nur aus Längsmuskeln (↗Fadenwürmer) bestehen, entspr. unterschiedl. ist die Bewegungsweise: geradliniges, peristalt. Kriechen bei Ringelwürmern, Schlängeln bei Fadenwürmern.

Hautnervengeflecht, unter der Epidermis der Wirbeltiere gelegene, netzförm. verschaltete Nerven. ↗Nervensystem.

Hautparasiten, *Hautschmarotzer, Dermatozoen,* Organismen, die parasit. in der Haut (auch Schleimhaut) ihrer Wirte leben, z. B. Pilze, Flagellat *Leishmania,* Larven v. Saug-, Band- u. Fadenwürmern (insbes. in Fehlwirten), Hautmilben, Larven der Myiasis-Fliegen, ♀ des Sandflohs *Tunga.*

Hautpilze ↗Dermatophyten, ↗Hautflora.
Hautporling ↗Piptoporus.
Hautsinn, umfaßt die *Hautsinnesorgane* für Druck-, Berührungs-, Schmerz- u. Temp.-Empfindungen. ↗mechanische Sinne.
Hautskelett ↗Deckknochen.
Hauttest, *Kutantest,* qualitative serolog. Methode zum Nachweis v. Humanparasiten. Im positiven Fall kommt es zu allergischen Hautreaktionen. ↗Epikutantest, ↗Intrakutantest, ↗Allergie.

Häutung, period. Abstreifen (*Ecdysis*) u. Neubildung der Körperbedeckung. Regelmäßige H.en kommen im gesamten Tierreich vor. Abgestreift wird entweder ein azelluläres ↗Exoskelett (Wirbellose) od. abgestorbene äußere Schichten der ↗Epidermis (Wirbeltiere). – Bei vielen *Wirbellosen* (z. B. Gliederfüßer, Fadenwürmer, Bärtierchen) sezerniert die einschicht. Epidermis ein festes Exoskelett (↗Cuticula). Solche Tiere können nur in Intervallen, durch period. H.en, wachsen u. ihre Form verändern. Die H. der Wirbellosen wird durch Hormone (↗H.sdrüsen) gesteuert. Am besten untersucht ist die Situation bei Insekten, bei denen ↗Ecdyson (☐), das eigtl. *H.shormon,* die Vorgänge bei der H. (Ablösen der alten Cuticula v. der Epidermis = Apolyse, Sekretion der neuen Cuticula usw.) auslöst, während die jeweils vorhandene Menge an ↗Juvenilhormon die Art der H. bestimmt (↗Insektenhormone):

HÄUTUNG

Auf- und Abbau der Insektencuticula während eines Häutungsintervalls

1 Die Epidermis (Ed, mit Mikrovillisaum; Bm = Basalmembran) sezerniert Tropfen von Häutungsflüssigkeit, es entsteht der Exuvialspalt (Apolyse).

2 Der Exuvialspalt mit Exuvial- oder Häutungsflüssigkeit (Hf) gefüllt; die Epidermis sezerniert eine neue (dreischichtige) Epicuticula (Ep), die durch laterale Fusion der Zellabscheidungen geschlossen wird, aber Poren enthält **(b)**.

3 Nachdem die Epidermis so geschützt ist, werden Enzyme (Chitinasen, Chitobiasen, Proteasen) in der Häutungsflüssigkeit aktiviert u. verdauen die Endocuticula (En) mehr oder weniger vollständig. Die Verdauungsprodukte werden durch die Poren der Epicuticula resorbiert.

4 Nach Beendigung der Resorption (Hs = Häutungsspalt) werden die Poren der Epicuticula durch die Sekretion einer Wachsschicht (Ws) verschlossen (EpWs, vgl. 1).

5 Beginn der Bildung der neuen Endocuticula durch Sekretion von Protein-Chitin-Lamellen; Porenkanäle zur Epidermis werden aufrechterhalten.

6 Durch Streckung der neuen Cuticula wird ein Größenwachstum erreicht, das aber durch die Epicuticula begrenzt wird. Die alte Exocuticula platzt auf (Ecdysis).

Unterhalb der Epicuticula beginnen Sklerotisierung (Bildung der Exocuticula Ex) und Melanisierung (Exocuticula und Endocuticula). Die Sekretion der Endocuticula sowie Sklerotisierung und Melanisierung dauern nach der Häutung an.
Die Stadien 2 bis 5 werden allgemein als Pharatstadien bezeichnet.

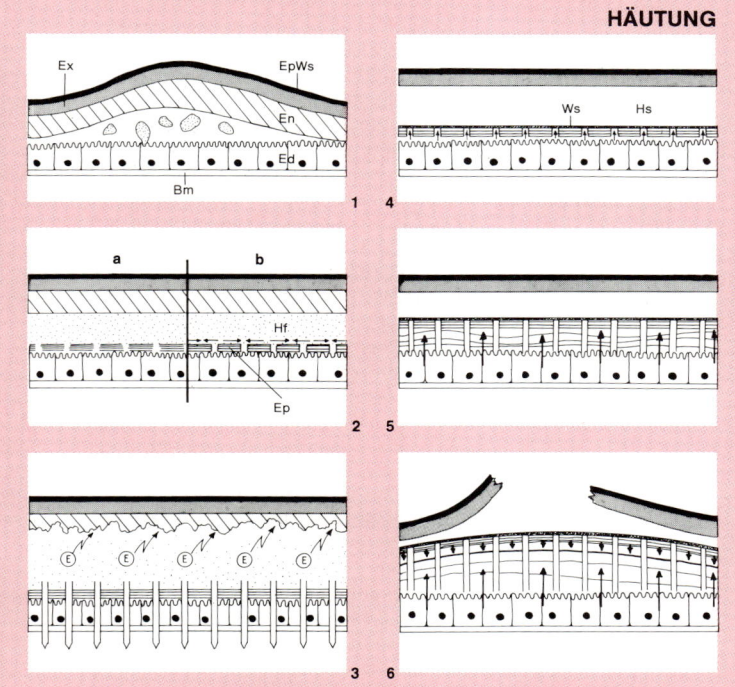

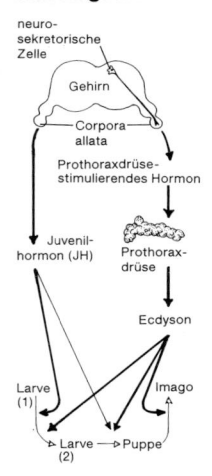

Häutungsdrüsen

Häutung
Hormonale Steuerung der Insektenhäutung

Häutungsdrüsen
Nach neueren Untersuchungen (an dem Nachtfalter *Manduca sexta*) scheinen eher die Corpora allata als die Corpora cardiaca für die Speicherung des prothorakotropen Hormons verantwortl. zu sein. Die Corpora allata dürften damit ebenfalls (neben ihrer endokrinen Tätigkeit der Produktion von Juvenilhormon) als Neurohämalorgane fungieren.

Über die Larval-H.en bis zur Puppen-H. nimmt jeweils der Juvenilhormon-Titer ab, bei der Adult-H. ist kein Juvenilhormon mehr nachzuweisen (Steuerung der H. vgl. Abb.). – Jeweils einige Tage vor der Ecdysis löst sich die Cuticula (einschl. der chitin. Auskleidung v. Tracheen, Vorder- u. Enddarm) v. der Epidermis (Apolyse). Der zw. Cuticula u. Epidermis entstehende ↗ *Exuvialraum* (H.sspalt) enthält die *Exuvialflüssigkeit,* welche die inneren Schichten der Cuticula abbaut (Chitinasen, Proteinasen). Die Epidermiszellen sezernieren die neue Cuticula, die zuerst weich u. dehnbar bleibt u. erst einige Tage nach der Ecdysis ihre endgült. Festigkeit erhält. Die alte Cuticula *(↗ Exuvie)* wird in einem Stück abgestreift *(↗ H.snähte).* – Unter den *Wirbeltieren* häuten sich nur solche Landwirbeltiere, bei denen die oberen Schichten der (wie bei allen Wirbeltieren) mehrschicht. Epidermis als Schutz gg. Austrocknung keratinisieren (Absterben unter Einlagerung v. Hornsubstanzen) u. period. abgestoßen werden. Bei Reptilien u. Amphibien werden alle Epithelzellen gleichzeitig ersetzt, so daß die alte Schicht als Einheit abgestreift werden kann. Amphibien fressen meist ihre abgestreifte Haut. Bei Vögeln u. Säugern werden die Epithelzellen in kleinen Gruppen neu gebildet u. in Stücken angeschilfert (Schuppen). B 191, B Metamorphose.

Häutungsdrüsen, a) spezielle Drüsen bei Gliederfüßern, welche die ↗ Häutung steuern u. kontrollieren. Bei Insekten handelt es sich um die paarigen ↗ *Corpora allata* u. die Prothoraxdrüsen. Erstere unterliegen der Kontrolle v. im Gehirn (neurosekretor. Nervenzellen der Pars intercerebralis) produzierten Neurohormonen, die in Neurohämalorganen, den ↗ *Corpora cardiaca,* gespeichert werden. Bei Krebsen sind es die X- u. Y-Organe in den Augenstielen (↗ Augenstielhormone), bei Tausendfüßern die sog. Cerebraldrüsen (Hundertfüßer) u. Gabesche Organe (Doppelfüßer). Bei den Cheliceraten ist bis jetzt keine spezielle Drüse bekannt. b) Exuvialdrüsen (epidermale Drüsen), welche die Exuvialflüssigkeit in den während der Häutung entstehenden Hohlraum (↗ Exuvialraum) zw. Epidermis u. bereits abgelöster Cuticula absondern. Diese Flüssigkeit dringt durch Porenkanäle der neuen Cuticula.

Häutungshormon, das ↗ Ecdyson.

Häutungsnähte, in der ↗ Cuticula der Gliederfüßer präformierte Bruchlinien, an denen entlang die Cuticula während der ↗ Häutung aufreißt u. dem Tier ermöglicht, die alte Haut (↗ Exuvie) zu verlassen. Diese H. sind v. a. bei Insekten als Linien u. Suturen (z. B. am Kopf od. Thorax) erkennbar.

Bei den Trilobiten sind die H. auf dem Kopfschild paarig ausgebildet („Gesichtsnaht", *Sutura facialis);* ihr Verlauf wird zur Gliederung der Trilobiten in Proto-, Hypo-, Pro-, Opistho- u. Metaparia genutzt.

Hautzähne, die Plakoid-↗ Schuppen der Knorpelfische.

HAV, Abk. für ↗ Hepatitis-A-Virus.

Havers-Kanäle [ben. nach dem engl. Anatomen C. Havers (häv^{e}s), 1650–1702], von konzentr. Knochenlamellen umgebene verzweigte Gefäßkanäle (Havers-Systeme, Osteone), die den Lamellenknochen längs durchziehen. ↗ Bindegewebe; ↗ Knochen.

Haworth [hå(w)^{e}rß], Sir *Walter Norman,* engl. Chemiker, * 19. 3. 1883 Chorley (Lancashire), † 19. 3. 1950 Birmingham; zuletzt Prof. in Birmingham; erhielt 1937 zus. mit P. Karrer den Nobelpreis für Chemie für die Aufklärung der Struktur v. Kohlenhydraten u. Vitamin C u. die Vitamin-C-Synthese.

Hb, Abk. für ↗ Hämoglobine.

HbF, Abk. für ↗ Fetalhämoglobin; ↗ Hämoglobine.

HbO$_2$, $Hb \cdot O_2$, Abk. für sauerstoffbeladene ↗ Hämoglobine. [↗ Hämoglobine.

HbP, Abk. für ↗ Embryonalhämoglobin;

HBV, Abk. für ↗ Hepatitisvirus B.

Headsche Zonen [he-; ben. nach dem engl. Nervenarzt H. Head, 1861–1940], Bereiche der Haut, deren Nervenversorgung jeweils einem Rückenmarkssegment zugeordnet ist. Die einzelnen H.n Z. u. bestimmte Bereiche der inneren Organe, die über dieselben Rückenmarkssegmente versorgt werden, stehen in Zshg. So können Schmerzempfindungen, die v. inneren Organen ausgehen, aufgrund der Verschaltung im Rückenmark auf die entspr. Hautareale projiziert werden (übertragener Schmerz). In der Medizin werden diese Zshg.e für die Therapie u. Diagnostik ausgenutzt, z. B. Bindegewebsmassage, Akupunktur. Bei Angina-pectoris-Anfällen strahlen die Schmerzen in den linken Arm aus, bei Gallenkoliken in die rechte Schulter. Ursache ist die urspr. streng segmentale Anordnung der Enterotome u. Dermatome (Eingeweide- bzw. Hautbereiche), die durch dasselbe Rückenmarkssegment versorgt werden. Im Verlauf der Individualentwicklung verschieben sich diese Bereiche durch verschieden starkes Wachstum.

heat-shock-Proteine [hit schok; engl., = Hitzestoß-], *Hitzeschock-Proteine,* einige definierte Proteine, die viele Zellen in Stress-Situationen (z. B. Wärmebelastung) auf Kosten der übr. Proteine in großen Mengen synthetisieren (bevorzugte Transkription der *heat-shock-Gene* sowie bevorzugte Translation der heat-shock-mRNA). Die Synthese von h.-s.-P.n wurde bislang in *Drosophila,* Hefen, *Dictyoste-*

lium, *Tetrahymena,* Mais sowie kultivierten Zellen v. Vögeln u. Säugern nachgewiesen. Sie wird als Schutzmechanismus gedeutet; wichtig für Erforschung der Genregulation. [↗ Lafoeidae.

Hebella *w* [v. gr. hēbē = Flaum], Gatt. der

Heberoma *s* [v. gr. hēbē = Flaum, lōma = Saum], die ↗ Fälblinge.

Heberer, *Gerhard,* dt. Zoologe u. Anthropologe, * 20. 3. 1901 Halle/Saale, † 13. 4. 1973 Göttingen; seit 1938 Prof. in Jena, ab 1947 Göttingen; nach frühen ökol. Arbeiten hpts. Untersuchungen zur Phylogenie des Menschen. WW „Die Evolution der Organismen" (1943, ²1959), als Hg. „Der gerechtfertigte Haeckel" (1968).

Hebridae [Mz.; benannt nach dem thrak. Strom Hebros (heute: Maritza)], die ↗ Zwergwasserläufer.

Hecheln, der Temp.-Regulation dienendes Verhalten vieler Vögel u. Säugetiere: durch schnelle, oberflächl. Atembewegungen wird Luft über die Schleimhäute des Mundes, über die Zunge usw. bewegt, so daß diese durch Verdunstung abkühlen. Die Kühlwirkung wird evtl. durch bes. Gefäßsysteme ins Körperinnere vermittelt.

Hechtartige, *Esocoidei,* U.-Ordnung der Lachsfische mit den beiden Fam. ↗ Hundsfische *(Umbridae)* u. ↗ Hechte *(Esocidae);* mit vielen urspr. Merkmalen v. a. im Schädelbau, ohne harte Flossenstrahlen u. Fettflosse, mit Cycloid-↗ Schuppen u. ständ. Verbindungsgang zw. Schwimmblase u.

Hechtdorsche, die ↗ Seehechte. [Darm.

Hechte, *Esocidae,* Fam. der U.-Ord. Hechtartige mit 1 Gatt. u. 5 Arten. Extreme Raubfische in stehenden od. langsam fließenden Binnengewässern der N-Halbkugel mit langgestrecktem, walzenförm. Körper, entenschnabelart. Schnauze mit vorspringendem Unterkiefer, großen, spitzen Zähnen u. weit hinten ansetzender Rückenflosse. H. lauern Wirbeltieren v. Fischen bis Vögeln u. Kleinsäugern auf, packen sie durch pfeilschnelles Zustoßen u. verschlingen sie unzerkleinert. Der im nördl. Eurasien u. N-Amerika verbreitete, als Speisefisch geschätzte Hecht *(Esox lucius,* B Fische XI) wird als Weibchen bis 1,5 m lang, 35 kg schwer u. bis 30 Jahre alt (männl. H. werden höchstens 1 m lang); er bevorzugt klare Gewässer mit verkrauteten Ufern u. legt v. Febr. bis Mai seine klebr. Eier an Pflanzen ab. Im Gebiet der nordam. Großen Seen ist der bis 2 m lange, heute seltene Muskellunge *(E. masquinongy,* B Fische XII) heimisch. Eine sibir. Art ist der wirtschaftl. sehr bedeutende, bis 1,1 m lange Amur-H. *(E. reicherti).* Kleinere nordam. H. sind der nordöstl., etwa 60 cm lange Ketten-H. *(E. niger)* mit kettenart. Zeichnung u. der vorwiegend südöstl., bis 30 cm lange Gras-H. *(E. americanus).*

Hechtkopffische, *Luciocephaloidei,* U.-Ord. der Barschartigen Fische mit 1 Fam. *Luciocephalidae;* einzige Art der bis 18 cm lange, räuber., indones. Hechtkopf *(Luciocephalus pulcher)* mit großem, vorstülpbarem Maul, hechtart. Körper u. ohne Schwimmblase.

Hechtlinge, 1) *Epiplatys,* Gatt. der Fam. Eierlegende Zahnkärpflinge; kleine, buntgefärbte, west- u. mittelafr. Oberflächenfische, v. denen der etwa 7 cm lange Querband-H. *(E. dageti)* beliebter Aquarienfisch ist. 2) *Galaxioidei,* U.-Ord. der Lachsfische mit 4 Fam. u. etwa 20 Gatt., nahe verwandt mit der U.-Ord. Hechtartige, weichen jedoch v. a. in Eigenarten des Schädelbaus v. diesen ab; Hauptverbreitungsgebiet Südhalbkugel. Die Fam. H. i. e. S. *(Galaxiidae)* ist auf die Südkontinente beschränkt; haben oft forellenart. Gestalt, doch weit hinten liegende, runde Rücken- u. Afterflosse; eine Fettflosse u. Schuppen fehlen; laichen meist im Süßwasser, einige Arten wandern aber als Jungfische regelmäßig ins Meer. Der in Neuseeland heimische, bis 20 cm lange, kurzfloss. Tiefland-H. *(Galaxias brevipinnis)* sieht hechtart. aus. Sehr schlank ist der nur 7,5 cm lange, senkrecht gebänderte Berg-H. *(G. zebratus)* ist der Südspitze Afrikas, der große Schwankungen des O_2-Gehaltes verträgt. Mehrmonat. Austrocknung schlamm. Gewässer Neuseelands überlebt der bis 13 cm lange, bauchflossenlose Schlamm-H. *(Neochanna apoda)* tief im Schlamm eingegraben durch einen Sommerschlaf. Zur Fam. Nudelfische *(Salangidae)* gehören kleine, bis 10 cm lange, nur ein Jahr alt werdende Meer- u. Süßwasserfische der westpazif. Küstenregion; die marinen Arten steigen zum Laichen in die Flüsse auf u. sterben anschließend.

Heck, *Ludwig,* dt. Zoologe, * 11. 8. 1860 Darmstadt, † 7. 7. 1951 München; Zoo-Dir. in Köln (1886–88) u. Berlin (bis 1931); erwarb sich große Verdienste um die Nachzucht vom Aussterben bedrohter Arten im zool. Garten u. machte damit den Berliner Zoo weltberühmt.

Hecke, aus Feldgehölzen od. gepflanzten Sträuchern gebildete Umzäunung eines Garten- od. Flurstücks. Flurumgrenzende H.n sind v. großer landschaftsökolog. Bedeutung: Sie gewähren Tieren Unterschlupf u. haben überdies deutl. windbremsende Funktion; deshalb finden sich in Europa ausgedehnte H.nlandschaften v. a. in windausgesetzten, küstennahen Tiefebenen.

Heckenkirsche, *Geißblatt, Lonicera,* mit

L. Heck

Hectocotylus

Heckenkirsche

Wald-Geißblatt *(Lonicera periclymenum)*

Die Früchte einer Reihe von H.-Arten (z. B. *Lonicera xylosteum, L. nigra, L. periclymenum* u. *L. caprifolium*) sind giftig od. giftverdächtig. Sie enthalten neben Gerbstoff, Pektin u. Zucker Saponine, cyanogene Glykoside u., als Hauptwirkstoff, Xylostein. Schon wenige Beeren v. *L. xylosteum* können heftige Vergiftungserscheinungen, z. B. mit Erbrechen, Durchfall, Krämpfen, Fieber, Pupillenerweiterung, Herzrhythmusstörungen u. Atemlähmung hervorrufen. Die bes. bei Kindern häufigen Vergiftungen enden bisweilen tödlich.

Einige andere H.-Arten, wie etwa *L. coerulea*, besitzen eßbare, z. T. sehr schmackhafte Früchte.

ca. 120 Arten über die gemäßigten Regionen verbreitete Gatt. der Geißblattgewächse. Aufrechte od. windende Sträucher mit gegenständ., ungeteilten, an den Sproßspitzen zuweilen paarig verwachsenen Laubblättern u. meist mehr od. weniger zygomorphen Blüten. Letztere besitzen eine 4zipflige Ober- sowie 1zipflige Unterlippe u. stehen paarweise in den Blattachseln od. zu mehreren in Quirlen od. Köpfchen angeordnet an den Sproßenden. Einige v. ihnen sind sog. Schwärmerblumen, deren Nektar nur v. Insekten mit bes. langen Rüsseln erreicht werden kann. Die Frucht der H. ist eine Beere od., durch Verwachsen der Fruchtknoten zweier benachbarter Blüten, eine Doppelbeere. In Mitteleuropa heimische, aufrecht wachsende Arten sind: die Gemeine od. Rote H., *L. xylosteum* (in Gebüschen sowie krautreichen Laub- u. Mischwäldern), mit weißl. Blüten u. glänzend roten Beeren, die Schwarze H., *L. nigra* (in krautreichen Bergmischwäldern) u. die Blaue H., *L. coerulea* (in Fichten- u. Hochmoor-Kiefern-Wäldern) mit rötl.- bzw. gelblichweißen Blüten u. schwarzen, bläulich bereiften Beeren. Als Schlingstrauch (Liane) wächst das Wald-G. (*L. periclymenum*, [B] Europa XV) mit gelblichweißen Blüten u. dunkelroten Beeren. Ähnl. ist das wahrscheinl. aus dem nördl. Mittelmeerraum stammende, bei uns jedoch seit Jhh. kultivierte u. oft verwilderte Wohlriechende G. (Jelängerjelieber), *L. caprifolium*. Weitere, als windende Ziersträucher kultivierte Arten der H. sind: das weiß blühende Japanische G., *L. japonica* (aus Japan, Korea u. China), das meist rot blühende Tatarische G., *L. tatarica* (aus Zentralasien) u. das orange-rot blühende Trompeten-G., *L. sempervirens* (aus dem östl. N-Amerika).

Hectocotylus *m* [v. gr. hekaton = 100, kotylos = Näpfchen], *Begattungsarm*, zur Übertragung der Spermatophoren abgewandelter Arm der ♂ Kopffüßer. Beim Papierboot u. seinen Verwandten löst er sich bei der Copula vom ♂ u. lebt in der Mantelhöhle des ♀ weiter, wo er nach der Entdeckung für einen parasit. Wurm gehalten wurde. Bei den anderen ↗ Coleoidea ist ein bestimmter Arm „hectocotylisiert" (morpholog. von den anderen verschieden), bleibt aber am ♂. Die Perlboote haben einen ↗ Spadix. ↗ Begattungsorgane.

Hedera *w* [lat., =], der ↗ Efeu. [↗ Rettich.
Hederich *m*, *Raphanus raphanistrum*,
Hedwigiaceae [Mz.; ben. nach dem dt. Botaniker J. Hedwig, 1730–99], Fam. der *Isobryales* mit ca. 13 Gatt., Laubmoose mit peristomlosem Sporogon, wachsen v. a. auf kalkfreien Böden. *Hedwigia ciliata* ist weltweit auf trockenem Silicatgestein verbreitet. Die Arten der Gatt. *Racocarpus* sind auf die Südhalbkugel beschränkt; bilden u. a. in Hochgebirgen S-Amerikas schwamm. Polster.

Hedysarum *s* [v. gr. hēdys = angenehm, süß], der ↗ Süßklee.
Heerwurm, Larve der ↗ Trauermücken.
Hefe-Alanin-t-RNA ↗ Alanin-t-RNA.
hefeartige Ascomyceten [Mz.; v. gr. askos = Schlauch, mykētes = Pilze], Schlauchpilze, die in ihrer Entwicklung Sproßzellen bilden, z. B. Vertreter der Kl. *Endomycetales* (einschließl. der ↗ Echten Hefen), Kl. *Protomycetales* u. U.-Kl. *Taphrinomycetidae*.

Hefeautolysat *s* [v. gr. autos = selbst, lysis = Lösung], dickflüss. Nährsubstrat, das durch Autolyse v. Back- od. Bierhefe gewonnen wird; protein- u. vitaminreich (bes. B-Vitamine, Nicotinsäure, Riboflavin), enthält jedoch keine vergärbaren Kohlenhydrate. H. dient v. a. zur Herstellung v. Nährböden für Mikroorganismen; heute wird dazu meist die durch Trocknung des H.s gewonnene *Hefeextrakt* verwendet.
Hefegärung, ↗ alkoholische Gärung durch Hefen (meist *Saccharomyces*-Arten).
Hefen, *Hefepilze*, *Sproßpilze*, mikroskop. kleine, saprophyt. od. parasit. Pilze, die vorwiegend einzellig vorkommen u. deren vegetative Vermehrung durch Knospung (↗ Sprossung) erfolgt (Ausnahme: *Sterigmatomyces* und *Schizosaccharomyces*); nicht immer eindeutig v. den anderen Pilzgruppen abgrenzbar; ca. 40 Gatt. mit über 500 Arten bekannt. Nach der Ausbildung der Sporangien (Meiosporangien) im sexuellen Entwicklungsgang können die H. unterteilt werden: 1. *ascosporogene H.* (↗ Echte H.), die Asci ausbilden u. den Schlauchpilzen zugeordnet werden, 2. ↗ *basidiosporogene H.*, hefeart. Pilze mit Basidiosporen (Ständerpilze: *Leucosporidium, Rhodosporidium*), 3. *ballistosporogene H.*, hefeart. Pilze, die den Ständerpilzen nahestehen od. ihnen zugeordnet werden müssen u. deren Sporen als ↗ Ballistosporen ausgebildet werden (Fam. *Sporobolomycetaceae*), und 4. ↗ imperfekte H. (*asporogene H.*), v. denen keine geschlechtl. Vermehrung bekannt ist. Viele H. haben für die ungeschlechtl. u. die geschlechtl. Form unterschiedl. Namen, bes. Arten, die sich hpts. ungeschlechtl. vermehren. H. finden sich überall in der Natur, da sie durch ihre Kleinheit leicht v. Wind verbreitet werden. Sie haben große wirtschaftl. Bedeutung (↗ Echte H., ↗ *Saccharomyces*) in der Nahrungs- u. Genußmittelherstellung sowie in der ↗ Biotechnologie (↗ Einzellerprotein). Bei den H. (*Saccharomyces*) wurde zum ersten Mal bewiesen, daß Gärungen biol. Stoffumwandlungen

sind (↗alkoholische Gärung). H. sind auch Nahrungsmittelverderber u. Erreger gefährl. ↗Mykosen (↗ *Candida*). B Pilze I.
Lit.: *Lodder, J.:* The Yeast. Amsterdam 1970.
Hefepilze, die ↗Hefen.
Hefewasser, aus Back- od. Bierhefe gewonnene vitaminreiche Nährlösung, bes. für vitaminbedürft. Mikroorganismen verwendet; wird durch kurzes Aufkochen u. Abtrennen der Hefezellen hergestellt.
Hege, *Wildpflege,* Pflege u. Schutz des Nutzwildes (auch v. Nutzfischen) u. Heranbildung eines gesunden Wildbestands.
Hegezeit, die ↗Schonzeit.
Hegi, *Gustav,* schweizer. Botaniker, * 3. 11. 1876 Rickenbach (Kanton Zürich), † 23. 4. 1932 Küsnacht; seit 1910 Prof. in München; WW „Illustrierte Flora von Mitteleuropa" (1906–31, 13 Bde.).
Heide, Landschaftsbez. mit regional unterschiedl. Bedeutung: Baumlose Zwergstrauchbestände auf armen Sandböden (N-Dtl.), Magerrasen der Berg- u. Hügellandes (S-Dtl.) od. lichte Kiefernwälder (östl. Mitteleuropa). Urspr. bezog sich der Begriff auf die *Allmendsfläche,* den gemeinsamen, nicht ackerbaul. genutzten, meist beweideten Teil der Gemarkung, ein deutl. Hinweis auf die anthropo-zoogene Entstehung der meisten H.landschaften (Weidewirtschaft, Holz- u. Streunutzung, Plaggenhieb). Nur sehr wenige H.flächen, z. B. in Küstengebieten, in Fels- u. Moorlandschaften, waren v. Natur aus waldfrei; der weit überwiegende Teil ist abhängig v. der Art u. der Intensität der menschl. Bewirtschaftung. Einen ersten Höchststand erreichten die H.n in Mitteleuropa etwa 3000 v. Chr., dem mehrere Phasen des Rückgangs (z. B. als Folge des 30jähr. Krieges) und allmähl. Wiederausdehnung folgten. Seit dem absoluten Höchststand vor etwa 150 Jahren sind die H.n durch Aufforstungen, Meliorationen u. Überführung in Acker- od. Grünland so stark reduziert worden, daß man heute versucht, Reste dieser einst für Mitteleuropa so typ. Landschaft in bes. *H.schutzgebieten* zu erhalten (zur Vegetation ↗ *Nardo-Callunetea*). I. w. S. ist die Bez. Heide auch für andere baumfreie Ges. übl.: Arktische Wind-H.n, Alpenrosen-H.n, Krähenbeeren-H.n usw.
Heidekorn, *Heidenkorn,* wegen seiner geringen Ansprüche der Name des ↗Buchweizens.
Heidekraut, *Besenheide, Calluna,* nur die Art *C. vulgaris* umfassende Gatt. der Heidekrautgewächse. Über fast ganz Europa verbreiteter, 20–100 cm hoher, immergrüner Zwergstrauch mit niederliegenden Sprossen u. kleinen, lineal-lanzettl., 4zeilig angeordneten Blättern an aufstrebenden,

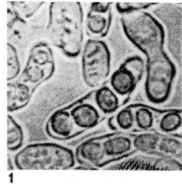

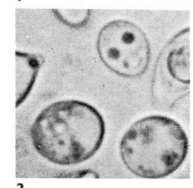

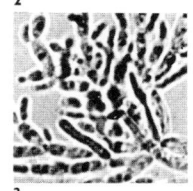

Hefen
Mikroskop. Aufnahmen von H.n. **1** Hefe kopulierend u. Ascosporen bildend; **2** zitronenförmige Apiculatus-H. (Spitz-H.) in Sporenbildung; **3** Kahmhefe im Sproßverband

Heidekrautartige
Wichtige Familien:
↗ Clethraceae
↗ Epacridaceae
↗ Heidekrautgewächse *(Ericaceae)*
↗ Krähenbeerengewächse *(Empetraceae)*
↗ Wintergrüngewächse *(Pyrolaceae)*

Heidekrautgewächse
Wichtige Gattungen:
↗ Alpenazalee *(Loiseleuria)*
↗ Alpenrose *(Rhododendron)*
↗ Bärentraube *(Arctostaphylos)*
↗ Cassiope
↗ Erdbeerbaum *(Arbutus)*
↗ Gaultheria
↗ Glockenheide *(Erica)*
↗ Heidekraut *(Calluna)*
Kalmia
↗ Moosbeere *(Oxycoccus)*
↗ Porst *(Ledum)*
↗ Rosmarinheide *(Andromeda)*
↗ Vaccinium

Heidekrautgewächse

reichverästelten Zweigen. Die in reichblütigen, einseitswendigen Trauben stehenden 4zähligen, bleibenden Blüten besitzen eine hellviolettrosa Blütenkrone u. doppelt so lange, strohart. Kelchblätter gleicher Farbe. Im Spätsommer blühend, wächst H. gesellig in Heiden u. Mooren, auf Magerweiden sowie in lichten Eichen- u. Kiefernwäldern, auf nährstoff- u. basenarmen Böden. Es ist eine beliebte Bienenweide (Heidehonig) u. wird zudem in zahlr. Gartenformen kultiviert. B Europa IV.
Heidekrautartige, *Ericales,* Ord. der *Dilleniidae* mit 7 Fam. (vgl. Tab.) u. rund 3600 Arten in etwa 140 Gatt. Stauden od. meist niedr. Sträucher mit einfachen, oft kleinen, immergrünen Blättern und 4–5zähligen, überwiegend verwachsenkronblättr., radiären Blüten, die i. d. R. 2 Staubblattkreise enthalten.
Heidekrautgewächse, *Ericaceae,* Fam. der Heidekrautartigen mit rund 2000 Arten in etwa 100 Gatt. Fast weltweit verbreitete Zwergsträucher, Sträucher u. kleine Bäume mit bes. Artenvielfalt im Himalaya, auf Neuguinea u. im südl. Afrika. H. wachsen meist auf sauren, nährstoffarmen Böden u. sind characterist. für die Vegetation vieler niederschlagsreicher Regionen (Heidevegetation W-Europas, Zwergstrauch-Ges. der arkt. Tundren u. der [Hoch-]Gebirge, Hartlaubvegetation warmer, winterregenreicher Gebiete usw.). Sie besitzen i. d. R. eine Mykorrhiza u. haben als Anpassung an sommerl. Trockenheit u. winterl. Frosttrocknis ungeteilte, oft immergrüne, meist mehr od. minder xeromorphe Laubblätter entwickelt. Letztere sind entweder klein, nadelförm. u. an den Rändern eingerollt (erikoider Typus), od. breit, flach u. lederartig, bisweilen wachsbereift od. mit Haaren sehr unterschiedl. Gestalt (Drüsen-, Schuppen-, Zottenhaare usw.) besetzt. Die oft intensiv gefärbten, i. d. R. 4–5zähligen, mehr od. weniger radiären Blüten stehen einzeln od. in vielgestalt. Blütenständen, sind zwittrig u. besitzen eine am Grunde meist röhrig, glockig od. krugförm. verwachsene Krone. Aus den meist 8–10 sich porig öffnenden Staubbeuteln wird der Pollen in Tetraden abgegeben. Die Frucht ist eine vielsamige Kapsel, Beere od. Steinfrucht. Die zucker- u. säurereichen Früchte vieler beerentragender H.-Arten *(Arbutus, Oxycoccus, Vaccinium)* werden roh od. gekocht gegessen. Verschiedene Arten (z. B. *Arctostaphylos* u. *Gaultheria*) sind auch wegen ihres Gehalts an äther. Öl, Gerb- u. Bitterstoffen sowie Glykosiden als Heilpflanzen v. Bedeutung od. werden zum Gerben *(Arctostaphylos* u. a.) benutzt. Zahlr. H. werden zudem als Topf- od. Freilandpflanzen kultiviert. Zu ih-

Heidelbeere

nen gehören die ↗Alpenrose, die ↗Glockenheide, das ↗Heidekraut sowie verschiedene Arten der Gatt. *Kalmia,* wie z. B. *K. latifolia,* der aus dem östl. N-Amerika stammende Amerikanische od. Berglorbeer.
Heidelbeere ↗Vaccinium. [sis.
Heidelbergmensch ↗Homo heidelbergen-
Heidelibellen, *Sympetrum,* Gatt. der ↗Segellibellen. [Sphagnetea.
Heidemoorgesellschaften ↗Oxycocco-
Heidemoorkrankheit, *Urbarmachungskrankheit, Weißseuche,* Kupfermangel-Krankheit bei Kulturpflanzen (z. B. bei Hafer), begünstigt bei Trockenheit; Entfärbung v. Blättern, Aufrollen der Blattspitzen, Auftreten tauber Körner.
Heidenhain, 1) *Martin,* dt. Anatom, * 7. 12. 1864 Breslau, † 14. 12. 1949 Tübingen; Sohn v. 2), seit 1917 Prof. in Tübingen; histolog. und cytolog. Arbeiten zur mikroskop. Anatomie der Drüsen v. Wirbeltieren; entwickelte histolog. Färbemethoden (Azanfärbung, Eisenhämatoxylinfärbung). **2)** *Rudolf Peter Heinrich,* dt. Physiologe, * 29. 1. 1834 Marienwerder (Westpreußen), † 13. 10. 1897 Breslau; seit 1859 Prof. in Breslau; quantitative Untersuchungen zur Wärmebildung bei der Muskeltätigkeit, zur Regulation der Herztätigkeit über die Vagusnerven, über gefäßerweiternde Nervenbahnen und insbes. die Physiologie der Drüsensekretion bei Säugern. [delbast.
Heidenröschen, *Daphne cneorum,* ↗Sei-
Heider, *Karl,* östr. Zoologe, * 28. 4. 1856 Wien, † 2. 7. 1935 Deutschfeistritz (Steiermark); ab 1894 Prof. in Innsbruck, 1918 Berlin; bedeutende Arbeiten zur Entwicklungsphysiologie u. Phylogenie v. Wirbellosen, ferner über Vererbungsprobleme. Förderer einer „Allgemeinen Biologie", die er als Universitätsvorlesung (1902/03) einführte. Ein klass. Lehrbuch ist der „Korschelt-Heider" (Lehrbuch der vergleichenden Entwicklungsgeschichte, zus. mit E. Korschelt, 4 Bde. 1890–1910, Jena).
Heideradspinne, *Araneus adiantus,* bis 8 mm große Radnetzspinne; Hinterleib charakterist. gezeichnet; in N- u. Mittel-Dtl. häufig in Moor- u. Heidegegenden. Das große (∅ ca. 24 cm), regelmäß. Radnetz befindet sich in niederer Vegetation; daneben ein Schlupfwinkel; den Tag verbringt die Spinne meist auf der Nabe; der Eikokon ist weiß u. birnenförmig.
Heideschnecken, *Helicellidae,* Fam. der Landlungenschnecken mit linsen-, gedrücktkugel. oder turmförm. Gehäuse (meist unter 3 cm ∅) mit 5–7 Umgängen, das gelbl.-weiß, oft mit dunkleren Spiralbändern, ist. Viele H. haben 1–2 Pfeilsäcke, die Liebespfeile sind einfach u. scharfkantig. Zu den H. gehören etwa 30 Gatt., v. de-

Heideschnecken
Wichtige west- und mitteleur. Gattungen:
↗ *Candidula*
↗ *Cernuella*
↗ *Cochlicella*
Helicella
↗ *Helicopsis Leucochroa*
↗ *Perforatella Trochoidea*

Heideradspinne
(*Araneus adiantus*)

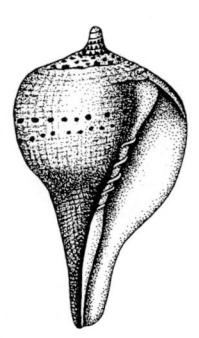

Heilige Schnecke
(*Turbinella pyrum*)

nen in W- u. Mitteleuropa 7 mit ca. 10 Arten vorkommen. In der Krautschicht sonnenexponierter Wegraine u. Weiden sind die nach der ↗Roten Liste „stark gefährdeten" Gemeinen H. (*Helicella itala*) u. die „potentiell gefährdeten" Weißen H. (*H. obvia*) anzutreffen; beide übertragen den Lanzettegel. Die Quendelschnecken (*Candidula unifasciata*) u. die Zwerg-H. (*Trochoidea geyeri*) sind ebenfalls „stark gefährdet".
Heidetrüffelartige Pilze, *Hydnangiaceae,* Fam. der Bauchpilze (Ord. *Hymenogastrales*), deren Vertreter unterird. wachsen, einen kugel. od. unregelmäß. Fruchtkörper ohne Stiele u. Columella ausbilden; die Gleba ist gekammert. – Den ungenießbaren, fleischfarbenen Heidetrüffel (*Hydnangium carneum* Wallr.) findet man in sand. Heiden, Gartenerde u. Gewächshäusern.
Heidschnucke ↗Schafe.
Heilbutt, *Weißer H., Hippoglossus hippoglossus* (B Fische II), mit einer maximalen Länge v. über 3 m größter atlant. Plattfisch; gehört zur Fam. der Schollen. Außer in den arkt. Gewässern nahe am Gefrierpunkt in den nördl. Ozeanen verbreitet, meist in Tiefen zw. 50 und 1000 m; frißt v. a. andere Fische; als Speisefisch geschätzt. Im Ggs. zum Weißen H., der eine weiße Blindseite hat, ist diese beim bis 1 m langen Schwarzen H. (*Reinhardtius hippoglossoides*) dunkelgrau gefärbt; die Augenseite ist rußfarben; bevorzugt die kalten arkt. Meere.
Heilfieber, künstl. erzeugtes ↗Fieber zur Behandlung chron., ohne Fieber verlaufender Krankheiten (z. B. der progressiven Paralyse).
Heilglöckchen, *Cortusa,* Gatt. der Primelgewächse mit 2 Arten. In Mitteleuropa: *C. matthioli,* eine in subalpinen Hochstaudenfluren wachsende, drüsig-zottig behaarte Rosettenpflanze mit herzkreisförm. Blättern u. rosafarbenen, trichterförm. Blüten mit 5lapp. Saum in nickender Dolde. Nach der ↗Roten Liste „potentiell gefährdet", steht unter Schutz.
Heilige Schnecke, *Dreifaltenbirne, Tsanka-Horn, Turbinella pyrum* (Familie *Turbinellidae*), im Flachwasser des Indik vorkommende Art der Neuschnecken mit 15 cm hohem, birnförm. Gehäuse, weiß mit braunen Flecken; die rosa Mündung trägt 4 Spindelfalten; ernährt sich v. Muscheln u. Ringelwürmern. Für die Hindus sind die seltenen linksgewundenen Exemplare Symbol des Gottes Wischnu, der eine H. S. in einer seiner 4 Hände hält.
Heilpflanzen, *Arznei(mittel)pflanzen, Drogenpflanzen,* Pflanzen, die aufgrund ihrer Inhaltsstoffe in der Heilkunde (*Phytotherapie*) verwendet werden. Neben hochwirksamen u. bei unsachgemäßer Anwen-

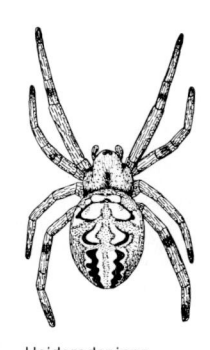

dung od. Überdosierung sehr gefährl. ↗ Giftpflanzen (Fingerhut, Tollkirsche, Stechapfel) gibt es viele H., die bis heute in der Volksmedizin einen wichtigen Platz einnehmen. H. werden meist in getrockneter u. zerkleinerter Form (als sog. ↗Droge) verwendet, wobei entweder die ganze Pflanze od. nur bestimmte Teile verarbeitet werden: Blätter *(Folia)*, Blüten *(Flores)*, Frucht *(Fructus)*, Rinde *(Cortex)*, Samen *(Semen)*, Wurzel *(Radix)*, Wurzelstock *(Rhizoma)*. Wirkstoffe der H. sind in erster Linie Alkaloide, Glykoside, äther. Öle u. die heterogene Gruppe der Gerb- u. Bitterstoffe. Der je nach Entwicklungszustand, Herkunft u. Sammeljahr wechselnde Gehalt an Wirkstoffen hat dazu geführt, daß heute die meisten stark wirksamen Inhaltsstoffe chem. isoliert od. daß die Drogen durch Mischung auf einen bestimmten Wirkstoffgehalt eingestellt werden. Bis in die Neuzeit stellten H. einen großen Teil des Arzneischatzes. Neben gesicherten Erfahrungen spielten dabei psycholog. Effekte u. magisch-religiöse Vorstellungen eine bedeutende Rolle. So vertrat z. B. Paracelsus die Meinung, daß die Natur jegliches Gewächs mit dem kennzeichne, „dazu es gut ist" *(Signaturenlehre).* So sollten die dreilappigen Blätter des Leberblümchens auf seine Verwendbarkeit gg. Leberleiden hinweisen. Neben vielen Pflanzen, die in der Homöopathie verwendet werden od. in der pharmazeut. Ind. als Lieferanten bestimmter Wirk- u. Ausgangsstoffe dienen, gelten derzeit nach dem Dt. Arzneibuch (DAB) bzw. den Eur. Arzneibüchern etwa 50 Arten als *offizinelle H.* Es handelt sich dabei fast ausschl. um Pflanzen aus feldmäßigem, kontrolliertem Anbau. Dafür sind neben Kosten- u. Qualitätsgründen nicht zuletzt auch Aspekte des Arten- u. Naturschutzes ausschlaggebend. B Kulturpflanzen X–XI.

Heilpflanzenkunde, *Pflanzenheilkunde, Phytotherapie,* Behandlung mit ↗ Heilpflanzen (Ganzdrogen), eine wiss. begr. Heilmethode, die sich im Lauf der Jhh. aus der Kräuterheilkunde entwickelt hat; bekam entscheidende Impulse durch die Arbeiten v. Dioskurides, Galen, Hildegard v. Bingen, das weltl. Inst. zur Ausbildung v. Ärzten in Salerno u. Paracelsus. Bis heute wurden große Fortschritte in der exakten, wiss. Bewertung der Pflanzen nach ihrem Gehalt an arzneil. wirksamen Stoffen erzielt.

Heilserum, umgangssprachl. Bez. für spezif. Immunserum, das Antikörper gg. bestimmte Erreger enthält, die zu einer sofort. *passiven Immunisierung* des infizierten Menschen führen (Ggs.: aktiver Schutzimpfung, ↗ *aktive Immunisierung*). Die Gewinnung des H.s erfolgt durch Ein-

Heilpflanzen

Liste der offizinellen H. und der aus ihnen hergestellten Drogen nach DAB und Pharmacopoea Europaea

Adonis vernalis (↗ Adonisröschen)
　Adonidis herba
Aesculus hippocastanum
　(↗ Roßkastaniengewächse)
　Hippocastani semen
Althaea officinalis (↗ Eibisch)
　Althaeae radix
Ammi visnaga (↗ Doldenblütler)
　Ammeos visnagae fructus
Anthemis nobilis (↗ Hundskamille)
　Anthemidis flos
Arctostaphylos uva-ursi
　(↗ Bärentraube)
　Uvae ursi folium
Arnica montana (↗ Arnika)
　Arnicae flos
Artemisia absinthium (↗ Beifuß)
　Absinthii herba
Atropa belladonna (↗ Tollkirsche)
　Belladonnae folium
Betula pendula/pubescens (↗ Birke)
　Betulae folium
Capsicum frutescens (↗ Paprika)
　Capsici fructus acer
Carum carvi (↗ Kümmel)
　Carvi fructus
Cassia acutifolia (↗ Cassia)
　Sennae fructus acutifoliae
Cassia angustifolia (↗ Cassia)
　Cassia angustifolia angusti
Cassia senna (↗ Cassia)
　Sennae folium
Centaurium umbellatum
　(↗ Tausendgüldenkraut)
　Centaurii herba
Cephaelis ipecacuanha
　(↗ Krappgewächse)
　Ipecacuanhae radix
Chelidonium majus (↗ Schöllkraut)
　Chelidonii herba
Cinchona succirubra
　(↗ Chinarindenbaum)
　Cinchonae succirubrae cort.
Citrus aurantium (↗ Citrus)
　Aurantii pericarpium
Convallaria majalis (↗ Maiglöckchen)
　Convallariae herba
Crataegus monogyna/laevigata
　(↗ Weißdorn)
　Crataegi folium cum Flore
Crocus sativus (↗ Krokus)
　Croci stigma
Curcuma xanthorrhiza (↗ Curcuma)
　Curcumae xanthorhizae rhiz.
Datura stramonium (↗ Stechapfel)
　Stramonii folium
Digitalis lanata (↗ Fingerhut)
　Digitalis lanatae folium
Digitalis purpurea (↗ Fingerhut)
　Digitalis purpureae folium
Equisetum arvense
　(↗ Schachtelhalm)
　Equiseti herba
Foeniculum vulgare (↗ Fenchel)
　Foeniculi fructus
Fucus vesiculosus, u. a. (↗ Fucales)
　Fucus
Gentiana lutea (↗ Enzian)
　Gentianae radix
Glycyrrhiza glabra
　(↗ Hülsenfrüchtler)
　Liquiritiae radix
Hibiscus sabdariffa (↗ Roseneibisch)
　Hibisci flos
Hyoscyamus niger (↗ Bilsenkraut)
　Hyoscyami folium
Juniperus communis (↗ Wacholder)
　Juniperi fructus
Krameria triandra (↗ Krameriaceae)
　Ratanhiae radix
Linum usitatissimum (↗ Lein)
　Lini semen
Matricaria chamomilla (↗ Kamille)
　Matricariae flos
Melissa officinalis (↗ Melisse)
　Melissae folium
Mentha piperita (↗ Minze)
　Menthae piperitae folium
Orthosiphon spicatus
　Orthosiphonis folium
Pimpinella anisum (↗ Bibernelle)
　Anisi fructus
Primula veris/elatior
　(↗ Schlüsselblume)
　Primulae radix
Rauwolfia serpentina
　(↗ Rauwolfia)
　Rauwolfiae radix
Rhamnus frangula (↗ Kreuzdorn)
　Frangulae cortex
Rhamnus purshiana (↗ Kreuzdorn)
　Rhamni purshianae cortex
Rheum palmatum/officinale
　(↗ Rhabarber)
　Rhei radix
Salvia officinalis (↗ Salbei)
　Salviae folium
Salvia triloba (↗ Salbei)
　Salviae trilobae folium
Silybum marianum (↗ Mariendistel)
　Cardui mariae fructus
Thymus vulgaris/zygis (↗ Thymian)
　Thymi herba
Tilia cordata/platyphyllos (↗ Linde)
　Tiliae flos
Tussilago farfara (↗ Huflattich)
　Farfarae folium
Urginea maritima (↗ Liliengewächse)
　Scillae bulbus
Valeriana officinalis (↗ Baldrian)
　Valerianae radix

spritzen des Bakteriums od. des Toxins in Pferde, Hammel od. Kaninchen in steigender Dosis, so daß das Tier Antikörper gg. das toxische Agens entwickelt. Bei der Applikation von z. B. Pferdeserum wird zwar durch das Pferde-Antitoxin das entspr. Erreger-Toxin neutralisiert; es kann aber beim Empfänger zu schwerwiegenden Serumkrankheiten kommen, da gg. die Serumproteine des Pferdes präzipitierende Antikörper gebildet werden. Heilseren existieren u. a. für Botulismus,

Heilwurz

Diphtherie (erstes H., von E. ↗Behring, 1890), Masern, Milzbrand, Tetanus, Schlangenbiß.

Heilwurz w, *Sesel libanotis,* ↗Bergfenchel.

Heimatprägung ↗Ortsprägung.

Heimchen, *Acheta domestica,* ↗Gryllidae.

Heine-Medin-Krankheit [ben. nach dem dt. Arzt J. v. Heine, 1800–79, u. dem schwed. Arzt O. Medin, 1847–1927], die ↗Poliomyelitis.

Heinroth, *Oscar August,* dt. Ornithologe, * 1. 3. 1871 Kastel bei Mainz, † 31. 5. 1945 Berlin; nach Forschungs- u. Sammelreisen (1900–1901) zum Bismarck-Archipel Tätigkeit (seit 1904) am Zool. Garten in Berlin unter L. ↗Heck, Begr. (1911) des dort. Aquariums u. dessen Dir. (1913–1944), daneben (seit 1925) Leiter der Vogelwarte Rossitten. Wegen seiner grundlegenden Untersuchungen zum Verhalten der Vögel, deren Ergebnisse auch die Taxonomie bereicherten, wird H. als „Vater der Verhaltensforschung" bezeichnet. Bekannt ist sein Werk „Die Vögel Mitteleuropas" (3 Bde. 1925–28, Erg.-Bd. 1933), das er zus. mit seiner Frau Magdalena verfaßt hat.

Heizwert, der ↗Brennwert.

Helarctos m [v. gr. helos = Sumpf, arktos = Bär], Gatt. der Bären, ↗Malaienbär.

HeLa-Zellen, Nachkommen-Zellen (Zellinie) aus dem Cervix-Tumorgewebe der 1949 verstorbenen Patientin *He*nrietta *La*chs; zeichnen sich durch ihre bislang unbegrenzte Fähigkeit zur Zellteilung aus, weshalb sie seit vielen Jahren in Zellkultur vermehrt werden. Dies führte dazu, daß H.-Z. bzw. die v. ihnen abgeleiteten in-vitro-Systeme (Translationssysteme, RNA-Prozessierungssysteme) vielfach als eukaryot. Standardsysteme zu biochem. u. molekularbiol. Untersuchungen eingesetzt werden.

Helcion s [v. *helic-], Gatt. der Napfschnecken, auf Laminarien des nördl. Atlantik lebende Altschnecken mit glattem, dünnem, radial gestricheltem Gehäuse. H. pellucidus (bis 2 cm ⌀) ist v. Portugal bis Norwegen verbreitet u. wurde fr. auch bei Helgoland gefunden.

Heldbock, der ↗Eichenbock.

Heleidae [Mz.; v. gr. heleios = im Sumpf lebend], die ↗Bartmücken.

Heleioporus m [v. gr. heleios = im Sumpf lebend, poros = Öffnung], die ↗Grabfrösche.

Helenium s [v. gr. helenion = eine Pfl., wohl Alant (nicht v. helios = Sonne!)], *Sonnenbraut,* in Amerika heim. Gatt. der Korbblütler mit rund 40 Arten. Bis 2 m hohe Stauden mit meist rauh behaarten, lanzettl. Blättern u. einzeln od. in lockerer Doldentraube stehenden Köpfchen aus goldgelben bis braunroten, zungenförm.

helic- [v. gr. helix, Gen. helikos, u. helikē = Windung, Spirale, Schneckengehäuse].

Helicidae

Wichtige Gattungen:
↗ *Arianta*
↗ *Cylindrus*
↗ *Eobania*
↗ *Eremina*
↗ *Euomphalia*
↗ Felsenschnecken *(*↗ *Chilostoma* u. *Campylaea)*
↗ Haarschnecken *(Trichia)*
↗ *Iberus*
↗ Maskenschnecken *(Isognomostoma)*
↗ Mittelmeersandschnecken *(Theba)*
↗ *Otala*
↗ *Pseudotachea*
↗ Riemenschnecken *(Helicodonta)*
↗ Schnirkelschnecken *(Cepaea)*
↗ *Sphincterochila*
↗ Steinpicker *(Helicigona)*
↗ Weinbergschnecken *(Helix)*

Rand- u. gelben, purpurnen od. schwarzen, röhrenförm. Scheibenblüten. Einige Arten, wie H. autumnale u. ihre Hybriden, sind beliebte, vom Spätsommer bis zum Spätherbst blühende Gartenzierpflanzen.

Heleophrynidae [Mz.; v. gr. helos = Sumpf, phrynē = Kröte], ↗Gespenstfrösche.

Helferviren, Viren, die v. defekten Viren zur Vermehrung benötigt werden. H. sind z. B. Adenoviren für Adeno-assoziierte Viren, nicht-defekte Retroviren für defekte, transformierende Retroviren.

Helgicirrha w, Gatt. der *Thecaphorae-Leptomedusae;* die Qualle H. schulzei *(= Eirene plana)* ist in der Adria sehr häufig; sie hat 20 mm ⌀.

Helianthemum s [v. *helio-, gr. anthemon = Blume], das ↗Sonnenröschen.

Helianthus m [v. *helio-, gr. anthos = Blume], die ↗Sonnenblume.

Helicasen [Mz.; v. *helic-], Gruppe v. Enzymen, durch die während der DNA-Replikation elterl. Doppelstrang-DNA zu den beiden elterl. Einzelsträngen unter Energieverbrauch (Spaltung zweier ATP-Moleküle pro Trennung eines Basenpaars) entspiralisiert wird. [schnecken.

Helicella w [v. *helic-], Gatt. der ↗Heide-

Helichrysum s [v. gr. helichrysos = Goldranke], die ↗Strohblume.

Helicidae [Mz., v. *helic-], Fam. der Landlungenschnecken mit kugel- bis linsen-, selten turmförm. Gehäuse (meist unter 6 cm ⌀), das einfarbig ist od. 1–5 Spiralbänder od. Flecken aufweist; die Tiere sind ☿, einige ovovivipar. Die H. sind in der westl. Paläarktis beheimatet, viele Arten jedoch weit verschleppt. Zu den H. gehören etwa 50 Gatt.; bekannteste Vertreterin ist die ↗Weinbergschnecke.

Helicigona w [v. gr. *helic-, gr. gōnia = Winkel], ↗Steinpicker.

Helicina w [v. *helic-], Gatt. der *Helicinidae* (Überfam. *Neritoidea),* süd- u. mittelam. Altschnecken, die terrestr. u. oft auf Bäumen leben. Die Kieme fehlt; sie wird funktionell durch die blutbahnreiche Wand der Mantelhöhle ersetzt. Das linsen- bis kugelförm. Gehäuse ist oft bunt, sein Mündungsrand erweitert u. umgeschlagen, die Mündung durch einen Deckel verschließbar. H. ist getrenntgeschlechtl., mit innerer Befruchtung durch Spermatophoren; die Gatt. zeigt zahlr. Konvergenzen zu den *Helicidae* (Name!).

Helicodonta w [v. *helic-, gr. odontes = Zähne], die ↗Riemenschnecken.

Helicolimax m u. w [v. *helic-], Gatt. der Glasschnecken, ↗*Vitrina.*

Heliconiidae [Mz.; v. *helic-], hochentwickelte, neotrop., den Fleckenfaltern nahestehende Tagfalter-Fam. mit etwa 100 z. T.

schwer abgrenzbaren Arten. Flügel längl., abgerundet, Spannweite 60–100 mm, schlanker Hinterleib, Vorderbeine verkümmert, Falter tragen auffällig bunte Warnfarben, variabel schwarz mit rot, orange, gelb, blau u. weiß kombiniert, übel schmeckende Körperflüssigkeit u. Stinkdrüsen am Abdomen schützen die *H.* vor Freßfeinden, daher Aussehen oft v. Vertretern anderer Schmetterlings-Fam. nachgeahmt (Mimikry); Falter fliegen langsam, können sich auch v. Blütenpollen ernähren u. sind daher sehr langlebig, z. B. *Heliconius charithonia* einige Monate. Larven mit langen gegabelten Dornen u. Kopfhörnern, fressen an gift. Passionsblumengewächsen. Puppe hängend, schlank, mit Stacheln, Dornen od. Warzen. Fast alle Arten werden zu der Gatt. *Heliconius* gestellt.

helicopegmat [v. *helic-, gr. pēgma = fest gefügt], Bez. für als Doppelspirale ausgebildete ⟶ Armgerüste v. ⟶ Brachiopoden.

Helicophanta *w* [v. *helic-, gr. phainein = zeigen], Gattung der *Acavidae*, madagass. Landlungenschnecken mit weinbergschneckenähnl. Gehäuse (bis 8,5 cm ⌀) u. weiter Mündung.

Helicoplacoidea [Mz.; v. *helic-, gr. plakoeis = flach, breit], unvollkommen bekannte, kurzlebige † Stachelhäuter-Kl. des U.-Stamms *Echinozoa* mit zigarrenförm. kontraktiler Theca, die v. nur einer spiralen Nahrungsfurche (Ambulacrum) überdeckt ist; Mund vermutl. nahe dem Apex. *H.* lebten teilweise im Meeresboden vergraben. Beispiel: *Waucobella.* Verbreitung: Unterkambrium.

Helicopsis *w* [v. *helic-, gr. opsis = Aussehen], Gatt. der Heideschnecken mit kegel- bis kugelförm., weißem, meist ungebändertem Gehäuse; die Tiere haben 4 Pfeilsäcke, v. denen nur 2 Liebespfeile enthalten; in Mittel- u. O-Europa u. in NW-Afrika verbreitet. Die nach der ⟶ Roten Liste „potentiell gefährdete" Gestreifte Heideschnecke *(H. striata)* lebt in trockenen, oft fels. Habitaten Mitteleuropas (Gehäuse 9 mm ⌀).

Helicostyla *w* [v. *helic-, gr. stylos = Säule], Gatt. der *Bradybaenidae,* philippin. Landlungenschnecken mit eikegelförm., bis 6 cm hohem Gehäuse, das oft intensiv gefärbt u. mit Spiralbändern versehen ist.

Helicotrema *s* [v. *helic-, gr. trēma = Loch], ⟶ Gehörorgane.

Heliobacterium *s* [v. *helio-], Gatt. der ⟶ phototrophen Bakterien.

Heliodinidae [Mz.; v. *helio-, gr. dinē = Wirbel], die ⟶ Sonnenmotten.

Heliolites *m* [v. *helio-], (Dana 1846), Gatt. der † Bödenkorallen (⟶ *Tabulata*) mit massivem „coenenchymalem" Corallum, Polypare stets mit 12 „sonnenförmig" (Name)

helic- [v. gr. helix, Gen. helikos, u. helikē = Windung, Spirale, Schneckengehäuse].

helio- [v. gr. hēlios = Sonne].

Helicopsis striata (Gestreifte Heideschnecke)

angeordneten Septen u. kompletten Tabulae. *H.* wurde anfängl. den *Octocorallia* zugeordnet. Verbreitung: oberes Silurium bis mittleres Devon (Givet).

Heliometra *w* [v. *helio-, gr. metron = Maß], Gatt. der *Antedonidae,* ⟶ Haarsterne.

heliophil [v. *helio-, gr. philos = Freund], Bez. für Wärme u. Licht der Sonne bevorzugende Pflanzen u. Tiere (z. B. Eidechsen, Schlangen, viele Insekten); Ggs. *heliophob* od. *sciophil* (z. B. Farne, im Boden lebende Tiere, Asseln, Tausendfüßer u. a.).

heliophob [v. *helio-, gr. phobos = Furcht], ⟶ heliophil.

Heliophyten [Mz.; v. *helio-, gr. phyton = Pflanze], *Sonnenpflanzen, Starklichtpflanzen,* Pflanzen stark strahlungsexponierter Standorte; häufig ausgezeichnet durch morpholog. anatom. Sonderanpassungen, z. B. Wachsüberzug, transpirationshemmende Behaarung, Rollblätter od. die Fähigkeit zur Einregulierung der Blattstellung. Durch ausgreifendes Wurzelsystem, starkes Festigungs- u. Leitungsgewebe sowie hohe Spaltöffnungsdichte sind H. in der Lage, höchste Transpirations- bzw. Photosyntheseraten zu erreichen. Der ⟶ Lichtkompensationspunkt liegt allerdings höher als bei den Schattenpflanzen.

Heliopora *w* [v. *helio-, gr. poros = Öffnung], Gatt. der ⟶ Blaukorallen.

Helioporaria [Mz.; v. *helio-, gr. poros = Öffnung], *Helioporida,* die ⟶ Blaukorallen.

Helioregulation *w* [v. *helio-, lat. regulare = regeln], Regulierung der Körperwärme mit Hilfe der Orientierung des Körpers nach dem Sonnenstand, um starke Temp.-Schwankungen zw. Tag u. Nacht auszugleichen; bei Spinnen, Insekten u. Kriechtieren, die z. B. in Hochgebirgen, Wüsten, Savannen u. Steppen leben.

Heliornithidae [Mz.; v. *helio-, gr. ornithes = Vögel], Fam. der ⟶ Kranichvögel.

Heliothrips *m* [v. *helio-, gr. thrips = Holzwurm], Gatt. der ⟶ Blasenfüße.

Heliotrop *m* [v. gr. hēliotropion = Sonnenwende (Pfl.)], *Heliotropium,* die ⟶ Sonnenwende. [nal.

Heliotropin *s* [v. ⟶ Heliotrop], das ⟶ Piperó-

Heliotropismus *m* [v. *helio-, gr. tropē = Wendung], ⟶ Tropismus.

Heliozelidae [Mz.; v. *helio-, gr. zēlos = Eifer], die ⟶ Erzglanzmotten.

Heliozoa [Mz.; v. *helio-, gr. zōa = Lebewesen], die ⟶ Sonnentierchen.

Helisoma *s* [v. gr. helix = Windung, sōma = Körper], Gatt. der Tellerschnecken mit meist scheibenförm. Gehäuse (⌀ bis 2,5 cm) u. eingesenktem Gewinde; letzteres ist selten erhoben u. dann apikal abgeflacht; verbreitet in N-Amerika u. nördl. S-Amerika. Die Tiere sind linksgewunden u. haben lange, fadenförm. Fühler; sie sind

Helix

☿ mit gelegentl. Selbstbefruchtung, übertragen die Bilhardiose (↗ Schistosomiasis).

Helix w [v. *helic-], ↗ Weinbergschnecken.

Helixarion m [v. *helic-, ben. nach dem myth. Zitherspieler Arion], Gatt. der *Helicarionidae* (Überfam. *Limacoidea*), Landlungenschnecken mit ohrförm. abgeflachtem Gehäuse (bis 2 cm ⌀), die in Austr. u. auf pazif. Inseln leben.

Helixstruktur w [v. *helic-, lat. structura = Bau], die schraubenförm. Sekundärstruktur biol. Makromoleküle, bes. der Gerüstproteine (z. B. α-Helix, ↗ Proteine), der ↗ Desoxyribonucleinsäuren (☐, DNA-Doppelhelix) u. in Teilbereichen auch der ↗ Ribonucleinsäuren.

Helladotherium s [v. gr. Hellas, Gen. Hellados = Griechenland, thērion = Tier], (Gaudry 1860), *Hellastier,* zur U.-Fam. *Sivatheriinae* (Rindergiraffen) gehörende, dem rezenten Okapi ähnl. † Kurzhalsgiraffe mit bis 2 m langem, rinderart. Rumpf u. kräft. Beinen, ohne Schädelprotuberanzen. Die Erstlingsfunde stammen aus der berühmten unterpliozänen Fauna v. Pikermi (Griechenland) (Name!). Typus-Art: *H. duvernoyi.* Verbreitung: Unterpliozän (Turolian) v. Griechenland, Fkr. u. Iran.

Hellbender m [v. engl. hell = Hölle, bend = beugen], *Schlammteufel, Cryptobranchus alleganiensis,* ↗ Riesensalamander.

Hell-Dunkel-Adaptation w [v. lat. adaptare = sich gehörig anpassen], *Hell-Dunkel-Adaption,* **1)** Anpassung (↗ Adaptation) v. Lichtsinneszellen od. -organen an wechselnde Lichtintensitäten. Die H. ist äußerst wichtig, da z. B. das menschl. Auge v. tiefer Nacht bis zum gleißenden Sonnenschein eine Intensitätsänderung v. ca. 10^{10} ausgleichen kann. Bei Wirbeltieren gibt es eine schnelle H. durch die wechselnde Weite der ↗ Pupille, die jedoch nur eine Anpassung um höchstens einen Faktor 10 bewirkt. Die übrige, langsame H. beruht auf Empfindlichkeitsänderungen der Sehzellen (Stäbchen u. Zapfen in der ↗ Netzhaut des Auges v. Wirbeltieren). Die Empfindlichkeit wird dabei vorwiegend nicht durch Änderungen der Sehpurpurkonzentration (Ausbleichen), sondern durch eine Regulation der Lichtausbeute („gain control") bewirkt. Ausbleichen setzt erst an der jeweils oberen Grenze der Zellempfindlichkeit ein. Zusätzl. können viele Sinneszellen durch bewegl. Pigmentzellen bei Helligkeit abgeschirmt u. bei Dunkelheit freigegeben werden. Bei Insekten kann das lichtstarke Superpositionsauge durch Pigmentwanderung zum lichtschwächeren, aber opt. besseren Appositionsauge werden (↗ Komplexauge). ↗ Auge, ↗ Dämmerungssehen. **2)** ↗ Farbanpassung, ↗ Farbwechsel, ↗ Chromatophoren.

helic- [v. gr. helix, Gen. helikos, u. helikē = Windung, Spirale, Schneckengehäuse].

H. v. Helmholtz

Helminthosporium
Einige Pflanzenkrankheiten, die durch H.-Arten [in eckigen Klammern: sexuelle Form] hervorgerufen werden
Streifenkrankheit der Gerste:
H. gramineum = *Drechslera graminea* [= *Pyrenophora g.*]
Drechslera-Wurzel-, Halm- u. Blattkrankheit v. Getreide:
H. sativum = *Drechslera sorokiniana* [= *Cochliobolus sativus*]
H.-Blattfleckenkrankheit des Maises:
H. turcicum = *Bipolaris turcica* [= *Trichometasphaeria t.*] u. a. *H.*-Arten

helmintho- [v. gr. helmins, Gen. helminthos = Wurm, bes. Eingeweide-, Spulwurm].

helo- [v. gr. helos = Sumpf].

Helleborus m [v. gr. helleboros =], die ↗ Nieswurz.

Hellerkraut, *Herzschötchen, Thlaspi,* mit etwa 60 Arten in den gemäßigten Zonen u. Gebirgen der N-Halbkugel (bes. Europas u. Asiens) u. in Amerika verbreitete Gatt. der Kreuzblütler. Wichtigste einheim. Art ist das v. a. in den Unkrautfluren v. Äckern zu findende Acker-H. (*T. arvense,* B Europa XVI) mit kleinen weißen, traubig angeordneten Blüten u. flachen, fast kreisrunden, breit geflügelten Schötchen (Name!).

Hellfeldmikroskopie ↗ Mikroskopie.

Helligkeitssehen ↗ Auge.

Hellriegel, *Hermann,* dt. Agrikulturchemiker, * 21. 10. 1831 Mausitz bei Leipzig, † 24. 9. 1895 Bernburg; entdeckte (mit Wilfarth) 1888 die Bindung des freien Luftstickstoffs durch die Knöllchenbakterien.

Helmbohne, *Dolichos lablab,* ↗ Hülsenfrüchtler.

Helmholtz, *Hermann Ludwig Ferdinand von,* dt. Physiologe u. Physiker, * 31. 8. 1821 Potsdam, † 8. 9. 1894 Charlottenburg (Berlin); Schüler v. J. ↗ Müller. Nach Tätigkeit als Militärarzt u. Lehrer für Anatomie an der Berliner Kunstakademie seit 1849 Prof. für Physiologie in Königsberg, 1855 Bonn, 1859 Heidelberg u. seit 1870 Prof. für Physik in Berlin, seit 1888 zusätzl. Präs. der Physikal. Techn. Reichsanstalt. H. war einer der vielseitigsten Naturwissenschaftler des 19. Jh. Er wies schon in seiner Dissertation nach, daß die Nervenfasern mit den Ganglienzellen in Verbindung stehen, beschäftigte sich dann mit der Muskelarbeit u. der Wärmeproduktion des Muskels u. gelangte v. dort zu einer exakten Begr. des Ges. der Erhaltung der Energie („Über die Erhaltung der Kraft", 1847). Bestimmte die Fortpflanzungsgeschwindigkeit der Nervenleitung (1852) u. wandte sich seit 1853 Fragen der Sinnesphysiologie zu (Akkommodation, Spektralfarben, physiolog. Optik u. Akustik, Erweiterung der Dreifarbentheorie von T. Young), deren Resultate in den beiden berühmten Werken „Lehre v. den Tonempfindungen als Grundlage für die Theorie der Musik" (1862) u. „Hdb. der Physiologischen Optik" (1856–66) niedergelegt wurden. Als ausgezeichneter Experimentator erfand er daneben den Augenspiegel, der der Ophthalmologie völlig neue Möglichkeiten eröffnete. Ferner rein physikal. Forschungen u. a. zur Thermodynamik, Elektrizität u. Aerodynamik sowie grundlegende erkenntnistheoret. Arbeiten.

Helminthen [Mz.; v. *helmintho-], *Eingeweidewürmer,* Sammelbezeichnung für parasitäre Plattwürmer (Saug- u. Bandwürmer), Rundwürmer (Fadenwürmer, Acanthocephalen) u. Zungenwürmer.

Helminthiasis w [v. gr. helminthian = an

Würmern leiden], *Wurmkrankheit,* Erkrankung durch ⁊ Helminthen.

Helminthogloea w [v. *helmintho-, gr. gloia = Leim], Gatt. der ⁊ Heterogloeales.

Helminthologie w [v. *helmintho-, gr. logos = Kunde], Lehre v. den ⁊ Helminthen, v. a. des veterinär- u. humanmed. Bereichs.

Helminthosporium s [v. *helmintho-, gr. spora = Same], Formgatt. der *Moniliales (Dematiaceae, Fungi imperfecti)* mit vielen Erregern v. Pflanzenkrankheiten, bes. Blattfleckenkrankheiten höherer Pflanzen *(Helminthosporiosen);* die Pilze werden heute meist in andere Formgatt. gestellt, z. B. *Bipolaris* od. *Drechslera.* Die septierten Hyphen entwickeln (terminal od. lateral) eine Reihe v. dunkel gefärbten, lang-ovalen Konidien, die durch 2 od. mehr Querseptren unterteilt sind; v. vielen *H.*-Arten ist die sexuelle Form bekannt (vgl. Tab. S. 200).

Helminthostachys w [v. *helmintho-, gr. stachys = Ähre], auf Indien, SO-Asien u. NO-Australien beschränkte Gatt. der Natternzungengewächse. Die einzige Art *H. zeylanica* besitzt handförm. geteilte, derbe sterile Blatteile, an deren Basis der einer gestielten Ähre gleichende fertile Wedelteil abgeht. Im Ggs. zu den übr. Gatt. der Natternzungengewächse öffnen sich die Sporangien durch Längsriß.

Helmkopf, *Caudiverbera caudiverbera,* ⁊ Andenfrösche.

Helmkraut, *Scutellaria,* Gatt. der Lippenblütler mit rund 180, bes. in den gemäßigten Zonen u. Tropen verbreiteten Arten. Kräuter od. Halbsträucher mit eiförm. bis linealen Blättern u. in beblätterten Trauben od. Ähren stehenden Blüten, deren Kelch auf der Oberseite ein „Schildchen" od. Scutellum (Name!) trägt. *S. galericulata,* das blauviolett od. weiß blühende Sumpf-H., wächst in Verlandungs-Ges., Naßwiesen, an Gräben u. Ufern u. ist nahezu über die gesamte N-Halbkugel verbreitet. Das aus SO-Europa stammende, ebenfalls blauviolett blühende Hohe H. *(S. altissima)* wird als Zierpflanze kultiviert.

Helmleguane, *Corytophanes,* Gatt. der ⁊ Basiliscinae.

Helmlinge, *Mycena* S. F. Gray, Gatt. der Ritterlingsartigen Pilze; in Europa ca. 130 Arten, meist mit kleinen bis winz. Fruchtkörpern; Hut kegel- od. glockenförmig, dünnfleischig od. hautartig, feucht meist durchscheinend, oft mit gerieftem Rand (jung nie eingerollt) mit weißem Sporenstaub; Stiel lang u. dünn, knorpelig od. zerbrechl., meist hohl. H. wachsen vorwiegend gesellig auf dem Erdboden, Stümpfen, Halmen, Laub, Nadeln usw.; in den Tropen verursachen einige Arten Pflanzenkrankheiten.

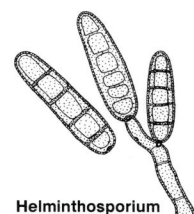

Helminthosporium
Konidien von *H. gramineum*

J. B. van Helmont

Helmschnecken
Wichtige Gattungen:
⁊ *Cassis*
⁊ *Cypraecassis*
⁊ *Galeodea*
Morum
⁊ *Phalium*

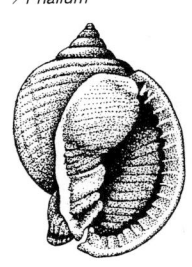

Helmschnecken
Phalium canaliculatum, ca. 5 cm hoch

Helmlinge
Einige häufige Helmlinge *(Mycena):*
Weißmilchender H. *(M. galopoda* Kummer, mit weißem Saft)
Purpurschneidiger H. *(M. sanguinolenta* Kummer, mit rotem Saft)
Stinkender H. *(M. chlorinella* Sing., Geruch nach Salpetersäure)
Rettich-H. *(M. pura* Kummer, mit starkem Rettichgeruch)

Helmont, *Johan Baptist* van, fläm. Arzt, Chemiker u. Philosoph, * 12. 1. 1579 Brüssel, † 30. 12. 1644 Landgut Vilvoorde bei Brüssel; gelangte, angeregt durch die Lehre des Paracelsus, zur rein chem. Erklärung der Lebensvorgänge u. war einer der Hauptvertreter der Iatrochemie; arbeitete u. a. über die Rolle des Wassers in der Pflanzenernährung, wandte chem. Methoden zur Heilmittelherstellung an u. erkannte, daß die Luft aus versch. Gasen besteht; führte den Begriff „Gas" ein.

Helmschnecken, *Cassi(di)dae,* Fam. der Mittelschnecken (Überfam. *Tonnoidea)* mit festschal., ovalem Gehäuse (bis 38 cm hoch) mit kegelförm. od. abgeflachtem Gewinde; die schmale Mündung hat unten eine Rinne, ist oft verdickt u. gezähnt. Die Gehäuseoberfläche ist glatt, axial od. spiral gerippt od. trägt axiale Wülste. Die Epidermis ist bes. dick; sie schützt, zus. mit dem Schleim, die H. gegen Stacheln der Seeigel, v. denen sie sich ernähren. Die Beute wird durch ein Neurotoxin des Speichels gelähmt, ihr Panzer durch Schwefelsäure angelöst, mit der Radula geöffnet u. ausgefressen. Die meisten Arten leben auf u. in Sandböden u. sind weltweit verbreitet mit Schwerpunkt in den trop. Meeren. Die etwa 60 Arten werden 10 Gatt. zugeordnet. Alle H. sind beliebte Sammlerobjekte u. daher gefährdet.

Helmskinke, *Tribolonotus,* Gattung der ⁊ Schlankskinkverwandten.

Helobdella w [v. *helo-, gr. bdella = Blutegel], Gatt. der Egel-Fam. *Glossiphoniidae. H. stagnalis,* 0,5–1 cm lang, 0,2 bis 0,4 cm breit; saugt an Chironomidenlarven, Wasserflöhen u. Wasserasseln, gelegentl. auch an Schnecken; Eier werden am Bauch getragen; in fließenden u. stehenden Gewässern häufig, an Pflanzen u. unter Steinen, bes. im Wurzelwerk v. Erlen u. Weiden.

Helobiae [Mz.; v. *helo-], ⁊ Alismatidae.

Helodermatidae [Mz.; v. gr. hēlos = Buckel, derma = Haut], die ⁊ Krustenechsen.

Helodidae [Mz.; v. *helo-], Fam. der ⁊ Sumpfkäfer.

Helodium s [v. gr. helōdēs = sumpfig], Gatt. der ⁊ Thuidiaceae.

Helokrenen [Mz.; v. *helo-, gr. krēnē = Quelle], einen Sumpf bildende Quellen *(Sumpfquellen).*

Helopeltis w [v. *helo-, gr. peltē = Schild], Gatt. der ⁊ Weichwanzen.

helophil [v. *helo-, gr. philos = Freund], den Sumpf bevorzugende Organismen.

Helophyten [Mz.; v. *helo-, gr. phyton = Pflanze], *Sumpfpflanzen,* Pflanzen sehr feuchter bis nasser od. flach überschwemmter Standorte. Große Interzellularen od. regelrechtes Durchlüftungsge-

Helostomatidae

webe (Aerenchyme) sind häufig u. gelten als Anpassung an die erschwerte Sauerstoffversorgung der untergetauchten Pflanzenteile.

Helostomatidae [Mz.; v. *helo-, gr. stoma = Mund], ↗Guramis.

Helotiaceae [Mz.; v. gr. hēlōtos = nagelförmig], Fam. der *Helotiales*, Schlauchpilze mit fleischig-wachsart. od. ledrig-knorpel., unbehaarten Apothecien, die oft gestielt sind; das Excipulum besteht meist aus einem Geflecht von parallel verlaufenden Hyphen. Die Ascosporen sind farblos, spindel- bis eiförmig. Bekannt sind die *Chlorosplenium*-Arten (Grünspanbecherlinge) mit blau-olivgrünen Fruchtkörpern; einige Arten färben das Holz, wenn sie wachsen, grün an. *Callycella*-Arten leben auch meist auf Holz u. bilden gelbl. bis lebhaft gelbe Apothecien (1–3 mm ⌀). Pflanzenreste werden v. vielen *Helotium*-Arten besiedelt. An toten Zweigen v. Laubbäumen, Sträuchern, Nadelhölzern od. an Ericaceen wachsen die bräunl.-dunklen *Scleroderris*-Arten, z. B. *S. ribis* an toten Zweigen v. Johannisbeeren. Aus der Rinde lebender Laubbäume brechen die Apothecien (1–2 cm ⌀) v. *Encoelia*-Arten hervor.

Helotiales [Mz.; v. gr. hēlōtos = nagelförmig], Ord. der Schlauchpilze, mit mehreren tausend Arten, die als Saprobien auf Pflanzenresten od. als Pflanzenparasiten (v. a. auf höheren Pflanzen) leben; einige wachsen auch auf dem Erdboden. Die Fruchtkörper sind Apothecien *(= Discomycetes)*, die meist einzeln angeordnet sind; sie besitzen in einem Hymenium angeordnete unitunicate-inoperculate Asci. Zur systemat. Einteilung sind wichtig: Aufbau der Apothecienwand (= Excipulum) sowie die Form u. Größe der Apothecien, Asci, Ascosporen u. Paraphysen.

Helotismus *m* [v. gr. heilōtai = spartan. Leibeigene], ältere Bez. für zwischenartl. Wechselbeziehungen, bei denen der Wirt aus der Anwesenheit der Symbionten profitiert u. diesen Quartier bietet, ohne sie ernstl. zu schädigen. H. wurde fr. als Bindeglied zw. Parasitismus u. Symbiose aufgefaßt. Heute rechnet man solche Vergesellschaftungen zur ↗Symbiose.

Helvella *w* [v. *helv-], Gatt. der ↗Sattellorcheln. [Lorcheln.

Helvellaceae [Mz.; v. *helv-], die ↗Echten

Helvellales [Mz.; v. *helv-], die ↗Lorchelpilze. [lorcheln.

Helvelloideae [Mz.; v. *helv-], die ↗Sattel-

Hemachatus *m* [v. gr. emein = speien, achatēs = Achat], Gatt. der Giftnattern mit der Ringhalskobra (*H. haemachatus*) als einziger Art; lebt in SO-Afrika, wird 0,8–1 m lang; besitzt gekielte Schuppen u. bringt bis zu 60 lebende Junge zur Welt; leicht er-

helo- [v. gr. helos = Sumpf].

helv- [v. lat. helvus = gelb, grünlich; davon dann helvella = Grünzeug, kleines Küchenkraut].

Helotiales

Wichtige Familien:

↗ Ascocorticiaceae
↗ Bulgariaceae
↗ Dermateaceae
Geoglossaceae
(↗ Erdzungen)
↗ Helotiaceae
↗ Hemiphacidiaceae
↗ Hyaloscyphaceae
↗ Orbiliaceae
↗ Sclerotiniaceae

(Die Fam. ↗ Baeomycetaceae der Flechtenpilze kann auch bei den H. eingeordnet werden)

Helotiales

Einige Pflanzenkrankheiten, die durch *Helotiales* hervorgerufen werden:

Lärchenkrebs
(Lachnellula [Trichoscyphella] willkommii)
Blattfallkrankheit der Johannis- u. Stachelbeeren
(Drepanopeziza ribis)
Klappenschorf des Klees
(Pseudopeziza trifolii)
Roter Brenner der Weinrebe
(Pseudopeziza tracheiphila)
Sternrußtau der Rosen
(Diplocarpon rosae)
Douglasienschütte
(Rhabdocline pseudotsugae)
Kleekrebs
(Sclerotinia trifoliorum)
Moniliakrankheiten des Kern- u. Steinobstes
(Monilinia-Arten)
Sprühfleckenkrankheit der Kirschen
(Blumeriella jaapii)

regbar, spuckt zur Verteidigung Gift gg. den Angreifer od. legt sich auf den Rücken u. stellt sich tot.

Hemanthropus *m* [v. gr. hēmi = halb-, anthrōpos = Mensch], Gatt. des fossilen Menschen, abgeleitet aus Serie v. Einzelzähnen aus chin. Apotheken; unterschieden v. Orang Utan durch geringere Schmelzrunzelung, ähnelt im Bau der Höcker den robusten ↗Australopithecinen. Art: *H. peii* Koenigswald 1957; Alter: ? Alt- bis Mittelpleistozän.

Hemaris *w* [v. gr. hēmi- = halb-, aris = Bohrer], Gatt. der ↗Schwärmer.

Hemeralopie *w* [v. gr. hēmera = Tag, ōps = Auge], die ↗Nachtblindheit.

Hemerobiidae [Mz.; v. gr. hēmera = Tag, bioōn = lebend], die ↗Taghafte.

Hemerocallis *w* [v. gr. hēmera = Tag, kalos = schön], die ↗Taglilie.

hemerophil [v. gr. hēmeros = kultiviert, philos = Freund], Bez. für Arten, die durch die v. Menschen gestaltete Landschaft gefördert werden; solche Kulturfolger sind in Mitteleuropa z. B. Hausmaus, Sperling, Amsel u. Taube; Ackerunkräuter u. Ruderalarten, alle Arten der Hochmoorvegetation. Ggs.: *hemerophobe* Arten *(Kulturflüchter)*, z. B. Schwarzstorch u. Kolkrabe.

hemiangiokarp [v. *hemi-, gr. aggeion = Gefäß, karpos = Frucht], ↗gymnokarp.

Hemiascomycetes [Mz.; v. *hemi-, gr. askos = Schlauch, mykētes = Pilze], *Hemiascomycetidae*, die ↗Endomycetes.

Hemibasidiomycetes [Mz.; v. *hemi-, gr. basis = Grundlage, mykētes = Pilze], ↗Teliomycetes.

Hemicellulosen [Mz.; v. *hemi-, lat. cellula = kleiner Raum], in pflanzl. Zellwänden bes. der Zellen verholzter Pflanzenteile als Begleitsubstanz v. ↗Cellulose vorkommende, wasserunlösl. Polysaccharide, die vorwiegend aus Pentosen (Xylose u. Arabinose: *Pentosane*) u. Hexosen (Glucose, Mannose, Galactose: *Hexosane*), daneben aber auch aus Uronsäuren β-1,4-glykosidisch aufgebaut sind. H. wirken als Reservestoffe bzw. Stützsubstanzen.

hemicephal [v. *hemi-, gr. kephalē = Kopf], Bez. für eine Larvenform bei Zweiflüglern (Dipteren), deren hintere Kopfteile rückgebildet sind u. stark in den Prothorax einbezogen sind (bei *Tipulidae* u. a.). ↗eucephal, ↗acephal.

Hemichordata [Mz.; v. *hemi-, gr. chordē = Saite], *Branchiotremata, Kragentiere*, Stamm ausschl. mariner wirbelloser Tiere, die typ. Merkmale der ↗Stachelhäuter (trimeres Coelom, intraepithelialer Nervenplexus, Larvenform) mit solchen der ↗Chordatiere (innerer Kiemenapparat im Vorderdarm, Besitz eines dorsalen Nervenrohres im Halsbereich, ein der ↗Chorda dorsalis ähnl. Kopfskelett u. Deuterostomie, ↗Deuterostomier) in sich vereinen u. deshalb als Bindeglied zw. diesen Gruppen betrachtet u. der Vorfahrenreihe der Chordatiere zugeordnet werden. Die H. umfassen 3 Kl., die urspr. ↗Enteropneusten, die sedentär lebenden u. infolgedessen in ihrem Bauplan stark abgewandelten Flügelkiemer (↗Pterobranchia) u. die † ↗Graptolithen.

Hemichromis m [v. *hemi-, gr. chromis = Knurrhahn], Gatt. der ↗Buntbarsche.

Hemiclepis w [v. *hemi-, lat. clepere = stehlen], Gattung der Egel-Fam. Glossiphoniidae. H. marginata, bis 3 cm lang, 0,4–0,5 cm breit, saugt an Fischen, Amphibien, deren Larven u. der Teichschildkröte; an Steinen u. Pflanzen in Flüssen, Teichen u. Seen, häufig.

hemicoenokarp [v. *hemi-, gr. koinos = gemeinsam, karpos = Frucht] ↗holocoenokarp.

Hemicycla w [v. gr. hēmikyklos = halbkreisförmig], Gatt. der Helicidae, Landlungenschnecken der Kanaren mit gedrücktrundl. Gehäuse (bis 3,5 cm ∅) mit groben Zuwachsstreifen od. gehämmerter Oberfläche.

hemicyclisch [v. gr. hēmikyklos = halbkreisförmig], Bez. für Blüten, bei denen ein Teil der Blütenorgane wirtelig (cyclisch), ein anderer Teil spiralig (acyclisch) angeordnet ist, z.B. bei Hahnenfuß-Arten.

Hemidactylium s [v. *hemidactyl-], Gatt. der lungenlosen Salamander (Plethodontidae), ↗Vierzehensalamander.

Hemidactylus m [v. *hemidactyl-], Gatt. der ↗Geckos.

hemiedaphisch [v. *hemi-, gr. edaphos = Boden], Bez. für Organismen, die in der Streuschicht u. der obersten Bodenschicht leben. ↗Bodenorganismen.

Hemielytre m [v. *hemi-, gr. elytron = Hülle], der ↗Halbdeckflügel.

Hemiepiphyten [Mz.; v. *hemi-, gr. epiphyein = darauf wachsen], Halbepiphyten, Pflanzen, die ihre Entwicklung als ↗Epiphyten beginnen u. später über Luftwurzeln Kontakt mit dem Erdboden gewinnen. Mit zunehmendem Erstarken der Nähr- u. Stützwurzeln wird häufig der Stamm des Wirtsbaums eingeschlossen u. schließl. erdrückt (Würgerfeigen des trop. Regenwaldes, viele ↗Aronstabgewächse). Viele Arten werden durch Vögel od. Fledermäuse verbreitet u. liefern oft den Hauptteil der Tiernahrung im trop. Regenwald.

Hemifusus m [v. *hemi-, lat. fusus = Spindel], Semifusus, veraltete Namen v. ↗Volema.

Hemigalinae [Mz.; v. *hemi-, gr. galē = Wiesel], Bänder- u. Otterzivetten, U.-Fam. der Schleichkatzen (Viverridae); z.B. ↗Falanuks, ↗Fanaloka.

hemi- [v. gr. hēmi- = halb-].

hemidactyl- [v. gr. hēmi- = halb-, daktylos = Finger].

hemigamotrop [v. *hemi-, gr. gamos = Hochzeit, tropos = Wendung], halbaufblühend, Bez. für Blüten, die sich nur unvollständig öffnen u. schließen.

Hemigrammus m [v. *hemi-, gr. grammē = Linie], Gatt. der ↗Salmler.

Hemikryptophyten [Mz.; v. *hemi-, gr. kryptos = verborgen, phyton = Pflanze], Oberflächenpflanzen, Bez. für Pflanzen, deren oberird. Pflanzenteile vor der Vegetationsruhe weitgehend absterben u. deren Erneuerungsknospen in unmittelbarer Nähe der Erdoberfläche liegen. Zur Lebensform der H. gehört mehr als die Hälfte aller Gefäßpflanzen Mitteleuropas.

Hemileia w [v. *hemi-], Gatt. der Rostpilze (Pucciniaceae); H. vastatrix ist der Erreger des gefürchteten Kaffeerostes, dessentwegen u. a. auf Ceylon (1868) der Kaffeeanbau aufgegeben werden mußte. Der Pilz hat eine obligat parasit. Lebensweise mit unvollständ. Entwicklungsgang (nur Uredosporen); er ist in Zentralafrika endemisch u. gelangte 1970 nach Brasilien (wahrscheinl. durch Passatwinde).

Hemilepistus m [v. *hemi-, gr. lepistos = geschält], Gatt. der Landasseln; ↗Wüstenassel.

Hemimetabola [Mz.; v. *hemi-, gr. metabolē = Veränderung], Teilgruppe der Insekten mit direkter od. unvollkommener Verwandlung (Hemimetabolie), d.h. ohne Puppenstadium (↗Metamorphose). Die larvale Entwicklung verläuft durch allmähl. Ausbildung imaginaler Merkmale (insbes. der Flügel bei den Pterygota). Hierher werden alle Insekten außer den ↗Holometabola gestellt. Die H. sind keine systemat. Einheit. Nach dem Modus der Larval- u. Nymphenentwicklung unterteilte man die H. früher in die ↗Palaeometabola, ↗Heterometabola u. ↗Neometabola.

Hemimetabolie w [v. *hemi-, gr. metabolē = Veränderung], ↗Hemimetabola, ↗Metamorphose.

Hemimycale w [v. *hemi-, gr. mykos = Schleim], Gatt. der Schwamm-Fam. Mycalidae; bekannteste Art H. columella.

Hemiodus m [v. *hemi-, gr. odous = Zahn], Gatt. der ↗Salmler.

Hemiparasiten [Mz.; v. *hemi-, gr. parasitos = Schmarotzer], Halbparasiten, parasitäre Pflanzen, die ihre Nährstoffe teilweise autotroph, teilweise heterotroph gewinnen u. meist nur an das Xylem des Wirtes angeschlossen sind, z.B. Mistel ([B] Parasitismus I). In Abwandlung des Begriffs werden bei Tieren manchmal die teilweise parasit., teilweise räuberisch lebenden ↗Synöken als H. bezeichnet.

hemipelagisch [v. *hemi-, gr. pelagios = das Meer betr.], 1) nur in bestimmten Lebensstadien freischwimmend, später zum

Hemiphacidiaceae

hemi- [v. gr. hēmi- = halb-].

Hemiphacidiaceae
Wichtige parasitische Arten:
Didymascella thujina (an Lebensbaum)
Gremmenia gigaspora (in Zirbelkiefer-Nadeln)
Rhabdocline pseudotsugae (Erreger der Douglasienschütte)

Hemipneustia
Nach der Verteilung der noch offenen Stigmen unterscheidet man folgende Typen:
Amphipneustia (↗ amphipneustisch)
Apneustia (↗ apneustisch)
Branchiopneustia (↗ branchiopneustisch)
Metapneustia (↗ metapneustisch)
Peripneustia (↗ peripneustisch)
Propneustia (↗ propneustisch)

Leben am Meeresboden bzw. am Substrat übergehend, z. B. Jugendstadien v. Seepocken u. Krebsen. 2) Bez. für den zw. ca. 800 m u. 2400 m Tiefe (in der Lit. unterschiedl. angegeben) gelegenen Tiefseebereich u. die in ihm gebildeten Sedimente.
Hemiphacidiaceae [Mz.; v. *hemi-, gr. phakos = Linse], Fam. der *Helotiales* (Schlauchpilze), deren Vertreter (vgl. Tab.) parasit. unter der Epidermis v. Koniferennadeln leben, wo sie in einem Stroma ihre ungestielten Fruchtkörper bilden. Die einbis vielzell., hyalinen bis grünl.-braunen Ascosporen sind spindel-, ei- od. fadenförmig.
Hemiphanerophyten [Mz.; v. *hemi-, gr. phaneros = auffallend, phyton = Pflanze], die ↗ Halbsträucher.
Hemiphractus *m* [v. *hemi-, gr. phraktos = gepanzert], *Helmlaubfrosch,* einige Gatt. der U.-Fam. *Hemiphractinae* der ↗ Laubfrösche mit vermutl. 5 Arten im nördl. S- u. in Mittelamerika. Merkwürdige, mittelgroße (5–6 cm), meist bodenlebende Frösche, deren Kopf mit einem stark verknöcherten Helm geschützt ist, der hinten in zwei Dornen ausläuft. Die Tiere sind kryptisch gefärbt wie die Laubstreu des Waldes, in der sie sich verbergen. Sie ernähren sich von kleineren Fröschen, Schnecken u. Insekten. Bei Gefahr fliehen sie nicht, sondern drohen mit weit aufgerissenem, riesigem Maul, das innen leuchtend gelb-orange gefärbt ist, u. beißen auch zu, wobei 2 scharfe Odontoide des Unterkiefers die menschl. Haut durchbohren können. Die Eier werden vom Weibchen auf dem Rücken getragen, wo sich, ähnl. wie bei den Wabenkröten, einzelne Eindellungen bilden, die allerdings flach bleiben. Die Embryonen bilden, ähnl. wie die mancher Beutelfrösche, pilzart., gestielte Kiemen, deren scheibenförm. Enden fest in den Eindellungen im Rücken des Weibchens haften; sie entwickeln sich so bis zu fertigen Jungfröschen; ein freies Larvenstadium fehlt. Diese Schilderung bezieht sich auf *H. panamensis;* die anderen Arten sind weniger gut bekannt.
Hemipneustia [Mz.; v. *hemi-, gr. pneustēs = Atmender], *Hemipneustier,* Insekten, in deren Tracheensystem einige od. alle Stigmen rudimentiert sind (meist als solche noch erkennbar). Dabei ist das System der Tracheenäste meist nicht verändert (vgl. Tab.). ↗ Holopneustia, ↗ Hyperpneustia, ↗ Hypopneustia.
Hemiprocnidae [Mz.; v. *hemi-, ben. nach der in eine Schwalbe verwandelten myth. Proknē], die ↗ Baumsegler.
Hemipteroidea [Mz.; v. *hemi-, gr. pteroeis = geflügelt], die ↗ Schnabelkerfe.
Hemipteronotus *m* [v. *hemi-, gr. pteron

= Feder, Flügel, nōtos = Rücken], Gatt. der ↗ Lippfische.
Hemirhamphus *m* [v. *hemi-, gr. rhamphos = Schnabel], Gatt. der ↗ Halbschnäbler.
hemisessil [v. *hemi-, lat. sessilis = sitzend], Bez. für die Lebensweise v. Tieren, die längere Zeit an od. in einem Substrat mit Hilfe spezieller Hafteinrichtungen verankert sein können u. sich dort ernähren; sind aber zu einem aktiven Ortswechsel noch fähig, z. B. manche Rädertiere.
Hemisphäre *w* [v. gr. hēmisphairion = Halbkugel], 1) geogr.: Erdhalbkugel, Erdoberfläche südl. (südl. H.) u. nördl. (nördl. H.) des Äquators; i.w.S. auch östl. u. westl. H. 2) Anatomie: linke u. rechte halbkugelige Abschnitte des Klein- u. Großhirns (B Gehirn) bei Vögeln, Säugetieren u. Mensch.
Hemisus *m* [v. *hemi-, lat. sus = Schwein], der ↗ Ferkelfrosch.
hemisynkarp [v. *hemi-, gr. syn = zusammen, karpos = Frucht] ↗ holocoenokarp.
Hemitragus *m* [v. *hemi-, gr. tragos = Bock], Gatt. der Böcke, ↗ Tahr.
Hemitrichia *w* [v. *hemi-, gr. triches = Haare], Gatt. der ↗ Trichiaceae.
Hemitripterus *m* [v. *hemi-, gr. tri- = drei-, pteron = Feder, Flügel], Gatt. der ↗ Groppen.
hemitrop [v. *hemi-, gr. tropos = Richtung], Bez. für Blütentypen, die nur v. wenigen Bestäuberarten besucht werden bzw. für Insekten, die nur ein kleines Blütenspektrum besuchen. ↗ allotrop, ↗ eutrop.
hemizygot [v. *hemi-, gr. zygōtos = zusammengejocht], Bez. für einzelne Gene od. Gengruppen, die nicht als Allelpaar, sondern in Einzahl vorliegen, wie z. B. Gene diploider Zellen, denen als Folge des Verlustes v. Chromosomensegmenten od. ganzer Chromosomen kein zweites (ident. od. alleles) Gen gegenübersteht. Auch die Gene auf dem menschl. X-Chromosom männl. Individuen, dem das nicht-homologe Y-Chromosom gegenübersteht, sind hemizygot.
Hemlocktanne [v. engl. hemlock = Schierling], die Gatt. ↗ Tsuga.
Hemmfeldtheorie ↗ Blattstellung.
Hemmhof, *Hemmzone,* klare Zone um wachstumshemmende Substanzen auf einer Nährbodenplatte, die mit Mikroorganismen beimpft wurde, z. B. als Test auf die Wirkung v. ↗ Antibiotika (B); aus dem ⌀ des H.s kann auch die Konzentration der Hemmsubstanzen bestimmt werden (↗ Agardiffusionstest).
Hemmstoffe, die ↗ Inhibitoren.
Hemmung, *Inhibition,* 1) Neurophysiologie: Verminderung od. Unterbindung der Aktivität einer Zellgruppe od. Bahn durch andere Zentren, vermittelt durch bes. „inhi-

bitorische" ⁊Synapsen. H. in diesem Sinne gehört zu den Grundfunktionen des ⁊Nervensystems u. wirkt bei nahezu jeder Leistung dieses Organs mit, z. B. die ⁊laterale Inhibition in Sinnesorganen. **2)** Ethologie: Unterdrückung eines Verhaltens durch äußere Reize bzw. innere Vorgänge. Auch in diesem Sinne gehört H. zu den Grundfunktionen der Verhaltenssteuerung, da jede Verhaltenstendenz, die das Handeln bestimmt, andere Tendenzen hemmen muß, wenn eine sinnvolle Handlungsfolge entstehen soll. So hemmt einmal aktiviertes Fluchtverhalten i. d. R. alle Ernährungs- u. Ruheverhaltensweisen usw. Wenn hemmende Reize vom Sozialpartner ausgehen, spricht man v. *sozialer H.* Im Ggs. zur Psychologie wird in der Ethologie H. nicht v. vornherein als patholog. Reaktionsmuster verstanden, obwohl es schädl. (patholog.) H.en auch bei Tieren gibt (starke ⁊bedingte Hemmungen u. a.). ⁊Aggressionshemmung. **3)** Biochemie: H. von Stoffwechselreaktionen ⁊Allosterie (☐), ⁊Enzyme, ⁊Inhibitoren.

Hemmungsmißbildung, *Hemmungsbildung*, ⁊Fehlbildung (☐), die auf der Hemmung v. Wachstums- od. Funktionsvorgängen beruht, z. B. Hasenscharte, teilweises od. völliges Fehlen v. Gliedmaßen u. a. ⁊Embryopathie, ⁊Thalidomid.

Hemmungsnerven, vegetative Nerven, die die Aktivität eines Organs hemmen, z. B. Nervus vagus des Herzens.

Hemophilus ⁊Haemophilus.

Hench [häntsch], *Philip Showalter,* am. Physiologe, * 28. 2. 1896 Pittsburgh (Pa.), † 30. 3. 1965 Ocho Rios (Jamaika); erforschte an der Mayo-Klinik zus. mit E. C. Kendall sowie mit T. Reichstein (Univ. Basel) den Aufbau u. die biol. Wirkungen der Nebennierenrindenhormone; erhielt 1950 zus. mit Kendall u. Reichstein den Nobelpreis für Medizin.

Hengst, zeugungsfähiges männl.. Tier bei Pferden (Esel, Zebra u. a.) u. Kamelen (Dromedar, Lama u. a.).

Henidium *s* [v. gr. hen = eines], (Cloud 1942), sekundär vom Schloßrand gg. das Stielloch (⁊Delthyrium) mancher ⁊Brachiopoden *(Telotremata)* vorwachsende Einzelplatte, die mit ⁊Deltidialplatten fugenlos verschmelzen kann.

Heniochus *m,* Gatt. der ⁊Borstenzähner.

Henle, *Friedrich Gustav Jakob,* dt. Mediziner u. Anatom, * 19. 7. 1809 Fürth, † 13. 5. 1885 Göttingen; nach Arbeiten bei J. Müller in Berlin seit 1840 Prof. in Zürich, 1844 Heidelberg, 1852 Göttingen; zahlr. Arbeiten zur mikroskop. Anatomie u. Pathologie (Epithellehre, ⁊*H.sche Schleife, H.sche Scheide*), wies auf lebende Erreger als Ursache v. Infektionskrankheiten hin.

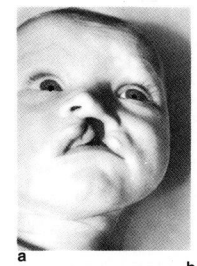

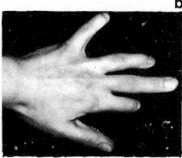

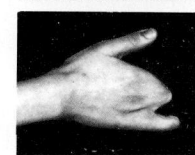

Hemmungsmißbildung
Beispiele für H.en:
a *Hasenscharte,* eine H. zwischen mittlerem u. seitl. Gesichtshöcker; **b** H. der Hände

Hennigsche Systematik
Willi Hennig, zuletzt am Stuttgarter Museum für Naturkunde tätig, veröff. seine Prinzipien 1950 in Buchform (in Dtl. wenig beachtet). Nach dem Erscheinen einer engl. Übersetzung („Phylogenetic Systematics", 1966) fanden sie weltweite Verbreitung. Seit 1980 gibt es eine internationale Willi-Hennig-Society.

hepa-, hepat- [v. gr. hēpar, Gen. hēpatos = Leber], in Zss. auch: Leber-.

Henlesche Schleife [ben. nach F. G. ⁊Henle], bei Vögeln u. Säugetieren vorkommende Einrichtung zur Harnkonzentrierung in der ⁊Niere; B Exkretionsorgane.

Hennastrauch [v. arabisch al-henna = Strauch mit rotfärbender Wurzel], *Lawsonia inermis,* ⁊Weiderichgewächse.

Henne, Weibchen der Hühnervögel (einschließlich Fasanen), Straußen- u. Trappenvögel.

Hennigsche Systematik [ben. nach dem dt. Entomologen W. Hennig, 1913–76], *phylogenetische Systematik,* oft auch *Kladistik* gen., geht v. einer Merkmalsanalyse aus, bei der urspr. Merkmale (Plesiomorphien) v. abgeleiteten Merkmalen (Apomorphien) unterschieden werden. Systemat. Gruppen (Taxa) werden nur durch Übereinstimmungen in abgeleiteten Merkmalen (Synapomorphien) begründet u. ihrer Schwestergruppe (dem Adelphotaxon) gegenübergestellt. Als systemat. Taxa werden nur monophylet. Gruppen zugelassen. Solche umfassen in der H.n S. nur (u. alle) Arten (od. Teilgruppen), die v. einer gemeinsamen Stammart abstammen. Die Verwandtschaftsverhältnisse der Taxa werden in sog. Kladogrammen dargestellt (☐ Stammbaum). ⁊Systematik.

Henodus *m* [v. gr. hen = eines, odous = Zahn], (v. Huene 1936), zur Ord. der Pflasterzahnsaurier *(⁊Placodontia)* gehörendes Reptil aus dem oberen Gipskeuper v. S-Dtl. Trotz seines primitiven Schädelbaus gilt *H.* als spezialisiertester Vertreter der Placodontier. Sein 70 cm Länge erreichender Panzer war schildkrötenartig verbreitert u. einer nichtmarinen, in Lagunen u. Seen schwimmenden Lebensweise angepaßt; Kieferränder scharf u. zahnlos; die Nahrung bestand wahrscheinl. meist aus Kiemenfußkrebsen (Branchiopoden).

Henopidae [Mz.; v. gr. hen = eines, ōps, Gen. ōpos = Auge], die ⁊Kugelfliegen.

Hensenscher Knoten [ben. nach dem dt. Physiologen V. Hensen, 1835–1924], im Sauropsiden- und Säugerkeim eine Anschwellung am Vorderende der Primitivrinne; enthält zukünft. Chordamaterial u. ist der dorsalen Urmundlippe der Amphibien vergleichbar. ⁊Organisatoreffekt.

Heodes *m* [v. gr. heōs = Morgenrot], Gatt. der ⁊Feuerfalter.

Hepadnaviren [Mz.; v. *hepa-], neu eingeführte Virusgruppe zur taxonom. Eingruppierung des Hepatitisvirus B u. verwandter Viren.

Hepar *s* [v. gr. hēpar =], die ⁊Leber.

Heparin *s* [v. *hepa-], ein bes. in der Leber, aber auch in anderen menschl. u. tier. Organen vorkommendes wasserlösl. Mucopolysaccharid (relative Molekülmasse

Hepatica

Heparin

Die hauptsächliche Disaccharideinheit des Heparins

[Glucuronsäure — Glucosamin N-, O-sulfat]$_n$

17 000–20 000), das α-1,4-glykosidisch aus äquimolaren Mengen D-Glucosamin u. einer Uronsäure aufgebaut ist u. zusätzl. O- u. N-gebundene Sulfatreste enthält. H. hemmt die ↗Blutgerinnung (↗Antikoagulantien) u. wird deshalb zur Vorbeugung u. Behandlung v. Thrombosen eingesetzt.

Hep_a_tica w, das ↗Leberblümchen.

Hep_a_ticae [Mz.], die ↗Lebermoose.

Hepat_i_tis w [v. *hepat-], Virus-H., H. epidemica, H. contagiosa, epidem. Gelbsucht, durch ↗H.viren hervorgerufene entzündl. Leberkrankung; Symptome sind Übelkeit, Fettunverträglichkeit, Erbrechen, Meteorismus, Oberbauchschmerzen, ↗Ikterus, heller Stuhlgang, dunkler Urin. Unterschieden werden: a) die Virus-H. Typ A, die eine Inkubationszeit von 6–50 Tagen aufweist u. meist durch Wasser, Nahrungsmittel od. fäkale Verschmutzungen, aber auch parenteral übertragen wird (↗H.-A-Virus); b) die Virus-H. Typ B (Serum-H.), Inkubationszeit bis 160 Tage, Infektion durch verunreinigte Spritzen (z.B. bei Drogenabhängigen), Bluttransfusionen, Speichel, Kontaktinfektionen, Geschlechtsverkehr (↗H.virus B); c) Die Non-A-Non-B-Hepatitis, die wahrscheinl. von 2 verschiedenen H.viren hervorgerufen wird u. die noch nicht näher charakterisiert sind (meist Transfusion). – Die H. heilt meist folgenlos aus; sie kann jedoch in eine chron. H. übergehen, die eine Leberzirrhose zur Folge haben kann. Akute Verläufe können in eine nekrotisierende H. übergehen, die nicht selten in wenigen Tagen zum Tode führt. Sonderformen der H. entstehen u.a. bei Mononucleose, Gelbfieber, Poliomyelitis, Herpes simplex, Tuberkulose, Brucellose, Amöbenruhr, Salmonellosen. Eine kausale Therapie ist nicht bekannt. Bei der H. vom Typ A kann prophylaktisch kurzfristig ein Schutz durch Immunglobuline erzielt werden; beim Typ B ist eine Impfung möglich.

Hepatitis-A-Virus s [v. *hepat-], Abk. HAV, Erreger der infektiösen ↗Hepatitis (Virushepatitis Typ A. Hepatitis mit kurzer Inkubationszeit); aufgrund biophysikal. u. biochem. Eigenschaften seit kurzem in die Fam. Picornaviren eingruppiert, als Enterovirus 72 der Gatt. Enterovirus.

Hepat_i_tisviren [Mz.; v. *hepat-], Sammelbez. für Viren, die verschiedene Formen der Virus-↗Hepatitis hervorrufen: ↗Hepatitisvirus B, ↗Hepatitis-A-Virus, Hepatitis-C-Virus (Non-A-Non-B-Hepatitisvirus).

Hepatitis

In der BR Dtl. werden jährl. etwa 20 000 H.-Fälle gemeldet. Bei einer hohen Dunkelziffer schätzt man, daß jährl. ca. 100 000 Menschen erkranken. Weltweit sind 150–200 Mill. Menschen mit dem H.virus B infiziert. Damit stellt die H. ein großes med. wie ökonom. Problem dar.

hepa-, hepat- [v. gr. hēpar, Gen. hēpatos = Leber], in Zss. auch: Leber-.

hept- [v. gr. hepta = sieben].

Hepat_i_tisvirus B s [v. *hepat-], Hepatitis-B-Virus, Abk. HBV, Erreger der Serum-↗Hepatitis (Virushepatitis Typ B, Hepatitis mit langer Inkubationszeit), Fam. Hepadnaviridae. Das Serum v. Patienten mit Hepatitis B enthält 3 verschiedene morpholog. Strukturen, die das Hepatitis-B-Oberflächenantigen (HB$_s$Ag, Australia-Antigen, von B. S. ↗Blumberg entdeckt) tragen: Dane-Partikel (⌀ 42 nm, infektiös), sphärische (⌀ 22 nm) u. filamentöse Partikel (⌀ 22 nm, Länge 50–230 nm) als inkomplette Virusformen. Das Virion ist aus einer äußeren Hülle (⌀ 14 nm, lipidhaltig, HB$_s$Ag) u. einem zentralen Core (⌀ 27 nm, enthält Genom-DNA, DNA-Polymerase- u. Proteinkinase-Aktivität, Hepatitis-B-Core-Antigen, Abk. HB$_c$Ag, und e-Antigen, Abk. HB$_e$Ag) aufgebaut. Die DNA ist ringförmig u. partiell doppelsträngig. Der L-Strang ist ein durch eine Lücke (gap) unterbrochener Ring v. konstanter Länge (3182 Basen), an dessen 5'-Ende ein Polypeptid kovalent gebunden ist. Die Länge des S-Strangs variiert zw. 1700 u. 2800 Basen, das 5'-Ende hat eine festgelegte Position u. ist ca. 300 Basenpaare vom 5'-Ende des L-Strangs entfernt. Die Virion-assoziierte DNA-Polymerase stellt eine komplett doppelsträngige DNA her. Die Übertragung des Virus erfolgt vorwiegend durch parenterale Injektionen (z. B. Bluttransfusionen). Nach der primären Infektion mit HBV kommt es bei einem Teil der Patienten zu einer persistierenden Infektion, bei der große Mengen an Virusantigen u. infektiösem Virus im Blut vorhanden sind. Infektion mit HBV in fr. Kindesalter u. anschließende persistierende Infektion stellen Risikofaktoren für die Entstehung des primären Leberzellenkarzinoms dar.

Hepatokrin_i_n s [v. *hepat-, gr. krinein = absondern], ↗Gewebshormon der Duodenalschleimhaut höherer Wirbeltiere, das, über die Blutbahn transportiert, die Gallenbildung fördert.

Hepatolog_i_e w [v. *hepat-, gr. logos = Kunde], Lehre v. der Leber u. ihren Krankheiten.

Hepat_o_n s [v. *hepat-], Funktionseinheit der Leber mit Leberzellen, Gallenkapillaren, Sinusoiden u. Kupffer-Sternzellen.

Hepatopankreas s [v. *hepat-, gr. pagkreas = Gekrösedrüse], die ↗Mitteldarmdrüse verschiedener Wirbelloser, die sowohl Verdauungsenzyme produziert als auch Nährstoffe resorbiert.

Hepi_a_lidae [Mz.; v. gr. ēpialēs = Alp, Nachtgespenst], die ↗Wurzelbohrer.

H_e_psetus m, Gatt. der ↗Salmler.

Heptabr_a_chia w [v. *hept-, gr. brakhion = Arm], Gatt. der ↗Pogonophora (Fam. Polybrachiidae).

Heptaen-Antibiotika [v. *hept-, gr. anti = gegen, biotikos = zum Leben gehörig], Antibiotika mit 7 Doppelbindungen, die v. einigen *Streptomyces*-Arten gebildet werden u. speziell gg. Pilze wirksam sind; z. B. *Candicin, Ascosin* u. *Trichomycin*.

Heptathela w [v. *hept-, gr. thēlē = Brustwarze, Warze], Gatt. der ⇗ Mesothelae.

Heptosen [Mz.; v. *hept-], aus 7 Kohlenstoffatomen aufgebaute Monosaccharide (⇗ Kohlenhydrate), wie z. B. die im ⇗ Calvin-Zyklus in phosphorylierter Form auftretende Sedoheptulose.

Heptranchias, Gatt. der ⇗ Grauhaie.

herablaufende Blätter, sitzende Blätter, deren Basis sich an den seitl. Rändern eine mehr od. weniger größere Strecke weit am Stengel herabzieht u. mit diesem verwachsen ist.

Heracleum s [v. gr. Hēraklēs = Herkules], der ⇗ Bärenklau.

Herba w [lat., = Kraut, Gras, Pflanze], *Kraut*, pharmazeut. Bez. für getrocknete kraut. Pflanzenteile.

Herbarium s [spätlat., = Kräuterbuch], *Hèrbar*, zu Lehr- od. Archivzwecken angelegte Slg. getrockneter, meist gepreßter u. auf Papierbögen aufgezogener Pflanzen (Exsikkate). Da getrocknete Pflanzen bei sachgemäßer Aufbewahrung die meisten ihrer diagnost. wicht. Merkmale behalten, werden Herbarbelege als sog. *Typusexemplare* v. jeder neu aufgefundenen u. gültig beschriebenen Pflanzenart als Archiv- und Belegmaterial aufbewahrt. Herbarien, zuerst Anfang des 16. Jh. angelegt (Cesalpinus u. a.), sind trotz aller modernen Dokumentationsmöglichkeiten bis heute unverzichtbarer Teil jeder systemat. oder florist. Forschungsarbeit.

herbikol [v. lat. herba = Kraut, colere = bewohnen], Bez. für Tiere, die auf kraut. Pflanzen leben.

Herbivoren [Mz.; Bw. *herbivor*; v. lat. herba = Kraut, vorare = verschlingen], *Herbivora, Phytoepisiten*, i. w. S. die Pflanzenfresser, v. a. unter den Säugetieren (Ggs. Carnivoren, Omnivoren); i. e. S. die Krautfresser (Ggs. Fruktivoren); keine systemat. Bezeichnung. ⇗ Ernährung.

Herbizide [Mz.; v. lat. herba = Kraut, -cidus = -tötend], chem. Pflanzenbekämpfungsmittel, die entweder als *Total-H.* jegl. Pflanzenwuchs vernichten od. als *selektive H.* nur bestimmte Pflanzenarten abtöten. Letztere unterteilt man in *Kontakt-H.*, die das Gewebe an der Kontaktstelle zerstören, u. *translokale H.*, die durch physiolog. Störungen ein Absterben der Pflanze hervorrufen. Außerdem gibt es *Wurzel-* od. *Boden-H.*, die v. der Wurzel aufgenommen werden u. Zellgifte darstellen. H. sollten – wie alle Biozide – nur sehr sparsam verwendet werden, da sie eine große Belastung für die Umwelt darstellen u. auch für Menschen schädl. sein können. ⇗ Dichlorphenoxyessigsäure (☐ Auxine), ⇗ Biozide, ⇗ Entlaubungsmittel, ⇗ Fungizide.

Herbstfärbung, bes. im Herbst auftretende Umfärbung der Blätter vieler Pflanzen. Eine H. großen Stils ereignet sich aber auch schon bei der Reifung der Getreidefelder. Die herbstl. Gelbfärbungen beruhen auf dem Abbau u. Abzug des stickstoffhalt. ⇗ Chlorophylls aus den Plastiden u. dem Verbleiben der stickstofffreien ⇗ Carotinoide in den Plastiden (⇗ Chloroplasten), so daß die Eigenfarbe der Carotinoide zum Vorschein kommt. Eine Neusynthese v. Carotinoiden erfolgt im Herbstlaub nicht. Doch werden letztere aus ihrem Membranverbund herausgeholt u. in kugel. Lipidtröpfchen, den Plastoglobuli, gespeichert. Es fällt aber auf, daß intensiv gelbe Laubfärbung im Herbst nur bei ausgesprochenen Sonnenpflanzen, v. a. also bei Bäumen, entsteht, während die Blätter vieler Schattenpflanzen nicht gelb, sondern bleich werden (z. B. Holunder). Bei diesen Pflanzen ist wegen der eingeschränkten Photosynthese auch Kohlenstoff Mangelware, so daß auch die stickstofffreien Carotinoide u. Fettsäuren abgebaut u. abtransportiert werden. Die leuchtend roten Farben bei der H. gehen auf im Zellsaft gelöste Anthocyane zurück, die zum großen Teil dabei neusynthetisiert werden. Die dunkle Braunfärbung absterbender Blätter beruht auf dem postmortalen Auftreten wasserlösl. brauner Farbstoffe.

Herbstholz, das ⇗ Spätholz.

Herbstmilbe, die ⇗ Erntemilbe.

Herbstrübe ⇗ Kohl.

Herbstsches Körperchen [ben. nach dem dt. Arzt E. F. G. Herbst, 1803–93], *Herbst-Körperchen*, Rezeptor des Tastsinns bei Vögeln, in der Schnabelhaut, der Nähe der Federbälge u. in den Häuten, die die Knochen der Hinterextremitäten miteinander verbinden. ⇗ mechanische Sinne.

Herbstspinne, *Meta segmentata*, im Spätsommer häufige, bis 8 mm große, lehmgelbe bis gelbgrüne Radnetzspinne; lebt in offenem Gelände, Ödland, an Waldrändern, Hecken usw. Das Radnetz (20–25 Speichen) hängt schräg u. hat eine „offene Nabe", d. h., nach Fertigstellung des Netzes beißt die Spinne in das Zentrum ein Loch, über dem sie sitzt. Paarungsbereite Männchen nehmen eine Beute aus dem Netz des Weibchens u. überreichen diese eingesponnen bei der Balz.

Herbstspinner, *Wiesenspinner, Lemoniidae*, Schmetterlings-Fam. mit etwa einem Dutzend paläarkt. verbreiteter Arten, die alle der Gatt. *Lemonia* angehören. Falter

---

hept- [v. gr. hepta = sieben].

Herbstfärbung
Die Anthocyanneubildung in den alternden Blättern hat keinen erkennbaren „biol. Sinn". Man muß sie wohl als ein Nebenprodukt des auf hohen Touren laufenden Abbau-Stoffwechsels ansehen, der einen wirkungsvollen Abbau des Chlorophylls, der Proteine u. der Nucleinsäuren ausführt u. der damit die rasche u. möglichst vollständ. Rückführung der für die Pflanze schwierig zu beschaffenden Elemente N, Fe, P und K in das Speichergewebe od. Samen durchführt.

Herbstspinne
Netz der H. *(Meta segmentata)*

Herbstzeitlose

mittelgroß, spinnerart. Habitus, Fühler beim Männchen stark gekämmt, Rüssel reduziert, kurzlebig, fliegen im Spätsommer bis Herbst am Tage u. nachts. Bei uns 2 seltene Arten: der Löwenzahnspinner *(L. taraxaci),* gelb mit dunklem Mittelpunkt, nach der ↗Roten Liste „vom Aussterben bedroht", u. der Habichtskrautspinner *(L. dumi),* dunkel olivbraun mit gelber Zeichnung, Spannweite um 60 mm, in schnellem u. unstetem Fluge auf buschigen, sonn. Hängen u. Wiesen, nach der Roten Liste „stark gefährdet". Überwinterung der H. im Eistadium, die kurzhaar. Raupen leben an Korbblütlern, Verpuppung ohne Kokon in der Erde.

Herbstzeitlose, *Colchicum autumnale,* wichtigste Art der Liliengewächs-Gatt. *Colchicum* (mit ca. 65 Arten im östl. Mittelmeergebiet bis in den ostasiat. Raum verbreitet). Zw. Aug. u. Okt. erscheinen in Wiesen u. Auwäldern auf wechselfeuchten nährstoffreichen Böden die hellrosa Blüten der H. Die Krone besteht aus 6 Perigonblättern, die am Grunde zu einer 25 cm langen, bis zur Knolle reichenden Röhre verwachsen sind. Während der Blüte wird die H. von Bienen, Hummeln u. Käfern besucht. Nach der Bestäubung sterben alle oberird. Teile bis auf den Fruchtknoten ab, der in der Erde überwintert. Aus der Knolle wachsen glänzende, tulpenähnl. Blätter empor, in deren Mitte sich eine dreifächrige Kapselfrucht entwickelt. Die Samen werden durch Ameisen verbreitet (Myrmekochorie). Die einjähr. Knolle wird jedes Jahr im Laufe der Vegetationsperiode aus einer Seitenknospe neu gebildet. Auf feuchten Weiden (Charakterart der Ord. Molinietalia) wird die H. oft zum lästigen Weideunkraut, da sie vom Vieh verschmäht wird. Durch ihre Blüte im Herbst u. ihren Blattaustrieb u. Fruchtansatz im zeit. Frühjahr ist sie auch gut in den Rhythmus der Mähwiesen eingepaßt. V. a. die Samenschale u. die Knolle enthalten u. a. das gift. Alkaloid ↗*Colchicin* (☐ Colchicumalkaloide), das neben seinen med. Wirkungen in der Pflanzenzüchtung als Mitosegift zur Polyploidisierung v. Bedeutung ist.

Herdbuch, das *Zuchtbuch, Stammbuch,* Zuchtstammbuch (bei Pferden *Stutbuch*) für Haustiere; enthält Stammbaum, kurze Beschreibung nach Farbe, Form, Eigenschaft u. Leistung, Name u. Verzeichnis jeder Paarung; dient als *Abstammungsnachweis;* Kennzeichnung der im H. registrierten Tiere erfolgt z. B. durch Tätowierung, Ohrmarken u. (bei Geflügel) Beinringe.

Herde, ugs. Begriff (ohne scharfe Abgrenzung) für einen Zusammenschluß vieler, relativ großer Tiere (meist Huftiere) zu einem großen Verband (↗Tiergesellschaft).

Am ehesten wird ein ↗*anonymer Verband* als H. bezeichnet; dem entspricht bei Vögeln, Fischen, Insekten usw. der Begriff *Schwarm.* Kleinere u. individualisierte Verbände werden eher als *Rudel* bezeichnet.

Herdentrieb, *Herdeninstinkt,* ugs. Bezeichnung für den engen räuml. Zusammenhalt u. die Koordination der Bewegungen in vielen Tierverbänden (Herden od. Schwärmen). Der H. in diesem Sinne wird z. B. an den Nachfolgereaktionen, den gleichgerichteten Fluchtbewegungen usw. augenfällig.

Heredität *w* [Bw. *hereditär;* v. lat. hereditas = Erbschaft], die ↗Erblichkeit.

Heredopathien [Mz.; v. lat. heres, Gen. heredis = Erbe, gr. pathos = Leiden], die ↗Erbkrankheiten.

Hérelle [eräl], *Félix Hubert d',* kanad. Bakteriologe, * 25. 4. 1873 Montreal, † 22. 2. 1949 Paris; Prof. am Inst. Pasteur in Paris; entdeckte 1917 die ↗Bakteriophagen.

Heriades, Gatt. der ↗Megachilidae.

Hericium *s* [v. lat. ericius = Igel], Gatt. der ↗Stachelpilze.

Herilla *w,* Gatt. der Schließmundschnecken mit spindelförm., meist braunem, oft grau belegtem Gehäuse (bis 3,7 cm hoch); *H. bosniensis,* mit weißem Nahtfaden, ist in einigen Balkanländern beheimatet u. inzwischen in Nieder-Öst. angesiedelt.

Hering, *Karl Ewald Konstantin,* dt. Arzt u. Physiologe, * 5. 8. 1834 Altgersdorf bei Löbau, † 26. 1. 1918 Leipzig; Schüler von E. H. Weber, G. Fechner u. C. G. ↗Carus; seit 1865 Prof. in Wien, 1870 Prag, 1895 Leipzig. Umfangreiche Arbeiten zur Nerven-, Sinnes- u. Atmungsphysiologie, ferner Untersuchungen zur Histologie der Leber. Entdeckte die Selbststeuerung der Atmung zus. mit J. Breuer *(H.-Breuer-Reflex),* entwickelte eine Theorie des Farbensehens (Theorie der Gegenfarbe, *H.sche Vierfarbentheorie*), befaßte sich mit opt. Täuschungen *(H.sche Täuschung).* WW „Beiträge zur Physiologie" (1861 bis 1864). „Die Lehre vom binokularen Sehen" (Leipzig 1868). „Der Raumsinn u. die Bewegung des Auges" (1879). „Deutungen des psychophys. Gesetzes" (1909).

Hering-Breuer-Reflex [ben. nach K. E. K. ↗Hering u. dem Internisten J. Breuer, 1842–1925], Selbststeuerung der Atmung durch Dehnung der Lungen. ↗Atmungsregulation.

Heringe, *Clupeidae,* umfangreiche Fam. der U.-Ord. Heringsartige mit etwa 70 Gatt. u. 200 Arten. Vorwiegend kleine, unter 45 cm lange, planktonfressende Schwarmfische; neben den allg. Kennzeichen der ↗Heringsfische haben sie zahlr. Anhänge am oberen Dünndarm (↗Appendix), meist lange Kiemenreusen als Seihapparat, eine

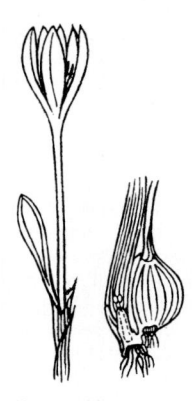

Herbstzeitlose

Herbstzeitlose *(Colchicum autumnale),* rechts Schnitt durch die Knolle tiefgegabelte Schwanzflosse, große dünne Schuppen und ein nur schwach entwickeltes Seitenlinienorgan. Bekannteste Art ist der wirtschaftl. sehr bedeutende, bis 40 cm lange Atlantische H. (*Clupea harengus,* B Fische III) der oft in ries. Schwärmen im Küstenbereich des nördl. Atlantik bis in 250 m Tiefe vorkommt. Je nach Wachstumsgeschwindigkeiten, abweichenden Nahrungs- u. Laichwanderungen, verschiedenen Laichzeiten u. -plätzen sowie typ. Körpermerkmalen werden mehrere Gruppen unterschieden. So laichen manche Gruppen im Herbst, andere im Winter od. Frühjahr. u. Ostsee-H., die Strömlinge, werden nur 15–20 cm lang. Als Planktonfresser u. andererseits Beute vieler Meerestiere sind H. ein wicht. Glied in der Nahrungskette. – An den Küsten des nördl. Pazifik kommt der 35 cm lange Pazifische H. (*C. pallasii*) vor; er hat weniger Wirbel als der Atlant. H. und bildet verschiedene Laichgruppen, die im Frühjahr jeweils in bestimmten Gebieten laichen. Weitere bekannte Arten sind die ↗ Sprotten, ↗ Sardinen u. ↗ Alsen. An der Westküste der USA ist der bis 45 cm lange, wirtschaftl. genutzte Menhaden (*Brevoortia tyrannus,* B Fische III) häufig; er filtriert mit einem sehr feinmasch. Kiemenrechen v. a. Mikroplankton. Die ca. 35 Arten der 10–20 cm langen, hochgebauten, großäug. Klein-H. (*Harengula*) leben überwiegend in Küstenzonen trop. Meere. Nur im Schwarzen u. Kasp. Meer kommen die bis 20 cm langen, sprottenähnl. Arten der Gatt. Kilka (*Clupeonella*) vor; sie sind hier wicht. Nutzfische. Einen fadenförm. verlängerten letzten Rückenflossenstrahl haben die trop. marinen Faden-H. (*Opisthonema*). Ebenfalls in trop. Meeren, v. a. im Pazifik, sind die um 30 cm langen Rund-H. (Gatt. *Dussumieria* u. *Etrumeus*) beheimatet, die eine runde Bauchseite ohne Kielschuppen haben. Die nordam. Fluß-H. (*Pomolobus*) dringen v. der Atlantikküste regelmäßig in Flüsse vor. Mehrere Gatt. der H. sind v. a. in Indonesien u. im trop. W-Afrika reine Flußbewohner, während die Arten der Gatt. *Potamalosa* aus den südostaustr. Flüssen im Juli zum Laichen ins Meer ziehen. Eine eigene Fam. der Heringsartigen bilden die Wolfs-H. (*Chirocentridae*), die im Ggs. zu den meisten H.n sehr gefräßige, bis 3,6 m lange Raubfische sind, lange Fangzähne, eine Spiralfalte im Darm u. keine Dünndarmanhänge haben; sie leben im Indopazifik. *T. J.*

Heringsartige, *Clupeoidei,* U.-Ord. der ↗ Heringsfische.

Heringsfische, *Clupeiformes,* Ord. urspr. Knochenfische, die fr. auch die Lachsfische, Knochenzüngler u. Nilhechte um- faßte, heute auf die U.-Ord. Stachelheringe (*Denticipitoidei*) mit 1 Fam. u. Heringsartige (*Clupeoidei*) mit 3 Fam. (vgl. Tab.) beschränkt ist. Wicht. Kennzeichen sind weichstrahl. Flossen, ein mit dem Schädel verbundener Schultergürtel, Cycloidschuppen, Kielschuppen an der Bauchkante, Verbindungsgänge der Schwimmblase zum inneren Ohr u. zum Darm, meist kleine Zähne u. ein in seiner Funktion unbekanntes Taschen- od. Suprabranchialorgan im hinteren Kiemenbereich. Zur 1. U.-Ord. gehört nur 1 Art: der erst 1959 entdeckte, 5 cm lange Stachelhering (*Denticeps clupeoides*), ein Schwarmfisch in Flüssen des südwestl. Nigeria; er hat kleine Stacheln an den Kopfknochen u. an den Schuppen des Vorderkörpers. Die 2. U.-Ord. enthält viele wirtschaftl. bedeutende Fische (↗ Heringe, ↗ Sardellen).

Heringshai, *Lamna nasus,* ↗ Makrelenhaie.
Heringskönig, *Zeus faber,* ↗ Petersfische.
Heritabilität w [v. frz. hériter = erben], *Erblichkeitsgrad,* der genet. bedingte Anteil am Ausmaß der phänotyp. Variabilität eines Merkmals (Ggs.: umweltbedingte Variabilität). Der *H.skoeffizient* eines Merkmals, der ein Maß für die Sicherheit ist, mit der aus dem Phänotyp auf den Genotyp eines Individuums geschlossen werden kann, ist bes. für die ↗ Auslesezüchtung v. Bedeutung. Seine Ermittlung erfolgt z. B. an Hand der Ähnlichkeitsanalyse v. Geschwistern od. durch Ermittlung der quantitativ meßbaren Ähnlichkeiten v. Nachkommen, bezogen auf den Mittelwert der betreffenden elterl. Eigenschaften.

Heritiera w [ben. nach dem frz. Botaniker Ch.-L. L'Héritier de Brutelle (leritje de brütell), 1746–1800], Gatt. der ↗ Sterculiaceae.
Herkogamie w [v. gr. herkos = Zaun, gamos = Hochzeit], ↗ Autogamie (☐).
Herkuleskäfer [ben. nach dem myth. Hercules, berühmt für seine Kraft], *Dynastes hercules,* größte Art der Blatthornkäfergruppe Riesenkäfer (*Dynastinae*) aus dem trop. S-Amerika; Männchen mit langem, nach vorn gerichtetem Horn auf dem Halsschild u. einem ebenfalls nach vorn gerichteten Kopfhorn, das nach oben gezähnt ist; beide Hörner bilden eine pinzettenart. Greifzange, die im Rivalenkampf zum Ergreifen des Gegners dient, um ihn v. einem Ast fallen zu lassen. Die Männchen erreichen einschl. Halsschildhorn 15–16 cm Körperlänge; die Flügeldecken sind grau mit schwarzem unregelmäß. Punktmuster; Weibchen bis 8 cm, ohne Hörner. H. ernähren sich hpts. v. abgestorbenem, faulendem Pflanzenmaterial. B Insekten III.

Herkuleskeule, 1) *Clavaria pistillaris,* ↗ Korallenpilze. **2)** das ↗ Brandhorn.
Hermann, 1) *Johann,* dt. Naturforscher,

Heringsfische
Unterordnungen und Familien:
Stachelheringe (*Denticipitoidei*)
  Stachelheringe (*Denticipitidae*)
Heringsartige (*Clupeoidei*)
  ↗ Heringe (*Clupeidae*)
  ↗ Sardellen (*Engraulidae*)
  Wolfs-↗ Heringe (*Chirocentridae*)

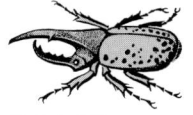

Herkuleskäfer (*Dynastes hercules*)

Hermaphrodit

* 31. 12. 1738 Barr (Elsaß), † 8. 10. 1800 Straßburg; seit 1769 Prof. in Straßburg; früher Systematiker u. Anhänger eines im Sinne einer Stufenleiter „natürl. Systems" (u. damit zus. mit Haller, Buffon, Bonnet u. Lamarck Gegner Linnés), das er aber ähnl. wie Lamarck durch eine netzförm. Anordnung der Verwandtschaftsbeziehungen zu modifizieren versuchte. WW „Tabula affinitatum animalium" (1783). **2)** *Ludimar,* dt. Physiologe, * 21. 10. 1838 Berlin, † 5. 6. 1914 Königsberg; Schüler v. Du Bois-Reymond, seit 1868 Prof. in Zürich, 1884 Königsberg; vielfält. Arbeiten zur Muskel- u. Sinnesphysiologie, bewies die anaerobe Muskelkontraktion, formulierte die „Strömchentheorie" der Erregungsleitung, beschrieb die Verdauung u. Resorption als Folge v. hydrolyt. Spaltungen, ferner wicht. Arbeiten zur Physik u. Physiologie der Sprachlaute. Hg. des „Hdb. der Physiologie" (6 Bde., Leipzig 1879–83).
Hermaphrodit *m* [v. gr. hermaphroditos =], der ↗ Zwitter; Med.: ↗ Intersexualität.
Hermaphroditismus *m,* die ↗ Zwittrigkeit.

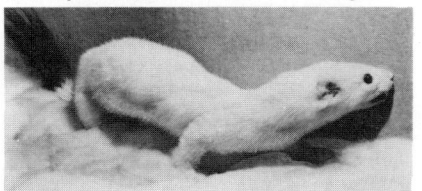

hermaphrodit- [v. gr. hermaphroditos = Zwitter: nach der gr. Mythologie wurde Hermaphroditos, der Sohn v. Hermes u. Aphrodite, mit der Nymphe Salmakis zu *einem* Leib vereinigt, so daß ein Doppelwesen entstand].

Hermelin *(Mustela erminea)* im Winterfell

Hermelin *s* [v. ahd. harmo = Wiesel], *Großwiesel, Mustela erminea,* zu den Mardern (Familie *Mustelidae*) gehörendes kleines Landraubtier; Kopfrumpflänge 22–30 cm, Schwanzlänge 8–12 cm; Oberseite braun, Unterseite gelbl. weiß; Winterfell weiß (↗ Farbwechsel), Schwanzende jedoch stets schwarz. Das H. ist weit über Europa, Asien u. N-Amerika verbreitet, meidet aber jeweils die südl. Teile. Sein Lebensraum sind Wald- u. Parklandschaften, oft in Wassernähe. Das hpts. nachtaktive H. erbeutet kleinere Wirbeltiere (v. a. Nagetiere), Vogeleier u. Insekten. Der sichere Tötungsbiß in Hinterkopf od. Nacken des Beutetieres ist angeboren. In einem verborgenen Nest aus Pflanzenteilen, Haaren u. Federn bringen H.e nach 7–12 Monaten Tragzeit (abhängig v. Zeitpunkt der Begattung, da stets Keimruhe bis Wintermitte) im Frühjahr 3–9 Junge zur Welt, deren Augen sich erst nach 5–6 Wochen öffnen. Schon während der über 6 Wochen dauernden Säugezeit erhalten junge H.e von der Mutter Fleischnahrung zugetragen. Untereinander im Spiel u. als Jagdbegleiter der Mutter üben sie das Beutefangen. Im Herbst löst sich die Fam. wieder auf. Obwohl noch nicht auf der ↗ Roten Liste, verdient das H. in Dtl. Schutz. B Europa XIII.

Heroin

Hermelinspinner, *Cerura erminea,* ↗ Zahnspinner. [die ↗ Sabellariidae].
Hermellidae [Mz.; v. gr. herma = Stütze],
Hermellimorpha [Mz.; v. gr. herma = Stütze, morphē = Gestalt], frühere, als U.-Ord. geführte Sammelgruppe v. *Polychaeta* (Vielborster) aus der ebenfalls früheren Ord. *Sedentaria;* heute durch die Ord. ↗ *Sabellariidae* ersetzt.
Herminium *s* [v. gr. hermis, Gen. herminos = Bettpfosten, Stütze], der ↗ Elfenstendel.
Hermione *w* [ben. nach der myth. Königstochter Hermione], Gatt. der Ringelwurm-Fam. *Aphroditidae. H. hystrix,* bis 6 cm lang, oberseits rot-braun, 2 Augen, 1 lange Antenne, 2 lange Palpen u. 2 Paar Tentakelcirren, Rücken v. sich rechts u. links überlappenden Schuppen bedeckt; im Schlamm u. Sand, oft unter Steinen und zw. Schalen v. Kammuscheln u. Austern bis 100 m Tiefe; Mittelmeer, Atlantik, Ärmelkanal, Nordsee.
Hermodice *w* [ben. nach dem gr. Gott Hermes, v. gr. dikē = Gerechtigkeit], Gatt. der Ringelwurm-Fam. ↗ *Amphinomidae; H. carunculata,* der Feuerwurm, trägt auf dem Mundhöhlenboden cuticuläre Querleisten, mit denen er v. toten Fischen das Fleisch v. den Gräten abschaben kann.
Hermonia *w* [ben. nach dem gr. Gott Hermēs], Gatt. der ↗ *Aphroditidae.*
Hernandiaceae [Mz.; ben. nach dem span. Botaniker F. Hernández, † 1578], *Eierfruchtbaumgewächse,* Fam. der Lorbeerartigen mit 4 Gatt. u. 76 Arten; pantrop. verbreitet, meist in Küstenwäldern. Bäume, Sträucher u. Lianen mit wechselständ., großen, geteilten od. ganzrand. Blättern. Die H. haben eingeschlechtl. od. zwittr. Blüten. Die 3 bis 10 Blütenhüllblätter umschließen 3 bis 5 klappig aufspringende Staubblätter. Aus dem unterständ. pseudomonomeren Fruchtknoten (scheinbar aus 1 Fruchtblatt bestehend, jedoch aus mehreren Fruchtblättern aufgebaut) entwickelt sich eine Achäne. Der große Embryo füllt fast den gesamten Samen, so daß kaum Nährgewebe vorhanden ist. Das weiche leichte Holz wird lokal für Kanus u. Kisten verwendet. Alle Vertreter der *H.* enthalten äther. Öle u. Alkaloide.
Herniaria *w* [v. lat. hernia = Leistenbruch], das ↗ Bruchkraut.
Heroin *s* [v. gr. herōs = Held], *Diacetylmorphin,* durch Acetylierung aus ↗ Morphin hergestelltes, stark süchtigmachendes Rauschgift; lipidlösl. u. wirksamer als Morphin; wird als Schnupfpulver genommen. ↗ Drogen und das Drogenproblem.
Heroldstabschnecke, *Cerithium vulgatum,* Art der Seenadeln (↗ *Cerithiidae),* marine Mittelschnecken mit turmförm., bis 7 cm hohem Gehäuse, dessen Oberfläche 2–5

Spiralreihen v. Knötchen trägt; lebt im flachen Wasser auf bewachsenen Böden im Mittelmeer u. vor der südportugies. Küste.

Herpes m [v. *herpes-], **1)** *H. simplex, Bläschenausschlag, Bläschenflechte,* eine durch ↗H. simplex-Viren hervorgerufene Hauterkrankung, die sich in Form v. jukkenden Bläschen manifestiert, meist an den Lippen (H. labialis, Lippen-H.), aber auch u. a. an der Mundschleimhaut, der Hornhaut des Auges (H. corneae) u. am Genitale (H. genitalis); der H. gehört zu den häufigsten Viruserkrankungen des Menschen. **2)** *H. zoster, Zoster, Gürtelrose,* durch das ↗Varizellen-Zoster-Virus hervorgerufene Hauterkrankung, die sich durch Bläschen auf rotem Untergrund u. Schmerzen (meist durch halbseit. Befall eines Innervationsgebiets) manifestiert; Ursache: Entzündung eines Spinal- od. Hirnnervenganglions; bes. im hohen Alter; Inkubationszeit 2–3 Wochen.

Herpes simplex-Viren [Mz.; v. *herpes-, lat. simplex = einfach], Abk. *HSV,* zu den ↗Herpesviren gehörende, humanpathogene (↗Herpes) DNA-Viren; zwei Typen 1 und 2 (Abk. HSV 1 und HSV 2), die 50% Sequenzhomologie in der DNA-DNA-Hybridisierung aufweisen. DNA (umfaßt ca. 150 Kilobasenpaare) liegt im Virion in 4 isomeren Formen vor. Infektionen mit H. können als Primär- od. als rekurrierende Infektion auftreten. Die Primärinfektion mit HSV 1 erfolgt gewöhnl. in den ersten Lebensjahren u. verläuft meist inapparent; apparente Primärinfektionen treten hpts. im Mund- u. Augenbereich auf (Gingivostomatitis, Keratoconjunctivitis, aber auch sehr selten Meningoencephalitis). HSV 1 verbleibt latent im Körper (in Ganglien) u. führt zu immer wieder auftretenden Infektionen (Herpes labialis, Herpes corneae). Infektion mit HSV 2 hat hpts. genitale u. anale Läsionen zur Folge (Herpes genitalis, ebenfalls rekurrierend), die Übertragung erfolgt durch sexuellen Kontakt. Neonatalen Infektionen mit Typ 2 (oft schwer od. tödl. verlaufend) liegt meist eine genitale Herpes-Infektion bei der Mutter zugrunde. Beide H. besitzen onkogene Eigenschaften (Transformation v. Nagetier-Zellen in vitro).

Herpestinae [Mz.], die ↗Ichneumons.

Herpestoidea [Mz.; v. gr. herpestēs = kriechend], Über-Fam. der Landraubtiere mit den 3 Fam. ↗Schleichkatzen *(Viverridae),* Erdwölfe *(Protelidae,* ↗Erdwolf) u. ↗Hyänen *(Hyaenidae).*

Herpesviren [Mz.; v. *herpes-], *Herpesviridae,* human- u. tierpathogene DNA-Viren, kommen bei warm- u. kaltblüt. Wirbeltieren u. bei Wirbellosen vor, erzeugen latente u. rekurrierende Infektionen. H. werden in die drei U.-Fam. Alpha-, Beta- u. Gammaher-

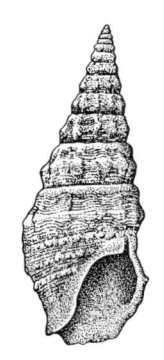

Heroldstabschnecke *(Cerithium vulgatum)*

Herpes simplex-Viren
Eine Beteiligung v. Typ 2 an der Entstehung v. Cervixcarcinomen beim Menschen wurde seit vielen Jahren diskutiert, da Frauen mit Cervixcarcinomen durchschnittl. erhöhte Antikörpertiter gegen HSV 2 aufwiesen. Neuere Untersuchungen sprechen allerdings deutl. gg. eine Korrelation zw. HSV 2-Infektion u. Cervixcarcinom.

Herpesviren
Humanpathogene Herpesviren:
↗Herpes simplex-Viren (Typ 1 und 2)
↗Cytomegalievirus
↗Epstein-Barr-Virus
↗Varizellen-Zoster-Virus

herpes-, herpeto- [v. gr. hérpēs, Gen. hérpētos = schleichender Schaden, Hautgeschwür].

pesvirinae unterteilt. *Alphaherpesvirinae,* Beispiele: ↗Herpes simplex-Viren Typ 1 und 2, ↗Varizellen-Zoster-Virus (Mensch), Pseudorabies-Virus (Schwein), B-Virus (Affe); DNA mit ca. 140 bis 180 Kilobasenpaaren, kurzer Vermehrungszyklus (unter 24 Stunden), latente Infektionen häufig in Ganglien. *Betaherpesvirinae,* Beispiele: ↗Cytomegalievirus des Menschen, Cytomegalievirus v. Maus, Schwein u. a., DNA mit ca. 210 bis 240 Kilobasenpaaren. *Gammaherpesvirinae,* Beispiele: ↗Epstein-Barr-Virus (Mensch), Herpesvirus ateles u. saimiri (Affe), Marek-disease-Virus (Huhn); Vermehrung in lymphoblastoiden Zellen, Viren spezifisch für T- od. B-Lymphocyten, DNA mit ca. 140 bis 180 Kilobasenpaaren. Das Virion ($\varnothing$ 120–200 nm) besteht aus 4 Strukturkomponenten: 1. DNA-Protein-Core, 2. Capsid ($\varnothing$ 100 bis 110 nm, ikosaederförmig, 162 Capsomere), 3. Tegument (enthält globuläre Polypeptide), 4. Envelope (mit Glykoproteinen u. Oberflächenfortsätzen). Die DNA ist linear u. doppelsträngig; Sequenzen v. den Molekülenden können in umgekehrter Orientierung im Innern des Genoms vorhanden sein, die Virion-DNA liegt dann in 2 oder 4 isomeren Formen vor (z. B. Cytomegalievirus, Herpes simplex-Viren). Die DNA der verschiedenen H. unterscheidet sich in Größe (umfaßt ca. 130 bis 240 Kilobasenpaare), G+C-Gehalt (35–75%) u. Anordnung v. repetitiven Sequenzen. *Vermehrungszyklus:* Adsorption der Virushülle an Rezeptoren der Wirts-Zellmembran u. Fusion mit der Membran, Eintritt des Capsids ins Cytoplasma u. Wanderung des viralen DNA-Protein-Komplexes in den Zellkern, Transkription u. DNA-Replikation im Kern, Bildung reifer Viruspartikel durch ↗budding durch die innere Schicht der Kernmembran, Ansammlung v. Virionen zw. innerer u. äußerer Schicht der Kernmembran u. in Zisternen des endoplasmat. Reticulums. Tumoren im natürl. Wirt verursachen das Marek-disease-Virus (Lymphome bei Hühnern) u. das Lucké-Virus (Adenocarcinome beim Frosch); die Primatenviren Herpesvirus saimiri u. ateles führen bei anderen Affenarten zu malignen Lymphomen. *E. S.*

Herpetologie w [v. gr. herpeton = Kriechtier, logos = Kunde], die Amphibien- u. Reptilienkunde.

Herpetosiphon m [v. gr. herpein = kriechen, siphon = Röhre], Gatt. der gleitenden Bakterien *(Cytophagales);* unsichere taxonom. Einordnung, wahrscheinl. chlorophyllose Cyanobakterien; bilden unverzweigte, mehrzell., sehr lange Fäden ($\varnothing$ 0,7–1,5 μm, Länge 5,0–300 μm u. länger), wahrscheinl. ohne Scheide. Die gramnega-

Herpobdellidae

tiven Einzelzellen sind 1,5–4,5 µm lang u. meist durch Carotinoide gelb gefärbt; sie haben einen chemoorganotrophen Atmungsstoffwechsel u. sind auf verrottendem organ. Material, Dung v. Herbivoren u. oft in Gemeinschaft mit Cyanobakterien zu finden.

Herpobdellidae [Mz.; v. gr. herpein = kriechen, bdella = Egel], die ↗ Erpobdellidae. [↗ Leistenpilze].

Herrennagele, *Cantharellus lutescens* Fr.,
Herrenpilz, *Boletus edulis,* ↗ Steinpilze.
Herrentiere, *Primaten, Primates,* von C. v. Linné 1758 als „Primates" eingeführter Ordnungsbegriff, der den Menschen zus. mit den Affen, Halbaffen, Riesengleitern u. Fledertieren zu einer Gruppe vereinigte. Riesengleiter u. Fledertiere, von Linné u. a. wegen ihrer 2 brustständ. Zitzen noch zu den Primaten gerechnet, wurden mit Einführung des natürl. Systems zu 2 eigenen Ord., *Dermaptera* u. *Chiroptera.* Heute sind die H. (Bez. nach E. Haeckel) eine Ord. der Höheren Säugetiere (↗ *Eutheria*) mit den beiden U.-Ord. Halbaffen (*Prosimiae*) u. Affen *(Simiae)*; zu den *Simiae* wird in der Systematik auch der Mensch (↗ *Homo*) gestellt. Gemeinsame Merkmale: Die meisten der maus- bis gorillagroßen H. zeigen Anpassungen an das Baumklettern u. haben greiffähige Extremitäten mit opponierbaren Daumen u. Großzehen; Finger u. Zehen i. d. R. mit flachen, sog. Plattnägeln anstelle v. Krallen. Auch der Mensch als heute bodenlebendes, bipedes Lebewesen trägt noch stammesgeschichtl. Merkmale einer früheren arboricolen Lebensweise. Das Gehirn (v. a. die beiden Großhirnhemisphären) erreicht bei den höheren H.n (U.-Ord. *Simiae*) eine bes. hohe Entwicklungsstufe. Die Augen sind v. seitl. nach vorne verlagert, das (binokulare) Sehvermögen ist stark entwickelt, u. a. erkennbar an den großen Hinterhauptlappen im Gehirn; rückgebildet ist dagegen der Geruchssinn (Mikrosmaten). Alle H. besitzen ein Schlüsselbein (Clavicula) u. einen Blinddarm (Caecum). Im typischen Fall haben H. 1 Paar brustständ. Zitzen (Ausnahme: Fingertier). – Als Vorfahren der H. nimmt man bodenlebende Insektenfresser mit gut entwickeltem Geruchssinn (Makrosmaten) an; die wesentl., heute typ. Merkmale der H. entstanden wahrscheinl. in allmähl. immer perfekter werdender Anpassung an das Baumleben. Die sehr lückenhafte Fossilgeschichte der H. reicht bis in das frühe Tertiär (Paleozän; vor 50–60 Mill. Jahren) N-Amerikas u. Europas zurück; jedoch erlauben die fossilen Skelettreste oft keine eindeut. Trennung zw. Insektivoren und H.n. Selbst die bisher übl. Einordnung der heute lebenden insektenfressenden Spitz-

Herrentiere
Die erste fossil belegte Primatengruppe ist 60 Mill. Jahre alt (z. B. *Plesiadapis* aus dem Paleozän) und scheint zw. ursprünglichen Säugetieren u. modernen Halbaffen zu stehen. Etwas jüngere, 35 bis 50 Mill. Jahre alte fossile Primaten gleichen bereits in vielen Merkmalen modernen Halbaffen. Die Adapiden z. B. ähneln den rezenten Loris, Pottos u. Buschbabies. Eine andere fossile Gruppe zeigt Beziehungen zu den *Tarsiiformes,* die heute auf die Inselwelt SO-Asiens beschränkt sind.

A. D. Hershey

hörnchen *(Tupaiidae)* zu den H.n ist z. Z. umstritten. – Lassen wir den Menschen außer Betracht, so leben H. heute in fast allen warmen Gebieten der Erde mit Ausnahme der austral. Region; nur wenige bevorzugen gemäßigte od. winterkalte Zonen. Die meisten H. sind Waldbewohner, nur ein paar Formen haben sich an das Leben in der Savanne, der Steppe od. dem Hochgebirge angepaßt. *H. Kör.*

Herrgottskäfer, der ↗ Marienkäfer.
Herrick-Anämie *w* [ben. nach dem am. Arzt J. B. Herrick, 1861–1954, v. gr. anaimia = Blutlosigkeit], die ↗ Sichelzellenanämie.
Herse, Gatt. der Schwärmer, ↗ Windenschwärmer.
Hershey [höˈrschi], *Alfred Day,* amerikan. Molekularbiologe, * 4. 12. 1908 Owosso (Mich.); Prof. in Washington, seit 1951 in Cold Spring Harbor (N. Y.); Arbeiten über Bakterienwachstum, Genetik u. Vermehrungsmechanismen bei Bakteriophagen; zeigte 1952 an Phagen, daß DNA (u. nicht Proteine) Träger der Erbinformation ist u. bestätigte damit frühere Versuche v. ↗ Avery; erhielt 1969 (mit M. Delbrück u. S. E. Luria) den Nobelpreis für Medizin.
Hersiliidae [Mz.; ben. nach Hersilia, der Gattin des Romulus], Fam. der Webspinnen, mit ca. 60 Arten über die Tropen u. Subtropen bes. der Alten Welt verbreitet; Körper 1–2 cm lang, trägt auffällig lange hintere Spinnwarzen. Die Tiere sitzen gerne an Baumstämmen, Mauern u. unter Steinen. Sobald sich eine Beute nähert, rennt die Spinne blitzschnell um diese herum u. fesselt sie mit einem breiten, aus den langen Spinnwarzen austretenden Seidenband. Erst wenn die Beute fixiert ist, wird der Giftbiß angebracht u. darauf mit dem Einspinnen fortgefahren. Bekannteste Gatt. ist *Hersilia.*
Hertwig, 1) *Oskar Wilhelm August,* dt. Biologe, * 21. 4. 1849 Friedberg (Hessen), † 25. 10. 1922 Berlin; Schüler v. Haeckel, seit 1878 Prof. in Jena, 1888 Berlin u. Dir. des Anatom.-biol. Inst. Beobachtete als erster 1875 den Befruchtungsvorgang (Verschmelzung des männl. u. weibl. Kerns) einer Eizelle. Eizelle (am Seeigelei) – nahezu gleichzeitig mit der entspr. Entdeckung Strasburgers an Pflanzen; studierte die Reifeteilung beim Spulwurm Ascaris (1890) u. die Reduktion der Chromosomenzahl, bemerkte die Gleichartigkeit der Vorgänge bei Spermio- u. Oogenese (1890), erkannte den Zellkern als Träger der Vererbung, ferner Arbeiten über die Keimblattbildung (Bildungsweise des Mesoderms), die zur Aufstellung der Coelomtheorie (1881) führten (zusammen mit 2); zahlr. Arbeiten zur Entwicklungsphysiologie, u. a. mit Hilfe künstl., mit Röntgenstrahlen ausgelö-

HERZ

Das Herz ist ein speziell ausgebildetes zentrales Pumporgan im Blutgefäßsystem der Tiere und des Menschen. Es ist phylogenetisch aus kontraktilen Abschnitten von Blutgefäßen, wie sie z. B. bei Ringelwürmern und Schädellosen noch vorkommen, hervorgegangen und hat sich bei höheren Tieren und dem Menschen zu einem kompliziert aufgebauten Organ entwickelt.

Das *Herz des Menschen* ist als rhythmisch arbeitender, kräftiger Hohlmuskel in den *Blutkreislauf* eingeschaltet. Es wird durch eine Scheidewand in zwei vollständig getrennte Hälften geteilt, die funktionell zwei nebeneinanderliegenden Druck-Saug-Pumpen gleichen. Kontraktion *(Systole)* und Erschlaffung *(Diastole)* der einzelnen Herzabschnitte wechseln in rhythmischer Abfolge. Jede Herzhälfte besteht aus einer *Vorkammer (Vorhof, Atrium)* und einer *Herzkammer (Ventrikel)*, zwischen denen als Ventile wirkende *Segelklappen* liegen. Am Ursprung der aus den Herzkammern abzweigenden Arterien befindliche *Taschenklappen* haben ebenfalls Ventilfunktion (siehe unten). Die linke, den großen *Körperkreislauf* versorgende Kammer ist muskulös stärker ausgebildet als die rechte, in den kleinen *Lungenkreislauf* eingeschaltete Kammer. Die Erregung für den Herzschlag wird im Herzen selbst gebildet *(Autorhythmie)* und über spezialisierte Herzmuskelfasern über das Herz verteilt.

Aufbau und Arbeitsweise des Herzens

Aus den Hohlvenen fließt sauerstoffarmes Blut in den rechten Vorhof (rechter Herzteil: blau). Durch die rechte Segelklappe *(Tricuspidalklappe)* gelangt das Blut in die rechte Herzkammer und fließt zur Herzspitze. Hier erfolgt eine Strömungsumkehr; durch die rechte Taschenklappe *(Pulmonalklappe)* wird das Blut schließlich in die Lungenarterie gepumpt. In der Lunge wird es mit Sauerstoff angereichert und kehrt zum linken Herzen (rot) zurück. Aus dem linken Vorhof fließt es durch die geöffnete linke Segelklappe *(Mitralklappe)* in die linke Herzkammer zur Herzspitze. Anschließend wird das Blut durch die geöffnete linke Taschenklappe *(Aortenklappe)* in die Aorta (Körperschlagader) gepumpt und versorgt den Körper mit sauerstoffreichem Blut.

Phasen des Herzschlags

1 Der erweiterte Vorhof (Vorkammer *VK*) füllt sich durch Unterdruck (siehe unten) mit Blut. **2** Vorhofkontraktion und – wichtiger noch – Absinken des Druckes in der entspannten Herzkammer *K* unter den Vorhofdruck führen zum Öffnen der Segelklappen *S* und Einstrom des Blutes in die Kammer *(Diastole)*. **3** Die gefüllte Kammer kontrahiert, preßt die durch Bänder am „Herausschlagen" gehinderte Segelklappe zu und bewirkt durch den Druckanstieg eine Öffnung der Taschenklappe *T* und Bluteinstrom in die Arterie *A (Systole)*. **4** Die Taschenklappe funktioniert als Rückschlagventil (Blutdruck!), der Vorhof erweitert sich und füllt sich von neuem.

In dieser stark vereinfachten Darstellung der Herztätigkeit wurde die große Bedeutung der Bewegungen der sog. *Ventilebene* (Ebene zwischen den Vorhöfen und Kammern, in der die vier Herzklappen liegen) für die Blutfüllung der Vorhöfe und Kammern nicht berücksichtigt: Während der Kammersystole ist die Ventilebene (bei geschlossener Segelklappe) zur Herzspitze hin verlagert, d. h. der Vorhofraum (bei erschlaffter Muskulatur) stark erweitert; damit wird das Blut aus der Vene in den Vorhof gesogen. Bei der sich anschließenden Kammerdiastole verschiebt sich die Ventilebene (bei geöffneter Segelklappe) nach oben in Richtung Vorhof; dabei fließt das Blut in die Herzkammer. Bemerkenswert ist, daß die erst etwas später einsetzende Vorhofkontraktion für die Kammerfüllung kaum von Bedeutung ist – ausgenommen bei beschleunigter Herztätigkeit.

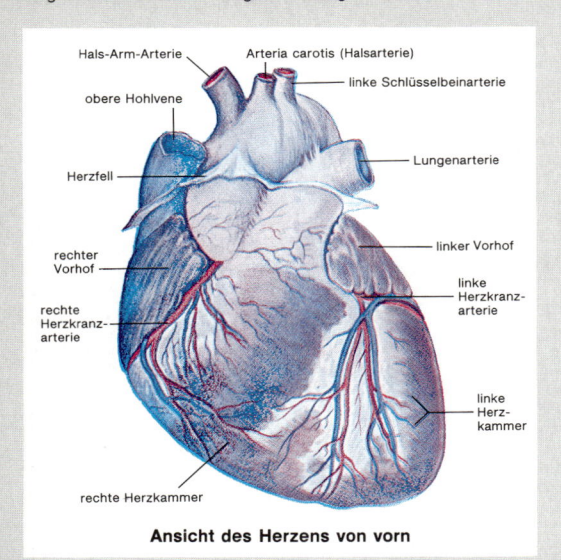

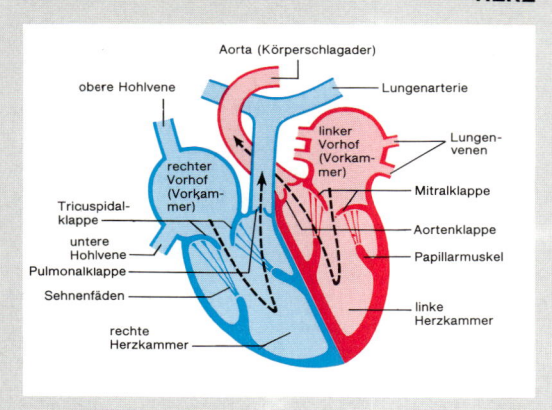

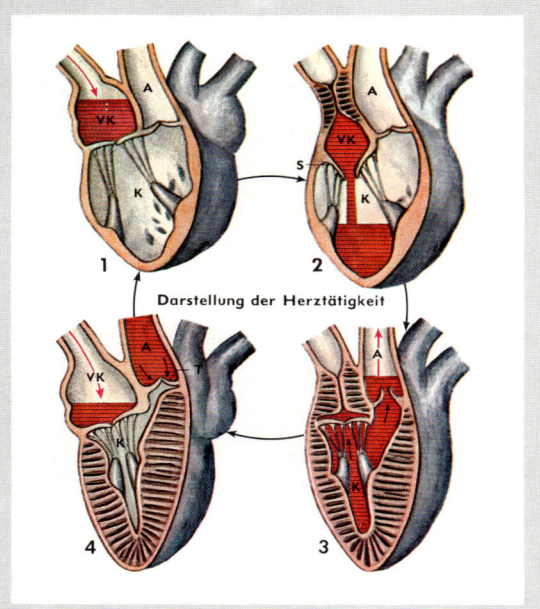

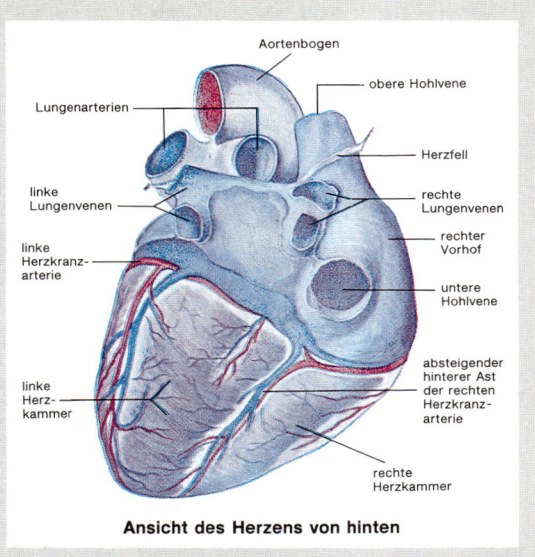

Ansicht des Herzens von vorn

Ansicht des Herzens von hinten

Herz

ster Defekte (Zentrifugation v. Seeigeleiern, Kern-Plasma-Relation). War maßgebl. an der Gründung des Kaiser-Wilhelm-Inst. für Biol. in Berlin beteiligt (1913). WW „Lehrbuch der Entwicklungsgeschichte des Menschen u. der Wirbeltiere" (Jena 1886–88). „Die Zelle u. die Gewebe" (2 Bde., Jena 1893/98). Mit 2): „Die Coelomtheorie – Versuch einer Erklärung des mittleren Keimblattes" (Jena 1881). **2)** *Richard Carl Wilhelm Theodor*, Bruder v. 1), dt. Zoologe, * 23. 9. 1850 Friedberg, † 3. 10. 1937 Schlederloh (Isartal); studierte zus. mit seinem Bruder u. war mit diesem Assistent bei M. Schultze in Bonn, seit 1878 Prof. in Jena, 1881 Königsberg, 1883 Bonn, 1885 München u. Dir. der zool. Staats-Slg., zus. mit 1) und Haeckel. Forschungsreisen ins Mittelmeergebiet (u. a. Korsika u. Villafranca), zus. mit 1) Begr. der Coelom- u. Kern-Plasma-Theorie, führte künstl. Befruchtungen am Seeigelei aus, ferner (mit 1) Arbeiten über das Nervensystem der Coelenteraten, Geschlechtsbestimmung bei Fröschen, Radiolarien u. Konjugationsvorgänge beim Pantoffeltierchen; bes. in München viele weitere Arbeiten über Protozoen, die sich mit der Fortpflanzung u. den Lebenszyklen befaßten u. eine „Schule der Protozoologie" begründeten; wegen seiner zahlr. experimentellen Methoden als „Mit-Begr. der modernen Zoologie" bezeichnet. Im Ggs. zu 1) entschiedener Vertreter der Theorie Darwins u. zeitlebens mit Haeckel befreundet. WW „Über die Conjugation der Infusorien" (München 1889). „Lehrbuch der Zoologie" (Jena 1891). B Biologie I–II.

Herz, *Cor, Kardia,* speziell ausgebildeter Abschnitt des ↗Blutgefäßsystems der Tiere u. des Menschen, der als muskulöses Hohlorgan eine Strömung der Körperflüssigkeit (Blut bzw. Hämolymphe) bewirkt. **a)** Die einfachste Form eines „Herzens" findet man bei vielen urspr. organisierten Würmern (Fadenwürmer, Ringelwürmer) mit geschlossenem Blutgefäßsystem (↗Blutkreislauf). Bei diesen sind große Abschnitte des Gefäßsystems (z. B. das Dorsalgefäß) kontraktil u. erzeugen einen gerichteten Blutstrom. In den Gefäßen strömt das Blut automatisch, dem Druckgradienten folgend, in die kontraktilen Abschnitte zurück u. füllt diese erneut. Ein aktives Ansaugen durch das H. ist in diesen Fällen nicht nötig. **b)** Andere Verhältnisse findet man hingegen bei den Gliederfüßern (*Arthropoda*: Krebse, Spinnentiere, Insekten) mit offenem Blutgefäßsystem (☐ Blutkreislauf). Das H. der ↗Gliederfüßer ist urspr. ein dorsal im Körper gelegener muskulöser Schlauch, der als Saug-Druck-Pumpe arbeitet. Durch

O. Hertwig

R. Hertwig

Herz
Zunehmende Umgestaltung des Herzens in der *Wirbeltier-Evolution* (Trennung der Kreislaufsysteme, ☐ Arterienbogen, ☐ Blutkreislauf).
Vom *Fisch*-H.en ausgehend, kommt es zunächst zu einer rein funktionellen (Amphibien), bei Reptilien, Vögeln u. Säugern auch anatom. Trennung v. *Körper*- u. *Lungenkreislauf,* zur Herausbildung eines *Doppel-H.ens.* Sinus venosus u. Conus arteriosus werden reduziert bzw. in Atrium u. Ventrikel eingebaut. – Bei *Amphibien* ist nur im Vorhof eine Scheidewand (Septum) ausgebildet. Sauerstoffreiches Lungenblut (linkes Atrium) u. sauerstoffarmes Körperblut (rechtes Atrium) sind also zunächst getrennt, können aber in dem einkammrig. Ventrikel durchmischt werden. Durch die spezielle Ausgestaltung des Ventrikels mit tiefen Taschen, die je nach Lage zu den Atrien Lungen- od. Körperblut aufnehmen, durch eine spezielle H.schlagrhythmik u. bes. Klappeneinrich-

eine horizontale Scheidewand (*dorsales Diaphragma,* ↗Perikardialmembran) ist es von der übrigen Leibeshöhle (Mixocoel) abgetrennt. Öffnungen im dorsalen Diaphragma lassen Leibeshöhlenflüssigkeit in den das H. umgebenden Raum (*Perikardialsinus*) eintreten. Das nur mit Ringmuskel ausgestattete H. ist mit feinen Muskelzügen (*„Flügelmuskel"*) an der inneren Körperwand u. dem dorsalen Diaphragma aufgehängt. So liegt es frei in einem Gleitraum u. kann unabhängig v. Körperbewegungen u. der Aktivität der Eingeweidemuskulatur arbeiten. Die ↗„Flügelmuskeln" sind ein wicht. funktionelles Element des H.ens, denn ihre Kontraktion ermöglicht erst eine Dehnung (*Diastole*) des H.ens. Bei der Diastole wird Hämolymphe durch seitl. Öffnungen des H.schlauches (*Ostien*) aus dem Perikardialsinus in das H.lumen eingesogen. Während der anschließenden Kontraktion (*Systole*) des H.muskels wird die Hämolymphe durch die Aorta kopfwärts ausgepumpt. Ein Rückströmen der Hämolymphe aus dem H.en durch die Ostien ist ausgeschlossen, da diese mit Klappen versehen sind, die sich gleich Druckventilen schließen, sobald im H.en der ↗Blutdruck ansteigt. – In den einzelnen Gruppen der Gliederfüßer hat im Verlauf der Stammesgesch. auf parallelen Wegen eine Verkürzung des H.ens von dem langen Schlauch mit vielen segmental angeordneten Ostien zu einem kurzen, aber kräft. H.en stattgefunden. Bei den Insekten u. Spinnen, deren Gewebe über Tracheen direkt mit Sauerstoff versorgt werden, liegt das H. im Hinterleib. Bei den mit Kiemen od. Lungen atmenden Krebsen ist es immer in der Nähe der Atemorgane, so daß sauerstoffreiches Blut angesaugt u. in den Körper gepumpt werden kann (B Gliederfüßer I bis II). Vor Körperteilen, deren Durchströmung eines höheren Blutdrucks bedarf, als in der Leibeshöhle herrscht, findet man kleine kontraktile Ampullen (*Neben-H.en*) die Hämolymphe sammeln u. durch Kontraktion in die betreffenden Körperteile pressen (z. B. an den Antennen der Insekten). **c)** Die Weichtiere (*Mollusca*: Muscheln, Schnecken, Kopffüßer) besitzen ein kurzes schlauchförm. H., das wie bei den Gliederfüßern v. einem Perikard (Coelomrest) umschlossen ist. Das H. hat keine Verbindung mit dem Lumen des Perikards, sondern bekommt das Blut aus Venen zugeführt, die sich vor dem H. zu Vorhöfen (Atrien) erweitern u. das Blut in die H.kammer (Ventrikel) pumpen. Der Ventrikel ist durch Klappenventile gg. das Zurückströmen v. Blut in die Atrien gesichert (B Weichtiere). **d)** Das H. der Wirbeltiere (*Ver*-

Herz

tebrata) ist in seiner urspr. Form ein ventromedian kurz hinter dem Kiemendarm gelegener viergliedr. Schlauch. Die aus dem Körper zum H.en führenden Venen münden in einen weichhäut. Sack *(Sinus venosus).* An diesen schließt sich kopfwärts der *Vorhof (Atrium)* an, der in die stark muskulöse *Hauptkammer (Ventrikel)* mündet. Von dort leitet der *Conus arteriosus* (↗Conus 2) in die vom H.en wegführenden ↗Arterien über. Zw. den einzelnen Abschnitten des H.ens sind Ventilklappen ausgebildet. Das H. ist in einen Gleitraum, den *H.beutel (Perikard),* eingeschlossen. Diesen Bau des H.ens findet man bei allen kiemenatmenden *Fischen,* wobei das H. S-förmig geknickt ist, so daß der Ventrikel, schwanzwärts weisend, eine H.spitze bildet, während das Atrium dorsal kopfwärts vor diesem liegt. Dem H.en wird aus dem Körper sauerstoffarmes Blut zugeleitet, das vom H.en dann zu den Kiemen gepumpt wird. Mit dem Übergang zum Landleben u. der damit verbundenen Lungenatmung setzt bei *Amphibien, Reptilien, Vögeln u. Säugern* eine grundlegende Umkonstruktion des gesamten Kreislaufsystems u. des H.ens ein (vgl. Spaltentext). Der selektive Vorteil dieser komplizierten Umgestaltungen des H.ens kann darin gesehen werden, daß Körper- u. Lungenkapillaren nun nicht mehr hintereinander, sondern gleichzeitig durchströmt werden können, wodurch der Kreislauf im Zshg. mit der gesteigerten Stoffwechselaktivität u. der Homoiothermie bei Vögeln und Säugern sehr viel effektiver arbeiten kann.

e) Das H. des *Menschen,* das bei Frauen durchschnittl. 260 g, bei Männern 310 g wiegt, leistet physikalisch ca. 2 Watt. Beachtl. sind die Präzision u. die Dauerleistung des H.ens: es schlägt ca. 100 000mal am Tag. Diese Dauerleistung wird durch die Ruhepausen, die das H. nach jedem Arbeitstakt einlegt, ermöglicht: insgesamt arbeitet es also nur 8 Stunden am Tag. Funktionell ist das H. eine Druck- u. Saugpumpe (↗H.mechanik), die durch das Erregungsbildungssystem gesteuert wird (↗H.automatismus). Morphol. kann man das H. auch als ein weiterentwickeltes, modifiziertes Gefäß bezeichnen. Die H.innenwand ist das ↗*Endokard,* die Muskelschicht (↗H.muskulatur) das *Myokard,* die bindegewebige Hülle das ↗*Epikard.* Das H. ist im ↗H.beutel *(Perikard)* frei verschiebbar u. ledigl. mit seiner Basis verwachsen. Durch die freie Beweglichkeit u. durch den Unterdruck im Brustraum wird die H.tätigkeit erst möglich. Das H. liegt dem Zwerchfell auf u. ist zw. den beiden Lungenflügeln lokalisiert. Zu ⅔ liegt es auf der linken Seite der Brustmittellinie. Die beiden tungen, die den Blutstrom im H.en regulieren, findet kaum eine Durchmischung statt. Sauerstofffreiches Blut gelangt in den Körper, zu den Lungen strömt sauerstoffarmes Blut. Die dennoch unvollkommene Trennung v. Körper- u. Lungenkreislauf bei Amphibien wird durch die Hautatmung (↗Atmungsorgane) ausgeglichen. Eine sehr viel weitergehende Trennung der beiden Kreislaufsysteme haben die *Reptilien* erfahren. Bei diesen ist auch der Ventrikel durch eine im oberen Bereich unvollständ. Scheidewand in zwei Kammern unterteilt. Die Lungenarterie nimmt ihren Ursprung v. der rechten, nur sauerstoffarmes Blut führenden Kammer. Die beiden Körperarterien entspringen je eine am rechten u. am linken Ventrikel. Dies führt zu dem Umstand, daß die am rechten Ventrikel ansetzende linke Aorta auch sauerstoffarmes Blut führen müßte. Durch die Öffnung im Ventrikelseptum gelangt jedoch auch sauerstoffreiches Blut in die linke Aorta, so daß sie gemischtes Blut führt. – Vollständigkeit der Trennung der Kreislaufsysteme u. ein echtes Doppel-H. haben die *Vögel* u. *Säuger* entwickelt. In beiden Gruppen ist auch das Ventrikelseptum geschlossen, so daß ein H. mit zwei Atrien u. zwei Ventrikeln ausgebildet ist. Eine Durchmischung v. Blut kann nicht mehr stattfinden. Bei Vögeln ist der linke ↗Aortenbogen (führt bei Reptilien Mischblut) reduziert, bei Säugern der rechte. Doch hat bei den Säugern eine Verschiebung des erhaltenen linken Aortenbogens u. dem linken Ventrikel stattgefunden, so daß bei ihnen auch der linke rein sauerstoffreiches Blut führt.

H.hälften sind entspr. der unterschiedl. Druck- u. Arbeitsbeanspruchung des Lungen- u. Körperkreislaufs (↗Blutkreislauf, ☐) verschieden stark entwickelt (↗H.muskulatur). Im Lungenkreislauf kommt das sauerstoffarme Blut über die Hohlvenen in den rechten *Vorhof* (Atrium dextrum). Die Vorhöfe werden ledigl. durch Auffaltungen gg. die Venen abgegrenzt. Der Vorhof geht in das rechte *H.ohr* über (Auricula dextra). Die Öffnung zw. rechtem Vorhof u. rechter *Kammer* (Ventriculus dexter) wird Ostium atrioventriculare gen.; sie wird durch die rechte *Atrioventrikular-* od. *Segelklappe* verschlossen. Das Blut strömt nun zur Herzspitze (B 213), in den unteren, durch Muskelwülste (Trabekel) unregelmäßig gestalteten Kammerbereich. Anschließend erfolgt eine Strömungsumkehr, die das Blut in den glattwandigeren Teil der Kammer führt. Durch die rechte *Semilunar-* od. *Taschenklappe* fließt das Blut zur Lungenarterie. Beim Körperkreislauf gelangt das sauerstoffreiche Blut aus dem Kapillarnetz der Lungen durch die Lungenvene in den linken Vorhof (Atrium sinistrum), mit dem linken Herzohr (Auricula sinistra). Anschließend fließt das Blut durch das linke Ostium atrioventriculare mit der Segelklappe in die linke Kammer (Ventriculus sinister), die ähnl. wie die rechte aufgebaut ist. Das Blut gelangt schließl. über die linke Taschenklappe in die Aorta. Die 4 *H.klappen* (Valvulae cordis) liegen in einer Ebene, der *Ventilebene.* Äußerl. ist sie durch die Kranzfurche (Sulcus coronarius) gekennzeichnet. Die Segel- u. die Taschenklappen werden v. Sehnenringen bzw. bindegewebigen Faserringen umgeben, dem sog. *H.skelett.* Die rechte Segelklappe (Valva tricuspidalis, Tricuspidalklappe) besteht aus 3 gefäßfreien, segelart. Bindegewebsplatten, die kräftigere linke (Valva bicuspidalis od. mitralis, Mitralklappe) nur aus 2. Über Sehnenfäden sind die Klappen mit 3 bzw. 2 Papillarmuskeln verbunden, die in den Kammerwänden verankert sind. Dadurch wird ein Durchschlagen der Segel in die Vorhöfe bei Kammerkontraktion verhindert. Die Taschenklappen, die linke Aortenklappe (Valva aortae) u. die rechte Pulmonalklappe (Valva trunci pulmonalis), bestehen aus 3 taschenart., in das Lumen hineinragenden, derben Bindegewebshäuten. Die Blutversorgung der H.muskulatur reicht durch das Blut im H.lumen keineswegs aus. Die Versorgung mit Nährstoffen u. Sauerstoff (das H. kann keine Sauerstoffschuld eingehen wie die Skelettmuskulatur) übernimmt ein eigenes Gefäßsystem, die *H.kranzgefäße* (Koronargefäße), in denen bis zu 10% des in die Aorta gepumpten Blutes fließen.

M. St./E. K.

Herzautomatismus

Herzautomatismus, *Herzautomatie, Herzautonomie, Herzautorhythmie,* die Fähigkeit des ⟋Herzens, durch eigene Erregungsbildungszentren rhythmisch tätig zu werden (⟋Automatismen). Die ⟋Erregung geht gewöhnl. von einem bestimmten Ort des Herzens aus, dem primären *Erregungsbildungs-* od. ⟋*Automatiezentrum.* Meist existieren noch weitere nachgeschaltete Zentren mit langsameren Arbeitsrhythmen, die nur zur Geltung kommen, wenn die schnelleren Zentren ausfallen. Die Automatiezentren können Ganglienzellen (neurogene Automatie) u. modifizierte Muskelzellen (myogene Automatie) sein (⟋Herzmuskulatur). *Neurogene Automatie:* Bei Krebs- u. Spinnentieren wird die Herzkontraktion durch Ganglienzellen erregt, die an der Oberfläche des Herzens liegen. Zwischen den einzelnen Muskelzellen scheint keine Erregungsleitung zu existieren. Das Herzganglion besteht aus großen (anterioren) u. kleinen (posterioren) Zellen. Die kleineren werden spontan tätig u. erregen die größeren. Diese sind selbst ebenfalls zur spontanen Erregung fähig, ihre Impulsfrequenz ist aber niedriger. Die Impulse, die v. den gesamten Ganglienzellen ausgehen, lösen die Herzkontraktion aus. (Die Lymphherzen der Amphibien besitzen ebenfalls neurogene Automatie.) *Myogene Automatie:* Sie tritt bei den Herzen der Ringelwürmer, Insekten, Weichtiere, Tunikaten u. Wirbeltiere auf. Die Erregung geht v. den Automatiezentren aus u. setzt sich v. Zelle zu Zelle fort. Das primäre Automatiezentrum liegt bei den Amphibien, u. den Elasmobranchiern im *Sinus venosus (Sinusknoten),* bei Fischen im *sinutrialen Knoten,* einer schmalen Region zw. dem Sinus u. dem Vorhof. An der Atrioventrikulargrenze liegt bei Fischen u. Amphibien das sekundäre Zentrum, der *Atrioventrikularknoten.* Bei Elasmobranchiern kann der *Conus arteriosus* (⟋Conus) als tertiäres Zentrum fungieren. Bei Vögeln u. Säugern ist der Sinus venosus mit dem rechten Vorhof verschmolzen, das primäre Automatiezentrum, der Sinusknoten, liegt daher im rechten Vorhof an der Einmündungsstelle der großen Venen; es wird auch *Keith-Flackscher Knoten* gen. Die Erregung greift auf die benachbarte Muskulatur über u. breitet sich mit einer gewissen Verzögerung über den ganzen Vorhof aus. Die Erregung erreicht so den ⟋*Atrioventrikularknoten (Aschoff-Tawara-Knoten)* u. läuft v. hier aus über bes., als Leitungsbahnen dienende Muskelfasern, die *Hisschen Bündel,* zur Herzspitze u. schließl. weiter über die *Purkinje-Fasern.* Die Erregung überträgt sich auf die angrenzende Kammermusku-

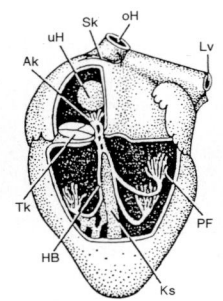

Herzautomatismus
Erregungsbildungszentren im Säugerherzen (Kammer u. Vorhof geöffnet).
Ak Atrioventrikularknoten (Aschoff-Tawara-Knoten), HB Hissches Bündel, Ks Kammerseptum, Lv Lungenvene, PF Purkinje-Fasern, oH obere Hohlvene, Sk Sinusknoten (Keith-Flack-Knoten), Tk Tricuspidalklappe (Segelklappe), uH untere Hohlvene

Herzfrequenz
Herzfrequenzen (Schläge/Min.) einiger Organismen (* im Sommer):

Aal	10– 15
Karpfen*	40– 80
Frosch*	30– 50
Ringelnatter*	23– 40
Zauneidechse*	60– 70
Stieglitz	über 900
Etruskerspitzmaus	1000–1300
Ente	210– 320
Hausmaus	320– 800
Kaninchen	210– 310
Katze	110– 140
Hund	100– 130
Pferd	20– 70
Elefant	30– 35
Mensch Embryo (5. Mon.)	150– 160
Säugling (1–2 Mon.)	ca. 130
4jähr. Kind	ca. 100
14jähr. Jugendlicher	ca. 85
Erwachsener	70– 80
Greis	80– 85

latur; da die Leitung über die speziellen Bahnen sehr schnell erfolgt, kontrahieren sich die Muskelfasern fast gleichzeitig. Durch die verzögerte Erregungsübertragung auf den Atrioventrikularknoten setzt die Kammerkontraktion erst ein, wenn die Vorhofkontraktion abgeschlossen ist. Der Atrioventrikularknoten kann auch als sekundäres Automatiezentrum dienen, das Hissche Bündel als tertiäres. ⟋Elektrokardiogramm (☐). *E. K.*

Herzbeutel, *Perikard, Pericardium,* häutiger Sack, der das ⟋Herz umschließt und v. der allg. Körperhöhle abtrennt, so daß dieses ungestört v. Körper- u. Eingeweidebewegungen in einem unabhängigen Gleitraum liegt. Der H. bzw. die Perikardhöhle gliederte sich bei den Wirbeltieren v. der urspr. einheitlichen sekundären Leibeshöhle (⟋Coelom) ab. Bei Gliedertieren u. Weichtieren entwickelte sich analog ebenfalls ein H. B Herz.

Herzbildungszellen, die ⟋Cardioblasten.

Herzblatt, *Parnassia,* Gatt. der Steinbrechgewächse mit ca. 55 Arten (kühle Gebiete der nördl. Halbkugel). Das nach der ⟋Roten Liste „gefährdete" Sumpf-H. *(P. palustris)* ist ein bis 30 cm hohes Kraut mit einzelner, weißer, bis 3 cm breiter Blüte; zu den 5 Staubblättern treten noch weitere 5 fransige Staminodien; die ganzrand., langgestielten Grundblätter sind herzförmig, den Stengel umfaßt ein formgleiches Blatt; in Flach- u. Quellmooren; in den Alpen (bis 2320 m) auf wasserzüg. Schutthängen.

Herzblume, *Dicentra,* Gatt. der ⟋Erdrauchgewächse.

Herzeule ⟋Kohleule.

Herzfäule, auf ⟋Bor-Mangel beruhende Krankheit bei Kulturpflanzen (bes. Zucker- u. Futterrüben); erkennbar v. a. durch das Absterben der jüngsten, zentral gelegenen sog. Herzblätter; Bekämpfung mittels borhalt. Spezialdünger.

Herzfrequenz, Zahl der Herzschläge pro Min., i. d. R. übereinstimmend mit der Pulsfrequenz (⟋Blutdruck). Die H. variiert je nach der Stoffwechselaktivität der Organismen. Allg. ist sie bei großen Tieren geringer als bei kleinen, bei Warmblütern höher als bei wechselwarmen Tieren. Beim Menschen ist die H. von Alter, psych. und phys. Belastung sowie von der Körpertemp. abhängig. ⟋Bradykardie, ⟋Atmungsregulation, ⟋Herzminutenvolumen.

Herzgespann, der ⟋Löwenschwanz.

Herzgewichtsregel, die ⟋Hessesche Regel.

Herzgifte, allg. Bez. für Substanzen, deren tox. Wirkung auf einer Beeinflussung der Herzfunktion beruht (z. B. ⟋*Cardiotoxine),* i. e. S. die (in entspr. geringer Dosierung therapeut. nutzbaren) ⟋*Herzglykoside* (T).

Herzglykoside [Mz.; v. gr. glykys = süß], *herzwirksame Glykoside, Digitaloide,*

Gruppe pflanzl. Steroid-↗Glykoside mit typ. Wirkung auf die Dynamik u. Rhythmik des Herzens. Die Hauptquelle der H., die bisher in 15 Pflanzen-Fam. gefunden wurden (vgl. Tab.) u. bei diesen in Blättern (z. B. *Digitalis*), Blüten (z. B. *Convallaria*), Samen (z. B. *Strophanthus*) u. Wurzeln (z. B. *Apocynum*) vorkommen können, sind Fingerhut-*(Digitalis-)*arten (↗Digitalisglykoside, [T]). Chem. setzen sich die H. aus einem Aglykon (Genin) u. 1–5 Zuckerresten (hpts. Glucose, Fucose u. Rhamnose) zus., die an der C_3-Hydroxylgruppe des Aglykons glykosid. gebunden sind (□ Digitalisglykoside). Man unterscheidet zwei Typen v. Aglykonen: die ↗*Cardenolide* (C_{23}-Steroide mit γ-Lactonring) u. die ↗*Bufadienolide* (C_{24}-Steroide mit δ-Lactonring), die nie gleichzeitig in derselben Pflanze vorkommen. Cardenolidglykoside (↗*Digitalisglykoside* u. ↗*Strophanthine*) treten viel häufiger auf als Bufadienolidglykoside (z. B. *Scillaren A*), die nur in einigen Hahnenfuß- u. Liliengewächsen sowie im Blut v. Kröten *(Bufotoxin)* vorkommen. Auch bei Insekten wurden H. gefunden, z. B. im Abwehrsekret v. Blattkäfern u. bei manchen Schmetterlingen, die die H. zum Schutz gg. Vogelfraß als Raupen in großen Mengen aus ihrer Futterpflanze aufnehmen. – Die Wirkung therapeut. Dosen v. H.n auf den insuffizienten Herzmuskel ist in qualitativer Hinsicht für alle Vertreter gleich: Durch Erhöhung der Kontraktionskraft des Herzmuskels (positiv inotrope Wirkung) wird die Herzkammer während der Systole besser entleert u. während der Diastole besser gefüllt. Zusätzl. nimmt die Schlagfrequenz des Herzens ab (negativ chronotrope Wirkung), und der venöse Druck sinkt. Insgesamt wird dadurch die Ökonomie der Herzarbeit verbessert. Med. Anwendung finden H. bei Herzinsuffizienzen bei od. als Folge v. Arteriosklerose, Hypertonie, Herzasthma u. Klappenfehlern. Auf molekularer Ebene wirken H. als Inhibitoren der in Biomembranen lokalisierten Na^+-K^+-ATPase, indem sie mit K^+-Ionen um deren Bindungsstellen kompetieren (Behandlung v. H.-Vergiftungen mit K^+-Ionen!). H. wirken in therapeut. Dosierung nur auf das Herz, in tox. Dosierung beeinflussen sie auch das Zentralnervensystem u.a. Organe. Eine zu hohe Dosierung führt zu tödl. Herzflimmern.

Herzigel, Kleiner H., Herzseeigel i. e. S., *Echinocardium cordatum,* häufigster Vertreter der ↗Herzseeigel. Bis 5 cm groß; lebt bis etwa 20 cm tief in feinem, schlickreichem Sand vergraben; erhält durch einen Atemkanal („Atemschornstein") frisches Wasser (vgl. Abb.). Apikal stehen längere Stacheln; zus. mit den bis 20 cm

Herzglykoside
Verbreitung der H. (die wichtigsten Pflanzenfamilien mit Beispielen):
Ranunculaceae (Hahnenfußgewächse):
Adonis vernalis (Adonisröschen), *Helleborus niger* (Christrose)
Scrophulariaceae (Rachenblütler):
Digitalis-Arten
Apocynaceae (Hundsgiftgewächse):
Nerium oleander (Oleander), *Strophanthus*-Arten
Liliaceae (Liliengewächse):
Convallaria majalis (Maiglöckchen), *Scilla maritima* (Meerzwiebel)
Nymphaeaceae (Seerosengewächse):
Nymphaea alba (Seerose)
Fabaceae (Schmetterlingsblütler):
Coronilla-Arten (Kronwicke)
Cruciferae (Kreuzblütler):
Cheiranthus-(Goldlack-) u. *Erysium*-(Schöterich-)Arten
Die Herzwirkung der Meerzwiebel *(Scilla maritima)* war bereits im Altertum bekannt, die Wirkung v. *Digitalis purpurea* wurde erst im späten 18. Jh. eingehender beschrieben. Zubereitungen v. *Strophanthus*-Samen dienen manchen afr. Stämmen als Pfeilgift.

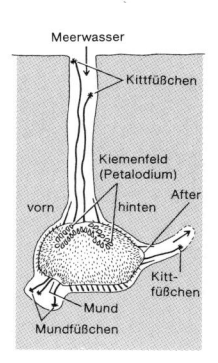

Herzigel
Herzigel *(Echinocardium cordatum)* in seiner Höhle (schematisiert)

langen Pinselfüßchen („Kittfüßchen" mit strahlenförmig angeordneten, durch feinste Skelettstäbe stabilisierten Fortsätzen) sind sie für Bau u. Offenhaltung des Atemkanals verantwortl. Der H. bewegt sich horizontal durch den Sand u. muß deshalb v. Zeit zu Zeit einen neuen Atemkanal anlegen. Der blind endende Abflußkanal, ausgehend v. der Afterregion (bei den ↗Irregulären Seeigeln liegt der After nicht apikal), nimmt den Kot auf und läßt das verbrauchte Wasser versickern. (Bei der schlammlebigen verwandten Gatt. *Brissopsis* ist solch ein Versickern nicht mögl.; dementspr. geht auch bei ihr der Abflußkanal bis zur Substratoberfläche.) – Der H. lebt in 0–200 m Tiefe in Nord- u. Ostsee, Mittelmeer usw., wahrscheinl. sogar kosmopolitisch (od. durch nächstverwandte Arten vertreten). Ernährung: mikrophag; mit den Mundfüßchen werden fortwährend winzige Mollusken, Foraminiferen, aber auch Detritus u. bewachsene Sandkörner aufgenommen. In manchen Teilen der Dt. Bucht kommen H. mit 20 Individuen/m² vor u. sind namengebend für eine Biozönose: „Echinocardium-Gemeinschaft".

Herzinfarkt *m* [v. lat. infarcire = hineinstopfen], *Myokardinfarkt, Koronarinfarkt,* die irreversible Zerstörung von Anteilen der Herzmuskulatur als Folge einer verminderten Sauerstoffversorgung des Herzens durch z. B. Verschluß einer oder mehrerer Herzkranz-(Koronar-)gefäße. Ursachen können sein: Arteriosklerose der Herz-

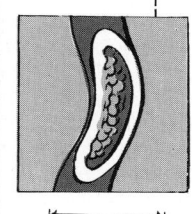

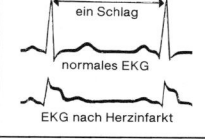

Herzinfarkt 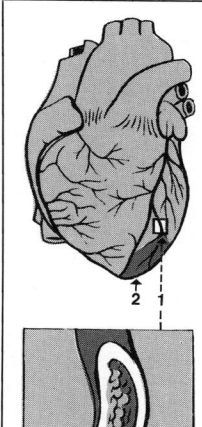
Die dem H. in den meisten Fällen zugrundeliegende Krankheit ist eine arteriosklerot. Veränderung der inneren Wand der Gefäße (↗Arteriosklerose). Wo die Passage verengt ist, kann sich leicht ein Blutgerinnsel (1) bilden u. einen Verschluß des Gefäßes bedingen.
1 Sitz des Gefäßverschlusses (Arteriosklerose der Herzkranzschlagader = Koronarsklerose, od. Thrombose = Koronarthrombose).
2 Infarkt des v. der Blutversorgung abgeschnittenen Herzmuskelabschnitts.
Der H. kann typische EKG-Veränderungen hervorrufen, welche die Diagnose erleichtern (↗Elektrokardiogramm).

Herzkammer

kranzgefäße, Thrombose, Embolie, Spasmus der Herzkranzgefäße. Symptome: heftige Herzschmerzen (Angina pectoris), Blässe, Kaltschweißigkeit, oft Ausstrahlung der Schmerzen in den linken Arm. Die Diagnose erfolgt zusätzl. durch das ↗ Elektrokardiogramm sowie durch Bestimmung der Kreatinkinase u. deren herzmuskelspezif. Isoenzym. Der H. kann sich je nach Ausmaß der ausgefallenen Herzmuskelteile zw. komplikationslosen Verläufen u. dem akuten Herztod manifestieren. Therapie: Ruhigstellung, Schmerzbehandlung (Opiate), Gerinnungshemmung (Heparin), Koronardilatation (Nitroglycerin, Ca-Antagonisten), Prophylaxe v. Rhythmusstörungen.

Herzkammer, Ventrikel, ↗ Herz (B).

Herzklappen, Valvulae cordis, liegen zw. den einzelnen Abschnitten des Herzens u. an den Austrittsstellen der Gefäße; zwingen den Blutstrom in eine bestimmte Richtung. ↗ Herz (B).

Herz-Lungen-Passage, Teil des Invasionsweges der Larven mancher parasit. Fadenwürmer: Körpervenen – rechter Herzvorhof – rechte Herzkammer – Lungenarterien – Alveolen (anschließend durch Bronchien u. Trachea aufwärts und dann durch den Oesophagus abwärts zum Magen-Darm-Trakt, dem Aufenthaltsort der erwachsenen Würmer); bei ↗ Hakenwurm, ↗ Spulwurm, ↗ Zwergfadenwurm.

Herzmechanik, Mechanik der Arbeitsweise des Herzens, die auf der rhythm. Abfolge v. Erschlaffung *(Diastole)* u. Kontraktion *(Systole)* der ↗ Herzmuskulatur beruht (↗ Blutdruck). Die Füllung der Vorhöfe erfolgt während der Kontraktion der Kammern, bei der die Ventilebene (↗ Herz, B) mit den geschlossenen Segelklappen zur Herzspitze hin gezogen wird. Da gleichzeitig die Vorhofmuskulatur erschlafft ist, vergrößert sich das Volumen der Vorhöfe; das Blut wird aus den Venen gesogen, unterstützt durch den im Brustraum herrschenden Unterdruck. Während der Erschlaffung der Kammermuskulatur wandert die Ventilebene über das Blutvolumen nach oben zurück (die Segelklappen sind wegen des geringeren Kammerdrucks geöffnet). Die später einsetzende Kontraktion der Vorhofmuskulatur bringt nur noch wenig Blut in die Kammern (die Vorhofkontraktion beginnt an den Veneneinmündungen u. wandert in Richtung der Kammern). Die Kammerkontraktion (Systole) führt durch den Druckanstieg zum Verschluß der Segelklappen, später zum Öffnen der Taschenklappen (sobald der Kammerdruck den der Aorta übersteigt). Dabei wird legl. die Hälfte des Kammerinhalts von 130 ml Blut in die Aorta gepreßt; es bleibt

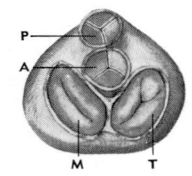

P Pulmonalklappe
M Mitralklappe
A Aortenklappe
T Tricuspidalklappe

Herzklappen
Horizontalschnitt durch das Herz

Herzminutenvolumen
Optimale Schlagfrequenz für hohe Leistungen (bei nichttrainierten Menschen): 130/Min. Bei Frequenzen über 130/Min. ist die Herzleistung (bei Nichttrainierten) aufgrund mangelhafter Kammerfüllung schlechter.

Herzmuscheln
Wichtige Gattungen:
↗ Acanthocardia
↗ Cardium
↗ Cerastoderma
↗ Laevicardium

Herzmuschel

ein Restvolumen v. etwa 70 ml in der Herzkammer. Das Ende der Systole kennzeichnet der Verschluß der Taschenklappen. Er erfolgt aufgrund der Trägheit des fließenden Blutes kurz nach dem Druckausgleich in Aorta u. Herzkammer. Mit der Entspannung der Kammermuskulatur wird die Diastole eingeleitet.

Herzminutenvolumen, *Minutenvolumen, Herzzeitvolumen,* Abk. *HMV,* das pro Min. vom Herzen beförderte Blutvolumen, ein Maß für die Leistung des Herzens. Das H. ergibt sich aus dem Produkt v. ↗ Herzfrequenz (T) u. mittlerem Schlagvolumen. Bei körperl. Beanspruchung kann das H. stark gesteigert werden, sowohl durch Erhöhung des Schlagvolumens (beim Menschen von ca. 70 cm^3 in Ruhe bis auf etwa 170 cm^3) als auch der Herzfrequenz (bis auf ca. 200, bei Spitzensportlern bis ca. 240). Die Blutmenge, die pro Min. in die Arterie gepreßt wird, kann so von 4–6 l bei einem ruhenden Menschen auf 30–35 l bei schwerer körperl. Arbeit oder sportl. Höchstleistungen gesteigert werden. Das H. wird bei den meisten Tieren u. dem Menschen durch efferente zum Herzen ziehende Nervenfasern u. durch Hormone beeinflußt (extrakardiale Regulation; ↗ Herznerven). ↗ Atmungsregulation.

Herzmuscheln, *Cardiidae,* Fam. der Blattkiemenmuscheln (Überfamilie *Cardioidea*) mit rundl.-eiförm., meist kräft. gerippten Schalenklappen, deren Rand daher gezähnelt erscheint. Die beiden Schließmuskeln sind fast gleichgroß; der Mantelrand ist zu Fransen ausgezogen u. trägt oft zahlr. Augen. Der kräftige Fuß enthält eine Byssusdrüse, die bei den Erwachsenen rückgebildet wird. Die Siphonen sind kurz, die H. leben entspr. nur oberflächlich eingegraben im Sediment u. ernähren sich filtrierend. Sie sind überwiegend getrenntgeschlechtl., einige ⚥. Die meisten der ca. 200 Arten sind im Meer, wenige im Brackwasser zu finden. Zahlr. Arten werden gegessen (1981: ca. 27 000 t, davon in Großbritannien etwa 10 500 t), in Europa bes. die Eßbaren H. *(↗ Cerastoderma).*

Herzmuskulatur, Sonderform der ↗ quergestreiften Muskulatur. Im Ggs. zur Skelettmuskulatur mit ihren vielkern., plasmaarmen Fasern (Plasmodien) besteht die H. aus einem Netzwerk verzweigter, plasma- u. mitochondrienreicher (Dauerbelastung) *Einzelzellen* mit je *einem* mittelständigen, v. einem Plasmahof umgebenen Kern (diagnost. Kriterium gegenüber Skelettmuskulatur mit randständigen Kernen). Die zugbeanspruchten Verbindungen (Zellgrenzen) zw. den einzelnen H.zellen sind im Lichtmikroskop deutl. als querverlaufende ↗ „Glanzstreifen" (Disci intercalares) zu erkennen u. bestehen aus derben ↗Desmosomen-Platten, in denen zellinnenseitig die Myofibrillen verankert sind (Zugübertragung), unterbrochen von zahlr. ↗gap junctions, die der eigenen, nicht nervösen Erregungsleitung v. Zelle zu Zelle über das ganze Zellnetz des Herzmuskels dienen (↗Alles-oder-Nichts-Gesetz). Anders als die willkürlich aktivierbare Skelettmuskulatur arbeitet der Herzmuskel unwillkürlich, ähnl. der ↗glatten Muskulatur, entbehrt dieser gegenüber jedoch einer Eigeninnervation aller einzelnen Zellen u. somit einer unmittelbaren Steuerung durch das Zentralnervensystem. Die Kontraktionswellen der H. erfolgen automatisch aufgrund endogen erzeugter Erregung in einem bestimmten Grundrhythmus, der durch sympathische u. parasympathische Innervation (↗Herznerven) der herzeigenen *Erregungszentren* (Sinus- und Atrioventrikularknoten, ↗Herzautomatismus, ☐) lediglich. moduliert werden kann. Eine physiol. Besonderheit der H. ist ihre lange ↗Refraktärzeit (nicht erregbare Ruhephase zw. zwei Kontraktionen), die die Kontraktionsfrequenz begrenzt u. so Dauer-(Krampf-)kontraktionen ausschließt (Herzflimmern). In der H. lassen sich zwei „Fasertypen" unterscheiden: die relativ fibrillenreiche, kurzfaserige Arbeitsmuskulatur (Hauptmasse des Herzmuskels = Myokards) und, zw. diese eingebettet, Züge dickerer u. längerer, extrem fibrillenarmer, aber plasmareicher Erregungsleitungsfasern (Hissches Bündel, Purkinje-Fasern), die, ausgehend v. den übergeordneten Knotengeflechten, sich im ganzen Myokard aufreisern u. den Erregungs-Grundrhythmus v. Sinus- u. Atrioventrikularknoten auf die übrige H. übertragen. Die Membranpotentiale dieser Erregungsleitungsfasern sind geringer, ihre Leitungsgeschwindigkeit ist höher als die der Arbeitsmuskulatur. Die H.-„Fasern" verlaufen vom Gefäßpol des Herzens in einer äußeren absteigenden Schraubenwindung zur Herzspitze, in einer gegenläufigen inneren Schraubenwindung aufwärts und, zw. beiden Schichten, in einzelnen horizontalen Fasergürteln. Entspr. ihrer niederen Druckbelastung ist die Wand der rechten, venösen Kammer (Lungenkreislauf) dünner als die der linken, welche bei gleichem Fördervolumen einen etwa 5mal größeren Strömungswiderstand im Körperkreislauf zu überwinden hat. ↗Herzinfarkt, ↗Elektrokardiogramm (☐).

Herznekrose *w* [v. gr. nekrōsis = Absterben], Krankheit der Kartoffel, bei der die Knolle einen korkartig braunen od. lederartig schwarz ausgekleideten Hohlraum aufweist; verursacht durch Störung des Wasserhaushalts, der Sauerstoff- od. Mineralversorgung.

Herznerven, Nerven des vegetativen Nervensystems der Wirbeltiere u. des Menschen, die das ↗Herz innervieren u. seine autonome Tätigkeit beeinflussen können. Sowohl sympathische als auch parasympathische Nervenbahnen ziehen zum Herzen u. fördern bzw. hemmen die ↗Herzfrequenz (↗Herzminutenvolumen), die Kraftentwicklung (↗Herzmechanik), den Erregungsablauf u. die Erregbarkeitsschwelle. Parasympathikus u. Sympathikus innervieren alle drei ↗Automatiezentren (↗Herzautomatismus), die Kammermuskulatur (↗Herzmuskulatur) wird nur v. sympathischen Nerven versorgt. Unter normalen physiol. Bedingungen wird das Herz andauernd v. Sympathikus u. Parasympathikus erregt. Bei den meisten Wirbeltieren steht das Herz aber unter dem vorherrschenden Einfluß des Parasympathikus. Auch bei den meisten anderen Tierarten wird das Herz nervös gesteuert. I. d. R. wird es sowohl mit excitatorischen als auch mit inhibitorischen Fasern innerviert.

Herzschötchen, das ↗Hellerkraut.

Herzseeigel, *Herzigel i. w. S., Spatangoida,* eine der 4 Ord. der ↗Irregulären Seeigel, mit weit über 100 Arten in über 10 Fam. Körper meist eiförmig, entspr. ihrer Lebensweise (meist im Sediment vergraben) dünnschalig. Die Körperoberfläche hat viele kurze, dicht stehende Stacheln u. wirkt dadurch wie ein Fell. Apikal sind 4 der insgesamt 5 Radien (Ambulacren) zu blütenblattähnl. Kiemenfeldern („Petalodien") umgestaltet: die Ambulacralfüßchen sind zu gelappten Kiemenfüßchen differenziert; die Gesamtheit dieser Petalodien ist die „Rosette" (☐ Irreguläre Seeigel). Die Füßchen des vorderen Radius dienen ebenfalls nicht der Fortbewegung, sondern nur noch der Ernährung u. Sicherung des Atemwasserstroms (☐ Herzigel). So kommt es, daß H. insgesamt nur wenige hundert Füßchen haben (bei anderen Seeigeln: 1000 bis 100000).

Herzstreifen, die ↗Markröhre.

Herzvorhof, *Vorhof, Vorkammer, Atrium,* ↗Herz (B).

Herzwasser, bei Schafen, Ziegen u. Rindern in Afrika vorkommende, gefürchtete Seuche, bei der es zu Flüssigkeitsansammlungen im Herzbeutel kommt; wird verursacht durch die Rickettsie ↗*Cowdria ruminantium*. Übertragung durch Zecken.

Herzwurm ↗Kohleule.

Herzzüngler, *Cardioglossa,* Gattung der ↗Langfingerfrösche.

Hesionidae [Mz.; ben. nach der myth. Königstochter Hēsionē], Ringelwurm-Fam. mit 27 Gatt. (vgl. Tab.); Prostomium mit 2

Herznerven

Einfluß der Erregung von Sympathikus (S) und Parasympathikus (P) auf die Herztätigkeit (S und P wirken als Antagonist bzw. ↗Agonist):

S beschleunigt,
P verzögert
die Erregungsbildung im Automatiezentrum (Herzfrequenz)

S beschleunigt,
P verzögert
die Erregungsleitung im Herzen (Überleitungszeit zw. Vorhöfen u. Kammern)

S steigert,
P vermindert
die Erregbarkeit der Herzmuskulatur

S steigert,
P vermindert
die Kontraktionskraft des Herzens (Blutdruck)

Herzseeigel

Einige Familien, Gattungen und Arten:

Spatangidae:
Spatangus purpureus, der (Dunkel)violette H., bis über 10 cm groß, in grobem Sand od. Kies, vom Nordkap bis zu den Azoren, auch im Mittelmeer.

Loveniidae:
u. a. die Gatt. *Echinocardium* (↗Herzigel).

Schizasteridae:
einige antarkt. Vertreter treiben in den Kiemenfeldern Brutpflege.

Brissidae:
die im Schlamm lebende Gatt. *Brissopsis* (↗Herzigel).

Pourtalesiidae:
Pourtalesia bis in Tiefen über 7000 m („Tiefenrekord" für Seeigel); *Echinosigra,* der am stärksten bilateralsymmetr. Seeigel (☐ Irreguläre Seeigel).

Hesionides

od. 3 Antennen, mit od. ohne 2 Palpen, die ersten 1 bis 4 Segmente mit 2 bis 8 Paar Tentakelcirren; Parapodien ein- bis zweiästig; keine Kiemen, Rüssel mit od. ohne Kiefer; meist carnivor.

Hesionides *m,* Ringelwurm-Gattung der Fam. *Hesionidae.* H. *arenaria,* mit 28 Segmenten bis 3,8 mm lang, Parapodien zweiästig, ohne Augen, Sandlückenbewohner; läuft sehr rasch nach Art der Tausendfüßer; häufig am Strand der Nordsee.

Hesperia *w* [v. gr. hesperios = abendlich], Gatt. der ↗ Dickkopffalter.

Hesperidin *s* [v. gr. hesperis = Nachtviole], *Hesperetin-7-O-rutinosid,* zu den ↗ Flavanonen zählendes Glykosid aus den Fruchtschalen unreifer Orangen, hemmt die Gewebspermeabilität.

Hesperiidae [Mz.; v. gr. hesperios = abendlich], die ↗ Dickkopffalter.

Hesperis *w* [gr., =], die ↗ Nachtviole.

Hesperornis *m* [v. gr. hesperos = Abend, ornis = Vogel], (Marsh 1872), bis 1,8 m große † Wasservögel der Ord. ↗ *Hesperornithiformes;* Schwanzwirbel noch nicht zu einem Pygostyl verkürzt (Funktion des Schwanzes als Ruder?), Doppelrippen mit kurzem Processus uncinatus. Bewohner freier Meere, hervorragende Schwimmer u. Taucher. Verbreitung: obere Kreide v. Kansas u. Montana. – *H. regalis* Marsh.

Hesperornithiformes [Mz.; v. gr. hesperos = Abend, ornis = Vogel, lat. forma = Gestalt], † Ord. bezahnter, flugunfähiger Schreitvögel aus der oberen Kreide v. Amerika; Schnabel u. Hals lang, Praemaxillare schon zahnlos (Beginn der Hornschnabelbildung?), Gehirn vogelartig, Flügel bis auf Humerus verkümmert, Wirbel amphicoel, Claviculae nicht zur Furcula verschmolzen, Sternum ohne Kiel. 3 Gatt. mit 5 Arten; Nominat-Gatt. ↗ *Hesperornis.*

Hess, *Walter Rudolf,* schweizer. Neurophysiologe, * 17. 3. 1881 Frauenfeld (Thurgau), † 12. 8. 1973 Muralto (Tessin); nach Tätigkeit als Augenarzt seit 1917 Prof. in Zürich. Grundlegende experimentelle Forschungen über die Lokalisation v. Hirnfeldern (Hypothalamus u. höhere Zentren), indem er bei Katzen spezif. Verhaltensweisen durch lokale Reizungen v. Hirnregionen über eingeführte Reizelektroden auslöste; erkannte ferner die Steuerung vegetativer Funktionen (Schlafen, Freßverhalten) durch das Zwischenhirn; erhielt dafür 1949 zus. mit A. C. Moniz den Nobelpreis für Medizin.

Hesse, *Richard,* dt. Zoologe, * 20. 2. 1868 Nordhausen (Thür.), † 28. 12. 1944 Berlin; seit 1901 Prof. in Tübingen, 1909 Berlin, 1914 Bonn, 1926 Berlin; Arbeiten über Lichtsinnesorgane v. Wirbellosen, ferner zahlr. autökolog. Untersuchungen unter

Hesionidae
Wichtige Gattungen:
Castalia
Hesione
↗ *Hesionides*
Microphthalmus
Nereimyra
Ophiodromus

Hesperornis

W. R. Hess

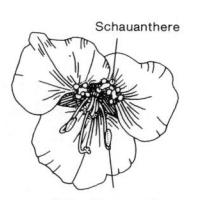

Schauanthere

Befruchtungsanthere

Heteranthie
Blüte von *Commelina*

heter-, hetero- [v. gr. heteros = der andere, der zweite, anders beschaffen, abweichend, verschieden].

evolutionist. Gesichtspunkten. Verfasser (mit F. Doflein), des bekannten Buches „Tierbau u. Tierleben, in ihrem Zusammenhang betrachtet" (2 Bde., Jena 1910–14).

Hessenfliege, *Hessenmücke,* Mayetiola destructor, ↗ Gallmücken.

Hessesche Regel [ben. nach R. ↗ Hesse], *Herzgewichtregel,* Klimaregel, besagt, daß in kühleren Regionen Tierpopulationen ein relativ höheres Herzgewicht haben, das für den gesteigerten Stoffwechsel u. den beschleunigten Blutumlauf wichtig ist.

Heterakis *w* [v. *heter-, gr. akis = Spitze, Stachel], Gatt. der Fadenwurm-Ord. *Ascaridida;* H. *gallinarum,* etwa 1 cm lang, lebt in den Blinddärmen v. Hühnervögeln (selten auch Hausente u. Hausgans), weltweit verbreitet. Eier (darin schon die L2 = Zweitlarve) gelangen mit dem Kot nach außen, u. die L2 können sich in Regenwürmern ansammeln. Mit den Eiern von *H.* wird oft der parasit. polymastigine Flagellat *Histomonas meleagridis* übertragen. *H.* kann zu seuchenhaften Durchfallerkrankungen in Hühnerfarmen führen. – Ebenfalls in Hühnervögeln, jedoch im Dünndarm, lebt *Ascaridia galli* (♂ 5–7, ♀ 6–10 cm), die oft bei Haushühnern zu Darmkatarrh u. Blutarmut („Spulwurmkrankheit") führt. – *H.* ist namengebend für die Fam. *Heterakidae, Ascaridia* für die Fam. *Ascaridiidae;* zus. mit der Fam. *Aspidoderidae* bilden sie die Superfam. *Heterakoidea* (16 Gatt., Darmparasiten in Wirbeltieren außer Fischen).

Heterandria *w* [v. *heter-, gr. andria = Mannhaftigkeit], Gatt. der ↗ Kärpflinge.

Heteranthie *w* [v. *heter-, gr. anthos = Blüte], Verschiedenheit der Staubgefäße innerhalb einer ↗ Blüte; dabei ist meist ein Teil der Staubblätter steril; sie bieten nur sterile Pollen als Blütennahrung od. sind als Staminodien (ohne Pollen) ausgebildet; solche Staubgefäße übernehmen oft reine Schaufunktion (gelbe Färbung); die Staubgefäße mit fertilem Pollen (Befruchtungspollen) sind meist opt. unauffällig. Ein gutes Beispiel ist die Gatt. *Commelina.*

Heteroagglutination *w* [v. *hetero-, lat. agglutinatio = das Ankleben], durch Häm-↗ Agglutinine (↗ Hämagglutination) eines artfremden Lebewesens verursachte ↗ Agglutination v. Erythrocyten.

Heteroallele [Mz.; v. *hetero-, gr. allélos = gegenseitig], Allele eines Gens, die durch Mutationen an verschiedenen Stellen innerhalb des Gens bedingt sind, weshalb zw. H.n intragene Rekombination mögl. ist. Im Ggs. dazu sind *Homoallele* an ident. Stellen eines Gens mutiert, so daß zw. ihnen keine Rekombinanten auftreten können. ↗ Gen, ↗ Cis-Trans-Test.

Heteroantigene [Mz.; v. *hetero-, gr. anti

heterocyclische Verbindungen

gegen], ↗Antigene, die nur in artfremden Individuen eine Reaktion auslösen. Ggs.: Isoantigene.

Heteroantikörper [Mz.; v. *hetero-, gr. anti = gegen], ↗Antikörper, die nur mit artfremden Antigenen reagieren. Ggs.: Isoantikörper.

Heteroauxin s [v. *hetero-, gr. auxanein = vermehren], veraltete Bez. für die β-Indolylessigsäure (↗Auxine).

Heterobasidie w [v. *hetero-, gr. basis = Grundlage], ↗Phragmobasidie.

Heterobasidiomycetidae [Mz.; v. *hetero-, gr. basis = Grundlage, mykētes = Pilze], *Heterobasidiomyceten,* (umstrittene) U.-Kl. der Ständerpilze *(Basidiomycetes),* in der die Ord. zusammengefaßt werden, deren Arten Basidiosporen ausbilden, die mit Sproßzellen keimen (repetitive Basidiosporenkeimung); meist bei Pilzen mit Phragmobasidien, aber auch bei einigen mit Holobasidien. Ggs.: ↗*Homobasidiomycetidae.*

Heterobathmie w [v. *hetero-, gr. bathmos = Tritt, Schritt], ↗Mosaikevolution.

heteroblastisch [v. *hetero-, gr. blastos = Keim], heißt eine Entwicklung, bei der die Ausgestaltung pflanzl. Organe im Verlauf der Ontogenese verschieden ist, so daß Jugend- u. Folgeformen unterschieden werden können. Beispiel: ↗Efeu. Ggs.: homoblastisch.

heterobrachial [v. *hetero-, lat. bracchium = Arm], 1) Bez. für Chromosomen mit ungleich langen Armen; 2) Bez. für chromosomale Strukturveränderungen, bei denen ein Bruch in beiden Armen des Chromosoms erfolgt.

Heterocentrotus m [v. *hetero-, gr. kentrōtos = gestachelt], ↗Griffelseeigel.

Heterocephalus m [v. *hetero-, gr. kephalē = Kopf], Gatt. der Sandgräber, ↗Nacktmull.

Heterocera [Mz.; v. *hetero-, gr. keras = Horn], die ↗Nachtfalter.

heterochlamydeisch [v. *hetero-, gr. chlamys = Oberkleid] ↗Blüte.

Heterochloridales [Mz.; v. *hetero-, gr. chlōros = gelbgrün], Ord. der Algen-Kl. *Xanthophyceae;* heterokont begeißelte Flagellaten, Zellen dorsiventral; Ord. bisher mangelhaft untersucht; nur wenige Süßwasser- u. Meeresbewohner. Die Zellen von *Heterochloris mutabilis* haben keine feste Zellwand, kann sich amöboid bewegen.

Heterochromatin s [v. gr. heterochrōmos = verschiedenfarbig], ↗Chromatin.

Heterochromatisierung w, die zeitl. begrenzte od. dauerhafte Umwandlung v. Euchromatin in Heterochromatin (↗Chromatin), wie sie z. B. bei der Inaktivierung des väterl. Chromosomensatzes in männl.

heter-, hetero- [v. gr. heteros = der andere, der zweite, anders beschaffen, abweichend, verschieden].

Heterobasidiomycetidae
(Auswahl)

I. mit Holobasidien
 Exobasidiales
 Dacrymycetales
 Tulasnellales
 Tilletiales

II. mit Phragmobasidien
 Tremellales
 Auriculariales
 Septobasidiales
 Ustilaginales
 Uredinales

Furan

Thiophen

Pyrrol

Pyridin

Pyrimidin

Purin

heterocyclische Verbindungen

Die wichtigsten heterocyclischen Ringsysteme

Schildläusen od. bei der Bildung der ↗Barr-Körperchen in weibl. Säugerzellen stattfindet.

Heterochromie w [v. gr. heterochrōmos = verschiedenfarbig], **1)** Med.: Verschiedenfarbigkeit normalerweise gleichfarbiger Organteile od. Gewebe; z. B. die angeborene od. erworbene H. der Regenbogenhaut *(Iris-H.),* d. h. die verschiedenart. Farbe v. linker u. rechter Iris. **2)** Histologie: bei der histolog. Färbung die unterschiedl. Aufnahme der Farbstoffe in verschiedene Zellen od. Gewebe. Ggs.: Homochromie.

Heterochromosomen [Mz.; v. *hetero-], *Heterosomen,* ↗Chromosomen.

Heterochronie w [v. *hetero-, gr. chronos = Zeit], zeitl. Verschiebung in der zu erwartenden Reihenfolge v. Entwicklungsvorgängen, z. B. ontogenet. Akzeleration bzw. Retardation. Ggs.: Orthochronie.

Heterococcus m [v. *hetero-, gr. kokkos = Kern], Gatt. der ↗Heterotrichales.

Heterocoela [Mz.; v. *hetero-, gr. koilos = hohl], Schwamm-Ordnung der Kl. Kalkschwämme; Kennzeichen: Choanocyten sind auf Radialtuben (Sycon-Typ) oder in Geißelkammern (Leucontyp) beschränkt. Wichtige Fam.: ↗*Sycettidae,* ↗*Grantiidae,* ↗*Amphoriscidae.*

Heterocongridae [Mz.; v. *hetero-, lat. conger = Meeraal], Fam. der ↗Aale 1).

Heterocorallia [Mz.; v. *hetero-, gr. korallion = Koralle], (Schindewolf 1941), nur aus dem oberen Unterkarbon (Visé) bekannte † Ord. der Korallentiere (↗*Anthozoa)* mit den beiden Gatt. *Hexaphyllia* u. *Heterophyllia.* Die Polypare bilden bis 60 cm lange stengelförm. Langzylinder v. 1,5–16 mm ⌀ ohne erkennbare Dickenzunahme. Ob die H. kolonial od. solitär lebten, ist ungeklärt. Polyparwand stets kräftig längsberippt. Der Septalapparat geht aus 4 kreuzförmig angeordneten Protosepten hervor, aus denen noch durch seitl. Gabelung u. später durch Einschaltung eine meist unregelmäßige Septenvermehrung einstellt. Echte Tabulae, die sich zentral zu einer Achse vereinigen, bilden den Interseptalapparat. H. finden sich meist in schieferig-mergeliger Fazies u. sind dort mit Riffkorallen u. ↗Goniatiten vergesellschaftet.

heterocyclisch [v. *hetero-, gr. kyklikos = kreisförmig], ↗heteromer.

heterocyclische Verbindungen, *Heterocyclen,* organ.-chem. Verbindungen mit Ringstruktur, die außer Kohlenstoff noch andere Elemente, z. B. Sauerstoff, Schwefel, Stickstoff *(Hetero-Atome)* als Ringglieder enthalten. H. V. sind oft Bestandteile biol. wicht. Verbindungen, z. B. der Coenzyme, Nucleinsäurebasen, Aminosäuren (Histidin, Prolin, Tryptophan), Porphyrine,

Flavone u. der ringförm. Zucker. Ggs.: isocyclische Verbindungen.

Heterocyemida [Mz.; v. *hetero-, gr. kyēma = Leibesfrucht], neuerdings *Conocyemida,* Ord. der *Rhombozoa* aus dem inhomogenen Stamm der ↗ *Mesozoa;* nur 2 Gatt. *(Microcyema* u. *Conocyema),* parasit. in den Nieren v. Tintenfischen (Sepia).

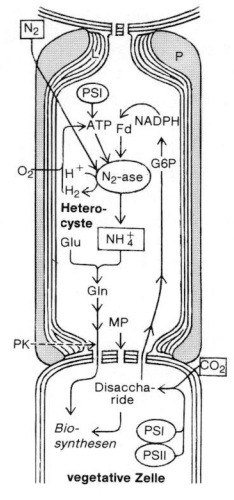

Heterocysten [Mz.; v. *hetero-, gr. kystis = Blase], *Grenzzellen,* spezialisierte Zellen fädiger ↗ Cyanobakterien, in denen die (aerobe) Fixierung des molekularen (Luft-) Stickstoffs (N_2) durch das Nitrogenase-System stattfindet; in einigen Arten können sie zusätzl. als Dauerzellen fungieren. H. besitzen die dickere Zellwand als die vegetativen Zellen, besondere Zellhüllen, aber nur das Photosystem I (nicht das O_2-bildende Photosystem II) u. das sauerstoffempfindl. Nitrogenase-System, das durch den Aufbau u. den bes. Stoffwechsel der H. geschützt ist. Da H. bereits in präkambr. Cyanobakterien auftraten (vor 2 Mrd. Jahren), muß zu dieser Zeit die Atmosphäre bereits molekularen Sauerstoff (O_2) in größerer Konzentration enthalten haben. B Bakterien und Cyanobakterien.

Heterodera *w* [v. *hetero-, gr. derē = Hals, Schlund], Gatt. der Fadenwurm-Ord. ↗ *Tylenchida.* Reife ♀ ♀ schwellen zu etwa 1 mm langen Cysten an. Die Gatt. enthält wirtschaftl. bedeutende Pflanzenparasiten, z. B. *H. schachtii* (↗ Rübenälchen), *H. rostochiensis* (↗ Kartoffelälchen), *H. avenae* (Getreidecystenälchen, Haferälchen).

Heterodon *m* [v. *heterodont-], die ↗ Hakennattern.

heterodont [v. *heterodont-], *anisodont,* 1) bei Wirbeltieren: ↗ Gebiß mit verschieden gestalteten ↗ Zähnen; Ggs.: homodont. 2) bei Muscheln: das normale Schloß (Scharnier) mit maximal 3 Kardinalzähnen unter dem Wirbel, dazu meist 1–2 Lateralzähne u. die entspr. Zahngruben; h.e Schlösser nur bei Formen mit 2 Schließmuskeln u. externem, *opisthodetem* Ligament, meist eulamellibranch u. mit Sipho, oft mit Mantelbucht, gleichklappig, keine Perlmutterschale (Ord. *Heterodonta* Neumayer 1883, umfaßt ca. die Hälfte aller lebenden Muscheln). 3) Ostracoden: Schloßtyp mit Kombinationen v. Zähnen u. Zahngruben sowie mit Leisten u. Furchen.

Heterodonta [Mz.; v. *heterodont-], die ↗ Verschiedenzähner.

Heterodontoidei [Mz.; v. *heterodont-], U.-Ord. der ↗ Haie.

Heteroduplex *m* [v. *hetero-, lat. duplex = zweifach], doppelsträng. DNA-Molekül, in dem die Basensequenzen der beiden Stränge nicht vollständig komplementär sind. Heteroduplices sind häufig die Primärprodukte mutationsauslösender Reaktionen od. der einleitenden Schritte v. Rekombinationsprozessen; in beiden Fällen werden sie durch anschließende Reparaturprozesse zu vollständig komplementärer DNA repariert. Außerhalb der Zelle können sie durch Renaturierung v. DNA-Einzelsträngen mit allelen Genen entstehen.

heterofermentativ [v. *hetero-, lat. fermentare = gären lassen], ↗ Milchsäuregärung.

heterogametisch [v. *hetero-, gr. gametēs = Gatte], *digametisch,* Bez. für das Geschlecht, das bezügl. der Geschlechtschromosomen zwei Sorten v. Gameten bildet. Meist ist es das ♂ (beim XY- u. X0-Typ), seltener das ♀ (beim ZW-Typ, z. B. Vögel, Schmetterlinge). ☐ Geschlechtsbestimmung. – Das jeweils andere Geschlecht wird *homogametisch* gen. Die entspr. substantivischen Begriffe sind *Hetero-* u. *Homogametie* (nicht *-gamie*).

Heterogamie *w* [v. *hetero-, gr. gamos = Hochzeit], 1) Kopulation bevorzugt zw. unähnl. Geschlechtspartnern (↗ Exogamie); Ggs.: ↗ Homogamie. 2) Gelegentl. mit völlig anderer Bedeutung gebraucht: a) = ↗ Anisogamie, b) = ↗ Heterogonie.

heterogen [Hw. *Heterogenität;* v. gr. heterogenēs = von anderer Abstammung], andersartig, verschieden; Ggs.: homogen.

Heterogenese [v. *hetero-, gr. genesis = Entstehung], mehrdeut. Begriff, z. B. für ↗ Generationswechsel (z. T. nur für den ↗ diphasischen Generationswechsel), fr. auch für ↗ Abiogenesis (Urzeugung).

Heterogenote *w* [Bw. *heterogenot;* v. *hetero-, gr. gennan = erzeugen], eine Bakterienzelle (od. Bakterienstamm), die zusätzl. zu den Genen od. Gengruppen des eigenen Genoms homologe, jedoch mutierte Gene od. Gengruppen von extrachromosomalen Elementen (Plasmiden) enthält, so daß sie für diese Gene diploid u. heterozygot ist. Die extrachromosomalen Elemente werden i. d. R. durch Genübertragungsprozesse wie ↗ Konjugation, ↗ Transduktion od. ↗ Transformation eingeschleust. Im Ggs. zu H.n tragen bei *Homogenoten* Genom u. Plasmid gleiche Allele der betreffenden Gene u. sind daher homozygot. H.n eignen sich zur Durchführung des ↗ Cis-Trans-Testes.

Heterogloeales [Mz.; v. *hetero-, gr. gloia = Leim], Ord. der *Xanthophyceae,* zellwandlose, kapsale einzellige Algen mit Gallerthülle. Die 3 Arten der Gatt. *Heterogloea* bilden im Süßwasser mehrzellige, formlose Gallertkolonien. Die einzige Art der Gatt. *Helminthogloea, H. ramosa,* bildet im Süßwasser mehrzellige Gallertlager, wobei die Gallertstränge gleichmäßig verzweigt sind.

Heteroglykane [Mz.; v. *hetero-, gr. glykys = süß], *Heteropolysaccharide,* Polysaccharide, die aus mehr als einer Monosaccharidart aufgebaut sind; z. B. ist Hyaluronsäure aus vielen alternierenden Glucuronsäure- und N-Acetyl-Glucosamin-Resten aufgebaut. Ggs.: Homoglykane, Homopolysaccharide.

Heterogonie w [v. *hetero-, gr. gonē = Erzeugung], eine Form des sekundären Generationswechsels, bei der eine Generation mit bisexueller ↗ Fortpflanzung (Amphigonie, d. h. mit Gameten-Verschmelzung) mit einer oder mehreren Generationen mit unisexueller Fortpflanzung (↗ Parthenogenese) abwechselt; v. a. bei ↗ Rädertieren, Aphiden (☐ Blattläuse, ↗ Reblaus, zugleich ↗ Generationsdimorphismus); bei wenigen Fadenwürmern (*Strongyloides,* ↗ Zwergfadenwurm). – Bei der abwechselnd parthenogenet. u. bisexuellen Fortpflanzung der ↗ Wasserflöhe, oft als Beispiel für H. angeführt, handelt es sich streng genommen um einen Fortpflanzungswechsel (Definition ↗ Generationswechsel), da ein u. dasselbe ♀ zuerst diploide Subitaneier u. später haploide, befruchtungsbedürft. Dauereier bilden kann. – Die ökolog. Bedeutung der H. liegt in der Verknüpfung zweier unterschiedlicher Fortpflanzungsstrategien: einerseits die Parthenogenese als „schnelle" Fortpflanzung ohne Partnersuche (unter Verzicht auf genet. Rekombination durch Befruchtung) in günst. Zeiten, z. B. bei Blattläusen im Frühjahr u. Sommer; andererseits die bisexuelle Fortpflanzung (mit genet. Rekombination) mit Bildung v. Dauer- bzw. Wintereiern (bisweilen nur ein einziges, d. h. Fortpflanzung ohne Vermehrung) bei Verschlechterung der Lebensbedingungen, z. B. bei Blattläusen im Herbst od. bei Rädertieren kurz vor Austrocknen des Gewässers. ↗ Metagenese.

Heterogynidae [Mz.; v. *hetero-, gr. gynē = Frau], die ↗ Mottenspinner.

Heterohyrax m [v. *hetero-, gr. hyrax = (Spitz-)Maus], Gatt. der ↗ Schliefer.

heterök [v. *heter-, gr. oikia = Haus], ↗ heteroxen.

Heterokarpie w [v. *hetero-, gr. karpos = Frucht], *Verschiedenfrüchtigkeit,* das Vorkommen verschiedengestalteter Früchte an derselben Pflanze bei einigen Pflanzenarten, z. B. bei der Gemeinen Ringelblume.

Heterokaryose w [Bw. *heterokaryotisch;* v. *hetero-, gr. karyon = Nuß(kern)], die Anwesenheit von 2 od. mehr genet. verschiedenen Kernen in einer Zelle od. in einem Thallus. Eine Zelle dieser Art bezeichnet man als *Heterokaryon.* Ein Heterokaryon kann z. B. durch Mutation innerhalb eines Plasmodiums, einer nach wiederholten Kernteilungen ohne anschließende Plasmateilung vielkern. Plasmamasse, entstehen. Bedingt durch das Auftreten einer Dikaryophase wird H. bes. bei Höheren Pilzen häufig beobachtet, sofern die dabei fusionierenden Hyphen genet. verschieden sind. Hier kann – wie bei *Aspergillus nidulans* entdeckt – die Bildung eines Heterokaryons den einleitenden Schritt eines parasexuellen Zyklus darstellen. Im Ggs. zur H. wird die Anwesenheit von 2 od. mehr genet. ident. Kernen in einer Zelle als *Homokaryose* bezeichnet.

Heterokontae [Mz.; v. *hetero-, gr. kontos = Stange], urspr. Bez. der Algen-Kl. ↗ *Xanthophyceae,* weist auf ungleich lange Geißel bei begeißelten Stadien hin.

Heterokotylie w [v. *hetero-, gr. kotylē = Höhlung, Napf], Bez. für die Einkeimblättrigkeit, die durch den Verlust des einen v. 2 Keimblättern als Folge einer zunehmenden ↗ Anisokotylie entstanden ist. Neuere Untersuchungen machen diesen Weg zur Einkeimblättrigkeit der Monokotyledonen wahrscheinl. Eine andere mögl. Entwicklung zur Einkeimblättrigkeit ist die kongenitale Verwachsung der beiden Keimblätter *(Synkotylie).* Bei den Dikotyledonen kommen vereinzelt auch einkeimblättr. Vertreter vor, u. zwar sowohl heterokotyl wie synkotyl entstandene.

Heterokrohnia w [v. *hetero-, ben. nach dem dt. Zoologen A. Krohn], Gatt. der ↗ Chaetognatha.

Heterolyse w [v. *hetero-, gr. lysis = Lösung], **1)** Trennung einer Atombindung, wobei die beiden Bindungselektronen bei einem Bindungspartner bleiben. **2)** Auflösung v. Zellen od. Abbau v. organ. Stoffen (v. a. Protein) durch körper- od. organfremde Stoffe (z. B. Enzyme). ↗ Autolyse.

Heteromastus m [v. *hetero-, gr. mastos = Brust], Ringelwurm-Gatt. der ↗ *Capitellida.* Bekannteste Art *H. filiformis;* der 8–18 cm lange, jedoch nur 1 mm breite Wurm lebt in unregelmäßig verzweigten Gängen schlickiger Böden an den Küsten u. im Wattenmeer der Nordsee; in seinen Hauptverbreitungsgebieten kommt er in einer Siedlungsdichte bis zu 7000/m^2 vor.

heteromer [v. *hetero-, gr. meros = Teil], 1) *heterocyclisch,* Bez. für Blüten, deren Blütenorgankreise in der Zahl der Glieder verschieden sind. Beispiel: bei den *Scrophulariaceae* weist das typ. Blütendiagramm 5 Blütenkronblätter, 4 Staubblätter u. 2 Fruchtblätter auf. Ggs.: isomer. 2) bei Flechten: Algen bzw. Cyanobakterien sind im Thallus auf eine bestimmte Schicht konzentriert, gewöhnl. zw. Oberrinde u. Mark liegend. Ggs.: homöomer. B Flechten I.

Heteromera [Mz.; v. *hetero-, gr. meros = Teil], Fam.-Reihe der Käfer, die v. a. durch die Tarsengliedzahlen 5-5-4 bei Vorder-, Mittel- u. Hinterbein ausgezeichnet sind;

Heteromera

heter-, hetero- [v. gr. heteros = der andere, der zweite, anders beschaffen, abweichend, verschieden].

heterodont- [v. gr. heteros = verschieden, odontes = Zähne], in Zss.: verschiedenzähnig.

Heteromerie

heter-, hetero- [v. gr. heteros = der andere, der zweite, anders beschaffen, abweichend, verschieden].

heteromorph- [v. gr. heteros = verschieden, morphē = Gestalt].

hierher z. B. die Schwarzkäfer, Ölkäfer, Feuerkäfer u. a. ↗ Käfer.

Heteromerie w [v. *hetero-, gr. meros = Teil], ↗ Polygenie.

heteromesisch [v. *hetero-, gr. mesos = halb], (v. Mojsisovics 1879), geolog. ↗ Faziesbezirke, die in verschiedenen Medien (z. B. Luft/Wasser) entstanden sind. Ggs.: ↗ isomesisch.

Heterometabola [Mz.; v. *hetero-, gr. metabolē = Veränderung], ↗ Exopterygota, größte Gruppe der ↗ Hemimetabola unter den Insekten, gekennzeichnet durch *Heterometabolie:* Larven sind imagoähnl., haben aber gelegentl. larveneigene (caenogenet.) Merkmale entwickelt; allmähl. Entwicklung v. Flügeln u. Genitalanhängen. Hierher gehören 2 Untergruppen: 1) *Archimetabola:* wasserlebende Larven mit larveneigenen Merkmalen (Libellen, Steinfliegen). 2) *Paurometabola:* terrestr. (selten auch wasserlebend: Wasserwanzen) Jugendstadien, die sich, ohne larveneigene Merkmale zu besitzen, allmähl. zur Imago umwandeln (Geradflügler, Schaben, Tarsenspinner, Rindenläuse, Wanzen u. ein Teil der Homoptera). Manche Autoren verwenden den Begriff H. gleichbedeutend mit *Hemimetabola* unter Ausklammerung der Urinsekten.

Heterometabolie w [v. *hetero-, gr. metabolē = Veränderung], ↗ Heterometabola, ↗ Metamorphose.

Heterometra w [v. *hetero-, gr. metron = Maß], nach *Antedon* eine der artenreichsten Gatt. der ↗ Haarsterne; im trop. Bereich des Indopazifik einschl. Rotes Meer.

Heteromeyenia w [v. *hetero-], Gatt. der Süßwasserschwamm-Fam. *Spongillidae*. *H. stepanowii,* krustenförmig, Mikroskierite in Form leicht gebogener Amphioxen, in den Sponginschichten der Gemmula Amphidisken in 2 Größenklassen.

heteromorph [*heteromorph-] ↗ heteronom.

Heteromorphe [Mz.; v. *heteromorph-], ammonitische Nebenformen; Bez. für mesozoische Ammonitengehäuse, die keine geschlossene, in einer Windungsebene liegende Spirale ausbilden, z. B. ↗ *Baculites,* ↗ *Hamites.*

heteromorpher Generationswechsel [v. *heteromorph-] ↗ Generationswechsel.

Heteromorphose w [v. *heteromorph-], vollständiger od. teilweiser Ersatz eines verlorenen Organs durch ein Organ, das einer anderen Körperregion zugehört, z. B. Regeneration eines Beins aus einem Antennenstumpf bei Stabheuschrecken.

Heteromyaria [Mz.; v. *hetero-, gr. mys = Muskel], veraltete Bez. für Muscheln, deren hinterer Schließmuskel größer ist als der vordere. Zu den H. gehören nur die Miesmuschelartigen; sie werden jetzt zu den *Anisomyaria* gerechnet.

Heteromyidae [Mz.; v. *hetero-, gr. mys = Maus], die ↗ Taschenmäuse.

Heteronemertea [Mz.; v. *hetero-, ben. nach der Meernymphe Nēmertēs], *Heteronemertini,* Ord. der Schnurwürmer innerhalb der Kl. *Anopla;* durch einen Hautmuskelschlauch aus 3 Muskelschichten, äußere Längs-, Ring- u. innere Längsmuskulatur, gekennzeichnet; Nervensystem zw. äußerer Längs- u. Ringmuskulatur; meist marin, dabei benthisch, einige Arten im Brack- u. Süßwasser. Bekannteste Art: ↗ *Lineus (ruber).*

Heteroneura [Mz.; v. *hetero-, gr. neura = Sehne, Faser] ↗ Schmetterlinge.

heteronom [v. *hetero-, gr. nomos = Gesetz], nur im Sinne von *h.er Segmentierung* zu verwendender Begriff, bezeichnet den Fall der heteromorphen ↗ Homonomie v. Segmenten, d. h. die heteromorphe (verschiedengestaltige) Ausbildung der serial homologen (homonomen) Segmente. – Manche Autoren benutzen den Begriff allg. im Sinne v. heteromorph. – Ein Substantiv „Heteronomie" als Ggs. zu „Homonomie" gibt es nicht, da man diesen Ggs. nur als „Fehlen v. Homonomie" ausdrücken kann.

Heteropezidae [Mz.; v. *hetero-, gr. pezos = ungeflügelt], die ↗ Moosmücken.

heterophag [v. *hetero-, gr. phagos = Fresser], verschiedenartige Nahrung zu sich nehmend (z. B. Omnivoren); ↗ Ernährung. Ggs.: homophag.

heterophasischer Generationswechsel m [v. *hetero-, gr. phasis = Erscheinung], der ↗ diphasische Generationswechsel; ↗ Generationswechsel.

Heterophyes m [v. gr. heterophyēs = von anderer Natur], Gatt. der Saugwurm-Ord. *Digenea. H. heterophyes,* von birnförm. Gestalt, ca. 2 mm lang, findet sich beim Menschen wie auch bei Fisch verzehrenden Säugern v. a. im Dünndarm. Die Eier werden mit dem Kot frei, müssen aber zur Weiterentwicklung ins Wasser gelangen; 1. Zwischenwirt ist eine Wasserschnecke, 2. Zwischenwirt bes. Fische des Brackwassers. Die Infektion des Menschen *(Heterophyiasis)* erfolgt durch orale Aufnahme von Metacercarien in der Muskulatur befallener Fische.

Heterophyllie w [v. *hetero-, gr. phyllon = Blatt], das Vorkommen verschieden gestalteter Blätter in verschiedenen Stockwerken der Triebe an erwachsenen Pflanzen. ↗ Isophyllie, ↗ Anisophyllie.

heteropisch [v. *heter-, gr. ops = Gesicht, Auge], (v. Mojsisovics 1879), geolog. ↗ Faziesbezirke, die unter verschiedenen Sedimentationsbedingungen entstanden sind. Ggs.: ↗ isopisch.

heteroplastisch [v. *hetero-, gr. plastos = gebildet], ↗Transplantation.

Heteroploïdie *w* [v. *hetero-, gr. -plois = -fach], Abweichen der Anzahl aller Chromosomen (↗Euploidie) od. einzelner Chromosomen (↗Aneuploidie) in den Zellen eines Lebewesens v. der Norm *(Homoploidie);* meist mit Entwicklungsstörungen verbunden. ↗Chromosomenanomalien.

Heteropneustes *m* [v. *hetero-, gr. pneustēs = Atmender], Gatt. der ↗Sackkiemer.

Heteropoda [Mz.; v. *hetero-, gr. pous, Gen. podos = Fuß], ↗Kielfüßer.

Heteropodidae [Mz.; v. *hetero-, gr. pous, Gen. podos = Fuß], die ↗Eusparrassidae.

heteropolare Bindung [v. *hetero-, gr. polos = Pol], ↗chemische Bindung.

Heteropolysaccharide [Mz.; v. *hetero-, gr. polys = viel, sakcharon = Zucker], die ↗Heteroglykane.

Heteroprox *w* [v. *hetero-, gr. prox = Reh], (Stehlin 1928), zur U.-Fam. Muntjakhirsche *(Muntiacinae)* gehörende † Gatt. der Wiederkäuer mit gabelförm., auf hohen Rosenstöcken sitzendem Geweih ohne deutl. entwickelte Rose. Typus-Art: *H. larteti* (Filhol 1890). Verbreitung: Miozän (Astaracian).

Heteroptera [Mz.; v. *hetero-, gr. pteron = Flügel], die ↗Wanzen.

Heteropyknose *w* [v. *hetero-, gr pyknōsis = Verdichtung], die Erscheinung, daß sich bestimmte Chromosomen bzw. Chromosomensegmente vom übrigen Chromosomenbestand einer Zelle beim Anfärben durch bes. kompakte *(positive H.,* z. B. Hetero-↗Chromatin) od. durch bes. aufgelokkerte *(negative H.)* Spiralisierung unterscheiden.

Heterorrhizie *w* [v. *hetero-, gr. rhiza = Wurzel], *Verschiedenwurzeligkeit,* liegt z. B. vor bei der arbeitsteil. Differenzierung des Wurzelsystems einer Pflanze in Ernährungs- u. Befestigungswurzeln od. in Haft- u. Zugwurzeln.

Heterosexualität *w* [v. *hetero-, lat. sexualis = geschlechtlich], Ausrichtung des sexuellen Verhaltensrepertoires auf einen Sexualpartner des anderen Geschlechts, Ggs. *Homosexualität.* Bei Tieren (soweit sie zweigeschlechtl. sind) ist H. die Regel u. Homosexualität außerordentl. selten, da gg. sie ein starker Selektionsdruck wirkt (homosexuelle Individuen bringen keine Nachkommen hervor). Die H. wird während der Sexualentwicklung durch ein komplexes Zusammenspiel genet., hormoneller u. auf Lernen beruhender Vorgänge (↗Prägung) hervorgebracht. ↗Sexualität.

Heterosiphonales [Mz.; v. *hetero-, gr. siphōn = Röhre], die ↗Botrydiales.

Heterosis *w* [v. gr. heterōsis = Veränderung], die auch als *H.effekt* bezeichnete Erscheinung, daß weitgehend heterozygote Individuen (Hybride, ↗Bastard) eine gegenüber homozygoten Individuen gesteigerte Wüchsigkeit u. Ertragsleistung sowie erhöhte Vitalität aufweisen. Der H.effekt ist im allg. nach Kreuzung bestimmter Inzuchtlinien am größten u. bei diesen in der ersten Nachkommengeneration maximal ausgeprägt, da diese Generation den höchsten Grad an Heterozygotie aufweist. Man unterscheidet zw. *somatischer H.* bzw. *reproduktiver H.,* die zum Luxurieren der betreffenden ↗Bastarde (↗Bastardwüchsigkeit) führt u. z. B. durch die kräftigere Ausprägung vegetativer Pflanzenteile, das höhere Endgewicht bei Haustieren bzw. hohe Samenerträge u. starke Würfe charakterisiert ist, u. *adaptiver H.,* deren Ursache die selektive Überlegenheit v. Hybriden (auch) unter natürl. Auslesebedingungen ist; ein Beispiel dafür sind die besseren Überlebenschancen v. Menschen, die das Allel für Sichelzellhämoglobin heterozygot tragen, in Malariagebieten. ↗Diploidie. [tung 1).

Heterosis-Züchtung, die ↗Hybridzüch-

Heterosomen [Mz.; v. *hetero-, gr. sōma = Körper], *Heterochromosomen,* die ↗Geschlechtschromosomen; ↗Chromosomen.

Heterospermie *w* [v. *hetero-, gr. sperma = Same], ↗Spermiendimorphismus.

Heterosporie *w* [v. *hetero-, gr. spora = Same], bei Pflanzen mit ↗Generationswechsel die Ausbildung unterschiedl. Sporen auf dem Sporophyten; stets mit ↗Getrenntgeschlechtigkeit verbunden; die Mikrosporen entwickeln sich zum ♂, die Mega-(Makro-)sporen zum ♀ Gametophyten; selten bei Moosen, aber die Regel bei Moosfarnen *(Selaginella),* Wasserfarnen u. Samenpflanzen.

Heterostegina *w* [v. *hetero-, gr. stegē = Hülle], Gatt. der ↗Großforaminiferen.

Heterostraci [Mz.; v. *heter-, gr. ostrakon = Gehäuse], *Pteraspida,* † Ord. der Kieferlosen *(Agnatha)* mit den frühest bekannten u. primitivsten Wirbeltieren. Panzer aus Aspidin mit ↗Dentin-Bedeckung; außer Schwanzflosse keine Körperanhänge, Augen seitl., paarige Nasenlöcher auf Mundinnenseite, 7 Paar Kiemen mit jeweils gemeinsamer seitl. Austrittsöffnung; meist klein, selten bis 1,5 m lang. Beispiele: *Pteraspis, Drepanaspis, Psammosteus.* Frühe Formen marin, ab Silur auch im Süßwasser, meist Bodenlieger. Verbreitung: mittleres Ordovizium bis oberes Devon, evtl. schon im Oberkambrium.

Heterostylie *w* [v. *hetero-, gr. stylos = Griffel], *Anisostylie, Verschiedengriffeligkeit,* Bez. für das Vorkommen von 2 *(dimorphe H.)* oder 3 *(trimorphe H.)* auf

Heterosis

Zur Erklärung der H. existieren verschiedene Theorien. Z. B. könnte H. nach der sog. *Überdominanz-Theorie* dadurch verursacht werden, daß beide Allele einen positiven, aber verschiedenen Effekt zeigen, indem sie z. B. für Enzymvarianten mit verschiedenen Temp.-Optima codieren, so daß heterozygote Individuen über einen breiteren optimalen Temp.-Bereich verfügen u. deshalb gegenüber homozygoten begünstigt sind.

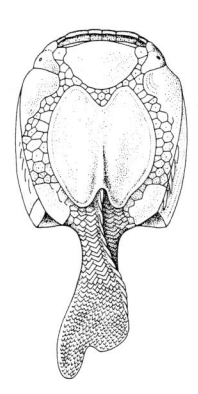

Heterostraci

Dorsalansicht v. *Drepanaspis* (unteres Devon), Länge ca. 30 cm.

heter-, hetero- [v. gr. heteros = der andere, der zweite, anders beschaffen, abweichend, verschieden].

Heterotardigrada

heter-, hetero- [v. gr. heteros = der andere, der zweite, anders beschaffen, abweichend, verschieden].

heterotrich- [v. gr. heteros = anders beschaffen, verschieden, triches = Haare].

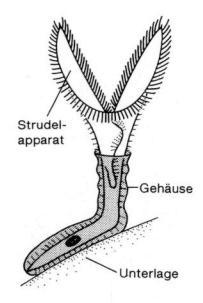

Strudelapparat
Gehäuse
Unterlage

Heterotricha

Ohrentierchen *(Folliculina ampulla)*

verschiedene Individuen einer Art verteilten Blütentypen, die sich in der Griffellänge u. entspr. in der Ansatzhöhe der Antheren unterscheiden. Damit wird eine Fremd- ↗ Bestäubung stärker gefördert. Beispiele sind die Primeln (Schlüsselblumen) u. der Blutweiderich. Darwin fand heraus, daß bei einer „legitimen" Bestäubung der Fruchtansatz u. die Keimfähigkeit der Samen am größten sind. ☐ Autogamie.

Heterotardigrada [Mz.; v. *hetero-, lat. tardigradus = langsam schreitend], Ord. der ↗ Bärtierchen, überwiegend im Meer od. Süßgewässern, vielfach im Mesopsammal lebende Arten ohne eigenes Exkretionssystem u. mit getrennt vom After mündenden Geschlechtsorganen.

heterothallisch [v. *hetero-, gr. thallos = Sprößling], *haplodiözisch,* gelegentl. bei Algen u. Pilzen noch verwendete Bez. für ↗ Getrenntgeschlechtigkeit.

heterotherm [v. *hetero-, gr. thermos = warm], ↗ Poikilothermie.

Heterothrix *w* [v. *hetero-, gr. thrix = Haar], Gatt. der ↗ Heterotrichales.

heterotopisch [v. *hetero-, gr. topikos = örtlich], **1)** Geologie: (v. Mojsisovics 1879), Ablagerungen räuml. verschiedener Sedimentationsgebiete. Ggs.: ↗ isotopisch. **2)** Medizin: an ungewohnter Stelle liegend, z. B. Gewebe, Organverschiebungen usw.

heterotrich [*heterotrich-], bei fädigen (trichalen) Algen eine unterschiedl. Morphologie innerhalb eines Thallus; meist zw. den basalen Haft- u. den aufrechten Thallusfäden.

Heterotricha [Mz.; v. *heterotrich-], U.-Ord. der *Spirotricha;* allseits bewimperte ↗ Wimpertierchen mit rundem Körperquerschnitt; besitzen neben adoralen Membranellenzonen Wimperreihen (Kineten), die den Körper in Längsrichtung überziehen. Alle Arten sind Strudler. Sie gelten innerhalb der *Spirotricha* als die am wenigsten spezialisierten. Hierher z. B. *Folliculina ampulla,* das Ohrentierchen, dessen Mundscheibe in 2 ohrenförm. Lappen ausgezogen ist u. das in einem auf der Unterlage festgekitteten Gehäuse lebt; kommt in kalten, schatt. Gewässern vor, bes. auf Quellmoos. Hierher auch die ↗ Trompetentierchen u. die Gatt. ↗ *Nyctotherus,* ↗ *Caenomorpha* u. ↗ *Spirostomum.*

Heterotrichales [Mz.; v. *heterotrich-], Ord. der Algen-Kl. *Xanthophyceae;* Thallus einreihig, fadenförm. od. verzweigt, Zellen einkernig; Fäden entstehen durch Auswachsen polar übereinander gelagerter Sporen, die zu je zwei v. einer Mutterzelle gebildet werden. Vegetative Fortpflanzung durch Zoo- od. Aplanosporen, sexuelle Fortpflanzung nicht bekannt. Wichtige Gatt.: *Tribonema,* ca. 22 Süßwasserarten, unverzweigte Fäden aus zylindr. Zellen, können sehr lang werden; Zellwand besteht aus 2 ineinandergeschachtelten Teilen, bei älteren Zellen geschichtet; häufige Arten *T. viride, T. vulgare*. Die 7 Arten der Gatt. *Heterothrix* bilden nur kurze Fäden u. kommen als Erdalgen bis zu 15 cm Tiefe vor. Auch die 3 *Bumilleria*-Arten sind Erdalgen. *Heterococcus* (ca. 45 Arten) mit verzweigten Fäden bildet strahl. Fadensysteme; meist Erdalgen.

Heterotrophie *w* [Bw. *heterotroph;* v. *hetero-, gr. trophē = Ernährung], Ernährungsweise v. Organismen (z. B. Tiere, Pilze, die meisten Bakterien), die *organ.* Substrate (Kohlenstoffverbindungen) als Energie- u. Kohlenstoffquelle zum Leben benötigen. Ggs.: ↗ Autotrophie. – Um den Stoffwechsel genauer zu charakterisieren, wird in der Mikrobiologie mit dem Begriff H. (bzw. [C-]heterotroph) nur noch die Art der notwend. Kohlenstoffquelle für das Wachstum gekennzeichnet u. Energiequelle sowie Donor für Reduktionsäquivalente zusätzl. bezeichnet. Der Gesamtstoffwechsel (C-)heterotropher Organismen, die organ. Substrate als Energiequelle nutzen, wird dann *chemoorganoheterotroph* (↗ Chemoorganotrophie) u. der v. phototrophen Organismen, die Licht in Stoffwechselenergie umwandeln, aber organ. Stoffe zur Bildung v. Reduktionsäquivalenten (NADH) u. als Kohlenstoffquelle benötigen, *photoorganoheterotroph* genannt (↗ Photoorganotrophie). Der Stoffwechsel von (z. B. wasserstoffoxidierenden) Bakterien, die ihre Energie durch Oxidation anorgan. Verbindungen gewinnen u. gleichzeitig organ. Stoffe zum Aufbau der Zellsubstanz nutzen, läßt sich als *chemolithoheterotroph* (od. *mixotroph*) charakterisieren (↗ Chemolithotrophie, ↗ Mixotrophie). ☐ Ernährung.

Heterotropie *w* [v. *hetero-, gr. tropē = Wendung], die ↗ Anisotropie.

heteroxen [v. *hetero-, gr. xenos = Gast], *heterök,* im Lebenszyklus mehrere Wirtsarten parasitär besiedelnd; viele tier. Parasiten sind *diheteroxen* (kurz: *dixen*), d. h., sie wechseln zw. zwei Wirtsarten (z. B. ↗ Zwischenwirt u. ↗ Endwirt). Ggs.: homoxen.

heterozerk [v. *hetero-, gr. kerkos = Schwanz], ↗ Flossen.

heterözisch [Hw. *Heterözie;* v. *heter-, gr. oikia = Haus], verschiedengeschlechtlich, d. h., die ♀ und ♂ Geschlechtsorgane werden auf verschiedenen Individuen einer Pflanzenart ausgebildet. Parasit. Pilze heißen heterözisch, wenn die haploide Phase u. die paarkernige (dikaryot.) Phase auf verschiedenen Wirtsarten zur Entwicklung kommen. Ggs.: synözisch.

Heterozoide [Mz.; v. *hetero-, gr. zōos = lebend], in Tierstöcken einseitig spezialisierte Individuen (Ggs.: ↗ Autozoide, die „normalen" Individuen); oft ohne Mund (Ausnahme: Freßpolypen) u. ohne Geschlechtsorgane (Ausnahme: Gonozoide, ↗ Geschlechtstiere). Bes. ausgeprägt bei Hohltieren (☐ Arbeitsteilung), extrem bei den ↗ Staatsquallen, u. bei vielen Moostierchen: ↗ Avicularien, ↗ Caularien, ↗ Kenozoide, ↗ Vibracularien.

heterozön [v. *hetero-, gr. koinos = gemeinsam], Bez. für Organismen, deren Lebenszyklus od. Generationenabfolge in verschiedenen Lebensräumen abläuft, z. B. bei Fröschen, deren Larven im Wasser u. die ausgewachsenen Tiere an Land leben. Ggs.: homozön.

Heterozygotie w [Bw. *heterozygot;* v. *hetero-, gr. zygōtos = zusammengejocht], *Mischerbigkeit, Ungleicherbigkeit,* Vorhandensein verschiedener Allele eines Gens, einer Gengruppe od. eines Chromosomenabschnitts im Erbgut diploider od. polyploider Organismen. Bei diploiden (↗ Diploidie) od. polyploiden Organismen mit zwei- oder mehrfachem Chromosomensatz (↗ Chromosomen) kann jedes Gen in zwei od. mehr gleichen od. verschiedenen Allelen vorliegen. Ein Organismus mit verschiedenen Allelen eines Gens (z. B. Aa) od. eines Chromosomenabschnitts wird als *heterozygot* (mischerbig, erbungleich) für dieses Gen bzw. den Chromosomenabschnitt bezeichnet; sind die betreffenden Gene od. Chromosomenabschnitte identisch, als *homozygot* (reinerbig, erbgleich). Die Merkmalsausprägung unterliegt im Fall der H. der Wechselwirkung der verschiedenen Allele, wobei entweder das dominante Allel (↗ Dominanz) das rezessive überdecken kann, od. beide Allele wirksam werden (intermediäre Merkmalsausprägung). Heterozygote Individuen entstehen aus der Vereinigung genet. verschiedener Gameten; sie werden bei Tier u. Pflanze auch ↗ *Bastard* od. *Hybride* genannt. Durch H. können einerseits schädl. Allele ganz (rezessive Allele) od. teilweise (intermediäre Allele) wirkungslos bleiben (Vorteil für das Individuum), andererseits aber auch auf Folgegenerationen vererbt werden (↗ Erbkrankheiten), wodurch bei homozygoten Individuen der Folgegeneration auch diese schädl. Allele zur Ausprägung kommen können. Für Organismenpopulationen ermöglicht H. den Vorteil der Erhaltung u. Reserveinformation, die bei evtl. veränderten Umweltbedingungen das Überleben der betreffenden Art durch genet. Anpassung sichert. ↗ Allel, ↗ Gen, ↗ Heterosis. ⬛ Mendelsche Regeln I–II.

Heterurethra [Mz.; v. *heter-, gr. ourēthra = Harnleiter], U.-Ord. der Landlungenschnecken mit 3 Fam. (vgl. Tab.), bei denen die Niere quer zum Herzen am hinteren Ende der Lungenhöhle liegt u. der Harnleiter nach einer Biegung in der letzten Eingeweidefalte zum Mantelrand verläuft. Die Gehäuse sind dünnschalig od. rückgebildet. Die Gruppe ist wahrscheinl. polyphyletisch.

Heu, durch Trocknen haltbar gemachte Futterpflanzen v. Wiesen u. Mähweiden, wichtiger Bestandteil winterl. Stallfütterung beim Großvieh. Günstigste Schnittzeit hinsichtl. der Erntemenge an verdaul. Nährstoffen ist die Blütezeit der Gräser.

Heubacillus, *Bacillus subtilis,* ein endosporenbildendes Bakterium, das leicht aus Heuaufgüssen angereichert u. isoliert werden kann; ↗ Bacillus.

Heuchera w [ben. nach dem dt. Botaniker J. H. v. Heucher, 1677–1747], Gatt. der ↗ Steinbrechgewächse.

Heufalter, Name für mehrere Arten der ↗ Augenfalter u. der ↗ Weißlinge.

Heupferde, *Singschrecken,* Tettigoniidae, Fam. der Heuschrecken (Langfühlerschrecken) mit ca. 5000 bekannten Arten, davon ca. 13 in Mitteleuropa; bis 35 mm groß, grün bis braun gefärbt. Zu den bei uns häufigen Arten gehören: das Grüne Heupferd *(Tettigonia viridissima),* ca. 30 mm Körperlänge; von den Flügeln, die den Körper erhebl. überragen, wird selten Gebrauch gemacht. Die Grünen H. sind relativ standortfest; Lebensräume sind Wiesen u. Äcker, in denen die Männchen lang u. ausdauernd im Sommer u. Herbst bis in die Nacht hinein singen. Nachts weichen sie der Kälte aus, indem sie z. B. auf Baumwipfel klettern. Das Weibchen legt mit dem langen Legesäbel ca. 100 Eier in den Erdboden. Nahe verwandt ist die Zwitscherschrecke *(T. cantans)* mit kürzeren Flügeln, welche die Hinterschenkel nicht überragen. Der Warzenbeißer *(Decticus verrucivorus,* ⬛ Insekten II) wird bis 25 mm groß, die Färbung ist verschieden; singt hpts. vormittags bei Sonnenschein; der beim Beißen abgegebene Saft soll Warzen zum Verschwinden bringen. Die Beißschrecken (Gatt. *Metrioptera,* z. B. *M. roeselii)* sind nur ca. 19 mm groß, die Flügel überragen das Hinterleibsende nicht.

Heuschnupfen, *Heufieber, Gräserfieber,* durch Pollen bestimmter Gräser ausgelöste, meist im Frühling, seltener im Herbst auftretende allerg. Erkrankung *(allerg. Rhinitis)* mit Entzündung der Nasenschleimhaut u. Augenbindehaut, Niesreiz, Schnupfen, Kopfschmerzen u. evtl. leichtem Fieber; manchmal verbunden mit Bronchialasthma. ↗ Allergie.

Heuschrecken, *Springschrecken, Schrek-*

Heuschrecken

Heterurethra

Familien:
Aillyidae
Athoracophoridae
(↗ *Athoracophorus*)
↗ Bernsteinschnecken *(Succineidae)*

Heupferde

1 Nymphe des Grünen Heupferds *(Tettigonia viridissima),* **2** Warzenbeißer *(Decticus verrucivorus)*

Heuschrecken

...ken, ugs. *Grashüpfer, Heuhüpfer, Saltatoria,* Ord. der Insekten mit ca. 20 000 bekannten Arten, davon in Mitteleuropa nur etwa 80. Unter den H. gibt es Arten mit nur 1,5 mm Körperlänge, die größten werden bis 20 cm lang. Der Kopf ist groß, mit meist orthognathen, kräft. Mundwerkzeugen vom beißend-kauenden Typ ([B] Homologie). Außer den seitl. stehenden Komplexaugen, die je nach Lebensweise mehr od. weniger reduziert sein können, gibt es 3 Punktaugen. Die Langfühlerschrecken (U.-Ord. *Ensifera*) besitzen Antennen, die mindestens Körperlänge erreichen, aber auch, wie bei den Buckelschrecken, 10mal so lang sein können. Die Kurzfühlerschrecken (U.-Ord. *Caelifera*) haben nur kurze, borstenförm., am Ende zuweilen verdickte Fühler. Der Kopf der H. ist mit der Brust wenig bewegl. verbunden. Das 2. Brustsegment trägt einen sattelförm. nach unten, häufig auch nach hinten verlängerten Halsschild (Pronotum) u. ist mit dem 1. Brustsegment gelenkig verbunden. Die Hinterbeine sind zu mächtigen Sprungbeinen mit keulenartig verdickten, muskulösen Schenkeln ausgebildet. Die Vorderflügel sind meist derb u. bedecken in der Ruhe dachartig die häut. Hinterflügel. Sie überragen häufig den großen, walzenförm., meist seitl. abgeflachten Hinterleib. Sein 9. Segment enthält beim ♂ die Kopulations- u. Geschlechtsorgane. Aus Teilen der 8. u. 9. Hinterleibssegmente ist der orthopteroide ↗ Eilegeapparat der ♀ gebaut. Er ist bei den Langfühlerschrecken länger als bei den Kurzfühlerschrecken. Das 10. Hinterleibssegment trägt 1 Paar Cerci. Die H. sind in Färbung häufig dem Untergrund angepaßt (Mimese) od. besitzen eine deutl. Schreckfärbung. Die meisten H. können mit Hilfe v. ↗ Stridulationsorganen singen. Die Langfühlerschrecken zirpen meist mit einer Schrillader am rechten Vorderflügel, die gg. eine Schrillader des linken Vorderflügels gerieben wird. Die Kurzfühlerschrecken reiben bei ihrem mehr kratzend klingenden Gesang die Hinterschenkel gg. eine bes. strukturierte Ader am Vorderflügel. Der Gesang kann in Länge u. Tonhöhe je nach Fam. u. Art erhebl. variieren. Häufig kann man auch Rivalen-, Such- u. Balzgesang unterscheiden. Zur Schallwahrnehmung besitzen die H. paarig angelegte ↗ Tympanalorgane (☐ Gehörorgane, [B] mechanische Sinne II), mit denen eine genaue Richtungsortung der Schallquelle mögl. ist. Bei den Langfühlerschrecken liegen sie in der Basis beider Vorderschienen, bei den Kurzfühlerschrecken im 1. Hinterleibssegment. Die Tympanalorgane können Frequenzen von ca. 1000 bis 90 000 Hz verarbeiten, niedrigere Frequenzen, bes. aber Bodenerschütterungen, werden v. den Subgenualorganen in den Beinen wahrgenommen. Bei der Kopulation, der oft eine komplizierte Balz vorausgeht, wird eine Spermatophore übertragen. Die Eier werden in den Erdboden, seltener in Pflanzenteile gelegt. Die H. durchlaufen eine hemimetabole Entwicklung mit 5 bis 6 Larvenstadien; bei jeder Häutung nehmen sie an Größe zu. Erst die Imagines werden geschlechtsreif u. haben voll ausgebildete Flügel. Die H. haben einen hohen Nahrungsbedarf; die Langfühlerschrecken ernähren sich v. Pflanzen, die Kurzfühlerschrecken sind hpts. Fleischfresser. Ihre Bedeutung für den Menschen liegt in arab. Staaten als Nahrungsmittel. Zum anderen können die H., bes. die Wander-H., verheerenden landw. Schaden anrichten. Zu den bedeutenden Fam. der H. gehören außer den gesondert behandelten (vgl. Tab.) auch die Sägeschrecken *(Sagidae),* zu denen die größten Arten der Langfühlerschrecken zählen. [B] Gliederfüßer I, [B] Insekten I. *G. L.*

Heuschrecken
Wichtige Familien:
U.-Ord. Kurzfühlerschrecken *(Caelifera)*
↗ *Catantopidae*
↗ Dornschrecken *(Tetrigidae)*
↗ Dreizehenschrecken *(Tridactylidae)*
↗ Feldheuschrecken *(Acrididae)*
↗ Wanderheuschrecken (Feldheuschrecken der Gatt. *Dociostaurus* u. *Locusta*)
U.-Ord. Langfühlerschrecken *(Ensifera)*
Grillen (Über-Fam. *Grylloidea*)
↗ Ameisengrillen *(Myrmecophilidae)*
↗ Blütengrillen *(Oecanthidae)*
↗ *Gryllidae* (Eigentl. Grillen)
↗ Maulwurfsgrillen *(Gryllotalpidae)*
Grillenartige (Grillenschrecken, Über-Fam. *Gryllacridoidea*)
↗ Buckelschrecken *(Raphidophoridae)*
Laubheuschrecken (Über-Fam. *Tettigonioidea*)
↗ Eichenschrecken *(Meconematidae)*
↗ Heupferde *(Tettigoniidae)*
Sägeschrecken *(Sagidae)*
↗ Sattelschrecken *(Ephippigeridae)*
↗ Schwertschrecken *(Conocephalidae)*
↗ Sichelschrecken *(Phaneropteridae)*

Hevea
Zusammensetzung des Milchsafts von *H. brasiliensis* (in %)

Wasser	60–65
Kautschuk	30–35
Harz	2
Protein	1–1,5
Lipoide	1

G. K. von Hevesy

Heuschreckenkrebse, die ↗ Fangschreckenkrebse. [*sus,* ↗ Grabwespen.
Heuschreckensandwespe, *Sphex maxillo-*
Heutierchen, *Colpoda cucullus,* ↗ Colpoda.
Heuwurm, Raupe der ersten Generation der Kleinschmetterlings-Fam. ↗ Traubenwickler, die vorzugsweise an Knospen des Weinstocks frißt.
Hevea w [v. Quechua hewe = Federharzbaum], kleine Gatt. der Wolfsmilchgewächse; bedeutendste Art ist *H. brasiliensis,* der Kautschuk- od. Parakautschukbaum, bis 20 m hoch, mit langgestielten, dreified. Blättern u. kleinen, gelbl. Blüten, stammt aus Brasilien, Mitte des 19. Jh. in Malaysia eingeführt; Anbaugebiete heute in Asien, Afrika u. S-Amerika. Genutzt wird der Milchsaft *(Latex),* der in gegliederten, untereinander verbundenen, die Rinde durchziehenden Gängen läuft. Damit der Saft etwa 2 Std. lang in ein Sammelgefäß läuft, muß die sekundäre Rinde, ohne das Kambium zu verletzen, angeritzt werden. Mit Hilfe einer organ. Säure wird der Latex koaguliert u. der ausgefallene ↗ Kautschuk in Platten od. Ballen geformt, getrocknet u. ggf. geräuchert (Konservierung). [B] Kulturpflanzen XII.
Hevesy [heweschi], *Georg Karl* von, ungar. Physikochemiker, * 1. 8. 1885 Budapest, † 5. 7. 1966 Freiburg i. Br.; Prof. in Budapest, Kopenhagen, Freiburg i. Br., USA u. Stockholm; entdeckte 1923 zus. mit Coster das Hafnium u. führte (mit Paneth) die Indikatormethode *(H.-Paneth-Analyse)* ein zur Kennzeichnung v. Stoffen u. Verfolgung ihres Weges innerhalb chem., biochem. u. physikal. Reaktionen sowie 1935

die Methode der Aktivierungsanalyse; erhielt 1943 den Nobelpreis für Chemie.

Hexabranchus m [v. *hexa-, gr. bragchos = Kiemen], Gatt. der *Hexabranchidae* (Ord. *Doridacea*), indopazif. Nacktkiemer, die über 30 cm lang u. 350 g schwer werden können; der abgeflachte Körper ist leuchtend rot od. orange u. durch Randlappen (Parapodien) verbreitert. H. kann durch Auf- u. Abklappen des Körpers u. mit den Parapodien schwimmen. Wahrscheinl. nur 1 Art: *H. sanguineus*.

Hexachlorbenzol s [v. *hexa-, gr. chlōros = gelbgrün], *Perchlorbenzol*, Abk. *HCB*, chem. Formel C_6Cl_6, bei der Synthese v. ↗Chlorkohlenwasserstoffen als Nebenprodukt entstehende, toxische organ. Verbindung, als Fungizid einsetzbar; wegen zunehmender Anreicherung in der Umwelt Anwendung in der BR Dtl. seit 1977 verboten.

Hexachlorcyclohexan s [v. *hexa-, gr. chlōros = gelbgrün, kyklos = Kreis], Abk. *HCCH* od. *HCH*, *Benzolhexachlorid*, Abk. *BHC*, *Hexamittel*, durch Photochlorierung v. Benzol (↗Chlorkohlenwasserstoffe) synthetisiertes, in 8 stereoisomeren Formen vorkommendes Insektizid. Die einzelnen Isomeren unterscheiden sich in ihrer Lipidlöslichkeit u. im Grad ihrer Toxizität gg. Insekten. Die wirksamste u. zugleich am stärksten fettlösl. Form ist das γ-Isomere, das γ-*HCH*, *Gammexan* od. *Lindan* (ben. nach van der Linden, der 1912 die Isomeren isolierte). H. besitzt als Fraß-, Kontakt- u. Atemgift eine tödl. Wirkung auf die meisten Insektenarten, indem es Funktionsstörungen in deren Nervenbahnen hervorruft. Für höhere Organismen (Warmblüter) ist reines Lindan wenig toxisch, jedoch bedeutet die Anwendung von HCH wegen dessen schwerer Abbaubarkeit bzw. Ablagerung in Fettgeweben u. die dadurch bedingte Anreicherung über die Nahrungsketten eine starke Umweltbelastung. Angewandt wird H. als Spritz-, Stäube-, Streu-, Räucher- u. Aerosol-Präparat sowie in Emulsionen, Gel od. Puder gg. Parasitenbefall.

Hexacontium s [v. *hex-, gr. akontion = Wurfspieß], Gatt. der ↗Peripylea (Radiolarien).

Hexacorallia [Mz.; v. *hexa-, gr. korallion = Koralle], *Sechsstrahlige Korallen*, U.-Kl. der *Anthozoa* mit über 4000 Arten; zeichnen sich durch 6 Gastralsepten (od. ein Vielfaches von 6) aus; Tentakel fast immer ungefiedert. Im Ggs. zu den ↗Octocorallia haben sie flächige Gonaden (band- od. kissenförm.). Die Gruppe enthält morpholog. sehr unterschiedl. Typen (z. B. solitäre Polypen, koloniebildende Arten, Arten ohne u. mit Skelett). Die zahlr. riffbildenden Korallen, Seerosen u. Seenelken gehören hierher.

hex-, hexa- [v. gr. hex (in Zss.: hexa-) = sechs].

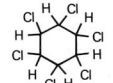

Hexachlorcyclohexan

Die letale Dosis von γ-HCH beträgt 100 mg/kg (Ratte, oral); für eine Fliege sind bereits 10^{-12} g γ-HCH letal.

1-Hexanol

Hexacorallia

Ordnungen:
↗Dörnchenkorallen (*Antipatharia*)
↗Krustenanemonen (*Zoantharia*)
↗Seerosen (*Actiniaria*)
↗Steinkorallen (*Madreporaria*)
↗Zylinderrosen (*Ceriantharia*)

Hexactinellida [Mz.; v. *hex-, gr. aktis, Gen. aktinos = Strahl], *Glasschwämme*, Kl. der Schwämme mit den U.-Kl. *Hexasterophorida* u. *Amphidiscophorida*; gekennzeichnet durch sechsstrahlige Kieselsäureskrerite, die in einfachen Spitzen, Scheiben od. Strahlenbündeln enden. Die meisten Arten haben die Form einer zarten u. starren Röhre, Vase od. eines Trichters. Entspr. der Zerbrechlichkeit ihres Körpers bewohnen sie die Tiefsee, wo sie mit Nadelbüscheln im Schlamm verankert sind; einige wenige finden sich schon in 150 m Tiefe. Ihre Fortpflanzung ist weitgehend unbekannt, zudem sind einige Arten nur durch den Fund eines einzigen Exemplars bekannt.

Hexagrammoidei [Mz.; v. *hexa-, gr. grammoeidēs = linienartig], die ↗Grünlinge.

Hexamita w [v. *hexa-, gr. mitos = Faden], Gatt. der ↗*Diplomonadina* (Geißeltierchen); alle freilebenden Arten sind typ. für verschmutzte Gewässer.

Hexanchidae [Mz.; v. *hex-, gr. agchein = zuschnüren], die ↗Grauhaie.

1-Hexanol [v. *hexa-], *Hexylalkohol*, in der Natur in Pflanzenölen (z. B. in äther. Öl v. Bärenklau-Samen) u. als Ester organ. Säuren vorkommender primärer Alkohol, der bei Ameisen als Alarmstoff wirkt.

Hexansäure [v. *hexa-], die ↗Capronsäure.

Hexaplex m [v. *hexa-, lat. plexus = Geflecht], Gatt. der Purpurschnecken mit mehr als 4 Längswülsten auf dem Gehäuse, auf denen meist Stacheln stehen; *H.* ist in trop. Meeren mit zahlr. Arten verbreitet. Die Gehäuse von *H. brassica* werden 20 cm hoch.

Hexaploidie w [v. spätgr. hexaploos = sechsfach], eine Form der ↗Polyploidie, bei der Zellen, Gewebe od. Individuen 6 vollständ. Chromosomensätze aufweisen.

Hexapoda [Mz.; v. *hexa-, gr. hexapodos = sechsfüßig], andere Bez. für die *Insecta* (↗Insekten).

Hexaprotodon m [v. *hexa-, gr. prōtos = erster, odōn = Zahn], (Falconer u. Cautley 1836), † Flußpferd-Gatt. aus dem Pleistozän v. Asien in der Größe des rezenten *Hippopotamus amphibius*, jedoch mit primitiveren Schädel- u. Gebißmerkmalen; je 6 (Name!) Incisivi in Ober- u. Unterkiefer; die zahlr. † asiat. Arten werden heute meist der Gatt. *Hippopotamus* angeschlossen. Die ältesten eur. Formen waren wahrscheinl. ebenfalls hexaprotodont.

Hexasterophorida [Mz.; v. *hex-, gr. astēr = Stern, -phoros = -tragend], U.-Kl. der *Hexactinellida* (Glasschwämme); Kennzei-

Hexenbesen

chen: Mikrosklerite tragen am Ende aller 6 Achsen ein Büschel feiner Ästchen; 10 Fam., u. a. ↗ *Euplectellidae, Caulophacidae,* ↗ *Euretidae.*

Hexenbesen, *Donnerbüsche,* an verschiedenen Pflanzen- u. Baumarten (z. B. Farne, Birkengewächse, Buchengewächse, Rosengewächse) auftretende besen- od. vogelnestähnl. Gebilde, oft in großer Anzahl; entstehen durch örtl. begrenzte, übermäßige Verzweigungen, die durch starkes Austreiben schlafender Augen verursacht werden. Zweige u. Blätter weisen oft ein anormales Wachstum auf. H. können durch noch unbekannte, nicht parasitäre Ursachen, durch Bakterien, pflanzl. od. tier. Parasiten hervorgerufen werden. Wichtigste Pilzparasiten sind die ↗ *Taphrinales;* zu den tier. Erregern gehören Milben, bes. aus der Fam. der *Eriophyidae.* H.-bildende Bakterien sind *Mycoplasma-ähnliche-Organismen* (MLO) (z. B. auf *Cassava*) u. *Rickettsien-ähnliche-Organismen* (RLO) (z. B. auf Lärchen).

Hexenei, junge, runde Fruchtkörper verschiedener Bauchpilze, z. B. der Stinkmorchel (↗Stinkmorchelartige Pilze), des Tintenfischpilzes u. a. Blumenpilze *(Clathraceae).*

Hexenkraut, *Circaea,* Gatt. der Nachtkerzengewächse mit 7 Arten in den gemäßigten Zonen der N-Halbkugel. Das Gewöhnliche H. *(C. lutetiana)* ist ein zierl. Kraut mit breitlanzettl., gezähnelten Blättern, die auf den Nerven behaart sind; zweizähl., weiße Blüten in lockeren endständ. Trauben; Nüßchenfrüchte mit hakigen Borsten (Zoochorie); Nährstoff- u. Feuchtezeiger.

Hexenring, 1) *Feenring, Elfenring,* kreisförm. Anordnung einer größeren Zahl v. Pilzfruchtkörpern (meist Hutpilzen) der gleichen Art auf Wiesen, Triften u. im Wald. Entsteht, wenn das v. einer einzelnen Spore sich entwickelnde, unterird. Pilzmycel ungestört nach allen Seiten strahlenförm. wachsen kann. An seinem äußeren Rand, am jungen Mycel, erscheinen dann die Fruchtkörper (oft mehrere hundert); im Innern des Kreises stirbt das Mycel allmähl. wegen des Verbrauchs der Nährstoffe ab. Der ⌀ kann zw. 1 und 50 m betragen. Der Nelkenschwindling hat pro Jahr 12–25 cm Zuwachs. Nach Schätzungen sollen einige bekannte H.e 200–700 Jahre alt sein. 2) Bez. für die kreisförm. angeordneten Konidienträger v. Braunfäu-

leerregern (z. B. *Monilia fructigena*) bei Monilia-Fruchtfäulen v. Äpfeln, Birnen u. a. Früchten.

Hexenröhrlinge, Dickfußröhrlinge der 1. Sektion (*Luridi* Fr.) der *Boletaceae* mit orange bis roten, alt schmutzig olivgrünen Poren. Wichtige Arten: Der beschränkt eßbare, roh giftige Netzstielige H. (*Boletus luridus* Schaeff); hellbrauner Hut (⌀ 6–14 [20] cm), auf seinem Stiel ist ein weitmaschiges Netz auf orangefarb. Untergrund zu erkennen. Der Flockenstielige H. (*B. erythropus* Fries = *B. miniatoporus* Secr.) mit dunkelbraunem Hut (⌀ 6–15 [20] cm) u. rotfilz. flockigem Stiel; das Fleisch ist sattgelb, bei Schnitt sofort dunkelblau; guter Speisepilz (roh giftig!). Beide Formen kommen in Laub- u. Nadelwald vor, der Netzstielige H. auf lehm- od. kalkhalt., der Flockenstielige H. auf kalkarmem, saurem Boden.

Hexite [Mz.; v. *hex-], im Pflanzenreich weit verbreitete, süß schmeckende, nicht vergärbare sechswert. Alkohole (sog. Zuckeralkohole), die im Ggs. zu Aldohexosen Fehlingsche Lösung nicht reduzieren. Die wichtigsten natürl. vorkommenden Vertreter sind D-*Sorbit* (z. B. in Vogelbeeren), D-*Mannit* (z. B. im Saft der Manna-Esche) u. *Dulcit* (in Dulcitmanna), weitere H. sind *Allit, Altrit* u. *Idit.* H. verwendet man als Zuckeraustauschstoffe (Diabetiker-Zucker).

Hexokinase *w* [v. *hex-, gr. kinein = bewegen], Enzym, das den ersten Schritt der ↗ Glykolyse, die Übertragung eines Phosphat-Restes v. ATP auf Glucose unter Bildung v. Glucose-6-phosphat, katalysiert. H. kann im Ggs. zu ↗ Glucokinase die Phosphatübertragung auch auf viele andere Hexosen, wie Fructose, Mannose u. Glucosamin, bewirken.

Hexon *s* [v. *hex-], Baustein v. Viruscapsiden, ↗ Capsid.

Hexosane [Mz.; v. *hex-], aus Hexosen aufgebaute, vorwiegend pflanzl., aber auch tier. Polysaccharide, wie *Fructane, Galactane* (z. B. Agar-Agar), *Glucane* (z. B. Amylose, Cellulose, Amylopektin, Dextran, Glykogen), *Mannane* usw.

Hexosen [Mz.; v. *hex-], Sammelbegriff für Einfachzucker (Monosaccharide) mit 6 Kohlenstoffatomen, $C_6H_{12}O_6$; die wichtigsten sind D-Fructose (Fruchtzucker), D-Galactose, D-Mannose u. D-Glucose (Traubenzucker). ↗ Kohlenhydrate.

Heymans, *Corneille Jean François,* belg. Pharmakologe, * 28. 3. 1892 Gent, † 18. 7. 1968 Knokke; seit 1930 Prof. in Gent; entdeckte die Funktion der Atemsteuerungsrezeptoren (Blutdruckregler) in der Wand v. Halsschlagader (Carotissinus) u. Aorta; erhielt 1938 den Nobelpreis für Medizin.

Hfr-Zellen, Zellen v. Bakterienstämmen, in

Hexenkraut (Circaea)

Hexenring

Einige Pilze, die H.e ausbilden:
Nelkenschwindling, Kreisling *(Marasmius oreades)*
Mausgrauer Erdritterling *(Tricholoma terreum)*
Riesen-Schirmpilz *(Macrolepiota procera)*
Safran-Schirmpilz *(Macrolepiota rhacodes)*
Riesen-Bovist *(Langermannia gigantea)*
Maipilz *(Calocybe gambosa)*
Riesentrichterling *(Clitocybe maxima)*

Hexenring

Die Pfeile deuten die Ausbreitung des Pilzfadengeflechts (Mycel) an.

← Ausbreitung des Pilzfadengeflechts (Mycel) →

denen es zu einer ungewöhnl. hohen Rekombinationsrate (engl. high frequency of recombination) kommt; ↗Konjugation.

H-Horizont, der T-Horizont, ↗Bodenhorizonte (T).

Hiatella w [v. lat. hiatus = Öffnung, Schlund], Gatt. der ↗Felsenbohrer.

Hibbertia w [ben. nach dem engl. Botaniker G. Hibbert, † 1838], Gatt. der ↗Dilleniaceae.

Hibernakeln [Mz.; v. lat. hibernacula = Winterquartier], Turionen, Bez. für die Überwinterungsknospen bei zahlr. Wasserpflanzen; werden im Herbst gebildet, überwintern auf dem Boden der Gewässer u. kommen im folgenden Frühjahr an die Oberfläche, um sich zu neuen Pflanzen zu entwickeln. [↗Überwinterung.

Hibernation w [v. lat. hibernatio =], die

Hibiscus m [lat., = Eibisch], der ↗Roseneibisch.

Hickory m [engl., eigtl. pokahickory; v. Algonkin pawcohiccora = ölige Flüssigkeit (aus gestampften H.nußkernen)], Carya, Gatt. der ↗Walnußgewächse.

Hidrose w [v. spätgr. hidrōsis = das Schwitzen], Hidrosis, die Schweißabsonderung (Schwitzen).

Hiemales [Mz.; v. lat. hiemalis = Winter-], überwinternde Larvenformen im Generationszyklus mancher ↗Blattläuse (v. a. ↗Tannenläuse); ↗Reblaus.

Hieraaëtus [v. gr. hieros = kräftig, aëtēs = Wind], Gatt. der ↗Adler.

Hieracium s [v. gr. hierakion =], das ↗Habichtskraut.

Hierarchie w [v. gr. hieros = heilig, archē = Herrschaft], Aufbau eines Systems aus übergeordneten u. untergeordneten Elementen, in der Verhaltensforschung in zwei Bedeutungen: 1) Struktur der Verhaltenssteuerung aus übergeordneten Zentren u. untergeordneten, spezialisierteren Verhaltensweisen; z. B. gehören zum Bereich „Balz" beim Stichling eine Reihe v. Einzelhandlungen, wie Schwänzeltanz, Kopfstehen usw. (Instinkt-H.n ↗Bereitschaft, B). Eine hierarchische Struktur der Verhaltenssteuerung läßt sich auch im ↗Gehirn wiederfinden, wo man übergeordnete u. untergeordnete Regionen unterscheiden kann. 2) ↗Rangordnung, Verteilung sozialer Rollen mit verschiedenem Einfluß auf das soziale Geschehen u. verschiedenem Zugang zu Ressourcen.

Hildebrandtia, Gatt. der Ranidae; wenige mittelgroße (bis 6 cm), bunte (grün, braun u. weißl.), gedrungene Frosch-Arten im trop. u. subtrop. Afrika, die sich mit ihren großen Metatarsalhöckern schnell rückwärts eingraben können u. meist unterird. leben; die Eier werden einzeln in flachem Wasser abgelegt.

Hildenbrandiaceae [Mz.], Rotalgen-Fam. der ↗Cryptonemiales, braunrote Krustenalge, im Watt. bes. auf Feuersteinen (Hildenbrandia rubra).

Hilfsameisen, Arten der ↗Ameisen, die den Königinnen sozialparasitierender Arten bei der Nestgründung helfen.

Hilfswirt, unscharf definierter parasitolog. Begriff, der einerseits im Sinne des letzten vor dem Endwirt eingeschalteten Zwischenwirts, andererseits im Sinne v. ↗Nebenwirt gebraucht wird.

Hill, Archibald Vivian, engl. Physiologe, * 26. 9. 1886 Bristol, † 3. 6. 1977 Cambridge; Prof. in Manchester u. London; erhielt 1922 zus. mit O. Meyerhof den Nobelpreis für Medizin für Arbeiten über den Muskelstoffwechsel (Energetik der Muskelkontraktion).

Hillebrandia w [ben. nach dem östr. Gärtner W. P. Hillebrand, 1805–60], Gatt. der ↗Begoniaceae.

Hill-Reaktion, die 1939 von dem engl. Chemiker R. Hill entdeckte Reaktion isolierter ↗Chloroplasten (☐), durch welche unter der Einwirkung v. Licht u. in Ggw. eines künstl. Elektronenakzeptors (Oxidationsmittel), wie z. B. Ferricyanid, freier Sauerstoff (O_2) direkt entsteht. Diese Reaktion hat entscheidend zum Verständnis des Chemismus der ↗Photosynthese (B) beigetragen, da durch sie bewiesen wurde, 1., daß O_2 ohne gleichzeitige CO_2-Reduktion entsteht, 2., daß O_2 aus H_2O (u. nicht CO_2) gebildet wird, 3., daß die Enzyme der Photosynthese in Chloroplasten lokalisiert sind, und 4., daß die primäre Lichtreaktion im Transfer eines Elektrons v. einem Elektronendonor auf einen Elektronenakzeptor (= Ferricyanid bei der H.) gg. ein chem. Energiegefälle erfolgt.

Hilum s [v. lat. hilum = Kleinigkeit], Nabel, die Stelle, an der die Samenanlage dem ↗Funiculus ansitzt bzw. die am reifen u. freigewordenen Samen zu beobachtende Abbruchstelle des Funiculus. ☐ Blüte.

Hilus m [v. lat. hilum = Kleinigkeit], Einbuchtung an der Oberfläche eines Organs, in der z. B. Gefäße u. Nerven ein- od. austreten; u. a. bei Lunge, Leber, Niere.

Himantandraceae [Mz.; v. *himant-, gr. andres = Männer], sehr primitive Fam. der Magnolienartigen, mit 1 Gatt. u. 3 Arten im NO Australiens, auf Neuguinea u. den Molukken beheimatet. Die Arten der Gatt. Galbulimima sind Bäume mit nebenblattlosen, wechselständ. u. ganzrand. Blättern. Eine Besonderheit stellen die rundl., vielzell. Schuppenhaare dar, die mit einem zentralen Stielchen befestigt sind u. Blattunterseiten, junge Sprosse, Blüten u. Früchte bedecken. Charakterist. sind auch die oxalatreichen Parenchymstränge, die Rinde u.

A. V. Hill

himant- [v. gr. himas, Gen. himantos = Riemen].

Himanthalia

Holz durchziehen, sowie der hohe Gehalt an Alkaloiden u. äther. Ölen. Die Blüten bestehen aus an leicht verlängerter Achse spiralig ansitzenden Blütenorganen: ↗Blütenformel: K(2) C4 A~40 G7–10. Die schmalen, aber ungegliederten Staubblätter u. die nur teilweise verwachsenen Fruchtblätter sind sehr urspr. gebaut.

Himanthalia w [v. *himant-], Gatt. der ↗Fucales.

Himantoglossum s [v. *himant-, gr. glössa = Zunge], die ↗Riemenzunge.

Himantopus m [v. gr. himantopous = ein langbeiniger Sumpfvogel], Gatt. der ↗Säbelschnäbler.

Himbeere, *Rubus idaeus*, ↗Rubus.

Himbeerkäfer, *Byturidae*, Fam. der polyphagen Käfer (Gruppe *Clavicornia*); artenarme Fam. mit nur 2 Arten in Mitteleuropa: *Byturus tomentosus* (eigtl. H.), 3,8 bis 4,3 mm, entwickelt sich als Larve in Himbeeren (Himbeermaden); *B. aestivus* (= *fumatus*) entwickelt sich ausschl. in *Geum urbanum* (Echte Nelkenwurz). Beide Käferarten sind ausgesprochen häufig auf Blüten v. Brombeere, Himbeere, Löwenzahn u. a., wo sie die Antheren fressen.

Himbeermotte, *Himbeerschabe*, *Incurvaria rubiella*, ↗Miniersackmotten.

Himmelsgucker, *Uranoscopidae*, Fam. der Drachenfische mit 17 Gatt. Großkopfige Bodenfische in trop. u. warmen gemäßigten Meeren mit nach oben gerichteten, auf der Kopfoberseite sitzenden Augen, senkrecht hochstehender Mundspalte, Giftstacheln im Schulterbereich u. oft mit elektr. Organen aus umgewandelten Augenmuskeln, die Stromstöße bis 50 V Spannung erzeugen. Im Mittelmeer u. Schwarzen Meer kommt der etwa 20 cm lange, mit einem elektr. Organ ausgerüstete Gemeine H. od. Meerpfaff (*Uranoscopus scaber*) meist in Tiefen von 3–15 m vor; er gräbt sich größtenteils in den Boden ein u. lockt mit einem wurmart. Fortsatz des inneren Mundbodens Beutefische an. Starke elektr. Organe, wahrscheinl. zur Verteidigung, hat auch der bis 55 cm lange, westatlant. Nördl. H. (*Astroscopus guttatus*).

Himmelsherold, *Eritrichum*, Gattung der Rauhblattgewächse mit rund 30 v. a. in den Gebirgen Asiens u. Amerikas beheimateten Arten. In Europa nur *E. nanum*, eine niedr., dicht behaarte Polsterstaude mit himmelblauen, Vergißmeinnicht-ähnl. Blüten; Standort der geschützten Pflanze sind Silicatfelsspalten der alpinen u. nivalen Stufe.

Himmelsleiter, *Polemonium*, Gattung der ↗Polemoniaceae. [ceae.

Himmelsleitergewächse, die ↗Polemonia-

Hindin, veraltete Bez. für den weibl. Hirsch.

Hinnites m [v. lat. hinnitus = Wiehern],

himant- [v. gr. himas, Gen. himantos = Riemen].

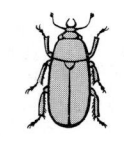

Himbeerkäfer (*Byturus tomentosus*)

Gemeiner Himmelsgucker (*Uranoscopus scaber*)

Hinteratmer
Familien und wichtige Gattungen:
Onchidiidae
 ↗*Onchidella*
 ↗*Onchidium*
Veronicellidae
 ↗*Phyllocaulis*
 ↗*Vaginulus*
 ↗*Veronicella*
Rathouisiidae
 Atopos
 ↗*Rathouisia*
Rhodopidae
 ↗*Rhodope*

Hinterhauptsbein
Das H. ist stammesgesch. ein Verschmelzungsprodukt aus den Ersatzknochen Basooccipitale, Supraoccipitale, den paarigen Exoccipitalia sowie den Deckknochen Tabulare u. Postparietale, welche bei niederen Tetrapoden noch als selbständ. Elemente vorhanden sind. Es wird diskutiert, ob auch Wirbel in das H. eingegangen sind.

Gatt. der Kammuscheln mit bis 50 cm langen, wenig gewölbten Schalenklappen; rechte Klappe mit einer Kerbe für den Durchtritt des Byssus; die erwachsenen Tiere setzen sich mit der rechten Klappe am Boden fest, wo sie dick, schwer u. unregelmäßig werden.

Hinshelwood [-schᵉlwud], Sir *Cyril Norman*, engl. Chemiker, * 19. 6. 1897 London, † 9. 10. 1967 ebd.; seit 1937 Prof. in Oxford; bedeutende Arbeiten über chem. Reaktionsmechanismen, bes. über homogene u. heterogene Gasreaktionen; untersuchte Stoffwechselreaktionen v. Bakterien u. deren Beeinflußbarkeit durch chem. Substanzen; erhielt 1956 zus. mit N. N. Semjonow den Nobelpreis für Chemie.

Hinteratmer, *Soleolifera*, *Systellommatophora*, *Opisthopneumona*, Schnecken-Ord. v. umstrittener systemat. Stellung, meist zu den Lungenschnecken, doch auch zu den Hinterkiemern gerechnet. Die H. haben kein Gehäuse; das verdickte Mantelgewebe des Rückens ist so verbreitert, daß es den Kopf u. die Körperseiten überdacht. Am Kopf sitzen 2 Paar Fühler, v. denen das obere Augen trägt. Die Atemhöhle liegt hinten od. rechts. Zu den H.n werden 4 Fam. mit knapp 200 Arten gerechnet (vgl. Tab.).

Hinterbrust, *Metathorax*, 3. Thorakalsegment der Insekten, trägt die Hinterbeine u. bei den Fluginsekten die Hinterflügel.

Hinterhauptsbein, *Os occipitale*, *Occipitale*, Schädelknochen der Säugetiere; bildet den Hinter- u. Unterrand der Hirnkapsel (Neurocranium i. w. S.) u. umfaßt das *Hinterhauptsloch* (Foramen magnum), durch welches das Rückenmark ins Stammhirn eintritt. Seitl. neben dem Hinterhauptsloch springen die beiden ↗*Hinterhauptshöcker* (Condyli occipitales) vor, die mit dem obersten Halswirbel (Atlas) gelenkig verbunden sind u. das Kopfnicken ermöglichen. ↗Schädel.

Hinterhauptshöcker, *Condylus occipitalis*, Gelenkhöcker beim Hinterhauptsloch der Wirbeltiere, artikuliert mit dem obersten Halswirbel. Säuger u. Amphibien haben einen paarigen H., Vögel u. Reptilien einen einzelnen. In verschiedenen Wirbeltiergruppen werden die H. von verschiedenen Knochen der Occipitalregion gebildet. ↗Hinterhauptsbein.

Hinterhörner, dorsal gelegener Bereich in der ↗grauen Substanz des ↗Rückenmarks (□); die H. sind die ersten Umschalt- u. Verarbeitungsstellen des somato-visceralen Systems. ↗Nervensystem.

Hinterkiemer, *Opisthobranchia*, U.-Kl. der Schnecken mit ausgeprägter Tendenz zur Rückbildung des Gehäuses u. Rückdrehung des Eingeweidesackes (↗Geradnervige); im allg. liegt daher die Kieme hinter dem Herzen (Name!), ist aber oft samt der Mantelhöhle rückgebildet u. kann funktionell durch andere Körperanhänge ersetzt werden. Die H. sind ☿ u. leben im Meer, wenige im Süßwasser. Stammesgeschichtl. schließen die Kopfschildschnecken an die Vorderkiemer an: sie haben ein spiral. Gehäuse, oft mit kegel. Gewinde, u. sind gekreuztnervig. In den Ord. 2–7 (vgl. Tab.) haben einzelne Arten Gehäuse, andere nicht; die Angehörigen der Ord. 9–12 sind gehäuselos u. werden als Nacktkiemer zusammengefaßt. Mit dem Verlust der Schale werden die H. äußerl. nahezu spiegelsymmetr. (Ausnahme: Lage der Genitalöffnungen, bleiben innerl. jedoch asymmetr. Zu den H.n gehören ca. 109 Fam. mit weniger als 2000 Arten. [hund u. -katze.

Hinterlauf, Hinterbein bei Haarwild, Haus-
Hinterleib, das ↗ Abdomen.
Hinterschildchen, *Postscutellum*, bei ↗ Hautflüglern das Metanotum des Thorax, das vor dem Mittelsegment (= Tergit 1 des Abdomens) liegt.
Hinterstrang, *Funiculus posterior*, dorsal in der ↗ weißen Substanz zw. den Hinterhörnern verlaufender Nervenstrang; wichtigste Bahn für das somatosensorische System bei Säugern. Über die H.bahnen werden Meldungen über mechan. Reize der Haut, der Tiefensensibilität u. über die Gelenkstellung schnell u. präzise zum Thalamus u. zur Hirnrinde (Cortex) übertragen. Im H. faßt der lateral gelegene ↗ Burdachsche Strang die sensiblen Bahnen aus der oberen u. der mediale ↗ Gollsche Strang die aus der unteren Körperhälfte zusammen. ↗ Nervensystem.
Hiodontidae [Mz.; v. lat. hiare = klaffen, gr. odontes = Zähne], Fam. der ↗ Messerfische.
Hipocrita w [v. gr. hypokritēs = Mime], Gatt. der Bärenspinner, ↗ Jakobskrautbär.
Hipparchia w [ben. nach dem gr. Mathematiker Hipparchos, um 160 v. Chr.], Gatt. der ↗ Augenfalter.
Hipparion s [gr., = Pferdchen], (Christol 1832), aus *Merychippus* im mittleren Miozän N-Amerikas hervorgegangene † Pferde-Gatt., die vor ca. 12 Mill. Jahren (Vallesian) über die Beringstraße nach Asien, Europa u. Afrika einwanderte. Backenzähne bereits hypsodont-prismat. mit stark gefälteltem Schmelz, Täler mit Zement ausgefüllt; Hand u. Fuß dreistrahlig; grasfressender Steppenbewohner. In Afrika überlebte H. bis ins Pleistozän. [B] Pferde (Evolution).
Hippeastrum s [v. gr. hippeus = Ritter, astron = Stern], Gatt. der ↗ Amaryllisgewächse.
Hippeutis m [v. gr. hippeutēs = beritten],

hipp-, hippo- [v. gr. hippos = Pferd, Roß].

Hinterkiemer
Ordnungen:
↗ Kopfschildschnecken (Cephalaspidea)
Runcinacea
↗ Acochlidiacea
↗ Schlundsackschnecken (Saccoglossa)
↗ Anaspidea
↗ Flankenkiemer (Notaspidea)
↗ Seeschmetterlinge (Thecosomata)
↗ Ruderschnecken (Gymnosomata)
↗ Doridacea
Dendronotacea
(↗ Dendronotus)
↗ Arminacea
↗ Fadenschnecken (Aeolidiacea)

Abb. oben: *Hipparion*, etwa ponygroß
Abb. rechts: *Hippidion*, Schulterhöhe etwa 1,5 m

Gatt. der Tellerschnecken mit gekieltem letztem Umgang. Die nach der ↗ Roten Liste „potentiell gefährdete" Linsenförmige Tellerschnecke (H. complanatus) ist in kleinen, stehenden Gewässern Europas u. W-Asiens verbreitet; ihr Gehäuse erreicht 5 mm ⌀, ist hellhornfarben u. mattglänzend.
Hippiatrie w [v. spätgr. hippiatreia =], die Pferdeheilkunde.
Hippidae [Mz.; v. *hipp-], Fam. der *Anomura*, ↗ Sandkrebse.
Hippidion s [gr., = Pferdchen], (Owen 1869), † größter pleistozäner Vertreter der aus dem N nach S-Amerika eingewanderten Pferde; Backenzähne sehr niedrig, ohne Schmelzfältelung; 2. und 4. Extremitätenstrahl nur als Griffelbeine erhalten.
Hippoboscidae [Mz.; v. *hippo-, gr. boskein = weiden], die ↗ Lausfliegen.
Hippocamelus m [spätlat., = Roßkamel (als Fabeltier)], die ↗ Andenhirsche.
Hippocampus m [v. gr. hippokampos = Seepferdchen], 1) *Pes hippocampi*, Ammonshorn, Bez. für Bereiche an den freien, sich nach innen rollenden Rändern der Hirnrinde bei Säugern; wird zum ↗ limbischen System gerechnet. 2) die ↗ Seepferdchen.
Hippocastanaceae [Mz.; v. *hippo-, gr. kastanon = Kastanie], die ↗ Roßkastaniengewächse.
Hippochaete w [v. *hippo-, gr. chaitē = Borste], ↗ Schachtelhalm.
Hippocrepis w [v. *hippo-, gr. krēpis = Schuh], der ↗ Hufeisenklee.
Hippodiplosia w [v. *hippo-, gr. diploos = doppelt], Gatt. der Moostierchen (U.-Ord. *Ascophora*); H. foliacea bildet rötl. Kolonien, bis 20 cm hoch; einzelne Abschnitte sehen wie ein Rentier-Geweih aus. Oft massenhaft ab 25 m Tiefe im Mittelmeer auf Corallinenböden (↗ *Corallinaceae*); wicht. Substrat für andere sessile Tiere.

Hippoglossoides m [v. *hippo-, gr. glossa = Zunge], Gatt. der ↗ Schollen.
Hippoglossus m, der ↗ Heilbutt.
Hippokrates, griech. Arzt, gen. der Große, * um 460 v. Chr. auf der Insel Kos, † ca. 370 v. Chr. in Larissa (Thessalien); berühmtester Arzt des Altertums, „Vater der Heilkunde", suchte die vordem mystische Medizin als erster naturwiss. zu begründen; scharfer Beobachter, legte entscheidendes Gewicht auf Erfahrung, individuelle

Hippolaïs

hipp-, hippo- [v. gr. hippos = Pferd, Roß].

hippopha- [v. gr. hippophaës = eine Art Wolfsmilch (Euphorbia spinosa)].

hippuri- (v. gr. hippouris = Pferdeschwanz (hippos = Pferd, oura = Schwanz)].

Hipponicoidea

Familien und wichtige Gattungen:
Caledoniellidae
  Caledoniella
↗*Fossaridae*
  Fossarus
↗Hufschnecken
(Hipponicidae)
  ↗*Cheilea*
  Hipponix
Vanikoridae
  Vanikoro

Behandlung u. die Ethik des Arztes *(Eid des H.).* [die ↗Spötter.
Hippolaïs w [v. *hippo-, gr. lais = Beute],
Hippologie w [v. *hippo-, gr. logos = Kunde], die Pferdekunde.
Hippomane w [v. *hippo-, gr. mainesthai = toll sein], Gatt. der ↗Wolfsmilchgewächse.
Hippomorpha [Mz.; v. gr. hippomorphos = pferdegestaltig], (Wood 1937), *Pferdeverwandte,* urspr. formenreiche U.-Ord. der Unpaarhufer *(Perissodactyla)* mit ca. 71 fossilen Gatt., v. denen nur die Pferde (Fam. *Equidae*) in 1 Gatt. mit 6 Arten überlebt haben. Die Hauptverbreitungszeit der *H.* war nahezu weltweit das Tertiär mit größtem Formenreichtum im Alttertiär. Neben den Überfam. der ↗*Brontotheria* u. Pferdeartigen *(Equoidea)* wurden zeitweise auch die Chalicotherien *(↗Chalicotherium)* dazu gezählt, heute jedoch meist den *Ancylopoda* angeschlossen. Die *H.* bilden eine in Größe, Habitus u. Lebensweise sehr unterschiedl. Gruppe, die sich von paleozänen Stammformen herleitet.
Hipponicoidea [Mz.; v. *hipp-, gr. onyx = Klaue, Huf], Überfamilie mariner Mittelschnecken mit rundl., kreisel- od. schüsselförm. Gehäuse; 4 Fam. mit weniger als 100 Arten (vgl. Tab.).
Hipponix *m* [v. *hipp-, gr. onyx = Klaue, Huf], Gatt. der ↗Hufschnecken.
Hippophaë w [v. *hippopha-], der ↗Sanddorn.
Hippophao-Berberidetum s [v. *hippopha-, spätgr. berberi = Sauerdorn], ↗Berberidion.
Hippophao-Salicetum s [v. *hippopha-, lat. salix, Gen. salicis = Weide], ↗Salicion arenariae.
Hippopodius *m* [v. *hippo-, gr. podes = Füße], Gatt. der ↗Calycophorae.
Hippopotamidae [Mz.; v. gr. hippopotamos = Flußpferd], die ↗Flußpferde.
Hippopotamus *m*, Gatt. der ↗Flußpferde.
Hippopus *m* [v. *hippo-, gr. pous = Fuß], die ↗Pferdehufmuscheln.
Hippospongia w [v. *hippo-, gr. spoggia = Schwamm], Gatt. der *Spongiidae,* Ord. *Dictyoceratida* (Hornschwämme); bekannteste Art: *H. communis* (Pferdeschwamm); wird ähnl. dem Badeschwamm *(Spongia officinalis)* verwendet, ist aber durch Einlagerung v. Sandkörnern u. anderen Fremdkörpern in sein Fasernetz für die menschl. Körperpflege zu rauh; weitere Arten bzw. Unterarten ↗Badeschwämme.
Hippothoa w [gr. Frauenname], Gatt. der Moostierchen (U.-Ord. *Ascophora*); *H. hyalina,* weltweit verbreitet, bildet krustenförm. Kolonien auf Tangen, Seescheiden u. Molluskenschalen.
Hippotragus *m* [v. *hippo-, gr. tragos = Bock], Gatt. der Pferdeböcke *(Hippotraginae);* hierzu die ↗Pferdeantilope.
Hippuridaceae [Mz.; v. *hippuri-], die ↗Tannenwedelgewächse.
Hippuris w [v. *hippuri-], Gatt. der ↗Tannenwedelgewächse.
Hippuritacea [Mz.; v. *hippuri-], (Gray 1848), *Hippuriten, Rudisten* (i. e. S.) (Lamarck 1819), † Überfam. aberranter ungleichklappiger Muscheln bis 1 m Länge, meist mit rechter (?) od. linker (?) Klappe auf einer Unterlage festgeheftet, selten frei lebend, solitär od. gesellig. Schloß der fixierten Klappe mit 1 Zahn u. 2 Zahngruben, auf der freien Klappe mit 2 Zähnen u. 1 Zahngrube (Ausnahme: *Diceras*), 2 Adductormuskeln. Ihre eigenart. äußere u. innere Morphologie hebt die *H.* von allen anderen Muscheln ab. Die Scharnierbewegung normaler Muschelschalen ist bei den *H.* aufgrund ihrer extremen Ungleichklappigkeit durch eine Hebelbewegung ersetzt. *H.* sind vorzügl. Leitfossilien, für feinstratigraph. Zwecke jedoch weniger geeignet. Verbreitung: oberer Jura (ob. Oxford) bis Oberkreide (Maastricht). Die *H.* wurzeln in den ↗*Megalodontacea;* sie starben ohne erkennbare Ursache in der Phase ihrer größten Diversität aus.
Hippurites *m* [v. *hippuri-], (Lamarck 1801), Nominatgatt. der † *Hippuritoida* u. ↗*Hippuritacea;* im Gelände leicht erkennbares Leitfossil für Oberkreide (Turon bis Maastricht).
Hippuritoida [Mz.; v. *hippuri-], (Newell 1965), *Rudisten* (i. w. S.), † Ord. urspr. gleichklappiger, im Laufe der Evolution zunehmend ungleichklappiger, dickschaliger, heterodonter Muscheln von mehr od. weniger konischer Gestalt, die ihnen Ähnlichkeit mit solitären Deckelkorallen (aber auch mit Roßschweifen, Name!) verleiht. Dazu gehören die Überfam. der ↗*Megalodontacea* u. ↗*Hippuritacea.* Die *H.* waren kosmopolit. Muscheln der warmen Flachmeere u. Riffbildner. Verbreitung: mittleres Silurium bis Oberkreide (Maastricht).
Hippursäure [v. gr. hippos = Pferd, lat. urina = Harn], *N*-Benzoylglycin, $C_6H_5-CO-NH-CH_2-COOH$, Entgiftungsprodukt u. Ausscheidungsform (↗Exkretion) der ↗Benzoesäure bei pflanzenfressenden Säugern; von J. v. Liebig erstmals aus Pferdeharn isoliert; in menschl. Harn bis zu 1 g pro Tag enthalten.
Hirmerella w, Gatt. der ↗Cheirolepidaceae.
Hirn, das ↗Gehirn.
Hirnanhangdrüse, die ↗Hypophyse.
Hirnforschung, Untersuchung der Strukturen u. Funktionen des Zentral-↗Nervensystems (↗Gehirn). Klass. Disziplinen sind *Neuroanatomie* u. *Neurophysiologie,* die sich mit den Bestandteilen des Gehirns, ih-

rer anatom. Verknüpfung, den Funktionen u. dem Zusammenwirken der einzelnen Teile befassen. Histolog. Färbung u. Markierung mit radioaktiven Substanzen geben Aufschluß über Aufbau und Zshg.e des Nervengewebes. Durch Entfernen bestimmter Hirnteile od. Durchtrennen v. Nervenbahnen können Ausfallerscheinungen u. Veränderungen im Verhalten beobachtet werden. Solche Experimente werden an Tieren durchgeführt. Beim Menschen liefern Verletzungen od. krankhaft bedingte Veränderungen des Gehirns wertvolle Erkenntnisse. Auch med. Eingriffe, wie Durchtrennen bestimmter Nervenstränge u. Operationen mit örtl. Betäubung am wachen Patienten, geben Informationen über Funktionen des Gehirns. Über implantierte Elektroden zugeführte schwache Gleichstromimpulse u. Injektionen zentralnervös wirksamer Stoffe, die Reaktionen u. Veränderungen im Gehirn verursachen, aber auch Änderungen der Blutmenge in den einzelnen Gehirnarealen, welche von der Intensität des Stoffwechsels u. von der Aktivität der Nervenzellen abhängen, sind wicht. Untersuchungsmethoden. ↗ Elektroencephalogramm.

Hirnfurchen, *Sulci,* ↗ Gyrifikation, B Gehirn.

Hirnhäute, *Gehirnhäute, Meningen, Meninges,* umkleiden ↗ Gehirn (B) u. Rückenmark der Wirbeltiere. Fische besitzen nur eine Meninx primitiva, während bei allen Tetrapoden mindestens zwei H. ausgebildet sind: eine äußere kräft. Bindegewebshaut („harte Hirnhaut", Pachymeninx, ↗ Dura mater) u. eine innere zarte, dem Gehirn eng anliegende „weiche Hirnhaut" (Leptomeninx). Bei Säugetieren ist die Leptomeninx nochmals unterteilt in die ↗ Arachnoidea u. die dem Gehirn unmittelbar aufliegende *Pia mater.* Die H. verankern das Gehirn in der Schädelkapsel u. führen alle versorgenden Blutgefäße.

Hirnkorallen, die ↗ Mäanderkorallen.

Hirnlappen, *Lobi cerebri,* vier durch Spalten (Fissuri) od. durch Hirnfurchen (Sulci) getrennte Bereiche der Großhirnrinde (↗ Telencephalon): Frontal- od. Stirnlappen, Parietal- od. Scheitellappen, Occipital- od. Hinterhauptslappen u. Temporal- od. Schläfenlappen. B Gehirn.

Hirnmark, aus ↗ weißer Substanz bestehender, unter der ↗ Hirnrinde liegender (Mark-)Teil des ↗ Gehirns (B).

Hirnnerven, *Gehirnnerven, Nervi craniales,* Sammelbez. für mehrere im ↗ Gehirn (überwiegend im Hirnstamm) der Wirbeltiere entspringende Nervenpaare, versorgen bei höheren Wirbeltieren (12 H.) die Kopf- u. Halsregion, bei niederen Wirbeltieren (10 H.) hpts. die Kiemenbögen. Die 12 H. der höheren Wirbeltiere (vgl. Tab. und Abb.) können in 3 Gruppen eingeteilt werden: 1) *Sinnesnerven,* zu denen der I., II. und VIII. Hirnnerv gehören, wobei der I. und II. Hirnnerv keine echten Nerven sind, sondern ein Fortsatz der Riechschleimhaut-Sinneszellen bzw. ein Fasertrakt des Gehirns; zu dieser Gruppe zählen auch die beiden bei primitiven wasserlebenden Wirbeltieren vorkommenden Nerven für die Seitenorgane (Lateralisnerven). 2) *Brachialisnerven,* zu denen der V., VII., IX., X. und XI. Hirnnerv zählen; sie entwickelten sich aus den die Kiemenbögen versorgenden Nerven; bei kieferbesitzenden Fischen ist die urspr. Anordnung teilweise noch verwirklicht; bei ihnen u. den Amphibien fehlt noch der XI. Hirnnerv, der urspr. Bestandteil des X. H. ist. 3) *Augenmuskelnerven* u. *Nervus hypoglossus;* zu ihnen rechnet man den III., IV., VI. und XII. Hirnnerv; bei den heut. Amphibien fehlt der XII. Hirnnerv, er ist sekundär zurückgebildet. Bei Fischen fehlt ein eigtl. XII. Hirnnerv; ihm entsprechen die Occipitalnerven, die sich zu einem Stamm vereinigen.

Hirnrinde, die an der Peripherie v. Großhirn (Großhirnrinde) u. Kleinhirn (Kleinhirnrinde) liegende ↗ graue Substanz; ↗ Hirnmark. ↗ Gehirn (B).

Hirnschädel, *Hirnkapsel, Neurocranium i. w. S., Cranium cerebrale,* besteht aus dem neuralen Endocranium (Neurocranium i. e. S.), dem Schädeldach u. dem primären Munddach. Bei urspr. Wirbeltieren bildete allein das neurale Endocranium (Ersatzknochen) eine geschlossene Hirnkapsel. Zunehmende Hirngröße erforderte an deren Oberseite die Einbeziehung u. Vergrößerung der Schädeldachknochen (Deckknochen), an der Unterseite wurden Elemente des primären Munddaches einbezogen. Diese Komponenten bauen zus. mit dem neuralen Endocranium den neuen vergrößerten H. auf (Neurocranium i. w. S.). Er bildet eine geschlossene Hirnkapsel, sofern keine Schläfenfenster vorhanden sind. Ggs.: ↗ Kieferschädel. ↗ Endocranium, ↗ Schädel.

Hirnschale, *Calvaria,* ↗ Schädel.

Hirnstamm, *Gehirnstamm, Stammhirn, Hirnstock, Truncus cerebri, Caudes cerebri,* in der deskriptiven Morphologie Bez. für die stammesgesch. alten Teile des Wirbeltiergehirns: Rautenhirn, Mittelhirn, Zwischenhirn u. die Basalganglien des Endhirns. ↗ Gehirn (B).

Hirnstammzentren, im ↗ Hirnstamm (↗ Gehirn) liegende Steuerungszentren für die Atmung u. den Blutkreislauf (↗ Hirnzentren); hier liegen auch die 3 wichtigsten motor. Zentren für die Aufrechterhaltung des Gleichgewichts u. der Körperhaltung.

Hirnstammzentren

Hirnnerven

Die 12 H. der höheren Wirbeltiere (N. = Nervus):

I *Riechnerv* (*Geruchsnerv,* N. olfactorius), ↗ Olfactorius
II *Sehnerv* (N. opticus), ↗ Opticus
III *Augenmuskelnerv* (N. oculomotorius), ↗ Oculomotorius
IV *Rollnerv* (N. trochlearis), ↗ Trochlearis
V *Drillingsnerv* (N. trigeminus), ↗ Trigeminus
VI *seitl. Augenmuskelnerv* (N. abducens), ↗ Abducens
VII *Gesichtsnerv* (N. facialis), ↗ Facialis
VIII *Hör- und Gleichgewichtsnerv* (N. statoacusticus, N. vestibulocochlearis), ↗ Statoacusticus
IX *Zungen-Schlund-Nerv* (*Geschmacksnerv,* N. glossopharyngeus), ↗ Glossopharyngeus
X *Eingeweidenerv* (N. vagus), ↗ Vagus
XI *Beinerv* (N. accessorius), ↗ Accessorius
XII *Zungenmuskelnerv* (N. hypoglossus), ↗ Hypoglossus

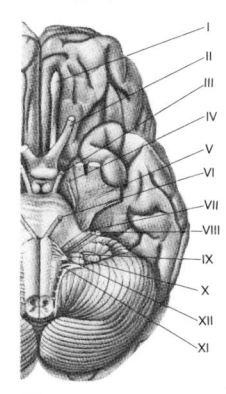

Hirnnerven

Lage der 12 H. im Gehirn des Menschen. Die röm. Ziffern bezeichnen die Reihenfolge ihres Austritts aus dem Gehirn (v. vorn nach hinten)

Hirnstiel, *Pedunculus,* anatom. Bez. für Bündel v. Nervenfasern, welche die einzelnen Hirnteile verbinden.

Hirnstrombild ↗ Elektroencephalogramm.

Hirnventrikel, *Gehirnventrikel, Hirnkammern, Hirnhöhlen, Ventriculi cerebri,* vier flüssigkeitsgefüllte Hohlräume (↗ Cerebrospinalflüssigkeit) im ↗ Gehirn (B) der Wirbeltiere. Ventrikel I und II liegen in den beiden Endhirnhemisphären, Ventrikel III im Zwischenhirn u. Ventrikel IV im Rautenhirn (☐ Gehirn). Sie stehen untereinander u. mit dem Zentralkanal des Rückenmarks in Verbindung. Die H. lassen sich wie der Zentralkanal des Rückenmarks ontogenet. auf den Hohlraum des embryonalen Neuralrohrs zurückführen.

Hirnvolumen, *Gehirnvolumen,* Rauminhalt des Gehirns (in cm^3); bei Vergleichen wird meist das Gehirngewicht in g angegeben. Ein größeres H. bzw. Gehirngewicht ist nicht unbedingt mit größerer Hirnleistung bzw. Intelligenz korreliert. ↗ Gehirn, ↗ Gyrifikation, ↗ Cerebralisation.

Hirnwasser, die ↗ Cerebrospinalflüssigkeit. B Gehirn.

Hirnwindungen, *Gyri,* ↗ Gyrifikation; B Gehirn.

Hirnzentren, *Gehirnzentren,* Bereiche des Gehirns, denen bestimmte Funktionen zugeordnet werden u. die über Erregungsbahnen Informationen erhalten, verarbeiten u. weitergeben können. Diese Steuerungszentren unterliegen z. T. einer sehr stark ausgeprägten hierarchischen Ord., da die Evolution des ↗ Gehirns zur Entwicklung übergeordneter Zentren führte. So erstrecken sich die Strukturen, die für die nervöse Kontrolle v. Haltung u. Bewegung des Körpers zuständig sind, also die motorischen Zentren, über verschiedene Abschnitte des Zentralnervensystems, v. der Hirnrinde bis zum Rückenmark. Bei höheren Wirbeltieren sind die Großhirnhemisphären (↗ Telencephalon), die zu Anfang ledigl. ein Zentrum für die Riechempfindung waren, zu wicht. Assoziationszentren geworden. Die ↗ Hirnforschung erlaubt heute, einzelnen Gebieten des Großhirns bestimmte Funktionen zuzuordnen (B Gehirn). ↗ Assoziationsfelder, ↗ Assoziationszentren.

Hirschantilope, der ↗ Wasserbock.

Hirsche, *Cervidae,* Fam. der Paarhufer *(Artiodactyla)* mit 7 U.-Fam. (vgl. Tab.); hasen- bis pferdegroße waldlebende Wiederkäuer hpts. der nördl. gemäßigten Breiten. Außer bei ↗ Moschustier u. ↗ Wasserreh tragen alle männl. H. ein ↗ Geweih; beim ↗ Rentier auch die weibl. Tiere. Größere Arten der H. leben in Rudeln (Ausnahme: ↗ Elch) mit strenger Rangordnung, kleinere dagegen überwiegend einzeln u. territorial. Der

Hirsche
Unterfamilien:
↗ Moschushirsche *(Moschinae)*
↗ Muntjakhirsche *(Muntiacinae)*
↗ Echthirsche *(Cervinae)*
↗ Wasserhirsche *(Hydropotinae)*
↗ Trughirsche *(Odocoileinae)*
↗ Elchhirsche *(Alcinae)*
↗ Renhirsche *(Rangiferinae)*

Kopf des Hirschebers *(Babyrousa babyrussa)*

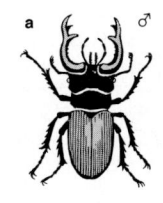

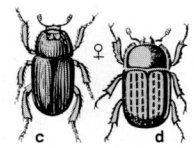

Hirschkäfer
a H. i. e. S. *(Lucanus cervus),* b Puppe, c Baum- od. Kopfhornschröter *(Sinodendron cylindricum),* d Kurzschröter *(Aesalus scarabaeoides)*

innerartl. Verständigung dienen v. a. die Sekrete unterschiedl. Hautdrüsen (z. B. Zwischenzehendrüsen, Stirndrüsen) u. ein ausgezeichnetes Riechvermögen. – Die Fossilgeschichte der H. reicht bis ins frühe Känozoikum zurück. Die vierzehigen *Gelocidae* (Eozän/Oligozän Eurasiens), die zweizehigen *Dremotherien* (Aquitan) u. der nordam. *Blastomeryciden* (Miozän–Pliozän) waren noch geweihlos. Echte H. kennt man fossil ab dem euras. Miozän, in Amerika erst seit dem Pleistozän.

Hirscheber, *Babirusa, Babyrousa babyrussa,* in Sumpfwäldern u. Schilfdickichten v. Celebes u. benachbarter Inseln lebendes Wildschwein (Kopfrumpflänge ca. 1 m, Gewicht bis 100 kg) mit, v. a. beim männl. H., bes. großen oberen Eckzähnen, die durch die Haut des Oberkiefers brechen u. sich im Bogen so weit zurückkrümmen, daß sie die Stirn berühren.

Hirschferkel, *Tragulidae,* einzige Fam. der Zwerghirsche *(Tragulina);* recht urspr., gehörn- u. geweihlose, nur etwa hasengroße Wiederkäuer; 2 Gatt. mit 4 Arten u. 57 U.-Arten. Das Afrikanische H. od. Wassermoschustier *(Hyemoschus aquaticus),* ein guter Schwimmer, lebt einzeln u. versteckt im afr. Urwald; neben Pflanzenkost nimmt es auch Kleintiere u. Aas als Nahrung; es ähnelt stark dem tertiärzeitl. ↗ *Dorcatherium.* Die asiat. Kantschile (Gatt. *Tragulus*) leben sowohl im trockenen u. felsigen Gelände als auch im dichten Dschungel; sie sind sehr scheu u. verlassen nur nachts ihr Versteck. H. sind eine sehr alte Tiergruppe; fossil bereits aus dem Eozän bekannt, bevor Hirsche *(Cervidae)* u. Hornträger *(Bovidae)* auftauchten.

Hirschkäfer, *Schröter, Lucanidae,* Fam. der polyphagen Käfer (↗ Blatthornkäfer), Gruppe *Lamellicornia (Scarabaeoidea).* Große u. sehr große Arten, häufig stark sexualdimorph, bei denen die Männchen zur Ausbildung riesiger Mandibeln neigen (B Käfer II, Abb. 12). Weltweit ca. 1000, bei uns nur 7 Arten. Im Ggs. zu den *Scarabaeidae,* mit denen sie nah verwandt sind, können die H. ihre Fühlerendglieder kaum gegeneinander bewegen. Maxillen u. Labium mit pinselart. Fortsätzen, mit denen sie süße Säfte (meist Baumsaft, kleinere Arten gelegentl. auch auf Blüten) lecken. Die engerlingförm. Larven leben in totem, modernden Holz. – Bei uns gehört hierher der größte dt. Käfer, der H. i. e. S. *(Lucanus cervus)* (B Insekten III, B Käfer I), dessen Männchen mit „Geweih" (= Mandibeln) 9–10 cm Länge erreichen; die Weibchen sind viel kleiner u. haben nur normale Mandibeln. Die mächt. Mandibeln werden im Kampf um Weibchen eingesetzt, indem die Rivalen versuchen, sich am Körper zu pakken u. entweder auf den Rücken od. v. einem Ast hinunter zu werfen. Dabei kann es durch die Mandibelinnenzähne auch zu Verletzungen kommen. Die Käfer findet man ab Ende Mai bis Juli v. a. an blutenden Stämmen, bes. Eichen. Sie schwärmen hpts. an warmen Abenden u. kommen auch ans Licht. Die Larve frißt im Wurzelmulm alter Eichen, gelegentl. auch anderer Laubbäume u. benötigt 5–8 Jahre bis zur Verpuppung; dazu wird in ca. 20 cm Tiefe eine Höhle angelegt. Die Größe der schlüpfenden Männchen variiert stark u. hängt weitgehend v. der verfügbaren Nahrung ab. Bei geringem Angebot entstehen sog. Kümmerformen mit viel kleineren Mandibeln (f. *capreolus*). Bei uns fr. weit verbreitet; wegen der Intensivierung der Forstwirtschaft u. „Säuberung" alter Wälder vielfach ausgestorben (nach der ⁊Roten Liste „stark gefährdet"). Zwerg-H. oder Balkenschröter *(Dorcus parallelopipedus)*, mattschwarz, 2–3 cm, Mandibeln der Männchen nur wenig länger als der Kopf; weit verbreitet; Entwicklung in verschiedenen Laubhölzern, meist in toten Stubben. Rehschröter *(Platycerus)*, metall. blau od. grün, 10–16 mm, Mandibeln kurz; Entwicklung in Laubholz; bei uns zwei ähnl. Arten: *P. caraboides*, mehr in der Ebene, *P. caprea*, mehr im Gebirge. Rindenschröter *(Ceruchus chrysomelinus)*, 12–15 mm, lackglänzend schwarz, Männchen mit Mandibeln, die wenig länger als der Kopf sind; Entwicklung in rotfaulem Laub- od. Nadelholz, v.a. im Gebirge, „stark gefährdet". Baumschröter oder Kopfhornschröter *(Sinodendron cylindricum)*, 12–16 mm, schwarz, Körper zylindr., Mandibeln bei beiden Geschlechtern klein, Männchen mit langem, Weibchen mit kurzem, nach oben stehendem Kopfhorn; Entwicklung v. a. in Buche. Kurzschröter *(Aesalus scarabaeoides)*, braun, 5–7 mm, damit unser kleinster H., ohne Kopfauszeichnungen; Entwicklung in rotfaulen Eichen, seltener auch in Buche od. Birke; bei uns nur in sog. Urwäldern, „vom Aussterben bedroht". *H. P.*

Hirschkuh, veraltet *Hindin,* der weibl. Hirsch.

Hirschtrüffel, *Elaphomyces,* Gatt. der Ord. *Elaphomycetales* (auch als Fam. *Elaphomycetaceae* bei den *Eurotiales* eingeordnet), Schlauchpilze (ca. 18 Arten) mit unterird., knoll., derbwand., cm-großen Fruchtkörpern, deren Oberfläche charakterist. (netzig-wabig) strukturiert ist; äußerl. ähneln sie den Trüffeln, mit denen sie aber nicht verwandt sind. In Höhlungen des Fruchtkörpers entwickeln sich die kugel., früh verschleimenden Asci mit runden, dickwand. Ascosporen, die bei der

Hirschkäfer
Wichtige Arten:
Hirschkäfer i. e. S.
(Lucanus cervus)
Zwerghirschkäfer
(Dorcus parallelopipedus)
Rehschröter *(Platycerus caraboides* u. *caprea)*
Baumschröter *(Sinodendron cylindricum)*
Rindenschröter *(Ceruchus chrysomelinus)*
Kurzschröter *(Aesalus scarabaeoides)*

Hirschziegenantilope
(Antilope cervicapra)

Rispen-Hirse
(Panicum miliaceum)

Reife eine staubig-mehl. Masse bilden. H. sind Mykorrhizapilze zahlr. Holzpflanzen. Bekannteste Art ist der ungenießbare Warzige H. (*E. granulatus* Fr.), der hpts. in Nadelwäldern (Kiefern u. Fichten) unter der Erdoberfläche wächst u. von Wildschweinen u. Hirschen herausgewühlt u. gefressen wird. Auf H. parasitieren Kernkeulen (*Cordyceps*-Arten), deren Fruchtkörper einige cm über die Erdoberfläche hinausragen u. damit das Vorkommen von H.n anzeigen.

Hirschwurz-Saum ⁊ Trifolio-Geranietea.

Hirschziegenantilope, *Sasin, Antilope cervicapra,* in Indien beheimatete Gazelle mit langen, gedrehten Hörnern (nur bei männl. H.n); Kopfrumpflänge 100–130 cm, Schulterhöhe 60–85 cm; dunkelbraun, unterseits weiß. Böcke markieren mit Voraugendrüsen-Sekret. Obwohl „dem Monde heilig", ist die H. in vielen Gegenden durch Bejagung in ihrem Bestand gefährdet.

Hirschzunge, *Phyllitis, Scolopendrium,* Gatt. der Streifenfarngewächse mit großen, gebüschelten, meist zungenförm.-ganzrand. Blättern; die längl., seitl. an einer Ader angehefteten Sori sind paarweise genähert u. bilden sog. „Doppelsori", die v. den zugehör., ebenfalls seitl. inserierenden u. sich gegeneinander öffnenden Indusien geschützt werden. Von den insgesamt 8 Arten kommt in Mitteleuropa nur die durch die immergrünen, charakterist. zungenförm. Blätter gut kenntl. Gemeine H. (*P. scolopendrium, S. vulgare,* B Farnpflanzen I) vor, die mit einer Verbreitung im östl. N-Amerika, in Europa u. O-Asien ein der „nordam.-eur.-ostasiat. Großdisjunktion" entspr. Areal zeigt. In Mitteleuropa bevorzugt sie als Charakterart der Schluchtwälder (⁊ *Aceri-Fraxinetum*) frische, nährstoffreiche, meist kalkhalt. Böden an schatt. Steilhängen u. ist in Dtl. geschützt. In Gärten wird die Gemeine H. in zahlr. Zierformen kultiviert; ihre Blätter fanden fr. als Wundmittel und gg. Milzkrankheiten Verwendung.

Hirse, 1) i. w. S. Sammelbez. für alle Getreidearten mit kleinen, etwa millimetergroßen runden Körnern ohne Längsfurche. Die H.n werden meist unter dem Begriff *millet* zusammengefaßt, mit Ausnahme der *Sorghum*-H.n aus der U.-Fam. der *Andropogonoideae*. Die H.n sind als trop.-subtrop. Getreide überwiegend Kurztagpflanzen und C_4-Pflanzen. Das Tausendkorngewicht (TKG) der millet-H.n ist gering, z. B. *Panicum miliaceum* 4–8 g; *Sorghum miliaceum* hingegen hat ein TKG von 15–38 g (Weizen zum Vergleich: 32 g) u. ist mit ⅔ an der Weltproduktion von ca. 99,6 Mill. t (1982) beteiligt. Die millet-H.n spielen v. a. in der Selbstversorgung v. „H.ländern" im mittl. u.

Hirtentäschel

östl. Afrika, Indien u. Teilen Chinas eine wicht. Rolle, gelangen aber kaum zum Export. **2)** *Panicum,* Gatt. der Süßgräser (U.-Fam. *Panicoideae)* mit ca. 550 hpts. trop. bis subtrop. Arten, z. T. auch in den gemäßigten Breiten. Die unbegrannten Ährchen stehen bei den H.n in reichblüt. Rispen; die Blattscheiden sind abstehend behaart. Die bis 1 m hohe Echte od. Rispen-H. *(P. miliaceum)* ist eine alte, seit dem Neolithikum in Mitteleuropa bekannte Kulturpflanze; sie wird heute hpts. in Zentralasien, Japan, China, Indien u. der UdSSR auf leichten Böden angebaut u. verträgt Trockenheit; in Europa war die H. im MA als Brei od. Fladen das Brot des armen Mannes; der Anbau ist heute allg. stark rückläufig. In Indien wird die Kutki-H. *(P. miliare)* kultiviert; die Körner werden gekocht gegessen od. zu Mehl verarbeitet. Das ca. 1,5–3 m hohe Guineagras *(P. maximum)* aus dem trop. Afrika ist ein wicht., heute noch angebautes Futtergras. ⬚ Kulturpflanzen I.

Hirtentäschel, *Capsella,* mit 4–5 Arten in Europa, Asien u. Afrika beheimatete Gatt. der Kreuzblütler. In Mitteleuropa: das als Kulturbegleiter heute weltweit verbreitete Gemeine H., *C. bursa-pastoris* (⬚ Europa XVI), eine ein- bis zweijähr. Pflanze mit ungeteilten bis fiederlapp. Blättern, unscheinbaren weißen Blüten u. dreieckig-verkehrt-herzförm. Schötchen (Name!); in lückigen Unkrautfluren, Äckern u. Gärten sowie an Wegen u. Schuttplätzen. [dinea.

Hirud̲i̲n s [v. *hirud-], ↗ Hirudinidae, ↗ Hirudi-
Hirud̲i̲nea [Mz.; v. *hirud-], *Blutegel, Egel,* U.-Kl. der ↗ Gürtelwürmer mit 4 Ord., 8 Fam. (vgl. Tab.) u. ca. 290 Arten. Die bei ihrer größten Form *(Haementeria ghiliani)* 30 cm erreichenden, durchschnittl. jedoch nur 3–10 cm langen, farblosen, dunklen od. manchmal recht bunt gefärbten, meist dorsoventral abgeflachten, parapodien- u. mit Ausnahme v. ↗ *Acanthobdella* auch borstenlosen, am Vorder- u. Hinterende mit je einem Saugnapf bewehrten *H.* sind ektoparasit. (Blutsauger) od. räuber. (Nahrung: Insektenlarven, Würmer) Bewohner hpts. des Süßwassers aller Erdteile, aber mit wenigen Arten auch der Meere (z. B. einige ↗ *Piscicolidae)* u. feuchter Landbiotope (u. a. ↗ *Haemadipsidae).* Der Körper, der aus dem winzigen Prostomium u. konstant 33 (↗ Zufallsfixierung) 2- bis 14fach sekundär u. nur äußerl. geringelten Metameren besteht, gliedert sich in eine Kopf-, Präclitellar-, Clitellar-, Mittelkörper- u. Hinterkörperregion. Die *Kopfregion* umfaßt das Prostomium u. die 4 folgenden Segmente, v. denen die vorderen (meist 2) nicht sekundär geringelt sind. Ventral ist im Gebiet der Kopfregion der vordere Saugnapf ausgebildet, der die Mundöffnung

Hirse
„Hirsen" (1) kommen in folgenden Gattungen der Süßgräser vor:
Digitaria
(↗ Fingergras)
Bluthirse
  (D. sanguinalis)
Foniohirse,
Hungerreis
  (D. exilis)
Echinochloa
(↗ Hühnerhirse)
Weizenhirse
  (E. frumentacea
Schamahirse
  (E. colona)
Eleusine
(↗ Fingerhirse)
Korakan
  (E. coracan)
Eragrostis
(↗ Liebesgras)
Tef *(E. tef)*
Panicum (Hirse)
Rispenhirse
  (P. miliaceum)
Kutkihirse
  (P. miliare)
Guineagras
  (P. maximum)
↗ *Pennisetum*
Perlhirse *(P. spicatum)*
Setaria
(↗ Borstenhirse)
Kolbenhirse
  (S. italica)
Sorghum
(↗ Mohrenhirse)
Durrha *(S. bicolor)*
Kaffernkorn
  (S. caffrorum)
Zuckerhirse
  (S. saccharatum)

Gemeines Hirtentäschel
(Capsella bursa-pastoris)

hirud- [v. lat. hirudo, Gen. hirudinis = Blutegel].

umgibt. Die *Präclitellarregion* besteht aus 4 od. 5 Metameren. Als *Clitellarregion* wird der das Clitellum (↗ Gürtelwürmer) u. die Geschlechtsöffnungen (s. u.) tragende Bereich bezeichnet. Der *Mittelkörper* stellt den größten Körperabschnitt dar u. endet mit dem 26. Segment, das dorsal den After trägt u. als Analring bezeichnet wird. Die den *Hinterkörper* bildenden 7 Segmente sind zum scheibenförm. Endsaugnapf verschmolzen, mit dem sich der Egel festsetzt, woraus sich erklärt, weshalb der After nicht am Körperende münden kann u. folgl. rostrad (⬚ Achse) verschoben ist. Das Integument ist eine einschicht. Epidermis mit derber Cuticula u. bildet mit der ihm unterlagerten Ring- u. Längsmuskulatur einen umfangreichen Hautmuskelschlauch. Die mächtig entwickelte Längsmuskulatur füllt zus. mit einem mesenchymat. Parenchym so sehr das Körperinnere aus, daß das Coelom seine Metamerie verliert – nur noch bei wenigen Arten lassen sich ↗ Dissepimente nachweisen – u. auf ein zwar stark verästeltes, im wesentl. aber nur noch aus einer dorsalen, einer ventralen u. 2 lateralen Höhlungen bestehendes Kanalsystem eingeengt wird, das sich allerdings bis unter die Haut ausdehnen u. dort ein der Atmung dienendes, flüssigkeitserfülltes Lakunensystem bilden kann. Ein geräumiges Coelom bleibt lediglich bei *Acanthobdella* um den Darm herum erhalten. Embryonal aber wird das Coelom bei allen *H.* metamer angelegt. Im Laufe der weiteren Entwicklung wandern dann einerseits Mesodermzellen aus dem Epithelverband aus u. bilden das obengen. Mesenchym, wie andererseits das dem Darm anliegende Coelomepithel zu einem als Fett- u. Glykogenspeicher dienenden *Botryoidgewebe* (↗ Botryoidzellen) wird u. so morpholog. wie funktionell dem *Chloragoggewebe* (↗ Chloragogzellen) der Oligochaeten entspricht. Bei den urspr. Egeln *(Acanthobdelliformes, Rhynchobdelliformes)* ist ein echtes, dem der Oligochaeten homologes *Blutgefäßsystem* noch vorhanden. Ein dorsales Längsgefäß, das im dorsalen Coelomkanal liegt, ist über zahlr. Ringgefäße mit einem Ventralgefäß im ventralen Coelomkanal zu einem geschlossenen Blutgefäßsystem verbunden. Bei den abgeleiteten Formen *(Gnathobdelliformes, Pharyngobdelliformes)* ist das urspr. Blutgefäßsystem völlig verschwunden. Da die Coelomflüssigkeit die Aufgabe des Blutes übernommen hat u. auch Hämoglobin gelöst enthalten kann, spricht man v. einem *Haemocoelom* als *sekundärem Blutgefäßsystem.* Mit der Reduktion des Coeloms ist auch die übrige Metamerie undeutl. geworden. Doch kommt sie noch klar zum Ausdruck in der metameren Anordnung der zwar in ihrem Bau abgeänderten u. auch in ihrer Zahl auf 10–17 Segmente verringerten *Metanephridien* sowie im *Strickleiternervensystem* mit einem Ganglienpaar je Segment. – An *Sinnesorganen* sind v. a. Tastorgane ausgebildet. Lichtsinneszellen finden sich in Form sog. Phaosome auf der Haut des ganzen Körpers u. vereinigen sich bes. an dessen Vorderende zu Augen, die v. Pigmentzellen becherartig umschlossen werden. Der aus ektodermalem Pharynx, Oesophagus, umfangreichem Magen, schmalem Hinter- u. dickerem Enddarm bestehende *Darmtrakt* zeigt in Anpassung an den Nahrungserwerb einige Besonderheiten. Bei den *Rhynchobdelliformes* (Rüsselegel) ist der Pharynx zu einem in eine Rüsselscheide eingelassenen Stechrüssel umgewandelt. Der Pharynxraum der *Gnathobdelliformes* (Kieferegel), zu denen auch der Medizinische Blutegel (*Hirudo medicinalis*, ↗*Hirudinidae*) gehört, trägt gewöhnl. 3 radial ins Lumeninnere ragende, halblinsenförm. Kiefer, die mit scharfen Calcitzähnchen besetzt sind u. folgl. die Haut des Wirtes geradezu ansägen können. Bei den *Pharyngobdelliformes* (Schlundegel) sind weder Kiefer noch Rüssel vorhanden, doch der Pharynx ist stark muskulös u. erweiterungsfähig, so daß ganze Beutetiere verschlungen werden können. Während der Magen der blutsaugenden H. mit blind endenden Taschen, in denen über Monate hin Blut gespeichert werden kann, versehen ist, fehlen diese den räuber. Schlundegeln, werden aber embryonal angelegt. In den Pharynx münden Speicheldrüsen, die bei den Blutsaugern das *Hirudin* (↗Hirudinidae) liefern, das sich mit dem Thrombin des Wirtsblutes verbindet u. so dessen Gerinnung unterbindet u. eine Verstopfung v. Wirtswunde u. Egelpharynx verhindert. Bei *Hirudo medicinalis* wird das Blut v. *Pseudomonas hirudinis*, symbiont. gramnegativen Bakterien, die im Lumen wie auch in den Zellen der Darmtaschen leben, sowohl konserviert wie verdaut. Auch bei einigen *Rhynchobdelliformes* sind symbiont. Bakterien nachgewiesen. – Alle *H.* sind Zwitter mit wechselseit. Begattung u. innerer Besamung. Während die *Ovarien* als ein Paar Schläuche mit meist unpaarer Öffnung im 11. od. 12. Segment münden, sind die *Hoden* in Form von 8–100 Säckchen ausgebildet, die durch kleine Kanäle mit 2 lateralen, längsverlaufenden Samenleitern verbunden sind, die ihrerseits unpaar im 10. Segment münden. Bei den *Gnathobdelliformes* werden die Spermatozoen mit Hilfe eines Penis in die Vagina des Partners übertragen. Die meisten *Rhyn-*

Hirudinea
Ordnungen und Familien:
Acanthobdelliformes (Borstenegel)
 ↗ *Acanthobdellidae*
 ↗ *Rhynchobdelliformes* (Rüsselegel)
 ↗ *Glossiphoniidae*
 ↗ *Piscicolidae*
 ↗ *Gnathobdelliformes* (Kieferegel)
 ↗ *Hirudinidae*
 ↗ *Haemadipsidae*
 ↗ *Pharyngobdelliformes* (Schlundegel)
 ↗ *Erpobdellidae*
 ↗ *Semiscolecidae*
 ↗ *Xerobdellidae*

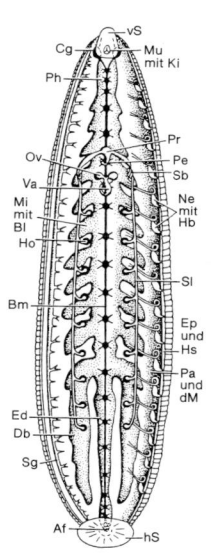

Hirudinea
Bauplan des Blutegels (*Hirudo*), Ventralansicht.
Af After, Bl Blindsäcke, Bm Bauchmark, Cg Cerebralganglion, Db Darmblindsack, dM dorsoventrale Muskulatur, Ed Enddarm, Ep Epidermis, Hb Harnblasen, Ho Hoden, hS hinterer Saugnapf, Hs Hautmuskelschlauch, Ki Kiefer, Mi Mitteldarm, Mu Mund, Ne Nephridien, Ov Ovar, Pa Parenchym, Pe Penis, Ph Pharynx, Pr Prostata, Sb Samenblase, Sg Seitengefäß, Sl Samenleiter, Va Vagina, vS vorderer Saugnapf

chobdelliformes u. einige *Pharyngobdelliformes* setzen dagegen wechselseitig Spermatophoren auf der Haut des Partners ab. Enzymatisch löst jede Spermatophore eine Öffnung in die Haut, durch die die Spermatozoen in den Körper eindringen, den Eileiter aufsuchen u. dort Eier besamen. Abgelegt werden die Eier in einem Kokon (↗Gürtelwürmer). Ungeschlechtl. Fortpflanzung fehlt, u. auch das Regenerationsvermögen scheint, sofern überhaupt vorhanden, sehr gering zu sein, was beides in der strengen Segmentfixierung begründet ist. ↗Gürtelwürmer, ↗Haplotaxidae. [B] Ringelwürmer. *D. Z.*

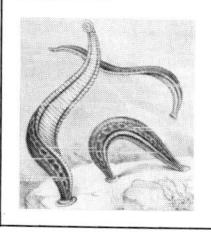

Hirudinidae Wichtige Gattungen:
Hirudo
↗*Haemopis*
Limnatis
Philobdella
Pintobdella
Poecilobdella
Richardsonianus

Medizinischer Blutegel
(*Hirudo medicinalis*)

Hirudinidae [Mz.; v. *hirud-], Fam. der ↗*Hirudinea* (Blutegel), Ord. *Gnathobdelliformes;* Süßwasserbewohner, Blutsauger od. Räuber; 25 Gatt. Bedeutendste Art *Hirudo medicinalis,* der Medizinische Blutegel, 10–15 cm lang, Rücken dunkelgrün mit 6 gelbl.-braunen Längsstreifen, die meist v. schwarzen Flecken unterbrochen sind. Wird med. zur Blutentziehung verwendet, wobei die Verminderung des Blutes beruhigend u. entgiftend wirken soll, während das in den Speicheldrüsen der *H.* gebildete *Hirudin* als gerinnungshemmend, antithrombotisch, gefäßkrampflösend und lymphstrombeschleunigend erkannt ist; Anwendung daher bei Thrombosen u. Venenentzündungen. ☐ Gürtelwürmer, [B] Ringelwürmer.

Hirundinidae [Mz.; v. lat. hirundines = Schwalben], die ↗Schwalben.

His, Abk. für ↗Histidin.

His, 1) *Wilhelm,* schweizer.-dt. Anatom, * 9. 7. 1831 Basel, † 1. 5. 1904 Leipzig; Prof. in Basel u. Leipzig; bes. verdient um die Entwicklungsgeschichte des Zentralnervensystems u. die Embryologie. **2)** *Wilhelm,* schweizer.-dt. Internist, Sohn v. 1), * 29. 12. 1863 Basel, † 10. 11. 1934 Riehen bei Basel; Prof. in Basel, Göttingen u. Berlin; arbeitete über Herz- u. Stoffwechselkrankheiten, klärte das Adams-Stokes-Syndrom auf, entdeckte das *H.sche Bündel.*

his-Operon *s,* Gruppe von 10 Genen, welche die Information für Histidin aufbauende Enzyme (der Histidinaufbau erfolgt in 10

Hissches Bündel

Schritten, v. denen jeder durch ein eigenes Enzym katalysiert wird) enthält. Bei Mikroorganismen liegen alle 10 Gene zus. mit den zugehör. Kontrollelementen in unmittelbarer Nachbarschaft auf dem Chromosom, d. h., sie bilden ein Operon u. können dadurch koordiniert reguliert werden. Die Expression der Gene des h.-O.s wird u. a. durch ↗ Attenuatorregulation kontrolliert.

Hissches Bündel [ben. nach W. ↗ His], Muskelfaserbündel im ↗ Herzen, Teil des Reizleitungssystems; ↗ Herzautomatismus.

Histamin s [v. gr. histos = Gewebe], biogenes Amin, entsteht durch Decarboxylierung v. ↗ Histidin. Kommt als Gewebshormon im menschl. u. tier. Organismus bes. in Haut u. Lunge, aber auch in der Leber, Milz u. quergestreiften Muskulatur sowie in der Schleimhaut v. Magen u. Darm vor; auch in Bienengift, im Speicheldrüsensekret stechender Insekten, in Brennesseln, Spinat, Mutterkorn u. Wein enthalten. H. senkt schon in kleinsten Mengen den Blutdruck u. erweitert die Kapillaren. Bei allerg. Hautreaktionen wird überschießend H. ausgeschüttet u. ist dann mitverantwortl. für das Jucken u. die „Quaddelbildung" (↗ Allergie, ↗ Antihistaminika). H. oder H.-ähnl. Substanzen entstehen bei jeder Schädigung menschl. u. tier. Zellen u. verursachen Reaktionen des umgebenden Gewebes.

Histeridae [Mz.; v. lat. hister = Schauspieler], die ↗ Stutzkäfer.

Histidin s [v. *histio-], Abk. *His* od. *H*, bas., proteinogene ↗ Aminosäure u. als solche Bestandteil fast aller Proteine. Häufig ist die Imidazolseitengruppe des H.s eine Komponente des aktiven Zentrums von Proteinen, z. B. von ↗ Chymotrypsin (↗ Enzyme) u. ↗ Globinen. Aufgrund seiner Basizität ist proteingebundenes H. auch an der Pufferung proteinhalt. Zell- u. Körperflüssigkeiten beteiligt. Durch Decarboxylierung erfolgt der Abbau von H. zu ↗ Histamin; ein anderer Abbauweg führt über Urocaninsäure zu Glutamat.

Histiocyten [Mz.; v. *histio-, gr. kytos = Höhlung (heute: Zelle)], *Gewebsmakrophagen, Gewebswanderzellen,* Fremdkörperfreßzellen in den Geweben v. Wirbeltieren, bes. in Bindegewebe u. Lymphknoten, die beim Eindringen v. Fremdkörpern in den Organismus rasch aktiviert werden können u. diese ebenso wie abgestorbene ↗ Granulocyten (Leukocyten) phagocytieren. Die H. stellen vermutl. eine Ruheform bzw. Gewebeform der ↗ Monocyten dar, werden v. manchen Autoren aber auch als spezialisierte Abkömmlinge der ↗ Fibrocyten angesehen u. dem ↗ reticulo-endothelialen System (RES) zugerechnet.

histioid [v. *histio-, gr. -oeidēs = -artig],

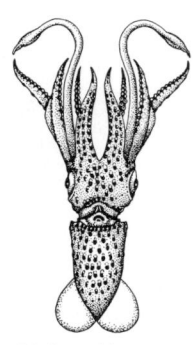

Histioteuthis, ca. 10 cm lang

Histamin

Histidin

histio- [v. gr. histion = Gewebe].

histo- [v. gr. histos = Gewebe].

histoid, gewebeartig; *h. e. Gallen* sind Pflanzen-↗ Gallen, die nur aus wenig differenziertem pflanzl. Gewebe bestehen; ↗ organoid.

Histioteuthis w [v. *histio-, gr. teuthis = Tintenfisch], 13 Arten umfassende Gatt. der *Histioteuthidae* (Oegopsida), Kopffüßer mit konisch-röhrenförm. Rumpf u. relativ großem Kopf, der asymmetr. Augen trägt. Die 8 Arme haben 2 Reihen v. Saugnäpfen, die Endkeulen der 2 Fangarme 5–8 Reihen. In der Haut sitzen zahlr. kleine Leuchtorgane, bes. ventral. Die Tiere leben in großen Schwärmen in 100–2000 m Tiefe; sie ernähren sich v. kleineren Kopffüßern, Krebsen u. Fischen u. dienen selbst Fischen u. Pottwalen zur Nahrung. Ein bekannter Vertreter ist der ↗ Segelkalmar des Mittelmeeres.

Histochemie [v. *histo-], Chemie der Zellen u. Gewebe, durch deren Nachweismethoden (Färbungen) sich Zellen bestimmter Funktion od. einzelne Zellorganelle aufgrund ihrer chem. Eigenschaften selektiv im Licht- u. Elektronenmikroskop *(Ultra-H.)* selektiv darstellen lassen; z. B. *Enzym-H.,* mit deren Methoden bestimmte Enzyme in einer Zelle lokalisiert werden können. ↗ Hämatoxylin-Eosin-Färbung.

Histogene [Mz.; v. *histo-, gr. gennan = erzeugen], Sammelbez. für diejen. Bildungszentren (↗ Bildungsgewebe) des Urmeristems in Sproß- u. Wurzelscheitel, die bestimmte ↗ Dauergewebe-Partien liefern, d. h., daß schon im Sproß- u. Wurzelscheitel über das zukünft. Schicksal der Deszendenten entschieden wird. Heute hat sich eine strenge Auffassung dieses H.-Konzepts als falsch erwiesen. So kann im Sproßscheitel nur der äußersten Tunica-Schicht ein H.-Charakter als ↗ Dermatogen od. Protoderm, als zukünft. Epidermis also, zugesprochen werden. Bezügl. des Wurzelscheitels gibt es mehrere Befunde: Es gibt Pflanzenarten, deren Wurzelscheitel ein zeitlebens streng in Initialstockwerke gegliedertes Urmeristem besitzen, die also im Wurzelscheitel echte H. besitzen. Doch ist die Gliederung in Initialstockwerke dabei nicht einheitl., sondern variiert v. Artengruppe zu Artengruppe. Daneben gibt es viele Artengruppen, bei denen die urspr. angelegte Abgrenzung von H.n frühzeit. durch eine ungeordnet erscheinende Wucherung des Initialkomplexes gesprengt wird.

Histogenese w [v. *histo-, gr. genesis = Entstehung], *Gewebsentwicklung,* Bildung spezialisierter Gewebe (z. B. Muskel- od. Nervengewebe) im Verlauf der Embryonalentwicklung (histolog. ↗ Differenzierung).

histoid [v. *histio-] ↗ histioid.

Histokompatibilität w [v. *histo-, spätlat.

compatibilis = verträglich], *Gewebsverträglichkeit,* ↗HLA-System, ↗Transplantation, ↗Antigene, ↗Immungenetik.

Histologie w [v. *histo-, gr. logos = Kunde], *Gewebelehre,* Lehre v. der Struktur pflanzl. u. tier. Gewebe.

Histolyse w [v. *histo-, gr. lysis = Auflösung], *Gewebsauflösung,* 1) Umwandlung eines differenzierten Gewebes in ein Bildungsgewebe (↗Blastem 1), z.B. unter Abbau des kontraktilen Apparats bei Muskelgewebe; H. und Blastembildung sind häufig Voraussetzung für Regenerationsvorgänge. 2) Gewebszerfall in der Metamorphose holometaboler Insekten, wobei die Zellen absterben (z.B. larvales Epithel v. Fliegen) od. nach Dedifferenzierung eine andere Spezialisierung durchlaufen (z.B. manche Muskeln v. Fliegenlarven). 3) Auflösung des Gewebes nach dem Tod od. (beim lebenden Organismus) v. Gewebeteilen nach schädigender Einwirkung durch enzymat. od. bakterielle Zersetzung.

Histone [Mz.; v. *histo-], basische Chromosomenproteine, die mit Ausnahme v. Fisch-Sperma (↗Protamine) in den Kernen aller eukaryot. Zellen vorliegen; charakterist. für H. sind der ungewöhnl. hohe Gehalt an den basischen Aminosäuren Lysin u. Arginin u. die stark konservierte Aminosäuresequenz der einzelnen Proteine bei sämtl. Eukaryoten (Austausch v. nur 2 Aminosäuren zw. H 4 v. Rind u. Erbse). H. werden in 5 Klassen unterteilt: H 1, H 2a, H 2b, H 3 u. H 4; diese unterscheiden sich hpts. durch ihre relative Molekülmasse, den Gehalt an Arginin od. Lysin u. durch die Lokalisierung der basischen Aminosäuren innerhalb der jeweil. Polypeptidkette (bei den H.n H 2a – H 4 liegen sie gehäuft am aminoterminalen Ende vor, bei H 1 an beiden Enden der Kette). Je 2 Moleküle der H. H 2a, H 2b, H 3 u. H 4 sind am Aufbau der Nucleosomen beteiligt, flach zylindr. Histonoktameren, um die sich ein DNA-Abschnitt v. 140 Nucleotidpaaren windet (↗Chromatin, ☐). H 1 hat Kontakt zu den DNA-Abschnitten zw. den Nucleosomen u. ist durch seine *beiden* positiv geladenen Enden befähigt, entfernt voneinander liegende DNA-Regionen zusammenzubringen u. somit die sog. 10-nm-*Nucleofilamente* zu 30-nm-*Chromatinfibrillen,* Überstrukturen des Chromatins, zu falten. Durch Modifikation der H. (z.B. Einführung negativ geladener Phosphatgruppen, bes. bei H 1) kann ihre Bindung an DNA beeinflußt werden; dies steht möglicherweise in Zshg. mit der spezif. Transkription einzelner Gene. Die für H. codierenden Gene *(Histon-Gene)* zeichnen sich durch das Fehlen intervenierender Sequenzen aus; zudem fehlt der v. Histon-Genen codierten

histo- [v. gr. histos = Gewebe].

histrio- [v. lat. histrio = Schauspieler, mlat. Bedeutung: Gaukler, Narr].

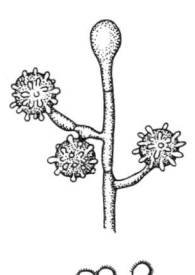

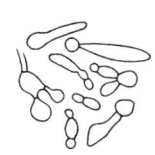

Histoplasma
Makrokonidien, Mikrokonidien u. hefeartige Zellen von *H. capsulatum* (= *Emmonsiella capsulata*)

Histone
Relative Molekülmassen (in Klammern) u. Kennzeichen der Histon-Klassen:
H 1 (22000):
26% aller Aminosäuren sind Lysin
H 2a (14500) und
H 2b (13700):
11–15% aller Aminosäuren sind Lysin
H 3 (15300) und
H 4 (11300):
ca. 14% aller Aminosäuren sind Arginin

Histriobdellidae

m-RNA das ansonsten bei eukaryot. m-RNAs übl. poly-A-Ende. Charakterist. für Histon-Gene ist auch, daß sie zu sog. „Clustern" zusammengelagert sind (jeweils 1 Gen für jedes der 5 verschiedenen Proteine). Sie sind allerdings z.T. in gegenläuf. Richtung orientiert, weshalb sie getrennt voneinander transkribiert werden. ↗Genfamilie.

Histopathologie w [v. *histo-, gr. pathologikē = Krankheitslehre], Lehre v. den histolog. Veränderungen erkrankter Gewebe.

Histoplasma s [v. *histo-, gr. plasma = Gebilde], Formgatt. der Fungi imperfecti; wichtige Art ist *H. capsulatum* var. *capsulatum* u. var. *duboisii,* Erreger der ↗Histoplasmose („klass." u. „afr." Form); das sexuelle Stadium wurde *Emmonsiella capsulata* ben. (Ord. *Onygenales,* Fam. *Gymnoascaceae*). Der Pilz ist nahezu weltweit verbreitet. Im Gewebe wächst er mit Sproßzellen (2–3 × 3–4 µm), in Kultur mit fädigem Mycel, das Makro- u. Mikrokonidien ausbildet. Die Infektion erfolgt hpts. durch Einatmen des Pilzes. Saprobisch kommt H. im Erdboden vor, z.B. unter Vogel- u. Fledermausexkrementen.

Histoplasmose w [v. *histo-, gr. plasma = Gebilde], seltene, meist langsam verlaufende Allgemeininfektion beim Menschen u. bei einigen Tieren (v.a. Hunde u. Nagetiere), ausgehend v. mit dem Pilz ↗*Histoplasma (capsulatum)* verseuchtem Erdreich (u.a. durch Staubinhalation); tritt v.a. im Mississippigebiet, in S-Amerika u. Afrika auf, führt oft zu Geschwüren an Lunge, Lymphknoten, Haut u. Schleimhäuten; häufig tödl. Verlauf.

Historadiographie w [v. *histo-, lat. radius = Strahl, gr. graphein = schreiben], *Histoautoradiographie,* ↗Autoradiographie im licht- u. elektronenmikroskop. Bereich an Geweben und Einzelzellen (Mikroautoradiographie). [fische.

Histrio m [lat., *histrio-], Gatt. der ↗Fühler-

Histriobdellidae [Mz.; v. *histrio-, gr. bdella = Blutegel], Ringelwurm-Fam. der *Eunicida;* Körper sehr klein; Prostomium u. Peristomium miteinander verschmolzen; Prostomium mit 5 Antennen, Peristomium mit einem Paar abgewandelter Parapodien, die in einem Saugnapf enden; die folgenden Segmente ohne Parapodien u. mit od. ohne ein Paar Cirren. Hinterkörper endet mit 2 seitl. abgespreizten Parapodien mit Saugnäpfen am Ende. Keine Borsten, keine Kiemen, jedoch ausgeprägter Kieferapparat. Männl. Kopulationsapparat mit chitinösem Penis. Ektoparasiten. Bekannteste Art *Histriobdella homari,* 1,5 mm lang, aus 8 Segmenten, parasit. zw. den Eiern u. in der Kiemenhöhle des Hummers.

Histrionicus *m* [v. *histrio-], Gatt. der ↗Meerenten.

Histriophoca *w* [v. *histrio-, gr. phōkē = Robbe], ↗Bandrobbe.

Hitzeadaptation ↗Temperaturregulation.

Hitzeresistenz, Fähigkeit eines Organismus, Einwirkungen hoher Temp. ohne bleibende Schäden zu überstehen. 1) Bot.: Hitzeempfindl. (ca. 45°C) sind die meisten submersen Wasserpflanzen, viele eukaryot. Algen u. manche pathogene Bakterien und Viren. Pflanzen trockenheißer Standorte (↗Dürre) ertragen nach entspr. Abhärtung Temp. bis 60°C; dies scheint die obere Grenze der plasmat. Resistenz (↗Austrocknungsfähigkeit) der hochorganisierten Pflanzenzelle zu sein. Dagegen ertragen manche thermophile Prokaryoten (↗Bakterien, ↗Cyanobakterien) wesentl. höhere Temperaturen. Die Temp.-Resistenz Höherer Pflanzen folgt im allg. einem Jahresgang, mit einem Maximum während der Vegetationsruhe u. einem Minimum während der aktiven Wachstumszeit. Auch innerhalb eines Organismus sind jeweils die physiolog. aktivsten Gewebeteile am stärksten gefährdet. 2) Zool.: Bei Tieren bzw. deren Geschlechtsprodukten od. ↗Dauerstadien die Fähigkeit, weit über der normalen Entwicklungs-Temp. liegende Wärmegrade unbeschadet zu überstehen. H. ist häufig verbunden mit der aktiven Vermeidung ungünst. Umgebungs-Temp., z.B. durch Eingraben (Ringelwürmer, Weichtiere, Gliederfüßer, kleine Säuger), Nachtaktivität, Ausrichtung der Körperlängsachse zu Sonne u. Wind (Leguane) od. Aufsuchen v. Schatten (Vögel). Hinzu kommen morpholog. Anpassungen, wie Haar- bzw. Federlänge u. -färbung. Physiolog. Mechanismen der H. sind Erniedrigung des Metabolismus, Anstieg der Verdunstungsrate, ↗Ästivation od. ↗Dormanz. ↗Anabiose.

Hitzeschock-Proteine, die ↗heat-shock-Proteine.

Hitzesterilisation ↗Sterilisation.

Hitzschlag, *Heliosis,* Überwärmung (Hyperthermie) des Körpers durch Wärmestaubildung bei verminderter Wärmeabgabe; Ursachen u.a. heißes, feuchtes Klima, direkte Sonneneinstrahlung, verdunstungsbehindernde Kleidung, Überanstrengung. Symptome sind u.a.: Gesichtsröte, Schweißausbruch, Schwindel, Kopfschmerzen, Übelkeit, Ohnmachtsanfälle (manchmal mit Krämpfen); bei über 41°C Körper-Temp. tödliches Kreislaufversagen möglich. Ähnl. Symptome bei dem durch direkte Sonneneinstrahlung auf den Kopf eintretenden *Sonnenstich (Insolation),* kann mit Hirnhautreizung bzw. Meningitis verlaufen.

---

histrio- [v. lat. histrio = Schauspieler, mlat. Bedeutung: Gaukler, Narr].

Hitzeresistenz

Wegen der wicht. Rolle der Transpirationskühlung treten *Hitzeschäden* bei Pflanzen im Freiland nur bei großer Wasserknappheit auf u. sind deshalb v. Trockenschäden gewöhnl. nicht zu unterscheiden. Es handelt sich dabei in erster Linie um Membranschäden u. Stoffwechselstörungen infolge der Hitze-↗Denaturierung thermolabiler Enzyme.

Hitzeresistenz

Toleranzgrenzen bei einigen Tierarten:
Eier des Krebses
Triops
   103°C (16 Std.)
Fliegenlarve
Polipedilum
   102°C (1 Min.)
Wüstenkrebs
Cyprinodon diabolis
   43°C
antarktischer Fisch
Trematomus
   6°C

Toleranzgrenzen bei Prokaryoten:
↗thermophile Bakterien
↗Endosporen

H-Ketten, *heavy chain,* die „schweren" Polypeptidketten (relative Molekülmasse ≥ 50000) der ↗Immunglobuline, die nach ihrer Zugehörigkeit zu den 5 Antikörperklassen (IgM, IgD, IgG, IgE, IgA) mit μ, δ, γ, ε, α bezeichnet werden.

HLA-System [HLA = Abk. für *H*uman *L*ymphocyte *A*ntigen], *Histokompatibilitätsantigen-System, Transplantationsantigen-System,* kommt in den Plasmamembranen aller Zellen (Ausnahme Erythrocyten) vor u. bedingt die immunolog. „Selbst-Definition" eines Menschen. Die Tolerierung (Histokompatibilität = Gewebsverträglichkeit) bzw. die Abstoßung v. Organtransplantaten (↗Transplantation) geht größenteils auf die Funktionsweise dieses Systems zurück. Da ↗Immunzellen körperfremde Antigene nur in Verbindung mit ihrem „Selbst-System" erkennen können, liegt die biol. Bedeutung des H.-s in seiner Beteiligung an Interaktionen v. Immunzellen. ↗Antigene.

hn-RNA, Abk. für engl. *h*eterogenous *n*uclear RNA, heterogene Kern-RNA, die im Kern eukaryoter Zellen enthaltene Gemische der primären Transkripte (Vorläufer-RNAs) von sehr unterschiedl. Längen; enthalten die noch nicht od. noch unvollständig prozessierten Vorläufer-Moleküle der reifen m-RNAs; z.B. liegen noch unterschiedl. Anzahlen intervenierender Sequenzen vor (bei Transkription v. Mosaikgenen); komplexiert mit Kern-Proteinen, bildet hn-RNA die sog. *hn-RNP-Partikel (P* für *Protein).*

Hoaglands A–Z-Lösung [hoªgländs-; ben. nach dem am. Biochemiker R. D. Hoagland, 1884–1949], die ↗A–Z-Lösung.

Hoatzins [Mz.; v. altmexikan. uatzin = Fasan], die ↗Schopfhühner.

Hochblätter, die einfacher gestalteten Blätter, die, auf die normalen Laubblätter folgend, v. vielen Angiospermenarten gg. die Blütenregion hin gebildet werden. Sie stellen Hemmungsformen der Laubblätter dar, wie Übergangsformen häufig belegen. I. d. R. ist das Unterblatt (↗Blatt, ☐) stärker entwickelt u. das Oberblatt stark bis völlig reduziert *(vaginale H.).* Es gibt aber auch H., die bei der Reduktion des Gesamtorgans hpts. aus dem Spreitenteil bestehen *(laminare H.).* Die H. besorgen häufig den Knospenschutz im Blütenbereich. Sie sind daher in typ. Ausbildung als Tragblätter der Blüten u. Blütenstandsäste ausgebildet (↗Braktee, ☐ Achselknospe). Bei dem ↗Blütenstand (☐) der Dolde sind sie daher rosettig als *Hülle* u. *Hüllchen* zusammengestellt, beim Köpfchen i.d. R. dicht zu einem *Hüllkelch* (Involucrum) zusammengeschlossen (Beispiele: Korbblütler, Kardengewächse). Darüber hinaus dienen die H.

vielfach der Insektenanlockung. In diesen Fällen sind sie nicht nur chlorophyllarm bzw. -frei, sondern entweder weiß od. auch lebhaft gefärbt (z. B. Weihnachtsstern, Anthurie). In manchen Fällen gehen sie ohne scharfe Grenze in die Blütenhüllblätter der Blüte über (z. B. bei den Nieswurz-Arten).
Hochgrasfluren, *Reitgras-Rasen, Calamagrostion,* ↗ Betulo-Adenostyletea.
Hochgucker, *Opisthoproctidae,* Fam. der ↗ Glasaugen.
Hochlagen-Buchenwälder ↗ Aceri-Fagion.
Hochlandkärpflinge, *Orestias,* Gatt. der ↗ Kärpflinge.
Hochlandsalamander, *Rhyacosiredon,* Gatt. der ↗ Querzahnmolche.
Hochmoor, nur v. Niederschlagswasser abhängiges (ombrotrophes) ↗ Moor (☐). Hauptareal des typ. gewölbten, baumlosen H.s ist das ozean. Klimagebiet im N Mitteleuropas u. im südl. Fennoskandien. Die H.-Oberfläche ist in unregelmäßige Mulden *(Schlenken)* u. buckelige Erhebungen *(Bulten)* gegliedert u. fällt über das Randgehänge zum Randsumpf *(Lagg)* ab. ↗ H.gesellschaften, ↗ H.kultur.
Hochmoorgelbling, *Colias palaeno,* Art der ↗ Weißlinge.
Hochmoorgesellschaften, zahlr. in den ↗ Hochmooren (↗ Moor) Mitteleuropas je nach Kontinentalitätsgrad des Klimas, aber auch in Abhängigkeit vom kleinräumigen Standortsmosaik auftretende, verschiedene Pflanzengesellschaften; sie sind in der Kl. der ↗ *Oxycocco-Sphagnetea* und in der Ordnung der *Scheuchzerietalia* *(↗ Scheuchzerio-Caricetea nigrae)* vereint.
Hochmoorkultur, landw. Nutzung v. ↗ Hochmooren; fr. extensive Moorbrandkultur od. ↗ Fehnkultur, ab dem 19. Jh. ↗ Deutsche H. und ↗ Sandmischkultur.
Hochstauden-Bergmischwald, *Aceri-Fagetum,* Assoz. des ↗ Aceri-Fagion.
Hochstaudenfluren, physiognom. Bez. für vorwiegend aus hochwüchs., ausdauernden Stauden aufgebaute, meist mahdempfindl. Krautfluren. Alpine H. *(Adenostylo-Cicerbitetum,* ↗ *Betulo-Adenostyletea);* Bach-H. *(↗ Filipendulion).* Ähnl. aufgebaut sind auch die Lägerfluren *(↗ Artemisietalia),* die Schlagfluren *(↗ Epilobietea angustifolii),* die nitrophyt. Saumgesellschaften *(↗ Glechometalia)* u. die wärmeliebenden Saumgesellschaften *(↗ Trifolio-Geranietea).* [↗ Betulo-Adenostyletea].
Hochstaudengebüsche, subalpine H.,
Hochwald, heute weithin bevorzugte Form des Wirtschaftswaldes mit einer Umtriebszeit v. 80–120 Jahren u. einer im Ggs. zum ↗ Niederwald od. ↗ Mittelwald ausschl. aus Sämlingen (nicht aus Stockausschlägen) hervorgegangenen Baumschicht (sog. Kernwüchse). Die Holzernte erfolgt beim Kahlhiebverfahren gleichzeitig auf größerer Fläche u. führt bei nachfolgender Neuanpflanzung zu gleichaltr. Beständen; dagegen ergeben lokal begrenzte Löcherhiebe (Femelwälder) od. Einzelstammentnahmen (Plenterwälder) stufig aufgebaute Wälder verschiedener Altersklassen.
Hochwild, das zur hohen (fr. nur v. Landesherren ausgeübten) Jagd gehörende Wild, wie Rot- u. Damhirsch, Elch, Schwarzwild, Gemse, Mufflon, Steinbock u. Auerhuhn.
Hochzeitsflug, v. a. bei der ↗ Honigbiene der Ausflug der neuen Königin zum Zwecke der Begattung (↗ Drohne). Auch bei ↗ Ameisen u. ↗ Termiten spricht man vom H., wenn bei günst. Wetterbedingungen synchron geflügelte Geschlechtstiere in großer Zahl ausschwärmen.
Hochzeitskleid, das ↗ Prachtkleid, bei Vögeln das ↗ Sommerkleid.
Höckerechsen, *Xenosauridae,* Fam. der *Anguimorpha* (Schleichenartige) mit 4 Arten; 20–40 cm lang; in Mexiko u. Guatemala (Gatt. *Xenosaurus*) bzw. in den Wäldern SW-Chinas (*Shinisaurus*) beheimatet, wobei die kleinen isolierten Lebensräume vermuten lassen, daß es sich um Reliktformen handelt. Meist braun gefärbte Echsen mit hellen Querbändern; v. gedrungenem Körperbau; mit kleinen Körner- u. eingestreuten, großen, regelmäßig angeordneten Höckerschuppen, unterlegt mit Hautknochenschuppen; kräftige Gliedmaßen; dämmerungsaktiv, rasch zubeißend.
Höckernattern, *Xenoderminae,* U.-Fam. der Nattern; in S- u. SO-Asien (mit 5 Gatt.) sowie in S-Amerika (2 Gatt.) beheimatet; mit einigen altertüml. Merkmalen (z. B. am Hinterrand aufgebogenen Lippenschildern; die meisten Gatt. außerdem mit breiten Knochenplatten über den Dornfortsätzen der Wirbelsäule.) über ihre Lebensweise ist wenig bekannt. Die Javanische H. *(Xenodermus javanicus)* bevorzugt feuchtes Gelände (zw. Reisfeldern), hat auf dem Rücken 3 Längsreihen vergrößerter Höckerschuppen u. ernährt sich v. a. von Fröschen. Die 2 Arten der Gatt. *Achalinus* (*A. loochoensis* in Japan, *A. braconnieri* im indones. Raum) verzehren dagegen Regenwürmer. Die Lippennattern (Gatt. *Fimbrios*) aus Indochina haben saumartig weit aufgebogene Lippenschilder, u. die Vertreter der ebenfalls altweltl. Gatt. *Stoliczkaia* besitzen auffallend große Höcker an den vorderen Kinnschildern; letztere bevorzugen gebirg. Gelände. Neuweltl. Gatt. sind *Xenopholis* u. *Nothopsis.*
Höckerzähne [Mz.], die hinter den Reißzähnen (P^4 bzw. M_1) v. Raubtieren folgenden Backenzähne mit quetschender Funktion; die Bez. findet auch Anwendung auf Molaren des ↗ bunodonten Typs.

Höckerechsen
Die 3 neuweltl. Arten der Gatt. *Xenosaurus* leben unter Wurzeln, in Baum- od. Felsspalten u. ernähren sich v. Kerbtieren (v. a. Termiten). Die Krokodilschwanz-H. *(Shinisaurus crocodilurus)* bewohnt Flußufer, kann gut schwimmen u. verzehrt kleine Fische od. Kaulquappen; besitzt auf der Schwanzoberseite einen doppelten Höckerkamm.

Hoden

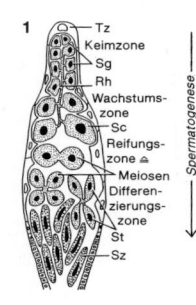

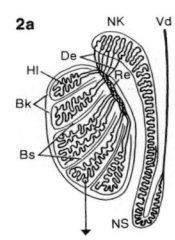

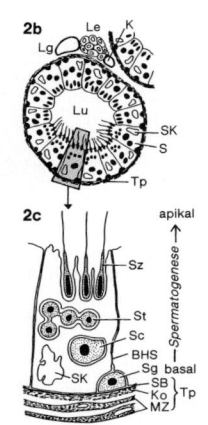

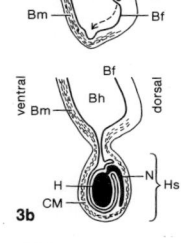

Hoden, *Testis, Testikel, Didymis, Orchis, Spermarium,* die männl. ↗Gonade ("Keimdrüse"); enthält die Spermien u. ihre Vorstufen (Spermatogenese-Stadien: ☐ Gametogenese) sowie somat. Zellen ("Stützzellen" u. a. Hilfsstrukturen für die Spermatogenese, Hüllen um den ganzen H., usw.). Meist sind die H. paarig (☐ Geschlechtsorgane) u. oft in einzelne Follikel aufgeteilt. – Bei vielen Wirbellosen sind die H. bipolar gebaut: v. der Keimzone (↗Germarium, oft Terminalregion genannt) bis zur Zone der fertigen Spermien (Abb. 1). Bei vielen Arthropoden sind jeweils 16, 32 usw. (2^n) Spermatiden (u. auch die meisten Vorstufen) v. Cystenzellen umhüllt u. dadurch zu Bündeln zusammengeschlossen. Völlig anders ist der H. bei Wirbeltieren gebaut: Die Spermatogenese findet in Samenkanälchen statt; jeweils an *jeder* Stelle dieser Kanälchen läuft v. der Peripherie zum Lumen hin die *gesamte* Spermatogenese ab. Der H. des Menschen ist ein Beispiel für diesen Typ: Durch Bindegewebssepten ist der H. in etwa 250 *H.läppchen* (Lobuli testis) unterteilt. In jedem Läppchen liegen 1–4 stark aufgewundene *Samenkanälchen* (Tubuli contorti seminiferi); bei einem ⌀ von 0,2 mm haben sie ausgestreckt eine Länge v. 50 cm, was für beide H. zus. 0,5 km ergibt. Durch diese Längen- u. Oberflächenvergrößerung wird die hohe Produktion von tägl. ca. 100 Mill. Spermien erreicht. Das Epithel der Samenkanälchen ist somatisch; es besteht aus *Sertoli-Zellen.* Diese machen nach der Geburt keine Mitosen mehr durch. In sie eingelagert sind die Spermatogenese-Stadien, u. zwar basal (≙ peripher) die Stamm-Spermatogonien, die (beim Menschen bis ins hohe Alter) durch Mitosen immer wieder Spermatogonien nachliefern; diese wandern in den mittleren Bereich der Sertoli-Zellen, wo sie nach weiteren Mitosen zu Spermatocyten werden; nach der Meiose schließl. liegen die Spermatiden im apikalen Bereich der Sertoli-Zellen, d. h. zum Lumen zu. Als *"Blut-Hoden-Schranke"* wird eine Permeabilitäts-Barriere (vergleichbar der ↗Blut-Hirn-Schranke) bezeichnet, welche die meisten Stoffe daran hindert, zw. den Sertoli-Zellen hindurchzudringen. Die Bedeutung dieser Schranke liegt wahrscheinl. in der Vermeidung v. Autoimmunreaktionen gg. Antigene auf der Oberfläche v. Spermatiden u. Spermien. Gut mit Blutgefäßen versorgt sind die Zwischenräume zw. den Samenkanälchen. Dort liegen die interstitiellen Zellen (↗*Leydig-Zwischenzellen);* sie erhalten über die Blutbahn das vom Hypophysenvorderlappen ausgeschüttete luteinisierende Hormon u. produzieren daraufhin Testosteron. – Die fast fertigen, aber noch nicht bewegl. Spermien lösen sich (Vorgang: „Spermiation") unter Zurücklassung v. Restplasma aus dem apikalen Bereich der Sertoli-Zellen u. gelangen ins Lumen der Samenkanälchen. Durch einen Flüssigkeitsstrom u. wohl auch durch rhythm. Kontraktionen der myoiden Zellen werden sie über Rete testis u. die ca. 10 Ductuli efferentes zum *Neben-H.* (Epididymis) transportiert. Der Neben-H. des Menschen besteht bei 5 cm Länge nur aus einem einzigen 5 m langen Kanal, der sehr stark mäandertig aufgewunden ist. Dort findet während einer 1–2 Wochen dauernden Passage ein Reifungsprozeß statt, während dem die Spermien auch ihre Beweglichkeit erlangen. Der untere Abschnitt (Cauda epididymidis) dient zugleich als Samenspeicher. – Bei den Kloakentieren, einigen primitiven Insektenfressern, bei Elefanten, Klippschliefern u. wenigen anderen Säugetieren (zusammengefaßt als *Testiconda*) liegen die H. dorsal in der Leibeshöhle wie bei den meisten anderen Wirbeltieren. Bei den übr. Säugetieren kommt es, zumindest während der Brunstzeit, zum *H.abstieg* (Descensus testiculorum): die H. werden ventrad u. caudad (ventral- u. caudalwärts) verlagert (auf den stehenden Menschen bezogen: „nach unten"). Dabei werden das Peritoneum (Bauchfell, ein Coelom-Epithel) u. auch Teile der Bauchmuskulatur (als paarige Cremaster-Säcke) vorgewölbt. Die Haut um die beiden Cremaster-Säcke herum bil-

Hoden

1 H. bei *Fadenwürmern* (Längsschnitt). **2** Bau des *menschl. H.s* (stark schematisiert); **a** Übersicht (Sagittalschnitt), **b** Detail: Querschnitt durch Samenkanälchen, **c** Ausschnitt aus **b**: Sertoli-Zelle mit Spermatogenese-Stadien. **3** *H.abstieg* (Descensus testiculorum) bei Säugetieren; **a** urspr. Zustand (zugleich auch der embryonale Zustand); **b** räuml. Beziehungen nach erfolgtem H.abstieg.
Abb.-Erklärung: in Abb. 1, 2b, 2c Keimzellen punktiert (bzw. schwarz), ihre Kerne schwarz; somatische Zellen (H.epithel usw.) u. ihre Kerne weiß.
Bf Bauchfell (= Peritoneum), Bh Bauchhöhle (≙ Coelom), BHS Blut-Hoden-Schranke, Bk Bindegewebskapsel (Tunica albuginea), Bm Bauchmuskulatur, Bs Bindegewebssepten (Septula testis), CM Cremaster-Muskel, De Ductuli efferentes, H Hoden, Hl Hodenläppchen (Lobulus testis), Hs Hodensack (Scrotum), K Blutkapillare, Ko Kollagen, Le Leydig-Zellen, Lg Lymphgefäß, Lu Lumen des Samenkanälchens, MZ Myoide Zellen, N Nebenhoden, NK „Kopf" des Nebenhodens (Caput epididymidis), NS „Schwanz" des Nebenhodens (Cauda epididymidis), Re Rete testis, Rh Rhachis, S Sertoli-Zelle, SB Basallamina der Sertoli-Zellen, SK Kern einer Sertoli-Zelle, Sc Spermatocyten, Sg Spermatogonien, St Spermatiden, Sz Spermatozoen (= Spermien), Tp Tunica propria, Tz Terminal-Zelle, Vd Vas deferens (Samenleiter)

det meist einen median verwachsenen *H.sack* (Scrotum); er ist homolog den großen Schamlippen der Weibchen bzw. der Frau (□ Geschlechtsorgane). Bei den Beuteltieren liegt der H.sack *vor* dem Penis (Scrotum praepenial); ihr H.abstieg wird als Konvergenz zu dem der nichttesticonden Placentatiere angesehen. – Beim Menschen findet der H.abstieg im 3.–9. Fetalmonat statt; unterbleibt er, spricht man vom H.hochstand *(Kryptorchismus)*. In solchen Fällen kommt es zu schweren Störungen bei der Bildung der Spermien, vielleicht aufgrund der höheren Temp. in der Bauchhöhle. *U. W.*

Hodgkin [hodsch-], **1)** *Alan Lloyd,* engl. Physiologe, * 5. 11. 1914 Banbury; seit 1952 Prof. in Cambridge; bedeutende Arbeiten zur Nervenphysiologie; gab der Ionentheorie der Erregung (Entstehung u. Weiterleitung v. Aktionspotentialen in der Nervenleitung) entscheidende Impulse; erhielt 1963 zus. mit J. C. Eccles u. A. F. Huxley den Nobelpreis für Medizin. **2)** *Dorothy Mary,* geb. *Crowfoot,* engl. Chemikerin, * 12. 5. 1910 Kairo; seit 1956 Prof. in Oxford; erhielt 1964 den Nobelpreis für Chemie für ihre mit Röntgenmethoden (Röntgenstrukturanalyse) ausgeführten Bestimmungen des biochem. Aufbaus wichtiger Stoffe, insbes. des Vitamins B$_{12}$.

A. L. Hodgkin

Hoelaspis *w* [v. gr. aspis = Schild, Natter], (Stensiö), den Kieferlosen (Über-Kl. *Cyclostomi,* Kl. *Cephalaspidomorphi)* zugeordneter „Fisch" mit langem Rostralstachel u. langen Seitenhörnern. Verbreitung: unteres Devon v. Spitzbergen.

Hoff, 1) *Jacobus Henricus* van 't, niederländ. Physikochemiker, * 30. 8. 1852 Rotterdam, † 1. 3. 1911 Berlin; Prof. in Amsterdam u. Berlin; durch Entwicklung v. Vorstellungen über das asymmetr. Kohlenstoffatom Begr. der Stereochemie; entwickelte Methoden zur Molekulargewichtsbestimmung, arbeitete über chem. Gleichgewichte u. Reaktionskinetik *(van't H.sche Regel),* fand 1885 die Gesetze für die Abhängigkeit des osmot. Drucks *(van't H.sches Gesetz)* u. der Gefrierpunktserniedrigung v. der Konzentration v. Lösungen u. ihre Übereinstimmung mit den Gasgesetzen; erhielt 1901 den ersten Nobelpreis für Chemie. **2)** *Karl Ernst Adolf* von, dt. Geologe, * 1. 11. 1771 Gotha, † 24. 5. 1837 ebd.; stellte zus. mit Ch. Lyell der Katastrophentheorie v. G. Cuvier seine Theorie des Aktualismus (↗ Aktualitätsprinzip) gegenüber.

Hoffmann, *Friedrich,* dt. Arzt u. Naturforscher, * 19. 2. 1660 Halle/Saale, † 12. 11. 1742 ebd.; seit 1693 erster Prof. für Medizin in Halle; führender Vertreter der Iatrochemie; Untersuchungen über die Zusammensetzung u. Wirkung v. Heilquellen; nach ihm ben. die *H.stropfen* (bestehend aus Alkohol u. Äther, 3:1).

Hofmeister, *Wilhelm Friedrich Benedikt,* dt. Botaniker, * 18. 5. 1824 Leipzig, † 12. 1. 1877 ebd.; autodidakt. Ausbildung zum Botaniker, seit 1863 Prof. in Heidelberg, 1872 Tübingen. H. gilt als der führende Pflanzenmorphologe seiner Zeit. In seiner klass. Arbeit über „Die Entstehung des Embryo der Phanerogamen" (1849) beschrieb er erstmalig die Entwicklung der Eizelle, die Morphologie des Embryosacks u. die Bildung des Eiapparats mit Synergiden u. Antipoden. Ferner Beobachtung des Wachstums des Pollenschlauchs zur Eizelle u. die Entwicklung v. Staubbeutel u. Pollen. In seinen zahlr. Arbeiten über die Lebenszyklen der Moose, Farne u. Gymnospermen, die er mit denen der Angiospermen verglich, konnte er die sexuelle Fortpflanzung aufklären u. entdeckte um 1849 den ↗ Generationswechsel der Kryptogamen. Die dort gefundenen Verhältnisse homologisierte er mit denen bei Angiospermen (Pollenkorn – Mikrospore, Pollenschlauch – männl. Gametophyt). Seine Untersuchungen beeinflußten die bot. Systematik entscheidend. WW „Allg. Morphologie der Gewächse" (1868). [B] Biologie I–II.

Hoftüpfel ↗ Tüpfel.
Höhenadaptation ↗ Höhenkrankheit.
Hohenbuehelia, die ↗ Muschelinge.
Höhengliederung; die mit der Meereshöhe verbundene Änderung wicht. klimat. Faktoren bewirkt in allen Vegetationszonen der Erde eine deutl. Höhenstufung der natürl. Pflanzendecke u. der landw. Nutzungsmöglichkeiten. Gewöhnl. werden folgende *Höhenstufen (Höhengürtel)* unterschieden: planar – kollin – montan – subalpin – alpin – nival. Maßgebl. für die Ausbildung bestimmter Höhenstufen sind v. a. die Abnahme der Temp., die Verkürzung der Vegetationsperiode, Änderung der Niederschlagsmenge, Einstrahlung u. Windgeschwindigkeit. Die ↗ *Höhengrenzen* der einzelnen Vegetationsstufen unterscheiden sich je nach Großklima, Exposition u. Größe (Masseerhebung) des Gebirges. Mit dieser Einschränkung gilt für Zentraleuropa folgende Charakterisierung: *planare Stufe* (Ebenenstufe): Küsten- u. Binnenebenen unter 100 m; urspr. Buchen-Eichen- od. Eichen-Kiefernwälder, heute weitgehend in Kulturland umgewandelt; *kolline Stufe* (Hügellandstufe): ca. 100–300 m, wärmeliebende Eichen-Mischwälder; Stufe günstigsten Obst- u. Weinbaus; *montane Stufe* (Bergwaldstufe): ca. 300–1600 m; Stufe der Buchen-Tannen-Fichten-Mischwälder; im hochmontanen

J. H. van 't Hoff

Höhengrenze

(orealen) Bereich ab ca. 1100 m wird Akkerbau v. reiner Grünlandwirtschaft abgelöst; *subalpine Stufe* (manchmal auch Gebirgsstufe genannt): ca. 1600–2000 m (Zentralalpen bis 2300 m); Krummholz- bzw. Kampfwaldstufe; durch Holznutzung u. Weidewirtschaft heute vielfach Ersatz-Ges. (Rasen- u. Zwergstrauch-Ges.); *alpine Stufe:* ca. 2000–2500 m (3000 m); Vegetationsstufe oberhalb der klimat. Waldgrenze mit natürl. Zwergstrauch-, Rasen- und Schutt-Ges.; nach oben in einzelne Polster u. Flecken übergehend; *nivale Stufe* (Schneestufe): Höhenstufe oberhalb der klimat. Schneegrenze; letzte Vegetationsvorposten auf gelegentlich schneefrei werdenden Sonderstandorten.
Höhengrenze, Obergrenze der Verbreitung einer Organismenart; wird hpts. durch klimat. Faktoren bestimmt (↗ Höhengliederung) u. kann durch lokale Sonderbedingungen oder menschl. Eingriffe sehr stark modifiziert werden. Zu den am höchsten ins Gebirge vordringenden Organismen gehören Urinsekten, Moose, Flechten u. die verschiedenen Arten des Kryoplanktons. Als Obergrenze der phanerogamen Pflanzen gilt in den Alpen das höchste Vorkommen des Gletscher-Hahnenfußes (4275 m). ↗ Alpenpflanzen, ↗ Alpentiere.
Höhenkrankheit, *Bergkrankheit, Ballonfahrerkrankheit, Fliegerkrankheit,* Folge der mangelnden Sauerstoffsättigung des ↗ Hämoglobins als Folge des niedr. O₂-Partialdrucks in Höhen über ca. 3500 m; Symptome: Müdigkeit, Abnahme der Leistungsfähigkeit, Schwindel, Atemnot, Cyanose, Bewußtlosigkeit. Eine Akklimatisation des Organismus *(Höhenadaptation)* ist möglich, wie z. B. die Andenvölker, die Besteigung v. „Achttausendern" im Himalaya ohne Sauerstoffgeräte u. das „Höhentraining" v. Spitzensportlern zeigen.
Höhenläufer, *Thinocoridae,* kleine Watvogel-Fam. im westl. S-Amerika mit 4 Arten; ernährungsbedingt ähneln sie äußerl. Hühnern wie Wachteln; Sämereien, Knospen u. kleine Blätter werden mit dem kurzen Schnabel aufgenommen; die H. besitzen einen Kropf, einen kräft. Muskelmagen u. lange Blinddärme zum Aufschluß v. Cellulose. Mit einer braunen Schutzfärbung sind sie der Umgebung angepaßt. Die Nasenlöcher sind durch eine Haut verschließbar, was dem Schutz gg. Staubstürme dienen soll. Der Name bezieht sich auf das bevorzugte Vorkommen in Höhenlagen der Anden (bis über 5000 m). 4 lehmfarbene glänzende Eier, die das Weibchen einer Art beim Verlassen des Nestes häufig mit Sand bedeckt.
Höhenstrahlung, die ↗ kosmische Strahlung.

Höhengrenze
Höhengrenze der Baumarten (nördl. Kalkalpen):

Hainbuche	750 m
Stiel-Eiche	950 m
Spitz-Ahorn	1000 m
Sommer-Linde	1000 m
Vogel-Kirsche	1050 m
Stechpalme	1150 m
Eibe	1300 m
Hasel	1350 m
Esche	1375 m
Berg-Ulme	1400 m
Mehlbeere	1450 m
Birke	1500 m
Buche	1550 m
Berg-Ahorn	1700 m
Kiefer	1725 m
Vogelbeere	1750 m
Tanne	1775 m
Fichte	1850 m
Lärche	2000 m
Arve	2150 m

Höhlenbrüter
(Auswahl)
(B = Baum-, E = Erd-, F = Felshöhlen)
Brandgans *(Tadorna tadorna)* (E)
Dohle *(Corvus monedula)* (F, B)
Eisvogel *(Alcedo atthis)* (E)
Hohltaube *(Columba oenas)* (B)
Humboldt-Pinguin *(Spheniscus humboldti)* (E, F)
Kleiber *(Sitta europaea)* (B)
Mauersegler *(Apus apus)* (F, B)
Mehlschwalbe *(Delichon urbica)* (F)
Meisen *(Parus)* (B)
Papageitaucher *(Fratercula arctica)* (E)
Schellente *(Bucephala clangula)* (B)
Spechte (alle Arten) (B, E)
Star *(Sturnus vulgaris)* (B, F)
Sturmschwalbe *(Hydrobates pelagicus)* (E, F)
Trauerschnäpper *(Ficedula hypoleuca)* (B)
Turmfalke *(Falco tinnunculus)* (F, B)
Waldkauz *(Strix aluco)* (B)
Wiedehopf *(Upupa epops)* (B)

Höhenstufen ↗ Höhengliederung.
Höherentwicklung, die ↗ Anagenese.
Höhere Pflanzen, die ↗ Kormophyten.
Höhere Pilze, 1) *Eumycetes,* zusammenfassende Bez. für die Echten Pilze *(Eumycota),* die keine bewegl. Vermehrungsstadien mehr aufweisen: Schlauchpilze *(Ascomycetes),* Ständerpilze *(Basidiomycetes)* u. die Fungi imperfecti *(Deuteromycetes);* Ggs.: ↗ Niedere Pilze. 2) in neueren systematischen Einteilungen die Pilze i. e. S. (oder ↗ Fungi): Jochpilze *(Zygomycota),* Schlauchpilze *(Ascomycota),* Ständerpilze *(Basidiomycota)* u. Fungi imperfecti.
Höhere Säugetiere, die ↗ Eutheria.
Höhle w, größerer Hohlraum im Gestein. Natürl. H.n entstehen primär in Ergußgesteinen (z. B. als Gashohlräume), in Kalktuffen, Sintern u. Riffen. Die meisten H. bilden sich sekundär durch Auswitterung v. tektonisch entstandenen Klüften u. Spalten v. a. in Carbonatgesteinen (Karst-H.n). Als bevorzugte Fundstätten für Paläontologie u. Anthropologie sowie als Lebensraum bes. angepaßter Organismen kommt ihnen große Bedeutung zu.
Höhlenassel, *Asellus cavaticus* (U.-Ord. *Asellota),* 6 (♂) bis 8 (♀) mm lange, blinde, unpigmentierte Wasserasseln, die in unterirdischen Gewässern leben und manchmal in Brunnen oder Quellen gefunden werden.
Höhlenbär, *Ursus spelaeus,* heute †, erstmals v. J. Chr. Rosenmüller 1794 nach Skelettfunden in den Muggendorfer Höhlen beschriebener jungpleistozäner Bär Mitteleuropas; inzwischen liegen Skelettreste (selten vollständ. Skelette) von mehreren Zehntausend H.en vor. Der H., größtes Raubtier der Eiszeit, war etwa um ⅓ größer als der ↗ Braunbär; im Ggs. zur flachen Stirn des Braunbären hatte der H. ein steil eingesenktes Stirnprofil u. einen bes. hohen Sagittalkamm als Ansatzstelle für eine starke Kiefermuskulatur. Höhlen dienten dem H. als Winterquartier, zur Geburt der Jungen u. als Zuflucht für alte u. kranke Tiere. In zahlr. prähist. Höhlen zeugen Spuren, Knochenfunde u. bildl. Darstellungen v. der Nähe des H.en zum Menschen der Eiszeit. Das geschlossene Verbreitungsgebiet des H.en erstreckte sich v. England u. Frankreich bis zum nördl. Randgebiet des Schwarzen Meeres; die genaue Zeit seines Aussterbens ist unbekannt.
Höhlenbrüter, Vögel, die in selbstgegrabenen od. vorgefundenen Höhlen auf Bäumen, Felsen od. im Boden brüten. Höhlen bieten wirksamen Schutz gegenüber Feinden u. Witterungseinflüssen, woraus ein vergleichsweise hoher Bruterfolg resultiert. Andererseits stellt das Höhlenange-

bot für die Brutpopulation intra- u. interspezif. einen konkurrenz- u. dichteregulierenden Faktor dar. Besonders in stark kultivierten Wäldern u. Obstbauflächen herrscht Mangel an Naturhöhlen, der durch Angebot v. künstl. Nisthöhlen teilweise ausgeglichen werden kann. H. besetzen i. d. R. zuerst die Bruthöhle u. grenzen danach das Revier ab, während *Offenbrüter* erst nach dem Festlegen der Reviergrenzen einen geeigneten Neststandort suchen. Das Brüten in Höhlen tritt bei den verschiedensten Vogelgruppen auf (vgl. Tab.).

Höhlenfische, ständig in unterird., lichtlosen, meist v. fließenden Gewässern durchzogenen Höhlen lebende, vorwiegend um 10 cm lange, oft pigmentarme Fische, deren Augen gewöhnl. teilweise od. völlig verkümmert sind. So hat der mexikan. Blinde Höhlen-↗Salmler ([B] Aquarienfische l) nur winzige, mit Haut völlig überdeckte Augen u. nahezu pigmentlose Haut. Pigmentlos u. blind sind auch der bei Quellbohrungen in Brasilien erst 1965 entdeckte Brunnensalmler *(Stygichthys typhlops),* die 10 cm lange Blindbarbe *(Caecobarbus geertsi)* aus dem Kongobecken, die gleichlangen Irak-Blindbarben (Gatt. *Typhlogarra),* der bis 20 cm lange Kuban. H. *(Stygicola dentatus),* der zahnlose Blindwels *(Trogloglanis pattersoni)* in artes. Brunnen bei San Antonio in Texas, der Blinde ↗Antennenwels, der Blinden-↗Grundel u. die Blindfische *(Amblyopsidae,* ↗Barschlachse) aus nordam. Kalksteinhöhlen, wie der 11 cm lange Nördl. Blindfisch *(Amblyopsis spelaeus)* od. der 7 cm lange Südl. Blindfisch *(Typhlichthys subterraneus).* Die an der kaliforn. Küste in den Gängen eines Maulwurfskrebses *(Callianassa)* lebende, 6 cm lange Blinde Grundel *(Typhlogobius californiensis)* hat als pigmentierter Jungfisch funktionstücht. Augen u. bildet Augen u. Pigment erst beim Heranwachsen zurück. Insgesamt gibt es ca. 35 troglobionte (höhlenbewohnende) Fischarten, die zu 5 verschiedenen Ord. gehören (vgl. Tab.). H. sind gewöhnl. ruhelose Schwimmer, die v. a. mit dem Geruchs- u. Seitenlinienorgan im durchströmenden, an der Oberfläche versickerten Wasser ihre Nahrung suchen.

Höhlenfrosch, *Arthroleptis troglodytes,* ↗Langfingerfrösche.

Höhlenhyäne, *Hyaena spelaea,* während der Eiszeit in Mitteleuropa u. Asien verbreitete Hyäne; † im Jungpleistozän; Skelettfunde in eiszeitl. Höhlenablagerungen.

Höhlenlöwe, *Panthera (Felis) spelaea,* größte pleistozäne Raubkatze Mitteleuropas (⅓ größer als heutiger Löwe); Skelettfunde von H.n in Höhlensedimenten

Höhlenfische
Ord., in denen sich H. entwickelt haben, mit Beispielen:
Welse *(Siluriformes)*
Blinder Antennenwels *(Typhlobagrus kronei)*
Karpfenfische *(Cypriniformes)*
Blinder Höhlensalmler *(Anoptichthys jordani)*
Blindbarbe *(Caecobarbus geertsi)*
Barschlachse *(Percopsiformes)*
Blindfische *(Amblyopsidae)*
Dorschfische *(Gadiformes)*
Kubanischer H. *(Stygicola dentatus)*
Barschartige Fische *(Perciformes)*
Höhlengrundel *(Typhleotris madagascariensis)*

Alpen-Höhlenschnecke *(Zospeum alpestre)*

stammen wahrscheinl. v. gelegentl. Aufsuchen als Unterschlupf.

Höhlenmalerei ↗ Felsmalerei.

Höhlenmolch, *Typhlotriton spelaeus,* der ↗Grottensalamander.

Höhlensalamander, *Hydromantis,* Gatt. der ↗Schleuderzungensalamander. Vertreter dieser Gatt. sind die einzigen lungenlosen Salamander (Fam. ↗Plethodontidae), die in Europa vorkommen. Dieses Vorkommen ist ein tiergeogr. Rätsel, denn die nächsten Verwandten, die Arten *H. platycephalus, H. shastae* u. *H. brunus,* leben in Kalifornien. Die eur. H. sind *H. genei* aus Sardinien und *H. italicus* mit 4 U.-Arten in Italien u. im äußersten SO von Fkr. Beide Arten sind kleine (bis 13 cm), bräunl. Salamander mit großen Augen, die im Gebirge bis in 1000 m Höhe vorkommen u. sich tagsüber unter Steinen, Stubben u. ä. verbergen, auch in der Nähe v. Höhlen. Da sie Temp. über 17 °C nicht vertragen, ziehen sie sich im Sommer tief in Höhlen zurück. Mit ihrer pilzförm. Schleuderzunge, die fast auf Körperlänge herausgeschnellt werden kann, erbeuten sie auch rasch bewegl. Arthropoden, z. B. Fliegen. Bei der Paarung umgreift das Männchen den Hals des Weibchens v. oben u. reibt ihren Kopf mit seinem Kinn, das eine spezialisierte Drüse trägt; danach wird eine Spermatophore abgesetzt u. vom Weibchen aufgenommen. Das Weibchen verbirgt kleine Gelege in Höhlen u. Verstecken u. bewacht diese, bis voll entwickelte Salamander schlüpfen; ein freies Larvenstadium fehlt also; die Entwicklung kann bis zu einem Jahr dauern.

Höhlenschnecken, kleine bis sehr kleine, höhlenbewohnende Schnecken aus verschiedenen Verwandtschaftsgruppen: 1) ↗Brunnenschnecken. 2) H. i. e. S. werden die *Zospeum*-Arten gen.; die Alpen-H. *(Z. alpestre,* Fam. Küstenschnecken) haben ein eikegelförm. Gehäuse von ca. 1 mm Höhe; sie sind blind u. leben an feuchten Höhlenwänden in den SO-Alpen.

Höhlenschwalme, *Aegothelidae,* zw. den Ziegenmelkern u. Schwalmen stehende Fam. der Schwalmvögel, deren 7 star- bis taubengroße Arten in Austr., Tasmanien u. Neuguinea leben. Trotz der tarnenden Rindenfärbung verbringen sie den Tag in Baumhöhlen, wo sie auch brüten (3–5 weiße Eier). Jagen in der Dämmerung u. nachts v. Ansitz aus od. im Flug nach Insekten, wobei lange Tastfedern, die den weichen Schnabel umgeben, Hilfe leisten.

Höhlenspanner, *Kellerspanner, Triphosa dubitata,* glänzend violettbrauner, etwa 40 mm spannender Schmetterling aus der Fam. der ↗Spanner, der vom Juli bis zum nächsten Frühjahr in einer Generation fliegt; Falter überwintern in Höhlen, Kellern

HOHLTIERE I

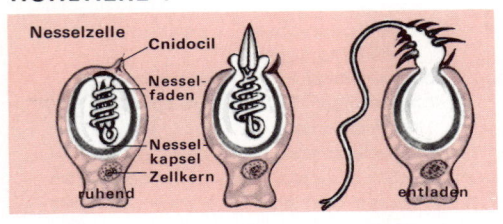

Nesselzelle — Cnidocil, Nesselfaden, Nesselkapsel, Zellkern, ruhend, entladen

Hohltiere (Coelenterata) haben einen einfachen, meist radiärsymmetrischen Körper, der aus zwei Epithelschichten, der äußeren Epidermis und der inneren Gastrodermis, aufgebaut ist. Zwischen beiden Körperschichten liegt eine zellfreie oder zellarme, gallertige Stützsubstanz. Die meist marinen Hohltiere treten als festsitzende, zylindrische Polypen und als freibewegliche, schirm- oder glockenförmige Medusen auf.

Polyp und *Meduse* weisen den gleichen Grundbauplan auf (Abb. unten). Bei beiden umgibt die Körperwand einen großen, nur mit einer Mundöffnung versehenen Hohlraum. Dieser kann bei Medusen Kanäle bilden oder bei Korallentieren in Nischen unterteilt sein. Unter den verschieden differenzierten Epithelzellen gibt es kompliziert gebaute Nesselzellen, wie z. B. die Penetranten (Abb. oben).

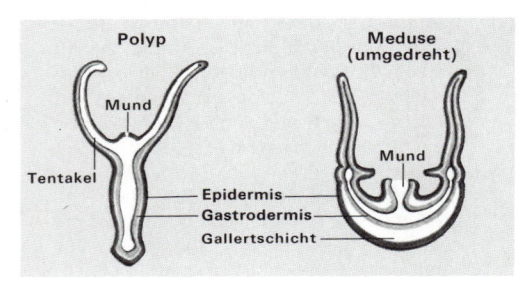

Polyp — Mund, Tentakel, Epidermis, Gastrodermis, Gallertschicht
Meduse (umgedreht) — Mund

Süßwasserpolyp (Längsschnitt) — Tentakel, Mundöffnung, Nesselbatterien, Epidermis, Stützlamelle, Gastrodermis, Polypenknospe, Gastralraum (Enteron), männliche Geschlechtszellen, Nervenzelle, Sinneszelle, Ersatzzelle (I-Zelle), Nährmuskelzelle, Eizelle, Drüsenzelle, Gastrodermis, Stützsubstanz, Epidermis, Nesselkapselzelle, Epithelmuskelzelle

Die nur in der Polypenform auftretende *Hydra* (oben) zeigt deutlich den zweischichtigen Aufbau aus Epi- und Gastrodermis und die unterschiedlich differenzierten Epithelzellen. Neben ungeschlechtlicher Fortpflanzung kommt geschlechtliche vor.

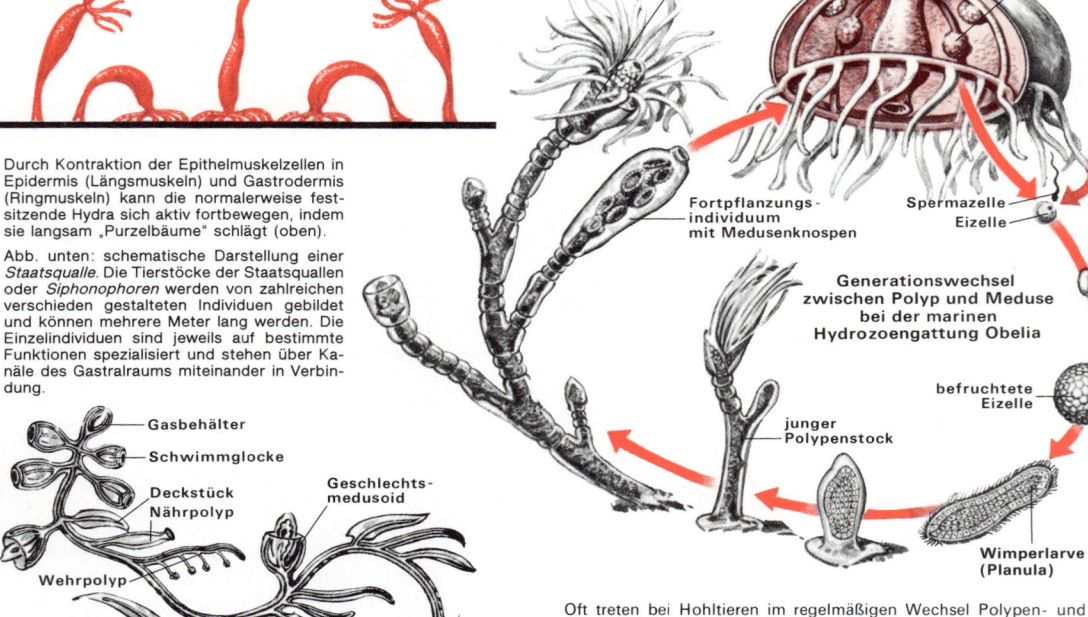

Durch Kontraktion der Epithelmuskelzellen in Epidermis (Längsmuskeln) und Gastrodermis (Ringmuskeln) kann die normalerweise festsitzende Hydra sich aktiv fortbewegen, indem sie langsam „Purzelbäume" schlägt (oben).

Abb. unten: schematische Darstellung einer *Staatsqualle*. Die Tierstöcke der Staatsquallen oder *Siphonophoren* werden von zahlreichen verschieden gestalteten Individuen gebildet und können mehrere Meter lang werden. Die Einzelindividuen sind jeweils auf bestimmte Funktionen spezialisiert und stehen über Kanäle des Gastralraums miteinander in Verbindung.

Staatsqualle — Gasbehälter, Schwimmglocke, Deckstück, Nährpolyp, Wehrpolyp, Geschlechtsmedusoid, Geschlechtsindividuum

Generationswechsel zwischen Polyp und Meduse bei der marinen Hydrozoengattung Obelia — Nährpolyp, Meduse mit Geschlechtsprodukten, Spermazelle, Eizelle, Fortpflanzungsindividuum mit Medusenknospen, befruchtete Eizelle, junger Polypenstock, Wimperlarve (Planula)

Oft treten bei Hohltieren im regelmäßigen Wechsel Polypen- und Medusenformen auf. So entwickelt sich bei *Obelia* (oben) aus der befruchteten Eizelle zunächst eine frei schwimmende Wimperlarve. Diese setzt sich fest und wächst zu einem Polypenstock aus. In Fortpflanzungsindividuen entstehen durch Knospung ungeschlechtlich freibewegliche Medusen. Die herangewachsenen, getrenntgeschlechtlichen Medusen erzeugen an den Radiärkanälen Ei- oder Spermazellen, die nach der Befruchtung wieder einen neuen Polypenstock bilden.

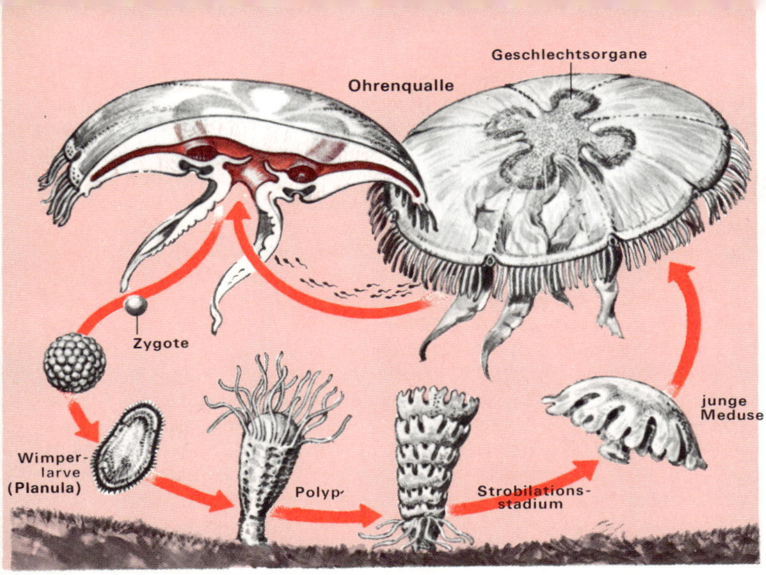

HOHLTIERE II

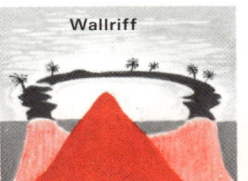

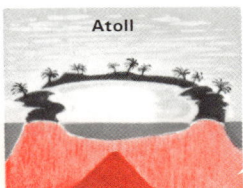

Ohrenqualle — **Geschlechtsorgane**

Bei den Schirmquallen, wie z. B. bei der bis 40 cm breiten Ohrenqualle Aurelia, dominiert die geschlechtliche Medusengeneration über die nur wenig ausgeprägte ungeschlechtliche Polypengeneration. Der aus der Wimperlarve entstandene Polyp erzeugt vegetativ durch endständige Sprossung (Strobilation) die getrenntgeschlechtlichen Medusen. Die Eier werden in den Magentaschen der Medusen befruchtet.

Abb. unten: Ein aufgeschnittener junger *Korallenpolyp*. Bei den Korallen fehlt stets die Medusenform. Die Geschlechtsorgane sitzen an den Magenfalten.

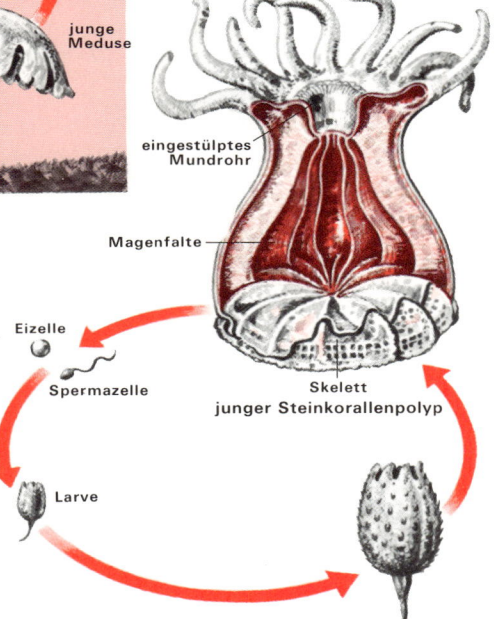

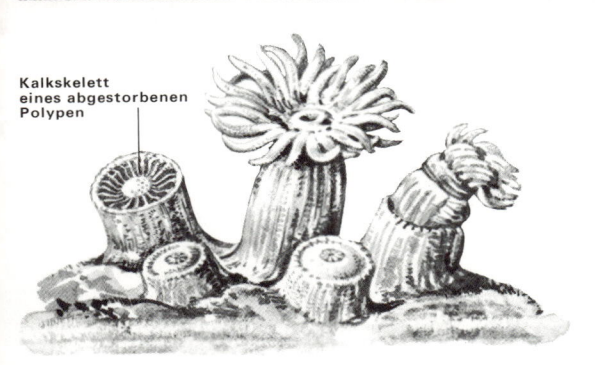

Zygote — Wimperlarve (Planula) — Polyp — Strobilationsstadium — junge Meduse

eingestülptes Mundrohr — Magenfalte — Eizelle — Spermazelle — Larve — Skelett junger Steinkorallenpolyp

Kalkskelett eines abgestorbenen Polypen

Abb. oben: Stockabschnitt einer *Steinkoralle*. Die beiden vorderen, im Durchmesser ca. 5 mm großen Individuen haben ihren Tentakelkranz eingezogen. Korallenstöcke entstehen durch vegetative Vermehrung.

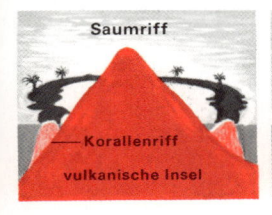

Saumriff — **Wallriff** — **Atoll**

Korallenriff — vulkanische Insel

Entstehung ringförmiger Riffe. Riffbildende Korallenarten gedeihen nur in der obersten Schicht warmer Meere, da sie mit einzelligen Algen, die Photosynthese betreiben, in Symbiose leben. An den Küsten neuentstandener Vulkaninseln bilden sich deshalb bald *Saumriffe*. Sinkt die Insel langsam ab, entsteht ein *Wallriff* mit größerem Küstenabstand, das nach völligem Untertauchen der Insel zum *Atoll* wird. Photo unten: Skelettstück von Riffkorallen.

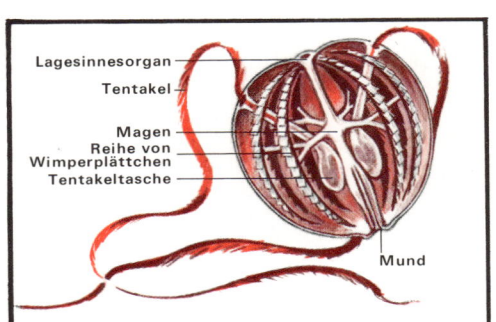

Lagesinnesorgan — Tentakel — Magen — Reihe von Wimperplättchen — Tentakeltasche — Mund

Die *Stachelbeerqualle Pleurobrachia* gehört zu den *Rippenquallen (Ctenophora)*, Hohltiere ohne Nesselzellen und ohne Polypenform. Die disymmetrischen Tiere bilden 2 lange, gefiederte und mit Klebzellen versehene Tentakel aus, die sie wie ein Leimrutennetz zum Beutefang durchs Wasser führen.

u. ähnl. Verstecken; Larven im Mai–Juni an Kreuzdorn, Faulbaum u. a. Gehölzen in zusammengesponnenen Blättern.

Höhlenspinnen, 1) *Nesticidae,* Fam. der Webspinnen mit ca. 40 Arten, deren Vertreter manchmal auch zu den Radnetzspinnen od. den Kugelspinnen gezählt werden. Heimisch ist nur die Art *Nesticus cellulanus,* eine ca. 5 mm große Spinne, die ausschl. in Räumen mit hoher Luftfeuchtigkeit vorkommt (Keller, Höhlen, Stollen, Lückensysteme in Geröllhalden); Vorderkörper kontrastreich gezeichnet, Beine stark behaart. **2)** *Meta menardi,* Vertreter der Radnetzspinnen; Weibchen bis 15 mm groß, leben in Höhlen, Kellern, Fuchs- u. Dachsbauten. Das Netz hat nur 8–18 Radien u. erreicht 30 cm ⌀. Die birnenförm. weißen Eikokons werden an einem langen Faden in der Nähe des Netzes aufgehängt; die Entwicklung ist 2–3jährig.

Höhlentiere, *Troglobionten,* Tiere, die ständig in ↗Höhlen leben, wie z. B. ↗Höhlenfische, der Grottenolm, einige Spinnen, Insekten u. a. Die Pigmentierung u. die Augen sind oft weitestgehend zurückgebildet, dafür ist der Tastsinn häufig bes. gut ausgeprägt. Die Aktivitätsrhythmik der H. ist meist verlorengegangen. Wegen geringer Konkurrenz kommt es gelegentl. zu einer großen Individuendichte. Unter den H.n gibt es einige Eiszeitrelikte. [röhrlinge.

Hohlfußröhrling, *Boletinus,* ↗Schuppen-
Hohlkiel, bei manchen Ammoniten („Dorsocavaten") durch einen bes. Kielboden vom Lumen der Schale abgetrennter tunnelart. Hohlraum, in dem gelegentl. (zu Unrecht) ein spezielles „H.organ" vermutet wurde.

Hohlstachler, *Actinistia, Coelacanthini,* U.-Ord. der ↗Quastenflosser.

Hohltiere, *Radiata, Coelenterata,* U.-Abt. der vielzell. Tiere, bilden zus. mit den ↗Bilateria die Abt. ↗Eumetazoa u. umfassen ca. 10000 Arten. Die größte solitäre Art ist die Seerose *Stoichactis spec.* mit einer Länge von ca. 0,5 m u. einem ⌀ von 1,5 m. H. sind radiärsymmetr. gebaut (sessile Lebensweise), in vielen Gruppen treten jedoch bilateralsymmetr. Züge auf, die man heute, zumindest bei den Anthozoen u. Rippenquallen, als phylogenet. ursprüngl. betrachtet. Der Körper der H. besteht nur aus 2 ↗Epithelien (↗Epidermis u. begeißelte ↗Gastrodermis, entstanden aus ↗Ektoderm bzw. ↗Entoderm). Dazwischen befindet sich eine mehr od. weniger dicke Stützsubstanz, in der oft Zellen eingelagert sind (Mesogloea, ↗Bindegewebe). Der zentrale Hohlraum im Innern des Körpers (*Gastralraum,* ↗Darm, ↗Gastrovaskularsystem) kann durch Vorsprünge (*Gastralsepten*) in Taschen (↗*Gastraltaschen,* ↗Enterocoeltheorie, ↗Bilaterogastraeatheorie) unterteilt sein. Er öffnet sich durch 1 Öffnung nach außen (Urmund wird zum Mund). Muskel- u. Nervensystem sind einfach ausgebildet. Das ↗Nervensystem (B) besteht aus einem diffusen Nervennetz (Ganglien an der Basis der Epithelien u. deren Ausläufer). Sowohl in der Gastrodermis als in der Epidermis befinden sich Epithelsinneszellen (↗Auge, ☐), die mit dem Nervennetz in Verbindung stehen. Exkretionsorgane sind nicht ausgebildet. Die ↗Verdauung erfolgt zunächst im Gastralraum, dessen Wand mit Drüsenzellen besetzt ist (B Darm), dann intrazellulär (Phagocytose). H. haben eine hohe Regenerationsfähigkeit. Systemat. werden sie in die Stämme ↗Nesseltiere *(Cnidaria)* u. ↗*Acnidaria* gegliedert. B 248–249, 251.

Hohlvenen, große H., *Venae cavae,* zwei große klappenlose Blutadern – die *obere* od. *vordere* H. (Vena cava superior bzw. anterior) u. die *untere* od. *hintere* H. (Vena cava inferior bzw. posterior), die dem rechten Vorhof des ↗Herzens (B) der Wirbeltiere (ab den Reptilien) das „verbrauchte" Blut aus Kopf, Hals u. Vorderextremitäten bzw. aus dem Körperkreislauf zuleiten (☐ Blutkreislauf). Im fetalen Kreislauf (B Embryonalentwicklung IV) gelangt sauerstoff- u. nährstoffreiches Blut über einen Kurzschlußweg *(Ductus venosus Arantii)* unter Umgehung der Leber direkt in die untere Hohlvene.

Hohlzahn, *Hanfnessel, Galeopsis,* Gatt. der Lippenblütler mit etwa 9 in Eurasien heim. Arten. Einjähr. Kräuter mit eiförm. bis lanzettl., meist gesägten od. gekerbten Blättern u. in dichten Scheinquirlen übereinander stehenden Blüten. Die weiße, gelbe, purpurne od. verschiedenfarbig (z. B. gelb/violett) gemusterte Blütenkrone besitzt eine helmförm. Oberlippe u. eine 3lapp. Unterlippe mit 2 hohlen, zahnart. Ausstülpungen (Name!). Am häufigsten ist der über fast ganz Europa verbreitete, in Unkraut-Ges. auf Äckern, an Wegen, Schuttplätzen u. in Waldschlägen wachsende Gemeine H. (*G. tetrahit*) mit meist weißen od. purpurroten Blüten. Ihm zugeordnet werden zahlr., bezügl. Standort u. Habitus unterschiedl., jedoch miteinander hybridisierende u. daher schwer voneinander zu trennende Formen (U.-Arten).

Hohlzunge, *Coeloglossum,* Gatt. der Orchideen mit 3 Arten. *C. viride* ist die einzige eur. Art; diese unscheinbare, kleine Orchidee zeichnet sich durch grünl. bis bräunl. Blüten mit sackförm. Sporn u. helmartig zusammenneigenden Blütenblättern aus; sie gilt als Magerkeitszeiger u. ist v. a. in *Nardetalia*-Ges. zu finden; nach der ↗Roten Liste „gefährdet".

Hohltiere
Stämme u. Klassen:
↗Nesseltiere
(Cnidaria)
  ↗Anthozoa
  ↗Hydrozoa
  ↗Scyphozoa
↗Acnidaria
  ↗Rippenquallen
  (Ctenophora)

HOHLTIERE III

1 Staatsqualle *(Physophora hydrostatica)*; **2** Ohrenqualle *(Aurelia aurita)*; **3** Lungenqualle *(Rhizostoma pulmo)*; **4** Leuchtqualle *(Pelagia noctiluca)*; **5** Edelkoralle *(Corallium rubrum)*; **6** Pferdeaktinie *(Actinia equina)*; **7** Seenelke *(Metridium senile)*; **8** Tote Mannshand *(Alcyonium digitatum)*; **9** Schmarotzerrose *(Calliactis parasitica)*; **10** Zylinderrose *(Cerianthus membranaceus)*; **11** Gürtelrose *(Actinia zonata)*; **12** Seefeder *(Pennatula spec.)*; **13** Edelsteinrose *(Bunodactis verrucosa)*.

Holarktis

BEISPIELE ENDEMISCHER TIERGRUPPEN

Biber *(Castoridae)*
Hüpfmäuse *(Zapodidae)*
Maulwürfe *(Talpidae)*
Springmäuse *(Dipodidae)*
Rotzahnspitzmäuse *(Soricinae)*
Wühlmäuse *(Microtinae)*
Blindmulle *(Myospalacini)*
Gemsenartige *(Rupicaprini)*
Alken *(Alcidae)*
Eigentl. Baumläufer *(Certhiidae)*
Seidenschwänze *(Bombycillidae)*
Wasserschmätzer *(Cinclidae)*
Rauhfußhühner *(Tetraoinae)*
Höckerechsen *(Xenosauridae)*
Echte Salamander u. Molche *(Salamandridae)*
Olme *(Proteidae)*
Riesensalamander *(Cryptobranchidae)*
Hechte *(Esocidae)*

BEISPIELE EKDEMISCHER SÄUGETIERGRUPPEN

Eierlegende Säugetiere *(Monotremata)*
Erdferkel *(Tubulidentata)*
Riesengleiter *(Dermoptera)*
Rüsseltiere *(Proboscidea)*
Schuppentiere *(Pholidota)*
Spitzhörnchen *(Tupaiidae)*

Holarktis

Typ. Pflanzen-Fam. der Holarktis:

Weidengewächse
Buchengewächse
Hahnenfußgewächse
Kreuzblütler
Geißblattgewächse
Steinbrechgewächse
Rosengewächse
Birkengewächse
Kieferngewächse

hol-, holo- [v. gr. holos = ganz, vollständig, unversehrt].

Hokkos [indian.], *Cracidae*, baumlebende Fam. der Hühnervögel, die mit etwa 40 Arten subtrop. u. trop. Wälder Amerikas v. Texas bis Paraguay bewohnen. 50–100 cm groß, schlank, hochbeinig, teilweise nackter Kopf mit horn. Auswüchsen u. Federschopf, Schnabel seitl. abgeflacht u. mit hakiger Spitze endend; mit ihm wird die aus Früchten, Samen u. Blättern bestehende Nahrung meist v. Bäumen, aber auch v. Boden aufgenommen. Als Gefiederfarben überwiegen Schwarz u. Braun. Kräftige Stimme, bei manchen Arten durch verlängerte Luftröhre verstärkt. In das aus Zweigen u. Blättern gebaute Baumnest werden 2–3 Eier gelegt, aus denen nach 22–34 Tagen die Jungen relativ weit entwickelt schlüpfen (Tuberkelhokko, *Crax rubra*, B Südamerika VII).

holacanthin [v. *hol-, gr. akanthos = Stachel, Dorn], (Hill 1936), heißen Trabekel in Septen v. ↗ Rugosa, die aus strukturlosen Stäbchen v. Calcit zu bestehen scheinen.

holandrische Merkmale [v. *hol-, gr. andres = Männer], erbl. Merkmale, die ausschl. vom Vater auf die Söhne übertragen werden; beim Menschen z. B. die durch die auf dem Y-Chromosom liegenden Gene bestimmten Merkmale. Ggs.: hologyne Merkmale.

Holarktis *w* [v. *hol-, gr. arktos = Norden], **1)** *holarktisches Reich, Känogäa,* eines der ↗ Faunenreiche des Festlands; umfaßt die nichttrop. Gebiete der nördl. Hemisphäre; wird untergliedert in zwei tiergeograph. Regionen, ↗ *Nearktis* u. ↗ *Paläarktis,* die faunist. große, von S nach N zunehmende Übereinstimmung zeigen (↗ Europa). **2)** *holarktisches Florenreich,* größtes ↗ Florenreich der Erde, umfaßt den gesamten außertrop. Bereich der Nordhalbkugel. Trotz seiner Größe u. trotz der Aufspaltung in mehrere Landmassen ist das Gebiet der H. florist. recht einheitl., da bis in die jüngere erdgesch. Vergangenheit (Tertiär bzw. Quartär) landfeste Verbindungen zw. den Kontinenten bestanden. Deutlicher als die relativ späte Trennung in Nearktis (neuweltl. H.) u. Paläarktis (altweltl. H.) hat sich das wiederholte Vorrücken der Gletscher während Eiszeiten auf die Florenzusammensetzung der einzelnen Teilgebiete ausgewirkt. V. a. in ↗ Europa sind durch die drast. Verschiebungen der Vegetationszonen viele Arten ausgestorben; andere erfuhren eine Aufspaltung ihres ehemals geschlossenen Areals (↗ Arealaufspaltung) u. zeigen heute eine unterschiedl. weit gediehene Entwicklung zu eigenen Arten.

Holaxonia [Mz.; v. *hol-, gr. axōn = Achse], U.-Ord. der ↗ Hornkorallen.

Holbrookia *w* [holbruhk-; ben. nach dem

am. Zoologen J. E. Holbrook, 1795–1871], Gatt. der ↗ Leguane. [niggras.

Holcus *m* [lat., = Mäusegerste], das ↗ Ho-

Holectypoida [Mz.; v. *hol-, gr. ektypos = abgebildet], Ord. der ↗ Irregulären Seeigel.

Hollandina *w*, nicht anerkannte Gatt. der Spirochäten; „*H. pterotermitidis*" wurde im Hinterdarm v. Termiten beobachtet, aber noch nicht in Reinkultur isoliert.

Holley [holli], *Robert William,* am. Biochemiker, * 28. 1. 1922 Urbana (Ill.); Prof. in Ithaca (N. Y.) u. La Jolla (Cal.); untersuchte die molekularbiol. Prozesse bei der Zellteilung und den Mechanismus der Informationsübertragung von Nucleinsäuren auf Proteine, klärte 1965 erstmals die Primärstruktur einer t-RNA auf u. erhielt dafür 1968 zus. mit H. G. Khorana u. M. Nirenberg den Nobelpreis für Medizin.

Holliday-Modell [-de^i; ben. nach R. Holliday] ↗ Crossing over (☐).

Holobasidie *w* [v. *holo-, gr. basis = Grundlage], *Autobasidie,* einzell., unseptierte Basidie (Sporangium) der Ständerpilze (Entwicklung ↗ Basidie). Pilze mit H.n werden in einigen systemat. Einteilungen als 1. U.-Kl. *Holobasidiomycetidae* zusammengefaßt (2. U.-Kl. ↗ *Phragmobasidiomycetidae*).

Holobasidiomycetidae [Mz.; v. *holo-, gr. basis = Grundlage, mykētes = Pilze], ↗ Holobasidie.

holoblastische Furchung [v. *holo-, gr. blastos = Keim], Furchungstyp, bei dem die Eizelle schon in der frühen Furchung vollständig in ↗ Blastomeren aufgeteilt wird (↗ Furchung). Ggs.: meroblastische Furchung.

Holocentridae [Mz.; v. *holo-, gr. kentron = Stachel], die ↗ Soldatenfische.

Holocephali [Mz.; v. *holo-, gr. kephalē = Kopf], die ↗ Chimären.

holochoanitisch [v. *holo-, gr. choanē = Trichter], (Hyatt), heißen Siphonalapparate v. ↗ *Nautiloidea,* bei denen die Siphonalduten extrem nach rückwärts abknicken u. sich über eine Kammerlänge ausdehnen, z. B. bei *Endoceras.*

holochroal [v. *holo-, gr. chroa = Haut, Farbe], nannte Clarke (1889) den bei ↗ Trilobiten verbreitetsten Augentyp (Komplexaugen) mit feiner hexagonaler Felderung, bei dem die plan- od. bikonvexen Linsen (Ommatidien) in einer gemeinsamen, klaren Cornea überdeckt werden. Die Zahl der Ommatidien kann 15 000 überschreiten. Ggs.: ↗ schizochroal.

holocoenokarp [v. *holo-, gr. koinos = gemeinsam, karpos = Frucht], *eusynkarp,* Bez. für synkarpe Gynözeen, deren einzelne Fruchtblätter vollständ. miteinander verwachsen sind; im Ggs. dazu sind die Fruchtblätter beim *hemicoenokarpen (he-*

misynkarpen) Gynözeum nur z. T. miteinander verwachsen.

Holoconodont *m* [v. *holo-, gr. kōnos = Zapfen, odous, Gen. odontos = Zahn], (Gross 1960), besteht aus einem ⟶ Conodonten u. einem kegel- od. plattenförm. Basalkörper, der an der Unterseite des Conodonten locker in der Basalhöhle od. -grube befestigt ist.

holocyclisch [v. *holo-, gr. kyklikos = kreisförmig], bei ⟶ Blattläusen Bez. für einen vollständ. Generationszyklus, bei dem außer Parthenogenese auch zweigeschlechtl. Fortpflanzung auftritt.

Holoenzym *s* [v. *holo-, gr. en = in, zymē = Sauerteig], ⟶ Coenzym, ⟶ Enzyme.

Hologamie *w* [v. *holo-, gr. gamos = Hochzeit] ⟶ Gametogamie, ⟶ Gameten.

Hologenie *w* [v. *holo-, gr. gennan = erzeugen], Bez. für die Tatsache, daß die Phylogenie aus unzähl. Ontogenien zusammengesetzt ist.

Hologenie
Die *H.spirale* nach W. Zimmermann zeigt, daß die stammesgesch. Entwicklung in der Generationenfolge über zahlr. Keimesentwicklungen (Ontogenien) verläuft. Durch Erbänderungen, die sich in den jeweiligen Ontogenien realisieren, kommt es in den Jahrmillionen der Erdgesch. zu entspr. Änderungen der Organisationstypen der Organismen, das heißt also zur Phylogenie.

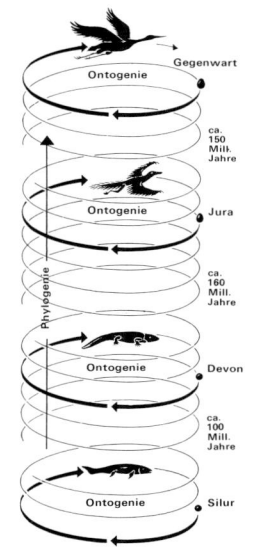

hologyne Merkmale [v. *holo-, gr. gynē = Frau], erbl. Merkmale, die ausschl. v. der Mutter auf die Töchter übertragen werden. Ggs.: holandrische Merkmale.

holokrine Drüsen [v. *holo-, gr. krinein = absondern], ⟶ Drüsen (☐), deren Sekret aus ganzen, abgestorbenen Zellen besteht, z. B. Talgdrüsen, Haarbälge, Nagelbett.

Holometabola [Mz.; v. *holo-, gr. metabolē = Veränderung], *Endopterygota,* Insekten mit vollkommener Verwandlung *(Holometabolie,* ⟶ Metamorphose). Am Ende des Larvenlebens findet eine Häutung zur Puppe statt, aus der später die Imago schlüpft. Die Larven haben in ihrer Evolution so zahlr. larveneigene Merkmale in Anpassung an ihre normalerweise v. der Imago völlig verschiedenen Lebensräume entwickelt, daß der Schritt zum erwachsenen Insekt nur über ein Puppenstadium mögl. ist. In diesem Puppenstadium ist sozusagen „wegen Umbau geschlossen". Es erfolgen dabei tiefgreifende Änderungen der inneren u. äußeren Organisation. Während der Larvenentwicklung findet keine Ausbildung v. äußerl. sichtbaren Imaginalmerkmalen wie bei den *Hemimetabola* statt. Lediql. bestimmte spätere Adult-Organanlagen sind als ⟶ Imaginalscheiben nach innen gestülpt, so auch die Flügelanlagen *(Endopterygota).* Erst bei der Puppe finden sich nach außen gestülpte Flügel- u. Genitalanlagen. Eine Ausnahme bilden nur viele Larven der Stechmücken-Verwandtschaft (z. B. *Chaoborus*), die bereits in frühen Larvenstadien beginnen, das imaginale Komplexauge auszubilden. Bei den *H.* gibt es mehrere Entwicklungstypen, die entspr. ben. sind. a) *Eoholometabola:* wesentl. innere Umwandlungsprozesse zur Imago finden bereits in den letzten Larvenstadien statt (nur Schlammfliegen); b) *Euholometabola:* entspr. Umwandlungsprozesse erfolgen erst beim Übergang zur Puppe u. v. a. in der Puppe (die meisten *H.*); c) *Polymetabola:* spezielle Euholometabola, deren Larvenstadien in Anpassung an unterschiedl. Lebensweise verschieden aussehen, z. B. zunächst frei lebende Larven, die später parasit. sind (bei einigen Käfern, z. B. Fächerkäfern, Hautflüglern); d) *Hypermetabola:* Spezialfall der Polymetabolie, bei der das letzte Larvenstadium v. der Cuticula des vorhergehenden Stadiums umhüllt als Scheinpuppe unbewegl. bleibt u. keine Nahrung aufnimmt (Larva coarctata) (nur bei Ölkäfern). e) *Cryptometabola:* die gesamte Larvalentwicklung findet bei den *Termitoxeniidae* (Dipteren) bereits innerhalb der Eischale statt; die Larve verpuppt sich sofort nach dem Schlüpfen; nicht zu verwechseln mit der ⟶ Pupiparie.

Holometabolie *w* [v. *holo-, gr. metabolē = Veränderung], ⟶ Metamorphose, ⟶ Holometabola.

Holoparasiten [v. *holo-, gr. parasitos = Schmarotzer], *Vollparasiten,* pflanzl. Parasiten, die ausschl. heterotroph v. der Körpersubstanz der Wirtspflanze leben, z. B. Kleeseide *(Cuscuta, Orobanche);* auch alle tier. Parasiten entsprechen der Definition.

Holopeltidia [Mz.; v. *holo-, gr. peltē = Schild], Teilgruppe der ⟶ Geißelskorpione.

holophyletisch [v. *holo-, gr. phylon = Stamm, Gattung, ⟶ monophyletisch.

Holopneustia [Mz.; v. *holo-, gr. pneustēs = Atmender], *Holopneustier,* Insekten mit der vollen Zahl v. Stigmen (10 Paare) an ihrem Tracheensystem. ⟶ *Hemipneustia.*

Holobasidie
Pilzgruppen (Ord.), deren Sporangien als H. ausgebildet werden *(= Holobasidiomycetidae)*
Agaricales
Aphyllophorales
Dacrymycetales
Exobasidiales
Lycoperdales
Nidulariales
Phallales
Sclerodermatales
Tilletiales
Tulasnellales

---

hol-, holo- [v. gr. holos = ganz, vollständig, unversehrt].

holoptisch [v. *hol-, gr. optikos = das Sehen betr.], Typ eines ↗Komplexauges, bei dem die beiden Hälften auf der Kopfmitte oben zusammenstoßen; dadurch wird der binokulare Sehraum auch im dorsalen Bereich des Kopfes stark erweitert. H.e Komplexaugen finden sich v. a. bei Männchen v. Dipteren (Bremsen, Haarmücken), Libellen od. Felsenspringern.

Holopus *m* [v. *holo-, gr. pous = Fuß], Gatt. der ↗Seelilien aus der Karibik (200–300 m Tiefe), die im Ggs. zu allen anderen Seelilien keinen Stiel hat, sondern direkt mit dem Kelch am Substrat festsitzt (Name: „Ganzfuß"); in manchen Systemen der einzige rezente Vertreter der Ord. *Cyrtocrinida.* ☐ Seelilien.

Holorostrum *s* [v. *holo-, lat. rostrum = Schnabel], (Schwegler 1961), ↗Belemniten.

Holospora *w* [v. *holo-, gr. spora = Same], Gatt. bakterieller Endosymbionten, die im Mikro- od. Makronucleus v. Paramecien (Pantoffeltierchen) vorkommen; ca. 4 Arten (vgl. Tab.).

Holostei [Mz.; v. gr. holosteos = ganz knöchern], die Knochenganoiden, ↗Knochenfische.

Holosteum *s* [v. gr. holosteos = ganz knöchern], die ↗Spurre.

Holotheca *w* [v. *holo-, gr. thēkē = Behälter], (Hudson 1929), bei ↗Rugosa (Tetrakorallen) die eine Kolonie einschließende Kalkhülle.

Holothuria *w* [v. *holothur-], Gatt. der ↗Seewalzen, enthält u.a. die Schwarze Seegurke u. die Röhrenholothurie.

Holothurien [Mz.; v. *holothur-], eingedeutschte Bez. für die Stachelhäuter-Kl. *Holothuroidea,* deren einzelne Vertreter z.T. als ↗Seewalzen, z.T. als Seegurken benannt sind.

Holothurine [Mz.; v. *holothur-], tox. Inhaltsstoffe aus den hämolyt. wirksamen Sekreten, die v. Seegurken *(Holothuroidea)* versprüht werden u. chem. zu den Triterpensaponinen zählen.

Holothuroidea [Mz.; v. *holothur-], die ↗Seewalzen.

Holothyroidea [Mz.; v. *holothyr-], U.-Ord. der ↗Milben mit nur 1 Gatt. *Holothyrus* (8 Arten); wenig untersuchte Gruppe, die im alten Laub v. Urwäldern lebt (Fundorte: Inseln des Ind. Ozeans, Ceylon, Neuguinea); die Tiere sind bis 7 mm groß, völlig unsegmentiert u. stark gepanzert.

Holotricha [Mz.; v. *holo-, gr. triches = Haare], artenreiche Ord. der Wimpertierchen, deren Zellkörper meist allseits dicht bewimpert ist; keine Membranellen. Hierher gehören zahlr. U.-Ord. mit verschiedenem Bau u. unterschiedlicher Lebensweise: ↗*Gymnostomata,* ↗*Trichostomata,* ↗*Hymenostomata,* ↗*Astomata,* ↗*Apostomea,* ↗*Thigmotricha.* Die 3 letzten U.-Ord. sind stark abgewandelt, da sie kommensalisch od. parasit. leben; ihre Zuordnung ist deshalb nicht vollständ. abgesichert. Eines der bekanntesten holotrichen Wimpertierchen ist das ↗Pantoffeltierchen *(Paramecium).* ☐ Aufgußtierchen.

Holotypus *m* [v. *holo-, gr. typos = Typ], das v. einem Autor bei der Beschreibung einer neuen Art festgelegte (designierte) „typische" Individuum (Typus-Verfahren der taxonom. ↗Nomenklatur). Nach den erst in diesem Jh. strenger festgelegten int. Nomenklaturregeln muß es ein *einzelnes,* entspr. gekennzeichnetes Exemplar sein. Bei ↗Sexualdimorphismus kann entweder nur das ♂ oder nur das ♀ der H. sein; das „typische" Individuum des anderen Geschlechtes gilt dann als ↗ *Allotypus.* – In Zweifelsfällen gelten nicht die Angaben in der Artbeschreibung, sondern die tatsächl. am H. feststellbaren Merkmale. Auch gilt der H. weiterhin, wenn später festgestellt werden sollte, daß er aus einer für die gesamte Art gar nicht typisch aussehenden Population stammt. Ein H. soll wegen dieser großen Bedeutung für Nachuntersuchungen in öffentlich zugängl. Sammlungen verwahrt (deponiert) sein, i. d. R. in großen Museen. ↗Nomenklatur, ↗Paratypus.

Holozän *s* [v. *holo-, gr. kainos = neu], (H. Gervais 1867/69), *Alluvium, geolog. Gegenwart,* jüngere Epoche des ↗Quartärs, ca. 8000 v. Chr. bis heute. Ihr Beginn wird markiert durch den Rückzug des Inlandeises aus Mitteleuropa. Manche Klimatologen rechnen mit erneuter Rückkehr des Eises u. sehen deshalb im H. nichts anderes als den Beginn eines weiteren Interglazials (Zwischeneiszeit) u. die Fortdauer des ↗Pleistozäns. Das H. erhält trotz seiner Kürze eine subjektive erdschichtl. Sonderstellung durch den enormen Aufschwung u. die Ausbreitung des Menschengeschlechts (Spezies: *Homo sapiens),* die auch zu gravierenden objektiven Folgen führt: zur Zerstörung der natürlichen u. zum Aufbau einer menschenbestimmten „künstlichen" Natur. Würde die Erdgeschichte währen, so hinterließe das H. eine geolog. Zeitmarke v. vorher nie realisierter Schärfe (z. B. Freisetzen v. Radioaktivität, Rückführung riesiger Mengen „abgelagerter" Kohlenstoff- u. Salzgesteine in den Kreislauf). Das ↗Aktualitätsprinzip, das auf den geolog. u. biol. Vorgängen im H. fußt, gerät in Gefahr, nicht mehr verläßlicher Maßstab zu bleiben. ☐ Erdgeschichte.

holozäne Böden [v. *holo-, gr. kainos = neu], nacheiszeitl., d. h. seit dem Ende der

---

Holospora
Arten:
H. undulata (Omega-Faktor)
H. obtusa (Iota-Faktor)
H. elegans
H. caryophila (Alpha-Faktor)

Gliederung des Holozäns

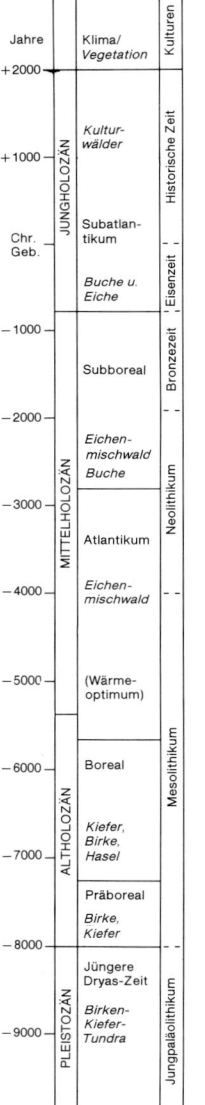

Jahre		Klima/Vegetation		Kulturen
+2000	JUNGHOLOZÄN	Kulturwälder	Historische Zeit	
+1000				
Chr. Geb.		Subatlantikum		
		Buche u. Eiche	Eisenzeit	
–1000			Bronzezeit	
		Subboreal		
–2000	MITTELHOLOZÄN	Eichenmischwald Buche	Neolithikum	
–3000		Atlantikum		
–4000		Eichenmischwald		
–5000		(Wärmeoptimum)		
–6000		Boreal	Mesolithikum	
–7000	ALTHOLOZÄN	Kiefer, Birke, Hasel		
		Präboreal Birke, Kiefer		
–8000				
	PLEISTOZÄN	Jüngere Dryas-Zeit	Jungpaläolithikum	
–9000		Birken-Kiefer-Tundra		

Würmeiszeit (8500 v. Chr.) bis heute (im Holozän) entstandene Böden.

Holozygote w [v. *holo-, gr. zygōtos = zusammengejocht], ↗ Merozygote.

Holst, *Erich* von, dt. Zoologe, * 28. 11. 1908 Riga, † 26. 5. 1962 Herrsching am Ammersee; seit 1946 Prof. in Heidelberg, 1948 in Wilhelmshaven, dort Mit-Begr. u. Abt.-Leiter des Max-Planck-Inst. (MPI) für Meeresbiologie, seit 1954 Dir. des in „MPI für Verhaltensphysiologie" umgetauften Inst., das 1957 nach Seewiesen bei München übersiedelte. H.s vielfält. Untersuchungen kreisen um das zentrale Thema der spontanen Erregungsbildung u. der funktionellen Autonomie des Zentralnervensystems v. Wirbeltieren. Er arbeitete über die relative Koordination, den Vogelflug u. die Statolithenfunktion (Entdecker des adäquaten Reizes der Schwererezeptoren), deren Analyse er mit Hilfe meisterhaft durchdachter u. konstruierter Funktionsmodelle (Libellenflug, Flugsaurier) vorantrieb; formulierte 1950 (zus. mit H. Mittelstaedt) das ↗ Reafferenzprinzip, erkannte 1956 das Muskelspindel-System als Folgeregelkreis u. arbeitete seit 1957 über opt. Täuschungen. Übertrug die v. W. R. ↗ Hess an der Katze eingeführte Methode der lokalisierten elektr. Hirnreizung auf das Huhn u. erarbeitete durch die damit erreichte beliebige Auslösbarkeit v. Instinkthandlungen zahlr. neue Erkenntnisse für die Verhaltensforschung.

Holstein-Interglazial s [ben. nach dem Land Holstein, v. lat. inter = zwischen, glacialis = eisig], (A. Penck 1922), *Elster/Saale-Interglazial*, vorletzte pleistozäne Warmzeit in N-Dtl. zw. Elster- und Saale-Kaltzeit; entspr. dem Mindel/Riß-Interglazial im Voralpengebiet und etwa dem marinen Emilianium. Im H.-I. drang das „Holstein-Meer" (Störmeer) weit nach O vor in das Elbe-Gebiet bis zur Altmark, nach W-Mecklenburg u. in die südl. Ostsee; es brachte eine arktisch-boreale Mollusken- u. Foraminiferen-Fauna mit, der später eine wärmeliebende Fauna mit *Ostrea* nachfolgte. Im Raum v. Berlin entstanden ausgedehnte Süßwasserablagerungen mit der Schnecke *Viviparus (Paludina) diluvianus*. Die Flora spricht für ein kontinentales Klima zu Beginn u. ein mildes, ozean. Klima im Optimum des H.-I.s.

Holunder, *Holder, Sambucus*, mit rund 20 Arten über die gemäßigten Gebiete, die Tropen u. Subtropen verbreitete Gatt. der Geißblattgewächse. Stauden od. Sträucher bzw. kleine Bäume mit markhalt. Zweigen, unpaarig gefiederten, großen Blättern u. kleinen, in dichten Trugdolden od. Rispen stehenden, 5-(3–6)zähligen Blüten. Die Frucht ist eine 3–6samige

hol-, holo- [v. gr. holos = ganz, vollständig, unversehrt].

holothur-, holothyr- [v. gr. holothouria = zw. Tier u. Pflanze stehende Meereslebewesen, eine Art Seewürmer od. Seegurken].

Frucht

Holunder

Die Früchte des Schwarzen H.s *(Sambucus niger)*, der häufig auch kultiviert wird, werden wie auch die anderer H.-Arten seit alters her als Wildobst gesammelt. Neben Anthocyan enthalten sie Fruchtsäuren, Gerbstoff, Zukker sowie Vitamin A und C und sind geeignet zur Herstellung v. Saft, Sirup, Marmelade, alkohol. Getränken sowie Süßspeisen. Seit der Antike gelten Früchte, Blätter, Blüten, Rinde u. Wurzeln des H.s auch als Heilmittel. Die neben Schleim, Gerbstoff u. Cholin v. a. äther. Öl enthaltenden Blüten werden als schweißtreibender „Fliedertee" bei fiebrigen Erkrankungen verabreicht. Das in den unreifen Früchten, Blüten, Blättern u. insbes. der Rinde enthaltene Blausäureglykosid *Sambunigrin* kann zu Brechdurchfall führen.

Steinbeere. Wichtigste einheim. Art ist der Schwarze H., *S. nigra* (B Europa XIV), ein bis 10 m hoher Strauch od. Baum mit heller, warzig-rissiger Rinde, weißl., stark duftenden Blüten u. kleinen, runden, schwarzvioletten Früchten. Kleiner, etwa bis 5 m hoch, ist *S. racemosa* (Trauben-H.) mit grünl.-gelben Blüten u. kugeligen, scharlachroten Früchten. Der nur bis 2 m hohe Zwerg-H. od. Attich *(S. ebulus)* ist eine krautige Pflanze mit weißen od. rötl. Blüten u. glänzend schwarzen, längl. Früchten. Standorte aller drei Arten sind (feuchte) Waldschläge u. -lichtungen, Wald- u. Wegränder sowie Schutthalden.

Holz, umgangssprachl. Bez. für den Hauptbestandteil v. Sproß, Ästen u. Wurzeln bei ↗ H.gewächsen (verholzte Gewebe: ↗ Lignin in den Zellwänden eingelagert). In der Pflanzenanatomie Bez. für das vom ↗ Kambium der Samenpflanzen nach innen abgegliederte ↗ Dauergewebe, unabhängig vom Verholzungsgrad. Mark, Rinde u. Borke zählen nicht zum H. H. findet sich – im strengen bot. Sinne – nur bei Nacktsamern (Gymnospermen) u. dikotylen Bedecktsamern (Angiospermen). Bei H.gewächsen macht der *H.körper* den Großteil des Achsengewebes aus;

Nutzhölzer

Europäische Nutzhölzer

Weiche Nutzhölzer:
Fichte *(Picea abies)*, Kiefer (Gatt. *Pinus*), Tanne (Gatt. v. a. *Abies alba*), Birke (v. a. *Betula pendula*), Erle (v. a. *Alnus glutinosa*), Linde (Gatt. *Tilia*), Pappel (Gatt. *Populus*), Weide (Gatt. *Salix*).

Harte Nutzhölzer:
Ahorn (Gatt. *Acer*), Birne *(Pyrus communis)*, Buche *(Fagus sylvatica)*, Edelkastanie *(Castanea sativa)*, Eiche (Gatt. *Quercus*), Esche *(Fraxinus excelsior)*, Hainbuche *(Carpinus betulus)*, Kirsche *(Prunus avium)*, Ulme (Gatt. *Ulmus*), Walnuß *(Juglans regia)*.

Sehr harte Nutzhölzer:
Buchsbaum *(Buxus sempervirens)*, Robinie *(Robinia pseudacacia)*, Ölbaum *(Olea europaea)*.

Außereuropäische Nutzhölzer

Weiche Nutzhölzer:
Abachi *(Triplochiton scleroxylon)*, Tropen W-Afrikas; Abura *(Mitragyna ciliata)*, Tropen W-Afrikas; Ceiba *(Ceiba pentandra)*, allg. in Tropen; Okoumé *(Aucoumea klaineana)*, Äquatorial-Afrika.

Harte Nutzhölzer:
Afrormosia, auch Kokrodua *(Afrormosia elata)*, W-Afrika; Eucalyptus (Gatt. *Eucalyptus*), Austr.; Hickory (Gatt. *Carya alba*), USA; Limba *(Terminalia superba)*, Kongo, Kamerun; Mahagoni *(Swietenia mahagoni)*, W-Indien; Makoré *(Mimusops heckelii)*, Tropen Afrikas; Palisander (Gatt. *Dalbergia*), Indien, Brasilien; Sapelli, Sapele *(Entandophragma cylindricum)*, Zentral- u. W-Afrika; Teak *(Tectona grandis)*, Tropen Asiens.

Sehr harte Nutzhölzer:
Bongossi *(Lophira procera)*, W-Afrika; Ebenholz, Makassar *(Diospyros celebica)*, Ceylon, Afrika; Eisenholz (z. B. Gatt. *Argania*); Grenadill *(Dalbergia melanoxylon)*, Tropen Afrikas; Quebracho *(Schinopsis quebracho-colorado)*, S-Amerika.

Holz

Bautypen des H.es der Angiospermen

Der Bau des H.es im einzelnen ist ein wicht. Bestimmungsmerkmal. Bei den Nadelhölzern (Gymnospermen) fällt bes. im Querschnitt die große Einheitlichkeit auf: das H. besteht nur aus Tracheiden als Längselementen, dazu können noch H.parenchym u. Harzgänge kommen (*homoxyler Bau*). Laub-H. (Angiospermen) dagegen ist *heteroxyl*. Neben Tracheiden treten insbes. Tracheen u. H.fasern auf. Deutl. sind solche Hölzer im Querschnitt schon mit der Lupe bzw. mit bloßem Auge zu erkennen, bei denen nur zu Beginn des Jahreszuwachses, also im Früh-H., große, weitlumige Tracheen gebildet werden (*ringporiges* od. *cyclopores H.*, z. B. Eiche, Ulme, Esche, Robinie, Eßkastanie). Bei anderen Laubhölzern sind die Tracheen ungleichmäßig im Jahresring verteilt (*zerstreutporiges H.*, z. B. Buche, Hainbuche, Erle, Ahorn, Birke, Pappel, Weide). Die Tracheen dieser Hölzer sind zudem nicht so auffallend weitlumig (mikropor).

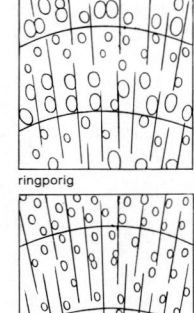

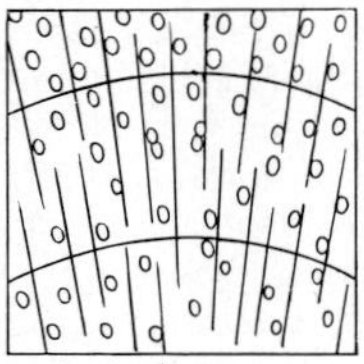

kraut. Pflanzen bilden höchstens am unteren Sproßende und in den Speicherorganen (z. B. H.rübe des Rettichs) wenig verholztes Gewebe aus. Man unterscheidet primäres u. sekundäres H. *Primäres H.* wird nur in der Nähe der Vegetationspunkte angelegt u. besteht aus wasserleitendem Gewebe (Proto- u. Metaxylem). *Sekundäres H.* entsteht während des sekundären ↗Dickenwachstums u. erfüllt Wasserleitungs-, Festigungs- u. Speicherfunktionen. – *Makroskop. Aufbau:* auf dem Stammquerschnitt sind konzentr. um das *Mark* angelegte Ringe erkennbar, die durch die period. Aktivität des Kambiums zustande kommen: ↗*Jahresringe* (gemäßigte Klimazonen) bzw. *Zuwachszonen* (Tropen u. Subtropen). Die Jahresringgrenzen (vgl. Abb.) entstehen durch abrupten Übergang v. engporigem, dunklem *Spät-H.* zu weitporigem *Früh-H.* (↗ Dendrochronologie). Bei vielen H.pflanzen enthalten nur die äußeren Jahresringe lebende Zellen; nur hier finden die Speicherung v. Reservestoffen u. die Wasserleitung statt:

Holz

Zusammensetzung:
Cellulose 40–50%
Hemicellulosen 20–30%
Lignin 20–30%
Weitere Bestandteile: Harze, Fette, Gerbstoffe u. Mineralstoffe, Wasser

Elementare Zusammensetzung:
Kohlenstoff ca. 50%
Sauerstoff ca. 44%
Wasserstoff ca. 6%
Asche ca. 0,2–0,6%

Blockschemata des Angiospermenholzes (1, Birke) und des Gymnospermenholzes (2, Kiefer)

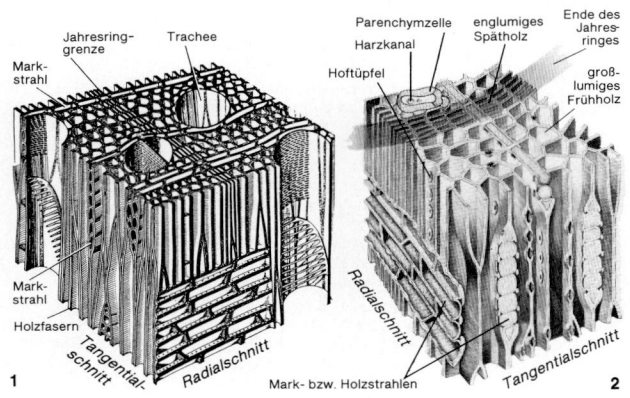

↗ *Splint (Weich-H.)*. Der innere Teil des H.körpers dieser Pflanzen, das *Kern-H.*, dient nur zur Festigung. Es ist dann oft dunkler gefärbt als der Splint u. ist durch die Einlagerung v. anorgan. (z. B. Kieselsäure) u. organ. Substanzen (Gerbstoffe, gummiart. Stoffe) widerstandsfähiger u. härter. *Kernholzbäume* sind z. B. Kiefer, Lärche, Eiche u. Ulme. Bei den *Reifholzbäumen* wie Tanne, Fichte, Buche u. Linde findet keine Imprägnierung statt. Sie sind im Alter anfällig für Pilzbefall, wie auch die *Splintholzbäume:* Erle, Birke, Pappel u. Hainbuche, bei denen keine Differenzierung in Splint u. Kern-H. erfolgt. An den H.körper schließen sich nach außen der

Holz

Ausschnitt aus einem 4jährigen Kiefernzweig.
a Bast, b Kambium, c Markstrahlen (quer), d Harzgang, e Jahresgrenze, f Spätholz, g Frühholz, h Mark, i Markstrahlen (im Bast), k Markstrahlen (tangential), l primäre Markstrahlen, m Holzstrahlen. Q Quer- od. Hirnschnitt, R radialer Längsschnitt (Spiegelschnitt), T tangentialer Längsschnitt (Fladerschnitt).

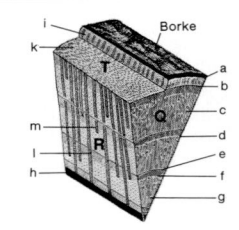

Kambiumring, der ↗ *Bast* u. die ↗ *Borke* an (vgl. Abb.). *Mikroskop. Aufbau:* Der H.körper wird v. verschiedenen Zelltypen gebildet. Das *Gymnospermen-H.* ist relativ einfach gebaut. Wasserleitungs- u. Stützfunktion werden v. den langgestreckten, toten ↗ *Tracheiden* übernommen, welche den Hauptteil des H.es ausmachen. Benachbarte Tracheiden sind durch *Hoftüpfel* (↗Tüpfel) verbunden. Radial sind die *Markstrahlen* angeordnet, die v. der Rinde her in das H. (H.strahlen), z. T. bis ins Mark (*primäre Markstrahlen*) ziehen. In den Markstrahlen finden Assimilatspeicherung u. Wassertransport v. innen nach außen statt. In Längsrichtung sind oft *Harzkanäle* (v. a. nur Gymnospermen) ausgebildet, die durch Auflösung einzelner Zellen entstehen u. von Parenchymzellen umgeben sind. Harzkanäle fehlen den Tannen u. Eiben. Beim *Angiospermen-H.* ist eine fortschreitende Differenzierung erkennbar. Zusätzl. zu den oben beschriebenen Elementen sind *Gefäße* (↗ *Tracheen*) u. *H.fasern* entwickelt. Die Wasserleitung erfolgt überwiegend (bei manchen Bäumen wie Ahorn ausschl.) in den weitlumigen Gefäßen. Tracheiden haben hpts. Festigungsfunktion, ebenso die H.fasern. Die H.fasern werden überwiegend im Spät-H. angelegt; es sind langgestreckte, an den Enden zu-

HOLZARTEN

Birke *(Betula pendula):* Schälholz für Sperrplatten; Vertäfelungen, Sitzmöbel; Drechslerholz. Mittel- und Nordeuropa (bis 69° n. Br.), Westasien.
Walnuß *(Juglans regia):* Ausstattungsholz für alle Formen der Innenraumgestaltung; Möbel; Drechslerholz. Heimisch in Südosteuropa und Zentralasien; im südlichen Mitteleuropa vor allem in Weinbaugebieten verbreitet.
Eiche (Gatt. *Quercus*): hochwertige, dauerhafte Konstruktionshölzer; Deckfurniere, Parkett; früher verwendet im Schiffs-, Wasser- und Brückenbau. Europa.

Eiche   Buche   Birke   Nußbaum   Kirsche

Rüster 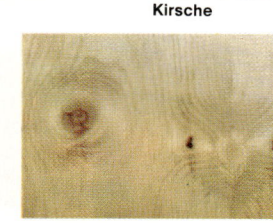   Zirbelkiefer 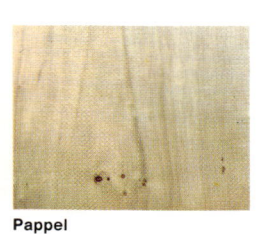   Pappel

Buche *(Fagus sylvatica):* Bau- und Konstruktionsholz; Papierholz, Schälfurniere, Werkzeugteile, Drechslerholz. V. a. in Mitteleuropa.
Kirschbaum *(Prunus avium):* Hölzer für Möbel und Vertäfelungen; feinstes Drechsler- und Kunsttischlerholz; Musikinstrumente. Mitteleuropa und Westasien.
Rüster, Ulme (Gatt. *Ulmus*): dekoratives Ausstattungsholz, massiv und furniert. Mittel-, Süd- und Osteuropa, Nordafrika.

Zirbelkiefer, Arve *(Pinus cembra):* Hölzer für Möbel, Wand- und Deckenvertäfelungen, für Schnitzereien und Bildhauerarbeiten. Alpen, Karpaten und Nordrußland.
Pappel, z.B. Zitterpappel, Espe *(Populus tremula);* Schälholz für Sperrplatten, Blindholz, Streichhölzer, Verpackungen, Faserholz für Zellwoll- und Papierherstellung. Europa (bis 70° n.Br.), Südwestasien, Sibirien, China, Japan.
Zebrano *(Microberlinia brazzavillensis):* hartes, elastisches und witterungsfestes Ausstattungsholz, besonders als Deckfurnier für Möbel und Vertäfelungen. Kamerun und Westafrika.
Pitch Pine *(Pinus palustris):* wertvolles und dauerhaftes Konstruktionsholz; Fenster, Fußböden, Fässer, widerstandsfähig gegen Säuren. Südöstliche Küstenstaaten der USA.
Rosenholz *(Dalbergia variabilis):* witterungsfestes und hartes Ausstattungsholz; Edelfurniere, Intarsienarbeiten. Tropisches Südamerika, vor allem Ostbrasilien.
Andere Arten der Gatt. *Dalbergia* liefern *Palisander,* z.B. *Dalbergia latifolia* (Indien, Java).
Makassar-Ebenholz *(Diospyros celebica):* witterungsfestes Ausstattungsholz für hochwertige Möbel und Vertäfelungen; Drechslerholz für dekorative Gegenstände. Celebes und Molukken (Indonesien).
Sapelli, Sapelli-Mahagoni *(Entandophragma cylindricum):* witterungshartes Ausstattungsholz, für Treppen und Parkett, massiv und furniert. Tropisches Zentral- und Westafrika.

Zebrano   Pitch Pine   Rosenholz   Makassar   Sapelli

Holzameisen

gespitzte, tote Zellen von 0,1–5 mm Länge. Das den toten H.körper als ein zusammenhängendes Netz lebender Zellen durchziehende ↗ Grundgewebe wird *H.parenchym* gen. und dient der Reservestoffspeicherung. Man unterscheidet *ringporiges H.* (Gefäße nur im Früh-H.) u. *zerstreutporiges H.* (Gefäße über den ganzen Jahresring verteilt). *Verarbeitung:* Durch mechan. Zerkleinerung v. Fichten-, Tannen-, Kiefern- od. Pappel-H. wird der *H.schliff* od. *H.stoff* erzeugt, der Grundstoff für die Papier- u. Pappeherstellung. Bei der *H.verkohlung (H.destillation)* wird H. unter Luftabschluß trocken erhitzt. Als Produkte entstehen u. a. *H.kohle* und *H.teer;* letzteres, eine ölige Substanz, wird als Imprägnierungs- u. Flotationsmittel verwendet. Die ↗ *H.verzuckerung* dient der Gewinnung v. Traubenzucker (Glucose). Durch Aufbereitung des H.es mit Lauge erhält man *Zellstoff* (↗ Cellulose). ☐ Zellwand.

Lit.: *Bosshard, H. H.:* Holzkunde. 3 Bde. Stuttgart 1974. *Grosser, D.:* Die Hölzer Mitteleuropas. Berlin 1977. *Ch. H.*

Holzameisen, verschiedene Arten der Gattungen *Camponotus* u. *Lasius* (Fam. ↗ Schuppenameisen).

Holzbienen, *Xylocopa,* Gatt. der ↗ Apidae.

Holzbock, *Waldzecke, Ixodes ricinus,* weltweit verbreiteter, 1–2 mm großer Vertreter der Zecken, der überall bei genügend hoher Luftfeuchtigkeit in der Vegetation vorkommt. Larven, Nymphen u. erwachsene Weibchen saugen Blut (Säuger, Vögel, Eidechsen). Ein Weibchen legt 1000–3000 Eier an die Basis v. Pflanzen. Nach 4–10 Wochen schlüpfen die Larven, erklettern die Pflanzen u. lassen sich auf einen Wirt fallen. Nach 3–5 Tagen Saugzeit läßt sich die Larve fallen u. entwickelt sich zur Nymphe, die erneut einen Wirt befällt. Diese saugt bis 8 Tage an ihm, fällt ab u. entwikkelt sich zum Adultus. Männchen saugen nicht mehr; sie suchen einen Wirt nur auf, um ein Weibchen zu finden. Weibchen brauchen erneut Blut, um die Eier zu entwickeln. Alle Stadien können 1 bis 1½ Jahre hungern. Die Wirtsfindung erfolgt über das *Hallersche Organ* im 1. Laufbeintarsus, einem Sinnesorgan, das auf Buttersäure anspricht. Die beim Saugen abgegebenen Sekrete können bei Kindern u. empfindl. Erwachsenen Entzündungen, in Extremfällen Lähmungen hervorrufen. Außerdem kann der H. gefährl. Keime (Sporozoen, Viren, Rickettsien, Bakterien) übertragen, die bei Haustieren u. Menschen gefährl. Krankheiten hervorrufen (z. B. *Zecken-Encephalitis*). [asseln.

Holzbohrassel, *Limnoria lignorum,* ↗ Bohr-

Holzbohrer, *Cossidae,* urspr. Schmetterlingsfam. mit über 800 v. a. in Austr. ver-

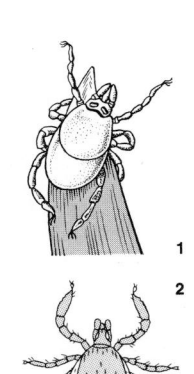

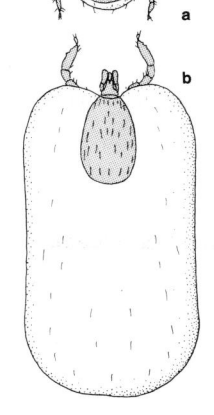

Holzbock
1 Weibchen des H.s *(Ixodes ricinus),*
2a H. vor (1–2 mm lang) und b nach der Blutmahlzeit (über 10 mm lang)

breiteten Arten; Falter nachtaktiv, mittelgroß bis sehr groß, Männchen deutl. kleiner; einer der größten Schmetterlinge überhaupt ist die austr. Art *Xyleutes boisduvali* (bis 250 mm Spannweite), deren Larven in Eucalyptusbäumen leben. Körper der Falter kräftig u. lang, Fühler bei den 6 mitteleur. Arten kurz, Mundwerkzeuge reduziert, Färbung meist unauffällig, wie rissige Rinde, in Ruhe gut getarnt an Baumstämmen mit dachförm. getragenen Flügeln sitzend. Raupen glatt, glänzend, kurz beborstet, mit Kranzfüßen; Kiefer kräftig, nagen ähnlich den ↗ Glasflüglern Bohrgänge v. a. in Holzgewächsen, einige Arten dadurch schädl.; überwintern mehrfach; am Kopf Wehrdrüse mit gift. Sekret; Larven werden in Austr. v. Ureinwohnern verzehrt; Verpuppung im Fraßgang od. mit Gespinst in der Erde; Puppe mit sehr bewegl. Segmenten, am Abdomen mit Hakenkränzen. Beispiele für einheim. H.: *Weidenbohrer (Cossus cossus),* sehr kräftig, Spannweite bis 100 mm, silbergraubraun mit schwarzer Querrieselung; fliegt im Juni–Aug.; Larven fressen unter der Rinde u. im Holz insbes. an Weiden u. Pappeln, ausgewachsen rotbraun, seitl. heller, bis 100 mm lang, Befall kenntl. am charakterist. Holzessiggeruch u. Bohrmehlaustritt an Fraßgängen, gelegentl. schädlich. *Blausieb (Zeuzera pyrina),* auffällig gefärbt, Flügel schmal, weiß mit stahlblauen Punkten, Spannweite bis 70 mm; fliegt im Juni bis Aug., Raupen in einer Vielzahl v. Laubhölzern, verursacht mitunter größere Schäden in Obstkulturen, Baumschulen u. ä.

Holzbohrkäfer, *Bohrkäfer, Bostrychidae,* Fam. der polyphagen Käfer; weltweit ca. 600 Arten, davon etwa 10–12 in Mitteleuropa. Kleine bis mittelgroße, zylindr. gestreckte Arten, Kopf häufig unter dem vorgewölbten rundl. Halsschild nicht sichtbar. Die kleinen Arten sehen Borkenkäfern ähnlich. Die engerlingförmigen Larven bohren ähnl. wie die der Klopfkäfer in totem Holz, seltener auch in frischen Pflanzen. Nach der ↗ Roten Liste „gefährdet" ist der *Kapuzinerkäfer (Bostrychus capucinus),* 8–14 mm, mit roten Elytren; Larve v. a. in Eiche. Einige Arten werden immer wieder eingeschleppt, so auch der *Getreidekapuziner (Rhizopertha dominica),* 2–3 mm, der sich in Getreidekörnern, Reis u. anderen Vorräten entwickelt.

Holzbrüter, 1) i. e. S. baumbrütende ↗ Borkenkäfer (☐), die ihre Larvengänge tief ins Holz anlegen; 2) i. w. S. auch sich im Holz entwickelnde Insektenlarven.

Holzfliegen, *Xylophagidae, Erinnidae,* Fam. der Fliegen, in Mitteleuropa nur ca. 8 Arten bekannt; mit rotem bis schwarzem, ca. 2 cm langem Körper. Die Larven halten sich

Holzfliegen
Käsefliege *(Coenomyia ferruginea),* rechts Larve

meist unter der Rinde v. totem Holz auf. Am häufigsten ist bei uns die eigenartig riechende Käse- od. Stinkfliege *(Coenomyia ferruginea),* deren Larven sich im Boden entwickeln.

Holzgewächse, *Gehölze, Holzpflanzen,* ausdauernde Pflanzen, die in den Sproßachsen (Stamm u. Äste) durch sekundäres ↗ Dickenwachstum umfangreiche Holzkörper (↗ Holz) bilden. Als *Bäume* u. *Sträucher* gehören sie zur Lebensform der ↗ Phanerophyten, als *Halbsträucher* u. *Zwergsträucher* zur Lebensform der ↗ Chamaephyten.

Holzhydrolyse [v. gr. hydōr = Wasser, lysis = Auflösung], die ↗ Holzverzuckerung.

Holzmehlkäfer, die ↗ Splintholzkäfer.

Holzmotten, *Euplocamidae,* von den echten ↗ Motten abgetrennte kleine Schmetterlingsfam., diesen habituell u. von der Lebensweise ähnlich. Beispiel: *Euplocamus anthracinalis,* braunschwarz mit weißen Flecken auf den um 30 mm spannenden Vorderflügeln, Kopf ockergelb, fliegt im Juni – Juli; Weibchen mit Afterbusch, bedeckt Eier mit Afterwolle, Larven leben in morschem Laubholz.

Holzöl, das ↗ Tungöl.

Holzpflanzen, die ↗ Holzgewächse.

Holzritterlinge, *Tricholomopsis* Sing., Gatt. der Blätterpilze *(Agaricales),* zentral gestielte, auf Holz wachsende Pilze mit gelber Grundfarbe u. gelben Lamellen, gelbem Fleisch u. verschiedenfarb. Schüppchen auf dem Hut; Sporenpulver weiß. In Mitteleuropa 4 Arten.

Holzschädlinge, die ↗ Forstschädlinge.

Holzschutzmittel, wasserlösl. oder ölige Präparate mit organ. od. anorgan. Chemikalien als Wirkstoffen, die Holz vor Pilz-, Fäulnisbakterien- u. Insektenbefall (biol. Zerstörung) bzw. als Flammenschutzmittel schützen sollen.

Holzteil, das ↗ Xylem, ↗ Leitbündel.

Holzverzuckerung, *Holzhydrolyse,* Verfahren zur Gewinnung v. Traubenzucker (Glucose) aus Holz *(Holzzucker).* Das zerfaserte Holz wird entweder mit Salzsäure versetzt od. mit verdünnter Schwefelsäure gekocht. Dabei erfolgt Wasseranlagerung an die Cellulose-Moleküle u. die Bildung v. Di- u. Trisacchariden außer der Glucose. Verwendung: Futtermelasse, Vergärung zu Alkohol od. Futterhefe od., gereinigt u. entsalzt, als Rohstoff für die chem. Industrie.

Holzwespen, *Siricidae,* Fam. der Hautflügler mit ca. 100 Arten, davon 8 in Mitteleuropa. Die H. gehören mit bis zu 4 cm Körperlänge zu den größten Pflanzenwespen; kräftig u. walzenförm. gebaut, dunkel od. schwarz-gelb gefärbt. Sexualdimorphismus in Größe u. Färbung ist häufig. Das Weibchen besitzt einen den Hinterleib überragenden, kräft. Legebohrer mit paar. Sägeborsten, mit dem die Eier in Laub- u. Nadelholz gelegt werden. Die Larve weicht vom Grundtyp der ↗ Afterraupe ab, die Gliedmaßen sind mehr od. weniger zurückgebildet. Mit Hilfe holzzersetzender Pilze (Pilzzucht), mit denen das Weibchen bei der Eiablage das Holz infiziert (Ektosymbiose), legt die Larve einen bis 40 cm langen Bohrgang an, in dem sie in mehreren Jahren heranwächst u. sich verpuppt. Die geschlüpfte H. bohrt sich auf dem kürzesten Weg ins Freie. Dabei durchnagt sie auch die behandelte Oberfläche v. verbautem Holz u. kann dadurch beträchtl. Schaden anrichten. So können sie sich durch Lack, Verputz, Stoffbezüge, Zinn- u. Bleibeschichtungen v. Holz bohren, das schon vor Jahren verarbeitet wurde. Bereits abgelagertes Holz wird nicht befallen. Bei uns kommt die Riesen-H. *(Sirex gigas, Urocerus gigas)* vor, die sich in Nadelgehölzen entwickelt u. wie alle H. nicht stechen kann. Natürl. Feinde der H. sind v.a. Spechte u. Schlupfwespen. [B] Insekten II.

Holzwürmer, Larven der sich im Holz entwickelnden Insekten. Die in alten Möbeln, Holzfiguren od. ähnl. bohrenden H. sind die Larven der ↗ Klopfkäfer (meist Totenuhr *Anobium punctatum*; sonst meist Larven der ↗ Bockkäfer u. ↗ Holzwespen.

Holzzucker ↗ Holzverzuckerung.

Homalopsinae [Mz.; v. *homal-, gr. opsis = Aussehen], die ↗ Wassertrugnattern.

Homalopterygia [Mz.; v. *homalo-, gr. pterygion = kl. Flosse], die ↗ Chaetognatha.

Homalorhagae [Mz.; v. *homalo-, gr. rhagē = Riß, Spalt], *Homalorhagida,* Ord. der ↗ Kinorhyncha.

Homalozoa [Mz.; v. *homalo-, gr. zōon = Lebewesen], † U.-Stamm der Stachelhäuter, in dem solche asymmetr. Formen vereinigt werden, die fr. als *Carpoidea* od. Heterostelen zusammengefaßt wurden; alle mit einem od. mehreren Ambulacren; wahrscheinl. Bodenlieger; manchmal als Chordaten-Verwandte (↗ *Calcichordata*) interpretiert. Verbreitung: mittleres Kambrium bis oberes Devon. Klassen: *Homostela, Homoiostela, Stylophora, Ctenocystoidea.*

Homarus *m* [nlat. = Hummer (v. gr. kammaros = Meerkrebs)], Gatt. der *Nephropidae,* ↗ Hummer.

Homatropin *s* [v. *homo-, bot.-lat. Atropa = Tollkirsche], *Tropinmandelat,* ein zu ↗ Atropin homologes (Name!) Tropan-Alkaloid, das die gleichen pharmakolog. Eigenschaften besitzt, jedoch schwächer wirksam u. weniger toxisch ist als dieses. H. findet meist in Form des Hydrobromids in der Augenheilkunde Verwendung.

Hominidae [Mz.; v. *homin-], *Hominiden,*

---

homal-, homalo- [v. gr. homalos = gleichmäßig, eben, glatt].

homin- [v. lat. homo, Gen. hominis = Mensch].

homo- [v. gr. homos = gemeinsam, gleich].

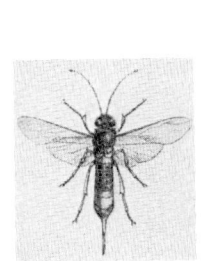

Holzwespen
Weibchen einer Holzwespe mit Legebohrer

Homininae

Menschenartige, Fam. der Herrentiere (Primaten), umfaßt die U.-Fam. ↗ *Praehomininae* bzw. ↗ *Australopithecinen* u. *Homininae* (↗*Euhomininae*).

Homininae [Mz.; v. *homin-], *Hominine,* die ↗Euhomininae.

Hominisation w [v. *homin-], stammesgesch. Prozeß der *Menschwerdung,* betrifft neben der Entwicklung des ↗aufrechten Ganges u. des typ. menschl. ↗Gebisses (↗Zähne) mit geschlossenem parabol. Zahnbogen u. kleinen Eckzähnen v. a. die mit der Entwicklung des ↗Gehirns (↗Cerebralisation, ↗Gyrifikation) verbundenen geist. (↗Denken, ↗Gedächtnis) u. sozialen Leistungen, die den Menschen vom Menschenaffen unterscheiden. ↗Abstammung; ↗Mensch.

Hominoidea [Mz.; v. *homin-, gr. -oeidēs = -ähnlich], *Menschenähnliche,* Über-Fam. der *Catarrhina* (↗Schmalnasen), umfaßt die Fam. ↗ *Pongidae* u. ↗ *Hominidae*.

Homo *m* [lat., = Mensch], *Menschen,* Gatt. der ↗ *Euhomininae,* umfaßt neben dem heutigen u. fossilen ↗ *H. sapiens* den altpleistozänen ↗ *H. habilis* sowie den alt- bis mittelpleistozänen (?jungpleistozänen) ↗ *H. erectus*.

Homoacetatgärung w [v. *homo-, lat. acetum = Essig], eine Form der ↗Essigsäuregärung, bei der fast nur Essigsäure (Acetat) als Endprodukt gebildet wird; Vorkommen bei Clostridien (z. B. *Clostridium thermoaceticum, C. formiaceticum*). Bei der H. wird CO_2 durch den vom Substrat (z. B. Glucose) abgespaltenen Wasserstoff (mit Ferredoxin als Überträger) reduziert, zuerst zu Formiat u. dann – jetzt in gebundener Form (an Tetrahydrofolsäure = FH_4) – zu Methyl-FH_4; die Methylgruppe wird anschließend v. einem B_{12}-Coenzym (↗Cobalamin) aufgenommen u. auf Pyruvat übertragen; es entstehen 2 Mol Acetat, u. wahrscheinl. wird dabei ATP durch eine Elektronentransportphosphorylierung gewonnen. Ein weiteres Mol Acetat wird aus Acetyl-CoA gebildet, das durch Decarboxylierung v. Pyruvat entsteht. Bei der H. wird somit 1 Mol Hexose zu insgesamt ca. 3 Mol Acetat abgebaut. – Die Essigsäurebildung durch acetogene Bakterien bei der ↗„Carbonatatmung" kann auch als eine H. bezeichnet werden, wenn die Art des Energiegewinns (oxidative Phosphorylierung) nicht berücksichtigt wird.

Homoallele [Mz.; v. *homo-, gr. allēlōn = einander, wechselseitig], ↗Heteroallele.

Homo aurignacensis *m* [nlat., = Mensch v. Aurignac (orinjak); Dép. Haute-Garonne)], ↗Combe Capelle, ↗Aurignacide.

Homobasidiomycetidae [Mz.; v. *homo-, gr. basis = Fuß, myketes = Pilze], *Homobasidiomyceten,* U.-Kl. der Ständerpilze

Homobasidiomycetidae (Auswahl)

Ordnungen:
Nichtblätterpilze
(Aphyllophorales,
Poriales, Polyporales)
Blätterpilze
(Agaricales)
Röhrenpilze
(Boletales)
Sprödblättler
(Russulales)
Bauchpilze
(z. B. *Lycoperdales, Sclerodermatales, Nidulariales, Phallales, Hymenogastrales*)

Hominisation

Der Begriff H. ist seit Darwin v. Theologie u. Philosophie besetzt. Mit ihm sollen im Ggs. zum biol. Gebrauch des Terminus H. nicht die „Abstammungs- od. Herleitungsprobleme" umschrieben werden, „sondern das Formwerdungs- od. Faktorenproblem, also die Frage nach den biol. Ursachen, durch die der Mensch zum Menschen wurde" (P. Overhage).

Lit.: *Overhage, P.:* Um das Erscheinungsbild der ersten Menschen. Freiburg ²1960. *Rahner, K., Overhage, P.:* Das Problem der Hominisation. Freiburg ³1966.

Homocystein
(ionische Form)

homo- [v. gr. homos = gemeinsam, gleich].

(Basidiomycetes); die Vertreter dieser zusammengefaßten Ordnungen (vgl. Tab.) bilden Basidiosporen, die mit Hyphen keimen, aus denen sich Mycelien entwickeln; überwiegend Pilze mit Holobasidien. Diese Unterteilung ist nicht allg. anerkannt. Ggs.: ↗ Heterobasidiomycetidae.

homoblastisch [v. *homo-, gr. blastos = Keim], heißt eine Entwicklung, bei der die Ausgestaltung pflanzl. Organe keine unterschiedl. Jugend- u. Folgeformen hervorbringt bzw. diese durch Zwischenformen graduell ineinander übergehen. Ggs.: heteroblastisch.

homochlamydeisch [v. *homo-, gr. chlamys = Oberkleid], ↗homoiochlamydeisch.

Homochromie w [v. gr. homochrōmos = von gleicher Farbe], 1) Zool.: Bez. für die ↗Farbanpassung vieler Tiere an ihre Umgebung (Tarnung). ↗Farbwechsel, ↗Mimikry. 2) Histologie: bei der histolog. Färbung die gleichart. Aufnahme der Farbstoffe in verschiedene Zellen od. Gewebe. Ggs.: Heterochromie.

Homocoela [Mz.; v. *homo-, gr. koilos = hohl], Ord. der Kl. Kalkschwämme; Kennzeichen: gesamter Gastralraum v. Choanocyten ausgekleidet (Ascon-Typ); 2 Fam.: ↗ *Leucosoleniidae,* ↗ *Clathrinidae*.

homocyclische Verbindungen [v. *homo-, gr. kyklikos = kreisförmig], die ↗isocyclischen Verbindungen.

Homocystein *s* [v. *homo-, gr. kystis = Blase], α-Amino-γ-thiobuttersäure, Abbauprodukt des ↗Methionins, aus dem es sich über S-Adenosylmethionin u. S-Adenosyl-H. bildet, um entweder über Cystathionin zu Cystein weiter umgewandelt zu werden od. durch andere Reaktionsschritte in Bernsteinsäure überzugehen u. damit in den Citronensäurezyklus eingeschleust zu werden. Andererseits Vorstufe des Methionins, das durch Methylierung von H. entsteht.

homo diluvii testis *m* [neulat., homo = Mensch, diluvium = Sintflut, testis = Zeuge], ↗Andrias scheuchzeri.

homodont [v. *homo-, gr. odontes = Zähne], *homocodont, homoiodont, isodont,* ↗Gebiß; Ggs.: ↗heterodont.

homodynam [v. *homo-, gr. dynamis = Kraft], gleichwirkend, Bez. für Gene od. Steuermechanismen, die gleichartig in die Entwicklung homologer Strukturen (↗Homologie) eingreifen.

Homoeothrix w [v. gr. homoiothrix = mit gleichen Haaren], Gatt. der *Nostocales,* Cyanobakterien, deren Fäden in farblose (gegliederte) Haare auslaufen; H.-Arten kommen submers in stehenden u. fließenden Gewässern u. an feuchten Felsen vor.

Homo erectus *m, H. e.-Gruppe,* ↗ *Pithecanthropus,* v. Dubois 1892 aufgestellte Art des fossilen Menschen, schaltet sich mit einem Gehirnvolumen von ca. 750–1250 cm³ zw. ↗ *Homo habilis* u. ↗ *Homo sapiens* ein; umfaßt Funde aus dem Alt- bis Mittelpleistozän Asiens, Afrikas u. Europas. Holotypus: fragmentar. Schädel aus dem Mittelpleistozän v. Trinil auf Java (= *Anthropopithecus erectus* = *Pithecanthropus erectus* = *H. e. erectus*). Nach neuerer Anschauung entspricht *H. e.* weniger einer monophylet. Art als vielmehr einem paraphylet. Grad, wobei die eur. u. die jüngeren afr. Vertreter als „archaischer *H. sapiens*" interpretiert werden und *Homo erectus* i. e. S. nur die asiat. Funde beinhaltet.

Homo erectus heidelbergensis *m*, Heidelbergmensch, ↗ Homo heidelbergensis.

Homo erectus leakeyi *m* [ben. nach dem engl. Anthropologen L. S. B. Leakey (ljki), 1903–72], *Chellean man*, U.-Art des ↗ *Homo erectus*; Holotypus: Schädelkalotte (OH 9) aus dem oberen Abschnitt v. Schicht II der Olduvai-Schlucht in Tansania; v. manchen Forschern als Übergangsform zum *Homo sapiens* (↗ *Homo sapiens fossilis*) gedeutet; Alter: Mittelpleistozän, ca. 0,7–1 Mill. Jahre.

Homo erectus mauretanicus *m* [v. lat. Mauretanicus = marokkan.], fr. ↗ *Atlanthropus*, U.-Art des ↗ *Homo erectus*, basierend auf 3 Unterkiefern u. 1 Schädelfragment v. Ternifine in Algerien; Alter: Mittelpleistozän, ca. 0,7 Mill. Jahre.

Homo erectus modjokertensis *m*, *Homo modjokertensis*, *Pithecanthropus modjokertensis*, U.-Art des ↗ *Homo erectus*; Holotypus: Hirnkapsel eines 2–5jähr. Kindes, gefunden 1936 bei Modjokerto (Perning) auf Java; Alter: Alt- od. Mittelpleistozän; fragl., ob hierzu auch der Schädel Sangiran 4 (*Pithecanthropus IV*) zu rechnen ist (= „*Pithecanthropus robustus* Weidenreich 1945").

Homo erectus pekinensis *m*, Sinanthropus, Chinamensch, Pekingmensch, chin. Vertreter des ↗ *Homo erectus*, basierend auf Schädel-, Gebiß- u. Knochenresten v. mindestens 40 Individuen, die 1927–37 sowie seit 1949 in der Höhle v. ↗ Choukoutien bei Peking ausgegraben wurden. Unterscheidet sich vom etwas älteren javan. *Homo erectus* u. a. durch ein durchschnittl. größeres Gehirnvolumen v. ca. 915–1225 cm³ u. eine steilere Stirn. Alter: Mittelpleistozän, ca. 500 000–350 000 Jahre.

homofermentativ [v. *homo-, lat. fermentare = gären], ↗ Milchsäuregärung.

homogametisch [v. gr. homogamos = verheiratet], ↗ heterogametisch, ↗ Geschlechtsbestimmung.

Homogamie *w* [v. *homo-, gr. gamos = Hochzeit], 1) Kopulation bevorzugt zwi-

homo erectus [lat., v. homo = Mensch, erectus = aufrecht (stehend)].

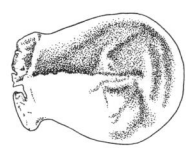

Homo erectus
Schädelkalotte v. Trinil (Java) in Seiten- u. Oberansicht. Holotypus des *Homo erectus* (Dubois 1892)

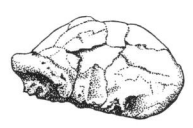

Homo erectus leakeyi
Schädelkalotte v. Olduvai hominid 9; Holotypus v. *Homo erectus leakeyi*, Seitenansicht

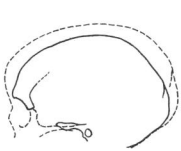

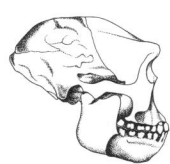

Homo erectus modjokertensis
Holotypus v. *Homo erectus modjokertensis*: Hirnschädel eines 2–5jähr. Kindes (gestrichelt: Schädelumriß eines heutigen 2jähr. Kindes); darunter: Schädel Sangiran 4 (Rekonstruktion)

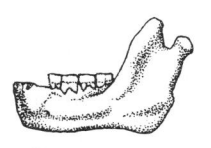

Homo erectus mauretanicus
Unterkiefer v. *Homo erectus mauretanicus* v. Ternifine in Seitenansicht

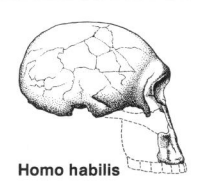

Homo erectus pekinensis
Schädel v. *Homo erectus pekinensis* in Seitenansicht (Rekonstruktion)

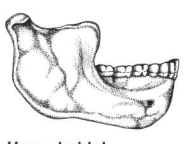

Homo habilis
Schädel des *Homo habilis* aus dem Gebiet östl. des Turkanasees (Kenia) (KNM-ER 1470) in Seitenansicht

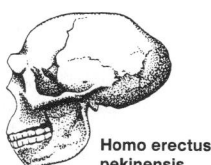

Homo heidelbergensis
Unterkiefer des *Homo erectus heidelbergensis* in Seitenansicht

schen Geschlechtspartnern, die in einem od. mehreren Merkmalen übereinstimmen (vgl. auch ↗ Endogamie) (Ggs.: Heterogamie). Kommt wahrscheinl. bei Schneegänsen vor: Paarung bevorzugt zw. Vertretern der weißen bzw. blauen „Phase" (Farbvariante); auf diese Weise führt H. vielleicht zur oft bezweifelten sympatrischen ↗ Artbildung. Im gewissen Rahmen (z. B. Körpergröße, Hautfarbe) gibt es H. auch beim Menschen. 2) Bisweilen mit völlig anderer Bedeutung: ♂ und ♀ Gonaden (bei Zwittern) bzw. Blütenteile (bei Zwitterblüten) werden gleichzeitig reif (= Synakme). Ggs.: ↗ Dichogamie.

homogen [Hw. *Homogenität*; v. *homo-, gr. genos = Art], gleichartig, innerlich gleichförmig, überall die gleichen physikalischen Eigenschaften besitzend. Ggs.: heterogen.

Homogenat *s* [Ztw. *homogenisieren*; v. *homo-, gr. genos = Art], eine Suspension, die beim Aufschließen von Zellen, Organen od. ganzen Organismen entsteht u. zur Ermittlung v. Funktion, chem. Zusammensetzung u. makromolekularer Organisation dient. H.e lassen sich durch Zerreiben im Mörser od. *Homogenisator*, Scherkräfte in der Ultrazentrifuge od., wie bei Mikroorganismen vielfach angewandt, durch Zertrümmern mit Glaskugeln im Mickle-Homogenisator, mit Ultraschall od. nach Druckentspannung nach hydraul. Pressen (french-press) herstellen. Durch ↗ differentielle Zentrifugation (☐) werden die anfallenden gelösten u. ungelösten Bestandteile aufgetrennt. ☐ fraktionierte Zentrifugation.

Homogenote *m* [v. *homo-, gr. genos = Art], ↗ Heterogenote.

Homogentisinsäure [v. *homo-, gr. genos = Art], ein Abbauprodukt von Phenylalanin u. Tyrosin, das durch weiteren Abbau zu Acetessigsäure u. Fumarsäure umgewandelt wird u. damit in den Citronensäurezyklus eingeschleust wird. Der genet. bedingte Defekt v. *H.-Oxigenase (H.-Oxidase),* dem Enzym, das den Abbau von H. einleitet, bewirkt, daß H. im Urin ausgeschieden wird (↗ Alkaptonurie).

Homoglykane [Mz.; v. *homo-, gr. glykys = süß], *Homopolysaccharide,* Sammelbez. für Polysaccharide, die (wie z. B. Stärke u. Glykogen) nur aus einer einzigen Art monomerer Einheiten aufgebaut sind. Ggs.: ↗ Heteroglykane.

Homogyne *w* [v. *homo-, gr. gynē = Frau], der ↗ Alpenlattich.

Homo habilis *m* [lat., = geschickter Mensch], *Australopithecus habilis,* Art des fossilen Menschen, schaltet sich mit einem Gehirnvolumen v. ca. 500–750 cm^3 zw. die ↗ Australopithecinen u. den ↗ *Homo erectus* ein. Holotypus: Unterkiefer u. Scheitelbeine aus Schicht I der Olduvaischlucht in Tansania (OH 7); u.a. zu *H. h.* gerechnet: Oberschädel aus Schicht I der Olduvaischlucht (OH 24) u. aus dem Gebiet östl. des Turkanasees in Kenia (KNM-ER 1470, 1813). Alter: Altpleistozän, ca. 1,8–1,6 Mill. Jahre. ☐ 261.

Homo heidelbergensis *m, Homo erectus heidelbergensis, Heidelbergmensch, Heidelberger Unterkiefer,* heute nicht mehr als Art anerkanntes Taxon des fossilen Menschen; vollständ. Unterkiefer, 1907 zus. mit einer mittelpleistozänen Säugetierfauna aus Schottern der eiszeitl. Neckar bei Mauer, 16 km südöstl. Heidelberg, gefunden. Alter: ca. 0,4–0,6 Mill. Jahre. Heute als eur. U.-Art des ↗ *Homo erectus* od. als „archaischer *Homo sapiens*" (↗ *Homo sapiens fossilis*) betrachtet. ☐ 261.

homoiochlamydeisch [v. *homoio-, gr. chlamys = Oberkleid], *homochlamydeisch,* Bez. für ↗ Blüten, deren Blütenhüllblätter alle untereinander gleich sind, z. B. bei der Tulpe.

homoiodont [v. *homoio-, gr. odontes = Zähne], *homodont,* ↗ Gebiß.

homoiohydre Pflanzen [v. *homoio-, gr. hydōr = Wasser], Pflanzen mit gleichmäßig hohem, v. der umgebenden Atmosphäre weitgehend unabhängigem innerem Wasserzustand. *Homoiohydrie* erfordert ein leistungsfähiges Wurzelsystem, wirksames Abschlußgewebe, die Fähigkeit zur Speicherung bzw. Weiterleitung des Wassers, v. a. aber die Möglichkeit zur Regulation des Gaswechsels. H. P. gehören deshalb durchweg zur Organisationsstufe

Homogentisinsäure
H. (oben) und Bildung des Oxidationsprodukts

Homoiologie
Analoge Bildungen aus homologen Teilen sind z. B.:
– Flügel bei Vögeln, Flugsauriern, Fledertieren
– Flossen bei Walen, Fischsauriern, Pinguinen
– Grabschaufel bei Maulwurf u. Beutelmaulwurf
– Hornschnabel bei Vögeln, Schildkröten, Schnabeltier
– Lungen bei Lungenschnecken u. Vorderkiemern
– Stammsukkulenz bei Kakteen-, Wolfsmilch-, Schwalbenwurz- u. Weinrebengewächsen sowie Korbblütlern

homo- [v. gr. homos = gemeinsam, gleich].

homoio- [v. gr. homoios = gleichartig, ähnlich].

der Kormophyten. Während die *poikilohydren* Thallophyten bei zunehmender Austrocknung (↗ Austrocknungsfähigkeit) in den Zustand latenten Lebens (↗ Anabiose) zurückfallen, bleiben die Zellen der homoiohydren Kormophyten physiol. aktiv, solange noch aufnehmbare Wasserreserven im Boden vorhanden sind. Allerdings können Kormophyten (mit wenigen Ausnahmen) nicht in den Zustand latenten Lebens übergehen; sie sterben bei Überschreitung einer bestimmten Resistenzgrenze endgült. ab.

Homoiologie *w* [v. gr. homoiologia = Ähnlichkeit], ↗ Analogie auf homologer Grundlage (↗ Homologie). H. liegt vor, wenn zwei Voraussetzungen erfüllt sind: 1) Zwei nicht näher verwandte Gruppen v. Organismen haben unabhängig voneinander (*konvergent,* ↗ Konvergenz) ein funktionsgleiches, strukturell ähnl. Merkmal ausgebildet (↗ Ähnlichkeit). Sie haben es nicht v. einer ihnen gemeinsamen Stammgruppe ererbt. 2) Die Teile der Organismen, die das Merkmal ausbilden, sind in den betrachteten Gruppen *homolog,* also v. einer gemeinsamen Stammform ererbt. Die Homologie betrifft nur die Grundausstattung mit diesen Teilen, unabhängig davon, wie sie speziell ausgebildet sind. – Bei einer H. wurden somit homologe Teile in verschiedenen Stammeslinien parallel, durch ähnl. Selektionswirkung, zu funktionsgleichen Strukturen entwickelt. So haben Vögel, Flugsaurier u. Fledermäuse unabhängig voneinander Flügel entwickelt. Die Elemente, aus denen sie gebaut sind, entsprechen aber stets denjenigen der Vorderextremität eines beliebigen tetrapoden Wirbeltieres. Die Vorderextremität mit ihrem typischen *Grundbau* (↗ Extremitäten) wurde allen drei gen. Gruppen v. einer ihnen gemeinsamen Stammgruppe ererbt. Die spätere Ausbildung der Vorderextremitäten zu Flügeln erfolgte dann unabhängig. Im Detail unterscheidet sich der Flügelbau dieser Gruppen auch beträchtlich. – Als *Vorderextremität* sind die Flügel von Tetrapoden homolog, als Funktionsmerkmal *Flügel* aber analog.

Homoiostela [Mz.; v. *homoio-, gr. stēlē = Pfeiler, Säule], † Stachelhäuter-Kl. der ↗ *Homalozoa;* Verbreitung: oberes Kambrium bis unteres Devon.

Homoiothermie *w* [Bw. *homoiotherm;* v. *homoio-, gr. thermē = Wärme], *Homöothermie, Homothermie, Idiothermie, Endothermie,* Fähigkeit der Warmblüter (insbes. Vögel u. Säuger), die Körperinnentemperatur (↗ Körpertemperatur) unabhängig v. Schwankungen der Umwelttemp. in Grenzen auf einen mehr od. weniger konstanten Wert einzuregulieren („gleichwarme Tiere").

Dieser schwankt bei Fleischfressern, Pferden u. dem Menschen um 1–2 °C, bei Beutel- u. Kloakentieren bis zu 10 °C; nicht winterschlafende Säuger regulieren besser als Winterschläfer. Der Übergang zur ↗ Poikilothermie (Ggs.) ist fließend. Es kann heute als gesichert gelten, daß nicht nur Therapsiden, sondern auch die größeren Dinosaurier eine gleichmäßige Körpertemp. aufrechterhielten. Der Nachweis dafür läßt sich über die Histologie der ↗ Knochen erbringen, die bei Homoiothermen im Ggs. zu Poikilothermen durch wohlausgebildete ↗ Havers-Kanäle gekennzeichnet sind. Die Aufrechterhaltung der H. erfolgt über Thermorezeptoren in der Haut u. temperatursensitive Neuronen im Zentralnervensystem, die auf ein Temp.-Verarbeitungszentrum im vorderen Hypothalamus einwirken, das bei Kälte erhöhte Stoffwechsel- u. Muskeltätigkeit (Kältezittern) einleitet (↗ Temp.-Regulation, ↗ Bradykinin). Zusätzl. zu Stoffwechselumstellungen kann die H. durch Änderungen der äußeren Wärmeisolationsschicht erreicht werden (Sträuben der Pelzhaare, Plustern der Federn) od. auch durch Änderungen der Hautdurchblutung (vasomotor. Reaktion), die die Wärmeabgabe drosseln od. steigern. – Bei Pflanzen ist die Fähigkeit zur aktiven Thermoregulation selten, wird aber auch hier wie bei Tieren über eine Regulation der Zellatmung erreicht (↗ Atmungswärme). Beispiel: Inforeszenz des ↗ Aronstabgewächses *Symplocarpus foetidus*, die in der Blühperiode (Febr. – März) eine konstante Temp. von 15–35 °C über der umgebenden Lufttemp. erzeugt.

Homokaryose w [v. *homo-, gr. karyon = Nuß, Kern], ↗ Heterokaryose.

homolog [*homolog-], entsprechend, übereinstimmend; ↗ Homologie.

homologe Analogie w [v. *homolog-, gr. analogia = Übereinstimmung], ↗ Homoiologie, ↗ Analogie.

homologe Chromosomen [Mz.; v. *homolog-], strukturgleiche ↗ Chromosomen v. väterl. bzw. mütterl. Herkunft, die in Prophase I der Meiose miteinander paaren u. zw. denen es als Folge der Paarung zu Rekombinationsereignissen (Crossing over) kommen kann.

homologe Reihe [v. *homolog-], umfaßt chem. Verbindungen, bei denen sich die einzelnen Glieder um eine CH_2-Gruppe unterscheiden, z. B. die h. R. der ↗ Alkane (C_nH_{2n+2}) u. der aliphat. Monocarbonsäuren, H-(CH_2)$_n$-COOH.

homologer Generationswechsel [v. *homolog-], frühere Bez. für den homophasischen ↗ Generationswechsel.

Homologie w [v. *homolog-], beschreibt die strukturelle ↗ Ähnlichkeit, die durch gemeinsame Information aus einem Informationsspeicher zustande kommt. *Homolog* sind demnach Strukturen, deren nicht zufällige Übereinstimmung auf gemeinsamer Information beruht (Osche). H.n setzen Informationsübertragung voraus. In der Biol. sind 3 Kanäle der Informationsübertragung wichtig: Vererbung, Lernen u. Prägung. Wenn die gemeinsame Information, auf der eine strukturelle Ähnlichkeit beruht, ererbt ist (*Erb.-H.n* nach Wickler), dann belegt H. die phylogenetische (stammesgeschichtl.) Verwandtschaft der durch H.n verbundenen Gruppen (gemeinsamer Ahne). Beruht die strukturelle Ähnlichkeit auf einer frei verfügbaren Information (z. B. durch Lernen; *Traditions-H.* nach Wickler), dann ist diese H. für phylogenet. Aussagen unbrauchbar. H.n werden durch ↗ H.kriterien erkannt. Das *Homologisieren* ist die grundlegende Methode der vergleichenden Morphologie. – Homologisierung ist bei komplexen Strukturen auf verschiedenen Ebenen möglich: a) auf der organism. Ebene: Homologisierung v. Organen, Geweben, Zellstrukturen; b) im Bereich komplexer Verhaltensweisen (↗ Verhaltens-H.); c) im Bereich v. Stoffwechselvorgängen (↗ Stoffwechsel-H.); d) auf dem Bereich v. Makromolekülen (DNA-↗ Hybridisierung, ↗ Sequenz-H.). ↗ Homoiologie, ↗ H.forschung, ↗ Analogie, ↗ Analogieforschung, ↗ Konvergenz, ↗ Bauplan, ↗ Anatomie, B 264.

Homologieforschung [v. *homolog-], bedient sich einer vergleichenden Betrachtungsweise unter Anwendung der ↗ Homologiekriterien. Das *Homologisieren* ist ein allg. Vergleichsverfahren (Methode), das auf komplexe Strukturen, die auf gemeinsamen Informationen beruhen (↗ Homologie), angewandt werden kann. Damit sind Kulturerzeugnisse wie Sprachen, Baustile, Moden u. Verkehrsmittel ebenso homologisierbar wie morpholog. Merkmale u. Verhaltensweisen v. Organismen. Die Methode des Homologisierens ist unabhängig v. der Evolutionstheorie u. wurde auch vor deren Entwicklung durch Ch. Darwin (1859) erfolgreich angewandt, wie die Gaupp-Reichertsche Theorie der Ableitung der ↗ Gehörknöchelchen der Säugetiere (1833–38) bzw. die Homologisierung v. Pollen- u. Samenanlage der Spermatophyten mit den Mikro- u. Makrosporangien durch Hofmeister (1851) beweisen. Die H. führt in der Biol. über eine ↗ Bauplan-Analyse zur Erschließung v. phylogenet. Zusammenhängen. Dabei wird Darwins Theorie der gemeinsamen Abstammung zugrunde gelegt (↗ Darwinismus, ↗ Abstammung).

Homologiekriterien [v. *homolog-], drei Hauptkriterien, die von A. Remane (1952)

Homologiekriterien

Homoiothermie

Nur bei wenigen Homoiothermen variiert die Körper-Temp. in größeren Bereichen. Zu den Ausnahmen gehört das Kamel (↗ Dromedar). Dessen Temp.-Regler läßt die Körper-Temp. am Tage bis zu 6 °C über den Sollwert steigen, so daß erst bei höheren Temp. Abkühlungsmechanismen (Schwitzen), die stets mit einem Wasserverlust einhergehen, in Gang gesetzt werden. Ein Beispiel für den entgegengesetzten Fall der Temp.-Regulation bieten die Ureinwohner Australiens. Die Temp. ihrer Körperoberfläche kann unter das Maß absinken, das bei Bewohnern gemäßigter Breiten bereits die Wärmeproduktion einleiten würde. Auf diese Weise werden die kalten Nächte im austr. Busch energiesparend überstanden. Beim Menschen beeinflußt die Psyche ganz erhebl. die Temp.-Regulation u. die Temp. verschiedener Körperpartien. Die Handinnenfläche und bes. die Fingerkuppen sind weitere sensible Detektoren für psych. Einflüsse.

homo- [v. gr. homos = gemeinsam, gleich].

homolog- [v. gr. homologos = übereinstimmend].

HOMOLOGIE UND FUNKTIONSWECHSEL BEI TIEREN

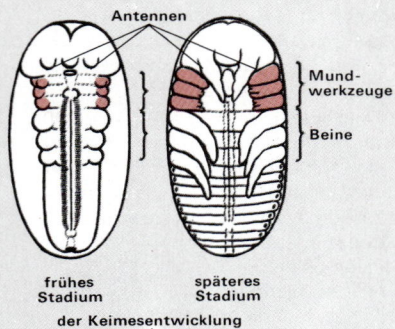

frühes Stadium — **späteres Stadium** der Keimesentwicklung eines Insekts

Im Laufe der Phylogenese haben bestimmte Organe neue Funktionen übernommen (Funktionswechsel) und in Anpassung an diese gestaltliche Veränderungen erfahren. Dennoch läßt sich durch Vergleich ihre gemeinsame Herkunft ermitteln (Homologie).

Die *Mundwerkzeuge* der *Insekten* (Abb. links und unten) sind durch Funktionswechsel aus Extremitäten hervorgegangen. Mundwerkzeuge und Extremitäten entstehen daher beim Insektenembryo in gleicher segmentaler Anordnung zunächst als einfache Höcker. Erst in einem späteren Stadium läßt sich die unterschiedliche Ausbildung erkennen: beißende Mundwerkzeuge bei der *Heuschrecke*, stechend-saugende bei der *Stechmücke* und saugende bei der *Honigbiene*.

Die gleichen Verhältnisse wie bei dem Funktionswechsel der Mundwerkzeuge der Insekten und der Homologie der Vordergliedmaßen der Wirbeltiere liegen bei den *Antennen* der *Insekten* vor. Der Grundtyp ist die gerade, borstenförmige Antenne, die in ihrer äußeren Form abgewandelt werden und mit zahlreichen Sinneszellen (z. B. Tast-, Temperatur- und Geruchswerkzeugen) besetzt und sowohl Träger von Nah- als auch von Fernsinnen sein kann. Bei der *Honigbiene* dient der Temperatursinn der Antenne genauso wie der Geruchssinn als Nahorientierungshilfsmittel; bei manchen *Schmetterlingen* und *Käfern* ist der Geruchssinn dagegen ein Fernorientierungsmittel: die effektive Oberfläche der Antenne ist durch Auffächerung vergrößert, so daß der vom Weibchen produzierte Duftstoff von den Duftrezeptoren der Antenne des Männchens erfaßt wird, wenn er durch den Wind dorthin getragen wird.

Laufkäfer — **Stechmücke** — **Aaskäfer** — **Maikäfer**

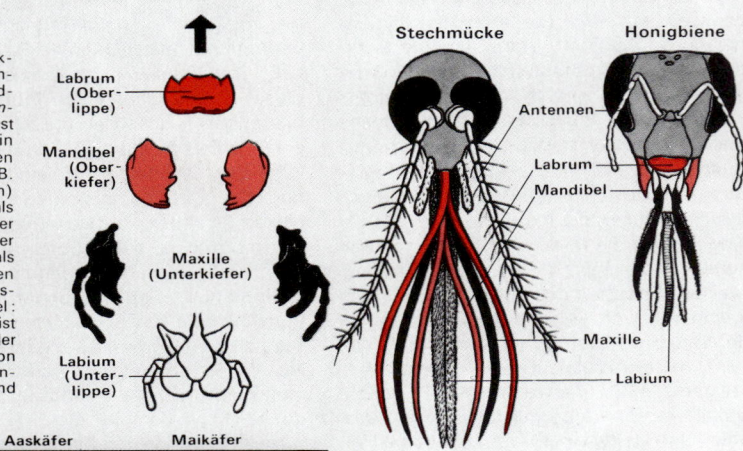

borstenförmig — federförmig — keulenförmig — blätterförmig

Homologie der vorderen Gliedmaßen bei *Wirbeltieren*. Auffällig ist die unterschiedliche Form der einzelnen Knochen (Oberarmknochen, Speiche und Elle, Handwurzelknochen, Mittelhandknochen und Finger) in Anpassung an die Funktion, jedoch die Beibehaltung der Lage im Gefügesystem, die eine eindeutige Homologisierung ermöglicht.

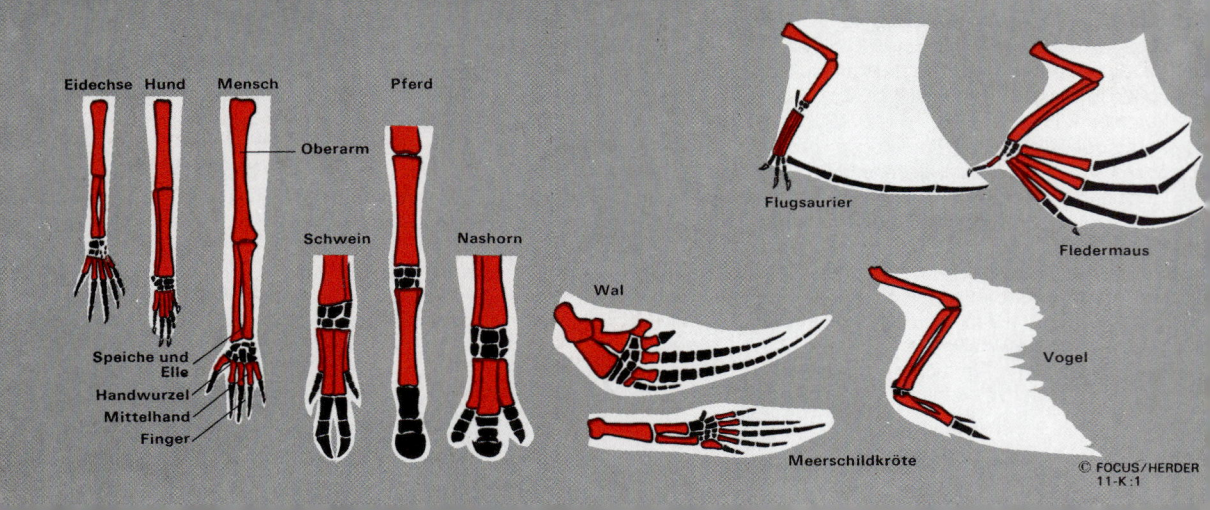

Eidechse — Hund — Mensch — Pferd — Schwein — Nashorn — Wal — Flugsaurier — Fledermaus — Meerschildkröte — Vogel

Oberarm, Speiche und Elle, Handwurzel, Mittelhand, Finger

© FOCUS/HERDER

zur Bestimmung von ↗Homologie vorgeschlagen wurden (vgl. Spaltentext).

Homolyse w [v. *homo-, gr. lysis = Lösung], **1)** Trennung einer Atombindung, wobei bei jedem Bindungspartner je ein Bindungselektron verbleibt. **2)** Auflösung v. Zellen (Geweben) durch Stoffe, die v. derselben Zell- bzw. Gewebeart stammen. ↗Autolyse.

Homomerie w [v. *homo-, gr. meros = Teil], Polygenie.

Homometabola [Mz.; v. *homo-, gr. metabolē = Umwandlung], Gruppe der ↗Neometabola unter den hemimetabolen Insekten.

Homomixis w [v. *homo-, gr. mixis = Mischung], Art der sexuellen Fortpflanzung bei niederen Pilzen, bei der Kerne (od. Gameten) verschmelzen, die vom gleichen Thallus stammen (Autogamie).

homomorph [v. *homo-, gr. morphē = Gestalt], bezeichnet flügellose Insekten mit direkter Entwicklung ohne ↗Metamorphose (↗Ametabola).

Homomyaria [Mz.; v. *homo-, gr. mys = Muskel], *Isomyaria*, veraltete Bez. für Muscheln mit etwa gleichgroßen vorderen u. hinteren Schließmuskeln u. gleichgestalteten Schalenklappen. Zu den *H.* gehören ↗Archenmuscheln, ↗Flußmuscheln u. *Trigoniidae* (↗*Trigonia*). Ggs.: *Heteromyaria*.

Homo neanderthalensis m, *Homo sapiens neanderthalensis*, ↗Neandertaler.

Homoneura [Mz.; v. *homo-, gr. neuron = Sehne, Nerv], ↗Schmetterlinge.

homonom [v. gr. homonomos = nach gleichen Gesetzen], *serial homolog, intraindividuell homolog,* 1) h. sind alle mehrfach am selben Individuum auftretenden untereinander homologen Strukturen (↗Homonomie). 2) *H.e Segmentierung,* ↗Homonomie.

Homologiekriterien (Remane)

1. *Kriterien der Lage:* „Homologie ergibt sich bei gleicher Lage in einem vergleichbaren Gefügesystem".
2. *Kriterium der spezif. Qualität:* „Ähnl. Strukturen können auch ohne Rücksicht auf gleiche Lage homologisiert werden, wenn sie in zahlr. Sondermerkmalen übereinstimmen. Die Sicherheit wächst mit dem Grad der Komplikation u. Übereinstimmung der verglichenen Struktur."
3. *Kriterien der Kontinuität:* „Selbst unähnl. u. verschieden gelagerte Strukturen können als homolog erklärt werden, wenn zw. ihnen Zwischenformen nachweisbar sind, so daß bei Betrachtung zweier benachbarter Formen die unter 1. und 2. angegebenen Bedingungen erfüllt sind. Die Zwischenformen können der Ontogenie der Strukturen entnommen sein od. echte systemat. Zwischenformen sein."

homo- [v. gr. homos = gemeinsam, gleich].

Homonomie w [Bw. *homonom;* v. gr. homonomos = nach gleichen Gesetzen], *seriale Homologie, intraindividuelle Homologie,* mehrfaches Auftreten gleichart., einander homologer Strukturen am selben Individuum. Alle Haare eines Säugers, alle Schuppen eines Fisches, alle Blätter einer Pflanze sind jeweils homonom. Bes. häufig u. markant ist H. im Zshg. mit ↗Metamerie (Gliederung in Segmente). So sind alle Beine eines Tausendfüßers u. alle Wirbel der Wirbelsäule jeweils homonom. – Nicht immer ist die H. von Strukturen leicht ersichtlich. Es kann *heteromorphe* od. *homomorphe* Ausprägung vorliegen (vgl. Tab. S. 266). Während bei Homomorphie die Strukturen gleich aussehen u. gleiche Funktion haben, sind sie bei Heteromorphie verschieden gebaut u. haben verschiedene Funktionen. – Obwohl die Metamorphosen eines Laubblatts (↗Blatt) ganz verschieden aussehende u. verschieden fungierende Strukturen zum Ergebnis haben, weisen sie stammesgesch. natürlich die gleiche Herkunft auf. Das verschiedene Aussehen dieser „Variationen des Themas Blatt" ändert nichts daran, daß es homonome Gebilde sind, da H. ein Spezialfall v. Homologie ist. Metamorphorisierte Strukturen mit gleicher stammesgesch. Herkunft sind homolog und, wenn sie in Vielzahl am selben Individuum vorhanden sind, also auch homonom. H. liegt auch vor im Falle v. gleichwertig od. ungleichwertig (homomorph od. heteromorph) ausgebildeten *Segmenten* am selben Individuum. Alle Segmente, unabhängig v. ihrer speziellen Ausdifferenzierung, sind untereinander serial homolog, also homonom. Falls sie in gleicher Weise ausdifferenziert, also homomorph (gleichgestaltig) sind, spricht man v. *homonomer Segmentierung.* Falls

---

Differenzierung homonomer Organe

Mehrfach am gleichen Individuum vorkommende gleichartige Organe (hier Vorder- und Hinterflügel) heißen homonome Organe. Die Libelle zeigt innerhalb der geflügelten Insekten die ursprüngliche Situation: Vorder- und Hinterflügel sind weitgehend gleich.
Bei den Käfern sind die Vorderflügel zu harten Flügeldecken umgestaltet; die Hinterflügel sind häutig und werden beim Flug eingesetzt. Bei vielen Nachtschmetterlingen sind die Vorderflügel meist unscheinbar (Tarnung) gezeichnet, sie liegen über oft auffallend gemusterten Hinterflügeln. Bei den Zweiflüglern ist nur das vordere Flügelpaar erhalten, das hintere ist zu Halteren umgestaltet, die als Gleichgewichtssinnesorgane dienen.

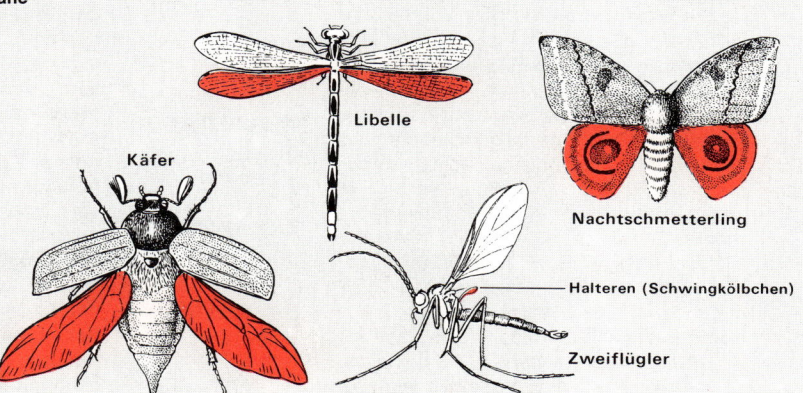

HOMONOMIE

Käfer · Libelle · Nachtschmetterling · Halteren (Schwingkölbchen) · Zweiflügler

> **Homonomie**
>
> 1) *heteromorphe H.:* am selben Individuum auftretende serial homologe Strukturen mit verschiedenem Aussehen (u. daher verschiedener Funktion). Beispiele:
> - Vorder- u. Hinterflügel der meisten Insekten
> - untere Halswirbel eines Amnioten im Vergleich zu den obersten zwei (Atlas u. Axis)
> - metamorphorisierte Formen des urspr. Laubblatts als Kelch-, Kron-, Staub-, Fruchtblatt, Zwiebelblatt, als Blattdorn, Blattranke od. Schuppe
> - Schwungfedern, Daunen, Schmuckfedern eines Vogels
> - Spürhaare (Vibrissen), Deckhaare, Borsten eines Säugers
> - Daumen u. Großzehe eines Menschen
>
> 2) *homomorphe H.:* am selben Individuum auftretende serial homologe Strukturen mit gleichem Aussehen (u. daher gleicher Funktion). Beispiele:
> - Beine eines Tausendfüßers
> - Schuppen eines Fisches
> - Füßchen eines Seesterns
> - reife Glieder (Proglottiden) eines Bandwurms
> - Fingernägel eines Menschen
> - Laubblätter an einem Baum
> - Früchte an einem Baum
> - Blattdornen an einem Baum

sie aber ungleich ausdifferenziert, also heteromorph (verschiedengestaltig) sind, spricht man v. *heteronomer Segmentierung*. Dies ist der Fall bei den ↗Tagmata der Arthropoden, die verschiedengestalt. Segmente zu Kopf, Rumpf u. Hinterleib zusammengefaßt haben. Der Begriff „hetero"nom gilt also ausschließl. für die heteromorphe H. von *Segmenten*. ↗Homologie, ↗Homologiekriterien, ↗Derivat.

Homonym *s* [v. gr. homōnymos = mit gleichem Namen], *derselbe* Name verwendet für *verschiedene* Taxa; z. B. ist ↗*Ammophila* der Name für den Strandhafer u. für eine Grabwespen-Gatt.; der Name ↗*Articulata* ist sogar ein vierfaches H.! Ggs.: ↗Synonym (ein *anderer* Name für *dasselbe* Taxon). ↗Nomenklatur.

homöomer [v. gr. homoiomerēs = aus gleichartigen Teilen bestehend], bei Flechten: Thallus ungeschichtet, Algen bzw. Cyanobakterien nicht in einer begrenzten Zone, sondern gleichmäßig im ganzen Thallus zw. den Hyphen des Mykobionten verteilt, z. B. bei *Collema*. Ggs.: heteromer.

Homöopathie *w* [v. *homöo-, gr. pathos = Leiden], von S. ↗Hahnemann entwickelte Heilmethode; beruht auf der Vorstellung, daß Krankheiten durch kleine Gaben solcher Medikamente geheilt werden können, die in großen Gaben ähnl. Krankheitserscheinungen verursachen *(similia similibus curantur)*. Fälschl. Verallgemeinerung einer bei der Chinarinde gemachten Beobachtung. Homöopath. Mittel werden in hohen Verdünnungen (sog. Potenzen) verordnet: D_1, D_2, D_3 = 10fache, 100fache, 1000fache Verdünnung usw. Die Schulmedizin lehnt allg. die H. als ausschließl. Heilmethode ab. Ggs.: Allopathie.

Homöoplastik [v. *homöo-, gr. plastikos = bildend], *Homoioplastik, Homoplastik*, Transplantation v. Gewebe eines Individuums auf ein anderes der gleichen Art.

homo- [v. gr. homos = gemeinsam, gleich].

homöo- [v. gr. homoios = gleichartig, ähnlich].

homöopolare Bindung [v. *homöo-, gr. polos = Pol], ↗chemische Bindung.

Homöose *w* [v. gr. homoiōsis = Angleichung], *Homöosis*, Formanomalie, bei der ein Körperteil durch einen anderen (mutmaßl. homologen) Körperteil ersetzt ist (z. B. Ausbildung eines Beins anstelle einer Antenne. H. kann bei Regeneration *(Heteromorphose)* u. infolge v. Mutationen (↗homöotische Mutante, ↗homöotische Gene) auftreten, in eindeut. Weise jedoch nur bei Gliedertieren.

Homöosmie *w* [v. *homöo-, gr. ōsmos = Stoßen], *Homoiosmie*, Aufrechterhaltung eines mehr od. weniger konstanten osmot. Wertes im Blut bzw. Hämolymphe unabhängig v. der Ionenkonzentration des umgebenden Mediums. ↗Osmoregulation.

Homöostase *w* [v. *homöo-, gr. stasis = Zustand], *Homöostasie, Homöostasis*, Systemeigenschaft v. Zellen bzw. Organismen, die die Gesamtheit der endogenen Regelvorgänge, die für ein stabiles inneres Milieu sorgen (z. B. Konstanthaltung des Blutdrucks, der Blutzusammensetzung, der Körpertemp.), umfaßt.

Homöothermie *w* [Bw. *homöotherm;* v. spätgr. homoiothermos = gleich warm], die ↗Homoiothermie.

homöotische Gene [v. *homöo-], *homeotische Gene*, zentrale, zuerst bei der Taufliege ↗*Drosophila (melanogaster)* entdeckte Entwicklungsgene, deren Aktivitäten das Grundmuster der Körperform eines Organismus bestimmen. Bei *Drosophila* legen h. G. z. B. fest, ob Zellen typ. Kopf-, Thorax- od. Abdomen-Eigenschaften ausprägen; die sog. *Antennapedia*-Mutation bewirkt, daß am Kopf anstelle der übl. Antennen Beine ausgebildet werden, die in der Wildform ausschl. an Thorax-Segmenten lokalisiert sind. Charakterist. DNA-Sequenzen h.r Gene (die sog. Homöo-Box) konnten außer bei *Drosophila* auch in Hefen, Ringelwürmern, Fröschen, Vögeln, Mäusen u. beim Menschen nachgewiesen werden.

homöotische Mutante *w* [v. *homöo-, lat. mutans, Gen. mutantis = ändernd], Mutante, deren Phänotyp durch ↗Homöose gekennzeichnet ist; bei *Drosophila* z. B. Auftreten v. Beinen anstelle der Antennen oder v. Flügeln anstelle der Halteren.

homophag [v. *homo-, gr. phagos = Fresser], *isophag*, gleichartige Nahrung zu sich nehmend; Ggs.: heterophag. ↗Ernährung.

homophasischer Generationswechsel [v. *homo-, gr. phasis = Erscheinung] ↗Generationswechsel.

homoplastisch [v. *homo-, gr. plastos = geformt], ↗Transplantation.

Homoploïdie *w* [v. *homo-, gr. -plois = -fach], ↗Heteroploidie.

Homopolymere [Mz.; v. *homo-, gr. polymerēs = aus mehreren Teilen bestehend], polymere Moleküle, die nur eine Art v. monomeren Einheiten aufweisen, z. B. Homopolynucleotide, Homopolypeptide u. Homoglykane.

Homopolynucleotide [Mz.; v. *homo-, gr. polys = viel, lat. nucleus = Kern], Polynucleotide, z. B. poly-Uridylsäure od. poly-Desoxyadenylsäure, die nur eine Art v. Mononucleotid-Bausteinen enthalten; H. kommen in der Zelle nicht vor (Ausnahme: poly-Adenylsäure am 3′-Terminus eukaryot. m-RNA), haben aber als synthet. Modellverbindungen zur Entwicklung zellfreier Systeme od. für biophysikal. Untersuchungen große Bedeutung.

Homopolypeptide [Mz.; v. *homo-, gr. polys = viel, peptos = verdaut], Polypeptide, die nur eine Aminosäureart als Monomer-Baustein enthalten, z. B. poly-Glycin, poly-Alanin; werden in der Natur nicht gefunden, haben aber große Bedeutung als synthet. Modellverbindungen bes. für biophysikal. Untersuchungen.

Homopolysaccharide [Mz.; v. *homo-, gr. polys = viel, sakcharon = Zucker], die ↗Homoglykane.

Homoptera [Mz.; v. gr. homopteros = gleich geflügelt], die ↗Pflanzensauger.

Homopus *m* [v. *homo-, gr. pous = Fuß], Gatt. der ↗Landschildkröten.

Homorocoryphus *m* [v. gr. homoros = angrenzend, koryphē = Scheitel, Kopf], Gatt. der ↗Schwertschrecken.

Homorrhizie *w* [v. *homo-, gr. rhiza = Wurzel], *Gleichwurzeligkeit,* liegt vor, wenn das Wurzelsystem einer adulten Pflanze nur aus sproßbürt., also morphologisch gleichwert. Seitenwurzeln besteht. Primäre und sekundäre H. ↗Allorrhizie (☐).

Homo sapiens *m* [lat., = weiser Mensch], v. Linné gegebener wiss. Name für den eine einzige Art bildenden Menschen (Diagnose: Nosce te ipsum, erkenne Dich selbst!), umfaßt sowohl die gesamte heutige Menschheit *(H. s. sapiens)* als auch fossile Vertreter *(↗H. s. fossilis);* unterscheidet sich v. ↗*Homo erectus* v. a. durch sein größeres Gehirnvolumen v. ca. 1250–2000 cm³.

Homo sapiens fossilis *m* [lat., v. homo = Mensch, sapiens = weise, fossilis = ausgegraben], fossiler ↗*Homo sapiens;* am ältesten ist die Gruppe des „archaischen *Homo sapiens*" aus Europa, zu der u. a. die Schädel v. ↗Petralona in Griechenland, ↗Tautavel in Fkr. u. der ↗*Homo heidelbergensis* gerechnet werden; Alter: ca. 0,6–0,4 Mill. Jahre. Übergangsformen zum ↗Neandertaler sind die Schädelfunde v. Steinheim (↗*Homo steinheimensis*) u. Swanscombe in S-England. Als älteste

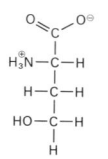

homo- [v. gr. homos = gemeinsam, gleich].

Homoserin (ionische Form)

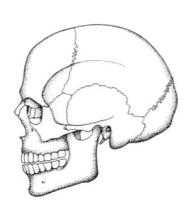

Homo sapiens
Schädel eines heutigen *Homo sapiens sapiens* in Seitenansicht

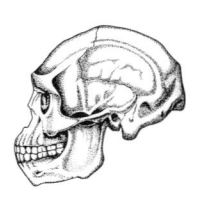

Homo soloensis
Schädel des *Homo soloensis* in Seitenansicht (Rekonstruktion)

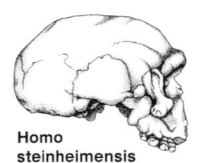

Homo steinheimensis
Schädel des *Homo steinheimensis* in Seitenansicht

Vertreter des *Homo s. sapiens* in Europa erscheinen vor ca. 35000 Jahren ↗Aurignacide u. ↗Cromagnide neben den letzten Neandertalern. Herkunft des *Homo s. sapiens* umstritten: Neben der Vorstellung einer monozentr. Entstehung in Afrika über Formen wie den ↗Rhodesiamenschen gibt es die Auffassung einer poly- od. diphylet. Entstehung, die in O- und SO-Asien zu den Mongoliden u. Australiden, in Afrika aber zu den Europiden u. Negriden geführt hätte. ↗Menschenrassen.

Homosclerophorida [Mz.; v. *homo-, gr. sklēros = hart, -phoros = -tragend], Schwamm-U.-Kl. der *Demospongiae;* ohne Skelett od. mit triactinen Megaskleriten od. von ihnen abgeleiteten Formen, nie mit Mikroskleriten; Larve: Amphiblastula; nur wenige Arten in den beiden Fam. *Oscarellidae* u. *Plakinidae.*

Homoserin *s* [v. *homo-, lat. serum = Molke], Abbauprodukt v. Methionin (↗Cystathionin) u. Zwischenprodukt bei der Synthese v. Threonin aus Asparaginsäure.

Homosexualität [Bw. *homosexuell;* v. *homo-, lat. sexualis = geschlechtlich], *Homophilie, Homoerotik, Sexualinversion,* Ausrichtung des sexuellen Verhaltens (↗Sexualität) auf Partner des eigenen Geschlechts; Ggs.: Heterosexualität. H. ist bei Tieren außerordentl. selten u. tritt nicht wie beim Menschen konstitutionell, sondern v. a. unter Bedingungen sexueller Deprivation bei Männchen auf. So wurde H. in den reinen Männchengruppen v. Tierarten beobachtet, die ↗Harems bilden. Auch bei Zootieren kommen homosexuelle Handlungen vor. Diese Individuen kehren jedoch bei gegebener Gelegenheit zu heterosexuellem Verhalten zurück. Ähnl. Formen der H. gibt es beim Menschen z. B. in Gefängnissen, während die freiwillige, charakterl. fixierte H. des Menschen (ca. 5%) bei Tieren nicht vorkommt. Auch H. im weibl. Geschlecht ist praktisch nur vom Menschen bekannt.

Homo soloensis *m, Solomensch, Ngandongmensch,* Serie v. 11 Hirnschädeln u. 2 Unterschenkelfragmenten, 1931–33 ausgegraben in jungpleistozänen Terrassenschottern des Soloflusses bei Ngandong auf Mitteljava (Indonesien). Gehirnvolumen mit ca. 1035–1255 cm³ zw. ↗*Homo erectus* u. ↗*Homo sapiens*, zu denen er je nach Autor als U.-Art gerechnet wird.

Homosporen [Mz.; v. *homo-, gr. spora = Same], die ↗Isosporen.

Homo steinheimensis *m, Steinheimer (-in),* Urmenschenschädel, 1933 zus. mit einer mittelpleistozänen Säugetierfauna aus Terrassenschottern bei Steinheim a. d. Murr (S-Dtl.) geborgen, interpretiert als ↗Präsapiens bzw. ↗Präneandertaler

Homostela

(↗ *Homo sapiens fossilis*); Alter: ca. 250 000 Jahre.

Homostela [Mz.; v. *homo-, gr. stēlē = Pfeiler, Säule], † Stachelhäuter-Kl. der ↗ *Homalozoa*; Verbreitung: mittleres Kambrium.

Homostrophie w [v. *homo-, gr. strophē = Wendung], (Moore u. Crozier 1923), *homostrophischer Reflex*, Bewegungsreflex bei bilateralsymmetr. Wirbellosen, der passive Dehnung der Muskulatur auf der einen durch aktive Zusammenziehung auf der anderen Körperseite beantwortet. R. Richter (1928) erklärte damit die Entstehung v. „geführten Mäandern" in fossilen Helminthoiden-Fährten.

homotax [v. *homo-, gr. taxis = Anordnung], (Th. H. Huxley), heißen in der ↗ Stratigraphie Schichtfolgen, die an verschiedenen Orten zwar die gleiche Fossilführung aufweisen, aber dennoch eine Zeitverschiebung (Chronocline) aufweisen können, z. B. bei Trans- u. Regression.

homothallisch [v. *homo-, gr. thallos = junger Sproß], *haplomonözisch*, bei Algen u. Pilzen gelegentl. noch verwendete Bez. für Gemischtgeschlechtigkeit (↗ Monözie).

Homo troglodytes m [v. lat. homo = Mensch, gr. trōglodýtēs = Höhlenbewohner], v. Linné geprägter Artname für den Schimpansen, heute *Pan troglodytes*.

homoxen [v. *homo-, gr. xenos = Gast], im Lebenszyklus nur eine Wirtsart parasitär besiedelnd; Ggs.: heteroxen.

homozerk [v. *homo-, gr. kerkos = Schwanz], *amphizerk*, ↗ Flossen.

homozön [v. *homo-, gr. koinos = gemeinsam], ↗ heterozön.

Homozygotie w [Bw. *homozygot*; v. *homo-, gr. zygōtos = zusammengejocht], *Gleicherbigkeit, Reinerbigkeit,* Vorhandensein gleicher Allele eines Gens, einer Gengruppe od. eines Chromosomenabschnitts im Erbgut diploider (↗ Diploidie) od. polyploider Organismen. Ggs.: ↗ Heterozygotie. ↗ Allel, ↗ Gen. [B] Mendelsche Regeln I–II.

Homunculus m [lat., = Menschlein], 1) (Ameghino 1891), zur Fam. der Kapuzinerartigen *(Cebidae)* gehörender † baumbewohnender Breitnasenaffe aus dem unteren Miozän v. Südamerika, ähnl. dem rezenten Brüllaffen *(Alouatta)*, jedoch mit einfacheren Prämolaren, Caninen wenig vorragend, Molaren gerundet-viereckig mit 4 schwachen, bogenförm. verbundenen Höckern, vord. Hälfte der Molaren höher als hintere, Unterkiefer hoch, Äste fast parallel; Humerus mit Foramen epicondyloideum. 2) ↗ Homunkulus.

Homunkulus m [v. lat. homunculus = Menschlein], *Homunculus,* 1) künstlicher Mensch, den die Alchimisten aus verschie-

Honig

Herkunft u. Farbtöne

Blüten-H.
Lindenblüten
(grünl. – gelb)
Klee
(weiß – dunkelgelb
rotgelb – rötlich)
Obstblüten
(weiß – gelbbraun)
Heideblüten
(hell – dunkelbraun)
Raps
(dunkelgelb)
Akazien
(farblos – hellgelb)

Honigtau-H.
Tannen-, Fichten-,
Blatt-H.
(dunkelgrün –
schwärzlich)

Art der Gewinnung

Schleuder-H.
(aus brutfreien
Waben durch Zentrifugieren gewonnen)
*Scheiben- oder
Waben-H.*
(H. in gedeckelten,
brutfreien, frischgebauten Waben)
Preß-H.
(selten, durch Auspressen der Waben
ohne Erwärmung)
Seim-H.
(selten, erwärmte
Waben werden ausgepreßt)
Leck- oder Tropf-H.
(aus entdeckelten
Waben ohne Hilfsmittel ausgeflossen)

Einige Inhaltsstoffe

Enzyme
Diastase
Glucoseoxidase
Invertase
Katalase
Phosphatase

Aromastoffe
Acetaldehyd
Aceton
Diacetyl
Formaldehyd
Isobutyraldehyd

Vitamine
Ascorbinsäure
Biotin
Folsäure
Nicotinsäure
Pantothensäure
Pyridoxin
Riboflavin
Thiamin

*Die wesentlichen
Zuckerarten*
Fructose
Glucose
Saccharose
Maltose

denen Stoffen herstellen wollten. 2) das winzige menschliche Wesen, das nach der Präformationstheorie (↗ Entwicklungstheorien, ↗ Einschachtelungshypothese) schon im Spermium bzw. in der Eizelle vorhanden sein sollte.

Honig, der v. ↗ Honigbienen als Wintervorrat eingesammelte, auf Siebröhrensaft höherer Pflanzen zurückzuführende *Nektar* od. ↗ *H. tau,* der mit bienenkörpereigenen Stoffen versetzt, in der H.blase verändert u. in Waben aufgespeichert, dort zu jenem flüss., zähflüss. od. kristallisierten kohlenhydratreichen Stoff heranreift, den der Imker aus dem Waben gewinnt (↗ Bienenzucht, □). – Der Nektar stammt im allg. aus floralen ↗ Nektarien (Blütennektar), in anderen Fällen auch aus zuckerhalt. Absonderungen, wie z. B. den Abscheidungen v. Blatt- u. Schildläusen (↗ H.tau). In der H.blase wird der Nektar mit Sekreten aus den Schlund- u. Speichel- sowie vermutl. auch den Mandibulardrüsen versetzt u. so auch verdünnt. Nach der Rückkehr in den Stock wird der H.blaseninhalt an andere Bienen weitergereicht, wobei ihm jeweils wieder Drüsensekrete zugefügt werden. Schließl. übernimmt ihn eine sog. H.-verarbeitende Biene zur Eindickung. Sie läßt ihn mehrmals, ca. 15–20 Min. lang, am Rüssel austreten u. saugt ihn wieder ein. Dabei kommt es durch Wasserverdunstung zu einer Konzentration auf 50–60% Trockensubstanz. Nach Einfüllung in die Waben wird der Verdunstungsprozeß v. den auf den Waben sitzenden Bienen durch ständ. Flügelschlagen gefördert. 1–3 Tage später hat der H. nur noch einen Wassergehalt von ca. 20% u. ist somit ausgereift. Jetzt werden die Zellen mit Wachsdeckeln luftdicht verschlossen, wodurch eine Gärung verhindert wird. Mit dem Wasserentzug ist ein enzymat. Abbau zu einfachen Zuckern verbunden, gleichzeitig findet eine Synthese neuer, in den Rohstoffen nicht vorhandener, für den je nach Herkunft unterschiedl. H. jedoch charakterist. Zucker (z. B. Maltulose, Turanose, Nigerose) statt. Neben Wasser u. den Zuckern enthält der H. Proteine in Form der Enzyme, Aminosäuren, Acetylcholin u. Cholin, Mineral- und Aromastoffe, Vitamine, anorgan. u. organ. Säuren (vgl. Tab.). Die bakterizide Wirkung des H.s wird u. a. auf die aus den Drüsen der Biene dem Nektar zugesetzte Glucoseoxidase (= Penicillin B) zurückgeführt. H. kann blüteneigenen, aber auch fremden Pollen enthalten, der eine Herkunftsbestimmung ermöglichen kann. H. ist ein schnellwirkendes Kräftigungsmittel, da seine Glucose direkt durch die Darmwand ins Blut übertritt. Aufgrund seines Mineralstoffgehalts fördert H. die

Blutbildung u. wirkt über Acetylcholin u. Fructose anregend auf Kreislauf, Herztätigkeit u. Darmperistaltik.

Lit.: *Zander, E., Maurizio, A.:* Der Honig. Hdb. der Bienenkunde, Bd. 6. Stuttgart, 1975. *D. Z.*

Honigameisen, *Myrmecocystus,* Gatt. der ↗Schuppenameisen; ↗Ameisen.

Honiganzeiger, *Indicatoridae,* in Afrika, S-Asien u. Indonesien mit 14 Arten lebende Fam. der Spechtartigen, den Bartvögeln nah verwandt; unscheinbares, überwiegend braunes u. graues Gefieder. Leiten honigliebende Säugetiere (z. B. den ↗Honigdachs), auch den Menschen, durch auffälliges Verhalten u. Rufe zu Nestern v. Wildbienen; ernähren sich u. a. v. Wachs in den geöffneten Nestern (↗Ektosymbiose). Dichtes Gefieder u. eine feste Haut schützen die H. vor Bienenstichen. Einige H. sind Brutparasiten u. legen ihre weißen Eier bevorzugt in die Höhlen v. Spechten u. Bartvögeln. Das Junge entfernt mit Hilfe v. scharfen gebogenen Eizähnen an Ober- u. Unterschnabel die Stiefgeschwister aus dem Nest.

Honigbeutler, *Tarsipes spenserae,* einzige Art der zu den ↗Kletterbeutlern (Fam. *Phalangeridae*) rechnenden Rüsselbeutler (U.-Fam. *Tarsipedinae*); Kopfrumpflänge 7–8 cm, 9–10 cm langer Greifschwanz. Der austr. H. steckt seinen rüsselförm. Kopf in Blütenkronen u. leckt mit seiner dünnen, borstenbesetzten Zunge Nektar u. Pollen als Nahrung auf.

Honigbienen, staatenbildende Bienen der Gatt. *Apis* (↗Apidae) mit den auf die indomalayische Region beschränkten *A. dorsata* (Riesenhonigbiene), *A. florea* (Zwerghonigbiene), *A. indica* (Indische Biene) sowie der einheim. und in zahlr. U.-Arten u. Rassen über die gesamte Erde verbreiteten eigtl. Honigbiene, die Biene schlechthin, die von Linné 1758 als *A. mellifera* (die Honigtragende) benannt, 1761 aber, als er offenbar erkannt hatte, daß sie nicht ↗Honig, sondern Nektar einträgt u. daraus erst Honig herstellt, in *A. mellifica* (die Honigbereitende) umbenannt wurde. Nach den Int. Nomenklaturregeln ist jedoch *A. mellifera* der wiss. gültige Name. – Die Riesenhonigbiene *(A. dorsata)* ist nicht nur größer als die heim. ↗Hornisse *(Vespa crabro),* sondern auch hinsichtl. ihres Stiches die gefürchteste aller H. In den Kronen 30–80 m hoher Urwaldbäume od. auch an Felsvorsprüngen baut sie, ohne jede schützende Hülle, eine einzige, vertikale, bis 1 m (⌀) große Wabe, die rund 70 000 Zellen enthalten kann. Alle Zellen sind mehr od. minder v. gleicher sechseckiger Form, so daß jede als ↗Brutzelle für die 3 Kasten, *Arbeiterin, Königin* u. *Drohne* (↗staatenbildende Insekten), wie als Vorratsspeicher für Honig

homo- [v. gr. homos = gemeinsam, gleich].

Honiganzeiger
Schwarzkehl-H.
(Indicator indicator)

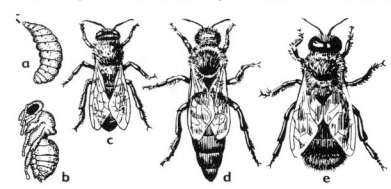

Honigbienen
Eigtl. Honigbiene
(Apis mellifera):
a Larve (Made),
b Puppe, **c** Arbeiterin, **d** Königin,
e Drohne

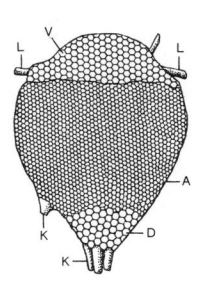

Honigbienen
Nest der Zwerghonigbiene *(Apis florea),* besteht aus nur einer einzigen Wabe.
A Arbeiterinnenzellen, D Drohnenzellen, K Königinnenzellen, L Leimring, V Vorratszellen

u. Pollen dienen kann. – Die Zwerghonigbiene *(A. florea)* ist nicht nur daran leicht zu erkennen, daß sie von allen H. die kleinste ist, sondern auch einen an seiner Basis hellroten Hinterleib besitzt, der zudem auffällige, silberweiße Filzbinden trägt. Ähnl. wie die Riesenhonigbiene baut auch sie unter freiem Himmel eine einzige, allerdings nur handtellergroße Wabe, an der nach Größe, Form u. Anordnung Vorrats-, Arbeiterinnen-, Drohnen- u. Königinnenzellen zu unterscheiden sind (vgl. Abb.). Der Zweig wird von der senkrecht herabhängenden Wabe derart ausladend umgriffen, daß oben auf ihm geradezu ein kleines Plateau entsteht, auf dem die heimkehrenden Trachtbienen landen u. hier ihre Tänze ausführen. Die Zweigsinen sind mit einem Leimring aus eingesammeltem Harz gg. Ameisen gesichert. – Von der Riesen- und der Zwerghonigbiene unterscheiden sich die in ihrer Lebensweise sehr ähnl. Indische Honigbiene *(A. indica)* u. die eigtl. Honigbiene *(A. mellifera)* v.a. dadurch, daß sie mehrere Waben mit Arbeiterinnen-, Drohnen- u. Königinnenzellen (wobei Arbeiterinnen- u. gegebenenfalls Drohnenzellen auch als Vorratsspeicher dienen) immer – v. Notfällen abgesehen – in Behausungen (Baumhöhlen, Felsspalten) anlegen, durch deren Nachahmung in Form v. Beuten (↗Bienenstock) es dem Menschen ja gelungen ist, die Biene als Nutztier an sich zu binden (↗Bienenzucht). – Hinsichtl. des Wabenbaus erscheint die Riesenhonigbiene als die ursprünglichste aller *Apis*-Arten. Bei Betrachtung der Tanzsprache (↗Bienensprache, ☐) aber rückt die Zwerghonigbiene auf die unterste Stufe. Zwerghonigbienen tanzen, wie schon erwähnt, nur auf der oberen horizontalen Plattform ihrer Wabe; denn „sie sind nicht imstande, den Winkel zur Sonne in den Schwerkraftwinkel zu übersetzen. Sie können die Richtung zur Futterquelle nur anzeigen, indem sie sich beim Schwänzellauf auf horizontalem Tanzboden in jenen Winkel zur Sonne einstellen, den sie beim Flug zum Ziel eingehalten hatten" (v. Frisch). Die Riesenhonigbiene dagegen kann den Winkel zur Sonne auf den Winkel zur Schwerkraft übertragen, was man ja auch erwarten muß, da sie nur eine voll vertikale Wabe zur Verfügung hat, der waagerechte Tanzboden eben fehlt. Doch gelingt ihr das

Honigblase

nur, wenn sie gleichzeitig Wabe u. Sonne od. wenigstens ein Stückchen blauen Himmels sieht. Lediglich die eigtl. Honigbiene u. die Indische Biene, deren Nachrichtenübermittlung sich ja im dunklen Stock vollziehen muß, sind in der Lage, den Sonnenwinkel aus dem Gedächtnis in den Schwerkraftwinkel zu übertragen. – Arbeitsteilung: ↗staatenbildende Insekten. ☐ Extremitäten; ⒷFarbensehen der H., ⒷHomologie; Ⓑmechanische Sinne I, ⒷNervensystem I, ⒷSymbiose, ⒷVerdauung II.

Lit.: *Buttel-Reepen, H. v.:* Leben und Wesen der Bienen, Braunschweig 1915. *Frisch, K. v.:* Aus dem Leben der Bienen. Berlin, Heidelberg, New York, 1977. *D. Z.*

Honigblase, *Honigmagen, Sozialmagen,* Abschnitt des Darms im Hinterleib v. Bienen zum Transport des Blütennektars zum Nest. ↗Honig.

Honigblätter, die zu nektarabsondernden Organen umgebildeten Staubblätter, v. a. bei Hahnenfußgewächsen; stehen zw. den Blütenhüllblättern u. den inneren, fertilen Staubblättern. In ihrer Form sind sie entweder klein u. unscheinbar, häufig v. tüten- od. schlauchförm. Gestalt, od. sie sind blumenblattartig u. lebhaft gefärbt (petaloid), tragen aber an der Basis eine häufig nur mit der Lupe erkennbare Honigschuppe. ↗Nektarien.

Honigdachs, *Ratel, Mellivora capensis,* einzige Art der zu den Mardern rechnenden H.e (U.-Fam. *Mellivorinae*), die sich durch eine andere Zahnformel u. a. Merkmale v. den ↗Dachsen unterscheiden; Kopfrumpflänge 60–70 cm, lange Grabklauen an den Vorderfüßen; Fellfärbung auf der Bauchseite schwarzbraun, Rücken weiß. Die Verbreitung des H.es erstreckt sich über Afrika (S-Marokko bis zum Kapland) u. das südl. Asien (Vorderasien bis Vorderindien). Der H. ernährt sich v. kleineren Wirbeltieren, Früchten u. Aas; bekannt ist seine Vorliebe für Honig (↗Ektosymbiose, ↗Honiganzeiger).

Honigdrüsen, die ↗Nektarien.

Honigfresser, *Meliphagidae,* etwa 170 Arten umfassende Fam. trop. Sperlingsvögel mit schlankem, spitzem, meist leicht gekrümmtem Schnabel u. pinselförm. Zunge, die an der Basis als Rinne eingerollt u. an der Spitze als doppeltes Saugrohr mit kleinen Borsten ausgebildet ist. Mit ihr werden Pollen, Nektar u. kleine in Blüten lebende Insekten aufgenommen (↗Ornithogamie). Verbreitung in Austr., Neuseeland u. Inseln des SW-Pazifik. Gefieder meist grünl. u. bräunl.; 1–4 Eier in napfförm. Nest.

Honiggras, *Holcus,* Gatt. der Süßgräser (U.-Fam. *Pooideae*) mit ca. 8 Arten in Europa u. N-Afrika; Rispengräser mit je 1 ♂ und 1 ♂ Blüte im kurz begrannten Ährchen u. mindestens behaarten Knoten. Ein minderwertiges frostempfindl. Futtergras feuchter Wiesen u. Weiden ist das Wollige H. *(H. lanatus)* mit dicht weichhaar. oberen Blattscheiden. Das Weiche H. *(H. mollis)* wächst als Verhagerungs- u. Säurezeiger v. a. in artenarmen Eichenwäldern u. ist ein Pionier in Umbruchwiesen.

Honigklee ↗Steinklee.

Honigmagen, die ↗Honigblase.

Honigtau, Ausscheidungen pflanzensaugender Insekten. Alle H.erzeuger sind Schnabelkerfe, die je nach Gruppe an verschiedenen Pflanzenteilen saugen. Die für die Erzeugung v. ↗*Blatthonig* wichtigsten, wie ein großer Teil der Schild- u. Mottenläuse, der Blattflöhe u. die Mehrzahl der ↗Blattläuse *(Blattlaushonig)* u. Zikaden, stechen den Siebteil der Leitbündel an u. entnehmen dem Siebröhrensaft ihre Nahrung. Was sie davon als H. genannten Kot ausscheiden, sind v. a. Kohlenhydrate (Zucker), aber auch Aminosäuren, bei beiden auch solche, die im Siebröhrensaft der Wirtspflanzen fehlen u. erst während der Darmpassage neu entstehen. In manchen Jahren ist die Absonderung von H. so stark, daß er v. den Blättern tropft u. z. B. auf Straßenpflaster große schwarze, klebr. Flecken erzeugt.

Honigtöpfe, 1) ↗Ameisen (☐). 2) Vorratsbehälter für Honig der ↗Hummeln, die aus den Kokons der geschlüpften Puppen bestehen.

Honkenya w [ben. nach dem dt. Botaniker G. A. Honckeny, 1724–1805], die ↗Salzmiere.

Honkenyo-Agropyrion s [v. ↗Honkenya, gr. agropyron = Quecke], ↗Ammophiletea.

Honkenyo-Elymetea [Mz.; v. ↗Honkenya, gr. elymos = Hirse], *Strandroggen-Gesellschaften,* Kl. der Pflanzen-Ges.; zirkumpolar verbreitete, nitrophyt. Gramineen-Pionierges. der hochnord. Küsten. Auf Flugsand u. auf Spülsäumen über Felsen, Sand- u. Kiesstränden siedelnd, klingen die H. in Mitteleuropa aus. Standörtl. entsprechen sie den Flutrasen *(↗Agropyro-Rumicion crispi)* des Binnenlandes. Florist. sind sie sowohl v. den noch stärker nitriphilen Spülsäumen *(↗Cakiletea maritimae)* als auch v. den Vordünen-Ges. *(Honkenyo-Agropyrion)* schwer zu trennen.

Hooke [huk], *Robert,* engl. Physiker u. Naturwissenschaftler, * 18. 7. 1635 Freshwater (Isle of Wight), † 3. 3. 1703 London; seit 1665 Prof. in London; beobachtete als erster 1667 Pflanzenzellen (Korkzellen) u. führte den Namen Cellula (Zelle) ein; erkannte die Proportionalität zw. Deformation u. Spannung bei festen Körpern (1678

R. Hooke

Mit diesem einfachen Mikroskop entdeckte R. H. 1667 die Zelle. Er untersuchte dabei dünne Schnitte v. Kork u. gab seine Beobachtungen in Form der obigen Zeichnung wieder. Die v. ihm beobachteten, nur aus den verkorkten Zellwänden bestehenden „Kämmerchen" hießen engl. „cells". Davon leitet sich das Wort *Zelle* ab.

Aufstellung des *H.schen Gesetzes*); gab eine richtige Deutung der Natur der Fossilien; verbesserte zahlr. physikal. Instrumente (u. a. Mikroskop); lag in vielen Prioritätsstreitigkeiten. WW „Micrographia" (1665, Neudruck 1961). B Biologie I.

Hooker [huk^{er}], *Joseph Dalton*, engl. Botaniker, * 30. 6. 1817 Halesworth (Suffolk), † 10. 12. 1911 Sunningdale (Berkshire); zahlr. Expeditionen (Himalaya, N-Indien, Austr., Marokko, N-Amerika, Falkland-Inseln), auf denen er über 6000 neue Pflanzenarten sammelte. 1865–85 Dir. von Kew Garden, den sein Vater, Sir W. J. Hooker (1785–1865), weltberühmt gemacht hatte. Bearbeitete die bot. Sammlungen Darwins v. den Galapagos-Inseln u. bewog diesen zus. mit ↗Lyell dazu, einen Teil seines Manuskripts über die Entstehung der Arten (zus. mit der entspr. Abhandlung v. ↗Wallace) zu veröffentlichen. Umfangreiche florist. Werke, in denen Florenreiche erstmalig in phylogenet. Zusammenhängen dargestellt werden.

Hookeriaceae [Mz.; ben. nach dem engl. Botaniker Sir W. J. Hooker, 1785–1865], Fam. der *Hookeriales*, gattungsreiche u. vielgestalt. Gruppe trop. Schattenmoose. In Europa kommt neben *Hookeria luceus* u. *Distichophyllum carinatum* in S-Spanien noch *Pseudolepidophyllum virens* vor, dessen Blättchen an der Stengeloberseite kleiner sind als die seitl. Die Gatt. *Eriopus* ist vorwiegend auf der Südhalbkugel verbreitet.

Hookeriales [Mz.], Ord. der Laubmoose; gehört zur U.-Kl. der *Bryidae* u. umfaßt ca. 5 Fam. (vgl. Tab.); meist Bewohner trop. Wälder, bilden z. T. ausgedehnte Moosdecken.

Hopea w [ben. nach dem engl. Botaniker J. Hope, 1725–86], Gatt. der ↗Dipterocarpaceae.

hopeful monsters [ho^{u}pful månst^{es}; engl., = aussichtsreiche Ungeheuer], ↗additive Typogenese, ↗Evolution.

Hopfe, *Upupidae*, Fam. der Rackenvögel mit den kurzkralligen, bodenlebenden Wiedehopfen *(Upupa)* u. den langkralligen, baumlebenden Baumhopfen *(Phoeniculus)*, zusammen 7 Arten. Der 28 cm große Wiedehopf *(Upupa epops,* B Europa XVIII) hat ein unverwechselbares Aussehen: schwarz-weiß gebänderte Flügel, große aufrichtbare Kopfhaube, langer gebogener Schnabel; wirkt im Flug wie ein riesiger Schmetterling. Bewohnt offenes, grasreiches Gelände, bes. Viehweiden, mit alten Bäumen, Obstpflanzungen u. Weinberge; in den letzten Jahren stark zurückgegangen u. nach der ↗Roten Liste „vom Aussterben bedroht". Stochert zur Nahrungssuche mit dem Schnabel im Boden u.

Hopfe
Wiedehopf *(Upupa epops)* bei der Fütterung des Jungen

Hopfen
Rechts Zweig mit Fruchtständen; a weibl., b männl. Blütenstände, c H.drüse

Hopfen
In H.kulturen baut man vegetativ vermehrte weibl. Pflanzen an, deren bis zu 12 m lange Triebe sich an Drähten u. Stangen emporranken. Vor- u. Nebenblätter der Blüte, deren becherförm. Drüsenhaare u. a. H.-↗Bitterstoffe *(Humulon, Lupulon),* äther. Öle u. Polyphenole enthalten, wachsen nach dem Verblühen zu sog. „Dolden" heran, die im Aug./Sept. geerntet werden. Zur Bierherstellung verwendet man entweder getrocknete H.dolden, ihr Pulver od. einen aus ihnen hergestellten Extrakt (↗ Bier). Der größte H.produzent ist die BR Dtl. mit jährl. etwa 35 000 t; weltweit beträgt die H.ernte ca. 95 000 t.

Hookeriales
Familien:
↗ Cyathophoraceae
↗ Daltoniaceae
↗ Ephemeropsidaceae
↗ Hookeriaceae
↗ Hypopterygiaceae

ernährt sich v. Insekten u. deren Larven. Zugvogel, der in Mittelafrika u. S-Asien überwintert. Der Ruf ist ein weit hörbares dumpfes „upupup". Brütet in Baumhöhlen, Felsspalten, Holzstapeln u. sonst. Höhlungen; kann auch mit Hilfe künstl. Nisthöhlen angesiedelt werden, wo natürl. Höhlen fehlen. 6–7 grünl. Eier, die vom Weibchen in 16–19 Tagen ausgebrütet werden. Die Jungen besitzen verschiedene Abwehrmechanismen gg. Nestfeinde: zischendes Fauchen, gezieltes Abspritzen v. Kot gg. Eindringlinge, übelriechende Absonderungen der Bürzeldrüse. – Die Jungen der Baumhopfe zeigen als weiteres Abwehrverhalten neben dem Zischen Körperbewegungen, die dem Verhalten v. Giftschlangen ähneln. Die Baumhopfe, die wie Baumläufer an Bäumen klettern, sind in Afrika südl. der Sahara heimisch.

Hopfen, *Humulus*, mit zwei Arten in den gemäßigten Gebieten vertretene Gatt. der Maulbeergewächse, deren Ursprung vermutl. in O-Europa liegt. In Europa: *H. lupulus*, eine häufig in Auenwäldern u. ruderalen Gebüschen, auf stickstoffreichen Böden anzutreffende, ausdauernde, diözische Pflanze. Ihre zahlr. alljährl. aus dem Rhizom hervorgehenden, windenden, 3–6 m langen Triebe tragen paarweise gegenständ., rundl.-eiförm., meist 3–7 spalt., borstig behaarte Blätter mit Nebenblättern. Die unscheinbaren, gelbl.-grünen Blüten stehen in end- od. blattachselständ., lockeren Rispen (♂) od. sind in endständ. bzw. an axillären Kurztrieben stehenden zapfenart. Scheinähren (♀) angeordnet. Die Frucht des H.s ist ein Nüßchen. Die wirtschaftliche Bedeutung des H.s besteht in seiner Verwendung als wichtigster Zusatzstoff der ↗Bier-Herstellung. Daneben werden aus H.zapfen ein sedierend wirkender Tee gewonnen u. junge H.sprosse roh als Salat od. gekocht als H.spargel verzehrt. B Kulturpflanzen IX.

Hopfenbuche, *Ostrya*, Gatt. der Birkengewächse mit ca. 10 Arten in S-Europa, Ja-

Hopfenklee

pan, China u. im SO von N- u. Mittelamerika. Im Tertiär war die Gatt. *Ostrya* weit verbreitet. Die H. *(O. carpinifolia)* ist ein bis 18 m hoher Baum mit hainbuchenähnl. Blättern. Ihre Fruchtstände gleichen denen des Hopfens mit weißl., papierartigen verwachsenen Deckblättern. Im Mittelmeerraum ist die H. Charakterart mesophiler Steineichenmischwälder mit sommergrünen Bäumen auf Kalk. Das Holz ist härter u. zäher als das der ↗ Hainbuche u. wird bes. für Drechslerarbeiten verwendet.

Hopfenklee, *Medicago lupulina,* ↗ Schnekkenklee.

Hopfenmehltau, 1) *Falscher H.* (↗ Falsche Mehltaupilze), verursacht durch den obligaten, interzellularen Pilzparasiten *Pseudoperonospora humuli,* weltweit verbreitet (ausgenommen Austr. u. Neuseeland); wurde zunächst (1905) in Japan, seit 1924 auch in Dtl. beobachtet u. führte vor Einführung v. Fungiziden (auf Kupferbasis) zu katastrophalen Ernteausfällen; auch heute noch gefürchtet, da durch Trieb- u. Dolden-Schädigungen die Qualität der Hopfenblüte stark vermindert wird. 2) *Echter H.* (↗ Echte Mehltaupilze), Erreger *Sphaerotheca humuli,* in Dtl. v. geringer Bedeutung.

Hopfenmotte, *Hopfenspinner, Hepialus humuli,* ↗ Wurzelbohrer.

Hopfenspargel ↗ Hopfen.

Hopkins, Sir *Frederick Gowland,* engl. Biochemiker, * 20. 6. 1861 Eastbourne, † 16. 5. 1947 Cambridge; seit 1914 Prof. in Cambridge; Begr. der Vitaminforschung, Entdecker v. Vitamin A u. B in der Milch u. v. Tryptophan u. Glutathion; erhielt 1929 zus. mit Ch. Eijkman den Nobelpreis für Medizin. [↗ Salmler.

Hoplias *m* [v. gr. *hoplo-*], Gatt. der

Hoplites *m* [v. gr. hoplitēs = Schwerbewaffneter], (Neumayr 1875), Nominatgatt. der † Fam. *Hoplitidae* der *Ammonoidea;* die abgeflachte Gehäusespirale hat rechteck. bis trapezförm. Querschnitt, auf den Flanken kräftige, nach vorn gebogene Rippen („Abbaugabelripper"), die oft v. Knoten ausgehen u. extern in Knoten enden; mehrere Leitarten für obere Unterkreide (mittl. Alb).

Hoplocampa *w* [v. *hoplo-,* gr. kampē = Raupe], Gatt. der ↗ Tenthredinidae.

Hoplocarida [Mz.; v. *hoplo-,* gr. karis = kleiner Seekrebs], Überord. der *Malacostraca* mit der einzigen Ord. ↗ Fangschreckenkrebse.

Hoplocercus *m* [v. *hoplo-,* gr. kerkos = Schwanz], Gatt. der ↗ Leguane.

Hoplocharax *m* [v. *hoplo-,* gr. charax = ein Seefisch], Gatt. der ↗ Salmler.

Hoplonemertea [Mz.; v. *hoplo-,* gr. nēmertēs = vollkommen], *Hoplonemertini,* Ord. der Schnurwürmer (Kl. *Enopla*); durch

Hopfenbuche
(Ostrya carpinifolia)
mit Fruchtstand

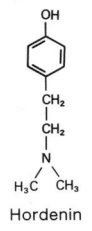

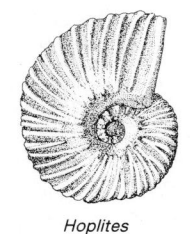

Hordenin

Hoplites

hoplo- [v. gr. hoplon = Gerät, Werkzeug, Waffe].

hormo- [v. gr. hormos = Schnur, Kette].

hormon- [v. gr. hormōn = antreibend, in Bewegung setzend].

einen Rüssel mit Stilett u. einen Darm mit paar. Divertikeln gekennzeichnet. Bekannte Arten: *Amphiporus lactifloreus, Prostoma graecense, Geonemertes chalicophora.*

Hoplophryne *w* [v. *hoplo-,* gr. phrynē = Kröte], Gatt. der ↗ Engmaulfrösche.

Hoplopterus *m* [v. *hoplo-,* gr. pteron = Flügel], Gatt. der ↗ Kiebitze.

Hoppe-Seyler, *Ernst Felix Immanuel,* dt. Chemiker u. Physiologe, * 26. 12. 1825 Freyburg/Unstrut, † 11. 8. 1895 Wasserburg; ab 1860 Prof. in Berlin, dann Tübingen, seit 1872 in Straßburg; Begr. der neueren physiol. Chemie; untersuchte u. a. Gärungs- u Fäulnisprozesse, entdeckte 1864 das Methämoglobin u. 1871 das Enzym Invertase.

Horaichthys *m* [v. lat. hora = Stunde, gr. ichthys = Fisch], Gatt. der ↗ Kärpflinge.

Hörbereich ↗ Gehörorgane (☐).

Hordein *s* [v. lat. hordeum = Gerste], ein ↗ Prolamin.

Hordeivirus-Gruppe [v. lat. hordeum = Gerste], ↗ Gerstenstreifenmosaik-Virusgruppe.

Hordenin *s* [v. lat. hordeum = Gerste], *Anhalin, N-Dimethyltyramin,* in Kaktus u. keimender Gerste *(Hordeum)* vorkommendes ↗ Anhaloniumalkaloid vom β-Phenyläthylamin-Typ, das aus Phenylalanin od. Tyrosin über Tyramin gebildet wird u. mit ↗ Ephedrin strukturell verwandt ist. H. ist ein Sympathikomimetikum u. wird als Herzanregungsmittel verwendet.

Hordeum *s* [lat., =], die ↗ Gerste.

hören ↗ Gehörorgane, ↗ Gehörsinn.

Hörfläche ↗ Gehörorgane (☐).

Hörhaare ↗ Gehörorgane, ↗ Becherhaar.

Horizont *m* [v. gr. horizōn = begrenzend], ↗ Bodenhorizonte (T).

Hörknöchelchen, die ↗ Gehörknöchelchen; ↗ Gehörorgane (B).

Horminum *s* [v. gr. horminon = eine Art Salbei], das ↗ Drachenmaul.

Hormiphora *w* [v. *hormo-,* gr. -phoros = -tragend], Gatt. der ↗ Cydippea.

Hormiscia *w* [v. gr. hormiskos = Halsbändchen], Gatt. der ↗ Codiolaceae.

Hormocysten [Mz.; v. *hormo-,* gr. kystis = Blase], kurze Fäden aus granulierten (reservestoffhalt.) Cyanobakterienzellen mit gemeinsamer dicker Wand (Scheide); entstehen am Ende od. innerhalb fädiger Cyanobakterien u. dienen als Dauerorgane u. zur Vermehrung.

Hormogonales [Mz.; v. *hormo-,* gr. gonē = Nachkommenschaft], *Oscillatoriales,* frühere Ord. der Blaualgen (↗ Cyanobakterien), die der heutigen II. U.-Kl. ↗ *Hormogoneae* entspricht.

Hormogoneae [Mz.; v. *hormo-,* gr. gonē = Nachkommenschaft], *Hormogoniophy-*

ceae, frühere Ord. *Hormogonales*, II. U.-Kl. der ↗Cyanobakterien, in der alle fädigen Cyanobakterien eingeordnet werden, deren Zellen untereinander durch Plasmodesmen verbunden sind; zur Fortpflanzung werden ↗Hormogonien od. ↗Akineten ausgebildet. Die Unterteilung in die 3 Ord. ↗ *Nostocales*, ↗ *Oscillatoriales* u. ↗ *Stigonematales* erfolgt nach der Zelldifferenzierung u. der Verzweigungsform.

Hormogonien [Ez. *Hormogonium;* von *hormo-*, gr. gonē = Nachkommenschaft], 1) kurze Filamente aus undifferenzierten Zellen fädiger Cyanobakterien, v. denen sie sich abtrennen, meist fortgleiten u. zu neuen Fäden heranwachsen; dienen hpts. der Vermehrung. H. können durch Zerfall ganzer Cyanobakterienfäden entstehen (z. B. *Oscillatoria, Cylindrospermum*) od., bei verzweigten Formen, aus den Endstücken v. Seitenfäden (z. B. *Scytonema, Stigonema*). In einigen Fällen erfolgt das Abbrechen der H. an spezialisierten Trennzellen *(Necridien)*, die das Ablösen unterstützen. H. können auch durch Keimung v. Akineten entstehen. 2) Gleitend bewegl. Filamente v. Bakterienzellen (Ord. *Cytophagales*), die die Scheide verlassen.

hormonal [v. *hormon-*], *hormonell*, v. Hormonen verursacht, mit diesen zusammenhängend.

Hormondrüsen [v. *hormon-*], ↗Drüsen (▢) mit innerer Sekretion (↗endokrine Drüsen), deren Sekrete (↗Inkrete) in geringsten Konzentrationen im Stoffwechsel v. Organismen und zw. Organismen als Signalstoffe wirken u. meist direkt ins Blut od. die Hämolymphe, seltener nach außen (Pheromone) od. in Körperhöhlen (Gamone), abgegeben werden. ↗Hormone.

Hormone [Mz.; v. *hormon-*], von anderen Wirkstoffen nicht streng zu trennende Gruppe v. Substanzen im Tier- u. Pflanzenreich (↗Phyto-H.), die bei Tieren – häufig in spezif. endokrinen ↗Drüsen (↗ *Hormondrüsen*) gebildet *(glanduläre H.)* – in sehr niedrigen Konzentrationen ins Blut od. in die Hämolymphe abgegeben werden u. an Organen, die über entspr. Rezeptoren (↗ *Hormonrezeptoren*) verfügen, spezif. Wirkungen entfachen. Werden H. nicht in spezialisierten Drüsen gebildet, sondern in einzelnen Zellen (Darmwand, Niere), bezeichnet man sie als ↗ *Gewebs-H.* od. *Zell-H. (aglanduläre H.)*, wobei die letztere Bez., die auf die Bildungsstätte der H. abhebt, die zutreffendere ist. Sie wirken dann im Ggs. zu den H.n i. e. S. oft direkt in der Nachbarschaft ihres Produktionsorts im „Gewebe". Andere hingegen (z. B. Sekretin, Cholecystokinin-Pankreozymin des Duodenums) wirken als „echte" H. auf weiter entfernte Organe (in diesem Fall Pankreas u. Galle), so daß die Bez. „Gewebs-H." unscharf ist. – Obwohl ↗endokrine Drüsen, deren Tätigkeit C. ↗Bernard (1855) als innere Sekretion beschrieb, schon seit Jhh. bekannt waren, gelang erst 1849 der eindeutige Nachweis ihrer Hormonwirkung durch A. Berthold, der kastrierten Hähnen Hoden einpflanzte u. damit bei ihnen normales sexuelles Verhalten sowie die Ausbildung sekundärer Geschlechtsmerkmale auslösen konnte. Die Bez. H. stammt von W. M. Bayliss und E. H. Starling (1905), die sie erstmalig für das Sekretin verwendeten. – Der Metazoenorganismus verfügt über zwei verschiedene Informationssysteme: eines, in dem Sender u. Empfänger direkt verschaltet sind *(neuronale Koordination,* ↗ Nervensystem), u. eines, in dem nur spezielle Empfänger eine „an alle" gerichtete Information empfangen können *(humorale* od. *hormonale Koordination).* (Telefon u. Rundfunkempfänger verdeutlichen in der Technik das Prinzip.) Da jedoch auch bei der neuronalen Koordination Wirkstoffe (als Neurotransmitter) eine Rolle spielen u. diese darüber hinaus teilweise Hormonwirkung (↗ *Neuro-H.*) besitzen (z. B. Adrenalin u. Noradrenalin) u. fernerhin nervöse Zentren über Blut- od. Hämolymphbahnen in Kontakt mit endokrinen Drüsen treten können

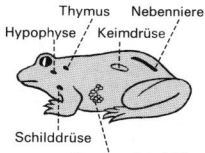

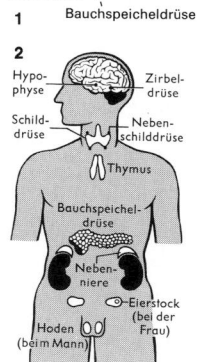

Hormondrüsen bei Wirbeltieren

Bei den Amphibien werden die wichtigsten *Hormone* von 6 Drüsen gebildet (**1**), bei Säugern und dem Menschen sind es 8 (**2**), den Hypothalamus (nicht dargestellt) ausgenommen.

Hormone des Menschen und der Wirbeltiere

Einteilung nach ihrer chem. Struktur mit Angabe des Bildungsorts:

Hh Hypophysen-Hinterlappen, *Hm* Hypophysen-Mittellappen, *Ho* Hoden, *Ht* Hypothalamus, *Hv* Hypophysen-Vorderlappen, *Ni* Niere, *Nm* Nebennierenmark, *Nr* Nebennierenrinde, *Ov* Ovar (Eierstock), *Pa* Pankreas (Bauchspeicheldrüse), *Pl* Placenta (Mutterkuchen), *PTh* Parathyreoidea (Nebenschilddrüse), *Th* Thyreoidea (Schilddrüse), *Ut* Uterus, *Zi* Zirbeldrüse (Epiphyse)

Aminosäureabkömmlinge

Adrenalin (Epinephrin) *(Nm)*
Noradrenalin (Norepinephrin) *(Nm)*
Melatonin *(Zi)*
Thyroxin *(Th)*
Triiodthyronin *(Th)*

Peptidhormone (Proteohormone)

Calcitonin (Thyreocalcitonin, TCT) *(Th)*
Erythropoetin *(Ni)*
Glucagon *(Pa)*
Insulin *(Pa)*
Parathormon (Parathyrin, PTH) *(PTh)*
Relaxin *(Ov, Pl, Ut)*

Hypothalamushormone
↗ Hypothalamus

Hypophysenhormone
Adiuretin (Vasopressin, ADH) *(Ht)*
Corticotropin (adrenocorticotropes Hormon, ACTH) *(Hv)*
Lipotropin (LP, lipotropes Hormon, LPH) *(Hv)*
Melanotropin (Intermedin, melanophorenstimulierendes Hormon, MSH) *(Hm)*
Oxytocin *(Ht)*
Somatotropin (Wachstumshormon, STH) *(Hv)*
Thyreotropin (TSH) *(Hv)*

Gonadotropine
Choriongonadotropin (CG, HCG) *(Pl)*
follikelstimulierendes Hormon (FSH, Follitropin) *(Hv)*
luteinisierendes Hormon (LH, Lutropin, interstitialzellenstimulierendes Hormon, ICSH) *(Hv)*
luteotropes Hormon (LTH, Luteotropin, Prolactin, PRL, Lactotropin) *(Hv)*

Enterohormone (Hormone des Magen-Darm-Trakts)
Gastrin
Pankreozymin (Cholecystokinin-Pankreozymin)
Sekretin
Weitere Hormone werden vermutet

Steroidhormone

Corticoide
Aldosteron *(Nr)*
Cortisol (Hydrocortison) *(Nr)*
Cortison *(Nr)*

Sexualhormone
Östradiol *(Ov)*
Progesteron *(Ov, Pl)*
Testosteron *(Ho)*

Hormone

Hormondrüsen und Hormonwirkungen bei Mensch und Wirbeltieren

(Nicht aufgeführt sind sog. „Gewebshormone", wie Erythropoetin des juxtaglomerulären Apparates der Niere und Prostaglandine verschiedener Herkunft, ferner Serotonin, Histamin, Bradykinin, Kallikrein)

Drüse	Hormone	Hormonwirkung
Hypothalamus (medialer Teil) „Releasing"-Hormone	Übergeordnete Auslöserhormone (glandotrope Hormone)	Kontrolle über die Ausschüttung der spezifischen Hormone des Hypophysenvorderlappens
	Peptidhormone des Hypophysenhinterlappens: Oxytocin Adiuretin (ADH, Vasopressin)	Steuerung des Milchaustritts aus der Milchdrüse (zus. mit LTH); Prostaglandin-vermittelte Kontraktion der Uterusmuskulatur unter der Geburt Verminderung der Harnsekretion der Niere durch Verminderung des Primärharnflusses, Vasokonstriktion
	Endogene Opiate: Enkephaline und Endorphine als Bruchstücke des lipotropen Hormons (LPH)	Nicht eindeutig geklärt; Erhöhung der Schmerzschwelle, verhaltenssteuernd, Kontrolle vegetativer Funktionen
Hypophyse (Hirnanhangdrüse) *Hinterlappen* (Neurohypophyse)	Neurohämalorgan, das Hormone des Hypothalamus speichert und an die Blutbahn abgibt (s. o.)	
Mittellappen } Adenohypophyse *Vorderlappen*	Melanotropin (MSH, Intermedin)	Vergrößerung von Pigmentgranula, Dunkelfärbung der Haut bei Fischen, Amphibien und Reptilien; Steuerung der Melaninsynthese
	Thyreoidea-stimulierendes Hormon (TSH, Thyreotropin)	Synthese und Sekretion der Hormone der Schilddrüse; Wachstumssteuerung der Schilddrüse;
	Adrenocorticotropes Hormon (ACTH, Corticotropin)	Synthese und Sekretion der Hormone der Nebennierenrinde; Wachstum der Nebennierenrinde
	Follikelstimulierendes Hormon (FSH)	Bei der Frau: Wachstum der Follikel im Eierstock Beim Mann: Steuerung der Samenbildung
	β-Lipotropin (LPH)	Freisetzung von Fetten im Fettgewebe (Aktivierung einer Lipase), Wirkung umstritten
	Luteinisierendes Hormon (LH, Interstitialzellenstimulierendes Hormon, ICSH)	Bei der Frau: Sekretion v. Östrogenen und Progesteron, Auslösung des Eisprungs (mit FSH); Bildung und Funktionskontrolle des Gelbkörpers Beim Mann: Sekretion der Androgene; Auslösung der Samenabgabe bei niederen Wirbeltieren
	Prolactin (Luteotropes Hormon) (LTH; Lactogenes Hormon)	Bei Säugetieren: Synthese und Sekretion der Milchbestandteile; Steuerung der Gelbkörperfunktion bei Nagetieren Bei anderen Wirbeltieren: Auslösung der Brutpflegereflexe; Bildung der Kropfmilch bei Vögeln; Wachstum und Steuerung des Eiablageverhaltens bei Amphibien
	Somatotropes Hormon (STH, GH; Wachstumshormon)	Proteinsynthese; Wachstum, speziell der Extremitäten- und Schädelknochen; an Steuerung des Schlaf-Wach-Rhythmus beteiligt
Thyreoidea (Schilddrüse)	Thyroxin, Triiodthyronin	Wachstum, Entwicklung und Funktionskontrollen des Zentralnervensystems; Auslösung der Häutungs- und Mauservorgänge bei Vögeln und Reptilien; Steigerung des Sauerstoffverbrauchs bei Säugetieren und Amphibien (zentrale Stoffwechselkontrolle?); Wärmeproduktion bei Warmblütern; Metamorphose der Amphibien
	Calcitonin	Antagonist des Parathormons aus der Parathyreoidea, verhindert Ca^{2+}-Freisetzung aus den Knochen
Nebennierenrinde	Glucocorticoide (Cortisol, Corticosteron)	Proteinabbau; Glucosebildung und Glykogensynthese; Streß-Anpassung; entzündungshemmende und antiallergische Wirkungen
	Mineralocorticoide (vor allem Aldosteron)	Natrium-Rückresorption in der Niere; Na/K-Verhältnis extrazellulärer Flüssigkeiten; Blutdruckkontrolle
	Androgene	Kontrolle der sekundären männl. Geschlechtsmerkmale, auch im weibl. Geschlecht in geringen Mengen sezerniert

(↗ hypothalamisch-hypophysäres System, ↗ Neurohämalorgane), kann v. einer strikten Trennung beider Informationssysteme nicht die Rede sein. Im Gegenteil weist die enge Verknüpfung auf eine gemeinsame phylogenet. Wurzel hin. Ebenfalls v. Nervenzellen gebildet u. funktionell zw. reinen Neurotransmittern u. „echten" H.n angesiedelt sind die sog. *Neuromodulatoren,* zu denen die ↗ Endorphine – sie werden ebenfalls unter „Gewebs-H.n" geführt – u. die ↗ Substanz P gehören. Schon bei Hohltieren kann man die Tätigkeit v. neurosekretor. Zellen beobachten. Sie liegen bei diesen wie auch bei Plattwürmern u. Schlauchwürmern vereinzelt im Nervensystem – das noch wenig konzentriert ist – u. geben ihre Sekrete, die innerhalb der Axone transportiert werden, direkt an die Hämolymphe od. Blut transportierenden Gefäße ab. Die phylogenet. Höherentwicklung der neurosekretor. Zellen besteht zum einen darin, daß sie zu Zentren zusammengefaßt werden (bereits bei Saugwürmern), u. zum anderen in der Ausbildung v. Neurohämalorganen, in denen die sekretausscheidenden Nervenendigungen gruppiert, v. Bindegewebe umgeben u. in Kontakt mit kapillarartig verzweigten Gefäßen auftreten. Wohl ausgebildete Neurohä-

Drüse	Hormone	Hormonwirkung
Nebennierenmark	Adrenalin	Frequenz und Kraft des Herzschlags, periphere Arterienkontraktion; Erweiterung der kleinen Herzarterien und der Skelettmuskelversorgung; Erhöhung des Blutzuckerspiegels; Anregung des oxidativen Stoffwechsels
	Noradrenalin	Generelle Konstriktion kleiner Arterien; Blutdruckerhöhung
Ovar *Follikel*	Östrogene (Östradiol, Östron, Östriol) Progesteron Relaxin	Weibliche primäre und sekundäre Geschlechtsmerkmale; zusammen mit Regelung des Östruszyklus; Entspannung der Uterushals-Muskulatur und der Ligamente des Beckengürtels unter der Geburt
Gelbkörper	Östrogene und Progesteron	Aufrechterhaltung der Schwangerschaft
Hoden	Androgene (bes. Testosteron)	Primäre und sekundäre männliche Geschlechtsmerkmale, Spermiogenese
Pankreas (Langerhanssche Inseln)	Insulin	Verminderung des Blutzuckerspiegels, Anregung des Glucoseverbrauchs, der Fett- und Proteinsynthese
	Glucagon	Erhöhung des Blutzuckerspiegels; fördert die Zuckerabgabe aus den Leberzellen
Parathyreoidea (Nebenschilddrüse, Pacinische Körperchen)	Parathyreoidhormon, Parathormon, Parathyrin (PTH)	Erhöhung des Calciumspiegels im Blut; Verminderung des Phosphatspiegels im Blut durch Phosphatspeicherung und Phosphatausscheidung
Magen	Gastrin	Magensaftausschüttung
Dünndarm (Ileum und Jejunum)	Sekretin Cholecystokinin-Pankreozymin	Ausschüttung des Pankreassekrets Entleerung der Gallenblase, Abgabe der Pankreasenzyme in das Pankreassekret
Niere	Renin	Umwandlung des Angiotensinogens im Blut in Angiotensin I
Blut	Angiotensin	In der aktiven Form (Angiotensin II) Erhöhung der Aldosteronsekretion, Blutdruckerhöhung
Zirbeldrüse (Epiphyse, Pinealorgan)	Melatonin	Aggregation der Pigmentgranula in den Melanocyten und Entpigmentierung: Antagonist des Melanotropins der Hypophyse, Hemmung des LH-Releasing-Hormons und damit der Aktivität der Gonaden; verantwortlich für saisonale Fertilität vieler Säuger; Hormonsynthese wird durch Licht gehemmt
Placenta (Mutterkuchen)	Östrogene Progesteron Choriongonadotropin, Relaxin möglicherweise weitere Hormone	ähnlich der Wirkung des luteinisierenden Hormons

malorgane finden sich als Cerebraldrüsen bei Hundertfüßern, Sinusdrüsen bei Krebstieren, Corpora cardiaca bei Insekten u. Neurohypophyse bei Wirbeltieren. In den letzten drei Gruppen wirken sie zus. mit echten (vom Nervensystem unabhängigen) endokrinen Drüsen (↗Insekten-H., ↗hypothalamisch-hypophysäres System). Von Wirbeltieren ist jedoch bekannt, daß sich auch die „echten" endokrinen Drüsen – soweit sie Peptid-H. erzeugen – histolog.-ontogenet. aus dem ↗Neuroektoderm ableiten. Eine Evolution v. endokrinen Drüsen, deren H. auf längere Distanz wirken, bedingt zwangsläufig eine entspr. Evolution v. Rezeptoren, die die Signale der H. empfangen können. Die Spezifität der *Hormonwirkung* ist nicht zuletzt auf eine Spezifität der Rezeptoren zurückzuführen. Bei Tieren mit einer hochentwickelten humoralen Koordination ist das *Hormonsystem* hierarchisch gegliedert, kontrolliert über *Neurosekrete* bzw. *Releasing-Hormone* (fr. als *Releasing-Faktoren* bezeichnet) höherer zentralnervöser Zentren u. auf diese im Sinne eines Regelkreises zurückwirkend (Augenstiel-Y-Organkomplexe der Crustaceen; Protocerebrum (Pars intercerebralis) – Corpora cardiaca – Corpora allata – Prothoraxdrüsenkomplex der Insek-

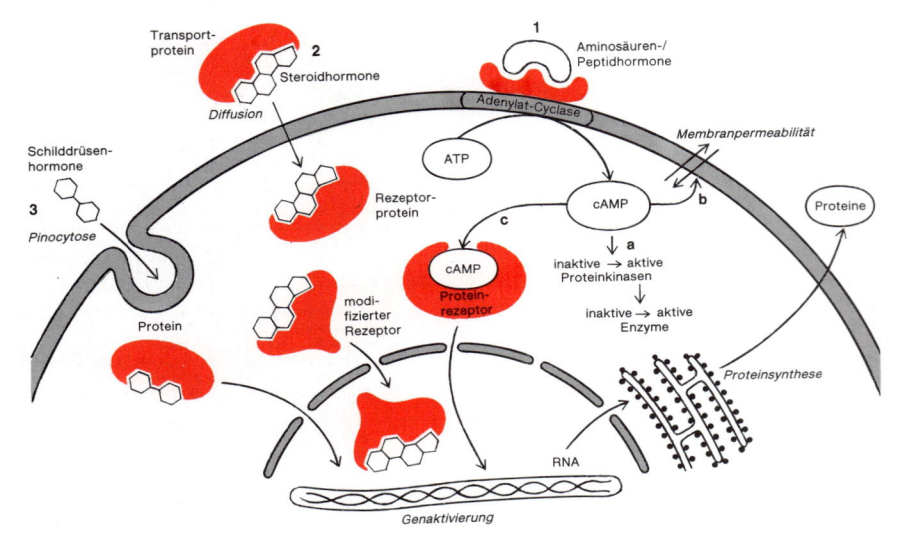

Hormone

Prinzipien der verschiedenen Primärwirkungen von Hormonen an der Zellmembran u. in der Zelle:

1. Bindung an Rezeptoren auf der Zellmembran u. Bildung eines „second messenger" über die Aktivierung einer Adenylat-Cyclase: Gilt, soweit bekannt, für alle *Aminosäuren-* u. *Peptidhormone*. Das gebildete *cAMP* kann **a** über die Aktivierung v. Enzymen, **b** Beeinflussung der Membranpermeabilität oder **c** – nach Bindung an einen cytoplasmatischen Rezeptor – über Genaktivierung wirken.
2. Diffusion des an ein Transportprotein gebundenen Hormons durch die Zellmembran u. Aufnahme in der Zelle durch ein Rezeptorprotein. Der cytoplasmatische Hormon-Rezeptor-Komplex wird in seiner Konformation modifiziert, dringt in den Zellkern ein u. bindet an DNA-Protein-Stränge. Er induziert die Synthese von (Enzym)-Proteinen über die Aktivierung v. Transkription u. Translation: Gilt für alle *Steroidhormone*.
3. Aufnahme über Pinocytose in die Zelle, dort Bindung an ein cytoplasmatisches Protein u. Transport in den Zellkern. Dort Aktivierung der RNA-Synthese u. damit (Enzym-)Proteinsynthese: Gilt für *Schilddrüsenhormone*. Im einzelnen sind insbesondere die Vorgänge im Kern noch nicht endgültig geklärt. Neben den beschriebenen Primärwirkungen sind weitere zu erwarten und z. T. untersucht. Es gibt Hinweise, daß Peptidhormone auch direkt am Zellkern angreifen können. Ferner existiert neben cAMP ein weiterer „Zellbotenstoff", das zyklische Guanosinmonophosphat *(cGMP)*. Das seine Bildung katalysierende Enzym (Guanylat-Cyclase) liegt aber im Ggs. zur Adenylat-Cyclase nicht in der Zellmembran, sondern im Plasma: cGMP ist kein „second messenger" i. e. S., denn die an cGMP gerichtete hormonelle Information muß zunächst durch die Zellmembran weitergegeben werden. Dies wird durch den Einstrom von Ca^{2+}-Ionen erreicht, die dann die Synthese von cGMP erheblich steigern. Das cGMP-System spricht auf Insulin, Calcitonin, Oxytocin, die Neurotransmitter Serotonin, Acetylcholin u. auf bestimmte Prostaglandine an – insgesamt also auf den Anabolismus stimulierende Wirkstoffe. Eine der Primärwirkungen von cGMP besteht in der Aktivierung einer Phosphodiesterase. Der cGMP-Mechanismus wirkt damit insgesamt antagonistisch zum cAMP-Mechanismus.

---

ten; hypothalamisch-hypophysäres System mit den entspr. Zielorganen bei Wirbeltieren). Generell kann die Funktion von H.n als kybernet. Modell in der abstrakten Form v. Regelkreisen beschrieben werden; häufig ist jedoch das Zusammenspiel mehrerer H. zu komplex, um es in einem überschaubaren Regelkreis veranschaulichen zu können. Die *hormonale Regulation* des ↗Blutzuckers (B 277) u. das ↗adrenogenitale Syndrom (□) sind einfachere Beispiele, die das Prinzip der Rückkoppelung verdeutlichen. Abgesehen v. Pflanzen-H.n *(↗Phyto-H.)* u. mit Ausnahme des ↗Juvenilhormons bei Insekten ist die chem. Zugehörigkeit der H. i. e. S. (d. h. in endokrinen Drüsen gebildet) auf *Aminosäure-Abkömmlinge* (Phenylalanin), auf Peptide bis hin zu echten Proteinen *(↗Peptid-H., Proteo-H.)* u. auf Steroide *(↗Steroid-H.)* beschränkt. – Die Primärwirkung der H. läßt sich drei verschiedenen Mechanismen zuordnen, die allerdings nicht in jedem Fall scharf zu trennen sind: 1. Aktivierung einer in die Zellmembran integrierten ↗*Adenylat-Cyclase* (Adrenalin, Noradrenalin, Glucagon, Nebenschilddrüsen-H., thyreotropes Hormon, Adiuretin, luteinisierendes Hormon, hypothalamische Releasing-Hormone, melanocytenstimulierendes Hormon). 2. Induktion (Stimulation) der Synthese spezifischer (meist Enzym-)Proteine durch Aktionen am Zellkern (Steroid-H., Schilddrüsen-H.). 3. Regulation der Zellmembranpermeabilität (Insulin, Adiuretin – über cAMP-Mechanismus). Ein wesentl. Kriterium der Hormonwirkung besteht in der Begrenzung ihrer Wirkzeit, gemessen über die Halbwertszeit. Diese kann sich zw. Tagen (Thyroxin), Stunden (Cortisol) u. Minuten (Insulin, Adiuretin) bewegen. Für die

HORMONE

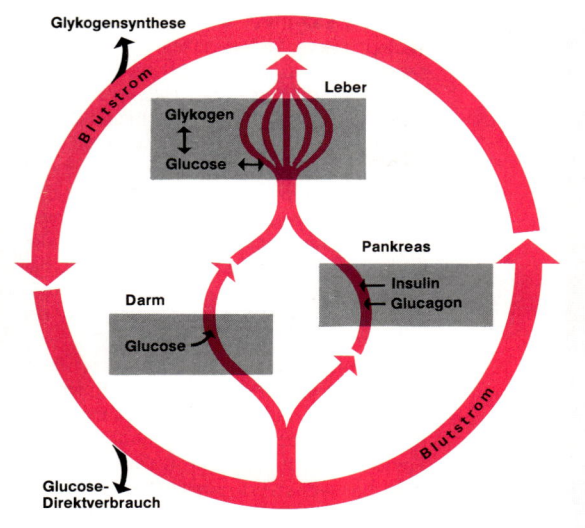

Regelung des Blutglucosespiegels

Blutglucose wird aus Leberglykogen durch Phosphorolyse freigesetzt, überschüssige Glucose durch die Wirkung der Glykogen-Synthase an Glykogen gebunden. Dieser Reaktionskreis steht unter der Kontrolle der Pankreashormone *Insulin* (aus den β-Zellen) und *Glucagon* (aus den α-Zellen). Bei Streßzuständen führt der Eingriff des *Adrenalins* aus dem Nebennierenmark zur zusätzlichen Glucosemobilisierung. Abb. links zeigt die anatomischen Beziehungen zwischen dem Pankreas (Hormondrüse) und seinem Erfolgsorgan, der *Leber*. Abb. unten gibt eine Beschreibung der Regelung. Der normale Blutzuckerspiegel unterliegt sehr geringen Schwankungen. Unter Streßbedingungen erhöht er sich während der Einwirkungsdauer des Streßhormons Adrenalin und kehrt dann unter der Kontrolle der Pankreashormone als zeitlich gedämpfte Schwingung auf das Normalniveau zurück.

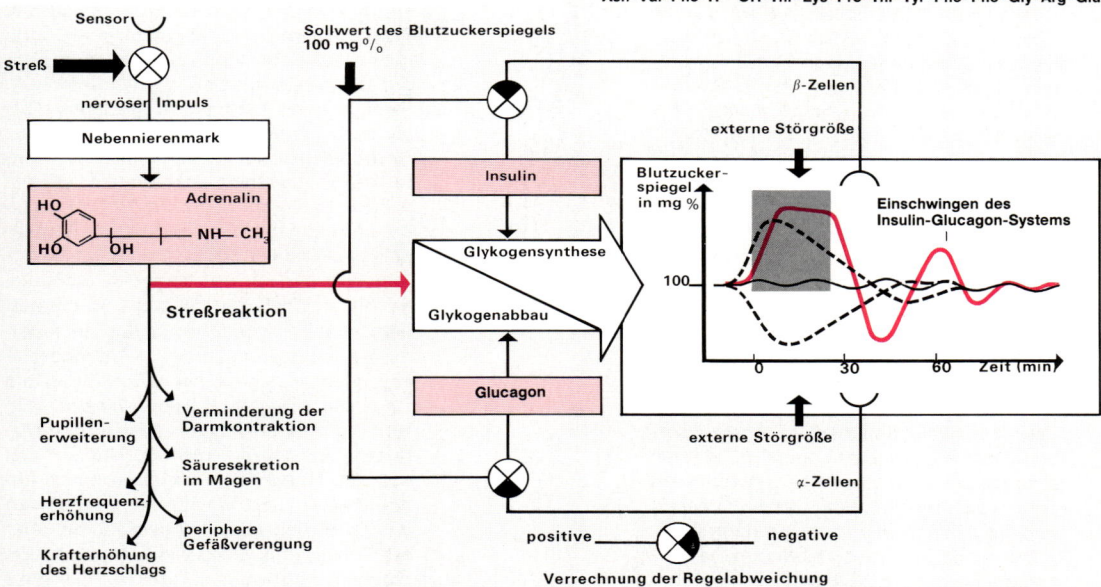

Strukturformel des Human-Insulins

```
Val-Ile-Gly-H
Glu   S ─────────── S              OH-Asn
 │    │              │               │
Gln-Cys-Cys-Thr-Ser-Ile-Cys-Ser-Leu-Tyr-Gln-Leu-Glu-Asn-Tyr-Cys
              A-Kette
    S                                               S
    │                                               │
    S                                               S
              B-Kette
His-Leu-Cys-Gly-Ser-His-Leu-Val-Glu-Ala-Leu-Tyr-Leu-Val-Cys
 │                                                   │
Gln                                                 Gly
 │                                                   │
Asn-Val-Phe-H    OH-Thr-Lys-Pro-Thr-Tyr-Phe-Phe-Gly-Arg-Glu
```

Die *Streßreaktion* ist ein Beispiel für die Verschiedenartigkeit von Hormonreaktionen an verschiedenen Erfolgsorganen, die jedoch alle auf ein gleiches Erfolgsverhalten des Gesamtorganismus, in diesem Falle eine gesteigerte Abwehrbereitschaft, hinzielen. Bei länger andauerndem („echtem") Streß stimuliert das Nebennierenmark zusammen mit ACTH die Nebennierenrinde zur Ausschüttung von Corticosteroiden, welche die Gluconeogenese fördern. – In beiden Fällen wird der Blutglucosespiegel erhöht. Erschöpfung des ACTH-, Cortisol- und Blutglucosespiegels führt zum Zusammenbruch des Widerstands gegen Streßfaktoren.

Strukturformel des Glucagons

His - Ser - Gln - Gly - Thr - Phe - Thr - Ser - Asp - Tyr - Ser - Lys - Tyr
 │
Leu - Trp - Gln - Val - Phe - Asp - Gln - Ala - Arg - Arg - Ser - Asp - Leu
 │
Met - Asn - Thr

Verkürztes Schema der Adrenalinwirkung

Adrenalin und das chemisch ganz andersartig strukturierte *Glucagon* greifen in den Glucosestoffwechsel durch Aktivierung der *Adenylatcyclase* ein. Aktive Adenylatcyclase wandelt ATP in zyklisches AMP um, und diese Schlüsselsubstanz des Stoffwechsels setzt nun über mehrere Folgeenzyme die Freisetzung von Glucose aus Glykogen durch die aktive Form der Phosphorylase in Gang (Schema links). Die Enzymmengen in den verschiedenen Geweben und die Rückwirkung der bei diesen Reaktionen entstehenden Metaboliten auf die Enzyme selbst bieten eine Fülle zusätzlicher Regelmöglichkeiten, die einen Überschlag der Aktivierungsreaktion zur Regelkatastrophe verhindern können.

Hormoneinheit

Beseitigung von H.n sorgen direkte Abbauprozesse od. Konjugationsreaktionen (in der Leber oder entspr. Organen); die Endprodukte werden als Exkrete ausgeschieden u. können so z. B. im Harn nachgewiesen werden (z. B. Schwangerschaftsnachweis). Die beschriebenen Primärwirkungen der H. führen über zahlr. in ihrer kausalen Abfolge nicht generell verstandene Zwischenstufen zu so hoch integrativen Leistungen wie Verhaltenssteuerungen (Brutpflege, Balz, sexuelle Aktivitäten) u. beim Menschen zu psych. Veränderungen (Pubertät, Klimakterium). ↗Auxine, ↗Pheromone, ↗Sexualhormone. ☐ Glykogen, B Menstruationszyklus. B 277.

Lit.: *Hanke, W.:* Biologie der Hormone. Heidelberg 1982. *Reinboth, R.:* Vergleichende Endokrinologie. Stuttgart 1980. *K.-G. C.*

Hormoneinheit [v. *hormon-], mittels verschiedener biol. Testverfahren indirekt bestimmbare Hormonmenge, die bei 50% der untersuchten Organismen eine hormonabhängige Reaktion auslöst (↗Calliphora-Einheit). Wird immer dann benützt, wenn eine direkte Bestimmung des Hormontiters (z. B. über einen ↗Radioimmunassay) nicht mögl. ist.

hormonell [v. *hormon-], ↗hormonal.

Hormonphysiologie w [v. *hormon-, gr. physiologia = Lehre v. der Natur], die ↗Endokrinologie.

Hormonrezeptoren [Mz.; v. *hormon-, lat. receptor = Empfänger], Proteinmoleküle spezif. Konformation, die auf der Zellmembran od. im Cytoplasma lokalisiert sind u. ↗Hormone zu binden vermögen. Nur solche Gewebe u. Organe, die über die entspr. Rezeptoren verfügen, können die über Flüssigkeitsbahnen im Körper verteilte Information empfangen. H. können ontogenet., saisonal od. in Anpassung an verschiedene Umweltsituationen variieren, was die gesetzmäßigen Änderungen in der Ansprechbarkeit auf Hormone erklärt (↗Metamorphose). ☐ Hormone.

Horn ↗Horngebilde, ↗Gehörn, ↗Huf, ↗Haar, ↗Haut.

Hornblatt, *Ceratophyllum,* Gattung der ↗Hornblattgewächse.

Hornblattgewächse, *Ceratophyllaceae,* Fam. der Seerosenartigen mit 1 Gatt. Hornblatt *(Ceratophyllum),* Artengliederung umstritten; submerse Kosmopoliten der Süßgewässer. Die wurzellosen Pflanzen sind mit chlorophyllfreien Sprossen im Boden verankert u. bilden oft große Teppiche unter der Wasseroberfläche nährstoffreicher Gewässer. Die H.-Arten tragen an ihren dünnen Sproßachsen gabelig geteilte Blätter in 3–10blättr. Quirlen.

Hörnchen, *Sciuridae,* Nagetier-Fam. mit 2 U.-Fam. (↗Erd- und ↗Baum-H.: *Sciurinae;*

hormon- [v. gr. hormōn = antreibend, in Bewegung setzend].

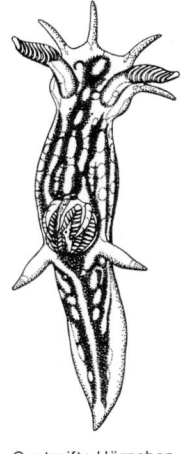

Gestreifte Hörnchenschnecke *(Polycera quadrilineata)*

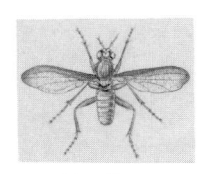

Hornfliege

↗Gleit-H.: *Pteromyinae*) u. etwa 50 Gatt. mit insgesamt ca. 300 Arten, vom nur mausgroßen Afrikanischen Zwerghörnchen *(Myosciurus pumilio)* bis zum 8 kg wiegenden ↗Murmeltier *(Marmota spp.).* H. sind – mit Ausnahme v. Australien, Ozeanien u. der Polargebiete – weltweit verbreitet. Die Ernährung der H. ist meist vielseitig (hpts. Pflanzen-, aber auch tier. Nahrung); einige sind auf Nüsse u. Koniferensamen spezialisiert. Mit Ausnahme der Gleit-H. sind die meisten H. tagaktiv u. haben sehr gute Augen mit Farbsehvermögen. Die formenreichste Gatt. bilden die ↗Eichhörnchen *(Sciurus).*

Hörnchenschnecken, *Polyceridae,* Fam. der Hinterkiemer (Ord. *Doridacea*), marine Nacktkiemer mit langem, schmalem, hohem Körper, dessen Rücken hörnchenart. Fortsätze trägt. Von den 8 Gatt. ist *Polycera* die weitestverbreitete. Die Gestreiften H. *(P. quadrilineata)* werden ca. 3 cm lang; am Kopf inserieren 4 spitze Anhänge; die Tiere sind grau mit orangen Flecken, doch sehr variabel; sie leben an Seegras u. Tangen u. ernähren sich v. Moostierchen; nachgewiesen sind sie in O-Atlantik, Mittelmeer u. Nordsee.

Horneophyton, aus dem Rhynie Chert (Unter-Devon) bekannte Gatt. der *Psilophyten* mit ca. 15–20 cm hohen, dichotom gegabelten Telomen mit Protostele; die Sporangien sind endständig, eusporangiat, dichotom gegabelt u. besitzen eine zentrale, ebenfalls gegabelte Columella. H. erinnert damit stark an den Sporophyten der Hornmoos-Gatt. *Anthoceros* (↗Anthocerotales) u. schließt gewissermaßen die Lücke zw. Psilophyten vom Typ *Rhynia* u. den Hornmoos-Sporophyten. Zwei Interpretationen sind mögl.: Entweder haben sich aus den Hornmoosen vergleichbaren Ahnen über *H.-* und *Rhynia-*ähnl. Psilophyten die übr. Kormophyten entwickelt, od. aber aus *Rhynia-*ähnl. Psilophyten sind die Kormophyten einerseits u. (über *H.*) die Hornmoose andererseits hervorgegangen.

Hörner ↗Gehörn, ↗Geweih, ↗Horngebilde.

Hornera w, Gatt. der Moostierchen aus der U.-Ord. *Cancellata,* deren Stöcke so dick verkalkt sind, daß sie wie Steinkorallen aussehen. *H. lichenoides* in arkt. und subarkt. Meeren; ihre „Korallenstöcke" sind bis 20 cm hoch u. so schwer, daß sie nur auf festem Substrat vorkommen können.

Hörnerv, *Nervus statoacusticus,* ↗Gehörorgane, ↗Hirnnerven, ↗Statoacusticus.

Hornfliegen, *Schneckenfliegen, Streckhornfliegen, Tetanoceridae, Sciomyzidae,* weltweit verbreitete Fam. der Fliegen mit über 200 Arten, bis 10 mm groß, mit für Fliegen auffällig langen, nach vorn gestreckten Fühlern; Larven ernähren sich räuber. je nach Art v. Land- od. Wasserschnecken.

Hornfrösche, Frösche, deren oberes Augenlid in einen hornart., aber weichen Zipfel ausgezogen ist. 1) *Ceratophryinae*, U.-Fam. der Südfrösche, oft auch als eigene Fam. *(Ceratophryidae)* aufgefaßt, mit hart verknöchertem, helmart. Schädeldach u., als einzigart. Merkmal, ungestielten Zähnen (d.h. ohne ringförm. Schwachzone, ↗ Amphibien). Sie enthält 2 Gatt., die Chacofrösche *(Lepidobatrachus)* mit 3 Arten u. die eigentl. H. *(Ceratophrys)* mit 6 Arten. – Die Chacofrösche sind große (70 bis 120 mm), plumpe Frösche mit einem riesigen Maul, aber ohne hornart. Anhänge an den Augenlidern. Sie leben in den semiariden Subtropen Argentiniens. Mit ihren schaufelart. Metatarsalhöckern können sie sich auch in harten Boden rückwärts eingraben. Die kühle u. trockene Jahreszeit verbringen sie in einer unterird. Kammer, in der sie aus alten Häuten einen Kokon bilden, der den Wasserverlust stark reduziert. Während der Regenzeit sind sie sehr gefräßig und fressen Kleinsäuger, Käfer, Frösche, auch Artgenossen u.a. Die Fortpflanzung findet an temporären Regentümpeln und Pfützen statt. Den räuber. Kaulquappen fehlen die Dentikelreihen um den Mund; sie ernähren sich im wesentl. von anderen Kaulquappen. – Die eigentl. H. *(Ceratophrys)* sind noch größer (bis über 200 mm). Ihr oberes Augenlid trägt den hornart. Fortsatz, der allerdings bei einigen Arten, z.B. beim Schmuckhornfrosch *(C. ornata)*, nur angedeutet ist. Die 6 Arten bilden zwei Gruppen, v. denen eine, *C. calcarata, C. stolzmanni* und *C. cornuta,* im N, im Amazonasgebiet, in Ecuador u. in Kolumbien, die andere, die einen verknöcherten Rückenschild besitzt, *C. ornata, C. aurita* u. *C. cranwelli,* von S-Brasilien bis Argentinien vorkommt. Ihr Lebensraum sind Regen- u. Nebelwälder. Mit ihren weicheren Metatarsalhöckern können sie sich im Bodenmulm u. im Fallaub eingraben. Manche Arten sind sehr bunt, mit grünen, braunen, schwarzen u. roten Markierungen. Wie die Chacofrösche fressen sie Ratten, Mäuse, Frösche u.a. Chacofrösche u. Hornfrösche verteidigen sich bei Gefahr vehement. Zuerst drohen sie mit weit aufgerissenem Maul u. fauchen, schließl. beißen sie zu u. halten den Angreifer mit ihren spitzen, kräft. Zähnen fest. Auch die H. laichen an ephemeren Gewässern und haben räuber. Larven. Ihr Ruf klingt wie das Schreien eines Kalbes. Darum werden sie in Brasilien auch Ochsenfrösche gen. Die Gatt. *Chacophrys* mit nur 1 Art, *C. (= Ceratophrys) pierotti,* ist in ihrer Biol. weitgehend unbekannt. Erwachsene Tiere wurden noch nicht gefunden. Deshalb wird angenommen, daß es keine selbständ. Art u. Gatt. ist, sondern ein gelegentl. auftretender Hybride zw. *Lepidobatrachus llanensis* u. *Ceratophrys cranwelli.* – 2) Die „kleinen H.", die fr. ebenfalls in die Gatt. *Ceratophrys,* manchmal auch *Stomubus* gestellt wurden, haben die Hornfrosch-Gestalt konvergent zu den *Ceratophryinae* entwickelt. Sie werden heute in der Gatt. *Proceratophrys* zu den *Odontophrynini* (U.-Fam. *Telmatobiinae* der Südfrösche) gestellt. Die kleinen H. enthalten kleine bis mittelgroße (30 bis 80 mm) Frösche in S-Brasilien bis Argentinien, die in ihrer Gestalt an die echten H. erinnern, aber kryptisch gefärbt sind wie die Laubstreu des Waldes, in der sie leben. Manche haben sehr lange, hornart. Zipfel über den Augen u. dazu kleine lappenart. Anhänge an verschiedenen Körperstellen. Die meisten Arten laichen in Gräben u. Bächen. Ihre Kaulquappen sind phytophag und haben normale Mundfelder mit gut entwickelten Dentikelreihen. Bekannte Arten sind *P. boiei* von Bahia bis Rio de Janeiro u. *P. appendiculata* (Rio de Janeiro) mit langen „Hörnern" über den Augen sowie *P. precrenulatus* (Espirito Santo) ohne hornart., aber mit mehreren warzenart. Zipfeln über jedem Auge. – 3) Die ostasiatischen ↗ Zipfelfrösche gehören zu den ↗ Krötenfröschen. *P. W.*

Horngebilde, durch Einlagerung v. Gerüstproteinen (vorwiegend ↗ Keratin) gebildete, abgestorbene Teile der Ober-↗ Haut bei Wirbeltieren; dienen bes. als Schutz gg. mechan. Einwirkungen u. Kälte, z.B. Hornschuppen u. -platten der Kriechtiere (↗ Schildpatt), Federn (↗ Vogelfeder) u. H. des ↗ Schnabels bei Vögeln, ↗ Haare, ↗ Krallen, ↗ Hufe u. Hörner (↗ Gehörn, ☐) der Säugetiere. ↗ Fingernagel. B Wirbeltiere II.

Hornhaut, 1) *Cornea,* vorderer durchsicht. Teil der äußersten Augenhaut des ↗ Linsenauges; wirkt auf das einfallende Licht als Sammellinse (☐ Auge). **2)** Verdickung der Hornschicht der ↗ Haut an stark beanspruchten Stellen, z.B. Handschwielen, Fußsohlen.

Hornhechte, *Belonidae,* Fam. der Flugfische mit etwa 60 Arten; vorwiegend schlanke Oberflächenfische der trop. u. gemäßigten Hochsee mit schnabelförm., spitzzähn. Maul; können Feinden durch Sprünge über die Wasseroberfläche ausweichen. In eur. Meeren ist der bis 95 cm lange Eur. H. *(Belone belone,* B Fische III) häufig, der Fischschwärmen nachstellt. Eine Süßwasserform des Amazonasgebiets ist der 50 cm lange Spindelhecht *(Potamorrhaphis guianensis).*

Hornisse, *Vespa crabro,* größte einheim.

Hornfrosch (Ceratophrys ornata)

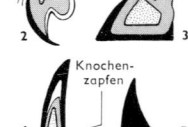

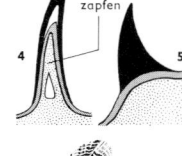

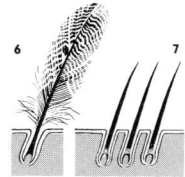

Horngebilde
1 Hornschuppen (Schlange),
2 Kralle, 3 Huf,
4 Horn (Rind), 5 Horn (Nashorn), 6 Feder,
7 Haare

Hornissenglasflügler

Art der *Vespidae* (Soziale Faltenwespen) aus der Ord. der Hautflügler. Die H.n unterscheiden sich v. den anderen Faltenwespen in Größe u. Färbung, die bei den H.n nicht schwarz-gelb, sondern braun-gelb ist. Die braunen, aus zernagtem Holz gebauten, bis 50 cm großen Nester differieren in Größe u. Farbe v. denen der übrigen *Vespidae;* sie werden in Baumhöhlen, Nistkästen u. ä. angelegt u. können bis zu 5000 Bewohner zählen. Aufbau u. Organisation des H.nstaates sind ähnl. denen der *Vespidae.* Die H.n ernähren sich v. a. von erbeuteten Fliegen, aber auch v. anderen Insekten sowie v. Früchten u. Pflanzensäften. Der sehr schmerzhafte Stich der H. ist i. d. R. nicht gefährl., ausgenommen dann, wenn die Einstichstelle z. B. auf der Zunge, im Gesicht od. nahe einem Blutgefäß liegt. Die H. ist nach der ↗Roten Liste „gefährdet". B Insekten II, B Mimikry.

Hornisse
(Vespa crabro)

Hornissenglasflügler, *Großer Pappelglasflügler, Bienen-„Schwärmer", Hornissen-„Schwärmer", Sesia (Aegeria) apiformis,* größter einheim. Vertreter der Schmetterlings-Fam. ↗Glasflügler, kein Schwärmer; paläarkt. verbreitet, nach N-Amerika verschleppt; Flügel bis auf braunen Rand unbeschuppt u. glasklar, Spannweite bis 45 mm, hornissenartig in Gestalt, Zeichnung u. Verhalten, schwarzbraun-gelbe Warntracht; fliegt mit tiefem Brummton, sitzt vormittags im Sonnenschein träge an Pappelstämmen; klass. Beispiel für ↗Batessche Mimikry; Mundwerkzeuge verkümmert, Flugzeit v. Mai – Juli, vereinzelt in Auwäldern, Parks u. Pappelpflanzungen. Die bis 50 mm lange gelbl. weiße Larve frißt in Rinde u. Holz v. Pappeln, seltener Weiden, überwintert zwei Mal, Verpuppung in Kokon aus Nagespänen unter der Rinde od. im Boden. Der H. kann in Pappelkulturen mitunter schädl. werden. B Mimikry.

Hornissenschwärmer, der ↗Hornissenglasflügler.

Hornklee, *Lotus,* Gatt. der Hülsenfrüchtler (v. a. S-Europa, Kalifornien), deren Blätter aus 3–5 Fiederblättchen zusammengesetzt sind u. am Blattgrund noch 2 fiederblattart. Nebenblätter tragen. Die gelben Blüten des Gewöhnlichen H.s (*L. corniculatus,* B Europa XIX) stehen in 3- bis 8blüt. Dolden, Schiffchenspitze oft rötl.; Stengel markig od. engröhrig; trotz des Blausäuregehalts häufig als Futterpflanze angebaut; Wildvorkommen auf Wiesen, Weiden u. Kalkmagerrasen, gilt als Bodenverbesserer. Der Schotenklee (*L. edulis*) wird wegen seiner im unreifen Zustand eßbaren Hülsen in S-Europa angebaut. Der Sumpf-H. (*L. uliginosus*) hat 8- bis 12blüt. Dolden, Stengel hohl u. weitröhrig; Blätter unterseits deutl. genervt; gute Futter-

Hornklee
Gewöhnlicher
Hornklee
(Lotus corniculatus),
links Schote

pflanze; auf Naßwiesen, an Ufern u. in Binsensümpfen.

Hornkorallen, *Rindenkorallen, Gorgonaria,* Ord. der *Octocorallia* mit über 1200 Arten; die größte Art erreicht 3 m Länge. H. sind festsitzende, stockbildende Polypen, die eine innere Skelettachse aus Kalk od. dem elast. *Gorgonin* besitzen. Das Skelett ist außen v. einer weichen „Rinde" überzogen, in welche die Einzelpolypen eingebettet sind. H. zeigen die verschiedensten Wuchsformen: so unterscheidet man u. a. strauchartige, stark verästelte Kolonien, Arten mit einer Hauptachse u. vielen Nebenachsen, Stöcke, die fächer- od. federförmig wachsen, u. solche, die das Aussehen v. langen, biegsamen Peitschen haben. Die U.-Ord. *Scleraxonia* zeichnet sich dadurch aus, daß das Skelett aus Einzelskleriten besteht, die durch wenige Gorgoninfasern locker od. durch Kalk fest verbunden sind. Bekannte Vertreter sind die ↗Edelkoralle u. die ↗Trugkoralle. *Paragorgia arborea* ist eine im N-Atlantik in größeren Tiefen (60–2000 m) lebende, baumartig verzweigte Kolonie (bis 2 m Höhe), die Temp. bis 4 °C erträgt. Bei dieser Art werden die Geschlechtszellen nicht in den Nährpolypen, sondern in den Siphonozoiden (sorgen für den Wassertransport in der Kolonie) gebildet. *P. arborea* ist eine der schönsten Korallen, da der rote Weichkörper mit sehr vielen weiß. Polypen übersät ist u. den Eindruck eines blühenden Baumes bietet. Bei den Vertretern der U.-Ord. *Holaxonia* besteht die Stammachse aus Gorgonin. Hierher gehören ↗Venuscher, Seefächer *(↗Eunicella)* sowie die Gatt. ↗ *Euplexaura* u. ↗ *Paramuricea.*

Hornkraut, *Cerastium,* Gatt. der Nelkengewächse, mit über 100 Arten fast weltweit verbreitet; Kräuter u. Halbsträucher mit gabelig verzweigten Blütenständen; v. a. durch den Bau der Früchte, walzenförm. Kapseln, die sich 6zähnig öffnen, unterscheiden sich die H.-Arten v. den verwandten Sternmieren. Die Früchte ragen hornförmig aus dem Kelch (Name). Heim. Arten sind z. B.: Das Gemeine H. *(C. holosteoides = C. caespitosum),* das z. B. auf Wiesen u. Weiden wächst (*Molinio-Arrhenateretea*-Charakterart); das Acker-H. *(C. arvense),* häufig in lück. Pionierrasen; das Alpen-H. *(C. alpinum),* das zerstreut in alpinen Steinrasen vorkommt (*Elynetum*-Charakterart). [cetales.

Hörnlinge, *Calocera,* Gatt. der ↗Dacrymy-

Hornmehl, organ. Naturdünger, der aus den getrockneten u. gemahlenen Hornteilen v. Schlachttieren besteht.

Hornmilben, *Oribatei,* artenreiche Gruppe der *Sarcoptiformes,* deren Rumpf dorsal u. meist auch ventral mit festem Chitin gepanzert ist; Körper meist gewölbt, 0,8–1 mm groß. H. leben im Humus des Waldbodens, in Moospolstern u. vermodernden Baumstümpfen v. Algen, Pilzen, Pollen u. sich zersetzenden Blättern, Nadeln u. Wurzeln. Sie spielen eine große Rolle als Primärzersetzer der Streu, da sie oft in großen Individuenzahlen auftreten.

Hornmohn, *Glaucium,* Gatt. der ↗Mohngewächse.

Hornmoose, die ↗Anthocerotales.

Hornraben, *Bucorvus,* Gatt. der ↗Nashornvögel.

Hornschicht, *Stratum corneum,* ↗Haut.

Hornschnecken volkstüml. Bez. für die ↗Cerithiidae u. die ↗Wellhornschnecken.

Hornschwämme, *Dictyoceratida,* Ord. der ↗Demospongiae, umfaßt die fr. als *Keratosa* (Hornschwämme) den *Silicea* (Kieselschwämme) gegenübergestellten Fam. *Dysideidae, Spongiidae, Verongiidae.* Ihre Gestalt ist massig-unregelmäßig, hin u. wieder auch verzweigt, das Skelett besteht aus primären u. sekundären Sponginfasern, die in den meisten Fällen auch Fremdkörper (Sandkörnchen) einschließen. ↗Badeschwämme.

Hornstrahl ↗Huf.

Hornsubstanzen, die ↗Keratine.

Horntang, Bez. für Rotalgen der Gatt. *Ceramium* (↗Ceramiaceae), deren Thallusenden zangenförmig aufgebogen sind.

Hornträger, *Horntiere, Bovidae,* ältere Bez. *Cavicornia,* vielgestalt. u. artenreichste Fam. der ↗Paarhufer mit ca. 50 Gatt. u. etwa 100 Arten, v. Hasen- bis zu Büffelgröße. Anstelle der früheren Einteilung in Antilopen, Ziegen, Schafe u. Rinder unterteilt man heute die H. meist in 10 gleichwertige U.-Fam. Typ. für die H. sind die bei den verschiedenen Arten sehr unterschiedl. gestalteten Hörner (↗Gehörn, ☐). Die H. gelten als geolog. junge, zugleich aber hochentwickelte Tiergruppe; älteste Fossilfunde entstammen dem euras. Miozän. Mit Ausnahme der austr. Region u. S-Amerikas erreichten die H. eine weltweite Verbreitung u. drangen in recht unterschiedl. Lebensräume vor, z. B. in die Arktis (Moschusochse), in aride Zonen (Antilopen u. Gazellen Afrikas), ins Hochgebirge (Gemsen, Steinböcke) od. in den trop. Regenwald (Bongo). Die meisten H. leben in Rudeln od. Kleingruppen u. sind nahezu aussch. Pflanzenfresser. Aus zahlr. H.n hat der Mensch ↗Haustiere gezüchtet. – ↗Gabelhorntiere.

Hornvipern, *Cerastes,* Gatt. der Vipern mit 2 Arten in den Wüstengebieten N-Afrikas, Arabiens u. im südwestl. Asien. Die bis 60 cm langen, bräunlichgelben u. dunkelbraun gefleckten H. sind dämmerungsaktiv u. verbergen sich tagsüber im Sand, in

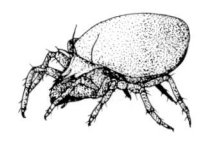

Hornmilbe
(Liacarus nitens)

Hornträger
Unterfamilien:
↗Böckchen
(Neotraginae)
↗Ducker
(Cephalopinae)
Gazellenartige
(↗Gazellen)
(Antilopinae)
↗Kuhantilopen
(Alcelaphinae)
Pferdeböcke
(↗Pferdeantilope)
(Hippotraginae)
↗Riedböcke
(Reduncinae)
↗Rinder
(Bovinae)
Saigaartige
(↗Saigaantilopen)
(Saiginae)
↗Waldböcke
(Tragelaphinae)
↗Ziegenartige
(Caprinae)

Hortensie
(Hydrangea)

dem sie sich außerordentl. rasch eingraben; Seitenwinder; durch Aneinanderreiben ihrer Sägeschuppen erzeugen sie ein kräft., rasselndes Warngeräusch; Gift wirkt stark hämatoxisch; ernähren sich v. kleinen Nagetieren u. Eidechsen; eierlegend, ca. 16 cm lange Jungtiere schlüpfen nach 7 Wochen. Die Hornviper *(C. cerastes)* hat meist einen spitzen Schuppendorn über jedem Auge; er fehlt der kleineren Avicennaviper *(C. vipera).*

Hornzahnmoos, *Ceratodon purpureus,* ↗Ditrichaceae.

Hörorgane, die ↗Gehörorgane.

Horror autoto̱xicus *m* [v. lat. horror = Schauder gr. autos = selbst, toxikon = (Pfeil-)Gift], u. a. von P. Ehrlich postuliertes, biol. Grundprinzip, nach dem Organismen gg. körpereigene Antigene keine Antikörper bilden; heute widerlegt (↗Autoantikörper, ↗Autoimmunkrankheiten).

Hörschäden ↗Gehörorgane.

Hörschwelle, *Hörbarkeitsschwelle,* ↗Gehörorgane (☐), ↗Gehörsinn.

Hörsinn, der ↗Gehörsinn.

Horst, 1) Bot.: durch Auswachsen der untersten Achselknospen (↗Bestockung, ☐) entstandenes Sproßbüschel; häufige Wuchsform bei Gräsern u. Sauergräsern. **2)** Zool.: umfangreiches ↗Nest relativ großer Vögel wie Kormorane, Reiher, Störche, Greifvögel u. Rabenvögel, besteht aus Ästen u. Reisig, wird auf Bäumen od. in Felsnischen errichtet u. oft mehrere Jahre hintereinander benutzt. Nicht selten brüten in großen H.en unbehelligt zusätzl. Kleinvögel. Verlassene Krähen-H.e können Falken u. Eulen als Nistplatz dienen.

Hörsteine, *Gehörsteinchen,* ↗Gehörorgane, ↗Statolithen.

Hortega-Zellen [ortega; ben. nach dem span. Anatomen P. del Río Hortega, 1882–1945], *Mikroglia,* zu amöboider Eigenbewegung und Phagocytose fähige ↗Glia-Zellen (↗Bindegewebe) des Zentralnervensystems der Wirbeltiere; besitzen wenige dicht verzweigte Zellfortsätze; entstammen dem Mesoderm u. sind Abkömmlinge v. Gefäß-↗Endothelien.

Hortensie *w* [ben. nach Hortense Lapeaute († 1788)], *Hydrangea,* Gatt. der Steinbrechgewächse mit 23 Arten v. Holzgewächsen (O-Asien, Amerika). Die Garten-H. stammt hpts. von *H. macrophylla* (Japan, [B] Asien V) ab, einem Strauch mit flachen, fertilen Doldenrispen, der 1789 nach Europa kam. Die heute gepflanzten, sortenreichen Hybriden mit sterilen, kugel. Doldenrispen können im Spätsommer durch Stecklinge vermehrt werden. Sie gedeihen an einem sonnigen bis halbschatt. Standort auf feuchtgehaltener, nährstoffreicher Erde. Bei Zusatz v. Ammoniakalaun

hortifuge Pflanzen

kann man die Blütenfarbe v. Rosa nach Blau verändern.

hortifuge Pflanzen [v. lat. hortus = Garten, fugere = fliehen], „Gartenflüchtlinge", aus Gärten verwilderte u. in die Wildvegetation eingebürgerte Wild- od. Kulturpflanzen (z. B. Ind. Springkraut, Sonnenhut, verschiedene Astern aus N-Amerika, Kanadische Goldrute).

Hörzellen ↗ Gehörorgane.

Hörzentren ↗ Telencephalon.

Hose, 1) die Befiederung der Unterschenkel bei Greifvögeln od. der Füße bei Hühnervögeln. 2) *Höschen,* ↗ Höseln.

Höseln, Vorgang des Abstreifens u. Verklebens der Pollen zu Paketen *(Höschen, Pollenhöschen)* bei Bienen u. Hummeln (↗ Beinsammlern). Beim H. wird der Pollen, der beim Blütenbesuch in der Behaarung hängenbleibt, durch Bürsten u. Kämme der Hinterbeine zu Höschen geformt, die an den Hinterbeinen verklumpt ins Nest gebracht werden.

Hosenbiene, *Dasypoda,* Gatt. der ↗ Melittidae. [cella.

Hosenknopfamöbe, *Arcella vulgaris,* ↗ Ar-

Hospitalismus, 1) *infektiöser H.,* Auftreten v. Infektionen in Krankenhäusern durch Keime, die gehäuft in Krankenhäusern entstehen (nosokomiale Erreger); oft antibiotikaresistent; Folge mangelnder Pflege u. inadäquater Anwendung v. ↗ Antibiotika. 2) ↗ Deprivationssyndrom.

Hospites [Mz.; lat. = Fremde, Gäste], *Biotopfremde, Besucher,* Arten, die sich kurzfrist. in Biotopen aufhalten, die nicht ihrem eigtl. Verbreitungsschwerpunkt (u. damit Optimum) entsprechen. ↗ Alieni.

Hosta w [ben. nach dem östr. Arzt N. T. Host, 1761–1834], Gatt. der ↗ Liliengewächse.

hot spots [Mz.; engl., = heiße Stellen], einzelne Stellen od. Bereiche eines Genoms, an denen es bes. häufig zu Mutationen *(mutative h. s.)* kommt od. an denen Rekombinationsereignisse, wie z. B. Integration v. Transposonen od. F-Faktoren, bes. häufig *(rekombinative h. s.)* beobachtet werden.

Hottentotten [Mz.; v. niederländ. hotentots = Stotterer], menschl. Reliktrasse des südl. Afrika; rass. Merkmale sind ledergelbe Haut mit starker Runzelung im Alter, kurzes, spiral. Kraushaar (Fil-fil), bei den Frauen die ↗ H.schürze u. eine ausgeprägte Steatopygie (H.steiß, ↗ Fettsteiß); die H. zählen zus. mit den kleinwüchsigeren ↗ Buschmännern zu den ↗ Khoisaniden. ↗ Menschenrassen.

Hottentottenschürze, bei Hottentotten- u. Buschmannfrauen häufig vorkommende Verlängerung der kleinen Schamlippen.

Hottentottensteiß ↗ Fettsteiß.

B. A. Houssay

Hospitalismus
Häufigste Erreger v. Krankenhausinfektionen:
Staphylococcus aureus
Escherichia coli
Enterokokken (z. B. *Streptococcus faecalis*)
Pseudomonas aeruginosa
Staphylococcus epidermidis
Klebsiella-Arten
Candida-Arten
Proteus-Arten
„neue" Erreger:
Legionella pneumophila
Clostridium difficile
Acinetobacter-Arten

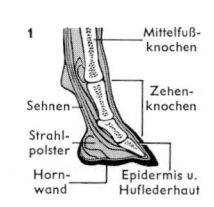

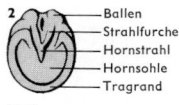

Huf
1 Längsschnitt durch das Fußende des Pferdes, **2** Bodenfläche des H.s

Hottonia w [ben. nach dem niederländ. Botaniker P. Hotton, 1648–1709], die ↗ Wasserfeder.

Houssay [ußaj], *Bernardo Alberto,* argentin. Physiologe, * 10. 4. 1887 Buenos Aires, † 21. 9. 1971 ebd.; Prof. ebd.; Arbeiten über innere Sekretion, Zuckerkrankheit u. -stoffwechsel; erkannte insbes. die Funktion des Hypophysenvorderlappens im Zshg. mit dem Zuckerstoffwechsel; erhielt 1947 zus. mit dem Ehepaar Cori den Nobelpreis für Medizin.

Hovenia w [ben. nach dem Niederländer D. van den Hoven, 18. Jh.], Gatt. der ↗ Kreuzdorngewächse.

Howard-Balfour-Landbau [hau^{er}d-bälf^{er}-], eine angelsächs. Methode des ↗ alternativen Landbaus.

Hoya w [ben. nach dem engl. Gärtner T. Hoy, † 1821], Gatt. der ↗ Schwalbenwurzgewächse.

H-Substanzen, 1) Gruppe biol. aktiver Substanzen, die bezügl. ihrer Wirkung dem ↗ Histamin ähneln. 2) Blutgruppenglykopeptide, deren Kohlenhydratantigene die Bildung des *Anti-H* (spezif. Antikörper) veranlassen; kommen im Blut aller Blutgruppen des Menschen vor, auch in Spermien, Epidermiszellen, Magensaft u. a.

Hubel [hjub^{e}l], *David Hunter,* am. Neurophysiologe, * 27. 2. 1926 Windsor (Ontario); seit 1965 Prof. in Boston; erforschte die neurophysiol. Vorgänge bei der Informationsverarbeitung von opt. Reizen durch das Gehirn; erhielt 1981 zus. mit T. N. ↗ Wiesel und R. W. ↗ Sperry den Nobelpreis für Medizin.

Huchen, *Hucho hucho,* ein bis 1,5 m langer Lachsfisch des Donaugebiets v. Ulm bis Rumänien, der v. a. Wirbeltiere v. Fischen bis Kleinsäugern jagt; bleibt stets im Süßwasser u. laicht im Frühjahr; wegen Flußverbauungen u. -verunreinigungen heute selten (nach der ↗ Roten Liste „vom Aussterben bedroht"). Nahe verwandt ist der bis 2 m lange Taimen *(H. taimen)* aus den großen Strömen Sibiriens. B Fische X.

Hudern, bei Vögeln das Wärmen der Jungen im aufgeplusterten Gefieder der Eltern; junge Nesthocker können anfangs ihre Körpertemp. noch nicht selbst aufrechterhalten, die Thermoregulation entwickelt sich allmählich, u. Homöothermie ist am 2.–12. Tag (je nach Art) erreicht; H. ist bes. bei kalter u. nasser Witterung erforderlich.

Huëmul m [araukan.], *Hippocamelus bisulcus,* ↗ Andenhirsche.

Huf, *Ungula,* unterster Teil der Extremität der ↗ Huftiere, der v. einer Hornkapsel, dem *Hornschuh,* bedeckt ist. Die Hornsubstanz (H. i. e. S.) wird v. der *H.lederhaut* nach außen abgegeben. Die *Hornwand* umgibt den H. vorn u. an beiden Seiten u. umschließt die vordersten zwei Phalangen, das *H.bein* u. das darüberliegende *Kronbein.* Der *Kronrand* bildet die Oberkante, der *Tragrand* die Unterkante der Hornwand. Die *Hornsohle* ist der zentrale, nach innen gewölbte Teil des H.s u. grenzt mit der *weißen Linie,* einer Weichhornschicht, an den Tragrand. Von hinten ragt der *Hornstrahl* mit der vertieften *Strahlfurche* in die Hornsohle. Der *H.ballen* besteht aus elast. *H.beinknorpel* beidseits u. dem *Strahlpolster* unterhalb des H.beins. Dadurch ist ein *H.mechanismus* gegeben, der bei Belastung eine Erweiterung u. Abflachung des H.s erlaubt u. so einen gefederten Gang bewirkt. – Wie Krallen u. Fingernägel, zu denen der Hornschuh (H. i. e. S.) homolog ist, wird der H. bei Gebrauch abgenutzt, aber ständig nachgebildet. *H.krankheiten* treten meist auf als Entzündungen der Unterhaut (Subcutis) od. als Fäulnis am Hornstrahl (Strahlfäule).

Hufeisenklee, *Hippocrepis,* Gatt. der Hülsenfrüchtler (Mittelmeergebiet bis Zentralasien), die ihren dt. Namen der charakterist. Form ihrer Bruchhülsen verdankt. Der Schopfige H. *(H. comosa)* ist eine häufige, bis 20 cm hohe Pflanze in sonn. Kalkmagerrasen, Steinbrüchen u. lichten Kiefernwäldern. Langgestielte Blätter mit 5–15 ovalen, schmalen Fiedern, gelbe Blüten in bis 10blüt. Dolden.

Hufeisennasen, *Rhinolophidae,* Fam. der ↗Fledermäuse mit 2 Gatt. und ca. 70 Arten; Verbreitung: Eurasien, Afrika, Australien; der Ultraschallbündelung (↗Echoorientierung) dienen die Nasenlöcher umgebende hufeisenförm. Lappen (Name!), ein Mittelkiel (= Sella) u. eine lanzettförm. Spitze auf der Nase. Sella u. „Lanzette" sind für die Artbestimmung v. Bedeutung. H. haben ein weiches, dunkelbraunes oder schwärzl. Fell u. relativ große, spitze Ohren ohne Tragus. Schlafende H. hängen mit den Krallen der Hinterfüße im Dachgebälk (im Sommer) od. in Höhlen (im Winter), eingehüllt v. ihrer Flughaut. H.-Weibchen haben neben 2 Milchzitzen noch 2 Haftzitzen („Afterzitzen") am Bauch, an denen sich die Jungen beim Flug der Mutter festhalten. In Dtl. kommen nur die Große Hufeisennase *(Rhinolophus ferrumequinum,* ☐ Fledermäuse) u. die Kleine Hufeisennase *(Rhinolophus hipposideros)* vor; nach der ↗Roten Liste sind beide Arten „vom Aussterben bedroht". ☐ Echoorientierung.

Hufeisennatter, *Coluber hippocrepis,* ↗Zornnattern.

Hufeisenwürmer, die ↗Phoronida.

Hufeland, Christoph Wilhelm, dt. Arzt, * 12. 8. 1762 (Bad) Langensalza, † 25. 8. 1836 Berlin; seit 1793 Prof. in Jena, ab 1800

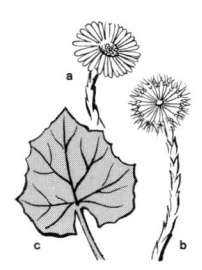

Huflattich
a Blüte, b Fruchtstand, c Blatt.
H. *(Tussilago)* enthält in den Blättern neben anderem v. a. Inulin, Gerb-, Bitterstowie reichl. Schleimstoffe u. ist daher insbes. als Heilmittel bei katarrhal. Erkrankungen der Luftwege geeignet.

Hufeisennasen
Europäische Arten:
Kleine Hufeisennase *(Rhinolophus hipposideros)*
Große Hufeisennase *(R. ferrumequinum)*
Mittelmeer-Hufeisennase *(R. euryale)*
Blasius-Hufeisennase *(R. blasii)*
Mehely-Hufeisennase *(R. mehelyi)*

Hüftglied
Bei urspr. Krebsen wird dieser basale Beinabschnitt *Coxopodit* gen.; er ist bei höheren Krebsen dreigeteilt. Bei Insekten mit reduzierten abdominalen Extremitäten (z. B. Kiemen bei Eintagsfliegen) findet sich häufig als Rest dieser Basalteil, der dann auch Coxopodit, wenn er plattenförmig ist, jedoch *Coxit* gen. wird. ↗Gliederfüßer (☐).

C. W. Hufeland

in Berlin; einer der berühmtesten Ärzte seiner Zeit; machte sich um Seuchenbekämpfung u. Sozialhygiene verdient, führte u. a. die Pockenschutzimpfung in Dtl. ein.

Huflattich, *Tussilago,* Gatt. der Korbblütler mit der einzigen, in Eurasien u. dem nördl. Afrika heim. Art *T. farfara* (Gemeiner H., ☐ Europa XVI). Ausdauernde Pflanze mit großen, herzförm.-eckigen, ungleich gezähnten, unterseits weißfilz. Blättern in grundständ. Rosette u. im zeit. Frühling vor den Blättern erscheinenden, goldgelben Blütenköpfen auf langen, schuppig beblätterten Stielen. Standorte der oft herdenweise auftretenden, sich mit kriechenden Sprossen ausbreitenden Pflanze sind Pionier-Ges. an Wegen, Äckern, Schuttplätzen u. Erdanrissen.

Hufmuscheln, *Chamoidea, Hippuritoidea,* Überfam. der Blattkiemer mit der einzigen Fam. ↗Gienmuscheln.

Hufschnecken, *Hipponicidae,* Fam. der Mittelschnecken (Überfam. *Hipponicoidea*), marine Schnecken mit kappenförm. Gehäuse ohne Deckel, das innen eine auffällige, trichter- bis hufeisenförm. Muskelansatzplatte trägt. Der scheibenförm. Hauptteil des Fußes sezerniert bei manchen Arten eine Kalkplatte, auf der die Tiere festsitzend leben. Sie ernähren sich filtrierend u. von Detritus, den sie mit dem kräft. Rüssel erreichen können. *Hipponix* u. ↗*Cheilea* sind weltweit in trop. u. subtrop. Meeren verbreitet.

Hüftbein ↗Hüfte.

Hüfte, 1) *Coxa,* äußerer Körperbereich der Wirbeltiere, seitl. des Hüftbeins, erstreckt sich zw. Vorder- bzw. Oberrand des Beckens u. dem Hüftgelenk (Ansatz des Oberschenkels). 2) *Hüftbein, Coxa, Os coxae,* paar. Element des Beckens der Wirbeltiere, Verschmelzungsprodukt aus Darmbein (Ilium), Sitzbein (Ischium) u. Schambein (Pubis); ↗Beckengürtel. 3) das ↗Hüftglied.

Hüftgelenk, *Coxalgelenk, Articulatio coxae,* vom Gelenkkopf des Oberschenkels (↗Femur) u. der Gelenkpfanne des Hüftbeins (Coxa, ↗Hüfte) gebildetes Kugelgelenk bei Tetrapoden. ↗Beckengürtel, ☐ Gelenk.

Hüftglied, *Hüfte, Coxa,* körpernächster Abschnitt der ↗Extremitäten (☐) bei Spinnentieren, Tausendfüßern u. Insekten (vgl. Spaltentext).

Hüftgriffel, *Stylus,* bei urspr. Tracheentieren unter den Gliederfüßern an der Hüfte (Coxa) aufsitzender, ungegliederter, bewegl., stiftförm. Fortsatz der mit einem Epipoditen od. Exopoditen (↗Extremitäten) homologisiert wird. Bei den Zwergfüßern *(Symphyla)* an den Coxen aller Beine, bei „Urinsekten" zusätzl. auch an Beinre-

Huftiere

sten auf dem Abdomen. Bei urspr. Vertretern der geflügelten Insekten (↗Schaben, ↗Fangschrecken u. a.) in einem Paar am Hinterende. Dort können sie zu Teilen des ♂ Kopulationsapparats (Eintagsfliegen) od. des ↗Eilegeapparats werden.

Huftiere, *Ungulata,* urspr.: Bez. für alle pflanzenfressenden Säugetiere, die in Anpassung an das Laufen (bei gleichzeit. Abnahme v. Greif- u. Kletterfähigkeit) hornige Umkleidungen (↗Huf) um die letzten Zehenglieder entwickelt haben; Unterteilung in ↗Paarhufer *(Artiodactyla)* u. ↗Unpaarhufer *(Perissodactyla).* – Neuere Erkenntnisse führten zur Einbeziehung der Röhrenzähner, Seekühe, Rüsseltiere, Schliefer sowie zahlr. † Gruppen zu den H.n. H. Wendt unterscheidet 5 Über-Ord.: Zu den Ur-H.n od. *Protungulata i. w. S.* rechnen neben einigen † Ord. *(Condylarthra, Tillodontia, Litopterna, Notoungulata, Astrapotheria)* die Röhrenzähner *(Tubulidentata,* ↗Erdferkel). Die *Amblypoda* umfassen nur † Ord. *(Pantodonta, Dinocerata, Pyrotheria, Desmostylia).* Zu den Fast-H.n od. *Paenungulata* werden die Seekühe *(Sirenia),* Rüsseltiere *(Proboscidea,* ↗Elefanten), ↗Schliefer *(Hyracoidea)* u. die † *Embrithopoda* zusammengefaßt. Die Mittelachsentiere od. *Mesaxonia* werden durch die einzige Ord. der Unpaarhufer *(Perissodactyla)* repräsentiert. Die Doppelachsentiere od. *Paraxonia* umfassen nur die Ord. der Paarhufer *(Artiodactyla).*

Hüftmuskeln, *Hüftgelenkmuskeln,* diejenigen Muskeln, die am ↗Beckengürtel u. dem Oberschenkel (↗Femur) ansetzen u. Bewegungen des ↗Hüftgelenks bewirken. Hauptbeuger ist der *Hüftlendenmuskel* (Musculus iliopsoas), bestehend aus zwei Anteilen: dem *Lendenmuskel* (M. psoas), der an den Seiten des 12. Brust- und des 1.–4. Lendenwirbels entspringt, sowie dem *Inneren Hüftmuskel* (M. iliacus), der innen an der Darmbeinschaufel u. am Darmbeinkamm entspringt. Im unteren Teil werden beide Muskeln v. einer gemeinsamen Faszie umhüllt u. inserieren an der Innenseite des Oberschenkels, unterhalb des Oberschenkelhalses. Der Hüftlendenmuskel ermöglicht das Heben des Oberschenkels u. Vorbeugen des Rumpfes im Stehen od. Liegen. – Hauptstrecker ist der *Große Gesäßmuskel* (M. glutaeus maximus), mit einer langgestreckten Ansatzfläche an Darm-, Kreuz- u. Steißbein. Er zieht als kräft. Muskelpaket an der Rückseite des Oberschenkels u. bewirkt Streckung des Hüftgelenks, z.B. beim Gehen, Treppensteigen u. Aufrichten aus dem Sitzen. Beim Menschen ist er bes. stark ausgeprägt, da er Haltearbeit für die aufrechte Körperhaltung leistet.

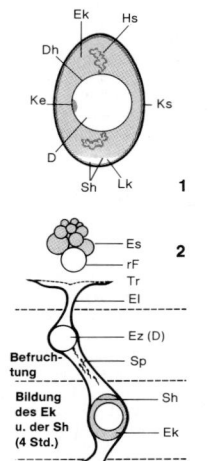

Hühnerei

1 Längsschnitt durch ein H., 2 Bildung des H.es.
D Dotter, Dh Dotterhaut, Ek Eiklar, El Eileiter, Es Eierstock, Ez Eizelle, Hs Hagelschnur, Ke Keimscheibe, Ks Kalkschale, Lk Luftkammer, rF reifer Follikel, Sh Schalenhaut, Sp Spermien, Tr Trichter des Eileiters

Hüftnerv, *Ischiasnerv, Ischiadicus, Nervus ischiadicus,* aus motorischen u. sensiblen Fasern bestehender Nerv der Wirbeltiere (beim Menschen nahezu kleinfingerdick; längster u. stärkster Nervenstrang), entstammt einem Nervengeflecht im Bereich des Kreuzbeins u. zieht an der Hinterseite des Oberschenkels, dessen Muskulatur er versorgt, bis in die Kniegegend. Dort teilt er sich in den Schienbeinnerv u. außen liegenden Wadenbeinnerv. Über zahlr. Verästelungen wird die gesamte Muskulatur u. ein Großteil der Haut im Bereich des Unterschenkels u. Fußes versorgt.

Hüftwasserläufer, *Mesoveliidae,* Fam. der Wanzen (Landwanzen); in Mitteleuropa nur eine Art, *Mesovelia furcata,* ca. 3 mm groß mit olivgrüner Körperfärbung, meist ungeflügelt, hält sich auf Wasserpflanzen stehender Gewässer auf.

Hügellandstufe ↗Höhengliederung.

Hugonia *w,* Gatt. der ↗Leingewächse.

Huhn, 1) ugs. Bez. für das ↗Haushuhn; 2) Bez. für das ♀ vieler Hühnervögel.

Hühnerdarm, *Stellaria media,* ↗Sternmiere.

Hühnerei, besteht aus der ↗Eizelle (↗ „Dotter") und mehreren Hüllschichten (vgl. Abb.): 1) die glasklare *Dotterhülle (Dotterhaut),* die im Eierstock (Ovar) entsteht u. das Zerfließen der Eizelle verhindert; 2) das *Eiklar* (Proteinlösung, enthält v. a. ↗Albumin u. ↗Lysozym) mit den gallert. *Hagelschnüren,* die die Dotterhülle bewegl. im Eiklar verankern; 3) die pergamentart. *Schalenhäute,* die eine Luftkammer zw. sich einschließen (i. d. R. am stumpfen Eipol); 4) die poröse *Kalkschale* (fehlt beim sog. Windei). Der Eizellpol, der die *Keimscheibe* trägt, ist leichter u. weist daher nach oben, d. h. zur brütenden Henne hin. Die Eizelle wächst im Ovar innerhalb von 1–2 Wochen zum ca. 10^9fachen Volumen einer Körperzelle heran; zw. ↗Ovulation u. Eiablage liegen ca. 24 Std.; in dieser Zeit wird die Eizelle besamt u. mit den äußeren Hüllen versehen. Die perfekte Rundung der Kalkschale beruht auf ständ. Rotation im Endabschnitt des Eileiters (auch Uterus gen.). ⊤ Ei, □ Embryonalentwicklung.

Hühnerfresser, *Spilotes pullatus,* in Mittelamerika u. Brasilien beheimatete Natternart, Gesamtlänge über 3 m; gelbl. gefärbt mit schwarzblauen Bändern; ernährt sich v. a. von anderen Schlangen, Echsen, Mäusen u. Jungvögeln.

Hühnerhirse, *Echinochloa,* Gatt. der Süßgräser (U.-Fam. *Panicoideae)* mit ca. 20 Arten in den wärmeren Ländern; fiederartig angeordnete, voneinander abgesetzte Ähren mit begrannten Ährchen, kahle Blattscheiden, aber behaarte Knoten. Wichtige Getreide sind die Japan. od. Weizenhirse

Hülsenfrüchtler

(*E. frumentacea*), die in Indien u. China als Körnerfrucht, in den USA als Grünfutter angebaut wird, u. die Schamahirse (*E. colona*), die bes. in Indien und O-Afrika angebaut wird. Interessant ist die Reismimikry (gleiches Aussehen wie Reis) zweier Reisunkräuter Japans: *E. oryzicola* u. *E. crusgalli*. Die Gemeine H. (*E. crus-galli*) ist ein verbreitetes Unkraut der wärmeren u. gemäßigten Zonen bes. in Hackfruchtäckern u. Maisfeldern.

Hühnermilbe, die ↗Vogelmilbe.

Hühnervögel, *Galliformes,* weltweit, bes. im asiat. Raum verbreitete Vogel-Ord. mit 7 Fam. (vgl. Tab.) u. etwa 250 Arten. Meist bodenlebend, suchen nur zum Schlafen Bäume auf. Kurzer Schnabel, kräft. Beine mit 4 Zehen, bes. bei den Männchen (Hähnen) ein nach hinten gerichteter Sporn. Kurze runde Flügel, die dank der kräft. Brustmuskulatur ein plötzl. Auffliegen ermöglichen. Häufig stark ausgeprägter Geschlechtsdimorphismus: Weibchen tarnfarben, Männchen mit buntem Hochzeitskleid. Überwiegend Körnerfresser; die Nahrung wird im Kropf aufgeweicht u. im mit Reibplatten versehenen Muskelmagen zerkleinert, teilweise durch aufgepickte Steinchen unterstützt. Die Paarbindung reicht v. strenger, dauerhafter Einehe über polygame Gemeinschaften bis zu Formen, wo an Balzplätzen verschiedener Hähne die Paarung stattfindet. Die Jungenaufzucht übernimmt das Weibchen. Da die H. u. ihre Jungen die Beute vieler Raubtiere u. Greifvögel darstellen, sind die Gelege meist sehr groß. Die Jungen sind Nestflüchter, tragen nach dem Schlüpfen ein Dunenkleid u. folgen sofort ihren Eltern.

Huiliaceae, Fam. der ↗Lecanorales, ↗Lecideaceae.

Hull [hal], *Clark Leonard,* am. Psychologe, * 24. 5. 1884 Akron (N. Y.), † 10. 5. 1952 New Haven; seit 1929 Prof. in New Haven; Vertreter des am. Neobehaviorismus, entwickelte eine Theorie des konditionierten Lernens, die er durch Tierexperimente zu festigen versuchte.

Hüllblätter, 1) bei Laubmoosen die „Moosblättchen", die die Antheridien bzw. Archegonien umschließen. 2) bei Angiospermen die ↗Hochblätter im Bereich der Blüten u. Blütenstände, meist als Deck- u. Tragblätter (↗Braktee) bezeichnet. ↗Blüte.

Hüllchen ↗Hochblätter.

Hülle, der ↗Hüllkelch; ↗Hochblätter.

Hüllenantigen ↗K-Antigene.

Hüllfrucht, das ↗Cystokarp.

Hüllglockenlarve, bei Furchen- u. einigen Kahnfüßern sowie den ursprünglichsten Muscheln (Fiederkiemer) auftretende Schwimmlarve mit einer glockenart. Hülle aus großen Deckzellen.

Hühnervögel
Familien:
↗Fasanenvögel (*Phasianidae*)
↗Großfußhühner (*Megapodiidae*)
↗Hokkos (*Cracidae*)
↗Perlhühner (*Numididae*)
↗Rauhfußhühner (*Tetraonidae*)
↗Schopfhühner (*Opisthocomidae*)
↗Truthühner (*Meleagridae*)

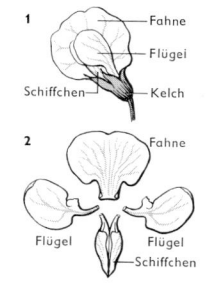

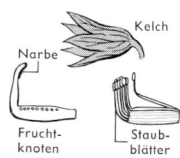

Hülsenfrüchtler
Blütenkrone der Schmetterlingsblütler, **1** ganz, **2** zerlegt

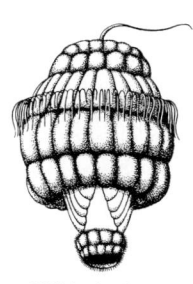

Hüllglockenlarve

Hüllkelch, *Hülle, Involucrum,* Gesamtheit der ↗Hochblätter, die das Blütenköpfchen der Korbblütler u. der Kardengewächse kelchähnl. umgeben.

Hüllspelzen, *Glumae,* ↗Ährchen (□).

Hulman, *Hanuman, Presbytis (Semnopithecus) entellus,* größte Art der zu den Schlankaffen (Fam. *Colobidae*) rechnenden Languren; Kopfrumpflänge bis 80 cm, Schwanzlänge ca. 1 m; mit etwa 15 U.-Arten über Indien u. Ceylon verbreitet. H.s leben in Gruppen v. 20–40 Tieren in Wäldern (im Himalaya bis in 4000 m Höhe), suchen aber häufig Gärten u. Ortschaften auf; sie ernähren sich v. Blättern u. Früchten. Die H.s sind die „heiligen Affen" Indiens u. werden daher allg. geduldet.

Hulock *m* [Eingeborenenname], *Hylobates hoolock,* ↗Gibbons.

Hülse, *H.nfrucht, Legumen,* die Frucht der ↗Hülsenfrüchtler und einiger Mohngewächse, die nur aus einem Fruchtblatt gebildet ist; öffnet sich im Ggs. zur ↗Balgfrucht bei der Reife an der Bauch- u. Rückennaht, wobei die beiden Fruchtblatthälften sich bei Trockenheit spiralig zusammenrollen. B Früchte, T Fruchtformen.

Hülsenfrüchte ↗Hülse, ↗Hülsenfrüchtler.

Hülsenfrüchtler, *Fabaceae, Leguminosae* (fr. auch *Schmetterlingsblütler, Papilionaceae* gen.; diese Bez. sind heute der U.-Fam. vorbehalten); einzige Fam. der *Fabales* mit holz. u. kraut. Vertretern; drittgrößte Familie der Höheren Pflanzen, umfaßt ca. 700 Gatt. u. etwa 17000 Arten, davon werden ca. 200 Arten, z.T. schon seit Jt., kultiviert. – Merkmale (viele Ausnahmen): Blätter wechselständig, gefiedert, mit Nebenblättern; Blütenblätter 5zählig, Staubblätter in 2 Kreisen; innerhalb der H. Trend v. radiärer zu zweiseit. Symmetrie; Blüten meist in einfacher od. zusammengesetzter Traube; Fruchtknoten oberständig; 2 bis zahlr. Samenanlagen, setzen abwechselnd in 2 Reihen an der Placenta an. Frucht meist eine ↗Hülse (B Früchte), die in ihrem Aussehen stark variieren kann (trocken, fleischig, aufgebläht, geflügelt). Der Samen hat oft eine zähe Samenschale u. enthält einen großen Embryo, der in den Keimblättern Protein, Stärke u. Fette speichert. Fast alle H. haben an den Wurzeln Wurzelknöllchen mit symbiont., Luftstickstoff bindenden Bakterien (*Rhizobium*-Arten), die dem Proteinaufbau dienen u. ihnen ermöglichen, auch stickstoffarme Böden zu besiedeln (↗Knöllchenbakterien, B). – Die Fam. H. wird in die 3 U.-Fam. *Mimosoideae, Caesalpinioideae* u. *Papilionoideae* gegliedert. U.-Fam. *Mimosoideae* (bei manchen Autoren: Familie *Mimosaceae, Mimosenge-*

Hülsenfrüchtler

Hülsenfrüchtler
Mittlere chem. Zusammensetzung (in %) der wichtigsten *Hülsenfrüchte*

Fruchtart	Wasser	Proteine	Fette	Kohlenhydrate
Bohnen (reif)	11–14	24 –26	1,5–2	47 –55
Bohnen (grün)	82–90	2,5– 6	0,3	6,5– 8,5
Erbsen (reif)	14	23	2	53
Erbsen (grün)	80	2,5– 6,5	0,5	4 –12,5
Linsen	12	26	2	53
Sojabohnen	10	34	19	27
Lupinen	15	38	4	25

Hülsenfrüchtler
Unterfamilien und wichtige Gattungen:
Mimosoideae
 ↗Akazie *(Acacia)*
 Albizia
 Entada
 Inga
 ↗Mimose
  (Mimosa)
 Parkia
 Piptadenia
 Pithecellobium
 Prosopis
 Xylia

Caesalpinioideae
 ↗Afzelia
 Bauhinia
 Caesalpinia
 ↗Cassia
 Copaifera
 Delonix
 Eperua
 Gleditschie
  (Gleditsia)
 Haematoxylum
  (Haematoxylon)
 ↗Johannisbrotbaum
  (Ceratonia)
 Judasbaum
  (Cercis)
 Mora
 Saraca
 Swartia
 Tamarinde
  (Tamarindus)

Faboideae (*Papilionoideae*, Schmetterlingsblütler)
 Abrus
 Adesmia
 Aeschynomene
 Andira
 Aspalathus
 Baptisia
 ↗Besenginster
  (Sarothamnus)
 ↗Blasenstrauch
  (Colutea)
 ↗Bockshornklee
  (Trigonella)
 ↗Bohne
  (Phaseolus)
 Brya
 Buschklee
  (Lespedeza)
 Cajanus
 Calycotome
 Canavalia
 Castanospermum
 Clianthus
 ↗Crotalaria

wächse): Holzpflanzen; Blätter oft doppelt gefiedert, Blüten radiär u. zu köpfchen- od. ährenförm. Blütenständen vereinigt; klappige Kronblätter u. zahlr. Staubblätter, Filamente teilweise verwachsen. Die *M.* haben innerhalb der H. den urspr. Blütenbau. Zu ihnen zählen die Gatt. ↗Akazie *(Acacia)* u. *Albizia,* letztere mit 150 Arten im trop. Asien, Afrika, Indonesien u. Austr.; die rosa, gelbl. od. weißen Blüten haben ein quastenart. Aussehen durch die gefärbten, zahlr., vorstehenden Staubgefäße; bekannteste winterharte Art ist *Albizia julibrissin* („Schirmakazie"), die in S-Europa als Straßenbaum gepflanzt wird. Gatt. *Entada* (gesamte Tropen), Bäume u. Lianen; einige Arten bilden mit die größten Früchte im Pflanzenreich, ihre Hülsen können bis 2 m lang werden. Gatt. *Inga* mit 250 Arten (trop. bis subtrop. Amerika), v. denen einige als Schattenbäume in Kakao- u. Kaffeeplantagen dienen. Gatt. *Mimose* ↗Mimose. Bei der Gatt. *Parkia* sind die Einzelblüten in kolbenförm., hängenden, langgestielten Blütenständen mit folgenden 3 Zonen zusammengefaßt: basal stehen sterile Blüten mit kronblattartig veränderten Staubblättern, darauf folgt ein Band mit sterilen, nektarproduzierenden Blüten; der nächste Abschnitt wird aus vielen, fruchtbaren, kleinen Blüten gebildet; die nach diesem Bau naheliegende Fledermausbestäubung ist für einzelne Arten nachgewiesen; Samen eßbar. Dagegen enthalten die Samen der Gatt. *Piptadenia* u. a. das Alkaloid ↗Bufotenin u. werden zerstampft als Trancezustände hervorrufendes Mittel in W-Indien u. im nördl. S-Amerika genutzt. Zu der am.-asiat. verbreiteten Gatt. *Pithecellobium* gehört der Regenbaum (*P. saman,* trop. Amerika), ein beliebter Alleebaum mit rosa Blütenköpfen. Die Gatt. *Prosopis* (Mesquite od. Algarroba) umfaßt Bäume, die aufgrund ihrer langen, braunen, eßbaren Hülsen mit endospermhalt. Samen vor der großfläch. Kultivierung des Mais für die Einwohner im SW der USA, in Mittel- u. S-Amerika wichtigste Nahrungspflanzen waren; die Früchte wurden zu Mehl, Kuchen, Brot u. zu einem alkohol. Getränk verarbeitet. Eines der wertvollsten Hölzer liefert *Xylia xylocarpa,* das Burmesische Eisenholz, das sich durch große Härte u. Termitenbeständigkeit auszeichnet.

U.-Fam. *Caesalpinioideae* (bei manchen Autoren: Fam. *Caesalpiniaceae*): Bäume, Sträucher u. Lianen, selten Kräuter in vorwiegend trop. u. subtrop. Gegenden; Blätter meist einfach gefiedert, Blütenbau höher entwickelt als bei den *Mimosoideae* (Reduktionen, Verwachsungen, oft Aufgabe der radiären Symmetrie); *Rhizobium*-Symbiose fehlt häufig. Einige Vertreter: Gatt. ↗*Afzelia.* Gatt. *Bauhinia,* 250 Arten in Tropen u. Subtropen mit Holzgewächsen u. Lianen; für letztere ist typ., daß der Stamm in viele Einzelstränge, jeder v. ihnen zu sekundärem Dickenwachstum fähig, aufgelöst ist; Blätter ungeteilt u. oft tief eingeschnitten; auffäll. Blüten, männl. Blütenorgane bes. vielgestaltig; Tendenz zur Reduktion der Staubblätter. Zur Gatt. *Caesalpinia* gehört *C. sappan* (O-Indien), die das ehemals wertvolle Sappanholz liefert, das zur Farbgewinnung sehr geschätzt war; weitere Arten liefern ebenfalls Farb- u. Gerbstoffe. Nutzwert in heutiger Zeit hat die Gatt. ↗ *Cassia.* Gatt. *Ceratonia* ↗Johannisbrotbaum. Die ca. 7 Arten der Gatt. *Cercis* (Judasbaum), Büsche od. Bäume, sind in den USA, südl. Europa u. O-Asien beheimatet; Blätter ungeteilt, die rosa Blüten erscheinen in Büscheln vor od. mit den Blättern direkt am alten Holz, auch am Stamm (Cauliflorie); *C. siliquastrum* (Eur. Judasbaum, [B] Mediterranregion II) ist ein mäßig winterhartes Ziergehölz; der Name beruht auf der Legende, daß sich an dieser Baumart Judas erhängt haben soll. Einige Arten der Gatt. *Copaifera* (Amazonas-Regenwald) liefern Kopalharze, die in der chem. Ind. (Lackrohstoff) u. in der Medizin gebraucht werden. Häufigster Allee- u. Parkbaum der Tropen ist *Delonix regia* (Madagaskar), Flamboyant od. Flammenbaum; gilt wegen seiner prächt., oft scharlachroten, bis 15 cm großen Blüten als der schönste Tropenbaum; die Schoten sind bis 1 m lang u. stehen in hängenden Büscheln; die Blätter werden 1mal im Jahr gewechselt. Die Gatt. *Eperua* (Amerika) hat eine stark abgeleitete Blüte; nur ein fahnenähnl. Blütenblatt übernimmt die Schauwirkung; die Blütenstände hängen an bis 2 m langen Stielen; Fledermausbestäubung. Die Gatt. *Gleditsia* (Gleditschie) umfaßt ca. 10 Arten laubabwerfender Bäume (östl. N-Amerika, China, Japan, Iran); Stamm u. Äste sind mit einfachen od. verzweigten Dornen (umgewandelten Kurztriebe) bewehrt; die am. *G. triacanthos,* fälschl. als Christusdorn bezeichnet, ist ein häufiger Parkbaum, v. dem mehrere Züch-

Hülsenfrüchtler

tungen existieren. Das Kernholz von *Haematoxylon (= Haematoxylum) campechianum* (Blauholz, Campeche), trop. Amerika, enthält ↗ Hämatoxylin (↗ Hämatoxylin-Eosin-Färbung). Zur Gatt. *Mora* (Amerika) gehört der bis 50 m hohe Baumriese *M. excelsa*, der im Regenwald des nördl. S-Amerikas beheimatet ist. Bei der Gatt. *Saraca* (S- u. SO-Asien) fehlen die Kronblätter, die Kelchblätter sind lebhaft gefärbt, z. B. orange bei *S. asoca*, dem Asokabaum, einem in Indien häufigen Zierbaum; der Legende nach wurde Buddha unter diesem Baum geboren. Einige Arten der Gatt. *Swartia* (meist trop. Amerika) liefern Nutzholz für Tischlerei u. Klavierbau; ein Kronblatt ist fahnenart. vergrößert; zahlr. Staubblätter, Samenverbreitung durch Vögel u. Fledermäuse. In den trokkenen Tropengebieten wächst die Gatt. *Tamarindus* (Tamarinde, [B] Kulturpflanzen VI), häufig wegen ihrer Früchte, deren Wandinneres musartig ist u. säuerl. schmeckt, angepflanzt; die Hülsen werden zu einem Brei verarbeitet u. dienen in den afr. Savannengebieten als wicht. Nahrungsmittel.

U.-Fam. *Faboideae, Papilionoideae* (bzw. Fam. *Fabaceae, Papilionaceae*), *Schmetterlingsblütler*, artenreichste U.-Fam. der H., überwiegend Kräuter, auch Holzpflanzen, die v. a. in gemäßigten, aber auch trop. u. subtrop. Gebieten verbreitet sind. Blätter meist gefiedert, ↗ Blütenformel: ↓K(5) C5 A(10) od. A(9) + 1 G1, wobei die Kronblätter der dorsiventralen Blüte wie folgt abgeleitet sind: die Fahne umschließt die darauffolgenden seitl. Flügel; die beiden vorderen, oft teilweise an den Rändern verwachsenen Blätter bilden das Schiffchen. Die Schmetterlingsblütler umfassen eine Vielzahl v. bedeutenden Kulturpflanzen. Zur Gatt. *Abrus*, meist trop. Lianen, gehört die Paternostererbse (*A. precatorius*), deren korallenrote Samen mit schwarzem Nabelfleck als Schmuckperlen verwendet werden; sie enthalten das hochgift. Protein ↗ Abrin. In S-Amerika heim. ist die Gatt. *Adesmia*, Kräuter u. Sträucher, die z. T. auch dorn. Polster bilden; typ. sind Bruchhülsen, d. h., bei Reife zerfällt die Hülse in Segmente, die jeweils einen Samen beinhalten. Die Gatt. *Aeschynomene* (gesamte Tropen, Schwerpunkt in Afrika u. S-Amerika) umfaßt Kräuter u. Sträucher, deren Blätter auf Berührung reagieren; eine afr. Art liefert ein Holz, das mit einer Dichte v. 0,04 g/cm^3 zu den leichtesten gehört u. von den Einheimischen zum Floßbau genutzt wird. Gatt. *Alhagi*, Kameldorn (Vorder- u. Mittelasien), Sträucher mit Sproßdornen, v. denen einzelne Arten das Vegetationsbild in Wüstengegenden Vorderasiens u. Ägyptens prägen; ein am Tage austretender u. in der Nacht erstarrender, honigähnl. Saft wird als „Persisches Manna" bezeichnet u. im Gebiet gegessen. Das in der Möbel-Ind. verwendete Rebhuhnholz wird v. der Gatt. *Andira* (Afrika, S-Amerika) geliefert; die Gatt. ist bes. charakterist. für südam. Savannengebiete. Windende Stauden umfaßt die Gatt. *Apios*, die Erdbirne (N-Amerika u. O-Asien); die unterird. Sproßknollen der am. *A. americana* wurden v. den Indianern gesammelt; diese Art ist auch dadurch ausgezeichnet, daß sie im Gewebe Milchsaft führt. Zur Gatt. *Aspalathus* (S-Afrika) zählen niedr. Sträucher, deren einfache Blätter z. T. an Erika erinnern; die jungen Kronblätter sind gelb u. gehen beim Verblühen in rot über, aus den Blättern wird einer der sog. „Buschtees" bereitet. Bei der Gatt. *Baptisia* (östl. N-Amerika) konnte anhand v. unterschiedl. Flavonoiden u. Alkaloiden ein genauer Gatt.-Stammbaum erstellt werden. Gatt. *Brya* (Westindien, Mittelamerika), Kräuter, Sträucher od. niedr. Bäume; *B. ebenus* liefert das am. Ebenholz. Die Gatt. *Cajanus* (Afrika, Asien) hat typ. knotige Verdickungen am Blattansatz und, v. a. an der Blattunterseite, Harzdrüsen; *C. cajanus*, die Straucherbse od. Taubenerbse (NO-Afrika), eine halbstrauch., uralte Kulturpflanze, deren Samen in im 3. Jt. erbauten ägypt. Gräbern gefunden wurden, hat ihr heut. Hauptanbaugebiet in Indien. Die Dornsträucher der Gatt. *Calycotome* sind charakterist. für das mediterrane Hartlaubgebüsch (Macchie). Uralte Kulturpflanzen stammen v. der Gatt. *Canavalia* (trop. Amerika u. Asien), deren unreife Hülsen als Gemüse gegessen werden; reife Früchte enthalten das hochgift. ↗ Canavanin. Die Gatt. *Caragana*, Erbsenstrauch (Zentralasien, [B] Asien I) umfaßt oft dorn. Holzgewächse mit Fiederblättern u. gelben od. roten Blüten; sie wird in Mitteleuropa als Zierstrauch gepflanzt, lokal werden auch die Samen gegessen. Die gerösteten Samen einer austr. Art der Gatt. *Castanospermum* sind als Neuholländ. Kastanien auf dem Markt. Bei der Gatt. *Clianthus* (Austr.) ist die Anpassung an Vogelbestäubung bemerkenswert: die auffallend (z. B. scharlachrot) gefärbten Kronblätter sind derart umgewandelt, daß das Schiffchen den Bestäubern als Sitzgelegenheit dient. Zu der Gatt. *Cyclopia* (S-Afrika), Sträucher u. Halbsträucher, gehören Arten, deren Blätter zur Bereitung v. Tees verwendet werden. Kräuter u. Sträucher der Gatt. *Desmodium* wachsen v. a. im trop. u. subtrop. Amerika; Fiederblätter mit nebenblattart. Organen (Stipellen); bei *D. gyrans* (Telegraphenpflanze) u. a. können ruckart.,

Cyclopia
↗ Dalbergia
↗ Derris
Desmodium
Dipteryx
Dolichos
↗ Erbse *(Pisum)*
Erbsenstrauch *(Caragana)*
Erdbirne *(Apios)*
↗ Erdnuß *(Arachis)*
Erythrina
↗ Esparsette *(Onobrychis)*
↗ Fahnenwicke *(Oxytropis)*
↗ Geißklee *(Cytisus)*
Geißraute *(Galega)*
Geoffraea
↗ Ginster *(Genista)*
↗ Goldregen *(Laburnum)*
↗ Hauhechel *(Ononis)*
↗ Hornklee *(Lotus)*
↗ Hufeisenklee *(Hippocrepis)*
↗ Indigofera
Inocarpus
Kameldorn *(Alhagi)*
↗ Kichererbse *(Cicer)*
↗ Klee *(Trifolium)*
↗ Kronwicke *(Coronilla)*
Kuhbohnen *(Vigna)*
Linse *(Lens)*
↗ Lonchocarpus
↗ Lupine *(Lupinus)*
Mucuna
Myroxylon
Physostigma
↗ Platterbse *(Lathyrus)*
Psoralea
↗ Pterocarpus
Pueraria
↗ Robinie *(Robinia)*
↗ Schneckenklee *(Medicago)*
Schnurbaum *(Sophora)*
Sesbania
↗ Sojabohne *(Glycine)*
↗ Spargelschote *(Tetragonolobus)*
Spartium
↗ Stechginster *(Ulex)*
↗ Steinklee *(Melilotus)*
Süßholz *(Glycyrrhiza)*
↗ Süßklee *(Hedysarum)*
Tephrosia
↗ Tragant *(Astragalus)*
↗ Vogelfuß *(Ornithopus)*
↗ Wicke *(Vicia)*
Wisteria
↗ Wundklee *(Anthyllis)*

Hülsenfrüchtler

aber auch beachtl. schnelle kontinuierl. Bewegungen mit Hilfe v. Turgoränderungen in Gelenkpolstern beobachtet werden; die Hülsen zerfallen bei Reife in einsam. Glieder (Bruchhülse), die mit Hilfe einer klebr. Behaarung durch Tiere verbreitet werden; *D. tortuosum* (am. Floridaklee) wird als Futterpflanze angebaut. Die Tonka-Bohne ist der Samen v. einigen Arten der Gatt. *Dipteryx* (v. a. S-Amerika), deren cumarinhalt. Extrakt zur Parfümherstellung genutzt wird; weitere Anwendung in der Volksmedizin u. als Vanilleersatz. Ein Vertreter der Gatt. *Dolichos* ist *D. lablab* (O-Afrika), die Helmbohne, die heute auch in Indien u. SO-Asien angebaut wird; die proteinreichen Hülsen u. Samen werden als Gemüse gegessen; die Samen enthalten aber auch Phythämagglutinine, die für med. Zwecke aus diesen gewonnen werden. Die Gatt. *Erythrina* besteht aus Kräutern u. Holzgewächsen mit meist Stacheln tragenden Zweigen; die scharlachroten Blüten haben eine vergrößerte Fahne; Samen ebenfalls rot mit i. d. R. hohem Alkaloidgehalt; Vogelbestäubung; Arten von *E.* werden als Ziergehölz u. Schattenbäume in Kaffeeplantagen gepflanzt. Zur Gatt. *Galega*, Geißraute (mediterraner u. gemäßigt kontinentaler Raum), zählt *G. officinalis*, eine bis 1 m hohe, kraut. Pflanze mit weiß-lila Blüten, die in langgestielten Blütentrauben stehen; Blatt mit zahlr. Fiederblättchen; wegen ihrer starken Grünmassenproduktion wird versucht, den Alkaloidgehalt zu senken u. so Grünfuttergewinnung zu ermöglichen. *Geoffraea decorticans* ist eine Charakterart des Gran Chaco (S-Amerika); die Hülsen dieses Baums stellen eine wicht. Nahrung der dort lebenden Bevölkerung dar. Gatt. *Glycyrrhiza* (Süßholz), v. a. *G. glabra* (S-Europa bis Mittelasien, [B] Kulturpflanzen X); die Blätter sind unpaarig gefiedert, Blüten blauviolett in stehenden Trauben; aus der zuckerreichen Wurzel (Lakritzenwurzel) wird durch Auskochen ein Auszug gewonnen, der nach Eindicken Lakritze ergibt. Die Gatt. *Inocarpus*, mit ungeteilten Blättern u. mehrsam. Hülsen, hat kastanienartig schmeckende Samen, die in Polynesien wicht. Nahrungsmittel sind. Stauden u. Sträucher umfaßt die Gatt. *Lespedeza*, Buschklee (gemäßigtes N-Amerika, O-Asien); für viele ihrer Arten charakterist. ist die Ausbildung von 2 Blütentypen an einer Pflanze: eine Form ist die typ. Schmetterlingsblüte, die andere eine sich nie öffnende u. daher selbstbestäubende (kleistogame) Blüte; genutzt werden einige Arten als Ziergehölze, Weidepflanzen u. zur Bodenbefestigung. Die Sträucher u. windenden Kräuter der Gatt. *Mucuna* sind in den gesamten Tropen beheimatet; Blüten bräunl. mit großen, meist gekrümmten Schiffchen; bei einigen Arten ragen od. hängen die langgestielten Blütenstände aus dem Blattwerk, Bestäubung dann durch Fledermäuse od. Flughunde; manche Arten werden im trop. Asien u. südl. N-Amerika angebaut, da ihre grünen Hülsen als Gemüse verzehrt werden; dienen auch zur Gründüngung u. Körnerfuttergewinnung; bei den *M.*-Arten konnte neben anderen Alkaloiden auch Nicotin nachgewiesen werden. Von der Gatt. *Myroxylon* (trop. Amerika) hat als Balsamlieferant die Art. *M. balsamum* wirtschaftl. Bedeutung; *M. b.* var. *balsamum* (nördl. S-Amerika) liefert Tolu-Balsam, *M. b.* var. *pereirae* (Mittelamerika) Perubalsam; der Balsam wird in Harzgänge des Holzes u. in Hohlräume der Hülsen abgelagert; Verwendung in Parfüm-Ind., zur Herstellung mikroskop. Präparate; Bestandteil des Chrismas, ein in der kath. Kirche für rituelle Handlungen gebräuchl. Salböl. Bekannter Vertreter der Gatt. *Physostigma* (W-Afrika) ist die Kalabarbohne (*P. venenosum*, [B] Kulturpflanzen XI), deren Samen das äußerst gift. ↗Physostigmin enthalten. Gatt. *Psoralea* (weltweit in warmen Gebieten); Blätter charakterisiert durch schwärzl., dicht stehende, punktförm. Drüsen; eine nordam. Art hat eßbare Wurzelknollen, die v. den weißen Siedlern gesammelt wurden. Zur Gatt. *Pueraria*, windende Stauden (S- u. O-Asien), gehört die Kudzubohne (*P. lobata*), die wohl älteste Faserpflanze O-Asiens; die Stengelfasern wurden zu Seilen, Netzen u. Geweben verarbeitet; heute noch in Kultur als Futter- u. Gründüngungspflanze. Gatt. *Sesbania*, ca. 50 Arten v. Stauden u. Sträuchern in den Tropen; lokale Bedeutung als Gründünger, Schatten- u. Faserpflanze; eine Art S-Asiens liefert Fasern, die denen des Hanfs ähneln u. entspr. eingesetzt werden. Die Gatt. *Sophora*, der Schnurbaum, ist in den Tropen bis warmgemäßigten Zonen verbreitet; in unseren Breiten wird der japan. Schnurbaum, *S. japonica* (China, Japan), als schnellwüchs. Parkbaum gepflanzt; *S. toromiro* ist die einzige (endem.) Baumart der Osterinseln. Nur eine Art hat die Gatt. *Spartium*, den Binsenginster, *S. junceum* (mediterraner Raum); er ist Teil des Hartlaubgebüsches (Macchie); wird wegen der großen, gelben u. duftenden Blüten als Zierpflanze gezogen. Die kraut. u. halbstrauch. Pflanzen der Gatt. *Tephrosia* haben ihren Verbreitungsschwerpunkt im trop. Austr. u. Afrika; typ. ist der Gehalt an Rotenon, ein hochwirksames Fischgift, aber auch Insektizid (Kontakt- u. Fraßgift). Die urspr. aus dem trop. Afrika stammende Gatt. *Vigna* (Kuhbohnen) erlangte mit *V. si-*

Hülsenfrüchtler

1 *Bauhinia*, 2 Tamarinde *(Tamarindus)*, 3 *Clianthus*, 4 *Erythrina*, 5 Geißraute *(Galega)*, 6 Glyzinie *(Wisteria)*

nensis als Proteinlieferant große Bedeutung; in Afrika, S-Europa u. in den USA wird die formenreiche *V. sinensis* ssp. *sinensis* angebaut; die Spargelbohne *(V. s.* ssp. *sesquipedalis),* aus deren 90 cm langen, unreifen Hülsen ein schmackhaftes Gemüse bereitet werden kann, wird v. a. in O- u. S-Afrika gepflanzt. Bekannter Vertreter der Gatt. *Wisteria* (N-Amerika, O-Asien) ist die Glyzine od. Glyzinie, *W. sinensis* (China, B Asien III); der windende Strauch mit seinen bis 30 cm langen, violetten Blütentrauben, die vor dem Laub erscheinen, gehört in sonn. Lagen zu unseren dekorativen Ziergehölzen; vermehrt wird die Glyzinie durch Ableger. *Y. S.*

Hülsenwurm, ältere Bez. für ↗ *Echinococcus;* dreigliedriger H. = *E. granulosus,* viergliedriger H. = *E. multilocularis.*

Humanbiologie [v. *human-], Teilbereich der ↗ Anthropologie.

humane Phase *w* [v. *human-, gr. phasis = Erscheinung], stammesgesch. Entwicklung des Menschen vom ↗ Tier-Mensch-Übergangsfeld (TMÜ) bis zur Gegenwart.

Humanethologie *w* [v. *human-, gr. ethos = Brauch, Sitte, logos = Kunde], Verhaltensforschung am Menschen, ein Zweig der ↗ Ethologie, der auf die Untersuchung der biol. Grundlagen menschl. Verhaltens zielt. Der Unterschied zur Humanpsychologie liegt v. a. in den Methoden; wie in der Tierverhaltensforschung stehen die direkte Beobachtung u. die Suche nach überindividuellen (artspezif.) Zusammenhängen im Vordergrund (↗ Kulturenvergleich). Auch der Vergleich mit Ergebnissen der Primatenforschung spielt eine gewisse Rolle. Durch die H. wurde nachgewiesen, daß im menschl. Verhalten, bes. in der Säuglingsentwicklung u. in der nonverbalen Kommunikation, stammesgesch. vorgegebene Elemente eine große Rolle spielen. In neuester Zeit bewies die H. ihre Nützlichkeit bei der Untersuchung kindl. Verhaltensstörungen, wie Autismus, Hospitalismus od. Bettnässen. ↗ Jugendentwicklung.

Humanethologie
Die beobachtenden u. vergleichenden Methoden der H. erwiesen sich bisher bei der Erforschung der nonverbalen (außersprachlichen) menschl. Kommunikation als bes. fruchtbar. So ließ sich zeigen, daß das *Füttern* der Jungen durch die Eltern (**1a, 2a**) in ritualisierter Form bei vielen Tierarten zu einer *Begrüßungsgeste* zw. Partnern wird (**1b, 2b**), so bei Kolkraben (Schnäbeln) u. bei Schimpansen. Es ist daher möglich, daß auch der menschl. *Kuß* (**3b**) auf ritualisiertes Fütterungsverhalten zurückgeht u. als Begrüßungsgeste zw. eng verbundenen Partnern Grundlage hat. Tatsächlich beobachtet man beim Menschen gelegentlich auch eine Fütterung des Kindes v. Mund zu Mund (**3a**, Papuamutter mit Kind). Da dieses Verhalten aber viel seltener ist als der Kuß, muß es nicht unbedingt die Basis des Küssens in der individuellen Entwicklung bilden.

human- [v. lat. humanus = menschlich].

Humangenetik, *Anthropogenetik,* Teilgebiet der ↗ Genetik u. der naturwiss.-biol. orientierten ↗ Anthropologie, das sich mit den Erscheinungen der Vererbung beim Menschen beschäftigt. Zentrales Ziel der H. ist die Kausalanalyse der genet. bedingten phys. u. psych. Variabilität des Menschen. Da sich Methoden der klass. Genetik, wie z. B. Kreuzungsexperimente, beim Menschen aus ethischen Gründen verbieten (↗ Ethik in der Biologie, ↗ Eugenik), versucht man in der H. z. B. an Hand v. Stammbäumen u. Ahnentafeln, den ↗ Erbgang eines bestimmten Merkmals zu verfolgen *(Familienforschung,* ↗ Genealogie). Forschungen an ↗ Zwillingen ermöglichen Erkenntnisse über das Zusammenwirken v. Erbfaktoren (↗ Gen) u. Umwelt bei der Entwicklung des Individuums sowie über Umweltstabilität bzw. -labilität bestimmter Merkmale. Von großer Bedeutung für die H. sind auch die Erkenntnisse der ↗ Populationsgenetik, die z. B. zur Berechnung der Häufigkeit eines Defektallels in einer Population genutzt werden. Die Struktur der menschl. ↗ Chromosomen (☐) kann mit Hilfe cytogenet. Methoden (↗ Cytogenetik) dargestellt werden. Auch die Methoden der molekularen Genetik (↗ biochemische Genetik) u. ↗ Gentechnologie (↗ Genmanipulation) werden in der H. angewandt: durch Zell-Hybridisierungen können Gene bestimmten Chromosomen zugeordnet werden, wodurch auch die Lokalisierung erbl. Stoffwechseldefekte (↗ Erbkrankheiten, ↗ Erbdiagnose) auf Chromosomen mögl. ist (B Chromosomen III). Durch Klonierung isolierte menschl. Gene (z. B. für Peptidhormone u. Globine) bzw. deren Defektallele können mit Hilfe gentechnolog. Methoden einer strukturellen u. funktionellen Feinanalyse unterzogen werden. – Prakt. Anwendung findet die H. z. B. bei der pränatalen Diagnose genet. Defekte (↗ Amniocentese) u. bei der ↗ genet. Beratung.

Lit.: *Becker, P.* (Hg.): Humangenetik. Ein kurzes Handbuch. 5 Bde. Stuttgart 1964–1976. *Bresch, C., Hausmann, R.:* Klassische und molekulare Genetik. Berlin ³1972. *Freye, H. A.:* Humangenetik. Stuttgart ³1981. *Ritter, H.:* Humangenetik. Freiburg ³1981. *Stengel, H.:* Humangenetik. Heidelberg ³1979. *Vogel, F.:* Lehrbuch der allg. Humangenetik. Berlin 1961. *D. W.*

Humanmedizin [v. *human-, lat. medicina = Heilkunst], ↗ Medizin.

Humanökologie *w* [v. *human-, gr. oikos = Hauswesen, logos = Kunde], Lehre v. den Wechselbeziehungen des Menschen mit seiner unbelebten u. belebten Umwelt. Biol. gesehen, kann der Mensch wie jedes Tier in den drei Integrationsebenen der Ökologie (Autökologie, Demökologie, Synökologie) analysiert werden: autökolo-

Humariaceae

gisch wird er v. abiot. u. biot. Faktoren beeinflußt u. ändert sie seinerseits (z. B. durch Abfallprodukte des Körpers), demökologisch sind auch seine Populationen v. Natalität, Mortalität u. Migration abhängig u. durch Klima od. Feinde veränderl., synökologisch ist der Mensch natürliches Glied v. Lebensgemeinschaften, hat naturgegebene Ansprüche an sie u. ist Einflüssen dieser Kollektive ausgesetzt. Die ökolog. Besonderheit des Menschen resultiert aus seinen ungewöhnl. techn. Fähigkeiten u. seiner komplexen Informationsverarbeitung (z. B. Einsicht, verantwortl. Handeln, Tradieren). Auf dieser Basis hat er sich aus der passiven Abhängigkeit v. ökolog. Faktoren emanzipiert, ist ökolog. dominant geworden u. hat auch im negativen Sinn die Umwelt zu manipulieren gelernt. Autökologisch haben Kleidung, Behausung u. Städtebau wenigstens kleinräumig eine andere, oft günstigere Umwelt geschaffen, demökologisch wurden Mortalität u. Natalität gesteuert u. die Migration erleichtert, synökologisch hat der Mensch Lebensgemeinschaften mit oft naturfernen Strategien als ↗ Kulturbiozönosen zu seinem Nutzen umgestaltet; auf die gesamte Biosphäre bezogen werden nicht erneuerbare Ressourcen ausgebeutet, der CO_2-Gehalt der Luft vermehrt, die Ozonschicht gefährdet u. die Entropiezunahme gefördert. Die Frage, ob durch Überbevölkerung, Ressourcenverknappung, Nahrungsmittelmangel u. Abfallbelastung die Existenzgrundlage des Menschen zerstört wird, ist in vielen prognost. Modellrechnungen („Weltmodellen") geprüft worden. – Diese über die biol. Grundlagen hinausgehende Dimension der H. macht verständl., daß sie auch in vielen Human- u. Geisteswiss. (Soziologie, Medizin, Arbeitswiss., Landschaftspflege, Ethik, Philosophie) eine große Rolle spielt od. sogar v. ihnen für sich beansprucht wird. Der Beitrag der H. zur Existenzsicherung der Menschheit hängt davon ab, wie weit es gelingt, integrierte Bemühungen anstelle v. Kompetenzstreitigkeiten u. Zersplitterung des Gebiets zu setzen, u. wie weit theoret. Konzepte in prakt., nicht zuletzt polit., Handeln umgesetzt wird. ↗ Holozän.

Lit.: *Ehrlich P. R., Ehrlich, A. H., Holdren, J. P.:* Humanökologie, deutsch Heidelberger Taschenbücher 168, Berlin 1975. *Freye, H. A.:* Kompendium der Humanökologie, Jena 1978. *Kreeb, K. H.:* Ökologie und menschliche Umwelt. Stuttgart 1979. *Meyer-Abich, K. M.* (Hg.): Frieden mit der Natur. Freiburg 1979. W. W.

Humariaceae [Mz.; v. *hum-], *Erdbecherlinge,* Fam. der Becherpilze, Schlauchpilze, die vorwiegend auf feuchtem od. sand. Boden u. modrigem Holz wachsen, einige Arten auch auf Brand- u. Feuerstellen u. auf

Humariaceae
Bekannte Gattungen:
Aleuria (Orangenbecherling)
Caloscypha (Prachtbecher)
Cheilymenia (Mist-[Erd-]Borstling)
Geopyxis (Kohlenbecherling)
Humaria (Kelchbecherling, Borstling)
Scutellinia (Schildborstling)
Sepultaria (Sandborstling)

F. H. A. von Humboldt

hum- [v. lat. humus = Erde, Erdboden, Erdreich].

humid
Analog zur Definition des Begriffes ↗ *arid* liegt auch beim Begriff *humid* die Schwierigkeit in der quantitativen Ermittlung der Verdunstung.

Dung zw. Moosen. Apothecien bis 10 cm groß, Hymenium oft lebhaft rot, orange od. gelb gefärbt. Auffällige Arten: ↗ Orangenbecherling (*Aleuria aurantia* Fuck.), Leuchtender Prachtbecher (*Caloscypha fulgens* Boud, auch bei den *Pezizaceae* eingeordnet), die lebhaft orangefarb. ↗ *Cheilymenia*-Arten auf Mist u. der Kohlenbecherling (*Geopyxis carbonaria* Sacc.) auf Brandstellen. Häufig findet sich der braune, schüsselförm. (bis 3 cm ⌀), mit Borsten besetzte Borstenbecherling (*Humaria hemisphaerica* Fuck.) auf feuchtem Boden u. Moderholz.

Humboldt, *Friedrich Heinrich Alexander* Frh. von, dt. Naturforscher, Bruder des preuß. Staatsmannes Wilhelm von Humboldt, * 14. 9. 1769 Berlin, † 6. 5. 1859 ebd.; Schüler v. A. G. Werner an der Berg-Akad. Freiberg; bereiste 1790 mit G. Forster Westeuropa und 1799–1804 zus. mit dem frz. Botaniker *Aimé Bonpland* Venezuela (bis zum Orinoco), Kolumbien, Ecuador, Peru u. Mexiko, 1829 in Die Dsungarei, das Ural-Altai-Gebiet sowie das Kaspische Meer; sammelte auf seinen Reisen riesige Mengen bot. und geolog. Materials; an seinem Lebensende umfaßte seine Slg. ca. 60 000 Pflanzen, darunter Tausende noch nicht beschriebener Arten. – H. war einer der bedeutendsten Naturforscher; er suchte die Natur als Ganzes zu erfassen, zu erforschen u. zu beschreiben. Mit seinen zahlr. wiss. Arbeiten wurde er zum Begr. der Tier- u. Pflanzengeographie, der Klimatologie u. der modernen länderkundl. Darstellung. Neben mineralog. Studien untersuchte H. den Vulkanismus u. die geotherm. Tiefenstufen; daneben verschiedene Arbeiten auf dem Gebiet der Physik. WW „Kosmos, Entwurf einer phys. Weltbeschreibung" (5 Bde., 1845/62). „Voyage aux régions équinoctiales du Nouveau Continent" (30 Bde., 1811–26). „Ansichten der Natur" (2 Bde., 1808). [B] Biologie I, III.

Humerus *m* [v. lat. umerus = Schulter], *Oberarmbein, Oberarmknochen,* Ersatzknochen des Stylopodiums der Vorderextremität (↗ Extremitäten) v. tetrapoden Wirbeltieren. Das proximale Ende des H. bildet mit dem Schultergürtel das Schultergelenk, das distale Ende mit dem Unterarm das Ellenbogen-↗ Gelenk (☐).

humid [v. lat. humidus = feucht], unscharf definierte Bez. für Klimate mit großer Bedeutung für die Pflanzenökologie, in denen die Verdunstung im Mittel geringer als die Niederschlagsmenge ist. H.e Gebiete sind durch landeigene, perennierende Flüsse gekennzeichnet; die Wasserbewegung im Boden ist überwiegend abwärts gerichtet. Bei gleichmäßig verteiltem Regen spricht man v. *vollhumiden,* bei Wechsel v. Regen- u. Trockenzeiten v. *semihumiden Gebieten*. Zw. den *ariden* und h.en Klimaten liegt die *Trockengrenze*, zw. diesen beiden Klimaten u. dem *nivalen* Klima, in dem der feste Niederschlag die Ablation übersteigt, die *Schneegrenze*. ☐ Klima.

Humifizierung [v. *hum-, lat. -ficare = machen], *Humifikation, Humusbildung*, Abbau u. Umwandlung tier. u. pflanzl. Rückstände zu schwer zersetzbaren ↗Huminstoffen. Sie erfolgt durch die Zersetzungstätigkeit des Edaphons (↗Bodenorganismen), teils aber auch durch rein chem. Prozesse. Der weitaus größte Teil des anfallenden organ. Materials wird rasch u. vollständig zu anorgan. Endprodukten abgebaut (↗Mineralisation). ↗Bodenentwicklung, ↗Humus.

Huminsäuren [Mz.; v. *hum-], ↗Huminstoffe.

Huminstoffe [v. *hum-], gelbbraun bis schwarz gefärbte hochmolekulare Verbindungen, die bei der ↗Humifizierung entstehen u. sich aufgrund ihrer Schwerzersetzbarkeit im Boden anreichern. Chem. Bauelemente sind einfache od. kondensierte, teils stickstoff- od. sauerstoffhalt. Ringsysteme, die über Seitengruppen brücken- od. netzart. verbunden sind. Freibleibende Carboxylgruppen u. phenolische OH-Gruppen bedingen den überwiegend sauren Charakter u. die negative Ladung der Polymere. Wegen der Vielzahl der Verknüpfungsmöglichkeiten gibt es keine genau definierten H. Sie lassen sich jedoch aufgrund unterschiedl. Löslichkeiten in verschiedenen Lösungsmitteln voneinander trennen u. werden nach diesen Trennverfahren eingeteilt. *Humine* sind als hochpolymere, wenig polare Fraktion unlösl., ↗*Fulvosäuren* als niederstmolekulare Fraktion u. *Huminsäuren* (*Humussäuren*) mit dazwischenliegenden Molekülmassen gut lösl. in verdünnter Natronlauge. Hymatomelansäuren, Braunhuminsäuren u. Grauhuminsäuren sind Huminsäuren mit zunehmendem Polymerisationsgrad. H. verweilen wegen ihrer Resistenz gg. mikrobiellen Abbau außerordentl. lange (bis mehrere tausend Jahre) im Boden (↗Dauerhumus). ↗Humus.

Humiphage, Humusfresser; ↗Bodenentwicklung, ↗Bodenorganismen, ↗Ernährung.

Hummelblumen, Blüten, die v.a. von ↗Hummeln besucht werden; zeigen im Prinzip die Merkmale v. ↗Bienenblumen; häufig zygomorph gebaut, haben eine den Hummeln angepaßte Größe u. tragen oft Blütenmale; in mitteleur. Flora sind u.a. Fingerhut, Eisenhut u. Großes Springkraut typ. Beispiele für H.

Hummelfliegen, 1) die ↗Wollschweber; 2)

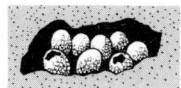

Hummeln
Erd-Hummel *(Bombus terrestris)* mit Nest. Im Gift der Erd-H. wurde kürzl. als Hauptbestandteil *Acetylcholin* gefunden, das in hoher Konzentration (30 µg in der Giftblase) einen starken Schmerzreiz an der Einstichstelle bewirkt (wirksame Waffe gg. Vögel, Bienen, Wespen u. a.).

Hummeln
Wichtige Arten (Beschreibung der Königinnen):
Ackerhummel, Feldhummel *(Bombus pascuorum, B. agrorum)*: Brust u. Hinterleib braungelb, brütet auf der Erdoberfläche.
B. lucorum: ähnl. wie Erdhummel, brütet unterirdisch.
Erdhummel *(B. terrestris)*: schwarz, mit 2 gelben Binden auf Brust u. Hinterleib, Hinterleibsspitze weiß, brütet unterirdisch.
Gartenhummel *(B. hortorum)*: ähnl. wie Erdhummel, aber mit 3 gelben Binden, brütet unterirdisch.
Kurzkopfhummel *(B. mastrucatus)*: ähnl. wie Steinhummel, brütet in Höhenlagen über ca. 1000 m unter der Erde.
Steinhummel *(B. lapidarius)*: schwarz mit roter Hinterleibsspitze, brütet unterirdisch.
Waldhummel *(B. silvarum)*: graugelb mit schwachen schwarzen Streifen auf dem Hinterleib.
Wiesenhummel *(B. pratorum)*: ähnl. wie Erdhummel, aber mit gelb-roter Hinterleibsspitze.

fälschl. für Hummelschwebfliegen (*Volucella*, Gatt. der ↗Schwebfliegen).

Hummeln, *Bombus*, Gatt. der ↗*Apidae* mit weltweit ca. 500 Arten, in Mitteleuropa ca. 30 bekannt. Körper ca. 10–15 mm lang, v. gedrungener, plumper Gestalt u. meist mit dichter, oft bunter Behaarung. Wie bei allen ↗*Apocrita* ist der Hinterleib v. der Brust abgesetzt. Die 4 häut., durchsicht. Flügel befähigen die H. zu einem schnellen, von typ. Brummen begleiteten Flug. Der Kopf trägt 2 13gliedrige (♂) bzw. 12gliedrige (♀) Fühler sowie einen Saugrüssel, der dem der Honigbiene entspricht, aber in der Länge v. Art zu Art erhebl. variiert. Mit den leicht nierenförm. Augen können H. sehr gut Farben sehen. H. sind staatenbildende, soziale Insekten; wie bei der ↗Honigbiene gibt es 3 Kasten, die sich allerdings in Größe u. Aussehen weniger unterscheiden. Das einzige fertile Weibchen ist die Königin, alle Arbeiterinnen haben Ovarien, die durch die ↗Königinsubstanz auf einem sterilen Stadium verbleiben. Die dritte Kaste (Männchen) wachsen aus unbefruchteten Eiern heran, haben also nur den halben Chromosomensatz. In der Organisation u. dem Aufbau des Staates unterscheiden sich die H. von den Honigbienen u. stellen den ursprünglicheren Typ dar. Allein die begatteten Königinnen überleben den Winter u. gründen im Frühjahr einen neuen Staat. Das Nest wird je nach Art ober- od. unterird. angelegt; es besteht am Anfang aus vermischtem Nektar u. Pollen, auf dem die Königin ihre Eier ablegt. Dieser Brutklumpen wird mit Wachs abgedeckt u. von der Königin bebrütet. Die schlüpfenden Larven dieser ersten Brut müssen v. ihr allein gefüttert werden; daher fliegt auch sie im Frühjahr zum Sammeln v. Nektar u. Pollen aus (im Ggs. zur Königin der Honigbiene). Mit dem Schlüpfen der Arbeiterinnen übernehmen diese nach u. nach die Nahrungssuche, Brutpflege u. die Erweiterung des Nestes. Im Sommer bis Herbst schlüpfen auch Geschlechtstiere, die außerhalb des Nestes kopulieren; auf der Suche nach Weibchen fliegen die Männchen dabei entlang mit Duft markierter Bahnen. Im Spätherbst graben sich die begatteten, jungen Königinnen in den Erdboden ein, der Rest des Volkes geht zugrunde. In Gebieten mit milden Wintern kann ein Hummelvolk auch mehrere Jahre bestehen. Ein Hummelnest kann je nach Art bis zu 500 Individuen beherbergen. Es besteht aus einer waagrecht liegenden Wabe, die mit einer Wachskuppel abgeschlossen sowie mit Moos, Laub u.ä. isoliert ist. Die Wabe ist aus unregelmäßig aneinandergeklebten Kokons aufgebaut, die entstehen, wenn

HUNDERASSEN I

Mit Angabe von Herkunftsland und Schulterhöhe

Hamilton Spürhund
(Schweden, 45–60 cm)

Chow-Chow
(China, 45–55 cm)

Norwegischer Elchhund
(Norwegen, bis ca. 50 cm)

Drever, Schwedischer Dackel
(Schweden, 30–40 cm)

Dackel, Dachshund
(Deutschland, 23–27 cm)

Cockerspaniel
(Spanien, England, 35–42 cm)

Deutscher Vorstehhund
(Deutschland, 57–70 cm)

Pointer
(England, 53–63 cm)

Englischer Setter
(England, 50–55 cm)

HUNDERASSEN II

Labradorhund,
Labrador Retriever
(England, ca. 62 cm)

Riesenschnauzer
(Deutschland, 60–70 cm)

Collie
(Schottland,
50–60 cm)

Boxer
(England, Frankreich,
53–63 cm)

Scotch-Terrier,
Schottischer Terrier
(Schottland, 23–30 cm)

Foxterrier
(England, 35–40 cm)

Airedale-Terrier
(England, 55–62 cm)

Deutscher
Schäferhund
(Deutschland,
55–65 cm)

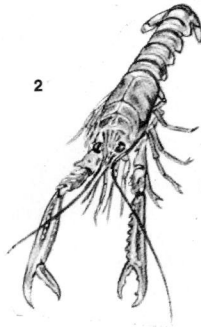

Hummelnestmotte

Hummer
1 Europäischer Hummer *(Homarus gammarus)*, 2 Kaiser-Hummer, Kaisergranat *(Nephrops norvegicus)*

hum- [v. lat. humus = Erde, Erdboden, Erdreich].

Humus
Bezeichnung der Böden nach dem Gehalt an organ. Substanz (in Klammern: Gewichts-% organ. Substanz v. der Trockenmasse des Oberbodens = A_h) mit Beispielen v. Bodentypen:
humusarm (<1)
  Syrosem, Ranker
schwach humos (1–2)
  Parabraunerde
humos (2–4)
  Braunerde
stark humos (4–8)
  Podsol, Schwarzerde
humusreich (8–15)
  Schwarzerde
anmoorig (15–30)
  Anmoor, Gley
torfig (>30)
  Moorböden

sich die Larven verpuppen. Leere Kokons v. geschlüpften H. werden als Vorratsbehälter für Honig („Honigtöpfe") u. Pollen benutzt. Die Mitglieder eines Volkes erkennen sich durch den Geruch. Die Suche v. günst. Nahrungsquellen obliegt jeder Arbeiterin allein, da es bei H. wahrscheinl. keine ↗ Bienensprache gibt. Ähnl. hochentwickelt wie bei der Honigbiene sind Augen u. Geruchssinn. Da die meisten Arten der H. einen langen Rüssel besitzen, können sie an Blüten Nektar saugen, deren Kronröhren für Honigbienen zu lang sind (↗ Hummelblumen). Einige kurzrüsselige H. beißen Löcher in die Blüten v. langkelch. Pflanzen, um den Nektar so vom Blütengrund aufzusaugen („Blüteneinbruch"). Die Zuordnung der H. zu den Arten u. Geschlechtern ist für den Laien schwierig, da die Färbung erhebl. variiert u. außerdem im Ggs. zur Honigbiene auch Männchen Nektar u. Weibchen Nektar und Pollen sammeln. Wie alle *Aculeata* der Hautflügler können die weibl. H. stechen. Das Gift ist stärker als das der Honigbiene, Menschen werden aber relativ selten gestochen. Kommt es zum Stich, wird der Stachel ohne Widerhaken wieder herausgezogen, so daß nur wenig Gift in die Wunde gelangt. Die Bedeutung der H. liegt in der Bestäubung vieler Pflanzen, ohne die es nicht zum Fruchtansatz kommen würde, wie z. B. beim Rotklee *(Trifolium pratense)*. B Insekten II. *G. L.*

Hummelnestmotte, *Aphomia sociella,* ↗ Zünsler.

Hummelwels, *Microglanis parahybae,* ↗ Antennenwelse.

Hummer, *Nephropidae, Homaridae,* Fam. der ↗ *Astacura* (Zehnfußkrebse, ↗ *Decapoda*), i. e. S. Krebse der Gatt. *Homarus.* Die *Nephropidae* sind eine alte Krebs-Fam., die seit dem Jura bekannt ist u. heute neben den bekannten H.n eine Reihe v. Tiefseeformen enthält. Der nach der ↗ Roten Liste „stark gefährdete" Eur. H. *(H. gammarus)* lebt an Felsküsten u. kommt daher an den dt. Küsten nur bei Helgoland vor. Seine Scheren sind asymmetrisch; eine ist kräftiger u. hat stumpfe, rundl. Zähne zum Zerkleinern hartschal. Beutetiere, die andere ist schlanker u. hat spitze Zähne. Auch der Amerikan. H. *(H. americanus)* lebt an Felsküsten. Das ♂ erreicht 60 cm, das ♀ fast 40 cm Länge. Die Erklärung liegt darin, daß die ♂♂ sich jedes Jahr, die ♀♀ aber nur alle zwei Jahre häuten. Tagsüber verbergen sich die H. in Felshöhlen, die sie jahrelang bewohnen u. auch vergrößern können. Nachts machen sie Jagd auf Krabben, Muscheln, Seeigel u. a. Sie sind ein wicht. Glied in der Biozönose mariner Felsküsten. Die Paarung der H. erfolgt wie bei ↗ Flußkrebsen. Ein ♀ kann mehrere 1000 Eier an den Pleopoden tragen. Das erste Larvenstadium ist das pelag. Mysis-Stadium; über weitere Mysisstadien u. das Decapodit-Stadium wird daraus der junge H. Erwachsene H. können bis zu 50 Jahre alt werden. – Auch der Kaiser-H. od. Kaisergranat *(Nephrops norvegicus),* schlanker u. kleiner (♀ bis 17, ♂ bis 22 cm), ist ein wirtschaftl. wicht. Speisekrebs; er lebt auf Weichböden an der eur. Atlantikküsten u. im Mittelmeer in 40 bis 800 m Tiefe.

humoral [v. lat. umor = Flüssigkeit], die Körperflüssigkeiten betreffend.

humorale Einkapselung, Abwehrreaktion bestimmter blutzellenarmer wirbelloser Tiere (Mückenlarven) gg. Parasiten (Fadenwürmer, Pilze, Bakterien) oder Fremdkörper, ohne direkte Beteiligung v. Blutzellen. Unter der Wirkung des Enzyms Phenoloxidase wird während weniger Min. eine später melanisierte Kapsel gebildet, die den Parasiten umschließt u. tötet. Ggs.: zelluläre Einkapselung.

Humoralpathologie *w* [v. lat. umor = Flüssigkeit, gr. pathologikē = Krankheitskunde], von der klass. griech. und röm. Medizin (bes. von ↗ Hippokrates u. ↗ Galen) vertretene Lehre, nach der alle Krankheiten auf eine fehlerhafte Zusammensetzung der Körpersäfte zurückzuführen seien; die H. beherrschte die Medizin Europas bis ins 19. Jahrhundert.

Humulon *s* [über mlat. humulus v. altnord. humle = Hopfen], ein im Harz des reifen ↗ Hopfens enthaltener, bakteriostat. wirkender ↗ Bitterstoff.   [der ↗ Hopfen.

Humulus *m* [mlat., v. altnord. humle =],

Humus *m* [lat., = Erdboden], Gesamtheit der organ. Stoffe im Boden, die beim Ab- u. Umbau pflanzl. u. tier. Überreste entstehen (↗ Humifizierung). Als ↗ *Dauer-H.* bezeichnet man die hochpolymeren u. schwerzersetzbaren ↗ *Huminstoffe.* Mit den Tonmineralen gehören sie zu den ↗ Bodenkolloiden. Sie tragen als Säuren überwiegend negative Ladungen u. sind ebenso wie die Tonminerale für die Ionenaustauschfähigkeit (↗ Austauschkapazität) des Bodens verantwortl. Unter günst. Bedingungen (z. B. im Regenwurmdarm) gehen Huminstoffe u. Tonminerale eine enge Bindung ein. Die so entstehenden *Ton-H.-Komplexe* tragen zur Krümelbildung im Boden bei, begünstigen den Wasserhaushalt, die Durchlüftung u. das Bodenleben (↗ Bodenorganismen). H.haltige dunkel gefärbte Böden absorbieren an der Oberfläche mehr Strahlung u. erwärmen sich daher stärker als h.arme Böden. Als *Nähr-H.* bzw. *Nichthumine* bezeichnet man alle niedermolekularen organ. Substanzen, wie organ. Säuren, Zucker, Aminosäuren, Hemicellulosen, Nucleinsäuren, Fette usw. Sie werden v. den Bodenorganismen rasch abgebaut (↗Mineralisation) unter Freisetzung v. anorgan. Endprodukten (Kohlendioxid, Wasser, Ammoniak, Nitrate, Phosphate, Schwefelwasserstoff, Spurenelemente u. a.). Die Abbauprodukte gehen als wicht. Nährstoffe für Pflanzen u. Bodenorganismen erneut in den Stoffkreislauf des Bodens ein (B Kohlenstoffkreislauf, B Stickstoffkreislauf). Nichthumine stellen deshalb einen Nährstoffvorrat dar, der relativ schnell verfügbar gemacht werden kann. Demgegenüber werden die in den Huminstoffen festgelegten Nährstoffe nur äußerst langsam mobilisiert. Hohe H.gehalte (vgl. Tab.) verbessern allg. die ↗Bodeneigenschaften u. die Ertragsfähigkeit v. Ackerböden. Die hervorragende Fruchtbarkeit der Schwarzerden ist auf hohen H.gehalt zurückzuführen. Urbargemachte Böden verlieren meist H. wegen der besseren Durchlüftung u. der Aktivierung des Bodenlebens. Solche H.verluste können durch Stallmistgaben, Gründüngung o. ä. nur in geringem Maße ausgeglichen werden. Die Entstehung verschiedener *H.formen* wie Roh-H., Moder, Mull, Torf, Anmoor, Dy, Gyttja, Sapropel hängt v. der Vegetation, dem Ausgangsgestein, dem Wasserhaushalt u. den Klimabedingungen ab (↗Bodenentwicklung).

Humusmehrer [v. *hum-], Bez. für Pflanzen, deren Vorkommen bzw. Anbau eine ↗Humus-Anreicherung im Boden zur Folge hat; so wirkt z. B. die Wurzelmasse der häufig zur Gründüngung verwendeten Kreuzblütler u. Hülsenfrüchtler deutl. humusanreichernd. Ggs.: Humuszehrer.

Humuspflanzen [v. *hum-], *Humuszeiger*, ↗Saprophyten.

Humuszehrer [v. *hum-], Bez. für Pflanzen, deren Vorkommen bzw. Anbau einen ↗Humus-Abbau im Boden zur Folge hat; häufig wird dieser Effekt nur indirekt durch die mechan. Bodenbearbeitung u. die damit verbundene Bodendurchlüftung hervorgerufen. Ggs.: Humusmehrer.

Hunde, i. w. S. alle H.artigen (Fam. *Canidae*), mit den † nordam. Ur-Groß-H.n (U.-Fam. *Borophaginae*) u. den Echten H.n (U.-Fam. *Caninae*), die sämtl. heute lebenden Wild-H. (u. a. Wolf, Kojote, Schakale, Füchse; insges. 15 Gatt.) umfassen; i. e. S. nur die Arten der Gatt. *Canis,* zu der auch der Haushund gehört. – Die Kopfrumpflänge der H. i. w. S. reicht von 35 cm (↗Fennek) bis 135 cm (Wolf), ihr Gewicht von 1,5 bis 75 kg. Vorderfüße mit 5 (Afr. Wildhund: 4), Hinterfüße mit 4 Zehen; Krallen nicht rückziehbar; meist 42 Zähne, darunter breitkron. Backenzähne (zum Zermahlen v.

Hunderassen		Jagdhunde	Stöber-H.
	Entlebucher		Wachtel-H.
Schäfer-, Wach- und	Berner	Terrier	Spaniel
Schutzhunde	Rottweiler		Jagdspaniel
	Hovawart	*langbeinig:*	Cockerspaniel
Dt. Schäfer-H.	Tibet-Dogge	Fox-T.	Springerspaniel
Belg. Schäfer-H.	Neufundländer	Dt. Jagd-T.	Dachsbracke
Malinois	Bernhardiner	Irischer T.	
Tervueren	Leonberger	Welsh-T.	**Begleithunde**
Groenendael	Dt. Dogge	Bull-T.	Pudel
Frz. Schäfer-H.	Boxer	Airedale-T.	Chow-Chow
Briard	Mastiff	*kurzbeinig:*	Mops
Beauceron	Bulldogge	Schott. T.	Pekinese
Pikardischer-S.	Schnauzer	Cairn-T.	Zwergspaniel
Pyrenäen-S.	Pinscher	Dackel	Affen- u.
Engl. Schäfer-H.	Riesen-	Kurzhaar	Zwergpinscher
Bobtail	Schnauzer	Rauhhaar	Chihuahua
Collie	Dobermann	Langhaar	Yorkshire-Terrier
Sheltie	Spitze	Zwerg- u.	Skye-Terrier
Welsh Corgi	Dt. Spitz	Kaninchen-D.	Bedlington-Terrier
It. Schäfer-H.	Belg. Spitz	Vorsteh-H.	
Maremmano	Malteser-H.	Setter	**Windhunde**
Bergamasker	Bologneser-H.	Pointer	Schott. Hirsch-H.
Ungar. Schäfer-H.	Batakerspitz	Dalmatiner	Irischer Wolfs-H.
Puli	Wolfsspitz	Dt. Vorsteh-H.	Barsoi
Pumi	Schlitten-H.	Münsterländer	Afghane
Ungar. Hirten-H.	Finn. Spitz	Griffon	Saluki
Komondor	Samojeden-Spitz	Retriever	Greyhound
Kuvasz	Elch-H.	Engl. Bracke	Engl. Windspiel
Mudi	Lappland-H.	Fuchs-H.	It. Windspiel
Schweizer Sennen-H.	Laika	Blut-H.	Sloughi
Appenzeller	Eskimo-H.	Basset	
	Husky	Schweiß-H.	

Pflanzenkost) u. die scharfkant. Reißzähne (↗„Brechschere"). Die urspr. in N-Amerika entstandenen H. haben sich weltweit ausgebreitet, außer nach Austr., Neuguinea, Neuseeland, Ozeanien, Madagaskar, Antillen u. a. Inseln, wo sie erst v. Menschen eingeführt wurden. H. leben gesellig (z. B. Wolf, Rothund, Afr. Wildhund) od. einzeln (z. B. Füchse); sie ernähren sich vorwiegend v. Kleinsäugern, Vögeln u. Kerbtieren, aber auch v. Aas und v. Pflanzenkost. Eine Winterruhe hält nur der Marderhund. Es gibt sowohl tag- als auch nacht-(bzw. dämmerungs-)aktive H. Bes. gut ausgeprägt ist ihr Geruchsinn („Nasentiere", ↗chemische Sinne). Das Harnmarkieren dient der Revierabgrenzung u. dem gegenseit. Erkennen („Visitenkarte"). Die Tragzeit reicht von 49 bis 80 Tage; 1- bis 2mal im Jahr werden in Höhlen od. anderen Verstecken zw. 2 und 10 Junge geboren. Mit 1 bis 2 Jahren werden H. geschlechtsreif; ihr Höchstalter beträgt in der Natur 10–18 Jahre. – Den *Haushund (Canis lupus familiaris)* hat der Mensch in Jahrtausenden durch gezielte Zucht u. Auslese urspr. aus dem Wolf *(Canis lupus)* hervorgebracht (↗Haustierwerdung). Frühere Annahmen v. anderen wildlebenden H.n (z. B. Goldschakal, Fuchs) als mögl. Ausgangsformen des Haus-H.s gelten durch die ausführl. wiss. Untersuchungen von W. Herre heute als widerlegt. Die bes. Eignung des Wolfes im Vergleich zu anderen Caniden beruht einmal auf seiner sozialen Lebensweise – wie der Steinzeitmensch ist auch er ein gesell. Jäger –, zum anderen auf dem Vorkommen vieler U.-Arten, die sich in Körpergröße, Fellfarbe, Ge-

Hunde

Gattungen:

Wolfs- und Schakalartige (↗Wolf, ↗Schakale) *(Canis)*

Eis- und Steppenfüchse (↗Eisfuchs, ↗Steppenfuchs) *(Alopex)*

Echte ↗Füchse *(Vulpes)*

Wüstenfüchse (↗Fennek) *(Fennecus)*

Afr. Wildhunde (↗Hyänenhund) *(Lycaon)*

↗Rothunde *(Cuon)*

↗Marderhunde *(Nyctereutes)*

↗Graufüchse *(Urocyon)*

Maikongs *(Cerdocyon)* (↗Waldfüchse)

Kurzohrfüchse *(Atelocynus)* (↗Waldfüchse)

Waldhunde *(Speothos)* (↗Waldfüchse)

↗Kampfüchse *(Dusicyon)*

Brasilian. ↗Kampfüchse *(Lycalopex)*

↗Mähnenwolf *(Chrysocyon)*

↗Löffelhunde *(Otocyon)*

HUNDERASSEN III

Afghanischer Windhund, Afghane (Afghanistan, 65–72 cm)

Russischer Windhund, Barsoi (Rußland, 70–75 cm)

Englische Bulldogge (England, 35–45 cm)

Neufundländer (England, bis 75 cm)

Dalmatiner (Dalmatien, 50–60 cm)

Bobtail (England, ca. 40 cm)

Deutsche Dogge: Gelbe Dogge und Tigerdogge (Deutschland, 75–90 cm)

HUNDERASSEN IV

Mit Angabe von Herkunftsland und Schulterhöhe

Groß-Pudel (Frankreich, 45–60 cm)

Mops (China, Mongolei, bis 32 cm)

Zwergschnauzer (Deutschland, 30–35 cm)

Chihuahua (Mexiko, 16–22 cm)

Yorkshire-Terrier (England, 20–25 cm)

Boston-Terrier (USA, 35–38 cm)

Pekinese (China, bis 25 cm)

Papillon (Belgien, 20–25 cm)

Bernhardiner (Schweiz, 65–80 cm)

Hundebandwurm

bißausbildung usw. unterscheiden. Von prähistor. Haus-H.n sind Schädel bzw. -bruchstücke schon aus der Mittel- u. Jungsteinzeit überliefert. Unbekannt ist, ob sich die Wölfe vor ca. 15 000 Jahren zunächst freiwillig als Abfallvertilger den herumziehenden steinzeitl. Jägerstämmen angeschlossen haben u. allmählich zum Beuteaufspüren benutzt wurden, od. ob der Wolf, wie oft vermutet, zunächst als Schlachttier diente, bevor man ihn als vielseit. Helfer schätzen lernte. Während seiner langen Geschichte hat der Haushund sich nicht nur rein äußerl. v. seinem „Vorbild" z. T. weit entfernt; u. a. hat sich auch im Zuge der Anpassung an den menschl. Hausstand sein Hirngewicht gegenüber dem des Wolfes um ca. 30% verringert. Während Gesichts-, Gehör- u. Geruchsinn beim Haushund erhebl. reduziert sind, haben sich andere, dem Menschen nützl. erscheinende Eigenschaften verstärkt ausgeprägt; auch „Modetrends" bestimmten die Auslese. Eine „bedarfsorientierte" Zucht (z. B Kriegs- u. verschiedene Formen v. Jagd-H.n) war schon vor 3–4 Jahrtausenden im alten Ägypten u. in Kleinasien übl., was aber nicht heißt, daß unsere heutigen *H.rassen* v. diesen abstammen. Nach ihrer hpts. Verwendung kann man innerhalb der 300–400 heute bekannten H.rassen verschiedene Gruppen unterscheiden, z. B. Wach- u. Hüte-H., Jagd-H., Wind-H., Begleit-H. – Der ↗ Dingo, fr. als ein Wildhund angesehen, ist nach heutiger Auffassung ein bereits wieder verwilderter Haushund. B 292–293, 296–297, B Homologie, B Lernen. *H. Kör.*

Hundebandwurm, *Echinococcus granulosus*, ↗ Echinococcus.

Hundertfüßer, *Giftfüßer, Chilopoda*, Teilgruppe der ↗Tausendfüßer *(Myriapoda)*, weltweit ca. 3000, in Mitteleuropa ca. 60–70 Arten. Langgestreckte, weitgehend homonom gegliederte ↗Gliederfüßer, an jedem Rumpfsegment, mit Ausnahme der beiden letzten, je 1 Beinpaar. Wichtigstes Kennzeichen der Gruppe sind die zu mächtigen, spitz zulaufenden Kieferfüßen umgebildeten 1. Rumpfbeine, an deren Spitze eine Giftdrüse mündet *(Chilopodien)*. Der Kopf trägt 1 Paar Gliederantennen u. ist meist wie der übr. Körper abgeplattet. Die Mundöffnung ist weit nach hinten unter den Kopf verschoben. Die Mandibeln sind langgestreckt mit im distalen Bereich liegenden Kauflächen, häufig zweigeteilt; sie sind hinter dem Kopfseitenrand eingelenkt. 1. und 2. Maxillen sind ventral am Kopfhinterrand befestigt u. fungieren zus. als eine Art Unterlippe – dadurch, daß beide Hälften rechts – links, d. h. die Coxa u. der Sternit rechts u. links, zu einem Coxosternit (Aus-

Hundertfüßer
Unterklassen, Ordnungen u. Familien:
Anamorpha
Lithobiomorpha
Lithobiidae
(Steinkriecher)
Henicopidae
Craterostigmomorpha
Craterostigmus
Scutigeromorpha
Scutigeridae
(Spinnenläufer)
Epimorpha
Geophilomorpha
(Erdläufer)
Himantariidae
Schendylidae
Oryidae
Geophilidae
Dignathodontidae
Scolopendromorpha
Scolopendridae
(↗Skolopender)
Cryptopidae

System:
Früher unterteilte man die H. nach der Lage der Stigmen in die zwei Gruppen *Notostigmophora* (nur die Spinnenläufer) u. *Pleurostigmophora* (alle übrigen). Heute neigt man zu einer Einteilung nach dem Entwicklungsmodus in zwei U.-Kl. Epimorpha (Schlüpfen aus dem Ei mit voller Segmentzahl) u. Anamorpha (Schlüpfen mit weniger Segmenten).
Die *Anamorpha* haben 15 Laufbeinpaare, 18 Rumpfsegmente, Tömösvary-Organe u. stets eine Folge v. kurzen u. langen Tergiten in sehr charakterist. Weise: lange Tergite gehören zum 2., 4., 6., 8., 9., 11., 13. und 15. Segment. Hierher 3 Ord.:
1) *Lithobiomorpha*, z. B. mit den Steinkriechern der Gatt. *Lithobius* u. *Polybothrus* (*Lithobiidae*); *L. forficatus*, bis 3,5 cm, kastanienbraun, überall unter Steinen u. Rinde; der größte Steinkriecher bei uns ist der 4,5 cm lange *Polybothrus fasciatus*.
2) *Craterostigmomorpha:* hierher nur 2 Arten der Gatt. *Craterostigmus* aus Tasmanien u. Neuseeland.

nahme Spinnenläufer) verwachsen sind. 1. Maxillen mit 1 Paar Kauladen (Coxalfortsätze, Endite, vielleicht homolog den Galea-Lacinia der Insekten) neben den Tastern; 2. Maxillen nur mit 1 Paar langen Tastern (Palpen). Diese Mundteile werden v. unten v. den großen Giftklauen des 1. Rumpfsegments überdeckt. Auch hier sind die mächt. Hüften (Coxen) mit dem Sternit zu einem Coxosternit verwachsen. Diesen sitzen die beiden Telopodite an, in deren Basalglied (Femur od. Femuroid gen.) u. deren Coxa die eigtl. Giftdrüse sitzt, die an der Tarsenspitze mündet. In einigen Fällen reicht die Giftdrüse auch weit in den Körper. Diese Giftklaue fungiert beim Beutefang als weiteres Mundwerkzeug. Alle H. sind im Ggs. zu den ↗Doppelfüßern *(Diplopoda)* mehr od. weniger reine Räuber. Die übr. Rumpfextremitäten sind normal gegliedert, lediql. das Femur ist meist in ein Femur u. Praefemur unterteilt, die Klaue ist außer bei den Spinnenläufern unpaar (↗Extremitäten, ☐). Die Zahl der Beinpaare liegt zw. 15 *(Anamorpha* u. *Notostigmophora)* und 181 (einige Arten der *Geophilomorpha*). Der Rumpf selbst zeigt keine Tagmatabildung. Jedes Segment besteht aus einem breiten Tergit u. Sternit, die jedoch beide häufig in ein kleines Praetergit u. -sternit sowie ein großes Metatergit u. -sternit unterteilt sind. Das letzte beintragende Segment hat keine Tracheenöffnung (Stigma), u. die Pleurite sind mit den Beincoxen verschmolzen. Bei den *Epimorpha* sind diese abgeflacht u. tragen zahlr. rundl. Ausführöffnungen der Coxaldrüsen. Bei den *Lithobiomorpha* finden sich solche Öffnungen bereits auf den letzten 4 Beinpaaren. Das letzte Beinpaar selbst kann entweder als Tastorgan od. als Verteidigungsorgan umgebildet sein. Das Ende des Rumpfes wird durch ein kleines Praegenital- u. Genitalsegment gebildet, das zus. mit dem Telson meist mehr od. weniger in das letzte laufbeintragende Segment eingezogen werden können. Deren Extremitäten sind zu ganz kurzen Anhängen (Gonopoden) reduziert. – Besondere *Sinnesorgane* der H. sind laterale Anhäufungen v. Linsenaugen, die nur den *Geophilomorpha* u. *Cryptopidae* (↗Skolopender) fehlen. Die Zahl der Linsen auf jeder Kopfseite schwankt von 1 bis 40 bei einigen *Lithobius*-Arten. Die *Notostigmophora* (Spinnenläufer) haben große Komplexaugen als einzige Gruppe unter den Tausendfüßern. In allen anderen Fällen jedoch handelt es sich um stark modifizierte, v. Ommatidien abgeleitete Linsenaugen, denen ein Kristallkegel fehlt. Ihre Retina besteht aus vielen Retinulazellen, die in vielen Schichten übereinander angeordnet sind.

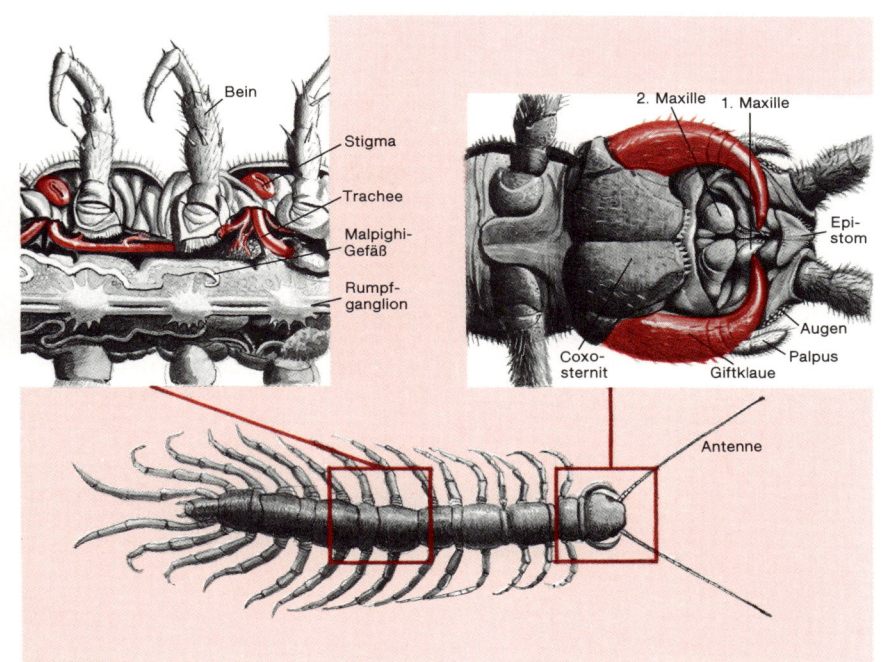

Hundertfüßer

Abb. unten: Steinkriecher *(Lithobius),* von oben gesehen. Abb. oben links: mittlerer Rumpfbereich, ventral geöffnet; sichtbar das Strickleiternervensystem, farbig wiedergegeben das Tracheensystem. Abb. oben rechts: Kopfregion von unten. Die Beine des 1. Rumpfsegments sind zu mächtigen Giftklauen (farbig) umgebildet, welche die eigentlichen Mundwerkzeuge teilweise überdecken.

Wie bei den Larvalaugen der Insekten (Stemmata) sind auch diese Linsenaugen durch starke Modifizierung aus einem Komplexauge entstanden. Das Komplexauge der Spinnenläufer setzt sich aus diesen modifizierten Einzelaugen zus. u. hat sekundär einen anders gebauten Kristallkegel neu erworben. Man bezeichnet daher dieses Auge auch als *sekundäres Komplexauge* od. *Pseudofacettenauge.* Stirnaugen (Medianaugen) fehlen allen H.n. Zwischen Antennen u. Augen liegt bei den *Lithobiomorpha* u. Spinnenläufern das sog. *Schläfen-* od. *Tömösvary-Organ,* eine runde od. ovale Öffnung, in deren Tiefe Sinneszellen in einer Platte münden, die vermutl. als ⁊Feuchterezeptoren fungieren. Vergleichbare Organe finden sich bei ⁊Doppelfüßern, Symphylen u. einigen Urinsekten. – Das *Nervensystem* ist dem der Insekten vergleichbar. Erwähnenswert ist eine Hormondrüse (Cerebraldrüse), die an der Basis des Lobus opticus in das Protocerebrum einmündet. Vermutl. steuert sie zus. mit anderen „Häutungsdrüsen" (z.B. mit den „Lymphstrangdrüsen" im 1. beintragenden Rumpfsegment) die häufigen Häutungen. – Die *Atmung* erfolgt über ein Tracheensystem. Dieses tritt bei den H.n in 2 sehr verschiedenen Formen auf: 1) Tracheenröhren, die den Sauerstoff direkt zu den Organen bringen; ihre Stigmen liegen an den Körperseiten *(Pleurostigmophora),* u. zwar an allen *(Geophilomorpha)* od. nur an den Segmenten mit langen Tergiten (meist am 2., 4., 6., 8., 9., 11., 13. und 15. Segment), nie am Kopf, Kieferfuß u. Endbeinsegment; bei den *Lithobiomorpha* sind die Tracheenröhren reich verzweigt, aber nie mit den benachbarten Stigmen verbunden wie bei den übr. Ordnungen. 2) Tracheenlungen, die nur die Hämolymphe mit Sauerstoff versorgen; ihre Stigmen finden sich als längl. unpaare Schlitze median auf dem Hinterrand der langen Tergite *(Notostigmophora).* (Interessanterweise sind dies dieselben langen Tergite wie bei den *Lithobiomorpha.*) Sie münden in eine Art Atemhöhle, deren Wand siebartig durchlöchert ist. Jede Pore führt in eine feine Tracheenkapillare, die sich verzweigt u. blind endet. Je 600 solcher Röhren bilden einen Büschelkomplex, der in einer dorsalen Ausbuchtung des Perikards liegt. Durch die Herztätigkeit entsteht bei der Systole ein Sog, der im Perikardialsinus einen Unterdruck erzeugt. Dadurch wird Hämolymphe aus den Lakunen des Körpers so angesaugt, daß sie, bevor sie in die Herzostien eintritt, an diesem Büschelkomplex des Stigmas vorbeistreicht. – *Abwehreinrichtungen:* Alle größeren H. können mit ihren Giftfüßen des 1. Rumpfsegments zubeißen; dabei kann ein Gift injiziert werden, das bei einigen Arten (⁊Skolopender) sehr schmerzhaft sein kann. Das Gift ist bisher kaum untersucht. Der Biß ruft bei Wirbellosen rasche Lähmung hervor. Steinkriecher u. Skolopender wehren sich meist auch mit als Greifzangen umgebilde-

3) *Scutigeromorpha* (ca. 130 Arten), Spinnenläufer, Spinnenasseln (fr. *Notostigmophora),* bei uns v. a. in SW-Dtl. der mediterrane *Scutigera coleoptrata,* bis 2,6 cm lang, mit extrem langen dünnen Beinen durch vielfache Unterteilung des Tarsus; die kurzen Tergite sind v. den langen nahezu vollständig überdeckt; große Komplexaugen vom Typ des Pseudofacettenauges.

Die *Epimorpha* haben stets mehr als 20 Segmente, Tömösvary-Organe fehlen. Hierher 2 Ord.: 1) *Geophilomorpha,* Erdläufer: Augen fehlen, Körper fadenartig gestreckt, Segmentzahl selbst innerhalb einer Art nicht festgelegt, alle Tergite gleich lang, 31–181 Beinpaare; bei uns v. a. die *Geophilidae* mit *Geophilus,* unter Steinen u. in der Erde bis in 40 cm Tiefe; *G. longicornis* wird bis 4 cm lang, bis 57 Beinpaare. 2) *Scolopendromorpha,* ⁊Skolopender.

Hundestaupe

ten Endbeinen. Manche Skolopender imitieren mit ihrem Hinterende durch auffällige Färbung den Kopf (Automimikry). Erdläufer besitzen unter den Sterniten, seltener auch in den Hüften, Wehrdrüsen, die sie bei Bedrohung einsetzen. Steinkriecher haben auf der Unterseite der 4 letzten Beine Drüsen, die in die Poren der Coxaldrüsen münden u. ein klebr. Sekret absondern. Dieses wird bei Bedrohung gg. Ameisen u. Spinnen eingesetzt. Die beste Verteidigung ist jedoch die Flucht: Alle H. können sehr schnell laufen (außer den Erdläufern), geradezu unglaubl. schnell sind die Spinnenläufer (bis 50 cm/s bei 20–30 mm Körperlänge!). – *Exkretion:* H. haben 1 Paar ektodermaler Malpighi-Gefäße, die sehr ähnl. denen der Insekten sind. *Lithobiomorpha* u. Spinnenläufer haben daneben noch sog. Kopfnephridien, die durch Fusion der beiden Maxillennephridienpaare entstanden sind. Sie münden medial der 1. Maxille u. caudal der 2. Maxille. – *Fortpflanzung:* Die Besamung der Weibchen erfolgt über indirekte Spermatophorenübertragung. Viele Arten bauen dazu vorher ein Gespinst, in dem die Spermatophore untergebracht wird. (z. B. *Geophilus, Scolopendra, Lithobius*). Durch z. T. komplexes Paarungsverhalten wird das Weibchen dazu gebracht, die Spermatophore aufzunehmen. Bei dem Spinnenläufer *Thereuopoda decipiens* aus SO-Asien packt dabei das Männchen sogar selbst die Spermatophore mit den Giftfüßen u. steckt sie in die Geschlechtsöffnung des Weibchens. – *Verwandtschaft:* Die H. sind als monophylet. Gruppe gut gekennzeichnet (z. B. durch den Besitz der Giftfüße). Die Stellung innerhalb der Gruppe der ↗Tausendfüßer ist umstritten. B Gliederfüßer II, B 299. *H. P.*

Hundestaupe ↗Staupe.

Hundsaffen, *Cercopithecoidea,* die andere, den *Hominoidea* (Menschenähnliche) gegenübergestellte Über-Fam. aus der Gruppe der Schmalnasen od. Altweltaffen *(Catarrhina),* umfaßt die Meerkatzenartigen (Fam. *Cercopithecidae;* ↗Meerkatzen) sowie die ↗Schlankaffen (Fam. *Colobidae)* u. damit die eigtl. „Affen" im volkstüml. Sinne (d. h. Makaken, Mangaben, Paviane, Languren usw.). Vierfüßige Fortbewegung, relativ lange Schnauze u. Gesäßschwielen sind die äußerl. Kennzeichen der H., die sie v. den dem Menschen näherstehenden Gibbons u. Menschenaffen deutl. unterscheiden. Die H. sind meist gesellig lebende, baum- od. bodenbewohnende Tagtiere.

Hundsfische, *Umbridae,* Fam. der Hechtartigen mit 3 Gatt.; meist um 10 cm lange, gedrungene, kurzköpf. Raubfische der

Hundsgiftgewächse
Wichtige Gattungen und Arten:
↗ *Adenium*
Apocynum
Aspidoderma
  A. quebracho-blanco aus dem trop. u. subtrop. Amerika liefert das sehr harte, weiße *Quebracho-Holz* sowie die sehr bittere, an Gerbstoffen u. Alkaloiden reiche *Quebracho-Rinde,* die fr. bes. als Fiebermittel angewendet wurde
Carissa
  C. cavandas ist ein v. Indien bis Malesien verbreitetes Obstgehölz, dessen Früchte unreif in Essig konserviert od. reif zu Mus u. Gelee verarbeitet werden.
Hancornia
  H. speciosa, eine im trop. Amerika heim. Art mit eßbaren Früchten, liefert den *Mangabeiragummi*
↗ *Immergrün (Vinca)*
Landolphia
↗ *Oleander (Nerium)*
↗ *Rauwolfia*
↗ *Strophanthus*
Tabernaemontana
Thevetia
  T. peruviana, ein immergrüner Strauch aus Mittel- u. S-Amerika, wird seiner duftenden, gelben Blüten wegen in vielen trop. Ländern als „Gelber Oleander" kultiviert

Hundsgiftgewächse
Landolphia comorensis

nördl. Hemisphäre mit weit hintenstehender, großer Rückenflosse; können wasserarme Zeiten im Schlamm überdauern u. im Eis überwintern, solange die Körperflüssigkeit nicht mitgefriert (↗Gefrierschutzproteine). Hierzu gehören: der im unteren Donaugebiet vorkommende, etwa 7 cm lange, als Aquarienfisch beliebte Eur. H. *(Umbra krameri),* der in verschmutztem, sauerstoffarmem Wasser leben kann; der aus den östl. USA stammende, in Mitteleuropa z. T. eingeschleppte, ca. 6 cm lange Zwerg-H. *(U. pygmaea)* mit dunklen Längsbändern u. gelbl. Grund; der dunkel gefärbte, bis 20 cm lange Alaska-Fächerfisch *(Dallia pectoralis)* mit heller, netzart. Zeichnung, der regelmäßig im Eis überwintert.

Hundsflechte ↗Peltigera.

Hundsgiftgewächse, *Apocynaceae,* überwiegend in den Tropen u. Subtropen beheimatete Fam. der Enzianartigen mit ca. 1500 Arten in 180 Gatt. Milchsaftführende, oft immergrüne Bäume, Sträucher u. Lianen, seltener Stauden, mit meist kreuzgegenständ., einfachen, ganzrand. Blättern, deren oft sehr zahlr. Seitennerven zueinander mehr od. weniger parallel verlaufen. Die oft in reichblüt., zusammengesetzten Blütenständen angeordneten Blüten sind zwittrig, radiär u. 5zählig mit i. d. R. stielteller- od. trichterförm. Krone. Die Frucht besteht meist aus 2 balgkapselart. Teilfrüchten, seltener ist sie beerig od. steinfruchtartig. Die flachen Samen sind oft mit einem Haarschopf od. mit Flügeln ausgestattet. Eine große Anzahl von H.n ist stark giftig. Sie enthalten Bitterstoffe u. für die Medizin z. T. sehr wicht. ↗Herzglykoside (↗ *Strophanthus, Nerium, Thevetia* usw.) u. ↗Alkaloide (↗ *Rauwolfia, Aspidosperma* u. a.). Der Milchsaft einiger H., bes. v. Arten der im trop. Afrika meist als Liane wachsenden Gatt. *Landolphia* u. von *Hancornia,* besitzt als Kautschuk wirtschaftl. Bedeutung. Textilfasern werden u. a. aus der Rinde verschiedener Arten der nordam. Gatt. *Apocynum* (Hundsgift) gewonnen. Eßbare, z. T. auch als Obst kultivierte Früchte liefern neben anderen *Carissa* u. *Hancornia.* Überdies werden zahlr. H. ihrer großen, duftenden Blüten wegen als Zierpflanzen kultiviert *(Nerium,* der ↗Oleander, *Vinca,* das ↗Immergrün, *Carissa, Thevetia* u. a.).

Hundshai, 1) *Galeorhinus galeus,* ↗Blauhaie; 2) *Mustelus canis,* ↗Marderhaie.

Hundskamille, *Anthemis,* mit ca. 100 Arten über fast ganz Europa, Kleinasien u. N-Afrika verbreitete Gatt. der Korbblütler. Einjähr. bis ausdauernde Kräuter mit meist wiederholt fiederspalt., oft fein zerteilten Blättern u. relativ großen, einzeln stehenden Blütenköpfen. Bekannte Arten: die in Unkraut-Ges. (v. a. der Getreidefelder) wachsende Acker-H. *(A. arvensis)* u. die aus SW-Europa stammende, seit langem als Heil- u. Zierpflanze kultivierte, bisweilen verwilderte Römische H. *(A. nobilis)* mit weißen Rand- u. gelben Scheibenblüten sowie die u. a. in Trockenrasen u. Felsband-Ges. zu findende Färberkamille *(A. tinctoria)* mit gelben Blütenköpfen.

Hundskopfboas, *Windeschlangen, Corallus,* Gatt. der Boaschlangen, in Mittel- u. im trop. S-Amerika beheimatet; geschickte Baumkletterer; ernähren sich v. a. von Vögeln u. Echsen. – Die Grüne H. *(C. caninus)* wird bis 2 m lang, hat einen seitl. abgeflachten Körper u. ist aufgrund ihrer blattgrünen Färbung (mit weißen bis gelbl. Querbändern auf dem Rücken) u. dem zum Greiforgan entwickelten Schwanz hervorragend ihrer Umgebung angepaßt; sie besitzt bes. lange u. kräft. Vorderzähne; in jedem Schild der Lippenränder befindet sich ein ↗Grubenorgan. Im Ggs. zu den anderen Arten der Gatt. hat die gelb-bräunl. od. graue Gartenboa *(C. enydris;* Gesamtlänge bis 2,5 m) eine bes. Klettertechnik entwickelt („Ziehharmonikamethode"): sie umwickelt mit dem hochgestreckten Vorderteil des Körpers einen Baumstamm, lockert das Hinterende u. zieht den Körper nach; anschließend verankert sie sich mit dem Schwanz, lockert den Vorderteil u. reckt sich weiter nach oben. [wenzahn.

Hundslattich, *Leontodon saxatilis,* ↗Löwenzahn.

Hundspetersilie, *Aethusa,* Gatt. der Doldenblütler mit *A. cynapium,* einer kulturbegleitenden Sammelart in Europa u. Sibirien; Blätter mit Fiedern 2. und 3. Ord., glänzend, riechen beim Zerreiben knoblauchartig; weiße Blüten in bis 20 strahl. Dolden; Stengel rund u. kahl; zu ihren Inhaltsstoffen gehört vermutl. das hochgift. Coniumalkaloid Coniin.

Hundsrauke, *Erucastrum,* hpts. über Mitteleuropa u. das Mittelmeergebiet verbreitete Gatt. der Kreuzblütler mit rund 12 Arten; in Mitteleuropa heimisch v. a. die in offenen Unkrautfluren wachsende Französische H. *(E. gallicum)* mit leierförm. bis fiederspalt. Blättern u. gelbl.-weißen Blüten.

Hundsrobben, *Phocidae,* artenreichste Fam. der Robben mit 4 U.-Fam.: ↗Mönchsrobben, ↗Südrobben, ↗Rüsselrobben und ↗Seehunde; ca. 20 Arten u. mehrere U.-Arten. Die H. sind hochgradig an das Wasserleben angepaßt. Im Ggs. zu den ↗Ohrenrobben sind ihre äußeren Ohren völlig reduziert u. können die H. ihre Hinterextremitäten (zur Fortbewegung an Land) nicht nach vorne bringen. Im Wasser wirken die Hinterextremitäten funktionell als „Schwanzflosse". An Land können sich H. nur rutschend fortbewegen („robben"). H.

Hundskamille
Die stark aromat. duftenden, gewürzhaft-bitter schmeckenden Blütenköpfe der Röm. H. *(Anthemis nobilis)* liefern ein bläul. gefärbtes, Azulen-haltiges äther. Öl u. finden ähnl. Anwendung wie die der Echten ↗Kamille. Die Xanthophyll-haltigen Blüten der Färberkamille *(A. tinctoria)* wurden fr. zum Färben benutzt.

Acker-Hundskamille *(Anthemis arvensis)*

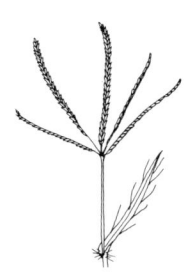

Hundszahn
Finger-H., Bermudagras *(Cynodon dactylon)*

Hundszunge
Die Blätter der Gemeinen H. *(Cynoglossum officinale)* enthalten äther. Öl u. Schleimstoffe. In der durch Alkannin rötl. gefärbten, rübenförm. Wurzel kommen neben Gerb- u. Bitterstoff Cholin u. das bei kaltblüt. Tieren lähmend wirkende Alkaloid *Cynoglossin* u. die zentrallähmenden Substanzen *Consolidin* u. *Consolicin* vor. Radix Cynoglossi wurde fr. sowohl zum Färben als auch zu Heilzwecken verwendet.

leben hpts. in den kälteren Meeren; in einem Binnensee die ↗Baikal-Robbe. Da der Pelzhandel die Felle der frischgeborenen H. bevorzugt, werden alljährl. Tausende v. Jungtieren auf den Wurfplätzen in den Packeis- u. Treibeisgebieten erschlagen.

Hundsrute, *Mutinus* Fr., Gatt. der Stinkmorchelartigen Pilze; in Mitteleuropa 4 Arten, ähnl. kleinen, rutenförm. Stinkmorcheln; der olivgrüne bis orangerote Hutteil ist aber nur wenig vom Stiel abgesetzt; Geruch aas- bis kotartig. Die Entwicklung erfolgt aus einem unterird. „Hexenei" (haselbis walnußgroß), auch an stark vermodertem Holz. Häufig findet man die ungenießbare H. *(M. caninus* Fr.) im Moos u. Humus am Grunde alter Stubben, an morschen Stämmen.

Hundstagsfliege, *Kleine Stubenfliege, Fannia canicularis,* ↗Blumenfliegen.

Hundswurz, *Kammstendel, Anacamptis,* Gatt. der Orchideen mit *A. pyramidalis* als einziger, aber in Europa weit verbreiteter Art; zeichnet sich durch pyramidenförm. Blütenstand mit karminroten, lang gespornten Blüten aus; besiedelt als *Mesobromion*-Charakterart kalkreiche, warmtrockene Standorte; nach der ↗Roten Liste „stark gefährdet".

Hundszahn, 1) *H.gras, Cynodon,* Gatt. der Süßgräser (U.-Fam. *Eragrostoideae)* mit 10 trop. u. subtrop. Arten. Der Finger-H. od. das Bermudagras *(C. dactylon)* mit Fingerähren ist das wichtigste Weidegras wärmerer Länder, bes. im S der USA; es ist gg. Sommerdürre unempfindl., verträgt Überschwemmungen u. ist wirtschaftl. wichtig bes. auf stark salzhalt. Böden; in den USA werden ca. 2 Mill. ha einer Zuchtsorte angebaut; Heufieberpflanze. **2)** *Erythronium,* Gatt. der ↗Liliengewächse.

Hundszähne, die ↗Eckzähne.

Hundszunge, *Cynoglossum,* v. a. in den gemäßigten u. subtrop. Zonen verbreitete Gatt. der Rauhblattgewächse mit ca. 90 Arten. Kräuter od. Stauden mit längl.-lanzettl., weich behaarten Blättern u. in meist reichblüt. Wickeln stehenden, kleinen Blüten mit 5zipfl., braunroter, bläul. od. weißl. Krone. In Mitteleuropa die in den Lichtungen krautreicher Laubmischwälder wachsende Wald-H. *(C. germanicum)* u. die in sonn. Unkrautfluren, an Schuttplätzen u. Wegrändern zu findende Gemeine H. *(C. officinale).*

Hungate-Technik [hangⁱt-; ben. nach dem Mikrobiologen R. E. Hungate], Verfahren zur Anzucht obligat anaerober Bakterien, bei dem schon die Nährlösung in sauerstoffreier Atmosphäre, unter Zusatz v. Reduktionsmitteln (z. B. Ascorbinsäure, Thioglykolat, Cystein), zubereitet wird; das Beimpfen der Nährlösung erfolgt im Stick-

Hunger

Hunger

Wirkung einiger an der Verdauung und Energiebereitstellung beteiligten Hormone auf das H.empfinden:

Hormon	Hunger
Insulin	+
Cholecystokinin	−
Sekretin	0
Enterogastron	−
Somatotropin	−
Östradiol	−

stoffstrom (N_2) od. in Impfkästen, die mit sauerstofffreien Gasen (N_2, Argon) gefüllt sind, so daß die Nährlösungen (-böden) nicht mit Sauerstoff (O_2) in Berührung kommen. Als Farbindikator zum Nachweis der Anaerobiose wird Resazurin zugesetzt ($-O_2=$ farblos, $+O_2=$ blau-rot).

Hunger, eine durch Nahrungsmangel (↗Ernährung) hervorgerufene angeborene physische Allgemeinempfindung *(H.gefühl),* die beim Menschen subjektiv auf die Magengegend projiziert wird u. einem vernetzten System neuronaler, hormoneller u. metabolischer Ereignisse (↗H.stoffwechsel) entspringt. Bei höheren Tieren u. dem Menschen ist H. mit psych. Erscheinungen wie Unruhe u. Unlust verknüpft, die im Zustand der *Sättigung* nicht auftreten. Abzugrenzen von H. ist die Empfindung *„Appetit",* d.h. der Wunsch, eine bestimmte Nahrung aufzunehmen *(„spezifischer H.",* vgl. Spaltentext). Steuerzentrale für die Regulation der Nahrungsaufnahme sind offenbar übergeordnete Schaltstellen des Nervensystems, bei Wirbeltieren der Hypothalamus. Dort wird im ventromedianen Bereich neben einem *„Sättigungszentrum"* ein *„H.zentrum"* postuliert, wobei letzteres ständig aktiv ist u. über einen Hemmechanismus die ständige Nahrungsaufnahme verhindert werden muß. – Über die Auslösung des H.s gibt es verschiedene Theorien. Allg. wird vermutet, daß akuter H. durch Leerkontraktionen des Magens ausgelöst wird, die über Mechanozeptoren der Magenwand registriert werden. Mit Hinblick auf eine *längerfristige* Regulation zur Erhaltung der Energiebilanz u. der Reservestoffe werden folgende zwei Signale diskutiert: Nach der *lipostatischen Hypothese* wird die Nahrungsaufnahme durch das verfügbare Körperfett über entspr. Liporezeptoren gesteuert, da Nahrungsüberschuß zur Anlage v. Fettdepots, Nahrungsmangel zu deren Auflösung führt. Eng damit verknüpft ist die *ponderostatische Hypothese,* bei der das Körpergewicht die Regulation der Nahrungsaufnahme übernimmt. Danach wird ein genet. vorprogrammiertes Zielgewicht nach kurzod. langfrist. Gewichtsveränderung – durch H., Fasten, Pharmaka – bei erneutem Nahrungsangebot rasch wieder erreicht. Für eine *kurzfristige* Regulation im Wechsel von H. und Sattheit stehen folgende drei Signale: Da die Glucosekonzentration im Blut (↗Blutzucker) in relativ engen Grenzen reguliert wird (B Hormone), kommt nach der *glucostatischen Hypothese* diesem Metaboliten eine entscheidende Rolle bei der Auslösung des H.s zu. Über Glucorezeptoren in Zwischenhirn, Magen, Leber u. Dünndarm wird die Blutglucosekonzentration gemessen u. bei abnehmender Verfügbarkeit ein H.gefühl ausgelöst, das mit den obengen. Leerkontraktionen des Magens gut korreliert u. zu einer steigenden Nahrungsaufnahme führt. Erst nach Normalisierung des Blutzuckerspiegels tritt ein Sättigungsgefühl ein. Experimentell weniger gut gesichert ist die *thermostatische Hypothese,* die darauf beruht, daß die Nahrungsaufnahme v. Warmblütern umgekehrt proportional der Umgebungstemp. ist. Zur Aufrechterhaltung der Gesamtenergiebilanz könnte über innere Thermorezeptoren bei Rückgang der Wärmeproduktion H. ausgelöst werden. Da der Organismus auf essentielle Aminosäuren angewiesen ist, kommt der Aminosäurenzusammensetzung der Kost nach der *aminostatischen Hypothese* eine Rolle bei der Regulation von H. und Sättigung zu. Allen Hypothesen gemeinsam ist, daß bei Mangel an für den Intermediärstoffwechsel erforderl. Energielieferanten H. ausgelöst wird. Die Leber bzw. leberähnl. Organe als Hauptstoffwechselorgane des Körpers könnten somit Orte der Auslösung des H.gefühls sein. – Stoffwechselphysiolog. ist H. definiert als Phase zw. der Resorption der aufgenommenen Substrate aus dem Darm bis zur nächsten Resorption. In dieser Postresorptionsphase werden keine Nährsubstrate resorbiert, die angelegten Speicher werden verwertet. Während dieser Zeit, wie auch beim ↗Diabetes mellitus, ist die ↗Ketogenese stark erhöht. Während der nächtl. „H.phase" werden auch relativ rasch Strukturproteine, z.B. aus Muskelgewebe, abgebaut, die dann in der Leber zu Glucoseeinheiten umgewandelt werden u. im wesentl. der Versorgung des Gehirns dienen. – Eine vorausplanende Nahrungsaufnahme ohne H. kommt bei den meisten

---

Hunger

Appetit:
Teil des H.gefühls u./od. angeborene od. erworbene individuelle Bevorzugung bestimmter Speisen, wobei letzteres stark v. der Zugehörigkeit zu einem bestimmten Kulturkreis u. den dort verfügbaren bzw. tradierten Nahrungsmitteln abhängt.

Appetitzügler (Anoretika) werden bei Übergewichtigen therapeut. im wesentl. zur Verringerung der Kohlenhydrataufnahme eingesetzt. Sie senken über eine hyperthalamische Steuerung das in Grenzen modifizierbare genet. festgelegte Körpergewicht auf einen niedrigeren Sollwert (set-point). Bei längerer Anwendung läßt vielfach die Wirksamkeit nach, u. es besteht die Gefahr einer Abhängigkeit. A. dürfen daher nicht länger als 3 Monate (zur Unterstützung anderer therapeut. Maßnahmen) eingesetzt werden. Beispiele sind ↗Amphetamine u. Fenfluramine.

Spezifischer Hunger:
Ähnlich, wie beim Menschen Appetit auf eine bestimmte Kost aufkommen kann, findet sich im Tierreich zu bestimmten Zeiten ein spezif. H. nach Nährsubstanzen, die ins Defizit geraten sind. Viele Insekten nehmen gezielt Protein auf, um zu Vitellogenese u. Eiablage zu gelangen, Säugetiere entwickeln nach körperlicher Anstrengung, verbunden mit Schwitzen, einen spezif. H. nach Kohlenhydraten u. Salz. Auch für Calcium u. Vitamine, wie Thiamin, ist in Mangelsituationen ein spezif. H. nach diesen Substanzen nachgewiesen worden. Die physiolog. Mechanismen für spezif. H. sind heute noch nahezu unbekannt.

Warmblütern vor, um den zu erwartenden Energieaufwand bis zur nächsten Mahlzeit zu decken (↗Durst). Dabei wird die Nahrungsaufnahme beendet, lange bevor es zur Resorption der aufgenommenen Nährstoffe kommt *(präresorptive Sättigung).* Die an der präresorptiven Sättigung beteiligten Faktoren sind zum einen der Kauakt selbst, aber auch Geruchs-, Geschmacksu. Mechanorezeptoren des Nase-Mund-Rachenraums sowie die Dehnung des Magens. – Eine extreme Stoffwechselsituation des H.s ist das *Fasten* (beim Menschen nach mehr als 72 Std. ohne Nahrungsaufnahme). Ein guternährter Mensch erträgt H. über mehrere Wochen (bis zu 50 Tagen, ohne Flüssigkeitszufuhr allerdings nur 12 Tage), bis schließl. nach Glykogen u. Fettdepots Organprotein abgebaut wird, was in kurzer Zeit zum Tode führt. 10–15% der Weltbevölkerung leiden derzeit ständig an H., wobei es zu akuten od. chron. Erkrankungen kommt, die sich in Störungen des Stoffwechsels, der inneren Sekretion, H.ödemen sowie Atrophien des Körpergewebes (insbes. auch der Knochen) niederschlagen (↗Eiweißmangelkrankheit). Die dieser körperl. Schwäche nachfolgenden Erkrankungen verlaufen vielfach lebensbedrohend. – Beim Menschen sind neben den rein stoffwechselphysiolog. auch psycholog. Funktionen für die Nahrungsaufnahme v. Bedeutung, die insbes. bei Störungen in anderen Triebbereichen auftreten: übermäßiges Essen („Kummerspeck") od. Nahrungsverweigerung (Anorexia nervosa), die in der Pubertät v. Mädchen manchmal sogar zum H.tod führt. ↗Durst. *L. M.*

Hungerblümchen, *Erophila,* in Europa, dem gemäßigten Asien, N-Afrika u. N-Amerika verbreitete Gatt. der Kreuzblütler mit etwa 8, z.T. stark abändernden Arten; niedr. Kräuter mit grundständ. Blattrosette u. weißen od. rötl. Blüten. Das von Febr. bis April blühende Frühlings-H. *(E. verna = Draba verna)* wächst in Pionier-Ges., lückigen Mager- u. Sandrasen, auf Mauern, Felsschutt u. Kies.

Hungerstoffwechsel, Stoffwechselsituation nach der Resorptionsphase bis zum Beginn der nächsten Resorption bei normalen (Mensch) 6 bis 12 Stunden auseinanderliegenden Mahlzeiten. Bei länger andauerndem ↗Hunger wird der Grundstoffwechsel generell drastisch gesenkt (bei Spinnen bis zu 83% unter die normale Rate). Im Zentralnervensystem der Wirbeltiere, das kein Fett metabolisieren kann, kommt es zu einer Glucoseeinsparung durch Ketonkörperverwertung u. Lactatbildung, in Muskel u. Leber werden weniger Proteine gebildet, in der Niere erfolgt eine gesteigerte Gluconeogenese und Ammoniakausscheidung aufgrund einer metabolischen Acidose. Leber, Muskeln, Herz u. Niere gewinnen im Hungerzustand die notwend. Energie im wesentl. durch Oxidation der Fettsäuren. [↗Hautflügler.

Hungerwespen, *Evaniidae,* Familie der
Huperzia *w,* Gatt. der ↗Bärlappartigen.
Hupfbohne, Mexikanische Springbohne, Teufelsbohne, v. Schmetterlingslarven bewohnte Teilfrüchte einiger Wolfsmilchgewächse in Afrika u. Amerika; Raupen gehören meist zu den ↗Wicklern, bewegen bei genügend Wärme durch Vorschnellen des Körpers die „Bohne" u. verursachen sogar kleine Sprünge. Beispiele: die Wickler *Carpocapsa (Cydia) saltitans* u. *Enarmonia sebastianae,* in Früchten v. *Croton spec.* u. *Sebastiania spec.* in Mexiko u. Arizona parasitierend. [poda.

Hüpferlinge, *Cyclops,* Gatt. der ↗Cope-
Hüpfkäfer, *Throscidae, Trixagidae,* Fam. der polyphagen Käfer aus der Verwandtschaft der Schnellkäfer; kleine braune, den Schnellkäfern ähnl. Käfer von 2,5–5 mm Länge, die in der Bodenstreu, auf Blüten od. Blättern sitzen; entgegen dem Namen können die Käfer nicht springen. Bei uns 5–6 Arten der Gatt. *Throscus.* Der schwarz-rot gezeichnete *Drapetes biguttulatus* gehört zu den Schnellkäfern.

Hüpfmäuse, *Zapodidae,* mit den Springmäusen verwandte Nagetier-Fam. mit 2 U.-Familien: Eigentliche H. (*Zapodinae,* N-Amerika, Asien), Streifen-H. (*Sicistinae;* Europa, Asien); Kopfrumpflänge 5–10 cm, Schwanzlänge 6–15 cm; Hinterbeine verlängert, Oberlippe nicht gespalten. H. bauen Kugelnester in Bodennähe (jährl. nur 1 Wurf mit 2–7 Jungen) u. halten Winterschlaf in einem Erdnest. Die überwiegend nachtaktiven H. ernähren sich v. Grassamen, Beeren u. Insekten. In Dtl. lebt die ↗Birkenmaus. [gewächse.

Hura *w* [karibisch], Gatt. der ↗Wolfsmilch-
Husarenaffen, *Erythrocebus patas,* zur Fam. der Meerkatzenartigen *(Cercopithecidae)* gehörende Art mit 2 U.-Arten, den Schwarznasen-H. od. Patas *(E. p. patas)* u. den Weißnasen-H. od. Nisnas *(E. p. pyrrhonotus).* H. sind typ. Bodenbewohner, die in Rudeln von ca. 10 Tieren in Steppengebieten leben u. den Wald meiden. Rotbuntes Fell, alte Männchen mit Schultermähne u. Backenbart; Kopfrumpflänge ca. 60–80 cm, Schwanzlänge etwa 60 cm (Weibchen kleiner); Hände, Füße u. Daumen kürzer als bei den Meerkatzen i.e.S. (Gatt. *Cercopithecus).*

Huschspinne, Grasgrüne H., *Micromata (= Micrommata) viridissima (= rosea, = virescens),* einziger mitteleur. Vertreter der ↗*Eusparassidae;* Körper auffallend hell-

Husarenaffe
(Erythrocebus patas)

hyaen- [v. gr. hyaina = Hyäne].

hyalo-, hyalin- [v. gr. hyalos = Glas, Kristall, hyalinos = gläsern, durchsichtig].

J. S. Huxley

grün (bei reifen Männchen meist gelbl. mit roten Längsstreifen), 10–15 mm lang; H.n leben in der Vegetationsschicht u. bauen kein Fanggewebe; der Eikokon wird in zusammengesponnenen Blättern bewacht u. vom Weibchen heftig verteidigt.
Huso, Gatt. der ↗ Störe.
Hustenreflex, zählt zu den Schutzreflexen u. dient der Reinigung der Atemwege. Ursachen des Hustens *(Tussis)* können „in die falsche Kehle" geratene Fremdkörper od. sonstige Reizungen (z. B. Entzündungen, Rauch, Gase, Staub) der Mechanorezeptoren in den Schleimhäuten des Kehlkopfes u. der Luftröhre sein. Die Erregung der Rezeptoren wird über den Vagusnerv dem Reflexzentrum in der Medulla oblongata zugeleitet u. dort auf efferente Neuronen umgeschaltet, deren Fasern zum Zwerchfell, zur Zwischenrippen- u. zur Bauchdeckenmuskulatur ziehen. Durch deren reflektorisch gesteuerte Kontraktion wird dann eine plötzl. Ausatembewegung unter Sprengung der geschlossenen Stimmritzen ausgelöst, wobei die die Reizung verursachenden Fremdkörper mit dem so entstehenden Luftstrom herausgeschleudert werden. ↗ Reflex.
Hutaffen ↗ Makaken.
Hutchinsia w [ben. nach der ir. Botanikerin Hutchins (hatschins)], die ↗ Gemskresse.
Hutpilze, in Hut u. Stiel gegliederte Fruchtkörper v. Pilzen, überwiegend ↗ Ständerpilze, deren Meiosporen sich an Blättern (↗ Blätterpilze), Stacheln (↗ Stachelpilze) od. Röhren (↗ Röhrlinge) entwickeln; auch wenige Schlauchpilze (↗ Morcheln).
Hutschlangen, *Naja,* ↗ Kobras.
Huxley [hakßli], **1)** Sir *Andrew Fielding,* engl. Physiologe, * 22. 11. 1917 London; seit 1960 Prof. ebd.; arbeitet bes. auf dem Gebiet des Reizleitungssystems der Nerven; wies zus. mit Hodgkin Aktionspotentiale in Nervenfasern u. die Ionenselektivität der Nervenzellmembranen nach; erhielt 1963 zus. mit J. C. Eccles u. A. L. Hodgkin den Nobelpreis für Medizin. **2)** Sir *Julian Sorell,* Bruder v. 1), engl. Biologe u. Schriftsteller, * 22. 6. 1887 London, † 14. 2. 1975 ebd.; 1925–35 Prof. am King's College in London, 1935–42 Generalsekretär der Zool. Ges. u. Dir. des Zool. Gartens in London; 1946–48 General-Dir. der UNESCO. Vertrat in seinen Schriften eine durch die Evolution bestimmte Moral, die gutheißt, was die Entwicklung fördert, u. schlecht findet, was diese hemmt; war der Ansicht, die Menschheit sei mit biol. Mitteln (Geburtenlenkung, Geniezüchtung usw.) wesentl. zu verbessern. **3)** *Thomas Henry,* Großvater v. 1) u. 2), engl. Naturforscher, * 4. 5. 1825 Ealing, † 29. 6. 1895 London; seit 1855 Prof. in London; widerlegte 1858 end-

gültig die v. Goethe u. Oken vertretene Theorie der Schädelentstehung; leidenschaftl. Verfechter der Selektionstheorie Darwins.
Huxley-Linie [hakßli; ben. nach T. H. ↗ Huxley], ↗ Wallacea.
Hyacinthus *m* [v. gr. hyakinthos = violettod. stahlblaue Blume], die ↗ Hyazinthe.
Hyaena *w* [v. *hyaen-], Gatt. der ↗ Hyänen.
Hyaenidae [Mz.; v. *hyaen-], die ↗ Hyänen.
Hyaenodon *m* [v. *hyaen-, gr. odōn = Zahn], (Laizer u. Parieu 1838), Nominat-Gatt. der Fam. *Hyaenodontidae* Leidy 1869 bzw. der U.-Ord. *Hyaenodonta* van Valen 1967. Früher meist den Urraubtieren († *Creodonta),* neuerdings der Ord. ↗ *Deltatheridia* od. einer eigenen Ord. *Hyaenodonta* zugeordnet. H. ist ein Säuger der Alten u. Neuen Welt v. hyänenart. Aussehen u. der Größe eines Braunbären; Brechschere von M^2 und M_3 gebildet, Gebiß etwas reduziert, Rumpf langgestreckt, Schwanz relativ kurz. Humerus mit Foramen entepicondyloideum. Vorkommen: Obereozän bis Oberoligozän. ☐ Creodonta.
hyalin [*hyalin-], glasig, durchsichtig; wird von bestimmten Geweben gesagt, z. B. hyaliner Knorpel.
Hyalinella *w* [v. *hyalin-], Gatt. der *Phylactolaemata* (Süßwasser-Moostierchen); längl. gallertige Kolonien an Pflanzen, Holz u. Steinen im ruhigen od. schwach bewegten Wasser.
Hyalinoecia *w* [v. *hyalin-, gr. oikia = Haus], Gatt. der Ringelwurm-(Polychaeten-)Fam. *Onuphidae* (Ord. *Eunicida); H. tubicola,* bis 22 cm lang, lebt in federkielart., horn. Röhre, deren beide Öffnungen durch mehrere ventilart. Klappen verschlossen werden können.
Hyalinzelle [v. *hyalin-], abgestorbene, große wasserspeichernde Zelle in den Blättchen der Torfmoose *(Sphagnum).*
Hyalonematidae [Mz.; v. *hyalo-, gr. nēmata = Fäden], Fam. der Glasschwämme (U.-Kl. *Amphidiscophorida).* Wichtige Arten: *Hyalonema sieboldi,* becherförmig, ⌀ bis 8,5 cm, Höhe bis 13 cm, an der Basis ein Wurzelschopf aus ca. 1 mm dicken, spiralig umeinandergewundenen u. bis 40 cm langen Nadeln; *Pheronema raphanus,* rübenförmig, bis 8 cm hoch, seit dem Eozän bekannt u. rezent in Atlantik, Indik u. Pazifik weit verbreitet.
Hyalophyes *m* [v. *hyalo-, gr. phye = Gestalt], urspr. als eigene Gatt. angesehenes Larvenstadium verschiedener Arten der ↗ *Kinorhyncha* aus der Fam. *Pycnophyidae* (Ord. *Homalorhagida).*
Hyaloplasma *s* [v. *hyalo-, gr. plasma = Gebilde], ↗ Cytoplasma (↗ Cytosol).
Hyaloscyphaceae [Mz.; v. *hyalo-, gr. sky-

phos = Becher], Fam. der *Helotiales,* saprophyt. od. pflanzenparasit. Schlauchpilze mit hellen, oft rötl. od. gelbl. u. mit hellen Haaren besetzten Apothecien. Bekanntester Vertreter ist der Erreger des ↗Lärchenkrebses, *Lachnellula willkommii (Trichoscyphella willk.).* Weitere Gatt., die auf Ästen verschiedener Bäume u. Sträucher, auf Gräsern od. entrindetem Laub- u. Nadelholz leben, sind u. a. *Perrotia, Dasyscyphus, Hyaloscypha.*

Hyalotheca *w* [v. *hyalo-, gr. thēkē = Behälter, Gefäß], Gatt. der ↗Desmidiaceae.

Hyaluronidase *w* [v. *hyalo-, gr. ouron = Harn], ↗Hyaluronsäure.

Hyaluronsäure, einer der Hauptbestandteile der bes. in Haut-, Knorpel-, Bindegewebe u. im Glaskörper des Auges enthaltenen hochmolekularen ↗Proteoglykane. H. ist chem. ein Heteroglykan, das linear aus alternierenden Glucuronsäure- u. N-Acetyl-Glucosamin-Resten aufgebaut ist. Sie ist eines der wichtigsten Glykos-

[Strukturformel: Glucuronsäure — N-Acetyl-Glucosamin]$_n$

aminglykane (Mucopolysaccharide), hat jedoch unter diesen aufgrund der bes. großen Kettenlänge (mehrere Tausend Monosaccharideinheiten, relative Molekülmasse von 20 000 bis mehrere Mill.), der Abwesenheit v. Sulfatresten u. da H. in den Proteinglykanen die zentrale, aber nicht kovalent mit Protein verbundene Grundeinheit darstellt, eine Sonderstellung. Das Enzym *Hyaluronidase* spaltet H. in Disaccharideinheiten u. verursacht damit die Auflösung hochmolekularer Proteoglykane (auch z. B. von Chondroitinsulfat, ↗Chondroitin), was zur Durchlässigkeit der betreffenden Gewebe für Fremdsubstanzen (z. B. Tusche, Farbstoffe, Kolloide, beim ↗Akrosom der Spermien) u. pathogene Bakterien führt. Die ionische Form der H. wird als *Hyaluronat* bezeichnet.

Hyänen, *Hyaenidae,* mit den Schleichkatzen (Fam. *Viverridae*) u. dem ↗Erdwolf (Fam. *Protelidae*) verwandte Fam. der Landraubtiere mit 3 Arten mit vorwiegend nächtl. Lebensweise; Kennzeichen: hochbeinig, nach hinten abfallender Rücken mit Mähne, starkes Gebiß. Die Tüpfel- od. Fleckenhyäne *Crocuta crocuta* (Kopfrumpflänge 100–120 cm; dunkelbraune bis schwarze Flecken auf gelbgrauem Grund) lebt in 4 U.-Arten in offenen Landschaften Afrikas südl. der Sahara (B Afrika IV). Entgegen früheren Vorstellungen ernährt sie sich hpts. v. Beutetieren (z. B. Antilopen, Zebras), die sie in Rudeln selbst erjagt, daneben auch v. Aas. Die kleinere Streifenhyäne *(Hyaena hyaena,* dunkle Streifen auf grau-graubraunem Grund) kommt in SW-Asien (B Asien VI), Indien, N- und O-Afrika vor, lebt einzeln od. in kleinen Trupps in der Savanne; ihre Nahrung besteht aus selbst erbeuteten kleineren Wirbeltieren, Aas, menschl. Abfällen u. Pflanzenkost. Die scheue Braune od. Schabrackenhyäne, auch „Strandwolf" *(Hyaena brunnea),* ist nahezu Einzelgänger u. ernährt sich ähnl. wie die vorige Art; sie kommt nur noch in wenigen Savannen-Gebieten S-Afrikas vor.

Hyänenhund, Afrikanischer Wildhund, *Lycaon pictus,* wird trotz seiner Ähnlichkeit mit Hyänen zu den Echten Hunden gerechnet; Kopfrumpflänge 76–101 cm, Färbung variabel (schwarz, gelb, weiß), Schwanzende stets weiß. In Steppen u. Baumsavannen Afrikas weit verbreitet; lebt in Rudeln von 6–20 Tieren u. jagt hpts. kleinere Gazellen u. Jungtiere v. Großantilopen; ausgeprägtes Sozialverhalten; gute Zuchterfolge in Zoos.

H-Y-Antigen, ein *H*istoinkompatibilität bewirkendes „Transplantations-Antigen", das genet. vom *Y*-Chromosom gesteuert wird (das Gen für das H. ist eines der ganz wenigen bisher auf dem Y-Chromosom nachgewiesenen Gene). Da im weibl. Körper normalerweise keine H.e gebildet werden, kommt es zu Abwehrreaktionen, wenn Gewebe von männl. auf weibl. Patienten übertragen werden. – Während der Embryonalentwicklung bewirkt das H. in Kombination mit einem spezif. Rezeptor, daß sich die indifferente Gonaden-Anlage zum Hoden entwickelt. Das erst seit einem Jahrzehnt bekannte H. entspricht höchstwahrscheinl. dem M-Geschlechtsrealisator der genotyp. ↗Geschlechtsbestimmung. Man vermutet, daß sehr selten Translokationen v. Y-Chromosomenbruchstücken (mit dem Gen für das H.) auf das X-Chromosom vorkommen u. dadurch Tiere mit XX-Genotyp (♀) zu phänotypischen Männchen werden (dominante Mutation Sxr = sex reversal).

Hyas *w* [v. gr. Hyas = Hyade (Hyaden = Töchter des Atlas, Sternhaufen im Sternbild Stier)], Gatt. der ↗Seespinnen.

Hyazinthe *w* [v. gr. hyakinthos = eine violett- od. stahlblaue Blume], *Hyacinthus,* monotyp. Gatt. der Liliengewächse mit dichter walzenförm. Blütentraube. *H. orientalis* (B Mediterranregion III), vom östl. Mittelmeer bis Anatolien verbreitet, gilt als Stammform unserer heut. Garten-H., sie ist seit dem 16. Jh. in Europa bekannt; die Wildpflanze blüht blau, während die stark

Hyazinthe

hyalo-, hyalin- [v. gr. hyalos = Glas, Kristall, hyalinos = gläsern, durchsichtig].

Streifenhyäne
(Hyaena hyaena)

Hyänenhund
(Lycaon pictus)

Hyazinthe
(Hyacinthus)

Hybanthus

hybrid- [v. lat. hybrida (hibrida, ibrida) = Mischling, Bastard].

Molekulare Hybridisierung

Blotting-Technik: Für das sog. *Southern-Blotting* (*Southern-H.*, v. E. M. Southern 1975 entwickelt), werden gelelektrophoretisch aufgetrennte DNA-Fragmente unter Beibehaltung ihrer relativen Positionen auf einen Nitrocellulose-Streifen übergeführt (engl. blotting) u. in denaturiertem Zustand fixiert. Der Nitrocellulose-Streifen wird in eine Lösung mit radioaktiver RNA od. DNA (Proben-RNA bzw. -DNA) getaucht. Nach H. u. Auswaschen der überschüss. Proben-RNA bzw. -DNA läßt sich autoradiographisch dasjenige DNA-Fragment bestimmen, welches die Proben-RNA bzw. -DNA aufgrund seiner komplementären Sequenz bindet u. daher radioaktiv ist.
Beim *Northern-Blotting* (*Northern-H.*) zur Identifizierung v. RNA-Sequenzen wird RNA an den Nitrocellulose-Streifen gebunden u. mit radioaktiv markierter DNA od. RNA hybridisiert. (Die Bez. „Northern" wurde eingeführt, da bei diesem Verfahren umgekehrt wie bei der Southern-H. vorgegangen wird.)
Für die sog. *Kolonien-H.* werden Bakterienkolonien auf einen Nitrocellulose-Filter übertragen. Nach anschließender Lyse der Bakterien u. H. der an den Filter fixierten Bakterien-DNA mit einer radioaktiven Proben-DNA od. -RNA können unter einer großen Anzahl v. Kolonien (Klone) diejenigen ermittelt werden, die eine bestimmte, klonierte DNA-Sequenz (↗Gentechnologie) enthalten.

duftenden Zuchtformen in vielen Farbvarietäten bekannt sind. Die Treib-H.n sind durch eine Wärmebehandlung einer Nachreife unterzogen worden; sie eignen sich bes. gut für Topf- od. Wasserkultur.
Hybanthus *m* [v. gr. hybos = Krümmung, anthos = Blume], Gatt. der ↗Veilchengewächse.
Hybocodon *m* [v. gr. hybos = Krümmung, kōdōn = Glocke], Gatt. der ↗Tubulariidae.
Hybride *w* [v. *hybrid-], i. w. S. der ↗Bastard (↗Blendling), i. e. S. Bez. für Kulturpflanzen interspezifischen (Spezies = Art) od. intergenerischen (Genus = Gatt.) Ursprungs; gekennzeichnet nach den Int. Nomenklaturregeln durch ein Multiplikationskreuz u. die Angabe beider Elternarten od. durch einen eigenen bot. Namen, dem ein Multiplikationskreuz eingefügt bzw. vorgestellt wird (z. B. *Camellia japonica* × *C. salvensis* oder *C.* × *williamsii*).
Hybridisierung *w* [v. *hybrid-], **1)** *sexuelle H.*, ↗Bastardierung. **2)** *somatische H.*, Zell-H., Verschmelzung v. genetisch verschiedenen Somazellen. Tier. Zellen können in Zellkultur über die Zellmembran miteinander verschmelzen, was durch Zugabe v. agglutinierenden Agenzien (z. B. UV-inaktivierte Sendai-Viren od. Polyäthylenglykol) gefördert werden kann. Verschmelzen bei der nächsten Mitose auch die Zellkerne, so entstehen *Hybridzellen,* deren Kerne die Genome beider Ausgangszellen enthalten. Die Verwendung v. Mutanten als Ausgangszellen u. die Anzucht auf Selektionsmedien ermöglichen die Unterscheidung u. Isolierung der Hybridzellen v. den Ausgangszellen. Es können so Zellen verschiedener Herkunft (z. B. beliebige Säugerzellen), Zellen unterschiedl. Differenzierungsstadien od. normale Zellen u. Tumorzellen (Hybridom-Technik, ↗monoklonale Antikörper) hybridisiert werden. Mit Hybridzellen aus Zellen verschiedener Säugerspezies lassen sich z. B. Genaktivitäten bestimmten Chromosomen zuordnen, da oft Chromosomen einer Spezies nach einigen Zellteilungen bevorzugt verlorengehen; diese Methode wird auch zur Genkartierung menschl. Chromosomen angewandt. – Zur H. pflanzl. Zellen werden die durch enzymat. Auflösung der Zellwand entstandenen Protoplasten verwandt. Hybride Protoplasten können häufig zur Regeneration vollständ. Pflanzen angeregt werden; dadurch können Interspezies-Hybride entstehen, deren sexuelle H. nicht möglich ist. **3)** *molekulare H.*, Zusammenlagerung zweier Nucleinsäure-Einzelstränge, die komplementäre Basensequenzen besitzen, zu Doppelsträngen. H. kann zw. zwei DNA-Strängen, einem DNA- u. einem RNA-Strang sowie zw. zwei

RNA-Strängen erfolgen. Da mit Hilfe von H. die Komplementarität u. damit der Verwandtschaftsgrad v. Nucleinsäuren ermittelt werden kann, stellt die H.stechnik ein wicht. method. Hilfsmittel der biochem. Genetik zur Charakterisierung, Identifizierung u. Lokalisierung bestimmter Nucleotidsequenzen dar. Prinzipiell können Hybridmoleküle hergestellt werden, indem man die beteiligten Nucleinsäuren, die zunächst doppelsträngig vorliegen können (hpts. DNA), über die Denaturierungstemp. erhitzt, wodurch sie in einzelsträngige Moleküle ohne Sekundärstruktur überführt werden. Während der anschließenden langsamen Abkühlung erfolgt die Paarung komplementärer Ketten zu doppelsträngigen Hybridmolekülen; dabei können die urspr. gepaarten Ketten sowohl erneut mit sich selbst paaren (Renaturierung) als auch mit zugesetzten anderen Nucleinsäuremolekülen, sofern diese komplementäre Basensequenzen aufweisen. Ob u. in welchem Ausmaß H. stattgefunden hat, läßt sich u. a. durch Dichtegradienten-Zentrifugation od. autoradiographisch feststellen, sofern einer der eingesetzten H.spartner in radioaktiv markierter Form vorliegt; Hybride können auch im Elektronenmikroskop sichtbar gemacht werden. – H.stechniken werden z. B. zur Aufklärung folgender Fragestellungen der molekularen Genetik genutzt: Durch H. einer bestimmten Nucleotidsequenz mit chromosomaler DNA kann festgestellt werden, ob diese Sequenz repetitiv in der chromosomalen DNA vorliegt od. einfach. Das Vorliegen repetitiver Sequenzen innerhalb eines DNA-Abschnitts läßt sich auch über die Reaktionskinetik der Renaturierung dieses Abschnitts ermitteln (↗Cot-Wert). Die Länge des RNA-codierenden Bereichs eines Gens od. die Lage u. Länge intervenierender Sequenzen innerhalb v. Genen kann durch die Bildung sog. ↗r-loops bei der DNA/RNA-H. aufgeklärt werden. H. zw. m-RNA verschiedener Zelltypen u. DNA gibt Aufschluß darüber, in welchen Zelltypen (↗differentielle Genexpression) u. in welchen Mengen diese DNA transkribiert wird. – Die Identifizierung unbekannter RNA-Spezies kann durch *kompetitive H.* erfolgen. Dabei handelt es sich um die Verdrängung radioaktiver RNA aus DNA/RNA-Hybriden durch Zugabe nicht radioaktiver RNA. Liegt ein Hybrid aus bekannten DNA- u. RNA-Sequenzen vor, so kann bei Abnahme der an DNA gebundenen Radioaktivität geschlossen werden, daß die zur Verdrängungsreaktion eingesetzte, nicht radioaktive RNA-Probe, die zu charakterisieren ist, mit der zuvor an DNA gebundenen, radioaktiven RNA zumindest partiell ident. ist. – Neuerdings werden in der ↗Gentechnologie eine Reihe modifizierter H.stechniken angewandt: Die Methode der *in-situ-H.* ermöglicht die Lokalisierung spezif. Nucleinsäuresequenzen in ↗Chromosomen. Dazu wird die DNA v. Chromosomen-Quetschpräparaten durch Temp.-Erhöhung od. pH-Veränderung (pH≥13) partiell denaturiert u. mit einer Lösung der zu hybridisierenden Tritiummarkierten DNA od. RNA behandelt. Nach H. wird überschüssige DNA od. RNA durch Waschen u. Nuclease-Behandlung des Präparats entfernt. Anschließend können durch Autoradiographie die hybridisierenden Chromosomen u. die genauen (±100 Kilobasenpaare) Positionen der Hybride auf denselben analysiert werden. Mit Hilfe dieser Methode wurde z. B. nachgewiesen, daß die Gene für 18S- u. 28S-r-RNA am Nucleolusorganisator lokalisiert sind u. sich das β-Globin-Gen des Menschen im kurzen Arm v. Chromosom 11 befindet. Die *Blotting-Technik* zur Lokalisierung u. Identifizierung v. bestimmten Nucleinsäuresequenzen besteht darin, daß unter verschiedenen gelelektrophoretisch aufgetrennten Restriktionsfragmenten od. RNA-Spezies dasjenige bestimmt wird, welches mit einer definierten radioaktiv markierten Nucleinsäure hybridisiert (vgl. Spaltentext S. 306). *D. W.*

Hybridogenese *w* [v. *hybrid-, gr. genesis = Entstehung], seltene Fortpflanzungsart, bei der bei einem Hybriden zw. 2 Arten während der Keimzellenreifung der gesamte Chromosomensatz einer der beiden Elternarten ausgeschlossen wird. Bei Rückkreuzung mit der Elternart, deren Genom eliminiert wurde, entsprechen die Nachkommen immer wieder den F₁-Hybriden, u. die Hybridpopulation bleibt auf diese Weise erhalten. H. wurde zuerst bei Zahnkarpfen der Fam. *Poeciliidae* entdeckt, ist aber auch verantwortl. für die Existenz vieler Wasserfrosch-Populationen (↗Grünfrösche). Bei der nicht seltenen Hybridisierung zw. anderen heimischen Froschlurchen, v. a. verschiedenen Krötenarten, fehlt dieser Art der Eliminationsmechanismus, u. die Hybridindividuen neigen zu tödl. Entwicklungsanomalien (Mißbildungen).

Hybridomtechnik [v. *hybrid-], *Hybridomatechnik,* ↗monoklonale Antikörper.

Hybridzelle [v. *hybrid-], ↗Hybridisierung.

Hybridzone, die ↗Bastardzone.

Hybridzüchtung [v. *hybrid-], 1) *Heterosiszüchtung, Inzucht-Heterosiszüchtung,* Züchtung unter planmäßiger Nutzung v. ↗Heterosis-Effekten, die die hybriden Nachkommen (nur 1. Filialgeneration) bes. v. Eltern aus Inzuchtlinien aufweisen. Heterosiszüchtung wird seit etwa 1920 v. a. in

Molekulare Hybridisierung

Nachweis einer art- u. gewebespezif. RNA-Synthese durch kompetitive H.

An Leberchromatin wurde radioaktive RNA gebildet. Diese RNA wurde mit Leber-DNA in Anwesenheit v. steigenden Mengen an kalter Competitor-RNA kombiniert. Eine vollständ. Verdrängung der heißen Leber-RNA läßt sich *nur* durch kalte RNA ebenfalls aus der Leber erzielen (Prozentsatz radioaktiver Hybride fast Null).

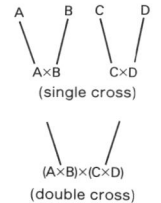

Hybridzüchtung

Schema der Hybridmaiszüchtung nach der „double cross"-Methode: Inzuchtlinien ergeben oft einen niederen Kornertrag. Infolgedessen stellt man die endgült. Hybriden nicht über eine Einfachkreuzung (single cross), bei der man v. den schwachen Inzuchtlinien mit ihrem geringen Kornertrag ausgehen müßte, sondern über eine Doppelkreuzung (double cross) her. Man produziert also erst eine Hybride A × B und eine zweite Hybride C × D, beide schon mit gutem Kornertrag. Dann stellt man über die Doppelkreuzung die endgült. Hybride her.

der Pflanzenzüchtung (z. B. sog. Hybridmais, Tomaten, Fichten, Sonnenblumen u. v. a.) u. neuerdings auch in der Tierzucht z. B. bei Hühnern (Hybridhuhn) u. Schweinen (Hybridschwein) durchgeführt. Zunächst werden durch Inzucht reine (homozygote) Linien möglichst unterschiedl. Sorten od. Rassen erzeugt (bei allogamen Pflanzen, z. B. beim Mais, durch erzwungene Selbstbestäubung; bei Tieren durch Kreuzung nah verwandter Individuen; entfällt bei autogamen Pflanzen wie z. B. Weizen, da diese meist weitgehend homozygot sind). Durch Probekreuzungen dieser Inzuchtlinien wird überprüft, bei welchen Kombinationen Heterosis auftritt (↗Kombinationseignung). Die am besten geeigneten Linien werden zur Erzeugung der ↗Hybriden (↗Bastard) eingesetzt, wobei Einfachkreuzungen (single cross), Dreiwegekreuzungen (Einfachhybride werden mit Vertretern einer dritten Inzuchtlinie gekreuzt) od. Doppelkreuzungen (double cross, Kreuzung v. zwei Einfachhybriden; zur Erzeugung v. Hybridmais üblich) durchgeführt werden. Der Einsatz einer pollensterilen Linie erleichtert dabei, v. a. bei autogamen Pflanzen mit kleinen zwittrigen Blüten, deren Kastration v. Hand umständl. ist, die Durchführung der Kreuzungen. Da der Heterosiseffekt auf die 1. Filialgeneration beschränkt ist, erhalten Zuchtbetriebe ständig die zu kombinierenden Inzuchtlinien u. erzeugen immer wieder das entspr. Hybridsaatgut bzw. die hybriden Nutztiere. Bei Pflanzen ist eine Fixierung des Heterosiseffekts u. U. durch vegetative Vermehrung od. Apomixis mögl. 2) *einfache Gebrauchsbastardierung, Gebrauchskreuzung,* die Kreuzung v. Vertretern verschiedener Rassen od. auch Arten zur Erzeugung v. Bastarden, die die gewünschten Vorzüge der Eltern vereinigen u. unmittelbar genutzt, aber nicht zur Zucht verwendet werden. Z. B. resultieren aus der Artbastardierung v. Pferd u. Esel Gebrauchstiere (Maultier, Maulesel, ↗Esel), die sich bes. als Trageiere in südl. Gebirgsregionen bewähren. *D. W.*

Hydathoden [Mz.; v. *hydat-, gr. hodos = Weg], *Wasserspalten,* wasserausscheidende ↗Drüsen bei Pflanzen. Bei Mono- u. Dikotyledonen finden sich bes. an den Blattspitzen, den Zähnchen des Blattrandes od. vor den großen Blattadern unter bes. Wasserspalten (= abgewandelte Spaltöffnungsapparate) Gruppen kleiner, chlorophyllfreier u. parenchymat. Zellen, die Wasser aktiv abscheiden. Sie heißen ↗Epitheme und zus. mit der Wasserspalte *Epithem-H.* Daneben gibt es aber auch Gruppen umgebildeter Epidermiszellen (*epidermale H.*) od. mehrzellige Haare (*Tri-*

Hydatide

hydat- [v. gr. hydōr, Gen. hydatos = Wasser].

hydn- [v. gr. hydnon, oidnon = eßbarer Pilz, Trüffel].

hydr-, hydro- [v. gr. hydōr = Wasser].

Polypenkolonie
Einsiedlerkrebs

Hydractinia
Polypenkolonie von *H. echinata* auf einem von einem Einsiedlerkrebs bewohnten Schneckenhaus

chom-H.), die der Wasserausscheidung dienen. [B] Blatt II, ◻ Hygrophyten.
Hydatide *w* [v. *hydat-], 1) ↗Echinococcus; 2) ↗Hoden.
Hydatigera *w* [v. *hydat-, lat. -ger = -tragend], Gatt. der ↗Taeniidae.
Hydatina *w* [v. gr. hydatinos = im Wasser lebend], Gatt. der Kopfschildschnecken (Fam. *Hydatinidae*), Hinterkiemer mit dünnschal., rundl.-eiförm. Gehäuse mit braunen Spiralstreifen u. weiter Mündung, ohne Deckel; großer Kopfschild; der ausgestreckte Weichkörper bedeckt das Gehäuse völlig, er ist oft nicht ganz ins Gehäuse rückziehbar. Die wenigen Arten leben grabend in Sand u. Korallensand des Indopazifik. [pilze.
Hydnaceae [Mz.; v. *hydn-], die ↗Stachel-
Hydnangiaceae [Mz.; v. *hydn-, gr. aggeion = Gefäß], die ↗Heidetrüffelartigen Pilze. [chelpilze.
Hydnellum *s* [v. *hydn-], Gatt. der ↗Sta-
Hydnocarpus *m* [v. *hydn-, gr. karpos = Frucht], Gatt. der ↗Flacourtiaceae.
Hydnophytum *s* [v. *hydn-, gr. phyton = Gewächs], Gatt. der ↗Krappgewächse.
Hydnoraceae [Mz.; v. *hydn-], Fam. der *Rafflesiales* mit 2 Gatt. u. 18 Arten (Madagaskar, trop. Afrika). Blatt- u. wurzellose Parasiten, die an der Wurzel ihrer Wirtspflanze leben. Einziger oberird. Teil ist eine große zwittr. Blüte, die aus 3–5 röhrig verwachsenen Kelchblättern gebildet wird; Staubbeutel zu höckrigen Auswüchsen auf der Kelchröhre umgebildet; Fruchtknoten unterständig; die unterird. Frucht ist eine große, dickwand., fleisch. Beere mit zahlr. Samen; Befruchtung durch Aaskäfer. Früchte der Gatt. *Hydnora* (v. a. an Akazien u. Euphorbien) werden v. Affen, Schakalen u. Stachelschweinen ausgegraben, örtl. als Schweinefutter genutzt.
Hydnum *s* [v. *hydn-], Gatt. der ↗Stachelpilze. [↗Süßwasserpolyp.
Hydra *w* [gr., = Wasserschlange], ein
Hydrachnellae [Mz.; v. *hydr-, gr. arachnē = Spinne], die ↗Süßwassermilben.
Hydractinia *w* [v. *hydr-, gr. aktis, Gen. aktinos = Strahl], Gatt. der *Hydractiniidae*. Nesseltiere, deren Vertreter sitzende Gonophoren od. freie Medusen (Podocoryne) haben. (Die Gatt. wird auch zur Fam. *Bougainvilliidae/Margelidae* gestellt.) *H. echinata*, eine häufige Nordsee- u. Atlantikart, lebt in Symbiose mit ↗Einsiedlerkrebsen, deren Schneckengehäuse sie besiedelt. Die Kolonie besteht aus einer soliden Platte aus Stolonengeflecht, welches das Gehäuse überzieht. Tausenden von verschiedenen Polypen (Höhe ca. 3 cm). Charakterist. sind die Peridermstacheln, die zw. den Polypen stehen, in deren Schutz sich die Polypen zurückziehen können (◻

Arbeitsteilung). Die Larven setzen sich nur auf sich schnell bewegenden Gegenständen fest. Wahrscheinl. profitiert *H.* von Nahrungspartikeln, die der Krebs beim Zerreißen seiner Nahrung „verliert". Der Krebs genießt vermutl. einen gewissen Schutz, wenn er sich zurückgezogen hat, da zahlr. Wehrpolypen die Mündung des Schneckenhauses umstehen.
Hydractiniidae [Mz.; v. *hydr-, gr. aktis, Gen. aktinos = Strahl], Fam. der ↗*Athecatae (Anthomedusae);* charakterist. sind zylindr. Polypen mit ca. 10 Tentakeln. Die Stöcke bilden eine einheitl. Grundplatte, die durch Verschmelzung des Stolonengeflechts entstehen. Werden freie Medusen gebildet, sind diese klein (1–3 mm) u. kugelförmig. Bekannteste Gatt. ↗*Hydractinia*.
Hydraenidae [Mz.; v. gr. hydrainein = benetzen, baden], Fam. der Käfer, verwandt mit den Kolbenwasserkäfern. In Mitteleuropa über 90 Arten, überwiegend im Wasser lebend. Kleine (1–5 mm), dunkel bis ockerbräunl. gefärbte, längl. Tiere. Wie die Kolbenwasserkäfer haben die Arten auf der Bauchseite ein Plastron (↗Atmungsorgane), das über die Fühler mit Luft zur Atmung versorgt wird. Als Tastorgane dienen die stark verlängerten Maxillarpalpen. Die Arten kriechen unter Wasser auf Pflanzen od. Steinen umher u. fressen meist Algen. Bei uns in Fließgewässern: *Hydraena* (27 Arten), einige Arten der Gatt. *Ochthebius*; in stehenden Gewässern: *Helophorus* (ca. 30 Arten), *Limnebius* (9) und *Hydrochus* (5). *Ochthebius dilatatus* lebt an den Küsten in kleinen, stark salzhalt. Spritzwassertümpeln. Einige *Helophorus*-Arten (z. B. *H. porculus*) leben sogar rein terrestrisch.
Hydrallmannia *w* [v. *hydr-, ben. nach dem engl. Zoologen G. J. Allman, 1812–98], das ↗Korallenmoos.
Hydrangea *w* [v. *hydr-, gr. aggeion = Gefäß], ↗Hortensie.
Hydranth *m* [v. *hydr-, gr. anthos = Blume, Blüte], becherartig erweitertes Oberteil eines Hydropolypen (↗ *Hydrozoa)*, das den Mund u. die Tentakel trägt.
Hydrariae [Mz.; v. *hydr-], *Simplicia*, Teilgruppe der ↗*Athecatae (Anthomedusae)* mit Einzelpolypen, ohne Periderm; sie bilden keine Gonophoren, sondern produzieren die Geschlechtsprodukte in der Leibeswand; dies ist mit Sicherheit ein abgeleiteter Zustand. Hierher gehören die ↗Süßwasserpolypen. [sen, ↗Enzyme.
Hydratasen [Mz.; v. *hydr-], ↗Dehydrata-
Hydratation *w* [v. *hydr-], *Hydration*, die durch den ↗Dipol-Charakter des Wassermoleküls bedingte, nicht stöchiometr. lockere Bindung v. Wassermolekülen an Ionen od. ionisch aufgebaute Molekülgruppen (z. B. R–COO$^-$, R–NH$_3^+$, R–O–PO$_3^{2-}$,

$R_1\text{–}O\text{–}\overset{\overset{O}{\|}}{\underset{\underset{O^-}{|}}{P}}\text{–}O\text{–}R_2$) bes. bei ionischen Makromolekülen (DNA, RNA, Proteine, ionische Polysaccharide wie Heparin usw.).

Hydratationswasser [v. *hydr-], in der Ladungssphäre v. gelösten Ionen durch polare Wechselwirkungen (↗Hydratation) gebundenes Wasser.

Hydratur w [v. *hydr-], von H. Walter eingeführter Begriff zur Charakterisierung des Wasserzustands belieb. Systeme, bes. aber des Wasserhaushalts v. Pflanzen. Maß für die H. ist der relative Wasserdampfdruck (↗Feuchtigkeit), d. h. das Verhältnis des absoluten (tatsächl.) Dampfdrucks im betrachteten System (z. B. Pflanzenorgan, Atmosphäre) zu dem des reinen Wassers (bei gleicher Temp.). Die H. pflanzlicher Gewebe od. Zellen wird durch Bestimmung der osmotischen Zustandsgrößen (↗Osmose) der Gewebe bzw. Zellen über kryoskopische (Gefrierpunktserniedrigung) oder plasmolytische Messungen (↗Plasmolyse) ermittelt. ↗Erklärung in der Biologie; [B] Wasserhaushalt (der Pflanze).

Hydridion s [v. *hydr-, gr. iōn = gehend], das Anion H$^-$; H.en werden bei vielen Redoxreaktionen des Stoffwechsels v. den entspr. Substraten auf ↗Coenzyme (od. umgekehrt) übertragen.

Hydrierung w [v. *hydr-], die in zahlr. Stoffwechselreaktionen (z. B. bei der Fettsäuresynthese) vorkommende Anlagerung v. Wasserstoff an ungesättigte Kohlenstoffverbindungen, Carbonylgruppen od. Carboxylgruppen unter der katalyt. Wirkung v. Oxidoreductasen (speziell v. *Dehydrogenasen*), wobei häufig die Coenzyme NADH bzw. NADPH als Wasserstoffdonoren wirken. Unter der katalyt. Wirkung v. Hydrogenasen können bestimmte Mikroorganismen (z. B. Knallgasbakterien) auch molekularen Wasserstoff (H$_2$) in H.sreaktionen umsetzen. H. ist eine spezielle Form der chem. Reduktionsreaktionen (↗Reduktion).

Hydrilla w [v. *hydr-, gr. illein = wälzen, drehen], Gatt. der ↗Froschbißgewächse.

Hydrobakteriologie w [v. *hydro-, gr. baktērion = Stäbchen, logos = Kunde], Teilgebiet der ↗Hydromikrobiologie.

Hydrobatidae [Mz.; v. gr. hydrobatikos = fähig, auf dem Wasser zu laufen], die ↗Sturmschwalben.

Hydrobia w [v. *hydro-, gr. bios = Leben], die ↗Wattschnecken.

Hydrobiologie [v. *hydro-, gr. bios = Leben, logos = Kunde], *Gewässerbiologie,* Biologie u. Ökologie der Lebewesen in Gewässern *(Hydrobotanik, Hydrozoologie)*

hydr-, hydro- [v. gr. hydōr = Wasser].

hydrochar- [v. gr. Hydrocharis = Name eines Frosches in der Aristophanes-Komödie „Die Frösche"; v. hydrocharēs = gern im Wasser lebend].

Hydratur

Die H. entspricht in der heute bevorzugten Nomenklatur der Thermodynamik der „relativen Aktivität" a_w des Wassers:

$$a_w = p/p_0$$

p = absoluter (tatsächl.) Dampfdruck im betrachteten System, p_0 = Dampfdruck des reinen Wassers (bei gleicher Temp.)

Hydrochinon

wie Binnengewässern (↗Limnologie) u. Meeren (↗Meeresbiologie); erforscht die biol. Grundlagen des Wassers als Lebensraum. Zur angewandten H. zählen u. a. ↗Fischereibiologie u. ↗Abwasserbiologie.

Hydrobotanik w [v. *hydro-, gr. botanikē = Pflanzenkunde], ↗Hydrobiologie.

Hydrocaulus m [v. *hydro-, gr. kaulos = Stengel], Körper bzw. Stiel eines Hydropolypen; ↗*Hydrozoa*.

Hydrocharis w [v. *hydrochar-], der ↗Froschbiß.

Hydrocharitaceae [Mz.; v. *hydrochar-], die ↗Froschbißgewächse.

Hydrocharitales [Mz.; v. *hydrochar-], die ↗Froschbißartigen.

Hydrochinon s [v. *hydro-, Quechua quina quina = Rinde der Rinden], *1,4-Dihydroxybenzol,* mehrwert. Phenol, das in der Natur z. B. in Blättern u. Blüten v. Preiselbeeren, in Blattknospen von Birnbäumen, in Anissamenöl, in Brombeerblättern u. Zuckerbusch sowie als Glucosid in den Blättern der Bärentraube (↗Arbutin) u. als Bestandteil des Wehrsekrets des ↗Bombardierkäfers (☐) vorkommt. Freies H. polymerisiert leicht u. verursacht damit die herbstl. braune bis schwarze Färbung mancher Blätter. Wichtige biolog. Funktionen haben Chinon-Hydrochinon-Redoxsysteme bei Elektronentransportvorgängen (↗Atmungskette, ↗Ubichinone, ↗Plastochinon, ↗Phyllochinon).

Hydrochoeridae [Mz.; v. *hydro-, gr. choiros = Ferkel], die ↗Riesennager.

Hydrochorie w [v. *hydro-, gr. chōrein = sich fortbewegen, verbreiten], Verbreitung der Diasporen (Sporen, Samen od. Früchte) durch bewegtes Wasser. Dies gilt bes. bei den regulären „Schwimmern", das sind unbenetzbare Diasporen od. solche mit Luftsäcken (z. B. Samen v. *Nymphaea*) od. mit regulärem Schwimmgewebe (z. B. die Cocosfrucht od. die Früchte der *Potamogeton*-Arten). Daneben gibt es *Regenschwemmlinge,* deren Samen aus bei Regen sich öffnenden Kapseln (z. B. Scharfer Mauerpfeffer) entlassen u. vom oberflächl. abfließenden Regenwasser transportiert werden. Dagegen wirkt die mechan. Kraft der Regentropfen nur mittelbar bei den sog. „Regenballisten". Die Wucht fallender Regentropfen setzt die schaufelförm., an federnden Stielen sitzenden Früchten od. Kelche in Schleuderbewegungen um, so daß die Samen aus den Schötchen (z. B. *Thlaspi*-Arten) od. die Klausen aus den Kelchen (z. B. *Prunella*-Arten) ausgeworfen werden.

Hydrocinae [Mz.; v. *hydro-, gr. kinein = bewegen], U.-Fam. der ↗Salmler.

Hydrococcus m [v. *hydro-, gr. kokkos = Kern, Beere], Gatt. der ↗Hyellaceae.

Hydrocoel

Hydrocoel s [v. *hydro-, gr. koilos = hohl], das Mesocoel der Stachelhäuter; wie allg. für das Mesocoel geltend (☐ Enterocoeltheorie, Abb. 1 c), in der Ontogenese zunächst paarig angelegt; später entwickelt sich aber fast nur das linke Coelom-Bläschen weiter u. bildet das i. d. R. fünfstrahlige Wassergefäßsystem (Name!) = ↗ Ambulacralgefäßsystem. – ☐ Stachelhäuter.

Hydrocorisae [Mz.; v. *hydro-, gr. koris = Wanze], U.-Ord. der ↗ Wanzen.

Hydrocortison s [v. *hydro-, lat. cortex = Rinde], das ↗ Cortisol.

Hydrocotyle w [v. *hydro-, gr. kotylē = Nabel], der ↗ Wassernabel.

Hydrocybe w [v. *hydro-, gr. kybē = Kopf], die ↗ Wasserköpfe.

Hydrodictyaceae [Mz.; v. *hydro-, gr. diktyon = Netz], Fam. der *Chlorococcales,* charakterist. Aggregationsverbände bildende Grünalgen; bei asexueller Fortpflanzung werden Zoosporen nicht frei, sondern ordnen sich innerhalb der Mutterzelle od. einer ausgestülpten Gallertblase zu Zellverbänden aneinander. *Pediastrum* bildet einschicht. scheiben- od. sternförm. Verbände; *P. duplex* u. *P. boryanum* häufig im Süßwasserplankton. *Hydrodictyon,* das „Wassernetz", bildet aus vielkern., langgestreckten Zellen ein röhrenförm. Netz; *H. reticulatum* ist in wärmeren, stehenden Gewässern weltweit verbreitet.

Hydrogamie w [v. *hydro-, gr. gamos = Hochzeit], *Hydrophilie, Wasserbestäubung, Wasserblütigkeit,* Übertragung des Pollens einer Blüte auf die Narbe einer artgleichen anderen Blüte durch Wasser als Übertragungsmedium; H. ist ein in der eur. Flora selten vertretener ↗ Bestäubungs-Mechanismus. Die Gatt. *Zostera* (Seegras) u. *Ceratophyllum* (Hornblatt) geben den Pollen frei ins Wasser ab; bei den Gatt. *Vallisneria* (Wasserschraube) u. *Elodea* (Wasserpest) lösen sich die staminaten Blüten ab u. treiben an der Wasseroberfläche zu den karpellaten Blüten *(Ephydrogamie).*

Hydrogenasen [Mz.; v. *hydrogen-], ↗ Hydrierung.

Hydrogencarbonate [Mz.; v. *hydrogen-, lat. carbo = Kohle], veraltete Bez. *Bicarbonate,* die vom Anion HCO_3^- abgeleiteten Salze; aufgrund des Gleichgewichts: $CO_2 + H_2O \rightleftharpoons H_2CO_3 \rightleftharpoons H^+ + HCO_3^-$ (↗ Carboanhydrase) sind H. als die unter physiolog. pH von Zell- u. Körperflüssigkeiten lösl. Transportform des Kohlendioxids (z. B. in der Blutbahn, ↗ Blutgase) aufzufassen.

Hydrogenchlorid s [v. *hydrogen-, gr. chlōros = gelbgrün], die ↗ Salzsäure.

Hydrogenium s [v. *hydrogen-], *Hydrogen,* der ↗ Wasserstoff.

Hydrogenomonas w [v. *hydro-, gr. monas = Einheit], ↗ wasserstoffoxidierende Bakterien.

Hydrogensulfid s [v. *hydrogen-, lat. sulfur = Schwefel], der ↗ Schwefelwasserstoff.

Hydroidea [Mz.; v. *hydr-, gr. -oeidēs = -ähnlich], Ord. der *Hydrozoa* mit voll entwickelter, fast immer festsitzender, stockbildender Polypengeneration (Ausnahme z. B. Süßwasserpolyp). Die Medusen werden durch Knospung erzeugt. Sie werden entweder frei od. verbleiben am Stock (dann Reduktion aller Anpassungen an frei schwimmende Lebensweise). Die ca. 2500 Arten der H. sind fast alle marin, nur wenige sind in das Süßwasser vorgedrungen. Durch das Auftreten v. Polypen- u. Medusengenerationen ist die Systematik dieser Gruppe sehr schwierig. Hinzu kommt, daß häufig Polyp u. Meduse getrennt beschrieben u. anders genannt od. sogar in eigene od. andere Fam. gestellt wurden. Vielfach war u. ist dabei die jeweil. Zugehörigkeit nicht bekannt. Bes. verwirrend sind die taxonom. Verhältnisse innerhalb der U.-Ord. ↗ *Athecatae (Anthomedusae)* u. ↗ *Thekaphorae (Leptomedusae).*

Hydroides m [v. *hydr-, gr. -oeidēs = -ähnlich], Ringelwurm-(Polychaeten-)Gatt. der Familie *Serpulidae. H. norvegica,* 15–30 mm lang, Körper oben rostfarben, vorn u. unten gelbl., Kragen weiß, Kiemen gelbl. u. gefiedert; im Gezeitengürtel v. Nordsee, Mittelmeer, Atlantik, Ärmelkanal.

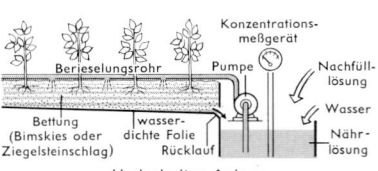

Hydrokultur-Anlage

Hydrokultur w [v. *hydro-, lat. cultura = Anbau], *Hydroponik, Wasserkultur,* Methode der Aufzucht v. höheren Pflanzen in wäßr. Nährlösungen (anstelle v. Erde) zur Untersuchung des Mineralstoffwechsels, zur Anzucht u. Haltung v. Zierpflanzen u. Gemüseerzeugung im großen Maßstab.

hydrolabile Pflanzen [v. *hydro-, lat. labilis = leicht gleitend] ↗ hydrostabile Pflanzen.

Hydrolasen [Mz.], die 3. Hauptgruppe der ↗ Enzyme (☐), durch welche hydrolyt. Reaktionen (↗ Hydrolyse) katalysiert werden (vgl. Tab.).

Hydrologie w [v. *hydro-, gr. logos = Kunde], die ↗ Gewässerkunde.

Hydrolyse w [Bw. *hydrolytisch;* v. *hydro-, gr. lysis = Lösung], *hydrolytische Spaltung,* Spaltung einer chem. Verbindung unter Umsetzung eines Moleküls H_2O pro gespaltener Bindung nach der allg. Gleichung $AB + H_2O \rightarrow AOH + HB$, wobei je nach Bindestärke des Ausgangsprodukts

---

Hydroidea
Unterordnungen:
Athecatae (Anthomedusae)
↗ *Thekaphorae (Leptomedusae)*
↗ *Limnohydroidea (Limnomedusae)*

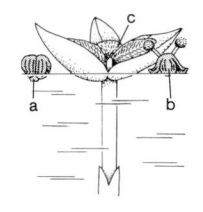

Hydrogamie
Bestäubungsvorgang bei *Vallisneria spiralis* (Wasserschraube).
a staminate Blüte in Knospe, b staminate Blüte aufgeblüht, c karpellate Blüte

Hydrolasen
Gruppen und Untergruppen der Hydrolasen:
1. Esterasen (Esterbindungen spaltend)
Carbonsäureesterasen (Lipase)
Thiolesterasen
Phosphomonoesterasen (Phosphatasen)
Phosphodiesterasen
Phosphotriesterasen
Sulfatasen
2. Glykosidasen (Glykoside spaltend)
Amylasen
N-Glykosidasen (Nucleosidasen)
3. Desaminasen (Säureamidbindungen spaltend)
Urease
Arginase
4. Proteasen (Peptidbindungen spaltend)
Endopeptidasen (Pepsin, Trypsin)
Exopeptidasen (Carboxypeptidase, Dipeptidase)

(AB) mehr od. weniger hohe Energieeinträge freiwerden (vgl. Tab.). Zahlr. Stoffwechselreaktionen, z. B. die Fettspaltung, der Abbau v. Nucleinsäuren, Polysacchariden u. Proteinen zu den entspr. Monomerbausteinen, sind H.n; sie laufen in der Zelle unter katalyt. Wirkung v. ↗ *Hydrolasen* ab.

Hydromantis w [v. *hydro-, gr. mantis = Wahrsager], die ↗ Höhlensalamander.

Hydromedusa w [v. *hydro-, gr. Medousa = eine schlangenhaarige Gorgone], Gatt. der ↗ Schlangenhalsschildkröten.

Hydromeduse w [v. *hydro-, gr. Medousa = eine schlangenhaarige Gorgone], Morphe der ↗ Hydrozoa.

Hydrometridae [Mz.; v. *hydro-, gr. metran = messen], die ↗ Teichläufer.

Hydromikrobiologie [v. *hydro-, gr. mikros = klein], Teilgebiet der ↗ Hydrobiologie, in dem die Mikroorganismen u. ihre Umwelt in Binnengewässern (mikrobielle ↗ Limnologie) u. Meeren (Meeresmikrobiologie) untersucht werden; v. bes. Bedeutung ist die Erforschung der Bakterien in den Stoffumsätzen u. der Selbstreinigung der Gewässer *(Hydrobakteriologie, Abwassermikrobiologie).* ↗ Abwasserbiologie.

Hydromorphie w [v. *hydro-, gr. morphē = Gestalt], Baueigentümlichkeiten der untergetauchten Stengel u. Blätter v. Sumpf- u. Wasserpflanzen; sie befähigen diese Pflanzenarten dazu, CO_2, O_2 und Nährsalze unmittelbar aus dem Wasser aufzunehmen. So sind manche Wasserpflanzen (z. B. *Ceratophyllum-* u. *Utricularia-*Arten) zeitlebens wurzellos. Eine Reihe anderer untergetaucht lebender Wasserpflanzen hat bes. drüsenartige Epidermisdifferenzierungen als „Ionenfänger" an den Blättern entwickelt, sog. *Hydropoten* (↗ Absorptionsgewebe).

Hydromorphierung w [v. *hydro-, gr. morphē = Gestalt], ↗ Bodenentwicklung.

Hydromyinae [Mz.; v. *hydro-, gr. myinos = Mäuse-], die ↗ Schwimmratten.

Hydromyxales [Mz.; v. *hydro-, gr. myxa = Schleim], amöbenartige, auf Süßwasseralgen parasitierende Organismen, deren systemat. Stellung ungeklärt ist; möglicherweise gehören sie zu den *Labyrinthulomycetes* (Netzschleimpilze).

Hydrophiidae [Mz.; v. *hydr-, gr. ophis = Schlange], die ↗ Seeschlangen.

hydrophil [v. *hydro-, gr. philos = Freund], 1) Wasser bevorzugend; v. Organismen gesagt, die am od. im Wasser leben. 2) wasseranziehend, gut mit Wasser mischbar bzw. in Wasser gut lösl.; auf molekularer Ebene bes. die Eigenschaft polarer Moleküle (↗ Dipol) bzw. polar aufgebauter funktioneller Gruppen, mit den Wassermolekülen des umgebenden Mediums (z. B. des Cytosols od. der Körperflüssig-

Hydrolyse
Freie Energie der H. biologisch wicht. Phosphorylverbindungen ($\Delta G^{o'}$ in kJ/mol, unter Normalbedingungen bei pH 7 und 25 °C)

Phosphoenolpyruvat	−62
Carbamylphosphat	−51,5
1,3-Diphosphoglycerat	−49,4
Kreatinphosphat	−43,1
Pyrophosphat	−33,5
ATP (→ ADP)	−30,6
ADP (→ AMP)	−30,6
Glucose-1-phosphat	−20,9
Glucose-6-phosphat	−13,8
Glycerin-3-phosphat	−9,2

hydr-, hydro- [v. gr. hydōr = Wasser; auch hydra = (bes. die myth.) Wasserschlange].

hydrogen- [v. gr. hydōr = Wasser, gennan = erzeugen; nlat. hydrogenium = Wasserstoff].

keiten) ↗ Wasserstoffbrücken(bindungen) auszubilden. Ggs.: hydrophob.

Hydrophilidae [Mz.; v. *hydro-, gr. philos = Freund], Fam. der ↗ Wasserkäfer.

Hydrophis m [v. *hydr-, gr. ophis = Schlange], Gatt. der ↗ Seeschlangen.

hydrophob [v. gr. hydrophobos = wasserscheu], 1) Wasser meidend; v. Organismen gesagt, die trockene Lebensräume bevorzugen. 2) wasserabstoßend, mit Wasser nicht od. nur wenig mischbar. Von bes. Bedeutung in biol. Systemen ist die h.e Wechselwirkung (auch h.e od. apolare Bindung gen.); sie bewirkt eine schwache, nicht stöchiometr. u. räuml. nicht gerichtete wechselseit. Anziehung zw. unpolaren Molekülen u./od. Molekülgruppen, z. B. zw. Kohlenwasserstoffresten v. Fettsäuren u. Lipiden bei der Bildung v. Membrandoppelschichten, zw. unpolaren Seitengruppen h.er Aminosäuren bei der Faltung v. Proteinen u. zw. den Basenpaaren im Innern doppelsträng. Nucleinsäuren. Auch bei der Bindung v. Substraten in den aktiven Zentren der Enzyme od. bei der Anlagerung allosterisch wirkender Effektoren sind häufig h.e Wechselwirkungen beteiligt, was zur Prägung des Begriffs „hydrophobe" Tasche für die entspr. Enzymbereiche geführt hat. ↗ apolar, ↗ lipophil. Ggs.: hydrophil.

Hydrophoren [Mz.; v. *hydro-, gr. -phoros = tragend], (Jaekel), die ↗ Hydrospiren.

Hydrophyllaceae [Mz.; v. *hydro-, gr. phyllon = Blatt], *Wasserblattgewächse,* mit den *Polemoniaceae* u. den Rauhblattgewächsen eng verwandte Fam. der *Polemoniales* mit über 250 Arten in 20 Gatt. Fast weltweit verbreitete, hpts. jedoch im westl. N-Amerika u. in den Anden beheimatete, i. d. R. xeromorphe Kräuter, seltener Sträucher od. Halbsträucher. Die einfachen od. fiederteil. Blätter sind meist drüsig u. stark behaart; die blau bis violetten (weißen), in schneckenförm. eingerollten od. einseitswend. Wickeln stehenden Blüten sind zwittrig, radiär u. 5zählig u. besitzen eine rad-, glockig- oder trichterförm. Krone. Der 2blättr. Fruchtknoten entwickelt sich meist zu einer fachspalt. Kapsel. In Europa werden einige H. als Gartenzierpflanzen kultiviert. Hierzu gehört *Nemophila,* die Hainblume (für Beeteinfassungen u. Rabatten), u. *Phacelia,* das ↗ Büschelschön.

Hydrophyten [Mz.; v. *hydro-, gr. phyton = Pflanze], die ↗ Wasserpflanzen.

Hydropodien [Mz.; v. *hydro-, gr. podion = Füßchen], die Ambulacralfüßchen; ↗ Ambulacralgefäßsystem.

Hydropolyp m [v. *hydro-, gr. polypous = vielfüßig], Morphe der ↗ Hydrozoa.

Hydroponik w [v. *hydro-, gr. ponein = arbeiten], die ↗ Hydrokultur.

Hydroporus

Hydroporus *m* [v. *hydro-, gr. poros = Öffnung], *Dorsalporus,* bei Stachelhäutern die offene Verbindung zw. ↗Axocoel u. Meerwasser, im allg. in der aboralen (ugs. „dorsalen") Körperregion. ↗Madreporenplatte.

Hydropoten [Mz.], ↗Absorptionsgewebe, ↗Hydromorphie.

Hydropotinae [Mz.; v. gr. hydropotēs = Wassertrinker], die ↗Wasserhirsche.

Hydroprogne *w* [v. *hydro-, ben. nach der in eine Schwalbe verwandelten myth. Proknē], Gatt. der ↗Seeschwalben.

Hydropsychidae [Mz.; v. *hydro-, gr. psychē = Schmetterling, Motte], Fam. der ↗Köcherfliegen.

Hydropterides [Mz.; v. *hydro-, gr. pteris = Farn], die ↗Wasserfarne.

Hydrorrhiza *w* [v. *hydro-, gr. rhiza = Wurzel], vernetzende Ausläufer an der Basis mancher Hydropolypenstöcke, welche die Kolonie in od. am Substrat befestigen.

Hydrosaurus *m* [v. *hydro-, gr. sauros = Eidechse], die ↗Segelechsen.

Hydroskelett *s* [v. *hydro-, gr. skeletos = ausgetrocknet], *hydrostatisches Skelett,* Flüssigkeitspolster, das analog zu einem Festkörper-↗Skelett, wie dem Knochengerüst der Wirbeltiere od. dem Chitinpanzer der Gliederfüßer, den Körper weichhäut. Tiere stützt (hydraul. Konstruktion) u. als Antagonist zur Muskulatur wirkt. Solche Flüssigkeitspolster sind z. B. die Coelomräume der Ringelwürmer, das Pseudocoel der Rundwürmer, das Haemocoel der Blutegel, das Gastrovaskularsystem der Nesseltiere, das v. flüssigkeitshalt. Spalträumen durchzogene Parenchym der ↗Plattwürmer. ↗Biomechanik, ↗Fortbewegung.

Hydrosphäre *w* [v. *hydro-, gr. sphaira = Kugel], Wasserhülle der Erde, umfaßt Meere, Binnengewässer, Grundwasser sowie Eis, Schnee u. das in der Atmosphäre vorhandene Wasser.

Hydrospiren [Mz.; v. *hydro-, gr. speira = Windung], (Billings), *Hydrophoren,* der Sauerstoffaufnahme aus dem Seewasser dienende Gebilde unter den Ambulacralfeldern v. ↗*Blastoidea* bzw. Poren einiger ↗*Cystoidea.*

hydrostabile Pflanzen [v. *hydro-, lat. stabilis = feststehend], *isohydrische Pflanzen,* Pflanzen mit empfindl. reagierendem Spaltöffnungssystem u. entspr. geringen tageszeitl. Schwankungen des Wassergehalts, z. B. viele Gräser, Bäume, Schattenpflanzen. Im Ggs. dazu nehmen *hydrolabile (anisohydrische) Pflanzen* größere Wasserbilanzschwankungen entweder in Kauf (viele Pflanzen sonn. Standorte), od. sie sind aus prinzipiellen Gründen außerstande, solche Schwankungen zu vermeiden (poikilohydre ↗Thallophyten).

3-Hydroxyanthranilsäure

Fettsäuren Zucker
Abbau
Acetyl-CoA
Acetoacetyl-CoA
Acetyl-CoA
CoA-SH
Hydroxymethylglutaryl-CoA
Acetyl-CoA
Acetoacetat
NADH+H⊕
NAD⊕
CO₂
β-Hydroxybutyrat Aceton

Hydroxymethylglutaryl-Coenzym A
Hydroxymethylglutarat-Zyklus

Hydrothek *w* [v. *hydro-, gr. thēkē = Behälter], *Hydrotheca,* Peridermhülle der ↗Thekaphorae (Hydroidpolypen).

Hydrotropismus *m* [v. *hydro-, gr. tropē = Wendung], ↗Tropismus.

Hydroturbation *w* [v. *hydro-, lat. turbatio = Verwirrung], Durchmischung v. Bodenmaterial durch häufiges Schrumpfen u. Quellen. Tonreiche Böden bilden bei Wasserverlust Schrumpfungsrisse, in die lockeres Oberbodenmaterial hineinfällt. Beim Wiederbefeuchten weicht der Boden dem Quellungsdruck seitl. u. nach oben aus. Im *Pelosol* entsteht dabei ein eigener Strukturhorizont, der daran zu erkennen ist, daß die Tonpartikel sich an Scher- u. Gleitflächen zu glänzenden Belägen ausrichten (slickensides). Unter extremen Bedingungen, bei stärkerer Austrocknung in Trockenzeiten, reichen die Schrumpfungsrisse bis in große Tiefe (1,5 m). Der entstehende Boden, ein *Vertisol,* wird tiefgründig v. der H. erfaßt. Gelegentl. wird beim Quellen Bodenmaterial über die Bodenoberfläche hinausgedrückt. Dabei entsteht ein Netz v. Erhebungen u. Senken *(Gilgai-Relief).*

Hydrous *m,* Gatt. der ↗Wasserkäfer.

Hydroxidion *s, Hydroxylion,* das OH⁻-Ion; ↗Hydroxylgruppe.

3-Hydroxyacyl-CoA, *β-Hydroxyacyl-CoA-Ester,* Zwischenprodukt beim Abbau der ↗Fettsäuren.

3-Hydroxyacyl-CoA-Dehydrogenase *w,* Enzym, das beim Abbau der ↗Fettsäuren die Dehydrierung v. 3-Hydroxyacyl-CoA zu 3-Ketoacyl-CoA katalysiert, wobei NAD⁺ als Wasserstoffakzeptor dient.

3-Hydroxyanthranilsäure, Abbauprodukt v. Tryptophan u. Vorstufe der ↗Nicotinsäure.

Hydroxybenzol, das ↗Phenol.

β-Hydroxybuttersäure, *β-Hydroxybutyrat* (ion. Form), Stoffwechselprodukt, das sich bes. beim unvollständ. Abbau v. Fettsäuren aus Acetyl-CoA bildet (☐ Hydroxymethylglutaryl-Coenzym A); sammelt sich bei Hunger od. Diabetes in Blut u. Urin zus. mit ↗Ketonkörpern an.

Hydroxybutyryl-ACP, an Acyl-Carrier-Protein (ACP) gebundene Hydroxybuttersäure, Zwischenprodukt bei der Fettsäuresynthese.

Hydroxycarbonsäuren, *Hydroxysäuren,* Carbonsäuren (R—COOH), in deren Seitengruppe (R = organ. Rest) ein od. mehrere Wasserstoffatome durch Hydroxylgruppen ersetzt sind. Man unterscheidet zw. α-, β-, γ- und δ-H., je nachdem, an welchem C-Atom der Seitengruppe Hydroxylgruppen stehen. Im Stoffwechsel wichtige H. sind Apfelsäure, Citronensäure, Glykolsäure, Hydroxybuttersäure u. Milchsäure.

Hydroxyecdyson ↗Ecdyson (☐).

Hydroxyessigsäure, die ⟶ Glykolsäure.
3-Hydroxykynurenin s, Abbauprodukt v. Tryptophan u. Vorstufe v. ⟶ 3-Hydroxyanthranilsäure.
Hydroxylamin s, *Oxyammoniak,* $H_2N–OH$, in reiner Form farblose, wasseranziehende, gift. Kristalle; reagiert in wäßr. Lösung bes. mit der Base Cytosin v. Nucleinsäuren (DNA u. RNA) u. bewirkt deren Umwandlung zu Uracil; daher wirkt H. als starkes Mutagen u. führt in DNA vorzugsweise zum Austausch v. GC-Paaren gg. AT-Paare.
Hydroxylasen [Mz.], *Monooxygenasen, mischfunktionelle Oxygenasen,* U.-Gruppe der ersten Haupt-Kl. der ⟶ Enzyme ([T]), der Oxidoreductasen, die die Einführung v. Hydroxylgruppen *(Hydroxylierung)* in Substrate mit Hilfe v. molekularem Sauerstoff (O_2) katalysieren, wobei v. O_2 ein Sauerstoffatom in das Substrat eingeführt wird (unter Ausbildung einer Hydroxylgruppe), während das zweite Sauerstoffatom mit NADPH unter Wasserbildung reagiert. H. sind bes. in den Mikrosomen der Nebenniere enthalten, in denen verschiedene Steroidhormon-Zwischenprodukte hydroxyliert werden.
Hydroxylgruppe, der einwertige Rest –OH; ⟶ Hydroxidion.
Hydroxylierung w, ⟶ Hydroxylasen.
Hydroxylion s, das ⟶ Hydroxidion.
5-Hydroxylysin s, eine in ⟶ Kollagen enthaltene modifizierte Aminosäure.
5-Hydroxymethyl-Cytosin s, in DNA bestimmter Bakteriophagen (T2, T4, T6) vorkommende Nucleobase, die anstelle v. Cytosin mit Guanin paart. Die Bildung v. 5-H.-C. erfolgt auf der Stufe des Mononucleotids aus dCMP durch Hydroxymethylierung. Das entstehende Mononucleotid wird nach Phosphorylierung zum entspr. 2'-Desoxynucleosid-triphosphat in die Phagen-DNA-Synthese eingeschleust. 5-H.-C. bildet sich also im Ggs. zu anderen in DNA u. RNA vorkommenden modifizierten Basen nicht erst durch nachträgl. Modifikation fertiger DNA- bzw. RNA-Ketten.
Hydroxymethylglutaryl-Coenzym A, Abk. *Hydroxymethylglutaryl-CoA,* Zwischenprodukt bei der Bildung v. ⟶ Acetessigsäure u. Aceton aus Acetyl-CoA u. Acetoacetyl-CoA. Diese zur Ketogenese führende Reaktionsfolge, die wegen der Bildung v. Acetyl-CoA im letzten Schritt zyklisch verläuft u. deshalb auch als *Hydroxymethylglutarat-Zyklus* bezeichnet wird, läuft bes. bei Bildung v. überschüssigem Acetyl-CoA (z. B. durch unbalancierten Fettsäureabbau) ab. Die Bildung von H. u. die damit einhergehende Bildung v. Ketonkörpern stellt somit eine Ausweichreaktion dar, die eingeschlagen wird, wenn nicht genügend Oxalacetat zur Einschleusung v. Acetyl-CoA in den Citratzyklus zur Verfügung steht. □ 312.

p-Hydroxyphenyl-Brenztraubensäure w, anion. Form: p-Hydroxyphenylpyruvat, Abbauprodukt v. Phenylalanin u. Tyrosin, das zu Homogentisinsäure weiterreagiert.
Hydroxyprolin s, Abk. *Hyp,* nur in bestimmten Proteinen (z. B. ⟶ Kollagen) auftretende Aminosäure, die sich durch Hydroxylierung v. Prolin (nach dem Einbau in Protein) ableitet.
6-Hydroxypurin s [v. *hydroxy-, lat. purus = rein], das ⟶ Hypoxanthin. [ren.
Hydroxysäuren, die ⟶ Hydroxycarbonsäu-
5-Hydroxytryptamin s, das ⟶ Serotonin.
Hydrozoa [Mz.; v. *hydro-, gr. zōa = Lebewesen, Tiere], Kl. der ⟶ Nesseltiere mit 3 Ord. (vgl. Tab.) und ca. 2700 meist marinen Arten. Ihre Größe erstreckt sich bei Einzelpolypen vom mm-Bereich bis zu 2,2 m *(Branchiocerianthus imperator),* bei Medusen ebenfalls v. kleinsten Arten bis zu ca. 40 cm ⌀ *(Rhacostoma atlanticum).* Die meisten H. sind jedoch klein. Viele Arten sind koloniebildend u. erreichen dann bis 3 m Höhe. H. treten in 2 Morphen auf, als Hydropolyp u. Hydromeduse, die durch den Prozeß der ⟶ Metagenese miteinander verbunden sind (Generationswechsel). – *Hydropolyp:* Sein Gastralraum ist fast nie durch Septen unterteilt (Ggs. *Scypho-* u. *Anthozoa);* er besteht aus einem Körper *(Hydrocaulus)* u. einem Köpfchen *(Hydranth),* das den tentakelumstellten Mund trägt. Körperwand, Muskulatur u. Nervensystem sind so ausgebildet, wie es für ⟶ Hohltiere charakterist. ist. Hydropolypen pflanzen sich ungeschlechtl. fort; dies erfolgt selten durch Längs- u. Querteilung od. durch Frustelbildung am Polypen. Frusteln bilden sich als Abschnürungen (massive unbewimperte Körper), die fortkriechen u. einen neuen Polypen bilden. Die häufigste Form ungeschlechtl. Vermehrung bei Polypen ist die Knospung v. neuen Polypen u. Medusen. Bei wenigen Arten, die als Einzelpolypen leben, werden die Knospen abgeschnürt u. bilden wieder Polypen. Meist bleiben die Knospen am Mutterpolyp, so daß Stöcke mit Tausenden v. Einzelpolypen entstehen (festsitzende ⟶ *Hydroidea,* freischwimmende ⟶ Staatsquallen). Die Verbindung der Einzelindividuen erfolgt über Entodermkanäle, welche die Gastralräume verbinden. Die Knospung kann sowohl am Polypenkörper selbst erfolgen als auch an sog. *Stolonen* (Röhren, die der Gründungspolyp austreibt). Daraus entstehen weitere Polypen. Vernetzen diese Stolonen, spricht man v. *Hydrorrhiza.* Bei der Knospung am Polypenkörper unterscheidet man monopo-

hydr-, hydro- [v. gr. hydōr = Wasser; auch hydra = (bes. die myth.) Wasserschlange].

hydroxy- [v. gr. hydōr = Wasser, oxys = sauer].

Hydrozoa
Ordnungen:
⟶ *Hydroidea*
⟶ *Staatsquallen (Siphonophora)*
⟶ *Trachylina*

Hydroxylasen
Hydroxylierung v. Acetanilid

5-Hydroxymethyl-Cytosin

Hydrozoa

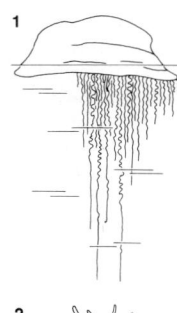

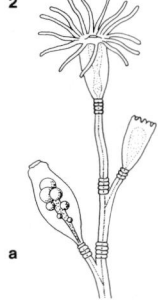

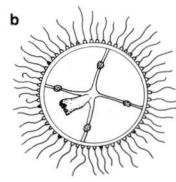

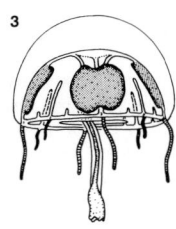

Hydrozoa
1 Staatsqualle (Ord. *Siphonophora*), 2a Polyp und b Meduse (Ord. *Hydroidea*), 3 Vertreter der Ord. *Trachylina*

hydr-, hydro- [v. gr. hydör = Wasser; auch hydra = (bes. die myth.) Wasserschlange].

diale u. sympodiale Verzweigungen. Die Epidermis der Stöcke scheidet eine elast. Cuticula aus Chitin ab (Periderm), welche im Bereich der Hydranthen auch fehlen kann *(Athecatae)*. Das Periderm der Stolonen kann verschmelzen u. so massive Platten bilden *(Hydractinia)*. Wird statt Periderm Kalk abgeschieden, entstehen Stöcke, die den Korallen ähneln (Feuerkorallen, *Stylasteridae*). Innerhalb der Stöcke findet sich häufig ein Polymorphismus der Polypen im Sinne einer ↗ Arbeitsteilung (□). Neben den wie beschrieben gebauten Nährpolypen *(Trophozoide)* gibt es *Blastozoide (Gonozoide)*, welche die Medusen knospen (ungeschlechtl.), u. Wehrpolypen, die als nesselbesetzte Köpfchen *(Dactylozoide)* od. als dünne Fäden *(Nematophoren)* auftreten. Fast alle Hydropolypen sind Räuber (zeitweise parasit.: Vertreter der ↗ *Trachylina*), die mit ihren Tentakeln vorbeikommende Beute greifen, lähmen u. verschlingen. – Hydromeduse: Charakterist. ist der Besitz eines ↗ Velums *(Craspedon)*, ektodermaler Gonaden u. einer zellenlosen Schirmgallerte. Sie sind meist nur wenige cm groß. Hydromedusen sind, zumindest in der Jugendphase, tetramer gebaut; sie haben 4 Radiärkanäle u. 4 Tentakel. Dieses Schema kann jedoch bei den verschiedenen Arten vielfält. abgewandelt werden. Auf der Unterseite befinden sich der kräft. Ringmuskel sowie am Schirmrand zahlr. Sinneszellen u. Sinnesorgane (Lichtsinn u. Schweresinn). Fast alle Hydromedusen leben als Räuber im Plankton der Küstengewässer. Die Vertreter der *Trachylina* u. Staatsquallen sind Hochseetiere (teils an der Oberfläche, teils in großen Tiefen). Bes. in den nördl. Meeren treten Medusen als Saisontiere auf. Sie tendieren zur Schwarmbildung, was u. a. mit einer temperaturabhäng. Knospungsperiode erklärt wird. Hydromedusen entstehen ungeschlechtl. durch Knospung an Polypen. Dabei können die Medusen frei werden od. (was bei ca. ⅔ der H. der Fall ist) am Polypenstock verbleiben *(Gonophoren)*. So wird durch Reduktion der Medusen das „gefährdete" Planktonstadium vermieden. Dabei treten in verschiedenen Fam. konvergent Reduktionsstufen der Medusen *(Medusoide, Sporosacs)* auf bis hin zur vollständ. Unterdrückung (Eier u. Spermien reifen direkt in der Körperwand des Polypen; z. B. ↗ Süßwasserpolyp). Hydromedusen, die eine durchschnittl. Lebensdauer von 1–3 Monaten haben, sind die geschlechtl. Generation der *H.;* sie sind meist getrenntgeschlechtlich. Die Gonaden bilden sich im Ektoderm des Mundrohrs od. in der Subumbrella über den Radiärkanälen. Einige Hydromedusen können zusätzl. ungeschlechtlich z. B. am Mundstiel od. Schirmrand wieder Medusen knospen *(Sarsia, Rathkea, Eleutheria)*. Interessant ist, daß freilebende Medusen sehr viel mehr Eier produzieren als am Stock verbleibende. Aus dem Ei entwickelt sich eine Planula-Larve, die herumschwimmt od. zu Boden sinkt. Nach 12–24 Std. setzt sie sich fest u. wandelt sich zum Polypen um (bei manchen Arten zur Meduse). Oft werden die Eier nicht freigegeben, sondern entwickeln sich bis zum bereits tentakeltragenden Actinula-Stadium im Muttertier. Bei den Süßwasserpolypen schlüpft aus dem Ei ein fertiger Polyp. – Die H. wurden lange Zeit als die ursprünglichste Gruppe der Hohltiere betrachtet, da ihre Polypen u. Medusen relativ einfach gebaut sind. In neuerer Zeit deutet man dies jedoch als sekundäre Vereinfachung. Einer der Gründe hierfür ist die Tatsache, daß H. 23 verschiedene Nesselkapseltypen (↗ Cniden) haben (*Anthozoa* nur 2!). ⓑ Hohltiere I–III. *C. G.*

Hydrozoologie w [v. *hydro-, gr. zōon = Lebewesen, logos = Kunde], ↗ Hydrobiologie.

Hydrurga w [v. *hydr-, gr. (cheir-)ourgos = (mit der Hand) arbeitend], Gatt. der Robben, ↗ Seeleopard.

Hydrurus m [v. *hydr-, gr. oura = Schwanz], Gatt. der ↗ Chrysocapsales.

Hyellaceae [Mz.; v. gr. hys (?) = Schwein], *Scopulonemataceae*, Fam. der *Pleurocapsales* (pleurocapsale Gruppe, Sekt. II), ↗ Cyanobakterien, deren Zellen ein- bis mehrreihige, unverzweigte Fäden mit dikker Zellwand od. parenchymat. Massen bilden; bewegl. Baeocyten (Endosporen) entwickeln sich in Sporangien. Die Gatt. *Xenococcus* tritt in krustenförm., einschicht., wenigzell. Überzügen z. B. auf Steinen in Bächen auf; *Hyella*-Arten leben im Meer, teilweise endolithisch, kalkbohrend, auch auf Muschelschalen; *Hydrococcus*-Arten finden sich in schnellfließenden Gebirgsbächen.

Hyemoschus m [v. gr. hys = Schwein, moschos = Kalb], Gatt. der ↗ Hirschferkel.

Hyenia w, Gatt. der ↗ Cladoxylales.

Hygiene w [v. gr. hygieinos = gesund, heilsam], Gesundheitslehre u. -praxis; Lehre v. der Gesunderhaltung des Einzelnen u. der Allgemeinheit, der Vorbeugung v. Krankheiten u. Gesundheitsschäden wie auch der positiven Gesundheitsförderung. Durch M. v. ↗ Pettenkofer wurde die H. wiss. begründet. Unterschieden wird die private u. die öffentl. H.; letztere wurde zum öffentl. *Gesundheitswesen* erweitert. Arbeitsbereiche der H.: *Umwelt-H., Sozial-H.* (Lehre v. den Wechselwirkungen zw. Gesundheit bzw. Krankheit u. der sozialen u. kulturellen Umwelt) und *Psycho-H.* (Pflege der seelischen Gesundheit). Die Umwelt-H. umfaßt die H. der Luft, des Wassers u. Abwassers, der Abfallstoffe, der Körperpflege u. Kleidung, die Wohnungs- u. Arbeits-H. Sie erforscht den Einfluß der Umwelt auf das Krankheits- u. Seuchengeschehen (Parasitologie, Bakteriologie u. Virologie). Zur H. gehört auch die Immunitätslehre samt den Impfungen. *Erb-H.* ↗ Eugenik.

Hygrobiidae [Mz.; v. gr. hygrobios = im Wasser lebend], die ↗ Feuchtkäfer.

Hygrocybe w [v. *hygro-, gr. kybē = Kopf], die ↗ Saftlinge.

Hygrokinese w [v. *hygro-, gr. kinēsis = Bewegung], verstärkter Bewegungsdrang feuchtigkeitsliebender niederer Tiere im feuchten Milieu gegenüber demjenigen im trockenen.

Hygromorphie w [v. spätgr. hygromorphos = von wäßriger Gestalt], ↗ Hygrophyten.

Hygromorphosen [Mz.; v. spätgr. hygromorphos = von wäßriger Gestalt], ↗ Mechanomorphosen.

Hygronastie w [v. *hygro-, gr. nastos = festgefügt], ↗ Nastien.

hygrophil [v. *hygro-, gr. phylos = Freund], *feuchtigkeitsliebend*, Bez. für Pflanzen, die bevorzugt an feuchten Standorten leben. Ggs.: *hygrophob.* ↗ Hygrophyten.

Hygrophoraceae [Mz.; v. *hygrophor-], die ↗ Dickblättler.

Hygrophoropsis w [v. *hygrophor-, gr. opsis = Aussehen], Gatt. der ↗ Kremplinge.

Hygrophorus m [v. *hygrophor-], die ↗ Schnecklinge.

Hygrophyten [Mz.; v. *hygro-, gr. phyton = Pflanze], *Feuchtigkeitspflanzen, Feuchtpflanzen,* Landpflanzen, die an ständig feuchten Standorten, in sehr feuchter Atmosphäre leben, z. B. feuchtigkeitsliebende (hygrophile) Schattenpflanzen od. Pflanzen trop. Regenwälder. Sie haben spezif. Anpassungen *(Hygromorphien)* zur Förderung der Transpiration, der Wasserableitung usw., wie Träufelspitzen, u. große, dünne Blattspreiten, die mit lebenden Haaren besetzt sein können, um die verdunstende Oberfläche zu vergrößern. Die Spaltöffnungen sind nicht eingesenkt, sondern können sogar über die Epidermis herausragen. Viele besitzen Hydathoden zur aktiven Ausscheidung v. Wasser bei feuchtigkeitsgesättigter Luft (B Blatt II). Entspr. der geringen Transpiration sind Wurzelsystem u. wasserleitende Gefäße schwach ausgebildet.

Hygrorezeptor m [v. *hygro-, lat. recipere = aufnehmen], der ↗ Feuchterezeptor.

hygroskopisch [v. *hygro-, gr. skopein = beobachten], (Luft-)Feuchtigkeit aufnehmend; stark h.e Stoffe sind z. B. Calciumchlorid ($CaCl_2$), Magnesiumchlorid ($MgCl_2$) u. Schwefelsäure (H_2SO_4); einige stark h.e Stoffe dienen als Trockenmittel. Unter *h.en Bewegungen* versteht man Krümmungsbewegungen v. Pflanzenteilen durch Quellung/Entquellung u. Austrocknung der Wände toter Zellen; sie beruhen auf der Quellungsanisotropie v. Mikrofibrillen u. deren unterschiedl. Verlaufsrichtung in den Wänden benachbarter Zellen u. Gewebe; dienen der Sporen-, Pollen-, Samen- u. Fruchtverbreitung.

hygro- [v. gr. hygros = feucht, naß].

hygrophor- [v. gr. hygros = feucht, naß, -phoros = -tragend].

hyl-, hylo- [v. gr. hylē = Wald, Holz; davon hylaios = im Wald lebend, Wald-].

hymeno- [v. gr. hymēn, Gen. hymenos = Haut, Häutchen].

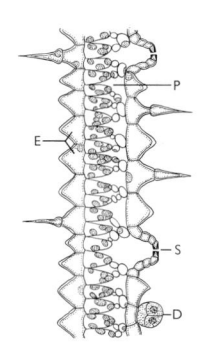

Hygrotaxis w [v. *hygro-, gr. taxis = Anordnung], ↗ Taxis.

Hyla w [v. *hyl-], Gatt. der ↗ Laubfrösche.

Hyläa w [v. *hyl-], urspr. eine von A. v. Humboldt für den trop. Regenwald des Amazonasbeckens geprägte Bez.; heute meist allg. für die ganze Formation verwendet. [nen.

Hylaeus m [v. *hyl-], Gatt. der ↗ Seidenbie-

Hylambates m [v. *hyl-], ↗ Kassina.

Hyle w [v. gr. hylē = Material], (R. Richter), *Typoid, Nichttyp,* vom Aufsteller einer Art nicht veröff. Belegmaterial. Wenn vom Locus typicus (u. Stratum typicum) stammend = *Topohyle;* wenn vom Autor der Art zugerechnet (= *Autohyle)* u. vom Locus typicus stammend = *Autotopohyle.*

Hylidae [Mz.; v. *hyl-], die ↗ Laubfrösche.

Hylobatidae [Mz.; v. gr. hylobatēs = Waldläufer], die ↗ Gibbons.

Hylochoerus m [v. *hylo-, gr. choiros = Ferkel], ↗ Waldschweine.

Hylocomiaceae [Mz.; v. *hylo-, gr. komion = Skalp], Fam. der *Hypnobryales,* Laubmoose mit aufrechten, mehrfach gegliederten Stämmchen u. etagenart. angeordneten Jahrestrieben, z. B. beim Etagenmoos *Hylocomium splendens.*

Hylodes m [v. gr. hylōdēs = waldig], Gatt. der ↗ Elosiinae (= Hylodinae).

Hylopsis w [v. *hyl-, gr. opsis = Aussehen], *Centrolenella,* ↗ Glasfrösche.

Hylotrupes m [v. *hylo-, gr. trypan = bohren], Gatt. der ↗ Bockkäfer, ↗ Hausbock.

Hymen m [v. gr. hymēn =], *Jungfernhäutchen,* dünne, sichel- od. ringförm. Schleimhautfalte, die bei der Frau den Scheideneingang bis auf eine kleine Öffnung verschließt; reißt beim ersten Coitus ein (Defloration) u. wird bei der ersten Geburt weitgehend zerstört; einen H. besitzen auch die ♀♀ von höheren Affen, Huftieren u. Raubtieren.

Hymeniacidonidae [Mz.; v. *hymeno-, gr. akis, Gen. akidos = Spitze, Stachel], Schwamm-Fam. (Ord. ↗ Halichondrida) mit 7 Gatt., deren Skelett im wesentl. aus monactinen Megaskleriten besteht. Bekannteste Art *Hymeniacidon sanguinea,* krusten- bis papillenförmig, orange, auch

Hygrophyten
Hygrophyten-Blattquerschnitt mit Hydathode u. erhöhter Spaltöffnung; E Epidermis, D Drüse, S Spaltöffnung, P Parenchym

Hymenium durch symbiont. Algen grün, in der Gezeitenzone und bis 30 m Tiefe, weltweit verbreitet.

Hymenium s [v. *hymeno-], *Sporenlager, Fruchtscheibe, Fruchtschicht, Fruchtlager,* eine Schicht der Fruchtkörper v. ↗ Pilzen, die aus Asci (bei Schlauchpilzen) od. Basidien (bei Ständerpilzen) u. gewöhnlichen, sterilen Hyphen (Paraphysen bzw. Pseudoparaphysen) besteht, die palisadenförmig angeordnet sind, sowie aus Cystiden, sterilen Zellen v. verschiedener Gestalt u. Funktion (vgl. Spaltentext).

Hymenocera w [v. *hymeno-, gr. keras = Horn], ↗ Harlekingarnele.

Hymenochaetaceae [Mz.; v. *hymeno-, gr. chaitē = Borste], Fam. der Nichtblätterpilze (*Aphyllophorales,* oder eigener Ord. *Hymenochaetales*), mit vielen Arten weltweit verbreitet. Charakterist. ist die braungefärbte Trama (durch Styrylpyrone), die sich mit Kalilauge violett-schwarz verfärbt; an den Hyphensepten fehlen Schnallen. Die ein- oder mehrjähr. Fruchtkörper sind konsolen-, seltener krustenförmig, vereinzelt mit gestieltem Hut; Hymenophor glatt od. röhrig ausgebildet. Fast alle Arten wachsen parasit. od. saprophyt. an Holz (Weißfäuleerreger). Die einfachsten *H.* stellen die *Hymenochaete*-Arten dar, häutige bis lederart. Formen mit glattem od. runzel. Hymenium, das braune, borstenähnl. Cystiden trägt; die ca. 8 Arten sind Holzbewohner. Weit verbreitet wächst *H. rubiginosa,* der Rotbraune Borstenscheibling, fast ausschl. an totem, entrindetem Holz v. Eichen u. Edelkastanien.

Hymenochirus m [v. *hymeno-, gr. cheir = Hand], Gatt. der ↗ Krallenfrösche.

Hymenogastraceae [Mz.; v. *hymeno-, gr. gastēr = Magen, Bauch], die ↗ Erdnußartigen Pilze.

Hymenogastrales [Mz.], Ord. der ↗ Bauchpilze, deren Vertreter (vgl. Tab.) einen meist kugel. Fruchtkörper mit ein- bis mehrschicht. Peridie ausbilden; die fleischige, mehrkammerige Gleba zerfließt mehr od. weniger bei der Reife.

Hymenolepididae [Mz.; v. *hymeno-, gr. lepis, Gen. lepidos = Schuppe], Bandwurm-Fam. der ↗ *Cyclophyllidea,* ca. 650 in Vögeln, davon 76% in Wasservögeln, u. ca. 170 in Säugern parasitierende Arten. *Hymenolepis nana* (Zwergbandwurm), 5 cm lang, 1–2 mm breit, weltweit verbreitet, bes. in den Tropen u. Subtropen; fakultativer Zwischenwirt: Mehlkäfer- od. Flohlarven (Cysticercoid); Endwirt: Ratten, Mäuse, Mensch; Infektion des Menschen daher auf 2 Wegen: 1. orale Aufnahme v. Cysticercoiden in Insekten (Insekten als Nahrungsmittel in trop. Ländern!); 2. orale Aufnahme v. Eiern aus Kot (vermutl. Hauptinfektionsweg!). *H. diminuta* (Ratten- od. Nagerbandwurm), bis 60 cm lang, weltweit verbreitet, im Darm v. Nagern, nur selten im Menschen; Zwischenwirt Schmetterlinge, Käfer, Heuschrecken u. Flöhe. *Drepanidotaenia lanceolata,* bis 13 cm lang, Endwirt: Gänse u. Enten, Zwischenwirt: Copepoda.

Hymenolichenes [Mz.; v. *hymeno-, gr. leichēn = Flechte], die ↗ Basidiomyceten-Flechten.

Hymenomonas w [v. *hymeno-, gr. monas = Einheit], Gatt. der ↗ Kalkflagellaten.

Hymenomycetes [Mz.; v. *hymeno-, gr. mykētes = Pilze], *Außenfrüchtler,* frühere Kl. der Ständerpilze (U.-Abt. *Basidiomycotina*), in der auch die meisten bekannten Hutpilze eingeordnet wurden. Die Basidien der *H.* entwickeln Ballistosporen u. sind in einer Schicht (↗ Hymenium) angeordnet, die bei der Reife an gymnokarpen od. hemiangiokarpen Fruchtkörpern vollkommen freiliegt. Die *H.* werden (nach der Basidienausbildung) in die U.-Kl. *Phragmobasidiomycetidae* u. *Holobasidiomycetidae* unterteilt. ↗ *Eumycota.*

Hymenophor s [v. *hymeno-, gr. -phoros = -tragend], *Fruchtschichtträger,* Hyphenschicht bei ↗ Pilzen, die das ↗ Hymenium (Sporenlager) trägt; bei Blätterpilzen lamellenförmig, bei Röhrlingen röhrenförmig, bei Stachelpilzen stachelförmig ausgebildet. ☐ Blätterpilze.

Hymenophyllum s [v. *hymeno-, gr. phyllon = Blatt], Gatt. der ↗ Hautfarne.

Hymenoptera [Mz.; v. *hymeno-, gr. pteron = Flügel], die ↗ Hautflügler.

Hymenostomata [Mz.; v. *hymeno-, gr. stomata = Münder], zu den *Holotricha* gehörige U.-Ord. der Wimpertierchen; charakterist. ist, daß der Zellmund in den Körper zurückgezogen u. die dadurch entstehende Mundbucht (Vestibulum) mit Wimperreihen, die teilweise zu undulierenden Membranen u. Membranellen verschmolzen sind, ausgestattet ist. Alle Arten sind Strudler. Bekanntester Vertreter ist das ↗ *Pantoffeltierchen (Paramecium).* Weit verbreitet im Süßwasser ist *Tetrahymena pyriformis,* mit kleiner Mundbucht, in der 3 Membranellen u. 1 undulierende Membran schlagen; sie kann in sterilem Nährmedium gezüchtet werden u. ist deshalb ein wicht. Labortier (☐ 317). Ein ektoparasit. lebender Vertreter ist ↗ *Ichthyophthirius.* Weitere häufige Gatt. sind ↗ *Colpidium* u. ↗ *Frontonia.*

Hynobiidae, die ↗ Winkelzahnmolche.

Hyocrinus m [v. gr. y = Y (-ähnlich), krinon = Lilie], Gattung der ↗ Seelilien (☐), 15 cm groß, Stiel ohne Cirren; in 3000–5000 m Tiefe im Südpazifik; gilt als ursprünglichste aller rezenten Seelilien.

Hymenium
Sterile, meist vergrößerte Zellformen im Haar wurden fr. allg. als *Cystiden* (oder *Cystidien*) bezeichnet. Wegen der unterschiedl. Entwicklung, Morphologie u. Funktion sind heute verschiedene Benennungen üblich, z. B. Hymenialcystiden, entwickeln sich vom Subhymenium (= echte Cystiden), Tramalcystiden aus tieferen Schichten; Gloeocystiden enthalten eine ölhaltige Flüssigkeit; Dermatocystiden (Pilocystiden) treten an der Hautoberfläche hervor, Cheilocystiden an den Lamellenscheiden. Setae sind dickwand. Borsten. Das Vorkommen v. Cystiden u. die Art der Ausbildung sind wichtig zur Pilzbestimmung.

Hymenochaetaceae
Wichtige Gattungen:
Hymenochaete (Borstenscheiblinge)
Phellinus (↗ Feuerschwämme)
Inonotus (↗ Schillerporlinge)

Hymenogastrales
Wichtige Familien:
↗ Erdnußartige Pilze *(Hymenogastraceae)*
↗ Heidetrüffelartige Pilze *(Hydnangiaceae)*
↗ Schleimtrüffelartige Pilze *(Melanogastraceae*)*
↗ Schwanztrüffelartige Pilze *(Hysterangiaceae*)*

* Auch als eigene Ord. abgetrennt: *Melanogastrales* bzw. *Hysterangiales*

---

hymeno- [v. gr. hymēn, Gen. hymenos = Haut, Häutchen].

Hyoid *m* [v. gr. y = Y, -oeidēs = ähnlich], *Os hyoideum,* das ↗Zungenbein.

Hyoidbogen, der ↗Zungenbeinbogen.

Hyolithellida [Mz.; v. *hyo-, gr. lithos = Stein], ↗Hyolithellidae.

Hyolithellidae [Mz.], (Walcott 1886), *Hyolithellida* (Syssoiev 1957, Ord.), † „Fam." einer „Ord." *Hyolithelminthes* ungewisser Zuordnung zu einem höheren Taxon. Kleine (5 bis 15 mm lange) zylindr. Tuben v. rundl. Querschnitt mit hornart. Biegung im apikalen Bereich, Mündung mit Operculum, das von 4 bis 7 Paar Muskeleindrücken gezeichnet ist. Die H. wurden meist den Anneliden, anderen Würmern - z. B. den Bartwürmern (↗*Pogonophora*) - od. ↗Hyolithen angeschlossen. Verbreitung: unteres bis mittleres Kambrium.

Hyolithellus *m* [v. *hyo-, gr. lithos = Stein], (Billings 1871), problemat. „Gatt." der † „Fam." ↗*Hyolithellidae;* die hornförm. Schälchen setzen sich aus dünnen Lamellen zus., die sich apikalwärts verdicken, z. T. mit Poren; Länge 5 mm, Breite im ⌀ 2,5 mm, Opercula 0,25 bis 2,5 mm mit 5 Paar Muskeleindrücken. H. ist der ältestbekannte Chitinträger. Verbreitung: unteres bis mittleres Kambrium v. Amerika u. Europa.

Hyolithen [Mz.; v. *hyo-, gr. lithos = Stein], *Hyolitha,* (Henningsmoen 1952), † Tier-Kl., die aufgrund äußerer Ähnlichkeit zu „Pteropoden" meist den Gastropoden (Schnecken) zugewiesen wurde. Die Fossilien sind spitz zulaufende, kalkige Schalen v. symmetr., trigonalem Querschnitt, meist mit leichter Krümmung; Öffnung v. einem Deckel (Operculum) verschlossen, v. dem ein Paar bogenförm. kalkiger Anhänge entspringt. Meist für Benthonten gehalten; ca. 500 Arten; manchmal in Verbindung gebracht mit ↗*Conulata* od. als separater Stamm bewertet. Verbreitung: häufig im Kambrium, v. Ordovizium bis Perm stetig seltener.

Hyomandibulare *s* [v. *hyo-, lat. mandibula = Kinnbacken], dorsales Skelettelement des Hyoidbogens (↗Zungenbeinbogen, 2. Kiemenbogen) der Wirbeltiere; dient bei Teleostiern u. einigen Haien als bes. Kieferstiel der Befestigung des Oberkiefers am Hirnschädel. Bei Tetrapoden wurde das H. zu einem ↗Gehörknöchelchen umgewandelt. ↗Columella 4).

Hyoscin *s* [v. gr. hyoskyamos = Bilsenkraut], ein ↗Scopolamin.

Hyoscyamin *s,* ein Tropanalkaloid aus Nachtschattengewächsen, z. B. ↗Tollkirsche, ↗Bilsenkraut u. ↗Stechapfel, das in zwei opt. aktiven Formen vorkommt. In der Pflanze tritt vorwiegend L-H. sowie das Racemat D, L-H., das mit ↗Atropin ident. ist, auf. Aufgrund seiner parasympatholyt. Wirkung wird L-H. z. B. als Spasmolytikum eingesetzt. [das ↗Bilsenkraut.

Hyoscyamus *m* [v. gr. hyoskyamos =],

Hyostylie *w* [v. *hyo-, gr. stylos = Griffel], indirekte Befestigung des Mandibularbogens (Kieferbogen, 1. Kiemenbogen) am Hirnschädel mit Hilfe des ↗Hyomandibulare, des dorsalen Elements des Hyoidbogens (2. Kiemenbogen); tritt auf bei Teleostiern u. einigen Haien. ↗Autostylie, ↗Amphistylie, ↗Fische.

Hyp, 1) Abk. für Hydroxyprolin; **2)** Abk. für Hypoxanthin.

Hypanthium *s* [v. gr. hypo = unter, anthos = Blüte], *Blütenbecher* od. *-röhre,* durch becher- od. röhrenförm. Eintiefung der Blütenachse entstanden. Vielfach sind an ihrer Bildung auch die kongenital verwachsenen Basalteile der Kelch-, Kron- u. Staubblätter beteiligt, wobei die Abgrenzung der einzelnen Organbereiche häufig kaum noch mögl. ist. Die Kelch-, Kron- u. Staubblätter erscheinen vom Becherrand emporgehoben, die freien od. verwachsenen Fruchtblätter dagegen eingesenkt. Letztere bleiben frei (z. B. Hagebutte der Rose) od. verwachsen mit dem H. (z. B. Apfel). Je nach Verwachsungsgrad des Fruchtknotens mit dem H. unterscheidet man ober-, mittel- u. unterständ. Gynözeen. ↗Blüte.

hypaxonisch [v. gr. hypaxonios = unter der Achse], unterhalb des horizontalen Myoseptums gelegen; ↗epaxonisch.

Hyperboraeum *s* [v. lat. hyperboreus = nördlich], das ↗Eokambrium.

Hyperchromie *w* [v. *hyper-, gr. chrōma = Farbe], **1)** *Hyperchromasie,* bei hyperchromer ↗Anämie auftretender vermehrter Hämoglobingehalt der Erythrocyten. **2)** *Hyperchromatose,* vermehrte Pigmentbildung in der Ober- u. Lederhaut. Ggs.: Hypochromie.

Hyperergie [v. *hyper-, gr. ergon = Werk, Wirkung], gesteigerte Abwehrreaktionen des Körpers auf Antigene.

Hyperglykämie *w* [v. *hyper-, gr. glykys = süß, haima = Blut], erhöhter Gehalt v. Glucose (über 120 mg/100 ml) im Serum (↗Blutzucker), meist bei ↗Diabetes (mellitus), seltener bei Hypophysenstörungen, ↗Hyperthyreose u. a. Ggs.: Hypoglykämie.

hyperglykämisches Hormon ↗Insektenhormone.

hypergnath [v. *hyper-, gr. gnathos = Kiefer], Bez. für nach oben gerichtete Mundöffnung u. Mundteile am Kopf mancher Insekten (wohl nur bei Larven der *Hydrophilidae*). ↗hypognath.

Hypericaceae [Mz.; v. gr. hypereikon = Johanniskraut], die ↗Hartheugewächse.

Hypericin *s, Johannisblut, Herrgottsblut, Mykoporphyrin,* rot-violetter, fluoreszie-

---

Hymenostomata

Tetrahymena pyriformis

undulierende Membran — Membranelle
Wimpernreihen

hyo- [v. gr. hys, Gen. hyos = Schwein, Sau].

hyper- [gr. hyper = über, darüber (hinaus)], in Zss.: über, übermäßig, über ... hinaus.

Hypericum

render Farbstoff, der aus ↗ *Emodin* gebildet wird u. in der Natur in gebundener Form im Johanniskraut (↗ *Hartheu, Hypericum perforatum*) vorkommt, für dessen starke photodynam. Wirkung es verantwortl. ist: Nach dem Fressen v. *Hypericum*-Pflanzen zeigt Weidevieh eine hohe Empfindlichkeit gg. Sonnenlicht u. erkrankt unter Juckreiz, Ödembildung u. a. (*Hypericismus*, Hartheukrankheit; ähnl. Fagopyrismus beim ↗ Buchweizen). ↗ Photosensibilisatoren.

Hypericum *s* [v. gr. hypereikon = Johanniskraut], das ↗ Hartheu.

Hyperiidea [Mz.; ben. nach der Quelle Hypereia in Thessalien], U.-Ord. der Flohkrebse, deren Vertreter pelagisch leben. Am bekanntesten sind die *Hyperiidae* u. die *Phronimidae. Hyperia galba* (bis 20 mm) mit sehr großen Komplexaugen wird in der Nord- u. Ostsee zuweilen freischwimmend gefunden; dann ist sie graubraun; meist ist sie jedoch an der Subumbrella von Scyphomedusen festgeheftet, wie der Ohrenqualle, an der sie parasitiert; an solchen festsitzenden Tieren sind die ↗ Chromatophoren (↗ Farbwechsel) zusammengezogen, u. die Tiere sind vollkommen durchsichtig; die Jungtiere schlüpfen als Larven. *Phronima sedentaria* (bis 30 mm) hat geteilte Augen; ein Teil ist nach oben, der andere nach unten gerichtet; die Art schwimmt oft in den leeren, ausgefressenen Hüllen von Tunicaten.

Hyperkapnie *w* [v. *hyper-, gr. kapnos = Rauch], ↗ Atmungsregulation.

Hyperlophus *m* [v. gr. hyperlophos = hochgipfelig], Gatt. der ↗ Sprotten.

Hypermastigida [Mz.; v. *hyper-, gr. mastix, Gen. mastigos = Geißel], zur Ord. der *Polymastigina* gehörige U.-Ord. der Geißeltierchen; sie haben zahlr. Geißeln, einen Kern, der am Vorderpol in einem Kernsäckchen liegt, u. viele Parabasalkörper. Alle Arten leben im Enddarm v. Termiten u. Schaben (Darmflagellaten); sie ernähren sich v. Holzstückchen, die sie mit dem Hinterende aufnehmen, u. schließen diese für die Verwertung durch den Wirt auf (B Endosymbiose). Die Termiten müssen sich, da sie den Enddarm häuten, durch Kotfressen od. Belecken der Afterregion v. Artgenossen nach jeder Häutung neu infizieren. Bei den in der holzfressenden Schabe *Cryptocercus* lebenden Arten sind Sexualprozesse nachgewiesen, die, durch das Häutungshormon Ecdyson des Wirts ausgelöst, mit dessen Häutungszyklus koordiniert sind. Nach der Sexualität kommt es zur Cystenbildung, die die Invasion neuer Wirte erleichtert. Bekannte Gatt. sind *Joenia, Lophomonas, Trichonympha* u. *Spirotrichonympha*.

hyper- [gr. hyper = über, darüber (hinaus)], in Zss.: über, übermäßig, über ... hinaus.

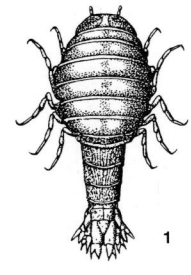

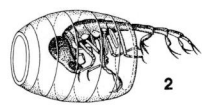

Hyperiidea
1 *Hyperia galba*, Dorsalansicht; **2** *Phronima sedentaria* (♀), in einer leeren Tunicaten-Hülle schwimmend

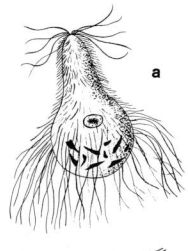

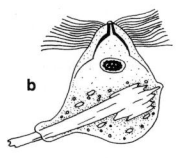

Hypermastigida
a Habitus v. *Trichonympha spec.*; **b** *Trichonympha spec.* bei der Aufnahme eines Holzstücks

Hypermetabola [Mz.; v. *hyper-, gr. metabolē = Veränderung], ↗ Holometabola.

Hypermetabolie *w*, ↗ Metamorphose.

Hypermetropie *w* [v. gr. hypermetros = übermäßig, ōps = Auge], die Weitsichtigkeit (Übersichtigkeit); ↗ Akkommodation, ↗ Brechungsfehler (☐).

hypermorphe Allele [Mz.; v. *hyper-, gr. morphē = Gestalt, allēlos = gegenseitig], Bez. für durch Mutation entstandene Allele, die bei gleicher Wirkungsrichtung einen im Vergleich zum Wildtyp-Allel verstärkten phänotyp. Effekt aufweisen. Ggs.: *hypomorphe Allele*, zeigen einen geringeren phänotyp. Effekt.

Hyperodontie *w* [v. *hyper-, gr. odontes = Zähne], Vorkommen v. überzähligen Zähnen im Gebiß.

Hyperoliidae [Mz.], Fam. der Froschlurche mit den Riedfröschen (Gatt. *Hyperolius*). Die H. wurden fr. als U.-Fam. *Hyperoliinae* der *Ranidae* aufgefaßt; heute haben sie den Rang einer Fam. mit 3 oder 4 U.-Fam. (T 319). Die bekanntesten sind die *Hyperoliinae* mit Arten in Afrika, auf Madagaskar u. den Seychellen. In Afrika, wo Laubfrösche fehlen, bilden die Gatt. *Leptopelis* u. *Hyperolius* Lebensformtypen, die den Laubfröschen äußerl. völlig gleichen u. auf Bäumen leben. Andere Arten, wie die Kassinas u. Waldsteiger, sind bodenlebende Frösche.

Hyperolius *m*, Gatt. der ↗ *Hyperoliidae*, ↗ Riedfrösche.

Hyperopie *w* [v. *hyper-, gr. ōps = Auge], die Weitsichtigkeit (Übersichtigkeit); ↗ Akkommodation, ↗ Brechungsfehler (☐).

hyperosmotisch [v. *hyper-, gr. ōsmos = Stoß], ↗ Osmose.

Hyperparasitismus *m* [v. *hyper-, gr. parasitos = Schmarotzer], Befall eines Parasiten durch einen eigenen Parasiten. ↗ Parasitismus.

Hyperplasie *w* [v. *hyper-, gr. plasis = Bildung], Vergrößerung eines Organs od. Gewebes durch vermehrtes Wachstum (Zellenzahl); ↗ Hypertrophie. Ggs.: Hypoplasie.

Hyperploïdie *w* [v. *hyper-, gr. -plois = -fach], Form der ↗ Aneuploidie, bei der die artspezif. Chromosomenzahl um einzelne Chromosomen erhöht ist (z. B. *Trisomie:* 1 Chromosom liegt bei diploiden Organismen nicht zwei-, sondern dreifach vor, z. B. beim ↗ Down-Syndrom). Die Verminderung der Chromosomenzahl wird als *Hypoploidie* bezeichnet (z. B. *Monosomie:* 1 Chromosom liegt bei diploiden Organismen nur einfach vor). ↗ Chromosomenanomalien.

Hyperpneustia [Mz.; v. *hyper-, gr. pneustēs = Atmender], Insekten mit überzähl. Stigmen in ihrem Tracheensystem, z. B. bei einigen *Japyx*-Arten (↗ Doppelschwänze) im Meso- u. Metathorax.

Hyperpolarisation w [v. *hyper-, gr. polos = Pol], während der Repolarisationsphase erregbarer Zellen auftretendes Überschreiten des ↗Ruhepotentials. Diese Erscheinung wird auch als *hyperpolarisierendes Nachpotential* bezeichnet; man unterscheidet kurz u. lang dauernde hyperpolarisierende Nachpotentiale. Beiden kommen bei der ↗Erregungsleitung in Neuronenverbänden (↗Nervensystem) regulative Funktionen zu.

Hyperproteinämie w [v. *hyper, gr. prōtos = erster, haima = Blut], krankhafte Erhöhung des Serumproteinspiegels, z. B. bei Makroglobulinämie, Plasmocytom.

Hypersexualisierung w [v. *hyper-, lat. sexualis = geschlechtlich], Hypertrophie des sexuellen Verhaltensbereichs, die sich in ungewöhnlich häufigen u. unselektiven sexuellen Handlungen äußert. H. tritt öfters bei Haustieren auf, ansonsten nur vorübergehend durch sexuelle Deprivation. K. Lorenz betrachtete die H. als Folge der durch *Domestikation* bedingten Zunahme endogener Reizerzeugung u. nahm ähnl. Domestikationsmerkmale auch für den Menschen an. Heute wird die H. ebenso wie Hypertrophien der Nahrungsaufnahme u. ä. eher auf den Verlust der Selektivität für ↗Auslöser zurückgeführt, evtl. auch auf den Verlust komplexer Reiz-Reaktionsmuster mit der Umwelt. Für menschl. Verhalten scheint diese Deutung nicht zuzutreffen; es wird nicht durch den Verlust erbl. Reaktionsmuster, sondern durch deren kognitive Überlagerung bestimmt.

Hypersomie w [v. *hyper-, gr. sōma = Körper], der Riesenwuchs; ↗Akromegalie, ↗Gigaswuchs. Ggs.: Hyposomie.

hypertelische Bildungen [v. gr. hypertelēs = übers Ziel hinausgehend], ↗atelische Bildungen.

Hyperthermie w [v. *hyper-, gr. thermē = Wärme], Überbegriff für Überwärmung des Organismus, i. e. S. Überwärmung durch v. außen zugeführte Energie. In der experimentellen Tumortherapie wird die H. in Kombination mit Cytostatika od. ionisierenden Strahlen mit dem Ziel der Wirkungsverstärkung untersucht.

Hyperthyreose w [v. *hyper-, gr. thyreos = Schild], *Hyperthyreoidismus,* Überfunktion der Schilddrüse mit vermehrter Abgabe des Schilddrüsenhormons Thyroxin in das Blut (z. B. *Basedowsche Krankheit*). Mögl. Ursachen: diffuse Vergrößerung der Schilddrüse (Kropf), knotige Anteile der Schilddrüse od. ein toxisches Adenom, d. h. ein Teil der Schilddrüse, der sich nicht der hormonellen Regulation unterwirft. Symptome: Zittern, Heißhunger, Schweißausbrüche, hervortretende Augen, Herzrasen, Affektabilität, Haarausfall, Glanzauge,

Hyperoliidae
Unterfamilien und Gattungen:
Arthroleptinae
(↗Langfingerfrösche), gehören wahrscheinl. zu den *Ranidae*
Astylosterninae
  Astylosternus u. a.
  (↗Haarfrosch)
Hyperoliinae
↗*Afrixalus,* Bananenfrösche (fr. zu den Ruderfröschen gestellt)
Cryptohylax
Hyperolius
(↗Riedfrösche)
↗*Kassina*
Hylambates
Leptopelis
(↗Waldsteiger)
Megalixalus
(Seychellen)
Scaphiophryninae
(Madagaskar)
Pseudohemisus
Scaphiophryne

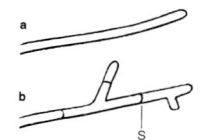

Pilz-Hyphen

a unseptierte, unverzweigte Hyphe. **b** septierte, verzweigte Hyphe. S = Septum (Querwand) mit Poren, die den direkten Kontakt der Protoplasten benachbarter Zellen gewährleisten. Die Poren können unterschiedl. ausgebildet sein: so können die Septen z. B. zahlr. einfache Mikroporen besitzen od. einen Zentralporus, an dem die Querwände sich verjüngen (einfaches Septum) od. verdikken (Dolipor-Septum); die Poren können außerdem zusätzl. Strukturen aufweisen.

Gewichtsabnahme. Ohne Therapie kann die H. in die tödl. verlaufende thyreotoxische Krise *(Thyreotoxikose)* übergehen. Therapie: operative Verkleinerung der Schilddrüse, Radioiodbehandlung u. medikamentös (Thyreostatika).

Hypertonie w [v. gr. hypertonos = überspannt], ↗Blutdruck.

hypertonisch ↗anisotonische Lösungen.

Hypertrophie w [v. *hyper-, gr. trophē = Ernährung], Vergrößerung eines Organs od. Gewebes (z. B. infolge erhöhter Leistungsanforderung) durch Volumenvergrößerung seiner Zellen (bei gleichbleibender Zellenzahl, *echte H.;* ↗Hyperplasie). Wird Fremdgewebe (z. B. Fett od. Bindegewebe) eingebaut, handelt es sich um die *falsche H.* H. tritt auch bei Pflanzen auf. Ggs.: Hypotrophie.

Hyperventilation w [v. *hyper-, lat. ventilatio = Lüftung], ↗Atmungsregulation, ↗Alkalose.

Hypervitaminose w [v. *hyper-, lat. vita = Leben], Vergiftungserscheinung bei Einnahme zu hoher Mengen der fettlösl. Vitamine A (mit Hautveränderungen) u. D. (Organverkalkungen). Die wasserlösl. Vitamine verursachen dagegen keine H., da sie schnell ausgeschieden werden. Ggs.: Hypovitaminose.

Hyperzyklus m [v. *hyper-, gr. kyklos = Kreis], von M. ↗Eigen postulierte zykl. Folge v. Reaktionen zw. primitiven, präbiotischen Nucleinsäuren u. Proteinen, die als Ursache der spontanen Entstehung replikativer Systeme u. damit des Übergangs v. der ↗chemischen Evolution zur ↗biologischen Evolution angenommen wird.

Hyphaene w [v. gr. hyphainein = weben], ↗Dumpalme.

Hyphen [Mz.; v. gr. hyphē = Gewebe], 1) fädige Vegetationsorgane (Zellfäden), die für die überwiegende Anzahl der Pilze *(Fungi)* u. pilzähnl. Protisten charakterist. sind; die Gesamtheit der H. wird ↗*Mycel* gen. H. können unverzweigt od. verzweigt sein, sich parallel aneinanderlagern (= Synnemata od. ↗Koremium), als Substrat-H. (zur Nährstoffaufnahme) u. als Luft-H. (zur Bildung v. Fruktifikationsorganen) wachsen, sich zu Dauer- od. Vermehrungsorganen differenzieren (z. B. Chlamydosporen, Sklerotien, Konidien) u. sich in Scheingeweben zu Fruchtkörpern (als *Plektenchym* od. *Pseudoparenchym*) zusammenlagern. Der ⌀ der H. kann 2 μm bis 100 μm betragen. In bestimmten Pilzgruppen (pilzähnl. Protisten [= Niedere Pilze] u. den meisten *Zygomycetes*), die auch als „*coenocytische Pilze*" bezeichnet werden, sind die H. i. d. R. *unseptiert;* nur unter bes. Bedingungen bilden sich Querwände aus, z. B. zur Abgrenzung v. Fruktifi-

Hyphessobrycon

kationsorganen. In den regelmäßig *septierten* H. der Höheren Pilze liegen die Zellen in einer einzigen Reihe hintereinander u. wachsen hpts. in der Zone unmittelbar hinter der Spitze. Die Querwände der H. besitzen Poren, die z.T. typisch für bestimmte Pilzgruppen sind. Wichtig für die taxonom. Einordnung ist auch die chem. Zusammensetzung der H.-Zellwände. Ggs.: ↗ Sproßzellen. B Pilze I–II. 2) Zellfäden v. *Actinomyceten (↗ Actinomycetales);* sie haben i. d. R. einen viel geringeren ∅ (ca. 1 µm) als die Pilz-H. u. im Ggs. zu den eukaryot. Pilzen eine prokaryot. Zellorganisation.

Hyphessobrycon *m* [v. gr. hyphē = Gewebe, brykein = zerbeißen], Gatt. der ↗ Salmler.

Hypochytriales [Mz.; v. *hypochytr-], Ord. der ↗ Hypochytriomycetes.

Hypochytriomycetes [Mz.; v. *hypochytr-, gr. mykētes = Pilze], einzige Kl. der *Hyphochytriomycota,* pilzähnl. Protisten (Niedere Pilze, fr. als Algenpilze bezeichnet). Die ca. 20 Arten (Ord. *Hyphochytriales)* ähneln morpholog. den *Chytridiomycetes* u. biochem. den *Oomycetes,* unterscheiden sich jedoch v. beiden Pilzgruppen durch die Organisation der Zoospore u. deren apikale, *akrokonte* ↗ Begeißelung (☐) mit einer Flimmergeißel. Die Zellwände enthalten Cellulose u. Chitin. Wahrscheinl. gehören sie einer selbständ. Entwicklungslinie an. H. leben saprophyt. od. parasit. (vorwiegend v. Süßwasser- u. Meeresalgen). Die Fortpflanzung ist der der ↗ *Chytridiales* ähnl.; der Thallus kann vollständig *(holokarp)* od. nur teilweise *(eukarp)* in die Bildung eines Sporangiums od. Gametangiums einbezogen werden. *Anisolpidium ectocarpi* lebt in Braunalgen (z. B. *Ectocarpus),* *Rhizidiomyces* besiedelt aquatische Pilze u. Grünalgen, *Hyphochytrium catenoides* ist Schwächeparasit u. Saprophyt an Mais-Wurzelhaaren.

Hyphochytriomycota [Mz.; v. *hyphochytr-, gr. mykēs = Pilz], Abt. der pilzähnl. Protisten (Niedere Pilze) mit der einzigen Kl. ↗ Hyphochytriomycetes.

Hypholoma *s* [v. *hypho-, gr. lōma = Saum], die ↗ Schwefelköpfe.

Hyphomicrobium *s* [v. *hypho-, gr. mikros = klein, bios = Leben], Gatt. in der Gruppe der knospenden Bakterien (P 4, T Bakterien), deren Arten sich durch Knospung an hyphenart. Zellfortsätzen (Prostheka) vermehren u. einen charakterist. Entwicklungszyklus aufweisen (vgl. Abb.). Sie verwerten org. Substrate im aeroben Atmungsstoffwechsel od. fakultativ anaerob in einer Nitratatmung. H. kommt weit verbreitet im Erdboden, Süß- u. Meerwasser vor. Bemerkenswert ist seine Fähigkeit, noch bei sehr geringen Substratkonzentrationen zu wachsen: so können H.-Arten auch aus Schläuchen an Wasserhähnen, Brunnen, Laborwasserbädern od. (als Verunreiniger) aus Kulturen chemolithotropher Bakterien isoliert werden.

Hyphomycetes [Mz.; v. *hypho-, gr. mykētes = Pilze], *Fadenpilze,* nur durch die fädigen Hyphen bekannte Pilze (↗ *Fungi imperfecti,* ↗ *Moniliales).*

Hyphophoren [Mz.; v. *hypho-, gr. -phoros = -tragend], aufrecht auf dem Thallus v. (oft foliicolen) Flechten stehende, oben oft gekrümmte, borstenart. zugespitzte od. an den Enden löffel- bis schildförm. erweiterte Organe, an deren Unterseite asexuelle Fortpflanzungskörper gebildet werden.

Hyphopichia *w* [v. *hypho-], Gatt. ascusbildender Hefen, die ein Mycel mit septierten Hyphen bilden u. in Arthrokonidien (Blastokonidien) zerfallen; *H. burtonii* und *H. fibuligera* wachsen mit weißem Belag (Kreideschimmel) auf Brot.

Hypnaceae [Mz.; v. *hypno-], *Schlafmoose,* Fam. der *Hypnobryales,* mit vielen artenreichen Gatt. weltweit verbreitet. In Europa sind neben dem kalkliebenden *Ctenidium molluscum* u. dem straußenfederart. *Ptilium crista-castrensis* v. a. die Arten der Gatt. *Hypnum* verbreitet; sie weisen eine große Formenmannigfaltigkeit auf; *H. cupressiforme* wird u. a. zu Dekorationszwecken verwendet.

Hypnobryales [Mz.; v. *hypno-, gr. bryon = Moos], Ord. der Laubmoose (U.-Kl. *Bryidae)* mit 8 Fam.; bei diesen meist plagiotrop wachsenden Moosen sind die Archegonien seitl. angeordnet, u. das Sporogon besitzt einen doppelten Peristomzahnring.

Hypnodendraceae [Mz.; v. *hypno-, gr. dendron = Baum], Fam. der *Bryales* mit den beiden Gatt. *Hypnodendron* u. *Braithwaitea;* bäumchenart. große Laubmoose, die v. a. im indo-asiat. Raum u. auf den Pazif. Inseln verbreitet sind.

Hypnosporangium *s* [v. *hypno-, gr. spora = Same, aggeion = Gefäß], das ↗ Dauersporangium.

Hypnosporen [Mz.; v. *hypno-, gr. spora = Same], *Hypnocysten,* Ruhe- oder ↗ Dauersporen bei Schleimpilzen u. Grünalgen, die ungünst. Jahreszeiten überdauern.

Hypnozoit *m* [v. *hypno-, gr. zōein = leben], *Kryptozoit,* erst 1980 beschriebenes Ruhestadium bestimmter Malariaparasiten (z. B. *Plasmodium vivax, P. ovale*) in der Leber ihrer Wirbeltierwirte, das erst 1–3 Jahre nach Infektion seine Entwicklung fortsetzt u. die Krankheit dann unerwartet wieder zum Ausbruch bringen kann.

Hypnozygote *w* [v. *hypno-, gr. zygōtos = zusammengejocht], dickwandige Zygote;

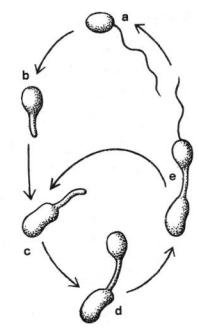

Hyphomicrobium

Entwicklungszyklus von *H. vulgare:* Die reife Zelle (0,5–1,0 × 1,0 bis 3[5]µm) bildet eine Hyphe (b–c, ca. 0,3µm ∅, sehr unterschiedl. Länge, bis einige 100µm), an der eine Knospe entsteht (d). Diese Tochterzelle wird bewegl. (e), trennt sich v. der Mutterzelle (a) u. setzt sich an Oberflächen fest, od. sie heftet sich an andere Zellen (Zellsternbildung). Nach dem Festsetzen geht die Geißel verloren, u. eine Hyphenbildung beginnt (b). Die Mutterzelle kann mehrmals weitere Tochterzellen ausbilden.

Hypnobryales

Familien:
↗ Amblystegiaceae
↗ Brachytheciaceae
↗ Entodontaceae
↗ Hylocomiaceae
↗ Hypnaceae
↗ Plagiotheciaceae
↗ Rhytidiaceae
↗ Thuidiaceae

hypho- [v. gr. hyphos = Gewebe].

hyphochytr- [v. gr. hyphos = Gewebe, chytrion = Töpfchen].

hypno- [v. gr. hypnon = Baummoos, auch hypnos = Schlaf].

wird bei vielen Süßwasseralgen als Überdauerungsstadium ausgebildet.

Hypnum s [v. gr. hypnon = Baummoos], Gatt. der ↗ Hypnaceae.

Hypobasidie w [v. *hypo-, gr. basis = Grundlage], der untere Teil der birnenförm., längsgeteilten ↗ Basidie v. Zitterpilzen; die fingerförm. Sterigmen werden dann als *Epibasidie* bezeichnet.

hypobatisch [v. *hypo-, gr. bainein = gehen], (O. Abel 1912), d. h. abwärts drückend, wirkt eine hypozerke Schwanz- ↗ Flosse beim Schwimmen.

Hypobiose w [v. *hypo-, gr. biōsis = Leben], synonym zu ↗ Anabiose verwendeter Begriff, exakter, weil der Zustand selbst, nicht seine Beendigung bez. ist.

Hypoblast m [v. gr. hypoblastanein = von unten keimen], *Entoblast,* beim Sauropsidenkeim vor der Gastrulation die untere Schicht der Keimscheibe; bildet nach erfolgter Gastrulation das extraembryonale Ektoderm. Ggs.: Epiblast. [B] Embryonalentwicklung I.

Hypobranchialdrüse [v. *hypo-, gr. bragchia = Kiemen], in der Mantelhöhle liegende Drüse vieler Schnecken u. einiger Muscheln (z. B. Nußmuscheln), deren Schleim primär der Reinigung der Mantelhöhle dient; bei spezialisierten Formen (filtrierende Vorderkiemer, z. B. Pantoffelschnecken) wird der Schleimfilm mit den aus dem Atemwasserstrom abfiltrierten Teilchen zu einer „Nahrungswurst" zusammengerollt, v. der mit der Reibzunge Stücke abgebissen werden. Bei den Purpurschnecken färbt sich das Sekret der H. unter Tageslichteinwirkung (↗ Purpur).

Hypobranchialrinne, das ↗ Endostyl.

Hypocerebralganglion s [v. *hypo-, lat. cerebrum = Gehirn, gr. gagglion = Geschwulst, später: Nervenknoten], Teil des ↗ stomatogastrischen Nervensystems der Insekten.

Hypochilidae [Mz.; v. *hypo-, gr. cheilos = Lippe], artenarme Fam. der Webspinnen, die zu den ↗ *Palaeocribellatae* (↗ *Cribellatae)* gehört; Arten sind aus N- und S-Amerika, China u. Tasmanien bekannt; ca. 15 mm groß, mit dünnen langen Beinen u. schlankem Körper. Das Netz von *Hypochilus* bildet einen oben geschlossenen Zylinder.

Hypochoere w [v. *hypo-, gr. choērēs = Kanne], Gatt. der ↗ Prachtfinken.

Hypochoeris w [v. gr. hypochoiris =], das ↗ Ferkelkraut.

Hypochromie w [v. *hypo-, gr. chrōma = Farbe], 1) bei hypochromer ↗ Anämie auftretender verminderter Hämoglobingehalt der Erythrocyten. 2) verminderte Pigmentbildung in der Ober- u. Lederhaut. Ggs.: Hyperchromie.

Hypodeltoid s [v. *hypo-, gr. deltoeidēs = dreieckig], unterer Teil der hinteren Interradialtafel (Deltoid) v. ↗ *Blastoidea.*

Hypoderma s [v. *hypo-, gr. derma = Haut], Gatt. der ↗ Dasselfliegen.

Hypodermataceae [Mz.], Fam. der *Phacidiales,* Schlauchpilze, deren Fruchtkörper sich meist mit einem Spalt öffnen u. deren Ascosporen v. einer Schleimhülle umgeben sind. Viele Arten leben auf Coniferennadeln u. verursachen Nadelschütte (z. B. *Hypoderma-* u. *Hypodermella-*Arten). *Lophodermium pinastri* ist Erreger der Kiefernnadelschütte u. *Rhytisma acerinum* des Ahornrunzelschorfs (Teerfleckenkrankheit).

Hypodermis w [v. *hypo-, gr. derma = Haut], 1) Bot.: die äußerste Schicht (bzw. Schichten) des unter der ↗ Epidermis gelegenen subepidermalen Parenchyms v. Wurzel, Sproßachse od. Blatt, welche die Epidermis in ihrer Funktion unterstützt u. entspr. abweichend gestaltet ist. [B] Blatt I. 2) Zool.: spezielle Bez. für die unter einer dicken Cuticula liegende Epidermis, z. B. bei Gliederfüßern u. Fadenwürmern.

Hypodigma s [v. gr. hypodeigma = Kennzeichen], (Simpson 1940), Gesamtheit aller Dokumente (Beispiele), auf der eine systemat. Einheit basiert.

Hypogäe [v. gr. hypogaios = unterirdisch], unterird. od. halb unterird. wachsende Pilze (in Knollenform), z. B. Echte Trüffel bei den Schlauchpilzen od. die *Hymenogastrales* bei den Bauchpilzen.

hypogäisch [v. gr. hypogaios = unterirdisch], unterirdisch bezügl. des Verbleibens der Keimblätter bei der Samenkeimung. In diesem Fall dienen die Keimblätter als reine Reservestoffspeicher bzw. als Saugorgane, die nach Abgabe bzw. Verbrauch der Reservestoffe absterben. Ggs.: ↗ epigäisch. [B] Bedecktsamer I.

Hypogastrium s [v. gr. hypogastrion = Unterleib], die Unterbauchregion.

Hypogastruridae [Mz.; v. gr. hypogastrion = Unterleib, oura = Schwanz], Fam. der ↗ Springschwänze.

Hypogeophis m [v. gr. hypogeios = unterirdisch, ophis = Schlange], Gatt. der ↗ Blindwühlen.

Hypoglossum s [v. gr. hypoglōssos = unter der Zunge], *Entoglossum,* als Stützelement in die Zunge ragender knorpeliger od. knöcherner Fortsatz am ↗ Zungenbein (Hyoid) v. Teleostiern u. Reptilien.

Hypoglossus m [v. gr. hypoglōssos = unter der Zunge], *Zungenmuskelnerv,* Abk. für Nervus hypoglossus, der XII. ↗ Hirnnerv, versorgt die Zungenmuskulatur. Bei den Amphibien wurde der H. sekundär zurückgebildet. Bei den Fischen entsprechen dem H. die Occipital- u. die vorderen

hypo- [gr. hypo = unter, unterhalb, darunter, hinunter].

Hypoglykämie

Spinalnerven, die sich zu einem Stamm vereinigen.

Hypoglykämie w [v. *hypo-, gr. glykys = süß, haima = Blut], *Glucopenie,* verminderter Gehalt v. Glucose im Serum (↗Blutzucker); Symptome: Schwäche, Kaltschweißigkeit, Zittern, kann bis zu tiefer Bewußtlosigkeit *(hypoglykäm. Schock)* führen. Mögl. Ursachen u. a.: körperl. Anstrengung, Fasten, Addisonsche Krankheit, fehlerhafte Insulintherapie bei Diabetikern, selten Überproduktion v. Insulin durch ein Insulinom. Ggs.: Hyperglykämie.

hypognath [v. *hypo-, gr. gnathos = Kiefer], Bez. für schräg nach unten-hinten gerichtete Mundöffnung u. Mundteile am Kopf mancher Insekten (v. a. bei den Pflanzensaftsaugern). ↗hypergnath.

Hypogymnia w [v. *hypo-, gr. gymnos = nackt], Gatt. der *Parmeliaceae,* ca. 40 (in Mitteleuropa 9) Arten, Laubflechten mit tief geteiltem, grauem bis gebräuntem, unterseits schwarzem, innen solidem od. meist hohlem Lager, auf Rinden, Silicatgestein, Rohhumus u. Moosen, kosmopolit., v. a. in borealen u. subantarkt. Gebieten sowie in Gebirgen. Am bekanntesten H. *physodes,* die häufigste Laubflechte saurer Baumrinden in Mitteleuropa (mit Lippensoralen), u. *H. tubulosa* (mit Kopfsoralen).

hypogyn [v. *hypo-, gr. gynē = Frau], ↗Blüte.

Hypokotyl s [v. *hypo-, gr. kotylē = Höhlung], Bez. für den untersten Abschnitt der Sproßachse vom Wurzelhals (Grenzzone zw. Wurzel u. Stengel) bis zu den Keimblättern (Kotyledonen) bei den Samenpflanzen. B Bedecktsamer I.

Hypokotylknolle, das durch starkes primäres od. sekundäres Dickenwachstum des ↗Hypokotyls entstehende Speicherorgan z. B. beim Alpenveilchen, Radieschen od. bei der Roten Rübe (↗ *Beta,* □). Ggs.: ↗Sproßknolle, ↗Wurzelknolle.

Hypolimnion s [v. *hypo-, gr. limnos = Sumpf], Bereich eines Sees, der in den Stagnationsperioden unterhalb der Temp.-Sprungschicht liegt u. nicht v. der Zirkulation der Wassermassen erfaßt wird; die Temp. im H. liegt dann bei 4 °C (Dichtemaximum des Wassers).

hypomorphe Allele [Mz.; v. *hypo-, gr. morphē = Gestalt, allēlos = gegenseitig] ↗hypermorphe Allele.

Hypomyces m [v. *hypo-, gr. mykēs = Pilz], Gatt. der *Hypomycetaceae,* auch bei den *Nectriaceae* eingeordnet; Schlauchpilze, die meist auf faulenden Fruchtkörpern verschiedener Hutpilze wachsen u. viele Konidien (schimmelpilzartig) ausbilden (↗Goldschimmel).

Hyponastie w [v. *hypo-, gr. nastos = festgedrückt], ↗Nastie.

Hypophyse

Phylogenetische Differenzierung der Hypophyse:
Bei Crossopterygiern (Quastenflosser, altertüml. Knochenfische) besteht noch eine offene Verbindung zw. *H.nvorderlappen* (↗Adeno-H.) u. dem Rachendach; diese wird bei Myxinoidea (Schleimfische) u. Selachii (Haie) geschlossen, existiert aber noch als Gang. Teleostier (Echte Knochenfische) besitzen noch Reste des Ganges als Aushöhlungen in der Adeno-H. Erst bei Amphibien kommt es zu einer deutl. Trennung zw. dem Vorderlappen u. den anderen Bereichen. Bei ihnen u. den höheren Wirbeltieren ist die Adeno-H. mit der Eminentia mediana durch Blut-(Portal-)Gefäße verbunden (Pfeile zwischen Em und Pd). Der *H.nzwischenlappen* (Pars intermedia) ist dann sehr variabel gestaltet: relativ groß z. B. bei Nagetieren, fehlend bei Walen, Gürteltieren u. Vögeln, u. beim Menschen zu einer rudimentären Zwischenzone reduziert. Bei Säugern ist der *H.nhinterlappen* (↗Neuro-H.) am stärksten entwickelt; Sauropsiden (Reptilien u. Vögel) haben dagegen einen auffallend entwickelten *H.nvorderlappen.* Em Eminentia mediana (dem medialen Hypothalamus als Vorderseite des Infundibulums zugehörig; kurze Portalgefäße schaffen Kontakt zur Adeno-H.). In Infundibulum, Pd Pars distalis (*H.nvorderlappen*), Pi Pars intermedia (*H.nzwischenlappen*) – Pd und Pi bilden zus. die Adeno-H. –, Pn Pars nervosa (*H.nhinterlappen*) = Neuro-H.

Hyponom s [v. gr. hyponomos = unterird.], *Infundibulum,* Trichter der ↗Kopffüßer.

Hyponomeutidae [Mz.; v. gr. hyponomeuein = Gänge graben], die ↗Gespinstmotten.

Hyponychium s [v. *hypo-, gr. onyx, Gen. onychos = Nagel], ↗Fingernagel.

hypoosmotisch [v. *hypo-, gr. ōsmos = Stoß], ↗Osmose.

Hypopachus m [v. *hypo-, gr. pachys = dick], Gatt. der ↗Engmaulfrösche.

Hypoparia [Mz.; v. *hypo-, gr. pareia = Wange], (Beecher 1897), Sammelbez. für ↗Trilobiten, deren Gesichtsnaht (↗Häutungsnähte) auf der Unterseite des Kopfschildes verläuft.

Hypopharynx m [v. * hypo-, gr. pharygx = Schlund, Kehle], 1) Innenteil (Dorsalteil) der Unterlippe (Labium) bei Insekten; ↗Mundwerkzeuge der Insekten. 2) *Kehlkopfrachen,* unterster, vom Kehlkopf bis zum Anfang der Speiseröhre reichender Teil des Rachens (Pharynx).

Hypophthalmichthys m [v. *hypo-, gr. ophthalmos = Auge, ichthys = Fisch], die Fisch-Gatt. ↗Tolstoloben.

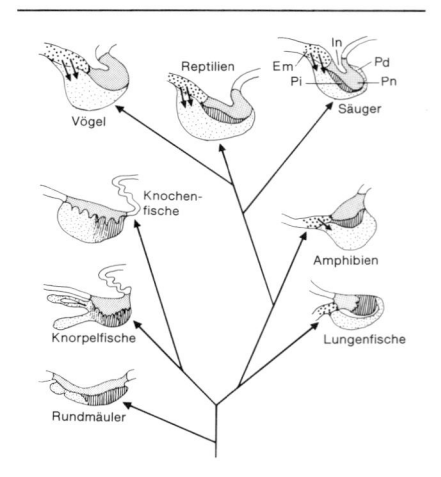

Hypophyse w [v. *hypo-, gr. physis = Wuchs], **1)** Bot.: a) *Keimanschluß,* die bei den Angiospermen zw. dem Suspensor (Embryoträger) u. dem Embryo liegende Anschlußzelle, die sich nach weiteren Teilungen an der Bildung der Wurzelhaube u. Wurzelspitze des jungen Sporophyten beteiligen kann. b) bei den Moosen die Anschwellung am oberen Ende des Mooskapselstiels, die sich deutl. von der eigtl. Mooskapsel absetzt. **2)** Zool.: *Hirnanhang(sdrüse), Gehirnanhang(sdrüse), Hypophysis (cerebri),* übergeordnete innersekretor. Drüse (□ Hormondrüsen) der Wirbeltiere an der Basis des ↗Zwischenhirns, die mit dem ↗ *Hypothalamus* über einen (letzterem zugehörigen) trichterförm. Stiel (Infundibulum) sowohl morpholog. als auch funktionell verbunden ist u. mit ihm zus. das ⌐ hypothalamisch-hypophysäre System bildet. Sie ist v. geringer Größe (Mensch etwa erbsengroß, ca. 0,6 g; Blauwal etwa 35 g, davon 32 g Adeno-H.) u. besteht aus endokrinen u. nervösen (histolog. und funktionell verschiedenen) Teilen, der ⌐ Adeno-H. und der ⌐ Neuro-H., einem ⌐ Neurohämalorgan. Beide Anteile entstehen daher auch ontogenet. aus verschiedenen Keimregionen (vgl. Abb.). Phylogenet. hat sich eine Differenzierung v. einer (bei Crossopterygiern) noch offenen Verbindung zw. dem H.vorderlappen (Teil der Adeno-H.) u. dem Rachendach bis hin zu einer deutl. Trennung der einzelnen Bereiche (bei Amphibien u. Sauropsiden) vollzogen (vgl. Abb.). B Gehirn.

Hypophysenvorderlappen [v. *hypo-, gr. physis = Wuchs], Abk. HVL, ⌐ Adenohypophyse, ⌐ Hypophyse.

Hypoplasie w [v. *hypo-, gr. plasis = Bildung], Unterentwicklung v. Organen u. Geweben. Ggs.: Hyperplasie.

Hypoploïdie w [v. *hypo-, gr. -plois = -fach], ⌐ Hyperploidie.

Hypopneustia [Mz.; v. *hypo-, gr. pneustēs = Atmender], Insekten, in deren Tracheensystem ein Teil der Stigmen v. vornherein nicht angelegt od. während der Metamorphose unterdrückt wird. Dabei können auch die dazugehörigen Tracheenäste verschwinden. Sie sind eine heterogene Gruppierung: z. B. ⌐ Kugelspringer, ⌐ Beintastler, ⌐ Schildläuse, ⌐ Haarlinge, viele Käfer.

Hypopodium s [v. gr. hypopodion = Fußbank], Bez. für den Sproßachsenabschnitt v. Seitensprossen zw. dem Tragblatt des Seitensprosses u. den ersten, oft abweichend gestalteten Blättern (= Vorblätter). ☐ Achselknospe.

Hypopterygiaceae [Mz.; v. *hypo-, gr. pterygion = kleine Feder], Fam. der *Hookeriales*, Laubmoose mit dreireihig beblätterten Stämmchen; die beiden in Europa vorkommenden Arten der Gatt. *Hypopterygium* sind wahrscheinl. adventiv.

Hypopygium s [v. *hypo-, gr. pygē = der Hintere, Steiß], bei Insekten Bez. für die Genitalsegmente (9. und 10.) mit dem oft ins Innere verlagerten männl. Begattungsapparat. Diese sind oft nach unten gebogen, zuweilen um 180° verdreht (*H. inversum*, bei manchen Mücken, z.B. Stechmücken) od. sogar um 360° (*H. circumversum*, wie bei manchen cyclorrhaphen Fliegen). Gelegentl. wird auch die Subgenitalplatte (⌐ Eilegeapparat, ☐) allg. als H. bezeichnet.

Hyporhachis w [v. *hypo-, gr. rhachis = Grat, Schaft], *Afterschaft*, *Nebenschaft*, duniger Teil der Konturfeder v. Vögeln

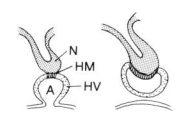

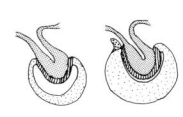

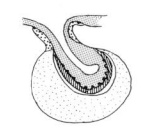

Hypophyse
Embryonalentwicklung der H. aus dem ektodermalen Anteil des *Munddaches* (M) und dem – ebenfalls noch undifferenzierten –, zum Hypothalamus gehörigen Bereich des *Infundibulums* (I). Die Differenzierung der H. führt über eine Ausbuchtung (*Rathkesche Tasche*, R) und Abschnürung zur *Adeno-H.* (A) mit *H.nvorderlappen* (HV) und *H.nmittellappen* (HM) (als Kontaktfläche zum neuralen Anteil); die des peripheren Anteils des Infundibulum zur *Neuro-H.* (N).

hypo- [gr. hypo = unter, unterhalb, darunter, hinunter].

hypothalamisch-hypophysäres System

(⌐ Vogelfeder), verdichtet das Gefieder; gut ausgeprägt bei Hühnern, Emus u. Kasuaren, fehlt den Tauben u. den meisten Eulen.

hyporheisches Interstitial s [v. gr. hyporrhein = darunter hinfließen, mlat. interstitium = Zwischenraum], *Hyporheal*, wassergefülltes Lückensystem der Flußsedimente unter od. neben der Stromsohle, in dem sich ein großer Anteil der tier. Bodenorganismen vor der Strömung u. extremen Temp. geschützt aufhält. In 20–30 cm Tiefe unter der Stromsohle beträgt die Wassertemp. nie weniger als 4 °C. ⌐ Bergbach.

Hyporhitral s [v. *hypo-, gr. rheitron = Fluß], ⌐ Bergbach.

Hyposensibilisierung w [v. *hypo-, lat. sensibilis = empfindsam], die ⌐ Desensibilisierung.

hyposeptal [v. *hypo-, lat. saeptum = Gehege, Scheidewand], Bez. für intracamerale Abscheidungen auf der Unterseite (bei senkrechter Orientierung eigtl. Oberseite) v. Septen orthoconer ⌐ Nautiliden.

Hypositttidae [Mz.; v. *hypo-, gr. psittakos = Papagei], die ⌐ Madagaskarkleiber.

Hyposomie w [v. *hypo-, gr. sōma = Körper], *Kümmerwuchs*, verringertes Wachstum; beim Menschen spricht man von H., wenn die Körpergröße beim Mann zw. 136 u. 150 cm, bei der Frau zw. 124 u. 136 cm beträgt. Ggs.: Hypersomie.

Hypostasie w [v. gr. hypostasis = Grundlage], *Hypostase*, **1)** Genetik: Verhinderung der Ausprägung eines (*hypostatischen*) Gens durch die Wirkung eines anderen, als *epistatisch* bezeichneten Gens. Ggs.: Epistasie. **2)** Medizin: Absinken des Blutes in tiefergelegene Teile des Körpers, z.B. in die tiefliegenden Lungenabschnitte bei lange Zeit bettlägrigen Kranken mit schwacher Herz- u. Atemtätigkeit.

Hypostom s [v. *hypo-, gr. stoma = Mund], *Hypostoma*, 1) ⌐ Clava; 2) bei Insekten der untere Teil der Postgena bzw. Subgena des ventralen Kopfkapselverschlusses. Bei Hautflüglern bilden die beiden H.teile eine brückenart. Verbindung als Verschluß des Hinterhauptloches (*Hypostomalbrücke*).

hypostomatisch [v. *hypo-, gr. stomatikos = Mund-], Bez. für solche Blätter, die die Spaltöffnungen nur auf der Blattunterseite ausgebildet haben, z.B. die meisten Holzpflanzen. Ggs.: amphistomatisch, epistomatisch.

hypothalamisch-hypophysäres System s [v. ⌐ Hypophyse und ⌐ Hypothalamus], neuroendokrines Hormonsystem (⌐ Hormone), in dem ⌐ *Hypothalamus* u. ⌐ *Adenohypophyse* (⌐ Hypophyse) zu einer Funktionseinheit für die meisten hormona-

hypothalamisch-hypophysäres System

len Regulationen zusammengeschlossen sind. Der mediale Anteil des Hypothalamus bildet zus. mit der Adenohypophyse den endokrinen Komplex des hypothalamisch-hypophysären Systems. *Releasing-* u. *Inhibiting-Hormone* aus Neuronen, die in der sog. *hypophysiotropen Zone* des Hypothalamus lokalisiert sind u. deren Axone in den Hypophysenstiel (zur Eminentia mediana) ziehen, gelangen auf dem Blutweg über das hypothalamisch-hypophysäre Pfortadersystem (ein Kapillarnetz) zur Adenohypophyse. Ihre Sekretion wird durch die Konzentration der im Blut vorhandenen Hormone aus peripheren endokrinen Drüsen (☐ Hormondrüsen) kontrolliert; es besteht also eine negative Rückkoppelung über den Blutweg zw. medialem Hypothalamus, Hypophyse u. endokrinen Drüsen. Diesem Komplex übergeordnet ist der laterale Anteil des Hypothalamus, der neuronale Informationen aus höheren Zentren des Zentralnervensystems über aminerge

Hypothalamus
Aufbau des *H.-Hypophysen-Komplexes*. Ah Adenohypophyse, Ar Arterie, AH Axone der Neuronen aus der hypophysiotropen Zone (neurosekretorisch), Em Region der Eminentia mediana, Kg Kapillargefäße, Nh Neurohypophyse, Pg Portalgefäße der Hypophyse, Pi Pars intermedia der Hypophyse, Ve Vene

hypothalamisch-hypophysäres System

Funktioneller Zusammenhang zw. hypothalamisch-hypophysärem System, endokrinen Rezeptoren (Hormonrezeptoren) u. höheren zentralnervösen Zentren:

Der *Hypothalamus* als Regulationszentrum zahlr. autonomer Funktionen u. Allgemeinempfindungen ist ein vermittelndes Glied, das in seinem lateralen Bereich Informationen v. höheren Zentren des Zentralnervensystems (z.B. dem limbischen System) erhält u. diese über *Releasing-Hormone* (-Faktoren) aus dem medialen Bereich an die *Adenohypophyse* u. damit das Endokrinium weitergibt. Die Übertrittsstelle v. Releasing-Hormonen aus den Axonen in die Blutbahn (hypothalamisch-hypophysäres Pfortadersystem) wird als *Eminentia mediana* bezeichnet, das Kernareal, in dem sie produziert werden, als *hypophysiotrope Zone*.

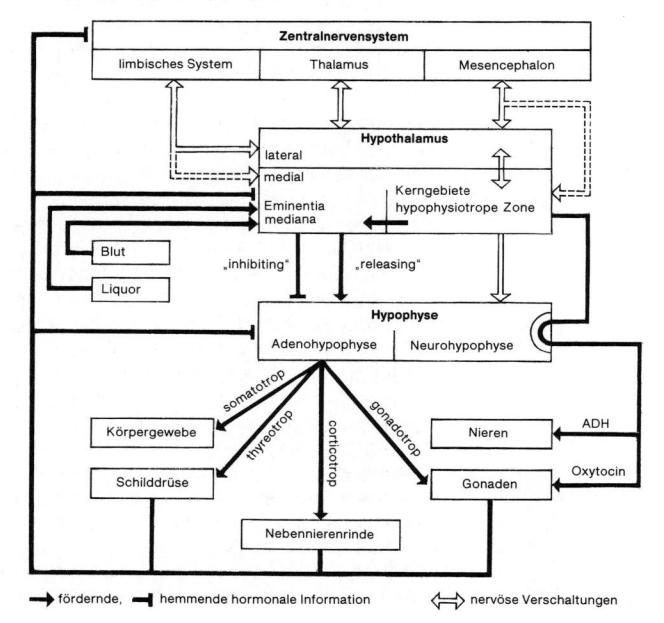

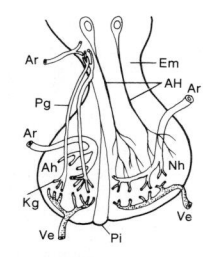

Neuronen (↗ Catecholamine) (Thalamus, limbisches System, Mesencephalon) erhält u. sie an den medialen Teil (nervös) weitervermittelt.

Hypothalamus *m* [v. *hypo-, gr. thalamos = Lager], kleiner, phylogenetisch alter u. nicht exakt zu umgrenzender ventraler Teil des ↗ Zwischenhirns (Diencephalon) der Wirbeltiere, dessen vielfält. Aufgaben in der Regelung des inneren Milieus liegen; wicht. Integrationszentrum für somatische, vegetative u. hormonelle Funktionen (Wasser- und Mineralhaushalt, Nahrungsaufnahme, Hunger-, Sattheits-, Durstzentrum, Temperaturregulation, Schlaf-Wach-

Hypothalamus

Hypothalamus-Hormone (Peptide)

Die Hypothalamus-Hormone werden auch als *Releasing-Hormone* (ältere Bez. *Releasing-Faktoren*) bezeichnet. Wirkung auf die entspr. Hormone in der Adeno- u. Neurohypophyse, wahrscheinl. auch weitere Wirkungen auf das Zentralnervensystem

fördernd

TRH Thyreotropin Releasing-Hormon
LH-RH (LRH) Luteinisierendes Hormon Releasing-Hormon
CRH Corticotropin Releasing-Hormon
GH-RH Wachstumshormon Releasing-Hormon
PRL-RH Prolactin Releasing-Hormon
MSH-RH Melanocytenstimulierendes Hormon Releasing-Hormon

hemmend

GH-IH Wachstumshormon Inhibiting-Hormon (Somatostatin, SS)
MSH-IH Melanocytenstimulierendes Hormon Inhibiting-Hormon
PRL-IH (PRH) Prolactin Inhibiting-Hormon (Vorkommen umstritten)

Rhythmus, Blutkreislaufregulation, Menstruationszyklus). – Der H. ist in zwei Hauptbereiche gegliedert, v. denen ein lateraler Anteil nervöse Verbindungen zu höheren Zentren herstellt u. ein medialer Anteil nervös u. humoral mit dem nachgeordneten Zentrum, der ↗ *Hypophyse*, verknüpft ist u. das ↗ *hypothalamisch-hypophysäre System* bildet. Der dem H. angehörige zur Hypophyse ziehende Strang wird als *Hypophysenstiel* (Infundibulum) bezeichnet u. trägt auf seiner zur ↗ Adenohypophyse gewandten Seite eine als *Eminentia mediana* bezeichnete Region. Im Ggs. zum mehr einheitl. organisierten lateralen H. befinden sich im medialen Teil ca. 8 unterscheidbare Kerngebiete (vgl. Tab.), deren Neuronen zu einem großen Teil Axone in die Eminentia mediana senden u. dort Releasing-Hormone in das Pfortadersystem der Adenohypophyse ausschütten. Wegen seiner zwischengeordneten Stellung ist der H. ein Ort, an dem zahlr. emotionale Komponenten (über das limbische System eingeflossen) mit vegetativen Funktionen verknüpft werden können („beim Anblick einer

Speise schon satt sein", „Kummerspeck anessen", „Anorexia nervosa", „Angstschweiß", vor einer Prüfung „Kalte Füße" bekommen u. v. a. mehr). – Im Tierversuch lassen sich durch Reizung verschiedener H.areale mittels feinster Elektroden typische Verhaltensweisen auslösen, die in den Bereich der erwähnten, vom H. kontrollierten Funktionen fallen (↗Hess, ↗v. Holst), wobei die einer Verhaltensweise jeweils zugeordneten Areale allerdings nicht streng zu trennen sind. B Gehirn.

Hypothallus *m* [v. *hypo-, gr. thallos = Sproß], das ↗Vorlager.

Hypothecium *s* [v. *hypo-, gr. thēkion = kleines Gefäß], bei größeren Apothecien v. Schlauchpilzen das Hyphengeflecht zw. sporentragendem Hymenium u. äußerem Excipulum.

Hypotheka *w* [v. *hypo-, gr. thēkē = Behälter], Zellwandteil der ↗Kieselalgen; B Algen II.

Hypothermie *w* [v. *hypo-, gr. thermos = etwas warm], herabgesetzte Körper-Temp., i. e. S. gesteuerte künstl. Erniedrigung der Körper-Temp. Nach der ↗RGT-Regel ist dabei der Energiebedarf vermindert. Klin. angewandt wird die H. bei Herz- u. Gehirnoperationen.

Hypothese *w* [Bw. *hypothetisch;* v. gr. hypothesis = Grundlage, unterstellte Annahme], 1) allg.: Voraussetzung, Annahme. 2) wiss. begründete Annahme zur Erklärung v. Tatsachen u. Zusammenhängen, meist mit hohem Wahrscheinlichkeitsgrad; als *Arbeits-H.* vorläufige Annahme, Hilfsmittel in der wiss. Forschung. ↗Theorie. 3) Logik: *Abduktion,* Form des log. Schlusses neben Induktion u. Deduktion; aus Annahme u. gegebener Tatsache wird auf die Prämisse geschlossen. ↗Deduktion und Induktion, ↗Erkenntnistheorie und Biologie.

Hypotonie *w* [v. *hypo-, gr. tonos = Spannung], ↗Blutdruck.

hypotonisch ↗anisotonische Lösungen.

Hypotricha [Mz.; v. *hypo-, gr. triches = Haare], U.-Ord. der *Spirotricha,* Wimpertierchen, deren Zellkörper dorsoventral abgeflacht ist; der Zellmund befindet sich auf der Ventralseite u. ist v. einem Membranellenband umgeben; die Körperwimpern sind auf der Ventralseite zu Cirren verschmolzen, auf der Dorsalseite zu „Tastborsten" umgestaltet. H. leben marin u. limnisch. Wichtige Gatt. sind ↗*Euplotes,* ↗*Stylonychia,* ↗*Kerona* u. ↗*Aspidisca.*

Hypotrophie *w* [v. *hypo-, gr. trophē = Ernährung], 1) vermindertes Wachstum eines Organs (Gewebes) infolge Volumenverkleinerung der Zellen (leichte Atrophie; ↗atrophieren). 2) die ↗Unterernährung.

Hypothalamus
Kerngebiete des medialen Hypothalamus:
Nucleus praeopticus (Area praeoptica), N. paraventricularis, N. supraopticus, N. anterior (Area anterior), N. infundibularis, N. ventromedialis, N. dorsomedialis, N. posterior (Area posterior). Die hypophysiotrope Zone als Ort der Releasing- u. Inhibiting-Hormon-Bildung umfaßt die Kerne: N. praeopticus, anterior, ventromedialis, infundibularis u. tangiert den Supraopticus-Kern.

Hypoxanthin

Hypothermie
Bei bestimmten chirurg. Eingriffen wird der Körper in Narkose künstlich bis auf ca. 28 °C unterkühlt (künstl. *Hibernation*). Die Verlangsamung des Stoffwechsels senkt den Sauerstoffbedarf auf etwa die Hälfte u. verdoppelt damit die zur Verfügung stehende Zeit für Operationen am Herzen u. Gehirn, welche vorübergehende Blutleere erfordern.

hypo- [gr. hypo = unter, unterhalb, darunter, hinunter].

Hypovitaminose *w* [v. *hypo-, lat. vita = Leben], ungenügende Vitaminversorgung bei einseit. Ernährung od. chron. Infektionskrankheiten, die gesteigerten Vitaminverbrauch bewirken; im Ggs. zur Avitaminose sind die Mangelerscheinungen meist unspezif. u. daher schwer zu diagnostizieren. Ggs.: Hypervitaminose.

Hypoxanthin *s, 6-Hydroxypurin,* Abk. *Hyp,* Desaminierungsprodukt v. Adenin, das zu Xanthin u. Harnsäure weiter umgesetzt wird. H. kommt als Nucleobase in vielen t-RNA-Spezies, bes. im Anticodon-Bereich, vor; in letzterem Fall kann es bei der Codon-Anticodon-Wechselwirkung sowohl mit Uracil, Cytosin als auch mit Adenin Basenpaarungen eingehen, zeigt also verminderte Spezifität der Basenpaarung (sog. wobble-Paarungen). Die nucleosidische bzw. nucleotidische Form des H.s sind ↗Inosin bzw. ↗Inosin-5'-monophosphat.

Hypoxanthin-Guanin-Phosphoribosyl-Transferase, Enzym, das die Reaktion v. Hypoxanthin od. Guanin mit Phosphoribosylpyrophosphat zu IMP bzw. GMP katalysiert u. damit die Einschleusung freier Purine in den Nucleotid- u. Nucleinsäurestoffwechsel ermöglicht. Der erbl. bedingte Ausfall dieses Enzyms ist die Ursache des *Lesch-Nyhan-Syndroms,* bei dem eine gesteigerte Purin-Neusynthese u. vermehrte Harnsäuresynthese v. -ablagerung (↗Gicht) mit geist. Retardierung u. krankhaftem Selbstverstümmelungszwang einhergeht.

Hypoxie *w* [v. *hypo-, gr. oxys = sauer], ↗Atmungsregulation.

Hypoxylon *s* [v. *hypo-, gr. xylon = Holz], Gatt. der *Xylariaceae* (auch *Sphaeriaceae*), Schlauchpilze (ca. 12 Arten) mit krustenförm. od. kugelförm. Wachstum auf totem Holz; alt mit schwärzlichem Stroma, jung auch rötlich. *H. fragiforme,* die Kohlenbeere, u. *H. deustrum,* der Brandfladen (Rotbrauner Kugelpilz), wachsen bes. auf totem Buchenholz.

hypozerk [v. *hypo-, gr. kerkos = Schwanz], ↗Flossen (T).

Hypsibius *m* [v. gr. hypsi = hoch, in der Höhe, bios = Leben], Gatt. der ↗Bärtierchen (Ord. ↗*Eutardigrada*) mit mehreren Arten, die v. a. häufig in feuchten Moosrasen auf Dächern anzutreffen sind.

hypsodont [v. gr. hypsos = Höhe, odous = Zahn], *hypselodont,* heißen ↗Zähne mit hoher Krone (z. B. Molaren vom Pferd); bei ihnen schließen sich die Wurzeln relativ spät. In extremen Fällen (Nagezähne, Frontzähne v. Flußpferd) entsteht Dauerwachstum; dabei halten sich Zuwachs u. Abnutzung die Waage.

Hyptiotes *w* [v. gr. hyptios = rücklings], die ↗Dreieckspinne.

Hyptis

Hyptis *w* [v. gr. hyptios = zurückgebogen], Gatt. der ↗Lippenblütler.

Hypuralia [Mz.; v. *hypo-, gr. oura = Schwanz], vergrößerte ↗Hämalbögen als Stützelemente in der Schwanz-↗Flosse v. Teleostiern, v. der leicht nach dorsal gekrümmten Schwanzwirbelsäule abgehend; Ansatzpunkte der Flossenstrahlen.

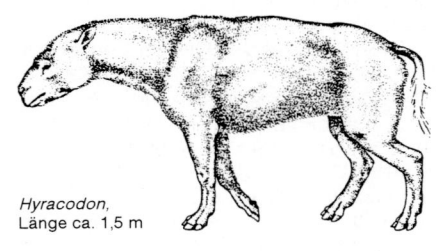

Hyracodon, Länge ca. 1,5 m

Hyracodon *m* [v. *hyrac-, gr. odōn = Zahn], 1) Gatt. (Leidy 1856) der † Nashorn-Fam. *Hyracodontidae* Cope 1879; Gebiß bis auf unteren P_1 vollständig, Incisiven klein u. gedrängt stehend, Praemolaren weitgehend molarisiert, Molaren den *Rhinocerotidae* vergleichbar, Gliedmaßen schlank, Hand tridactyl. Verbreitung: unteres Oligozän bis mittleres Miozän v. N-Amerika. 2) älteres Synonym (Tomes 1863) der rezenten Opossummaus *Caenolestes* (Thomas 1895). [fer.

Hyracoidea [Mz.; v. *hyrac-], die ↗Schlie-

Hyracotherium *s* [v. *hyrac-, gr. thērion = Tier], (Owen 1840), *Eohippus*, fuchsgroße alttertiäre † Stammform der Pferdeartigen *(Equoidea)*, aus der in der Alten Welt die Palaeotherien, in N-Amerika die Equiden hervorgegangen sind; im Habitus Duckerantilopen ähnl. Buschschlüpfer mit vorne vier-, hinten dreizehigen, digitigraden Pfoten, Backenzähne niederkronig-bunodont mit quetschender Funktion, Gehirn klein u. primitiv. Vorläufer der Hyracotherien waren die Urhuftiere *(↗ Condylarthra)*. Verbreitung: oberes Paleozän (Baja California), unteres Eozän v. N-Amerika u. Europa. B Pferde (Evolution).

Hyrare, die ↗Tayra.

Hyrtl, *Joseph*, östr. Anatom, * 7. 12. 1810 Eisenstadt, † 17. 7. 1894 Perchtoldsorf; Prof. in Prag u. Wien; hervorragend auf dem Gebiet der vergleichenden Anatomie, bes. des Hörorgans; förderte die Injektionstechnik, führte durch seine anatom. Lehrbücher die topograph. Anatomie in Dtl. u. Östr. ein. [↗Ysop.

Hyssopus *m* [v. gr. hyssōpos =], der

Hysterangiaceae [Mz.; v. *hyster-, gr. aggeion = Gefäß], die ↗Schwanztrüffelartigen Pilze.

Hysteriaceae [Mz.; v. *hyster-], Fam. der *Dothideales* (od. *Hysteriales*), Schlauchpilze mit bituniicatem Ascus, deren Vertreter als Saprophyten sowie Wund- od. Schwächeparasiten auf Rinde u. Holz v. Laub- u. Nadelhölzern mit kohlig-hartem Fruchtkörper wachsen.

hyrac- [v. gr. hyrax, Gen. hyrakos = (Spitz-) Maus].

hyster- [v. gr. hystera = Gebärmutter].

Hysteriales
Familien:
↗ *Arthoniaceae* *
↗ *Graphidaceae* *
↗ *Hysteriaceae*
↗ *Roccellaceae* * *

* heute in eigene Ord. ↗ *Graphidales* bzw. *Arthoniales* gestellt;
** meist der Ord. ↗ *Graphidales* zugeordnet

Hysteriales [Mz.; v. *hyster-], Ord. der bituniicaten Schlauchpilze, deren Vertreter auffällig muschel- od. kahnförm., langgestreckte, oft S-förm. Fruchtkörper *(Hysterothecien)* ausbilden; besitzen eine schwarze, hornart. Rindenschicht, Konsistenz kohleartig od. knorpelig; die Öffnung erfolgt mit einem Längsspalt. Meist werden die H. in 4 Fam. unterteilt (vgl. Tab.).

Hysterosoma *s* [v. *hyster-, gr. sōma = Körper], Körperteil der ↗Milben.

Hystricidae [Mz.; v. gr. hystriches =], die ↗Stachelschweine.

HY-varieties, *high yield varieties* [hai jild verai^{e}t¹s; Mz.; engl., = Hochertragsspielarten] ↗Weizen.

H-Zelle, „H-System", Exkretionssystem abgeleiteter (meist parasitischer) Formen der ↗Fadenwürmer, das aus der Ventraldrüse (Renette) ursprünglicherer Formen herzuleiten ist; ein- od. mehrzellige Drüse, die ein H-förmiges Kanalsystem mit in den lateralen Epidermisleisten verlaufenden Längskanälen bildet; wahrscheinl. ein extrem abgewandeltes ↗Protonephridium.

I

I, 1) chem. Zeichen für ↗Iod; 2) Abk. für ↗Inosin; 3) Abk. für ↗Isoleucin.

Iatrochemie *w* [v. gr. iatros = Arzt], *Chemiatrie*, Forschungsepoche in der Gesch. der Chemie u. Medizin (etwa 1430–1700), früher Hauptvertreter ↗Paracelsus; Aufgaben u.a.: Erforschung der Lebensvorgänge u. Herstellung v. Arzneimitteln.

Iatrophysik *w* [v. gr. iatros = Arzt], *Iatromechanik*, unter anderem von S. Santorio (1561–1636) begr. medizin. Lehre, mit der die Lebensvorgänge auf physikal. Prozesse zurückgeführt werden sollten.

Ibaliidae, Fam. der ↗Hautflügler, oft auch zu der verwandten Fam. ↗Gallwespen gestellt; die Larven leben parasit. in anderen Insekten.

I-Bande, isotroper, im mikroskop. Bild hell erscheinender Teil der Muskelfaser, in dem nur dünne Filamente (Actin, Tropomyosin, Troponin) vorliegen u. in dessen Mitte sich der ↗Z-Streifen befindet. ↗A-Bande.

Iberis *w* [v. gr. ibēris = Art Kresse], die ↗Schleifenblume.

Iberus *m* [v. lat. Hiberus = iberisch, spanisch], Gatt. der *Helicidae*, Landlungenschnecken mit festschal., gedrückt-rundl. bis linsenförm. Gehäuse; verbreitet in Mittel- u. S-Spanien u. NW-Afrika. *I. gualterianus* (bis 5 cm ⌀) tritt in zahlr. Rassen auf,

deren Gehäuse v. scharf gekielt bis gerundet alle Übergänge zeigen.
Ibis *m* [ägypt.], 1) Gatt. der ↗ Nimmersatte; 2) ↗ Ibisse. [fliegen.
Ibisfliege, *Atherix ibis,* ↗ Schnepfen-
Ibisse [Mz.; ägypt.], Gruppe der Ibisvögel mit langem, schlankem, abwärts gekrümmtem Schnabel, stochern damit im schlamm. Untergrund u. fangen Insekten, Weichtiere, Krebse u. a. Der auch in SO-Europa brütende Braune Sichler *(Plegadis falcinellus)* ist weltweit verbreitet u. kommt in allen 5 Erdteilen vor; Gefieder dunkel purpurbraun mit grünl. Glanz auf Flügeln u. Schwanz; baut sein Nest mit 3–4 Eiern im Schilf, Weidendickicht od. auf hohen Bäumen. Der noch im 16. Jh. auch in Dtl. vorkommende ↗ Waldrapp *(Geronticus eremita)* brütet an Felsen u. Ruinen. Der durch das schwarzweiße Gefieder unverkennbare Heilige Ibis *(Threskiornis aethiopicus,* B Afrika I) wurde fr. in Ägypten, wo er heute nicht mehr vorkommt, zur Zeit der Pharaonen verehrt (erschien immer zur Zeit des Nilhochwassers); ist weniger stark als andere I. an Sumpfland gebunden, sondern geht auch in der Savanne auf Nahrungssuche; seine Brutkolonien befinden sich meist in unzugängl. überschwemmten Waldgebieten.
Ibisvögel, *Threskiornithidae,* Fam. der Stelzvögel mit 26 Arten, 50–90 cm groß, Geschlechter gleich gefärbt, Gesicht u. Kehle fast federlos, weitgehend stumm, da Stimmapparat (Syrinx) oft nur schwach entwickelt; gesellig, leben in sumpf. Gelände. Hierzu gehören die krummschnäbl. ↗ Ibisse u. die plattschnäbl. ↗ Löffler.
Icacinaceae [Mz.; v. ↗ Icaco-Pflaume], Fam. der Storchschnabelgewächse; Holzgewächse u. Lianen mit 60 Gatt. u. 400 Arten (weltweit trop. Regenwald). Ledrige, ganzrand. Blätter spiralig angeordnet; kleine, zwittr. od. eingeschlecht. (dann zweihäusig verteilte), 4- od. 5zähl. Blüten, die in Blütenständen stehen; oberständ., 2- od. mehrfächr. Fruchtknoten; einsam. Steinfrüchte. Die Art *Cantleya corniculata* liefert ein hartes, schweres, duftendes Holz (Sandelholzersatz, auch für Haus- u. Schiffsbau).
Icaco-Pflaume [über span. icaco aus einer karib. Sprache], Frucht v. *Chrysobalanus icaco,* ↗ Chrysobalanaceae
Ichneumonidae [Mz.; v. *ichneum-], *Echte Schlupfwespen,* Fam. der Hautflügler (↗ Schlupfwespen) mit weltweit ca. 30 000 Arten in über 20 U.-Fam., in Mitteleuropa ca. 3000 Arten. Die *I.* sind klein bis mittelgroß, schlank u. meist dunkel gefärbt, oft jedoch mit gelber Zeichnung. Die typ. Gliederung der Insekten ist deutl. zu erkennen. Der Kopf trägt lange, dünne Fühler, die bei den Männchen noch längl. Auswüchse tragen können. Die Brust setzt am Hinterleib entweder breit od. mit einem Stielchen (Petiolus) an. Der Hinterleib ist an der Oberseite stark chitinisiert, unten jedoch weichhäutig; 3. und 4. Segment sind im Ggs. zu den verwandten Brackwespen gegeneinander beweglich. Etwas vor der Hinterleibsspitze setzt bei den weibl. *I.* der Legebohrer an, der bei holzbohrenden *I.* (z. B. Gatt. *Rhyssa*) länger als der Körper sein kann, bei anderen Arten dagegen fast nicht sichtbar ist. Neben der Eiablage dient der Legebohrer auch als Wehrstachel u. kann zumindest bei einigen Arten auch Gift absondern. Die Eier werden in od. an Insektenlarven od. an die Eikokons v. Spinnen gelegt; die geschlüpften Larven leben endo- od. ektoparasitisch vom Wirt. Die Wirte werden geruchlich od. auch akustisch gefunden, die Wirtsspezifität ist bei den meisten Arten wohl geringer als urspr. angenommen. Um das Ei in holzlebende Larven (z. B. Holzwespenlarven) zu legen, werden v. einigen Arten (z. B. *Rhyssa persuasoria*) auch härteste Holzschichten mit dem Legebohrer durchdrungen (vgl. Abb.). Die langgestreckten, oft gestielten Eier können sich beim Durchtritt durch den dünnen Legebohrer stark deformieren. Pro Larve wird meist nur ein Ei abgelegt; außer bei einigen gesellig parasitierenden *I.*-Larven überlebt bei Mehrfachbelegung nur eine Larve. Die *I.* sind meist Primärparasiten, es kommt aber auch Hyperparasitismus vor. Außer Larven werden v. manchen Arten auch Puppen angestochen, od. die Eier werden neben die Eier des Wirts gelegt, die *I.*-Larven schlüpfen dann erst lange nach denen des Wirts. Die Imagines ernähren sich v. Blütennektar, die Männchen sterben bald nach der Begattung. Je nach Art werden 1 bis 3 Generationen pro Jahr durchlaufen. Im Ggs. zum echten Parasitismus gehen die befallenen Wirtslarven zugrunde, weshalb die *I.* auch als *Parasitoide* bezeichnet werden. Die *I.* halten die Populationen vieler für Pflanzen schädl. Insekten klein u. werden deshalb auch für die ↗ biol. Schädlingsbekämpfung eingesetzt. Die Weibchen einiger Arten der Gatt. *Pimpla* u. *Exeristes* stechen sogar unabhängig v. der Eiablage Insektenlarven an, um deren Körperflüssigkeit aufzusaugen. Einen bes. langen Legebohrer von ca. 40 mm hat die Holzschlupfwespe *(Rhyssa persuasoria),* der schwarze Körper ist ca. 30 mm lang und trägt zwei helle Flecken auf jedem Hinterleibssegment. Ebenfalls schwarz gefärbt ist *Pimpla instigator,* jedoch mit gelbroten Beinen; diese Art parasitiert in Schmetterlingsraupen. Die Weibchen der Gatt. *Gelis* sind flügellos u. wer-

Ibis
Heiliger Ibis *(Threskiornis aethiopicus)*

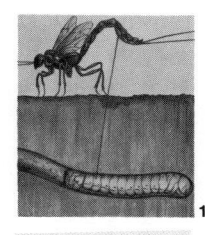

Ichneumonidae
1 Holzschlupfwespe *(Rhyssa spec.),* eine holzfressende Insektenlarve anstechend. **2** Schlupfwespe bei der Eiablage in eine Schmetterlingsraupe, die schließl. von der Schlupfwespenlarve leergefressen wird.

ichneum- [v. gr. ichneumōn = (eigtl. Spürer) Pharaonsratte, dann eine Wespe, die Raupen nachstellt].

Ichneumonoidea
den häufig mit Ameisen verwechselt. Die Larven leben entweder hyperparasitisch in anderen Schlupfwespenlarven od. fressen in den Eikokons v. Spinnen, sind also zu räuber. Lebensweise übergegangen. G. L.

Ichneumonoidea [Mz.; v. *ichneum-], die ↗Schlupfwespen.

Ichneumons [Mz.; v. *ichneum-], *Mangusten, Mungos, Herpestinae,* U.-Fam. der Schleichkatzen *(Viverridae)* mit 10 Gatt. u. ca. 30 Arten; wiesel- bis mardergroß, Fell nicht gefleckt, äußerer Gehörgang verschließbar; Verbreitung: südl. Mittelmeergebiet, Afrika, Indien, S-China, Große Sundainseln. I. sind überwiegend tagaktive u. gesellig lebende Tiere. Ihre Ernährung ist vielseitig (Wirbellose, kleinere Wirbeltiere, Früchte). Am bekanntesten wurden die Echten Mungos (Gatt. *Herpestes*), die in der Auseinandersetzung mit Schlangen als Beute enorme körperl. Gewandtheit zeigen; I. ertragen Schlangengift in höheren Dosen als andere Tiere v. vergleichbarer Körpergröße. In Indien hat man deshalb I. als Schlangenvertilger u. zu öffentl. Vorführungen (Kampf mit einer Kobra) eingesetzt. Einige I., z. B. die asiat. Krabbenmangusten *(H. urva),* öffnen hartschal. Beutetiere (z. B. Krabben, Schnecken, Muscheln), indem sie diese mit den Vorderpfoten durch die Hinterbeine auf den Boden oder gg. Steine schleudern. In alten Termitenbauten der ostafrikan. Savanne hausen oft Zebramangusten *(Mungos mungo)* in großer Zahl. Als Zootiere beliebt sind die ↗Erdmännchen *(Suricata suricatta).* Ägypt. Wanddarstellungen aus dem 3. Jt. v. Chr. sowie Mumienfunde von afr. I. *(H. ichneumon)* zeugen v. der kult. Verehrung der I., die Griechen u. Römer gern in ihren Fabeln auftreten ließen. B Asien VII.

Ichnium *s* [v. gr. ichnion = Spur], formale Bez. für verschiedene fossile Spuren v. Wirbellosen u. Wirbeltieren, nicht als Genus zu bewerten.

Ichnofossilien [Mz.; v. *ichno-, lat. fossilis = ausgegraben], *Spurenfossilien,* ↗Lebensspuren.

Ichnolites [Mz.; v. *ichno-, gr. lithos = Stein], *Ichnolithes,* 1941 v. E. Hitchcock vorgeschlagener Name in taxonom. Rang einer Kl. für alle Sorten v. fossilen Spuren.

Ichnologie *w* [v. *ichno-, gr. logos = Kunde], (Buckland um 1830), die Wiss. v. den ↗Lebensspuren. Für die Deutung fossiler Lebensspuren *(Palichnologie* oder *Paläichnologie)* ist das Studium der rezenten Lebensspuren *(Neoichnologie)* Voraussetzung. Beide Zweige haben in den letzten drei Jahrzehnten beträchtl. Aufschwung erfahren, weil Lebensspuren zunehmend als ↗Leitfossilien Verwendung finden.

Ichneumon

Ichneumons
Wichtige Gattungen:
Herpestes
(Echte Mungos)
Mungos
(Zebramangusten, Kusimansen)
Helogale
(Zwergmangusten)

Ichthyornis

ichneum- [v. gr. ichneumōn = (eigtl. Spürer) Pharaonsratte, dann eine Wespe, die Raupen nachstellt].

ichno- [v. gr. ichnos = Spur].

ichthy-, ichthyo- [v. gr. ichthys = Fisch].

Ichnozönose *w* [v. *ichno-, gr. koinos = gemeinschaftlich], (L. S. Davitašvili 1970), die Gesamtheit der ↗Lebensspuren eines begrenzten Raumes.

Ichthydium *s* [v. gr. ichthydion = Fischlein], Gatt. der ↗*Gastrotricha* (Fam. *Chaetonotidae*) mit zahlr. Arten, denen der für Gastrotrichen sonst typ. Schuppenpanzer fehlt; teils im Meer, teils im Süßwasser verbreitet.

Ichthyismus *m* [v. *ichthy-], die ↗Fischvergiftung 1).

Ichthyobdellidae [Mz.; v. *ichthyo-, gr. bdella = Blutegel], frühere Bez. für die *Hirudinea*-Fam. der Fischegel, heute durch ↗*Piscicolidae* ersetzt.

Ichthyodont *m* [v. *ichthy-, gr. odous, Gen. odontos = Zahn], fossiler Fischzahn.

Ichthyodorulithen [Mz.; v. *ichthyo-, gr. dory = Lanze, lithos = Stein], *Ichthyodorylithen,* in der Paläontologie gebräuchl. Bez. für isoliert gefundene fossile Kopfod. Flossenstacheln, die nur teilweise einem bekannten Genus zuzuordnen sind. Symmetr. Stacheln stammen aus dem medianen Bereich (Kopf od. Rückenflosse), asymmetr. v. paarigen Flossen. Im Zweifel werden I. mit eigenen „Genus"-Namen versehen. Ihre Erzeuger waren paläozoische bzw. mesozoische *Acanthodii, Selachii* od. *Holocephali.* ↗

Ichthyolith *m* [v. *ichthyo-, gr. lithos = Stein], versteinerter Fisch od. Teil desselben.

Ichthyologie *w* [v. *ichthyo-, gr. logos = Kunde], die Lehre von den Fischen.

Ichthyophiidae [Mz.; v. *ichthy-, gr. ophis = Schlange], Fam. der ↗Blindwühlen.

Ichthyophthirius *m* [v. *ichthyo-, gr. phtheir = Laus], Gatt. der Ord. ↗*Gymnostomata* (↗*Hymenostomata*); *I. multifiliis* ist ein ca. 800 μm großes, eiförm. Wimpertierchen, das ektoparasit. in der Haut v. Süßwasserfischen lebt u. schädl. werden kann; in Cysten werden Schwärmer gebildet, die frei werden u. neue Fische befallen.

Ichthyopterygia [Mz.; v. *ichthyo-, gr. pterygion = Flosse], (Owen 1860), *Fischsaurier, Fischechsen,* † U.-Kl. der Reptilien mit der einzigen Ord. *Ichthyosauria;* ihre Mitgl. waren optimal an das Leben im freien Meer angepaßt. Körper dorsal braun gefärbt (Farbreste sind überliefert), stromlinienförmig-fusiform mit fischart. Schwanz- u. skelettloser Dorsalflosse, Brust- u. Bauchflossen skelettverstärkt, Kopf groß mit langer Schnauze, Kiefer meist mit nadelartigen Zähnen besetzt, die auf räuber. Lebensweise schließen lassen. Schädelbau lange für parapsid gehalten, jedoch euryapsid. Die Ähnlichkeit der *I.* zu Haien u. Tümmlern beruht auf ↗Konvergenz B. Sie waren vorzügl. Schwimmer, die sich vorwiegend v. Fischen u. Tintenfischen ernährten (Mageninhalte u. Koprolithen). *I.* erschienen bereits voll entwickelt in der mittleren Trias u. dauerten unter nur geringen Änderungen aus bis zum Ende des Mesozoikums. Fossile Belege für ein Präichthyosaurier-Stadium fehlen; deshalb besteht keine Klarheit über ihre Abstammung; höchstwahrscheinl. bilden sie einen unabhängigen Zweig des Cotylosaurier-Stamms.

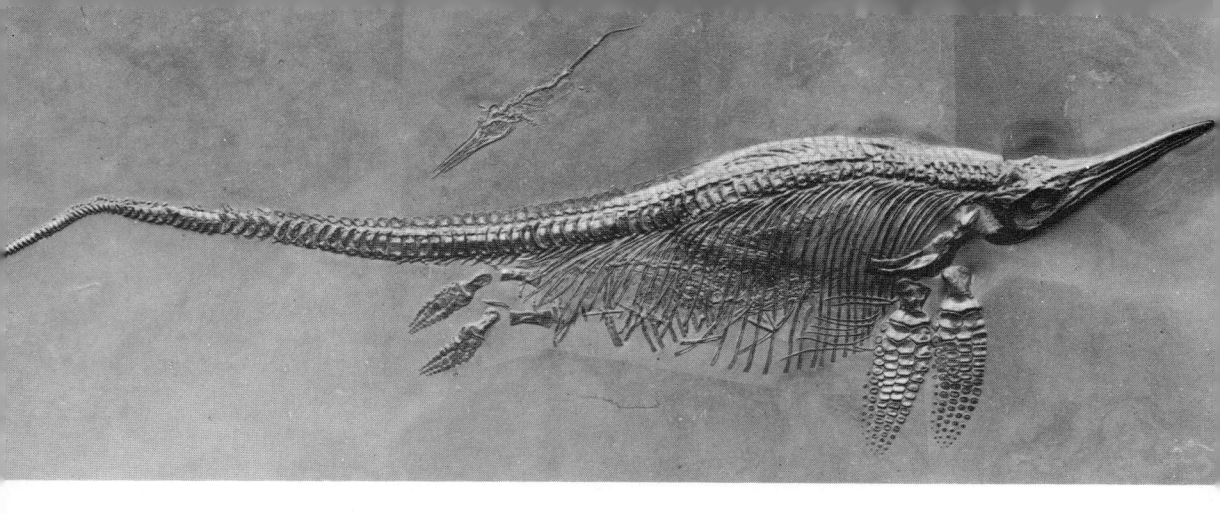

Ichthyopterygium *s* [v. *ichthyo-, gr. pterygion = Flosse], ↗Flossen.

Ichthyornis *m* [v. *ichthy-, gr. ornis = Vogel], (Marsh 1872), † Gatt. der ↗ *Ichthyornithiformes* aus den Niobrara-Schichten (obere Kreide) v. Kansas u. Texas (N-Amerika). Die häufigste Art, *I. victor* Marsh, ist weniger vollständig dokumentiert, als die verbreiteten Rekonstruktionen vermuten lassen. ☐ 328.

Ichthyornithiformes [Mz.; v. *ichthy-, gr. ornithes = Vögel, lat. forma = Gestalt], † Ord. tauben- bis hühnergroßer, an Seeschwalben od. Möwen erinnernder Zahnvögel der oberen Kreidezeit mit kräft. Sternum u. hoher Carina; Wirbel amphicoel, Flügel u. Beine wie bei typischen Carinaten, jedoch ist noch kein echtes Pygostyl ausgebildet. Die *I.* waren gute Flieger u. Schwimmer; sie lebten vermutl. gesellig im Bereich des Meeres.

Ichthyosaurier [Mz.; v. *ichthyo-, gr. sauros = Eidechse], *Fischsaurier,* taxonom. neutraler Ausdruck für die Ord. *Ichthyosauria* mit 26 Gatt., z. B. *Mixosaurus* (Mu-

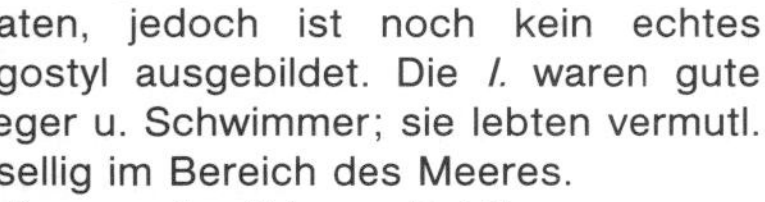

Ichthyosaurier

schelkalk), *Stenopterygius* (Lias ε), *Macropterygius* (oberer Malm). Verbreitung: mittlere Trias bis Oberkreide. ↗Ichthyopterygia (☐), B Konvergenz.

Ichthyostega *w* [v. *ichthyo-, gr. stegē = Bedeckung], (Säve-Söderbergh 1932), † Nominat-Gatt. der ↗ *Ichthyostegalia.* Skelett bis 90 cm lang; Schädel etwas länger als breit, mit großen Augenhöhlen auf halber Länge; ein Rostralelement und 2 Reste des Kiemendeckels (Operculum) vorhanden, ebenso wie Zeugnisse einer gelenk. Verbindung zw. vorderem u. hinterem Gehirnschädel, wie sie auch für ↗Quastenflosser charakterist. ist; postkraniales Skelett mit fischart., von Knochenstrahlen gestützter Schwanzflosse, Extremitäten kurz u. stämmig, schon amphibienartig; Chorda in 5teilige ringartige Wirbel eingeschlossen; massive Rippen bilden im vorderen Rumpfbereich einen fast starren Knochenpanzer. *I.* gilt in vieler Hinsicht als der ideale Amphibien-Vorläufer, der allerdings bereits v. der Hauptentwicklungslinie abweicht. Die Zahl der Arten ist ungeklärt. Verbreitung: Oberdevon od. Unterkarbon v. Grönland.

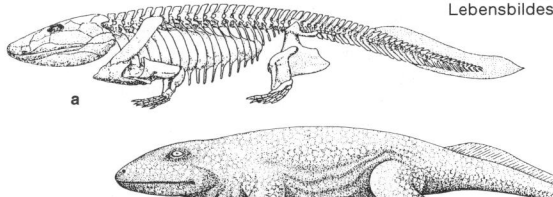

Ichthyostegalia [Mz.; v. *ichthyo-, gr. stegē = Bedeckung, Hülle], (Romer 1966), † Ord. der Labyrinthzähner *(Labyrinthodontia),* die als die ältesten u. primitivsten Amphibien gelten. Die umfassendsten Zeugnisse liegen v. der Nominat-Gatt. ↗*Ichthyostega* vor, die alle aus Süßwasserablagerungen v. Mt. Celsius auf Ymer Island/Ostgrönland stammen. Sie wurden ins Oberdevon eingestuft, könnten nach M. und J. Brough (1967) jedoch dem „ba-

Ichthyopterygia

Im Lias ε von Holzmaden wurden Exemplare gefunden, die in ihrer Leibeshöhle mehr od. weniger vollständ. Skelette v. Jungtieren enthielten, z. T. im Stadium der Geburt (vgl. Abb.). Obwohl in einigen Fällen Kannibalismus nicht gänzl. ausgeschlossen werden kann, deutet man heute die Jungtiere als Hinweis auf lebendgebärende (ovovivipare) Fortpflanzung der Ichthyopterygia.

Ichthyostega

a Rekonstruktion des Skeletts, **b** des Lebensbildes.

I. ist das älteste bislang bekannte vierfüßige Landwirbeltier, ein Bindeglied zw. Fischen (Quastenflosser) u. primitiven Amphibien. An die Fische erinnern u. a. der Schädel u. die Ausbildung des Schwanzes. Amphibienmerkmale dagegen sind die typisch fünfstrahlige Extremität, der Anschluß des Beckens an die Wirbelsäule u. a.

Ichthyotomidae

ichthy-, ichthyo- [v. gr. ichthys = Fisch].

Zahnformel der *Ictidosauria*
3I 0C 6–7PC
3I 0C 6–7PC

salen Karbon" angehören. Aus dem schott. Oberdevon rührt *Otocratia modesta* Watson her. Ebenfalls ins Oberdevon einzustufen ist ein inkomplettes Schädeldach v. ↗ *Elpistostege watsoni* Westoll v. der Scaumenac Bay in Kanada, das wahrscheinl. auch den *I.* beizuordnen ist. Etwas älter sind Fußabdrücke u. ein primitiver Amphibienkiefer v. *Metaxygnathus,* der 1977 in New South Wales/Austr. entdeckt wurde. – Wie alle *Labyrinthodontia* leiten sich die *I.* von devonischen ↗ Quastenflossern *(Osteolepiformes)* her. Trotz primitiver Merkmale im Bau der Schädeldachknochen kommen sie jedoch weder als Vorläufer der ↗ *Temnospondyli* noch der ↗ *Anthracosauria* in Betracht, vielmehr werden sie als frühe, blind endende Spezialisation innerhalb der *Labyrinthodontia* angesehen.

Ichthyotomidae [Mz.; v. *ichthyo-, gr. tomē = Schnitt], Ringelwurm-(Polychaeten-)Fam. der Ord. *Eunicida;* Körper klein, ein Saugnapf ventral in der Mundregion, scherenförm. Kiefer, keine Kiemen. Nur eine Gatt. *Ichthyotomus;* bekannteste Art *I. sanguinarius,* bis 1 cm lang, Ektoparasit; an Flossen v. Fischen, z. B. Meeraal.

Ichthyotoxine [Mz.; v. *ichthyo-, gr. toxikon = (Pfeil-) Gift], die ↗ Fischgifte 1).

Icmadophila *w* [v. gr. ikmas, Gen. ikmados = Feuchtigkeit, philos = Freund], Gatt. der ↗ Baeomycetaceae.

ICSH, Abk. für *i*nterstitial *c*ell *s*timulating *h*ormone, das ↗ luteinisierende Hormon.

Ictalurus *m* [v. gr. iktar = ein Fisch, oura = Schwanz], Gatt. der ↗ Welse.

Icteridae [Mz.; v. gr. ikteros = ein gelber Vogel], die ↗ Stärlinge.

Ictidosauria [Mz.; v. gr. iktis = Wiesel, sauros = Eidechse], (Broom 1930), † U.-Ord. kleiner, säugetierähnl. Reptilien *(Therapsida)* mit doppeltem Hinterhauptshöcker, säugetierähnl. Schädelbau u. fehlendem Foramen parietale; im Unterkiefer herrscht bereits das Dentale vor; die übrigen Elemente sind zwar zurückgedrängt, bilden aber noch das Kiefergelenk; in einigen Fällen scheint eine doppelte Gelenkung mögl. *(Biennotherium);* Gebiß heterodont mit ausgeprägter Zahnlücke (Diastema), Zähne hinter der Lücke (sog. Postcaninen = PC) als mehrhöckerige „Molaren" ausgebildet. Am vollständigsten bekannt die Gatt. *Oligokyphus* Henning 1922; das ca. 50 cm lange Tier mit langem Schwanz u. dackelart. Gliedmaßen wurde zeitweise schon den Säugetieren zugerechnet. Die *I.* waren Pflanzenfresser. – Verbreitung: ?untere Trias, obere Trias (meist) bis Dogger v. Südafrika, Europa u. China.

Ictitherium *s* [v. gr. iktis = Wiesel, thērion = Tier], (Wagner 1848), primitive † Waldhyäne (Fam. *Hyaenidae,* U.-Fam. *Ictitheriinae*) mit naher morpholog. Beziehung zu den Zibetkatzen *(Viverrinae);* Zähne noch relativ schlank, aber mit der Tendenz zur hyäniden Gebißform, Gliedmaßen schlanker u. höher als bei den *Hyaeninae.* Einzige Gatt. der U.-Fam. mit mehreren Arten, z. B. *I. viverrinum* Roth u. Wagner 1857, *I. sarmaticum* Pavlov 1908. Verbreitung: Obermiozän (Vallesian bis Turolian) v. Europa u. Asien.

Ictonyx *m* [v. gr. iktis = Wiesel, onyx = Kralle], Gatt. der Marder, ↗ Zorilla.

idealistische Morphologie, eine vor dem Aufkommen der ↗ Evolutionstheorie v. a. von J. W. v. ↗ Goethe entwickelte Methode, die in der Mannigfaltigkeit der Organismen herrschende „Ordnung" zu erfassen u. darzustellen. Dabei werden die zw. verschiedenen Organismen u. ihren Strukturen bestehenden „typischen Ähnlichkeiten" auf einen gemeinsamen Typus (↗ *Archetypus*) zurückgeführt, eine „Urform" od. ein „Urbild". Diese Vorstellung geht letztl. auf ↗ Aristoteles zurück, der schon erkannte, daß Tiere mit den selben ↗ „Bauplan" äquivalente Körperteile haben. Der *Typus* war für Goethe eine Idee, zu der sich die realen Einzelformen verhalten wie die Fälle zum Gesetz. Die i. M. wurzelt daher in der Ideenlehre Platons, für den die veränderl. realen Phänomene nichts anderes als (unvollkommene) Widerspiegelungen einer begrenzten Anzahl v. „Ideen" (eideai) od. Wesenheiten (Essenzen) waren, die unabhängig v. den realen Objekten bestehen. Die stufenweisen (durch „Übergänge" verbundenen) „Abweichungen" der realen Formen vom Typus werden v. Goethe als „Metamorphosen" aufgefaßt, vergleichbar den Variationen eines musikal. Themas. Gemäß dieser Vorstellung entwarf Goethe eine „Urpflanze" (☐ Goethe), als ein „Modell", v. dem sich alle Blütenpflanzen ableiten lassen („Metamorphose der Pflanze", 1790). In gleicher Weise bemühte er sich um die Aufstellung eines „osteologischen Typus" der Wirbeltiere (genauer der Vierfüßer) („Versuch über die Gestalt der Tiere", 1790). Die i. M. wurde zu einer der wesentl. Grundlagen der in der 1. Hälfte des 19. Jh. in Dtl. verbreiteten ↗ Naturphilosophie. Ihr prominentester Vertreter, L. ↗ Oken, verglich auch die sich (segmental) wiederholenden „typusgleichen" Teile eines Individuums (z. B. die Wirbel der Wirbelsäule) u. glaubte, durch Metamorphose derselben würden wesentl. Organe des Wirbeltierskeletts entstehen. So nahm er (wie mit ihm auch Goethe) an, der Schädel der Wirbeltiere stelle ein Verschmelzungsprodukt entspr. abgewandelter Wirbel dar. In Fkr.

war E. ↗Geoffroy Saint-Hilaire ein Vertreter der i.n M. und forderte in seiner „Philosophie anatomique" (1818) einen einheitl. Bauplan („unité de plan") für alle Tiere. So sah er in einem wirbellosen Kopffüßer (Tintenfisch) ein um sich selbst gefaltetes Wirbeltier. Dies rief zu Recht den entschiedenen Widerspruch von G. de ↗Cuvier hervor, was 1830 in Paris zu dem bekannten Akademiestreit führte. Die i. M. hat wesentl. Grundlagen für die vergleichende ↗Morphologie (der Begriff wurde von Goethe 1795 in die Wiss. eingeführt) u. für ein „typologisches System" der Organismen geschaffen u. damit gleichzeitig wicht. Voraussetzungen für die Entwicklung des Evolutionsgedankens durch J. ↗Lamarck und C. ↗Darwin. Die Evolutionstheorie erklärt heute die Übereinstimmungen (Homologien) im „Bauplan" verschiedener Organismen als gemeinsames Erbe v. einem gemeinsamen Ahnen. Die „ideelle Formverwandtschaft" der Organismen wird dadurch zu einer genealogischen Verwandtschaft. Im Ggs. zum „Urbild" der i.n M. war der gemeinsame Ahne einer aus ihm entwickelten Gruppe ein real existierendes Lebewesen, das keine „reine" Form repräsentieren konnte, sondern dessen Organe selbstverständl. Anpassungen an ihre spezielle Funktion u. an die Umweltbedingungen aufweisen mußten. Die Abwandlungen der Organe in der Phylogenese sind auch nicht „unvollkommene" Manifestationen der ihnen zugrundeliegenden Wesenheiten (wie im Essentialismus platonscher Prägung), sondern Ausdruck unterschiedl. Anpassungen. Die genet. Variabilität der Individuen in einer Population ist ein „Angebot" an die Selektion u. damit unabdingbare Voraussetzung für eine weitere Evolution u. Anpassung. Der „Essentialismus" der i.n M. ist daher dem „Populationsdenken" in der heut. Biologie gewichen (E. Mayr). Die Stabilität des „Bauplans" in der Evolution einer Abstammungsgemeinschaft (phylogenet. Gruppe) wird heute als eine Folge funktioneller u. im Verlauf der Keimesentwicklung auftretender Wechselbeziehungen (↗Epigenese) verstanden, die in einer langen, v. der Selektion gesteuerten u. auch stabilisierten Evolution (↗stabilisierende Selektion) entstanden sind. Die heutige morpholog. Forschung ist daher historisch (phylogenetisch) orientiert u. berücksichtigt auch die Funktion der untersuchten Strukturen (↗Morphologie).

Lit.: *Haecker, V.:* Goethes morpholog. Arbeiten. Jena 1927. *Mayr, E.:* Die Entwicklung der biol. Gedankenwelt. Heidelberg 1984. *Naef, A.:* Idealistische Morphologie und Phylogenetik. Jena 1919. *Voigt, W.:* Homologie und Typus in der Biologie. Jena 1973. G. O.

Identifikation, *Identifizierung,* Bestimmung der Artzugehörigkeit (taxonom. Determination) eines Individuums.

Identitätsperioden, Perioden, durch die bestimmte gleichförm. Strukturelemente, z. B. Windungen bei helikalen Strukturen, vielfach wiederholt werden. Die I. bei doppelsträng. DNA umfassen z. B. je 10 Basenpaare (= 1 Helixwindung), wobei sich aber nur die beiden Zuckerphosphat-Rückgrate (nicht die Basenpaare selbst, die i. d. R. schriftartige Sequenzen aufweisen) ident. wiederholen. Die I. bei der α-Helix v. Proteinen umfassen 3,7 Aminosäurereste (= 1 Helixwindung). In Sonderfällen beobachtet man I. auch in den Sequenzen der Monomerbausteine biol. Makromoleküle, wie der Nucleotidsequenzen sog. repetitiver DNA, der Aminosäuresequenzen bestimmter Proteine, wie des Fibroins, u. der Monosaccharid-Einheiten repetitiv aufgebauter Polysaccharide.

Idiacanthidae [Mz.; v. *idio-, gr. akantha = Stachel], Fam. der ↗Drachenfische.

Idioadaptation *w* [v. *idio-, lat. adaptare = anpassen], progressive Evolution auf morpholog.-physiolog. Ebene, die zur Anpassung an bestimmte Biotope führt. Ggs.: ↗Aromorphose.

Idioblasten (Mz.; v. *idio-, gr. blastos = Keim], bei Pflanzen die Einzelzellen od. kleineren Zellgruppen, die mit bes. Aufgaben u. daher mit abweichender Gestalt in einem größeren u. andersart. Gewebe eingestreut sind.

Idiogramm *s* [v. *idio-, gr. gramma = Schriftzeichen], das ↗Karyogramm.

Idiosepius *m* [v. *idio-, gr. sēpia = Tintenfisch], *Zwergtintenschnecke,* Gatt. der Sepioidea (Fam. *Idiosepiidae*), schalenlose, langgestreckte, bis 15 mm lange Tintenschnecken mit kurzen, kräft. Armen mit 2 Reihen, Fangarme mit 4 Reihen v. Saugnäpfen; die ♀♀ sind größer als die ♂♂; leben zw. Algen vor den Küsten Japans u. des Indik, ernähren sich v. kleinen Krebsen u. Fischen.

Idiosom *s* [v. *idio-, gr. sōma = Körper], die das ↗Centrosom umgebende Plasmazone, nichtgranuliert u. mit unterschiedl. Viskosität.

Idiosynkrasie *w* [v. gr. idiosygkrasia = eigentüml. Mischung der Körpersäfte], *Idiokrasie, Atopie,* Medizin: Überempfindlichkeit gegenüber bestimmten Substanzen (z. B. Chemikalien, Arzneimitteln u. a.), die zu allerg. Reaktionen führt. ↗Allergie.

Idiothermie *w* [v. *idio-, gr. thermos = warm], ↗Homoiothermie.

Idiotop *m* [v. *idio-, gr. topos = Ort], Lebensraum eines Individuums (nicht einer Art).

Idiotyp *m* [v. gr. idiotypos = von eigen-

Idiotyp

idio- [v. gr. idios = eigen, eigenartig, eigentümlich].

tüml. Prägung], *Idiotypus,* **1)** Genetik: Gesamtheit der Erbanlagen einer Zelle, d. h. die Summe der im Kerngenom, Chondrom u. Plastom (bei grünen Pflanzen) lokalisierten genet. Information. **2)** Immunbiol.: der I. eines ↗Immunglobulins repräsentiert dessen ganz spezifische antigene (idiotypische) Determinante. Diese Einmaligkeit eines Immunglobulins bestimmter Spezifität geht letztl. auf die bes. Aminosäuresequenz in der Antigenbindungsstelle zurück.

Idmonea *w,* Gatt. der Moostierchen-Ord. *Cyclostomata;* bei *I. serpens* (im Mittelmeer im Seichtwasser bis in mittlere Tiefen) sind die Zoide orgelpfeifenartig zu Querreihen angeordnet.

Idoceras *s* [v. gr. eidos = Aussehen, keras = Horn], (Burckhardt 1906), zur Fam. *Perisphinctidae* gehörende Ammoniten-Gatt. mit Gabelrippen; Verbreitung: Malm (Oxford u. Kimmeridge) der Alten u. Neuen Welt, z. T. leitend.

Idotea *w* [ben. nach der Meeresgottheit Eidothea], Gatt. der ↗*Valvifera.* [heit.

IE, *I. E.,* Abk. für die ↗internationale Ein-

IES, Abk. für *Indol-3-essigsäure,* ↗Auxine.

Iffe, *Ulmus laevis, U. effusa,* die Flatter-↗Ulme.

Igapó, in den Regenzeiten überschwemmter Sumpfwald des Amazonasbeckens.

Igel, *Erinaceidae,* Fam. der Insektenfresser (Ord. *Insectivora*); Verbreitung: Europa, Afrika, Asien. Alle I. sind Sohlengänger; die meisten leben nachtaktiv. Als Nahrung bevorzugen I. tierische Kost. 2 U.-Fam: stachellose Ratten- od. ↗Haar-I. (*Echinosoricinae*) u. Echte od. Stachel-I. (*Erinaceinae;* Kopfrumpflänge 13–30 cm, Schwanzlänge 1–5 cm, Körpergewicht 400 bis 1200 g). Die Echten I. sind mit 5 Gatt. in der Alten Welt weit verbreitet; alle Arten mit nadelspitzen, hell u. dunkel geringelten Stacheln. Eine bes. Rückenmuskulatur ermöglicht den I.n das kugelförm. Zusammenrollen des Körpers u. Aufstellen der Stacheln. Die Hauptnahrung der I. besteht aus Wirbellosen sowie kleineren Wirbeltieren u. Aas. Die Echten I. sind die einzigen wirkl. Winterschläfer unter den Insektenfressern. – Die in Europa vorkommenden Echten I. rechnen (mit 1 Ausnahme) zu den Kleinohr-I.n (Gatt. *Erinaceus*). Man unterscheidet hier 2 Arten, den in 4 U.-Arten in W- und N-Europa bis nach Mittelrußland verbreiteten Braunbrust- od. West-I. (*E. europaeus;* Kopfrumpflänge 25–30 cm, Schwanzlänge 2–3 cm; Unterseite braun od. grau, mit dunklerem Brustfleck, B Europa X) u. den gleichgroßen Weißbrust- od. Ost-I. (*E. roumanicus;* heller Brustfleck; 4 U.-Arten), dessen Vorkommen sich v. Vorderasien über SO- und O-Europa bis zur Ostsee erstreckt. Mischlinge beider Arten gibt es in Überschneidungsgebieten; manche Autoren halten deshalb West- u. Ost-I. nur für 2 Formen einer Art (Euras. I., *E. europaeus*). Gleichfalls in Europa vertreten ist eine U.-Art des in N-Afrika beheimateten Algerischen I.s *(Aethechinus algirus),* der Wander-I. *(A. a. vagans):* span. Mittelmeerküste, Balearen. – In Dtl. lebt, als eine U.-Art des West-I.s, der Westeur. I. *(E. e. europaeus),* in Wald-, Heide- u. Kulturlandschaften, oft in der Nähe menschl. Siedlungen; Voraussetzung für sein Vorkommen sind ausreichendes Nahrungsangebot u. Unterschlupfmöglichkeiten. I. verbringen den Tag in einem ausgepolsterten Versteck (z. B. unter Hecken, Laub- od. Reisighaufen) u. sind recht standorttreu. Nachts suchen sie nach Insekten, Schnecken, Würmern u. kleineren Wirbeltieren (Mäuse!) als Nahrung. Zwischen Mai u. Sept. werden nach 5–6 Wochen Tragzeit meist 5–7 Junge geboren; die Stacheln der Jungen sind bei der Geburt v. einem dikken Hautpolster umgeben. Im Alter von 9–11 Monaten sind I. bereits geschlechtsreif. Ihren ↗Winterschlaf beginnen unsere I., wenn die tägl. mittl. Luft-Temp. nur noch 8–10 °C beträgt (Okt./Nov.); er dauert, je nach Witterungsverlauf, meist bis März/April. Eine eigentüml. Verhaltensweise der I. ist das sog. „Selbstbespeien": erfolgt es nach einem fremden Duftreiz, dient es wahrsch. der besseren Wahrnehmung durch das Jacobsonsche Organ; nach dem Fressen einer Kröte werden damit die gift. Sekrete der Krötenhaut über die Stacheln verteilt. I. werden bes. stark v. Parasiten (Flöhen, Zecken, Milben, parasit. Würmern) heimgesucht. Ihr Hauptfeind ist heute der Straßenverkehr, da sie aufgrund ihres vor natürl. Feinden schützenden Stachelkleides kein bes. Fluchtverhalten entwickelt haben.   *H. Kör.*

Igelfische, *Diodontidae,* Fam. der Kugelfischverwandten mit 3 Gatt. und ca. 10 Arten. Die marinen, v. a. in Korallenriffen lebenden, kugelfischähnl. I. haben am Körper kräft., aufrichtbare Stacheln; sie blasen sich bei Bedrohung durch Wasseraufnahme in den sehr dehnbaren Magen kugelförm. auf; die in jedem Kiefer miteinander verschmolzenen Zähne bilden einen scharfen, papageiähnl. Schnabel. Hierzu gehören der etwa 35 cm lange, weltweit verbreitete, auch in Gräben der Mangrovesümpfe heim. Igelfisch *(Diodon holocanthus, D. holacanthus,* B Fische VIII) u. der häufige, bis 60 cm lange Stachelschwein-Igelfisch *(D. hystrix).*

Igelkolben, *Sparganium,* einzige Gatt. der Igelkolbengewächse, mit ca. 20 Arten in gemäßigten bis subarkt. Gebieten der

Igel
Kleinohr-I.
(Erinaceus)

Igel
Gattungen der Echten Igel (Stacheligel, U.-Fam. *Erinaceinae*):
Kleinohrigel *(Erinaceus)*
Aethechinus
Mittelafr. Igel *(Atelerix)*
Ohrenigel *(Hemiechinus)*
Wüstenigel *(Paraechinus)*

Nordhemisphäre (aber auch Australien u. Neuseeland) verbreitet. I. sind Rhizompflanzen, die meist feuchte bis nasse Standorte bevorzugen. Namengebend sind die kugeligen, „stacheligen" ♂ und ♀ Teilblütenstände; die Blütenhülle ist häutig und 3–6blättrig. Die unterseits gekielten, schmallineal. Laubblätter sind zweizeilig angeordnet. In Mitteleuropa relativ häufig sind *S. neglectum* (Unbeachteter I.) und *S. erectum* (Aufrechter I.), beides typ. Arten im Stillwasserröhricht. *S. angustifolium* (Schmalblättriger I.) und *S. minimum* (Zwerg-I.) sind nach der ↗Roten Liste „stark gefährdet".

Igelkolbengewächse, *Sparganiaceae,* Familie der Rohrkolbenartigen mit nur einer Gatt. ↗Igelkolben. [chelratten.

Igelratten, *Proëchimys,* Gatt. der ↗Sta-

Igelsame, *Lappula,* v. a. im gemäßigten Eurasien beheimatete Fam. der Rauhblattgewächse mit ca. 50 Arten. Kräuter v. vergißmeinnichtähnl. Habitus d. v. vorbeistreifenden Tieren verbreitet werden. In Mitteleuropa: der selten u. unbeständ. in Unkraut-Ges. an Wegen, Mauern u. Tierbauten usw. wachsende Kletten-I., *L. squarrosa* (= *L. echinata*) mit kleinen himmelblauen Blüten; nach der ↗Roten Liste „gefährdet".

Igelschnecken, *Drupa,* Gatt. der Purpurschnecken, Vorderkiemer mit festem, bestacheltem Gehäuse (bis 5 cm Höhe); 9 Arten, die im Indopazifik auf Hartböden u. in Korallenriffen leben.

Igelwürmer, die ↗Echiurida.

IgG, Abk. für die ↗Gammaglobuline; ↗Immunglobuline (T).

Ig-Klassen ↗Immunglobuline. [guane.

Iguana *w* [span., *iguan-], Gatt. der ↗Le-

Iguania [Mz.; v. *iguan-], *Leguanartige,* Zwischen-Ord. der Echsen, in der neuerdings die Fam. Agamen, Chamäleons und Leguane zusammengefaßt werden.

Iguanidae [Mz.; v. *iguan-], die ↗Leguane.

Iguanodon *s* [v. *iguan-, gr. odōn = Zahn], (Mantell 1825), zuerst bekannt gewordener Dinosaurier (U.-Ord. *Ornithopoda*), 1822 in England gefunden. In Bernissart (Belgien) wurden später 28 Skelette von *I. bernissartensis* und 2 des kleineren *I. mantelli* entdeckt. *I. bernissartensis* erreichte 11 m Länge u. aufgerichtet 5 m Höhe. Der bipede Pflanzenfresser hatte menschenähnl. Arme u. Hände, deren Daumen v. einem Knochenstachel gebildet wurden. Diesen hielt man anfängl. für ein Nasenhorn; seine Funktion ist auch heute noch ungeklärt; Füße dreizehig; Fährten sind bekannt v. S-England, Spitzbergen u. Afrika. Verbreitung: oberster Jura bis Unterkreide der Alten Welt. B Dinosaurier.

Ikeda
Lange Zeit war nur der abgerissene, breit bandförm. Rüssel bekannt u. wurde als Nemertine od. Strudelwurm angesehen, bis der japan. Zoologe Ikeda erstmals ein unbeschädigtes Exemplar ausgraben konnte.

Igelkolben
(*Sparganium*)

Iguanodon
a Rekonstruktion des Skeletts und **b** des Lebensbildes von Iguanodon

iguan- [v. span. iguana (v. Karibischen iwana) = Leguan].

Ikeda [ben. nach dem jap. Zoologen Ikeda], Gatt. der ↗Echiurida mit einer in ostasiat. Küstengewässern verbreiteten Art, die in bis zu 15 m tiefen Wohnröhren lebt u. mit einer Körperlänge v. 40 cm u. einem ausgestreckten Zustand bis 145 cm langen Rüssel der größte bekannte Echiuride ist.

Ikterus *m* [v. gr. ikteros =] *Gelbsucht,* allg. Bez. für Gelbverfärbung der Haut als Folge einer Erhöhung des Serum-↗Bilirubins (Normwert bis 1,3 g%). Der I. ist ein Symptom verschiedener Krankheiten. a) *prähepatischer I.,* Folge einer ↗Hämolyse; hierbei ist das nicht glucuronierte Bilirubin (indirektes Bilirubin) erhöht. b) *hepatischer I. (hepatogener I.),* Folge einer Störung der Leberzellen, wobei der Transport, Metabolismus u. Ausscheidung von ↗Gallensäuren gestört sein können (z. B. durch angeborene Defekte); eine häufige Ursache ist die ↗Hepatitis. c) *posthepatischer I. (mechanischer I., Stauungs-I.)* als Folge einer mechan. Abflußbehinderung durch z. B. Gallensteine, Tumoren (Pankreas, Gallenwege). Sonderform ist der *I. gravidarum* in der Schwangerschaft, der in den letzten 4 Monaten der Schwangerschaft auftritt u. ohne Folgen ausheilt. Klin. Symptome sind neben der Gelbverfärbung der Haut ein heft. Juckreiz u. Braunverfärbung des Urins. Je nach Farbvariation unterscheidet man *Flavin-I.* (z. B. bei Hämolyse), *Rubin-I.* (z. B. bei akuter Hepatitis) u. *Verdin-I.* (bei Verschluß). Eine physiolog. Form des I. ist der *I. neonatorum* des Neugeborenen, der nach 5–7 Tagen seinen Höhepunkt erreicht u. nach 10–14 Tagen abklingt. Ursachen sind: a) ein verstärkter Abbau der HbF-haltigen Erythrocyten (↗Fetalhämoglobin, ☐ Hämoglobine) nach Umstellung auf die Synthese des reifen HbA (↗Adulthämoglobin); b) noch nicht ausgereifte Enzymsysteme des Bilirubintransport- u. Sekretionssystems; c) die Darmflora des Neugeborenen begünstigt die vermehrte Spaltung des Bilirubinkonjugates; dadurch wird vermehrt freies Bilirubin rückresorbiert (enterohepatischer Kreislauf, ↗Gallensäuren).

Ilang-Ilang-Öl [malaiisch], ein Parfümgrundstoff, wird aus den Blüten der zu den ↗Annonaceae gehörigen *Cananga odorata* gewonnen. [gruppe.

Ilarvirus-Gruppe ↗Tabakstrichel-Virus-

Ile, Abk. für ↗Isoleucin.

Ileum *s* [v. lat. ilia = Eingeweide, Unterleib], der *Krummdarm,* Teil des ↗Dünndarms, ↗Darm. [↗Stechpalme.

Ilex *w* [lat., = Stein-, Stecheiche], die

Ilia *w* [v. gr. eilein = zusammendrehen], Gatt. der ↗Kugelkrabben. [↗Darmbein.

Ilium *s* [lat., = Eingeweide, Unterleib], das

illic- [v. lat. illicere = anlocken, reizen; illicium = Lockmittel].

Iltis vor seinem Bau

imagin- [v. lat. imago, Gen. imaginis = Bild, Ebenbild, Abbild; auch imaginalis = bildlich], in Zss. meist bezogen auf: Imago = das geschlechtsreife, erwachsene Insekt.

Illex *m* [lat., = Lockvogel], ↗ Kurzflossenkalmar.

Illiciaceae [Mz.; v. *illic-], *Sternanisgewächse,* Fam. der *Illiciales* mit der einzigen Gatt. *Illicium* (Sternanis) u. ca. 40 Arten. Kleine Bäume u. Sträucher in S- und O-Asien und im SO der USA. Zwittrige Blüten mit 5–20 oberständ. einsam. Fruchtblättern. Die sternförm. Sammelbalgfrüchte v. *I. verum,* dem echten Sternanis (China), u. *I. anisatum,* dem jap. Sternanis, werden als Gewürze verwendet (ca. 20% fette Öle, 5% äther. Öle, hpts. Anethol); dgl. die Rinde von *I. parviflorum,* dem gelben Sternanis.

Illiciales [Mz.; v. *illic-], *Sternanisartige,* Ord. mit 2 Fam. (↗ *Illiciaceae,* ↗ *Schisandraceae)* an der Basis der Dikotylen, den *Magnoliales* nahestehend, durch fehlende Nebenblätter unterschieden; hpts. Verbreitung im südostasiat. Raum; Blätter wechselständig, einfach, oft mit durchscheinenden Ölzellen; Übergänge v. Kelch- zu Kronblättern; Sammelfrüchte mit endospermreichem Samen.

Illicium *s* [v. *illic-], **1)** Gatt. der ↗ Illiciaceae. **2)** das Angelorgan der ↗ Armflosser.

Illuvialböden [v. lat. illuvies = Überschwemmung], Böden, in die durch Hangzugwasser aus höher gelegenen ↗ Eluvialböden Salze, Kalk, Fe-Oxide od. Humus eingewaschen wurden.

Illuvialhorizont, der ↗ Einschwemmungshorizont.

Iltisse, zu den Mardern (Fam. *Mustelidae)* gehörende Kleinraubtiere. Die Gatt. *Mustela* (Erd- u. Stinkmarder) umfaßt 3 Arten, die z. T. auch zur U.-Gatt. *Putorius* vereinigt werden. Der Schwarzfußiltis, *Mustela (Putorius) nigripes,* kommt in den Prärien zw. N-Dakota u. Texas (USA) vor; seine Nahrung sind hpts. Präriehunde, deren Erdbaue er auch bewohnt. In Dtl. lebt der Europäische od. Waldiltis (volkstüml. „Ratz"). *M. (P.) putorius* (Kopfrumpflänge 30–45 cm, Schwanzlänge 12–19 cm; dunkelbraunes Fell, seitl. durch gelbweiß. Wollhaar aufgehellt, Gesicht: schwarzweiße „Maskenzeichnung", B Europa XIII), in Wäldern, offenen Landschaften u. im Bereich menschl. Siedlungen. Sein Vorkommen erstreckt sich über ganz Europa (außer im hohen N; nach der ↗ Roten Liste „gefährdet"); eine U.-Art *(M. p. furo)* lebt in N-Marokko. Der deutl. heller gefärbte asiat.-osteur. Steppeniltis, *M. (P.) eversmanni,* eine wahrscheinl. während der Eiszeiten entstandene Zwillingsart (v. einigen Autoren nur als U.-Art des Eur. Iltis aufgefaßt), bevorzugt dagegen offene Landschaften (Steppen, Halbwüsten); seine westl. Verbreitungsgrenze reicht heute bis in die CSSR u. nach Östr. (Burgenland). – I. sind bodenlebende Dämmerungs- u. Nachttiere. Ihre Nahrung besteht hpts. aus kleineren Wirbeltieren (v. a. Nagetiere; Frösche). I. orientieren sich vorwiegend durch Gehör u. Geruchssinn; ihr Afterdrüsen-Sekret dient der Abwehr u. Reviermarkierung. Die Albinoform einer Iltisart ist das ↗ Frettchen. – Eine eigene Gatt. vertritt der wegen seiner helldunkel gefleckten Oberseite so ben. Tigeriltis, *Vormela peregusna,* der in SO-Europa u. Asien vorkommt. In seiner Lebensweise ähnelt er dem Steppeniltis.

Ilyanassa *w* [v. gr. ilys = Schlamm, lat. nassa = Fischreuse], U.-Gatt. von ↗ *Nassarius.*

Ilybius *m* [v. gr. ilys = Schlamm, bioein = leben], Gatt. der ↗ Schwimmkäfer.

Ilyophidae [Mz.; v. gr. eilyein = sich fortwinden, ophis = Schlange], Fam. der ↗ Aale 1).

Imaginalparasiten [v. *imagin-, gr. parasitos = Schmarotzer], Parasiten, die nur im ausgewachsenen, geschlechtsreifen Zustand im Wirt leben, z. B. viele ↗ Helminthen; Embryonal- u. Larvalentwicklung finden in der Außenwelt od. in Zwischenwirten statt.

Imaginalscheiben [v. *imagin-], bei höheren Insekten (v. a. Schmetterlingen, Zweiflüglern u. Hautflüglern) begrenzte Areale der frühembryonalen Körperoberfläche, die als abgeflachte Säckchen ins Innere des larvalen Körpers einsinken. Dort verharren sie im embryonalen Differenzierungszustand bis kurz vor der Puppenruhe. Dann wachsen sie heran u. differenzieren sich zur Körperoberfläche der Adultform (Imago). Auch Teile der inneren Organe entstehen in der ↗ Metamorphose aus solchen Anlagen. I.-artige Adultanlagen kommen vereinzelt auch in anderen Tierstämmen vor, z. B. bei Schnurwürmern. Entwicklungsphysiolog. sind die I. vor allem dadurch interessant, daß sie sich jahrelang unter Zellvermehrung transplantieren lassen u. dabei meist ihren ↗ Determinations-Zustand aufrechterhalten (z. B. für Flügel, Bein o. ä., Nachweis durch anschließende Metamorphose mit Bildung entspr. Cuticularstrukturen). Ändert sich der Determinations-Zustand, so schlägt er i. d. R. in denjen. einer anderen Scheibe um (↗ Transdetermination). ☐ Metamorphose.

Imaginalstadium *s* [v. *imagin-], ↗ Imago.

imaginifugal [v. *imagin-, lat. fugere = fliehen], bei Insekten Anlage eines larveneigenen Merkmals, das bei der ↗ Imago nicht mehr auftritt, z. B. Kiemenblättchen bei Larven v. Eintagsfliegen.

imaginipetal [v. *imagin-, lat. petere = streben nach], bei Insekten Anlage eines Merkmals bereits auf dem Larvenstadium, das aber erst bei der ↗ Imago voll entwikkelt auftritt; z. B. sehr häufig bei den *Hemimetabola* die frühe Anlage v. Flügelscheiden od. Genitalien.

Imago *w* [Mz. *Imagines;* *imagin-], *Imaginalstadium,* seltene Bez. *Vollinsekt, Vollkerf,* vor allem bei Gliederfüßern das geschlechtsreife Stadium *(Adultstadium)* nach einer ↗ Metamorphose.

Imbibition *w* [v. lat. imbibere = einsaugen], Wasseraufnahme durch ↗ Quellung bei quellfähigen Strukturen (z. B. Pflanzenzellwänden) od. in Hohlräumen v. porösen Körpern (z. B. v. Schwämmen) durch Kapillarwirkung.

Imidazolgruppe, die heterocycl. Seitengruppe des ↗ Histidins.

Iminoharnstoff, das ↗ Guanidin.

Imitation *w* [v. lat. imitatio =] ↗ Nachahmung.

Imkerei, die ↗ Bienenzucht; ↗ Honigbienen.

immatur [v. lat. immaturus = unreif], unreif, unausgefärbt; insbes. in der Ornithologie verwendete Bez. für „Zwischenkleider" zw. Jugendkleid (juvenil) u. Alterskleid (↗ adult); v.a. bei großen, relativ langlebigen Arten wie z. B. manchen Greifvögeln u. Möwen, die erst nach mehreren Jahren geschlechtsreif werden.

Immen, die ↗ Apoidea (Bienen i. w. S.).

Immenblatt [v. *immen-], *Melittis,* in Mittel- u. S-Europa heim. Gatt. der Lippenblütler mit nur einer Art: *M. melissophyllum,* eine weich behaarte Staude, besitzt eiförm., gekerbte Blätter u. 3–4 cm lange, in den Achseln der oberen Blätter stehende, rosa od. weiße Blüten mit meist rötl. gefleckter Unterlippe; in lichten krautreichen Laubwäldern u. sonn. Gebüschen.

Immenblumen [v. *immen-], die ↗ Bienenblumen.

Immenkäfer [v. *immen-], der ↗ Bienenwolf.

Immergrün, *Vinca,* mit ca. 6 Arten in Europa, N-Afrika u. Vorderasien beheimatete Gatt. der Hundsgiftgewächse. Ausdauernde, aufrecht od. niederliegend wachsende Kräuter, seltener Halbsträucher, mit immergrünen, ledrigen, kreuzgegenständigen Blättern u. einzeln blattachselständigen, 5zähl., überwiegend blauen Blüten mit stieltellerförm. Krone. In Laubmischwäldern u. schatt. Gebüschen Mitteleuropas ist das häufig auch als bodendeckende Zierpflanze kultivierte, im Frühling blühende Kleine I. *(V. minor)* zu finden. Kulturformen besitzen neben blauen auch weiße, violette od. rote Blüten.

immergrüne Pflanzen, Pflanzen, die zu allen Jahreszeiten eine funktionsfähige, meist aus mehrjähr. Blättern (bzw. Nadeln) bestehende Belaubung tragen; bes. verbreitet in den dauerfeuchten Tropen u. den mediterranen Hartlaubgebieten.

---

imagin- [v. lat. imago, Gen. imaginis = Bild, Ebenbild, Abbild; auch imaginalis = bildlich], in Zss. meist bezogen auf: Imago = das geschlechtsreife, erwachsene Insekt.

Immenblatt *(Melittis melissophyllum)*

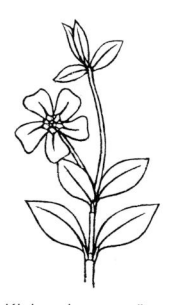

Kleines Immergrün *(Vinca minor)*

immen- [v. ahd. imbi = Bienen (-Schwarm)], in Zss. meist: Bienen-.

immun-, immuno- [v. lat. immunis = frei, unberührt].

Immundefektsyndrom

Immersion *w* [v. lat. immergere = eintauchen], Verfahren in der Lichtmikroskopie zur Erhöhung der ↗ Apertur hochauflösender Spezialobjektive *(I.sobjektive)* durch Aufbringen eines Zwischenmediums hohen Brechungsindexes ($\geq$ Glas) zw. Präparat u. Frontlinse des Objektivs. ↗ Lichtmikroskop.

Immigration *w* [v. lat. immigrare = einwandern], 1) Ökologie: Einwandern v. Organismen, die i. d. R. aus einer Bevölkerung mit hoher Dichte kommen u. sich zu einer bestehenden Population mit geringer Abundanz dazugesellen. I. wird oft dort beobachtet, wo der Mensch durch Schädlingsbekämpfungsmaßnahmen eine örtl. Population stark eingeschränkt hat. **2)** Entwicklungsbiol.: Einwanderung v. Zellen aus einer anderen Zellschicht, z. B. in der Embryonalentwicklung bei modifizierter ↗ Gastrulation.

Immissionen [Mz.; v. spätlat. immissio = das Hineinlassen], i. w. S. die Gesamtsumme der ↗ Emissionen, i. e. S. der Anteil der Luftverunreinigungen, die vom Biotop od. von den Organismen aufgenommen werden.

Immunantwort [v. *immun-], Reaktion eines Versuchstieres od. eines Menschen auf die Injektion einer antigenen Substanz *(Primärantwort);* äußert sich im Auftreten spezif. Antikörper im Blut, die gg. das fremde Antigen gerichtet sind. Zu einer *Sekundärantwort* kommt es, wenn nach einer gewissen Zeit das gleiche Antigen erneut injiziert wird. Nun tritt die I. sehr viel schneller u. verstärkt ein. Auf der Tatsache dieses *immunolog. Gedächtnisses* beruhen alle prophylakt. ↗ Immunisierungs-Vorgänge (↗ aktive Immunisierung).

Immunbiologie *w* [v. *immun-], ↗ Immunologie. [logie.

Immunchemie *w* [v. *immun-], ↗ Immuno-

Immundefektsyndrom *s* [v. *immun-, lat. defectus = Schwund, Schwäche, gr. syndromos = zusammentreffend], *Immunschwächesyndrom, acquired immune deficiency syndrome,* Abk. *AIDS,* erworbene Störung des körpereigenen ↗ Immunsystems; erstmals 1981 in den USA beschrieben. Das Auftreten der Erkrankung in einigen Großstädten der USA (50% allein in New York) u. die rasche Ausbreitung, bes. innerhalb promiskuin lebender Homosexueller mit hoher sexueller Aktivität, sprachen schon bald für eine infektiöse Ursache. 1984 wurde das Leukämie-Virus HTLV–III, ein Retrovirus, das vermutlich identisch ist mit dem Lymph-Adenopathie-Virus LAV, als AIDS-Erreger isoliert. Bis Ende 1984 sind in den USA rund 6500, in der BR Dtl. etwa 120 Erkrankungen erfaßt worden. Über drei Viertel der AIDS-Patien-

Immundiffusion

ten sind männliche Homosexuelle; weitere Risikogruppen sind u.a. Drogenabhängige, Empfänger v. Blutkonserven (1% in USA) u. Hämophile, die mit dem Blutgerinnungsfaktor VIII behandelt werden. Einige klinische Symptome sind: Gewichtsverlust, Leistungsabfall, Fieber, Durchfälle, Lymphknotenschwellungen, Juckreiz, schwere, nichtbeherrschbare Infekte (oft durch *Pneumocystis carinii, Candida albicans*), Cytomegalie, schwerverlaufende Herpesinfektionen u.a. Eine weitere Manifestation ist das Kaposi-Sarkom. Hpts. betroffen ist das Lymphocytensystem; es kommt zu einem Abfall der T-Helferzellen, so daß die Suppressorzellen funktionell ein Übergewicht bekommen; außerdem sind die Natural-Killer-Zellen erniedrigt, während die B-Lymphocyten nicht beeinträchtigt sind. Ferner sind das γ-Interferon u. das Interleukin II vermindert. Wegen der raschen Ausbreitung u. dem meist tödl. Verlauf der Erkrankung ist AIDS z.Z. Gegenstand intensiver Forschung. Anfang 1985 konnte die Genstruktur des AIDS-Virus entschlüsselt werden.
Immundiffusion w [v. *immun-, lat. diffusio = Ausbreitung], *Immundiffusionstest,* ↗Agardiffusionstest.
Immunelektrophorese w [v. *immun-], *Immunoelektrophorese,* beruht auf der Kombination der ↗Elektrophorese mit der doppelten *Immundiffusion* (↗Agardiffusionstest, ☐). Nach elektrophoret. Auftrennung eines Antigengemisches (z.B. Serum) läßt man aus einer Rille parallel zur Laufrichtung ein mono- od. polyvalentes Antiserum diffundieren. Dadurch entstehen charakterist. Antigen-Antikörper-Präzipitatlinien, deren Lage Rückschlüsse auf Antigen- u. Antikörperkonzentration bzw. die relative Molekülmasse des Antigens zuläßt. Die I. ist eine wichtige medizin. diagnost. Methode, da hiermit Vorhandensein od. Fehlen normaler od. anomaler Komponenten z.B. im Serum eines Patienten nachgewiesen werden kann.
Immunfluoreszenz w [v. *immun-], *Immunofluoreszenz,* fluoreszenzmikroskop. Methode (↗Fluoreszenzmikroskopie, ☐), bei der gg. bestimmte zelluläre Proteine gerichtete Antikörper eingesetzt werden, um diese Antigene in der Zelle od. im Gewebe zu lokalisieren. Hierzu muß der Antikörper mit einem Fluoreszenzfarbstoff (z.B. Fluoresceinisothiocyanat, ↗Fluorescein) gekoppelt werden, bevor man ihn mit dem mikroskop. Präparat (Gewebekulturzellen, Gefrierschnitte) inkubiert; anschließend wird der überschüssige, nicht gebundene Antikörper ausgewaschen. Nur diejen. Stellen im Präparat, an denen das nachzuweisende Antigen lokalisiert ist, sind fluo-

immun-, immuno- [v. lat. immunis = frei, unberührt].

reszenzmarkiert. Neben dieser *direkten I.* wendet man sehr häufig die sog. *indirekte I.* an: dabei ist der erste verwendete Antikörper nicht fluoresceingekoppelt, sondern erst ein zweiter Antikörper, der gg. den ersten gerichtet ist (z.B. Antikaninchen-IgG, wenn der erste Antikörper aus dem Kaninchen stammt). Die Verwendung zweier Antikörper führt zu einer wesentl. Fluoreszenzverstärkung. Mit dieser Methode wurden in letzter Zeit die verschiedenart. Proteinfilamente des Cytoskeletts (↗Zellskelett) nachgewiesen. Eine entspr. Nachweismethode v. Antigenen mit dem Elektronenmikroskop ist z.B. die ↗Protein-A-Gold-Markierung.
Immungenetik w [v. *immun-, gr. genesis = Entstehung], befaßt sich mit den beiden genet. Systemen, die bei der Expression v. Immunphänomenen beteiligt sind: Dies sind 1. die Strukturgene für die unterschiedl. Immunglobulinketten einschl. aller genet. Elemente, die das DNA-Rearrangement bei der Synthese der ↗Immunglobuline erlauben; 2. die Gene des Haupt-Histokompatibilitäts-Gen-Komplexes (MHC). Die Gene des MHC regulieren die ↗Immunantwort gg. thymusabhängige Antigene u. programmieren die Bildung der Haupt-Histokompatibilitäts-Antigene, die für die Transplantatabstoßung verantwortl. sind.
Immunglobuline [Mz.; v. *immun-, lat. globulus = Kügelchen], Abk. *Ig, Gammaglobuline i.w.S., Antikörper,* Proteine, die spezifisch mit einem ↗Antigen reagieren. Alle I. haben eine gemeinsame Struktur (vgl. Abb.): Sie bestehen aus 2 großen, „schweren" (*H-Ketten,* relative Molekülmasse ca. 50000) und 2 kleinen, „leichten" (*L-Ketten,* relative Molekülmasse ca. 25000) Polypeptidketten, die durch Disulfidbrücken untereinander verbunden sind. Die I. werden v. den *B-↗Lymphocyten* gebildet u. exocytiert. Beim Menschen unterscheidet man 5 *Antikörperklassen (Ig-Klassen:* IgM, IgD, IgG, IgE, IgA), deren H-Ketten unterschiedl. sind (μ, δ, γ, ε, α). Die L-Ketten kommen, abgesehen v. den variablen Teilen, in 2 Formen vor, den häufigeren κ-*Ketten* u. den λ-*Ketten* (vgl. Tab.). *IgM* kommt in 2 Formen vor, löslich u. als Antigenrezeptor auf der Plasmamembran

Immunglobuline
Charakteristika der Immunglobulinklassen beim Menschen

	IgM	IgD	IgG	IgE	IgA
Schwere Ketten	μ	δ	γ(γ₁–γ₄)	ε	α
Leichte Ketten	κ, λ	κ, λ	κ, λ	κ, λ	κ, λ
relative Molekülmasse	900 000	180 000	150 000	190 000	160 000 · n
J-Kette bei polymerem Ig	+				+
Konzentration im Serum (mg/ml)	1	0,03	12	$0,3 \cdot 10^{-3}$	2
Placentadurchgängigkeit	?	−	+	+	−
Halbwertszeit im Plasma (Tage)	6	3	20	2	6

Immunoglobuline

Schematische Darstellung eines IgG-Antikörpermoleküls

Die Struktur der I. wurde Anfang der 60er Jahre von G. M. Edelman und R. R. Porter aufgeklärt. Dies war u. a. dadurch möglich, daß man große Mengen einheitlicher I. aus Myelomen gewinnen konnte, das sind Tumoren, die sich von transformierten Lymphocyten herleiten (Myelomproteine). Die großen H-Ketten (schwere Ketten) bestehen aus 1 variablen Region am Aminoende (V_H) und 3 konstanten Bereichen (C_{H1}–C_{H3}). Zwischen C_{H1} und C_{H2} befindet sich die Gelenkregion. Die L-Ketten (leichte Ketten) bestehen ebenfalls aus 1 variablen Anteil am Aminoende (V_L) und 1 konstanten Molekülbereich (C_L). Innerhalb der variablen Domänen gibt es bei den L-Ketten 3 und bei den H-Ketten 4 sog. hypervariable Regionen. Das sind diejenigen Bereiche, in denen die Aminosäuresequenzen bei Antikörpern unterschiedl. Spezifitäten bes. stark variieren können. Innerhalb der C_{H2}-Abschnitte befinden sich eine Oligosaccharidseitenkette sowie eine Komplementbindungsstelle. Disulfidbrücken (S-S) gibt es innerhalb der einzelnen Ketten, zwischen L- und H-Ketten u. im Bereich der Gelenkregion zwischen den beiden H-Ketten. Durch Papainspaltung in der Gelenkregion wird das Molekül in 1 Fc-Fragment (c = crystallizable) und 2 Fab-Fragmente (ab = antigen binding) zerlegt.

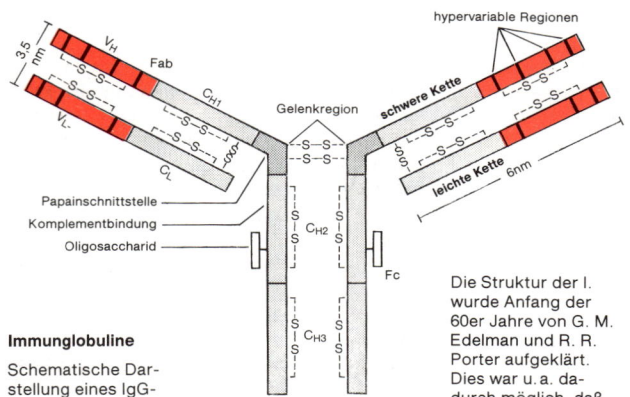

von B-Lymphocyten. Löslich tritt es als pentamerer Komplex auf, durch eine zusätzl. Polypeptidkette (J-Kette) zusätzl. stabilisiert. *IgG (Gammaglobulin i. e. S.)* ist das häufigste I. und kommt in 4 Subklassen (γ_1–γ_4) vor, die etwas unterschiedl. Eigenschaften haben (isoelektr. Punkt, Disulfidbrücken, Plasma-Halbwertszeit). Die Antikörper-Antwort gg. ein bestimmtes Antigen setzt sich jedoch aus allen 4 Subklassen zusammen. Das sehr seltene *IgE* kann an Mastzellen u. basophile Granulocyten binden u. nach Antigen-Kontakt diese Zellen zur Ausschüttung v. Histamin veranlassen (↗Allergie). Es kommt auch, ebenso wie IgA, in Sekreten vor. – Die Spezifität der I. liegt im variablen Teil der sog. *hypervariablen Regionen*. Dort sind die Aminosäureketten so gefaltet, daß sich Bindungsstellen für ein ganz bestimmtes Antigen bilden. Diese *Antigenbindungsstellen* („haptophore Gruppen") sind nicht groß; minimal sind 5 Aminosäure- bzw. Zuckerreste nötig, um immunogen zu wirken. Da antigene Makromoleküle jedoch meist viel größer sind, also eine Vielzahl antigener Determinanten od. Epitope tragen, wird die ↗Immunantwort in der Produktion vieler Antikörperspezies gg. verschiedene Epitope bestehen. Man nimmt an, daß der Körper nahezu unbegrenzt viele I. unterschiedl. Spezifität bilden kann (ca. 10^7). Eine diesen Spezifitäten entspr. Vielzahl von I.genen kann es jedoch nicht geben (Summe aller Gene im Genom eines Menschen ca. 10^5). Mit modernen molekulargenet. Methoden konnte jüngst gezeigt werden, daß die Stammzellen der I.-produzierenden Immunzellen tatsächl. keine fertigen Gene für bestimmte Antikörper enthalten, dafür aber verschiedene Genkomponenten, meist in mehrfachen Versionen, die durch Rearrangement der betreffenden DNA (somatische Rekombination) in vielfält. Kombinationsmöglichkei-

Immunogene

ten während der Lymphocytenentwicklung die erforderl. Anzahl v. Spezifitäten ergeben. Für jede Spezifität gibt es einen B-Lymphocyten-Klon. Innerhalb der ca. 10^{12} Lymphocyten eines Menschen gibt es mehr als 10^7 in ihren I.genen unterschiedl. Klone. Bei einer Attacke durch ein bestimmtes Antigen (Infektion) werden diejenigen Lymphocyten-Klone zur I.produktion angeregt, deren ↗Idiotypen den antigenen Determinanten entsprechen. ↗Clone-selection-Theorie. ☐ Antigen-Antikörper-Reaktion; [B] Genregulation. *B. L.*

Immunisierung *w* [v. *immun-], Herbeiführen einer ↗Immunität durch den Kontakt eines Organismus mit einem bestimmten Antigen. Man unterscheidet die ↗aktive I. (Impfung) v. der ↗passiven I., bei der spezif. Antikörper menschl. oder tierischen Ursprungs verabreicht werden (↗Immunserum, ↗Heilserum). Eine experimentelle I. schließlich kann zur Untersuchung v. Immunreaktionen od. zur Produktion eines spezif. Antiserums dienen, das als immunchem. Reagenz eingesetzt werden kann (↗Immunfluoreszenz).

Immunität *w* [Bw. *immun;* v. lat. *immunitas* = Freisein von Verpflichtungen], die durch eine ↗Immunantwort herbeigeführte u. durch das Auftreten spezif. humoraler ↗Antikörper bzw. ↗Immunzellen gekennzeichnete Reaktionsfähigkeit eines Organismus gegenüber dem homologen ↗Antigen (z. B. Infektionserreger). Die *angeborene I.* ist v. einem vorhergehenden Kontakt mit dem infektiösen Agens unabhängig u. immunologisch relativ unspezifisch. Als *erworbene I.* bezeichnet man die Resistenz eines Organismus nach Überstehen einer ansteckenden Krankheit. Die klin. ↗Immunisierung führt zu einer *passiven Immunisierung* (beim Transfer eines spezif. ↗Immunserums v. einem sensibilisierten Spender auf einen nicht-immunisierten Empfänger) od. zur *aktiven Immunisierung* (durch Impfung). Die zu I. führenden Immunmechanismen entstanden im Verlauf der Evolution u. wurden zum Schutz gg. schädl. parasitäre Organismen u. deren Produkte u. zum Schutz gg. das Wachstum entarteter (Krebs-)Zellen selektioniert.

Immunkörper [Mz.; v. *immun-], die ↗Antikörper.

Immunocyten [Mz.; v. *immuno-, gr. *kytos* = Höhlung (heute: Zelle)], die ↗Immunzellen.

Immunogene [Mz.; v. *immuno-, gr. *gennan* = erzeugen], vollständige ↗Antigene, die sowohl eine ↗Immunantwort induzieren als auch mit den Produkten dieser Antwort (↗Antikörper, immunkompetente Zellen) reagieren können. Im Ggs. dazu

Immunologie

immun-, immuno- [v. lat. immunis = frei, unberührt].

Immunologie

Wesentl. Bestandteil der I. ist die *Immunchemie (Immunbiochemie),* die die chem. und biochem. Grundlagen v. Antigen-Antikörper-Reaktionen sowie Agglutinations- u. Komplementbindungsreaktionen u. sonstige v. Immunprozessen beeinflußte Reaktionen untersucht. Eine wicht. Rolle spielen immunchem. und serolog. Arbeitstechniken in der klin. Chemie, der Zellbiologie u. der Biochemie (↗Radioimmunassay, ↗Immunelektrophorese, ↗Immunfluoreszenz).

stehen als unvollständige Antigene die ↗Haptene, niedermolekulare Substanzen, die allein keine Immunantwort induzieren, aber nach Koppelung an ein Trägermolekül immunogen werden können.

Immunologie w [v. *immuno-], Wiss. von den biol. und chem. Grundlagen der auf Immunprozessen beruhenden Abwehrmechanismen des menschl. und tier. Organismus, die beim Kontakt mit ↗Antigenen ausgelöst werden. Zentraler Kern aller immunolog. Mechanismen ist die ↗Antigen-Antikörper-Reaktion, die durch das komplexe Zusammenspiel der ↗Immunzellen kontrolliert wird. Die immunolog. Forschung umfaßt die komplexe zelluläre u. humorale Immunität sowie deren Kooperation im Rahmen der mit einer ↗Immunantwort verbundenen physiolog. und biochem. Prozesse im Gesamtorganismus *(Immunbiologie).*

Immunopathien [Mz.; v. *immuno-, gr. pathos = Leiden], *Immunkrankheiten,* Erkrankungen, bei deren Genese ein immunolog. Mechanismus eine wesentl. Rolle spielt. Dabei werden durch die ↗Immunantwort gg. Fremdantigene od. gg. körpereigene Komponenten immunolog. Prozesse in Gang gesetzt, die zu Entzündungen od. Gewebeschädigungen führen (z. B. ↗Allergie, ↗Autoimmunkrankheiten).

Immunpräzipitation w [v. *immun-, lat. praecipitatio = Herabstürzen], *Präzipitationsreaktion,* Reaktion eines lösl. Antikörpers mit einem lösl. Antigen, führt zur Bildung einer Latex-Struktur, die bei einer krit. Größe unlösl. wird u. ausfällt. Mit Hilfe einer quantitativen Präzipitationsmethode läßt sich z. B. die Antikörpermenge in einem Serum bestimmen. Bei Antikörperüberschuß im Reaktionssystem präzipitiert der Antikörper zunehmend, wenn mehr Antigen zugeführt wird. Maximale I. gibt es im Äquivalenzbereich, während weitere Antigenzugabe wieder zu einer Abnahme des Antikörper-Präzipitats führt. Solche I.sreaktionen lassen sich auch in festen Medien, z. B. in Agar, verfolgen (↗Agardiffusionstest).

Immunreaktion w [v. *immun-, lat. re- = gegen-, actio = Handlung], i. e. S. die in vitro od. in vivo ablaufende Reaktion zw. Antigen u. Antikörper *(humorale I.)* bzw. zw. Antigen u. Immunzellen *(zelluläre I.),* i. w. S.: die ↗Immunantwort.

Immunserum s [v. *immun-], humorale Antikörper enthaltendes Serum, das nach natürl. oder künstl. ↗Immunisierung mit einem spezif. Antigen v. Tieren od. vom Menschen gewonnen u. zur Vorbeugung od. Behandlung v. Erkrankungen verwendet werden kann (↗Heilserum). Spezif. Immunseren werden auch bei vielen immuno-

log. Nachweisreaktionen eingesetzt (↗Antigen-Antikörper-Reaktion).

Immunsuppression w [v. *immun-, lat. suppressio = Unterdrückung], *Immunosuppression, immunsuppressive Therapie,* Abschwächung der normalen ↗Immunantwort, die u. a. dann nötig ist, wenn die Abstoßung v. Organtransplantaten (z. B. Nieren-, Knochenmarkstransplantation) verhindert werden soll (↗Transplantation). Zur I. setzt man häufig Anti-Lymphocytenserum in Kombination mit Corticosteroiden u. sog. Antimetaboliten (z. B. Purinanaloge wie 6-Mercaptopurin u. Thioguanin) ein, die die Nucleinsäure- u. Proteinsynthese stören u. damit Zellteilung u. Proliferation verhindern. Dies führt zur Unterdrückung der Antikörperproduktion u. der zellulären Immunität. Eine solche relativ unspezif. I. hat den Nachteil, daß das gesamte Immunsystem supprimiert wird u. solche Patienten in verstärktem Maße anfällig gegenüber bakteriellen u. viralen Infektionen sind. Die Erzielung einer spezif. I. befindet sich noch weitgehend im experimentellen Stadium, hat jedoch für die zukünftige klin. Transplantation große Bedeutung.

Immunsystem s [v. *immun-], *Immunapparat,* kompliziertestes der körpereigenen Schutzsysteme des Menschen u. der höheren Wirbeltiere. Es besteht aus der Gesamtheit aller ↗Immunzellen eines Organismus einschl. aller immunologisch kompetenten Organe (Lymphknoten, Milz, Thymus, gastrointestinales Lymphgewebe, Knochenmark) u. humoralen Komponenten (↗Antikörper). Aufgaben des I.s sind das Erkennen v. körperfremdem Material, also die Unterscheidung zw. „Selbst" und „Fremd" zu treffen, nach Induktion spezifische Abwehrreaktionen einzuleiten u. sich in Form eines „immunolog. Gedächtnisses" spezifischer ↗Antigene zu erinnern. Das I. ist somit verantwortl. für die Abstoßung v. Transplantaten (↗Transplantation) u. manche Formen der ↗Allergie. Auch die immunolog. Überwachung somat. Mutationen u. maligner Entartung körpereigener Zellen obliegt der Kontrolle des I.s. Das I. eines Organismus ist nicht unangreifbar u. kann Fehler machen. Werden z. B. nicht alle transformierten Zellen eliminiert, kann es zur Ausbildung v. Tumoren kommen. Bei ↗Autoimmunkrankheiten wird die Toleranz gg. das „Selbst" durchbrochen u. Antikörper gg. körpereigene Moleküle gebildet. Schließl. haben manche Parasiten wie die Trypanosomen Mechanismen entwickelt, sich dem I. des Wirts zu entziehen (↗Antigenvariation).

Immuntoleranz w [v. *immun-, lat. tolerantia = das Dulden], die für ein bestimmtes Antigen spezif. Reaktionsunfähigkeit eines

Individuums, das normalerweise gg. dieses Antigen reagiert. Das Phänomen der I. wurde postuliert, um zu erklären, warum ein Individuum normalerweise keine Immunreaktion gg. sein eigenes antigenes Material zeigt, obwohl seine Makromoleküle für ein anderes Individuum immunogen sein können. Diese Toleranz gg. „Selbst" kann jedoch unter bestimmten Umständen zusammenbrechen, so daß es zu ↗ Autoimmunkrankheiten mit lebensbedrohl. Konsequenzen kommen kann. ↗ Horror autotoxicus.

Immuntoxin *s* [v. *immun-, gr. toxikon = (Pfeil-)Gift], Konzept eines Systems aus einem ↗ monoklonalen Antikörper, der sich ganz gezielt an Krebszellen heftet, u. einem Zellgift, das diese Krebszellen zerstören soll, normale Zellen dagegen verschont. Bei der z. Z. in Entwicklung befindl. Synthese geeigneter I. ist darauf zu achten, daß die Toxin-Komponente sich nicht aufgrund eigener Bindungsstellen auch an gesunde Zellen anheften kann, sondern nur die Zielzellen attackiert werden. Geeignete Toxin-Komponente eines I.s könnte z. B. die A-Kette des ↗ Diphtherie-Toxins sein, die die erforderl. toxische enzymat. Aktivität entfalten kann. Da die B-Kette (für die Bindung des Toxins an der Zelloberfläche) fehlt, werden nur noch Krebszellen angegriffen, gg. die der spezif. monoklonale Antikörper gerichtet ist.

Immunzellen, *Immunocyten,* an Immunreaktionen beteiligte Zellen. Die Zellen des ↗ Immunsystems setzen sich hpts. aus B- ↗ Lymphocyten od. B-Zellen, T-Lymphocyten od. T-Zellen u. ↗ Makrophagen zusammen. *B-Lymphocyten* (ben. nach der Bursa Fabricii, einem lymphoiden Organ bei Vögeln) sind für die ↗ Antikörper-Produktion zuständig u. tragen auf der Plasmamembran membrangebundene Antikörper (IgM und IgD, ↗ Immunglobuline). Zur Antikörper-Produktion durch ein bestimmtes ↗ Antigen werden zunächst nur die Lymphocyten-Klone stimuliert, deren ↗ Idiotypen den antigenen Determinanten entsprechen. Im nicht-stimulierten Zustand besitzt die B-Zelle eine große Kern-Plasma-Relation. Dies ändert sich nach Stimulation u. Proliferation; es entstehen sog. *Plasmazellen* mit massivem rauhem endoplasmat. Reticulum u. hoher Antikörper-Produktion. Bei dieser Proliferation werden auch *Gedächtniszellen* („immunologisches Gedächtnis") gebildet, die bei erneutem Kontakt mit dem gleichen Antigen eine schnellere u. intensivere Immunantwort erlauben. B-Zellen verfügen über ein sog. *class-switching,* d. h., sie können nacheinander verschiedene ↗ Immunglobulin-Klassen synthetisieren (membrangebundenes IgM und IgD, lösliches IgM und IgD, IgG, IgE, IgA). *T-Lymphocyten* reifen im Thymus u. sind für die zellvermittelte Immunantwort verantwortlich. Man unterscheidet *Helferzellen,* die die Proliferation von B-Zellen u. cytotoxischen Zellen anregen, *Suppressorzellen,* die diese Antworten unterdrücken, u. *cytotoxische Zellen.* T-Zellen tragen keine Immunglobuline auf der Plasmamembran, dafür aber besondere Antigene. Bei der Antigenerkennung muß dieses auf der Oberfläche v. Makrophagen gebunden u. den T-Helferzellen präsentiert werden. Bei dieser sog. *Antigenpräsentation* erkennen die T-Helferzellen das Antigen nur in Verbindung mit Molekülen des eigenen ↗ HLA-Systems mit Hilfe ihres sog. T-Zell-Antigen-Rezeptors. Hierdurch werden sie stimuliert u. produzieren *Interleukine* (allg. *Lymphokine*) gen. Substanzen, die auch die B-Zellen zur Teilung anregen. *Cytotoxische T-Lymphocyten* schließl. lysieren körperfremde Zellen, v. Viren u. anderen Parasiten befallene körpereigene Zellen u. Tumorzellen. *Makrophagen* (Monocyten) werden dem reticuloendothelialen System zugerechnet. Neben endocytierenden, antigenpräsentierenden u. sezernierenden Eigenschaften können diese Zellen cytotoxisch sein u. andere Zellen durch Lyse zerstören. Hierbei unterscheidet man die Lymphokin-induzierte, die antikörperabhängige u. die sog. natürl. Cytotoxizität. *B. L.*

Immuration *w* [v. lat. in-, = ein-, murare = mit Mauern versehen], (Vialov 1961), „Einmauerung" lebender Organismen durch kalkabscheidende andere Lebewesen *(Biomuration)* od. auf organ. Wege *(Lithomuration).*

IMP, Abk. für Inosin-5′-monophosphat.

Impala *w* [aus suaheli mpala, pala =], *Schwarzfersenantilope, Aepyceros melampus,* mittelgroße Gazelle der ostafr. Dornbuschsavanne mit leierförm. Gehörn der Böcke; Kopfrumpflänge 130–160 cm; Schulterhöhe 80–90 cm; Rücken gelbl. rotbraun, Unterseite weiß, schwarzes Haarbüschel über dem Fesselgelenk der Hinterbeine; 6 U.-Arten. I.s leben gesellig; typisch sind die sog. „Haremsherden" aus bis zu 50 Weibchen u. 1 Bock, sowie „Junggesellenherden" aus Böcken aller Altersstufen. Als Nahrung dienen Blätter (v. Akazien), Gräser, Früchte. Wegen ihrer eleganten Erscheinung werden I.s oft in Zoos gehalten. ⬛ Afrika II.

Impatiens *w* [lat., = ungeduldig, empfindlich], Gatt. der ↗ Springkrautgewächse.

Imperatoria *w* [v. lat. imperatorius = kaiserlich], *Meisterwurz,* ↗ Haarstrang.

imperfekte Hefen [v. lat. imperfectus = unvollkommen, unvollständig], *Blastomy-*

imperfekte Hefen

immun-, immuno- [v. lat. immunis = frei, unberührt].

Impala *(Aepyceros melampus)*

imperfekte Hefen

Wichtige Gattungen:
Formfam.
↗ *Cryptococcaceae*

Brettanomyces
Candida
Cryptococcus
Geotrichum
Kloeckera
Malassezia
(= *Pityrosporum*)
Oosporidium
Phaffia
*Rhodotorula**
Schizoblastosporion
Sterigmatomycetes
Sympodiomyces
Torulopsis
Trichosporon
Trigonopsis
Formfam.
↗ *Sporobolomycetaceae***

Bullera
Sporobolomyces

* auch einer eigenen Formfam. *Rhodotorulaceae* zugeordnet
** in einigen systemat. Einteilungen auch bei den Ständerpilzen eingeordnet (↗ Hefen)

339

cetes, anascospore Hefen, aspore Hefen, hefeähnl. Pilze der Formkl. ↗ *Fungi imperfecti,* bei denen eine sexuelle Vermehrung nicht bekannt ist. Im vegetativen Aussehen ähneln od. gleichen sie den sprossenden Schlauch- u. Ständerpilzen, die aber zusätzl. eine sexuelle Entwicklung aufweisen (↗Hefen). Die Unterteilung in Formfam. und Gatt. erfolgt nach Zellwandzusammensetzung, Koloniefarbe u. Sprossungstyp ([T] 339). Von vielen i.n H. ist ein sexuelles Stadium nachträgl. gefunden worden, so daß diese Arten nach den int. Nomenklaturregeln umbenannt werden müssen. Da sich die alten Namen eingebürgert haben u. die sexuelle Form in vielen Fällen sehr selten auftritt, wird in der Praxis oft der alte Name der imperfekten Form beibehalten.

imperforate Foraminiferen [Mz.; v. lat. im- = un-, perforatus = durchlöchert], *Imperforata,* Foraminiferen (↗*Foraminifera*) ohne Poren in den kalk. Schalen, die bei auffallendem Licht eine homogene, opake Masse darstellen; deshalb auch als *Porcellanea* zusammengefaßt. Beide Gruppierungen sind keine echten Taxa.

Impfhefe, die ↗Anstellhefe.

Impfkultur, *Inokulum, Impfmaterial, Impfsuspension,* Aufschwemmung lebender Mikroorganismenzellen (aus einer Stammkultur), die zur Beimpfung des Inhalts v. größeren Kulturgefäßen dient.

Impftank, in der Biotechnologie kleiner ↗Fermenter, in dem stufenweise größere Mengen an Reinkulturen v. Mikroorganismen zum Beimpfen der Produktionsfermenter angezogen werden. ↗Bioreaktor.

Impfung, 1) Mikrobiologie: Übertragung v. Viren, Bakterien, Pilzen, Protozoen auf lebende u. tote Nährböden zum Zwecke der Züchtung; auch Zufuhr v. Misch- od. Reinkulturen symbiont. Bakterien an Wirtspflanzen (z. B. ↗Knöllchenbakterien) od. in den Erdboden (↗Mykorrhiza) u. Zugabe v. Mikroorganismen (Produktionsstämmen) in Bioreaktoren zur Herstellung bestimmter Produkte (↗Biotechnologie). **2)** Medizin: die ↗aktive Immunisierung.

Implantation w [Ztw. *implantieren*; v. lat. = ein-, hinein-, plantare = pflanzen], **1)** Einpflanzen eines Gewebestücks *(Implantat),* eines Organs (z. B. einer Niere) od. eines künstl. Gegenstands (z. B. Herzschrittmacher) in einen Organismus. ↗Transplantation. **2)** ↗Nidation.

Imponierverhalten s [v. lat. imponere = jmd. etwas weismachen], *Imponiergehabe,* ↗Drohverhalten meist geringer Intensität, das mit Verhaltensweisen der ↗Balz verbunden ist u. häufig gleichzeitig dem Sexualpartner die Paarungsbereitschaft signalisiert u. Rivalen abschreckt. I. w. S.

Imponierverhalten
Zum Imponierverhalten zählen auch Balztänze u. Balzflüge od. Balzschwimmen bei Paradiesvögeln, Kiebitz, Möwen, Enten u. vielen anderen Vögeln: Diese Verhaltensweisen dienen gleichzeitig der Werbung um den Sexualpartner u. der Abschreckung v. Rivalen, manchmal sogar der Markierung eines Reviers.

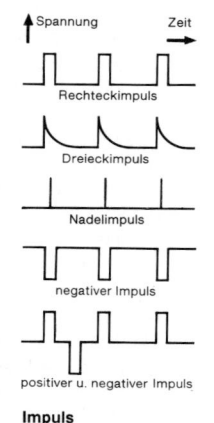

Impuls
Verschiedene I.formen

wird manchmal auch jedes Drohen geringer Stärke als I. bezeichnet, bes., wenn das Drohen nicht zum Kampf führt. Daher spielt beim I. in diesem Sinn das Motiv der Kampfvermeidung eine relativ größere Rolle als beim Drohen, bei dem die Kampfbereitschaft überwiegt, obwohl I. und Drohen grundsätzl. beide ambivalent motiviert sind. Häufig wird das I. durch eindrucksvolle Körpergebilde (Pfauenschwanz, Geweihe usw.) unterstützt. Auch Laute u. Gesang sind oft Teil des I.s.

Impotenz w [v. lat. im- = nicht, potentia = Vermögen, Kraft], Med.: Zeugungsschwäche. I. i. e. S. *(Impotentia coeundi)* ist das Unvermögen des Mannes, den Geschlechtsverkehr zu vollziehen; verursacht durch psych. oder organ. Störungen (z. B. Penis-Mißbildungen). *I. generandi* ist die Zeugungsunfähigkeit aufgrund v. Störungen der Spermienbildung od. der Behinderung der ableitenden Samenwege (↗Sterilität); i. w. S. bei Frauen die Unfähigkeit, schwanger zu werden (*I. concipiendi* = Sterilität i. e. S.) bzw. die Frucht auszutragen (*I. gestandi* = Infertilität).

Imprägnation w [v. lat. impraegnare = schwängern], Histologie: Methode, bei der Zellen od. Fasern mit Hilfe v. Metallsalzen angefärbt werden. Die I.färbung beruht gewöhnlich auf einer Ausfällung v. Metallgranula aufgrund einer chem. Reduktion der betreffenden Metallsalze an den Oberflächen biol. Strukturen (z. B. Silber-I. bei Nervenzellen).

Impression w [v. lat. impressio = Eindruck], **1)** Medizin: *Impressio,* natürl. od. (patholog.) durch Druck verursachte Einbuchtung eines Organs od. Körperteils. **2)** Sinnesphysiologie: der durch einen Reiz ausgelöste elementare Sinneseindruck.

Impuls m [v. lat. impulsus = Anstoß, äußerer Antrieb], **1)** allg.: Antrieb, Anstoß, Anregung. **2)** Ethologie: in Form eines ↗Antriebs od. ↗Auslösers erfolgender Verhaltensanstoß. **3)** Elektrophysiologie: jede kurzzeit. Änderung einer elektr. Spannung bzw. eines Stroms, die 1. als *biologischer I.* durch eine Spannungsänderung od. -umkehr an den Membranen elektr. erregbarer Zellen (↗Erregung) definiert ist und 2. als ↗Reiz mittels geeigneter Apparate appliziert, an elektr. erregbaren Strukturen eine Antwort auslöst. I.e können mit Hilfe geeigneter Meßgeräte ausgewertet u. sichtbar gemacht werden (z. B. Kathodenstrahloszillograph) u. ihrer Form nach unterschieden werden in *Rechteck-I.e, Dreieck-I.e* und *Nadel-I.e.* Die verschiedenen, in der Praxis meist in abgewandelter Ausprägung (z. B. partiell „abgerundet") vorkommenden I.formen sind abhängig v. der Höhe der Spannungsänderung u. von der Größe der

Spannungsänderung pro Zeiteinheit. Die *I.ausbreitung* entlang einer erregbaren Membran (↗Erregungsleitung) erfolgt i. d. R. als ↗Rezeptor-, ↗Generator- od. ↗Aktionspotential (□) u. unterliegt bestimmten Gesetzmäßigkeiten, die durch die Eigenschaften der Membran vorgegeben sind. Die mögl. Anzahl der I.e pro Zeiteinheit, die *I.frequenz,* wird ebenfalls durch diese Eigenschaften beeinflußt. Als *I.rate* (*I.serie*) wird die Menge von I.en bezeichnet, die an einer Membran infolge eines eine bestimmte Zeit u. mit bestimmter Intensität einwirkenden Reizes ausgelöst werden. Für die *I.entstehung* muß ein Reiz hinreichend lang u. mit ausreichender Intensität (↗Chronaxie, □) auf eine erregbare Struktur einwirken. □ Elektrokardiogramm, B Nervenzelle I–II.

Impunctata [Mz.; v. lat. im- = nicht, punctum = Stich, Tüpfel], (Cooper 1944), taxonom. Zusammenfassung v. ↗Brachiopoden mit dichter kalk. Schale, die nicht v. „Poren" (Puncta) durchsetzt ist; Beispiel: *Rhynchonellacea.* Zu den *I.* gehören die meisten kalkschal. Brachiopoden. ↗*Punctata,* ↗*Pseudopunctata.*

IMViC-Test, biochem. Testmethode, die routinemäßig zur Untersuchung (Differenzierung) v. *Enterobacteriaceae* (coliforme Bakterien, z. B. *Escherichia coli*), etwa in der Trinkwasseranalyse (↗Abwasser), herangezogen wird (vgl. Tab.).

Inachis *w* [ben. nach der Geliebten des Zeus], Gatt. der Fleckenfalter, ↗Tagpfauenauge.

inadäquater Reiz [v. lat. in- = nicht, adaequare = gleichkommen], ↗adäquater Reiz.

inäquale Furchung [v. lat. inaequalis = ungleich], Teilung der Eizelle in ungleich große Furchungszellen; ↗Furchung (B). Ggs.: äquale Furchung.

inäquale Teilung [v. lat. inaequalis = ungleich], Bildung zweier morphologisch u./ od. physiologisch ungleicher Tochterzellen durch Teilung einer morphologisch u./od. physiologisch polaren Mutterzelle senkrecht zur Polaritätsachse, so daß die Tochterzellen mit unterschiedl. Plasmaanteilen ausgestattet sind. I. T.n spielen in der Entwicklung vieler Pflanzen u. Tiere eine wichtige Rolle, da sie ein Mechanismus sind, um aus einer (od. mehreren gleichen) Zellen zwei ungleiche Zellen zu bilden. Beispiel: erste Teilung der *Fucus*-Zygote, erste Teilungen mancher Molluskeneier, Differenzierung v. Spaltöffnungen auf Blättern u. von Borsten bei Insekten. Ggs.: äquale Teilung.

Inarticulata [Mz.; v. lat. in- = un-, articulus = Gelenk], (Huxley 1869), *Ecardines, Gastrocaulia,* Kl. der Armfüßer (↗Brachiopo-

Incirrata
Wichtige Familien:
Argonautidae
(↗Papierboot)
Bolitaenidae
(↗Bolitaena)
Octopodidae
(↗Octopus)
Ocythoidae
(↗Ocythoe)
Tremoctopodidae
(↗Tremoctopus)

IMViC-Test
IMViC-Reaktionen zur Unterscheidung v. einigen coliformen Bakterien:
A. *Escherichia coli,*
B. *Enterobacter aerogenes,* C. *Citrobacter freundii,*
D. *Klebsiella pneumoniae*

	I	M	Vi	C
A.	+	+	−	−
B.	−	−	+	+
C.	−	+	−	+
D.	+	−	+	+

I = Indolbildung aus Tryptophan
M = Methylrotprobe (Nachweis der Säurebildung bei der Gärung; Methylrot schlägt unterhalb von pH 4,5 von Gelb nach Rot um)
Vi = ↗Voges-Proskauer-Reaktion (Nachweis v. Acetoinbildung in der Nährlösung)
C = Citratverwertung (Nachweis durch Trübung [= Wachstum] u. Alkalisierung [mit Bromthymolblau] in synthet. Citrat-Nährlösung

den), deren Angehörige schloßlose, meist hornig-kalkige (chitinophosphatische) Schalen besitzen, die allein durch Muskelzug zusammengehalten werden.

Incarvillea *w* [ben. nach dem frz. Missionar R. P. d'Incarville (ănkarwịl), † 1757], Gatt. der ↗Bignoniaceae.

Incirrata [Mz.; v. lat. in = un-, cirratus = kraushaarig, gefranst], U.-Ord. der Kraken, deren Mantel keine Flossen trägt u. bei denen die Schale völlig verschwunden od. bis auf knorpel. Stäbchen reduziert ist; die Arme haben 1–2 Reihen v. Saugnäpfen, aber keine Cirren (fadenförm. Anhänge). Zu den *I.* gehören 9 Fam. (vgl. Tab.) mit etwa 170 Arten.

Incision *w* [v. lat. incisio = Einschnitt], *Inzision,* Einkerbung v. Sätteln od. Loben in der ammonit. ↗Lobenlinie.

Incisivi [Mz.; v. lat. incisivus = zum Schneiden geeignet], 1) die ↗Schneidezähne; 2) bei kauenden Mundteilen der Insekten, Krebse u. Tausendfüßer Zähne an der apikalen Schneidekante der Mandibel.

Incluse *w* [v. lat. inclusus = eingeschlossen], *Inkluse,* Einschluß eines Organismus in fossilem Harz, meist ↗Bernstein. ↗Bernsteinfauna.

inclusive fitness *w* [inklußiw fitneß; engl., = Volltauglichkeit], *Gesamteignung, Gesamtfitness,* ein v. W. Hamilton (1964) im Zshg. mit der Entwicklung einer genet. Theorie des Sozialverhaltens eingeführter Begriff. Die *Individual-Fitness* (↗Adaptationswert) eines Genotyps erhält man, indem man die relative Überlebensrate dieses Genotyps im Verhältnis zum Genotyp mit der höchsten Überlebensrate berechnet. Hamilton hat betont, daß bei der Bestimmung der Gesamtfitness bestimmter Genkomplexe auch die Anzahl der Nachkommen solcher Individuen berücksichtigt werden muß, die ebenfalls Träger dieser Genkomplexe sind. Da Individuen abhängig vom Verwandtschaftsgrad mit unterschiedl. Wahrscheinlichkeit Träger dieser gemeinsamen Genkomplexe sind, darf bei der Berechnung der Gesamtfitness nicht einfach die Gesamtzahl der überlebenden Nachkommen all dieser Individuen zugrunde gelegt werden. Wenn man aber zu der Zahl der überlebenden Nachkommen eines bestimmten Individuums die jeweiligen mit dem Verwandtschaftsgrad multiplizierten Nachkommenzahlen der verwandten Individuen hinzufügt, erhält man die Gesamteignung (inclusive fitness) eines Genkomplexes. Es gilt also: Je näher verwandt zwei Individuen (Genotypen) sind, um so wahrscheinlicher sind sie Träger eines gemeinsamen Gens, um so ungünstiger wäre Konkurrenz zw. ihnen (was ihren Reproduktionserfolg ver-

Incurvariidae

ringern würde). Verwandtschaftsabhängige gegenseit. Hilfe dagegen würde einen Selektionsvorteil bringen. Dieser Mechanismus setzt allerdings die Fähigkeit der Individuen zur Bestimmung des Verwandtschaftsgrades voraus. Diese Überlegungen v. Hamilton erweitern das Konzept der Darwinschen Individual-Selektion zum Konzept der Gen- bzw. Verwandten-Selektion (kin-selection) bei der bisher schwer verständl. phylogenet. Entstehung v. Sozialverhalten.

Incurvariidae [Mz.; v. lat. incurvus = gekrümmt], die ↗ Miniersackmotten.

Incus w [lat., =], der ↗ Amboß; ↗ Gehörknöchelchen.

Indarctos m [v. gr. Indos = indisch, arktos = Bär], (Pilgrim 1913), mittelgroßer bis großer † Bär, der im Obermiozän (Vallesian) v. Asien her zus. mit ↗ Hipparion auch W-Europa erreicht hat. I. wird als Abkömmling v. ↗ Ursavus betrachtet, ein Entwicklungszweig, der heutiger Kenntnis nach blind endigte. Verbreitung: Obermiozän (Vallesian bis Turolian) v. Europa südl. der Mainlinie; in Indien, China u. N-Amerika evtl. noch im Pliozän. Mehrere Arten, z. B. *I. arctoides* Depéret.

Indianer, Urbevölkerung Amerikas (außer den Eskimos), gehören zum Rassenkreis der ↗ Indianiden.

Indianide, menschl. Rassenkreis mongolider Abstammung aus N-, Mittel- u. S-Amerika; gekennzeichnet durch dickes straffes schwarzes Haar u. hervortretende Backenknochen, v. ↗ Mongoliden unterschieden durch scharfe, hoch ansetzende Nase; zahlr. einzelne Rassen. [B] Menschenrassen.

Indican s [v. *indigo-], 1) *pflanzl. I.:* β-Glucosid des Indoxyls; Inhaltsstoff der ind. Indigo- (↗ *Indigofera*) u. der eur. Färberwaidpflanzen (↗Waid); dient zur Gewinnung v. ↗ Indigo. 2) *tier. I.:* als Kaliumsalz (Kaliumindoxylsulfat, *Harn-I.*) in geringen Mengen im Harn vorkommendes Abbauprodukt v. Tryptophan; im tier. I. liegt Indoxyl als Schwefelsäureester od. mit Glucuronsäure glykosid. verbunden vor.

Indicatoridae [Mz.; v. lat. indicare = anzeigen, verraten], die ↗ Honiganzeiger.

Indicaxanthin, ein ↗ Betalain (☐).

Indide, Rasse der ↗ Europiden aus Indien, dunkelfarbig, mittelgroß, grazil, langköpfig mit hochovalem Gesicht, mäßig dicken Lippen u. großer Lidspalte. [B] Menschenrassen.

Indifferenztemperatur w [v. lat. indifferentia = Unterschiedslosigkeit], a) Temp., bei der der ↗ Grundumsatz (↗ Energieumsatz), d.h. die Stoffwechselintensität des ruhenden nüchternen Organismus, gemessen wird; beträgt beim Menschen

indigo- [v. span. indigo = v. lat. Indicum = v. gr. Indikon = blauer Farbstoff aus Indien], in Zss.: Indigo-.

Indoxyl

Indigo

Indigo
Strukturformeln von *Indoxyl* u. *Indigo*

20 °C. b) *Neutraltemperatur,* Umgebungstemp.-Bereich, in dem die Körpertemp. v. ruhenden Warmblütern ohne Hilfe der Thermoregulation konstant bleibt (beim unbekleideten Menschen 28–30 °C, beim bekleideten 18–21 °C).

indigen [v. lat. indigena =] ↗ einheimisch; indigene Arten *(Indigenae)* ↗ Alieni.

Indigo m u. s [v. *indigo-], *I.blau,* dunkelblauer, licht- u. waschechter pflanzl. Naturfarbstoff, der bes. zum Färben v. Wolle u. Baumwolle geeignet ist. I. wird aus I.pflanzen *(Indigofera tinctoria)* u. Färberwaidpflanzen *(Isatis tinctoria)* gewonnen. Dazu extrahiert man das in diesen Pflanzen vorkommende farblose β-Glucosid ↗ *Indican,* das bei der Extraktion durch ein Enzym (Indoxylase, Indigomulsin) in *Indoxyl* u. Glucose gespalten wird. Indoxyl wird anschließend durch Luftsauerstoff zu blauem I. oxidiert. I. wurde bereits im Altertum verwendet u. diente in Europa im MA u. in der Neuzeit als wicht. Küpenfarbstoff. Seit der synthet. Herstellung von I. (in größerem Maßstab erstmals 1897) verlor der natürl. gewonnene Farbstoff an Bedeutung.

Indigofera w [v. *indigo-, lat. -fer = -tragend], *Indigosträucher,* Gatt. der Hülsenfrüchtler mit 500 Arten (trop.-subtrop. u. S-Afrika). In allen vegetativen Teilen findet sich das wasserlösl. ↗ Indican, das in das blaue ↗ Indigo überführt werden kann. *I. tinctoria,* eine meterhohe Staude mit roten od. weißen Schmetterlingsblüten in Trauben u. unpaar. gefiederten Blättern, wurde weltweit, aber v.a. in Indien angebaut. Diese u. andere *I.*-Arten lösten im 17. Jh. den ↗ Waid als Indigolieferant ab. Durch die um 1880 von A. v. ↗ Baeyer gefundene chem. Indigosynthese nahm die Bedeutung von I. als Farbstofflieferant ab.

Indigoschlangen [v. *indigo-], *Drymarchon,* Gatt. der Nattern; bis 2,3 m lange, kräftig gebaute Bodenbewohner im südl. N-Amerika, in Mittel- u. im nördl. S-Amerika; schillernd schwarz bis blauschwarz od. braun (mit schwarzem hinterem Körperabschnitt) gefärbt; Augenlider verwachsen, zu einer durchsicht. „Brille" umgewandelt.

Indigostrauch [v. *indigo-], ↗ Indigofera.

Indikator m [v. lat. indicare = anzeigen], **1)** Farbstoff, der in saurem Medium anders gefärbt ist als in alkalischem (Farbumschlag); Farb-I.en werden in der Maßana-

Indikator
Die wichtigsten *Farbindikatoren* zur pH-Bestimmung

Indikator	Umschlagsbereich pH-Wert	Farbumschlag von	nach
Kongorot	3,0– 5,2	Blau	Rot
Methylorange	3,1– 4,8	Rot	Gelb
Methylrot	4,2– 6,3	Rot	Gelb
Lackmus	5,0– 8,0	Rot	Blau
Phenolphthalein	8,2–10,0	farblos	Rot

lyse zur Bestimmung des Neutralpunktes u. zur Messung der Wasserstoffionenkonzentration (pH-Wert) verwendet. **2)** *radioaktiver I.*, radioaktiver (meist künstl. hergestellter) Spurenstoff *(Tracer)*, der radioaktive Isotope (z. B. ^{14}C, ^{3}H, ^{32}P anstelle v. natürl., nichtradioaktiven Isotopen ^{12}C, ^{1}H, ^{31}P) enthält u. dadurch den Aufbau v. Stoffwechselprodukten od. den räuml. u. zeitl. Verlauf ihrer chem. Reaktionen mit Hilfe v. Strahlungsmeßgeräten verfolgen läßt *(radioaktive Markierung, Isotopen-Markierung,* ↗ Isotope). **3)** ↗ Bioindikatoren.

Indikatororganismen [v. lat. indicare = anzeigen], **1)** Pflanzen (↗ Bodenzeiger, ⊤), seltener Tiere, die typisch für einen bestimmten Boden bzw. Biotop sind; ↗ Assoziation. **2)** ↗ Bioindikatoren.

indirekte Entwicklung, Ontogenese, bei der zw. Embryonalentwicklung u. Fortpflanzungsstadium (Adultstadium) ein od. mehrere Larvenstadien zwischengeschaltet sind (↗ Larvalentwicklung); das Adultstadium wird durch ↗ Metamorphose erreicht.

indirekte Kernteilung, die ↗ Mitose.

Indische Mandel, Frucht des Katappenbaums *(Terminalia catappa)*, ↗ Combretaceae.

Indischer Hanf, 1) *Crotalaria juncea*, ↗ Crotalaria; **2)** *Cannabis sativa* var. *indica*, ↗ Hanf.

Individualauslese [v. *individ-] ↗ Auslesezüchtung.

Individualdistanz [v. *individ-, lat. distantia = Abstand], geringste noch geduldete ↗ Distanz zw. ↗ Distanztieren; ihr Unterschreiten führt zum Angriff od. zum Ausweichen eines Tieres. Die I. ist artspezif., hängt aber v. den momentanen Umständen ab. So haben Weibchen häufig eine kleinere I. als Männchen, rangniedere Tiere werden näher herangelassen als ranghohe, die Tages- u. Jahreszeit spielt eine Rolle usw. Die I. wird in der Forschung als diejen. Entfernung gemessen, die zu 50% Angriffe od. Ausweichen auslöst. Bei Buchfinken-Männchen beträgt sie z. B. 18–25 cm, bei Weibchen 7–12 cm.

Individualentwicklung [v. *individ-], *Ontogenie, Ontogenese,* ↗ Entwicklung.

individualisierter Verband [v. *individ-], *individualisierte Gruppe,* ↗ Tiergesellschaft, in der die Individuen einander persönl. bekannt sind u. dadurch als Gruppenmitglied erkannt werden, im Ggs. zu Verbänden mit anonymen Merkmalen, wie Gerüchen (↗ anonymer Verband). In einem i. V. werden individuelle Beziehungen zw. den Mitgl., Rollenerwartungen der Sozietät usw. erst möglich.

Individuation [v. *individ-], Aufteilung einer zuvor gleichart. Zellpopulation in Areale mit verschiedener Funktion (z. B. Organanlagen).

Individuendichte [v. *individ-], Anzahl der Individuen einer Art in einem bestimmten Biotop; ↗ Artmächtigkeit (⊤), ↗ Abundanz, ↗ Deckungsgrad, ↗ Besiedlungsdichte.

Individuum *s* [lat.; *individ-], **1)** allg.: das einzelne in seiner Besonderheit; v. a. der Mensch in seiner Einmaligkeit im Ggs. zur Masse. **2)** Biol.: ein räuml. u. zeitl. begrenztes Gebilde v. bestimmter Gestalt, Organisation u. Veränderungsmöglichkeiten.

Indol *s* [v. gr. Indos = indisch], *2,3-Benzopyrrol*, blumig jasminähnl. riechende Substanz, die z. B. in Jasminblüten-, Orangenblüten-, Neroli- u. Goldlackblütenöl sowie in den Blüten der Falschen Akazie, im Aronstab, in Steinkohlenteer, in Kohlblättern an Ascorbinsäure gebunden (Ascorbigen) und u. a. in den Fäkalien als Abbauprodukt v. Tryptophan vorkommt; entsteht neben Skatol bei der Eiweiß-↗ Fäulnis im Darm. Verwendung in der Kosmetik-Ind. *I.derivate* vgl. Spaltentext. □ Alkaloide.

Indolbildner ↗ IMViC-Test (⊤).

Indol-3-essigsäure ↗ Auxine.

Indolglycerin-3-phosphat, Vorstufe bei der Tryptophansynthese; im Verlauf der letzteren wird die C_3-Gruppe des Glycerin-3-phosphatrests von I. durch das C_3-Skelett eines Serins ersetzt.

Indolylbuttersäure ↗ Auxine.

β-Indolylessigsäure ↗ Auxine.

Indolylessigsäure-Oxidase, Abk. *IES-Oxidase, IAA-Oxidase*, konstitutives pflanzl. Enzym, das den oxidativen Abbau (Oxidationsmittel O_2) der *Indolylessigsäure* (IES, IAA, ↗ Auxine) katalysiert. Anderen Substraten gegenüber kann I. als Peroxidase (Oxidationsmittel H_2O_2) wirken. I. ist ein Glykoprotein u. wird durch Mn^{2+} u. Monophenole (z. B. Tyrosin) aktiviert. Hemmstoffe der I. sind o-Diphenole, z. B. Brenzcatechin, Kaffeesäure u. Quercetin.

Indopithecus *m* [v. gr. Indos = indisch, pithēkos = Affe], nicht mehr gebräuchl. Gatt.-Name für ↗ *Gigantopithecus (giganteus)*.

Indoplanorbis *m* [v. gr. Indos = indisch, lat. planus = eben, flach, orbis = Scheibe], Gatt. der *Bulinidae* (Überfam. *Planorboidea*), Süßwasserschnecken mit scheibenförm., auf beiden Seiten eingetieftem Gehäuse v. ca. 2 cm ⌀; ihr Blut ist durch Hämoglobin oft rot. Urspr. in Indien u. Sri Lanka beheimatet, sind einige Arten als Labor- u. Aquarientiere weit verbreitet worden. *I. exustus* überträgt Pärchenegel u. Lungenwürmer *(Angiostrongylus)*.

Indoxyl *s, 3-Oxo-indolin,* ↗ Indican, ↗ Indigo.

Indricotherium *s,* (Borissiak 1915), hornloses † Nashorn (Fam. *Rhinoceratidae)*, das

---

individ- [v. mlat. individuum = Einzelding; davon individualis = Einzel-].

Indol

Zu den wichtigsten *I.derivaten* zählen u. a. Tryptophan, Serotonin, Tryptamin, Indolessigsäure, Betalaine, Melanine, Melatonin, Skatol, Psilocin, Psilocybin, Bufotenin, Indigo, Indoxyl, Indican, Gliotoxin, Sporidesmine sowie die *I.alkaloide* Harman-, Rauwolfia-, Strychnos-, Mutterkorn-, Vinca-, Curarealkaloide u. Physostigmin.

Individualdistanz

Bei Distanztieren, die gemeinschaftl. ruhen, kann man die I. oft an der fast militärisch exakten Anordnung der Einzeltiere ablesen, z. B. bei Vögeln, die auf einer Leitung sitzen.

Indricotherium, Widerristhöhe ca. 5 m

Indriidae

zu den größten Landsäugetieren der Erdgesch. gehört: Widerristhöhe bis 5 m, Halslänge ca. 4 m, Schädellänge bis ca. 1,20 m, Gliedmaßen hoch u. säulenförmig, ernährte sich wahrscheinl. vom Laub hoher Bäume. *I.* wird meist als Subgenus der Gatt. *Baluchitherium* zugeordnet. Verbreitung: mittleres Oligozän v. W-Asien.

Indriidae [Mz.; madagass.], die ↗ Indris.

Indris [Mz.; madagassisch], *Indriidae*, Fam. der Lemuren (Halbaffen) mit 3 Gatt. u. insgesamt 4 Arten im Urwald Madagaskars. Hände u. Füße als Greiforgane; am Boden aufrecht gehend. Bes. sprunggewandt sind die tagaktiven Sifakas (*Propithecus verreauxi*, *P. diadema*; Kopfrumpflänge 40–50 cm). Ein reines Nachttier ist der kleine, weichbehaarte Wollmaki (*Avahi laniger*; Kopfrumpflänge 30 cm). Die größte heutige Lemurenart ist der tagaktive Indri (*I. indri*; Kopfrumpflänge 90 cm). Die in ihrer Pflanzennahrung hochspezialisierten I. sind durch Waldrodung heute stark bedroht.

Indukt *m* u. *s* [v. *indukt-], in der experimentellen Embryologie ein Organ od. eine Organanlage (z. B. Neuralplatte bei Amphibien), welche durch die auslösende Wirkung eines anderen Teilsystems (z. B. Chordamesoderm) hervorgerufen wird. ↗ Induktion 6), ↗ Induktor.

Induktion *w* [v. *indukt-], **1)** Logik: ↗ Deduktion und Induktion. **2)** *Enzym-I.,* die vermehrte Neusynthese v. ↗ Enzymen in der Zelle durch ↗ Aktivierung bzw. ↗ Derepression entspr. Gene od. Gengruppen in Anwesenheit bestimmter Substanzen (*Induktoren*), die Repressoren bzw. Aktivatoren der ↗ Genregulation (B) allosterisch verändern können (z. B. Substrat eines der betreffenden Enzyme, Hormone oder cAMP). **3)** *Zygotische I.,* die Lyse einer nicht lysogenen Bakterienzelle als Folge der Übertragung eines Prophagen im Verlauf einer Konjugation. **4)** *I. v. Prophagen,* das Herausschneiden eines Prophagen aus dem Wirtsgenom u. der darauffolgende Beginn des lytischen Zyklus (↗ Bakteriophagen). **5)** die spontane Auslösung der Colicin-Synthese in solchen Colibakterien, die colicinogene Faktoren (↗ Plasmide) tragen. **6)** Entwicklungsbiol.: in der Ontogenese (↗ Entwicklung) Auslösung v. Entwicklungsvorgängen. Auf das jeweilige I.ssignal reagieren nur kompetente Zellen (↗ Kompetenz), u. dies nur im Rahmen ihrer ↗ Reaktionsnorm, deren Rolle u. a. bei Verwendung abnormer *Induktoren* deutl. wird. Die tierische Ontogenese läßt sich als Kette od. Kaskade aufeinanderfolgender u. kausal verknüpfter I.svorgänge auffassen (vgl. Abb.). I. kann einen engen Kontakt v. Signalgeber (Induktor) u. reagierendem Gewebe voraussetzen (*embryonale I.* z. B. der Anlage des Zentralnervensystems) od. auf weitreichenden chem. Signalen beruhen (*hormonelle I.*). Zellen verschiedener Kompetenz reagieren auf gleiche Signale verschieden; z. B. veranlaßt derselbe Induktor in embryonaler Unkenepidermis die Bildung v. Strukturen des Unkenmundes, in Molchepidermis v. solchen des Molchmundes; bei der Kaulquappe löst ein einziges Hormon (wenn auch mit verschiedenen Reaktionsschwellen) im Schwanz Abbauvorgänge, in der Beinknospe Aufbauvorgänge u. im Auge Umbauvorgänge aus (↗ Metamorphose). Bei der embryonalen I. gibt es einen gleitenden Übergang v. Fällen strikter I.sabhängigkeit eines bestimmten Entwicklungsschritts bis zur weitgehenden Autonomie des gleichen Schritts. Daher vermutet man neuerdings, daß manche experimentell faßbare I.ssysteme im normalen Entwicklungsablauf nur dann wirken, wenn ein an sich autonomer Entwicklungsschritt am falschen Ort abzulaufen droht (Kontrollfunktion). An der embryonalen ↗ Musterbildung sind I.svorgänge doppelt beteiligt: räuml. begrenzt bestimmen sie den Ort, an dem ein Musterelement (z. B. die Augenlinse) entsteht; verschiedene *I.sstoffe* können aber auch durch quantitativ abgestuftes Zusammenspiel mehrgliedr. räuml. Muster schaffen (vgl. Abb.). B 345.

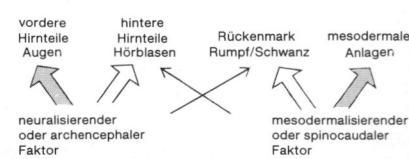

Induktionsfaktor [v. *indukt-], Faktor, der im reagierenden Gewebe einen Entwicklungsschritt auslöst; i. d. R. chemischer Natur. ↗ Induktion 6).

Induktionskaskade [v. *indukt-, it. cascata = Wasserfall], ↗ Induktion 6).

Induktionsstoffe, Moleküle oder Molekülkombinationen, die als ↗ Induktionsfaktoren wirken; bei der ↗ Induktion des Neuralrohrs der Amphibien Proteine bzw. Ribonucleoproteine, die in verschiedenen Mischungsverhältnissen unterschiedliche

---

indukt- [v. lat. inductio = das Einführen, Annahme, Voraussetzung, Verleitung].

Indri *(Indri indri)*

Induktion

Zusammenwirken von 2 I.sstoffen als musterbildendes Prinzip beim Molch (nach Tiedemann, Saxen, Toivonen). Oben induzierte Strukturen, unten Induktoren. Die „Intensität" der Pfeile symbolisiert das Mischungsverhältnis der beiden Induktionsstoffe.

vordere Hirnteile Augen	hintere Hirnteile Hörblasen	Rückenmark Rumpf/Schwanz	mesodermale Anlagen
neuralisierender oder archencephaler Faktor			mesodermalisierender oder spinocaudaler Faktor

Induktion

I.skette in der Embryogenese der Urodelen (Schwanzlurche), nach Spemann u. Niewkoop ⇒ I.sreize, → Entwicklungsschritte

Entoderm → Ektoderm
Mesoderm → Ektoderm
→ Chordamesoderm ⇒
übriges Mesoderm → Neuralanlage → Epidermis
Augenblase ⇒
übrige Neuralanlage → Augenlinse

INDUKTION

■ induktionsaktiv   ■ induktionsinaktiv

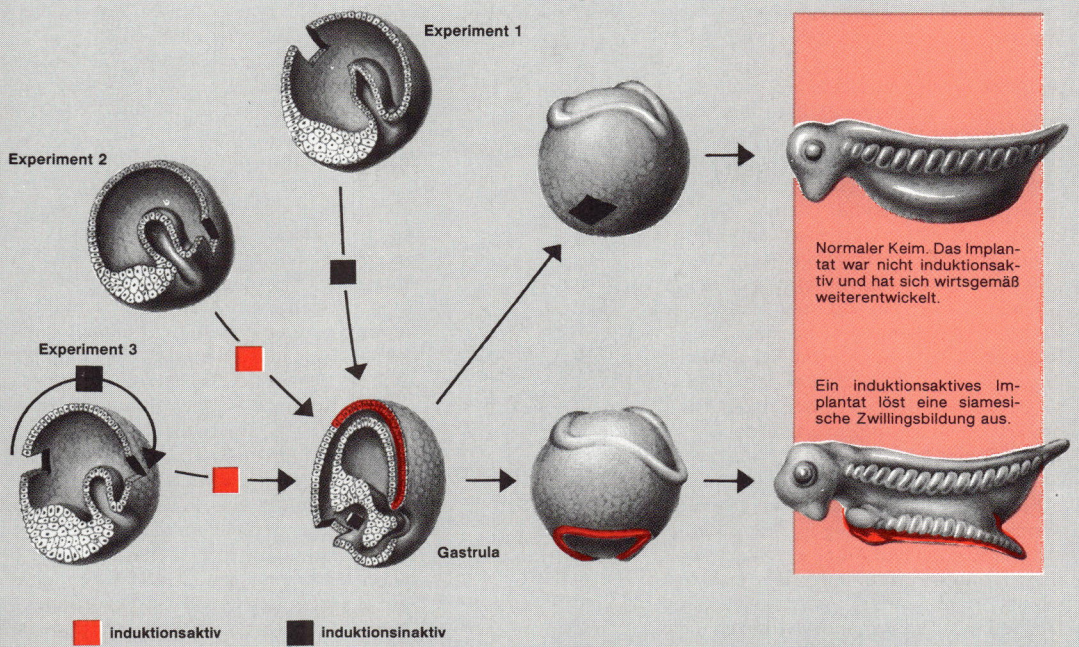

Induktion des Achsensystems beim Molch

Bei der Gastrulation unterlagert dorsal eingerolltes Material als Urdarmdach die zukünftige Anlage des zentralen Nervensystems (farbig). Das eingerollte Material entstammt der dorsalen Urmundlippe. Es kann im Transplantationsversuch als Organisator wirken. Dann induziert es in der Bauchregion des Empfängers ein sekundäres Achsensystem (Neuralrohr, Chorda, Somiten).

Experiment 1: Ein Kontrollexperiment zeigt, daß transplantiertes Material der Bauchregion keine Induktionswirkung hat.

Experiment 2: Ein Gewebsstück aus dem Bereich der dorsalen Urmundlippe induziert ein sekundäres Achsensystem; es entsteht ein *siamesischer Zwilling*.

Experiment 3: Wird Material aus der Bauchregion für einige Stunden in den Bereich der dorsalen Urmundlippe transplantiert, so erwirbt es Induktoreigenschaften und vermag ein sekundäres Achsensystem zu induzieren.

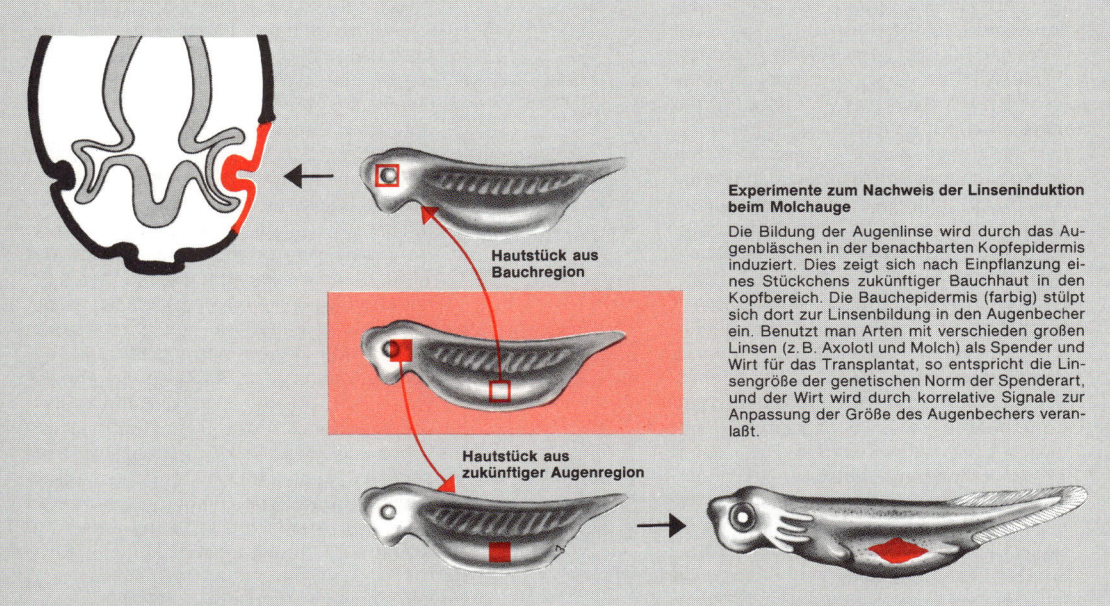

Normaler Keim. Das Implantat war nicht induktionsaktiv und hat sich wirtsgemäß weiterentwickelt.

Ein induktionsaktives Implantat löst eine siamesische Zwillingsbildung aus.

Experimente zum Nachweis der Linseninduktion beim Molchauge

Die Bildung der Augenlinse wird durch das Augenbläschen in der benachbarten Kopfepidermis induziert. Dies zeigt sich nach Einpflanzung eines Stückchens zukünftiger Bauchhaut in den Kopfbereich. Die Bauchepidermis (farbig) stülpt sich dort zur Linsenbildung in den Augenbecher ein. Benutzt man Arten mit verschieden großen Linsen (z. B. Axolotl und Molch) als Spender und Wirt für das Transplantat, so entspricht die Linsengröße der genetischen Norm der Spenderart, und der Wirt wird durch korrelative Signale zur Anpassung der Größe des Augenbechers veranlaßt.

Hautstück aus Bauchregion

Hautstück aus zukünftiger Augenregion

Wenn die Kopfepidermis vor Berührung durch das Augenbläschen in die Bauchregion eines anderen Keims verpflanzt wird, so bildet sie dort keine Linse. Die Linsenbildung erfolgt also beim Molch nicht autonom (wohl aber bei manchen Fröschen!).

In den beiden hier gezeigten Experimenten differenziert sich das Transplantat also „ortsgemäß", wobei seine spezifische Ausgestaltung (z. B. Linsengröße oder Hautpigmentierung) natürlich vom Genotyp der Transplantatzellen abhängt.

Induktor

Teile des zukünft. Zentralnervensystems u. anderer Organsysteme induzieren (☐ Induktion).
Induktor *m* [v. lat. inductor = Einführer], **1)** Biochemie: ↗Induktion 2). **2)** Embryologie: Gewebebereich od. Stoff mit induzierender Wirkung (↗Induktion 6); kann dem betreffenden Embryo entstammen, aber auch Embryonen verwandter Arten. Als *abnorme I.en*, die jedoch spezifische Reaktionen auslösen (↗Reaktionsnorm, ↗Kompetenz), können denaturierte Stücke verschiedener Organe od. sogar anorgan. Salzlösungen dienen. B ↗Induktion.
Indusium *s* [lat., = Übertunika], *Schleierchen,* die zarte Hülle, die bei den ↗Farnen i. e. S. die Gruppen v. Sporangien (Sori) umhüllt od. klappenförmig überdeckt.
Industriemelanismus *m* [v. gr. melanizein = schwarz werden], Bez. für die mit fortschreitender Industrialisierung einhergehende Umstrukturierung v. Populationen mit überwiegendem Anteil v. hellen wildfarbenen Individuen u. seltenen melanistischen (↗Melanismus) Varianten zu Populationen mit überwiegenden Anteilen melanistischer u. seltener wildfarb. Individuen. Der ↗Birkenspanner *Biston betularia* ist das bekannteste Beispiel für I. Das Merkmal „carbonaria" der melanistischen Form beruht auf der Wirkung eines dominanten Allels. Das Merkmal „typica" der hellen Form kommt phänotypisch nur zur Ausprägung, wenn das rezessive Allel homozygot vorliegt. Mit fortschreitender Industrialisierung wurde das Wildallel „typica" durch das melanistische Allel „carbonaria" ersetzt. Einen solchen Vorgang nennt man „Durchgangs- od. Transienten-Polymorphismus". Der Selektionsmechanismus dieses I. beruht auf der für Räuber (Vögel) unterschiedl. Greifbarkeit der beiden Morphen des Birkenspanners. Gleichzeitig mit der Industrialisierung wurden die Bäume zunehmend ärmer an Flechtenbewuchs (↗Bioindikatoren) u. die helle Wildform für Vögel immer relativ häufiger greifbar als die melanistische Form. Das hat der dunklen Morphe einen höheren ↗Adaptationswert verschafft. Ihr Anteil in der Population nahm ständig zu. B Selektion I.
Infantilismus *m* [v. lat. infantilis = kindlich], **1)** Auftreten v. Verhaltenselementen des Jungtiers im Erwachsenenverhalten, meist in geänderter Funktion. Z. B. treten Bettelbewegungen, -laute u. -stellungen des Jungtiers bei vielen erwachsenen Vögeln in der Balz auf. Außerdem sind Infantilismen Teil vieler Beschwichtigungsgebärden. Der I. als funktionale Verhaltensweise muß v. der als patholog. Symptom betrachteten *Regression* unterschieden werden. **2)** beim Menschen: *Infantilität,* Stehenblei-

infekt- [v. lat. inficere = vergiften, anstekken; Part. Perf. Pass. infectus = vergiftet, angesteckt].

Industriemelanismus
Oben helle Wildform (Stammform), unten dunkle (melanistische) Form des Birkenspanners *(Biston betularia)*

Influenzaviren
RNA-Segmente von Influenza-A-Viren und die von ihnen codierten Polypeptide (*RNA-abhängige RNA-Polymerase)

Segment	Polypeptid
1	P-Protein PB$_2$*
2	P-Protein PB$_1$*
3	P-Protein PA*
4	Hämagglutinin
5	Nucleoprotein
6	Neuraminidase
7	Matrixprotein
8	Nichtstruktur-Proteine

Mit Influenza-A-Viren infizierte Zellen enthalten 8 größere virale m-RNA-Transkripte, die colinear mit den 8 Genom-Segmenten sind, und 3 kleinere Transkripte, die von den Segmenten 7 und 8 stammen und durch RNA-Splicing (↗Spleißen) entstanden sind. Die m-RNAs tragen am 5'-Ende jeweils 10-15 Nucleotide lange Sequenzen, die von m-RNAs der Wirtszelle stammen und zum Priming (↗primer) der viralen m-RNA-Synthese benutzt werden.

ben der physischen u./od. psychischen Entwicklung auf einer kindl. Stufe.
Infantizid *m* od. *s* [v. lat. infans, Gen. infantis = Kind, -cidus = tötend], Kindestötung durch die eigenen Eltern od. andere Artgenossen; wenn das Junge v. den eigenen Eltern gefressen wird, spricht man v. *Kronismus.* I. kommt unter den verschiedensten Umständen vor, v. a. sind fremde Jungtiere durch aggressive Artgenossen gefährdet. So töten u. fressen Ratten Jungtiere ohne eigenen Nestgeruch, v. Schimpansen sind Angriffe, I. und Fraß fremden Jungen gegenüber bekannt, in einem Fall sogar innerhalb der eigenen Gruppe. Ein Sonderfall ist die Tötung v. Jungen durch die eigenen Eltern bei Unerfahrenheit (z. B. Raubkatzen im Zoo) od. bei ungünst. Umweltverhältnissen. So wird v. manchen Vögeln vermutet, daß sie Jungtiere, für die sie kein Futter mehr finden, umbringen u. fressen. Im Mittelpunkt wiss. Forschungen stand in letzter Zeit der I. durch Männchen, die gerade einen ↗Harem übernommen haben. Sie sollen ihre eigenen Fortpflanzungschancen (fitness) verbessern können, indem sie kleine Jungtiere (deren Vater der frühere Haremsbesitzer ist) töten. Die Weibchen werden dann schnell wieder empfängnisbereit u. können vom neuen Haremsmännchen begattet werden. Ein solches Verhalten wurde v. Löwen, v. einigen Affenarten (Languren) u. a. beschrieben, die Interpretation ist umstritten. ↗Soziobiologie.
Infarkt *m* [v. lat. infarcire = verstopfen], a) Absterben v. Geweben od. Organen infolge mangelnder Blutversorgung, z. B. nach ↗Embolie in eine Arterie, bei ↗Arteriosklerose an Herz (↗Herz-I.), Hirn, Niere, Darm (sog. *weißer I.*); b) bei Organen mit doppelter Blutversorgung (Leber, Lunge) kommt es nach Verschluß eines Gefäßes zum Blutaustritt in das nekrot. Gewebe *(hämorrhagischer I.).*
Infauna *w* [v. lat. in- = in-, neulat. fauna = Tierwelt], (Ager 1963), Gesamtheit der Tiere, die in Bodensedimenten leben.
Infektion *w* [v. *infekt-], **1)** Medizin: *Infekt, Ansteckung,* Eindringen v. Krankheitserregern in den Organismus mit anschließender Vermehrung (z. B. Bakterien, Parasiten, Viren, Pilze). Eine I. kann örtlich (↗Entzündung) oder allg. Krankheitserscheinungen (↗I.skrankheiten) verursachen od. auch ohne äußere Zeichen als stumme od. *latente* I. verlaufen. Auftreten u. Verlauf einer I. sind abhängig v. der ↗Virulenz u. Vermehrungsfähigkeit der Erreger und v. der natürl. ↗Resistenz und erworbenen ↗Immunität. **2)** Mikrobiol.: ↗Kontamination.
Infektionsimmunität [v. *infekt-, immunus

Influenzaviren

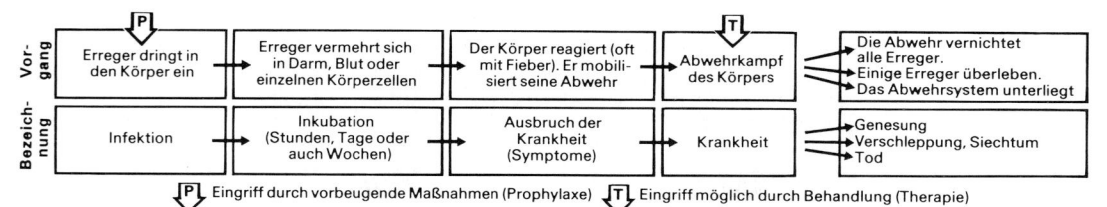

Vorgang	Erreger dringt in den Körper ein [P]	Erreger vermehrt sich in Darm, Blut oder einzelnen Körperzellen	Der Körper reagiert (oft mit Fieber). Er mobilisiert seine Abwehr	Abwehrkampf des Körpers [T]	Die Abwehr vernichtet alle Erreger. Einige Erreger überleben. Das Abwehrsystem unterliegt
Bezeichnung	Infektion	Inkubation (Stunden, Tage oder auch Wochen)	Ausbruch der Krankheit (Symptome)	Krankheit	Genesung · Verschleppung, Siechtum · Tod

[P] Eingriff durch vorbeugende Maßnahmen (Prophylaxe) [T] Eingriff möglich durch Behandlung (Therapie)

= frei], *Prämunität, Prämunition, concomitant immunity,* Schutz gg. Neuinfektion während des Vorhandenseins lebender Parasiten der gleichen Art. Mögl. Erklärung ist das Vorhandensein eines immunolog. Gleichgewichts mit den etablierten Parasiten, dessen Antikörpertiter zur Abtötung nicht adaptierter Eindringlinge ausreicht.

Infektionskrankheiten [v. *infekt-], *ansteckende Krankheiten,* entstehen durch ↗ Infektion mit bestimmten Erregern. Erst das Zusammenwirken v. Infektion, schädigender Wirkung der Mikroorganismen u. spezifischer Abwehr des Körpers führt zum charakterist. Bild der jeweiligen I. Nach einer ↗ Inkubationszeit ([T]) v. unterschiedl. Dauer treten oft zunächst unspezif. Krankheitserscheinungen auf, denen bei vielen I. ein typ. Fieberverlauf (↗ Fieber, □), Hautausschlag u. a. typ. Erscheinungen folgen. Nach dem Verlauf unterscheidet man *akute* I. (z. B. Masern) u. *chron.* I. (z. B. Tuberkulose). Sie treten in endemischer (↗ Endemie), epidemischer (↗ Epidemie) u. *pandemischer* (weltweiter, z. B. Grippe) Verbreitung auf. Man unterscheidet ↗ Anthroponosen, ↗ Anthropozoonosen und ↗ Zoonosen, je nachdem, ob die I. ausschl. v. Mensch zu Mensch, v. Tier zu Mensch (auch umgekehrt) od. v. Tier zu Tier übertragen wird. *Gemeingefährl.* I. sind Aussatz (Lepra), Cholera, Fleckfieber, Gelbfieber, Pest, Pocken u. Papageienkrankheit; jeder Erkrankungsfall ist sofort zu melden.

infektiös [v. *infekt-], ansteckend, durch ↗ Infektion übertragbar.

Infertilität *w* [Bw. *infertil*; v. lat. *infertilis* = unfruchtbar], „Unfruchtbarkeit", ↗ Impotenz, ↗ Sterilität.

Infestation *w* [v. lat. *infestatio* = Anfeindung], Befall eines Wirtes mit Parasiten, die keine Individualvermehrung in ihm vollziehen (Produktion v. Eiern gilt nicht als derart. Vermehrung). Ggs.: Infektion.

Inflammatio *w* [lat., =], die ↗ Entzündung.

Infloreszenz *w* [v. lat. *inflorescere* = zu blühen beginnen], der ↗ Blütenstand.

Influenza *w* [it., v. lat. *influere* = einschleichen], **1)** die ↗ Grippe; **2)** die Pferde- ↗ Staupe.

Influenzabakterien ↗ Haemophilus (influenzae).

Influenzaviren [v. ↗ Influenza], RNA-Viren der Fam. *Orthomyxoviridae*, Erreger der ↗ Grippe beim Menschen. Das erste menschl. Influenzavirus wurde 1933 isoliert. Aufgrund unterschiedl. Ribonucleoprotein-Antigene werden I. in drei Typen A, B und C eingeteilt. I. vom *Typ A* sind verantwortl. für die Mehrzahl der Grippe-Epidemien sowie für alle Pandemien. Influenza-A-Viren kommen auch bei Pferd, Schwein u. Vögeln vor (z. B. Erreger der klass. Geflügelpest, ↗ Geflügelpestviren). Influenza-A-Viren werden weiter unterteilt in Subtypen aufgrund der unterschiedl. Antigen-Eigenschaften v. Hämagglutinin (H) und Neuraminidase (N); 12 H- und 9 N-Subtypen sind bislang bekannt. Das Genom ist segmentiert u. besteht ([T] 346) aus 8 verschied. einzelsträng. RNAs (mit Minusstrang-Polarität), deren Größen bei Influenza-A-Viren zw. 890 und 2341 Nucleotiden liegen (insgesamt 13588 Nucleotide bei Influenzavirus-Stamm A/PR/8/34). Die Virion-RNAs dienen als Matrize zur Synthese v. polyadenylierten m-RNA-Molekülen, v. denen die virusspezif. Polypeptide translatiert werden, sowie v. nicht-polyadenylierten c-RNAs, an denen später die neuen Genom-RNA-Moleküle synthetisiert werden. Die 5'- und 3'-terminalen Sequenzen der RNA-Segmente sind bei den 3 Influenzavirus-Typen jeweils konserviert. Die Viruspartikel sind ausgesprochen pleomorph (⌀ 80–120 nm, Länge bis einige μm) u. bestehen aus einem Ribonucleoprotein-Komplex (enthält die RNA-Segmente, Nucleoprotein und 3 verschiedene P-Proteine, die sich zu einer RNA-abhängigen RNA-Polymerase zusammensetzen), umgeben v. einer Hülle aus Matrixprotein u. einer Lipidmembran, die Hämagglutinin-

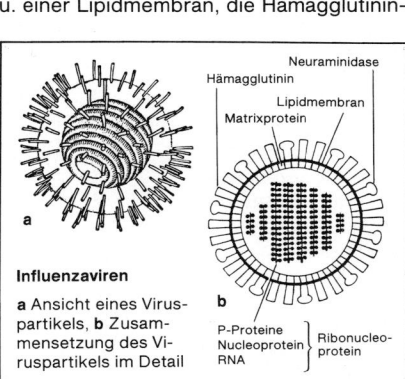

Stadien einer Infektionskrankheit

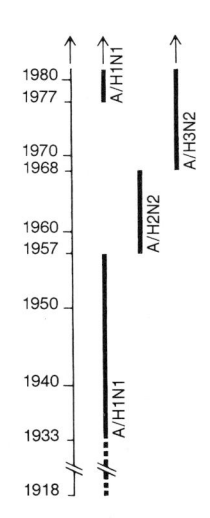

1980	A/H1N1
1977	
1970	A/H3N2
1968	
1960	A/H2N2
1957	
1950	
1940	A/H1N1
1933	
1918	

Influenzaviren

Auftreten verschiedener Subtypen von Influenza-A-Viren in diesem Jahrhundert. Der gg. einen bestimmten Subtyp gerichtete Immunitätsschutz ist wirkungslos gg. einen neuen Subtyp; deshalb führt das Erscheinen neuer Subtypen zu schweren *Grippe-Epidemien* od. Pandemien. Nach Auftreten eines neuen Subtyps verschwindet der vorher vorherrschende Subtyp aus der menschl. Population. Es kann auch zum Wiederauftreten eines früher schon einmal vorhandenen Subtyps kommen.

Influenzaviren

a Ansicht eines Viruspartikels, **b** Zusammensetzung des Viruspartikels im Detail

(Neuraminidase, Hämagglutinin, Lipidmembran, Matrixprotein; P-Proteine, Nucleoprotein, RNA } Ribonucleoprotein)

Informationsstoffwechsel

u. Neuraminidase-Fortsätze trägt. Bei einer Infektion heften sich die I. mit den Hämagglutinin-Fortsätzen an Rezeptoren der Zellmembran an; gg. das Hämagglutinin gerichtete Antikörper neutralisieren die Virusinfektiosität. Charakterist. für Influenza-A-Viren sind fortlaufend auftretende Antigenitätsveränderungen bes. in den Hämagglutinin- u. Neuraminidase-Antigenen. I. von *Typ B* und bes. *Typ C* sind in ihrer Antigenität stabiler. Punktmutationen, kurze Deletionen u. Insertionen in den Genen bewirken kleinere Veränderungen in der Antigenität *(Antigendrift),* während der Austausch v. Genen, d. h. RNA-Segmenten (reassortment), zw. verschiedenen Virusstämmen zu einem völlig neuen Antigenmuster führt *(Antigenshift).* Antigenshift ist nur bei Influenza-A-Viren beobachtet worden; dabei scheint ein Genaustausch auch zw. menschl. und tier. Influenza-A-Viren stattzufinden. *E. S.*

Informationsstoffwechsel, Sammelbegriff für diejenigen Stoffwechselreaktionen, die in der Zelle mit der Speicherung u. Weitergabe v. Information, speziell v. genet. Information, einhergehen, wie z. B. die DNA-Replikation, die RNA-Synthese (Transkription) u. RNA-Prozessierung u. die Proteinsynthese (Translation).

Information und Instruktion

An einem DNA-Abschnitt innerhalb der lebenden Zelle ist zweierlei von Interesse: Zum einen seine molekulare Struktur aus den fünf Atomarten C, H, O, N und P, zum anderen seine funktionelle Bedeutung als genetische Basis für die Synthese von Substanzen, sei es – bei der Zellteilung – neue DNA nach dem gleichen Muster, seien es – auf dem Wege über Transkription und Translation – bestimmte Proteine. Diese letzteren besitzen eine ganz andere chemische Struktur als die DNA; trotzdem sind sie in ihrer Aminosäuresequenz und damit in ihrer Funktion durch die Nucleotidsequenz des zugehörigen DNA-Abschnitts bestimmt.

Seit dem Entstehen der Informationstheorie drückt man diesen Zusammenhang gern so aus: Die DNA enthält die *genetische Information* für die Struktur der Proteine und damit auch – vermöge der spezifischen Wirkungen der Proteine – für den Bau, die Lebenserscheinungen des Organismus und für die genetisch bedingten Anteile seiner Verhaltenssteuerung. Die genetische Information prägt in diesen Hinsichten den Phänotyp.

Außer in der Biologie spricht man auch in vielen anderen Lebensbereichen von „Information", und zwar dann, wenn die Bedingungen für einen *Informationszusammenhang* erfüllt sind: Bestimmte Gegebenheiten (= der *Inhalt* der Information) werden durch Symbole, Zeichen oder Signale ausgedrückt; die dadurch zustande gekommene Meldung oder Nachricht wird von einem *Sender* an einen *Empfänger* (Adressaten) übertragen; für diesen sind daraufhin nicht nur die materiellen oder energetischen Gegebenheiten der empfangenen Meldungen oder Nachrichten bedeutsam, sondern vor allem dasjenige, was die Meldungen *bedeuten,* d. h., was sie auf der Senderseite repräsentieren, denn das ist die *Information,* die sie dem Empfänger übermitteln. War der Empfänger bereits im voraus informiert, so enthielten die Meldungen für ihn keine Information mehr. Zu einem „Informationszusammenhang" gehören danach folgende Funktionsglieder:
– der Inhalt der Information
– dessen Übersetzung in Symbole, Zeichen oder Signale
– deren Übertragung vom Sender zu einem noch nicht informierten Empfänger; und dort
– die Ermittlung des Inhalts der empfangenen Signale oder das dementsprechende Reagieren des Empfängers.

Ein solcher Informationszusammenhang läßt sich in der Reiz-Reaktionsbeziehung eines *Reflexes* erkennen, beispielsweise dem schnellen Sich-Zusammenziehen eines Regenwurms nach der plötzlichen Berührung durch den Schnabel einer Amsel: Die darauf ansprechenden Hautrezeptoren erzeugen neurale Aktionspotentiale und werden so zum „Übersetzer" vom Reiz in die physiologische Erregung und zum „Sender". Die Nervenimpulse erreichen auf Nervenbahnen („Übertragungsvorgang") die Längsmuskeln („Empfänger"), die sich kontrahieren, wodurch der Wurm als ganzes Tier biologisch *sinnvoll reagiert.*

Der einleitend skizzierte Informationszusammenhang zwischen der DNA und den phänotypischen Merkmalen enthält einen Funktionsschritt, der auf einen *quantitativen* Aspekt des Informationsbegriffs hinführt: Der genetische Code enthält 4 Symbolarten C, G, A und U. Dreierkombinationen (Tripletts) aus diesen determinieren jeweils die Addition eines Moleküls der 20 Arten von Aminosäuren an die entstehende Peptidkette. Wie eine elementare Kombinationsüberlegung zeigt, würden *Zweier*kombinationen (Dupletts) aus Vertretern der 4 Symbolarten nur $4^2 = 16$ unterscheidbare „Codeworte" zulassen; da-

Marginalia: Genetische Information — Information im Sinne von Informationszusammenhang

Information und Instruktion

gegen lassen sich daraus $4^3 = 64$ unterschiedliche *Tripletts* bilden. Für die 20 unterschiedlichen Aminosäuren würden also Dupletts nicht ausreichen, während Tripletts für mehr als das dreifache der 20 unterschiedlichen Aminosäuren hinreichend wären. Der DNA-Triplett-Code besitzt also die mehr als dreifache „Unterscheidungskapazität", als notwendig wäre, um den Einbau von 20 verfügbaren Aminosäuren zu determinieren. Als „Unterscheidungskapazität" versteht sich an dieser Stelle die *Möglichkeit, verschiedene Informationen auszudrücken.* Daher wird sie im folgenden, wie üblich, auch *Informationskapazität* genannt.

Als *Maßzahl* für die Informationskapazität *I* eines Ensembles von Symbolen (eines Codes) hat man nun nicht – wie es nach dem eben Gesagten denkbar gewesen wäre – die Anzahl *W* der verfügbaren unterschiedlichen Zeichen oder Zeichenkombinationen gewählt, sondern deren dualen Logarithmus (= Logarithmus zur Basis 2, geschrieben ld, zu errechnen aus dem Zehnerlogarithmus durch Multiplikation mit 3,32). Die Definition $I = \mathrm{ld}\, W$ war an sich willkürlich; aber sie bewährt sich: Die einfachste denkbare Entscheidung, nämlich diejenige zwischen *zwei* Alternativen, besitzt nach dieser Definition sinnvollerweise die „Informationskapazität" mit dem Zahlenwert 1 (weil $\mathrm{ld}\, 2 = 1$ ist; denn der duale Logarithmus einer Zahl ist ja derjenige Betrag, mit dem man 2 potenzieren muß, um die genannte Zahl als Ergebnis zu erhalten; und $2^1 = 2$). Dementsprechend heißt die Einheit der Informationskapazität 1 bit, abgekürzt aus *b*inary dig*it* (binäre Ziffer, Entscheidung zwischen den *zwei* Alternativen 0 und 1).

Auch die höheren Zahlenwerte des dualen Logarithmus lassen sich anschaulich interpretieren: Eine bestimmte Anzahl *W* von *Wa*hlmöglichkeiten vorausgesetzt, entspricht ld *W* der Anzahl der „Entweder-Oder-"Entscheidungsschritte und damit zugleich der Anzahl von *dualen Zeichen* (0; 1), um jede einzelne der Möglichkeiten W_1, W_2 ... W_n mit einer nur ihr eigenen Zeichenkombination zu versehen.

Ein wichtiger Gedankenschritt führt von der Anzahl der Möglichkeiten *W* und deren Logarithmus $I = \mathrm{ld}\, W$ (= *Informationskapazität* einer Zeichenmenge *W*) zum *Informationsgehalt* eines *einzelnen* Zeichens I_x. Man verleiht diesem denselben Zahlenwert wie der Informationskapazität der gesamten Zeichenmenge und meint damit: Der *Informationsgehalt* eines einzelnen Zeichens bemißt sich danach, aus einer *wie großen Menge von sonstigen Möglichkeiten* (= aus einer wie großen Informations-

Unterscheidungskapazität – Informationskapazität

Einführung der Wahrscheinlichkeit in das Informationskonzept

Informationskapazität und Informationsgehalt

kapazität) er *ausgewählt* ist. (Diese Formulierung wird sogleich durch Anwendung des Wahrscheinlichkeitsbegriffs noch verfeinert werden.)

Ein Anwendungsbeispiel: Die Informations*kapazität* der DNA-Tripletts und damit der Informations*gehalt* jedes *einzelnen* DNA-Tripletts ist $\mathrm{ld}\, 64 = 6$ [bit] (weil Tripletts aus 4 Symbolarten $4^3 = 64$ Kombinationen zulassen). Gäbe es statt der 4 Elemente C, G, A und U nur deren zwei, so würden erst Codonen aus jeweils *sechs* Zeichen dieselbe Unterscheidungskapazität von 64 Kombinationen gewährleisten ($2^6 = 64$). Nun ist die Anzahl der von der DNA determinierten Aminosäuren nicht 64, sondern 20, die Informationskapazität dieser Vielfalt also $\mathrm{ld}\, 20 = 4{,}32$ [bit]. Beim Übergang vom DNA- bzw. RNA-Code auf die Aminosäurevielfalt bleiben also, formal gesehen, bei jeder Festlegung einer Aminosäure 1,68 bit je Triplett ungenutzt. (In dieser Berechnung sind unterschiedliche Häufigkeiten von Tripletts bzw. Aminosäuren unberücksichtigt geblieben.)

Vorausgesetzt, im Falle von *W* verfügbaren Zeichen kämen in einer Zeichenmenge die „Zeichenklassen" $a_1, a_2 \ldots a_x \ldots a_W$ gleich häufig vor, so wäre die Häufigkeit p_x des Auftretens einer bestimmten Zeichenklasse a_x gleich dem Kehrwert von *W*, also $p_x = 1/W$. Damit wird nach der ursprünglichen Formel $I = \mathrm{ld}\, W$ der Informations*gehalt* jedes einzelnen Zeichens aus der Klasse a_x gleich $I_x = \mathrm{ld}(1/p_x)$. Eine einfache (hier nicht durchgeführte) Überlegung ergibt: Diese Formel für I_x bleibt unverändert, auch wenn die *anderen* Zeichen nicht die gleichen Häufigkeiten und damit andere Informationsgehalte haben.

Damit ist der Begriff der *Wahrscheinlichkeit* in das Informationskonzept eingeführt, und zwar mit folgender Konsequenz: Mit *ab*nehmendem p_x nimmt I_x *zu* (logarithmisch)! Darum deckt sich der Begriff „Informationsgehalt" hier in seiner Bedeutung qualitativ mit dem umgangssprachlichen Ausdruck „Seltenheitswert".

Wenn innerhalb einer Gesamtmenge von *n* Zeichen die verschiedenen Zeichenklassen $a_1 \ldots a_x \ldots a_W$ *unterschiedlich häufig* vorkommen, stellt sich die Frage nach dem *durchschnittlichen* Informationsgehalt *H* des einzelnen Zeichens. Dieser Durchschnittswert stellt sich – auf den ersten Blick überraschenderweise – als eine Summe dar, nämlich

$$H = \sum_{x=1}^{W} p_x \, \mathrm{ld}\, \frac{1}{p_x}$$

In Wirklichkeit verbirgt sich hinter dieser Formel durchaus die Operation der Durchschnittsbildung „Summe aller Einzelwerte,

Information und Instruktion

geteilt durch n"; nur ist die Division durch n bereits jedesmal in die Ausrechnung der relativen Beiträge der Zeichen*klassen* hineingezogen: Man multipliziert den Informationsbeitrag jedes Einzelzeichens (ld $1/p_x$) – anstatt mit seiner *Anzahl* A_x – mit $p_x = A_x/n$, also mit seiner Häufigkeit (Wahrscheinlichkeit). Dadurch wird jeder Summand durch n dividiert.

Bei näherer Betrachtung der Formel $I = \mathrm{ld}\,W$ und ihrer Verallgemeinerung für den Durchschnittswert H fällt auf: Nichts deutet in ihnen auf die eingangs zusammengestellten Bestandsstücke eines Informationszusammenhanges wie Inhalt, Sender, Übertragungsstrecke, Empfänger. In der Tat sind die Ausdrücke ld W und $\sum p_x \,\mathrm{ld}\,(1/p_x)$ rein statist. Natur und lassen sich daher nicht nur (wie soeben getan) auf Zeichenvorräte im Rahmen von Informationszusammenhängen, sondern auf beliebige Mengen aus unterschiedlichen Elementen anwenden. An die Stelle von „Informationskapazität" tritt dann der allgemeine Ausdruck „Diversität", d. h. Vielfältigkeit oder innere Vielfalt. Ein biologischer Anwendungsbereich hierfür ist die Vielfalt einer Biozönose hinsichtlich der Anzahl und Häufigkeit der dort vorkommenden Arten. (Den einstmals auch hier verwendeten Ausdruck „Informationsgehalt" hat man zu Recht wieder fallen gelassen.) Sucht man die Diversität einer bestimmten *Menge*, so muß man die für das *Element* berechneten Durchschnittswert H mit der Anzahl n der Elemente multiplizieren.

Diversität anstelle von Informationsgehalt

Ursprünglich hat C. E. Shannon den durchschnittlichen Informationsgehalt H auch als „Entropie" bezeichnet. Damit hat er einen Ausdruck der Thermodynamik angewendet, der sich auch dort auf eine Vielfalt W, nämlich die von physikalischen Mikrozuständen, bezieht:

$$S = k \cdot \log W.$$

In Worten: Die Entropie S entspricht dem Boltzmannschen temperaturbezogenen Energiebetrag k, multipliziert mit dem Logarithmus der Wandlungsmöglichkeiten zwischen den Teilchenkombinationen (↗Entropie). Den Ausdruck „Entropie" auch als Informationsmaß zu verwenden hat allerdings mehrere Nachteile:
1) Er entspricht ihm nicht hinsichtlich seines Betrages (Zehner- statt Zweierlogarithmus sowie Multiplikation mit der Boltzmann-Konstanten),
2) hinsichtlich seiner Dimension ([Energie dividiert durch Temperatur] anstatt dimensionslos) und
3) der Bedeutung des Ausdrucks „Wahrscheinlichkeit" (*Anzahl* der Kombinationsmöglichkeiten statt *Anteil* am Gesamten).

Begriff der Instruktion

Information und Entropie

Begriff der Transinformation

Trotzdem ist die *physikalische* Entropie so sehr zum Leitbild dessen geworden, was man gedanklich mit dem Begriff „Information" verknüpft, daß man für das ursprüngliche, umgangssprachliche Informationskonzept, nämlich die einzelne inhaltlich festgelegte Information, nach neuen Ausdrücken suchte: So bezeichnete A. Sommerfeld das aus einem Vorrat von Möglichkeiten Ausgewählte oder Festgelegte als *Negentropie* (in der Tat vermindert jede *Festlegung* die *Entropie* des übriggebliebenen Teilsystems), R. Riedl als *Determinationsgehalt*. Die Entropie (Informationskapazität) und die konkrete Information (im Sinne einer bestimmten Nachricht) stehen zueinander in einem ähnlichen Verhältnis wie das Fassungsvermögen eines leeren und der Inhalt eines gefüllten Gefäßes: Beides wird in Volumeneinheiten gemessen; das Fassungs*vermögen* gibt an, welche Mengen an konkreter Füllung *möglich* sind. Dementsprechend stehen Informationskapazität (Entropie) und konkrete Meldung zueinander im logischen Verhältnis von *potentieller* und *aktueller* (konkretisierter) Information. Bei bloßer Kenntnis der Kombinations*möglichkeiten* (Diversität) der Elemente bzw. Symbole ist das *Wissen* um die aktuelle, verwirklichte Kombination noch gleich Null; ist dieses Wissen jedoch gewonnen worden, so ist die Anzahl der *Möglichkeiten* auf 1 und damit die *Diversität* (Entropie) auf Null heruntergegangen (ld $1=0$).

Für Informationszusammenhänge, wie sie in der Biologie bedeutsam sind, eignet sich unter bestimmten Voraussetzungen als Stellvertreter für den Begriff der aktuellen, konkreten Information der Begriff der *Instruktion* (M. Eigen): Man spricht von Instruktion, wenn Information von Sendern auf Empfänger übertragen und dann vom Empfangsort aus, wo sie gegebenenfalls auch gespeichert wird und „abrufbar" bleibt, weiter wirksam werden kann. Ein Beispiel hierfür wäre die „genetische Information für ein bestimmtes Merkmal", die man danach zur Unterscheidung von der in der DNA steckenden *Diversität* auch *genetische Instruktion* nennen könnte. Das Verhältnis zwischen den Begriffen „Information" und „Instruktion" wird in der Abbildung graphisch dargestellt. Eine vermittelnde Rolle spielt dort der Begriff der „Transinformation":

Als *Transinformation* T_{xy} in einem Informationszusammenhang bezeichnet man denjenigen Anteil der empfangenen Gesamtinformation (y), der den abgesandten Signalen (x) entspricht. Er ist gleich der formalen Gesamtinformation I_x abzüglich eines mathematischen Ausdrucks für die

Varianten des Informationsbegriffs

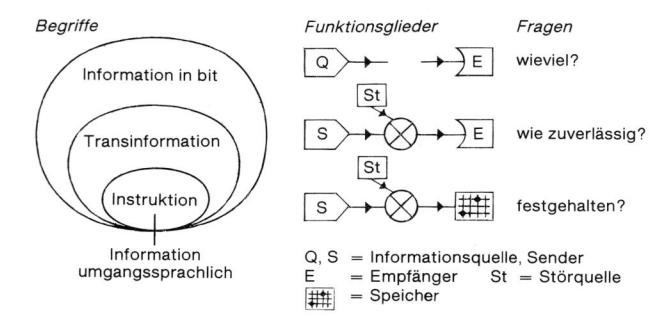

Begriffe
- Information in bit
- Transinformation
- Instruktion

Information umgangssprachlich

Funktionsglieder

Q → → E
S →⊗→ E (St)
S →⊗→ ▦ (St)

Fragen
- wieviel?
- wie zuverlässig?
- festgehalten?

Q, S = Informationsquelle, Sender
E = Empfänger   St = Störquelle
▦ = Speicher

Wahrscheinlichkeit der richtigen Übertragung (Rückschlußwahrscheinlichkeit $p_{x\bar{y}}$). Und zwar gilt (für *ein* Zeichen):

$$T_{xy} = I_x - \operatorname{ld} \frac{1}{p_{x\bar{y}}} = \operatorname{ld} \frac{1}{p_x} - \operatorname{ld} \frac{1}{p_{x\bar{y}}} = \operatorname{ld} \frac{p_{x\bar{y}}}{p_x} \text{ [bit]}$$

Im Begriff der Transinformation ist hiernach im Unterschied zum Begriff der Diversität ein Informationszusammenhang vorausgesetzt, in dem die Beziehung zwischen *individuellen* Symbolkombinationen am Sender und am Empfänger die entscheidende Rolle spielt. Dies entspricht weitgehend dem umgangssprachlichen Konzept der *Glaubwürdigkeit* einer übertragenen Information.

Welche Rolle spielt der Begriff der Information in der Biologie? Mit seiner Hilfe erfaßt man das Gleichbleibende bei der Übertragung steuernder Signale vom Sender zum Empfänger, z. B. beim Vorgang der Transkription und Translation (von der DNA zu den Proteinen) und allgemein im Zusammenhang zwischen lebenden Individuen und ihren Nachkommen: Was übertragen und vererbt wird, ist nichts Materielles – kein Atom eines Nachkommen braucht aus einem seiner Vorfahren zu stammen – und nichts Energetisches, obwohl auch Energie für den Fortpflanzungsvorgang unentbehrlich ist. „Gedanken der Schöpfung" nannte C. E. von Baer bildlich das immaterielle Prinzip, das die Übereinstimmung zwischen Vorfahren und Nachkommen über alle Stufen des dramatischen Gestaltwandels hinweg erhält, der beim Säugetier über das Ei von beispielsweise 1/10 mm Durchmesser führt, das v. Baer 1826 entdeckte. Heute heißt dieses immaterielle erhaltende Prinzip „Information" (im Sinne von „Instruktion").

Auch N. Wiener, der Begründer der Kybernetik, betonte dessen immaterielle Natur: „Information is information, not matter or energy". Allerdings bedarf Information, um sich auszuprägen und materielles Geschehen zu steuern, des *Trägers* in Form von Materie *oder* von Energie.

Weitere biologische Informationsträger außer der DNA, in deren *Namen* sich ihre steuernde Funktion ausdrückt, sind messenger-RNA, second messenger, Überträgerstoff („Transmitter"), Hormon (= Botenstoff) und Induktionsstoff.

Das Konzept der Information in der Biologie

Lit.: *Baer, C. E. v.:* Welche Auffassung der lebenden Natur ist die richtige? (1837). Neudruck u.a. in *Loerke, O.* und *Suhrkamp, P.* (Hg.): Deutscher Geist. Ein Lesebuch aus zwei Jahrhunderten. Berlin und Frankfurt 1959. *Flechtner, H.-J.:* Grundbegriffe der Kybernetik. Stuttgart 1969. *Hassenstein, B.:* Biologische Kybernetik – eine elementare Einführung. Heidelberg [5]1977. *Riedl, R.:* Die Strategie der Genesis. München 1976. *Shannon, C. E.* und *Weaver, W.:* The mathematical Theory of Communication. The University of Illinois Press 1949. *Weizsäcker, C. F. v.:* Evolution und Entropiewachstum. In: *Scharf, J.-H.* (Hg.): Informatik, Leipzig 1972. *Wiener, N.:* Kybernetik. Düsseldorf 1963.

Bernhard Hassenstein

Informosomen [Mz.; v. lat. informare = unterweisen, gr. sōma = Körper], Bez. für die kugelförm., aus einem RNA-Protein-Komplex bestehenden Untereinheiten der hn-RNP-(↗hn-RNA) und m-RNP-(↗Ribonucleinsäuren) Partikel.

Infrabathyal s [v. *infra-, gr. bathys = tief], das ↗Abyssal.

infradiane Rhythmik [v. *infra-, lat. dies = Tag, gr. rhythmos = Zeitmaß], rhythmische Vorgänge in Lebewesen mit Periodenlängen, die größer als die der circadianen Rhythmik sind. ↗Chronobiologie.

Infrakambrium s [v. *infra-], (Pruvost 1951), das ↗Eokambrium.

Infrarot s [v. *infra-], *I.strahlung, Wärmestrahlung* i. e. S., auch *Ultrarot*, Abk. *IR* bzw. *UR*, elektromagnet. Strahlung mit Wellenlängen zw. 0,76 μm u. ca. 1 mm (☐ elektromagnetisches Spektrum); schließt sich an den langwelligen Anteil des sicht-

infra- [v. lat. infra = unter, unterhalb (von etwas), jenseits von, zeitlich nach].

baren Spektrums an. I. ist der Hauptbestandteil der Strahlung glühender Körper. ↗Temperatursinn, ↗Glashauseffekt.

Infrarotmikroskopie [v. *infra-], Mikroskopie solcher Objekte mit Infrarotlicht, die ungebleicht für kürzerwelliges, sichtbares Licht undurchlässig sind (bes. Chitinpanzer v. Arthropoden). Das Bild wird entweder auf infrarotempfindl. Film aufgenommen od. über Bildwandler auf einem Monitor sichtbar gemacht. Darüber hinaus erfordert die I. keine bes., von der normalen Lichtmikroskopie abweichende Ausstattung; allerdings eignen sich apochromat. Objektive u. Fluoritoptiken (↗Mikroskop) am besten zur Erzeugung v. Infrarotbildern; bei langwelligem Infrarotlicht sind Spiegelobjektive erforderlich. Gemessen an den geringen Vorteilen der I., ist der Aufwand groß u. die erzielte Bildauflösung gering.

Infrarotrezeptoren

Infrarotrezeptoren [Mz.; v. *infra-, lat. receptor = Empfänger] ↗Temperatursinn.

Infrarotsehen [v. *infra-] ↗Temperatursinn.

infraspezifische Evolution w [v. *infra-, lat. specificus = charakteristisch], Bez. für den Vorgang der ↗Rassen- u. ↗Artbildung. Die in der Evolution gült. Gesetzmäßigkeiten sind auf diesem auch *Mikroevolution* gen. Niveau durch Experimente u. Beobachtungen überprüfbar. Widersprüche gg. die Evolutionstheorie v. Darwin (↗Darwinismus) werden selten auf dem Niveau der i.n E. erhoben, sondern betreffen überwiegend die Erklärung der ↗Evolution „höherer" Taxa. ↗additive Typogenese.

Infundibulum s [lat., = Trichter], **1)** unpaare mediane Aussackung am Boden des ↗Zwischenhirns der Wirbeltiere, gliedert sich ontogenet. in Hypophysenstiel (weiterhin als I. bezeichnet) u. Hypophysenhinterlappen (↗Neurohypophyse), der zus. mit den Hypophysenvorderlappen (↗Adenohypophyse) die ↗Hypophyse aufbaut. **2)** proximaler Trichter des Eileiters (↗Ovidukt) bei niederen Wirbeltieren.

Infusion w [v. lat. infusio = das Eingießen], Einführung v. größeren Flüssigkeitsmengen (physiolog. Kochsalz-Lösung, Ringer-Lösung, Traubenzucker-Lösung) unter die Haut (subcutan), direkt in die Blutbahn (intravenös, seltener intraarteriell) od. durch den After (rektal). Angewandt bei Operationen od. nach Blutverlusten zur Auffüllung der Blutflüssigkeit. ↗Blutersatzflüssigkeit ([T]), ↗Bluttransfusion, ↗Ernährung.

Infusorien [Mz.; v. mlat. infusorium = Kanne], die ↗Aufgußtierchen.

Infusorienerde, die ↗Diatomeenerde.

Inga w [karib.], Gatt. der ↗Hülsenfrüchtler.

Ingenhousz [-hauß], *Jan,* niederländ. Arzt und Naturforscher, * 8. 12. 1730 Breda, † 7. 9. 1799 Bowood (Wiltshire); zeitweise in Wien, Leibarzt Maria Theresias; entdeckte 1779 erstmals die Atmung u. Assimilation (Photosynthese) bei Pflanzen.

Ingenieurbiologie, *technische Biologie,* **1)** *I. i. e. S.,* Wiss. v. den biol. Auswirkungen durch baul. Eingriffe in das Landschaftsgefüge u. der Behebung v. Landschaftsschäden (z. B. Erosion) mit biol. Mitteln (z. B. Bepflanzung). **2)** *I. i. w. S.,* ↗Baubiologie, ↗Bionik, ↗Biotechnik, ↗Bioelektronik.

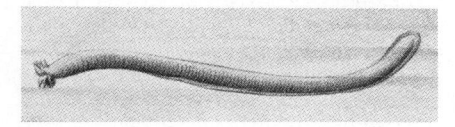

Inger, *Myxinen, Myxinidae,* Fam. der Rundmäuler mit 3 Gatt. u. ca. 20 Arten. Aalförm., bis 75 cm lange, marine Bodenfische v. a. der gemäßigten u. kalten Meere mit 4–6 Kopfbarteln, stark bezahnter Raspelzunge, schuppenloser Haut, einer Reihe v. Schleimsäcken an den Körperseiten, 5–15 Kiementaschen, die einzeln od. über einen Sammelgang nach außen führen, zurückgebildeten, unter der Haut liegenden Augen, weit vorn mündender, unpaarer Nasenöffnung u. einem Verbindungsgang zw. Nase u. Mundhöhle. Hierzu gehört der bläulichweiße I. od. Schleimaal *(Myxine glutinosa)* der nordatlant. Küstengebiete, wo er meist in Tiefen zw. 20 und 300 m im Schlickboden eingegraben, mit dem Kopf der Röhrenöffnung an der Spitze eines Schlickkegels zugewandt, lebt; wird in eur. Meeren bis 40 cm, an der nordam. Küste bis 80 cm lang; frißt v. a. Bodentiere, höhlt aber auch tote u. in Netzen gefangene Fische aus; legt bis 2,5 cm lange, ovale Eier. Die Arten der pazif. Gatt. *Bdellostoma* (= *Polistotrema)* haben stets zahlr. Kiemenöffnungen.

Ingestion w [v. lat. ingestio = das Einführen], Aufnahme v. Nahrungspartikeln in die Zelle durch Phagocytose od. Pinocytose (↗Endocytose, ☐) zur intrazellulären Verdauung.

Ingluvies w [lat., = Schlund], ↗Kropf (der Insekten).

Ingwer m [v. gr. ziggiberis = Ingwer], *Zingiber,* Gatt. der Ingwergewächse mit ca. 85 Arten, deren natürl. Areal vom trop. Asien bis N-Australien reicht. Aus dem Rhizom gehen getrennt Laubsprosse u. nur mit Schuppenblättern bedeckte Infloreszenzsprosse mit ähr. Blütenständen hervor. Neben einigen anderen Arten findet v. a. der wohl aus S-Asien stammende *Z. officinale* ([B] Kulturpflanzen VIII) Verwendung. Er wird heute überall in den Tropen angebaut u. ist häufig verwildert. Genutzt wird das getrocknete, geschälte (weißer I.) od. ungeschälte (schwarzer I.) stärkereiche Rhizom, dessen intensiver Geschmack durch äther. Öle (z. B. Zingiberol) u. Harze (z. B. Gingerol) hervorgerufen wird. Dieses schon im Altertum in Europa bekannte Gewürz wird als Zutat zu Backwaren, zur Marmeladen- u. Konfektherstellung u. als Grundlage zur I.bier- (Gingerale-) u. Likörherstellung verwendet.

Ingwerartige, *Zingiberales,* die ↗Blumenrohrartigen.

Ingwergewächse, *Zingiberaceae,* Fam. der Blumenrohrartigen, mit rund 1500 Arten in 49 Gatt. pantrop. verbreitet. Die Blätter entspringen den Rhizomen meist zweizeilig u. zeichnen sich durch den Besitz eines Blatthäutchens (Ligula) aus. Die v. einem Hochblatt umgebene Blüte besteht aus 3 verwachsenen Kelchblättern, 3 Kronblättern, einem unterständ. Fruchtknoten (aus 3 Karpellen) u. den teils umge-

Ingwer (Zingiber officinale)

Ingwergewächse
Wichtige Gattungen:
↗ Alpinia
↗ Costus
↗ Curcuma
↗ Ingwer *(Zingiber)*
  Kaempferia
↗ Kardamom
  (Elettaria)

Inger, Schleimaal *(Myxine glutinosa)*

infra- [v. lat. infra = unter, unterhalb (von etwas), jenseits von, zeitlich nach].

wandelten, teils reduzierten Staubblättern: nur ein einziges dieser Staubblätter ist fertil; zwei weitere sind verwachsen u. bilden das *Labellum,* das auffälligste, größte Blütenorgan. Die Fam. beinhaltet neben Zierpflanzen (z. B. ↗ *Costus*) auch viele Arten, die aufgrund des Gehalts an äther. Ölen Arzneimittel bzw. Gewürze liefern (z. B. ↗ Ingwer, ↗ *Curcuma,* ↗ *Alpinia*). Einige Arten der Gatt. *Kaempferia* sind Zierpflanzen, andere (z. B. *K. galanga* auf Java) Arznei- u. Gewürzpflanzen.

Inhibine [Mz.; v. *inhib-], hitzeunbeständ. Substanzen in pflanzl. u. tier. Geweben, in Speichel, Nasenschleim, Milch u.a. mit bakteriostat. od. bakterizider Wirkung.

Inhibition w [v. *inhib-], die ↗ Hemmung.

Inhibitoren [Mz.; v. *inhib-], *Hemmstoffe,* chem. Stoffe, durch welche einzelne od. mehrere enzymgesteuerte Reaktionen des Stoffwechsels u. damit häufig auch komplexe biol. Prozesse (z. B. Atmung, Wachstum, Zellteilung) ganz od. teilweise gehemmt werden (↗ Antibiotika, ↗ Enzyme). Ggs.: Aktivatoren.

Inia w [indian.], der ↗ Amazonasdelphin.

Inion s [gr., = Halsmuskeln, Genick], Schädelmeßpunkt am Schnittpunkt der Medianebene mit den beiden Lineae nuchae superiores, d. h. der oberen Begrenzung des Ansatzes der Nackenmuskulatur. ↗ Anthropometrie.

Initialbereich [v. *init-], Region, in der bestimmte Entwicklungsvorgänge zuerst in Erscheinung treten, z. B. ↗ Differenzierungszentrum.

Initialbündel [v. *init-], *Prokambiumbündel,* veraltete Bez. für die Prokambiumstränge in der Differenzierungszone des Vegetationskegels der ↗ Sproßachse.

Initialschicht [v. *init-], die mittlere Zellschicht des mehrschicht. Kambiumzylinders in Wurzel u. Sproßachse, die die größte Teilungsaktivität besitzt. Durch fortgesetzte tangentiale Teilung gliedern ihre Zellen in radialer Richtung nach außen u. meist in größerer Zahl nach innen Deszendenten ab, die sich noch ein- bis mehrmals teilen können, bevor sie nach lebhaftem Wachstum allmählich in sekundäre Dauerzellen übergehen. ↗ Dickenwachstum, ↗ Sproßachse.

Initialzellen [v. *init-], Bez. für die Gruppe v. unbegrenzt teilungs- u. wachstumsfähigen (= embryonalen) Zellen, v. denen das gesamte apikale Teilungswachstum v. Wurzel u. Sproß bei den Bärlappgewächsen u. bei den Samenpflanzen ausgeht. In ihrer Gesamtheit werden die I. auch als *Initialkomplex* bezeichnet. ↗ Sproßachse, ↗ Scheitelzelle.

Initiation w [v. *init-], *Start, Kettenstart,* die einleitenden Reaktionsschritte bei der Synthese v. Biopolymeren, wie DNA (I. der Replikation), RNA (I. der Transkription), Proteine (I. der Translation) u. Polysaccharide. ↗ Elongation. Ggs.: Termination.

Initiationscodonen [Mz.; v. *init-, frz. code = Code], *Initiatorcodonen, Start(er)codonen,* ↗ Codon, ↗ genetischer Code.

Initiationsfaktoren [v. *init-], katalyt. wirkende Proteine, die als Hilfsfaktoren zur ↗ Initiation des Translationsprozesses erforderl. sind. Bei Bakterien sind drei I. (IF1, IF2 und IF3) bekannt. IF1 und IF2 fördern die Bindung v. Initiator-t-RNA an den 30S-m-RNA-Komplex; IF3 bewirkt die Bindung von m-RNA-Startstellen an die ribosomale 30S-Untereinheit u. verhindert gleichzeitig die vorzeit. Bildung von 70S-Ribosomen aus ribosomalen 30S- und 50S-Untereinheiten. Zur Translation eukaryot. m-RNA sind mindestens 9 I. erforderl. Als I. der Transkription ist der Sigma-Faktor (↗ RNA-Polymerase) aufzufassen.

Initiationskomplexe [v. *init-], die Komplexe, die sich bei den einleitenden Schritten (↗ Initiation) der Synthese linearer Makromoleküle bilden. I. sind vorwiegend aus Makromolekülen aufgebaut, enthalten daneben aber auch niedermolekulare Komponenten (z. B. Nucleosidtriphosphate od. deren Umsetzungsprodukte). Z. B. besteht der I. bei der Transkription aus DNA (Promotor-Bereich), RNA-Polymerase u. einem Nucleosidtriphosphat. Bei der Translation ist der I. aus Ribosom (30S-Untereinheit), Initiator-t-RNA, m-RNA (Bereich um das Initiations-Codon), GTP u. ↗ Initiationsfaktoren zusammengesetzt.

Initiator-t-RNA [v. *init-], *Starter-t-RNA,* die ↗ N-Formyl-Methionyl-t-RNA bei der bakteriellen bzw. die Methionyl-t-RNA$_F$ bei der eukaryot. Translation.

Injektionsverfahren [v. lat. iniectio = Einspritzung], ↗ Präparationstechnik.

Injunktion w [v. lat. iniungere = anfügen, zufügen], sachbezogener (= deskriptiver) Begriff, der in seiner Form die Beschaffenheit seines Bezeichnungsfeldes repräsentiert („abbildet") u. daher (1) fließende Grenzen hat, falls die begriffsbestimmenden Merkmale gg. die Grenzen des Bezeichnungsfeldes kontinuierlich anstatt sprunghaft abnehmen, und (2) durch mehrere unabhängig voneinander variierende Merkmale bestimmt sein kann. Im Ggs. dazu wird für eine *Definition* gefordert, daß sie, wie der Name sagt, (1) *scharf* begrenzt und (2) durch *ein einziges* „definierendes Merkmal" bestimmt ist (vgl. Spaltentext).

Inkabein, *Inkaknochen,* ein an Inkaschädeln gefundener Knochen oberhalb des verkürzten Hinterhauptbeins (Os occipitale), der vorn an die Scheitelbeine (Ossa parietalia) grenzt.

Inkabein

inhib- [v. lat. inhibere = hemmen, hindern, inhibitio = Hemmung].

init- [v. lat. initiare = einführen, einweihen, anfangen; davon: initiatio = Einweihung, initiator = Beginner, Einweiher].

Injunktion

Zahlr. Begriffe der Biol. u. der übrigen Wiss. sind, genau genommen, I.en, z. B. Pflanze u. Tier, Individuum, gesund u. krank (bzw. physiologisch und pathologisch), stenök u. euryök, Haustier u. Wildtier, Art (Spezies), Leben, aber auch Oligopeptid/ Polypeptid/Protein. Solche Begriffe „scharf definieren" zu wollen, kann zu willkürl., nicht durch die Sache begründeten u. in der Folge strittigen Begriffsbestimmungen führen, denen dann der wiss. Sprachgebrauch nicht folgt. Eher empfiehlt es sich, I.en als solche bestehen zu lassen u. anzuerkennen, daß sie sich in der überkommenen Form am besten zur Verständigung eignen. Verwandt sind die Begriffe der ↗ Typologie u. des ↗ Typus.

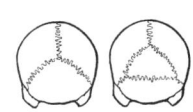

Inkabein

Hinterhauptansicht eines menschl. Schädels, rechts mit Inkabein

Inkohlung

Inkohlung w, (C.W. v. Gümbel), *Carbonifikation*, Umbildungsprozeß organ., vorwiegend pflanzl. Stoffe zu Kohle. Durch Einwirkung bio- u. geochem. Prozesse tritt eine relative Anreicherung v. Kohlenstoff gegenüber Wasserstoff, Sauerstoff u. Stickstoff nach dem in der Tab. wiedergegebenen Schema *(I.sreihe)* ein. Beim Erreichen bestimmter Druck-Temp.-Bereiche kann sich der I.sgrad sprunghaft ändern *(I.ssprung)*.

Inkohlung

Inkohlungsstufe	%C	%H	%O+N
(Holz	50	6	44)
Torf	55– 64	5–7	35–39
Braunkohle	60– 75	4–8	17–34
Steinkohle	78– 90	4–6	4–19
Anthrazit	94– 98	1–3	1– 3
Graphit	100	–	–

Inkompatibilität w [Bw. *inkompatibel*; v. spätlat. incompatibilis = unvereinbar], **1)** allg.: Unvereinbarkeit, Unverträglichkeit. **2)** Medizin: bei Transfusion v. Blut bzw. bei ↗Transplantation v. Gewebe die Unverträglichkeit des Spenderbluts (bzw. -gewebes) mit dem Empfängers. ↗Blutgruppen, ↗HLA-System, ↗Immunsuppression. **3)** *gametische I.*, die genet. gesteuerte Verhinderung der Gametenvereinigung. *Heterogenische I.* (Unverträglichkeit genet. verschiedener Gameten, *Kreuzungs-I.*) verhindert intra- u. interspezif. Fremdbefruchtung u. führt zur Entstehung u. Erhaltung isolierter Arten. *Homogenische I.* (Unverträglichkeit genet. gleicher Gameten) verhindert z. B. bei zwittr. Organismen Selbstbefruchtung *(Selbst-I., Selbststerilität)* u. fördert damit Fremdbefruchtung u. genet. Rekombination. Im einfachsten Fall der homogenischen I. beruht die Selbststerilität auf einem Sterilitätsgen S, das in 2 Allelen S^+ und S^- vorliegt. Eine erfolgreiche Befruchtung ist dann nur im Kreuzungsfall $S^+ \times S^-$ möglich. Dieses bipolare genet. System entspricht ganz dem der haplogenotyp. ↗Geschlechtsbestimmung. Bei den diplohaplontischen Pflanzen (viele Algen, Pilze u. alle höheren Pflanzen) kann aber ein bipolares I.ssystem nicht funktionieren, da der Genotyp der diplontischen Entwicklungsphase dieser Pflanzen stets S^+S^- lauten würde. Es haben sich daher mehrfach multipolare I.ssysteme herausgebildet: z.B. 2 S-Gene mit je 2 Allelen (= tetrapolar), 1 S-Gen (od. auch 2 wie bei den Gräsern) mit multipler Allelie ($S_1, S_2, S_3, S_4, \ldots$, teilweise bis zu S_{50}). Bei den Bedecktsamern äußert sich die homogenische I. darin, daß Pollenkörner mit einem bestimmten Allel des S-Gens nur auf Narbengeweben mit anderen Allelen des S-Gens keimen bzw. die Pollenschläuche bis zur Samenanlage vordringen können (vgl. Abb. und ☐ Autogamie). **4)** Bakteriengenetik: wechselseitiger Ausschluß v. Plasmiden mit großer Ähnlichkeit im Kontrollsystem der Replikation, so daß diese Plasmide innerhalb v. Zellen nicht koexistieren können.

Inkompatibilität
Der Besitz gleicher Allele des S-Gens in Pollenkorn u. Narbengewebe verhindert eine Befruchtung über die Hemmung des Pollenschlauchwachstums.

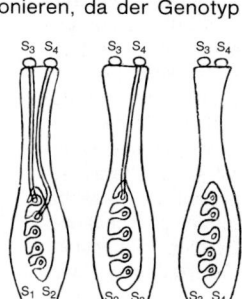

inkrust- [v. lat. incrustare = mit einer Kruste überziehen, beschmutzen; davon *incrustatio* = Verkleidung (mit Marmor)].

Inkubationszeiten

Amöbenruhr
1 Tag bis 4 Wochen
Bacillenruhr
2–7 Tage
Cholera
Stunden bis 3 Tage
Diphtherie
2–7 Tage
Fleckfieber
5–21 Tage
Grippe (Influenza)
1–3 Tage
Gürtelrose
2–3 Wochen
Hepatitis epidemica
1–7 Wochen
Keuchhusten
1–3 Wochen
Kinderlähmung
7–20 Tage
Malaria tertiana
14–16 Tage
Malaria quartana
27–42 Tage
Malaria tropica
10–12 Tage
Masern
8–14 Tage
Milzbrand
2–3 Tage
Mumps
8–22 Tage
Paratyphus
Stunden bis 8 Tage
Pocken
6–15 Tage
Röteln
12–21 Tage
Scharlach
2–8 Tage
Syphilis
1 Tag bis 7 Wochen
Tetanus (Wundstarrkrampf)
4–60 Tage
Tollwut
1–6 Monate
Tripper
1–2 Tage
Typhus
1–3 Wochen
Windpocken
10–21 Tage

Inkretdrüsen [v. lat. in- = ein-, hinein-, cernere = scheiden, sondern], *inkretorische Drüsen*, die ↗endokrinen Drüsen, ↗Drüsen, ↗Hormondrüsen.

Inkrete (Mz.; v. lat. in- = ein-, hinein-, cernere = scheiden, sondern], Bez. für die bei der ↗Innersekretion abgeschiedenen Drüsensekrete.

Inkretion, die ↗Innersekretion.

Inkrustation w [v. *inkrust-*], **1)** (N. Steno), Krustenbildung um Fossilien (od. andere Körper) z.B. durch Ausfällung v. Kalk od. Brauneisen. **2)** ↗Inkrustierung.

Inkrustationszentrum s [v. *inkrust-*], (F. F. Schmid 1949), *Wachstums-* od. *Böschungsorientierung*, bei gewölbten, v. inkrustierenden Epöken besiedelten Körpern (z.B. abgestorbene Gehäuse v. Seeigeln, Muschelschalen) Bez. für den höchsten über die umgebende Sedimentoberfläche hinausragenden Punkt. Paläontolog. läßt sich damit die urspr. Einbettungsorientierung der Unterlage rekonstruieren. Die Epöken (z.B. Gehäusewürmer, Brachiopoden, Muscheln) regeln sich (noch im Larvenstadium) artspezif. entweder senkrecht od. im bestimmten Winkel schräg zum I. ein. Der Grund dafür dürfte die Hinwendung zur Nahrungsquelle sein.

Inkrustierung w [v. *inkrust-*], *Inkrustation*, Einlagerung v. organ. u./od. anorgan. Stoffen *(Inkrusten)* in das Cellulosegerüst der pflanzl. Zellwände. Organ. Inkrusten sind: Lignin, Gerbstoffe, Farbstoffe; anorgan. Inkrusten: Kieselsäure, Kalk u. Calciumoxalat. Ggs.: ↗Akkrustierung.

Inkubation w [v. lat. incubatio = Brutzeit], **1)** Bebrütung v. befruchteten Vogeleiern (↗brüten) od. Bakterienkulturen, um die Keimesentwicklung bzw. das Wachstum zu fördern. **2)** die ↗Inkubationszeit.

Inkubationszeit w [v. lat. incubatio = Brutzeit], *Inkubation, Latenzperiode, Latenzzeit*, Zeit zw. dem Eindringen eines

Erregers in den Organismus (Infektion) u. dem Ausbruch der Infektionskrankheit; kann zw. ½ Tag (z. B. Salmonellosen) u. 2 Jahren (u. U. bei der durch die Stechmücke *Phlebotomus* übertragenen Kala-Azar-Krankheit) betragen.

Innenfäule ↗Stammfäule.
Innenfrüchtler ↗Außenfrüchtler.
Innenlade, *Lacinia,* ↗Mundwerkzeuge.
Innenohr, innerster Teil des Gehörorgans (↗Labyrinth) bei Wirbeltieren u. Mensch, in dem die Rezeptoren des auditiven Systems, das statische u. das Drehbeschleunigungssinnesorgan liegen. ↗Gehörorgane (B), ↗Ohr (□), ↗Gleichgewichtsorgane, B mechanische Sinne II.
Innenschmarotzer, die ↗Endoparasiten.
Innenskelett, ↗Endoskelett bei Gliederfüßern. Häufig werden ins Körperinnere reichende Chitinfortsätze der Cuticula als Endoskelett bezeichnet; sie dienen der Körperversteifung od. als Muskelansatz (Apodeme, Endosternit), z. B. im Kopf das Tentorium. Definitionsgemäß handelt es sich jedoch hier nicht um typische I.e, die mesodermalen Ursprungs sein müssen, sondern um nach innen gestülpte Anteile des Außenskeletts (↗Exoskelett). Echte mesodermale I.e gibt es bei Gliederfüßern nur bei Spinnentieren im Prosoma. ↗Skelett.
innerartliche Konkurrenz ↗Konkurrenz.
innere Atmung, die ↗Zellatmung; ↗Atmung, ↗Dissimilation (B).
innere Besamung ↗Besamung.
inneres Keimblatt, das ↗Entoderm 1).
inneres Milieu, *milieu intérieur,* ein von C. ↗Bernard geprägter Begriff, der den Zustand des die Zellen eines Metazoenorganismus umgebenden Mediums beschreibt. Er wurde aus der Überlegung hergeleitet, daß die praktisch unbegrenzt große Umwelt eines Einzellers im Wasser (äußeres Milieu) mit dem Schritt zur Metazoenorganisation durch den extrazellulären Flüssigkeitsraum mit begrenztem Volumen ersetzt wird (↗Flüssigkeitsräume). Geblieben sind aber die Bedürfnisse an ein konstantes Milieu des die Zelle umgebenden Flüssigkeitsraums, die trotz Stoffaustausch zw. intra- u. extrazellulärem Raum für einen Einzeller problemlos befriedigt werden können. – Zur Konstanthaltung (Homöostase) des i. M. in der (begrenzten) extrazellulären Flüssigkeit eines Metazoons hingegen bedarf es einer Reihe v. Regulationsvorgängen: Exkretion, Ionen- u. Osmoregulation, Regulation des pH-Wertes, Thermoregulation; i.w.S. lassen sich alle vegetativen Funktionen diesem Zweck unterstellen.
innere Uhr, die ↗biologische Uhr; ↗Chronobiologie (B II).

innere Zellmasse ↗Embryonalknoten.
Innersekretion [v. lat. secretio = Absonderung], *innere Sekretion, Inkretion,* Abscheidung bestimmter Drüsensekrete (Inkrete, ↗Hormone) unmittelbar in Blut, Hämolymphe od. Gewebslücken. *Inkrete* wirken in Pflanzen u. Tieren als spezif. Signalstoffe, die den Stoffwechsel empfangsbereiter Zellen regulieren. ↗Drüsen, ↗endokrine Drüsen, ↗Hormondrüsen.
innersekretorische Drüsen [v. lat. secernere = absondern], die ↗endokrinen Drüsen, ↗Drüsen, ↗Hormondrüsen.
Innervation *w* [Ztw. *innervieren;* v. lat. in- = ein-, hinein-, nervus = Nerv], die Versorgung v. Geweben, Organen od. Körperteilen mit manchmal., sensiblen od. vegetativen Nerven; vom Zentral-↗Nervensystem ausgehend, werden Reize über die Nervenbahnen zu den Zielorten geleitet.
Innovationsknospen [v. lat. innovatio = Erneuerung], die ↗Erneuerungsknospen.
Ino, Abk. für ↗Inosin.
Inoceramus *m* [v. *ino-, gr. keramos = Töpferware], (J. Sowerby 1814), Nominat-Gatt. der anisomyaren † Muschel-Fam. *Inoceramidae* Giebel 1853 (unteres Perm bis obere Kreide, ?Oligozän) mit meist eiförm., fast gleich- bis stark ungleichklappig. Schale, konzentr. verziert, Schloßrand zahnlos mit zahlr. vertikalen Bandgruben. Verbreitung: Lias bis obere Kreide; Blütezeit in der Kreide mit zahlr. kurzleb. Formen v. hohem Leitwert, kosmopolitisch.
Inocybe *w* [v. *ino-, gr. kybē = Kopf], ↗Rißpilze.
Inokulation *w* [v. lat. inoculare = einpflanzen], *Inoculatio,* 1) allg.: Bez. für das Einbringen v. Krankheitserregern od. Zellmaterial in den Organismus od. in Nährböden, z. B. bei der Schutzimpfung. 2) Parasitologie: aktives Einbringen eines Parasiten durch die Haut eines Wirtes durch den Stich eines Überträgers od. den Experi-
Inokulum *s,* die ↗Impfkultur.   [mentator.
Inonotus *m* [v. *ino-, gr. nōtos = Rücken], ↗Schillerporlinge.
Inosin *s* [v. *ino-], Abk. *I* und *Ino,* aus Hypoxanthin u. Ribose zusammengesetztes Nucleosid.
Inosin-5'-monophosphat *s,* Abk. *IMP,* aus Hypoxanthin, Ribose u. Phosphat aufgebautes Nucleotid, welches das zentrale Zwischenprodukt bei der Neusynthese der Purinnucleotide (AMP u. GMP) darstellt. IMP bildet sich in mehreren Stufen aus 5-Phosphoribose, Glycin, mehreren C_1-Einheiten (FTHF, CO_2) u. mehreren Stickstoffatomen (v. Glutamin, Glutamat bzw. Aspartat). Die Umsetzung von IMP zu AMP erfolgt durch Einführung einer v. Aspartat stammenden Aminogruppe, wobei Succinyl-AMP als Zwischenstufe

Inosin-5'-monophosphat

ino- [v. gr. is, Gen. inos = Sehne, Muskel, Nerv, Kraft].

Inosin

Inosinsäure

durchlaufen wird. Die Umwandlung von IMP zu GMP vollzieht sich durch Oxygenierung zu Xanthidylsäure u. anschließende Aminierung zu GMP, wobei die eingeführte Aminogruppe v. Ammoniak od. Glutamin stammt. Umgekehrt können AMP u. GMP zu IMP zurückgebildet werden, wodurch sich die Möglichkeit zur wechselseitigen Umwandlung nach: ATP ⇌ ADP ⇌ AMP ⇌ IMP ⇌ GMP ⇌ GDP ⇌ GTP (Purinnucleotid-Pool) ergibt. In gebundener Form kommt IMP häufig im Anticodon von t-RNAs vor u. ermöglicht dort Paarungen mit U, C und A der entspr. m-RNA-Codonen (sog. Wobble-Paarungen).

Inosinsäure, die Säureform v. ↗Inosin-5′-monophosphat.

Inosin-5′-triphosphat, Abk. *ITP,* energiereiche Verbindung, Nucleosid-Triphosphat, das analog ATP, jedoch mit Hypoxanthin als Base (statt Adenin), aufgebaut ist.

Inosit *m* [v. *ino-], Hexahydroxycyclohexan, 1,2,3,4,5,6-Cyclohexanol,* in 8 stereoisomeren Formen *(cis-, epi-, allo-, neo-, myo-, muco-, chiro-* u. *scyllo-I.)* vorkommender sechswert. cycl. Alkohol (↗Cyclite). Das wichtigste Isomer ist der süß schmeckende *myo-I.* (früher auch *meso-I.),* der in pflanzl. u. tier. Gewebe weit verbreitet in freier (z. B. im Muskel) od. gebundener Form vorkommt, z. B. als Mono- u. Diphosphorsäureester (Phosphatidyl-I.) in den ↗Phospholipiden. Der in Pflanzen auftretende Hexaphosphorsäureester des myo-I.s, die *Phytinsäure,* die in Form v. Ca-Mg-Salzen *(Phytin)* vorliegt, ist für die Speicherung v. Phosphat in pflanzl. Geweben, v. a. in Getreidesamen, wichtig. Myo-I., der mit dem für Hefen wicht. „Bios I" (↗Bios-Stoffe) ident. ist, ist auch für viele andere Organismen v. Bedeutung. So ist er für das normale Haarwachstum v. Mäusen unerläßl. u. verhindert bei Ratten den sog. „spectacled-eye"-Zustand. Für den Menschen, dessen Körper etwa 40 g myo-I. enthält, sind keine Mangelerscheinungen bekannt. Der Bedarf an myo-I., der v. Organismus aus Glucose-6-phosphat gebildet werden kann, wird hpts. aus der Nahrung (Obst u. Getreide) gedeckt, die Phytinsäure enthält, aus der im Darm unter der Wirkung eines ebenfalls pflanzl. Enzyms, der *Phytase,* der myo-I. abgespalten wird. Myo-I. wird, da er der Verfettung der Leber entgegenwirkt (lipotrope Wirkung), med. in der Lebertherapie verwendet.

Inoviren [Mz.; v. *ino-], Fam. *Inoviridae,* ↗einzelsträngige DNA-Phagen.

Inozoa [Mz.; v. *ino-, gr. zōon = Lebewesen], (Steinmann 1882), jüngeres Synonym v. *Pharetronida* (Ord. der Kalkschwämme).

Input *m* [engl. = Eingabe], ↗Black-box-Verfahren.

ino- [v. gr. is, Gen. inos = Sehne, Muskel, Nerv, Kraft].

insect-, insekt- [v. lat. insectus = eingeschnitten, gegliedert, gekerbt; davon: insecta (animalia) = Kerbtiere, Insekten].

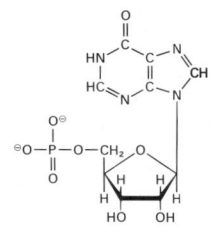

Inosin-5′-monophosphat

Inosit (myo-Inosit)

Insekten
Bauplan eines geflügelten Insekts
An Antenne (Fühler), Bm Bauchmark, Ce Cercus (Schwanzborste), Co Coxa (Hüfte), Ed Enddarm, Fe Femur (Schenkel), Hs Herzschlauch, Ka Komplexauge, La Labium (Unterlippe), Lr Labrum (Oberlippe), Mb Mandibel (Oberkiefer), Md Mitteldarm, MG Malpighi-Gefäße, Mx Maxille (Unterkiefer), Og Oberschlundganglion, Ov Ovar, Sa Stirnauge, Sd Speicheldrüse, St Samentasche, Ta Tarsus (Fuß), Ti Tibia (Schiene), Ug Unterschlundganglion, Vd Vorderdarm

Inquilinen [Mz.; v. lat. inquilinus = Mieter], *Einmieter,* die ↗Synöken.

Inquilinismus *m,* die ↗Synökie.

Insecta [Mz.; lat., =], die ↗Insekten.

Insectivora [Mz.; v. *insect-, lat. vorare = verschlingen], **1)** die ↗Insektenfresser i. e. S.; **2)** die ↗carnivoren Pflanzen.

Insektarium *s* [v. *insekt-], Zuchtterrarium für Insekten, gelegentl. auch Bez. für ein Gebäude *(Insektenhaus)* od. einen Raum mit Zuchtbehältern für Insekten.

Insekten [Mz.; v. *insekt-], *Kerbtiere, Kerfe, Insecta, Hexapoda,* Kl. der Gliederfüßer, Teilgruppe der Mandibulata u. der Tracheentiere. Umfangreichste Großgruppe im Tierreich mit geschätzten 1–1,2 Mill. Arten. Trotz dieser enormen Vielfalt lassen sich alle I. auf einen Grundbauplan zurückführen. Zunächst haben sie die Merkmale aller ↗Gliederfüßer: gegliederte ↗Extremitäten (☐), Chitin-↗Cuticula, ↗Kopf aus urspr. 6 Segmenten verschmolzen, u. a. Die Vorfahren der I. hatten einen mehr od. weniger ↗homonom gegliederten, vielsegmenti. Rumpf, wie er heute noch bei den Tausendfüßern *(Myriapoda)* anzutreffen ist. Wesentl. Schlüsselereignisse in der Evolution zu den I. waren u. a. die Bildung v. Tagmata: ↗Kopf, 3teilige ↗Brust (Pro-, Meso- u. Metathorax) u. ↗Abdomen (B Gliederfüßer I), u. die Bildung einer Wachsschicht auf der Cuticula, wodurch sie eine entscheidende Verbesserung ihres Verdunstungsschutzes erreichten. Dies ermöglichte die Eroberung v. neuen Lebensräumen u. damit die Erschließung vieler neuer ökolog. Zonen. Der *Kopf (Caput)* der I. ist das Tagma der Nahrungsaufnahme, der wichtigsten Sinnesorgane u. der Träger des Zentralnervensystems. Er trägt ein Paar vielgestalt. Fühler (entspr. den 1. Antennen der Krebse), die als Tast- u. Geruchssinnesorgane dienen. Urspr. Vertreter (↗*Entognatha*) haben Glieder-, abgeleitete Gruppen (↗*Ectognatha*) Geißel-↗Antennen (☐). Der Kopf selbst gliedert sich in verschiedene Regionen, die meist durch Linien (↗Häutungsnähte od. Versteifungsleisten) abgegrenzt sind. Sie entspr. nicht den urspr. Segmentgrenzen (Ausnahme: Postoccipitalnaht, Grenze zw. Maxillen- u. La-

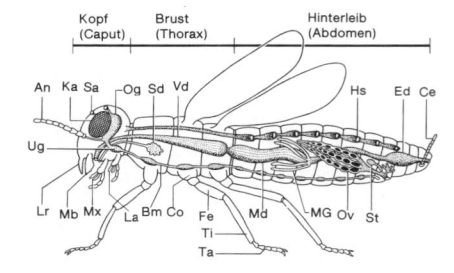

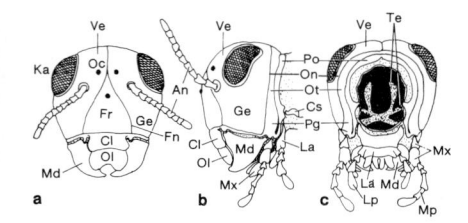

Insekten

Insekten
Grundtyp des *Kopfes* der Insekten; **a** Vorder-, **b** Seiten-, **c** Hinteransicht
An Antenne (Fühler), Cl Clypeus, Cs Cervicalsklerit, Fn Frontalnaht (Sutura frontalis), Fr Frons (Stirn), Ge Gena (Wange), Ka Komplexauge, La Labium (Unterlippe), Lp Labialpalpus (Lippentaster), Md Mandibel (Oberkiefer), Mp Maxillarpalpus, Mx Maxille (Unterkiefer), Oc Ocellus (Stirnauge), Ol Oberlippe (Labrum), On Occipitalnaht, Ot Occiput (Hinterhaupt), Pg Postgena, Po Postocciput, Te Tentorium, Ve Vertex

bialsegment). So grenzen die Frontalnähte eine oft dreieckige Fläche ein, die Stirn (Frons). Von ihr abgegliedert ist der Clypeus, dem die unpaare Oberlippe (Labrum) anhängt. Sie ist der dorsale Abschluß der Mundöffnung. Die übrigen *Mundwerkzeuge* sind sehr vielgestaltig u. innerhalb der einzelnen I.-Ord. den Formen des Nahrungserwerbs angpaßt. Insgesamt finden sich 3 Paar Mundwerkzeuge (B Verdauung II), die urspr. dem beißendkauenden Typ angehören: 1 Paar Mandibeln (Oberkiefer), 1 Paar Maxillen (Unterkiefer, entspr. den 1. Maxillen der Krebse) u. das Labium. Dieses ist bei den I. durch totale Verwachsung der 2. Maxillen zur unpaaren Unterlippe geworden. Maxillen u. Labium haben jeweils Taster, die entspr. als Maxillen- (Palpus maxillaris) u. Labialtaster (Palpus labialis) bezeichnet werden. Ebenso tragen beide an ihren apikalen Innenkanten Kauladen, die an der Maxille Galea (Außenlade) u. Lacinia (Innenlade), am Labium Glossa u. Paraglossa genannt werden. (Ausführlichere Darstellung der Details der Mundwerkzeuge u. ihrer Abwandlungen: ↗Mundwerkzeuge.) Die Mandibel war zunächst auch bei I. mit nur einem Gelenk an der Kopfkapsel befestigt (↗*Monocondylia*). Höhere Gruppen (↗*Dicondylia*) haben zwei Gelenke. Damit wurde zwar die Bewegungsfreiheit der Mandibel eingeschränkt, jedoch die Möglichkeit zur Erhöhung der Beißkraft wesentl. verbessert. Die Stabilität der Kopfkapsel ist durch ein nach innen gewachsenes Stützskelett aus Chitin, das Tentorium, gewährleistet. – Das folgende, durch eine ↗Gelenk-Haut (Hals, Cervix) mit dem Kopf verbundene Tagma ist der *Thorax* (Brust). Er besteht aus 3 Segmenten: Pro-, Meso- u. Metathorax. Der Thorax ist das Bewegungstagma u. trägt die für I. typischen 3 Beinpaare (Sechsfüßer, *Hexapoda*) (↗Extremitäten) u. bei geflügelten I. (↗Flug-I., *Pterygota*) am Meso- u. Metathorax je ein Paar Flügel (↗I.flügel). Die Dorsalseite des Prothorax (Pronotum) ist häufig verbreitert u. seitl. herabgezogen (↗Halsschild). Die Form des Thorax ist entscheidend geprägt, je nachdem, ob es sich um flugfähige od. flugunfähige Vertreter handelt (↗Apterie, ↗Brachypterie). – Dem Thorax dicht angeschlossen ist das *Abdomen* (Hinterleib), das zumindest urspr. aus 11 Segmenten u. dem Telson besteht. Bei I. trägt dieses Tagma keine typ. Extremitäten, sondern bestenfalls umgewandelte Reste (↗Extremitäten) in Form der Cerci (am 11. Segment), des weibl. ↗Eilegeapparats (☐), Kiemenanhänge bei Larven od. Bauchfüße (↗Afterfuß, ☐) bei Raupen. Echte Beinreste am Abdomen haben die ↗Doppelschwänze u. ↗Felsenspringer unter den ↗Urinsekten in Form von Coxiten mit ↗Hüftgriffel u. ↗Coxalbläschen. Die Geschlechtsöffnung befindet sich im typ. Fall am 8. (Weibchen) od. am 9. (Männchen) Abdominalsegment.

Das *Nervensystem* ist als typ. Strickleiternervensystem ausgebildet (B Nervensystem I), urspr. in allen Segmenten (einschl. 11. Abdominalsegment) mit 1 Paar Ganglien (letzteres nur noch bei urspr. Vertretern: Silberfischchen, Schaben u.a.). Häufig werden die letzten Ganglienpaare reduziert od. vorderen Paaren angegliedert. Ein Extrem stellen z. B. höhere Dipteren od. Wanzen dar, bei denen alle Ganglien den Thorakalganglien angeschmolzen sind. Letztere sind stets gut ausgebildet u. steuern v. a. die Bein- u. Flügelbewegungen. Im Kopf liegt das Zentralnervensystem als Ober- und Unterschlundganglien (↗Gehirn, ☐). Das ↗Oberschlundganglion (Supraoesophagealganglion) besteht aus dem meist mächtig entwickelten Protocerebrum (Zentrum des opt. Sinns, Verhaltenssteuerung u. v. a.), Deutocerebrum (Antennenzentrum) u. Tritocerebrum (Ursprungsort für Frontalganglion, Oberlippennerv u.a.). Über das Frontalganglion hat es wichtige Steuerfunktionen für das ↗stomatogastrische Nervensystem. Da die 2. Antennen der Krebstiere den I. fehlen, innerviert das Tritocerebrum direkt keine Extremitäten mehr. Das ↗Unterschlundganglion (Suboesophagealganglion) versorgt die Mundwerkzeuge u. setzt sich aus dem Mandibular-, Maxillar- u. Labialganglion zusammen. – *Sinnesorgane:* Bes. auffällig sind die meist mächtig entwickelten ↗Komplexaugen (↗Auge, ☐), bei denen für I. der Besitz

Insekten
Stufen der Konzentration des *Nervensystems* bei Insekten
a „Urinsekt", **b** Bremse (*Tabanus*, Dipteren), **c** Fleischfliege (*Sarcophaga*, Dipteren), **d** Schildwanze (*Pentatomidae*).
I–III Thorakalganglien, 1–8 Abdominalganglien, Og Oberschlundganglion, Ug Unterschlundganglion

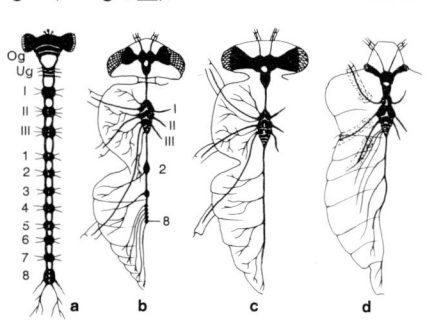

INSEKTEN I–II

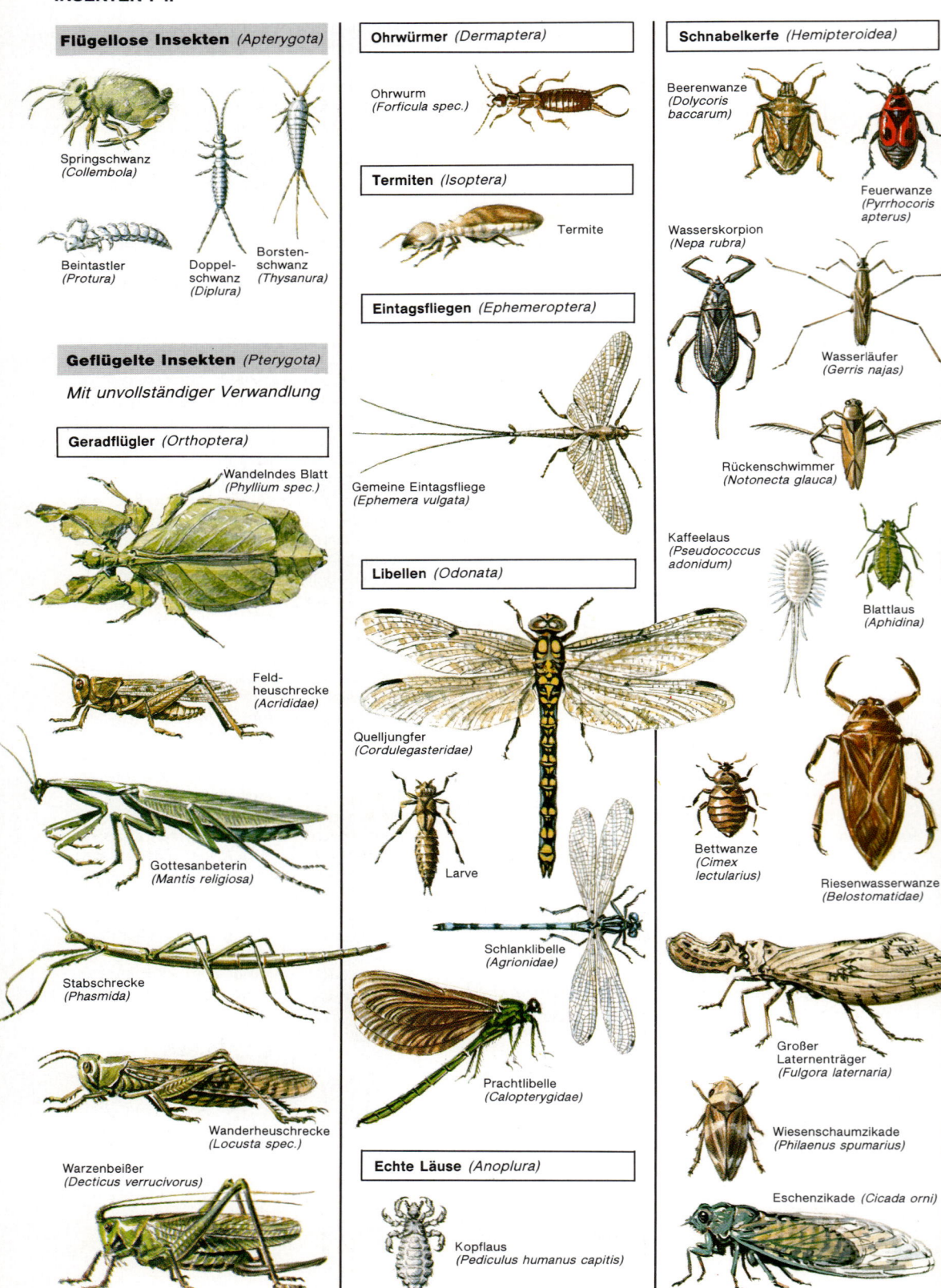

Flügellose Insekten (Apterygota)

- Springschwanz (Collembola)
- Beintastler (Protura)
- Doppelschwanz (Diplura)
- Borstenschwanz (Thysanura)

Geflügelte Insekten (Pterygota)

Mit unvollständiger Verwandlung

Geradflügler (Orthoptera)

- Wandelndes Blatt (Phyllium spec.)
- Feldheuschrecke (Acrididae)
- Gottesanbeterin (Mantis religiosa)
- Stabschrecke (Phasmida)
- Wanderheuschrecke (Locusta spec.)
- Warzenbeißer (Decticus verrucivorus)

Ohrwürmer (Dermaptera)

- Ohrwurm (Forficula spec.)

Termiten (Isoptera)

- Termite

Eintagsfliegen (Ephemeroptera)

- Gemeine Eintagsfliege (Ephemera vulgata)

Libellen (Odonata)

- Quelljungfer (Cordulegasteridae)
- Larve
- Schlanklibelle (Agrionidae)
- Prachtlibelle (Calopterygidae)

Echte Läuse (Anoplura)

- Kopflaus (Pediculus humanus capitis)

Schnabelkerfe (Hemipteroidea)

- Beerenwanze (Dolycoris baccarum)
- Feuerwanze (Pyrrhocoris apterus)
- Wasserskorpion (Nepa rubra)
- Wasserläufer (Gerris najas)
- Rückenschwimmer (Notonecta glauca)
- Kaffeelaus (Pseudococcus adonidum)
- Blattlaus (Aphidina)
- Bettwanze (Cimex lectularius)
- Riesenwasserwanze (Belostomatidae)
- Großer Laternenträger (Fulgora laternaria)
- Wiesenschaumzikade (Philaenus spumarius)
- Eschenzikade (Cicada orni)

© FOCUS

Geflügelte Insekten (Pterygota)

Mit vollständiger Verwandlung

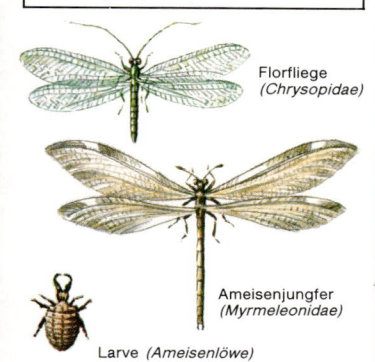

Netzflügler (Planipennia)

Florfliege (Chrysopidae)

Ameisenjungfer (Myrmeleonidae)

Larve (Ameisenlöwe)

Köcherfliegen (Trichoptera)

Köcherfliege

Hautflügler (Hymenoptera)

Holzschlupfwespe (Rhyssa persuasoria)

Goldwespe (Chrysididae)

Gallwespe (Cynipidae)

Sandwespe (Ammophila spec.)

Riesenholzwespe (Sirex gigas)

Gemeine Wespe (Paravespula vulgaris)

Indische Prachtwespe (Triscolia procera)

Erdhummel (Bombus terrestris)

Hornisse (Vespa crabro)

Spinnenjäger (Pepsis spec.)

Zweiflügler (Diptera)

Gemeine Stechmücke (Culex pipiens)

Kohlschnake (Tipulidae)

Kriebelmücke (Simulium spec.)

Rinderbremse (Tabanus bovinus)

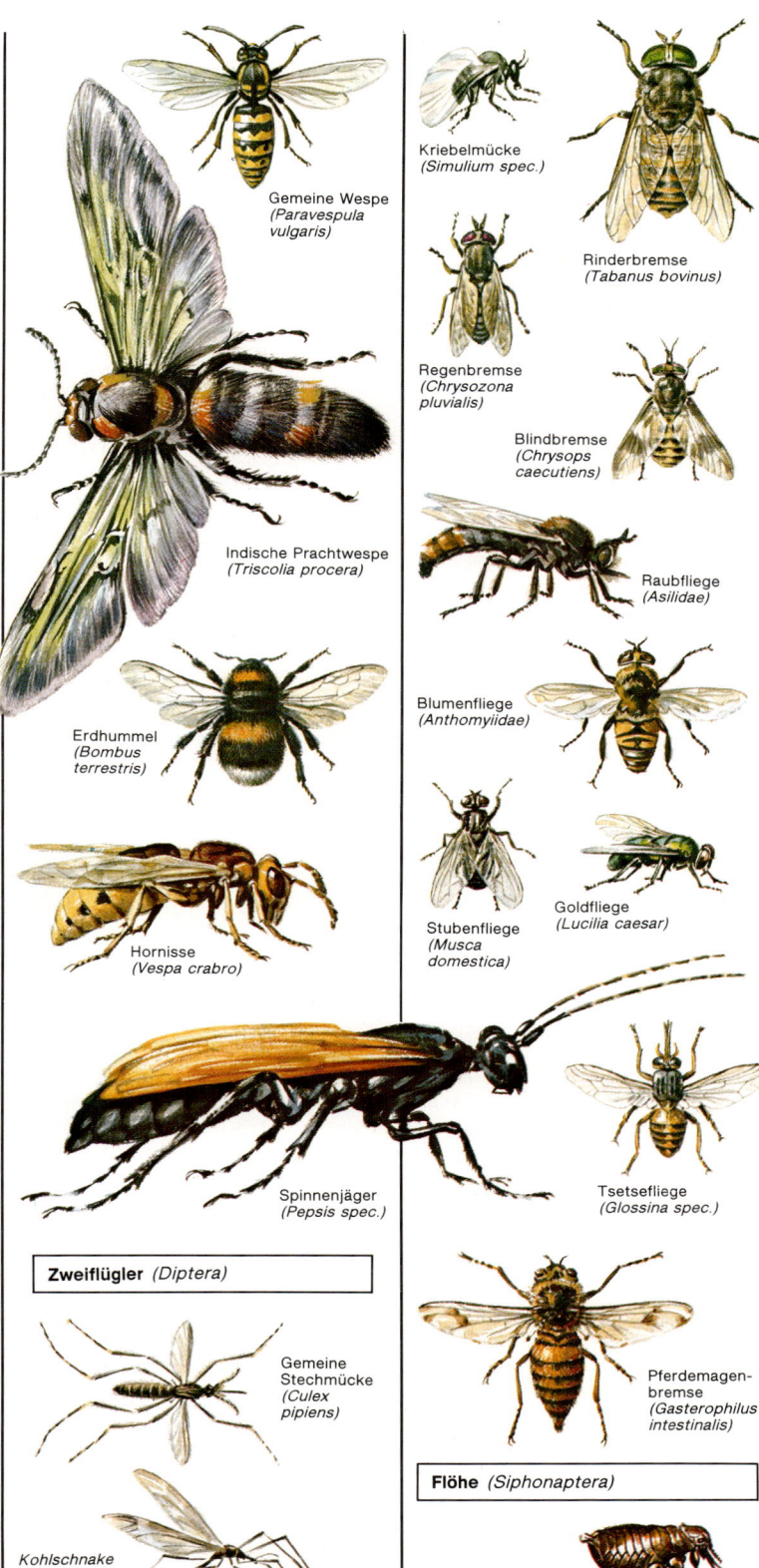

Regenbremse (Chrysozona pluvialis)

Blindbremse (Chrysops caecutiens)

Raubfliege (Asilidae)

Blumenfliege (Anthomyiidae)

Stubenfliege (Musca domestica)

Goldfliege (Lucilia caesar)

Tsetsefliege (Glossina spec.)

Pferdemagenbremse (Gasterophilus intestinalis)

Flöhe (Siphonaptera)

Floh (Pulicidae)

© FOCUS

Insekten

von 2 Hauptpigmentzellen pro Ommatidium typisch ist. Diese sind bei den Larven der Holometabola stark abgewandelt u. als ↗Stemmata erhalten. Daneben finden sich oft 3 median gelegene Stirn-↗Ocellen. Nur bei einigen Springschwänzen gibt es noch die urspr. Zahl (4 Stirnocellen) u. sogar ein Paar photosensibler ↗Frontalorgane. Verbreitet sind haarförm. Sensillen als Tast-, Geruchs-, Geschmacks- od. Hörsinnesorgane (B chemische Sinne I–II, B mechanische Sinne I–II). Bes. die Tastsinnesorgane sind oft v. Skolopidien (stiftführenden Sinnesorganen) begleitet. Ein bes. mechanorezeptives Organ stellt das Johnstonsche Organ im 2. Fühlerglied der ectognathen Insekten dar. Neben Hörhaaren sind bei einigen Gruppen echte Tympanalorgane ausgebildet (↗Gehörorgane, □).

Darm: Im Bereich der Mundöffnung ist eine präorale Höhle durch den Hypopharynx (↗Mundwerkzeuge) in ein Cibarium u. ein Salivarium unterteilt. In letzteres münden die Speicheldrüsen. Das Darmrohr selbst (B Darm) ist in 3 Regionen gegliedert: 1) *Vorderdarm* (ektodermales Stomodaeum) mit den Abschnitten Pharynx (Schlund), dieser oft mit eigener Muskulatur, deren Kontraktion eine Saugwirkung hervorruft (z. B. als ↗Cibarialpumpe bei Pflanzensaftsaugern), Ingluvies (Kropf), Proventriculus (Vormagen; oft mit kräftigen, cuticularen Zähnchen: Kaumagen, od. mit Filterborsten: Ventiltrichter bei Hautflüglern) u. häufig Valvula cardiaca, die einerseits ein Rückflußfilter darstellen u. andererseits Bildungsort einer ↗peritrophischen Membran um den Nahrungsbrei im Abschnitt 2), dem *Mitteldarm* (entodermales Mesenteron od. Mesodaeum, Ventriculus, Chylusdarm), sein können. Hier findet die eigtl. Verdauung statt; häufig mit Blindschläuchen (Caeca, Coeca, Darmdivertikel), die entweder der Vergrößerung der aktiven Darmfläche od. als Kammern (↗Gärkammern) für Mikroorganismen als Symbionten dienen (↗Darmkrypten, □; B Endosymbiose). 3) *Hinterdarm* (ektodermales Proctodaeum) mit folgenden Abschnitten: Pylorus – ein Sammelbecken für Exkrete; in ihn münden die ↗Malpighi-Gefäße (B Exkretionsorgane); caudal folgen die Valvula pylorica (muskulöse Ringfalte als Verschlußfilter), Ileum (Dünndarm), Colon (Dickdarm), häufig mit weiterem Verschlußfilter (Valvula rectalis), u. schließlich das Rektum (Enddarm, Mastdarm). Dieses hat oft eine muskulöse Blase (Rektalpapille), deren Epithel der Wasserrückresorption dient. Der After wird schließl. v. Analklappen (1 Epi- u. 2 Paraprocte) begrenzt. – *Atmung:* Sie erfolgt i. d. R. über ein offenes Tracheensystem (B Atmungsorgane I, B Gliederfüßer II) mit je 2 Stigmen an Meso-, Metathorax u. an maximal 8 Abdominalsegmenten. Der Gastransport geschieht durch ↗Diffusion, die oft durch Segmentbewegungen („Atembewegung", Pumpen) noch verstärkt wird. Wasserbewohner haben entweder ein offenes Tracheensystem u. atmen durch Luftholen od. über ein Plastron (↗Atmungsorgane). Häufig werden Stigmen verschlossen (□ Atmungsregulation) u. z. B. nur das letzte Paar offen gehalten (↗metapneustisch, so bei Larven v. Schwimmkäfern) od. über Tracheenkiemen (B Atmungsorgane II) geatmet, die oft Reste abdominaler Extremitäten darstellen. Kleinstformen (viele Springschwänze, Beintastler u. a.) haben ihr Tracheensystem völlig reduziert (↗apneustisch) u. atmen über die Haut. – *Leibeshöhle* u. *Blutgefäßsystem* sind als ↗Mixocoel ausgebildet, in dem die ↗Hämolymphe mit meist farblosen Blutzellen frei flottiert (□ Blutkreislauf, B Gliederfüßer I). Nur bei einigen Larven der Zuckmücken gibt es in der Hämolymphe gelöstes Hämoglobin. Ein dorsaler Herzschlauch (↗Perikardialsinus) mit ansetzenden ↗Flügelmuskeln pumpt über Ostien die Hämolymphe v. hinten nach vorne (↗Herz). – *Geschlechtsorgane:* Die Männchen haben paarige ↗Hoden, die am 9. Segment ausmünden, die Weibchen paarige, aus einer wechselnden Zahl Ovariolen zusammengesetzte ↗Ovarien, oft mit Receptaculum seminis (□ Geschlechtsorgane). Die Befruchtung erfolgt im urspr. Fall über eine

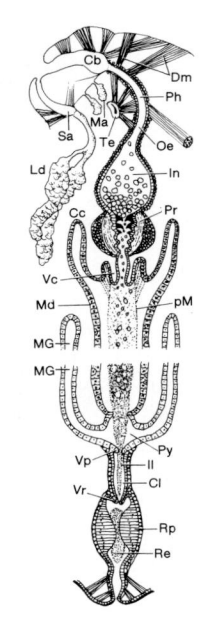

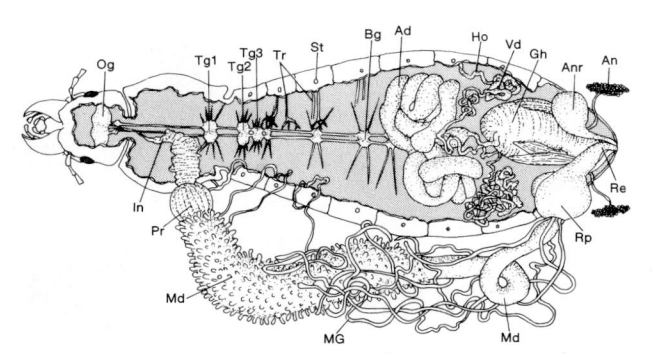

Insekten

Grundschema des *Darms* der Insekten (Längsschnitt)
Cb Cibarium, Cc Coecum, Cl Colon, Dm Dilatatormuskel des Pharynx, Il Ileum, In Ingluvies (Kropf), Ld Labialdrüse (Speicheldrüse), Ma Mandibeldrüse, Md Mitteldarm, MG Malpighi-Gefäße, Oe Oesophagus, Ph Pharynx, pM peritrophische Membran, Pr Proventriculus, Py Pylorus, Re Rektum, Rp Rektalpapille, Sa Salivarium, Te Tentorium, Vc Valvula cardiaca, Vp Valvula pylorica, Vr Valvula rectalis

---

Insekten

Darm- und *Genitalsystem* eines ♂ Laufkäfers (Käfer von oben freipräpariert)
Ad Anhangsdrüse (der Gonaden), An Analdrüse (Pygidialdrüse), Anr Analdrüsenreservoir, Bg Bauchganglion, Gh Genitalhöhle (für den eingezogenen Aedeagus), Ho Hoden, In Ingluvies (Kropf), Md Mitteldarm, MG Malpighi-Gefäße, Og Oberschlundganglion, Pr Proventriculus, Re Rektum, Rp Rektalpapille, St Stigma, Tg 1, 2, 3 Thorakalganglion 1, 2, 3; Tr Trachee, Vd Vas deferens

Insekten

indirekte Spermatophorenübertragung (Urinsekten) od. über innere Besamung mit Hilfe v. Genitalstrukturen (↗Aedeagus). Die Eier werden entweder einfach aus der Geschlechtsöffnung befördert od. über einen ↗Eilegeapparat (☐) in die Erde od. ins Substrat geschoben. – *Entwicklung:* Die ↗Embryonalentwicklung erfolgt über centrolecithale Eier meist superfiziell (B Furchung) mit der Bildung des einschicht. Blastoderms an der Oberfläche der Eizelle u. der Keimanlage an der Ventralseite (B Embryonalentwicklung II). Bemerkenswert ist, daß z. B. während der Organbildung auch abdominale Extremitätenknospen angelegt werden, die später wieder verschwinden bzw. bei Formen mit abdominalen Extremitätenresten entspr. weiter entwickelt werden. Die postembryonale ↗Entwicklung (☐), die ↗Metamorphose (Metabolie, Verwandlung), erfolgt über mehrere Larven- u. Nymphenstadien allmählich (↗Hemimetabola) od. über ein Puppenstadium (↗Holometabola) abrupt zur Imago. *Stammesgeschichte:* Als abgeleitete Teilgruppe der Tracheentiere *(Myriapoda* u. *Insecta)* stellen die I. vermutl. die Schwestergruppe entweder aller rezenten *Myriapoda* od. nur der Hundertfüßer *(Opisthogoneata)* dar. Urspr. sind zweifellos die „Urinsekten", die mit Springschwänzen auch das älteste bekannte I.fossil stellen: ↗*Rhyniella* aus dem oberen Devon v. Schottland. Im Karbon und v. a. im Perm (vor ca. 250 Mill. Jahren) existierte bereits eine reiche Entfaltung aller Ordnungen. Ausgezeichnete Fossilien liefert auch der frühertiäre (baltische) Bernstein; diese stellen jedoch meist mit rezenten Gruppen weitgehend übereinstimmende Vertreter dar, während zu dieser Zeit die Säuger gerade erst beginnen, sich zu entfalten! Die wesentl. „Erfindung" u. damit ein wicht. Schlüsselereignis in der Evolution der I. war die Ausbildung v. Flügeln (↗I.flügel). I. besiedeln alle nur denkbaren Lebensräume v. der Meeresküste bis an den Rand des ewigen Schnees der Hochgebirge (bis 6000 m). Sie sind in vielfält. Weise im Süßwasser anzutreffen u. fehlen nur im offenen Meer. – *System:* Die systemat. Einteilung der I. erfolgt im wesentl. nach dem Bau der Mundwerkzeuge u. Flügel. Die ursprünglichsten Vertreter werden als ↗*Entognatha* den ↗*Ectognatha* gegenübergestellt. Letztere haben als Synapomorphie u. a. die Geißelantenne. Die nächste Neuerwerbung im System ist die dikondyle Mandibel, die die Silberfischchen mit allen Flug-I. gemeinsam haben (↗*Dicondylia*). Innerhalb der Gruppe der Flug-I. haben die ursprünglichsten Libellen u. Eintagsfliegen noch nicht die Fähigkeit ausgebildet, ihre Flügel in der Ruhelage nach hinten zu klappen (↗*Palaeoptera*). Erst die ↗*Neoptera* sind durch die Bildung zusätzl. Flügelgelenke (Pterale 3, geteilte Mittelplatte) (↗I.flügel) dazu in der Lage. ↗*Paurometabola* u. ↗*Paraneoptera* werden meist als ↗*Hemimetabola* (i. e. S.) den ↗*Holometabola* gegenübergestellt. Hier sind diejenigen Ord. zusammengefaßt, die die Mehr-

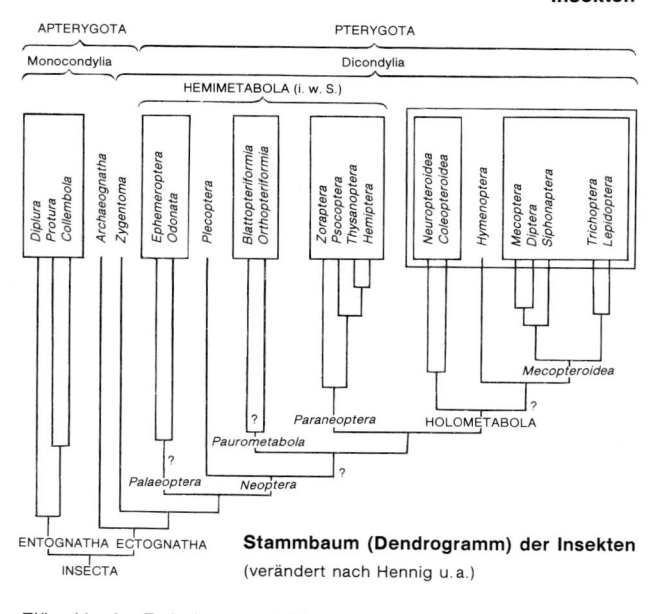

Stammbaum (Dendrogramm) der Insekten
(verändert nach Hennig u. a.)

insect-, insekt- [v. lat. *insectus* = eingeschnitten, gegliedert, gekerbt; davon: *insecta* (animalia) = Kerbtiere, Insekten].

System der Insekten

↗ ENTOGNATHA
  ↗Doppelschwänze (*Diplura*)
  ↗Beintastler (*Protura*)
  ↗Springschwänze (*Collembola*)

↗ ECTOGNATHA
  ↗Felsenspringer (*Archaeognatha*)
  ↗Silberfischchen (*Zygentoma*)

Pterygota (↗Fluginsekten):

↗ HEMIMETABOLA
  ↗Eintagsfliegen (*Ephemeroptera*)
  ↗Libellen (*Odonata*)
  ↗Steinfliegen (*Plecoptera*)
  ↗Embioptera

Blattopteriformia
  Notoptera (*Grylloblattodea*)
  ↗Ohrwürmer (*Dermaptera*)
  ↗Fangschrecken (*Mantodea*)
  ↗Schaben (*Blattodea*)
  ↗Termiten (*Isoptera*)

Orthopteriformia
  Laub-↗Heuschrecken, ↗Grillen (*Ensifera*)
  Feld-↗Heuschrecken (*Caelifera*)
  ↗Gespenstschrecken (*Phasmoptera*)

Rhynchota (*Paraneoptera*)
  ↗Zoraptera (Bodenläuse)
  ↗Staubläuse (*Psocoptera*)
  ↗Tierläuse (*Phthiraptera*)
  ↗Blasenfüße, Fransenflügler (*Thysanoptera*)

Hemipteroidea (↗Schnabelkerfe):
  ↗Wanzen (*Heteroptera*)
  ↗Blattläuse (*Aphidina*)
  ↗Schildläuse (*Coccina*)
  ↗Aleurodina (Mottenschildläuse)
  ↗Psyllina (Blattflöhe)

↗HOLOMETABOLA

Neuropteroidea
  ↗Schlammfliegen (*Megaloptera*)
  ↗Kamelhalsfliegen (*Raphidioptera*)
  ↗Netzflügler (*Planipennia*)

Coleopteroidea
  ↗Käfer (*Coleoptera*)
  ↗Fächerflügler (*Strepsiptera*)

Hymenopteroidea
  ↗Hautflügler (*Hymenoptera*)

Mecopteroidea
  ↗Schnabelfliegen (*Mecoptera*)
  ↗Zweiflügler (*Diptera*)
  ↗Flöhe (*Siphonaptera*)
  ↗Köcherfliegen (*Trichoptera*)
  ↗Schmetterlinge (*Lepidoptera*)

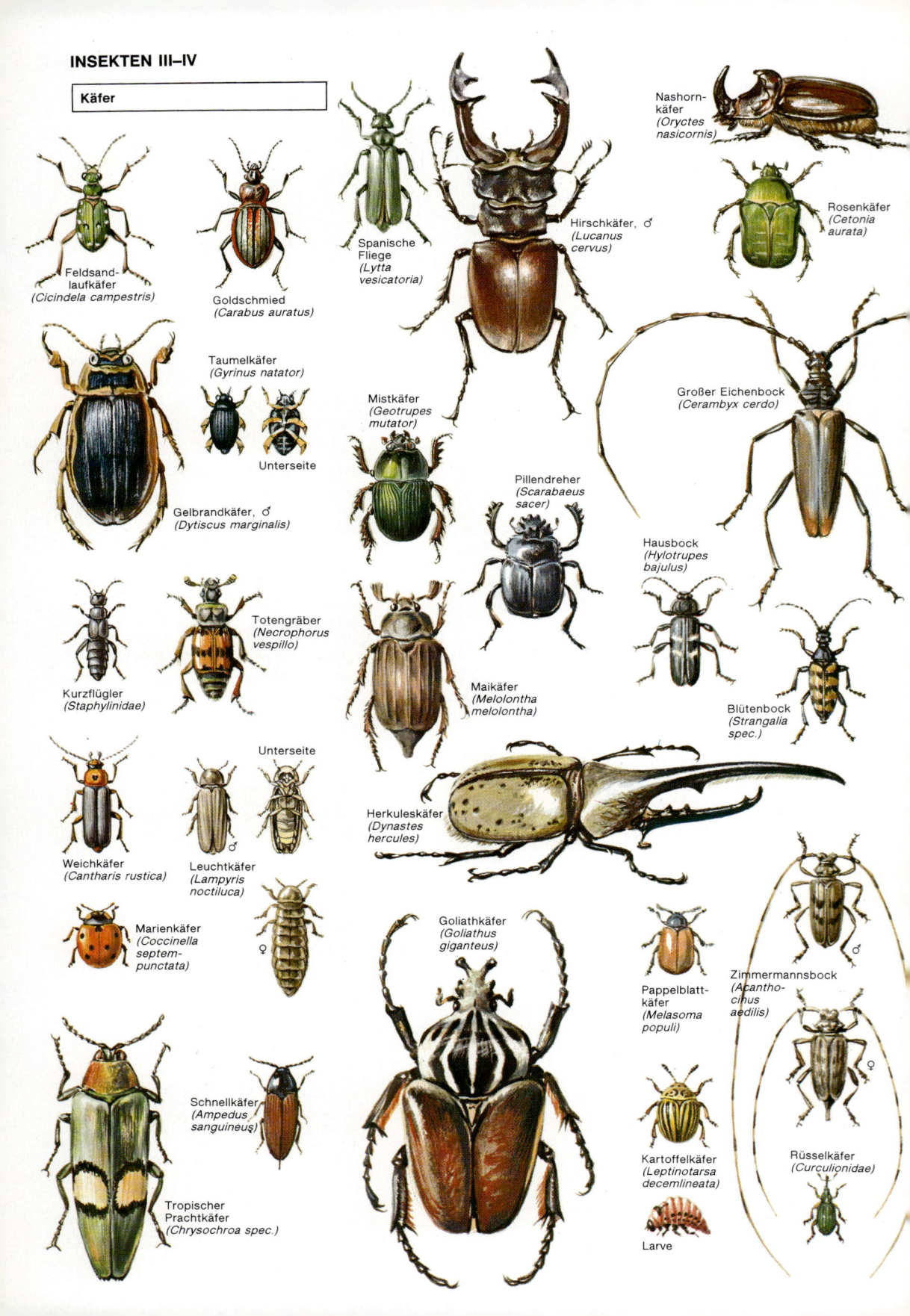

INSEKTEN III–IV

Käfer

- Feldsandlaufkäfer (*Cicindela campestris*)
- Goldschmied (*Carabus auratus*)
- Spanische Fliege (*Lytta vesicatoria*)
- Hirschkäfer, ♂ (*Lucanus cervus*)
- Nashornkäfer (*Oryctes nasicornis*)
- Rosenkäfer (*Cetonia aurata*)
- Taumelkäfer (*Gyrinus natator*) – Unterseite
- Gelbrandkäfer, ♂ (*Dytiscus marginalis*)
- Mistkäfer (*Geotrupes mutator*)
- Pillendreher (*Scarabaeus sacer*)
- Großer Eichenbock (*Cerambyx cerdo*)
- Hausbock (*Hylotrupes bajulus*)
- Kurzflügler (*Staphylinidae*)
- Totengräber (*Necrophorus vespillo*)
- Maikäfer (*Melolontha melolontha*)
- Blütenbock (*Strangalia spec.*)
- Weichkäfer (*Cantharis rustica*)
- Leuchtkäfer (*Lampyris noctiluca*) ♂ – Unterseite – ♀
- Marienkäfer (*Coccinella septempunctata*)
- Herkuleskäfer (*Dynastes hercules*)
- Goliathkäfer (*Goliathus giganteus*)
- Pappelblattkäfer (*Melasoma populi*)
- Zimmermannsbock (*Acanthocinus aedilis*) ♂ ♀
- Schnellkäfer (*Ampedus sanguineus*)
- Kartoffelkäfer (*Leptinotarsa decemlineata*) – Larve
- Rüsselkäfer (*Curculionidae*)
- Tropischer Prachtkäfer (*Chrysochroa spec.*)

Schmetterlinge

Zitronenfalter
(Gonepteryx rhamni)

Apollofalter
(Parnassius apollo)

Schwalbenschwanz
(Papilio machaon)

Tagpfauenauge
(Inachis io)

Admiral
(Vanessa atalanta)

Kleiner Fuchs
(Aglais urticae)

Rotes Ordensband
(Catocala nupta)

Eichenspinner
(Lasiocampa quercus)

Totenkopfschwärmer
(Acherontia atropos)

Trauermantel
(Nymphalis antiopa)

Brauner Bär
(Arctia caja)

Frostspanner
(Operophthera brumata)

Morphofalter
(Morpho cypris)

Mondspinner
(Actias selene)

Agrippinaeule
(Thysania agrippina)

Papilio ulysses
(Ritterfalter)

Vogelfalter
(Ornithoptera victoriae)

Idea lynceus
(Danaidenfalter)

Monarch
(Danaus plexippus)

Atlasspinner
(Attacus atlas)

heit der bekannten I. darstellen. [B] Chordatiere, [B] Homologie, [B] Homonomie, [B] Käfer I–II, [B] 358–359, 362–363.

Lit.: *Boudreaux, H. B.:* Arthropod phylogeny with special reference to insects. New York 1979. *Hennig, W.:* Die Stammesgeschichte der Insekten. Senckenb. Bücher 49. Frankfurt 1969. *Hennig, W.:* Insect Phylogeny. Chichester 1981. *Jacobs, W., Seidel, F.:* Systematische Zoologie: Insekten. Stuttgart 1975. *Weber, H.:* Grundriß der Insektenkunde. Stuttgart ^{5}1974.
H. P.

Insektenbestäubung, *Insektenblütigkeit,* die ↗Entomogamie; ↗Bestäubung.

Insektenflügel [v. *insekt-], *Alae,* dorsolaterale Ausstülpungen (Cuticula-Epidermis-Duplikaturen) der Tergite des Meso- u. Metathorax (Pterothorax) der flugfähigen Insekten (*Pterygota,* ↗Fluginsekten). Diese 4 Flügel sind mit dem Körper über hochkomplizierte Gelenkstücke *(Axillaria, Pteralia)* verbunden. Entspr. den Anforderungen an die Flügelschlagmechanik (↗Flugmechanik, □; ↗Flugmuskeln, □) ist der Pterothorax stark umgebildet. Im pleuralen Bereich wurde eine starre Skleritverbindung zw. Tergum u. Sternum hergestellt, indem zw. dem pleuralen vorderen ↗Episternum u. dem hinteren ↗Epimeron eine chitinige Versteifungsleiste (Pleuralleiste) eingebaut wurde. Diese ist v. außen als Pleuralnaht erkennbar u. endet oben in einem Kugelgelenkstück *(Fulcrum),* über das der Flügel auf u. ab bewegt wird. Vom Episternum wird distal ein kleines Sklerit, das ↗*Basalare,* vom Epimeron das *Subalare* z. T. nur unvollständig abgegliedert. Sie sind wichtige Anheftungsstellen für ↗*Flugmuskeln* (Epipleuralmuskeln). Auch das flügeltragende Tergum *(Notum)* ist fast vollständig sklerotisiert. Es ist durch eine Quernaht od. einfaches Quergelenk in ein vorderes *Alinotum* u. ein hinteres *Postnotum* (gelegentl. *Postscutellum* gen.) geteilt. Seitl. geht das Alinotum jeweils in einen Flügel über. Es ist bei den meisten Insektengruppen stark spezialisiert u. den jeweiligen Flugeigenheiten angepaßt, indem eine Vielzahl v. Versteifungsleisten auftreten (z. B. Transversalnaht, Medialnaht, Notaulix u. a.). Im hinteren Teil trennt eine V-Naht oft ein dreieckiges *Scutellum* (Schildchen) ab. Der verbleibende vordere Abschnitt ist das *Scutum.* Seitl. geht das Scutum über einen vorderen *(Präalare)* u. einen hinteren *Alarprozeß* (Tergalheber, Tergalarm) an das Flügelgelenkstück *Pterale* 1 *(Axillare* 1). Ein hinterer seitl. Fortsatz des Scutums kann zum Pterale 4 (Axillare 4) werden. Diese beiden Gelenkstücke sind nur auf der Oberseite der Flügelbasis (Axillarregion). Abgliederungen der Flügelbasis selbst sind die *Humeralplatte,* Pterale 2, die beiden *Medianplatten* u. Pterale 3. Sie alle sind zweischichtig

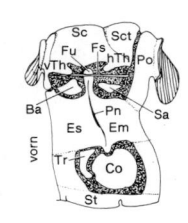

Insektenflügel
Grundtyp des flügeltragenden Thoraxsegments v. der Seite
Ba Basalare, Co Coxa (Hüfte), Em Epimeron des Pleurits, Es Episternum des Pleurits, Fs Flügelschnitt, Fu Fulcrum (primäres Flügelgelenk), hTh hinterer Tergalheber, Pn Pleuralnaht, Po Postnotum, Sa Subalare, Sc Scutum, Sct Scutellum (Schildchen), St Sternit, Tr Trochantinus, vTh vorderer Tergalheber

u. damit auch auf der Flügelunterseite. Diese Gelenkstücke sind gleichzeitig Ursprungsort für die zahlr. *Flügellängsadern,* die als Versteifungsleisten die eigtl. Flügelfläche überziehen. Den Vorderrand des Flügels bildet die *Costalader (Costa),* die v. der Humeralplatte ausgeht. Ihr benachbart liegt die *Subcosta,* es folgt der *Radius (Radialader).* Die Subcosta inseriert am Pterale 1, der Radius am Pterale 2. Vom Bereich der Mittelplatte entspringen die *Media (Diskoidalader), Cubitus* u. *Postcubitus.* Vom Bereich des Pterale 3 gehen eine verschiedene Anzahl v. Analadern u. 1–2 Jugaladern aus. Alle diese Längsadern können sich an ihren Spitzen mehrfach aufgabeln. Außerdem tritt eine wechselnde Zahl v. Queradern auf, wodurch Zellen entstehen. Solche Zellen spielen in der Systematik vieler Insekten eine große Rolle. So finden sich z. B. bei Hautflüglern Cubital-, Medial-, Diskoidal- u. Radialzellen (vgl. Abb.). Eine bes. Zelle stellt das meist dunkel gefärbte ↗*Flügelmal (Pterostigma)* dar, das bei einigen Ord. an der Außenspitze des Vorderflügels auftritt (z. B. Libellen, Kamelhalsfliegen). Die Längsadern stellen primär Stützlamellen dar, in denen Tracheen, Nerven u. Blutlakunen verlaufen. Nur die Queradern sind massiv. Insbes. bei der Entfaltung der Flügel beim Schlüpfen aus der Puppe (↗*Holometabola*) wird

Insektenflügel

1 Grundtyp des flügeltragenden Segments (Thoraxtergit) mit Flügel (von oben). Dargestellt sind das ursprüngliche Geädermuster des Insektenflügels und die Flügelgelenke der Neoptera. **2** Abgeleitetes Flügelgeäder, **a** Wespe (Vorder- und Hinterflügel), **b** Stubenfliege.

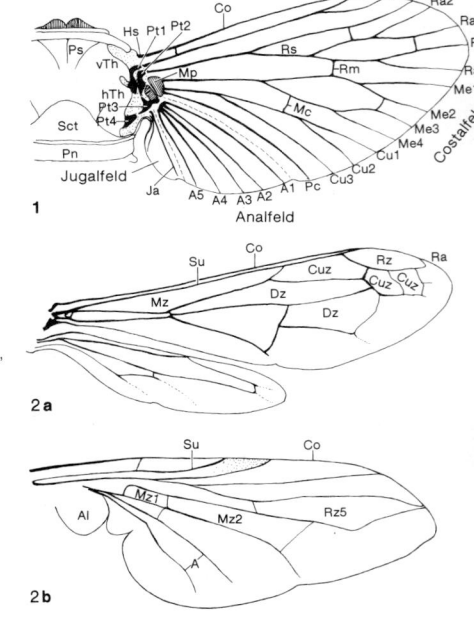

A Analis (Analader), Al Alula, Co Costa (Costalader), Cu Cubitus (Cubitalader), Cuz Cubitalzelle, Dz Diskoidalzelle, Hs Humeralsklerit (von der Costa abgeschnürt), hTh hinterer Tergalheber, Ja Jugalader, Mc Mediocubitalquerader, Me Media (Medialader), Mp Mittelplatte, Mz Medialzelle, Pc Postcubitus (Postcubitalader), Pn Postnotum, Ps Praescutum, Pt Pterale (Axillare), Ra Radius (Radialader), Rm Radiomedialquerader, Rs Radialsektor, Rz Radialzelle, Sct Scutellum, Su Subcosta (Subcostalader), vTh vorderer Tergalheber

durch die Tätigkeit v. ⁊ *Dorsalampullen,* kontraktilen Anhängen der Aorta im Meso- u. Metathorax, Blut in diese Adern hineingepumpt u. auch später noch der Blutstrom durch Ansaugen aufrechterhalten. Die Flügelfläche selbst ist meist in drei durch Falten abgegrenzte Regionen unterteilbar: *Costalfeld (Remigium), Analfeld (Vannus)* u. *Jugalfeld (Neala).* Die Falten selbst werden *Plicae* genannt: Plica vannalis (Plica analis, Vannalfalte) u. Plica jugalis. Entlang dieser Falten wird der Flügel in der Ruhelage oft längs gefaltet (⁊ *Neoptera).* Bes. komplizierte Faltungen der *Hinterflügel* gibt es bei ⁊ Käfern (☐) u. Ohrwürmern, bei denen diese viel länger sind als die nicht mehr zum aktiven Fliegen verwendeten *Vorderflügel* (⁊ *Deckflügel,* Elytre, Tegmina). Am Jugalfeld befindet sich ganz am hinteren Innenrand ein lappenart. *Flügelschüppchen (Alula, Calyptra;* calyptrate Fliegen: z. B. ⁊ Blumenfliegen, echte ⁊ Fliegen, ⁊ Fleischfliegen u. a.). Die Flügelform hängt entscheidend vom Flugtyp u. der systemat. Stellung der Vertreter ab (Flügelbewegung: ⁊ Flugmechanik, ⁊ Flugmuskeln). Auch die Ruhelage der Flügel ist oft gruppenspezifisch: über dem Rücken hochgeklappt (Eintagsfliegen, einige Libellen, ⁊ *Palaeoptera),* flach od. dachförmig nach hinten gelegt (⁊ *Neoptera):* Steinfliegen, Heuschrecken, die meisten Zweiflügler, viele Schmetterlinge, Netzflügler, Hautflügler u. a. Vom Grundschema der Flügel gibt es viele Abwandlungen. Selten sind Vorder- u. Hinterflügel gleich (Libellen, *Isoptera).* Meist ist der Vorderflügel größer als der Hinterflügel; beide sind oft durch Bindevorrichtungen gekoppelt (funktionelle Zweiflügeligkeit, ☐ Hautflügler). Ein Flügelpaar kann auch vollständig reduziert sein, z. B. Hinterflügel bei Schildlaus-Männchen, Gatt. *Cloeon* (⁊ Glashafte), od. bei völlig flugunfähigen Käfern, die ihre Flügeldecken jedoch noch haben. Flügelmodifikationen finden sich verbreitet bei Käfern, Wanzen, Ohrwürmern od. Geradflüglern in Form v. ⁊ *Deckflügeln* (Elytren) u. ⁊ Halbdeckflügeln (Hemielytren). Bei ⁊ Zweiflüglern sind die Hinterflügel, bei ⁊ Fächerflüglern (☐) die Vorderflügel zu ⁊ *Halteren (Schwingkölbchen)* umgebildet (☐ Fliegen). Innerhalb der Art kann auch ein Flügelpolymorphismus (Pterygo-Polymorphismus) auftreten.

Auf welchem Weg Flügel in der Evolution der Insekten entstanden sind, ist umstritten. Drei ernstzunehmende Hypothesen werden diskutiert: 1) Entstehung der I. aus seitl. Lappen des Tergums (Paranotum-Theorie, H. Müller 1873). 2) Entstehung aus Anteilen des Pleurums bzw. Beinbasisanteilen, die in das Pleurum integriert sind (Matsuda). 3) Entstehung aus Kiemenblättchen (Kiemenblättchen-Styli-Hypothese: Oken 1831, Wigglesworth), wie sie z. B. bei Larven v. Eintagsfliegen vorhanden sind. Damit im Zshg. stehen Hypothesen, in welchen ökolog. Situationen Flügel überhaupt notwendig geworden sind. Die Kiemenblättchen-Hypothese geht v. aquatilen Vorfahren aus, die auf diesem Weg besser neue Gewässer erreichen konnten, die beiden anderen v. terrestrischen, z. T. auf Bäumen lebenden Vorfahren. ☐ Eulenfalter, B Gliederfüßer I–II. *H. P.*

insektenfressende Pflanzen ⁊ carnivore Pflanzen (☐).

Insektenfresser, *Insektenesser,* **1)** i. w. S. alle Tiere, die sich ausschl. od. vorwiegend v. Insekten ernähren (v. a. manche Vögel u. Säugetiere). Alle I. sind heute durch Verwendung v. Insektiziden in der Landw., die sie über ihre Nahrung mit aufnehmen, bes. gefährdet! **2)** i. e. S. die *Insectivora,* Ord. der Säugetiere mit 8 Fam. (vgl. Tab.) u. ca. 370 Arten; Kopfrumpflänge 3,5 cm (Etruskerspitzmaus) bis ca. 40 cm (Großer Rattenigel). Die Kiefer der I. sind mit vielen (bis zu 44) kleinen, spitzen Zähnen besetzt, die zum Ergreifen der hpts. aus Insekten, Würmern u. kleinen Wirbeltieren bestehenden Nahrung dienen. Manche I. (z. B. Schlitzrüßler, Tanreks, Spitzmäuse) können Ultraschalltöne erzeugen u. zur Echopeilung (⁊ Echoorientierung) verwenden. Mit Ausnahme der Polargebiete u. Australiens kommen I. heute in allen Erdteilen vor. Die I. gelten als die urtümlichsten aller heute lebenden Höheren Säugetiere. Fossilreste kennt man schon aus der Kreidezeit. Nach allg. Auffassung haben sich alle Säugetier-Ord. aus I.-ähnl. Vorfahren entwickelt.

Insektengifte, 1) ⁊ Insektizide. **2)** Substanzen, die meist aus ⁊ Giftdrüsen v. Insekten ausgeschieden werden u. für andere Lebewesen mehr od. weniger giftig sind. I. können dem Schutz od. dem Beuteerwerb dienen. Sie werden über Giftdornen (bei manchen trop. Schmetterlingen) od. ⁊ Giftstachel (Hautflügler) dem Gegner bzw. Opfer eingespritzt (⁊ Stechapparat). Oft werden l. als ätzende Stoffe v. Hautdrüsen abgesondert (bei manchen Käfern, Wanzen u. a.); auch in der Blutflüssigkeit kommen I. vor (z. B. Marienkäfer, manche Laubheuschrecken). ⁊ Gifttiere, ⁊ Tiergifte.

Insektenhormone, umfassen eine Vielfalt v. ⁊ Hormonen u. endokrinen Faktoren v. meist Steroid- od. Peptidstruktur, die in den neurosekretor. Zellen des Nervensystems, einigen peripheren Neuronen od. auch in bestimmten Organen synthetisiert u. in verschiedenen ⁊ Neurohämalorganen zunächst gespeichert u. nach hormonalem od. neuralem Stimulus an die Hämolymphe

Insektenhormone

insect-, insekt- [v. lat. insectus = eingeschnitten, gegliedert, gekerbt; davon: insecta (animalia) = Kerbtiere, Insekten].

Insektenfresser

Familien:
⁊ Goldmulle *(Chrysochloridae)*
⁊ Igel *(Erinaceidae)*
⁊ Maulwürfe *(Talpidae)*
⁊ Otterspitzmäuse *(Potamogalidae)*
⁊ Rüsselspringer *(Macroscelididae)*
⁊ Schlitzrüßler *(Solenodontidae)*
⁊ Spitzmäuse *(Soricidae)*
⁊ Tanreks *(Tenrecidae)*

Insektenhormone abgegeben werden. Ihre Lokalisation, Struktur u. Wirkungsweise wurden in den letzten Jahren in zunehmendem Maße erforscht u. lassen darauf schließen, daß es – entgegen früheren Vorstellungen – bei Insekten analog zu anderen hoch evolvierten Genera eine Vielzahl hormonell wirksamer Faktoren gibt, welche verschiedene Lebensprozesse steuern (vgl. Tab.). Die bekanntesten I. sind das ↗ *Ecdyson* und das ↗ *Juvenilhormon*. – 1917–22 fand Kopéč, daß die ↗ Metamorphose einer hormonellen Regulation unterliegt, 1933–38 konnte die Arbeitsgruppe um Wigglesworth mittels Exstirpations- u. Reimplantationsversuchen zeigen, daß Häutungs- u. Metamorphosehormone im Gehirn freigesetzt werden; 1936 führte Wigglesworth den Begriff „Juvenilhormon" ein. 1954 gelang Karlson die Isolation des Ecdysons, wobei er aus 500 kg *Bombyx*-Puppen 25 mg kristallines Ecdyson gewann. ↗ adenotropes Hormon.

Insektenkunde, die ↗ Entomologie.

Insektenlarven, Jugendstadien der Insekten, die imagoähnlich (meist ↗ *Hemimetabola*) od. imagounähnlich sein können (↗ *Holometabola*). Die Jugendstadien sind durch ↗ Häutungen gegeneinander als *Larvalstadien* abgegrenzt. Die Zahl der Häutungen ist v. Gruppe zu Gruppe verschieden u. oft artkonstant. Sie kann aber auch

Insektenhormone

Typ	Struktur	Syntheseort	Wirkung
1. Metamorphosehormone			
Ecdyson	Steroid	Prothoraxdrüse	Häutung, Sklerotisierung der Cuticula
Juvenilhormon	Terpenoid	Corpora allata	Metamorphose, Regulation der Fortpflanzung
Eclosion Hormon	Peptid	Gehirn, Corpora cardiaca	Ecdysis auslösend
Bursicon	Steroid	neurosekretorische Zellen des Gehirns, terminales Abdominalganglion	Sklerotisierung der Cuticula im Rahmen des Tyrosin-DOPA-Stoffwechsels
2. Hormone der metabolischen Homöostase			
hyperglykämisches Hormon	Peptid	neurosekretorische Zellen des Gehirns, Corpora cardiaca	Hämolymphzucker steigernd
hypoglykämisches Hormon	Peptid	Pars intercerebralis, Corpora cardiaca	Hämolymphzucker senkend
adipokinetisches Hormon	Peptid	Corpora cardiaca	Freisetzung von Triglyceriden aus Fetten
Juvenilhormon	Terpenoid	Corpora allata	Fettstoffwechsel
hypolipämisches Hormon	?	Corpora cardiaca	Fettsäurespiegel senkend
diuretisches Hormon	Peptid	Corpora cardiaca	Exkretion,
antidiuretisches Hormon	Peptid	Thoraxganglion	Wasser- und Salzhaushalt
Chloridtransport-stimulierendes Hormon	Peptid	Abdominalganglion	
3. Hormone zur Regulation der Fortpflanzung			
prothorakotropes Hormon (PTTH)	Protein	Prothoraxdrüse	Aktivierung der Prothoraxdrüse zur Synthese von Ecdyson
Juvenilhormon	Terpenoid	Corpora allata	Synthese und Freisetzung von Vitellogenin, Oocytenwachstum, Spermatogenese
Antigonadotropin	Peptid	abdominale neurosekretorische Organe der Segmente 2, 3, 4, 5	Antagonist des Juvenilhormons
Ecdyson	Steroid	Prothoraxdrüse	Ei- und Embryonalentwicklung, Spermatogenese, Kontrolle der Corpora allata
Eientwicklungshormon (EDNH: egg development neurosecretory hormone)	Peptid	mediane neurosekretorische Zellen des Gehirns, Corpora cardiaca	Ovarentwicklung
Follikelzellen-Nähr-Hormon (FCTH: follicel cell trophic hormone)	?	mediane neurosekretorische Zellen der Pars intercerebralis des Gehirns	Follikelzellen, Stimulation der Eihüllprotein- und Ecdysonsynthese
Corpora cardiaca-stimulierender Faktor (CCSF)	Peptid	Ovar	Freisetzung von EDNH
4. Wachstums- und Entwicklungshormone			
Diapausehormon	Aminosäure mit Zuckerseitenketten	Suboesophagealganglion, Prothoraxdrüse	Kohlenhydratmetabolismus
„Polymorphismus"-Hormon	Peptid	neurosekretorische Zellen des Gehirns	Steuerung der „Jungfernzeugung" in Abhängigkeit von der Photoperiode

5. Pheromone

Moleküle unterschiedlicher chemischer Spezies, die von einem Individuum freigesetzt werden und Physiologie und Verhalten anderer Mitglieder derselben Spezies beeinflussen.

zw. ♂ und ♀ differieren od. überhaupt in Abhängigkeit vom Nahrungsangebot variabel sein. Viele I. haben in Anpassung an larveneigene Lebensumstände larveneigene (imaginifugale) Merkmale entwickelt, die bei der Imago nicht mehr auftreten. Die aus dem Ei schlüpfende Larve wird als *Eilarve* od. *Primärlarve*, die vor der Imaginal- bzw. Puppenhäutung befindl. Larve als *Altlarve* (fälschl. oft auch als *Adultlarve*) bezeichnet; Adultlarven wären geschlechtsreife, also neotene Larven (larviform), z. B. Weibchen v. Schildläusen (↗Pädogenese). Spezielle Larvenstadien vieler *Hemimetabola* sind die ↗*Nymphen*. Nach dem jeweiligen Aussehen u. der Lebensweise werden spezielle Larven als *Raupen, Engerlinge, Maden, Drahtwürmer, Holzwürmer* bezeichnet. ↗Larven, ↗Larviparie.

Insektenstaaten ↗staatenbildende Insekten.

Insektensymbi̱ose w [v. *insekt-, gr. symbiōsis = Zusammenleben], Sammelbez. für sehr verschiedenartige Formen der ↗Symbiose, denen jedoch gemeinsam ist, daß wenigstens einer der Symbiosepartner der Kl. der Insekten angehört. Verhält sich das Insekt als „Wirt" u. beherbergt den Symbiosepartner (Einzeller, Pilz, Bakterium) in seinem Körper, so spricht man v. einer ↗Endosymbiose (B). Lebt hingegen keiner der beiden Symbiosepartner im Körper des anderen, so handelt es sich um eine Form der ↗Ektosymbiose.

Insektenviren, insektenpathogene Viren, ↗Arthropodenviren.

Insektivoren [Mz.; v. *insekt-, lat. vorare = verschlingen], die ↗Insektenfresser.

Insektizide [Mz.; v. *insekt-, lat. -cida = -töter], chem. ↗Schädlingsbekämpfungs-Mittel zur Abtötung v. Schadinsekten in der Land- u. Forstwirtschaft u. der Vorratshaltung. Einteilung in *Fraß-I.* (Wirkung über den Darm), *Kontakt-I.* (Wirkung über das Nervensystem) u. *Atemgifte* (Wirkung über die Tracheen). Es gibt auch Verbindungen, die sofort in die Pflanze eindringen u. in ihr lebende Insekten abtöten. Fraßgifte sind z. B. Arsen-, Barium-, Fluor- u. Phosphorverbindungen, Kontaktgifte sind ↗Chlorkohlenwasserstoffe (z. B. ↗DDT, ↗Hexachlorcyclohexan). I. werden häufig nur langsam abgebaut (↗abbauresistente Stoffe) und in der Nahrungskette angereichert, was zu einer starken Belastung der Umwelt führt. Neuerdings werden dem insektizid wirkenden, nur im Haushalt u. bei der Vorratshaltung verwendeten Pyrethrin der *Chrysanthemum*-Arten strukturanaloge Substanzen entwickelt, die eine größere Stabilität gegenüber Licht u. Sauerstoff aufweisen u. auch im Freiland angewendet werden können. Gegenüber Warmblütern haben sie eine geringere Toxizität, sind jedoch hochgiftig für Bienen u. Fische. ↗Biologische Schädlingsbekämpfung, ↗biotechn. Schädlingsbekämpfung.

Inselbesiedlung; Preston (1962), MacArthur u. Wilson (1963) haben die Hypothesen formuliert, daß die Artenzahl auf einer Insel (↗Inselbiogeographie) ein dynam. Gleichgewicht zw. Einwanderung u. Aussterben darstellt („Equilibrium-Theorie"). Die Artenzahl, bei der die Einwanderung u. das Aussterben v. Arten gleich sind, wird Gleichgewichtsartenzahl gen. Es gibt eine Beziehung zw. dieser Gleichgewichtszahl u. der Größe u. dem Isolationsgrad v. Inseln. Je abgelegener eine Insel, desto geringer ist die Einwanderungsrate. Je kleiner eine Insel ist, um so kleiner ist die Population u. um so höher die Aussterberate. Je größer u. weniger abgelegen eine Insel ist, um so höher sollte ihre Gleichgewichtsartenzahl sein.

Inselbiogeographie; Inselfaunen sind gekennzeichnet durch scharfe Separation v. allen übrigen Landfaunen, starke Beschränkung der Arealgrößen u. relative Artenarmut bei meist hohem ↗Endemiten-Anteil. Einzelne Arten erfuhren nicht selten eine ↗adaptive Radiation (Darwinfinken, Kleidervögel). Man unterscheidet ozean. Inseln, die zu keiner Zeit ihrer Existenz mit dem Festland in Verbindung standen, v. kontinentalen Inseln, die eine solche Landbrücke besaßen (↗Brückentheorie) u. deren Fauna daher eine viel größere Ähnlichkeit mit der des benachbarten Festlands aufweist. Die Überschaubarkeit v. Inseln erlaubt genauere Einblicke in dynam. biogeograph. Vorgänge wie Besiedlungsgeschichte, Ausbreitung, Wirkung v. Konkurrenzfaktoren, Anpassungsprobleme, Verdrängungs- u. Aussterberaten. Einen Ansatz zur quantitativen Erfassung der Zusammenhänge bietet die „Equilibrium-Theorie" v. MacArthur u. Wilson (↗Inselbesiedlung). Sie läßt sich grundsätzl. auch auf sog. „Habitatinseln" anwenden, kleine, separierte Gebiete des Festlands wie Hochgebirge, Höhlen od. andere Gebiete, die in ein ökolog. völlig anders beschaffenes Umland eingebettet sind. Die fortschreitende Zerstückelung v. Lebensräumen in zahlr. kleine u. damit instabile „Habitatinseln" durch z. B. straßenbaul. Maßnahmen wird treffend charakterisiert durch das Schlagwort v. einer „Verinselung" der Landschaft. ↗Galapagosinseln.

Inselbrücke, aus einer Gruppe v. Inseln bestehende Verbindung zw. zwei Kontinenten od. Kontinent u. Insel; nur durch (v. a. passive) Ausbreitung v. Insel zu Insel (*„island hopping"*) überwindbar; dadurch begrenzter Austausch der Landfaunen;

Inselbrücke

insect-, insekt- [v. lat. insectus = eingeschnitten, gegliedert, gekerbt; davon: insecta (animalia) = Kerbtiere, Insekten].

Insektizide

8% aller Pflanzenschutzmittel	
Chlorkohlenwasserstoffe	0,5%
(DDT verboten)	
Phosphorsäureester	4,0%
Sonstige	3,5%

Inselbesiedlung

Diamond (1975) hat die Überlebensaussichten einer Art nach I. durch die Bestimmung einer „Vorkommensfunktion" $J(S)$ beschrieben. Dabei gibt J den Anteil v. Inseln einer bestimmten Größe an, auf denen die Art vorkommt, S ist die Gesamtartenzahl auf diesen Inseln. Für Vögel des Bismarck-Archipels hat Diamond solche Vorkommensfunktionen bestimmt u. drei bionomische ↗Strategien unterschieden: 1. der „Supertramp" kommt nur auf kleineren Inseln vor (Taube, *Macropygia mackinlayi*), nie auf sehr großen; 2. die „Hoch-S-Arten" kommen ausschl. auf großen Inseln mit vielen Arten vor (Kuckuck, *Centropus violaceus*); 3. der „C-Tramp" stellt eine Zwischen-Strategie dar; er kommt nie auf sehr kleinen Inseln vor, kommt auf Inseln mit steigender Größe auf immer mehr Inseln einer bestimmten Größe vor, bis er auf allen großen Inseln anzutreffen ist (Taube, *Ptilinopus superbus*).

Inselendemismus

Beispiele: Sunda-Inseln, Antillen. ↗Landbrücke, ↗Brückentheorie.

Inselendemismus *m* [v. gr. endēmos = einheimisch], Verbreitung einer Pflanzen- od. Tierart bzw. -gruppe ausschl. auf einer Insel (↗Endemiten); z. B. Teydefink *(Fringilla teydea,* ↗Buchfinken) auf den Kanar. Inseln, ↗Kleidervögel *(Drepanididae)* auf Hawaii, ↗Darwinfinken *(Geospizinae)* auf den ↗Galapagosinseln. [B] adaptive Radiation.

Inselmakropoden [Mz.; v. gr. makropous = langfüßig], *Belontia,* Gatt. der ↗Labyrinthfische.

Inselorgan, Hormondrüse, die aus den ↗ *Langerhansschen Inseln* besteht.

Insemination *w* [v. lat. inseminare = einsäen, befruchten], **1)** *artifizielle I.,* die künstl. Einführung des durch Punktation bzw. Masturbation gewonnenen Spermas (evtl. auch in einer Samenbank gespeichert) in die weibl. ↗Geschlechtsorgane (↗Begattung, ↗Besamung), in der Tierzucht weit verbreitet. – Humanmedizin: *homologe I.,* wenn das Sperma vom Ehemann, *heterologe I.,* wenn das Sperma von einem dritten (nicht notwendigerweise anonymen) Spender stammt. **2)** *extrakorporale I., in-vitro-Fertilisierung, in-vitro-Fertilisation,* Technik, außerhalb des Körpers, in vitro, eine Eizelle zu befruchten („Reagenzglasbefruchtung") u. nach mehreren Teilungen in den Uterus einzubringen, wo es zur Nidation u. damit zur Schwangerschaft kommt. In der Tierzucht findet dieses Verfahren seit langem Verwendung. – Humanmedizin: Beim Menschen wurde die e. I. erstmals 1977 erfolgreich angewandt. (Geburt des ersten „in vitro" gezeugten Kindes 25. 7. 1978 in England.) Bis Ende 1984 sind auf diese Weise ca. 600 Kinder in über 50 Zentren nach e. I. geboren. Indikation ist Kinderwunsch bei Unfruchtbarkeit der Frau (bzw. auch des Mannes). Es ergeben sich folgende Konstellationen: a) Durch Verschluß beider Eileiter ist eine natürl. Befruchtung nicht mögl. Bei intakten Ovarien kommt es regelmäßig zu Ovulationen. Es wird deshalb durch Laparoskopie eine Eizelle bei Ovulation gewonnen, in vitro mit dem Sperma (durch Punktation od. Masturbation gewonnen) des Ehemanns befruchtet u. in die Gebärmutter der Frau eingebracht. b) Die Frau hat keine Ovulationen. Eine Eizelle wird einer Spenderin entnommen *(genetische Mutter),* in vitro befruchtet und in den Uterus der unfruchtbaren Frau *(tragende Mutter)* implantiert (↗ *embryo transfer)* (auch bei vererbbarer schwerer Erkrankung der Frau). c) Bei Frauen mit normalen Ovulationen, die aber nicht in der Lage sind, eine Schwangerschaft auszutragen (habitueller Abort). Eine Eizelle der Mutter wird gewonnen (genetische Mutter), in vitro befruchtet u. einer anderen Frau implantiert *(„Mietmutter").* Nach der Geburt wird das Kind der genetischen Mutter übergeben. d) Bei Unfruchtbarkeit beider Ehepartner wird eine gespendete Eizelle mit dem Spermium eines Fremdspenders in die tragende Mutter implantiert. – Die befruchteten Eizellen werden in vitro bebrütet u. nach mehreren Teilungen nach ca. 13 Tagen in den Uterus der Mutter, die vorher durch Hormone vorbereitet wurde, implantiert. Ca. 20% der extrakorporal befruchteten Eier nisten sich erfolgreich ein; nach bisher. Beobachtungen ist die Frühgeburtsrate doppelt so hoch wie die normal gezeugter Kinder. Auch Mehrlingsgeburten werden gehäuft beobachtet (bis Ende 1984 etwa 60mal Zwillinge, ca. 7mal Drillinge und 2mal Vierlinge). Die befruchteten Eizellen können beliebig lange eingefroren werden *(embryo banking)* und – wie bereits praktiziert – erst „auf Abruf" implantiert werden. *H. N.*

Insemination: ethische und rechtliche Aspekte

Die Insemination als Teil der Reproduktionsmedizin hat durch die moderne Bio- und Gentechnologie weithin Neuland betreten, und zwar nicht nur naturwissenschaftlich, sondern auch ethisch und rechtlich. Gewiß sind die Grundprinzipien unverändert geblieben: so einerseits die Wissenschafts- und Forschungsfreiheit, die heute sogar grundrechtlich abgesichert ist und auch ethisch jedenfalls im Grundsatz außer Frage steht; denn wenn der Mensch als rationales Wesen geschaffen wurde, muß er von seiner Geisteskraft auch Gebrauch machen dürfen; und wenn er den biblischen Schöpfungsauftrag

Insemination als biologisch-medizinisches und rechtlich-ethisches Neuland

„Macht euch die Erde untertan" (Genesis 1,28) ernst nehmen soll, muß es ihm erlaubt sein, die Schöpfung nicht nur als unantastbare Beobachtungs- und Erlebniswelt zu begreifen, sondern auch als ein durch Eingriffe erschließbares und veränderbares Experimentierfeld. Dies jedoch nicht grenzenlos: Denn ebenso wie die Menschenwürde als individuell-personaler Grundwert unangetastet bleiben muß, sind auch bestimmte soziale Institutionen, wie Ehe und Familie, als Grundeinheiten menschlichen Zusammenlebens schutzwürdig und -bedürftig; und dies wiederum setzt jedenfalls insoweit eine „Ehrfurcht vor der Natur" voraus, als es um biologisch-naturale Grundgegebenheiten geht, die nicht ohne Schaden für die Menschheit verändert werden können. Ob dabei in der Natur ein Eigenwert zu sehen ist, in dem der Mensch – wie dies mehr östlichem Denken entspricht – lediglich ein Teilglied darstellt, oder ob die Natur – einer christlich geprägten Anthropozentrik entsprechend – mehr dienend auf den Menschen ausgerichtet ist, läuft unter Schutzaspekten letztlich auf dasselbe hinaus. Denn gleich, ob es mehr individuell um die „dignity of mankind" (als integrativem Teil der Natur) oder mehr individuell um die „dignity of man" (als dem Beherrscher der Natur) geht: das eine ist nicht ohne Rücksicht auf das andere zu schützen.

Doch bei aller Einigkeit im Prinzipiellen stehen bei Anwendung im Konkreten noch viele Fragen offen. Selbst soweit es bereits standesethische Richtlinien für biomedizinische Humanexperimente gibt, erstrecken sich diese weitgehend auf allgemein gehaltene Grundsätze: so das Einwilligungserfordernis und die Nutzen-Risiko-Abwägung, ohne daß jedoch klar wäre, inwieweit damit auch den Interessen des künftigen Kindes als dem eigentlich Betroffenen angemessen Rechnung getragen werden kann. Auch im Recht finden sich noch keine Regelungen, die den besonderen Bedürfnissen der modernen Bio- und Gentechnologie auf adäquate Weise Rechnung tragen würden. Demzufolge können auch hier keine endgültigen Antworten gegeben, sondern in einer Art Zwischenbilanz lediglich einige der Aspekte aufgezeigt werden, die für die rechtliche und ethische Beurteilung der modernen Biotechnologie namentlich im Hinblick auf die Insemination belangvoll erscheinen.

Reproduktionstechnologie im tierischen Bereich

Soweit es um Reproduktionstechnologie im *tierischen* Bereich geht, schien bislang die Freiheit der Forschung unbegrenzt. Doch bereits hier können aufgrund eines geschärften Verantwortungsgefühls für mögliche Schmerzgefühle von Tieren Schutzbedürfnisse bestehen: und zwar sowohl gegenüber tierquälerischen Methoden, die mit Inseminationsversuchen verbunden sein könnten, wie auch gegenüber dem Gentransfer zwischen verschiedenen Tierspezies, wie etwa im Falle der durch Verschmelzung von Ratten- und Mausgameten gezüchteten „Riesenmaus", sofern eine solche Chimäre durch Konstitutionsmängel besondere Qualen erleidet – ein Problem, das ja auch bei anderen züchterischen Maßnahmen auftaucht.

Reproduktionstechnologie im humanen Bereich

Weitaus komplexer ist der biotechnologische Umgang mit *menschlichem Erbgut*. In diesem Bereich findet die Forschungsfreiheit jedenfalls dort eine Grenze, wo durch ein humangenetisches Verfahren ein zivil- oder strafrechtlicher Tatbestand verwirklicht wird, der dem Schutz eines grundrechtlich garantierten Gutes dient: Das ist namentlich bei Schutztatbeständen zur Wahrung der Menschenwürde sowie des Lebens und der körperlichen Integrität der Fall. Ob und inwieweit diese Tatbestände erfüllt sind, läßt sich jedoch nicht pauschal sagen, sondern hängt entscheidend von der Zielsetzung und den Folgen der verschiedenartigen Verfahren ab. Für den hier in Frage stehenden Bereich der Insemination ist dabei zwischen homologer und heterologer und dabei jeweils noch zwischen intrakorporaler und extrakorporaler Befruchtung zu unterscheiden:

Am wenigsten problematisch ist die *homologe intrakorporale Insemination,* bei der eine Frau mit dem Samen ihres Ehemannes befruchtet wird. Rechtlich ist dies als „Heilbehandlung" zu begreifen, falls man in der Abhilfe von Fertilitätsstörungen die Behebung einer Krankheit oder jedenfalls eines krankheitsähnlichen Zustandes erblickt. Sofern jedoch der Samen eingefroren wurde und vor dessen Inseminierung der Ehemann verstirbt, ohne für diesen unerwarteten Fall eine Verfügung getroffen zu haben, stellt sich die rechtlich ungelöste Frage einer *postumen* Befruchtung. Doch selbst wenn diese rechtliche Hürde durch mutmaßliches Einverständnis überwindbar ist, bleibt – ähnlich wie bei gewollter Alleinelternschaft einer auf natürlichem Wege durch einen Dritten geschwängerten Frau – die ethische Frage, ob es verantwortbar ist, ein Kind zu erzeugen, dem ein Leben ohne Vater vorgezeichnet ist. Für den dabei mitwirkenden Arzt ist der Wunsch der Mutter für sich allein wohl noch kaum eine hinreichende Legitimation.

Diese Frage erhält eine weitere Dimension bei der *heterologen intrakorporalen Insemination,* weil hier durch die Samenspende eines (bekannten oder anonymen) Dritten eine „doppelte Vaterschaft" bewirkt wird: die „genetische" des Samenspenders und die rechtliche „Scheinvaterschaft" des Ehemannes. Zwar kann es sich auch bei diesem Verfahren im Hinblick auf die therapeutische Zielsetzung (Umgehung der Sterilität des Ehemannes) um eine „Heilbehandlung" handeln. Um so bedenklicher könnten jedoch die sozialen Folgeprobleme sein, und zwar insbesondere familienrechtlicher und ehepsychologischer Art: Wer soll als Vater dieses Kindes gelten? Auf wessen Einwilligung soll es ankommen? Soll der Ehemann trotz Einwilli-

Insemination

gung in die heterologe Insemination die Ehelichkeit nachträglich anfechten können? Wie steht es mit der (bislang üblichen) Anonymitätszusicherung gegenüber dem Spender einerseits und dem Recht des Kindes auf Kenntnis seiner Abstammung andererseits? Wer hat im Streitfall für den Unterhalt aufzukommen? Wie lassen sich bevölkerungspolitisch bedenkliche Vielfachspenden verhindern? Auch wenn diese Schwierigkeiten nicht ausreichen mögen, um deswegen – wie zeitweilig erwogen – jede Art von heterologer Insemination bei Strafe zu verbieten, ist jedenfalls ein rechtspolitisches Bedürfnis für gesetzliche Klarstellung des Eltern-Kindschafts-Verhältnisses sowie etwaiger Unterhaltspflichten nicht zu leugnen, und zwar sowohl im individuellen Interesse des betroffenen Kindes wie auch im gesellschaftlichen Interesse an institutioneller Integrität von Ehe und Familie. Selbst dann aber bleibt dem Ehepaar die moralische Frage nicht erspart, ob ihre Liebe stark genug ist, die Präsenz eines Dritten im Erbgut des Kindes auf Dauer zu verkraften. Denn auch der Samenspender wird sich fragen müssen, inwieweit er sich von der genetischen Verantwortung von seinem zum Menschen gewordenen Erbgut freizeichnen kann. Samenspende ist nicht gleich Blutspende. Blut geht im fremden Körper auf, Samen setzt die eigene Person im Kind fort.

Bei *extrakorporaler Insemination* durch in-vitro-Fertilisation ist in partnerschaftlicher Hinsicht die Problemlage nicht anders als bei intrakorporaler Befruchtung: also homolog akzeptabel, während sich heterolog wiederum das Drittspenderproblem stellt. Darüber hinaus kann aber das *Fertilisierungsverfahren* als solches problematisch sein. Dies freilich weniger deshalb, weil die in-vitro-Fertilisation schon per se ein menschenunwürdiges Verfahren sei; denn daß das „Retortenbaby" seine Entstehung einer extrakorporalen Zusammenführung von Ei und Samen verdankt, mag zwar wegen des Auseinanderfallens von Liebes- und extrakorporalem Zeugungsakt moralisch fragwürdig sein; doch wird man in der Künstlichkeit dieses Vorgangs schwerlich schon eine Verletzung der Menschenwürde im rechtlichen Sinne erblicken können. Deshalb kann es auch insoweit weniger um ein generelles Verbot als um den Schutz vor damit verbundenen Gefahren gehen. Denn selbst wenn eine extrakorporale Befruchtung zur Überwindung von Fertilitätsstörungen mit therapeutischer Zielsetzung geschieht, befindet sich diese Methode doch noch zu sehr im Stadium des Experiments, um bereits als erprobte „Heilbehandlung" gelten zu können. Daher läßt sich diese Befruchtungsmethode bestenfalls als „Heilversuch" begreifen, für den – über die Einwilligung der Eltern hinaus – noch eine besonders sorgfältige Nutzen-Risiko-Abwägung erforderlich ist. Dabei wird gegenüber dem Kinderwunsch nicht nur die besondere physische und psychische Belastung der Frau, wie sie mit den verschiedenartigen Eingriffen und der Unsicherheit des Erfolgs verbunden ist, abzuwägen sein; vielmehr bedürfen auch die Eigeninteressen des Kindes gegenüber möglichen Schädigungen und psychischen Langzeitfolgen, wie sie nicht zuletzt mit zwischenzeitlicher Tiefgefrierung verbunden sein könnten, einer besseren Berücksichtigung als bisher. Noch komplexer wird die Problemlage beim Ei- bzw. Embryotransfer, und zwar sowohl dort, wo sich eine Frau ein Ei entnehmen läßt, das bei einer anderen Frau eingeführt und dort intrakorporal befruchtet wird *(Eispende),* wie auch da, wo nach (homologer oder heterologer) intrakorporaler Befruchtung das Ei ausgespült und einer anderen Frau zum Austragen implantiert wird *(Embryotransfer nach intrakorporaler Befruchtung)* bzw. ein in-vitro-fertilisiertes Ei einer anderen Frau zum Austragen implantiert wird *(Embryotransfer nach extrakorporaler Befruchtung).* Denn bei solcher „Mietmutterschaft" stellen sich die bereits von der „doppelten Vaterschaft" bei heterologer Insemination bekannten Probleme nunmehr (auch) auf seiten der Mutter: durch Auseinanderfallen von „genetischer" Mutterschaft der Eispenderin bzw. der „körperlichen" Mutterschaft der austragenden Frau. Über diese „doppelte Mutterschaft" hinaus kommt für den Fall, daß das von einer Fremdspenderin stammende Kind zugunsten einer dritten Frau ausgetragen und von dieser adoptiert wird, sogar eine „Drittmutterschaft" in Betracht. Dies wird rechtlich spätestens dann zum Problem, wenn nicht alles vereinbarungsgemäß abläuft: so, wenn die austragende Mutter das Kind nicht abgeben oder umgekehrt die genetische bzw. Adoptivmutter das Kind nicht übernehmen will. Für solche Konfliktfälle sind adäquate rechtliche Regelungen noch nicht in Sicht. Doch selbst wenn solche gefunden sein sollten, bleibt das ethische Problem eines gleichsam „urmutterlos" wie ein Warenprodukt hin und her geschobenen Kindes, ganz zu schweigen von der sowohl individual- wie sozialpsychologisch fragwürdigen Aushöhlung mütterlicher Bindung. Daß es eine ähnliche „Entbindung" von der natürlichen Mutterschaft auch schon bei der normalen Adoption gibt, ist kein durchschlagendes

Gegenargument; denn während es bei einer normalen Adoption allein darum geht, einem nun einmal geborenen Kind wenigstens hilfsweise eine Mutter zu verschaffen, wird beim Embryotransfer die „Ersatzmutterschaft" zum Selbstzweck und dadurch das Kind zum Objekt.

Zusätzliche Probleme ergeben sich bei einem zwar *befruchteten, aber nichtimplantierten Ei*. Da nach gegenwärtigem Recht der Strafrechtsschutz für ungeborenes Leben erst mit der Nidation in der Gebärmutter einsetzt (§ 219d StGB), sind nichtimplantierte Verschmelzungen von Ei und Samen derzeit praktisch schutzlos, so daß sie tiefgefroren zu wissenschaftlichen Zwecken verwendet oder einfach weggeschüttet werden können. Soweit solche „überschüssigen" Embryonen dadurch zustande gekommen sind, daß dem Eierstock vorsorglich mehr Eier entnommen und fertilisiert wurden, als für die konkrete Implantation benötigt werden, mag das Eingefrieren jedenfalls dann therapeutisch gerechtfertigt sein, wenn dies zum Zwecke einer späteren Implantation geschieht, wobei allerdings mögliche Langzeitschäden durch den Tiefgefriervorgang mit zu berücksichtigen wären. Soweit dagegen solche Embryonen dann doch nicht implantiert werden können (und zwar gleich, ob wegen späterer Verweigerung oder etwa wegen Tod der vorgesehenen Empfängerin), wird die Existenz bzw. Vernichtung zum rechtlichen und ethischen Problem. Dies um so mehr, wenn die Fertilisierung von vornherein nicht mit therapeutischer Implantationsabsicht, sondern zu experimentellen Forschungszwecken erfolgte. Denn in diesem Fall wird das durch die Verschmelzung von Ei und Samen entstandene menschliche Leben von vornherein zum Objekt gemacht, für das sich der Sache nach ähnliche Probleme wie bei einem sonstigen Humanexperiment stellen. Selbst wer dem ungeborenen Leben ein eigenständiges Lebensrecht glaubt absprechen zu können, wird einräumen müssen, daß es sich bei dem durch den Samen eines Mannes befruchteten Ei einer Frau um artspezifisches menschliches (und nicht etwa rein vegetatives) Leben handelt. Wenn dem aber so ist, soll es dann willkürlich manipuliert oder gar vernichtet werden dürfen? Wer dies deshalb glaubt bejahen zu können, weil solches Leben keinen Rechtsgutsträger habe, sollte bedenken, daß die Rechtsordnung ansonsten sogar manche materiellen Güter selbst gegen ihren Eigentümer schützt, wenn sie hinreichend wertvoll erscheinen: wie etwa kulturelle Sammlungsgegenstände. Warum demgegenüber die künstlich fertili-

Was geschieht mit einem befruchteten, aber nicht implantierten menschlichen Ei?

Reproduktionstechnologie und die Problematik der Eugenik

sierte menschliche Frucht praktisch „vogelfrei" bleiben soll und damit auch zum Objekt jedweden Experimentierens gemacht werden kann, ist wohl teilweise damit zu erklären, daß man das, was man geschaffen hat, auch nach Belieben glaubt zerstören zu können. Der Forscher als Schöpfer, Herr und Richter – dies ist langfristig vielleicht die gefährlichste Einstellung, die sich aus ungebremster Biotechnologie ergeben kann: die beliebige Manipulierbarkeit und Verfügbarkeit alles Menschlichen. Schon um dieser Gefahr vorzubeugen, wäre – wenn auch nicht gleich an ein Verbot – so doch an eine Regelung des Umgangs mit artspezifischem menschlichen Leben zu denken.

Solche Bedenken stellen sich in noch weitaus stärkerem Maße gegenüber der *Verschmelzung von menschlichen und tierischen Ei- und Samenzellen,* wie dies offenbar teilweise schon praktiziert wird. Während es bei den vorgenannten Verfahren lediglich um innermenschliche Eingriffe geht, wird bei solchem Interspezies-Gen-Transfer zwischen Mensch und Tier eine fundamentale Grenze überschritten, deren Bedeutung bislang noch kaum in voller Klarheit erkannt ist. Selbst wenn derartige Interaktionen nur zu diagnostischen Zwecken zulässig sein sollen, nämlich um Informationen über die Penetrationsfähigkeit und das chromosomale Komplement des Spermas zu erlangen, und zudem sich das Verschmelzungsprodukt nicht über die frühen Teilungsstadien hinaus soll entwickeln dürfen, ändert dies doch nichts daran, daß damit zunächst einmal eine Lebenseinheit zustande gekommen ist, die auch menschliche Gene enthält. Damit aber stellt sich die Frage, ob das Produkt wie „menschliches" oder wie „tierisches" Leben zu behandeln ist. Darauf bereits eine endgültige Antwort geben zu wollen, wäre übereilt, ganz zu schweigen von den daraus zu ziehenden Konsequenzen. Doch wenn irgendwo die menschliche Würde tangiert sein könnte, dann sicherlich bei artüberschreitender Züchtung von Mensch-Tier-Hybriden.

Über diese lebensschutzrechtlichen, familienrechtlichen und partnerschaftlichen Aspekte hinaus stellt sich – ähnlich wie bei jeder Art von selektiver Gen-Manipulation – auch bei Insemination die *bevölkerungspolitische* Problematik von *Eugenik:* so bereits bei Rekrutierung von Samenspendern überhaupt, ferner bei Auswahl des Samenspenders für eine konkrete Befruchtung, aber auch bei der Wahl zwischen mehreren befruchteten Embryonen. Dadurch wird der Arzt zum Selektor, sei es nach eigenem Gutdünken oder nach den Wunsch-

Insertase

vorstellungen der Eltern. Solange es dabei lediglich um die Ausschließung von krankem Erbgut geht, scheint sowohl die individuelle wie auch die gesellschaftliche Nützlichkeit auf der Hand zu liegen, wobei freilich schon dabei Vorsicht geboten ist, damit nicht schon bloße Abweichungen von der genetischen Normalität als „Erbkrankheit" behandelt werden. Sobald es jedoch darüber hinaus sogar um gezielte Selektion höherwertiger Anlagen oder sonstwie erwünschter Eigenschaften und damit um eugenische Zuchtwahl geht, stellt sich die Frage nach den maßgeblichen Selektionskriterien und wer dafür verantwortlich sein soll. Daß dies nicht der einzelne Arzt in subjektiver Beliebigkeit tun kann, sollte auf der Hand liegen. Denn sobald humangenetische Selektion an sozialrelevanten Höher- oder Minderwertigkeitskriterien ausgerichtet ist, enthält sie Wertungen über menschliches Leben, die nicht rein empirisch-deskriptiv gewonnen, sondern normativ gesetzt sind, und sei es auch nur unbewußt. Als sozialrelevante Wertungen aber müssen sie gegenüber der gesamten Rechtsgemeinschaft verantwortet werden.

Lit.: *Balz, M.:* Heterologe künstliche Samenübertragung beim Menschen. Tübingen 1980. Bundesminister für Forschung und Technologie (Hg.): Ethische und rechtliche Probleme der Anwendung zellbiologischer und gentechnischer Methoden am Menschen. München 1984. *Koch, H.-G.:* In-vitro-Fertilisation und Embryo-Transfer: moderne Fortpflanzungstechnik auf dem Prüfstand des Rechts, in: Medizinrecht 3 (1985), Heft 1. *Koslowski, P., Kreuzer, Ph., Löw, R.* (Hg.): Die Verführung durch das Machbare. Stuttgart 1983. *Löw, R.:* Leben aus der Retorte. Gentechnologie und Verantwortung. Biologie und Moral. Gütersloh 1985. *Reiter, J., Theile, W.* (Hg.): Genetik und Moral. Mainz 1985.   Albin Eser

insert- [v. lat. inserere = einfügen, Part. Perf. Pass. insertus = eingefügt].

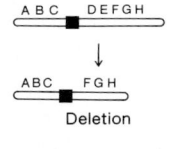

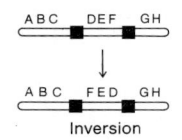

Insertase w [v. *insert-] ↗DNA-Reparatur.

Insertion w [v. *insert-], **1)** Anatomie: *Insertio*, Ansatzstelle eines Muskels od. seiner Sehne an Knochen, Knorpel, Bindegewebe od. Haut. **2)** Genetik: Mutationstyp, bei dem mindestens ein Basenpaar, häufig jedoch mehrere oder sogar sehr viele Basenpaare in die DNA eines Organismus eingefügt werden. I.en führen bei Proteincodierenden Genen zu einer Veränderung des Leserasters der Translation, wenn die Anzahl der Basenpaare des inserierten Abschnitts kein ganzzahl. Vielfaches von 3 darstellt, wodurch in der Regel die Funktion des betreffenden Gens ausfällt (Defektmutation). Ggs.: Deletion. ↗Insertionselemente.

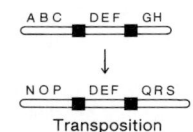

Insertionselemente [Mz.; v. *insert-], *IS-Elemente, Insertionssequenzen, IS-Sequenzen,* DNA-Abschnitte, die an vielen verschiedenen, aber nicht gänzl. beliebigen Orten (↗hot spots) des bakteriellen Genoms (Bakterienchromosom u. Plasmide) integriert vorkommen können. Die Länge der bislang beschriebenen I. variiert zw. 768 und ca. 5700 Basenpaaren. Charakterist. für I. ist, daß sie mit einer Wahrscheinlichkeit v. 10^{-5} bis 10^{-7} pro Generation über einen rekombinationsähnl. Prozeß v. einem Ort im Genom an einen anderen springen können; für diesen als ↗Transposition bezeichneten Prozeß sind keine größeren Sequenzhomologien zw. den I.n u. der Integrationsstelle notwendig, u. er erfolgt ohne Beteiligung des sog. recA-Proteins (↗Crossing over). Dabei bleibt i. d. R. eine Kopie der I. am urspr. Ort des Genoms zurück, was bedeutet, daß im Verlauf der Transposition eine I.-spezifische Replikation erfolgen muß. Die an der Transposition beteiligten Enzyme *(Transposasen)* sind auf den I.n codiert; auch die an beiden Enden der I. lokalisierten invertierten Sequenzwiederholungen (engl. inverted repeats) sind für die Integration v. Bedeutung. Am Zielort (engl. target site) des Bakteriengenoms bewirkt die Integration, daß eine Oligonucleotid-Sequenz dupliziert wird, die schließl. den neu integrierten Abschnitt an beiden Seiten flankiert. Entdeckt wurden die I. zu Beginn der 70er Jahre durch ihren polaren Effekt nach Integration in bakterielle Operonen. Dies bedeutet, daß nicht nur die Expression desjenigen Gens, in das ein I. eingebaut wurde, beeinflußt (i.d.R. blockiert) wird, sondern auch die Expression distal gelegener Gene eines Operons. Da auf den I.n Terminatoren der Transkription, Stop-Codonen u./od. Promotoren der Transkription lokalisiert sind, kann die Expression der distal lokalisierten Gene blockiert, aber auch in selteneren Fällen aktiviert werden. In unmittelbarer Nachbarschaft zu Integrationsstellen v. I.n kommt es mit erhöhter Rate zu Deletionen, Inversionen od. Transpositionen (Positionswechsel eines zw. zwei I.n liegenden DNA-Abschnitts). Charakterist. für all diese Vorgänge ist, daß die urspr. Reihenfolge v. Genen verändert wird. Aufgrund dieser Eigenschaften wird I.n, wie auch allen anderen transponierbaren Elementen (z.B. den sog. *controlling elements* in Mais) Bedeutung für die Evolution zugeschrieben. I. können als primitive Form v. Transposonen (↗transponierbare Elemente) aufgefaßt werden; eine Reihe der bislang bekannten Transposonen wird von I. flankiert.

Insessoren [Mz.; v. spätlat. insessor = Besetzer], die ↗Nesthocker.

in situ [lat., = an Ort und Stelle], in natürl.

ABC DEFGH
↓
ABC FGH

Deletion

ABC DEF GH
↓
ABC FED GH

Inversion

ABC DEF GH
↓
NOP DEF QRS

Transposition

Insertionselemente
Auswirkungen der Integration von I.n auf benachbarte Genomabschnitte (■ ein Insertionselement)

Lage od. Stellung, an Ort u. Stelle; bezogen auf die Lage v. Geweben, Organen od. Körperteilen im bzw. am Organismus.

Insolation w [v. lat. in- = ein-, hinein-, solatio = Besonnung], 1) die v. der Sonne zur Erde gelangende Strahlungsenergie (↗Energieflußdiagramm, ☐); 2) die Dauer der Sonneneinstrahlung (oft angegeben in Prozent der maximal möglichen Einstrahlung); 3) Medizin: der Sonnenstich (↗Hitzschlag).

Inspiration w [v. lat. inspirare = hineinwehen], *Einatmung,* das bei den lungenatmenden Tieren u. beim Menschen erfolgende Einsaugen der Luft in die Lungen. ↗Atmung.

Instinkt m, geschichtl. zentraler u. stets umstrittener Begriff der Ethologie, der seiner Vieldeutigkeit wegen heute immer weniger benutzt wird, da er zusätzl. auch in die Umgangssprache eingegangen ist. Meist wird unter I. ein angeborener Mechanismus (↗angeboren) der Verhaltenssteuerung verstanden, der durch ↗Schlüsselreize über einen ↗angeborenen auslösenden Mechanismus ausgelöst werden kann u. sich in einer geordneten Folge v. ↗Erbkoordinationen äußert. In diesem Sinne ist *I.handlung* mit *angeborener Handlung* ident., während die *I.bewegung* der Erbkoordination od. *modalen Bewegung* entspricht. Andere Autoren betonen dagegen die spontan ansteigende ↗Bereitschaft (B) als wesentl. Element des I.s; dann wird der I.begriff mit dem Triebbegriff verbunden. In der wiss. Terminologie sollte das Wort I. vermieden werden.

Instinktbewegung, die ↗Erbkoordination.

Instinkt-Dressur-Verschränkung, von K. Lorenz eingeführte, heute überholte Bez. für die Möglichkeit, ↗angeborene Verhaltensweisen durch ↗Lernen zu ergänzen.

Instinkthierarchie ↗Hierarchie; ↗Bereitschaft (B).

Instinktmodell, Bez. für die in der Ethologie fr. benutzten theoret. Modelle, die den hierarch. Aufbau (↗Hierarchie) angeborener Verhaltensmuster od. die Antriebskomponente angeborener Handlungen veranschaulichen sollten (↗Bereitschaft). Am bekanntesten wurden das *„psychohydraulische"* I. von K. Lorenz ((B) Bereitschaft I) und das *hierarchische* I. nach N. Tinbergen ((B) Bereitschaft II). Heute werden theoret. Annahmen in Begriffen der Kybernetik u. Systemtheorie formuliert.

Instruktion w [v. mlat. instructio = Unterweisung], ↗Information und Instruktion.

instrumentelle Konditionierung w [v. lat. instrumentum = Werkzeug, condicio = Lage, Beschaffenheit], *operante Konditio-*

▬▬▬▬▬▬▬▬▬
instinkt- [v. lat. instinctus = Eingebung, Antrieb].
▬▬▬▬▬▬▬▬▬

Instinkt-Definitionen
William James (1872):
... die Fähigkeit, sich so zu verhalten, daß gewisse Ziele erreicht werden, ohne die Voraussicht dieser Ziele u. ohne vorherige Erziehung u. Erfahrung.
Konrad Lorenz (1932):
Wenn ich ... das Wort Instinkt vermeide u. statt dessen den dt. Ausdruck Triebhandlung verwende, so geschieht dies aus dem Grunde, daß das Wort Instinkt schon in zu vielen verschiedenen Bedeutungen gebraucht wurde, um durch zu Mißverständnissen Anlaß zu geben ... Das, was ich im folgenden unter Triebhandlung verstehe, ist ein an sich durchaus starres Gebilde, dem gar nichts Verstandesmäßiges anhaftet u. dessen Veränderlichkeit, wo eine solche tatsächl. vorhanden ist, nur durch die Verschiedenheit der auslösenden Reize bedingt ist.
Paul Leyhausen (1952):
Eine Einheit aus rhythmisch sich aufladender Triebenergie u. festliegendem, starrem Bewegungsablauf ... nennen wir einen Instinkt.
Niko Tinbergen (1952):
... hierarchisch organisierter nervöser Mechanismus, der auf bestimmte vorwarnende, auslösende u. richtende Impulse, sowohl innere wie äußere, anspricht u. sie mit wohlkoordinierten, lebens- u. arterhaltenden Bewegungen beantwortet.

Insulin

nierung, Begriff aus der psycholog. Lerntheorie, der im Ggs. zur sog. *„klassischen Konditionierung"* nach Pawlow die Konditionierung durch den Erfolg od. Mißerfolg v. Aktivitäten beschreibt. Im Sinne der Ethologie wird bei i.r K. je nach Versuchsanordnung eine ↗bedingte Aktion od. Hemmung gelernt, evtl. dazuhin eine ↗bedingte Appetenz od. Aversion (↗Lernen). Das herkömml. Instrument der i.n K. ist die *Skinner-Box.* (B) Lernen.

Insulin s [v. lat. insula = Insel], Peptidhormon der Wirbeltiere (51 Aminosäuren, relative Molekülmasse 5700–5800) aus den β-Zellen der ↗Langerhansschen Inseln der Bauchspeicheldrüse (↗Pankreas). 1869 entdeckte P. Langerhans die nach ihm ben. Zellgruppen im Pankreas, die das I. produzieren, 1921 wurde es von ↗Banting u. ↗Best isoliert u. 1954 von ↗Sanger als erstes Protein sequenziert. I. besteht aus zwei durch zwei Disulfidbrücken verbundenen Peptidketten, der A-Kette mit 21 und der B-Kette mit 30 Aminosäuren. (Die I.e der verschiedenen Tiergruppen unterscheiden sich nur geringfügig voneinander; die Wirkung ist identisch.) 1978 gelang es, das I.gen in ein Bakteriengenom einzubauen u. dort zur Expression zu bringen. Heute wird mit Hilfe der ↗Gentechnologie (↗Genmanipulation) *Human-I.* aus Bakterien gewonnen, wodurch sich eine unerschöpfl. I.quelle erschließen ließ. I. ist damit eines der wichtigsten Peptidhormone, das seit 1980 im Zuge des „genetic engineering" im industriellen Maßstab produziert wird. In den Industrieländern gibt es rund 35 Mill. Diabetiker (entspr. etwa 3% der Bevölkerung), von denen etwa 15% auf die Zufuhr von I. angewiesen sind (↗Diabetes mellitus). I. wirkt als Antagonist des ↗Glucagons blutzuckersenkend (↗Blutzucker), indem es die Durchlässigkeit der Zellmembran für ↗Glucose erhöht u. so den Zuckereinstrom ins Gewebe fördert. Gleichzeitig wird die Ausschüttung des Glucagons aus den α-Zellen vermindert. Die Freisetzung beginnt, sobald der Blutzuckerspiegel den Normalwert überschreitet. (Die β-Zellen sind hochempfindl. für geringfügige Änderungen der Glucosekonzentration im Blut.) Die Plasmahalbwertszeit beträgt weniger als 10 Min., jedoch ist die Wirkungsdauer länger, da die Halbwertszeit des rezeptorgebundenen Anteils bei etwa 40 Min. liegt. I. wirkt nicht über das c-AMP-System, sondern fördert den Einstrom von Ca^{2+}-Ionen in die Zelle u. setzt so die Bildung des „second messengers" c-GMP (↗Guanosinmonophosphate) in Gang. – I.mangel bewirkt eine Erhöhung des Blutzuckerspiegels u. eine vermehrte Abgabe energiereicher

Integration

N-terminale Aminosäure-Einheiten der Peptidkette

A-Kette: Gly–Ile–Val–Glu–Gln–Cys–Cys–Ala–Ser–Val(10)–Cys–Ser–Leu–Tyr–Gln(15)–Leu–Glu–Asn–Tyr–Cys(20)–Asn

B-Kette: Phe–Val–Asn–Gln–His(5)–Leu–Cys–Gly–Ser–His(10)–Leu–Val–Glu–Ala–Leu(15)–Tyr–Leu–Val–Cys–Gly(20)–Glu–Arg–Gly–Phe–Phe(25)–Tyr–Thr–Pro–Lys–Ala(30)

Disulfidbrücken: Cys–S–S–Cys (A6–A11 intern), S–S zwischen A-Ketten-Cys und B-Ketten-Cys (A7–B7, A20–B19)

Insulin
Aminosäuresequenz u. Positionen der Disulfidbrücken im Rinder-Insulin. Abb. Human-Insulin: [B] Hormone.

Brennstoffe aus dem Aminosäure- und Fettstoffwechsel ins Blut. Die dabei entstehende Übersäuerung (Ketoacidose) kann im Verlauf des diabet. Komas einen tödl. Ausgang nehmen (↗Diabetes mellitus). Bei der Biosynthese des I.s in der Zelle wird zunächst ein aus 110 Aminosäuren bestehendes Prä-Proinsulin der Form Präpeptid-B-Kette – C-Peptid-A-Kette synthetisiert, wobei der Präpeptidanteil die Aufnahme in die Zisternen des endoplasmat. Reticulums erleichtert u. gleich wieder abgespalten wird. Nach Ausbildung dreier Disulfidbrücken wird im Golgi-Apparat das C-Peptid-Mittelstück proteolyt. abgetrennt, das Produkt als hexameres Zink-I. (6 I.moleküle, 2 Zinkionen) in Sekretgranula (β-Granula) der Zelle in mikrokristalliner Form gespeichert u. auf einen Sekretionsreiz (Anstieg des Blutglucosespiegels, Erhöhung der Konzentration an freien Fettsäuren u. Aminosäuren) durch Exocytose ins Blut freigesetzt. Die Menge abgegebenen I.s wird dabei durch das vegetative Nervensystem moduliert. Therapeut. genutzter Hemmer bei I.-Überproduktion, z. B. bei β-Zellen-Tumor, ist das Diazoxid. [B] Hormone.   L. M.

Integration w [Ztw. *integrieren;* v. lat. *integratio* = Wiederherstellung], **1)** allg: Herstellung einer Ganzheit aus verschiedenen Gliedern, Zusammenfügen zu einem einheitl. System, einem Ganzen. **2)** Genetik: kovalente Einfügung v. Plasmid- od. Phagen-DNA in ein Bakterienchromosom, z. B. beim lysogenen Zyklus des ↗Bakteriophagen λ.

integrierte Schädlingsbekämpfung, *integrierter Pflanzenschutz,* eine Kombination biol., chem., mechan. und kulturtechn. Maßnahmen, die dazu geeignet ist, die im Ökosystem schon vorhandenen, die Schädlingspopulationen begrenzenden Tendenzen zu erhalten u. zu fördern, um die Schadorganismen unter der Schadensschwelle zu halten. Die Maßnahmen sollen nicht allein auf den Schädling ausgerichtet sein, sondern auch Rücksicht nehmen auf die übergeordnete Lebensgemeinschaft u. dem Klima wie den Bodenverhältnissen angepaßt sein. Bei der Umstellung v. der konventionellen zur integrierten Schädlingsbekämpfung sind folgende Schritte durchzuführen: 1) Ermittlung der wirtschaftl. Schadensschwelle, d. h. der niedrigsten Populationsdichte, bei der kein wirtschaftl. Schaden entstehen kann. 2) Vermeiden v. schädlingsfördernden Präparaten u. Verringerung der Folgeschäden v. Pestiziden durch Reduktion der Dosis, zeitl. Abstimmung v. Bekämpfungsaktionen u. örtl. Konzentration der Behandlung. 3) Anwendung verfügbarer biol. Verfahren in das Bekämpfungsprogramm, z. B. mikrobielle Insektizide (Viruspräparate). 4) Steigerung der allg. Abwehrbereitschaft der Pflanzen durch passende Kulturverfahren. ↗Biologische Schädlingsbekämpfung, ↗biotechnische Schädlingsbekämpfung.

Integument s [v. lat. *integumentum* = Bedeckung, Hülle], *Integumentum,* **1)** Bot.: die bei den Samenpflanzen den Gewebekern (Nucellus) der Samenanlage in Einod. Zweizahl umgebenden Hüllen, die im Verlauf der Entwicklung zur Samenschale ([B] Bedecktsamer I) heranwachsen. ↗Samenanlage. **2)** Zool.: seltene Bez. *Derma,* Körperumhüllung der vielzell. Tiere einschl. ihrer Anhangsgebilde wie Haare, Schuppen, Federn usw. ↗Haut.

Intelligenz w [v. lat. *intelligentia* = Erkennungsvermögen, Verstand], in der Psychologie Bez. für eine unklar definierte Gruppe v. komplexen Fähigkeiten des Problemlösens; häufig wird das Problemlösen durch ↗Einsicht ([B]) als Kriterium der I. genannt. Zur Messung wird die I. in mehrere Faktoren, wie theoret., prakt., analyt. aktive u. passive I. aufgeteilt. Da in die Messung (I.test) auch Gedächtnis- u. Sprachleistungen eingehen, ist die Definition der I. als Fähigkeit zum einsicht. Problemlösen für die psycholog. Praxis zu eng. In der Ethologie u. in bezug auf tier. Problemlösen gilt dagegen die Gleichsetzung von I. und Einsichtsfähigkeit (↗Freiheit und Freier Wille). In diesem Sinne stehen außer dem Menschen die Menschenaffen auf einer hohen Stufe allgemeiner I., während bei den übr. Tieren das Problemlösen durch Einsicht eine geringere Rolle spielt. Im Zentrum wiss. Diskussion stand in letzter Zeit die Frage nach der *Erblichkeit* der menschl. I. im Zshg. mit der Behauptung, es gäbe erbl. Unterschiede zw. verschiedenen Rassen. Diese Diskussion ging häufig fehl, da übersehen wurde, daß die I. als extrem umweltabhängige Eigenschaft zur Realisierung des genet. Potentials auf erworbene Information angewiesen ist u. es daher sehr schwierig ist, vom meßbaren Verhalten auf die genet. Eigenschaften zu schließen. Auch Vergleiche an eineiigen Zwillingen lassen diesen Schluß nicht unmittelbar zu. ↗Gedächtnis, ↗Jugendentwicklung.

Intensivhaltung ↗Massentierhaltung.

Intensivkulturen, durch Anwendung hoher Mineraldüngergaben u. intensiver Pflanzenschutzmaßnahmen sowie durch hohen Ertrag gekennzeichneter Pflanzenbau, z. B. Zuckerrüben- u. Gemüseanbau.

Intentionsbewegung [v. lat. *intentio* = Absicht], unvollständig ablaufende Verhaltensweise; typischerweise erscheinen nur die Verhaltenselemente aus dem Beginn einer Handlungskette, z. B. das Picken nach Nistmaterial u. kurzes Herumtragen, während das eigtl. Nestbauen noch fehlt. Urspr. entstehen I.en, wenn die ↗Bereitschaft für ein Verhalten noch zu gering ist, od. wenn eine Hemmung gg. das Gesamtverhalten wirkt. Letzteres ist z. B. in aggressiven Auseinandersetzungen (↗Aggression) der Fall, wo häufig I.en zum Angriff od. zur Flucht vorkommen. Bei nicht artgemäß gehaltenen Tieren kommt es zu ↗Bewegungsstereotypien, wenn v. ständig frustrierten Verhaltenstendenzen, z. B. Abflugtendenzen, nur I.en übrigbleiben. Vielfach wurde eine I. wegen ihrer *Signalwirkung* auf Artgenossen stammesgeschichtlich aber auch zum gezielt eingesetzten Auslöser, z. B. eine Angriffsintention zur Drohgeste, Abflugintentionen bei Vögeln zum Auslöser für eine Erhöhung der Flugstimmung im ganzen Schwarm, Weglaufintentionen zum Führen des Partners usw. Häufig sind solche I.en *ritualisiert* worden u. haben dadurch an Signalwirkung gewonnen.

Interarea w [v. *inter-, lat. area = Fläche], (Buckman 1919), heißt eine ↗Area articulater ↗Brachiopoden, die sich – wie bei den Spiriferiden – v. einer geraden Basis aus einwölbt; oft werden die Ausdrücke Area, I. und Kardinalarea im gleichen Sinne verwendet. Der I. ähnl. Strukturen bei den ↗ *Inarticulata* nennt man Pseudointerarea.

Interchromomere [Mz.; v. *inter-, gr. chrōma = Farbe, meros = Glied, Teil], die zw. den Chromomeren (↗Chromosomen) liegenden Bereiche auf den ↗Chromatiden.

intercistronische Bereiche, i. e. S. die Bereiche auf DNA od. RNA, die zw. zwei benachbarten Genen (Cistronen) eines polycistron. Operons bzw. polycistron. RNA (bes. m-RNA, aber auch von r-RNA- u. t-RNA-Vorläufern) liegen. Die Längen i. r B. variieren zw. nur wenigen u. mehreren 100 Nucleotiden. Sie enthalten häufig Kontrollelemente der Translation (bei m-RNA) bzw. der RNA-Prozessierung (bei r-RNA- und t-RNA-Vorläufern). I. w. S. sind i. B. auch diejen. DNA-Bereiche, die zw. nicht gemeinsam transkribierten Genen liegen, u. können dann (bes. bei eukaryot. Genen) mehrere od. viele Tausende v. Basenpaaren umfassen.

interdisziplinär [v. *inter-, lat. disciplina = Wissenschaft], verschiedene Wissenschafts- u. Forschungsbereiche betreffend.

interface [-fe¹s; engl., = Zwischenfläche], Grenzregion zw. Parasit (Symbiont) u. Wirt, in der Wechselwirkungen (z. beiden Partnern (chem. Austauschvorgänge, Abgleich der beidseitigen Regulationsmechanismen, Abwehrreaktionen) stattfinden.

interfaszikuläres Kambium s [v. *inter-, lat. fasciculus = Bündelchen, mlat. cambium = Tausch], *Zwischenbündelkambium*, Bez. für das ↗Kambium, das sich zw. den ↗Leitbündeln der Pflanzen im Parenchymgewebe ausbildet u. mit dem ↗faszikulären Kambium einen geschlossenen Kambiumring bildet. ↗Sekundäres Dickenwachstum.

Interferenz w [Ztw. *interferieren;* v. *inter-, lat. ferre = tragen], **1)** Physik: der Zustand, der sich bei der Überlagerung (Superposition) mehrerer (kohärenter) Wellen bei konstantem räuml. Phasenunterschied ergibt. Zwei Wellen, die mit der gleichen Phase in der gleichen Richtung laufen, ergeben durch Überlagerung eine Welle mit einer Amplitude aus der Summe der Einzelamplituden („Verstärkung"); beim Phasenunterschied (Gangunterschied) ½ heben sich die Amplituden beider Wellen gegenseitig auf („Auslöschung"). Die Verteilung der verschiedenen I.zustände beim Zusammentreffen mehrerer Wellen heißt *I.figur* (beim Licht z. B. bestehend aus hellen u. dunklen *I.streifen*). ↗I.mikroskopie. **2)** Genetik: ↗Chromosomen-I. **3)** Virologie: bei Infektion mit zwei verschiedenen Viren Hemmung der Vermehrung des einen, meist des später infizierenden Virus durch das andere Virus. I. ist abhängig vom zeitl. Abstand der Infektion beider Viren u. von der Virusmultiplizität. I. wird durch verschiedene Mechanismen ausgelöst: 1. Induktion v. ↗Interferonen, 2. Kompetition um die gleichen Substrate, Enzyme usw. in der Zelle, 3. Abbau od. Inaktivierung v. Produkten der Wirtszelle (z. B. DNA, Translations-Initiationsfaktoren), die zur Virusreplikation benötigt werden, 4. Zerstörung v. Zellrezeptoren (hemmt die Virusadsorption), 5. Synthese u. Anhäufung v. defekten, interferierenden Partikeln (führt zur I. eines Virus mit seiner eigenen Vermehrung, z. B. bei Influenzaviren, dort als von Magnus-Phänomen bezeichnet). Infektion mit einem interferierenden, attenuierten Virus kann die Infektion mit einem virulenten Virus abschwächen. Infektionsschutz durch I. ist nur kurzfristig mögl. und an die Anwesenheit des interferierenden Virus in der Zelle gebunden. Umgekehrt kann I. die erfolgreiche Infektion mit einem Impfvirus verhindern.

Interferenzmikroskopie w [v. *inter-, lat. ferre = tragen], Verfahren der Lichtmikroskopie, mit dessen Hilfe unterschiedl. Dichten bzw. Dicken durchstrahlter Objekte *(Durchlicht-I.)* od. Oberflächenunebenheiten *(Auflicht-I.)* sichtbar. Verschiebung bildüberlagernder Interferenzstreifen od. Hell-Dunkel-Kontrast sichtbar gemacht u. gemessen werden können. Dazu wird

inter- [v. lat. inter = zwischen, inmitten, unter, während].

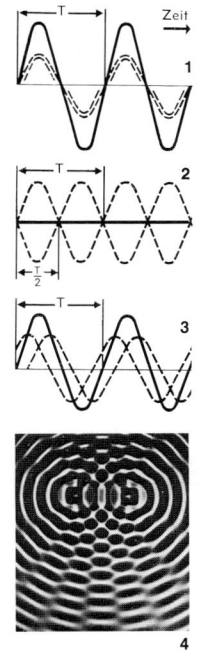

Interferenz
I. zweier Wellen bzw. Schwingungen (T = Schwingungsdauer): **1** Phasenunterschied (Gangunterschied) von 0 Grad (maximale Verstärkung), **2** von 180 Grad (Auslöschung), **3** von 90 Grad. **4** Aufnahme einer Wasseroberfläche mit dem *I.muster* von 2 darüber wandernden Wellenzügen, die von 2 getrennten Punkten ausgehen.

Interferone

inter- [v. lat. inter = zwischen, inmitten, unter, während].

das abbildende Licht durch vorgeschaltete Prismen in zwei kohärente, räuml. getrennte Strahlenbündel aufgeteilt, deren eines (abbildendes) das Objekt durchdringt bzw. bei Auflicht an dessen Oberfläche reflektiert wird (Objektstrahl, Meßstrahl), während das zweite Strahlenbündel ledigl. objektfreie Präparatpartien od. ein Referenzobjekt definierter Dichte durchläuft od. bei Auflicht an einer ideal ebenen Referenzfläche reflektiert wird (Vergleichs- od. Referenzstrahl). Werden beide Strahlenbündel hinter dem Objekt wieder vereinigt, kommt es durch Phasenverschiebung (Gangunterschiede) zw. Objekt- u. Vergleichsstrahl zu einer v. der Objektdichte abhängigen, verschieden starken Interferenz zw. beiden, was sich in einer Verschiebung des Interferenzstreifen-Musters über den betreffenden Objektstrukturen od. – je nach Einstellung des Mikroskops – in einer objektdichteabhängigen Amplitudenänderung (Helligkeitsunterschied) äußert. Die I. erlaubt somit ebenso Dichtemessungen wie kontrastreiche Abb. kontrastarmer Strukturen aufgrund ihrer lokalen Dichte- bzw. Dickenunterschiede (↗Phasenkontrastmikroskopie). Führt man in den Vergleichsstrahl einen stufenlos phasenverschiebenden Glaskeil ein, so läßt sich der resultierende Gangunterschied zw. beiden Strahlen u. damit der Kontrast stufenlos regulieren. Eine Skaleneichung des Glaskeils ermöglicht es, mit Hilfe der I. Objektdicken (bei bekannter Dichte) od. Objektdichten (bei bekannter Schichtdicke, z. B. von Proteinlösungen usw.) zu messen u. auf diesem Wege z. B. Konzentrationsmessungen u. Trockengewichtsbestimmungen (z. B. in Zellen) in vivo durchzuführen. Bei Verzicht auf die Möglichkeit v. Dichtemessungen hat die I. unter dem Teilaspekt der Kontraststeigerung bei der Abb. farbloser u. kontrastarmer, v. a. lebender biol. Objekte bei höchstem Auflösungsvermögen (↗Mikroskop) als opt. Kontrastierungsverfahren in der Biol. heute weiteste Verbreitung gefunden, und zwar in Form der *Differential-Interferenzkontrast-Mikroskopie* (DIK- od. INKO-Verfahren). Bei diesem mit sog. Wollaston-Prismen u. polarisiertem Licht arbeitenden Verfahren liegt die Trennweite der Strahlaufteilung im Nanometerbereich. Die Objekt-Abb. zeichnen sich durch eine klar konturierte, plastisch wirkende Reliefdarstellung v. Objektstrukturen unterschiedl. Dichte aus. P.E.

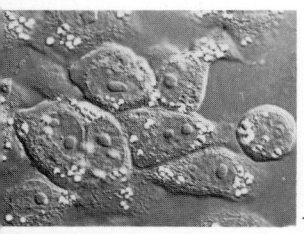

Interferone [Mz.; v. *inter-, lat. ferre = tragen], Abk. *INF,* Glykoproteine, die in Zellen nach Virusinfektion od. anderen äußeren Reizen gebildet werden u. bei anderen Zellen antivirale Reaktionen auslösen. Die Wirkungsmechanismen der I. sind bisher nicht vollständig verstanden, die Einsatzmöglichkeiten gg. Virusinfektionen u. in der ↗Krebs-Therapie noch ungeklärt. Die Existenz von I.n wurde aufgrund der ↗Interferenz zw. verschiedenen Virusinfektionen postuliert. Das erste I. wurde 1957 v. A. Isaacs u. J. Lindenmann isoliert. Virusnucleinsäure, aber z. B. auch andere RNA-Moleküle, die Endotoxine einiger Bakterien u. Mitogene können die I.bildung durch entspr. Genaktivierung induzieren. I. haben eine relative Molekülmasse von ca. 20 000; ihr Proteinanteil besteht aus ca. 140–160 Aminosäuren, der Zuckeranteil ist unterschiedl. Bisher wurden 20 in Struktur u. Aktivität mehr od. weniger verschiedene I. identifiziert, die 3 Hauptklassen zugeordnet werden: INF-α wird auf viralen Reiz hin v. Leukocyten gebildet, INF-β v. Fibroblasten, INF-γ wird antigen-, mitogeninduziert v. T-Lymphocyten gebildet. Als Einheit der INF-Konzentration ist die Menge definiert, die das Wachstum eines Virus in einer Gewebekultur auf die Hälfte reduziert. Die *antivirale Wirkung* von I.n beruht auf der Verhinderung der Virusreproduktion. Das in einer infizierten Zelle gebildete I. bindet an die Oberfläche benachbarter Zellen, wodurch diese zur Synthese verschiedener „antiviraler" Proteine angeregt werden. I. wirken in dieser Weise nur auf Zellen der Spezies, v. denen sie auch gebildet wurden (z. B. wirkt Maus-Interferon nicht auf menschl. Zellen). Andererseits ist der antivirale Effekt nicht Virus-spezifisch, was evtl. den Einsatz eines I.s bei Behandlung verschiedener Viruskrankheiten ermöglicht. Daneben zeigen I. einen *wachstumshemmenden Effekt* bes. auf Tumorzellen; ob sie dabei wie andere Cytostatika prinzipiell auf schnell wachsende Gewebe wirken od. spezifisch auf Tumoren, ist ungeklärt. Über die Aktivierung v. Makrophagen, T-Zellen u. sog. Natural-Killer-Zellen (wahrscheinl. Vorstufen der T-Zellen od. der Makrophagen, die Tumorzellen abtöten) beeinflussen I. auch die *Immunreaktion.* – Die bisher angenommenen molekularen Mechanismen der I.wirkung betreffen die Proteinsynthese. Die „antiviralen" Proteine verhindern wahrscheinl. durch verschiedene Mechanismen die Virus-Proteinsynthese u. damit die Virusreproduktion, evtl. durch Transkriptionshemmung od. Abbau viraler m-RNA. I. induzieren auch die Bildung von 2′,5′-Oligo-Adenylsäure (Oligo A). Diese Moleküle stimulieren eine Endonuclease, die RNA, sowohl virale als auch zelluläre, abbaut. – Die Methoden der ↗Gentechnologie (↗Genmanipulation) ermöglichen heute die Produktion größerer I.mengen, weshalb detailliertere Kennt-

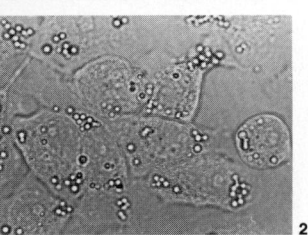

Interferenzmikroskopie

Zwei Aufnahmen vom gleichen Bildausschnitt aus einer Zellkultur eines Ovarialtumors einer Ratte. 1 *Interferenzkontrast-Aufnahme,* fokussiert auf Zellkerne (Zellkerne u. Nucleolen, auch Kernhülle, gut zu erkennen; Fett-Tröpfchen erscheinen als helle, stark lichtbrechende Flecken). 2 Normale Durchlicht-Aufnahme (Zellstrukturen bis auf die stark lichtbrechenden Fett-Tröpfchen trotz starker Abblendung verwaschen, kaum zu erkennen)

nisse zum Mechanismus der I.wirkung u. endgült. Klärung über therapeut. Anwendungsmöglichkeiten der I. in relativ kurzer Zeit zu erwarten sind. D. W.

Interglazial s [v. *inter-, lat. glacialis = eisig], (O. Heer 1865), *Zwischeneiszeit, Warmzeit, Wärmezwischenzeit,* Warmzeit zw. zwei Vereisungsperioden (Glazialen, ↗Eiszeit), die durch wärmeliebende Organismen in Ablagerungen dieses Zeitraums gekennzeichnet ist. Der häufig verwendete Ausdruck I. sollte ersetzt werden durch Warmzeit oder Wärmezwischenzeit.

interkalares Wachstum s [v. *intercal-], 1) das Streckungswachstum v. Organen od. Organteilen bei den Kormophyten (z. B. Blattstiel, Basalteile der Internodien) durch Wachstumszonen, die zw. schon ausdifferenzierten, nicht mehr streckungsfähigen Zonen liegen; z. B. bei den Gräsern die Basalteile der Internodien. 2) bei den Fadenthalli der Algen das Streckungswachstum, das auf der Teilungsfähigkeit aller Fadenzellen beruht.

Interkalarsegment s [v. *intercal-, lat. segmentum = Abschnitt], *Prämandibelsegment, Tritocephalon,* Kopfsegment bei Insekten u. Tausendfüßern, dem die 2. Antenne als Extremitäten-Homologon fehlt. Ganglion des I.s ist das *Tritocerebrum.* ↗Gehirn.

Interkalation w [v. *intercal-], 1) Entwicklungsbiol.: *interkalare Regeneration,* Wiederherstellung eines normalen räumlichen Musters durch Einschub der fehlenden Musterelemente (↗Regeneration, ↗Kontinuitätsprinzip, ↗Zifferblattmodell). 2) Evolutionsbiol.: *intermediäre Addition,* ↗Rekapitulation. 3) Molekularbiol.: Bindung bestimmter, aus einem starren dreigliedr., aromat. Ringsystem aufgebauter Moleküle (z. B. Acridin, Actinomycin u. Äthidiumionen) an doppelsträngige DNA (in geringerem Umfang auch an doppelsträngige Bereiche v. RNA) durch Einschieben zw. zwei benachbarte Basenpaare (↗Acridonalkaloide, ↗Actinomycine, ↗Äthidiumion). Der 36°-Winkel zw. benachbarten Basenpaaren wird an allen I.sstellen geringfügig verringert, was bei linearer DNA mit zunehmender Anzahl v. interkalierenden Molekülen zur Verringerung der Gesamtwindungszahl führt; bei zirkulärer DNA (od. linearer DNA mit fixierten Enden) ist ein Ausgleich der durch die Summe der einzelnen Winkelverringerungen bedingten Spannung durch Rotation freier Enden nicht mögl., weshalb I. hier eine Erhöhung der Gesamtwindungszahl in nicht interkalierenden Bereichen verursacht. Als Folge davon kommt es hier zu einer Erhöhung der positiven superhelikalen Windungen.

inter- [v. lat. inter = zwischen, inmitten, unter, während].

intercal- [v. lat. intercalare = ein- (zwischen-)schalten; intercalaris = eingeschaltet; intercalatio = Einschaltung].

intermed- [v. lat. intermedius = in der Mitte zwischen zwei anderen liegend, mittelständig].

Interkarpalgelenk [v. *inter-, gr. karpos = Handwurzel], *Articulatio intercarpea,* schwach bewegl. Gelenk im Handwurzelbereich (Carpus) des Menschen; die beiden Reihen der Handwurzelknochen sind gegeneinander in der Art eines Scharniergelenks beweglich.

Interkinese w [v. *inter-, gr. kinēsis = Bewegung], die Phase zw. dem 1. und 2. Teilungsschritt der ↗Meiose (B).

Interkostalnerven [v. *inter-, lat. costa = Rippe], *Zwischenrippennerven, Nervi intercostales,* zw. den beiden, die einzelnen Rippen miteinander verbindenden Muskelplatten (Interkostalmuskulatur) gelegene Nerven; versorgen motorisch die ventrale Rumpfmuskulatur, sensorisch die Brust- u. Bauchhaut.

Interleukine [Mz.; v. *inter-, gr. leukos = weiß], ↗Immunzellen, ↗Lymphokine.

Intermaxillare s [v. *inter-, lat. maxillaris = Kinnbacken-], *Intermaxillarknochen,* das ↗Praemaxillare.

intermediärer Erbgang [v. *intermed-], ↗Erbgang, bei dem bei Vorliegen eines heterozygoten Allelpaares die Wirkung beider Allele erkennbar ist u. der Phänotyp der Heterozygoten Aa eine mittlere Erscheinungsform zw. dem Phänotyp der Homozygoten AA u. aa annimmt. Im Ggs. dazu überdeckt beim *dominant-rezessiven Erbgang* die Wirkung des dominanten Allels die des rezessiven Allels bei der Merkmalsausbildung. ↗Dominanz. B Mendelsche Regeln II.

Intermediärstoffwechsel m [v. *intermed-] ↗Stoffwechsel.

Intermedin s [v. *intermed-], das ↗Melanotropin.

Intermedium s [v. *intermed-], mittlerer der jeweils 3 proximalen Handwurzel- u. Fußwurzelknochen niederer Tetrapoden; im Vorderfuß zwischen Ulnare u. Radiale, im Hinterfuß zwischen Fibulare u. Tibiale gelegen.

Internation w [v. *inter-, lat. natus = gewachsen], Verlagerung v. Organen ins Körperinnere (od. Überdeckung durch Schutzeinrichtungen) im Laufe der Stammesgeschichte (od. auch in der Ontogenese; ↗Rekapitulation), bes. bei empfindl. Strukturen wie Sinnesorganen, Nervensystemen, zarthäut. Kiemen u. Fortpflanzungsorganen. Bei Wirbeltieren z. B. die zunehmende I. des Trommelfells in der Reihe Amphibien → Reptilien → Säugetiere u. bei Samenpflanzen die Umhüllung der Samenanlage (Gymnospermen → Angiospermen), z. T. noch zusätzlich versenkt (unterständiger Fruchtknoten). — Die I. ist ein wicht. Phänomen der „Höherentwicklung" (↗Anagenese). ↗Vervollkommnungs-Regeln.

Internationale Einheit

Internationale Einheit, Abk. *I. E., IE* oder *IU* (von engl. International Unit), eine von der WHO festgelegte substanzspezif. Stoffmengeneinheit zur Standardisierung des Wirkstoffgehalts v. nicht synthetisierten, häufig nicht chem. reinen Substanzen. Die Bestimmung erfolgt über den Nachweis des biol. Effekts (oft im Tierversuch). Die I. E. ist definiert als diejenige Menge eines Stoffes, die reproduzierbar in einer Testlösung eben noch eine bestimmte Wirkung ausübt (z. B. Hormone, Antibiotika, Vitamine). Bei chem. reinen Substanzen wird die I. E. in Gewichts-(Massen-)Einheiten angegeben. Für die int. Standardisierung der Enzymaktivitäten wurde die *Enzymeinheit* definiert (↗Enzyme).

Interneuron *s* [v. *inter-, gr. neuron = Nerv], *Zwischenneuron, Verschaltungsneuron,* leitet excitatorische od. inhibitorische Impulse v. Nervenzellen innerhalb des ↗Ganglions zur impulsaussendenden Zelle zurück. ↗Gehirn.

Internlobus *m* [v. lat. internus = inwendig, gr. lobos = Lappen], (L. v. Buch 1829), mediodorsal gelegene Ausbuchtung (↗Lobus) der ↗Lobenlinie v. ↗Ammonoidea, deskriptiv mit dem Symbol I versehen.

Internodium *s* [lat., = Raum zwischen den Gelenken], *Stammglied, Stengelglied,* der Sproßachsenabschnitt zw. 2 übereinanderliegenden Blattansatzstellen (Knoten od. Nodium) einer Pflanze.

Internsattel [v. lat. internus = inwendig], paarig ausgebildeter Sattel der ↗Lobenlinie v. ↗Ammonoidea zw. Intern- u. Laterallobus.

Interorezeptoren [Mz.; v. *inter-, lat. recipere = aufnehmen], *Interozeptoren,* die ↗Propriorezeptoren; Ggs.: ↗Exterorezeptoren.

Interparietale *s* [v. *inter-, lat. parietalis = Wand-], *Os interparietale,* bei manchen Säugern im Schädelskelett auftretender kleiner Deckknochen am Vorderrand des Hinterhauptsbeins, der aber im allg. mit diesem verschmilzt. Beim Menschen kann er als selbständiges ↗Inkabein erhalten bleiben.

Interphase *w* [v. *inter-, gr. phasis = Erscheinung], im ↗Zellzyklus (B Mitose) die Phase zw. zwei Kernteilungen, in der die Reduplikation der DNA erfolgt u. die dem Differenzierungsgrad der Zelle entspr. Genprodukte synthetisiert werden. ↗Arbeitskern.

Interphasekern, der ↗Arbeitskern.

Interpluvial *s* [v. *inter-, lat. pluvialis = regnerisch], *I.zeit, Nonpluvial,* klimatisch charakterist. Zeitraum des ↗Pleistozäns zw. zwei ↗Pluvialen.

Interpositionswachstum [v. lat. interpositio = Einschub], Einwachsen der im Ver-
gleich zu ihren Nachbarzellen sich viel stärker vergrößernden Zellen zw. die Nachbarzellen unter Spaltung der Mittellamellen. Es handelt sich dabei aber um kein „gleitendes" Wachstum, sondern die neu gebildeten Wandgebiete legen sich den Wänden der auseinanderweichenden Nachbarzellen an. I. kommt bei Holzfasern u. Tracheiden vor, die wesentl. länger werden als die sie erzeugenden Kambiumzellen. Ebenso zeigen die wesentl. weiter werdenden Gefäßglieder Interpositionswachstum.

Interradius *m* [v. *inter-, lat. radius = Strahl], *Interambulacrum,* Bereich zw. zwei benachbarten Radien (Ambulacren) der ↗Stachelhäuter; da die meisten Stachelhäuter fünfstrahlig-radiärsymmetr. (pentamer) gebaut sind, haben sie 5 Radien u. 5 Interradien.

Interreduplikation *w* [v. *inter-, lat. reduplicatio = Verdoppelung], die Polyploidisierung während der Interphase (↗Zellzyklus).

Interrenalorgan [v. *inter-, lat. renalis = Nieren-], Organ bei Fischen, das an der Wand der hinteren Kardinalvenen *(Cyclostomata),* zw. den Nieren *(Elasmobranchier)* od. längs der hinteren Kardinalvenen *(Teleostei* u. *Lungenfische)* liegt u. der Nebennierenrinde der Säuger homolog ist.

Interrenin *s* [v. *inter-, lat. ren = Niere], veraltete Bez. für ein Hormon aus der Rinde der ↗Nebenniere.

Intersegmentalhaut [v. *inter-, lat. segmentum = Abschnitt], bei Gliederfüßern die weichhäutige, wenig sklerotisierte Cuticula, welche die stark sklerotisierten Körpersegmente bewegl. miteinander verbindet. Wenn eine starre Verbindung besteht, ist die I. auf eine *Intersegmentalnaht* od. *Segmentnaht* beschränkt.

Interseptalapparat [v. lat. intersaeptum = Scheidewand], (Wedekind 1937); Sammelbegriff für Skelettelemente zw. den Septen v. ↗Steinkorallen. Wedekind unterschied: 1. *diaphragmatophore I.e* (nur aus Böden = Tabulae), 2. *cystiphore I.e* (nur aus Blasen = Dissepimente), 3. *plenophore I.e* (mit beiden Elementen).

Intersex ↗Intersexualität.

Intersexualität *w* [v. *inter-, lat. sexualis = geschlechtlich], **1)** Biol.: das Vorkommen von ♂ und ♀ bzw. von intermediären Merkmalen bei ein und demselben Individuum, dem sog. *Intersex,* bei normalerweise getrenntgeschlechtigen Arten. (Durch diese Definition ist I. streng v. Hermaphroditismus = ↗Zwittrigkeit unterschieden.) Meist wird die Definition noch erweitert durch den Zusatz, daß alle Körperzellen die gleiche genet. Konstellation (genet. ↗Geschlecht) haben; damit gehört

Intersexualität

Einige Formen der menschl. I.:
a) *Hermaphroditismus:* Hoden- und Ovar-Gewebe; äußerst selten, z. B. als lateraler Hermaphroditismus: Hoden auf der einen, Ovar auf der anderen Körperseite.
b) *Männl. Pseudohermaphroditismus:* Hoden vorhanden, aber ohne Spermien; Hormonproduktion schwach ♂, daher Stimme tief, aber Genitale mehr od. weniger ♀ u. Bartwuchs schwach.
c) *Testikuläre Feminisierung:* XY-Individuen mit Hoden u. normaler Androgen-Produktion; durch eine Mutation auf dem X-Chromosom (Tfm-Locus) ist der Androgen-Rezeptor verändert; die Körperzellen können deshalb nicht auf die Androgene reagieren. Von der fehlenden Scham- u. Achselbehaarung abgesehen rein ♀ Phänotyp!
d) ↗ *Adrenogenitales Syndrom:* Vermännlichung durch Hormone der Nebennierenrinde.
e) Zur *I. i. w. S.* gehören das ↗*Klinefelter-Syndrom* (XXY-Karyotyp, phänotypisch u. psychisch ♂, aber steril, bei 2‰ der männl. Bevölkerung), das seltenere ↗*Turner-Syndrom* (X0, steril) u. *Triplo-X-Syndrom* (XXX, oft fertil, sog. Triplo-X-Frauen).

der Gynandromorphismus (↗Gynander) nicht zur I. – Die I. führt meist zu Sterilität u. kann unterschiedl. verursacht sein: a) zahlenmäßig abnorme Chromosomen-Konstellation, z. B. subtriploide *Drosophila* mit 3 Autosomen-Sätzen und 2 X-Chromosomen (genotyp. ↗Geschlechtsbestimmung bei *Drosophila* im Ggs. zum Menschen: entscheidend das Zahlenverhältnis X : Autosomen). b) Kreuzung verschiedener Rassen, v. denen eine stärker, die andere schwächer wirksame Geschlechtsrealisatoren besitzt; z. B. haben bei der Bastardierung v. eur. und japan. Schwammspinnern an sich ♀ determinierte Tiere innerhalb derselben Ovariolen Eier *und* Spermien. c) Störung der Geschlechtsdifferenzierung; z. B. bei Chironomiden (Zuckmücken) durch Befall mit Mermithiden (parasit. Fadenwürmern); od. durch Hormonwirkung eines ♂ Säugetier-Embryos auf sein genet. ♀ determiniertes Zwillingsgeschwister, sofern Blutaustausch über eine gemeinsame Placenta mögl. ist, z. B. bei Rindern (Entstehung v. sterilen ↗Zwicken). – 2) Med.: Vorhandensein v. Merkmalen beider Geschlechter bei einem einzigen Individuum, d. h.: Widersprüche zw. chromosomalem (karyotypischem) Geschlecht, Gonaden-, Genital-Geschlecht u. geschlechtl. Phänotyp. Eine mehr operationale Definition faßt unter *I. i. w. S.* alle organ. Krankheitsbilder zus., die entweder Aberrationen der Geschlechtschromosomen zur Grundlage haben od. mit einer Abwandlung des Genitales bzw. der sekundären Geschlechtsmerkmale im gegengeschlechtl. Sinne einhergehen (vgl. Spaltentext). ↗Chromosomenanomalien.

intersexuelle Selektion ↗sexuelle Selektion, ↗atelische Bildungen.

Interspezies-Wasserstoff-Transfer, *interspecies hydrogen transfer,* Aufnahme u. Verwertung des im Gärstoffwechsel eines Mikroorganismus entstandenen molekularen Wasserstoffs (H_2) durch einen anderen Mikroorganismus. Diese Art einer anaeroben Nahrungskette ist v. großer Bedeutung in der Natur u. hat Vorteile für beide Partner: Für den H_2-Verwerter liefert H_2 Energie (ATP) u./od. Reduktionsäquivalente (anaerobe ↗wasserstoffoxidierende Bakterien); für den Gärer verbessert diese (symbiontische) Beseitigung des Gär-Endprodukts H_2 (Entzug überschüssiger Reduktionsäquivalente, ↗Gärung) die Verwertung des Gärsubstrats (höherer ATP-Gewinn). Bei einigen anaeroben Bakterien ist eine geringe H_2-Konzentration im Medium – durch einen fortlaufenden Entzug von H_2 – sogar Voraussetzung für ein Wachstum (↗acetogene Bakterien [2]).

interspezifische Konkurrenz [v. *inter-,

inter- [v. lat. inter = zwischen, inmitten, unter, während].

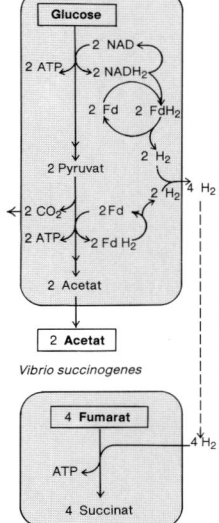

Ruminococcus albus

```
      Glucose
2 ATP ↘   ↘ 2 NAD
       ↓   ↓
2 ADP ↙   ↙ 2 NADH₂
       2 Fd ↔ 2 FdH₂
       ↓       2 H₂
     2 Pyruvat
              ↘ 4 H₂
  2 CO₂  2 Fd
2 ATP ↖  ↖ 2 FdH₂
       ↓
     2 Acetat

     2 Acetat
```

Vibrio succinogenes

```
     4 Fumarat
              ↙ 4 H₂
     ATP ↙
     4 Succinat

     4 Succinat
```

Interspezies-Wasserstoff-Transfer

Beispiel einer H_2-Übertragung v. Zelle in Zelle bei der Vergärung v. Glucose durch *Ruminococcus albus* u. seiner Verwertung durch *Vibrio* (= *Wolinella*) *succinogenes*

mlat. specificus = charakteristisch], ↗Konkurrenz.

Interstadial *s* [v. *inter-, gr. stadion = die Spanne], (A. Penck, E. Brückner, L. du Pasquier 1894), kurze Erwärmungsphase innerhalb eines Glazials (↗Eiszeit).

Intersterilität *w* [v. *inter-, lat. sterilitas = Unfruchtbarkeit], eine bes. Form der ↗Kreuzungssterilität; gametische ↗Inkompatibilität.

Interstitial *s* [v. lat. interstitium = Zwischenraum], das ↗hyporheische Interstitial.

interstitialzellenstimulierendes Hormon, Abk. *ICSH*, das ↗luteinisierende Hormon.

interstitielle Flüssigkeit, die ↗Gewebeflüssigkeit; ↗Flüssigkeitsräume.

interstitielle Zellen, allg.: im ↗Interstitium liegende Zellen. a) *Zwischenzellen,* epitheloide Zellen in den Gonaden der Säuger (↗Leydig-Zwischenzellen); b) *I-Zellen* bei Coelenteraten, können sich vermehren od. zu Keimzellen u. verschiedenen Typen somat. Zellen differenzieren.

Interstitium *s* [lat., = Zwischenraum], der Bereich zw. Organen oder zw. den organtyp. Epithelkomplexen (z. B. in Hoden u. Niere); enthält Bindegewebe, Blut- u. Lymphgefäße und ggf. hormonproduzierende Zwischenzellen (↗interstitielle Zellen).

Intertarsalgelenk *s* [v. *inter-, gr. tarsos = Fußsohle], Gelenk zw. *Fußwurzelknochen* (Tarsalia, ↗Fuß) bei Tetrapoden. Bei Säugern ist das I. meist nur wenig bewegl., bei Sauropsiden hat es dagegen im allg. die Aufgabe des Fußwurzelgelenks übernommen. Bei einigen Tetrapoden sind die beteiligten Knochen in spezieller Weise ausgebildet. Bei *Fröschen* sind die beiden hinteren Tarsalia (Astragalus u. Calcaneus) zu längl. Stäben umgewandelt, die zu einer Spange verwachsen sind und gg. die vorderen Tarsalia gelenken. Hiermit weist das Frosch-Hinterbein einen zusätzl. vierten Hebelarm auf – als Spezialisierung für die springende Bewegung ([B] Amphibien I). Bei *Vögeln* gibt es keine freien Tarsalia mehr; sie sind teils an den Unterschenkel (Tibiotarsus), teils an den Laufknochen (Tarsometatarsus) angeschmolzen. Die Gelenkfläche zw. diesen beiden Hebeln wird v. den Bereichen gebildet, die den ehemaligen Tarsalia entsprechen, daher ist es ein I. Beim *Menschen* ist das I. das untere Sprunggelenk, zw. dem Sprungbein einerseits u. Fersenbein u. Kahnbein andererseits.

Intervallum *s* [lat., = Zwischenraum], Hohlraum zw. Außen- u. Innenwand bei ↗Archaeocyathiden (□).

intervenierende Sequenz, Intron, ↗Genmosaikstruktur (□), ↗Exon.

interzellulär [v. *inter-, lat. cellula = Zelle], *interzellular,* zw. den Zellen liegend, z. B. Interzellularflüssigkeit. Ggs.: intrazellulär.

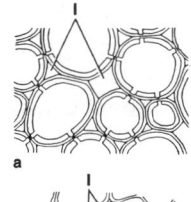

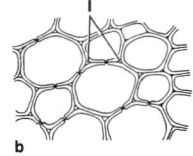

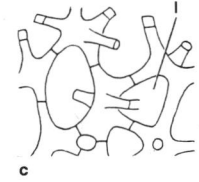

Interzellularen [v. *inter-], *Interzellularräume, Zwischenzellräume,* meist mit Luft, selten mit Schleimen, Exkreten od. Wasser erfüllte Räume zw. den Zellen pflanzl. ⟋ Dauergewebe, bes. im pflanzl. ⟋ Grundgewebe. Sobald sich embryonale Zellen in Dauerzellen umwandeln, werden die Mittellamellen der sich verdickenden Zellwände an den Kanten u. Ecken aufgelöst. An diesen Orten weichen dann die Wände benachbarter Zellen auseinander (*schizogene* Bildung von I.). Schon bald bildet sich ein zusammenhängendes, den Pflanzenkörper durchziehendes System reich verästelter feiner Kanäle, das *Interzellularsystem,* das durch Spaltöffnungen od. andere Poren, wie z. B. Lentizellen des ⟋ Abschlußgewebes, mit der Außenluft in Verbindung steht. Sie sind für den Gaswechsel der tiefer im Pflanzenkörper gelegenen Zellen wichtig. Die I. können durch bevorzugte Teilung der ihnen benachbarten Zellen zu größeren Kammern u. Gängen erweitert werden, z. B. im Schwammparenchym vieler Laubblätter. Neben der Entstehung durch Auflösen der Mittelmelle können I. auch durch Zerreißen v. Zellen infolge ungleich verteilten Wachstums *(rhexigen)* od. durch Auflösung v. Zellwänden *(lysigen)* entstehen.

Interzellularflüssigkeit [v. *inter-], ⟋ Gewebeflüssigkeit, ⟋ Interzellularsubstanz.

Interzellularraum [v. *inter-], der Raum zw. den Zellen; a) bei Tieren u. Mensch mit ⟋ Interzellularsubstanz od. Interzellularflüssigkeit (⟋ Gewebeflüssigkeit) gefüllt, b) bei Pflanzen: ⟋ Interzellularen.

Interzellularsubstanz, v. a. von Bindegewebs-, weniger von Epithelzellen sezernierte, je nach Zusammensetzung feste od. gallertige, aus Mucopolysacchariden u. Mucoproteiden bestehende Zwischenzellen-Substanz, oft durchzogen v. Proteinfasern (Kollagen, Elastin), die Skelett- (⟋ Bindegewebe) u. Transportfunktionen (Interzellularflüssigkeit) erfüllen od. als „Interzellularkitt" (Epithelien) wirken kann.

Interzellularsystem ⟋ Interzellularen.

Interzeption *w* [mlat. interceptio = Wegnahme], allg.: Verdunstungsverlust bei Niederschlägen, i. e. S. der Anteil des Niederschlagswassers, der an den Pflanzen haftet u. wieder verdunstet; v. a. Bäume mit kleinen gut benetzbaren Blättern od. Nadeln fangen in ihrem Kronendach sehr viel Wasser ab *(Kronenverlust).*

Interzonalregion [v. *inter-, gr. zōnē = Gürtel], der Zellbezirk zwischen den sich trennenden Tochterchromosomen in Anaphase u. Telophase.

Interzellularen
Interzellularen (I),
a im Markgewebe älterer, **b** jüngerer Birkenzweige; **c** Aerenchymgewebe im Blattstiel v. *Canna* (Blumenrohr)

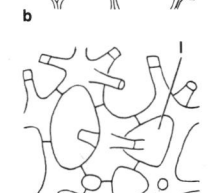

inter- [v. lat. inter = zwischen, inmitten, unter, während].

intra- [v. lat. intra = innerhalb, nach innen].

intestinal [v. lat. intestina = Eingeweide], zum Darm gehörend.

Intestinum *s* [lat., =], der ⟋ Darm.

Intima *w* [lat., = die innerste], *Tunica intima,* 1) bei Wirbeltieren innerste, der Blutseite zugewandte Zellschicht der ⟋ Blutgefäße (⟋ Arterien), die aus pflastersteinartig aneinandergereihten flachen ⟋ Endothel-Zellen besteht, die, auf einer Basalmembran aufgesetzt, eine relativ glatte Oberfläche bilden. 2) bei Gliederfüßern v. einem ektodermalen Epithel abgeschiedene dünne Cuticulaschicht, die Hohlräume v. inneren Organen auskleidet: Darm-I. im Vorder- u. Hinterdarm, Tracheen-I. als cuticuläre Auskleidung der Tracheen. Auch die Geschlechtswege der Insekten sind stellenweise sogar mit einer dicken I. ausgekleidet.

Intine *w* [v. lat. intus = innen], Bez. für den inneren Schichtenkomplex der aus zwei Schichtenkomplexen aufgebauten Pollenkornwand der Samenpflanzen; entspricht topographisch dem ⟋ Endospor bei den Moos- u. Farnpflanzen. Die I. umgibt den Protoplasten lückenlos u. ist chem. wenig widerstandsfähig. Vielfach wurden zwei bis drei Schichten nachgewiesen, wovon die äußerste oft sehr pektinreich ist. Dadurch kann sich die I. leicht v. der ⟋ Exine lösen. Innere u. mittlere Schicht sind reich an Cellulosefibrillen. Beim Keimen der ⟋ Pollen wächst nur die I. zum Pollenschlauch aus.

Intoleranz *w* [Bw. *intolerant;* v. lat. intolerantia = Unverträglichkeit], Medizin: 1) Unverträglichkeit u. daher Abneigung des Organismus gegenüber bestimmten Nahrungsmitteln (od. auch anderen Stoffen). 2) fehlende Widerstandskraft gg. äußere Einflüsse.

Intoxikation *w* [v. lat. in-=ein-, hinein-, gr. toxikon = (Pfeil-)Gift], die ⟋ Vergiftung.

intracamerale Ablagerungen [v. *intra-, lat. camera = Gemach], *Einlagen, camerale Ablagerungen („dépots organiques",* Barrande 1868), von (hypothetischem) Gewebe im Inneren der Kammern fossiler Nautilidenschalen ausgeschiedene Kalkablagerungen (= primäre i. A.). Sie sind auf beide Seiten der Septen begrenzt, können jedoch auf die Schalenwand *(murale* i. A.) übergreifen. Oft nimmt ihre Dicke in Richtung auf die Wohnkammer zu; in ihr fehlen sie stets. Vom rezenten *Nautilus* kennt man sie nicht. Die v. Teichert (1933) getroffene u. heute noch verbreitete Unterscheidung *epi-* u. *hyposeptaler* i. r A. beruht auf falscher Orientierung der Schalen u. sollte (nach H. Schmidt 1956) ersetzt werden durch die eindeutigen Bez. *proximale* u. *distale* i. A. – Sekundärer Entstehung sind solche i. n A., die postmortal auf anorgan. Weise eingelagert worden sind; sie kleiden die Kammern i. d. R. gleichmäßig stark aus.

intracytoplasmatische Membranen [v. *intra-, gr. kytos = (heute) Zelle, plasma = Gebilde, lat. membrana = Häutchen], 1) Mikrobiol.: von der Cytoplasmamembran nach innen eingefaltete Membranstapel od. eingestülpte Membranvesikel unterschiedl. Funktion; finden sich z. B. bei nitrifizierenden, methanoxidierenden u. den meisten phototrophen ↗ Bakterien (☐). Der Aufbau gleicht etwa dem der Cytoplasmamembran, doch zusätzl. enthalten sie bes. Enzyme bzw. Elektronentransportkomponenten (z. B. den Photosyntheseapparat der phototrophen Bakterien. Die Thylakoide der ↗ Cyanobakterien sind gleichfalls i. M., die jedoch nur noch selten eine Verbindung zur Cytoplasmamembran zeigen. 2) ↗ Membran.

Intrakutantest [v. *intra-, lat. cutis = Haut], Testverfahren zum Nachweis allerg. Spätreaktionen, v. a. bei höhermolekularen ↗ Allergenen (z. B. Tuberkulin), die beim ↗ Epikutantest infolge fehlender Penetration negativ ausfallen. Nach intrakutaner Injektion des Allergens entsteht bei positivem Testausfall innerhalb 48–72 Stunden ein Hauterythem um die Injektionsstelle.

intrasexuelle Selektion ↗ sexuelle Selektion, ↗ atelische Bildungen.

Intrasiphonata [Mz.; v. *intra-, gr. siphōn = Röhre], (Zittel 1895), ↗ *Ammonoidea*, bei denen der Sipho auf der inneren (dorsalen) Seite der Schalenwindungen liegt; beschränkt auf die oberdevonische Ordnung *Clymeniida* (↗ Clymenien).

intraspezifische Evolution, die ↗ infraspezifische Evolution.

intrauterine Übertragung [v. *intra-, nlat. uterus = Gebärmutter], ↗ Übertragung.

intravenös [v. *intra-, lat. vena = Ader], innerhalb einer Vene vorkommend, in eine Vene hinein, z. B. intravenöse Injektion.

intrazellulär [v. *intrazell-], innerhalb einer Zelle liegend, in der Medizin auch: in eine Zelle hinein; Ggs.: interzellulär.

intrazelluläre Verdauung [v. *intrazell-] ↗ Verdauung.

Intrazellularflüssigkeit [v. *intrazell-] ↗ Flüssigkeitsräume.

Intrinsic factor *m* [intrinßik fäktᵉr; engl., = inner(lich)er Faktor], *Hämogenase, Castle-Ferment,* Glykoprotein, das in den Zellen der Magenschleimhaut gebildet u. an das Magenlumen abgegeben wird. Im Dünndarm bewirkt es die Aufnahme des Vitamins B_{12} (↗ Cobalamin, = *Extrinsic factor*) als B_{12}-Intrinsic-factor-Komplex in die Darmzellen, wo das Vitamin in die peripheren Gewebe transportiert wird. Fehlen des I. f.s führt zur perniziösen Anämie.

intra- [v. lat. intra = innerhalb, nach innen].

Introgression

I. wurde u. a. für manche Kleinsäuger angenommen; es ließ sich aber bisher kaum nachweisen, daß die betreffenden Ausgangsformen vorher wirklich isolierte Arten waren. Überholt ist auch die Auffassung, der Hund (↗ Hunde) sei durch Bastardierung v. Wolf u. Schakal entstanden. Bei Pflanzen jedoch ist Artbildung durch Bastardierung möglich, wenn es direkt anschließend zu ↗ Allopolyploidie kommt. Dies ist aber genau genommen keine Inkorporation v. Genen einer Art in eine zweite Art hinein, sondern die Kombination der Gene zweier Arten in einer *neuen* dritten Art.

intrazell- [v. lat. intra = innerhalb,ˌ lat. cellula = kleiner Raum, Zelle].

Introgression *w* [v. lat. introgredi = hineinschreiten], Inkorporation v. Genen einer Art in den Genpool einer anderen Art durch Hybridisierung u. Rückkreuzung, d. h. eine zwischenartlich fertile Bastardierung. Dieser Begriff beinhaltet also einen *inter*spezif. Genfluß, was an sich unvereinbar ist mit dem Biospezies-Konzept (↗ Art). Man könnte höchstens annehmen, daß eine zunächst vorhandene Bastardierungssperre (↗ Isolationsmechanismen) wieder zusammengebrochen ist.

Intron *s* [Mz. *Intronen;* v. lat. intro = hinein], *intervenierende Sequenz,* ↗ Genmosaikstruktur (☐). Ggs.: ↗ Exon.

intrors [v. lat. introrsus = hinein, nach innen], Bez. für Staubbeutel, die auf die Vorderseite des Staubblatts verlagert sind, d. h. zur Blütenmitte gekehrt sind u. daher nach innen aufspringen; diese Anordnung ist die häufigere. Ggs.: extrors.

introvert [v. lat. intro = nach innen, vertere = wenden], heißen Theken v. Graptolithen, die infolge bevorzugten Wachstums am Ventralrand den Neigungswinkel verkleinern u. ihre Mündung einwärts wenden, z. B. *Leptograptus.* Ggs.: *extrovert:* Hier vergrößert sich der Neigungswinkel durch hakenförm. Umbiegen auswärts-rückwärts infolge bevorzugten Wachstums am Dorsalrand der Theken, z. B. *Monograptus priodon.*

Intumeszenz *w* [v. lat. intumescere = anschwellen], **1)** Bot.: kleine Pustel od. Wucherung an der Rinde jugendl. Zweige, an Blättern u. Blüten, die vom Grundgewebe gebildet wird. **2)** Anatomie: *Intumescentia,* normale od. auch patholog. Größenzunahme bzw. Anschwellung eines Organs od. Gewebes.

Intuskrustation *w* [v. lat. intus = innen, crustare = mit einer Kruste überziehen], Versteinerungsart, bei der Hohlräume in organ. Substanz, insbes. v. Pflanzen, durch Ausfällung v. Mineralsalzen verfüllt werden *(Intuskrustat).*

Intussuszeption *w* [v. lat. intus = innen, susceptio = Übernahme], Wachstum der ↗ Zellwand durch Einlagerung neuer Wandsubstanz zw. die schon vorhandene. Diese Vorstellung hat sich bis heute nicht bestätigen lassen. Dagegen konnte in vielen Fällen für das ↗ Dickenwachstum der Zellwand u. auch für das Flächenwachstum der zarten Primärwände im wesentl. eine Anlagerung *(Apposition)* des neuen Wandmaterials nachgewiesen werden. Ggs.: ↗ Appositionswachstum.

Inula *w* [lat., =], der ↗ Alant.

Inulin *s* [v. lat. inula = Alant], *Alantstärke,* leicht wasserlösl. Reservepolysaccharid (↗ Fructane) vieler Pflanzen wie Dahlien, Artischocken, Löwenzahn, Zichorie u. a.

Inulinvakuolen

Korbblütler (1804 im ↗Alant entdeckt), das etwa 30 Fructofuranosereste in β(2–1)-Bindung enthält (relative Molekülmasse ca. 5000). In der Physiologie dient es der Bestimmung des extrazellulären Raums, da es leicht in das Interstitium, nicht aber in die Zellen eindringt (↗Flüssigkeitsräume). Ferner ist es die klass. Substanz zur Bestimmung der glomerulären Filtrationsrate, da es bei Passage durch die Nieren weder resorbiert noch sezerniert wird (☐ Clearance). In der Therapie v. Zuckerkranken (↗Diabetes mellitus) dient es als Glucoseersatz zur Herstellung von Brot, Kunsthonig, Getränken u. dgl.

Inulinvakuolen [Mz.; v. lat. inula = Alant, vacuus = leer], ↗Vakuolen bei Korbblütlern, die das Fructosepolysaccharid Inulin speichern.

Invagination *w* [v. lat. in- = ein-, hinein-, vagina = Scheide], in der Embryonalentwicklung Einstülpung einer Zellschicht, z. B. Bildung des Urdarms bei der typ. ↗Gastrulation. ↗Embolie 2). B Embryonalentwicklung I.

Invasion *w* [v. lat. invasio = Angriff, Einfall], 1) Eindringen v. Tierarten in ein Gebiet, in dem sie sonst nicht vertreten sind. Dieser Vorgang wird häufig erst dann bemerkt, wenn es sich um Scharen v. Individuen handelt; z. B. tritt in manchen Jahren der Tannenhäher *(Nucifraga caryocatactes)* in Mitteleuropa als *I. svogel* auf. 2) Vorgang des Hineinkommens eines Parasiten in den Wirt, entweder passiv (mit der Nahrung od. durch Stich eines Überträgers) od. aktiv (mit Strukturen zum Bohren od. Schneiden, mit Hilfe proteolyt. Drüsensekretionen).

Inversion *w* [v. lat. inversio = Umkehrung], 1) Hydrolyse v. Rohrzucker (Saccharose) zu Trauben- (Glucose) u. Fruchtzucker (Fructose), die mit einer Umkehrung der opt. Drehrichtung (↗optische Aktivität) v. polarisiertem Licht einhergeht; das dabei entstehende Gemisch beider Zucker heißt ↗Invertzucker. 2) Eine Chromosomenmutation, ↗Chromosomenaberrationen (☐). B Mutationen.

Invertase *w* [v. lat. invertere = umkehren], *Invertin, Saccharase*, ein bes. in Hefe, Pilzen u. höheren Pflanzen, jedoch auch im Magensaft der Bienen vorkommendes Enzym, das den opt. rechtsdrehenden Rohrzucker in den linksdrehenden ↗Invertzucker spaltet (↗Inversion).

Invertebrata [Mz.; v. lat. in- = nicht, vertebra = Wirbel], die ↗Wirbellosen.

Invertzucker [v. lat. invertere = umkehren], ein Gemisch gleicher Teile v. Glucose u. Fructose, das durch saure od. enzymat. (↗Invertase) Spaltung v. Rohrzucker (Saccharose) entsteht. I. ist in Nektar, Honig u.

involut- [v. lat. involutus = eingewickelt, eingehüllt; involutio = Einwicklung, Windung].

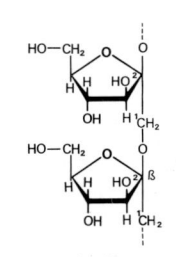

Inulin (Molekülausschnitt)

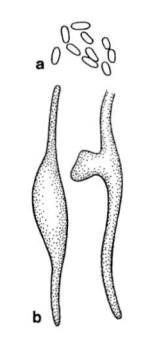

Involutionsformen

a normale Zellen und b Involutionsformen von Essigsäurebakterien

Inzesttabu

Beim *Menschen* werden Sexualbeziehungen zw. Verwandten als *Inzest* od. *Blutschande* bezeichnet. Die Verletzung des I.s, eines der ältesten aus magisch-religiösen Quellen gespeisten Sexualtabus, ist in den meisten Gesellschaften ein schwer geahndetes Sexualdelikt. Der Ursprung des menschlichen I.s ist bis heute unbekannt.

in den meisten süßen Früchten enthalten; im Kunsthonig wird I. künstl. durch Spaltung des Rohrzuckers erzeugt. Der Name I. rührt daher, daß die Rechtsdrehung der Ebene des polarisierten Lichtes beim Rohrzucker in Linksdrehung umschlägt (↗Inversion), da Fructose stärker nach links dreht als Glucose nach rechts.

in vitro [lat., = im Glas], außerhalb des Organismus unter künstl. Bedingungen, im Reagenzglas; von biol. Vorgängen od. wiss. Experimenten gesagt. Ggs.: in vivo.

in vivo [lat., = am lebenden (Objekt)], innerhalb des od. am lebenden Organismus, von biol. Vorgängen od. wiss. Experimenten gesagt. Ggs.: in vitro.

Involucrellum *s* [v. lat. involucrum = Hülle, Futteral], vom Lager gebildete, verhärtete, schwärzl. Deckschicht od. Hülle eines Flechten-Peritheciums.

Involucrum *s* [lat., = Hülle], der ↗Hüll-
involut [*involut-] ↗Einrollung. [kelch.

Involution *w* [v. *involut-], Rückbildung v. Organen (z. B. Hormondrüsen im Alter, Uterus nach der Schwangerschaft) od. auch des ganzen Organismus im hohen Alter.

Involutionsformen [v. *involut-], (Nägeli, 1877), vergrößerte, unregelmäßige, oft kugelig angeschwollene Wuchsformen v. Mikroorganismen (bes. Bakterien, vgl. Abb.); unterscheiden sich stark v. der normalen Zellform u. entstehen oft als Altersform *(Degenerationsform)* u. unter extremen Wachstumsbedingungen, z. B. in stark saurer, alkal. oder alkohol. Lösung sowie durch Antibiotikaeinfluß (↗L-Form). Früher wurden auch die ↗Bakteroide der Knöllchenbakterien als I. bezeichnet.

Inzest *m* [v. lat. incestus = Blutschande], ↗Inzesttabu.

Inzesttabu *s* [v. lat. incestus = Blutschande, polynesisch tapu = heilig], in der Ethologie besser *Inzestvermeidung,* Bez. für verhaltenssteuernde Mechanismen, die eine sexuelle Beziehung nahe verwandter Individuen *(Inzest),* bevorzugt zw. Eltern u. Nachkommen od. zw. Geschwistern, verhindern. Die Funktion des I.s liegt in der Vermeidung der ↗Inzucht u. der damit verbundenen Kombination gleicher Defektmutationen des Erbguts. Bei den meisten Tierarten wird Inzest nur passiv vermieden, indem Nachkommen sich zerstreuen bzw. von den Eltern nicht mehr geduldet werden, indem sich die Geschlechter verschieden verhalten (Trennung v. Geschwistern) usw. Dadurch werden Verpaarungen naher Verwandter zwar unwahrscheinl., aber immer mögl. und kommen auch vor. Die aktive Vermeidung v. Inzest ist an die Möglichkeit individuellen Erkennens gebunden u. kommt bei Tieren ebenfalls vor: Bei einigen Vogelarten vermeiden Geschwister auch dann eine Verpaarung, wenn sie ohne andere Partner zus. gehalten werden; hier spielen evtl. *Prägungsvorgänge* eine Rolle. Bei Schimpansen wurde beobachtet, daß Weibchen sexuelles Interesse v. Brüdern aktiv abwehren u. daß selbst erwachsene u. ranghohe Männchen ihrer Mutter gegenüber kein sexuelles Interesse haben.

Inzestzucht *w*, als engste ↗ Inzucht in der Tierzucht die Kreuzung von nah verwandten Individuen (Geschwister, Elter × Nachkomme). ↗ Inzuchttest.

Inzidenz [v. lat. incidere = hineingeraten], Begriff der Epidemiologie; prozentualer Anteil des Neubefalls v. Wirtsindividuen in einem bestimmten Zeitabschnitt, bezogen auf die Zahl Nichtinfizierter zu Beginn dieser Zeit.

Inzucht, sexuelle Fortpflanzung v. Individuen, die näher verwandt sind als ein zufallsgemäß einer Population entnommenes Individuenpaar. I. führt zu einer Zunahme der homozygoten Genotypen bei gleichzeit. Abnahme der heterozygoten (bei maximaler I., d. h. Selbstbefruchtung, nimmt der Anteil der heterozygoten Genotypen um 50% pro Generation ab), was bewirkt, daß sich rezessive Defektallele manifestieren können (*I.schäden*). Homozygotie vitalitätsmindernder Allele u. Auftreten schlecht angepaßter Genotypen bewirken eine Verminderung der generativen u. vegetativen Leistungsfähigkeit der I.-Nachkommen (*I.degeneration, I.depression*) bis auf ein artspezif. *I.minimum*. In der Pflanzen- u. Haustierzüchtung wird I. zum Ausmerzen v. Defektallelen eingesetzt sowie zur Erzeugung v. ↗ *I.linien* für die ↗ Hybridzüchtung. ↗ Endogamie, ↗ Inzesttabu.

Inzuchtlinie, Generationenfolge einer allogamen Art, die durch wiederholte Selbstbefruchtung od. Kreuzung verwandter Individuen (↗ Inzucht) entsteht u. durch Zunahme der Homozygotie gekennzeichnet ist.

Inzuchttest, Prüfungsmethode zur Erkennung unerwünschter od. schädl. rezessiver Allele bei Vatertieren (z. B. bei zur Besamung eingesetzten Bullen). Durch Rückkreuzung zw. Vatertieren u. Töchtern (↗ Inzestzucht) werden ggf. vorhandene rezessive Defektallele homozygot u. treten phänotyp. in Erscheinung, so daß ihre Träger erkannt werden können.

Iod *s* [v. gr. ioeidēs, iōdēs = violett], int. nomenklaturgerechte Schreibweise für *Jod*, chem. Zeichen I bzw. J, ein zu den Halogenen zählendes chem. Element, kommt in der Natur in Form v. Iodaten im Chilesalpeter vor, außerdem in Meeresalgen (1811 in ↗ Braunalgen entdeckt) u. Korallen, in zahlr. Pflanzen u. Tierkörpern, in der Ackererde u. in Mineralquellen (*I.bäder*). Im menschl. u. tier. Organismus ist das in Form v. Iodid (als solches Begleitstoff v. Speisesalz) aufgenommene I. von bes. Bedeutung für den Hormonhaushalt, da es in der Schilddrüse zum Aufbau v. ↗ Thyroxin erforderl. ist.

Iodacetamid *s* [v. *iod-, lat. acetum = Essig], *Jodacetamid*, ICH_2-CO-NH_2, eine spezif. mit SH-Gruppen v. Proteinen nach dem Schema: Protein-SH + Iodacetamid → Protein-S-CH_2-CO-NH_2 + HI reagierende Verbindung. Durch die gen. Reaktion (Alkylierung) können bes. Enzyme mit SH-Gruppen im aktiven Zentrum irreversibel blockiert werden.

Iodgorgosäure, das ↗ 3,5-Diiodtyrosin.

Iodopsine [Mz.; v. *iod-, gr. opsis = Aussehen] ↗ Sehfarbstoffe.

Iodstärkereaktion [v. *iod-], ↗ Amylose.

Iodzahl, *Jodzahl*, Abk. JZ, Maßzahl, die angibt, wieviel g Iod sich an die Doppelbindungen von 100 g Substanz (z. B. fette Öle od. Fette) unter Entfärben anlagern; gibt Aufschluß über den Ungesättigtheitsgrad von z. B. Fetten.

Ionen [Mz.; v. *ion-], Atome od. Atomgruppen, die ein- od. mehrfach positiv (↗ Kation) od. negativ (↗ Anion) geladen sind. ↗ Elektrolyte, ↗ Ionisation.

Ionenaustauscher [v. *ion-], anorgan. oder organ. wasserunlösl. Polymere, in die ionische Gruppen eingebaut sind, deren Gegenionen gegen. andere Ionen (↗ *Anionen-* bzw. ↗ *Kationenaustauscher*) ausgetauscht werden können, z. B. zur Wasserenthärtung, in der Medizin sowie in der Ionen- ↗ Austauschchromatographie (↗ Chromatographie). Auch ↗ Bodenkolloide wirken als I. Da sie überwiegend negativ geladen sind, werden Kationen (Ca^{2+}, Mg^{2+}, NH_4^+, K^+, H^+, Na^+) leicht u. in relativ großen Mengen adsorbiert (↗ Austauschkapazität). Die mineral. Nährstoffe werden so größtenteils gespeichert. Dies ist für Pflanzen v. großer Bedeutung, da die Wurzel Ionen (überwiegend H^+-Ionen) an die Bodenkolloide abgibt und gg. Nährstoffionen (K^+, Ca^{2+}, NH_4^+) eintauscht. Anionen (Cl^-, NO_3^-, SO_4^{2-} usw.), für die nur wenige positiv geladene Sorptionsstellen zur Verfügung stehen, werden leicht mit dem Grundwasser ausgeschwemmt. Daher ist Nitrat- ↗ Düngung mit hohen Auswaschungsverlusten verbunden. [dung.

Ionenbindung [v. *ion-], ↗ chemische Bin-

Ionenpumpen [v. *ion-], in Bio- ↗ Membranen gelegene spezielle aktive Transportmechanismen v. Ionen (↗ aktiver Transport, ☐), die gg. das elektrochem. Gleichgewicht arbeiten; eine der wichtigsten I. ist die *Natrium-Kalium-Pumpe*. Die meisten I.

---

iod-, iodo- [v. gr. ioeidēs = veilchenfarbig, violett (v. ion = Veilchen)], in Zss.: das chem. Element Iod.

Iod

I.mangel führt beim Menschen zur Kropfbildung, welcher durch iodhalt. Speisesalz vorgebeugt werden kann. Das radioaktive I.isotop I-131 *(Radio-I.)*, Halbwertszeit 8,05 Tage, spielt wegen seiner in der Schilddrüse erfolgenden Speicherung eine wicht. Rolle in der Untersuchung der Schilddrüse.

ion-, iono- [v. gr. iōn = gehend], in Zss.: elektr. geladenes Atom od. Atomgruppe.

Ionentransport sind elektrogen, wie die ↗ *Natrium-* u. die ↗ *Calcium-Pumpe,* wodurch an den Zellgrenzen eine elektr. Potentialdifferenz aufgebaut wird. Elektrochem. Gradienten können zum Transport anderer Substanzen genutzt werden (über spezielle Kanäle od. Austauschprozesse), aber auch zur Signalübermittlung. Derartige I. haben an dünnen Nervenfasern und Muskelzellen einen wesentlichen Anteil an der Bildung des Membranpotentials (↗ Ruhepotential, ↗ Nervenzelle). [B] Nervenzelle I.

Ionentransport [v. *ion-], ↗ aktiver od. ↗ passiver Transport v. Ionen, die die elektrochem. u. physikochem. Grundlage für die Funktionsfähigkeit einer Zelle od. eines ganzen Organs bzw. eines Systems bilden. a) Bei tier. Organismen sind ↗ Membranen im allg. für Ionen kaum durchlässig; die dennoch einsickernden Ionen müssen zur Aufrechterhaltung des osmot. Drucks der Zelle mittels aktiver Transportmechanismen nach außen transportiert werden. I. durch einfache ↗ Diffusion findet man jedoch an Epithelmembranen, deren Schlußleisten durchlässig sind, wie z. B. beim proximalen Tubulus der Niere u. dem Dünndarm. Im allg. werden Ionen aber mit Hilfe bes. Transportmechanismen passiv (↗ Carrier) od. aktiv (↗ Ionenpumpen) gg. den elektrochem. Gradienten transportiert. b) Bei Pflanzen erreichen Ionen mit dem Wasserstrom über die Tracheen u. Tracheiden die einzelnen Zellen u. gelangen durch freie Diffusion in die Zellwände. Der Übergang in das Plasma ist aber bis auf einen geringen Anteil ebenfalls auf spezielle Transportmechanismen angewiesen, da gg. das Konzentrationsgefälle gearbeitet werden muß. In den Zellen können die Ionen über die Plasmodesmen v. Zelle zu Zelle weitergeleitet werden od. ebenfalls durch aktiven Transport in der Vakuole z. T. in sehr hohen Konzentrationen angereichert werden.

Ionisation *w* [v. *ion-], *Ionisierung,* Bildung v. ↗ Ionen aus Atomen od. Atomgruppen, wozu eine bestimmte *Ionisierungsenergie* notwendig ist, die z. B. durch Stoßprozesse *(Stoß-I.),* therm. Bewegung *(therm. I.)* od. ionisierende Strahlen *(Photo-I.),* wie ↗ Alpha-, ↗ Beta-, ↗ Gamma- u. ↗ Röntgenstrahlen, zugeführt werden kann. ↗ relative biologische Wirksamkeit.

Ionosphäre *w* [v. *iono-], ↗ Atmosphäre.

Iophon, Gatt. der Schwamm-Fam. ↗ *Myxillidae; I. nigricans,* von 80 bis 2000 m Tiefe in Atlantik u. Arktis. [gnoniaceae.]

Ipé-Holz [Abk. v. Tupi ipekaaguené], ↗ Bi-

Iphiclides *m* [ben. nach Iphiklēs, Halbbruder des Herakles], Gatt. der Ritterfalter, ↗ Segelfalter.

Iphigena *w* [ben. nach der myth. Königs-

ion-, iono- [v. gr. iōn = gehend], in Zss.: elektr. geladenes Atom od. Atomgruppe.

Ionentransport
Bes. Bedeutung hat der aktive Transport v. Ionen für die Bildung des Membranpotentials (↗ Ruhepotential) u. des ↗ Aktionspotentials, die z. B. die Grundlage für die Muskelkontraktion u. die Funktion des Nervensystems u. der Sehzellen bilden.

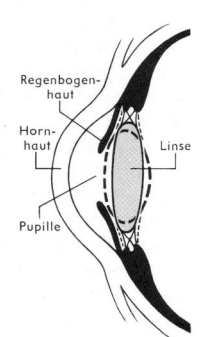

Iris
Lage der Iris (Regenbogenhaut) mit Pupille im menschl. Auge. Gestrichelt: Form der Augenlinse bei Naheinstellung (↗ Akkommodation, ☐).

iris-, irid- [v. gr. iris, Gen. iridos = Regenbogen, auch eine Schwertlilienart].

tochter Iphigeneia], neuere Bez. ↗ *Macrogastra,* Gatt. der Schließmundschnecken.
Iphitime [ben. nach dem myth. Argonauten Iphitos], Ringelwurm-(Polychaeten)-Gatt. der Fam. *Lysaretidae; I. cuenoti* bis 1,2 cm lang, ektoparasit. in der Kiemenhöhle v. Krabben u. Einsiedlerkrebsen.
Ipidae [Mz.; v. gr. Gen. ipos = Bohrwurm], frühere Bez. für *Scolytidae,* Fam. der ↗ Borkenkäfer.
I-Pili [Mz.; v. lat. pilus = Haar], ↗ Pili.
Ipomoea *w* [v. gr. ips, Gen. ipos = Bohrwurm, homoios = ähnlich], Gatt. der ↗ Windengewächse.
Ips *m* [gr., = Bohrwurm], Gatt. der ↗ Borkenkäfer; ↗ Buchdrucker.
Iranotherium *s* [v. pers. Irān = Iran, gr. thērion = Tier], (Ringström 1924), zum Tribus *Elasmotherini* Dollo 1885 gehörendes riesenwüchs. † Nashorn, dessen Schädellänge fast 2 m erreicht hat u. auf dem Nasale mit einem kräft. Horn versehen war. Die Vorstellung der Bildung einer eigenen U.-Fam. *Iranotheriinae* Kretzoï 1942 wird heute als ungerechtfertigt betrachtet. Verbreitung: unteres Pliozän v. Asien.
Irbis *m* [mongol.], der ↗ Schneeleopard.
Ircina *w* [v. lat. hircinus = bocksartig], Gattung der Schwamm-Fam. *Spongiidae;* durch stark verflochtene Sponginfasern v. außerordentl. Zähigkeit; verschiedene Arten sind im Mittelmeer verbreitet, die bekannteste ist *I. fasciculata.* [↗ Blattvögel.
Irenidae [Mz.; v. gr. eirēnē = Frieden], die
Iridaceae [Mz.; v. *irid-], die ↗ Schwertliliengewächse. [fera.
Iridia *w* [v. gr. *irid-], Gatt. der ↗ Foramini-
Iridiophoren [Mz.; v. *irid-, gr. -phoros = -tragend], ↗ Chromatophoren.
Iridocyten [Mz.; v. *irid-, gr. kytos = Höhlung (heute: Zelle)], die ↗ Flitterzellen.
Iridoviren [Mz.; v. *iris-, da virusinfizierte Larven u. abzentrifugierte Virionen blau bzw. gelbl.-grün irisieren], Fam. *Iridoviridae,* unterteilt in 5 Gatt.: *Iridovirus* u. *Chloriridovirus* (hpts. Insektenviren), *Ranavirus* (Froschviren), afr. Schweinefiebervirus-Gruppe u. Virus der Lymphocystis-Erkrankung (Fisch). I. besitzen ikosaederförm. Viruspartikel (∅ 120–300 nm) mit linearen, doppelsträngigen DNA (160–400 Kilobasenpaare). Die Partikel werden durch Lyse od. ↗ budding freigesetzt; im letzteren Fall sind sie v. einer Hülle umgeben, die für die Infektiosität jedoch nicht notwendig ist.
Iriomoto-Katze, *Mayailurus iriomotensis,* eine erst 1967 auf der Insel Iriomoto (200 km südl. v. Taiwan) entdeckte Kleinkatze, die Ähnlichkeiten mit der ↗ Bengalkatze u. den südam. Ozelotverwandten aufweist.
Iris [*iris-], *Regenbogenhaut,* verstellbare

Blende des Wirbeltier-↗Auges (☐), die mit ihrer Hinterfläche der Linse aufliegt, sich im äußeren Bereich an den Ciliarkörper anschließt u. mit ihrem freien inneren Rand eine zentrale Öffnung, die *Pupille,* umgrenzt (↗Linsenauge). Bei den meisten Wirbeltieren ist in die I. Muskelgewebe eingelagert u. damit die *Pupillenweite* variierbar. Die I. besitzt die Fähigkeit, die Beleuchtungsintensität der Photorezeptoren zu limitieren u. nimmt somit an der ↗Hell-Dunkel-Adaptation u. der Einstellung der Schärfentiefe teil. Bei der Muskulatur handelt es sich um den zirkulär um die Pupillenöffnung angeordneten, parasympathisch versorgten Musculus sphincter pupillae, der die Pupillenöffnung verkleinert *(Miosis),* u. den mehr außen gelegenen, radiär angeordneten, sympathisch versorgten Musculus dilatator pupillae, der die Pupillenöffnung erweitert *(Mydriasis).* Da die I. große Flächenverschiebungen bewältigen muß (der Pupillen-∅ kann beim Menschen zwischen 1,5 u. 8 mm variieren), sind ihr Bindegewebe u. die Muskulatur scherengitterartig angeordnet. Die ↗*Pupillenreaktion* geht bei Reptilien, Vögeln u. Säugetieren v. der Retina (↗Netzhaut) aus, bei Fischen u. Amphibien v. der lichtempfindlichen I. selbst. Bei Säugern erhalten die pupillomotorischen Kerne des Mittelhirns *(Edinger-Westphal-Kerne)* Informationen v. der Retina; infolge der sich zweimal überkreuzenden Bahnen erfolgt eine gleichmäßige Pupillenreaktion beider Augen auch bei einseit. Beleuchtung. Da die Edinger-Westphal-Kerne viele Verbindungen zum Rückenmark u. vegetativen Nervensystem haben, wirken sich auch vegetative Einflüsse auf die Pupillenweite aus. – Die Färbung der I. beim Menschen v. ihrem Gehalt an braunem Pigment abhängig. Bei Albinos (↗Albinismus) fehlt das Pigment in der I. völlig, aber auch in den hinter dem I.gewebe gelegenen Pigmentepithelien: daher sind die roten Blutgefäße der I. sichtbar; die Lichtstrahlen können sie durchdringen u. das ganze Auge ausleuchten; somit erscheint auch die Pupille rot. Der dunkelblaue Farbeindruck der pigmentlosen I. beruht auf der dunkelbraunen hinteren Pigmentschicht. Durch das I.gewebe werden kurzwellige („blaue") Strahlen besser reflektiert als langwellige („rote"). Je nach Pigmentreichtum des I.gewebes reicht die Farbe v. hellem Blau (wenig Pigment) über Grünlichgrau bis zu Dunkelbraun. ☐ Linsenauge.

Iris *w* [*iris-], die ↗Schwertlilie.

Irisöl [v. *iris-], *Veilchenwurzelöl,* äther. Öl aus den Wurzeln v. Iris-Arten, dessen Veilchenduft auf dem Gehalt an ↗Ironen beruht.

Irokoholz [Yoruba-Sprache], *Iroko, Kambala, Afrikan. Teak,* mittelhartes Holz des bis ca. 40 m hohen afrikan. Urwaldbaums *Chlorophora excelsa* (Maulbeergewächs), widerstandsfähig gg. Pilze; wird u. a. als Furnier- u. Konstruktionsholz benutzt.

Irone [Mz.; Kw. aus *iris- u. Ketone], v. a. in den Wurzelknollen verschiedener Iris-Arten (↗Irisöl), aber auch in Veilchen, Schneeglöckchen, Levkojen, Seidelbast u. Goldlack vorkommende Veilchenriechstoffe (α-, β- und γ-I.); diese Terpenketone können auch synthet. hergestellt werden u. finden in der Parfümerie Verwendung.

Irradiation *w* [v. lat. irradiare = strahlen], **1)** Nervenphysiologie: *Ausbreitung* od. *Ausstrahlung* einer Nervenerregung auch in die benachbarten „unbeteiligten" Bereiche; so können starke Schmerzen in die Umgebung ausstrahlen u. die Lokalisation erschweren, insbes. die Tiefenschmerzen.
2) Sinnesphysiologie (Optik): *Überstrahlung,* Kontrasterscheinungen, die u. a. auf der Abweichung v. der punktförm. Vereinigung der Lichtstrahlen im Linsenauge beruhen. Werden nur wenige Sehzellen durch einen punktförm. Lichtstrahl erregt, breitet sich diese Erregung auch auf die benachbarten Sinneszellen aus. Auch Reflexionen der Strahlung an innerokularen Flächen und Streuung im Glaskörper spielen eine Rolle. Auf dem Phänomen der I. beruht eine Reihe von ↗opt. Täuschungen (vgl. Abb.).

Irreguläre Seeigel [Mz.; v. lat. ir- = un-, regularis = regelmäßig], *Irregularia,* eine der beiden U.-Kl. der *Echinoidea* (= ↗Seeigel); umfaßt etwa 400 Arten in 4 Ord. (vgl. Tab.). Alle Arten leben *im* Substrat (Sand od. Schlamm) u. bewegen sich horizontal vorwärts. Im Ggs. zu den Regulären Seeigeln ist bei ihnen die auch für die meisten anderen Stachelhäuter kennzeichnende Pentamerie (fünfstrahlige Radiärsymmetrie) durch eine zumindest schwache sekundäre Bilateralsymmetrie ersetzt (☐ 386); dies steht im funktionellen Zshg. mit der grabenden Lebensweise u. ist möglicherweise in den beiden Über-Ord. konvergent entstanden. Die Stacheln sind relativ kurz; v. a. die der Oralseite (☐ Herzigel) dienen der Fortbewegung. Die Zahl der Ambulacralfüßchen ist im Vergleich zu den Regulären Seeigeln stark vermindert, abgesehen v. denen, die in den aboralen Bereichen von 4 od. von allen 5 Radien (Ambulacren) zu Kiemenfüßchen umgewandelt sind u. in blütenblattähnl. Feldern (Petalodien, Gesamtheit: „Rosette") stehen. Der After liegt nicht am Aboralpol zw. den Genitalplatten, sondern ist im hinteren Interradius an den Hinterrand od. bis zur Unterseite (Oralseite) verlagert. Diese

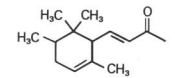

Irreguläre Seeigel

Irone

Strukturformel von α-*Iron;* bei β- und γ-Iron liegen die Doppelbindungen an anderen Positionen.

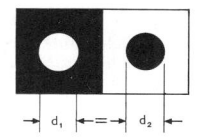

Irradiation

Eine bekannte I.serscheinung ist die opt. Täuschung, daß helle Figuren auf dunklem Grund größer erscheinen als dunkle auf hellem Grund. Ein Stern erscheint ebenfalls um so „größer", je heller er ist, obwohl alle Fixsterne aufgrund ihrer großen Entfernung unter dem gleichen Sehwinkel wahrgenommen werden u. eigtl. alle gleichermaßen punktförmig erscheinen müßten. Ein Licht, hinter einer Kante gesehen, bewirkt am Rand einen scheinbaren Einschnitt: daher ist bei der auf- od. untergehenden Sonne am Horizont eine scheinbare Einbuchtung zu erkennen.

Irreguläre Seeigel

Überordnungen und Ordnungen:

Gnathostomata (mit Kieferapparat)
Holectypoida (nur 4 rezente Arten, in manchen Merkmalen mit den Regulären Seeigeln übereinstimmend)
Clypeasteroida (↗Sanddollars)

Atelostomata (ohne Kieferapparat)
Cassiduloida
Spatangoida (↗Herzseeigel)

Irregularia

Irreguläre Seeigel

1 Allg. Schema, Schale (Haut, Stacheln usw. entfernt); **a** Ansicht v. oben (aboral), **b** v. unten (oral); **2** extreme Bilateralsymmetrie beim „Flaschenseeigel" *Echinosigra* (Fam. *Pourtalesiidae*), 3 cm lang, Ansicht v. unten; Gestrichelt: Symmetrieebene. Af After, Gö Geschlechtsöffnungen, Mp Madreporenplatte, Mu Mund, Pe Petalodien (Kiemenfelder)

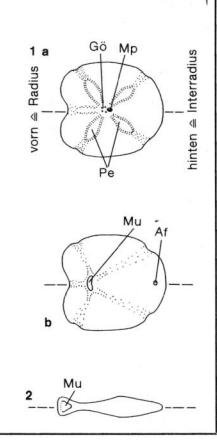

Lage v. Kiemenfeldern u. After ist korreliert mit der Lebensweise: viele I. S. legen nach oben einen Atemkanal u. nach hinten einen Abflußkanal an (☐ Herzigel).

Irregularia [Mz.; v. lat. ir- = un-, regularis = regelmäßig], die ↗ Irregulären Seeigel.

Irreversibilität *w* [Bw. *irreversibel*; v. *irreversib-*], die Nichtumkehrbarkeit z. B. bei bestimmten Lernvorgängen (↗ Prägung) od. in der Evolution (I.sregel); ↗ irreversible Vorgänge.

Irreversibilitätsregel [v. *irreversib-*], *Irreversibilitätsgesetz*, die ↗ Dollosche Regel.

irreversible Vorgänge [v. *irreversib-*], nicht umkehrbare Vorgänge, genauer: Prozesse, die nicht vollkommen rückgängig gemacht werden können, ohne daß in der Umgebung eine Veränderung bewirkt wird. I. V. bewirken eine Zunahme der ↗ Entropie eines Systems. Beispiele sind die Reibung, Diffusion u. die Kreisprozesse mit realen Gasen. In der Chemie Bez. für chem. Reaktionen, die aufgrund ihres ↗ chem. Gleichgewichts fast ausschl. in einer Richtung ablaufen. Ggs.: reversible Vorgänge.

Irrgäste, die ↗ Alieni.

Irritabilität *w* [Bw. *irritabel*; v. lat. irritabilitas = Reizbarkeit], Physiologie: die *Erregbarkeit* v. Zellen; ↗ Erregung.

Irrwirt, der ↗ Fehlwirt.

Irvingia *w*, Gatt. der ↗ Simaroubaceae.

Isabellbär, *Ursus arctos isabellinus*, U.-Art des ↗ Braunbären.

Isatis *w* [gr., =], der ↗ Waid.

Ischiadicus *m* [v. gr. ischion = Hüfte], der ↗ Hüftnerv.

Ischium *s* [v. gr. ischion = Hüftgelenk, Hüfte], das ↗ Sitzbein; ↗ Beckengürtel.

Ischnocera [Mz.; v. *ischn-*, gr. keras = Horn], Fam.-Gruppe der ↗ Haarlinge.

Ischnochiton *m* [v. *ischn-*, chitōn = Hülle], Gatt. der *Ischnochitonidae*, mit ca. 125 Arten weltweit verbreitete Käferschnecken; einige Arten erreichen 5 cm Länge.

Ischnochitonidae

Wichtige Gattungen:
↗ *Ischnochiton*
↗ *Lepidochitona*
Lepidozona
↗ *Tonicella*

irreversib- [v. lat. ir- (eigtl.: in-) = un-, revertere = umkehren, reversio = Umkehr, Wiederkehr], in Zss.: nicht umkehrbar.

ischn- [v. gr. ischnos = trocken, dürr, mager, dünn].

iso- [v. gr. isos = gleich].

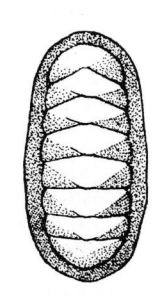

Ischnochiton

Ischnochitonidae [Mz.], Fam. der *Ischnochitonida*, Käferschnecken, deren Körper oval bis langoval u. selten über 6 cm lang ist; die Oberfläche der Platten II–VII ist diagonal in ein Zentralfeld u. 2 erhobene Seitenfelder unterteilt; einige Arten treiben Brutpflege in der Mantelrinne. Zu den *I.* gehören 10 Gatt. (vgl. Tab.) mit ca. 200 Arten.

Ischnura *w* [v. *ischn-*, oura = Schwanz], Gatt. der ↗ Schlanklibellen.

Ischyropsalididae [Mz.; v. gr. ischyros = mächtig, stark, psalides = Scheren], die ↗ Schneckenkanker.

IS-Elemente, die ↗ Insertionselemente.

Isichthys *m* [v. gr. isos = gleich, ichthys = Fisch], Gatt. der ↗ Nilhechte.

Isidien [Mz.], Auswüchse des Flechtenlagers, die leicht abbrechen u. der vegetativen Fortpflanzung dienen, meist zylindr., keulig od. kugelig geformt u. ähnl. wie das Flechtenlager gebaut. [B] Flechten I.

island hopping [ail^end-; engl., = Inselspringen], ↗ Inselbrücke.

Isländisch Moos, *Cetraria islandica*, eine Strauchflechte mit dunkelbraunem bis hell olivbraunem, unterseits weißl. Lager aus bandartigen, verzweigten Abschnitten, in Zwergstrauchheiden, Magerrasen u. lichten Nadelwäldern in gemäßigten bis kalten Klimazonen der Nordhalbkugel verbreitet. Noch heute in der Medizin angewandt (Tee u. Pastillen gg. Husten u. Katarrhe, fördert Durchblutung der Schleimhäute); wurde nach Entfernung der Bitterstoffe auch als Nahrung verwendet (Hungerbrot). [B] Flechten I.

Islandmuschel *w*, *Arctica islandica*, in N-Atlantik u. Nordsee beheimatete Blattkiemenmuschel (Fam. *Arcticidae*) mit rundl.-eiförm., kräftig gewölbten Schalenklappen (bis 13 cm lang), deren Wirbel nach vorn gebogen sind. Die I. bevorzugt Sand, in den sie sich flach eingräbt.

Isoakzeptoren [Mz.; v. *iso-*, lat. acceptor = Empfänger], t-RNA-Spezies, welche dieselbe Aminosäure binden können, sich aber in der Primärstruktur od. (bei ident. Primärstruktur) in der Modifikation einzelner Basen unterscheiden.

isoallel [v. *iso-*, gr. allēlōn = wechselseitig], Bez. für Allele, deren phänotyp. Wirkung sich nur geringfügig v. der des Wildtyp-Allels unterscheidet.

Isoalloxacin *s* [v. *iso-*, gr. allos = ein anderer, oxalis = Sauerampfer], ↗ Alloxacin.

Isoandrosteron [v. *iso-*, gr. anēr, Gen. andros = Mann, stear = Fett], das ↗ Epiandrosteron.

Isoantigene [Mz.; v. *iso-*], ↗ Antigene, die nur bei Individuen der gleichen Art eine ↗ Immunantwort auslösen. Ggs.: Heteroantigene.

Isoantikörper [Mz.; v. *iso-*], ↗ Antikörper,

die gg. arteigene, jedoch körperfremde Antigene gerichtet sind. Ggs.: Heteroantikörper.

isobathisch [v. *iso-, gr. bathys = tief], nannte O. Abel (1912) die Funktion symmetr. Schwanzflossen, die das Tier genau in Verlängerung seiner Längsachse vorwärts bewegen.

isobrachial [v. *iso-, lat. brachium = Arm], *metazentrisch,* Bez. für ↗Chromosomen (☐) mit gleich langen Armen.

Isobryales [Mz.; v. *iso-, gr. bryon = Moos], Ord. der Laubmoose (U.-Kl. ↗*Bryidae*) mit ca. 7 Fam., fr. den ↗*Bryales* zugeordnet, unterscheiden sich aber v. diesen durch Wuchsform u. Sporophytenausbildung.

Isocardia w [v. *iso-, gr. kardia = Herz], veralteter Name für das ↗Ochsenherz.

Isochinolin s [v. *iso-], stark bas. heterocycl. Verbindung, die in kleinen Mengen im Steinkohlenteer enthalten ist. In der Natur weit verbreitet vorkommende Derivate des I.s sind die *Isochinolinalkaloide* (☐ Alkaloide), deren Auftreten häufig für bestimmte Pflanzen charakteristisch ist (Chemotaxonomie). Zu den I.alkaloiden zählen die ↗Mohn-(Opium-)Alkaloide, ↗Anhaloniumalkaloide, ↗Berberin, Erythrinaalkaloide, das Ipecacuanha-Alkaloid ↗Emetin, einige Curarealkaloide (↗Curare) sowie auch die ↗Amaryllidaceen- u. ↗Colchicumalkaloide. I. findet z. B. als Grundstoff für die Synthese v. Farbstoffen, Insektiziden u. Arzneimitteln Verwendung.

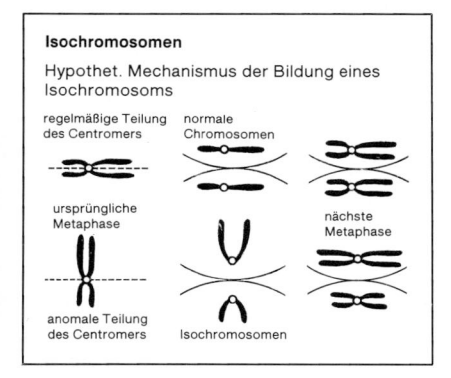

Isochromosomen
Hypothet. Mechanismus der Bildung eines Isochromosoms

regelmäßige Teilung des Centromers — normale Chromosomen
ursprüngliche Metaphase — nächste Metaphase
anomale Teilung des Centromers — Isochromosomen

Isochromosomen [Mz.; v. *iso-], monozentrische ↗Chromosomen mit zwei strukturell u. genetisch (gleiche Gene in gleicher Reihenfolge) ident. Armen, die durch ↗Centromermißteilung entstehen; die beiden Arme eines I. sind in der Prophase I einer Meiose paarungsfähig, so daß es zu einer In-sich-Paarung der Arme kommen kann.

isochron [v. gr. isochronos = gleich alt], zeit- od. altersgleich. [Lyase.
Isocitratase w [v. *isocitr-], die ↗Isocitrat-

iso- [v. gr. isos = gleich].

Isobryales
Familien:
↗ Climaciaceae
↗ Fontinalaceae
↗ Hedwigiaceae
↗ Leucodontaceae
↗ Neckeraceae
↗ Orthotrichaceae
↗ Phyllogoniaceae

COO⁻
|
H—C—OH
|
H—C—COO⁻
|
CH₂
|
COO⁻

Isocitronensäure
Isocitrat (Salz der I.)

Isochinolin

isocitr- [v. gr. isos = gleich, lat. citrus = Zitronenbaum].

Isocitrat-Dehydrogenase w [v. *isocitr-], Enzym, das die Dehydrierung u. CO_2-Abspaltung v. Isocitrat zu α-Ketoglutarsäure innerhalb der Reaktionsfolgen des ↗Citratzyklus (☐) katalysiert; als Wasserstoffakzeptor fungiert dabei NAD^+ od. $NADP^+$. Das Enzym wird durch ADP, das eine allosterische Umwandlung bewirkt, aktiviert u. durch ATP gehemmt.

Isocitrate [Mz.; v. *isocitr-], die Salze der ↗Isocitronensäure.

Isocitrat-Lyase w [v. *isocitr-], *Isocitratase,* Enzym, das Isocitrat innerhalb der Reaktionsfolgen des ↗Glyoxylatzyklus (↗Citratzyklus) zu Succinat u. Glyoxylat spaltet.

Isocitronensäure [v. *isocitr-], Zwischenprodukt des ↗Citrat- u. ↗Glyoxylatzyklus; die Salze der I. sind die *Isocitrate.* Als Pflanzeninhaltsstoff, bes. in Dickblattgewächsen u. Früchten, ist I. weit verbreitet.

Isocrinida [Mz.; v. *iso-, gr. krinon = Lilie], Ord. der *Crinoidea* (↗Seelilien), umfaßt überwiegend fossile Vertreter (z. B. ↗*Pentacrinus*); rezent z. B. ↗ *Metacrinus*.

isocyclisch [v. *iso-, gr. kyklos = Kreis], Bezeichnung für Blüten, deren Gliederzahl in allen Organkreisen gleichzählig ist; Beispiel: *Geranium*-Arten. Ggs.: heterocyclisch (↗heteromer).

isocyclische Verbindungen [v. *iso-], *Isocyclen, homocyclische Verbindungen, Homocyclen,* organische Verbindungen mit ausschl. aus Kohlenstoffatomen aufgebauten Ringen, z. B. die ↗Cycloalkane (☐), die Cyclite, Benzol u. Naphthalin u. deren Abkömmlinge. Ggs.: heterocyclische Verbindungen.

isodont [v. gr. isos = gleich, odontes = Zähne], 1) Bez. für Muschelscharnier mit wenigen haken- od. leistenförm. u. symmetr. Zähnen, z. B. bei den ↗Klappermuscheln. 2) *gleichzähnig, homodont,* ↗Gebiß; Ggs.: ↗heterodont.

isoelektrischer Punkt [v. *iso-], der pH-Wert, bei dem die Gesamtladung eines *zwitterionisch* aufgebauten Moleküls (z. B. einer Aminosäure, eines Peptids, Proteins od. Nucleotids) neutral ist, d. h. gleichviel positive wie negative Ladungen vorliegen. Der i. P. ist eine für jedes einzelne zwitterionisch aufgebaute Molekül charakterist. Größe (z. B. ca. pH 10,8 für Histone, pH 7,0 für Hämoglobine, pH 4,8 für Serumalbumine). Bei der ↗Elektrophorese (↗Gelelektrophorese) v. Peptiden od. Proteingemischen in einem pH-Gradienten wandern die einzelnen Komponenten in die Zone, deren pH-Wert dem jeweiligen i. P. entspricht, um dort aufgrund der im i. P. erreichten Elektroneutralität stehenzubleiben. Dieses als *isoelektrische Fokussierung* (auch *Elektrofokussierung*) bezeich-

Isoenzyme

Isoenzyme

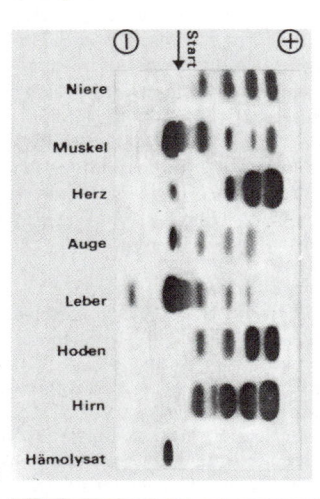

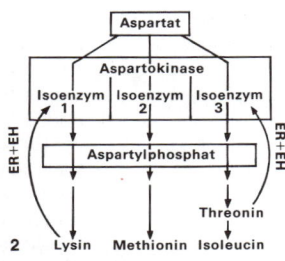

1 Gewebsvariabilität der Lactat-Dehydrogenase (Milchsäure-Dehydrogenase) bei der Erdmaus *(Microtus agrestis)*. **2** Feinregulation verzweigter Biosyntheseketten durch I. am Beispiel der Aspartatfamilie. Auch die Synthese v. Methionin u. Isoleucin unterliegt einer Feinregulation über I., die jedoch komplizierter ist u. hier nicht berücksichtigt ist. (ER = Endproduktrepression, EH = Endprodukthemmung.)

iso- [v. gr. isos = gleich].

Isoenzyme [Mz.; v. *iso-, gr. en = in, zymē = Sauerteig), *Isozyme*, ↗Enzyme v. gleicher od. fast gleicher Substrat- u. Wirkungsspezifität, die jedoch in den Primärstrukturen mehr od. weniger große Unterschiede aufweisen. I. können sowohl zw. einzelnen Individuen einer Spezies, in verschiedenen Organen eines Individuums od. sogar innerhalb einer Zelle (häufig in verschiedenen, aber auch in ident. Kompartimenten) vorkommen. I. w. S. werden als I. auch die derselben Funktion dienenden u. strukturell meist ähnl. Enzyme verschiedener Spezies bezeichnet. Im Ggs. zu den eigtl. I.n zeigen „Pseudo-I." bei ident. Primärstrukturen lediglich. Unterschiede im Modifikationsmuster (z. B. in der Glykosylierung, im Abbaumodus v. Vorläufermolekülen) od. im Aggregationsgrad bei der Multimerenbildung (sog. *oligomere I.*). Häufig unterscheiden sich I. in ihren isoelektr. Punkten, was zu ihrer elektrophoret. Auftrennung genutzt wird, sowie in den katalyt. Eigenschaften (K_M-Werte, v_{max}, pH-Optima, Temp.-Optima; ↗Enzyme). Da die Existenz von I.n genet. bedingt ist, werden I. innerhalb eines Organismus verursacht entweder durch die Verschiedenheit v. Genen, die in unterschiedl. genet. Systemen (Kerngenom, Chondrom, Plastom) lokalisiert sind (z. B. die Malat-Dehydrogenasen des Cytosols u. der Mitochondrien v. Herzmuskelzellen), od. durch die Verschiedenheit v. Genen, die nach Duplikation an zwei unterschiedl. Genloci lokalisiert sind, was zur Bildung v. Heteropolymeren des betreffenden Enzyms aus nicht ident. Proteinuntereinheiten führt. So kommt z. B. *Lactat-Dehydrogenase* (Milchsäure-Dehydrogenase) in der Erdmaus organspezif. in 5 verschiedenen Formen vor (vgl. Abb.), die sich lediglich durch die Kombination der vier Untereinheiten nach dem Schema A_4, A_3B, A_2B_2, AB_3 u. B_4 unterscheiden; diese sind letztl. nur durch zwei verschiedene Polypeptidketten (A und B) als Untereinheiten bedingt, die v. zwei verschiedenen Lactat-Dehydrogenase-Genen codiert sind. Entspr. komplexer sind die I.-Muster bei mehr als zwei Genloci (nach mehrfacher

...nete Verfahren hat große Bedeutung bei der Analyse v. Peptid- u. Proteingemischen. Da beim i. P. keine Abstoßung zw. den betreffenden Molekülen wirksam ist, fallen diese i. d. R. beim i. P. aus *(isoelektrische Fällung)* od. sind am schwersten löslich.

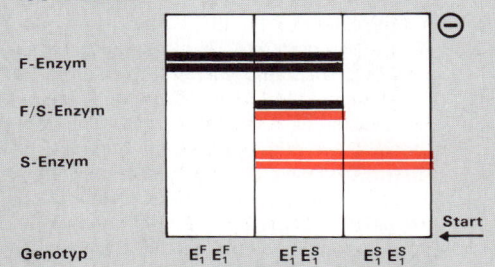

ISOENZYME

Isoenzyme können stadien- und gewebespezifische Muster ausbilden. Die Abb. zeigt Isoenzyme der Milchsäuredehydrogenase aus dem Magen und der Zunge der *Maus (Mus musculus)* nach elektrophoretischer Auftrennung. Anode und Kathode bei der Elektrophorese sind durch (+) bzw. (—) wiedergegeben. Die Ziffern 1–5 bezeichnen die Isoenzyme. Auf der Abszisse sind die Tage vor (—) und nach (+) der Geburt der Tiere aufgetragen.

Isoenzyme der pH 7,5-Esterase des Maises (Zea-mays)
Isoenzyme sind Enzyme gleicher Funktion, aber mehr oder weniger verschiedener Struktur. Sie lassen sich im elektrischen Feld voneinander trennen *(Elektrophorese)*. Die pH 7,5-Esterase besteht aus zwei Polypeptidketten, die vom Genlocus E gebildet werden. Sein Allel E_1^F bildet schnell (F = engl. fast) zur Kathode wanderndes Polypeptid, sein Allel E_1^S langsam (S = engl. slow) zur Kathode wanderndes Polypeptid. Ist E_1^F homozygot vorhanden, so bildet sich aus zwei „schnellen" Polypeptiden F-Enzym (schwarz); liegt E_1^S homozygot vor, so erhält man entsprechend aus zwei „langsamen" Polypeptidketten S-Enzym (rot). In $E_1^F E_1^S$-Heterozygoten findet sich F-Enzym, S-Enzym und ein drittes Enzym mittlerer Mobilität (schwarz/rot) im elektrischen Feld. Dieses *Hybridenzym* besteht aus einer „schnellen" und einer „langsamen" Polypeptidkette.

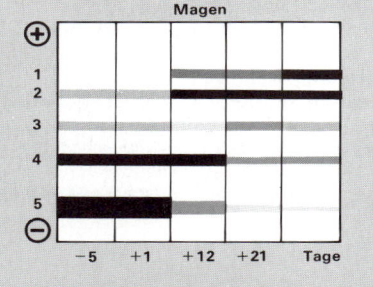

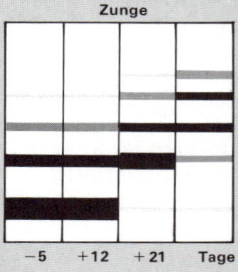

Duplikation eines Gens, wie z. B. bei Genen, die für Aldolase codieren) u. bei Heterozygotie einzelner Loci. Die I., die sich beim Vergleich zw. Individuen einer Spezies zeigen, sind durch genet. Variabilität bedingt; z. B. sind beim Menschen über 50 Allele des Gens für Glucose-6-phosphat-Dehydrogenase bekannt. Die Existenz v. I.n ist für die Feinregulation verzweigter Biosyntheseketten wichtig (vgl. Abb.).

Isoëtales [Mz.; v. *isoet-], die ↗Brachsenkrautartigen. [kraut.

Isoëtes s [gr.; v. *isoet-], das ↗Brachsen-

Isoëto-Nanojuncetea [Mz.; v. *isoet-], *Zwergbinsen-Gesellschaften,* ephemere, zwergenwüchs. Krautfluren, die sich spontan auf vegetationsfreien, feuchten Böden abgelassener Teiche, austrocknender Seeufer od. überschwemmter Äcker einstellen. Die Pflänzchen bilden sehr rasch eine Vielzahl winziger Samen, die mit dem Wind od. im Schlamm an den Füßen und im Gefieder v. Wasservögeln zu neuen, günst. Wuchsorten getragen werden. Ihre weiteste Verbreitung haben die *I.-N.* zu Zeiten intensiver Teichwirtschaft im MA erlangt. Heute sind ihre unauffäll. Arten aus Mangel an geeigneten Standorten ausgesprochene Raritäten der mitteleur. Flora.

Isoeugenol s [v. *iso-, bot. Eugenia (ben. nach dem Prinzen Eugen, 1663–1736) = Gewürznelke, lat. oleum = Öl], Inhaltsstoff einiger ätherischer Öle (z. B. Muskatnußöl, Ylang-Ylang-Öl, Champacablütenöl), der mit alkal. Permanganatlösung zu ↗*Vanillin* oxidiert werden kann. I. ist isomer mit ↗*Eugenol,* kommt jedoch seltener vor u. riecht schwächer, aber angenehmer als dieses. I. wird z. B. als Riechstoff (Nelkengeruch), Konservierungsmittel u. zur Vanillinsynthese verwendet.

Isogameten [Mz.; v. *iso-] ↗Gameten.

Isogamie w [v. *iso-, gr. gamos = Hochzeit], *Isogametie,* ↗Befruchtung, ↗Gameten.

Isogamontie w [v. *iso-], Vereinigung v. gleich großen ↗Gamonten.

isogen [v. spätgr. isogenēs = von gleicher Herkunft], Bez. für genet. (nahezu) gleiche Individuen, die z. B. durch ↗Inzucht entstehen. ↗Biotyp.

isognath [v. *iso-, gr. gnathos = Kinnbakken], heißt ein Gebiß, bei dem die obere u. untere Zahnreihe genau aufeinander treffen; beim *anisognathen* Gebiß greift die obere über die untere Zahnreihe hinweg.

Isognomon m [v. *iso-, gr. gnōmōn = Zeiger], (Lightfoot 1786), *Perna,* Nominat-Gatt. der Fam. *Isognomonidae* (Über-Fam. Pterioidea), Muschel mit breiter ei- od. zungenförm., ungleichseit. Schale; rechte Klappe mit Byssusausschnitt; Schloßrand gerade, Schloßzähne nur im fr. Jugendsta-

Isoenzyme
Bei poikilothermen (ektothermen) Tieren kann eine Synthese von I.n im Zshg. mit jahreszyklischen bzw. Temperatur-, aber auch Druckanpassungen beobachtet werden. Wird z. B. in Anpassung an eine hohe Außen-Temp. ein Isoenzym für die geschwindigkeitsbestimmende Reaktion eines Stoffwechselweges synthetisiert, das wegen seines anderen Aufbaues eine niedrigere Umsatzgeschwindigkeit für sein Substrat im Vergleich zum „Normalenzym" besitzt, so kann der andernfalls die Stoffwechselaktivität drastisch erhöhende Temp.-Effekt kompensiert werden. Im Neurotransmitter-Stoffwechsel gibt es entsprechende Anpassungen.

isoet- [v. gr. isoetēs (isos = gleich, etos = Jahr)] = gleichjährig; davon isoetes = kleine Hauswurz].

isolat- [v. it. isolare = absondern, isolazione = Absonderung, Trennung (v. isola = Insel)].

Isolationsmechanismen

dium vorhanden, später dysodont; Kiemen mit Augen, filibranch; Ligamentfeld ausgedehnt, einziger Schließmuskeleindruck groß u. mehr od. weniger nierenförmig. Die rezente Art *I. ephippium* (L. 1758) siedelt lose angeheftet auf Erhebungen des Untergrunds od. auf Spalten, Gewässer um Mauritius. Verbreitung: obere Trias bis rezent, kosmopolitisch.

Isognomostoma w [v. *iso-, gr. gnōmōn = Zeiger, stoma = Mund], die ↗Maskenschnecke.

Isohydrie w [v. *iso-, gr. hydōr = Wasser], konstante Wasserstoffionenkonzentration (↗pH-Wert) der Körperflüssigkeiten. ↗Acidität.

Isolate [Mz.; v. *isolat-], in der Humangenetik u. Anthropologie mehr od. weniger kleine Populationen, innerhalb derer Ehen bevorzugt geschlossen werden. Die menschl. Bevölkerung stellt ein System mehr od. minder abgeschlossener u. gleichzeitig sich berührender u. ineinander übergehender I. dar, die sich u. U. zu extremen ↗Inzucht-Gebieten entwickeln können. Die Isolatbildung wird u. a. durch geogr., histor., religiöse, soziolog. od. rassische Abgrenzung einer Bevölkerungsgruppe gegenüber anderen bedingt.

Isolation w [v. *isolat-] besteht zw. verschiedenen Arten, wenn diese unter natürl. Bedingungen nicht verbastardisieren *(genetische I.).* Dadurch wird eine divergierende ↗Evolution mögl., da so jede Art ein geschlossenes genet. System (mit eigenem Genpool) bildet. ↗I.smechanismen, ↗Artbildung, ↗Inselbiogeographie, ↗Separation. B Rassen- und Artbildung.

Isolationsgene [Mz.; v. *isolat-], Gene, die in einem bestimmten heterozygoten Zustand (d. h. als bestimmtes Allelenpaar vorliegend) eine Reduktion der Lebensfähigkeit od. Fertilität bewirken.

Isolationsmechanismen [Mz.; v. *isolat-], unterbinden eine genet. Vermischung verschiedener Arten. Solche Bastardierungssperren können nach der Kopula (metagam, postzygotisch) od. vor der Kopula (progam, praezygotisch) wirksam werden. *Metagame I.* sind 1. die *Bastardsterblichkeit:* hier führt die Unverträglichkeit der beiden Genome schon während der Ontogenese zum Absterben des Embryos, od. das Jungtier erreicht nicht die Geschlechtsreife; 2. die ↗*Bastardsterilität* und 3. der *Bastardzusammenbruch;* hier tritt die Bastardsterilität erst nach einer od. wenigen Bastardgenerationen ein. *Progame I.* verhindern bereits eine Paarung durch jahreszeitl., mechan. od. etholog. Isolation. Die bes. wichtige *etholog. Isolation* („etholog. Barriere") beruht auf dem angeborenen od. geprägten Erkennen v.

isolecithale Eier

Artmerkmalen (↗Balz). Dabei können akust., opt. oder olfaktor. Reize (Artkennzeichen) wirksam sein. ↗Isolation; B Rassen- und Artbildung, B Zoogamie.

isolecithale Eier [Mz.; v. *iso-, gr. lekithos = Dotter], Eier mit gleichmäßiger Dotterverteilung; Ggs.: telo- u. centrolecithale Eier; ↗Eitypen, ↗Furchung.

Isolepis w [v. *iso-, gr. lepis = Schuppe], die ↗Moorbinse.

Isoleucin s [v. *iso-, gr. leukos = weiß], Abk. *Ile* oder *I*, in nahezu allen Proteinen vorkommende ↗Aminosäure (☐), die durch die lipophile (hydrophobe) Seitenkette gekennzeichnet ist.

Isolinien [v. *iso-], *Isarithmen,* Linien gleichen Rhythmen, gleichen Zustands usw. (vgl. Tab.). ↗Isophänen, ↗Isothermen.

isomer [v. gr. isomerḗs = von gleichen Teilen], **1)** ↗Isomerie. **2)** Bez. für die Gleichzähligkeit der Glieder der verschiedenen Wirtel od. Quirle der Blüten; so sind z. B. bei den *Liliaceae* alle Wirtel der Blüten dreizählig. Ggs.: ↗heteromer.

Isomerasen [Mz.; v. gr. isomerḗs = von gleichen Teilen], 5. Haupt-Kl. der ↗Enzyme (T), in der alle Enzyme, die Isomerisierungsreaktionen katalysieren, zusammengefaßt werden.

Isomerie w [Bw. *isomer*], **1)** Chemie: das Vorkommen v. chem. Verbindungen mit unterschiedl. physikal. u. chem. Eigenschaften bei gleicher Brutto-Zusammensetzung (Summenformel = ↗Bruttoformel). Die Existenz isomerer Verbindungen *(Isomere)* ist bei nahezu allen chem. Verbindungen, also auch bei Naturstoffen, die

$$^{\oplus}H_3N-\overset{COO^{\ominus}}{\underset{\underset{\underset{CH_3}{|}}{\underset{CH_2}{|}}}{\overset{|}{C}-H}}-CH_3$$

Isoleucin (zwitterionische Form)

$$\overset{O}{\underset{H}{C}}\quad H_2C-OH$$
$$HC-OH \rightarrow C=O$$
$$H_2C-O-\text{\textcircled{P}}\quad H_2C-O-\text{\textcircled{P}}$$

Glycerin-   Dihydroxy-
aldehyd-   aceton-
3-phosphat phosphat

Isomerasen

Wirkung der Triose-Isomerase

Isolinien

Einige Beispiele (L. g. = Linien gleicher)

Isallothermen
L. g. Temp.-Änderung

Isanomalen
L. g. Abweichung v. einem Normalwert

Isentropen
L. g. Entropie

Isobaren
L. g. Luftdrucks

Isobathen
L. g. Wassertiefe

Isochionen
a) L. g. Anzahl v. Tagen mit Schneefall
b) L. g. Schneedeckendauer

Isochoren
L. g. spezif. Volumens

Isohalinen
L. g. Salzgehaltes des Meeres

Isohyeten
L. g. Niederschlagsmengen

Isohypsen
L. g. Höhe

Isomenen
L. g. mittlerer Monats-Temperatur

↗ *Isophänen*

Isotheren
L. g. mittlerer Sommer-Temperatur

↗ *Isothermen*

Isothermobathen
L. g. Tiefsee-Temperatur

Isomerie-Typen

Stereoisomere
  Cis-Trans-Isomere
    Fumarsäure
    Maleinsäure
  Optische Isomere
    D(−)-Milchsäure
    L(+)-Milchsäure

Strukturisomere
  Kettenisomere
    n-Butan
    Iso-Butan
  Stellungsisomere
    $CH_2Cl-CH_2-CH_3$ 1-Chlor-propan
    $CH_3-CHCl-CH_3$ 2-Chlor-propan
  Funktionsisomere
    H_3C-CH_2-OH Äthanol
    $H_3C-O-CH_3$ Dimethyläther

Regel. Bes. zahlr. sind isomere Formen bei den Zuckern (z. B. die Hexosen ↗Glucose u. ↗Fructose mit der gemeinsamen Bruttoformel $C_6H_{12}O_6$) u. ihren Derivaten (z. B. ↗Glucose-1-phosphat und ↗Glucose-6-phosphat mit der gemeinsamen Bruttoformel $C_6H_{11}O_9P^{2-}$); bei den Aminosäuren sind ↗Leucin u. ↗Isoleucin isomer. Bes. Formen der I. sind die ↗ *cis-trans-I.* (☐) u. die auf ↗asymmetrischen Kohlenstoffatomen (☐) beruhende *Stereo-I.* (↗optische Aktivität, ☐ Glycerinaldehyd).

2) Genetik: Bez. für das Phänomen, daß mehrere Gene jeweils den gleichen Phänotyp hervorbringen u. ihre gemeinsame Ggw. im Genom entweder zu einer Intensivierung der Merkmalsbildung führt (*kumulative I.*) od. der Phänotyp im gleichen Maß ausgeprägt wird, wie bei Ggw. nur eines der betreffenden Gene im Genom (*nichtkumulative I.*)

isomesisch [v. *iso-, gr. mesos = mittlerer], nannte Mojsisovics (1879) geolog. ↗Faziesbezirke, auf die das gleiche Medium (z. B. Luft od. Wasser) einwirkt. Ggs.: heteromesisch.

Isometra w [v. gr. isometros = gleichmäßig], Gatt. der *Antedonidae,* ↗Haarsterne.

Isometrie w [v. gr. isometria = gleiches Maß], *isometrisches Wachstum,* gleichmäßiges Wachstum v. Körperteilen im Verhältnis zum Gesamtwachstum. Ggs.: ↗Allometrie.

isometrische Kontraktion w [v. gr. isometros = gleichmäßig, lat. contractio = das Zusammenziehen], Spannungsanstieg eines Muskels bei gleichbleibender Länge infolge eines Reizes. Die Messung des Spannungsanstiegs ist durch einen geeigneten Versuchsaufbau an einem isolierten Muskel mögl., tritt in situ allein nur sehr selten auf; ebenso selten die rein *isotonische Kontraktion,* bei der sich der Muskel bei gleichbleibender Spannung verkürzt. ↗Muskelkontraktion.

isomorpher Generationswechsel [v. *iso-, gr. morphē = Gestalt], ↗Generationswechsel.

Isomyaria [Mz.; v. *iso-, gr. mys = Muskel], die ↗Homomyaria.

Isoniazid s [v. *iso-], *Isonicotinsäurehydrazid,* Abk. *INH,* 1952 synthetisiertes, wicht. Chemotherapeutikum zur Tuberkulose-Bekämpfung (Tuberkulostatikum).

Isonidae [Mz.], Fam. der ↗Ährenfische.

isoosmotisch [v. *iso-], ↗Osmose.

Isopentenyladenin s [v. *iso-, gr. pente = 5, adēn = Drüse], N^6-(Δ^2-*isopentenylamino)purin,* Abk. *IPA* oder *2iP,* zu den ↗Cytokininen zählendes Pflanzenhormon, das z. B. im Kulturmedium eines phytopathogenen, ↗Fasziation v. Sprossen hervorrufenden Bakteriums (*Corynebacterium* *fascians*) u. eines Moosbastards sowie in Gewebestämmen v. Tabak, die v. der Zufuhr externen Cytokinins unabhängig geworden waren, nachgewiesen wurde. In gebundener Form ist I. eine in t-RNA vorkommende modifizierte Base.

3-Isopentenylpyrophosphat s, aus Acetyl-CoA über Mevalonsäure entstehende Zwischenstufe im Biosyntheseweg der ↗Isoprenoide.

3-Isopentenylpyrophosphat („aktives Isopren")

Isopeptidbindung [v. *iso-, gr. peptos = gekocht, verdaut], die zw. der ε-Aminogruppe eines Lysinrests u. der seitenständ. Carboxylgruppe eines Aspartat- od. Glutamatrests v. Proteinen durch Wasserabspaltung sich ausbildende Amidgruppe (↗Amide); z. B. erfolgt die Quervernetzung v. ↗Fibrin (☐) durch I.en.

isophag [v. *iso-, gr. phagos = Fresser] ↗homophag.

Isophänen [Mz.; v. *iso-, gr. phainein = zeigen], *Isophanen,* ↗Isolinien, die Orte mit natürl. Erscheinungen (z. B. Laubfall), die zu gleichen Zeiten (mit gleichem Beginn od. gleicher Dauer) auftreten, verbinden. ↗Phänologie.

Isophyllie w [v. *iso-, gr. phyllon = Blatt], *Gleichblättrigkeit,* Bezeichnung für die Gleichheit der Blätter in Gestalt u. Größe an erwachsenen Pflanzen. Ggs.: ↗Anisophyllie, ↗Heterophyllie.

isopisch [v. *iso-, gr. ōps = Auge], (Mojsisovics 1879), geolog. ↗Faziesbezirke, die unter gleichen Sedimentationsbedingungen entstanden. Ggs.: heteropisch.

isoploïd [v. *iso-], sind Zellen, Gewebe od. Individuen mit einer geraden Zahl v. Chromosomensätzen (Diploide, Tetraploide usw.). Ggs.: anisoploid.

Isopentenyladenin

Isoprenoide
Isopren-Einheit

iso- [v. gr. isos = gleich].

Isoniazid

Isopoda [Mz.; v. *iso-, gr. podes = Füße], die ↗Asseln.

Isopotenz w [v. *iso-, lat. potentia = Macht], Gleichwertigkeit der Zellen od. Zellkerne eines sich entwickelnden Organismus; im Ggs. zur ↗Omnipotenz (Totipotenz) kann die Entwicklungsfähigkeit isopotenter Zellen bereits eingeschränkt sein.

Isopren s [v. *iso-], *Methylbutadien,* $H_2C=C(CH_3)-CH=CH_2$, doppelt ungesättigter Kohlenwasserstoff; Baustein der ↗Isoprenoide (☐).

Isoprenoide [Mz.; v. *iso-], im Pflanzen- u. Tierreich weit verbreitete, umfangreiche Gruppe v. Naturstoffen, die biochem. aus *Isopren*-Einheiten (C_5H_8, vgl. Abb.) aufgebaut sind u. daher im allg. eine durch 5 teilbare Anzahl von C-Atomen *(Isoprenregel)* besitzen. Je nach Anzahl der C_5-Einheiten spricht man von Mono-, Di-, Tri- usw. prenyl-Verbindungen. I. mit einer von der Isoprenregel abweichenden Zahl von C-Atomen entstehen sekundär durch Einführen od. Verlust von C-Atomen. Auch andere Folgereaktionen, wie Umlagerungen, Cyclisierungen, Einführung funktioneller Gruppen, Einbau v. Heteroatomen usw., tragen zur Strukturvielfalt der I. bei. Man unterscheidet zwei große Gruppen von I.n, die ↗Terpene u. die ↗Steroide, sowie die Gruppe der nicht-isoprenoiden Naturstoffe mit isoprenoiden Seitenketten *(gemischte I.,* z. B. Tocopherole, Vitamin K, Phyllo-, Plasto- u. Ubichinon u. Chlorophyll).

Isopropyl-β-thiogalactosid s [v. *iso-], Abk. *IPTG,* synthet. Verbindung, die anstelle v. Lactose (aufgrund der sterischen Ähnlichkeit mit dieser) an den Lactose-Repressor binden kann u. dadurch zur ↗Derepression der Gene des ↗Lactose-Operons führt. IPTG wird jedoch – im Ggs. zur Lactose – durch Galactosidase, ein Produkt des Lactose-Operons, nicht gespalten, weshalb durch IPTG eine längerfrist. Derepression erzielt wird.

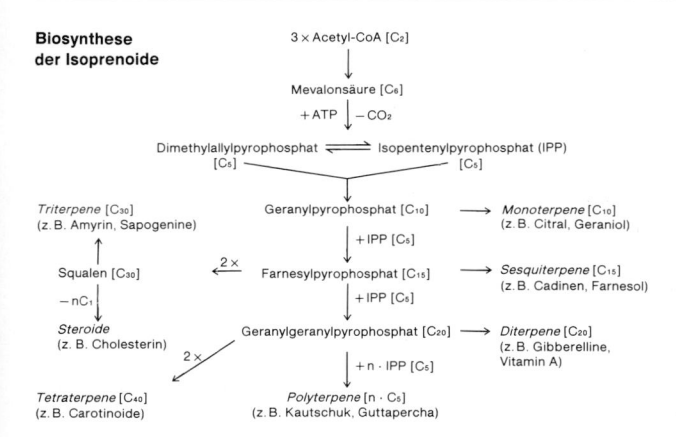

Biosynthese der Isoprenoide

Aus 3 Acetyl-CoA-Molekülen wird über Mevalonsäure *Isopentenylpyrophosphat* (IPP, „aktives Isopren") gebildet, das mit *Dimethylallylpyrophosphat* im Gleichgewicht steht. In einer v. einer Transferase katalysierten Kondensationsreaktion entsteht aus ihnen *Geranylpyrophosphat,* die Grundsubstanz der *Monoterpene.* Erneute Kopf-Schwanz-Kondensationen mit weiteren IPP-Molekülen führen zunächst zu *Farnesylpyrophosphat,* v. welchem sich die *Sesquiterpene* ableiten, u. schließl. zu *Geranylgeranylpyrophosphat,* der Ausgangsverbindung für die *Diterpene.* Durch eine Schwanz-Schwanz-Dimerisierung v. *Farnesylpyrophosphat* gelangt man zu den *Triterpenen* u. den *Steroiden,* bzw. im Falle v. Geranylgeranylpyrophosphat zu den *Tetraterpenen.* n · IPP-Kondensation führt zu den hochmolekularen *Polyterpenen.* Die Biosynthese von I.n läuft hpts. in pflanzl. Zellen ab. Während die Bildung von IPP in Chloroplasten, Mitochondrien u. Mikrosomen lokalisiert ist, beschränkt sich die Biosynthese bestimmter I. auf die für sie spezif. Zellorganellen.

Isops

Isops *m* [v. *iso-, gr. ōps = Auge, Gesicht], Gatt. der Schwamm-Fam. ↗ Geodiidae. *I. phlegraei,* von kugel. bis birnförm. Gestalt, bis 12 cm hoch, grau, gelbl. od. rosa, mit einem Nadelpelz u. nicht selten an der Basis mit Wurzelausläufern; im Nordatlantik in 200–900 m Tiefe.

Isoptera [Mz.; v. gr. isopteros = flügelgleich], die ↗ Termiten.

Isorrhiza [Mz.; v. *iso-, gr. rhiza = Wurzel], *Isorhiza,* die *Glutinanten,* ↗ Cniden.

Isospora *w* [v. *iso-, gr. spora = Same], Gatt. der *Schizococcidia,* Sporentierchen, deren Vertreter v. a. bei Vögeln, aber auch bei anderen Wirbeltieren häufig sind; bei Käfighaltung können Seuchen auftreten. *I. belli* kommt auch bei Menschen vor, ist aber ungefährlich.

Isosporen [Mz.; v. *iso-, gr. spora = Same], *Homosporen,* morpholog. gleichgestaltete *einzellige* Fortpflanzungskörper vieler Farne u. der meisten Moose, aus denen sich gemischtgeschlechtl. ↗ Gametophyten entwickeln; werden in Verbindung mit der Meiose in Sporangien (od. „Kapseln" bei Moosen) ausgebildet. Ggs.: Heterosporen.

Isosterie *w* [v. *iso-], ↗ Allosterie.

Isothermen [Mz.; v. *iso-, gr. thermos = warm], ↗ Isolinien, die Punkte gleicher Temp. miteinander verbinden (z. B. in der Meteorologie, in der Medizin usw.).

Isothermie *w* [v. *iso-, gr. thermē = Wärme], die annähernde Konstanz der Körpertemp. bei Warmblütern; ↗ Homoiothermie.

Isotomidae [Mz.; v. *iso-, gr. tomē = Schnitt], die ↗ Gleichringler.

Isotomie *w* [v. *iso-, gr. tomē = Schnitt], Bez. für die Gleichheit in der Ausbildung der beiden Verzweigungsabschnitte des Pflanzenkörpers bei der ↗ dichotomen Verzweigung. Ggs.: Anisotomie.

isotonisch [v. gr. isotonos = gleichgespannt], ↗ anisotonische Lösungen.

isotonische Kontraktion *w* [v. gr. isotonos = gleichgespannt, lat. contractio = das Zusammenziehen] ↗ isometrische Kontraktion.

Isotope [Mz.; v. *iso-, gr. topos = Ort], die zu einem ↗ chemischen Element gehörenden ↗ Atome gleicher Kernladungs-(Ordnungs-), aber verschiedener Massen-(Nukleonen-)Zahl. I. sind nur der Masse nach verschieden, die chem. Eigenschaften sind gleich, u. sie stehen an der gleichen Stelle im Periodensystem. Chlor z. B. besteht aus den Isotopen ^{35}Cl (75,4%) u. ^{37}Cl (24,6%), so daß die Mischung eine relative ↗ Atommasse v. 35,453 ergibt. Bei 20 Elementen *(Reinelementen)* fand man bisher nur eine einzige Atomsorte. Die restl. Elemente *(Mischelemente)* setzen sich aus 2 oder

iso- [v. gr. isos = gleich].

Isotope

I. der Bioelemente (Auswahl) mit Angabe v. Halbwertszeit (d = Tage, a = Jahre) u. Strahlungsart:

Wasserstoff
Deuterium, ^2H (stabil)
Tritium, ^3H (10,46 a, β, sehr weich)

Kohlenstoff
^{13}C (stabil)
^{14}C (5730 a, β, weich)

Stickstoff
^{13}N (10,05 Min., β)
^{15}N (stabil)

Phosphor
^{32}P (14,3 d, β)

Schwefel
^{35}S (87,1 d, β, weich)

Isotope

Einige in der med. Diagnose bzw. Therapie eingesetzte *Radioisotope* (Angabe der Halbwertszeit in h = Stunden, d = Tagen, a = Jahren):

Radiogold
$^{198}_{79}Au$; 2,7 d
β-γ-Strahler (Tumortherapie)

Radioiod
$^{131}_{53}I$; 8,1 d
$^{132}_{53}I$; 2,3 h
β-γ-Strahler (Schilddrüsendiagnose und -therapie)

Radiokobalt
$^{60}_{27}Co$; 5,2 a
β-γ-Strahler (Strahlentherapie von Tumoren)

mehr I.n zusammen. I. können stabil od. instabil *(radioaktive I.,* auch *Radio-I.* od. *Radionuklide* gen.) sein, wobei die radioaktiven I. sowohl natürl. als auch künstl. Ursprungs sein können. – Chem. Verbindungen, die bezügl. bestimmter I. angereichert sind, verhalten sich chem. gleich (od. fast gleich bei speziellen I.neffekten) wie Verbindungen mit natürl. I. Dies u. die leichte Nachweisbarkeit von I.n (bes. der radioaktiven I.) haben zu einer breiten Anwendungsskala I.n-markierter Verbindungen beim Studium molekularer Prozesse geführt. In der Biochemie werden hpts. die radioaktiven I. ^{14}C, ^3H und ^{32}P zur *radioaktiven Markierung* und die I. ^{15}N, ^{13}C und D (= ^2H, ↗ Deuterium) zur Dichtemarkierung (↗ Dichtegradienten-Zentrifugation) eingesetzt. Die Verwendung v. I.n zur Analyse v. Stoffwechselprozessen, Transport- u. Akkumulationsprozessen u. Biosynthesewegen, zur Lokalisierung v. Metaboliten, Enzymen u. Stoffwechselreaktionen in Organen, Zellen od. Zellfraktionen sowie zur Messung v. Umsatzraten zellulärer Stoffe wird als *I.ntechnik (Tracertechnik)* bezeichnet. Die dazu eingesetzten, meist radioaktive I. enthaltenden Verbindungen werden entweder organ.-chem. bzw. enzymat. synthetisiert (bes., wenn die betreffenden I. spezifisch an definierten Positionen eines Moleküls erforderl. sind, wie z. B. das I. ^{32}P in α-, β- od. γ-Stellung v. Nucleosidtriphosphaten) od. biosynthet. nach Verfütterung einfacher Vorstufen ($^{14}CO_2$, ^{32}P-Phosphat, ^3H_2O) aus Mikroorganismen gewonnen. In letzterem Fall entstehen uniform, d. h. je nach Isotop in allen C-, P- bzw. H-Positionen, gleich stark mit I.n markierte Verbindungen. Der Nachweis v. durch stabile I. bedingten Dichteunterschieden erfolgt bei Makromolekülen (Proteinen, DNA, RNA) durch Dichtegradienten-Zentrifugation, wodurch z. B. die semikonservative DNA-Replikation bewiesen werden konnte. Verbindungen, die radioaktive I. enthalten, werden durch die ionisierende Strahlung, die beim Zerfall der entspr. I. entsteht, im Geiger-Müller-Zählrohr, im Szintillationszähler od. durch ↗ Autoradiographie bestimmt. Mit Hilfe der radioaktiven I.nmarkierung, die um 1935 entwickelt wurde, ist es heute möglich, winzige Mengen der jeweils markierten Stoffe (bis zum Bereich v. 10^{-15} Mol) zu erfassen, was entscheidend zu den Fortschritten in Biochemie, Molekularbiologie, Genetik u. Zellbiologie, aber auch der Medizin während der letzten Jahrzehnte beigetragen hat. Auch einige Methoden der Altersbestimmung in der ↗ Geochronologie (□) basieren auf I.n-Analyse.   *H. K.*

isotopisch [v. *iso-, gr. topikos = am Ort

befindlich], (v. Mojsisovics 1879), Ablagerungen räuml. gleicher Sedimentationsgebiete unabhängig v. der ⬈Fazies. Ggs.: heterotopisch.

Isotricha w [v. *iso-, gr. triches = Haare], Gatt. der *Trichostomata,* Wimpertierchen, die zu den häufigsten Bewohnern des Wiederkäuerpansens gehören; haben ovalen, hinten zugespitzten Körper.

Isotropie w [v. gr. isotropos = von gleichem Charakter], Bez. für die Richtungsunabhängigkeit der chem., physikal., funktionalen od. morpholog. Eigenschaften v. Stoffen, Vorgängen bzw. biol. Objekten (z. B. das nach allen Seiten gleichförm. Wachstum). Ggs.: ⬈Anisotropie.

Isotyp m [v. *iso-, gr. typos = Gepräge], Begriff zur Beschreibung der Heterogenität v. ⬈Immunglobulinen (T), wobei die I.en den verschiedenen schweren u. leichten Ketten der Immunglobuline entsprechen. Antikörper einer Art gg. die isotypen Determinanten einer anderen reagieren demnach z. B. mit allen IgGs oder IgMs dieser zweiten Art unabhängig davon, welche Spezifitäten (⬈Idiotyp) diese Immunglobuline tragen. Allotypen od. allotype Determinanten dagegen entsprechen einzelnen Aminosäureaustauschen in den Ketten u. werden innerhalb einer Art allelisch vererbt.

Isovaleriansäure [v. *iso-, mlat. valeriana = Baldrian], *Baldriansäure,* verzweigte, in freier Form aus Baldrianwurzeln gewinnbare u. nach Baldrian riechende Fettsäure, die beim Abbau v. Leucin in Form v. Isovaleryl-Coenzym A entsteht; durch Folgereaktionen wird letzteres zu Acetoacetat u. Acetyl-Coenzym A abgebaut.

isozerk [v. *iso-, gr. kerkos = Schwanz], ⬈Flossen.

Isozoanthus m [v. *iso-, gr. zōon = Lebewesen, anthos = Blume, Blüte], Gatt. der ⬈Krustenanemonen.

Isozönosen [Mz.; v. *iso-, gr. koinos = gemeinschaftlich], ökolog. gleichgestellte Gemeinschaften v. Lebewesen (⬈Biozönosen), die separiert sind u. sich aus denselben Lebensformen, aber verschiedenen Arten zusammensetzen. ⬈Stellenäquivalenz.

Isozyme [Mz.; v. *iso-], die ⬈Isoenzyme.

Issidae [Mz.], Fam. der ⬈Zikaden.

Issoria w, Gatt. der Fleckenfalter, ⬈Perlmutterfalter.

Istiompax w [v. gr. istion = Gewebe, omphax = Brustwarze], Gatt. der ⬈Marline.

Istiophoridae [Mz.; v. spätgr. istiophoros = Segel tragend], die ⬈Fächerfische.

Isua-Sedimente, *Isua-Serie, Isua-Eisenformation,* über 3,7 Mrd. Jahre alte sedimentäre Eisenerzlagerstätten in Wechselfolge mit Vulkaniten aus dem Altpräkambrium

COOH
|
CH₂
|
C—COOH
‖
CH₂

Itaconsäure

Isovaleriansäure

W-Grönlands, gelten derzeit als die ältesten Sedimente der ⬈Erdgeschichte. Da es sich um oxidische Eisenerze handelt, zeigen sie an, daß die archaische Atmosphäre trotz Sauerstoffmangels nicht gänzl. frei war v. Sauerstoff.

Lit.: Moorbath, S., O'Nions, R. K., Pankhurst, R. J., 1973: Early Archaean age for the Isua Iron Formation, West Greenland. – Nature 245, 138–139.

Isuridae [Mz.; v. gr. isos = gleich, oura = Schwanz], die ⬈Makrelenhaie.

Itaconsäure [Anagramm v. Aconit-], *Methylenbernsteinsäure,* ein mit *Aspergillus itaconicus* und *A. terreus* (Schlauchpilze) hergestelltes, in der Lack- u. Kunststoffindustrie eingesetztes Stoffwechselprodukt, das unter bestimmten Bedingungen im ⬈Citratzyklus gebildet wird.

Itai-Itai-Krankheit [v. jap. itai = schmerzhaft], eine aus Japan bekanntgewordene, multifaktoriell bedingte Krankheit, bei der u. a. durch die Einwirkung v. Cadmiumsulfat (⬈Cadmium) Calcium u. Kalium infolge mangelnder Rückresorption erhöht in der Niere ausgeschieden werden u. es zu Nierenschäden, aber bes. zu einer Entkalkung des Skeletts u. einer sehr schmerzhaften Schrumpfung des Körpers kommt (bis zu 30 cm im Laufe einiger Jahre). Außerdem wird das Knochenmark zerstört, u. es tritt Anämie auf. Schäden sind oft erst nach Jahrzehnten sichtbar. 1969 wurde Cadmium als eine der entscheidenden Ursachen der I. erkannt: Von einem Zinkbergwerk gelangte Cadmiumsulfat in einen Fluß, mit dessen Wasser die Reispflanzen bewässert wurden. Die dort. Bewohner nahmen jahrelang tägl. mit dem Reis ca. 0,6 mg Cadmium auf (die v. der WHO festgesetzte maximale Wochendosis liegt bei 0,5 mg [1982]). ⬈Minamata-Krankheit.

Iteration w [v. lat. iteratio = Wiederholung], *iterative Evolution,* die heterochrone ⬈Parallelentwicklung.

Ithomiidae [Mz.; ben. nach Berg Ithōmē in Messenien], den *Danaidae* eng verwandte Tagfalter-Fam. mit über 400 neotrop. Vertretern, nur *Tellervo zoilus* in Austr. u. Neuguinea. Falter mit schmalen Flügeln, klein bis mittelgroß (Spannweite zw. 25 u. 115 mm), Fühler lang u. dünn, Abdomen schlank. Die *I.* sind entweder tarnfarben mit durchsicht., unbeschuppten Flügeln, od. warnfarben, ähnl. den ⬈*Danaidae* u. ⬈*Heliconiidae* orangebraun mit schwarzen u. weißen Streifen u. Flecken; wie diese Tagfalter-Familien durch gift. Körperflüssigkeiten u. unangenehmen Geruch geschützt, bilden sie mit diesen Müllersche Mimikryringe; langsame u. träge Flieger, bevorzugen Wälder u. Lichtungen. Die Larven der l. fressen an Nachtschattengewächsen.

Itonididae

Itonididae [Mz.; v. spätlat. Itonida = Beiname der Göttin Minerva], die ↗Gallmücken.
ITP, Abk. für ↗Inosin-5'-triphosphat.
IU, Abk. für *International Unit*, die ↗Internationale Einheit.
IUCN, Abk. v. *International Union for Conservation of Nature and Natural Resources*, ↗Artenschutzabkommen.
Iwanowski, *Dimitri Jossifowitsch*, russ. Botaniker u. Mikrobiologe, * 28. 10. 1864 Nisy bei St. Petersburg, † 20. 6. 1920 Rostow am Don; seit 1901 Prof. in Warschau; isolierte 1892 das Tabakmosaikvirus.
Ixobrychus *m* [v. gr. ixos = Mistel, brychein = beißen], Gatt. der ↗Zwergdommeln.
Ixodes *m* [v. gr. ixōdēs = klebrig, anklebend], Gatt. der ↗Zecken, ↗Holzbock.
Ixodidae [Mz.; v. gr. ixōdēs = klebrig, anklebend], die ↗Zecken.

Jacobsonsches Organ
Lage des J. O.s bei einer Eidechse

J, chem. Zeichen für Jod (↗Jod).
Jabiru *m* [indian.], Gatt. der ↗Störche.
Jacanidae [Mz.; indian.], die ↗Blatthühnchen.
Jacaranda *s* [indian.], Gatt. der ↗Bignoniaceae.
Jaccardsche Zahl, wird berechnet, um die biozönot. Ähnlichkeit (qualitative Übereinstimmung) zweier Biotope festzustellen; gibt das Zahlenverhältnis der für beide Biotope gemeinsamen Arten zu den nur in einem der beiden Biotope nachgewiesenen Arten an.
Jackfruchtbaum [v. malaiisch chakka = Frucht des Brotfruchtbaums], *Artocarpus heterophylla*, in S-Asien heim., in den Tropen vielfach kultivierter Baum aus der Fam. der Maulbeergewächse mit großen, verkehrt-eiförm. Blättern u. an den Stämmen u. älteren Zweigen sitzenden Blütenständen. Die sehr großen, längl.-ovalen (bis 15 kg schweren), etwas faulig riechenden Fruchtverbände werden roh od. gekocht verzehrt. Die stärkereichen Samen dienen geröstet od. gemahlen ebenfalls als Nahrung.
Jacob [schakob], *François*, frz. Physiologe u. Genetiker, * 17. 6. 1920 Nancy; seit 1960 am Inst. Pasteur in Paris, ab 1964 Prof.; erhielt 1965 zus. mit A. Lwoff u. J. L. Monod den Nobelpreis für Medizin für molekulargenet. Arbeiten an Bakterien, bes. für die Entdeckung gemeinsam regulierter Gene (Prägung des Begriffs Operon), der zugehörigen Regulatorgene u. der regulator. wirksamen Signalelemente (Operator, Promotor) am ↗Lactose-Operon *(J.-Monod-Modell)*.

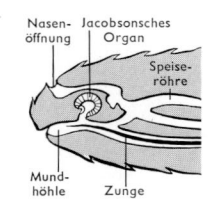

Jacob-Monod-Modell [schakob-mono-], ↗Genregulation.
Jacobsonsches Organ [ben. nach dem dän. Arzt L. L. Jacobson, 1783–1843], *Vomeronasalorgan, Organon vomeronasale*, bei den meisten Tetrapoden auftretender spezialisierter Teil des olfaktorischen Systems (Geruchsorgan). Bei Krokodilen u. Vögeln wird es nur noch rudimentär angelegt, bei Primaten nur embryonal. Bei Säugetieren ist das J. O. in einer Nebenhöhle der Nasenhöhle lokalisiert u. öffnet sich über den Ausführgang, den *Stensonschen Gang* (Ductus nasopalatinus), in den hinteren Gaumenbereich. Bei Eidechsen u. Schlangen liegt es paarig in einer bes. Tasche, die vom Dach der Mundhöhle abgeht. Über die Zunge, die in das J. O. geschoben wird, werden die Geruchsstoffe, die sich auf der Zungenschleimhaut angeheftet haben, auf den Flüssigkeitsfilm des Sinnesepithels übertragen. Die Hauptaufgabe des J. O.s scheint bei den niederen Tetrapoden in der Perzeption der Geruchsreize der Nahrung in der Mundhöhle zu bestehen. Bei Huftieren u. katzenartigen Raubtieren steht das J. O. aber auch mit der Wahrnehmung v. Sexualhormonen in Zshg. (↗Flehmen). B chemische Sinne I.
Jagd, i. e. S. das Fangen u. Erlegen des Wildes, auch die Bez. des Reviers selbst; i. w. S. die Hege u. Pflege v. Wild u. Revier. Das *J.revier* ist meist Eigentum einer Gemeinde od. des Staates u. wird für eine *J.periode* (9 Jahre bei Niederwild-, 12 Jahre bei Hochwild-J.) verpachtet. J.berechtigt ist der Pächter od. ein v. ihm ermächtigter J.scheininhaber. J.- u. Forstwesen sind nicht unbedingt verbunden. J. wird ausgeübt als Einzel-J. (Pirsch, Ansitz) od. gemeinschaftlich als Treib-J. Kaum noch übl. sind Brackier-J. u. Parforce-J. (zu Pferde mit Meute hinter dem Wild). Wichtigster Helfer des Jägers ist der Hund. – Das Wild wird eingeteilt in das zur *hohen J.* gehörende ↗Hochwild u. das ↗Niederwild *(niedere J.)*. Man unterscheidet ferner: Nutzwild (eßbares Wild) u. Raubwild, Haarwild u. Feder-(Flug-)Wild; ein Sammelname ist auch Schalenwild. Gejagt wird in der Schußzeit, nicht aber in der ↗Schonzeit. Der Abschuß erfolgt nach dem Abschußplan, den die J.behörde genehmigt hat u. bei dessen Aufstellung Gesichtspunkte der *Hege* im Vordergrund stehen (Erhaltung der Arten, ihr richtiges zahlenmäß. Verhältnis zueinander u. ihre gesunde Entwicklung). – *Geschichte u. Brauchtum:* In der Entwicklung des Menschen folgt der von J. lebende Wildbeuter dem Sammler. In der Altsteinzeit wurde die J. Grundlage der menschl. Existenz, sie lieferte Nah-

rung, Kleidung u. Werkzeug. Jagdliches Brauchtum dürfte in seinen Ursprüngen mit magischen Riten in Zshg. stehen u. war bei Kelten u. Germanen schon hoch entwickelt. Im einzelnen greifbar wird es im hohen MA, eng verbunden mit dem Recht. Das J.recht gehörte zur Grundherrschaft. Hier war die hohe J. dem Hochadel vorbehalten, u. dem niederen Adel blieb die niedere J. überlassen. Zur Zeit des Absolutismus waren die höfischen Jagden oft von Entartung des Brauchtums begleitet.

Jagdfliegen, die ↗ Raubfliegen.

Jagdleopard ↗ Gepard.

Jagdspinnen, die ↗ Eusparrassidae.

Jägerhütchen, *Bena prasinana,* ↗ Kahnspinnereulen.

Jäger- und Sammlervölker, *Wildbeuter,* Naturvölker ohne Ackerbau u. Viehzucht, bei denen die Männer jagen u. die Frauen Nahrung (Beeren, Wurzeln, Honig usw.) sammeln; heute noch z.B. ↗ Buschmänner, austr. Ureinwohner.

Jaguar *m* [v. Tupi jaguara], *Panthera onca,* dem Leoparden ähnl., jedoch gedrungener u. massiger gebaute neuweltl. Großkatze mit schwarzen Punkten im Innern der schwarzen Ringflecken; Kopfrumpflänge 110–180 cm, Schwanzlänge 45–75 cm; heutige Verbreitung: von SW der USA südl. bis Patagonien. Der J. bewohnt hpts. Urwald- u. Buschlandschaften, bevorzugt in Wassernähe. Ihre Beute (Groß- u. Kleinsäuger, Vögel, Reptilien) erjagen J.e meist am Boden. Die nach 90–110 Tagen Tragzeit blind zur Welt kommenden 2–4 Jungen sind erst nach 3 bis 4 Jahren ausgewachsen. Alle 8 U.-Arten sind im Bestand gefährdet; fast ausgerottet ist der Arizona-J. (*P. o. ariconensis*). B Südamerika I.

Jaguarundi *w* [Tupi] ↗ Wieselkatze.

Jaguarwurm ↗ Megalopygidae.

Jagziekte, *Jagdkrankheit, Hetzkrankheit,* Erkrankung bei südafr. Haustieren (z.B. Pferden, Rindern) infolge Fressens bestimmter ↗ *Crotalaria*-Arten, Symptome: u.a. Atemnot, Durchfall, Leberatrophie.

Jahresrhythmik ↗ Jahreszyklen.

Jahresringchronologie, die ↗ Dendrochronologie.

Jahresringe, *Altersringe,* **1)** Bot.: jährliche, meist konzentr. Zuwachsschichten bei Gehölzen der gemäßigten Zonen; bedingt durch period. Aktivität des ↗ Kambiums. Die J.bildung erfolgt i.d.R. nur im ↗ Holz (☐), seltener im ↗ Bast (Lärche) od. im ↗ Kork (Kork-↗ Eiche, ☐). Die Zahl der J. kann vom Alter einer Pflanze abweichen, wenn diese in einer Vegetationsperiode mehrmals austreibt (nach Insektenfraß od. Frost), od. wenn bei ungünst. Verhältnissen kein Zuwachs erfolgt. Die J.breite ist artspezifisch u. alters-, klima- u. standorts-

Jagd

Hohe Jagd
(fr. die nur v. Landesherrn ausgeübte Jagd):
Schalenwild (außer Rehwild), Auerhahn, Stein- u. Seeadler

Niedere Jagd
(fr.: die vom niederen Adel ausgeübte Jagd):
alles Wild, das nicht zur Hohen Jagd gehört

Jagdarten
Ansitz
(Haarwild, Schnepfen, Enten)
Treib-Jagd
(hauptsächl. Hasen, Kaninchen, Fasanen, Enten)
Pirsch-Jagd
(Schalenwild)
Such-Jagd
(Niederwild)
Hütten-Jagd
(Krähen, Greifvögel)
Bau-Jagd
(Fuchs, Dachs, Kaninchen)
Fallen-Jagd
(Raubwild, Raubzeug)
Beiz-, Parforce- u. Lock-Jagd

abhängig. J. dienen der ↗ Altersbestimmung; ↗ Dendrochronologie (☐), ↗ Geochronologie. **2)** Zoologie: J. der Fisch-↗ Schuppen, entstehen durch jahreszeitl. bedingte, unterschiedl. Wachstumsgeschwindigkeit der Fische.

Jahrestrieb, der innerhalb einer Vegetationsperiode gebildete Sproßabschnitt bei Bäumen u. Sträuchern.

Jahreszeitenfeldbau, Feldbau, der an eine bzw. mehrere Jahreszeiten gebunden ist, z.B. der *Sommerfeldbau* der gemäßigten Breiten, der *Winterfeldbau* der Winterregengebiete u. der *Regenzeitenfeldbau* der trop. wechselfeuchten Gebiete.

Jahreszyklen, Verhaltens-, Stoffwechsel- u. hormonelle Anpassungen der Lebewesen an die *Jahresrhythmik* od. *Jahresperiodik* (B Chronobiologie II), z.B. die jahreszeitl. Aktivitätsperiodik der meisten höheren Tiere (insbes. Vogelzug u. Tierwanderungen), Territorialverhalten, Frühjahrs- u. Herbstmauser, Winter- bzw. Sommerschlaf, Diapause, Fortpflanzung usw., aber auch z.B. der herbstl. Blattfall od. die Blütezeit usw. Als Zeitgeber spielen u.a. die Belichtungsdauer (zunehmende u. abnehmende Tageslänge, T Chronobiologie) u. die Temperatur eine Rolle. ↗ Chronobiologie.

Jak *m* [v. tibet. gyak], ↗ Yak.

Jakamar *m* [indian.], *Grüner J., Galbula galbula,* ↗ Glanzvögel.

Jakobskrautbär, *Blutbär, Karminbär, Thyria (Hipocrita) jacobaeae,* eurasiat. Vertreter der ↗ Bärenspinner, nach Austr. u. Amerika zur biol. Bekämpfung seiner Wirtspflanze eingeführt; Falter in einer Generation v. Mai–Juli, überwiegend tagaktiv, träger Flieger; rot-schwarze Warnfärbung ähnl. den ↗ Widderchen, durch histaminhalt. Hämolymphe u. alkaloidhalt. Sekret prothorakaler Drüsen vor Freßfeinden geschützt; Spannweite bis 40 mm. Die charakteristisch schwarz-gelb geringelte Raupe frißt im Sommer an Blättern u. Blütenknospen des Jakobskreuzkrauts u. nimmt dabei schützende Alkaloide auf; Überwinterung als Puppe.

Jakobslilie, *Sprekelia formosissima,* ↗ Amaryllisgewächse.

Jakobsmuschel [ben. nach dem Apostel Jakobus d. Ä.], *Pilgermuschel, Pecten jacobaeus,* im Mittelmeer lebende Kammmuschel mit bis 13 cm langen Schalenklappen, die ca. 15 kräft. Radiärrippen tragen. Die rechte Klappe ist bauchig, die linke deckelartig flach. Die Jungtiere heften sich mit ihren Byssusfäden an Hartsubstrat, die Adulten liegen frei auf der rechten Klappe; sie können durch Auf- u. Zuklappen der Schalen schwimmen. Die Schalen werden als Trink- u. auch noch als Ragout-Schalen

Jalapa-Harz

benutzt u. gelten als Pilgerattribut. Auch die ähnl. *P. maximus* wird als Pilgermuschel bezeichnet; sie lebt im NO-Atlantik. Beide Arten kommen als Delikatesse in den Handel (1981: ca. 35000 t).

Jalapa-Harz s [ben. nach der mexikan. Stadt], ↗Windengewächse.

Jaminia w, Gatt. der *Enidae*, die in W-Europa u. im Mittelmeergebiet durch die Vierzahnturmschnecke *(J. quadridens)* vertreten ist: deren konisch-zylindr., linksgewundenes Gehäuse wird 12 mm hoch; sie bevorzugt trockene, kalkreiche Lebensräume; nach der ↗Roten Liste „stark gefährdet".

Janthina w [v. gr. ianthinos = veilchenartig], die ↗Floßschnecken.

Janusfarbstoffe [ben. nach dem zweiköpf. röm. Gott Ianus], kation. Azofarbstoffe auf Phenazinbasis; z.B. *Janusgrün B* (Diazingrün), das u. a. in der Mikroskopie zum Färben sowie als Redoxindikator verwendet wird.

Japanische Hirse, *Echinochloa frumentosa*, ↗Hühnerhirse.

Japanische Mandel, Samen der Gatt. *Canarium*, ↗Burseraceae.

Japanische Weinbeere, *Rubus phoenicolasius*, ↗Rubus.

Japanknolle, *Stachys sieboldii*, ↗Ziest.

Japygidae [Mz.; v. gr. Iapygia = Apulien/Kalabrien], Fam. der ↗Doppelschwänze.

Jararaca w [Tupi], *Bothrops jararaca*, ↗Lanzenottern.

Jarowisation w [v. russ. jarowoi = Sommer-], die ↗Vernalisation.

Jasione w [v. gr. iasiōnē = große Zaunwinde], die ↗Sandrapunzel.

Jasmin m [v. pers. yāsamīn = Jasmin(öl)], *Jasminum*, Gatt. der ↗Ölbaumgewächse.

Jasminöl, in den Blüten v. *Jasminum officinale* vorkommendes ↗äther. Öl; enthält u. a. Benzylalkohol, Geraniol, Eugenol, Farnesol, Linalool, Phytol u. Vanillin sowie *Jasmon* u. *Jasmonate*, die für den typ. Jasmingeruch verantwortl. sind; Verwendung in der Kosmetik-Ind.

Jassana, *Jacana spinosa*, ↗Blatthühnchen.

Jassidae [Mz.; v. gr. Iassos = kleinasiat. Stadt], die ↗Zwergikaden.

Jatropha w [v. gr. iatros = Arzt, trophē = Ernährung], Gattung der ↗Wolfsmilchgewächse.

Jauche, Zersetzungsprodukt des tier. Harns u. des Stallmist-Sickersaftes in der *J.grube*, dient als wirtschaftseigener organ. Dünger; besteht im wesentl. aus Harn, 0,4% Stickstoff u. 0,8% Kalium, enthält aber nur 0,01% Phosphorsäure. Bes. schnell werden die organ. Stickstoffverbindungen, v. a. der Harnstoff, durch Mikroorganismen in Ammoniumcarbonat u. leicht flücht. Ammoniak umgewandelt. ↗Gülle.

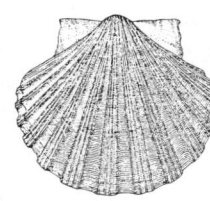

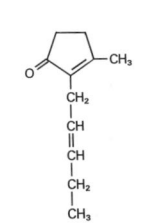

Javamensch, ↗*Pithecanthropus*, ↗*Homo erectus* v. Java (Indonesien).

Javaneraffe [ben. nach der Insel Java], *Macaca irus*, ↗Makaken.

JC-Virus ↗Polyomaviren.

Jeffersonsalamander [dschefᵉʳßn-; ben. nach dem am. Präsidenten T. Jefferson, 1743–1826], *Ambystoma jeffersonianum*, ↗Querzahnmolche.

Jejunum s [v. lat. ieiunus = nüchtern, leer], der Leerdarm, ↗Darm.

Jelängerjelieber, *Lonicera caprifolium*, ↗Heckenkirsche.

Jenner [dschenᵉʳ], *Edward*, engl. Arzt, * 17. 5. 1749 Berkeley (Gloucestershire), † 26. 1. 1823 ebd.; seit 1809 Dir. der Nationalimpfanstalt in London; Begr. der Pockenschutzimpfung (1796).

Jerezhefe w [chereß-; ben. nach der span. Stadt Jérez de la Frontera, Heimat des Sherrys], Sammelbez. für bestimmte Weinhefen, die hohe Alkoholkonzentrationen tolerieren; haben bes. Bedeutung bei der Herstellung v. Sherry-Wein (Xeres), auf dem sie mit gelbl.-weißer Haut *(flor del vino)* wachsen u. durch Produkte ihres oxidativen Stoffwechsels (z.B. Acetaldehyd) zum typ. Aroma beitragen; es sind wahrscheinl. besondere Stämme von *Saccharomyces cerevisiae* und *S. capensis* (= „*S. beticus*") sowie von *S. bayanus* (= „*S. cheriensis*").

Jerichorose, 1) *Anastatica hierochuntica*, ↗Anastatica; 2) *Asteriscus pygmaeus*, ↗Asteriscus.

Jerne, *Nils Kaj*, dän. Biochemiker, * 23. 12. 1911 London; 1960–62 Prof. in Genf, 62–65 in Pittsburgh (Pa.), 66–69 in Frankfurt a. M., 70–80 Dir. des Inst. für Immunologie in Basel; grundlegende theoret. Arbeiten über das Immunsystem, bes. das inzwischen experimentell verifizierte Postulat, daß somat. Mutationen u. Rekombinationen v. vergleichsweise wenigen Immunglobulin-Genen die Ursache für die enorme Diversität v. Antikörpern sind, u. die sog. Netzwerk-Theorie, deren experimentelle Bestätigung jedoch noch aussteht; erhielt 1984 zus. mit G. ↗Köhler u. C. ↗Milstein den Nobelpreis für Medizin.

Jersey [dschörsi; ben. nach der brit. Kanalinsel], *Mensch von J.*, *Mensch von St-Brelade*, *Homo breladensis* Marett 1911, aus Einzelzähnen eines Erwachsenen u. Hinterhauptsknochen eines Kindes bestehender Fund, den ↗Neandertaler zugeordnet.

Jerseykohl [dschörsi-; ben. nach der brit. Kanalinsel] ↗Kohl.

Jesuitentee [v. den Jesuitenmissionaren in Mexiko favorisiert], *Chenopodium ambrosius*, ↗Gänsefuß.

Jetztmenschen ↗ Homo sapiens sapiens.
Jochalgen ↗ Zygnematales.
Jochbein, das ↗ Jugale.
Jochblattgewächse, die *Zygophyllaceae,* Fam. der Seifenbaumartigen mit 25 Gatt. u. 240 Arten; meist Sträucher, selten Bäume u. Kräuter der Tropen u. subtrop., trockenen Gebiete. Charakterpflanzen v. Wüsten u. Salzsteppen, daher häufig Xerophyten od. Halophyten. Blätter fleischig, ledrig, gegenständig stehend, Nebenblätter oft dornig; radiäre, zwittr. Blüten mit 4–5 Kelch- u. Kronblättern, deren Staubblätter doppelte od. dreifache Anzahl der Kronblätter haben; Kapselfrüchte. Die dorn. Holzgewächse mit ledr., graugrünen Blättern u. Steinfrüchten der Gatt. *Balanites* sind im trop. Afrika, Indien u. Burma verbreitet; die Arten werden auf vielfält. Weise genutzt, z. B. Blätter zum Würzen, Wurzeln u. Früchte als Waschmittel, Fruchtstein zur Gewinnung v. Öl. Das beständ. feste Holz v. Sträuchern u. Bäumen der Gatt. *Bulnesia* wird in der Drechslerei, die daraus gewonnenen äther. Öle in der Parfüm-Ind. eingesetzt. 2 Arten des Guajakbaums (Gatt. *Guajacum*), *G. officinale* und *G. sanctum* (v. a. Insel Sto. Domingo, Bahamas), liefern das extrem harte, zähe u. würz. *Guajakholz* od. *Pockholz* (Dichte: 1,55 g/cm³); es findet in der Technik Verwendung, da sein Harzgehalt ihm zur Festigkeit auch noch Selbstschmiereigenschaften verleiht; aus dem Kernholz gewinnt man *Guajakharz,* das fr. gegen Syphilis eingesetzt wurde (↗ Guajakol). Die Knospen einer der 90 Arten umfassenden Gatt. Jochblatt (*Zygophyllum,* v. a. Trockengebiete von N-Afrika u. Zentralasien) werden wie Kapern verwendet. Zu den kleinen, dorn. Sträuchern der Gatt. *Nitraria* (N-Afrika, Asien, Australien) gehört *N. schoberi,* aus dessen Blättern u. jungen Zweigen Soda hergestellt wird. Zur Gatt. *Peganum* (Steppenraute, Türkisch Rot) gehört die Steppenpflanze *P. harmala,* aus deren Samenschalen Alkaloide mit pharmakolog. Wirkungen (bes. gg. Encephalitis) gewonnen werden. 3 Arten umfaßt die südam. Gatt. *Porlieria;* der Strauch *P. lorentzii* ist Charakterart der bolivian. Kaktuszone; aus der Wurzelrinde von *P. angustifolia* wird Seife gewonnen. Die einjähr. Kräuter der Gatt. *Tribulus* (Bürzeldorn, Morgenstern) haben ihren Verbreitungsschwerpunkt in nordafr. u. zentralasiat. Steppengebieten u. S-Afrika; aus der Wurzel einer Art wird ein harntreibendes Mittel hergestellt.
Jochbogen, am Schädel v. Wirbeltieren Knochenbrücke unterhalb eines ↗ Schläfenfensters; ein J. kann im Rahmen der ↗ Kraniokinetik bewegl. werden. Bei Sauropsiden besteht der untere J. aus Postor-

Jochblattgewächse
Wichtige Gattungen:
Balanites
Bulnesia
Guajakbaum
(*Guajacum*)
Jochblatt
(*Zygophyllum*)
Nitraria
Peganum
Porlieria
Tribulus

Jochblattgewächse
Zweig des Guajakbaums (*Guajacum*)

Jochpilze
Wichtige Ordnungen:
↗ Mucorales
↗ Zoopagales
↗ Endogonales
↗ Entomophthorales
↗ Kickxellales

Joghurt
J. war urspr. bei den Völkern des Balkans, der Türkei, Kleinasiens u. z. T. auch des Mittleren Ostens ein wicht. Nahrungsmittel. In Mitteleuropa u. den USA wurde er durch die Schriften v. ↗ Metschnikow bekannt, nach dessen Überzeugung die J.-Bakterien sich im Dünndarm ansiedeln, die schädl. „Fäulnisbakterien" verdrängen u. dadurch lebensverlängernd wirken sollten. Auch wenn sich seine Hypothese nicht bewahrheitet hat, ist J. ein Nahrungsmittel v. hohem gesundheitl. Wert: durch seinen hohen Protein- u. Vitamingehalt, die leichte Verdaulichkeit u. das ansprechende Aroma. Die therapeut. Bedeutung des J. durch eine mögl. Bildung antibiot. oder antibakterieller Stoffe ist umstritten.

bitale u. Squamosum, der obere J. aus Jugale u. Quadratojugale. Der J. von Säugern wird v. einem Fortsatz des Jugale u. einem Fortsatz des Squamosum (Teil des Schläfenbeins, Os temporale) gebildet.
Jochkäfer ↗ Sumpfkäfer.
Jochpilze, *Zygomycetes,* fr. den Niederen Pilzen, heute den Höheren (Echten) Pilzen zugeordnete Pilz-Kl. (Abt. ↗ Zygomycota). Das vegetative Mycel ist haploid, vielkernig, regelmäßige Querwände fehlen (= *coenocytisch;* Ausnahme: Fam. *Kickxellaceae*); daher fr. in der Gruppe ↗ „Algenpilze" eingeordnet. Septen werden nur zur Abgrenzung, z. B. bei der Fruchtkörperentwicklung, gebildet. Die Zellwände enthalten Chitin u. meist noch Chitosan. Charakterist. ist die sexuelle Fortpflanzung. Die Kopulation findet zw. zwei aufeinander zuwachsenden, differenzierten Hyphenenden (= Gametangien) statt (↗ *Mucorales*); die entstehende Zygote ist vielkernig u. entwickelt sich zu einer dickwand. Dauerspore (= *Zygospore*). Besondere Fruchtkörper werden nicht gebildet (Ausnahme: ↗ *Endogonales*). Die ungeschlechtl. Vermehrungszellen entstehen endogen in Sporangien (Sporangiosporen, Sporangiolen) od. exogen auf Konidienträgern; es werden keine bewegl. Planosporen gebildet. Wichtige Ord. vgl. Tab. J. leben meist auf dem Land saprophytisch (Bodenpilze, Dungzersetzer) od. parasitisch (auf anderen Pilzen, Insekten, Fadenwürmern u. Amöben). Viele sind Mykorrhizapartner (*Endogonales*) od. Endosymbionten in Arthropoden (z. B. *Harpellales*).
Jod, chem. Zeichen J, ↗ Iod.
Joenia w, Gatt. der ↗ Hypermastigida.
Joghurt m [v. türk. yoğurt = gegorene Milch], *Jaourthi, Yoghurt,* Sauermilcherzeugnis aus Ziegen-, Schaf- od. Kuhmilch, v. gelartig fester Konsistenz; der Geruch ist frisch sauer, der charakterist. Geschmack angenehm frisch bis kräftig sauer; natürl. Hauptaromakomponente ist Acetaldehyd; durch Zusatz v. Aromastoffen (z. B. Früchteextrakt) mild-süß. Zur Herstellung wird die Milch homogenisiert, pasteurisiert (od. gekocht), auf 42–45°C abgekühlt u. mit 3–5% einer J.-Kultur versetzt. Nach 2–4 Std., wenn die Milch durch Säuerung (hpts. Milchsäure, 60%) geronnen u. fest geworden ist, wird auf 5–6°C herabgekühlt, um eine Übersäuerung zu verhindern; der pH liegt dann meist bei 4,5–4,4 (4,2). J. kann auch kontinuierl. hergestellt werden. Die thermophilen J.-Milchsäurebakterien, *Streptococcus thermophilus* u. *Lactobacillus bulgaricus* (seltener *L. jugurti,* eine Varietät von *L. helveticus*), leben in Symbiose zus. Anfangs wächst in der Milch hpts. *S. thermophilus,* der den

Johannisbeere

Sauerstoffgehalt (Redoxpotential) schnell absenkt u. auch Ameisensäure bildet. Dadurch wird das Wachstum von *L. bulgaricus* gefördert, der wiederum eine kräftige proteolyt. Aktivität aufweist u. somit *S. thermophilus* verstärkt mit notwend. Aminosäuren u. Peptiden versorgt. Diese Milchsäurebakterien können auch allein in Reinkultur wachsen; gemeinsam sind die Entwicklung jedoch schneller, die Säuerung besser u. die Bildung v. Aromakomponenten höher. In einem guten J. beträgt das Verhältnis der Bakterien zueinander etwa 1:1. Trocken-J. wird auch als Backzusatz verwendet. – Eine bes. J.-Art ist der „Reform-J." (nach W. Henneberg, 1926), später Acidophilusmilch (↗ Acidophilus) gen., die *L. acidophilus*, einen Darmbewohner des Menschen, enthalten muß.

Johannisbeere ↗ Ribes.
Johannisbrotbaum, *Ceratonia siliqua*, monotyp. Gatt. der Hülsenfrüchtler (östl. Mittelmeergebiet, Vorderasien, in warmgemäßigten Zonen kultiviert); Blüten kronblattlos, ledr. Fiederblättchen; die zuckerreichen Früchte werden roh, geröstet od. gebacken gegessen; wertvolles Viehfutter. Der getrocknete Samen wurde fr. als Gewichtseinheit *(Karat)* für Gold u. Diamanten verwendet. B Mediterranregion I.
Johannisechse ↗ Ablepharus.
Johanniskäfer ↗ Leuchtkäfer.
Johanniskrankheit, pilzl. Welkekrankheit v. Leguminosen (z. B. Lupine, Saat- u. Ackererbse), die etwa Ende Juni auftritt; Erreger ist *Fusarium oxysporum*.
Johanniskraut, das ↗ Hartheu.
Johannistrieb, das zweite Austreiben mancher Holzgewächse im Juni/Juli aus ruhenden, eigtl. für die kommende Vegetationsperiode angelegten Knospen nach Schädigung des ersten Austriebs durch Frost, Trockenheit od. Insektenfraß. Beispiele: Buche, Eiche.
Johanniswürmchen, Weibchen od. Larve der ↗ Leuchtkäfer.
Johannsen, Wilhelm Ludvig, dän. Botaniker u. Genetiker, * 3. 2. 1857 Kopenhagen, † 11. 11. 1927 ebd.; seit 1903 Prof. ebd.; führte die Methoden der mathemat. Statistik in die Genetik ein; prägte um 1909 die Begriffe Gen, Genotypus, Phänotypus.
Johnius *m*, Gatt. der ↗ Umberfische.
Johnstonsches Organ [ben. nach dem engl. Zoologen G. Johnston (dschoʰnßtᵉn), 1797 bis 1855], *Johnstonsches Sinnesorgan*, bei allen Insekten mit einer Geißel-↗ Antenne im 2. Fühlerglied (Pedicellus) befindliches mechanorezeptives Sinnesorgan (↗ Chordotonalorgane); ↗ Gehörorgane (☐).
Jojoba *w* [mexikan.], *Simmondsia californica*, ↗ Buchsbaumgewächse.

Johannis- [ben. nach dem „Johannistag", dem Geburtsfest Johannes' des Täufers = 24. Juni].

Jonone
α-Jonon

Johannisbrotbaum *(Ceratonia siliqua)*, oben Blütenzweig, unten Frucht (bis 20 cm lang)

Wassersäcke
Bauchblätter
Jubulaceae
Stämmchen (Cauloid) mit Blättchen (Phylloiden) von *Frullania* („folioses" Lebermoos)

Judasohr *(Hirneola auricula-judae)*

Jonone [Mz.; v. gr. ion = Veilchen], zu den Terpenen zählende, natürl. vorkommende Riechstoffe, die z. B. in äther. Ölen v. Veilchenblüten u. Costus-Wurzeln enthalten sind; riechen unverdünnt nach Zedernholz, in äthanol. Verdünnung nach Veilchen. J., die auch synthet. zugängl. sind, werden zur Herstellung v. Seifen, Parfüms usw. sowie zur Synthese v. Naturstoffen (v. a. Vitamin A) verwendet.
Jordansches Organ [ben. nach dem engl. Entomologen K. Jordan], das ↗ Chaetosema.
Josephinia *w* [ben. nach Joséphine Tascher de La Pagerie, 1763–1814, Gattin Napoleons I.], Gatt. der ↗ Pedaliaceae.
Joule *s* [dschul (nicht dschaul!); ben. nach dem engl. Physiker J. P. Joule, 1818–89], Kurzzeichen J, Einheit der ↗ Energie.
Jubulaceae [Mz.; v. lat. iuba = Mähne, Federbusch], Fam. der *Jungermanniales* mit 7 Gatt.; die abgeflachten, dorsiventralen Thalli dieser Lebermoose tragen foliose Auswüchse mit Wassersäcken, in denen häufig tier. Einzeller endophyt. leben. Die bekanntesten Gatt. sind *Jubula*, *Frullania* u. *Neohattoria*. In Europa findet sich neben *J. hutchinsiae* nur noch *Frullania* mit 12 Arten; sie kommen noch hoch im N u. im Gebirge vor. Viele Arten vermehren sich nur vegetativ durch Brutkörper.
Juchtenkäfer, *Osmoderma eremita*, ↗ Blatthornkäfer.
Judasbaum [ben. nach dem bibl. Verräter], *Cercis*, Gatt. der ↗ Hülsenfrüchtler.
Judasohr, *Hirneola auricula-judae* Berk., Ständerpilz (Ord. *Auriculariales*, Fam. *Auriculariaceae*) mit umgekehrt schüsselförm., mitunter muschelförm. od. gelapptem, bräunl. Fruchtkörper, der gallertig-zäh (zusammenfaltbar wie ein Menschenohr) od. hornartig ausgebildet sein kann. Auf der glatten, mit Leisten durchzogenen Innenseite des Fruchtkörpers liegt das Hymenium, dessen Basidien in Längsrichtung geteilt sind; das Sporenpulver ist weiß. Das J. lebt als Schwächeparasit u. Saprophyt auf absterbenden Ästen u. Stämmen, überwiegend an Holunder.
Judenfisch, *Kalifornischer J.*, *Stereolepis gigas*, bis 2 m langer u. 250 kg schwerer Sägebarsch an der kaliforn. Küste in Tiefen v. 30–45 m, mit hohem, kräft. Körper u. kurzer Rückenflosse; v. Sportanglern sehr geschätzt.
Judenkirsche, *Blasenkirsche*, *Physalis*, Gatt. der Nachtschattengewächse mit rund 110, hpts. in Amerika beheimateten Arten. Stauden mit einfachen Blättern u. einzeln stehenden, radförm.-glockigen, 5zipfl., weißen, gelbl. od. violetten Blüten. Die Frucht ist eine Beere, die v. dem 5lapp. z. Z. der Fruchtreife blasig aufgetriebenen,

eilängl. Kelch umhüllt wird. In den gemäßigten Breiten Eurasiens heim. ist nur *P. alkekengi* mit relativ kleinen, orangeroten, v. einem bis 5 cm langen, orangeroten, lampionförm. Kelch umgebenen Beeren. Sie wird, wie die aus O-Asien stammende Lampionpflanze *(P. franchetii),* bei uns in den Gärten kultiviert od. wächst zerstreut verwildert in Weinbergen, Gebüschen u. lichten Wäldern. Manche Arten der J. werden auch ihrer großen, eßbaren, sehr wohlschmeckenden Beeren wegen angebaut. Roh od. gekocht verzehrt werden v. a. die gelben, auch als „Ananaskirschen" bezeichneten Früchte v. *P. peruviana* (Peru) u. *P. ixocarpa* (Mexico) sowie die Früchte der Erdkirsche, *P. pruinosa* (östl. N-Amerika). [↗Insektenflügel.

Jugalader [v. *iugal-], die ↗Axillarader;

Jugale s [v. *iugal-], *Jochbein, Wangenbein, Os jugale, Os zygomaticum,* Deckknochen des Wirbeltierschädels, hinter dem Maxillare gelegen, bildet den Unter-

jugal- [v. lat. iugalis = Joch-; meist bezogen auf os iugale = Jochbein].

Judenkirsche *(Physalis),* obere der beiden Früchte aufgeschnitten

rand der Augenhöhle; ist bei diapsiden u. synapsiden Tieren (↗Schläfenfenster) mit einem Fortsatz am unteren ↗Jochbogen beteiligt. – Bei Primaten und bei Huftieren hat ein zweiter Fortsatz Kontakt mit dem Stirnbein (Frontale) u. bildet mit diesem eine geschlossene hintere Augenhöhlenbegrenzung (Orbita).

Jugalfeld [v. *iugal-], das ↗Analfeld; ↗Insektenflügel.

jugat [v. lat. iugum = Joch], Bez. für ↗Schmetterlinge mit einem ↗Jugum; ↗frenat.

Jugatae [Mz.; v. lat. iugum = Joch], ↗Jugum, ↗Schmetterlinge.

Jugendalter ↗Adoleszenz.

Jugendblätter, die ↗Primärblätter.

Jugendentwicklung, *postembryonale Entwicklung,* Entwicklungsabschnitt zw. dem Ende der ↗Embryonalentwicklung und dem Beginn der Fortpflanzungsfähigkeit. ↗Entwicklung. ↗Jugendentwicklung: Tier-Mensch-Vergleich.

Jugendentwicklung: Tier-Mensch-Vergleich

Die Jugendentwicklung der Säugetiere – hier aufgefaßt als die Zeitspanne zwischen der Geburt und dem Erreichen der vollen Geschlechtsreife – beginnt in verschiedenen systematischen Gruppen mit sehr unterschiedlich angepaßten Jungentypen. Phylogenetisch am ursprünglichsten sind die *Nesthocker:* Wenn sie zur Welt kommen, sind sie noch nicht zur Fortbewegung fähig. Vor der Geburt schließen sich die Augenlider, um nach der Geburt die noch in der Entwicklung befindlichen Augen vor der Einwirkung der Luft zu schützen. Der äußere Gehörgang ist noch nicht durchgängig. In vielen Fällen fehlt jede Behaarung. Erst Tage oder Wochen nach der Geburt öffnen sich die Augen und die äußeren Gehörgänge, wächst das Fell und entwickelt sich die Fortbewegungsweise der Erwachsenen.

Das andere Extrem bilden bei den Säugern (wie bei den Vögeln) die *Nestflüchter:* Wenige Minuten bis zu einer Stunde nach der Geburt können die Jungen bereits auf den eigenen Beinen stehen, und bald laufen sie der Mutter hinterher, beispielsweise, wenn diese vor einem Raubfeind flüchtet. (Bei manchen Robben allerdings schwimmt das Junge voran, und die Mutter folgt.) Neugeborene Nestflüchterjunge haben bereits offene Augen und Ohren sowie die gleiche oder beinahe die gleiche Behaarung wie die Erwachsenen. Im Uterus schließen sich bei den Nestflüchterjungen vorübergehend die Augenlider und wiederholen damit einen Entwicklungsvorgang

Nesthocker, kennzeichnend für *kleine* Säugetiere, die ihre Jungen in Erd- od. Baumhöhlen bzw. in Nestern (Eichhörnchen!) betreuen, unter den Raubtieren aber auch für die großen Formen (Löwe, Bär).

Traglinge, typisch für größere u. große Baumkletterer wie Opossum, Koala, Faultiere u. viele Primaten bis zu den Menschenaffen.

Nestflüchter, kennzeichnend vor allem für *große,* auf die Fortbewegung des *Laufens* spezialisierte Säugetiere, für die das Finden od. Herstellen genügend großer Höhlen für die Jungenaufzucht problematisch wäre.

der Nesthocker, ohne daß dieser wie dort einer physiologischen Schutzfunktion dient. Hierdurch wird deutlich: Der Übergang vom Nesthocker zum Nestflüchter geschah im Rahmen der Gesamtentwicklung durch das *Späterlegen des Geburtstermins.*

Eine dritte, eigenständige Anpassungsrichtung repräsentieren die *Traglinge:* Säugetierjunge, die sich vom Mutter- oder auch Vatertier *tragen* lassen, entweder im Beutel (*passive* Traglinge, z. B. Beuteltiere) oder, indem sie sich aktiv am Elterntier festhalten (*aktive* Traglinge). Ihr allgemeiner Entwicklungsstand bei der Geburt entspricht dem der Nestflüchter, z. B. hinsichtlich der Augen, Ohren und Behaarung; ihr Beinskelett ist jedoch so beschaffen, daß die Hände und die Füße, anders als bei Lauftieren, in der Normalhaltung *mit der Innenseite einander zugekehrt* sind, so daß sie ins Fell des tragenden Elterntieres greifen können.

Auch der menschliche neugeborene Säugling ist biologisch auf das Getragenwerden durch die Mutter angelegt. Das *aktive* Sich-Festhalten ist jedoch nur in Spuren – im Greifreflex der Hände – entwickelt. Wegen des Aufrichtens der Körperachse und der aufkommenden Haarlosigkeit des Menschen hatte sich im Verlauf der Menschwerdung auch die Beziehung des Säuglings zur Mutter beim Getragenwerden ändern müssen, wobei während der längsten Phase (im „Tier-Mensch-Übergangsfeld") die *unbekleidete* Mutter vorauszu-

Jugendentwicklung

setzen ist. Die Form des Beckens und die Hüftgelenke des Säuglings legen eine Beugehaltung und ungefähr eine 45°-Spreizung der Oberschenkel fest. Diese ohne Muskelanspannung eingehaltene Stellung sowie der große Winkel zwischen Schaft und Hals des Oberschenkels und die auffällige Kurvatur der Unterschenkel („O-Beine") passen – als Anpassungen – zu keiner anderen Position des Säuglings als dem *Reitsitz auf der Hüfte der Mutter*. Dieser ist daher nach heutigen Kenntnissen als die natürliche Traglings-Haltung des menschlichen Säuglings aufzufassen. Dabei ist der Säugling motorisch nicht mehr aktiv, sondern fast ohne Einschränkung als *passiver Tragling* aufzufassen.

Hatten sich die beschriebenen Anpassungen an das Dasein des passiven Traglings im Verlauf der Fetalzeit ausgebildet und sind sie schließlich bei der Geburt voll entwickelt, so werden sie doch im ersten Lebensjahr allmählich wieder rückgängig gemacht, und zwar zugunsten der Verwirklichung der eigentlich menschlichen Fortbewegungsweise auf zwei Beinen. Erst 12 bis 15 Monate nach der Geburt ist das erreicht. Eine so lange Dauer ist im Vergleich zu allen Säugetieren einzigartig. Als „Steppenläufer" wäre der Mensch an sich dazu disponiert, wie die Huftiere sogleich *lauf*fähige Kinder, also *Nestflüchter,* zu gebären; dies aber würde bei der gegebenen Entwicklungsgeschwindigkeit des Fetus eine Schwangerschaftsdauer von über 20 Monaten erfordern. Statt dessen wird der *phylogenetische* Weg vom Traglingsjungen der Baumkletterer zum „Laufkind" des Menschen *ontogenetisch außerhalb* des Uterus durchschritten (im „extrauterinen Früh-Jahr" nach Portmann).

Im Unterschied zur Streckung des Hüftgelenks entwickelt sich eine andere Errungenschaft der Menschwerdung, die Verdreifachung des Volumens des Neuhirns, bereits *vor* der Geburt. Das gibt dem Kopf des Fetus eine größere Querschnittsfläche als dem Rumpf und macht den Schädel für die Geburt zum Maß für die notwendige Ausweitung der Geburtswege. Zugleich prägt das Voreilen der Gehirnentwicklung indirekt auch die Physiognomie des Gesichts des Säuglings: hohe Stirn im Vergleich zum Untergesicht sowie weit auseinandergerückte Augen. Diese Merkmale wurden zu Anteilen des „Kindchenschemas". Da sich das Untergesicht („Schnauzenteil" des Gesichts) beim Schimpansen wie bei allen Primaten erst *nach* der Geburt positiv allometrisch entwickelt, ähnelt das Gesicht des *erwachsenen* Menschen weniger dem Gesicht des erwachsenen Schimpansen als dem des Schimpansen*kindes*. Dies hat – neben zahlreichen anderen Ähnlichkeiten zwischen adulten Menschen und früheren Entwicklungsstadien der Menschenaffen – die nicht endgültig abgeklärte Vermutung aufkommen lassen, im Verlauf der Menschwerdung habe der phylogenetische Mechanismus der *Neotenie* eine Rolle gespielt.

Die allgemeine motorische Unterentwicklung und damit Hilfsbedürftigkeit des in der Menschwerdung zum passiven Tragling gewordenen Säuglings hat die Formulierung angeregt, er benötige zur Entwicklung im ersten Lebensjahr einen bergenden „sozialen Uterus". Im Vergleich zu allen Säugetierjungen, die mit offenen Augen und Ohren zur Welt kommen (Nestflüchter und aktive Traglinge), erweckt er ferner den Eindruck, auch nach der normalen (= „physiologischen") Schwangerschaftsdauer noch „zu früh" geboren zu werden („physiologische Frühgeburt"). In seiner Unfähigkeit zur Fortbewegung ähnelt er einem Nesthocker. Diesen Charakter des „sekundären Nesthockers" (nach Portmann) verleiht der Mensch dem Säugling allerdings zusätzlich vor allem dadurch, daß er ihm – wohl besonders seit dem Einsetzen der Seßhaftigkeit und dem Beginn der Stadtentwicklung – seinen Dauerplatz statt an der Mutter zunehmend getrennt von ihr in *liegender Haltung* anweist. Dadurch wird der Säugling, von Natur aus ein passiver Tragling, zum „zivilisationsbedingten Nesthocker".

An diese phylogenetisch so junge Lebensform sind die *sozialen Verhaltensbedürfnisse* des neugeborenen Säuglings allerdings nicht angepaßt (*noch* nicht?). Sie sind weiterhin die des passiven Traglings und lassen sich aus der Lebenssituation des „abgelegten" Säuglings, auch wenn es diesem, wie im Normalfall, weder an Nahrung noch an Schutz und Ruhe, weder an Wärme noch an Hygiene fehlt, weder herleiten noch verstehen:

– Das Getrenntsein von der Mutter beantwortet der Säugling, falls er nicht schläft, häufig mit dem biologischen „sozialen Alarmruf" des Verlassenseins (Schreien); beruhigend wirkt Körperkontakt.

– Beruhigend auf den Säugling wirken auch das Bewegtwerden (z. B. mittels der Wiege) und der Lippenkontakt mit dem Schnuller oder Flaschensauger. Beides entspricht für den Säugling biologischen „Anwesenheitssignalen" der Mutter; der Schnuller ist, ethologisch gesehen, eine Attrappe der Brustwarze.

Ein weiteres Bedürfnis des Säuglings entspricht einer biologischen Notwendigkeit nicht nur speziell des Traglings, sondern – allgemein – aller im Familienverband auf-

Jugendentwicklung

wachsenden, aber individuell fortbewegungsfähigen Tierjungen: das Bedürfnis nach individueller Bindung. Auch bei der Erfüllung aller oben genannten körperlichen Lebensbedürfnisse ist zur ungestörten Verhaltensentwicklung des Säuglings – spätestens mit dem 2. oder 3. Lebensmonat beginnend – die Bindung an Mutter und Vater, zumindest aber an *eine konstante zuverlässige Bezugsperson* unerläßlich, die der Säugling am Verhalten, an der Stimme und an ihren Gesichtszügen wiedererkennen kann. Fremde Personen rufen Angst hervor. Dies gilt unabhängig vom leiblichen Verwandtschaftsgrad; darum ist Vaterschafts-Erkennung aufgrund von Reaktionen eines Säuglings oder älteren Kindes völlig unmöglich. Ein Aufwachsen ganz ohne bleibende Bezugsperson hat fast unausweichlich schwerste Retardierungen und Verhaltensstörungen zur Folge (Deprivationssyndrom).

Je lernfähiger Säugetiere sind, desto deutlicher prägt sich in der Entwicklung ihrer Jungen eine Lebensphase aus – kurz „Spielalter" genannt –, die durch die Verhaltensweisen des Erkundens, Spielens und spielerischen Nachahmens gekennzeichnet ist: Im Schutz des Familienverbandes, also noch ohne die Gefährdungen des späteren Ernstfalles, werden aktiv Erfahrungen gesammelt, reifende motorische Fähigkeiten (z. B. Beutefang, Flucht, auch Anteile des Sexualverhaltens) durch häufiges Ausüben und Variieren vervollkommnet und erlernte Verhaltensweisen, auch Sozialverhalten, älterer Artgenossen durch Nachahmung erworben.

Dieses Programm der *angeborenen Strategien des Erfahrungserwerbs* ist im vollen Umfang auch beim Kleinkind verwirklicht. Besonders augenfällig unter dessen zahlreichen Teilmechanismen ist beim Kleinkind der *Wiederholungsdrang nach Umweltantwort,* als Appell formuliert: „Wiederhole sofort ein Verhaltenselement, falls ihm eine auffällige Wahrnehmung nachfolgte". Das schematische Handeln nach diesem simplen Schema führt unmittelbar zum Unterscheidenkönnen zwischen – einerseits – zufälligen Koinzidenzen und – andererseits – Ursache-Wirkungs-Beziehungen zwischen eigenem Handeln und Umweltereignissen. Dadurch wird das Kind über seine Möglichkeiten zur Beeinflussung der belebten und der unbelebten Umwelt belehrt. Der Wiederholungsdrang nach Umweltantwort gehört im eigentlichen Sinne – wie der Erkundungsdrang, der Nachahmungsdrang, die aggressive soziale Exploration und mehrere andere Verhaltensdispositionen des Spielalters – zur *Natur des Kindes.* Leider scheint die *Einfühlung* der

Die Unerläßlichkeit einer Bezugsperson

Erwachsenen in diese den Kindern angeborenen, emotional verwurzelten Strategien des Erfahrungserwerbs *nicht* naturgegeben zu sein wie Liebe, Angst und Hunger, sondern sie muß mit Verstandeshilfe erworben werden. Hier liegen Gründe für rational bedingte Fehleinstellungen zum Kind, die sich in der Erziehung und in der Konzeption von Bildungseinrichtungen ausdrücken und sich verhängnisvoll auswirken können.

Bis hierher gilt die Aussage des Aristoteles: „Der Säugling unterscheidet sich in seinem Wesen noch in nichts von einem Tier". In heutiger Wissenschaftssprache ausgedrückt und durch eine vergleichend biologische Bemerkung ergänzt, heißt das: Zwar sind schon im Embryo, im Fetus und erst recht im Säugling zahlreiche anatomische und physiologische Besonderheiten angelegt, die ihn zu keiner anderen Entwicklung als der zum Menschen prädeterminieren; aber unter den vorausgehend beschriebenen Eigenschaften des Säuglings und Kleinkindes war noch keine, die nicht, wenn auch in abgewandelter Form, auch bei der einen oder anderen Tierart vorkäme. Doch dann geschieht im Rahmen und auf der emotionalen Basis des Verhaltensbereichs „Erkunden, Spielen, Nachahmen" etwas Neues: Das Menschenkind *überholt* in einer bestimmten Entwicklungsphase des Kleinkindalters ein etwa mit ihm aufgezogenes gleichaltriges Schimpansenkind, und dies geschieht dann sogleich mit unaufholbaren Riesenschritten in Richtung derjenigen Dimensionen, die das *eigentlich Menschliche* zur Erscheinung bringen.

Die Rolle der Intelligenz

Eine erste Dimension, in der das Kleinkind schnell ein Niveau erreicht, mit dem sich die entsprechenden Ansätze im Tierreich nicht mehr messen können, ist die der *Intelligenz*. Sie erschließt neue Freiheitsgrade des Verhaltens: Nicht mehr nur *tatsächlich erlebte* Erfahrungen führen durch Lernprozesse zur Vervollkommnung antriebsbedingten Verhaltens (z. B. für den Nahrungserwerb oder die Vermeidung von Gefahren); sondern interne Prozesse der *Um- und Neukombination von Gedächtnisinhalten* (= Denkprozesse) konstruieren Abbilder ganz neuer Verhaltensmöglichkeiten und steuern hiernach das Handeln. Eine weitere Intelligenzleistung ist das Verwenden *erlernter lautlicher Symbole* zur gegenseitigen Verständigung – bis zur Entwicklung der begrifflichen Sprache. Schließlich werden sogar die Antriebe und deren Ziele zum Gegenstand des „inneren Experimentierens", und das ihnen zugeordnete Verhalten kann an gedanklich gewonnenen (z. B. ethischen) Maßstäben

Jugendentwicklung

gemessen und daraufhin verstärkt oder gehemmt werden. Durch all das löst sich das Kleinkind viel mehr, als es irgendeinem Tier gegeben wäre, aus der Instinktbindung, d. h. aus der *unmittelbaren* Steuerung durch Antriebe und Bedürfnisse wie Hunger, Angst usw. Diese wirken dann – als Triebfedern des Handelns – vielfach nur noch als so etwas wie die „letzte Instanz" der Verhaltenssteuerung.

Ein zweiter, sich klar abzeichnender Teilvorgang der individuellen Menschwerdung des Kleinkindes ist das Auftauchen seines *Ichbewußtseins,* sicher abzulesen am richtigen Gebrauch des Wörtchens „ich", davor aber bereits an zutreffendem Deutenkönnen des eigenen Bildes im Spiegel. Letzteres können zwar nachweislich auch Gorilla, Schimpanse und Orang Utan; doch verliert eine Eigenschaft des Menschen ja nicht dadurch ihren Charakter als unbedingt zum Menschen gehörig, wenn man feststellt, daß sie in *Ansätzen* auch bei anderen Lebewesen anzutreffen ist. – Auch das Handeln nach Motiven, die sich aus dem *Sich-Hineinversetzen* in andere Wesen herleiten, zeigt sich erstmalig im Kleinkindalter; dabei wird das Konzept des Ichbewußtseins auf das innere Bild des anderen Wesens, z. B. des Mitmenschen, übertragen: Der Artgenosse wird zum anderen Ich, der Verhaltenspartner zur Person. Eine spätere Konsequenz davon kann die Überzeugung sein, die Persönlichkeit eines Menschen überdauere auch den leiblichen Tod; hier kann der Ansatz zur Achtung vor den Toten und zu ihrer Verehrung liegen.

Ein dritter, besonders augenfälliger Schritt zum spezifisch Menschlichen vollzieht sich, wenn ein Kind zum ersten Mal einen *gesehenen Gegenstand* zeichnet, beispielsweise einen Menschen (der dann stets als „Kopffüßer" auftritt). Obwohl Affen und Menschenaffen eindrucksvoll zeichnen und malen können, hat man „*abbildendes* Gestalten in *formerhaltendem Material*" noch niemals bei ihnen beobachtet und es auch nicht durch gezielter Versuche nicht anregen können. Diese Fähigkeit setzt eine zentralnervöse Funktionsstruktur voraus, die das Eigentum allein des Menschen zu sein scheint. In ihr aber liegt die Voraussetzung auch für die Entwicklung der *Schrift* als Mittel zur Informationsweitergabe an nicht anwesende andere Menschen und damit zugleich für die schriftliche Weitergabe kultureller Traditionen über Generationen hinweg.

Drei Errungenschaften aus der Urgeschichte des Menschen sind durch Dokumente belegt, die sich über die Zeiten erhalten haben: *Feuer, Grab* und (künstlerisches) *Bild.* Sie versinnbildlichen, wenn auch zum Teil in abgeleiteter Form, gerade die drei eben besprochenen Dimensionen, in denen die Fortschritte des Kleinkindes die entsprechenden Ansätze im Tierreich äonenweit hinter sich lassen: die Intelligenz (Indienstnahme des Naturphänomens Feuer gleichsam als Werkzeug); die Erfassung des eigenen Ichs und des Ichs des Mitmenschen, selbst über den Tod hinaus; und das bildnerische Gestalten beispielsweise im Rahmen von Jagdzauber und Totenkult.

Den Abschluß der Jugendentwicklung bildet die Geschlechtsreife; *während* der Jugendentwicklung bereitet sie sich vor. Einige hinsichtlich des Tier-Mensch-Vergleichs bemerkenswerte Vorgänge sind dabei:

– Der Abstieg der Hoden vollzieht sich bei allen Primaten nach, nur beim Menschen bereits *vor* der Geburt; hier ist die Entwicklung des Menschen also – im Vergleich zu verwandten Arten – *akzeleriert.*

– *Retardiert* ist dagegen die *Pubertät:* Sie erfolgt um Jahre später als beispielsweise beim Schimpansen.

– Einzigartig für den Menschen, d. h. ohne Parallele bei anderen Primaten, ist der pubertäre *Wachstumsschub* bei beiden Geschlechtern; in dessen Verlauf entsteht auch der durchschnittliche Größen*unterschied* zwischen Mann und Frau.

– Der Geschlechtsunterschied in der *Stimmlage* entsteht ebenfalls in der Pubertät. Durch den „Stimmbruch" des männlichen Jugendlichen sinkt die Tonlage um etwa eine Oktave ab.

– Mannigfache Umweltbedingungen in der Kindheit, darunter prägungsähnliche Lernvorgänge, beeinflussen die verhaltensbiologische und die psychische Seite der Sexualentwicklung, und zwar – vermutlich in Wechselwirkung mit genetischen Faktoren – so tiefgehend, daß daraus eine unübersehbare Vielfalt sexueller Verhaltenstypen der Erwachsenen folgt.

Nicht nur *biologische* Besonderheiten, sondern auch die drei besprochenen *spezifisch menschlichen* Errungenschaften der Kleinkindzeit – vor allem Intelligenz und Ichbewußtsein – geben der Sexualentwicklung des Menschen ihr besonderes Gepräge. Stellvertretend für viele seien zwei Vorgänge erwähnt, an erster Stelle ein pathologisches: Kinder mit fehlentwickeltem, z. B. hermaphroditischem äußerem Genitale beginnen mit dem Einsetzen ihres Ichbewußtseins schwer an ihrem Erscheinungsbild zu leiden (Depressionen); Vergleichbares aus der Tierwelt ist nicht bekannt und auch nicht zu erwarten. Um seelischen Störungen vorzubeugen, führt

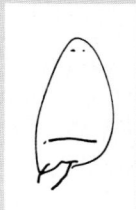

Das Auftauchen des Ichbewußtseins

Die Sexualentwicklung des Menschen

3 Kopf-Fuß-Männchen, gemalt von einem 3½jährigen Mädchen

man daher etwa erforderliche plastische Chirurgie *vor* Beginn des Wachwerdens des kindlichen Ichbewußtseins durch.

Ein verwandtes Phänomen ist die bei vielen Jugendlichen in einem bestimmten Alter auch ohne entsprechende erzieherische Einflüsse entstehende Hemmung, die eigenen Geschlechtsteile fremden Blicken auszusetzen, insbesondere im erregten Zustand („genitale Scham"). Gleich, ob diese Hemmung zu den *Naturanlagen* des Kindes bzw. des Menschen gehört (dies wird u. a. durch humanethologischen Kulturvergleich nahegelegt) oder reines Kulturprodukt ist, geht auch sie von der inneren Vergegenwärtigung des eigenen Erscheinungsbildes aus. Symbolisch wird der Zusammenhang in der bibl. Schöpfungsgeschichte angedeutet; doch führt dies bereits über die Jugendentwicklung hinaus ins Lebensstadium der Erwachsenen.

Das gleiche gilt für die vielleicht radikalste Änderung der sexuellen Disposition während der Menschwerdung: Im Verlauf der Entwicklung des *aufrechten Ganges* verlor der Analbereich seine entscheidende Rolle als sexueller Signalgeber des weiblichen Geschlechts. Dafür wurden Gesicht und Brust zu Trägern visueller erotischer Reizwirkung, bei deren Ausübung und Empfang die Partner nunmehr *einander zugekehrt* sind. Vielleicht liegt hierin eine *biologische* Prädisposition für die *spezifisch menschliche* Möglichkeit, den sexuellen mit den sonstigen Persönlichkeitsbereichen zu einer umfassenden Einheit zu integrieren.

Lit.: *Eibl-Eibesfeldt, I.:* Die Biologie des menschl. Verhaltens. München 1984. *Hassenstein, B.:* Verhaltensbiologie des Kindes. München ⁴1985. *Hellbrügge, Th.* (Hg.): Die Entwicklung der kindlichen Sexualität. München 1982. *Montagu, A.:* Zum Kind reifen. Stuttgart 1984. *Portmann, A.:* Biologische Fragmente zu einer Lehre vom Menschen. Basel/Stuttgart ³1969.
Bernhard Hassenstein

Jugendkleid, allgemeiner: *Jugendmerkmal,* Bez. für Merkmale u. Signale, durch die sich Jungtiere v. erwachsenen Artgenossen auffällig unterscheiden, meist im Aussehen, aber auch in Lautäußerungen u. Verhalten. Meist ist das J. weniger auffällig als beim Erwachsenen; es ist eher *tarnfarbig* u. dient dem Schutz vor Freßfeinden. Für das Sozialverhalten ist bedeutsam, daß dem J. oft gewisse ↗Auslöser fehlen, die als aggressive od. sexuelle Signale dienen. Auf der anderen Seite sind andere Auslöser für Brutpflegereaktionen usw. vorhanden, die dem Erwachsenen fehlen (z. B. die auffälligen Rachenfarben v. Jungvögeln). Bei vielen Affen stechen die Jungtiere auffällig v. den Erwachsenen ab u. sind dadurch in der sozialen Gruppe als Jungtier gekennzeichnet, haben keinen Platz in der Rangordnung usw.

Jugendpräponderanz *w* [v. lat. praeponderare = überwiegen], (Wedekind 1927), die Verschiebung v. Altersmerkmalen auf Jugendstadien (z. B. in der Entwicklungsreihe der Pferde die Reduktion der Phalangen II und IV, die bei rezenten Pferden nur noch in Jugendstadien erkennbar sind). J. entspr. dem Sinne nach etwa der Palingenese Haeckels.

Juglandaceae [Mz.; v. lat. iuglandes = Walnüsse], die ↗Walnußgewächse.

Juglandales [Mz.], die ↗Walnußartigen.

Juglans *w,* Gatt. der ↗Walnußgewächse.

Juglon *s* [v. lat. iuglans = Walnuß], *5-Hydroxy-1,4-naphthochinon,* Inhaltsstoff der grünen Schalen unreifer Walnüsse, der Haut u. Haare braun bis gelbbraun färbt u. daher fr. in Nußölen u. einigen Haarfärbemitteln verwendet wurde.

Jugularvene [v. lat. iugulum = Schlüsselbein], die ↗Drosselvene.

Jugum *s* [lat., = Joch], Fortsatz am basalen Hinterrand der Vorderflügel urspr. Schmetterlinge, der sich beim Fliegen auf den Vorderrand der Hinterflügel legt bzw. einhakt; danach ben. die systemat. Gruppe der *Jugatae* (↗Schmetterlinge). ↗Frenulum.

Julidae [Mz.; v. gr. ioulos = ein Vielfüßer], Fam. der ↗Doppelfüßer.

Julikäfer, *Anomala dubia, A. aenea,* ↗Blatthornkäfer.

Julus *m* [v. gr. ioulos = ein Vielfüßer], Gatt. der ↗Doppelfüßer.

Juncaceae [Mz.; v. lat. iuncus = Binse], die ↗Binsengewächse.

Juncaginaceae [Mz.; v. lat. iuncus = Binse], die ↗Dreizackgewächse.

Juncales [Mz.; v. lat. iuncus = Binse], die ↗Binsenartigen.

Juncetum gerardii *s,* Assoz. der ↗Asteretea tripoli.

junctions [Mz.; dschanktschⁿns; engl., = Verbindungen], Kontaktstellen zw. benachbarten Zellen, die in drei funktionelle Gruppen eingeteilt werden können: a) der festen Verbindung von Zellen dienende Haftstrukturen (z. B. ↗Desmosomen od. ↗Schlußleisten), b) im Dienste der Kommunikation v. Zellen stehende Zellkontakte (z. B. ↗gap-junctions) und c) als Permeabilitätsbarriere zw. benachbarten Zellen fungierende ↗tight-junctions.

Juncus *m* [v. lat. iuncus =], die ↗Binse.

Jungentransfer, Bez. für die bei vielen Affenarten (Languren) vorkommendes Verhalten, bei dem ♀♀ einer Gruppe das Junge eines anderen ♀ tragen, inspizieren

Jungentransfer
Die Funktion des J.s ist unklar, ebenso ist z. Z. noch ungeklärt, ob die Jungtiere davon profitieren. Gelegentl. nehmen auch ♂♂ ein Jungtier zu sich; regelmäßig ist dies bei den Berberaffen der Fall, wo viele ♂♂ häufig ein bestimmtes Junges herumtragen; dabei dient das Jungtier evtl. der Beschwichtigung v. Aggressionen zw. den ♂♂.

Jungermanniaceae
u. a. Handlungen der Brutpflege ausführen. Das pflegende ♀ wird als *Allomutter* (Pflegemutter) bezeichnet.

Jungermanniaceae [Mz.; ben. nach dem dt. Botaniker L. Jungermann, 1582–1653], Lebermoos-Fam. der *Jungermanniales* mit 3 Gatt., v. denen *Nardia* u. *Mylia* nur auf der N-Halbkugel vorkommen, während die Arten v. *Jungermannia* weltweit verbreitet sind; *J. atrovirens* ist ein Kalkanzeiger.

Jungermanniales [Mz.], Ord. der Lebermoose, mit 13 Fam. u. ca. 9000 Arten die artenreichste Ord. dieser Kl. Die vorwiegend in den Tropen verbreiteten Moose haben entweder einen stämmchenförm., kriechenden od. aufrechten, meist dreireihig beblätterten Thallus. Die dachziegelart. angeordneten Blätter sind sehr unterschiedl. gestaltet u. einander zugeordnet; sie dienen mit als Bestimmungsmerkmal. Sie vermehren sich häufig vegetativ durch abbrechende Brutsprosse od. Brutblätter od. durch ein- bis wenigzellige Brutkörper. *Gackstroemia magellanica,* eine Charakterart des südl. S-Amerika, ist das zuerst beschriebene beblätterte Laubmoos der Südhalbkugel.

Jungfern, 1) *Virgines,* die ↗Fundatrigenien; 2) ugs. Bez. für viele Libellen u. Netzflügler.

Jungferneier, Eier, die sich ohne Vereinigung mit einem Spermium entwickeln; ↗Subitaneier; ↗Parthenogenese.

Jungfernfrüchtigkeit, *Parthenokarpie,* ↗Fruchtbildung.

Jungfernhäutchen, der ↗Hymen.

Jungfernkind, U.-Fam. *Brephinae* der Schmetterlings-Fam. ↗Spanner; Vorderflügel braun, Spannweite um 35 mm, Hinterflügel leuchtend orange u. schwarz gezeichnet; Falter fliegen vormittags bei Sonnenschein im März–April um Bestände der Futterpflanze der Larven, die Raupen besitzen im Ggs. zu den meisten Spannern noch 10 abdominale Bauchfüße. Beispiele: *Archiearis (Brephos) parthenias,* in Birkenwäldern; etwas seltener ist *A. notha,* an Zitterpappel, Sal-Weide u. Birke. Die J.-Arten wurden fr. aufgrund ihres eulenfalterart. Habitus auch Tageulen genannt.

Jungfernzeugung, die ↗Parthenogenese; ↗Fortpflanzung.

Jungius (Jung, Junge), *Joachim,* dt. Philosoph u. Naturwissenschaftler, * 22. 10. 1587 Lübeck, † 23. 9. 1657 Hamburg; Prof. in Gießen, Rostock, Helmstedt u. Hamburg; vielseitige Studien zu nahezu allen naturwiss. Wissensgebieten; trat für die mathemat. Methode in der Philosophie u. für die empir. Natur-Wiss. ein; bedeutende Arbeiten zur Botanik (v. a. Systematik, Morphologie) u. Zoologie; schrieb eine Logik („Logica Hamburgensis", 1638), eine Korpuskulartheorie u. ein bot. HW: „Isagoge phytoscopica" (1678); beeinflußte Goethe u. Leibniz. [B] Biologie I–II.

Junglarve, *Primärlarve,* die ↗Eilarve.

Jungsteinzeit, *Neolithikum,* chronolog. i. w. S. Zeitabschnitt v. Beginn der Nacheiszeit vor ca. 10 000 Jahren bis zur Frühstufe sumer. u. ägypt. Hochkultur vor ca. 4800 Jahren; phänomenolog. i. e. S. Bez. für Kulturen, die durch Ackerbau u. Viehzucht, Keramik u. geschliffene Steinbeile, nicht aber durch Metallverarbeitung gekennzeichnet waren; zeitl. Grenzen dieser Kulturen örtl. verschieden.

Junikäfer, *Brachkäfer,* Arten der Gatt. *Amphimallus* u. *Rhizotrogus* aus der Fam. ↗Blatthornkäfer; kleinere Verwandte der Maikäfer. Die artenreichen Gatt. sind auch bei uns mit einigen Arten vertreten. Der häufige *Rhizotrogus solstitialis* schwärmt in der fr. Dämmerung selbst mitten in den Städten an warmen Sommerabenden. Die Weibchen starten dabei aus ihrem Tagesversteck im Gras in Richtung v. Büschen od. Hauswänden, um sich an exponierten Astspitzen, Mauervorsprüngen od. Balkonecken hinzusetzen; die Männchen suchen solche Stellen ab u. finden auf diese Weise ihre Weibchen. Andere Arten sind morgens aktiv, andere nachmittags. Die Larven (Engerlinge) fressen an Gras- u. anderen Wurzeln kraut. Pflanzen.

Juniperus *w* [v. lat. iuniperus =], der ↗Wacholder.

Jura *m* [ben. durch A. v. Humboldt 1795/1823 nach dem schweizer. Juragebirge], *jurassisches System,* 2. Periode des Mesozoikums (↗Erdgeschichte, [B]) von ca. 73 Mill. Jahre Dauer. C. L. v. ↗Buch untergliederte 1837 diese Gesteinsfolge (System) für Dtl. in Unteren, Mittleren u. Oberen J. F. A. Quenstedt (1843) unterschied in S-Dtl. zw. Schwarzem, Braunem u. Weißem J.; jede dieser Schichtfolgen teilte er wiederum in einen unteren, mittleren u. oberen Abschnitt u. schließl. in je 6 mit den griech. Buchstaben α bis ζ bezeichnete Glieder. Diese Bezeichnungsweise findet in S-Dtl. auch heute noch weitgehende Anwendung. Sie wurde später überlagert durch die aus England stammenden Begriffe Lias, Dogger u. Malm u. ergänzt durch eine von d'Orbigny geschaffene zehnteilige Stufengliederung (um 1850), die in abgewandelter Form (vgl. Tab.) int. Verbindlichkeit erlangt hat. Zu den Besonderheiten des J. gehört der Versuch A. Oppels (1856–58), ihn rein faunistisch in „Zonen" zu gliedern – ein Verfahren, das heute für das gesamte Phanerozoikum angestrebt wird. Damit läßt sich auch die *Grenzziehung* – sofern keine Sonderfazies vorliegt (z. B. Portland

Jungermanniales
Familien:
↗ Antheliaceae
↗ Calypogeiaceae
↗ Gymnomitriaceae
↗ Jubulaceae
↗ Jungermanniaceae
↗ Lejeuneaceae
↗ Lepidolaenaceae
↗ Lepidoziaceae
↗ Lophocoleaceae
↗ Plagiochilaceae
↗ Ptilidiaceae
↗ Radulaceae
↗ Scapaniaceae

Jura
Das jurassische System
130 Mill. Jahre vor heute

		Berriasium
JURA	Malm Weißer J.	Tithonium
		Kimmeridgium
		Oxfordium
	Dogger Brauner J.	Callovium
		Bathonium
		Bajocium
		Aalenium
	Lias Schwarzer J.	Toarcium
		Pliensbachium
		Sinemurium
		Hettangium

204 Mill. Jahre vor heute

u. Purbeck) – durch Ammoniten definieren: Untergrenze mit Einsetzen des *Psiloceras planorbe,* Obergrenze mit Verschwinden des Genus *Berriasella.* – *Leitfossilien:* Ammoniten, untergeordnet auch Belemniten, Brachiopoden, Muscheln, Schnecken, Stachelhäuter, Fische, Tetrapoden u. a. – *Gesteine:* Überwiegend merglige, ooidische, kieselige u. fast reine Kalke, weniger häufig Sande u. Tonsteine, bituminöse Schiefer; reiche Eisenerzlager (z. B. Minette), Plutonite u. Magmatite, Kohlenlager. – *Paläogeographie:* Der schon zur Trias-Zeit beginnende Zerfall des Großkontinents Pangäa setzt sich durch ↗Kontinentalverschiebung fort. Das zentrale Mittelmeer (Tethys) tritt in Verbindung zum aufreißenden N-Atlantik; die nunmehr getrennten Kontinentalblöcke Laurasia im N und Gondwana im S lockern sich auf. An die Stelle des German. Bekkens treten in Europa ausgedehnte Schelfmeere. Von N her stößt das Lias-Meer nach S vor u. verbindet sich mit dem Tethys-Meer. Im Dogger zerlegt eine Festlandsschwelle dieses Gewässer in 2 Teilbereiche. Im Zuge weiterer Trockenlegung vermindert sich das S-Becken zu einem Randmeer der Tethys mit breitem Riffgürtel; im Malm schrumpft das N-Becken auf den niedersächs. Raum zus. Gegen Ende des J. ist das Meer aus weiten Teilen Mittel- und W-Europas verschwunden. *Krustenbewegungen* spielen im J. eine untergeordnete Rolle; sie sind v. a. auf den zirkumpazif. Raum beschränkt (kimmerische Orogenese) u. stellenweise mit intensivem Vulkanismus u. Magmatismus verknüpft. *Klima:* Alle Anzeichen sprechen für ein überwiegend mildes, subtropisches Klima ohne Zonengliederung. Der Äquator näherte sich seiner heutigen Position; polar gab es keine Eiskappen, wohl aber Zeugnisse einer artenreichen Vegetation. Vom höheren J. an nahm die Trockenheit zu. *S. K.*

Juraviper *w* [ben. nach dem schweizer. Juragebirge], die ↗Aspisviper.

Jussiaea *w* [ben. nach der frz. Botanikerfamilie de Jussieu (schüßiö)], Gatt. der ↗Nachtkerzengewächse.

Jussieu [schüßiö], **1)** *Antoine Laurent* de, Neffe v. 2), * 12. 4. 1748 Lyon, † 17. 9. 1836 Paris; seit 1770 Prof., ab 1777 Dir. am Jardin des Plantes in Paris; erweiterte das System seines Onkels. **2)** *Bernard* de, * 17. 8. 1699 Lyon, † 6. 11. 1777 Paris; seit 1758 Leiter des kgl. Gartens v. Trianon bei Paris, dessen Bestand er nach dem v. ihm ausgearbeiteten ersten natürl. System des Pflanzenreichs anordnete.

Jute *w* [hindi], der ↗Corchorus.

Juvenarium *s* [v. lat. iuvenis = jung, jugendlich], *Jugendgehäuse, Embryonalapparat,* Anfangskammer (Proloculus) u. die folgenden ersten Kammern v. Foraminiferen, z. B. Fusulinen u. Orthideen.

juvenil [v. lat. iuvenilis =] jugendlich; Ggs.: senil; *juvenile Phase* ↗adult.

Juvenilhormon *s* [v. lat. iuvenilis = jugendlich, gr. hormōn = antreibend], Abk. *JH, Neotenin,* Isoprenoidhormon der ↗Corpora allata der Insekten, das einerseits im Wechselspiel mit ↗Ecdyson die Metamorphose kontrolliert (↗Häutung) u. andererseits im adulten Tier an der Regulation der Fortpflanzung beteiligt ist. Zusätzliche Implantationen v. ↗Corpora cardiaca führen zum Auftreten weiterer Larvenstadien mit entspr. Riesenimagines. Der Hormontiter in der Hämolymphe wird durch spezif. Esterasen kontrolliert, die in Fettkörper u. Epidermis unter hormonalem Einfluß der Pars intercerebralis des Gehirns synthetisiert werden. Bis heute sind 5 chem. Spezies des J.s bekannt, die z. T. auch nebeneinander vorkommen.

Jynx *m* [v. gr. iygx =], der ↗Wendehals.

Juvenilhormon

Die Lebewelt des Jura

Pflanzen
Unter den Landpflanzen herrschen Farne u. Gymnospermen vor, die jenen der Trias noch überaus ähneln. Großen Artenreichtum in weltweiter Einheitlichkeit erlangen leptosporangiate Farne, Bennettiteen, Nielssonien u. Ginkgo-Gewächse (*Ginkgo, Baiera*). Ausgedehnte Wälder liefern selbst in heute polnahen Bereichen (Alaska, Grönland, Spitzbergen, Antarktis) reichl. Material zur Bildung v. Kohlenlagern.

Tiere
Über 1000 Insektenarten sind bisher bekannt: Pflanzenwespen (U.-Ord. *Symphyta*), Schmetterlinge, Termiten, Käfer u. Libellen; auch Spinnen u. Hundertfüßer *(Chilopoda)* ließen sich nachweisen. Die große Formenfülle der Kriechtiere rechtfertigt die Charakterisierung des J. als „Zeitalter der Reptilien". ↗Dinosaurier erreichen teilweise gigant. Körpergröße (↗*Brachiosaurus,* ↗*Diplodocus*); viele v. ihnen bevorzugen den Aufenthalt an u. in Binnenwässern. Sauropterygier (↗*Plesiosaurus*), ↗Ichthyosaurier, Krokodile (↗*Mystriosaurus, Teleosaurus*) u. Schildkröten *(Eurysternum)* bevölkern die Meere. Mit ↗*Dimorphodon* beginnen ↗Flugsaurier im Lias mit der Eroberung des Luftraums; im oberen Malm folgen ihnen die ersten Vögel (↗*Archaeopteryx*). Trotz Zunahme der Formenvielfalt (↗*Triconodonta,* ↗*Docodonta,* ↗*Multituberculata,* ↗*Pantotheria*) bleiben die Säugetiere vorerst noch klein u. unscheinbar; sie dürften die Rolle heutiger Nager, Insektenfresser u. Kleinraubtiere im damaligen Ökosystem gespielt haben. – Da der J. eine thalattokrate Zeit (Zeit ausgedehnter Meeresüberflutungen) darstellt, nehmen marine Wirbellose den beherrschenden Platz in der fossilen Hinterlassenschaft ein. Schwämme, v. a. Kieselschwämme, besiedeln Flachbereiche bis zur totalen „Verschwammung", d. h. bis zur Zergliederung in zahllose getrennte „Schüsseln". Hexakoralen (*Thamnasteria, Isastrea*) bilden ausgedehnte Riffe. Unter den Schnecken erscheinen mit *Nerinea* im Lias erste Neogastropoda. In den Trigonien sehen manche die schönsten Muscheln der Erdgeschichte. Aus Phylloceraten, die das große Aussterben an der Trias/Jura-Wende überlebt haben, entwickelt sich die Formenvielfalt der J.-Ammoniten (↗*Ammonoidea*). Diese spielen ebenso wie die ↗Belemniten sowohl als Räuber wie als Beutetiere eine wichtige Rolle. Gestielte Crinoiden (↗Seelilien) siedeln massenhaft im Bereich der Korallenriffe od. leben pseudoplanktonisch bzw. freibeweglich (*Saccocoma*). –
Weltberühmte Fossilfundstätten des J. in Dtl. sind Holzmaden (oberer Lias), Solnhofen u. Eichstätt (oberer Malm).

Käfer

Kurzcharakteristik der 4 Unterordnungen:

1. *Archostemata* (Ur-K.): Pleurit des Prothorax erhalten, daher mit Notopleuralnaht; Fam. *Cupedidae*, die als Reliktgruppe nicht in Europa vertreten sind.
2. *Adephaga:* Hintercoxen mit dem Metasternum verwachsen, Prothorax wie oben, Larven mit vollständ. Beingliedzahl u. paariger Kralle; hierzu die räuber. Lauf-K., Schwimm-K. u. a., mit meist extraintestinaler Verdauung.
3. *Myxophaga:* Bindeglied zw. den *Adephaga* u. *Polyphaga;* hierher 5 artenarme Fam. mit kleinen Vertretern, v. denen die *Calyptomeridae, Sphaeridae* u. *Hydroscaphidae* auch in Mitteleuropa vorkommen.
4. *Polyphaga:* Pleurit des Prothorax nach innen verlagert (Kryptopleurie), daher ohne Notopleuralnaht u. mit nur einer Notosternalnaht. Die Larven haben Tibia u. Tarsus nicht getrennt (Tibiotarsus) u. eine unpaare Klaue; hierher gehört die Mehrzahl aller K. Nach dem Bau des Hinterleibs (Pleurit des 2. Segments vorhanden od. nicht) unterscheidet man die beiden großen Gruppen *Haplogastra* u. *Symphiogastra;* jede unterteilt man in Fam.-Reihen mit Über-Fam. und Fam.

Kabeljau, *Gadus morhua,* ⟶ Dorsche.
Kabinettkäfer, *Anthrenus,* Gattung der ⟶ Speckkäfer.
Kachuga, Gatt. der ⟶ Sumpfschildkröten.
Kaempferia w [ben. nach dem dt. Botaniker E. Kämpfer, 1651–1716], Gattung der ⟶ Ingwergewächse.
Kaestner, *Alfred,* dt. Zoologe, * 17. 5. 1901 Leipzig, † 3. 1. 1971 München; ab 1949 Prof. in Berlin, seit 1957 in München; u. a. Arbeiten zur Anatomie u. Morphologie der Spinnentiere; verf. ein „Lehrbuch der Speziellen Zoologie" in mehreren Teilbänden (1954–63).
Käfer, *Coleoptera,* Ordnung der holometabolen ⟶ Insekten (☐), mit geschätzten 400 000–500 000 Arten die umfangreichste Ord. überhaupt, davon in Mitteleuropa 6000–8000 Arten. Das Größenspektrum reicht von 0,25 mm (Gatt. *Nanosella, Ptiliidae*) bis 21 cm (*Titanus giganteus,* Bock-K. aus S-Amerika). Die Imagines sind i. d. R. stark gepanzert (sklerotisiert); alle Gelenkmembranen sind in die Tiefe verlagert, wodurch sie eine vor Austrocknung gut geschützte und gg. viele Freßfeinde gut gepanzerte Trutzform aufweisen. Besonders charakterist. für die K. sind: *1.* der vergrößerte Prothorax, dessen Dorsalseite (Notum) verbreitert u. nach ventral umgeklappt ist (Halsschild); Sternum u. Pleuren bilden einen verwachsenen Ring mit dem Pronotum. *2.* Die Vorderflügel (⟶ Insektenflügel) dienen als ⟶ Deckflügel (Elytren) einen Schutzschild über Metanotum und v. a. Hinterleib; ihr Adersystem ist vollständig reduziert. Beide Elytren sind i. d. R. untereinander u. mit dem Schildchen verfalzt. Die Seitenränder sind nach unten als Epipleuren umgeschlagen. *3.* Die Hinterflügel sind die eigtl. (einzigen) häutigen Flugorgane u. werden, da sie aus flugtechn. Gründen länger sein müssen als die Elytren u. der Hinterleib, unter den Elytren in der Ruhe zusammengefaltet. Diese Faltungen bestimmen den Verlauf des modifizierten Adersystems. Sie können, etwa bei den Kurzflüglern, sehr kompliziert sein, da dort nur ein sehr kleiner Subelytralraum zur Verfügung steht. Urspr. bestanden die Faltungen ledigl. aus Einrollen der Flügelspitzen (*Archostemata, Myxophaga*), bei höher entwickelten Vertretern werden sie mehrfach nach innen geklappt (*Adephaga, Polyphaga*). Der Metathorax ist gegenüber dem Mesothorax stark vergrößert, da er allein die hauptsächliche Flugmuskulatur (⟶ Flugmuskeln, ☐) beinhaltet. Beim Flug werden die Elytren entweder gespreizt u. vibrieren ledigl. beim Flug bei ähnl. Frequenz, aber viel geringerer Amplitude, mit, od. sie werden, wie bei den Rosen-K.n u. einigen Mist-K.n (*Sisyphus, Gymnopleurus*), bei der Entfaltung der Hinterflügel ledigl. leicht angehoben, so daß sie auf dem Hinterleib liegen bleiben. Kurzflügler u. Aas-K. klappen die Elytren während des Fluges einfach nach oben. – Der Kopf ist meist prognath, bei Pflanzenfressern auch orthognath; ventral bildet eine ⟶ Gula (Kehle) eine sklerotisierte Platte. Die Mundwerkzeuge sind meist einfach beißend-kauend, bes. die Mandibeln oft kräftig. Komplexaugen sind verbreitet, Stirnaugen bis auf wenige Ausnahmen (*Staphylinidae: Omaliinae, Dermestidae, Derodontidae* und evtl. *Hydraenidae: Ochthebius*) reduziert. Die Fühler (Antennen) sind meist 11gliedrig, selten weniger- oder 12gliedrig. Der Hinterleib besteht aus meist nur 5–6 außen sichtbaren Sterniten; es handelt sich um die Sternite 3–8. Tergite u. Pleurite liegen zus. dorsal u. werden von den Elytren überdeckt. Die Segmente 9 und 10 sind meist nach innen eingestülpt u. modifiziert. Das 1. Segment fehlt meist; vom 2. Segment ist nur das Tergit u. bei einigen Gruppen auch das Pleurit erhalten. Das 8. Tergit bildet oft einen als Pygidium bezeichneten hinteren Abschluß. Die Thorakalbeine sind meist als einfache Laufbeine ausgebildet. Sprungbeine (Hinterbeine) finden sich bei den ⟶ Erdflöhen, ⟶ Sumpf-K.n, Springrüßlern (*Rhynchaenus,* ⟶ Rüssel-K.), Schwimmbeine bei den ⟶ Schwimm-K.n und ⟶ Wasser-K.n. Grabbeine bei der Laufkäfer-Gruppe *Scaritini,* bei fast allen ⟶ Mist-K.n od. den *Heteroceridae.* Die Zahl der Tarsenglieder – meist sind es 5 – ist typisch für ganze systemat. Gruppen. So haben alle Vertreter der *Heteromera* (vgl. Tab. S. 407) am Hinterbein nur 4 Tarsenglieder. Sehr verbreitet sind bei K.n ⟶ Stridulationsorgane, die an allen mögl. gegeneinander bewegl. Chitinteilen vorkommen können. Sie sind vielfach unabhängig in der Evolution der K. entstanden. Über die Bedeutung der Laute ist wenig bekannt; sie stehen in nur wenigen Fällen im Dienst des Paarungsverhaltens; meist werden sie als Stör- u.

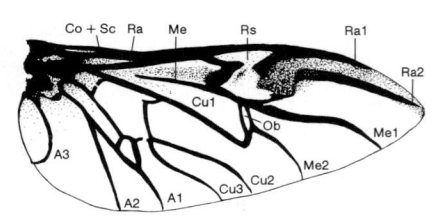

Käfer

Hinterflügel eines adephagen Käfers. Die Modifizierung des Geäders gegenüber dem Grundtyp des ⟶ Insektenflügels (☐) ist eine Folge der komplizierten Flügelfaltungen. – A Analader, Co Costa, Cu Cubitus, Me Media, Ob Oblongum, Ra Radius, Rs Radialsektor, Sc Subcosta

Bei K vermißte Stichwörter suche man auch unter C und Z.

Abwehrlaute gegenüber Feinden gedeutet. Leuchtvermögen findet sich bei den ↗Leucht-K.n u. oft auch bei ihren Larven. Abwehrorgane sind als Drüsen bei vielen K.n verbreitet: Lauf-K., Kurzflügler u. viele Schwarz-K. haben ↗Pygidialdrüsen (□ Bombardierkäfer), ↗Weich-K. besitzen Stinkdrüsen, viele ↗Schwimm-K. sind mit Prothoraxdrüsen ausgestattet, die steroidhalt. Sekrete abgeben. ↗Marien-K. u. ↗Öl-K. sondern aus Kniegelenken gift. Sekrete ab (Coccinellin, ↗Cantharidin). – Die *Larven* der K. sind sehr vielgestaltig u. in ihrer Körperform der Art der Ernährung u. dem Nahrungssubstrat angepaßt. Meist sind sie langgestreckt u. weichhäutig u. haben 3 gut entwickelte Laufbeine am Thorax u. ↗Pygopodien (Nachschieber) sowie Cerci-ähnliche Anhänge am Hinterleibsende. Diese sitzen am 9. Hinterleibssegment u. werden daher als Urogomphi bezeichnet, um auszudrücken, daß sie wohl nicht den echten Cerci der 11. Segments homolog sind. Ursprüngl. Larven gehören dem campodeoiden Typ (↗Campodealarve), abgeleitete dem erucoiden Typ (↗eruciform) an. Doch finden sich auch asselförmige (Aas-K., Ameisen-K., Sumpf-K. u. a.), engerlingförmige bis hin zu apoden madenförmigen Larven. Die Mundwerkzeuge sind beißend-kauend, bei Schwimm-K.n u. den *Cerophytidae* stechend-saugend. Die Fühler (↗Antennen) sind meist stark verkürzt, bei den Sumpf-K.n jedoch durch sekundäre Ringelung deutl. verlängert. Auf jeder Kopfseite stehen maximal 6 Stemmata. Die ↗Atmung (↗Atmungsorgane) erfolgt entweder normal über alle Stigmen od. bei im Wasser lebenden Larven entweder nur über die letzten Stigmen (metapneustisch, ↗Schwimm-K.) od. über abdominale Tracheenkiemen (↗Taumel-K.). Die Entwicklung geht über 3 od. mehr Larvenstadien. Gelegentl. haben die Stadien verschiedene Gestalten (Polymetabolie, Hypermetabolie, ↗Holometabola). Die ↗Puppe ist meist eine ↗freie Puppe (Pupa libera), seltener eine Pupa obtecta (↗Marien-K., ↗Blatt-K., einige Kurzflügler). Die Verpuppung erfolgt entweder im Freien an Blättern (Blatt-K., Marien-K.) od. im Substrat in einer Puppenwiege od. einem Puppenkokon.
Entspr. ihrem Artenreichtum sind die K. eine biol. sehr vielfält. Gruppe – Einzelheiten hierzu bei den Familien-Artikeln. Stammesgeschichtl. stellen die K. eine alte Gruppe der *Holometabola* dar, die fossil bereits aus dem unteren Perm (S-Sibirien, Ural) bekannt ist. Die Schwestergruppe der K. stellen vermutl. die *Neuropteroidea* dar. Die K. werden heute in 4 U.-Ord. eingeteilt (T 406). ↗Extremitäten ↗Gliederfü-

Käfer

Unterordnungen, Familienreihen und Familien:

I. *Archostemata*
  Cupedidae

II. *Adephaga*
  ↗ *Rhysodidae*
  Cicindelidae (↗Sandlaufkäfer)
  Carabidae (↗Laufkäfer)
  Haliplidae (↗Wassertreter)
  Amphizoidae
  Hygrobiidae (↗Feuchtkäfer)
  Gyrinidae (↗Taumelkäfer)
  Dytiscidae (↗Schwimmkäfer)

III. *Myxophaga*
  Calyptomeridae
  Lepiceridae
  ↗ *Sphaeridae*
  Hydroscaphidae
  Torridincolidae

IV. *Polyphaga*
 1. *Staphyliniformia*
  ↗ *Hydraenidae*
  Spercheidae
  Georyssidae
  Hydrophilidae (↗Wasserkäfer)
  Sphaeritidae
  Histeridae (↗Stutzkäfer)
  Ptiliidae (↗Federflügler)
  Dasyceridae
  Leptinidae (↗Mausflohkäfer)
  Anisotomidae
  Scydmaenidae (↗Ameisenkäfer)
  Silphidae (↗Aaskäfer)
  Scaphidiidae (↗Kahnkäfer)
  Staphylinidae (↗Kurzflügler)
  Pselaphidae (↗Palpenkäfer)

 2. *Scarabaeiformia* (Lamellicornia)
  Lucanidae (↗Hirschkäfer)
  Passalidae (↗Zuckerkäfer)
  Scarabaeidae (↗Blatthornkäfer)

 3. *Dascilliformia*
  Eucinetoidea:
   Clambidae (↗Punktkäfer)
   Eucinetidae
   Helodidae (↗Sumpfkäfer)
  Dascilloidea:
   Dascillidae
   Karumiidae
  Byrrhoidea:
   Byrrhidae (↗Pillenkäfer)
  Dryopoidea:
   Psephenidae
   Heteroceridae (Sägekäfer)
   Limnichidae
   Dryopidae (↗Hakenkäfer)
   Elmidae (Elminthidae) (↗Hakenkäfer)
  Buprestoidea:
   Buprestidae (↗Prachtkäfer)
  Elateroidea:
   Cebrionidae
   Elateridae (↗Schnellkäfer)
   Trixagidae (Throscidae) (↗Hüpfkäfer)
   Cerophytidae
   Eucnemidae
  Cantharoidea:
   Homalisidae
   Drilidae (↗Schneckenräuber)
   Phengodidae (↗Leuchtkäfer)
   Lampyridae (↗Leuchtkäfer)
   Cantharidae (↗Weichkäfer)
   Lycidae (↗Rotdeckenkäfer)

 4. *Bostrychiformia*
  Dermestoidea:
   ↗ *Derodontidae*
   Nosodendridae (↗Saftkäfer)
   Dermestidae (↗Speckkäfer)
   Thorictidae
  Bostrychoidea:
   Anobiidae (↗Klopfkäfer)
   Ptinidae (↗Diebskäfer)
   Bostrychidae (↗Holzbohrkäfer)
   Lyctidae (↗Splintholzkäfer)

 5. *Cucujiformia*
  Cleroidea:
   Trogositidae (Ostomidae) (↗Flachkäfer)
   Cleridae (↗Buntkäfer)
   Melyridae (Zipfelkäfer)
  Lymexylonoidea:
   Lymexylidae (Lymexylonidae) (↗Werftkäfer)
  Cucujoidea:
  Clavicornia:
   Nitidulidae (↗Glanzkäfer)
   Rhizophagidae (↗Rindenglanzkäfer)
   Sphindidae
   Cucujidae (↗Plattkäfer)
   Silvanidae
   Cryptophagidae (↗Schimmelkäfer)
   Erotylidae
   Phalacridae (↗Glattkäfer)
   Cerylonidae
   Corylophidae (Orthoperidae) (↗Faulholzkäfer)
   Coccinellidae (↗Marienkäfer)
   ↗ *Endomychidae*
   Lathridiidae (↗Moderkäfer)
   Cisidae (↗Schwammkäfer)
  Heteromera
   Mycetophagidae (↗Baumschwammkäfer)
   Colydiidae (↗Rindenkäfer)
   Tenebrionidae (↗Schwarzkäfer)
   Lagriidae (↗Wollkäfer)
   Alleculidae (↗Pflanzenkäfer)
   Boridae
   Cononotidae
   Mycteridae
   Pythidae (↗Scheinrüßler)
   Salpingidae (↗Scheinrüßler)
   Pyrochroidae (↗Feuerkäfer)
   Tetratomidae
   Melandryidae (Serropalpidae) (↗Düsterkäfer)
   Scraptiidae
   Mordellidae (↗Stachelkäfer)
   Rhipiphoridae (↗Fächerkäfer)
   Meloidae (↗Ölkäfer)
   ↗ *Oedemeridae*
   Anthicidae (↗Blumenkäfer)
   Aderidae
  Chrysomeloidea:
   Cerambycidae (↗Bockkäfer)
   Bruchidae (↗Samenkäfer)
   Chrysomelidae (↗Blattkäfer)
  Curculionoidea:
   Attelabidae
   Brenthidae (↗Langkäfer)
   Curculionidae (↗Rüsselkäfer)
   Scolytidae (↗Borkenkäfer)
   Platypodidae (↗Kernkäfer)

KÄFER I

Europäische Käfer

1 Moderkäfer *(Ocypus olens);* **2** Halsbock *(Leptura rubra);* **3** Hirschkäfer, ♂ *(Lucanus cervus);* **4** Bienenwolf *(Trichodes apiarius);* **5** Gelbhaar-Moderkäfer *(Emus hirtus);* **6** Nashornkäfer *(Oryctes nasicornis);* **7** Soldatenkäfer *(Cantharis rustica);* **8** Büschelkäfer *(Atemeles paradoxus);* **9** Kardinalkäfer *(Pyrochroa coccinea);* **10** Walker *(Polyphylla fullo);* **11** Schneckenaaskäfer *(Phosphuga atrata);* **12** Getreidelaufkäfer *(Zabrus tenebrioides);* **13** Leuchtkäfer *(Lampyris noctiluca),* **a** ♂, **b** ♀; **14** Schwarzer Lappenrüßler *(Otiorhynchus niger);* **15** Feldmaikäfer *(Melolontha melolontha);* **16** Spanische Fliege *(Lytta vesicatoria);* **17** Moschusbock *(Aromia moschata);* **18** Goldlaufkäfer *(Carabus auratus);* **19** Totengräber *(Necrophorus vespillo);* **20** Marienprachtkäfer *(Chalcophora mariana);* **21** Kopfkäfer *(Broscus cephalotes);* **22** Puppenräuber *(Calosoma sycophanta);* **23** Taumelkäfer *(Gyrinus natator);* **24** Gelbrandkäfer, ♀ *(Dytiscus marginalis)*

KÄFER II

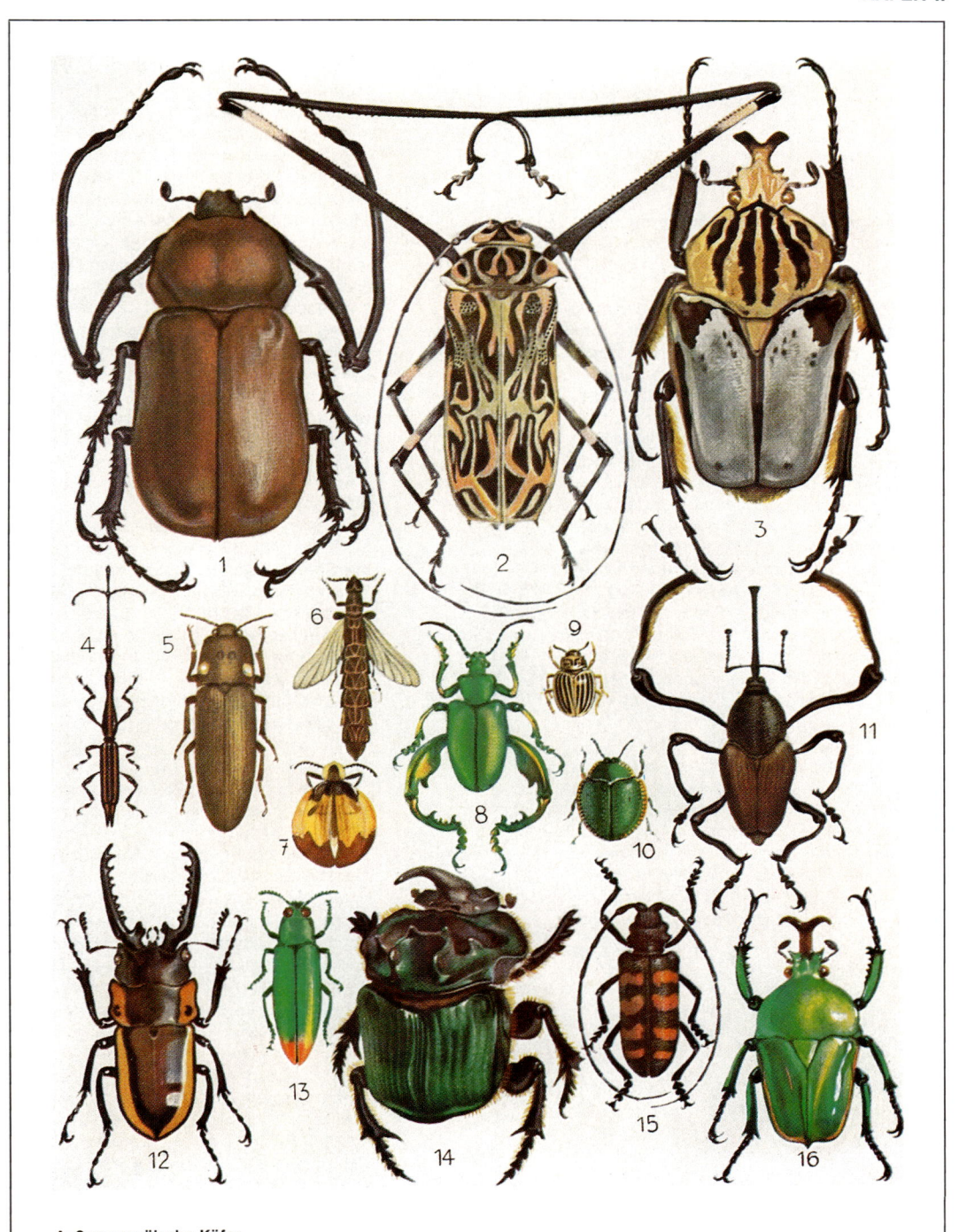

Außereuropäische Käfer
1 Langarmkäfer (*Euchirus longimanus*, Celebes, Molukken); **2** Harlekinsbock (*Acrocinus longimanus*, nördl. S-Amerika); **3** Goliathkäfer (*Goliathus cacicus*, Zentral- und W-Afrika); **4** Langkäfer (*Brenthus anchorago*, S-Amerika); **5** Leuchtschnellkäfer (*Pyrophorus noctilucus*, trop. S-Amerika); **6** *Atractocerus brasiliensis* (S-Amerika), Werftkäfer; **7** *Lycus rostratus* (Afrika), Rotdeckenkäfer; **8** *Sagra buqueti* (Java), Blattkäfer; **9** Kartoffelkäfer (*Leptinotarsa decemlineata*, urspr. nur N-Amerika); **10** *Desmonota variolosa* (Brasilien), Schildkäfer; **11** *Macrochirus praetor* (Java), Rüsselkäfer; **12** Trop. Hirschkäfer (*Metopodontus bison*, Molukken); **13** *Chrysochroa fulminans* (Ceylon), Prachtkäfer; **14** *Phanaeus floriger* (Brasilien), Mistkäfer; **15** *Rhaphiolopis zonaria* (trop. Afrika), Bockkäfer; **16** Gabelnasen-Rosenkäfer (*Dicranorhina micans*, W-Afrika)

Käferartige

ßer, ↗Gliedertiere, ↗Insekten. [B] Homologie, [B] Insekten III. [B] 408–409.

Lit.: *Crowson, R. A.:* The biology of the Coleoptera. London 1981. *Crowson, R. A.:* The natural classification of the families of Coleoptera. Classey Hampton 1967. *Freude, H., Harde, K. W., Lohse, G. A.:* Die Käfer Mitteleuropas. 11 Bde. Krefeld 1964–83. *Harde, K. W., Severa, F.:* Der Kosmos-Käferführer. Stuttgart 1981. *Klausnitzer, B.:* Wunderwelt der Käfer. Freiburg 1982. *H. P.*

Käferartige, *Coleopteroidea,* Überfam. der holometabolen Insekten, in der die ↗Käfer u. oft auch die ↗Fächerflügler zusammengefaßt werden.

Käferblütigkeit, *Käferbestäubung, Cantharophilie,* Form der Insektenblütigkeit; die den Pollen übertragenden Insekten sind Käfer, die sich v. Pollen u. Nektar ernähren. 1. *Primäre K.:* wahrscheinl. die älteste Form der ↗Entomogamie; Bestäubung phylogenet. alter Blütenpflanzen durch Käfer. Die Blüten, die teils nur fossil erhalten sind, zeichnen sich durch hohe Stabilität u. enormes Pollenangebot aus. Die Käfer waren wahrscheinl. Vertreter der Blatthornkäfer. Rezent findet man primäre K. nur noch bei wenigen Pflanzen, z. B. *Magnolia, Liriodendron.* Die Gatt. *Calycanthus* besitzt an Staminodien spezielles ↗Futtergewebe. 2. *Sekundäre K.:* Sekundär werden zahlr. Blüten verschiedenster Typen v. Vertretern unterschiedlichster Käfergruppen ausgebeutet. Dabei zeigen die Blüten kaum Anpassungen an den Besuch v. Käfern (sie werden häufiger v. Zweiflüglern u. Hautflüglern bestäubt). Neben Käfern mit einfachen kauend-beißenden Mundwerkzeugen, die den Blüten oft mehr schaden als nützen (manche Blatthornkäfer), gibt es zahlr. Arten mit modifizierten Mundwerkzeugen, die dazu dienen, den Pollen effektiver auszubeuten, wie z. B. Pollenbesen, spezielle Haare *(Malachiidae, Cerambycidae, Oedemeridae, Buprestidae).* Eine Anpassung an das Saugen v. Nektar zeigen die Mundwerkzeuge am. Ölkäfer (Gatt. *Nemognatha*).

Käfermilbe, *Parasitus coleoptratorum,* 1 mm großer Vertreter der *Parasitiformes,* der räuberisch an Pferdekot (von Nematoden usw.) lebt; droht der Kot auszutrocknen, besteigen die Deutonymphen in Massen Mistkäfer u. lassen sich zu einem neuen Substrat tragen (Phoresie). Nur wenn dieses frisch ist, steigen sie ab u. entwickeln sich zu Adulten, die nur 6–10 Tage leben.

Käferschnecken, *Polyplacophora, Placophora, Loricata,* U.-Stamm der Weichtiere mit rund 1000 marinen Arten, die in Aufsicht oval bis langgestreckt-oval u. von 8 Schalenplatten bedeckt sind. Die Platten werden außen vom Gürtel (Perinotum) eingefaßt, seltener v. diesem teils od. völlig bedeckt. Der Gürtel kann lederartig nackt od. von Kalkschuppen od. -stacheln besetzt sein. Die Bauchseite wird v. einem breiten Kriechfuß eingenommen, mit dem die Tiere auf glatten Hartsubstraten, meist Fels, ansitzen, u. von dem vorn das Mundfeld abgegrenzt ist. Der Fuß wird v. einer Rinne umzogen, in der zahlr., doppelfiedrige Kiemen stehen. – Die Schale besteht unter der Schalenhaut (Periostrakum) aus 2–3 Schichten: 1) dem Tegmentum, das v. gewebeführenden Kanälen mit Sinneszellen durchzogen wird; 2) dem Articulamentum, das u. a. an den Platten II–VIII flügelartig vorspringende, unter die davorliegende Platte greifende ↗„Apophysen" bildet; 3) dem Hypostrakum an den Ansatzstellen der Schalenmuskeln. Seitl. sind die Platten durch „Insertionsplatten" im Gürtel verankert. – Die K. ernähren sich v. Algen, manche auch v. Seepocken, Moostierchen, Polypen u. Krebsen. Die Zähne der Reibzunge werden durch Magnetit-Einlagerung verstärkt; die Nahrung wird mit den Sekreten mehrerer Typen v. Speicheldrüsen durchmischt u. gelangt in den birnförm. Magen, v. dem Gänge in die Mitteldarmdrüsen führen. Dort werden die Nährstoffe gespeichert. Mittel- u. Enddarm sind lang u. in Schlingen gelegt; der Anus mündet hinter dem Fuß auf einer Papille. Der Blutkreislauf ist offen; das Herz liegt unter den Platten VII u. VIII; es besteht aus 2 Vorhöfen u. der röhrenförm. Kammer. Aus dem Herzbeutel entspringen die paar. Exkretionsorgane, die sich in die hintere Mantelrinne öffnen. Das Nervensystem besteht überwiegend aus Marksträngen: einem Schlundring u. den paar. Lateral- u. Ventralsträngen, durch zahlr. Kommissuren verbunden. Einfache chem. u. Tastsinnesorgane finden sich verteilt am ganzen

Käfermilbe *(Parasitus coleoptratorum)*

Käferschnecken

Ordnungen und wichtige Gattungen:

Lepidopleurida
↗ Hanleya
↗ Lepidopleurus
Ischnochitonida
↗ Callistochiton
↗ Callochiton
↗ Chaetopleura
↗ Chiton
↗ Ischnochiton
↗ Katharina
↗ Lepidochitona
↗ Middendorffia
↗ Mopalia
↗ Onithochiton
↗ Placiphorella
↗ Tonicella
↗ Tonicia
Acanthochitonida
↗ Acanthochitona
↗ Cryptochiton
↗ Cryptoplax

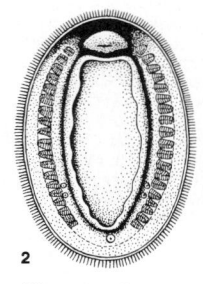

Käferschnecken

1 Zwei K., links v. oben, rechts v. der Seite. 2 Auf den Rükken gedrehte K.: in der Mitte der Fuß, davor das Mundfeld; in der Mantelrinne die Kiemen, Geschlechts- u. Exkretionsöffnungen, hinten der After.

Käferblütigkeit

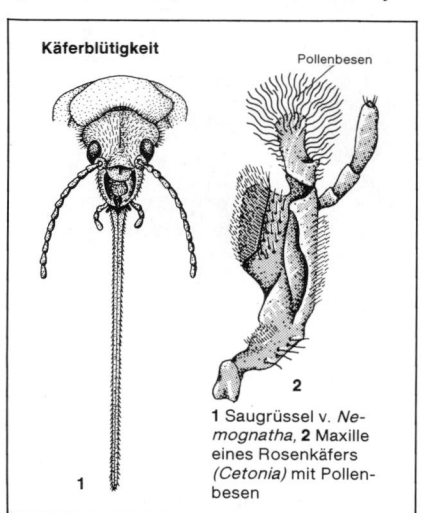

1 Saugrüssel v. *Nemognatha,* 2 Maxille eines Rosenkäfers *(Cetonia)* mit Pollenbesen

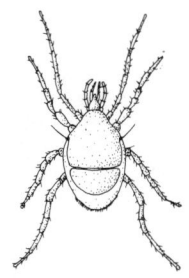

Kaffee

a K.strauch, b Sternblüten, c K.kirschen

Kaffeesäure

Kafferbüffel

Körper; Komplexe sensor. Zellen bilden die ↗Ästheten im Tegmentum. Die K. sind getrenntgeschlechtl., die Befruchtung ist eine äußere, die Entwicklung verläuft über eine Schwimmlarve (Trochophora-Typus). – Die meisten K. leben im Flachwasser der Meeresküsten; sie passen ihre Färbung der des Substrats an u. sind reviertreu.

K.-J. G.

Kaffee m [v. arab. qahwah über türk. kahve u. it. caffè], K.strauch, K.baum, Coffea, Gatt. der Krappgewächse mit rund 60, überwiegend in Afrika heim. Arten. Immergrüne Sträucher od. kleine Bäume mit gegenständ., längl.-ovalen, glänzend ledrigen Blättern u. weißen, oft wohlriechenden, büschelig in den Blattachseln angeordneten Blüten mit meist 4–5zipfliger Krone. Die dunkelrote, kirschenähnl. Frucht (K.kirsche) ist eine Steinfrucht, die i. d. R. 2 auf der Innenseite abgeflachte u. mit einer Furche versehene Samen (K.bohnen) enthält, die jeweils v. der Hornschale (Endokarp) u. der Silberhaut (Samenschale) umgeben werden. Von wirtschaftl. Bedeutung sind v. a. der Arabische od. Berg-K. (C. arabica, B Kulturpflanzen IX) aus Äthiopien u. der Kongo- oder Robusta-K. (C. canephora = C. robusta) aus dem trop. Afrika sowie, in weit geringerem Maße, der Liberia-K. (C. liberica) aus dem trop. W-Afrika.

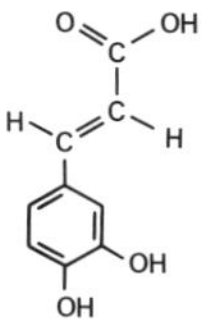

Der Arabische K. (Coffea arabica) wurde aus seiner Heimat Äthiopien zunächst nach Arabien gebracht, von wo aus die Sitte des Kaffeetrinkens im 17. Jh. nach Europa gelangte. Infolge rasch wachsender Beliebtheit entstanden schon im 18. Jh., insbes. durch die Holländer, ausgedehnte K.-Plantagen sowohl in SO-Asien, in Indien u. auf Ceylon als auch im trop. Amerika, v. a. in Brasilien. Erst später begann der K.-Anbau auch im trop. Afrika. Geerntet werden die Früchte des in Kultur etwa 2 m hohen K.strauchs maschinell od. mit der Hand. Die Gewinnung des Roh-K.s (Endosperm) erfolgt durch trockene od. nasse Aufbereitung. Beim erstgen. Verfahren werden die reifen Früchte zunächst in der Sonne getrocknet, bevor Fruchtfleisch, Hornschale u. Silberhaut maschinell abgeschält werden. Beim zweiten Verfahren wird ein Teil des Fruchtfleisches gleich nach der Ernte, der Rest durch 1–3 Tage lange Gärung in wassergefüllten Fermentationsbekken u. anschließendes Waschen entfernt. Der so erhaltene „Hornschalen-K." wird vor dem Schälen zunächst auch getrocknet u. nach Größe, Form u. Qualität sortiert. Früchte mit nur einem rundl. Samen liefern hierbei den sog. „Perl-K." Der in den Handel kommende graugrüne Roh-K. erhält sein charakterist. Aroma u. seine braune Farbe erst durch das Rösten (bei ca. 220°C), bei dem er an Volumen zunimmt u. den größten Teil seines Wassers verliert. Die chem. Zusammensetzung v. geröstetem K. ist stark abhängig v. Sorte, Herkunft u. Gewinnungsart. Neben 23–25% wasserlösl. Bestandteilen sind ca. 20% Kohlenhydrate, 10–20% Rohfaser, 11–15% Fett, 12–17% Proteine, 4–5% Asche, 1,5–5% Wasser und 0–2% Zucker in ihm enthalten. Hauptwirkstoff des K.s ist das hpts. an ↗Chlorogensäure (4–7%) gebundene ↗Coffein (1–1,5% in normalem, unter 0,1% in entcoffeiniertem K.), das nach Genuß von K. im Magen freigesetzt u. rasch in die Blutbahn übergeleitet wird. Die verbleibende Chlorogensäure ist v. a. für den „Säuregehalt" des K.s und somit für seine Magenverträglichkeit verantwortlich. Roh-K. ist heute eines der wichtigsten Welthandelsprodukte. Dabei entfallen rund 75% der Produktion auf C. arabica u. ca. 25% auf C. canephora. Die Hauptanbaugebiete liegen in S- u. Mittelamerika sowie in W-Afrika u. Indonesien. 1982 wurden insgesamt etwa 4,9 Mill. t Roh-K. produziert, wobei Brasilien mit 1,0 Mill. t an erster Stelle stand, gefolgt v. Kolumbien mit 0,84 Mill. t.

Kaffeebohnenkäfer, Kaffeekäfer, Araeocerus fasciculatus, ↗Breitrüßler.

Kaffeemotte, Leucoptera coffeella, ↗Langhornminiermotten.

Kaffeesäure, 3,4-Dihydroxyzimtsäure, in vielen Pflanzen nachgewiesenes, z. B. als Bestandteil v. ↗Chlorogensäure vorkommendes Zimtsäure-Derivat, das auch bei der Biosynthese v. ↗Lignin eine Rolle spielt. K. ist bei der Kartoffelpflanze bedeutsam als ↗Phytoalexin bei Befall durch Phytophthora infestans. B Genwirkketten.

Kaffernbüffel, Syncerus caffer, stattl. afr. Wildrind mit eindrucksvollem Gehörn, dessen 3, zu einem Rassenkreis gerechnete U.-Arten unterschiedl. Lebensräume in Gebieten südl. der Sahara bevorzugen (B Afrika I). Der mächtige, dunkelgefärbte u. spärl. behaarte Eigentl. K. od. Schwarzbüffel (S. c. caffer; Kopfrumpflänge bis 260 cm; Widerristhöhe 170 cm), ein in Herden lebender Steppenbewohner, repräsentiert den höher entwickelten Typ. Der kleinere, rotbraune u. dichtbehaarte Rotod. Waldbüffel (S. c. nanus; Widerristhöhe 100–130 cm), ein nur kleine Trupps bildender Waldbewohner, gilt als der ursprünglichere Typ. Eine Zwischenform stellt der mittelgroße Gras- od. Sudanbüffel (S. c. brachyceros; Widerristhöhe 120–140 cm) dar. Übergangsformen, oft in derselben Herde, werden auf Vermischung von Rot- und K. in Überschneidungsgebieten (Urwald/Steppe) zurückgeführt. – Während der Trockenzeit schließen sich K. zu Herden v. mehreren 100 Tieren zus. Die Kälber werden, nach 10–11 Monaten Tragzeit, am Ende der Trockenzeit geboren; mit ca. 2 Jahren sind K. fortpflanzungsfähig. Größte natürl. Gefahr für die K. ist die Rinderpest. Verletzte od. in die Enge getriebene K. sind für den Menschen gefährlich. Versuche, den K. durch Züchtung od. Zähmung zu domestizieren, blieben bislang erfolglos.

Kaffernkorn, Sorghum, ↗Mohrenhirse.

Kafferpflaumen ↗Flacourtiaceae.

Käfigvögel, Stubenvögel, im Käfig od. in Volieren gehaltene, meist kleinere Vogelarten (Körner-, Insekten- u. Weichfresser) verschiedener Fam. Bes. Auswahlkriterien sind Aussehen, Gesang u. Sprachimitationsfähigkeit; letzteres betrifft v. a. Papageien, Krähenvögel u. Stare. Der int. Handel mit Vögeln ist durch das Washingtoner Artenschutzabkommen v. 1973 u.

Bei K vermißte Stichwörter suche man auch unter C und Z.

Kafzeh

Käfigvögel

1 Haus- und **2** wilder Kanarienvogel *(Serinus canaria)*; **3** Graukardinal *(Paroaria spec.)*; **4** Sonnenastrild *(Neochmia phaeton)*; **5** Chinesischer Sonnenvogel *(Leiothrix lutea)*; **6** Oryxweber *(Euplectes orix)*; **7** Reisfink *(Padda oryzivora)*; **8** Gouldamadine *(Chloebia gouldiae)*; **9** Zebrafink *(Taeniopygia guttata castonis)*; **10** Tigerfink *(Amandava amandava)*; **11** Bandfink *(Amadina fasciata)*; **12** Prachttangare *(Tangare spec.)*; **13** Wellensittich *(Melopsittacus undulatus)*; **14** Schamadrossel *(Copsychus malabaricus)*

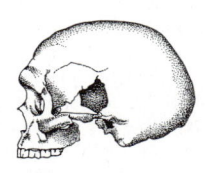

Kafzeh
Schädel des Skeletts Nr. 5 von Kafzeh in Seitenansicht

Kahnfüßer *(Dentalium)*

landesintern naturschutzrechtl. geregelt. Der weltweit verbreitetste Käfigvogel ist der zutraul. ↗Wellensittich *(Melopsittacus undulatus)*; wegen des Gesangs bes. beliebt ist auch der ↗Kanarienvogel *(Serinus canaria)*. Bereits seit mehreren Jhh. v. Chr. werden K. im Vorderen Orient, Ägypten u. in den eur. Ländern gehalten.

Kafzeh, *Mensch vom Djebel Kafzeh,* Fundgruppe v. 8 Urmenschen, geborgen 1933 u. 1935 zus. mit ↗Moustérien-ähnl. Steinwerkzeugen aus einer Höhle 25 km südl. Nazareth; Neandertaler-ähnl. bis neanthropin.

Kagus [Mz.; polynesisch], *Rhynochetidae,* Fam. der Kranichvögel mit einer einzigen, 55 cm großen Art *(Rhynochetos jubatus),* die in den Bergwäldern Neukaledoniens vorkommt u. im Aussehen einem kleinen Reiher ähnelt. Weißl.-graue Färbung mit braungebänderten Handschwingen u. aufrichtbarem Federschopf; praktisch flugunfähig. Dämmerungsaktiv; hierbei ist der klangvolle namengebende Ruf zu hören. Bestandsgefährdet, da er durch Rodung v. Wäldern u. eingeschleppte Hunde u. Ratten stark zurückgedrängt wurde. Das aus Blättern u. Wurzeln errichtete Bodennest enthält 1 Ei, das beide Partner eines Paares bebrüten; Nesthocker.

Kahlhechte, Ord. der ↗Knochenfische; einzige rezente Art der ↗Schlammfisch.

Kahlköpfe, *Psilocybe* Quél, Gatt. der Träuschlingsartigen Pilze; kleine, gelbbraun bis braun gefärbte Pilze mit halbkugeligem bis kegelig-glockigem, mehr od. weniger feuchtschleim. Hut u. kahlem Stengel; Sporen dunkelbraun; etwa 17 Arten in Europa; bevorzugen stickstoffreiche, gedüngte Böden, auch auf Mist wachsend, z. B. *P. coprophila* (Exkrementen-Kahlkopf) od. *P. merdaria* (Mist-Kahlkopf).

Kahmhaut, auf der Oberfläche v. nährstoffhalt. Flüssigkeiten auftretende Haut aus sauerstoffbedürft. Mikroorganismen; aus Zellen einer od. mehrerer Arten bestehend; anfangs glatt, im Alter oft runzelig, gefältelt. Kahmhäute werden vorwiegend v. Hefen (↗Kahmhefen), hefeähnl. Pilzen u. vielen aeroben Bakterien gebildet. Bes. wichtig sind die ↗Essigsäurebakterien, die durch Ausscheidung v. Cellulosefasern eine feste Decke bilden.

Kahmhefen, sauerstoffbedürft., nicht od. nur schwach gärende Hefen, die auf Nährlösungen (z. B. Wein, Most, Würze, Essiglake) anfangs eine dünne, glatte Haut (↗Kahmhaut), im Alter meist eine grauweiße, runzel. Decke bilden. Wichtige Gatt.: *Hansenula, Pichia* u. *Candida* (bes. *C. vini* u. *C. valida* = *C. mycoderma*). Im Wein können sie wertvolle Bestandteile zerstören (Wein-Krankheitserreger). Früher wurden die K. in der Gatt. „*Mycoderma*" zusammengefaßt.

Kahnbein, 1) *Os scaphoideum,* proximaler Handwurzelknochen der Tetrapoden u. des Menschen, distal der Speiche (Radius) auf der Daumenseite gelegen. ↗Hand (☐). 2) *Os naviculare,* kahnförm. Fußwurzelknochen der Tetrapoden u. des Menschen.

Kahnfahrer, *Scapholebris,* Gatt. der ↗Wasserflöhe.

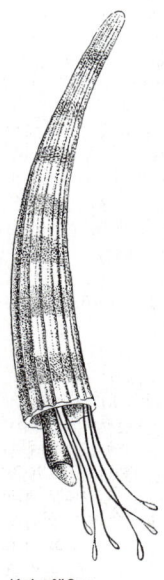

Kahnfüßer, *Grabfüßer, Elefantenzähne, Scaphopoda,* Kl. der schalentragenden Weichtiere, deren Mantelränder so verwachsen sind, daß Mantel u. Schale eine langgestreckte, äußerl. elefantenzahnähnl. Form haben. Die Schale wird bis 15 cm lang, ist meist wesentl. kleiner, aus 3 Schichten aufgebaut u. außen glatt od. skulptiert, oft längsgerippt. Der Kopf ist im wesentl. auf den Mundkegel reduziert. Aus dem Fuß entstandene ↗Fangfäden befördern die Nahrung (Foraminiferen) zum Mund, wo sie durch einen hufeisenförm. Kiefer u. eine Muskelmasse zerdrückt u. durch die Reibzunge weiterbefördert wird. In die Speiseröhre münden drüsenreiche Aussackungen; im einfachen Magen wird extrazellulär verdaut, in den Mitteldarmdrüsen resorbiert. Der anschließende Darm bildet (meist 3) Schlingen u. mündet hinter dem Fuß in die Mantelhöhle. Blutgefäße fehlen; das Herz ist eine Einstülpung des Herzbeutels. Das Nervensystem umfaßt paarige Cerebral-, Pedal-, Pleural- u. Visceralganglien mit zugehörigen Konnektiven sowie weitere, kleinere Ganglien; im Fuß liegen Statocysten; chem. u. Tastsinn ist nachgewiesen. Die K. sind getrenntgeschlechtl. mit einer unpaaren Keimdrüse; die reifen Keimzellen werden über die rechte Niere ausgeleitet; die Befruchtung erfolgt im Wasser. Die Entwicklung verläuft über eine Schwimmlarve, die 2 Mantelfalten u. 2 Schalenteile anlegt, die sich zu einer Röhre schließen (Beziehungen zu den Muscheln). – Die K. graben sich schräg in Sand- u. Weichboden des Meeres ein, so daß das dünnere Ende der Schale gerade über die Sedimentoberfläche ragt, über die sie das Wasser aus der Mantelhöhle ausstoßen. Mit dem kräft. Fuß graben sie sich vorwärts. Die Systematik der ca. 350 Arten ist weitgehend ungeklärt; z. Z. werden 2 Ord. mit je 4 Fam. unterschieden.

Kahnkäfer, *Scaphidiidae,* Fam. polyphager Käfer aus der Verwandtschaft der Kurzflügler. Artenarme Gruppen v. kleinen, kahnförm. Käfern mit leicht verkürzten Elytren; Larven u. Imagines v. a. an Pilzen u. Baumschwämmen. Bei uns ca. 7 Arten: häufig der nur kaum 2 mm große schwarze *Scaphosoma agaricinum* u. der 5 mm große *Scaphidium-4-maculatum* mit 4 großen roten Malen auf den Elytren.

Kahnschnäbel, *Cochleariidae,* Fam. der Stelzvögel mit einer einzigen, im trop. Amerika verbreiteten Art *(Cochlearius cochlearius),* wegen des äußerl. zwar verschiedenen, strukturell aber gleichart. Schnabelbaues auch zu den Reihern gerechnet. Braunes Gefieder mit aufrichtbarem grauem Federschopf, kann mit dem breiten, flachen Schnabel klappern; versteckte Lebensweise, nachtaktiv, fängt Wassertiere, Mäuse u. Ratten in Sumpflandschaften u. Mangrovewäldern. Die 2–4 Jungen werden v. beiden Eltern mit ausgewürgter Nahrung versorgt.

Kahnschnecken, *Cymbium,* Gatt. der Walzenschnecken, marine Neuschnecken mit zylindr. bis breit-ovalem Gehäuse, niedrigem od. eingetieftem Gewinde u. weiter Mündung ohne Deckel; die Gehäuse sind braun od. rötl.-braun, der letzte Umgang oft scharf geschultert. Die K. leben auf Sandböden, ernähren sich v. anderen Weichtieren u. sind ovovivipar. Die 8 Arten sind im westl. Mittelmeer u. vor der westafr. Küste zu finden. Das Gehäuse von *C. glans* wird 32 cm hoch. Alle Arten sind beliebte Sammlerobjekte u. daher gefährdet.

Kahnfüßer
Ordnungen und wichtige Gattungen:
Dentaliida
 ↗ *Dentalium*
Gadilida
 Entalina
 ↗ *Siphonodentalium*

Kahnschnäbel
Kahnschnabel
(*Cochlearius cochlearius*)

Kaiserkrone
(*Fritillaria imperialis*)

Kahnspinnereulen, zur U.-Fam. *Nycteolinae* gehörende, kleine bis mittelgroße, grün gefärbte Eulenfalter; Larven an Laubhölzern, gelegentl. schädlich, Verpuppung in kahnförm. Gespinst. Beispiel: Kleine K., Jägerhütchen, *Bena (Hylophila) prasinana,* häufig im Juni, in Laubmischwäldern u. Parklandschaften, Spannweite um 30 mm, Vorderflügel grün, orange umrandet, mit helleren Querlinien, Hinterflügel gelbl. od. weiß; Larven an Eiche, Buche u. a. Gehölzen, grün mit gelben Rückenlinien.

Kaimane [Mz.; karibisch], Bez. für 3 Gatt. der ↗ Alligatoren.

Kainit *m* [v. gr. *kainos* = neu], chem. Formel $KCl \cdot MgSO_4 \cdot 3H_2O$, aus gemahlenen Kalirohsalzen bestehender ↗ Kalidünger mit ca. 10% K_2O, der wegen seines hohen Anteils an Ballastsalzen nur noch begrenzte Bedeutung hat. *Hederich-K.* (bes. fein gemahlener K.) wurde aufgrund seiner blätterverätzenden Wirkung fr. auch als Unkrautbekämpfungsmittel eingesetzt. ↗ Dünger.

Kairomone [Mz.; v. gr. *kairōma* = befestigte Kette des Gewebes], Gruppe v. Signalstoffen, die zw. Individuen verschiedener Art wirken (im Ggs. zu ↗ Pheromonen) u. deren Lockeffekt mit einem ökolog. Vorteil für den Empfänger verbunden ist (↗ Allomone). Ein Beispiel für K. sind ↗ Blütenduft-Stoffe.

Kaiserfisch, *Pomacanthus imperator,* ↗ Borstenzähner.

Kaisergranat, *Kaiserhummer, Nephrops norvegicus,* ↗ Hummer.

Kaiserkrone, *Fritillaria imperialis,* bis 1 m hohe Staude der Liliengewächse, eine bereits seit dem 16. Jh. aus dem Heimatgebiet (Iran bis Himalaya) eingeführte Gartenzierpflanze. Die im Frühsommer erscheinenden Blüten der Stammform sind rot mit schwarz-weißer Zeichnung im Inneren; die Züchtung ergab gelbe Varietäten. Über den hängenden Blütenglocken bilden die Tragblätter einen charakterist. Blattschopf. Die Zwiebel hat einen knoblauchähnl. Geruch, der Wühlmäuse fernhalten soll.

Kaiserling, *Amanita caesarea,* ↗ Wulstlingsartige Pilze.

Kaisermantel, *Argynnis paphia,* ↗ Perlmutterfalter.

Kaiserpinguin, *Aptenodytes forsteri,* größter lebender Pinguin mit einer Länge bis 120 cm u. einem Gewicht von ca. 30 kg; Männchen etwas größer als Weibchen. Goldgelbe Kopfseitenflecken wirken als Auslöser beim Paarungsverhalten. Jagt tauchend Fische, deren Festhalten v. dornart. Gebilden auf der Zunge u. am Munddach unterstützt wird. Etwa 20 Brutkolonien sind um die Antarktis in Küstennähe verteilt. Die Partner eines Paares erkennen

Bei K vermißte Stichwörter suche man auch unter C und Z.

Kaiserzikade

sich auch nach längerer Trennung individuell, wahrscheinl. an der Stimme. Tragen das Ei u. später das Junge in aufrechter Haltung auf den Fußrücken. Dunenkleid des Jungen silbergrau mit schwarz-weißer Kopfzeichnung, Jugendkleid braun. Die Jungen werden in „Kindergärten" v. erwachsenen Tieren beaufsichtigt; im Alter v. 5 Monaten gehen sie ins Meer. B Polarregion IV.

Kaiserzikade, *Pomponia imperatoria*, Art der ↗Singzikaden.

Kaiwurm, Larve des Apfelblütenstechers; ↗Stecher.

Kajeputöl s [v. malaiisch kaju-puti = weißer Baum], äther. Öl der Gatt. *Melaleuca*, ↗Myrtengewächse.

Kakadu m [v. malaiisch kakatūwa = Kakadu], ↗Papageien.

Kakao m [v. Náhuatl (Aztekensprache) kakáwa = Kakao], K.baum, *Theobroma*, mit rund 20 Arten in Mittel- u. dem nördl. S-Amerika beheimatete Gatt. der *Sterculiaceae*. Niedrige, im Unterholz der Regenwälder wachsende Bäume od. Sträucher mit immergrünen Blättern u. büschelig am Stamm od. an dicken Seitenästen erscheinenden Blüten (Cauliflorie). Wichtigste Art ist der Echte K. *(T. cacao)* mit großen, längl.-ovalen, ledr. Blättern u. relativ kleinen, weißl., 5zähl. Blüten. Seine v. einer gelben bis rötl.-braunen, dicken, gefurchten Schale umgebenen, verkehrt-eilängl. Früchte sind 15–20 cm lang, etwa 10 cm dick u. enthalten 20–50 in Reihen angeordnete, v. einem rötl. Fruchtmus umgebene, mandelförm. Samen, die *K.bohnen*. B Kulturpflanzen IX.

Kakaobutter ↗Kakao.

Kakaomotte, *Ephestia elutella*, ↗Zünsler.

Kakatoe m [-tu; niederländ., v. malaiisch kakatūwa = Kakadu], Gatt. der ↗Papageien.

Kakerlak m [niederländ., v. span. cucaracha = Schabe], *Blatta orientalis*, ↗Hausschaben.

Kakipflaume [japan.], ↗Ebenaceae.

Kakoptychie w [v. gr. kakos = schlecht, ptyches = Falten], (H. Hölder 1956), bei regelmäßig berippten Ammoniten *(↗Ammonoidea)* das gelegentl. Aussetzen v. Rippen auf einer od. beiden Flanken; von W. Lange (1941) „forma cacoptycha" genannt.

Kakteengewächse [v. gr. kaktos = stachelige Pflanze Siziliens], *Kaktusgewächse, Cactaceae*, Fam. der Nelkenartigen mit über 2000 Arten; früher wurden die K. in 25 Sammelgatt. eingeteilt, heute werden sie teilweise bis über 300 Gatt. (auch Neuzüchtungen usw.) genannt. Die K. sind in den wärmeren Gebieten v. Amerika verbreitet, nur die Gatt. *Rhipsalis* ist auch in

Kakao

Der K.baum *(Theobroma)* wurde schon in prähistor. Zeit v. den Indianern Mittel- u. S-Amerikas kultiviert, die seine Samen sowohl als Nahrungsmittel- wie auch als Zahlungsmittel benutzten. Zu Beginn des 16. Jh. brachten die Spanier den K. nach Spanien, v. wo aus er im Verlauf des 17. Jh. auch in andere eur. Länder gelangte u. sich zunehmender Beliebtheit erfreute. Heute wird K., der zum Gedeihen hohe Niederschlagsmengen, mittlere Jahrestemp. von 24–28°C u. schattenspendende Bäume benötigt, sowohl in Mittel- u. S-Amerika als auch in Äquatorialafrika u. SO-Asien angebaut. Man unterscheidet eine Vielzahl v. Sorten, die entweder bestimmten Erscheinungstypen, wie etwa dem Criollo od. Forastero, zugeordnet werden od. aber als durch Kreuzung entstandene Zwischentypen gelten; letztere machen den Hauptteil der Kulturformen aus. – Zur Gewinnung des K. werden die Früchte des K.baums mit dem Messer geerntet u. die in ihnen enthaltenen Samen zus. mit dem ihnen anhaftenden Fruchtfleisch einer mehrtäg. Fermentation unterworfen.

Hierbei finden bei Temp. von 40–50°C unter Mitwirkung v. Mikroorganismen chem. Umwandlungen statt, bei denen einerseits bittere Gerbstoffe abgebaut u. andererseits das charakterist. Aroma sowie die braune Farbe des K. entstehen. Danach werden die *K.bohnen* getrocknet, zur Intensivierung des Aromas geröstet u. geschält. Bei 50–60°C zermahlen, ergeben sie eine flüss. K.masse, die 5–6% Wasser, 14% Protein, 53% Fett, 9–10% Stärke, 5–6% Gerbstoffe, 4% Rohfaser u. neben weiteren Bestandteilen 0,3% ↗Coffein sowie 1–2,5% ↗Theobromin enthält. Die K.masse wird zu *Schokolade* verarbeitet od. ausgepreßt zur Gewinnung v. *K.butter* (K.öl) u. entöltem *K.pulver*. Die gelbl.-weiße, hpts. aus den Glyceriden der Palmitin-, Stearin- u. Ölsäure bestehende K.butter dient zur Herstellung v. Schokoladen u. Kuvertüren sowie in der pharmazeut. Ind. zur Anfertigung v. Salben u. Zäpfchen. K.pulver wird zu Schokolade u. Schokoladenprodukten sowie zu K.getränken verarbeitet. – Die Weltkakaoproduktion lag 1982 bei 1,6 Mill. t, wobei die Elfenbeinküste mit 0,39 Mill. t sowie Brasilien mit etwa 0,3 Mill. t an der Spitze der Produzenten standen.

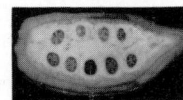

Kakao
K.früchte, unten aufgeschnittene Frucht

Kakteengewächse
Einige *Cereae* mit Blüten:
1 *Echinocactus* und
2 *Echinocereus* (aus den südl. USA und Mexiko); 3 *Echinopsis* (aus S-Amerika: von Uruguay bis Paraguay)

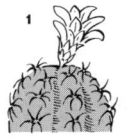

Afrika u. auf Ceylon heimisch. Einige Arten der Gatt. *Opuntia* (z. B. *O. ficus-indica*) sind allerdings in viele Teile der Welt verschleppt u. eingebürgert worden (Mediterrangebiet, Australien usw.). Fast alle K. sind sukkulent (meist stammsukkulent) u. wachsen in Trockengebieten mit unregelmäß. Niederschlägen od. als Epiphyten in Nebelwäldern S- u. Mittelamerikas. Die äußere Form der K. ist sehr mannigfaltig: v. Zwergformen mit wenigen cm ⌀ bis zu Riesenkakteen von 15 m Höhe kommen alle Größen vor; es gibt säulen-, kugel- u. scheibenförm. Typen, letztere oft auch zu großen Teil unterird. wachsende. Der „Stamm" der K. ist meist gegliedert, gerippt od. warzig; auf den erhabenen Stellen stehen Blätter (wenn vorhanden), Blüten u. Dornen. Eine erhabene Stelle entspricht morpholog. einem Blattgrund (sog. *Podarium*) od. ist aus der Verwachsung mehrerer solcher hervorgegangen (Rippen). Dornen u. Blüten stehen, oft gedrängt, in ↗Areolen – axillären Kurztrieben; z.T. sind spezielle Areolen zur Blütenbildung entwickelt *(Cephalien)*. Die zwittr. Blüten mit unterständ. Fruchtknoten weisen mit spiralig angeordneten Blüten- u. Staubblättern einen recht primitiven Bau auf. Grüne Hochblätter ge-

Kakteengewächse

Einige Kakteen

hen oft allmähl. in farb. Blütenblätter über. Aus dem ungefächerten – aus mehreren Fruchtblättern verwachsenen – Fruchtknoten mit einem Griffel geht i.d.R. eine fleisch. Beere hervor. Innerhalb der K. findet sich eine Reduktionsreihe der Blätter. Die Assimilation wird dabei v. den äußeren Rindenschichten v.a. junger Triebe des Achsenkörpers übernommen. Die so erreichte Oberflächenverkleinerung u.a. befähigt die K. dazu, mit dem gespeicherten Wasser über lange Trockenperioden auszukommen. Dem gleichen Zweck dient auch der ↗ diurnale Säurerhythmus bei vielen K.n. Am Anfang der Reduktionsreihe stehen die Gatt. der U.-Fam. *Pereskioidae (Peireskioidae)*, z.B. *Pereskia (Peireskia)*: normale, wenig sukkulente Sträucher u. Bäume z.B. der südam. Savannen mit schlanken, bedornten Ästen u. relativ großen Blättern, die in der Trockenzeit abgeworfen werden. Bei der U.-Fam. *Opuntioidae* sind die Blätter entweder sukkulent od. klein u. pfriemlich, bald abfallend. Charakterist. für die Sippe sind sog. *Glochidien* – kurze, stachl., leicht abbrechende Haare in Büscheln. Wichtig ist die Gatt. *Opuntia*, zweitgrößte der K. mit über 200 Arten, heimisch im ganzen warmen u. trop. Amerika bis auf den brasilian.-trop. Regenwald. Die Früchte des Feigenkaktus *(O. ficus-indica = O. coccinellifera,* [B] Mediterranregion IV*)* wie auch mancher anderer K. werden teilweise gegessen bzw. zu Konfitüre verarbeitet. *O. ficus-indica* und *O. hernandezii* sind Nährpflanzen für die echte ↗ Cochenille-Schildlaus, aus der das ↗ Carmin gewonnen wird. Einige eingebürgerte Opuntien-Arten sind teilweise ein läst. Unkraut geworden, v.a. auch wegen ihrer Fähigkeit, sich über sich bewurzelnde Sproßglieder vegetativ rasch zu vermehren. Die U.-Fam. *Cactoidae (Cereoidae)* umfaßt den überwiegenden Teil der K. Sie besitzen keine Blätter u. Blattrudimente mehr. In dieser U.-Fam. finden sich auch epiphyt. od. kletternde K. *(Hylocereae):* Die Gatt. *Rhipsalis* umfaßt über 60 Arten, die z.T. über das Hauptverbreitungsgebiet der K. hinaus in Afrika, auf Madagaskar u. Ceylon zu finden sind; dort vorkommende Arten weichen u.a. in der Chromosomenzahl von am. Arten ab; dies spricht gg. eine Verschleppung durch den Menschen u. für ein natürl. Vorkommen. Diese K. wachsen epiphyt. mit sehr vielgestalt. hängenden od. kletternden Trieben. *Zygocactus truncatus,* einzige Art der Gatt. *Zygocactus* (Gliederkaktus, Weihnachtskaktus), ist v.a. aufgrund der schönen rosa bis tief violetten Blüten, die um die Weihnachtszeit erscheinen, eine beliebte Zierpflanze; es werden auch Hybridformen gezüchtet. Die Art hat ihr natürl. Vorkommen in Brasilien. Wegen der charakterist., relativ kurzen u. flachen Glieder der Triebe wird sie manchmal auch zu den Blattkakteen gezählt; eigtl. sind dies nur die Arten der Gatt. *Epiphyllum* ([B] Nordamerika VIII, u. nahe Verwandte, z.B. *Nopalxochia*) mit gleichfalls flachen, aber meist verlängerten Gliedern. Diese meist weißl. blühenden Epiphyten sind v. Mexiko bis S-Amerika heimisch; Zuchthybride von *E.* werden oft als *Phyllocactus* bezeichnet. Die Gatt. *Selenicereus* mit über 20 Arten kletternder K. mit kantigem Sproß u. kurzen Dornen kommt v. Texas bis ins nördl. S-Amerika vor. Berühmt ist v.a. *S. grandiflorus* („Königin der Nacht", [B] Südamerika I), auf den Antillen u. im östl. Mexiko vorkommend, mit großen weißen, duftenden Blüten, die sich nur eine Nacht öffnen. Andere K. der U.-Fam. wachsen nicht kletternd auf dem Boden *(Cereae): Neoraimondia,* 4 Arten, v.a. in Peru vorkommend, hohe Kandelaberkakteen (bis 8 m) mit wenigkantigen Trieben u. sehr langen Dornen; *Cleistocactus,* schlanktriebige, mäßig hohe K. (bis 2 m), basal-seitl. verzweigt, mit über 50 Arten v. Peru bis N-Argentinien verbreitet; *Lobivia,* mehr od. weniger rundl., v.a. kleine, wegen ihrer Blühfreudigkeit beliebte K., die mit über 100 Arten v. Peru bis N-Argentinien vorkommen. Die Arten von *L.* zeigen untereinander fließende Übergänge. Die Gatt. *Reboutia* u. *Parodia* kommen beide in der östl. Kordillere der Anden v. Peru bis N-Argentinien vor. Erstere sind „Miniaturkakteen", die in Felsspalten usw. wachsen; letztere kleine kugel. Kakteen mit feiner farb. Bedornung. Nah verwandt ist z.B. *Notocactus,* eine Gatt. von 16 fast kugel. Arten mit oft bunten Dornen u. meist gelben Blüten, die zw. Argentinien u. S-Brasilien heimisch sind. Eine bes. Bedeutung für die Kakteenzüchtung hat die Gatt. *Gymnocalycium,* kugelig-ovale K., v. Bolivien bis Brasilien heimisch: Aus *G. michanowii* hat man chlorophyllose, farb. Mutanten gezüchtet, die nur durch Pfropfung auf chlorophyllhalt. andere K. überleben können. Die Färbung ist auf Carotinoide zurückzuführen. Die Gatt. *Cereus* ([B] Nordamerika VIII) umfaßt teilweise riesige Säulenkakteen; ihre über 40 Arten sind v. den Antillen bis O-Argentinien verbreitet. 6 Arten gehören zur Gatt. *Astrophytum,* beliebte Zierpflanzen, in N-Mexiko u. den südl. USA heimisch. Diese relativ kleinen Arten weisen entweder wenige, oft sehr markante, dornenlose Rippen auf (z.B. *A. myriostigma,* die Bischofsmütze i.e.S., hierin teilweise auch für ganze Gatt.), od. sie sind seeigelähnl. v. der Form her (z.B. *A. asterias),* dann teilweise mit weichen Dornen; im allg. finden

Pereskia vargasii

Epiphyllum hybride

Selenicereus grandiflorus

Lobivia pentlandii

Astrophytum asterias

Oreocereus hendriksenianus

Bei K vermißte Stichwörter suche man auch unter C und Z.

Kakteengewächse

Kakteengewächse

1 *Lobivia succiniflora;* 2 *Astrophytum myriostigma;* 3 *Mammillaria uncinata;* 4 *Rhipsalis graeseri;* 5 *Gymnocalycium oenanthemum;* 6 *Opuntia;* 7 *Notocactus apricus;* 8 *Phyllocactus hybridus;* 9 *Cereus macrogonus;* 10 *Neoraimondia gigantea;* 11 *Cleistocactus wendlandiorum*

sich auf der Epidermis weiße, schupp. Flocken; die Blüten sind gelb. Die bis wenige Dezimeter große *Leuchtenbergia princeps,* einzige Art der Gatt. *Leuchtenbergia,* weist lange, blattähnl. Podarien auf, an deren Spitze die dünnen Dornen sitzen. Mit dem stammart. Körper sieht die Pflanze einer Agave ähnl. (Konvergenz). Die Art besiedelt Mittel- bis N-Mexiko. In der trokkenen Jahreszeit zieht sich die Podarienrosette zu einem kompakten, kugel. Gebilde zus. (Verdunstungsschutz). Die 3 Arten der Gatt. *Lophophora* (Peyotl) haben einen rundl., stachellosen Stamm mit starker Rübenwurzel. Von diesen K.n, die in Mittel- bis N-Mexiko u. den südl. USA heimisch sind, ist bes. *L. williamsii* erwähnenswert; die Art wird wegen ihres Gehalts an Alkaloiden (↗Anhaloniumalkaloide, bes. Meskalin) gesammelt u. v. Indianern zur Erzeugung kult. Rauschzustände benutzt. *Mammillaria* (Warzenkaktus, B Nordamerika VIII) ist die größte Gatt. der K. mit über 300 Arten. Charakterist. für die v. den südl. USA bis ins nördl. S-Amerika verbreitete Gatt. ist die funktionelle Differenzierung der Kurztriebe. Auf Warzen erhöht (Name) stehen die dornenbildenden *Areolen,* zw. diesen, geschützt durch Dornen u. Warzen, die blüten-, oft aber auch haare- u. borstenbildenden *Axillen.* Während der trockenen Jahreszeit können sich diese K. so zusammenziehen, daß Warzen u. Dornen eine dichte „Jalousie" bilden (Verdunstungsschutz). Die Blüten stehen kranzförm. um den Scheitel der jeweil. Pflanze. – Die cactoide Form kommt als Konvergenzerscheinung auch bei einigen altweltl.

Bei K vermißte Stichwörter suche man auch unter C und Z.

Fam. vor (z. B. Wolfsmilcharten, Mittagsblumengewächsen, Schwalbenwurzgewächsen usw.), die deshalb häufig mit Kakteen verwechselt werden. B 416.
Lit.: *Backeberg, C.:* Die Cactaceae. Hdb. der Kakteenkunde, Bd. 1–6, Jena 1958/62, Nachdruck 1982/84. *R. W.*

Kaktusalkaloide ↗ Anhaloniumalkaloide.
Kaktusmotte, *Cactoblastis cactorum,* Art der ↗ Zünsler.
Kala-Azar w [Hindi, = schwarze Krankheit], *viscerale Leishmaniose, schwarze Krankheit, Dum-Dum-Fieber,* Erkrankung des Menschen durch den parasit. Flagellaten *Leishmania donovani.* An der Stichstelle der Phlebotomen (Mücken), die die Krankheit übertragen, entsteht oft eine Schwellung (Primäraffekt). Die Parasiten dringen dann in Immunzellen v. Milz, Leber u. Knochenmark ein u. führen zur Vergrößerung der Organe, zu Fieberanfällen, Mangel an roten u. weißen Blutzellen u. Schwarzfärbung der Haut; ohne Behandlung oft tödlich. Reservoirwirte sind Nagetiere u. Hund; Verbreitung S-Rußland, China, Mongolei, Mittelmeergebiet, trop. Afrika, S-Amerika.
Kalabarbohne ↗ Hülsenfrüchtler.
Kalabasse w [v. span. calabaza = Kürbis], ↗ Kürbisgewächse.
Kalan, der ↗ Meerotter.
Kalanchoë w [chin.], Gatt. der ↗ Dickblattgewächse.
Kalb, Bez. für das junge, noch nicht geschlechtsreife Hausrind bis zum 1. Lebensjahr, auch für die Jungtiere anderer Huftiere, wie Hirsch, Elch, Antilope, Giraffe u. a., auch Wal.
Kälberauge, *Coenonympha pamphilus,* ↗ Augenfalter.
Kälberdiphtheroid, *Kälberdiphtherie,* Erkrankung bei jungen Kälbern, hervorgerufen durch ↗ *Fusobacterium necrophorum;* Maul- u. Rachenentzündungen mit diphtherieähnl. Belägen, meist tödlich.
Kälberkropf, *Chaerophyllum,* Gatt. der Doldenblütler. Bei uns u. a. heimisch ist der Berg-K. *(C. hirsutum),* mit 3fach gefiederten Blättern u. gewimperten Kron- u. Hüllchenblättern; in Bergauenwäldern u. Staudenfluren; Nährstoffzeiger. Der Hecken-K. *(C. temulum)* hat Blätter mit Fiedern 2. Ord., Stengel rot gefleckt, unter den Knoten verdickt; v. a. in Auenlandschaften; Stickstoffzeiger; enthält *Chaerophyllin* (Gift).
Kälberpneumonie w [v. gr. pneumonia = Lungenkrankheit], bei Kälbern seuchenart. auftretende Lungen- u. Brustfellentzündung, verursacht durch versch. Bakterien.
Kalbfisch, Handelsbez. für den Heringshai, ↗ Makrelenhaie.
Kalebassenbaum [v. span. calabaza = Kürbis], *Crescentia cujete,* ↗ Bignoniaceae.

Kali s [*kali-], Bez. für Kalisalze, Kalidüngemittel od. Ätzkali (Kalilauge, Kaliumhydroxid).
Kaliammonsalpeter m [v. *kali-], Mischdünger aus ↗ Ammoniumnitrat und Kaliumchlorid (↗ Kalidünger) mit 16% N und 28% K_2O.
Kalidünger [Mz.; v. *kali-], *Kalidüngemittel, K-Dünger,* Gruppe v. ↗ Düngern (T), die das Nährstoffelement ↗ Kalium in Form aufnehmbarer K^+-Kationen enthalten od. diese nach Umsetzung liefern. K. werden durch Vermahlung u. Abtrennung v. Begleitstoffen aus Kali(roh)salzen (natürl. Mineralien aus dem Wasser früherer Ozeane) gewonnen u. kommen sowohl als Einzeldünger als auch als Bestandteil v. Voll- u. Mehrnährstoffdüngern in den Handel.
Kalimagnesia w [v. *kali-], *Kaliummagnesiumsulfat, schwefelsaure Kalimagnesia, Patentkali,* $K_2SO_4 \cdot MgSO_4$, Kali-Magnesium-↗ Dünger mit 22% K_2O und 8% MgO, der im Frühjahr u. Herbst als Spezialdünger auf mittleren u. schweren bis moorigen Böden dient.
Kalipflanzen [v. *kali-], obligate od. fakultative ↗ Halophyten bes. kaliumreicher Salzböden (z. B. Kali-Salzkraut, *Salsola kali).* Abweichend davon wird der Ausdruck in der Landw. für Pflanzen mit bes. hohem Kaliumbedarf verwendet.
Kalisalpeter m [v. *kali-], das ↗ Kaliumnitrat.
Kalium s [*kalium-], chem. Zeichen K, chem. Element (Alkalimetall), das in der Natur (Kalisalzlagerstätten, gelöst in Meerwasser, extra- u. intrazellulär in allen Organismen) ausschl. als K-Kation (K^+) vorkommt. K^+ ist das quantitativ wichtigste intrazelluläre Kation (↗ Elektrolyte, ☐). Als lebensnotwend. Mineralstoff ist es außer zur Osmoregulation u. zur Aktivität vieler Enzyme bes. zum Aufbau v. ↗ Membranpotentialen (↗ Aktionspotential) mit Hilfe der Natrium-Kalium-ATPase essentiell (↗ essentielle Nahrungsbestandteile) u. ermöglicht damit eine Vielzahl molekularer Transportprozesse an den Membranen (↗ aktiver Transport, ☐) u. speziell die ↗ Erregungsleitung der ↗ Nervenzellen (B). Dem Menschen werden bei normaler ↗ Ernährung tägl. ca. 4 g K^+ zugeführt; der Umsatz pro Tag beträgt weniger (ca. 2,5 g), da die Resorption im Darm oft unvollständig ist. K.mangel äußert sich in Muskelschwäche u. Lethargie.
Kalium-Argon-Methode w [v. *kalium-, gr. argos = träge], ↗ Geochronologie (T).
Kaliumcyanid s [v. *kalium-], *Cyankali,* ↗ Cyanide.
Kaliumnitrat s [v. *kalium-], *Kalisalpeter,*

Kaliumnitrat

kali-, kalium- [v. arab. al-qalīy = salzhaltige Asche der Salicornia, Soda].

Kalidünger
Verwendung finden K. hpts. auf der Basis v. Kaliumchlorid, bes. *40er Kali* und *50er Kali* (K_2O-Gehalt 37 bzw. 47%); der Einsatz v. ↗ *Kainit* ist v. untergeordneter Bedeutung. In Spezialfällen werden ↗ *Kaliumsulfat* (für chloridempfindl. Kulturen), ↗ *Kaliumnitrat* (für phosphatreiche Böden) u. ↗ *Kalimagnesia* eingesetzt. K., deren Anwendung, verglichen mit der Stickstoff- u. Phosphat-Düngung, relativ unproblemat. ist, sind überwiegend wasserlösl. Salze u. daher sofort wirksam. Sie liegen nach Adsorption an die natürl. Kationenaustauscher im Boden in locker gebundener u. daher für Pflanzen gut verfügbarer Form vor.

Bei K vermißte Stichwörter suche man auch unter C und Z.

Kaliumphosphate

kali-, kalium- [v. arab. al-qalīy = salzhaltige Asche der Salicornia, Soda].

Kalk

Man unterscheidet: a) *K.mineralien* (mit deutl. ausgeprägten Kristallformen) wie *Calcit (K.spat),* die stabilste u. häufigste Kristallform des K.s, *Doppelspat, Aragonit,* der hpts. Baustein v. Perlen, Perlmutter u. Steinkorallen, u. *Vaterit,* der z. B. in Gallensteinen vorkommt; b) *K.-steine,* z. B. Marmor, K.schiefer, Mergel, Kreide, Tropfsteine, K.tuff (Travertin), v. denen viele reich an ⤻ Fossilien sind. K. gehört zu den wichtigsten, vielseitigsten u. mengenmäßig am häufigsten techn. verwendeten Materialien u. dient u. a. als Baumaterial, ⤻ Dünger (⤻ K.dünger), zur Herstellung v. Beton, Carbid, Glas, Kitten, Kunststeinen, Mörtel, Putzmitteln, Tonwaren, Zahnpflegemitteln, Zement usw. – Als *gebrannten K.* (Brannt-K., Ätz-K.) bezeichnet man Calciumoxid (CaO), *gelöschter K.* (Lösch-K.) ist Calciumhydroxid ($Ca(OH)_2$).

Felsensalz, KNO_3, findet mannigfalt. Verwendung, z. B. zur Herstellung v. Schwarzpulver, Feuerwerkskörpern, zu Kältemischungen u. Pökelsalzmischungen sowie als Stickstoff-Kalium-⤻ Dünger zur Düngung phosphatreicher Böden, jedoch aufgrund der Gefährlichkeit (Sprengpulver) u. des ungünst. Nährstoffverhältnisses (13% N, 38% K) nur in sehr begrenztem Umfang.

Kaliumphosphate [Mz.; v. *kalium-], die aus K^+-Kationen u. Phosphat-Anionen aufgebauten Salze, z. B. KH_2PO_4 *(Kaliumdihydrogenphosphat, primäres K., Kaliumbiphosphat),* ein Düngemittel; K_2HPO_4 *(Dikaliumhydrogenphosphat, sekundäres K.);* K_3PO_4 *(Trikaliumphosphat, tertiäres K.),* bedeutend in der Waschmittel-Ind.; $K_4P_2O_7 \cdot 3H_2O$ *(Kaliumdiphosphat, Kaliumpyrophosphat).*

Kaliumsulfat *s* [v. *kalium-], K_2SO_4, dient u. a. zur Herstellung anderer Kaliumverbindungen, zur Weinstein- u. Weinsäurereinigung, zu Mineralwässern, als Kochsalzersatz in diätet. Nahrungsmitteln u. als spezieller ⤻ Kalidünger für chloridempfindl. Kulturen wie Reben, Hopfen, feine Gemüse u. a.

Kalk *m* [v. lat. calx, Gen. calcis = Kalkstein], *kohlensaurer Kalk, Calciumcarbonat,* $CaCO_3$, zu den verbreitetsten Mineralien der Erde gehörendes, in verschiedenen Ausprägungen, mit wechselnden Beimischungen, Farben, Härtegraden, Kristallformen usw. auftretendes, in Wasser prakt. unlösl. Salz. Wesentl. beteiligt an der Entstehung von K.schichten waren die k.haltigen Mineralskelette mariner Organismen, die nach deren Tod auf dem Meeresboden sedimentierten. Hierzu zählen v. a. die K.bestandteile der K.algen (⤻ Haptophyceae), aus denen ganze Gebirgsstöcke der Alpen aufgebaut sind, die aus Calcit aufgebauten ⤻ Coccolithen der ⤻ K.flagellaten, die K.schalen der ⤻ Foraminifera (⤻ Nummuliten im Pariser Becken), ⤻ Brachiopoden u. ⤻ Weichtiere (Schnecken, Muscheln, Muschel-K., Perlen), die K.skelette der ⤻ Stachelhäuter, die K.nadelskelette der ⤻ K.schwämme u. die K.außenskelette der ⤻ Steinkorallen. Einige ⤻ Cyanobakterien vermögen K.gestein aufzulösen, bei anderen lagert sich K. in ihren Gallertscheiden ab, was im Süßwasser zur Bildung v. Seekreide u. K.tuff, im Gezeitenbereich warmer Meere zur Ablagerung geschichteter K.krusten (Stromatolithe) führt. Auch in k.reichen Bächen u. Wasserfällen lebende Moose tragen zur Bildung v. K.tuffen bei. Häufig sind die K.ablagerungen eine Folge der CO_2-Aufnahme autotropher Pflanzen. Durch Entzug von CO_2 aus dem Wasser bei der Photosynthese tritt an die Stelle des im Quellwasser enthaltenen gut löslichen Calciumbicarbonats (Calciumhydrogencarbonat, $Ca(HCO_3)_2$) das schwerlösliche Calciumcarbonat ($CaCO_3$): $Ca(HCO_3)_2 \rightarrow CaCO_3 + H_2O + CO_2$ (⤻ Entkalkung). Dieses lagert sich in Form v. Calcitkriställchen auf den Pflanzen ab. K. bildet einen wicht. Bestandteil des Bodens (⤻ Bodenentwicklung, ⤻ K.verwitterung). K. dient vielen Organismen nicht nur als Gerüstsubstanz für Exoskelette, Skelette (auch die Mineralsubstanz der ⤻ Knochen enthält K.), Schalen u. Panzer od. bei ⤻ Krebstieren zur zusätzl. Versteifung der Chitincuticula, sondern kommt z. B. auch in den k.gefüllten Darmtaschen (K.säckchen, Chylustaschen) v. Regenwürmern u. den k.haltigen ⤻ Statolithen vor. Bei Blütenpflanzen kennt man K.einlagerungen in den Zellwänden v. Haaren der Kürbis- u. Rauhblattgewächse u. in den Fruchtwänden des „Steinsamen", wodurch diese „steinhart" werden. Manche Pflanzen lagern K. in ⤻ Cystolithen-Zellen ab; die K.krusten z. B. an den Blattspitzen v. Steinbrecharten sind eine Folge der Ausscheidung nicht benötigter Mineralstoffe; gelegentl. wird in der Zelle überschüssiges Ca^{2+} (⤻ Calcium) nicht nur als Calciumoxalat, sondern auch in Form v. Calciumcarbonat „aus dem Verkehr gezogen". Krankhafte Ablagerungen von K. bezeichnet man als ⤻ Calcinosen. ⤻ Calcium. [B] Hohltiere II, [B] Schwämme. *E. F.*

Kalkalgen, die ⤻ Haptophyceae.

Kalkammonsalpeter, für alle Böden geeigneter, rasch wirkender, bei allen Pflanzen anwendbarer ⤻ Dünger (26–28% N, 22% Kalk). Durch den Kalkzusatz wird das in K. enthaltene, in reiner Form explosive ⤻ Ammoniumnitrat völlig ungefährlich.

Kalkanreicherungshorizont, *Calciumhorizont, Ca-Horizont,* durch Prozesse der Carbonatisierung mit Calciumcarbonat ($CaCO_3$) angereicherter ⤻ Bodenhorizont ([T]); ⤻ Bodenentwicklung.

Kalkbeinmilbe, Fußmilbe, *Cnemidocoptes mutans,* Vertreter der *Sarcoptiformes;* befällt bes. Hausgeflügel, bei dem sie v. den Oberhautzellen, Talgdrüsenabsonderungen u. Lymphsekreten lebt; Hornzellen u. Absonderungen verbacken zu einem harten Schorf *(Kalkbeinigkeit).*

Kalk-Buchenwälder, 1) *frische K.,* ⤻ Lathyro-Fagetum; 2) *trockene K.,* ⤻ Cephalanthero-Fagion.

Kalkdrüsen, 1) kalkausscheidende Vorderdarmdrüsen nicht sicher bekannter Funktion bei manchen Oligochaeten, so unseren Regenwürmern. Die K. bestehen aus drei Paaren taschenart. Ausstülpungen beidseits des Oesophagus, deren Wände v. Blutsinus durchzogen sind. Aus ihnen wird Calciumcarbonat in das Drüsenlumen

Wichtige Kalkdünger

Dünger	Formel des Kalkanteils (Anteil am Dünger)	Kalkwirkung in % CaO	Eigenschaften
Kohlensaurer Kalk (Mergel)	$CaCO_3$ (75–95%)	42–53	weißl., z. T. dunkelgrau langsam wirkend
Kohlensaurer Magnesiumkalk	$CaCO_3$ (60–80%) $MgCO_3$ (15–40%)		
Branntkalk	CaO (65–95%)	65–95	weißl., nach Wasserzusatz heiß u. ätzend, schnell wirkend
Magnesium-Branntkalk	CaO (50–80%) MgO (15–22%)		
Löschkalk	$Ca(OH)_2$ (80–93%)	60–70	weißl., ätzend schnell wirkend
Magnesium-Löschkalk	$Ca(OH)_2$ $Mg(OH)_2$ > 15% MgO		
Hüttenkalk	etwa Ca_2SiO_4 (75%)	40–50	grau, sehr langsam wirkend

sezerniert u. über den Darm mit dem Kot ausgeschieden, vermutl. zum Zwecke der pH- und CO_2-Regulation in Blut u. Coelomflüssigkeit. 2) i. w. S. kalksezernierende Drüsenepithelien, so die dem Röhrenbau dienenden Drüsen im Kragen mancher Polychaeten (Serpuliden) u. die Schalendrüsen der Weichtiere sowie im Eileiter v. Reptilien u. Vögeln.

Kalkdünger, *Kalkdüngemittel,* aus natürl. Calciumcarbonaten (↗ Calcium, ↗ Kalk) zusammengesetzte, bas. wirksame ↗ Dünger (T). Da der Kalkgehalt die physikal. Eigenschaften u. den pH-Wert der Böden beeinflußt (↗ Bodenentwicklung), dienen K. v. a. der Erhöhung des pH-Wertes v. Böden bei zu niedrigen pH-Werten. Grundlage für die Bewertung der K. ist ihr Gehalt an bas. wirksamen Stoffen, zusammengefaßt in der Bezugsbasis CaO (vgl. Tab.). Neben den K.n finden zahlr. kalkhalt. Dünger Verwendung, z. B. ↗ Kalkammonsalpeter, ↗ Kalkstickstoff, Stickstoffkalkphosphat u. Kalkammonphosphat.

Kalkfelsspaltengesellschaften, *Potentilletalia caulescentis,* Ord. der ↗ Asplenietea rupestria.

Kalkflagellaten [Mz.], *Coccolithales, Coccolithophorida, Coccosphaera,* Ord. der *Haptophyceae;* zweigeißelige Flagellaten mit bräunl. Plastiden, deren Zellen mit Calcitplättchen artspezif. Form (↗ Coccolithen, □) bedeckt sind. Die ca. 200 Arten kommen vorwiegend im Plankton wärmerer Meere vor (vgl. Tab.); sie haben großen Anteil an der Primärproduktion (bis zu 30 Mill. pro Liter). Fossile K. aus dem Jura bilden Kalksedimente (Schreibkreide). Der Lebenszyklus der K. ist z. T. sehr kompliziert bzw. noch nicht aufgeklärt. *Hymenomonas* z. B. durchläuft einen heterophas., heteromorphen Generationswechsel mit einem fädigen Sporophyten (Apistonema-Phase) u. dem monadalen Gametophyten (Hymenomonas-Phase).

Kalkflieher, die ↗ Kalkmeider.

Kalkholde, die ↗ Kalkpflanzen.

Kalk-Kali-Gesetz, besagt, daß in der Ernährungsphysiologie der Pflanzen ein bestimmtes Mengenverhältnis v. Kalium- u. Calciumionen in der Bodenlösung vorhanden sein muß; ein Mangel an Calcium (od. Magnesium u. Natriumionen) wirkt auf die Pflanzenzelle schädlich.

Kalk-Kiefernwälder, die ↗ Erico-Pinetea.

Kalk-Magerrasen, die ↗ Festuco-Brometea.

Kalkmeider, *Kalkflieher, calcifuge Pflanzen,* Bez. für Pflanzen, die niemals auf kalkhalt. Böden vorkommen. Neben direkter Empfindlichkeit gg. Calcium- bzw. Hydrogencarbonat-Ionen spielen dafür häufig indirekte Ursachen eine ausschlaggebende Rolle, z. B. die vom pH-Wert abhängige Fähigkeit zur Eisenaufnahme, das Fehlen geeigneter Mykorrhiza-Pilze, die größere Wasserdurchlässigkeit u. Trockenheit v. Kalkböden usw. ↗ Kieselpflanzen.

Kalkpflanzen, *Kalkholde,* Pflanzen, die überwiegend od. ausschl. auf kalkhalt. Boden vorkommen. Da der Kalkgehalt viele physikal. und chem. Faktoren des Bodens beeinflußt, sind die Ursachen der Kalkabhängigkeit meist indirekter Natur (↗ Kalkmeider). Während kalkholde Arten vorwiegend auf Kalkböden vorkommen, bleiben *kalkstete* Pflanzen ausschl. auf solche Böden beschränkt u. können deshalb als *Kalkzeiger* verwendet werden. T Bodenzeiger.

Kalkquellfluren ↗ Cratoneurion commutati.

Kalksalpeter, schnell wirkender, stark hygroskop. Salpeter-↗ Dünger (T), enthält 82% Calciumnitrat, $Ca(NO_3)_2$, und 5% ↗ Ammoniumnitrat. Calciumnitrat bildet sich häufig als weiße Kruste in Viehställen (*Mauersalpeter,* ↗ Ammoniak): Das aus Harnstoff u. beim Abbau v. Proteinen freiwerdende NH_3 wird v. Nitrit- u. Nitratbakterien zu Salpetersäure oxidiert, die sich sofort mit dem Kalk zu Calciumnitrat umsetzt.

Kalkschieferschuttgesellschaft ↗ Drabetalia hoppeanae.

Kalkschneebodengesellschaften, *Arabidetalia coeruleae,* Ord. der ↗ Salicetea herbaceae. [rotundifolii].

Kalkschuttgesellschaften ↗ Thlaspietalia

Kalkflagellaten

Die ca. 12 Arten der Gattung *Coccolithus* besitzen durchbohrte Coccolithen *(Tremalithen); C. huxleyi* ist einer der wichtigsten Primärproduzenten in wärmeren Meeren; in kühleren Meeren ist *C. pelagicus* häufig. Die Coccolithen der ca. 18 Arten der Gatt. *Syracosphaera* sind nicht durchbrochen *(Discolithen).* Im Süß-, Brack- u. Meerwasser ist die Gatt. *Hymenomonas* verbreitet. Weitere Gatt. sind *Pontosphaera* mit ca. 20 Arten im Phytoplankton wärmerer Meere vorkommt, sowie *Rhabdosphaera,* deren ca. 10 Arten charakterist. beulenart., durchbohrte Coccolithen *(Rhabdolithen)* tragen.

Kalkschwämme

Ordnungen und wichtige Familien:
↗ Heterocoela
  ↗ Amphoriscidae
  ↗ Grantiidae
  ↗ Sycettidae
↗ Homocoela
  ↗ Clathrinidae
  ↗ Leucosoleniidae
↗ Pharetronida
  ↗ Minchinellidae
  ↗ Murrayonidae

Kalkschwämme, *Calcarea, Calcispongiae,* Klasse der Schwämme mit 3 Ord. (vgl. Tab.); Skelett aus Kalknadeln von v. a. dem urspr. Dreistrahlertyp, deren Achsen Winkel von 120° bilden; abgewandelt treten Vier- od. auch Einstrahler auf. Die Nadeln liegen isoliert im Gewebe, mit Ausnahme der *Pharetronida,* bei denen sie verschmelzen. Ascon-, Sycon- u. Leucontyp. Viele urspr. Merkmale. Mehrzahl der Arten klein, nur ausnahmsweise Längen bis 15 cm. Bewohner des Flachwassers, wo sie auf fester Unterlage aufsitzen. B Schwämme.

Bei K vermißte Stichwörter suche man auch unter C und Z.

Kalkstein

Kalkstein ↗ Kalk.

Kalkstickstoff, *Calciumcyanamid*, $CaCN_2$, gift. Stickstoff- u. Kalkdüngemittel ([T] Dünger) mit gleichzeit. Wirkung als Pflanzenschutzmittel durch herbizide u. fungizide Eigenschaften. Im Boden reagiert $CaCN_2$ mit Wasser zunächst zu $Ca(OH)_2$ u. Cyanamid, aus dem durch eine weitere Reaktion mit Wasser Carbamid entsteht. Dieses wird mikrobiell zu $CaCO_3$ und NH_3 abgebaut. Die herbizide Wirkung von K. beruht auf der Umsetzung zu Cyanamid, das für alle Pflanzen toxisch ist, so daß bei Anwendung von K. Kulturpflanzen erst nach entspr. Wartezeit gesät od. gepflanzt werden sollten. Durch die Entwicklung spezif. wirkender Herbizide hat K. heute an Bedeutung verloren. K. reizt die Schleimhäute, wirkt ätzend u. schwellend auf die Haut u. führt beim Einatmen, bes. zus. mit Alkoholkonsum, zu Schwindel, Blutdruckabfall u. Atemnot bis zum Kreislaufkollaps (*Kalkstickstoff-Krankheit*).

Kalkuttahanf ↗ Corchorus.

Kalkverwitterung, *Carbonatverwitterung*, Prozeß der ↗ Bodenentwicklung, bei dem Kalk gelöst u. mit dem Grund- od. Hangzugwasser aus dem Boden wegbefördert wird. Die damit verbundene Entkalkung bzw. *Calciumauswaschung* beginnt also im Oberboden. Im Unterboden od. in tieferliegenden benachbarten Böden kann sich Kalk anreichern. Niedere Temp. u. Säuren (aus Pflanzenwurzeln od. Niederschlägen) beschleunigen die Entkalkung. Da Kalk basisch wirkt, versauert der Boden mit zunehmender Kalkauswaschung.

Kalkzeiger ↗ Kalkpflanzen, [T] Bodenzeiger.

Kallidin *s* [v. gr. kallos = Schönheit], ↗ Bradykinin.

Kallikreïn *s* [v. gr. kallikreas = schönes Fleisch], ↗ Plasmakinine, ↗ Bradykinin.

Kallima *w* [v. gr. kallimos = schön], Gatt. der Fleckenfalter, ↗ Blattfalter.

Kallose *w* [v. lat. callosus = schwielig, verhärtet], wasserunlösl., celluloseähnliches Polysaccharid, das die Poren der Siebplatten (↗ Leitbündel) bei Höheren Pflanzen im Herbst (winterl. Vegetationsruhe) verschließt; kann im Frühjahr wieder aufgelöst werden.

Kallus *m* [v. lat. callus = Schwiele], **1)** Bot.: Bez. für pflanzl. Wund- u. Vernarbungsgewebe, das als Gewebewulst durch starke Vermehrung aller an der Wundfläche grenzenden, lebenden Zellen, bes. aber der Kambiumzellen entsteht. Nach außen schützt sich das K.gewebe durch alsbaldige Ausbildung eines Korkkambiums in der Peripherie. Größere Wunden werden überwallt, wie z. B. Abbruchstellen v. Ästen, ausgedehnte Wunden, die am Stamm bis zum Holzkörper reichen. K.gewebe bildet sich auch bei Pfropfungen zur Veredelung an der Verwachsungsstelle zw. Reis u. Unterlage. Aus K.gewebe können neue Sproß- u. Wurzelanlagen gebildet werden, wie abgesägte Pappeln u. Weiden häufig demonstrieren. **2)** Medizin: *Callus*, Knochenkeimgewebe, das nach Knochenbrüchen die Bruchlücke ausfüllt; ist zunächst unverkalkt u. wird erst durch Kalkeinlagerung fest.

Gemeiner Kalmar
(*Loligo vulgaris*)

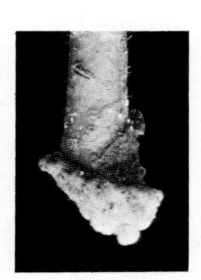

Kallus-Gewebe an einer Wurzel

Kalmus
Echter K. (*Acorus calamus*) mit Blütenkolben. Aus dem Rhizom werden auch Heilmittel gewonnen.

Kalmare [Mz.; v. mlat. calamarium = Tintenfaß, über frz. calmar], *Teuthoidea*, Ord. der Kopffüßer (U.-Kl. *Coleoidea*), mit meist gestrecktem, pfriemförmig zugespitztem Rumpf, der um Muskelmantel umschlossen wird u. seitl., oft dreieckige, muskulöse Hautsäume („Flossen") trägt; auffällig große Augen ermöglichen den carnivoren Tieren Orientierung u. Beutefang; die 8 Arme u. die 2 weit ausstreckbaren Fangarme sind mit gestielten Saugnäpfen besetzt, aus denen sich bei einigen Gruppen Haken entwickelt haben. Die Schale ist bis auf den elast., federförm. Gladius reduziert. Die K. sind überwiegend pelagisch, leben auch in größeren Tiefen u. haben dann oft Leuchtorgane. Die etwa 320 Arten werden zu 25 Fam. u. diese nach dem Augentyp in die U.-Ord. ↗ *Myopsida* u. ↗ *Oegopsida* geordnet. Die ↗ Riesen-K. sind die größten rezenten Wirbellosen. Als K. i. e. S. werden die *Loligo*-Arten (*Myopsida*, Fam. *Loliginidae*) bezeichnet. An den eur. Küsten leben die Nordischen K. (*L. forbesi*, bis 75 cm lang), zeitweise in Schwärmen, die Fische jagen, sowie die Gemeinen K. (*L. vulgaris*, bis 50 cm), die im Sommer bis in die westl. Ostsee wandern. Die Eier werden in gallert. Schläuchen am Boden festgeheftet. Alle Arten sind eßbar, die Langflossen- u. Nordamerikanischen K. (*L. pealei*) werden in großen Mengen gefangen (1980 etwa 24 000 t). [B] Kopffüßer.

Kalmus *m* [v. gr. kalamos = Rohr, Schilf], *Acorus*, Gatt. der Aronstabgewächse. *A. calamus*, der Echte K., stammt aus Asien, ist heute aber über die gesamte Nordhalbkugel verbreitet u. auch in Mitteleuropa verwildert (zerstreut, oft steril, in Röhrichtbeständen) zu finden. Der K. ist eine Rhizompflanze mit schwertlilienart. Blättern u. dreikant. Stengel mit scheinbar seitenständ. Blütenstandskolben; die Blüten sind monoklin u. besitzen eine Blütenhülle.

Bei K vermißte Stichwörter suche man auch unter C und Z.

Die stärkereichen Rhizome enthalten äther. Öl *(K.öl)*, das zur Parfüm- u. Likörherstellung (Magenbitter) genutzt wird.

Kalong *m* [javanisch], *Pteropus vampyrus*, ↗Flughunde.

Kalorie *w* [v. lat. calor = Wärme], Kurzzeichen cal, gesetzl. nicht mehr zuläss. Einheit der ↗Energie.

Kalorienwert, der ↗Brennwert.

Kalorimetrie *w* [v. lat. calor = Wärme, gr. metran = messen], Messung v. Wärmemengen, z. B. Kalorien-(Joule-)Gehalt v. Nahrungsmitteln, Wärmetönung chem. Vorgänge u. spezif. Wärme v. Stoffen. Die Durchführung erfolgt in einem *Kalorimeter*, in dem ein Wärmeaustausch mit der Umgebung weitgehend ausgeschaltet ist, od. in einer *kalorimetr. Bombe*. In der Tierphysiologie dient die K. zur Bestimmung des ↗Energieumsatzes u. damit der Stoffwechselintensität eines Tieres.

kalorisches Äquivalent *s* [v. lat. calor = Wärme, aequivalens = gleichwertig], allg. Energieäquivalent, die Anzahl von Kalorien (bzw. Joule), die bei der Aufnahme von 1 l Sauerstoff für den Abbau v. Kohlenhydraten, Fetten u. Proteinen freigesetzt werden, beträgt im Durchschnitt etwa 4800 cal/l O_2 (≈ 20 kJ/l O_2). ↗Brennwert.

Kalotermes *m* [v. gr. kalos = schön, terma = Ende], Gatt. der ↗Termiten.

Kaloula, Gatt. der ↗Engmaulfrösche.

Kaltblut, *Kaltblutpferde,* Pferdeschläge, die sich v. a. durch robusteren Körperbau, höheres Körpergewicht u. ruhigeres Temperament v. den *Voll-* u. *Halbblut*-Pferden (Ggs.) unterscheiden u. deshalb für die Landarbeit (z. B. als Zugpferde) bes. geeignet waren. In Dtl. z. B.: Rhein.-Dt. K., Schleswiger, Pinzgauer, Oberländer, Süddt. K. Die K.pferde stammen wahrscheinl. v. einer im Altertum ausgestorbenen U.-Art des Wildpferdes, dem Westpferd *(Equus przewalskii robustus)*, ab.

Kaltblüter, volkstüml. Bez. für wechselwarme Tiere; ↗Poikilothermie.

Kälteadaptation, *Kälteanpassung,* ↗Temperaturregulation, ↗Überwinterung.

Kälteinseln ↗Klimainseln.

Kältekonservierung ↗Konservierung.

Kältepunkte, *Kaltpunkte,* ↗Thermorezeptoren, ↗Temperaturregulation; [T] Haut.

Kälteresistenz *w* [v. lat. resistentia = Widerstand], *Kältetoleranz,* Fähigkeit v. Organismen, niedr. Temp. ohne nachhalt. Schäden zu überstehen; man unterscheidet zw. Abkühlungsresistenz (↗Erkältung) und eigtl. ↗Frostresistenz. ↗Erfrieren.

Kälterezeptoren [v. lat. recipere = aufnehmen], ↗Thermorezeptoren, ↗Temperaturregulation.

kaltes Leuchten, *kaltes Licht,* ↗Biolumineszenz, ↗Leuchtorganismen.

Kalorimetrie
1 Rührkalorimeter, 2 kalorimetrische Bombe. 3 Eiskalorimeter: In der ursprünglichen, v. Lavoisier u. Laplace 1780 konstruierten Versuchsanordnung (Abb.) sitzt das Tier in einem luftdurchströmten Gefäß, dessen gut wärmeleitende Wände v. einer Eisschicht umgeben sind. Die Eisschicht ist nach außen sorgfältig isoliert. Die vom Tier abgegebene Wärme führt zum Schmelzen einer ihr direkt proportionalen Menge Eis. Kennt man die Schmelzwärme des Wassers, so kann der Energieumsatz direkt in Joule (früher Kalorien) pro Zeiteinheit angegeben werden. Neuere Kalorimeter sind komplizierter gebaut. Die Wärmeabgabe wird nicht mehr über die geschmolzene Menge Wasser berechnet, sondern direkt mit hochempfindl. Thermoelementen gemessen. Damit kann auch die kühle Eisumgebung vermieden werden, die das Versuchstier natürl. zur Wärmeregulation veranlaßt, was u. U. die Meßergebnisse für den Grundstoffwechsel verfälscht. Insgesamt erschließt die direkte K. Meßbereiche, die zw. Mikrojoule u. Megajoule liegen. Neben der Wärmeproduktion von z. B. Kühen können mittels geeigneter Kalorimeter auch die Wärmemengen gemessen werden, die v. Froschnerven in ½-Sekunden-Intervallen produziert werden.

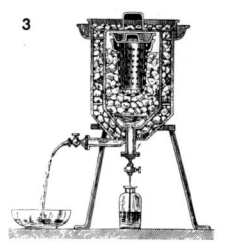

Kältestarre, reversible Abnahme der Lebensfunktionen bei Pflanzen u. poikilothermen Tieren bei erhebl. Erniedrigung der normalen Temp., z. B. Einstellen der Plasma- u. Muskelbewegung bes. im Winter; kann bei weiterer Temp.-Senkung direkt zum ↗Kältetod führen. ↗Erfrieren, ↗Überwinterung.

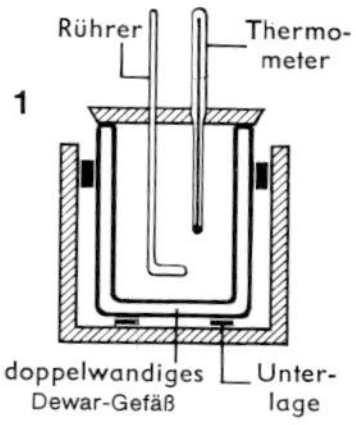

Kältetod, das Absterben der Lebewesen bei niedrigen Temp., gewöhnl. wenige Grade unter 0° C, infolge intrazellulärer Eiskristallbildung, mechan. Wirkungen des Gefrierens u. Auftauens extrazellulären Eises od. Änderung der osmot. Verhältnisse durch den Wasserentzug. ↗Erfrieren, ↗Frostresistenz, ↗Kälteresistenz, ↗Winterschlaf.

Kältezittern, unwillkürliche tonische od. rhythmische Muskelaktivität bei stärkerem Temp.-Abfall. Bei Warmblütern (↗Homoiothermie) zieht v. den zentralen Schaltstellen der ↗Temperaturregulation die sog. Zentrale Zitterbahn zu den Kerngebieten des motor. Systems, die das K. auslösen u. aufrechterhalten. Das K. ist unökonomisch, da neben der Wärmeproduktion die konvektiven Wärmeverluste zunehmen; außerdem stört es die Willkürbewegungen. K. kommt nicht nur bei homoiothermen Organismen vor, sondern auch bei Insekten, z. B. den Bienen.

kaltstenotherme Formen [v. gr. stenos = eng, thermos = warm], Organismen, die an niedere Temp. gebunden sind, z. B. Quellbewohner; ↗Eiszeitrelikte. [B] Temperatur (als Umweltfaktor).

Kaltzeit, *Glazial,* die ↗Eiszeit.

Kaluga, *Huso dauricus,* ↗Störe.

Kalyptorhynchia [Mz.; v. gr. kalyptos = verborgen, rhygchos = Rüssel], U.-Ord. der Strudelwürmer (Ord. *Neorhabdo-*

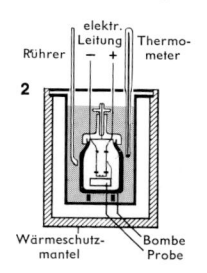

Bei K vermißte Stichwörter suche man auch unter C und Z.

Kambala

Kambium

Schema der Zellform des K.s (in der Abb. ist die Sproßachse waagerecht liegend zu denken): **1a** und **b** räumliche Wiedergabe der beiden häufigsten Zellformen; **2** tangentiale Breitseite und **3** Querschnitt einer K.zelle

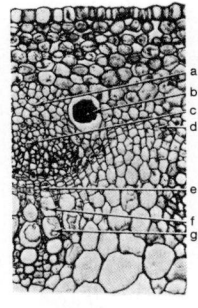

Kambium

K. im Stengel des Hornklees; a altes, funktionsuntüchtiges Phloëm, b Tanninzellen, c funktionstüchtiges, jüngeres Phloëm, d intrafaszikuläres und e faszikuläres Kambium, f und g noch unreife Tracheenglieder

Kambrium

Das kambrische System

495 Mill. Jahre vor heute		Trilobiten-Stufen (z. T. -Zonen)
KAMBRIUM	Ober-	Acerocare
		Peltura
		Leptoplastus
		Parabolina
		Olenus
	Mittel- Paradoxides	forchhammeri
		paradoxissimus
		oelandicus
	Unter-	Protoleniden-Strenuelliden
		Olenelliden
		ohne Trilobiten

530 Mill. Jahre vor heute

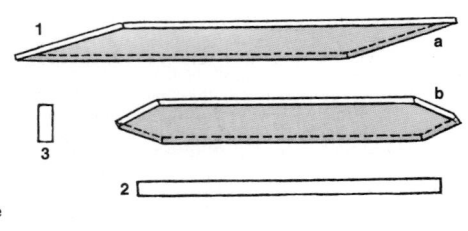

---

coela); durch einen ausstülpbaren, vom Darm unabhängigen Rüssel gekennzeichnet, der dem der Schnurwürmer ähnelt. Süßwasser u. marin, vorwiegend im Sandlückensystem. Bekannte Arten: *Cystiplana paradoxa, Cystiplex axi, Gyratrix hermaphroditus.*

Kambala [burmesisch], das ↗Irokoholz.

Kambiformzellen [Mz.; v. lat. cambiare = wechseln], Bez. für die Zellen zw. Sieb- u. Holzteil offener kollateraler Leitbündel, die sich vom nicht in Leitelemente umgewandelten Kambium ableiten, das seine Tätigkeit eingestellt hat. Die K. sind wie die Kambiumzellen langgestreckt u. zugespitzt, dünnwandig u. lebend.

Kambium *s* [v. lat. cambiare = wechseln], Teilungsgewebe (Meristem) v. deutl. geschichtetem Bau, das sich in älteren Abschnitten des Pflanzenkörpers der Nacktsamer, der zweikeimblättr. Bedecktsamer, einiger baumförm. Liliengewächse u. der fossilen baumförm. Bärlapp- u. Schachtelhalmgewächse befindet u. dort in dünnen, mehrschicht., meist zur Körperoberfläche parallelen Lagen zw. Verbänden v. ↗Dauergewebe eingeschoben ist. Das K. kann sich als Restmeristem vom Urmeristem des Vegetationskegels ableiten *(primäres K.)* od. als Folgemeristem ein sekundäres ↗Bindungsgewebe darstellen *(sekundäres K.).* Die Gestalt der K.zellen weicht erhebl. von derjen. der Urmeristemzellen ab. In der ↗Wurzel u. in der ↗Sproßachse sind sie schmal, langgestreckt u. an den Enden ein- od. doppelseitig abgeschrägt. Im ↗Kork-K. sind sie schmal u. in Tangential- u. Längsrichtung isodiametrisch. Ihre Anordnung in zur Oberfläche des Organs senkrecht orientierten Reihen rührt daher, daß die Zellen der ↗Initialschicht sich hpts. tangential, gelegentl. zur Umfangserweiterung radial teilen u. abwechselnd nach innen u. außen Deszendenten abgeben. Vom K. gehen das sekundäre ↗Dickenwachstum u. die Bildung v. ↗Kork aus. ↗Borke.

Kambrium *s* [ben. nach Cambria, röm. Name für N-Wales], *kambrisches System,* älteste Periode des Erdaltertums (↗Paläozoikum), Dauer ca. 35 Mill. Jahre. Der Name wurde erstmals v. Sedgwick (1833) für alle Schichten älter als der (devon.) Old-red-Sandstein verwendet. Nach Ausgliederung u. Herauslösung des Silurs durch Murchison (1835) u. Ordoviziums durch Lapworth (1879) verblieb der heutige Umfang des K.s. Die *stratigraphischen Grenzen* liegen derzeit noch nicht exakt fest. Gebietsweise wird die Untergrenze markiert durch die assyntische Orogenese (mit Diskordanz), faunistisch durch Erscheinen der Trilobiten *Olenellus, Holmia, Dolerolenus* od. *Fallotaspis,* oftmals unterlagert v. einem Trilobiten-freien Übergangsfeld. Eine int. Arbeitsgruppe entschied 1983, die Obergrenze an die Basis der Tremadoc-Serie zu legen, die in England traditionell dem K. zugeschlagen wurde (↗Ordovizium). *Leitfossilien* sind in erster Linie Trilobiten (21 Trilobiten-Zonen), hilfsweise auch z. B. Archaeocyathiden, Scyphozoen, Hyolithen, Brachiopoden. *Gesteine:* überwiegend Klastika (Tone, Sande, Sandsteine, Konglomerate), auch Carbonate u. Evaporite, Vulkanite. *Paläogeographie:* Auf der S-Halbkugel eine weitgehend geschlossene Landmasse (Gondwana), im N Teilschollen im Bereich des heutigen N-Amerika (Laurentia), Europa (Fennoskandia), Mittel- (Angaria) und O-Asien (Sinia), beide Hemisphären getrennt durch ein breites Mittelmeer (Prototethys), zw. N-Amerika u. Europa der Uratlantik (Iapetus, Kaledon. Geosynklinale). Ein schmaler unterkambr. Trog, Ausläufer der Kaledon. Geosynklinale, breitet sich über Mitteleuropa bis ins poln. Mittelgebirge aus; in veränderter Ausdehnung persistiert er bis ins Mittel-K. Deshalb sind Gesteine kambr. Alters in Dtl. selten u. auf wenige Punkte beschränkt, z. T. erbohrt: unteres K. in der Lausitz (nördl. Görlitz), mittleres K. in Niederlausitz (Doberlug) u. Frankenwald; oberes K. ist nicht nachgewiesen. Für einige Gesteinsfolgen in Sachsen, Thüringen, Fichtelgebirge u. Hohem Venn wird kambr. Alter vermutet. *Krustenbewegungen:* Das K. beginnt mit einer weltweiten Transgression, welche die bekannten Tröge verbindet. Auf eine kurze Regression noch im unteren K. folgt im mittleren K. der Höhepunkt der Transgression. Die „sardische" Faltungsphase führt zu erneutem Meeresrückzug; sie hinterließ in weiter Verbreitung Schichtlücken, die eine genaue Datierung der Phase erschweren, u. Zeugnisse vulkan. Tätigkeit. *Klima:* Die Entstehungsbedingungen mancher Sedimente lassen darauf schließen, daß nach der eokambr. Vereisung weithin gemäßigt-feuchtes Klima herrschte. Archaeocyathiden-Riffe des unteren K.s zeigen allgemeine Erwärmung an; auch salinare Ablagerungen, die ältestbekannten der Erdgeschichte überhaupt, weisen auf Temp.- und Trockenheitszunahme hin.

Die Lebewelt des Kambriums bildet einen schroffen Ggs. zum voraufgegangenen Präkambrium: Erstmals in der ↗Erdgeschichte ist eine so reiche fossile Lebewelt überliefert, um auf biostratigraphischer Grundlage zu gliedern. Bis auf eindeutige Wirbeltiere sind fast alle großen Tiergruppen des Meeres in über 900 Arten vertreten. Die Ursache für die plötzl. so viel günstigeren Fossilisationsbedingungen dürften in der Ausbildung widerstandsfähiger Skelette – vielleicht infolge erhöhten Sauerstoffgehalts der Luft – zu suchen sein. Die gepanzerten Trilobiten bilden 60, beschalte Brachiopoden 30% der Hinterlassenschaft. – Neben Foraminiferen u. Radiolarien existierten bereits Kalk- u. Kieselschwämme; ↗Archaeocyathinen bildeten weltweite Riffe im unteren K.; im mittleren K. blieben sie auf die Alte Welt beschränkt. Scyphozoen lagen in medusen- (Medusites) u. polypenartiger Form (↗Conulata) vor. Erste Korallen (↗Tabulata) vermutet man in den Auloporidae. „Würmer" verschiedener taxonom. Stellung hinterließen Kriechfährten u. Wohnbauten, in extrem feinen Sedimenten (z. B. Burgess-Schiefer in Kanada) sogar Abdrücke ihres Hautmuskelschlauchs. Die problemat. ↗Hyolithellidae werden heute als Bartwürmer (Pogonophora) gedeutet; das derzeit älteste Chitin stammt v. Hyolithellus. Bei den Brachiopoden überwogen noch die schloßlosen Inarticulata mit chitinophosphat. Schale; ihre häufigsten Vertreter waren die bis in die Ggw. ausdauernden Lingulida. Die wenigen Schloßträger besaßen noch sehr einfach gebaute Armgerüste (Billingsella u. a.). Bryozoen fehlen (bisher?). Formenreichste Gruppe der Gliederfüßer (Arthropoda), die auch schon durch Chelicerata u. Mandibulata repräsentiert waren, bildeten die z. T. bedeutende Größe erreichenden ↗Trilobitomorpha. Von einigen dieser „Straßenkehrer des Meeres" kennt man die Keimesentwicklung vom Ei ab. Schnecken hatten schon napfförmige (Scenella) u. trochospirale (Pleurotomaria) Formen entwickelt. Muscheln galten lange Zeit erst ab dem mittleren K. als sicher. Neuuntersuchungen an Exemplaren der nur 3 bis 10 mm langen Fordilla troyensis Barr. aus dem frühen Unter-K. zeigten, daß dies kein Arthropode, sondern die älteste Muschel ist. Umstritten bleibt der vielleicht älteste Kopffüßer Volborthella; ab dem oberen K. existieren jedoch echte Nautiliden (Plectronoceras). Alle kambr. Fossilien, die man derzeit in die Nähe der Chordaten rückt, sind entweder aus systemat. od. dokumentar. Gründen problematisch; aus dem ersten Grunde die ↗Calcichordata, ↗Conodonta u. ↗Graptolithen, aus dem zweiten Pteraspiden zugeschriebene Reste. Die Wahrscheinlichkeit kambr. Existenz v. Chordaten u. Vertebraten ist allerdings groß. Staunen erregt die oftmals hervorragende Überlieferung so alter Fossilien. –

Landpflanzen sind unbekannt; im Meer spielten kalkabscheidende Cyanobakterien die Rolle wicht. Gesteinsbildner.

Würde man die spärl. Indizien für die kambr. Pol-Lagen auf die heutige Topographie projizieren, so käme der Südpol in NW-Afrika u. der Nordpol im NW-Pazifik zu liegen. [B] Erdgeschichte. S. K.

Kamel [v. gr. kamēlos = Kamel (semit. Lehnwort)], Zweihöckriges K., Trampeltier, Camelus ferus; größte Art der ↗Kamele (Kopfrumpflänge 225–345 cm, Körperhöhe mit Höcker 190–230 cm). Die 2 Höcker unterscheiden das K. äußerl. vom einhöckrigen ↗Dromedar. Während das Dromedar ein Bewohner heißer Trockengebiete ist, kann das K. problemlos Temp.-Unterschiede von +50°C (Sommer) bis zu −27°C (Winter) ertragen. Das Wild-K. (C. f. ferus) lebt nur noch in kleinen Restbeständen, v. a. in der Wüste Gobi (Mongolei/China). – Im 4. oder 3. Jt. v. Chr. entstand das Haus-K. (C. f. bactrianus) in Mittelasien u. wurde danach als begehrtes Trag- u. Reittier über weite Teile Asiens verbreitet; auch Wolle, Milch u. Fleisch werden genutzt. Unter den Haus-K.en gibt es verschiedene Farbvarianten; die Höcker sind mächtiger als die der Wildform u. kippen daher oft seitl. über. Im heutigen Überschneidungsgebiet von Haus-K. u. Dromedar (Kleinasien) werden Mischlinge gezüchtet, die untereinander unfruchtbar sind. [B] Asien II, [B] Parasitismus II.

Kameldorn, Alhagi, Gattung der ↗Hülsenfrüchtler.

Kamele, Camelidae, einzige rezente Familie der zu den Paarhufern rechnenden Schwielensohler (U.-Ord. Tylopoda). Die paßgehenden K. treten mit den Sohlenflächen des letzten u. vorletzten Glieds ihrer mittleren Finger u. Zehen auf; diese sind durch dicke, federnde Schwielen gepolstert. K. sind Wiederkäuer mit einem viergeteilten Magen. Die Nasenlöcher der K. sind verschließbar; ihre Oberlippe ist gespalten. Als einzige Säugetiere haben die K. ovale Erythrocyten. Hervorragend sind ihre Anpassungen an Wassermangel u. Temp.-Schwankungen (↗Dromedar). – Urspr. Heimat der Schwielensohler war N-Amerika. Die eigtl. K. sind gg. Ende des Tertiärs (vor ca. 2 Mill. Jahren) nach Eurasien ausgewandert. Die Lamas gelangten erst im Pleistozän über die mittelam. Landbrücke nach S-Amerika. Die heute lebenden 4 Arten der K. (vgl. Tab.) sind auf Asien, N-Afrika u. S-Amerika beschränkt.

Kamele

Arten:
↗Kamel (Camelus ferus)
↗Dromedar (Camelus dromedarius)
↗Guanako (Lama guanicoë)
↗Vikunja (Lama vicugna)

1 Zweihöckriges Kamel, Trampeltier (Camelus ferus), 2 Einhöckriges Kamel, Dromedar (Camelus dromedarius); 3 Schnitt durch einen Kamelfuß

Kamelhaar, bei Textilien irreführende Bez. für das zur Wollverarbeitung genutzte Haar der Angoraziege (!); das Haar der Kamele wird aber auch zu Wolle verarbeitet.

Kamelhalsfliegen, Raphidoptera, Ord. der Insekten mit ca. 100, davon in Mitteleuropa ca. 10 bekannten Arten. Der Name bezieht sich auf die stark verlängerte, nach oben abgewinkelte Vorderbrust der 1 bis 2 cm langen, schlanken, meist schwarz gefärbten Tiere. Der rautenförm., seitl. abgeflachte Kopf trägt grünl. schimmernde, halbkugel. Komplexaugen; zw. ihnen sind die borstenförm., aus 35 bis 75 Gliedern bestehenden Fühler eingelenkt. Die zwei fast gleichartig gebauten, netzförm. geäderten, glasklaren Flügel werden in der

Bei K vermißte Stichwörter suche man auch unter C und Z.

Kamellie

Ruhe dachförm. über den Hinterleib gelegt, der beim Weibchen einen langen Legebohrer trägt. Die K. ernähren sich räuberisch v. kleinen Spinnen u. Insekten, bes. auch Blattläusen. Dabei werden der Kopf u. die verlängerte Vorderbrust ruckartig nach unten abgesenkt u. die Beute mit den Mandibeln ergriffen. Die Eier werden bald nach der Begattung in die Ritzen v. Rinde gelegt, die freigliedr., länglichflach gebauten, meist rötl. gefärbten Larven leben auch räuberisch v. Larven u. Eiern vieler Holzschädlinge. Nach bis zu sieben Häutungen verpuppt sich die Larve in einer selbstgebauten Höhlung in der Baumborke. Bei uns kommen 4 Arten der Gatt. *Raphidia* (Fam. *Raphidiidae*) vor.

Kamellie w [ben. nach dem böhm. Jesuiten u. Naturforscher G. J. Kámel, 1661 bis 1706], Kamelie, *Camellia*, Gatt. der ↗Teestrauchgewächse.

Kamelspinner, *Lophopteryx camelina*, Art der ↗Zahnspinner.

Kameraauge, Bez. für bestimmte Augentypen, die aufgrund der ähnl. Funktionsweise einer photograph. Kamera geprägt wurde (↗Auge). Meist werden mit K. bereits die Augentypen bezeichnet, deren Prinzip einer Lochkamera entspricht u. daher mit den Ausdrücken Loch- od. Lochkameraauge gleichgesetzt (z. B. das Auge des altertüml. Tintenfisches *Nautilus*). Teilweise wird der Begriff K. nur für die sich phylogenet. aus den Grubenaugen ableitenden ↗Linsenaugen verwendet.

Kamerunbeule, *Kamerunschwellung*, *Kalabarschwellung*, plötzl. auftretendes jukkendes Ödem (1–10 cm ⌀) bei Befall des Menschen mit dem Nematoden (↗Filarien) *Loa loa*; wahrscheinl. als allerg. Reaktion zu deuten. ↗Loiasis.

Kamille w [v. gr. chamaimélon über lat. chamomilla = Kamille], *Matricaria*, Gatt. der Korbblütler mit über 50, v. a. im Mittelmeerraum bis nach Indien sowie in S-Afrika beheimateten Arten. Einjähr., seltener mehrjähr. Kräuter mit ästigem Stengel u. wiederholt fiederteil. Blättern. Die meist zahlr., i. d. R. spreublattlosen Blütenköpfe besitzen röhrige, gelbe Scheiben- sowie zungenförm. weiße Strahlenblüten und ähneln denen der ↗Hunds-K. (*Anthemis*; mit Spreublättern) u. der ↗Wucherblume (*Chrysanthemum*), weswegen eine Abgrenzung der K. gegenüber diesen Gatt. oft schwerfällt. Bekannteste Art der K. ist die urspr. in S- u. O-Europa sowie Vorderasien heim., seit Jhh. in Mitteleuropa kultivierte u. vielerorts eingebürgerte Echte K. (*M. chamomilla*, B Kulturpflanzen XI); sie wächst in Getreidefeldern, an Wegen u. Schuttplätzen u. zeichnet sich aus durch stark aromat. Duft sowie 1–3 cm breite

Kamelhalsfliege *(Raphidia notata)*

Kamille

Die Echte K. *(Matricaria chamomilla)* ist eine seit der Antike bekannte u. geschätzte Heilpflanze. Ihre getrockneten Blütenköpfe enthalten u. a. äther. Öl *(K.nöl)*, Bitterstoffe, Chamillin, Harz u. Schleimstoff. Pharmakolog. von bes. Interesse sind die aus den im äther. Öl enthaltenen Proazulenen entstehenden ↗Azulene (insbes. Cham- u. Guajazulen) sowie die ebenfalls im äther. Öl befindl. Bisabolol-Derivate. K.nblüten wirken entzündungshemmend, wundheilend u. antimykotisch sowie krampflösend u. blähungstreibend. K.nblüten finden wegen ihrer günst. Wirkung auf den Hautstoffwechsel auch vielfält. Anwendung in der Kosmetik-Ind.

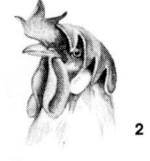

Kamm
Kamm von Hühnervögeln: **1** Steh-, **2** Dreh-, **3** Rosen-K.

Köpfchen mit kegelförm., hohlem Blütenboden u. bald nach dem Erblühen herabgeschlagenen Randblüten. Relativ kleine, grünl.-gelbe Blütenköpfe ohne Strahlenblüten besitzt die aus NO-Asien stammende, heute weltweit verbreitete Strahlenlose K. (*M. discoidea* = *M. matricarioides*), die in Mitteleuropa seit etwa 1850 v. a. in siedlungsnahen Trittrasen wächst. *M. maritima* ssp. *inodora* (= *M. inodora*, *Tripleurospermum inodorum* bzw. *Chrysanthemum inodorum*), die Geruchlose K. (B Europa XVII), mit bis 4 cm breiten Blütenköpfen mit halbkugel. Blütenboden, wächst in Unkraut-Ges. in Äckern, an Wegen u. Schuttplätzen u. wird in gefüllter Form auch als Gartenzierpflanze kultiviert. *M. maritima* ssp. *maritima*, die Strand-K., ist eine salzliebende Pflanze der Küstensäume, die auch Salzstellen des Binnenlands besiedelt.

Kamillen-Gesellschaft, *Alchemillo-Matricarietum*, Assoz. der ↗Aperetalia spicaventi.

Kamm, 1) Zool.: a) die fleischige od. häutige Auffaltung auf der Kopfmittellinie (Scheitel) der echten Hühner (bes. ausgeprägt beim ♂) u. auf der Stirn des Kondors; b) die häutige od. hornige Erhebung auf dem Rücken vieler Reptilien (z. B. Leguan) u. einiger Amphibien (z. B. Kammmolch). 2) Med.: vorspringende Knochenleiste, z. B. Darmbeinkamm.

Kammerlinge, die ↗Foraminifera.

Kammerwasser, *Humor aquosus*, die ständig vom Epithel des Ciliarkörpers (↗Linsenauge, ↗Auge, ↗Akkommodation) in die hintere Augenkammer abgegebene Plasmaflüssigkeit (Ultrafiltrat aus den Blutkapillaren des Ciliarkörpers), die zw. Iris u. Linse nach vorn in die vordere Augenkammer fließt u. ein Verkleben v. beiden verhindert; versorgt u. a. die Hornhaut u. Linse mit Nährstoffen. Das K. wird am Winkel zw. Iris u. Hornhaut durch ein maschenart. Gewebe (Fontanasche Räume) in eine Vene (den in der Lederhaut liegenden Schlemmschen Kanal) rückresorbiert. Die K.produktion u. -rückresorption regeln den Augeninnendruck. Störungen des K.abflusses können zu schmerzhaften u. schweren Augenkrankheiten (z. B. Glaukom) bis hin zum Erblinden führen. [ris.

Kammfarn, *Dryopteris cristata*, ↗Dryopte-

Kammfinger, Fam. *Ctenodactylidae*, hamster- bis meerschweinchengroße, plump gebaute Nagetiere N-Afrikas mit kammart. Borsten über den Krallen (Name!), die beim Graben im Sand wie Besen wirken. Die 4 Gatt. der K. (*Ctenodactylus*, *Pectinator*, *Massoutiera*, *Felovia*) leben in Felsengebirgen u. Trockensteppen am Rande der Wüste v. Senegal u. Marokko bis Somalia.

Kammfische, *Ctenothrissiformes,* Ord. der Knochenfische, v. der nur wenige Arten bekannt sind; um 10 cm lange Tiefseeformen mit heringsart. Körperform u. sehr langen Flossen mit Ausnahme der Schwanzflosse.

Kammfüßer, *Ctenopoda,* Überfamilie der ↗ Wasserflöhe.

Kammgras, *Cynosurus,* Gatt. der Süßgräser (U.-Fam. *Pooideae*) mit 8 in Europa u. im Mittelmeergebiet heim. Ährenrispengräsern. Das Wiesen-K. *(C. cristatus)* hat kammförm., v. sterilen Spelzen umschlossene Ährchen; es ist ein ertragsarmes mittelwert. Horstgras feuchter u. kühler Lagen; ausdauernd, oft nur 2–5jährig, erhält es sich durch Selbstaussaat; Charakterart der Fettweiden (Cynosurion). Die mediterrane Art *C. echinatus* hat einen lang begrannten ovalen Blütenstand u. wächst in Trockenrasen.

Kammhyphen [Mz.; v. gr. hyphē = Gewebe], Pilzhyphen, deren Verzweigungen hpts. nach einer Seite gerichtet sind, so daß eine kammart. Form entsteht; bes. bei Dermatophyten.

Kammkiemer, *Monotocardia, Ctenobranchia,* die Ord. ↗ Mittel- u. ↗ Neuschnecken der Vorderkiemer. Die K. haben nur 1 Herzvorhof, 1 Niere u. 1 Kieme, deren Achse einseitig gefiedert ist (daher *Kammkieme* = *Ctenobranchie*); das Gehäuse ist ohne Perlmutterschicht. Die mindestens 15 000 Arten leben überwiegend im Meer, wenige im Süßwasser u. auf dem Land; einige sind Parasiten.

Kammpilz, *Phlebia radiata, P. aurantiaca,* ↗ Fältlinge.

Kammquallen, die ↗ Rippenquallen.

Kammratten, *Ctenomyidae,* zu den Meerschweinchenverwandten rechnende Nagetier-Fam. mit 1 Gatt. u. über 20 Arten; Kopfrumpflänge 17–25 cm; Haarkämme über den Krallen (↗ Kammfinger). K. sind über weite, sehr pflanzenarme Gebiete S-Amerikas (vom Andenhochland bis nach Patagonien u. Feuerland) verbreitet. Sie graben weitverzweigte unterird. Gangsysteme u. ernähren sich v. Pflanzenwurzeln, -knollen u. -stengeln.

Kammschmiele, das ↗ Schillergras.

Kammschnaken, *Ctenophora,* Gatt. der ↗ Tipulidae.

Kammschuppen, die ↗ Ctenoidschuppen.

Kamm-Seestern, *Kammstern, Astropecten,* Gatt. der Seesterne, ben. nach den seitl. abstehenden Stacheln. Die Ambulacralfüßchen haben keine Saugscheiben u. werden mehr wie Stelzen benutzt, vergleichbar der Fortbewegung mit Stacheln bei vielen Seeigeln. An der Körperoberfläche fehlen die bei den meisten anderen Seesternen (u. auch Seeigeln) vorkom-

Kamm-Seestern
Roter Kamm-Seestern *(Astropecten aranciacus);* Aboralseite (Oberseite)

Wiesen-Kammgras *(Cynosurus cristatus)*

Kammratte

Kammuschelartige
Familien:
↗ Feilenmuscheln *(Limidae)*
↗ Kammuscheln *(Pectinidae)*
↗ Klappermuscheln *(Spondylidae)*
Kompaßmuscheln *(Amusiidae,* ↗ *Amusium)*

menden Greifzangen (↗ Pedicellarien). Die K.e leben v. a. auf Sandböden; sie sind Räuber, die insbes. Muscheln u. Schnekken samt Schale verschlingen, also nicht extraintestinal verdauen, wie es bei *Asterias* (Gemeiner ↗ Seestern) geschieht. K.e haben keinen After! (Konvergenz zu den Schlangensternen). – Nordischer K. *(A. irregularis,* ⌀ 15–30 cm) im O-Atlantik, auch in der Nordsee häufig; Roter K. *(A. aranciacus* = „*aurantiacus*", ⌀ bis 50 cm) häufig im Mittelmeer, auch im Atlantik (z. B. Portugal). – Die Gatt. ist namengebend für die Fam. *Astropectinidae;* dazu gehört auch die in arkt. und antarkt. Meeren lebende Gatt. *Leptychaster,* die auf ihrer „Oberseite" (Aboralseite) Brutpflege betreibt – eine konvergente Erscheinung bei vielen Bewohnern kalter Meere.

Kammspinnen, *Ctenidae,* Fam. der Webspinnen, die mit ca. 400 Arten bes. über die Subtropen u. Tropen verbreitet ist. K. sind meist groß (3–5 cm) u. leben nachtaktiv bes. auf niederer Vegetation. Im Körperbau ähneln sie großen Wolfspinnen. Sie leben vagabundierend, bauen keine Fangnetze. Die Weibchen bewachen den großen, flachen Kokon, der an einem Stein od. an Rinde befestigt wird. Die K. stellen viele ↗ Giftspinnen (vor allem die Gatt. *Ctenus* [= *Phoneutria*]), deren Biß auch für den Menschen tödl. sein kann; sie sind außerordentl. aggressiv u. nehmen bei Beunruhigung eine charakterist. Drohstellung ein, bei der die beiden Vorderbeinpaare in die Höhe gereckt u. die Cheliceren gespreizt werden; aus dieser Stellung heraus kann die Spinne ca. 1 m weit springen. Eine weitere artenreiche Gatt. ist *Cupiennius*; *C. salei* wird häufig als Labortier gehalten. Die Gatt. *Zora* erreicht u. a. einige mit einigen Arten Mitteleuropa; sie wurde auch zu den Sackspinnen gestellt. Tropische K. kommen manchmal mit Bananentransporten nach Europa.

Kammstendel, die ↗ Hundswurz.

Kammücke, *Ctenophora atrata,* ↗ Tipulidae.

Kammünder, die ↗ Ctenostomata.

Kammuschelartige, *Pectinoidea,* Überfam. der Fadenkiemer (U.-Ord. *Anisomyaria*), marine Muscheln mit rundl. Klappen, deren Scharnierrand nach vorn u. hinten ausgezogen sein kann.

Kammuscheln, *Pectinidae,* Fam. der Kammuschelartigen *(Pectinoidea),* marine Muscheln mit rundl., meist dünner Schale, die linke Klappe oft abgeflacht. Durch kraftvolles Schließen der Klappen können viele K. über den Boden „hüpfen" od. sogar schwimmen, wenn Gefahr droht. Andere Arten spinnen sich mit dem Byssus am Substrat an od. kitten sich mit einem

Bei K vermißte Stichwörter suche man auch unter C und Z.

Kampfer

Sekret fest. Festsitzende K. werden über 50 cm hoch (z. B. *Hinnites*), schwimmfähige etwa 30 cm. Die glatte od. radial od. konzentr. gerippte Oberfläche ist oft intensiv gefärbt. An der Mittelfalte des Mantelrandes sitzen zahlr., ausstreckbare Tentakeln sowie Augen mit Cornea, Linse u. 2 inversen Retinae. Die K. sind meist getrenntgeschl., manche ⚥ u. stoßen Larven aus. Die ca. 360 Arten leben vorwiegend in warmen Meeren. Die Großen K. (*Pecten maximus,* 13 cm lang) sind v. Madeira bis in die Nordsee verbreitet; sie haben 60 regelmäßig am Mantelrand verteilte, blaue Augen von knapp 1 mm ⌀, mit denen sie Bewegungen wahrnehmen können. Vom Mittelmeer bis zur Nordsee ist der Butterspatel verbreitet (↗*Chlamys opercularis),* 9 cm; am bekanntesten ist die ↗Jakobsmuschel. Alle K. sind schmackhaft u. werden gehandelt (1981: ca. 570 000 t). B Muscheln.

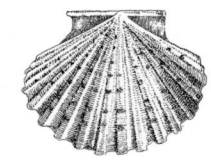

Kammuschel (Pecten)

Kampfer m [v. arab. käfūr über frz. camphre = Kampfer], ↗Campher.

Kampffische, *Betta,* Gatt. südostasiat. Labyrinthfische, bei denen sich rivalisierende Männchen unermüdl. angreifen; leben oft in schlamm., sauerstoffarmen Tümpeln u. Gräben u. können über ein labyrinthart. Atmungsorgan oberhalb der Kiemen Luftsauerstoff veratmen; fressen vorwiegend Mückenlarven. Bekannteste Art ist der bis 6 cm lange Siamesische K. *(B. splendens),* der in Thailand fr. häufig für Schaukämpfe gehalten u. gezüchtet wurde; die zahlr. Zuchtformen mit z. T. langen schleierart. Flossen (B Aquarienfische II) u. blauer, grünl. od. rötl. Färbung sind beliebte Warmwasseraquarienfische. Das Männchen baut aus schleimumhüllten Luftblasen ein Schaumnest, in das es die abgelegten, aufgesammelten Eier spuckt, u. bewacht die Brut. Neben verschiedenen schaumnestbauenden Arten gibt es mehrere maulbrütende Arten, wie der Sumatra-K. (*B. brederi*) u. der Java-K. (*B. picta*).

Kampfläufer, *Philomachus pugnax,* hochbein. Schnepfenvogel der paläarkt. Region, den Strandläufern verwandt; ausgeprägter Geschlechtsdimorphismus: Männchen 29 cm groß, zur Brutzeit durch große, in der Färbung sehr variable Halskrause u. Ohrbüschel unverkennbar, Beinfarbe variiert zw. grün u. rot, im Schlichtkleid braun, ähnl. dem viel kleineren Weibchen (23 cm) mit schuppig strukturierter Rückenfärbung. Relativ schweigsam, einige nasale u. gutturale Laute. Bewohnt Sümpfe u. feuchte Wiesen, auf dem Durchzug auch die Meeresküste u. Ufer v. Binnengewässern. In Dtl. außer wenigen Binnenlandvorkommen v. a. entlang der Nord- u. Ostseeküste brütend. Der in weiten Teilen Europas festzustellende Arealschwund u. Bestandsrückgang (nach der ↗Roten Liste „vom Aussterben bedroht") geht hpts. auf die Entwässerung ehemals großer Feuchtgebiete zurück. Ausdrucksvolle Gruppenbalz der Männchen mit aufgeplusterter Halskrause, Flattersprüngen u. Kämpfen, wobei der Sozialstatus v. der Färbung der Halskrause mitbestimmt wird; die Weibchen finden sich an den Balzplätzen zur Begattung ein. Die gesamte Brutpflege, beginnend bei der Auswahl des Neststandorts, übernimmt das Weibchen; die 4 Eier werden in 21 Tagen ausgebrütet, die nestflüchtenden Jungen sind nach 3–4 Wochen flugfähig. B Europa VII.

Kampfstoffe ↗ bakteriologische K., ↗biologische Waffen, ↗Giftgase.

Kampfüchse, *Dusicyonini,* Gatt.-Gruppe südam. Wildhunde v. meist fuchsart. Aussehen. Der zu den K.n i. e. S. (Gatt. *Dusicyon*) gerechnete Falklandfuchs od. Falklandwolf (*D. australis;* Kopfrumpflänge 90 cm) wurde bereits 1876 ausgerottet, weil er, nachdem die Siedler seine natürl. Beute (Pinguine, Magellangänse, Seehunde) dezimiert hatten, sich z. T. von Schafen ernährte. Zu den sog. Festland-K.n zählen u. a. der ↗*Azarafuchs (D. azarae),* der Magellanfuchs od. ↗Andenschakal (*D. culpaeus*) u. der Pampasfuchs (*D. gymnocercus;* Kopfrumpflänge ca. 60 cm). Der Magellanfuchs kommt in Wäldern, Bergen u. Wüsten v. Feuerland u. S-Patagonien über die Anden bis nach S-Ecuador vor; da er sich u. a. von Feldhasen u. Schaflämmern ernährt, wird er stark verfolgt. Der Pampasfuchs lebt außer in den Pampas auch in hügeligen Gegenden u. in Wüsten v. der Magellanstraße bis zum Äquator (bis in 4000 m Höhe); seine Nahrung besteht aus kleineren Wirbeltieren, Kerbtieren u. Pflanzenkost. Zu einer eigenen Gatt. gehört der überwiegend grau gefärbte Brasilianische Kampfuchs (*Lycalopex vetulus;* Kopfrumpflänge 64 cm, Schwanzlänge 32 cm), der „gewöhnliche" Wildhund der brasilian. Savanne. – Zu den K.n i. w. S. rechnet der ↗Mähnenwolf.

Kampf ums Dasein, der ↗Daseinskampf.

Kampfverhalten; innerartl. *Kämpfe* sind meist Rivalenkämpfe um einen Sexualpartner od. ein Revier, in sozialen Verbänden auch Rangordnungskämpfe. Häufig laufen die Kämpfe nach bestimmten Regeln ab, durch die die Verletzungsgefahr sinkt, bes., wenn die Tierart über gefährl. Waffen verfügt. Im letzteren Fall spricht man v. einem ↗*Kommentkampf,* im ersteren v. einem ↗*Beschädigungskampf.* Der Übergang ist jedoch fließend; ein eigtl. Kommentkampf findet nur bei Tieren mit gefährl. Waffen statt. Bei anderen Tieren

Kampfläufer (*Philomachus pugnax*)

Bei K vermißte Stichwörter suche man auch unter C und Z.

KAMPFVERHALTEN

Bei Tieren ohne gefährliche Waffen läuft der innerartl. Kampf genau so ab wie die Aggression gegen Feinde: **1** der Garuganter greift einen Rivalen mit gestrecktem Hals an und wird ggf. Schnabelbisse u. Schläge mit dem Flügelbug (die einzigen Waffen der Gänse) benutzen. **2** Die Haemuliden zeigen dagegen einen streng ritualisierten Maulkampf, durch den die gefährlichen Stöße mit vorgestreckten Zähnen, Bisse in die Flossen usw. vermieden werden.

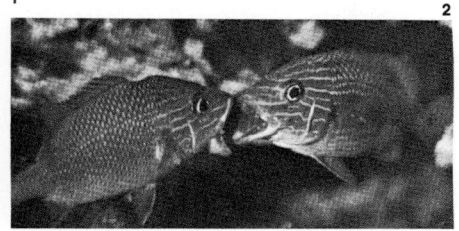

Die Ritualisierung innerartl. Kämpfe bis hin zum Kommentkampf läßt sich oft auch an der stammesgeschichtl. Entwicklung der Waffen verfolgen:

Beim Moschustier, dem ursprünglichsten lebenden Hirsch, ist der Eckzahn des Oberkiefers als Waffe verlängert u. dient sowohl der Verteidigung gegen Freßfeinde als auch dem Rivalenkampf. Für letzteren entwickelte sich in der Evolution ein zunächst noch einfaches ↗ Geweih, wobei der verlängerte Eckzahn erhalten blieb (Muntjak). Die höchstentwickelten Hirsche (z.B. die einheimischen Rehe u. Rothirsche) haben ein kompliziert gebautes Geweih für den Rivalenkampf, während der Eckzahn reduziert ist. Die Verteidigung gegen Freßfeinde erfolgt nicht mit dem Geweih, sondern durch Hufschläge. Obwohl der Rivalenkampf mit dem Geweih als Kommentkampf abläuft, fordert er Opfer: Man findet jeden Herbst Rothirsche, die nach solchen Kämpfen verendet sind („verkämpfte" Hirsche in der Sprache der Jäger).

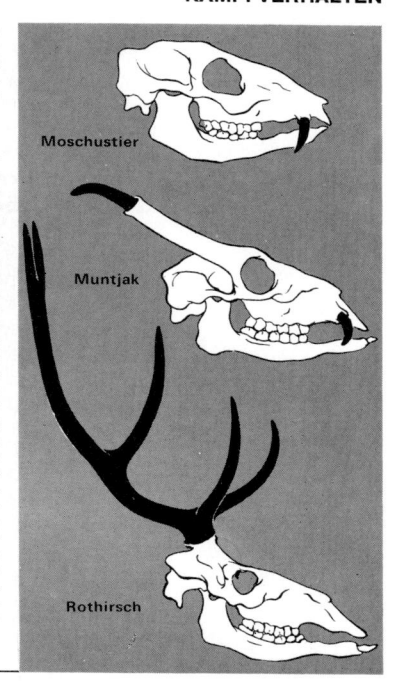

(viele Vögel, Eidechsen u.a.) bleibt eine Beschädigung ledigl. aus, weil die Art nicht über die Mittel dazu verfügt. Soziales K. war in bes. Maß Gegenstand *soziobiologischer* u. *spieltheoretischer* Untersuchungen. ↗ Aggression.

Kampfwachteln, *Turnicidae,* Fam. der ↗ Kranichvögel.

Kamptozoa [Mz.; v. gr. kamptein = biegen, krümmen, zōon = Lebewesen], *Entoprocta, Calyssozoa, Kelchwürmer,* Stamm fast ausschl. meeresbewohnender, festsitzender wirbelloser Tiere, die, mit etwa 150 bis jetzt bekannten Arten weltweit verbreitet, bes. in Küstengewässern aller Meere v. der Gezeitenzone bis zu etwa 500 m Tiefe regelmäßiger Bestandteil der Benthosfauna sind. Sie stellen eine im Bauplan einheitl., vermutl. phylogenetisch junge Tiergruppe dar, deren Vertreter entweder als solitäre Formen epizoisch (↗ Epökie) auf anderen Wirbellosen leben od. als koloniebildende Formen feste Substrate aller Art (Muscheln, Steine, Algen) mit individuenreichen stolonialen Kolonien überziehen. Die meist farblos durchsicht. u. im Habitus Hydroidpolypen ähnelnden Einzeltiere (Zooide) sind v. geringer Größe (0,1 bis maximal 10 mm) u. haben etwa die Form eines Weinglases: ein schlanker Stiel, mit dem sich die Tiere auf dem Untergrund festsetzen und mit dem sie bei Reizung lebhafte Nickbewegungen ausführen (Name!), erweitert sich oberseits zu einem kelchförm. Körper, der an seinem freien Rand je nach Art 8–40 cilienbesetzte Tentakel zum Herbeistrudeln der Nahrung (Algen, Kleinplankton) trägt u. alle inneren Organe birgt. In den tentakelumschlossenen Raum (Atrium) münden Mund, After (Name: Entoprocta im Ggs. zu den ↗ Ectoprocta = ↗ Moostierchen), Exkretionsorgane (Protonephridien) u. Gonaden. *Anatomie:* Das Integument besteht aus einem einschicht. zellulären Epithel. Nach außen scheidet dieses eine je nach Körperregion flexible od. formgebend starre, zuweilen auch mit Dornen besetzte Glykoprotein-↗ Cuticula ab. An Drüsen ist bei Loxosomatiden vielfach eine Klebdrüse (Haftung am Substrat) an der Stielbasis ausgebildet, u. manche Arten besitzen bes. in der Stielepidermis sog. Porenorgane, unter Cuticulaporen oder Hohldornen gelegene Drüsenzellen, die vermutlich der Salz- (Na$^+$-, Cl$^-$-) Ausscheidung dienen (Salzdrüsen, „Chloridzellen", reduzierte Protonephridien). Unter dem Integument folgt jenseits einer Basallamina eine Lage schräggestreifter Längsmuskelstränge, die nur im Stiel einen geschlossenen Muskelschlauch bilden u. dort in Innervation u. Feinstruktur an die Muskulatur der ↗ Fadenwürmer erinnern; Ringmuskulatur fehlt. Bei den *Coloniales* ist an der Kelch-Stielgrenze ein dem Austausch v. Körperflüssigkeit dienendes muskulöses Pumporgan als Derivat der Längsmuskulatur ausgebildet. – Der Darm, ohne Eigenmuskulatur u. in ganzer Länge mit Cilien be-

Kamptozoa

Ordnungen, Familien u. wichtige Gattungen (Anzahl der bekannten Arten):

Solitaria
 Loxosomatidae
  Loxo-
   somella (60)
  Loxosoma (30)
Coloniales
 Astolonata
  Loxokalypodidae
   Loxokalypus (1)
 Stolonata
  Pedicellinidae
   Pedicellina (14)
   Loxo-
    somatoides (3)
   Myosoma (2)
   Chitaspis (2)
   Sangavella (1)
  Barentsiidae
   Barentsia (fr.
    Arthropodaria,
    Gonypodaria)
    (23)
   Urnatella (1)
   Pedicellinopsis
    (1)

Bei K vermißte Stichwörter suche man auch unter C und Z.

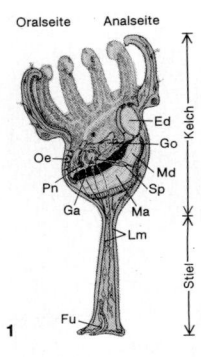

Kamptozoa

setzt, durchzieht den Kelch als U-förmiges Epithelrohr. Er beginnt mit einer schlitzförm. Mundöffnung u. gliedert sich in vier Abschnitte, den Oesophagustrichter, einen fast den ganzen Kelchraum ausfüllenden Magen, einen kurzen Mitteldarm u. einen tonnenförmig aus dem Atrium hervorragenden Enddarm. Die aufgenommene Nahrung wird im Magen zu einer Schleimwurst verklebt u. durch die Mitteldarmcilien während der Verdauung stetig in Rotation gehalten. Im Magenepithel wird die Nahrung resorbiert; es erfüllt gleichzeitig die Aufgaben eines Haupt-Stoffwechsel- („Leber") u. Exkretionsorgans. In der Darmkrümmung liegen v. vorn nach hinten die paar. Protonephridien (Osmo- u. Ionenregulation), ein hantelförm. Gehirn u. ein Paar sackförm. Ovarien od. Hoden. Die einheitl. *primäre Leibeshöhle* in Kelch u. Stiel ist flüssigkeitserfüllt u. von einem lockeren Maschenwerk aus Parenchymzellen durchzogen. *Nerven-* u. *Sinnessystem* sind entspr. der sessilen Lebensweise einfach gebaut: Das vermutl. aus paar. Anlagen hervorgegangene Gehirn (Subintestinalganglion) entsendet motor. Fasern zu Tentakeln u. Körpermuskulatur sowie beidseits in je einem Nervenbündel zum Stiel, u. es nimmt sensible Axone v. zahlr. mit Sinnescilien ausgestatteten Sinnesnervenzellen (Chemo- u. Mechanorezeptoren) auf, welche, über die ganze Körperoberfläche verteilt, bes. an den Tentakelspitzen gehäuft auftreten. Manche Arten besitzen zusätzl. beidseits an den Kelchflanken komplexe Sinnespapillen (↗Rädertiere). Die K. sind – vermutl. generell – getrenntgeschlechtlich; aber die einzelnen Kelche einer Kolonie können verschiedenen Geschlechts sein, u. die Geschlechtsdetermination erfolgt phänotypisch. Bei einigen Arten ließ sich zeigen, daß die ersten reifenden Kelche einer Population od. Kolonie zu ♂♂ werden. Von diesen ins freie Wasser abgegebene Stoffe (Hormone?, Spermien?) induzieren in weiteren reifenden Kelchen die Ausbildung v. Ovarien. *Fortpflanzung* u. *Entwicklung:* Nach innerer Befruchtung gelangen die Eier in den mütterl. Brutraum, eine Atrialtasche zw. Magendach u. Enddarm, u. entwickeln sich dort über eine echte Spiral-↗Furchung zu Schwimmlarven mit apikalem Wimpernschopf (↗Trochophora-Typ), die sich aber u. a. durch den Besitz eines zusätzl., bei solitären Arten mit Ocellen ausgestatteten Sinnesorgans am Episphärenvorderpol (Präoralorgan) von den typischen Trochophorae der Ringelwürmer unterscheiden. Die abgelösten, bereits den Kelchen erwachsener Tiere gleichenden Larven setzen sich nach einem oft nur Stunden dauernden freischwimmenden Leben (Verbreitung) mit dem Vorderpol auf einem passenden Substrat fest u. metamorphosieren in einem Tag zum erwachsenen Tier, indem der Haftpol zum Stiel auswächst u. das larvale Atrium mitsamt allen inneren Organen sich durch allometr. Wachstum um 90° aufwärts dreht. Bis auf die larvalen Sinnesorgane werden alle Organe der Larve in den Adultus übernommen; nur Gehirn u. Gonaden entstehen neu. Neben der an günst. Lebensbedingungen gebundenen sexuellen Fortpflanzung besitzen alle *K.* zeitlebens die Fähigkeit zu asexueller Individuenknospung, durch die sich rasch große Populationen entwickeln können. Bei den ursprünglichen, solitären Formen entstehen die Knospen an der Kelchwand u. lösen sich später vom Muttertier ab, während bei den abgeleiteten, koloniebildenden Formen die Knospung an der Stielbasis erfolgt u. zur Bildung v. Zooidketten führt, die zeitlebens über Stolone miteinander verbunden bleiben u. zu individuenreichen fläch. oder bäumchenförm. Kolonien auswachsen können. Das Regenerationsvermögen einzelner Kelche beschränkt sich auf die Neubildung verletzter Tentakel; die Stiele der koloniebildenden Arten vermögen jedoch aufgrund der Trennung v. Kelch u. Knospungszone die period. absterbenden Kelche zu regenerieren u. so die Rolle v. Überdauerungsorganen (Dauerknospen, Hibernacula) zu übernehmen. Die meist unter 1 mm großen solitären *Loxosomatiden* findet man verbreitet als Epizoen auf Schwämmen, Polychaeten, Sipunculiden, Echiuriden und Echinodermen, wo sie oft einen vom Wirt erzeugten Atemwasserstrom zum Nahrungserwerb nutzen. Die größeren koloniebildenden *Pedicelliniden* u. *Barentsiiden* sind an allen Küsten häufig in Strudler-Ges. anzutreffen, gewöhnl. im Verein mit Moostierchen, Tunicaten u. Hydroiden. Die einzige süßwasserbewohnende Art, ↗ *Urnatella gracilis,* mit starken Anpassungen an ihren veränderten Lebensraum (komplexes Protonephridiensystem, reduzierte sexuelle Fortpflanzung), wurde, wahrscheinl. von Fließgewässern N-Amerikas ausgehend, in den letzten 60 Jahren durch den Schiffsverkehr weltweit über die großen Stromsysteme aller Erdteile verbreitet (Dauerstadien) u. in Europa in Maas, Donau, Havelseen, Theiß, Dnjepr und Dnjestr gefunden. Größte bekannte Art ist die an südaustr. Küsten vorkommende ↗ *Pedicellinopsis fruticosa,* die bis 30 cm hohe Stämmchen mit Tausenden spiralig angeordneter Zooide bildet. Ein kürzl. in den kambr. Burgess-Schiefern (Kanada) entdeckter fossiler Organismus (↗ *Dinomischus)* wurde urspr. den *K.* zuge-

Kamptozoa

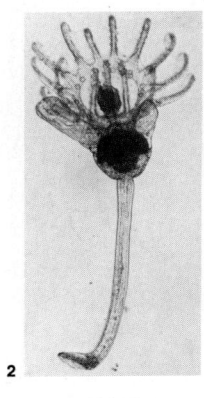

1 Bauplan der Kamptozoa; **2** solitäres Kamptozoon: *Loxosomella ssp.* mit Knospe; **3** Kamptozoen-Kolonie (Pedicelliniden).
Ed Enddarm, Fu Fuß mit Klebdrüse, Ga Ganglion, Go Gonade, Lm Längsmuskeln, Ma Magen, Md Mitteldarm, Oe Oesophagus, Pn Protonephridium, Sp Sinnespapille

rechnet, gehört aber wohl nicht in diese Gruppe. P. E.

Kamtschatkabär [ben. nach der ostsibir. Halbinsel], *Ursus arctos beringianus*, ↗Braunbär.

Kanadabalsam, *kanadisches Terpentin,* farbloses, beim Stehen sich gelb färbendes, flüss. Harz (↗Balsame) der Balsam-↗Tanne *(Abies balsamea);* dient u. a. als Kitt für opt. Linsen u. als Einschlußmittel für mikroskop. Präparate (gleicher Brechungsindex wie Glas).

Kanadischer Schild *m,* (E. Suess 1888), in der Paläogeographie der zentrale Teil des nordam. Kontinents zw. dem pazif. Trog im W, dem appalachischen Trog im O u. dem epikontinentalen Mississippi-Becken im S in Gestalt einer riesigen flachen Kuppel, die ausschl. aus präkambr. Gesteinen besteht. Manche Autoren betrachten den K. Sch. als ident. mit Laurentia od. dem Laurentischen Schild, andere verstehen darunter Kanada u. Grönland u. den K. Sch. als dessen Kernmasse.

Kanammensch, *Homo kanamensis* Leakey 1935, abgeleitet aus einem menschl. Unterkieferfragment, gefunden 1932 bei Kanam am Victoriasee (Kenia); Alter u. systemat. Stellung unsicher, vielleicht jungpleistozäner *Homo sapiens.*

Kanamycin *s* [v. gr. mykēs = Pilz], aus *Streptomyces kanamyceticus* isoliertes Gemisch der drei bas. Trisaccharide *K. A, B* und *C,* die zur Gruppe der Aminoglykosid-Antibiotika gehören (↗Antibiotika, B). K. besitzt ein breites Wirkungsspektrum (empfindl. sind z. B. *Proteus, Klebsiella,* Mykobakterien; ↗Antibiotika), wird jedoch vorzugsweise gg. Staphylokokken u. Tuberkuloseerreger, die gg. andere Antibiotika resistent sind, sowie zur Behandlung v. Salmonellen- u. Shigelleninfektionen eingesetzt. Die bakterizide Wirkung von K. beruht auf einer Störung der bakteriellen Proteinbiosynthese, da sich K. an die kleine Untereinheit prokaryot. Ribosomen anlagert u. dadurch eine fehlerhafte Translation verursacht (↗Streptomycin). Für die (häufig plasmidcodierte) *K.-Resistenz* ist ein Gen verantwortl., das für ein Enzym codiert, welches K. durch Modifikation unwirksam macht. Da bei med. Anwendung bes. Gehör- u. Nierentoxizität als Nebenwirkungen auftreten, wird K. lediglich als Reservemittel bei schweren therapieresistenten Infektionen eingesetzt.

Kanarienvogel, *Serinus canaria,* Finkenart der Kanar. Inseln (Name!), der Azoren u. Madeiras, zu den ↗Girlitzen gehörend, grauoliv mit gelbem Bürzel; nistet im Gebüsch u. legt 3–5 Eier. Aus der Wildform wurden als Käfigvögel verschiedene Farbvarianten u. Sängertypen gezüchtet, dabei der „Harzer Roller", der leuchtend gelb gefärbt u. größer als die Wildform ist. B Käfigvögel.

Kaneelrinde [v. port. canela = Zimt], ↗Canellaceae.

Känguruhmäuse, *Microdipodops,* Gatt. der ↗Taschenmäuse.

Känguruhratten, 1) *Dipodomys,* Gatt. der ↗Taschenmäuse. **2)** *Potoroinae* (Rattenkänguruhs), U.-Fam. der ↗Känguruhs.

Känguruhs [Mz.; austral.], *Springbeutler, Macropodidae,* artenreiche Familie der ↗Beuteltiere mit 3 U.-Fam.; Kopfrumpflänge 23–160 cm, Schwanzlänge 16–105 cm. Auffallend ist die unterschiedliche Ausbildung der Extremitäten der K.: Die Vorderfüße wirken zierlich im Vergleich zu den großen Hinterfüßen (*Macropodidae* = Großfüßer); mit Sprüngen bis zu 10 m Weite können K. eine Geschwindigkeit von 70 km/h erreichen. Die Hauptlast des Körpers wird v. der stark verlängerten 4. Zehe getragen; 2. und 3. Zehe werden als „Putzkrallen" benutzt. Der lange und bes. muskulöse Schwanz dient als Stütze. Der Beutel ist bei weibl. K. stets gut ausgebildet u. nach vorne geöffnet. Die Tragzeit ist mit nur 30–40 Tagen relativ kurz. I.d.R. wird jeweils nur 1 Junges geboren, das als winziger „Keimling" (mit weniger als 1 g Körpergewicht beim Roten Riesenkänguruh, ☐ Caenogenese) mit Hilfe seiner Vorderfüße, vom Geruchssinn geleitet, selbständig v. der Geburtsöffnung zum Beutel der Mutter hangelt, wo die weitere Entwicklung abläuft (Beutelzeit beim Roten Riesenkänguruh: 235 Tage). Die Verbreitung der K. ist auf Austr., Tasmanien, Neuguinea u. die Inseln des Bismarck-Archipels beschränkt; auf Neuseeland wurden sie eingeführt. – Als sehr ursprünglich gilt das nur rattengroße Moschusrattenkänguruh *(Hypsiprymnodon moschatus),* einziger Vertreter einer eigenen U.-Fam.; in seinem Aussehen ähnelt es den Kletterbeutlern *(Phalangeridae);* im Ggs. zu allen anderen K. (mit nur 4 Zehen) hat das Moschusrattenkänguruh noch alle 5 Zehen an den Hinterfüßen ausgebildet. Auch die Vertreter der Ratten-K. (U.-Fam. *Potoroinae;* 8 Arten) haben äußerl. und anatom. (Schädel, Gebiß) Ähnlichkeit mit den Kletterbeutlern. Erst die Eigentl. K. (U.-Fam. *Macropodinae;* 42 Arten) entsprechen i. d. R. dem bekannten Bild eines K. Auch werden v. den Australiern u. Engländern nur die 3 Arten der Gatt. *Macropus,* das Rote Riesenkänguruh *(M. rufus),* das Graue Riesenkänguruh *(M. giganteus)* u. das Bergkänguruh *(M. robustus),* als K. bezeichnet; alle anderen heißen bei ihnen „Wallabys". – K. sind überwiegend Pflanzenfresser (Gräser, Kräuter, Laub); nur

Kamptozoa

Verwandtschaft: Die systemat. Stellung der K. ist umstritten. Von manchen Biologen wegen äußerl. Ähnlichkeiten (Konvergenzen?) als Basisgruppe der Moostierchen angesehen, werden sie meist als eigenständ. Typus primär od. sekundär acoelomater Spiralia betrachtet, der entweder in die nähere Verwandtschaft der Fadenwürmer u. Rotatorien einzuordnen ist od., aus neotenen Trochophorae entstanden, den Ringelwürmern nahesteht.

Kanamycin

Kanamycin A:
$R_1 = -NH_2$,
$R_2 = -OH$;
Kanamycin B:
$R_1 = R_2 = -NH_2$;
Kanamycin C:
$R_1 = -OH$,
$R_2 = -NH_2$

Känguruhs

Wichtige Gattungen:
↗Baumkänguruhs *(Dendrolagus)*
↗Buschkänguruhs *(Dorcopsis)*
Felskänguruhs *(Petrogale)*
Filander *(Thylogale)*
Hasenkänguruhs *(Lagorchestes)*
Nagelkänguruhs *(Onychogalea)*
Riesenkänguruhs *(Macropus)*
Wallabys *(Wallabia)*

Bei K vermißte Stichwörter suche man auch unter C und Z.

Kaninchen

Känguruhs
1 Känguruh mit Jungem, im Beutel sitzend; 2 Rotes Riesenkänguruh *(Macropus rufus)*

das Moschusrattenkänguruh ernährt sich auch v. Insekten. Mit Ausnahme der Vertreter einer Gatt. (↗Baum-K.) sind K. bodenlebende Bewohner v. Steppen- u. Buschlandschaften. Evolutionsökolog. gesehen, nehmen die K. in ihrer Heimat, in der placentale Huftiere urspr. nicht vorkamen, die Stelle der herbivoren Weidetiere ein (Stellenäquivalenz). K. sind Wiederkäuer mit nur angedeuteter Unterteilung des Magens; die Vorverdauung der Pflanzenfasern geschieht auch bei ihnen mit Hilfe v. endosymbiont. Bakterien. Der Nahrungskonkurrenz durch die heute intensiv betriebene Schafzucht entgehen die K. durch Ausweichen auf minderwertige Gräser (*Spinifex*-Arten). Bedroht sind daher z. Z. weniger die Riesen-K., welche auch in großer Zahl geschossen werden (Fleisch- u. Ledergewinnung), als vielmehr die kleineren Arten durch Einschränkung ihres Lebensraums u. durch eingeführte Raubtiere (Katzen, Füchse, Dingos). B adaptive Radiation, B Australien II. *H. Kör.*

Kaninchen [v. lat. cuniculus = Kaninchen], *Karnickel,* Bez. für einige meist kleinwüchsigere Formen der Hasenartigen (Fam. *Leporidae*). Die artenreichste Gruppe stellen die neuweltl. Baumwollschwanz-K. (Gatt. *Sylvilagus;* ca. 12 Arten), die typ. K. Amerikas (jährl. Abschuß: 25 Mill.); unter diesen ist das Florida-Wald-K. *(S. floridanus)* am weitesten verbreitet. Nur in S-Afrika kommen die Rot-K. od. Wollschwanzhasen (Gatt. *Pronolagus;* 3 Arten) vor. Als z. T. recht ursprünglich gelten einige auf kleine Rückzugsgebiete beschränkte Arten, z. B. das nur auf den gleichnam. Inseln südl. v. Japan lebende Riu-Kiu-K. *(Pentalagus furnessi),* das Borsten-K. (*Caprolagus hispidus;* Assam), das Zentralafr. Busch-K. *(Poelagus majorita),* das gestreifte Sumatra-K. *(Nesolagus netscheri)* sowie das schwanzlose Mexikan. Vulkan-K. *(Romerolagus diazi). –* Einzige in Dtl. vertretene K.-Art ist das Eur. ↗Wild-K. (*Oryctolagus cuniculus,* B Europa XIII), v. dem das Haus-K., der sog. „Stallhase", abstammt. Die ersten zahmen K. wurden vermutlich in frz. Klöstern gezüchtet; verschiedenfarbige *K.*-Rassen sind seit dem 16. Jh. bekannt. Sehvermögen, Gehör u. Geschmackswahrnehmung des Haus-K.s sind unvollkommener als beim Wild-K., ebenso sind Hirngewicht (um 22%) u. Herzgewicht (um 37,5%) kleiner. Die Fortpflanzungsfähigkeit des Haus-K.s ist nahezu unabhängig v. der Jahreszeit, die Jungenanzahl pro Wurf größer als bei der Wildform. Geschätzt wird das Fleisch der K.; Felle werden zu Pelz verarbeitet. Ein Angora-K. liefert jährl. ca. 400 g Wolle. Als med. Labortiere („Versuchs-K.") werden bestimmte Rassen bevorzugt, z. B. Weiße Riesen, Weiße Wiener, Hermelin-K. B Darm, B Verdauung II–III.

Kaninchenfische, *Siganidae,* Familie der ↗Doktorfische.

Kaninchenkokzidiose ↗Kokzidiose, ↗Eimeria.

Kanjera [ben. nach dem Fundort in Kenia], *Mensch von Kanjera,* abgeleitet aus fossilen Skelettbruchstücken von mindestens 4 menschl. Individuen; Alter u. systemat. Stellung unsicher, vielleicht jungpleistozäner *Homo sapiens.*

Kanker [Mz.; v. lat. cancer = Krebs], die ↗Weberknechte.

Kannenblätter, die krugförmig gestalteten Blattspreiten der Gatt. *Nepenthes* (↗Kannenpflanzengewächse, ☐), die dem Insektenfang dienen. Um die Photosynthese durchführen zu können, ist der Blattrand flächig vergrößert. ↗carnivore Pflanzen (☐).

Kannenpflanze, *Nepenthes,* Gatt. der ↗Kannenpflanzengewächse.

Kannenpflanzengewächse, die *Nepenthaceae,* Fam. der Osterluzeiartigen mit 1 Gatt., der Kannenpflanze *(Nepenthes),* u. ca. 70 Arten in den Regenwäldern der altweltl. Tropen u. N-Australien. In dieser

Kaninchen

Einige Hauskaninchen-Rassen:
1 Wildkaninchen,
2 Russenkaninchen,
3 Deutscher Widder,
4 Englischer Schecke,
5 Angorakaninchen,
6 Weißer Wiener,
7 Holländerkaninchen,
8 Belgischer Riese

Fam. sind carnivore (tierfangende), meist rankende Kräuter, Sträucher u. Epiphyten zusammengefaßt. Die Blätter klettern mittels Ranken, die eine Verlängerung der Blattmittelrippe des zungenförm. Blatts darstellen. Das schlauchförm. Ende der Ranke ähnelt einer Kanne (⌐ *Kannenblätter),* die nach vollständ. Entwicklung durch einen Deckel geöffnet werden kann. Unterhalb des verdickten Kannenrandes, der mit Nektardrüsen besetzt ist, liegt eine Gleitzone. Insekten, die durch den Nektar u. die Kannenfärbung (rot, grün od. gefleckt) angelockt werden, rutschen an ihr herunter u. ertrinken in einer wäßr. Flüssigkeit, die die Pflanze aus Drüsen abgegeben hat; diese enthält Ameisensäure u. eiweißspaltende Enzyme. Die abgebauten Stickstoffverbindungen werden über Drüsen od. von der gesamten Innenfläche aufgenommen. In traubenart. Rispen sind die kleinen roten, gelben od. grünen Blüten angeordnet; sie sind eingeschlechtl. u. einhäusig. Die Frucht ist eine Kapsel. ☐ carnivore Pflanzen.

Kannibalismus *m* [v. span. caníbales, urspr. caríbales = Kariben], **1)** in der Ethologie das Fressen v. Artgenossen, i. w. S. auch das Auffressen eigener Körperteile. K. ist v. vielen Tierarten, auch v. Pflanzenfressern, bekannt geworden. So greifen räuberisch lebende Tiere bei Nahrungsmangel Artgenossen an, Jungtiere werden häufig wie normale Beute behandelt (⌐ *Infantizid).* Bei einigen Spinnen u. Insekten wird das ♂ nach der Paarung vom ♀ gefressen. Sonderfälle sind K. bei zu großer *Dichte* der Bevölkerung, K. gegenüber den eigenen Jungen *(Kronismus)* od. den eigenen Geschwistern *(Fratrizid).* Es gibt Greifvögel, bei denen das größere, zuerst geschlüpfte Junge das zweite Junge regelmäßig tötet u. frißt. **2)** *Anthropophagie,* bei den Naturvölkern der Genuß v. Menschenfleisch. Geht v. der Vorstellung einer mag. Kräfteanreicherung aus; deshalb waren bestimmte Körperteile, der Sitz der Zauberkraft der Seele, bevorzugt. K. aus Not war selten. Fr. verbreitet bei den Niam-Niam (am Tschadsee), den Batak (auf Borneo), bei verschiedenen am. Indianerstämmen.

Känogenese *w* [v. gr. kainos = neu, genesis = Entstehung], die ⌐ *Caenogenese.*

Kanonenkugelbaum, *Couroupita guianensis,* ⌐ *Lecythidales.*

Känophytikum *s* [v. gr. kainos = neu, phytikos = Pflanzen-], *Neophytikum, Angiospermenzeit,* auf dem Florenwandel beruhende jüngste Ära der ⌐ *Erdgeschichte,* charakterisiert als „Zeitalter der Bedecktsamer (Angiospermen)"; Dauer ca. 95 Mill. Jahre. B Erdgeschichte.

Kannenpflanzengewächse
Kannenblätter der Kannenpflanze *(Nepenthes)*

K-Antigene (Auswahl)
Escherichia coli:
K-(L-A-B)-Ag*
F-Ag
Salmonellen:
Vi-Ag (= Poly-N-Acetyl-D-Galactosamin-uronsäure)
K-Ag
Klebsiella:
K-Ag
Schleimbildner:
M-Ag (mucus)

* bestimmte K- bzw. F-Ag scheinen bes. für die Virulenz pathogener Stämme verantwortl. zu sein; so wird der bakterielle Hospitalismus meist v. bestimmten K-(F-)Ag-Typen hervorgerufen.

Kapernartige
Wichtige Familien:
⌐ Kaperngewächse (Capparaceae = Capparidaceae)
⌐ Kreuzblütler (Cruciferae)
⌐ Resedagewächse (Resedaceae)
⌐ Moringaceae

Früher wurden die *Capparales* vielfach mit den *Papaverales* in der Ord. *Rhoeadales* zusammengefaßt. Neuere Befunde lassen dies jedoch nicht mehr als sinnvoll erscheinen.

kappar- [v. gr. kapparis = Kapernstrauch, Kaper].

Känozoikum *s* [v. gr. kainos = neu, zōikos = Tier-], *känozoische Ära, Neozoikum, Erdneuzeit,* auf dem Wandel in der Tierwelt gründende jüngste Ära der ⌐ *Erdgeschichte;* charakterisiert als „Zeitalter der Säugetiere"; Dauer ca. 65 Mill. Jahre = ca. 1,5% der Erdgeschichte. Das K. wird unterteilt in die Perioden ⌐ *Tertiär* u. ⌐ *Quartär.* B Erdgeschichte.

K-Antigene, *Kapsel-Antigene, Hüllenantigene,* Abk. *K-Ag,* an Bakterienzelloberflächen gebundene Antigene, Kapselkomponenten (meist Polysaccharide) od. andere Strukturen außerhalb der ⌐ *Bakterienzellwand;* können die O-Agglutination der Zellwandantigene (⌐ O-Antigene) verhindern; durch Erhitzen der Zellen läßt sich diese Agglutination wieder herstellen. Bei ⌐ *Escherichia coli* sind ca. 80 K-Ag bekannt, die noch aufgrund unterschiedl. Hitzestabilität in die Gruppen A, B und L unterteilt werden. Die Protein-K-Ag (= M-Protein), die morpholog. den Fimbrien entsprechen, werden neuerdings als *F-Antigene* bezeichnet.

Kantschile [Mz.; malaiisch], *Tragulus,* Gatt. der ⌐ *Hirschferkel.*

Kanuschnecken, die ⌐ *Bootsschnecken.*

Kapaun *m* [v. lat. capo = verschnittener Masthahn], ⌐ *Kastration.*

Kapazitation *w* [v. lat. capax, Gen. capacis = befähigt], *Kapazitierung,* die abschließende physiolog. Reifung der Spermien im ♀ Genitaltrakt. Die K. dauert bei Säugetieren u. beim Menschen einige Stunden. Sie wird nicht artspezif. ausgelöst; z. B. können Kaninchen-Spermien im Maus-Oviduct kapazitiert werden. Die K. besteht wohl v. a. in der Entfernung v. Proteinen, die während der mehrtäg. Spermien-Reifung im Neben-⌐ *Hoden* der Spermienmembran aufgelagert worden sind; auch ändert sich die Schlagweise der Spermiengeißel. Die K. ist Voraussetzung für die Akrosomreaktion (⌐ *Plasmogamie),* mit der die Besamung eingeleitet wird.

Kapernartige [v. *kappar-], Capparales,* Ord. der *Dilleniidae* mit 5 Fam., in denen etwa 440 Gatt. mit rund 3800 Arten zusammengefaßt sind. Pflanzen mit spiralig angeordneten Blättern, zwittr., zur 4-Zähligkeit neigenden Blüten mit Diskusbildungen bzw. Nektardrüsen sowie parietaler Placentation u. reif endospermlosen Samen. Charakterist. sind insbes. die sog. Myrosinzellen, die *Myrosinase,* ein Senfölglykosid-spaltendes Enzym, enthalten, das bei Verletzung den für viele Pflanzen dieser Ord. typ. scharfen Geruch bzw. Geschmack erzeugt.

Kaperngewächse [v. *kappar-], *Capparaceae, Capparidaceae,* mit den Kreuzblütlern eng verwandte Fam. der ⌐ *Kapernarti-*

Bei K vermißte Stichwörter suche man auch unter C und Z.

Kapernstrauch

gen mit rund 800 sehr vielgestalt. Arten in etwa 46 Gatt. In den Tropen u. Subtropen bevorzugt Trockengebiete besiedelnde Bäume, (Kletter-)Sträucher od. Kräuter mit einfachen od. handförm. gefiederten Blättern u. kleinen, oft hinfälligen od. zu Dornen umgewandelten Nebenblättern. Die einzeln od. in Trauben stehenden, meist 4zähl. Blüten sind häufig zygomorph u. variieren stark hinsichtl. der Gestalt ihrer Blütenachse sowie in der Zahl ihrer Staub- u. Fruchtblätter. Die Frucht ist eine Kapsel, seltener eine Schote od. Beere. In der Fam. weit verbreitet sind Xeromorphien (Dornen, eingerollte Blätter, Behaarung usw.) sowie Myrosinzellen u. Senfölglykoside. Wichtigster Vertreter ist der Kapernstrauch *(Capparis);* der Echte Kapernstrauch *(C. spinosa,* B Kulturpflanzen IX) stammt aus dem Mittelmeergebiet u. ist eine dorn. Pflanze mit einfachen Blättern u. einzeln blattachselständ., großen, weißen Blüten mit zahlr. rötl. Staubblättern. Einige K. werden als Gartenzierpflanzen kultiviert. Am bekanntesten ist die aus dem trop. u. subtrop. Amerika stammende Spinnenpflanze *(Cleome spinosa)* mit handförm. gefingerten Blättern u. zahlr., in breiten Trauben stehenden, weißen, purpurnen od. rosafarbenen Blüten mit lang herausragenden Staubfäden.

Kapernstrauch [v. *kappar-], *Capparis spinosa,* ↗ Kaperngewächse.

Kaphase, *Wüstenhase, Lepus capensis,* nächster Verwandter (nach einigen Autoren nur eine U.-Art) des Eur. Feldhasen *(L. europaeus);* etwas kleiner (Gewicht 1,5–2,5 kg); lange, nackte Ohren. Der K. besiedelt den größten Teil Afrikas sowie Vorder- u. Mittelasien bis O-Asien; in der Mongolei heißt er „Tolaihase". Lebensraum des K.n sind Wüsten- u. Steppengegenden, v.a. leicht hügel. Gelände mit Strauchwuchs; als Nahrung bevorzugt der K. die gleichen Pflanzengruppen wie der Eur. Feldhase. Aufgrund des weiten Verbreitungsgebiets treten geogr. Unterschiede u. a. in Größe, Färbung, Fortpflanzungsgeschehen u. Haarwechsel auf.

Kapillaren [Mz.; v. *capillar-], **1)** Physik: *Haarröhrchen,* Röhrchen mit sehr kleinem Innendurchmesser, die ↗ Kapillarität (☐) zeigen. **2)** Anatomie: *Haargefäße,* die ↗ Blutkapillaren. ↗ Blutgefäße.

Kapillariose *w* [v. *capillar-], *Capillariosis, Haarwurmkrankheit,* von Fadenwürmern der Gatt. ↗ *Capillaria* hervorgerufene Erkrankung des Verdauungstrakts bei Vögeln u. anderen Wirbeltieren, selten auch beim Menschen. Typisch sind Entzündungen u. Durchfälle. Zwischenwirte der in Vögeln lebenden *Capillaria*-Arten sind oft Regenwürmer.

capillar- [v. lat. capillaris = Haar-].

Kaperngewächse
Die etwa erbsengroßen, eiförm., etwas abgeflachten Knospen des Echten Kapernstrauchs *(Capparis spinosa),* die *Kapern,* werden seit dem Altertum als Gewürz verwendet. Ihr charakterist. würziger, etwas scharfer Geschmack ist auf Methylsenföl zurückzuführen, das beim Welken durch *Myrosinase* aus Glucocapparin freigesetzt wird.

kappar- [v. gr. kapparis = Kapernstrauch, Kaper].

Kapokbaum
Die 1–4 cm langen, glatten Wollhaare des Echten K.s *(Ceiba pentandra)* bestehen zu rund 60% aus Cellulose u. Hemicellulose u. werden ihrer glatten Oberfläche u. geringen Reißfestigkeit wegen in erster Linie als Polster-, Füll- u. Isoliermaterial sowie zur Papierherstellung verwendet. Die fettreichen Samen liefern das hochwert. *Kapoköl,* das zu Speisezwecken od. zur Seifenherstellung dient.

Kapillarität *w* [v. *capillar-], Ansteigen v. benetzenden bzw. Absinken v. nicht benetzenden Flüssigkeiten in Haargefäßen (↗ *Kapillaren*) bzw. am Gefäßrand. Durch Zusammenwirken v. Kohäsions- u. Adhäsionskräften (↗ Adhäsion) entsteht eine Krümmung der Flüssigkeitsoberfläche (Meniskus) entweder nach oben (*Kapillaraszension, Kapillarattraktion,* bei benetzenden Flüssigkeiten, z.B. Wasser) od. nach unten (*Kapillardepression,* bei nicht benetzenden Flüssigkeiten, z.B. Quecksilber), je nachdem die Moleküle unter sich od. zur Gefäßwand hin stärker angezogen werden (Oberflächenspannung). ↗ Detergentien setzen die Oberflächenspannung stark herab u. vergrößern dadurch die ↗ Benetzbarkeit. Für die Wasserversorgung der Pflanzen spielt die K. des Bodens eine wicht. Rolle.

Kapillarwasser ↗ Bodenwasser.

Kapitänsfisch, *Polydactylus quadrifilis,* ↗ Fadenfische 2).

Kapitatum *s* [v. lat. capitatus = mit einem Kopf versehen], das ↗ Kopfbein.

kapländisches Florenreich [ben. nach dem Kap der Guten Hoffnung (Südafrika)], die ↗ Capensis.

Kap Lopez [-peß; ben. nach der Westspitze v. Gabun], *Aphyosemion australe,* ↗ Prachtkärpflinge.

Kapnesolenia *w* [v. gr. kapnē = Rauchfang, sōlēn = Röhre], Gatt. der ↗ Stellettidae.

Kapokbaum [malaiisch], *Wollbaum, Ceiba,* Gatt. der *Bombacaceae* mit rund 20 Arten in den Tropen. Bekannteste Art ist der urspr. im trop. Amerika heim., heute über die gesamten Tropen verbreitete Echte K. *(C. pentandra,* B Kulturpflanzen XII*),* ein bis 50 m hoher Baum mit handförm. gefiederten Blättern u. in Büscheln angeordneten, weißen od. rosa Blüten. Seine großen Fruchtkapseln enthalten zahlr. Samen, die in aus der Fruchtwand hervorgehenden, weichen, gelbl.-weißen, seidig glänzenden Wollhaaren eingebettet sind.

Kappa-Faktor *m* [v. gr. kappa = K], **1)** *Proconvertin,* der Faktor VII der ↗ Blutgerinnung (T). **2)** das ↗ Killer-Gen.

Kappengrünalge, *Kappenalge, Oedogonium,* Gatt. der ↗ Oedogoniales.

Kappenmohn, *Eschscholtzia,* Gatt. der ↗ Mohngewächse.

Kappenmuskel, der ↗ Kapuzenmuskel.

Kappenschnecken, *Hutschnecken, Capulidae,* Fam. der Pantoffelschnecken mit napfförm. Gehäuse, dessen Schalenhaut am Rande oft ausgefranst ist; ohne Deckel. Die K. sind protandr. ⚥; ihre Larve weicht v. der übl. Form ab (Echinospira). Eine bekannte Gatt. ist ↗ *Capulus;* auch die an Seesternen warmer Meere ektoparasit.

Bei K vermißte Stichwörter suche man auch unter C und Z.

lebende *Thyca* wird z.Z. zu den K. gerechnet.

Kappenwurm, *Camallanus lacustris,* ↗ Camallanus.

Kappenzelle, trichogene Zelle eines ↗ Scolopidiums.

Kaprifikation w [v. lat. caprificus = wilde Feige], die ↗ Caprifizierung.

Kapschwein, das ↗ Erdferkel.

Kapsel, 1) Bot.: a) bestimmte ↗ Fruchtform ([T], [B] Früchte; b) der sporenbildende Teil des Sporophyten bei den Moosen. **2)** Mikrobiol.: stark wasserhalt. Material, das den Zellwänden vieler Bakterien (↗ Bakterienzellwand) u. Cyanobakterien außen aufgelagert ist. Da viele K.substanzen ins Medium abgegeben werden, ist der Übergang zur Schleimbildung fließend. K.n können durch Negativfärbung od. serologisch nachgewiesen werden. Auf der anderen Seite dienen K.komponenten zur Differenzierung v. Bakterienstämmen (↗ K-Antigene). K.n setzen sich meist aus Polysacchariden zus. (Bausteine z.B. Glucose, Rhamnose, Uronsäuren u.a. Zuckerabkömmlinge). Die K. der *Bacillus*-Arten besteht aus Protein (poly-D-Glutaminsäure). K.bildende Stämme wachsen auf festen Nährböden mit großen, schleim. Kolonien (↗ S-Stämme). Die Übertragung der k.bildenden Eigenschaft auf k.freie Pneumokokken durch ↗ Transformation war der entscheidende Beweis, daß DNA das Erbmaterial darstellt. – Die Schleimschichten haben im Ggs. zu den K.n (i.e.S.) nur eine sehr lockere Verbindung zur Zelloberfläche u. sind unregelmäßig verteilt. Neuerdings werden Polysaccharid-K.n und -Schleime als *Glykokalyx* bezeichnet. K.n sind für das Wachstum nicht notwendig, haben aber für ein Überleben unter ungünst. Bedingungen große Bedeutung u. bestimmen bei vielen pathogenen Formen die Virulenzeigenschaften (vgl. Tab.). □ Bakterien.

Kapselantigene, die ↗ K-Antigene.

Kapuzenmuskel, *Kappenmuskel, Trapezmuskel, Musculus trapezius,* dorsal gelegener Schultergürtelmuskel der Amnioten, stammesgesch. aus Kiemenbogenmuskeln hervorgegangen. Beim Menschen entspringt der K. entlang der Rückenmittellinie im Bereich v. Hinterhaupt bis unterstem Brustwirbel u. setzt an den distalen Bereichen des Schlüsselbeins (Clavicula) u. des Schulterblatts (Scapula) sowie am Knochenkamm des Schulterblatts (Crista scapulae) an. Der Kapuzenmuskel fixiert den Schultergürtel u. kann ihn nach hinten ziehen.

Kapuzennatter, *Macroprotodon cucullatus,* ca. 60 cm lange, im S der Iberischen Halbinsel, auf den Balearen, Lampedusa u.

Kapseln
Wichtige Bakterien-Gatt. mit kapsel- od. schleimbildenden Formen:
Acetobacter (Celluloseausscheidung)
Agrobacterium
Azotobacter
Bacillus
Brucella
Cyanobakterien
Derxia
Enterobakterien
Erwinia
Haemophilus
Leuconostoc
Pseudomonas
Rickettsien
Staphylococcus
Streptococcus
Xanthomonas
Zoogloea

Kapseln
Kapsel-Funktionen bei Bakterien (Auswahl):
1. Schutz vor Phagocytose u.a. bakterizide Serumfaktoren
2. Schutz vor Austrocknung (bes. Bodenbakterien)
3. Anheftung (in wäßrigem Habitat)
4. Schutz vor Enzymreaktionen (Exoenzyme)
5. Ionenbindung
6. Bakteriophagenschutz (aber auch Adsorptionsstelle)

"Kapuze"

Kapuzenspinne

Kapuzineraffen

in N-Afrika beheimatete Trugnatter; bevorzugt trockenes, stein. oder sand., wenig bewachsenes Gelände. Ähnelt Glattnatter, aber Pupille senkrecht oval. Färbung variabel: Oberseite grau-, rötl.- od. hellbraun mit dunkleren kleinen Flecken, oft in 3 Reihen; unterseits gelbgrau bis rötl., mit schwarzer Zeichnung bzw. quergefleckt. Zügelschild *(Loreale)* durch 1–2 Vorderaugenschilder v. Auge getrennt; Rückenschuppen glatt. Ernährt sich v.a. von Eidechsen; zieml. gefräßig. Gift für den Menschen nur selten gefährl. Meist dämmerungs- u. nachtaktiv. Weibchen legt im Juli 5–7 Eier.

Kapuzenspinnen, *Ricinulei,* Ord. der Spinnentiere mit nur 15 Arten. K. sind aus der Streuschicht der trop. Regenwälder W-Afrikas (Gatt. *Ricinoides*) u. Amerikas (Gatt. *Cryptocellus*) bekannt. Ihre Lebensweise ist völlig unbekannt. Der bis 1 cm lange Körper ist mit einer dicken Cuticula bedeckt. Der Vorderrand des Prosomas setzt sich in eine gelenk. Duplikatur fort, die ventral über die Mundwerkzeuge geklappt werden kann (Kapuze). Das Opisthosoma grenzt breit an das Prosoma u. besteht aus 10 Segmenten. Die Cheliceren sind 2gliedrige Scheren, die weit vorgestreckt werden können, die Pedipalpen sind klein u. tasterförmig; ihre Laden bilden einen Mundvorraum. Bei Männchen ist das 3. Laufbeinpaar zu einem Kopulationsorgan umgestaltet. Typisch sind 1 Paar Siebtracheen; ihre Stigmen liegen in der Furche zw. Vorder- u. Hinterleib u. sind mit einem Gitter aus Cuticuladornen überdeckt; vom Vorhof gehen Hunderte v. Tracheenkapillaren ab, die direkt zu den Organen führen.

Kapuzineraffen, i.w.S. die in 5 U.-Fam. aufgeteilten Kapuzinerartigen (Fam. *Cebidae*), eichhörnchen- bis hauskatzengroße Neuweltaffen (↗ Breitnasen). Alle K. sind baumlebend; viele haben einen langen Greifschwanz. – Unter den K. i.e.S. versteht man nur die zur U.-Fam. *Cebinae* zusammengefaßten Angehörigen der Gatt.

Kapuzineraffen
Unterfamilien der Kapuzineraffen i.w.S.:

↗ Brüllaffen *(Alouattinae)*
Kapuzineraffen *(Cebinae)*
↗ Klammerschwanzaffen *(Atelinae)*
↗ Nacht- u. ↗ Springaffen *(Aotinae)*
↗ Sakiaffen *(Pitheciinae)*

Kapuzineraffe

Bei K vermißte Stichwörter suche man auch unter C und Z.

Kapuzinerkäfer

Saimiri (Totenkopfäffchen) u. *Cebus* (Kapuziner) mit je etwa 4 Arten (Abgrenzung Arten/U.-Arten schwierig). Die K. leben gesellig im Blattwerk der Baumkronen des mittel- u. südam. Urwalds. Ihre hpts. Nahrung sind Früchte, Insekten u.a. Wirbellose. Die Totenkopfäffchen erhielten ihren dt. Namen wegen ihrer auffälligen Gesichtszeichnung. Die Bez. Kapuziner geht auf Linné zurück, der einer K.-Art mit dunkler „Kappe" auf dem Hinterkopf den Namen *Simia capucina* gab. [B] Südamerika II.

Kapuzinerkäfer, *Bostrychus capucinus,* ↗ Holzbohrkäfer.

Kapuzinerkressengewächse, *Tropaeolaceae,* Fam. der Storchschnabelartigen mit den beiden Gatt. *Magallana* u. *Tropaeolum* u. 190 Arten (Mittel- u. S-Amerika). Meist kletternde Kräuter, die im Saft Benzylsenföl führen. Der dt. Name der Fam. rührt v. den auffallenden, dorsiventralen Blüten her, bei denen ein Kelchblatt zu einem langen Nektarsporn umgebildet ist u. der Blüte Kapuzenform verleiht. Bes. die in 3 einsam. Schließfrüchte zerfallende Frucht enthält wirksame Antibiotika. Hybriden der Großen Kapuzinerkresse (*Tropaeolum majus,* [B] Südamerika VII) u. der Kleinen K. *(T. peltophorum)* (Kolumbien–Peru) sind häufige Zierpflanzen; Blütenknospen u. unreife Früchte werden in Essig od. Salzwasser eingelegt u. wie Kapern verwendet („falsche Kapern"). *T. tuberosum* bildet birnenförm., stärkereiche Ausläuferknollen, deretwegen sie v. Kolumbien bis Chile als Nahrungsmittel angebaut wird.

Kapuzinerpilz, *Leccinum scabrum* S. F. Gray, ↗ Rauhfußröhrlinge.

Karakal m [türk.], der ↗ Wüstenluchs.

Karakara, Carancho, *Polyborus plancus,* ↗ Falken.

Karakurte [v. türk. kara = schwarz, kurt = Wolf], die ↗ Schwarze Witwe.

Karambola w [v. ind. karambal über span./port. carambola = Sternapfel], Früchte von *Averrhoa carambola,* ↗ Sauerkleegewächse.

Karauschen [Mz.; litauisch], *Carassius,* Gatt. der U.-Fam. Echte Karpfen mit 2 Arten, ohne Barteln. Die meist um 20 cm lange Karausche od. der Moorkarpfen (*C. carassius,* [B] Fische XI) besiedelt v. a. kleinere schlamm. Seen u. langsam fließende Gewässer Europas u. Sibiriens; wird bei guter Ernährung hochrückig. Urspr. in O-Asien verbreitet ist die meist ca. 15 cm lange, überwiegend silbrig gefärbte Silber- od. Gold-K. *(C. auratus).* Sie ist die Stammform des Goldfisches *(C. a. auratus),* v. dem v. a. in China (seit etwa 1000 Jahren) u. Japan zahlreiche Farb- und Formvarietäten, wie langflossige Schleierschwänze, buntgefleckte Harlekin-, Teleskopau-

Kapuzinerkressengewächse
Kapuzinerkresse
(Tropaeolum)

Karbon
Wegen seiner wirtschaftl. Bedeutung (etwa 50% der Weltkohlenvorräte) ist das K. stratigraphisch am besten erforscht. Int. Konferenzen im Abstand v. 4 Jahren bekunden den ständ. Fortschritt, der wahrscheinl. bald zu einer starken Veränderung der stratigraph. Tab. (vgl. Abb.) führen wird, die in ihren Grundzügen auf Conybeare u. Phillips (1822) u. Murchison (1839) auf der Basis der in Europa angetroffenen geolog. Verhältnisse zurückgeht.

Karbon
Das karbonische System
290 Mill. Jahre vor heute

Ober-Karbon	Pennsylvanian	Silesium	C B Stephanium A Cantabrium
			D C Westfalium B A
			C B Namurium A Florensprung
Unter-Karbon	Mississippian	Dinantium	CU III Viséum CU II
			Tournaisium CU I Balvium

360 Mill. Jahre vor heute

gen-, dickbäuchige Blasenaugen- od. Löwenkopf-Goldfische herausgezüchtet worden sind ([B] Gentechnologie); in Europa wird er seit dem 17. Jh. in Zierteichen u. Aquarien gehalten. Eine weitere U.-Art bilden die ost- od. südosteur., ca. 20 cm langen, wirtschaftl. genutzten Giebel (*C. a. gibelio*), die v. a. an den Rändern ihres Verbreitungsgebiets in reinen Weibchenbeständen vorkommen; ihre Eier werden durch eindringende Spermien anderer Karpfenarten zur Kernverschmelzung zur parthenogenet. Fortpflanzung angeregt, so daß nur wieder Weibchen entstehen können (↗ Gynogenese).

Karbon s [v. lat. carbo = Kohle], *karbonisches System, Steinkohlenformation,* erdgeschichtl. Periode des mittleren Paläozoikums von ca. 70 Mill. Jahre Dauer (↗ Erdgeschichte, [B]). Während die Untergrenze mit Einsetzen des Goniatiten *Gattendorfia subinvoluta* einheitl. gezogen wird, bestehen über die Obergrenze unterschiedl. Auffassungen. Schwierigkeiten resultieren aus der Tatsache, daß Fazies, Fauna, Flora u. Kohleführung sich zum Perm hin unscharf verändern. Deshalb faßt man oft K. u. Perm zum Permokarbon od. Anthrakolithikum zus. *Leitfossilien:* Eine durchgehend marine Gliederung stützt sich auf Goniatiten u. Foraminiferen, in anderen Faziesbereichen helfen v. a. Trilobiten, Conodonten u. Pflanzen. *Gesteine:* Kalke, Ton- u. Dachschiefer, Grauwacken, Flysche, Molassen u. Vulkanika. *Paläogeographie:* Durch Zusammenrücken der Festlandsmassen beider Erdhalbkugeln entsteht der Großkontinent Pangäa, in dessen Ostseite die persistierende Paläotethys golfartig einschneidet. Im unteren K. bleibt die variszische Geosynklinale, gegliedert in Tröge u. Schwellen, mit ausgedehnten Schelfbereichen bestehen. In ihnen lagert sich der ↗ Kohlenkalk ab, südostwärts davon im Gebiet der Mitteldeutschen Saumsenke entstehen in Meerestiefen von 500 bis 1000 m die Grauwacken u. Sandsteine der ↗ Kulm-Fazies. Mit Auffaltung der variszischen Geosynklinale zum variszischen Gebirge werden die Bildungsräume neuer Sedimentgesteine beträchtl. eingeengt auf die Ränder des Gebirges (= „paralische Saumsenken") u. Talungen zw. den Bergzügen (= „limnische Innensenken"). Nach Verlandung siedelt sich üppiger Pflanzenwuchs an; Seen und Moore entstehen. Während die Innensenken vom Meer nicht erreicht werden, kommt es am Gebirgsrand zu wiederholten kurzfrist. Überflutungen. Der Wechsel v. Wachstum u. Vernichtung der Wälder führt zur Ausbildung v. Kohlenflözen im „produktiven" K. (an der Ruhr z. B. 80 bis 85 abbauwürdige

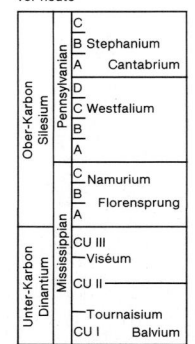

Bei K vermißte Stichwörter suche man auch unter C und Z.

Die Lebewelt des Karbons

Pflanzen

Kalkbildende Algen waren in der Kohlenkalksee weitverbreitet, vom festen Land ergriff eine üppige Pflanzenwelt endgültigen Besitz. Nach Aussterben der Psilophyten im Oberdevon erreichten niedere Gefäßpflanzen im Oberkarbon ihren Entwicklungshöhepunkt. Bärlappe – sog. Schuppen- u. Siegelbäume – bildeten bis 30 m hohe u. 2 m dicke Stämme aus; Schachtelhalme, bekannt als Calamiten u. Keilblatt, sowie echte Farne *(Filicatae)* mögen ein dichtes Unterholz gebildet haben ([B] Farnpflanzen III–IV). Entwicklungsgeschichtl. wurden zwei bedeutende Fortschritte erzielt: Anstelle v. Sporen vermehrten sich die Pteridospermen durch Samen (Farnsamer), und gg. Ende des K.s erschienen die ersten Nadelhölzer (Coniferophyten). Überaus günst. Klima u. tekton.-ökolog. Impulse in Gefolge der variszischen Gebirgsbildung schufen die Voraussetzungen für das vorzügl. Gedeihen der Wälder u. Moore u. das Entstehen der Kohlenflöze.

Tiere

In der Tierwelt des Meeres wurden die tabulaten Korallen u. den aufstrebenden Fiederkorallen (↗ *Rugosa*) zurückgedrängt, Riffe scheinen jedoch noch selten gewesen zu sein. Diese Rolle übernahmen im Kohlenkalkmeer die Bryozoen im Verein mit z.T. sehr großen Brachiopoden u. Seelilien. Die Trilobiten waren bis auf wenige alte u. neue Formen fast am Ende. Krebstiere nahmen hingegen an Häufigkeit zu, ebenso die Spinnen und Tausendfüßer. Schwertschwänze wurden dem lebenden *Limulus* immer ähnlicher. Gewaltige Spannweiten (bis 75 cm) ihrer starren, nicht faltbaren Flügel entwickelten einige der seit dem Oberdevon existierenden geflügelten Insekten; im Oberkarbon kamen Libellen, Eintagsfliegen u. Schaben hinzu. Alle machten eine unvollkommene Metamorphose durch u. ernährten sich v. Fleisch u. Aas. Gleichzeitig tauchten auch zahlr. marinen Formen auch die ersten Süßwasserschnecken auf, u. limn. Muscheln erreichten eine erste Blütezeit. Kopffüßer, insbes. die Ammonoideen (☐ *Ammonoidea*), entfalteten sich nach einem scharfen Einschnitt gg. Ende Devon zu großer Formenfülle, ↗ *Coleoidea* hinterließen erste Spuren. Knorpel- u. Knochenfische übernahmen die Rolle der † Panzerfische. Plumpe Vierfüßer („Amphibien"), bis zu 5 m Länge, mit flachem, geschlossenem Schädeldach u. stark gefälteltem Zahnschmelz (Stegocephalen bzw. Labyrinthodonten) u. schlangenartige Lepospondylen waren die beherrschende Tiergruppe des Festlands, aus der noch im Oberkarbon die ersten anapsiden Kriechtiere (Reptilien) hervorgingen.

Flöze). Die paralischen Kohlenlager bilden einen Gürtel, der von S-Irland bis nach Oberschlesien reicht. Limnische Reviere liegen im Saargebiet, Niederschlesien, N-Böhmen u. an anderen Orten (z. B. im Schwarzwald). *Krustenbewegungen:* In die K.-Zeit fällt die Entstehung des variszischen Gebirges, das v. einem Scheitelpunkt im frz. Zentralplateau aus 2 V-förmige Gebirgsbögen entsendet. Der nach NW gerichtete „armorikanische" Bogen erstreckt sich über die Bretagne nach S-Irland, der „variszische" über die Dt. Mittelgebirge – Reste des Variszikums – bis nach Oberschlesien. Die Faltung geht unter ausgedehntem Plutonismus in mehreren Phasen vor sich ([B] Erdgeschichte) u. ergreift dabei, nach N voranschreitend, immer weitere Bereiche des Vorlandes. – Alle Anzeichen sprechen für ein mild-humides *Klima.* Die Steinkohlenwälder waren hinsichtl. ihrer Üppigkeit u. ihres Artenreichtums ähnl. den heutigen Regenwäldern u. ihre Standorte vergleichbar trop. Mooren der Jetztzeit. Auf dem Gondwana-Land der Südhalbkugel herrschte ein kühlgemäßigtes Klima, das auch Vereisungsspuren hinterließ (Permokarbonische Eiszeit). S. K.

Kardamom s [v. gr. kardamōmon = Kardamom], *Elettaria,* Gatt. der Ingwerge-

Kardenartige

Wichtige Familien:
↗ Baldriangewächse *(Valerianaceae)*
↗ Geißblattgewächse *(Caprifoliaceae)*
↗ Kardengewächse *(Dipsacaceae)*
↗ Moschuskrautgewächse *(Adoxaceae)*

card- [v. lat. carduus = Distel].

Kardengewächse

wächse mit 2 Arten. *E. cardamomum* ([B] Kulturpflanzen IX) stammt aus den feuchten Bergwäldern S-Indiens; ihre scharf schmeckenden Samen werden als Malabar-K. gehandelt; sie enthalten äther. Öle u. werden für Back- u. Wurstwaren sowie in der Likör- u. Tabak-Ind. verwendet. Von geringerer Bedeutung ist *E. major,* die den Ceylon-K. liefert; das äther. Öl der Samen hat einen stark aromat. Geruch.

Kardenartige [Mz.; v. *card-], *Dipsacales,* vorzugsweise in den gemäßigten Breiten der N-Halbkugel heim. Ord. der *Asteridae* mit 5 Fam. (vgl. Tab.), in denen etwa 50 Gatt. mit rund 1300 Arten zusammengefaßt sind. Meist kraut. Pflanzen mit gegenständ., oft gefiederten Blättern u. 4kreis., 4–5zähl., bisweilen zygomorphen Blüten mit unterständ. Fruchtknoten aus jeweils 2–5 verwachsenen Fruchtblättern.

Kardendistel [v. *card-], *Dipsacus,* in Europa, N-Afrika u. Vorderasien heim. Gatt. der Kardengewächse mit etwa 15 Arten. In Mitteleuropa v.a. die in staud. Unkrautfluren, an Wegen, Dämmen u. Ufern wachsende Wilde K. *(D. silvester).* Die bis 2 m hohe, dichasial verzweigte, stachelige Staude besitzt an der Basis paarweise verwachsene Stengelblätter und 3–8 cm lange eiförmige, von lineallanzettl.-spitzen Hüllblättern umgebene Blütenköpfe, deren violette, röhrige Blüten v. biegsamen, spitz zulaufenden Spreublättern überragt werden. Früher vielerorts angebaut wurde die schon im Altertum als Nutzpflanze bekannte Weber-K. *(D. sativus).* Sie unterscheidet sich von *D. silvester* v.a. durch ihre starren, mit einer zurückgekrümmten Spitze versehenen Spreublätter. Ihre getrockneten Blütenköpfe dienten fr. zum Aufrauhen v. Wollgeweben. Die genannten Kardendisteln findet man oft in Trockensträußen.

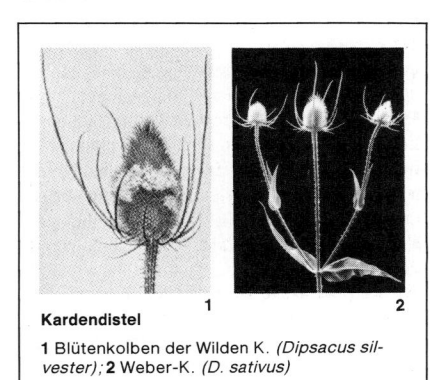

Kardendistel

1 Blütenkolben der Wilden K. *(Dipsacus silvester);* 2 Weber-K. *(D. sativus)*

Kardengewächse [v. *card-], *Dipsacaceae,* insbes. im Mittelmeerraum u. in Vorderasien beheimatete Fam. der Kardenarti-

Bei K vermißte Stichwörter suche man auch unter C und Z.

Kardinalbarsche

gen *(Dipsacales)* mit 350 Arten in 11 Gatt. 1- oder mehrjähr. Kräuter, seltener Halbsträucher mit meist gegenständ., an der Basis zuweilen paarweise verwachsenen Blättern u. von Hüllblättern umgebenen, köpfchenförm. Blütenständen. Die oft in den Achseln v. Spreublättern sitzenden, mehr od. weniger zygomorphen Blüten besitzen einen aus verwachsenen Hochblättern gebildeten Außenkelch, einen unterschiedl. gestalteten (borstig geteilten od. zu einem Becher od. Ring reduzierten) Kelch u. eine röhrige Krone mit 4–5zipfl. Saum. Die Frucht ist eine 1samige, vom Außenkelch umschlossene u. vom Kelch „gekrönte" Schließfrucht. Kelch u. Außenkelch können vergrößert der Windverbreitung der Früchte dienen (z. B. bei der ↗Skabiose). Durch ihre v. Hüllblättern umgebenen, oft durch vergrößerte Randblüten betonten Blütenköpfchen besitzen die K. eine Ähnlichkeit mit den Korbblütlern. Sie unterscheiden sich jedoch v. diesen u. a. durch das Vorhandensein eines Außenkelchs, durch freie, aus den Blüten herausragende Staubbeutel u. durch das Vorkommen v. Pseudo-Indicanen (Substanzen, die nach fermentativer Oxidation blaue Farbstoffe ergeben). Zudem enthalten sie als Reservekohlenhydrat nicht Inulin, sondern einfache Zucker, meist Saccharose. Verschiedene K. dienen als Zierpflanzen. Hierzu gehören u. a. die ↗Skabiose u. *Cephalaria,* der weißl., gelbl. od. bläul. blühende Schuppenkopf; *C. syriaca* wird wegen ihrer ölreichen Früchte in Syrien u. Kleinasien gelegentl. als Ölpflanze angebaut.

Kardinalbarsche, *Apogonidae,* Fam. der ↗Sonnenbarsche.

Kardinäle, in Amerika verbreitete Gruppe der ↗Ammern, bis 23 cm groß, meist sehr bunt mit überwiegend roten u. gelben Farbtönen, klobiger, zum Samenfressen geeigneter Schnabel, viele Arten mit aufrichtbarer Federhaube; beliebte Käfigvögel, wie der in N-Amerika weitverbreitete Rote Kardinal (*Cardinalis cardinalis,* [B] Nordamerika V), der Rotkopfkardinal *(Paroaria gularis)* u. der an Kopf u. Hals leuchtend blau gefärbte Papstfink (*Passerina ciris,* [B] Nordamerika VI). [B] Käfigvögel.

Kardinalfisch, *Tanichthys albonubes,* Art der ↗Bärblinge.

Kardinalfossula w [v. *kardinal-, lat. fossula = kleiner Graben, Grube], Hauptfossula,* eine längl. Eintiefung oberhalb des (im Wachstum verzögerten) Hauptseptums inmitten des Kelchs v. rugosen Korallen *(↗Rugosa).*

Kardinalkäfer, *Kardinäle, K. i. e. S., Pyrochroa,* Arten der ↗Feuerkäfer.

Kardinalsmütze, *Mitra cardinalis,* zur Fami-

Kardengewächse
Wichtige Gattungen:
↗Kardendistel *(Dipsacus)*
↗Knautie *(Knautia)*
Schuppenkopf *(Cephalaria)*
↗Skabiose *(Scabiosa)*
↗Teufelsabbiß *(Succisa)*

Kardengewächse
Blühende *Cephalaria*

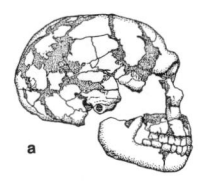

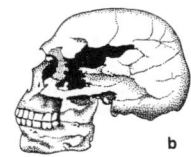

Karmel
a Schädel Tabun I,
b Schädel Skuhl V in Seitenansicht

Kardinal

kardinal- [v. lat. cardo = (Tür-) Angel; davon: Kardinal = hoher kath. Würdenträger mit roter Bekleidung].

lie der Bischofsmützen gehörige marine Schnecke mit 7,5 cm hohem, spindelförm., weißem Gehäuse, das spiralig geordnete, braune Flecke trägt; lebt im Indopazifik auf Sandböden u. unter Korallen.

Kardinalvenen, *Venae cardinales,* paarige längsverlaufende Blutgefäße bei den Wirbeltieren, die aus der Rumpf- u. Kopfregion zurückströmende venöse Blut über den ↗Ductus Cuvieri zum Herzen führen.

Karettschildkröten [v. malaiisch kärah = Schildkröte], *Caretta* und *Eretmochelys,* Gatt. der ↗Meeresschildkröten.

Karfiol *m* [v. it. cavolfiori =], *Blumenkohl,* ↗Kohl.

Karibu *m* [aus dem Algonkin], *Rangifer tarandus caribou,* nordam. ↗Rentier.

Karies *w* [v. lat. caries = Fäule], die ↗Zahnkaries.

Karlszepter, *Pedicularis sceptrum-carolinum,* ↗Läusekraut.

Karmel, *Mensch vom Berg Karmel,* Fundgruppe v. mindestens 10 Urmenschen, ausgegraben 1929–34 in den Höhlen v. Skuhl u. Tabun am Berg Karmel, 19 km südl. Haifa (Israel); ähneln teils (Tabun) mehr dem Neandertaler, teils dem *Homo sapiens sapiens* (Skuhl).

Karminbär *m* [v. mlat. carminium = scharlachrote Farbe], der ↗Jakobskrautbär.

Karnickel, nord- u. ost-dt. Bez. für ↗Kaninchen.

Karnivoren [Mz.; v. lat. (animalia) carnivora = fleischfressende Tiere], die ↗Carnivora.

Karpell *s* [v. *karpo-], das ↗Fruchtblatt; ↗Blüte (□).

karpellat [v. *karpo-], Bez. für Blüten, die nur Fruchtblätter ausbilden u. keine fertilen Staubblätter besitzen. ↗Blüte. Ggs.: staminat.

Karpfen [v. lat. carpa = Karpfen], *Echte K., Cyprininae,* U.-Fam. der Karpfenfische i. e. S. mit den ↗Karauschen u. dem Eigtl. K. (*Cyprinus carpio,* [B] Fische X): ein bis 1 m langer Süßwasserfisch v. a. in stehenden od. langsamfließenden, pflanzenreichen Gewässern; urspr. in SO-Europa u. SO-Asien heimisch, als wichtigster Zuchtfisch in der Teichwirtschaft heute nahezu weltweit verbreitet. Der oft hochrückige K. hat 4 Barteln am dicklippigen, vorstülpbaren Maul, einen gesägten Hartstrahl am Vorderrand der Rückenflosse u. ist in der Wildform u. als Schuppen-K. vollständig beschuppt. Zuchtformen des K.s sind der meist völlig schuppenlose Nackt- od. Leder-K. u. der nur teilweise mit wenigen großen Schuppen bedeckte Spiegel-K. Die Zucht des K.s begann in China u. wird seit dem MA auch in Europa betrieben. Eine verwandte U.-Fam. bilden die v. a. in asiat. Gebirgsbächen lebenden, barbenähnl., bis 50 cm langen Schlitz-K. (*Schizothoraci-*

nae) mit der Gatt. Marinka *(Schizothorax)*; sie haben große Schuppen um die schlitzförm. Afteröffnung, ihr Laich ist sehr giftig. Der bis 1 m lange, pflanzenfressende Gras-K. *(Ctenopharyngodon idella)* u. der 80 cm lange, dunkelgefärbte, vorwiegend Süßwasserschnecken fressende Schwarz-K. *(Mylopharyngodon piceus)*, die in ihrer südostasiat. Heimat große wirtschaftl. Bedeutung haben, gehören zur U.-Fam. Eigtl. ↗ Weißfische.

Karpfenähnliche, *Cyprinoidei*, U.-Ord. der Karpfenfische mit 6 Fam. (vgl. Tab.) und ca. 2000 Arten, außer in S-Amerika und Austr. weltweit verbreitete Süßwasserfische mit vorstülpbarem Mund, meist Mundbarteln, unbeschupptem Kopf, gut entwickelten Flossen, doch ohne Fettflosse, und zwei- bis dreiteiliger Schwimmblase; die Zähne sind auf die sichelförm. Schlundknochen beschränkt.

Karpfenfische, *Cypriniformes*, ca. 4000 Arten umfassende, formenreiche Ord. der Knochenfische mit 3 U.-Ord.: ↗ Salmler, ↗ Messer- od. Zitteraale u. ↗ Karpfenähnliche mit den K.n i. e. S. Fast ausnahmslos Süßwasserfische mit weichstrahl. Flossen, hintenstehenden Bauchflossen, unbeschupptem Kopf u. zwei- od. mehrteil. Schwimmblase, die über eine Kette kleiner Knochen (Weber-Apparat, ↗ Weber-Knöchelchen) mit dem Innenohr verbunden ist; diese bes. Einrichtung mit Hörfunktion haben K. mit der verwandten Ord. ↗ Welse gemeinsam, mit denen sie zus. die Gruppe *Ostariophysi* bilden.

Karpfenlaus, *Argulus foliaceus*, ↗ Fischläuse.

Karpfenschwänzchen ↗ Taubenschwänzchen.

Kärpflinge, Zahn-K., Zahnkarpfen, *Cyprinodontoidei*, U.-Ord. der Ährenfischartigen mit 9 Fam. (vgl. Tab.) u. etwa 800 Arten. Meist um 5 cm lange, karpfenähnliche oft prächt. gefärbte Fische, stets mit Zähnen auf den Kieferknochen u. weichstrahl. Rückenflosse, leben vorwiegend im Süßwasser der Tropen u. Subtropen; viele sind beliebte Aquarienfische. Die formenreichste Fam. bilden die Eierlegenden Zahn-K. *(Cyprinodontidae)* mit ca. 450 Arten, die außer in Austr. in allen Erdteilen vorkommen. Sie sind sehr anpassungsfähig; so können mehrere als Saisonfische bezeichnete Arten der afr. ↗ Pracht-K. *(Aphyosemion)* u. Prachtgrund-K. *(Nothobranchius)* sowie der südam. Fächer-K. *(Cynolebias)* in nur vorübergehend nach der Regenzeit auftretenden Tümpeln leben, beim Austrocknen sterben sie ab, nur ihr Laich überdauert im Boden die Trockenzeit. Mehrere Arten der eur. u. vorderasiat. Orient-K. *(Aphanius)* u. der nordam. K. der Gatt. *Cy-*

card- [v. lat. carduus = Distel].

Karpfenähnliche
Wichtige Familien:
↗ Sauger
(Catostomidae)
↗ Saugschmerlen
(Gyrinocheilidae)
↗ Schmerlen
(Cobitidae)
↗ Weißfische
(Cyprinidae)

Kärpflinge
Wichtige Familien:
Eierlegende Zahnkärpflinge *(Cyprinodontidae)*
Lebendgebärende Zahnkärpflinge *(Poeciliidae)*
↗ Vieraugen *(Anablepidae)*
Indische Glaskärpflinge *(Horaichthyidae)*
Japan-Kärpflinge *(Oryziatidae)*
Hochland-Kärpflinge *(Orestiidae)*

karpo- [v. gr. karpos = Frucht].

prinodon besiedeln brack. und salz. Binnenseen, z. B. der südosteur. Zebra-K. *(Aphanius fasciatus)*, dessen Männchen leuchtend gelbe Flossen hat; ↗ Bachlinge können das Wasser zeitweilig verlassen. Kleinste Art ist der nur 2 cm lange, afr. Kolibri-K. *(Aplocheilichthys myersi)*, größte der 30 cm lange, südam. Fächer-K. *(Cynolebias holmbergi)*. Häufig in Aquarien gehalten werden viele ↗ Pracht-K., der bis 7 cm lange, mittelafr. Prachtgrund-K. *(Nothobranchius guentheri)* mit leuchtend rotem Schwanz, der etwa 6 cm lange Edelstein-K. *(Cyprinodon variegatus)* aus brack. Sümpfen der nordam. O-Küste, dessen Männchen zur Laichzeit v. stahlblau bis lachsrosa gefärbt ist, u. ↗ Hechtlinge. – Zur 2. Haupt-Fam. Lebendgebärende Zahn-K. *(Poeciliidae)* gehören ebenfalls zahlr. sehr bekannte Aquarienfische. Die Weibchen bringen nach innerer Besamung durch die meist prächtig gefärbten, mit einem bes. Begattungsorgan aus umgebildeten Afterflossenstrahlen (↗ Gonopodium) ausgerüsteten Männchen lebende Junge durch ↗ Ovoviviparie zur Welt; eine Paarung reicht durch Speicherung der Spermien für mehrere Geburten. Arten meist klein u. mit aufwärts gerichteter Mundspalte; besiedeln meist in Schwärmen v. den südl. USA bis Argentinien viele Lebensräume, v. salzhalt. Küstensümpfen über Urwaldgebiete bis zu Gebirgsbächen; fressen Pflanzen u. Kleintiere; zur Bekämpfung v. Mückenlarven u. durch Aussetzen v. Aquarienfischen sind mehrere Arten heute weltweit verbreitet. Wichtige Gatt. sind: die Lebendgebärer i. e. S. *(Poecilia)* mit dem ↗ Guppy, dem bis 15 cm langen, vorwiegend blaugrün gefärbten, mittelam. Segel-K. *(P. velifera)*, dem bis 12 cm langen, dunkelbläul. od. schwarzen Breitflossen-K. *(P. latipinna)* aus den südl. USA u. mit dem Amazonen- ↗ Molly; die Schwert-K. *(Xiphophorus)* mit ↗ Schwertträger u. ↗ Platy; die räuber. Hecht-K. *(Belonesox)* mit dem größten Lebendgebärer, dem bis 20 cm langen, mittelam., hechtähnl. Hecht-K. *(B. belizanus)*; die Kambusen *(Gambusia)* aus dem östl. mittelam. Raum mit dem 6 cm langen Texas- od. Kobold-K. *(G. affinis)*, der u. a. in S-Europa als Mückenlarvenverzehrer zur Malariabekämpfung eingeführt worden ist u. hier z.T. einheimische Fischarten verdrängt; die kleinste Art ist der als Männchen nur 2 cm lange Zwerg-K. *(Heterandria formosa)* aus Florida, beim bis 3,5 cm langen, trächt. Weibchen wachsen gleichzeitig unterschiedl. weit entwickelte Keimlinge heran (Superfetation); das Weibchen des im nördl. S-Amerika heimischen Eier-K. *(Tomeurus gracilis)* bringt nach in-

Karpidium

nerer Besamung keine lebenden Jungen zur Welt, sondern legt jeweils ein Ei mit fast schlüpfreifem Keimling ab. – Weitere Fam. sind u. a.: die ⌐Vieraugen; die Ind. Glas-K. *(Horaichthyidae)* mit der erst im Jahre 1940 entdeckten, 2 cm langen, glasig-durchsicht., südwestind. Art *Horaichthys setnai;* die seitl. abgeflachten Japan-K. *(Oryziatidae),* bei denen die Weibchen anfangs die abgelegten Eier als Traube mitführen; vom 4 cm langen Japan-K. od. Reisfisch *(Oryzias latipes)* der jap. Reisfelder sind viele Formen gezüchtet worden; u. die isoliert in hochgelegenen Andenseen vorkommenden südam. Hochland-K. *(Orestiidae).* T. J.

Karpidium s [v. *karpo-], Bez. für die ursprünglich freie (chorikarpe) Teilfrucht, die über Achsengewebe (z. B. Erdbeere, Hagebutte) od. infolge postgenitaler Verwachsung (z. B. Brombeere) in Gruppen zu einer Verbreitungseinheit zusammengefaßt wird.

Karpogon s [v. gr. karpogonos = Früchte erzeugend], das ♀ Geschlechtsorgan der ⌐Rotalgen; entspricht einem Oogonium, dessen kernhalt. basaler Teil in eine flaschenhalsförm. Trichogyne (Empfängnisorgan) übergeht. B Algen V.

Karpolith m [v. *karpo-, gr. lithos = Stein], versteinerte Frucht.

Karponom s [v. *karpo-, gr. nomē = Verteilung], die ⌐Fruchtmine.

karpophag [v. *karpo-, gr. phagos = Fresser], sich vorzugsweise v. Früchten u. Samen ernährend, z. B. Körnerfresser (Vögel), früchtefressende Säugetiere, einige Insekten (Obst- u. Getreideschädlinge).

Karpophor m [v. gr. karpophoros = fruchttragend], der ⌐Fruchtträger 1).

Karpopodium s [v. *karpo-, gr. podion = Füßchen], der *Gynophor,* ⌐Fruchtträger 2).

Karpose w [v. gr. karpōsis = Nutzung der Früchte], Form des Zusammenlebens artverschiedener Tiere, bei der nur die *eine* Art einen Nutzen hat (Ggs. ⌐Symbiose), die andere dabei jedoch nicht geschädigt wird (Ggs. ⌐Parasitismus). Häufig wird „einseitiges Nutznießertum" auch unter die Symbiosen i. w. S. gerechnet, da ein Nutzen für eine Tierart nicht in jedem Falle leicht erkennbar ist. D. Matthes unterscheidet folgende K.n: ⌐Synökie, ⌐Entökie, ⌐Phoresie, ⌐Symphorismus.

Karposoma s [v. *karpo-, gr. sōma = Körper], der ⌐Fruchtkörper.

Karposporen [Mz.; v. gr. karposporos = Frucht säend], unbegeißelte, der Propagation dienende Sporen der ⌐Rotalgen.

Karposporophyt m [v. gr. karposporos = Frucht säend, phyton = Gewächs], diploide Sporophytengeneration der ⌐Rotalgen. B Algen V.

karpo- [v. gr. karpos = Frucht].

P. Karrer

Karpoxenie w [v. *karpo-, gr. xenos = fremd], die Fruchtbildung, bei der das Erbgut des Pollenkorns die Eigenschaften der Frucht bestimmt.

Karrer, Paul, schweizer. Chemiker, * 21. 4. 1889 Moskau, † 18. 6. 1971 Zürich; Mitarbeiter v. P. Ehrlich, ab 1918 Prof. in Zürich; isolierte die Vitamine A und K, synthetisierte die Vitamine B_2 und E und klärte die Konstitution der Vitamine A, E, K und B_2 und einiger Carotinoide und Flavine auf; erhielt 1937 zus. mit W. N. Haworth den Nobelpreis für Chemie.

Karri [austr. Name], *K.holz,* rotbraunes, sehr hartes Holz des bis 100 m hohen, in Austr. vorkommenden *Eucalyptus diversicolor;* wird zum Wagen-, Schiffs- u. Hausbau verwendet.

Karroo-Serie [karru-; nach der gleichnamigen Trockensteppe S-Afrikas], *Karru-Formation,* umfaßt eine an † Wirbeltieren reiche terrestrisch-limnische Abfolge überwiegend sandiger bis toniger Sedimente in großer Mächtigkeit mit Kohlenflözen u. Eisenerzlagern im südl. Afrika., gilt als das klass. Gebiet der Permotrias auf der Südhalbkugel.

Karst m, nach dem jugoslaw. K.-Gebirge benannte geolog. Erscheinungsformen der Auslaugung v. Carbonatgesteinen (⌐Kalk, Dolomit) u. Gips durch das Grund- (Karst-) u. Oberflächenwasser. Dieses dringt in Klüfte u. Spalten ein u. verursacht die Entstehung v. rillenförm. Furchen (Karren, Schratten, Schlotten, Erdorgeln), schließl. auch v. ⌐Höhlen u. weiträumigen Höhlensystemen. Durch Einsturz solcher Hohlräume bilden sich oberflächl. Erdfälle, Dolinen u. Poljen. Flüsse (z. B. die Donau bei Immendingen) können plötzl. in Schlucklöchern (Ponoren, Katavothren) unter Hinterlassung v. Trockentälern verschwinden u. näher od. ferner als K.-Quelle wieder zutage treten. Man unterscheidet „nackten K." vom überwachsenen „bedeckten K.".

Kartagener-Syndrom s [ben. nach dem schweizer. Arzt M. Kartagener, * 1897], Humanmedizin: das gleichzeit. Vorkommen folgender drei Befunde („Trias"): Situs inversus (Herz rechts, Leber links), chron. Bronchitis u. chron. Sinusitis (Nebenhöhlenentzündung). Seit etwa 10 Jahren ist erkannt, daß diese Befunde auf das sog. *immotile-cilia-syndrome* zurückzuführen sind: den ⌐Cilien fehlen die für die Beweglichkeit erforderl. ⌐Dynein-Arme (☐ Axonema); dadurch ist der mucociliäre Transport (ständige Bewegung eines Schleimteppichs in den Atemwegen aufwärts) verhindert (⌐Flimmerepithel, ☐ Epithel); männl. Patienten sind zugleich steril, da sie zwar Spermien produzieren, diese aber ohne Dynein-Arme unbewegl. sind. Dieses Syndrom ist von allg. biol. Bedeutung, weil es zeigt, daß dasselbe Gen sowohl für die *Cilien* in diploiden somat. Zellen als auch für die *Flagellen* in haploiden Keimzellen (Spermien) verantwortl. ist.

Kartäuserschnecke, *Monacha cartusiana,* Landlungenschnecke aus der Fam. *Helicidae* mit gedrückt-kugel., an der Peripherie der Umgänge leicht geschultertem Gehäuse (bis 17 mm ⌀) mit kräft. Lippe, die den sehr engen Nabel teilweise bedeckt; Grundfarbe weiß, mit schwachbraunen Bändern; lebt in Hecken u. auf Wiesen in W-Dtl., Fkr. u. im Mittelmeergebiet.

Kartoffel w [roman. Lehnwort; ⁊ Kartoffelpflanze (Spaltentext)], ⁊ Kartoffelpflanze.

Kartoffelälchen, *Kartoffelcystenälchen, Heterodera rostochiensis,* 0,5–1 mm langer Fadenwurm aus der Ord. ⁊ *Tylenchida;* befällt die Wurzeln v. Kartoffeln, aber auch v. anderen Nachtschattengewächsen, z. B. Tomate, Aubergine. Bedeutender ursach. Schädling als Erreger der *Kartoffelmüdigkeit:* die befallenen Pflanzen zeigen Wachstumshemmung, Vergilben u. Einrollen der Blätter u. verstärkte Wurzelbildung, da viele Wurzeln absterben; Verschleppung durch Kartoffelknollen, Wind u. Überschwemmung. Lebenszyklus: ☐ Rübenälchen.

Kartoffelbacillus, *Bacillus cereus,* endosporenbildendes Bakterium, dessen Variante *B. cereus* var. *mycoides* leicht durch sein pilzähnl. Wachstum zu erkennen ist. ⊺ Bacillus.

Kartoffelbovistartige, die ⁊ Hartboviste.

Kartoffelgalle, ⁊ Galle der ⁊ Gallwespen-Art *Biorrhiza pallida.*

Kartoffelkäfer, *Coloradokäfer, Leptinotarsa decemlineata* Say, Art der ⁊ Blattkäfer; etwa 10 mm groß, gelb, mit 10 schwarzen Längsstreifen auf beiden Elytren (Flügeldecken). – Der K. stammt aus dem mittleren u. nördl. N-Amerika u. wurde 1874 zum ersten Mal nach Europa mit Kartoffeln eingeschleppt. 1876 u. 1877 traten erste Funde auch in Dtl. auf. Während man diese ersten u. spätere „Infektionen" noch beseitigen konnte, breitete sich der K. ab 1936 in breiter Front von W kommend in W-Europa aus. Man nimmt an, daß er während des 1. Weltkriegs od. wenig später mit am. Transporten zunächst nach Bordeaux eingeschleppt wurde, wo er sich unbemerkt in kürzester Zeit in einem Gebiet v. 250 km² Größe etablieren konnte. Vor der Einsatzmöglichkeit v. Insektiziden in größerem Maßstab war der K. ein gefürchteter Schädling an Kartoffeln, wo er an den oberirdischen Blatt- u. Stielteilen frißt. Vor der Verschleppung nach Europa war bereits in den USA eine enorme Expansionsphase

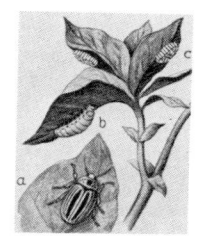

Kartoffelkäfer

a Käfer, b Larve, c Eier; Farben: Grundfarbe rotgelb, Flügeldecken hellgelb mit schwarzen Streifen; Eier rotgelb; Larven rot, später schmutziggelb

Kartoffelkrankheiten

Einige K. und ihre Verursacher:

Bakterien:
⁊ Bakterienringfäule
⁊ Schwarzbeinigkeit
⁊ Kartoffelschorf

Viren:
Kartoffelvirosen
Kräuselmosaik
(A + X-Virus)
⁊ Strichelkrankheit
(Y-Virus-Mosaik)
⁊ Blattrollkrankheit
(A-Virus-Mosaik)

Pilze:
⁊ Alternariafäule
⁊ Dürrfleckenkrankheit
⁊ Kartoffelkrebs
⁊ Kraut- u. Knollenfäule (Braunfäule)
Trocken- u. Weißfäule
(⁊ Trockenfäule)
⁊ Wurzeltöterkrankheit

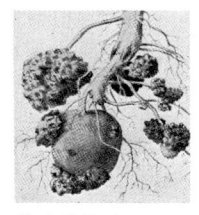

Tiere (Nematoden):
⁊ Älchenkrätze

Kartoffelkrebs

K. ist seit 1907 in Dtl. bekannt; vorher wurde er in Ungarn, Schottland u. England nachgewiesen; heute lokal in allen mittel- u. nordeur. Ländern auftretend u. sich weiter ausbreitend; Ertragsverlust bleibt jedoch meist begrenzt.

Kartoffelpflanze

dadurch eingetreten, daß sich der Kartoffelanbau in größerem Stil verbreitete. Im urspr. Verbreitungsgebiet lebte der K. auf *Solanum rostrum* u. wechselte erst später plötzl. auf die ⁊ Kartoffelpflanze *(S. tuberosum)* über. Bei uns lebt der K. v. a. auf Kartoffeln, seltener auch auf anderen Nachtschattengewächsen, nicht jedoch auf Tomate. Dies hängt mit der Verbreitung des wichtigsten Pflanzeninhaltsstoffs, des Alkaloids ⁊ Solanin, zus., an den der K. angepaßt ist, im Ggs. zum ⁊ Tomatin, das sogar als Repellent beschrieben wird. Fraßauslöser sind allerdings Acetaldehyd u. seine Derivate sowie opt. Merkmale der Kartoffelpflanze. Der Käfer überwintert im Boden, wobei die Diapause durch Kurztag ausgelöst, jedoch über die Pflanze perzipiert wird. Im Frühjahr befällt er die jungen Pflanzen. Eier werden in Haufen v. 20–80 Stück auf die Blattunterseite gelegt, wobei 1 Weibchen, das 2 Jahre alt werden kann, über 2000 Eier legt. Die ziegelroten Larven schlüpfen nach 5–12 Tagen u. fressen an Blättern u. Stielen. Hierbei kann es zu Kahlfraß kommen. Verpuppung je nach Witterung nach 2–4 Wochen. Die Käfer schlüpfen nach 3 Wochen u. machen ca. 14 Tage einen Reifungsfraß. Nach der Begattung erfolgt eine erneute Eiablage, die jedoch nur in südl. Dtl. od. in warmen Sommern zu einer 2. Generation führt. Im Spätsommer gehen dann die Käfer wieder in ihre Überwinterungsorte im Boden. Natürl. Feinde des K.s und seiner Larven sind viele Vögel u. große Laufkäfer *(Carabus).* ⃞ Insekten III, ⃞ Käfer II. *H. P.*

Kartoffelkrankheiten, durch Bakterien, Viren, pilzl. u. tierische Erreger (vgl. Tab.) hervorgerufene Krankheiten der ⁊ Kartoffelpflanze.

Kartoffelkrebs, Pilzkrankheit der Kartoffel (meldepflichtig); Erreger ist *Synchytrium endobioticum,* das mit vielkern. Thallus (kein echtes Mycel) intrazellulär parasitiert (Entwicklungszyklus ⁊ *Synchytrium*). In Augennähe, an Knollen, Stolonen u. Stengelgrund entstehen hasel- bis walnußgroße kohlart. Gewebewucherungen (Gallen). Die Übertragung erfolgt im Boden durch Zoosporen, die aus Dauersporen od. Sommersporen hervorgehen. Die Dauersporen überwintern auch im Boden. Bei Befall ist der Kartoffelanbau für mehrere Jahre verboten; die Bekämpfung erfolgt durch Züchtung resistenter Sorten. ⃞ Pflanzenkrankheiten I.

Kartoffelmotte, *Gnorimoschema (Phthorimaea) operculella,* ⁊ Palpenmotten.

Kartoffelmüdigkeit ⁊ Kartoffelälchen.

Kartoffelpflanze, *Solanum tuberosum,* in den Zentralanden heimisches, krautiges, 0,5–1 m hohes Nachtschattengewächs mit

Kartoffelschorf

Kartoffeln

Erntemenge (Mill. t.) und Hektarerträge (in Klammern; in Dezitonnen/ha) der wichtigsten Erzeugerländer für 1982

Welt	255,3	(142,7)
UdSSR	78,0	(113,8)
Polen	31,9	(146,7)
China	16,0	(100,0)
USA	15,9	(309,6)
Indien	10,1	(139,9)
DDR	8,9	(176,3)
BR Dtl.	7,0	(296,0)
Großbrit. u. Nordirland	6,9	(356,3)
Frankreich	6,8	(323,2)
Niederlande	6,2	(374,7)
Spanien	5,1	(153,0)

Kartoffelpflanze

Blütenzweig der K.; links unten Einzelblüte, rechts unten die grünen, ungenießbaren Früchte. Staude mit Kartoffelknollen (Kartoffeln): ☐ Ausläufer.

Kartoffelpflanze

Von den Indianern der Hochanden schon sehr früh als Hauptnahrungsmittel kultiviert, gelangte die K. im 16. Jh. durch die Spanier nach Europa. Hier wurde sie mit der Batate (daher engl. potato, span./it. patata) od. der Trüffel (dialekt-it. tartúfol, tartúfula, ostfrz. tartuf, südfrz. kartufle) verglichen od. galt als „Erdapfel" (frz. pomme de terre). Anfangs oft nur als Zierpflanze kultiviert, erlangte die K. erst während des 18. Jh. größere wirtschaftl. Bedeutung. Ihr Anbau erfolgte zunächst v. a. in England u. Irland, dann, oft unter anfängl. Zwang (in Preußen z. B. durch Friedrich den Großen), auch auf dem Kontinent. Stammform der heute weltweit in unzähligen (bezügl. Größe, Form, Farbe usw. sehr unterschiedl.) Sorten angebauten Kulturform Solanum tuberosum ssp. tuberosum ist wahrscheinl. S. tuberosum ssp. andigenum. Sie bevorzugt durchlässige, sandig-lehmige Böden sowie ein kühl-gemäßigtes Klima mit relativ hoher Luftfeuchtigkeit, jedoch nur mäßigen Niederschlägen.
Die bei uns im frostfreien Frühjahr in Reihen in die Erde gelegten Saat-Kartoffeln bilden Pflanzen, die je nach Sorte 5–60 neue Knollen bilden. Geerntet wird nach 2 (bei Früh-Kartoffeln) bis 6 Monaten (bei Spät-Kartoffeln), wenn das Kraut abgestorben ist. Die Lagerung der Kartoffeln erfolgt in dunklen, frostfreien Räumen bei 2–4 °C. Unerwünschtes Auskeimen wird mit Hilfe v. Hemmstoffen unterbunden. – Kartoffeln enthalten neben 70–80% Wasser ca. 20% Kohlenhydrate (v. a. Stärke), 2% Protein (reich an essentiellen Aminosäuren), 0,15% Fett, 0,8% Rohfaser, etwa 1% Mineralstoffe (insbes. Kalium u. Phosphat) sowie Nicotinamid u. die Vitamine B_1, B_2 und C. In allen oberird. Teilen der K. sowie in belichteten Keimen u. ergrünenden Kartoffelknollen ist zudem das Alkaloid ↗Solanin, in für den Menschen schädl. Mengen, enthalten. Kartoffeln sind ein wicht. Bestandteil der menschl. Nahrung. Sie spielen jedoch auch als Futtermittel (bes. in der Schweinemast) eine bedeutende Rolle. Außerdem sind Kartoffeln Ausgangsprodukt zur Gewinnung von Stärke u. deren Folgeprodukten sowie v. Alkohol (z. B. Wodka).
Die z. T. sehr ausgedehnten Monokulturen der K. können sowohl v. Nematoden u. Insekten als auch von durch Bakterien, Pilze od. Viren verursachten Krankheiten befallen werden. Verhängnisvolle Folgen für den Kartoffelanbau hatten in der Vergangenheit bes. die im vergangenen Jh. in Irland auftretende, durch den Pilz Phytophthora infestans verursachte Krautfäule und der aus N-Amerika stammende, Ende des vergangenen Jh. nach Europa eingeschleppte ↗Kartoffel- od. Coloradokäfer (Leptinotarsa decemlineata). Heute werden im Kartoffelanbau sowohl Pestizide als auch durch Züchtung erhaltene, schädlingsresistente Sorten eingesetzt.

unterbrochen gefiederten Blättern u. in meist endständ. Doppelwickeln stehenden weißen, rötl.-violetten od. blauen, radförm. ausgebreiteten Blüten mit 5lapp. Saum u. gelben, kegelförm. zusammenneigenden Staubbeuteln. Die gelbl.-grüne Frucht ist eine kugelige, etwa kirschgroße, vielsamige Beere. Die Vermehrung der K. erfolgt i. d. R. jedoch vegetativ über unterird. Sproßknollen, die Kartoffeln (B asexuelle Fortpflanzung I). Diese haben eine kugelige, eiförm. oder walzl. Gestalt u. entstehen durch Stauchung u. Dickenwachstum der Spitzen unterird. Seitensprosse (Stolonen). Dabei wird die urspr. Epidermis durch ein sekundäres Abschlußgewebe (Periderm) ersetzt, das nach außen Kork-, nach innen jedoch stärkespeichernde Parenchymzellen abgibt. Die Narben der hinfälligen, schuppenförm. Niederblätter des ↗Ausläufers (☐) ergeben mit ihren Achselknospen die „Augen" der Kartoffel, die im folgenden Jahr zu neuen Trieben auskeimen, wobei die in der K.knolle gespeicherte Stärke (Kartoffelstärke) zu Glucose abgebaut u. als Nahrung für die jungen Triebe benutzt wird. Das Entstehen v. Kartoffeln ist sowohl v. der Temp. als auch v. der Tageslänge abhängig. Lange Tage (über 12–14 Std.) sowie hohe Nacht-Temp. wirken hemmend auf die Knollenbildung. ☐ Etiolement, B Kulturpflanzen I.

Kartoffelschorf, Kartoffelräude, durch den Strahlenpilz Actinomyces scabies verursachte Krankheit der Kartoffel; harmlose Pusteln auf der Knollenschale, begünstigt durch unangebrachte Kalkdüngung; vom Saatgut nicht übertragen.

Kartoffelstärke, die in Kartoffeln (↗Kartoffelpflanze) in Form v. Stärkekörnern enthaltene ↗Stärke.

Kartonnest einer südam. Ameise

Kartoffel-X-Virus-Gruppe, Potex-Virusgruppe (v. potatoe X), Pflanzenviren mit einzelsträngiger RNA (ca. 6600 Basen, Plusstrang-Polarität); die Viruspartikeln sind gewellte Stäbchen mit helikaler Symmetrie (Länge 470–580 nm); Symptome meist Mosaik, Scheckung u. Ringfleckung.

Kartoffel-Y-Virus-Gruppe, Poty-Virusgruppe (v. potatoe Y), Pflanzenviren mit einzelsträngiger RNA (ca. 10000 Basen, Plusstrang-Polarität); die Viruspartikeln sind gewellte Stäbchen mit helikaler Symmetrie (Länge 680–900 nm); meist Mosaik-Symptome, durch Blattläuse nicht-persistent übertragbar.

Kartonnester, Kartonbauten, Bauten aus verklebten Pflanzenteilen einiger ↗Ameisen der Gatt. Camponotus.

Karvon s [v. mlat. carvi = Kümmel], Carvon, monocycl. Terpenketon mit kümmelart. Geruch, das in der Natur z. B. im Kümmelöl (60%), Dillöl u. a. äther. Ölen vorkommt; wird in der Likör- u. Kosmetik-Ind. verwendet.

Karvon

Karyogamie w [v. *karyo-, gr. gamos = Hochzeit], Kernverschmelzung, die ↗Befruchtung i. e. S., d. h. die Vereinigung der Kerne bzw. der Chromosomenbestände der beiden ↗Gameten nach der ↗Besa-

Bei K vermißte Stichwörter suche man auch unter C und Z.

mung (↗Plasmogamie); im wörtl. Sinne die Vereinigung des haploiden ♂ Vorkerns (Pronucleus) mit dem ♀ zu einem einheitl. diploiden Zygotenkern *(Synkaryon).*

Karyogene [Mz.; v. *karyo-, gr. gennan = erzeugen], die im Kerngenom lokalisierten Gene, im Ggs. zu den Genen des Chondroms u. Plastoms.

Karyogramm s [v. *karyo-, gr. gramma = Schrift], *Idiogramm,* graph. Darstellung der Einzel-↗Chromosomen (☐) eines Chromosomensatzes, die sämtl. strukturelle Charakteristika wie Lage des Centromers, der Sekundäreinschnürung u. der Satelliten sowie die absoluten od. relativen Schenkellängen wiedergibt. K.e sind v. diagnost. Bedeutung bei der ↗genet. Beratung.

Karyoide [Mz.; v. *karyo-, gr. -oeidēs = -artig], ↗Nucleoid.

Karyokinese w [v. *karyo-, gr. kinēsis = Bewegung], die ↗Mitose.

Karyoklasie w [v. *karyo-, gr. klasis = Bruch], die ↗Kernfragmentation.

Karyologie w [v. *karyo-, gr. logos = Kunde], Wiss. vom Zellkern.

Karyolymphe w [v. *karyo-, lat. lympha = Wasser], ↗Kernplasma.

Karyolyse w [v. *karyo-, gr. lysis = Auflösung], a) vorübergehende Auflösung der Zellkernmembran während der frühen Metaphase v. Mitose u. Meiose; b) Auflösung des Zellkerns, z.B. bei Bildung der kernlosen Erythrocyten oder (im patholog. Sinne) nach dem Zelltod.

Karyomeren [Mz.; v. *karyo-, gr. meros = Teil], „Teilkerne", die in der Telophase der Furchungsmitosen bei manchen Tiergruppen auftreten, indem jedes Chromosom kurzfristig mit einer *eigenen* Hülle umgibt, bevor – wie allg. üblich – postmitotisch die *einheitliche,* alle Chromosomen umschließende Kernhülle restituiert wird.

Karyon s [gr., = (Nuß-) Kern], der ↗Zellkern.

Karyophyllene [Mz.; v. gr. karyophyllon = Gewürznelke], als α-, β- und γ-Isomere in vielen äther. Ölen (z.B. im Nelkenöl) vorkommende Sesquiterpene.

Karyoplasma s [v. *karyo-, gr. plasma = Gebilde], das ↗Kernplasma.

Karyopse w [v. *karyo-, gr. opsis = Aussehen], die aus dem oberstränd. Fruchtknoten sich entwickelnde *Nußfrucht* (☐ Fruchtformen) der Süßgräser *(Poaceae).* Hierher gehört auch das *Getreidekorn* unserer ↗Getreide-Arten. Die dünne Fruchtwand (Perikarp) liegt dem Samen eng an u. verwächst später mit der nur schwach ausgebildeten Samenschale, deren Funktion sie übernimmt. Bei vielen Grasarten wird eine Scheinfrucht ausgebildet, die durch mehr od. weniger starkes Verwachsen der

karyo- [v. gr. karyon = Nuß, Kern, Stein der Steinfrüchte], in Zss. meist: Zellkern-.

Karyogamie

Als Lehrbuch-Beispiel für K. werden meist die Seeigel od. die Pflanzen abgebildet. Bei vielen Tieren kommt es aber nicht zur Bildung eines eigtl. Synkaryons, sondern nur zu einer Aneinanderlagerung (☐ Befruchtung bei vielzelligen Tieren: Abb. c) od. sogar nur zu einer Annäherung der Vorkerne u. dann gleich zur Auflösung der Kernhüllen u. zur 1. Furchungsteilung (Extremfall: ↗Gonomerie).

Käse

Herstellungsschema von Emmentaler Käse

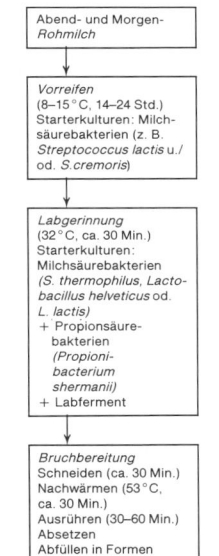

Abend- und Morgen-Rohmilch

Vorreifen (8–15°C, 14–24 Std.) Starterkulturen: Milchsäurebakterien (z.B. *Streptococcus lactis* u./od. *S. cremoris*)

Labgerinnung (32°C, ca. 30 Min.) Starterkulturen: Milchsäurebakterien (*S. thermophilus, Lactobacillus helveticus* od. *L. lactis*) + Propionsäurebakterien *(Propionibacterium shermanii)* + Labferment

Bruchbereitung Schneiden (ca. 30 Min.) Nachwärmen (53°C, ca. 30 Min.) Ausrühren (30–60 Min.) Absetzen Abfüllen in Formen

→ Molke

Pressen (Entsirtung, ca. 20 Std.)

Kellerbehandlung (Reifung) Salzbad (12°C, ca. 2 Tage) Salzkeller (12°C, ca. 6 Tage) Vorheizung (18°C, ca. 16 Tage) Heizung (22°C, ca. 40 Tage) Lagerkeller (12°C, ca. 90 Tage)

K. mit der Vor- u. Deckspelze entsteht u. durch diese Spelze Ausbreitungs- u. Verankerungshilfe erfährt.

Karyorrhexis w [v. *karyo-, gr. rhēxis = Riß, Bruch], die ↗Kernfragmentation.

Karyotheka w [v. *karyo-, gr. thēkē = Behälter], die ↗Kernhülle.

Karyotyp m [v. *karyo-, gr. typos = Typ], Gesamtheit der cytolog. erkennbaren ↗Chromosomen-Eigenschaften (Größe, Gestalt, Anzahl) einer Zelle, eines Individuums od. einer Individuengruppe.

Karzinogene [Mz.; v. gr. karkinos = Krebs, gennan = erzeugen], *Kanzerogene,* ↗cancerogen; ↗Krebs.

Karzinom s [v. gr. karkinōma = Krebsgeschwür], *Carcinom,* bösart. Geschwulst (Tumor) des Epithelgewebes; ↗Krebs.

Kaschuapfel [v. Tupi agapu = Mahagoni über port. acaju], birnenförm. Fruchtstiel des Acajoubaums *(Anacardium occidentale),* ↗Sumachgewächse.

Kaschunuß [v. Tupi agapu = Mahagoni über port. acaju], *Cashewnuß,* Frucht des Acajoubaums *(Anacardium occidentale),* ↗Sumachgewächse.

Käse, hochwert. Nahrungsmittel, das aus dickgelegter (geronnener) Milch *(Käserei-, Kesselmilch)* unter Verwendung v. Bakterien od. Bakterien u. Pilzen hergestellt wird. Der Verzehr erfolgt entweder frisch *(Frisch-K.)* od. in verschiedenen Graden der Reife. K. wurde wahrscheinl. schon vor mehr als 7000 Jahren hergestellt; heute sind ca. 400 Sorten bekannt. – Als Käsereimilch (roh od. pasteurisiert) wird Kuh-, Schaf-, Ziegen- od. Büffelmilch mit unterschiedl. Fettgehalt verwendet. Die *Vorreifung* der Käsemilch, bei der durch die Tätigkeit von Milchsäurebakterien der O_2-Gehalt (Redoxpotential) abgesenkt wird u. der Säuregehalt (Milchsäure) ansteigt, wird heute meist durch Zugabe bestimmter Starterkulturen *(Säurewecker)* eingeleitet. Zur späteren Lochbildung (hohe CO_2-Entwicklung) wird die Milch für einige K.sorten zusätzl. mit ↗Propionsäurebakterien beimpft. Die *Dicklegung* kann allein durch die fortlaufende bakterielle Säuerung erfolgen *(Sauermilch-K.)* od. durch Zugabe v. Lab-Ferment od. Lab-Ersatzstoffen *(Lab-K.).* Die dickgelegte Milch *(Dickete, Labbruch)* wird mit speziellen Geräten (K.säbel, K.harfe) geschnitten u. zerkleinert, um den Austritt der Molke aus dem ausgeschiedenen (Para-)Casein zu ermöglichen. Bei vielen K.sorten schließt sich eine stärkere Temp.-Erhöhung an (Brennen, ca. 53°C), um den Molkeaustritt noch zu verbessern u. (bei Rohmilch) den Gehalt an unerwünschten Keimen zu verringern. Durch Sieben u. Pressen wird die Molke zum großen Teil entfernt u. die

Bei K vermißte Stichwörter suche man auch unter C und Z.

Käsefliege

K.masse geformt. Es schließt sich eine Salzung in Kochsalzlake (18–20%) od. eine Trockensalzung an (auch vor dem Pressen möglich). Während der gesamten Herstellung läuft die Milchsäuregärung weiter. In Lagerkellern findet schließl. die *Nachreifung* bei verschiedenen Temp. statt, um die gewünschte Konsistenz zu erhalten u. den Stoffwechsel der Mikroorganismen sowie die Entwicklung der für die einzelnen K.sorten charakterist. Geschmacks- u. Aromastoffe zu steuern. Die Milchsäurebakterien bauen nach dem Milchzucker hpts. das (Para-)Casein ab, z. T. bis zu den Aminosäuren u. Ammonium. Ein Fettabbau findet dagegen hpts. durch lipasebildende Schimmelpilze statt. „Weißschimmel-K." (z. B. Brie, Camembert) sind außen mit weißem Pilzmycel bewachsen *(Penicillium camemberti, P. caseicolum, P. candidum* od. *P. album)*. Die „Grün"- od. „Blauschimmel-K." (z. B. Edelpilz-K., Roquefort, Gorgonzola, Danablu, Bavaria blue) erhalten eine zusätzl. Nachreife durch das Wachstum v. Blauschimmelpilzen *(Penicillium roqueforti)* in Hohlräumen (Sauerstoffbedarf!) der lockeren K.masse, wo sie ihre typisch blaugrün gefärbten Konidien entwickeln. „Rotschmiere-K." (z. B. Harzer, Greyerzer, Tilsiter, Münster) werden äußerl. mit ↗ *Brevibacterium linens* bestrichen. Nach der Konsistenz lassen sich K. in *Weich-K.* (ca. 35–52% Trockenmasse), *Halbfeste Schnitt-K.* (ca. 44–55%), *Schnitt-K.* (ca. 49–61%) und *Hart-K.* (ca. 60% u. mehr) einteilen. Unerwünschte Bakterien *(Clostridien, Enterobacteriaceae)* u. Hefen können durch Fehlgärungen zur Entstehung v. Buttersäure, Essigsäure, $CO_2 + H_2$ (= Blähungen) u. a. Verbindungen führen, die den K. verderben.

Lit.: *Mair-Waldburg, H.:* Hdb. der Käse. Kempten 1974. G. S.

Käsefliege, 1) *Piophila casei,* ↗ Piophilidae; 2) *Coenomyia ferruginea,* ↗ Holzfliegen.

Käsemilbe, *Tyrophagus casei,* Vertreter der Vorratsmilben; 0,45–0,7 mm lang, leben bes. auf Käse (auch Rauchfleisch u. Wurst), den sie mit den Cheliceren anschneiden; bei dichter Besiedlung wurden pro cm^2 ca. 2000 Individuen gezählt.

Kaskadenfrösche, Frösche, die an schnellfließenden Bächen u. Flüssen, in Wasserfällen u. an überspülten Felsen leben. 1) Die chin. K. der Gatt. *Amolops* (= *Staurois*) (Fam. *Ranidae*) sind mittelgroße, ansehnl. u. flinke Frösche, die mit ihren verbreiterten Zehen- u. Fingerscheiben an Laubfrösche erinnern; ca. 10 Arten in China; die Eier werden in kleinen Gruppen unter Wasser an Steine geheftet, die Larven haben einen großen Saugnapf. 2) Der

Kaspar-Hauser-Versuch

Kaspar Hauser, Findelkind, * angebl. 1812, † 1833; rätselhafter Herkunft, bis zu seinem Auftauchen in Nürnberg (1828) angebl. in einem finsteren Gelaß, ohne je ein lebendes Wesen gesehen zu haben, in Gefangenschaft gehalten u. aufgewachsen. Bes. der Jurist A. v. Feuerbach u. Lord Stanhope nahmen sich seiner an; starb am 17. 12. 1833 an einer Stichwunde, die man ihm drei Tage zuvor beigebracht hatte. Soll Vermutungen zufolge ein Sohn des Groß-Hzg. Karl v. Baden oder Napoleons gewesen sein.

am K. *(Rana cascadaea)* ist ein träger Frosch an kalten Bächen u. Flüssen bis zur Baumgrenze im westl. N-Amerika. 3) In S-Amerika wird eine ähnl. Nische v. Fröschen der Gatt. *Hylodes* (↗ *Elosiinae)* gebildet; Kaulquappen ohne Saugnapf.

Kaspar-Hauser-Versuch, Experiment, in dem ein Tier unter weitgehendem od. teilweisem Erfahrungsentzug aufwächst. Der K. spielte in der Geschichte der Verhaltensforschung eine große Rolle zur Unterscheidung ↗ angeborener u. erlernter Elemente des Verhaltens. So konnte durch die Aufzucht lautlich isolierter Vögel gezeigt werden, daß bei einigen Arten der typische Gesang weitgehend angeboren ist u. im richtigen Alter auch im K. auftritt, während er bei anderen Arten (z. B. Buchfink) vom Altvogel gelernt werden muß. Die K.e zeigten jedoch auch, daß bei fast allen Verhaltensweisen Informationen aus dem Erbgut u. aus der Umwelt zusammenwirken, um das arttyp. Verhalten mögl. zu machen. Der K. bezieht seine Bezeichnung v. einem rätselhaften Findelkind, das angebl. ohne Kontakt zu einem menschl. Wesen in einem dunklen Raum aufwuchs. B 443.

Kassina, Gatt. der *Hyperoliidae;* mehrere kleine bis mittelgroße Arten bodenlebender Frösche im trop. Afrika, die v.a. in savannenähnl. Landschaften vorkommen u. im Ggs. zu anderen Hyperoliiden nicht klettern u. springen können, sondern bei Gefahr schnell laufen. *K. maculata* (fr. *Hylambates maculatus*) ist braun mit dunklen Flecken u. leuchtend roten Flanken. *K. senegalensis* ist gelb u. dunkelbraun längsgestreift; die Männchen sind an ihrer kollabierten Schallblase zu erkennen, die in der Ruhe eine kehlständ. Scheibe bildet; Eier werden in Teichen u. Tümpeln abgelegt, die Kaulquappen sind Dauerschwimmer mit hohen Flossensäumen.

Kastanie w [v. gr. kastanea = Kastanienbaum], 1) *Castanea,* Gatt. der Buchengewächse mit ca. 12 sommergrünen Arten in den gemäßigten Breiten, hpts. im Mittelmeergebiet u. Kleinasien. Die ♂ Blüten der Bäume stehen in Dichasienbüscheln in langen aufrechten Ähren, die ♀ Blüten in Dreiergruppen am Grunde der ♂ Ähren. In den stachel. Fruchtbechern entwickeln sich 1–3 *Kastanien* (Früchte), die noch die Reste der Griffel als Büschel tragen. Wichtigste Art ist die Edel- oder Eß-K. (*C. sativa,* B Mediterranregion II). Dieser Baum mit brauner, im Alter riss. Rinde u. 15–20 cm langen, längl.-ellipt., am Rande gesägten Blättern (B Blatt III) blüht im Mai. Die duftenden Blüten werden von Käfern, z. T. auch v. Fliegen u. Bienen bestäubt. 600 mm Jahresniederschlag u. Temp. von 8–15 °C reichen auf sauren, calciumarmen

Kastanie
Edelkastanie
(Castanea sativa)

Der Kaspar-Hauser-Versuch, die Aufzucht unter spezifischem Erfahrungsentzug, erlaubt, zwischen angeborenen und erworbenen Verhaltenselementen zu unterscheiden.

Gesang des Buchfinken. Warum singt ein *Buchfinken*-Männchen so und nicht anders? Muß es den arttypischen Gesang erst hören, um ihn zu lernen, oder ist diese Information für die Entwicklung des normalen Gesangs entbehrlich? Wir müssen also verhindern, daß es den Gesang von Artgenossen hört, um diese Frage zu entscheiden, denn aus anderer Quelle kann es die Gesangsstruktur nicht lernen. Es muß mindestens so lange isoliert bleiben, bis gleichaltrige, von den Eltern aufgezogene Männchen normal singen, also im ersten Frühjahr nach dem Schlüpfen. In Abb. rechts sind in Klangspektrogrammen die Resultate von Kaspar-Hauser-Versuchen wiedergegeben: Oben die 4teilige Strophe des normalen Gesangs. In der Mitte die Strophe eines Tieres, das nur bis zum Herbst des ersten Lebensjahrs normalen Gesang zu hören bekam, also in der Zeit, in der es selber noch nicht sang: Die Strophe ist wenig gliedert. Unten die Kaspar-Hauser-Strophe eines Tieres, das akustisch isoliert aufgezogen wurde. Die typische 4-Teilung fehlt.

Das Buchfinken-Männchen muß also den Artgesang *lernen*. Gewisse Grundstrukturen für die Formung der Einzeltöne sind vorgegeben, aber nicht die Gliederung der Strophe. Einen Teil dieser Gliederung kann der Jungvogel schon lernen, wenn er selber noch nicht singt.

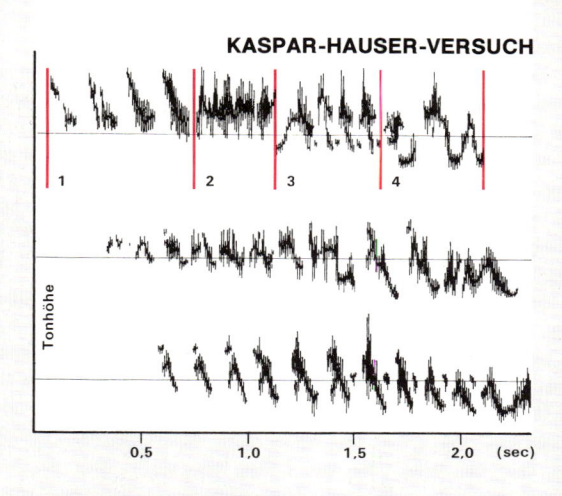

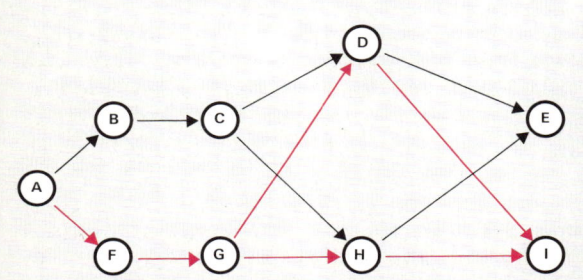

KASPAR-HAUSER-VERSUCH

Treffsicherheit im Picken beim Haushuhn. Wie kommt es, daß ein Hühnchen, das schon von der ersten Lebensstunde an nach Gegenständen pickt, mit der Zeit immer besser trifft? Ist dabei ein *Lernprozeß* mit im Spiel oder nicht?

Diese Frage läßt sich entscheiden, wenn man das Küken daran hindert, aus Erfahrungen zu lernen. — Das Experiment spielt sich folgendermaßen ab: Im Dunkeln geschlüpften Küken (A) werden Brillen aufgesetzt. Die Testtiere erhalten Brillen mit Prismengläsern, die das Gesichtsfeld um einige Grad nach der Seite verschieben (unten links), die Kontrollen sehen durch Plastikfolien, die keine Verschiebung bewirken (unten rechts). Kurz nach dem Schlüpfen haben die bebrillten Küken gegen einen in Plastilin eingebetteten Nagelkop gepickt (rechts unten). Dabei zeigen sowohl Testtiere (C) wie Kontrollen (G) eine verhältnismäßig große Streuung der Pickspuren.

Die Testtiere und die Kontrollen werden jetzt je zur Hälfte für die nächsten drei Tage unter verschiedenen Bedingungen gehalten: Bei der einen Gruppe (H) liegen auf dem Zimmerboden Körner verstreut. Die Tiere können am Mißerfolg lernen, denn wenn sie danebenpicken, erhalten sie kein Futter. Im Käfig der anderen Gruppe (D) steht eine mit Körnern gefüllte Schüssel. Beim Picken in die Schüssel stoßen die Küken immer auf ein Korn. Sie merken nicht, ob sie das angezielte Korn getroffen haben oder ein anderes: Ein Lernen ist also nicht zu erwarten.

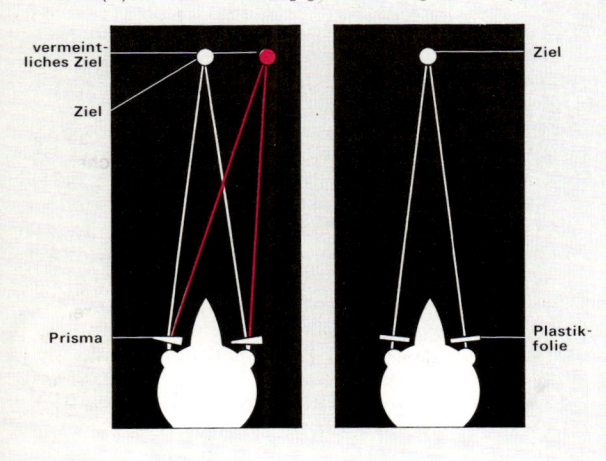

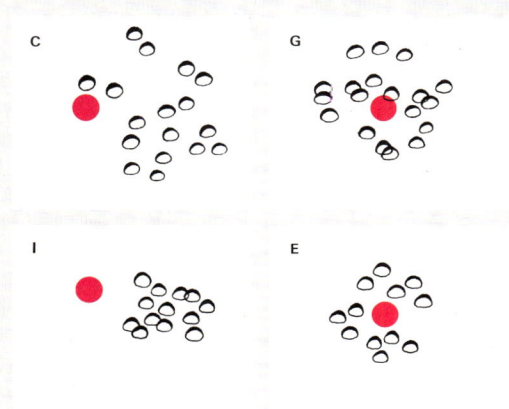

Ein erneuter Test (rechts: I und E) auf der Plastilinfläche ergibt, daß nach drei Tagen bei allen Tieren die Streuung der Pickspuren kleiner ist. Aber alle Küken mit Prismenbrillen (I) picken durchschnittlich immer noch gleich weit neben das Ziel wie am Schlüpftag. Keines hat gelernt, die prismenbedingte Verschiebung des Gesichtsfelds zu kompensieren. Die Abnahme der Streuung beim Picken hat also nichts mit Lernen zu tun, sondern beruht auf einem erfahrungsunabhängigen *Reifungsvorgang*.

Kasuare
Goldhals-Kasuar
(*Casuarius unappendiculatus*)

Böden zum Gedeihen aus. Im Mittelmeerraum bildet sie eine eigene Waldstufe in 300–400 m Höhe unterhalb der Buchenwaldstufe. Die K. ist vermutl. schon seit mehreren Jh. v. Chr. wegen ihrer Früchte u. des Holzes in Kultur. Das urspr. Areal ist durch die lange Kultur verwischt, zumindest in Italien kommt sie natürl. vor, nördl. der Alpen ist sie gepflanzt. Im Tertiär war sie in Europa weit verbreitet, wurde durch die Eiszeit stark zurückgedrängt u. breitete sich danach langsam aus. Die Vermehrung in Kultur erfolgt durch Samenaufzucht u. Okulieren. Geerntet wird durch Aufsammeln im Herbst; die Früchte (*Maronen*) enthalten ca. 25% Stärke, 19% Zucker u. 2% Fett; sie werden geröstet u. als zahlr. Spezialitäten gegessen. Das hellbraune nachdunkelnde *Holz* (Dichte 0,6 g/cm^3) mittlerer Härte mit deutl. Jahresringen ist minderwertig wegen seiner Tendenz zum radialen Aufreißen. Da es bis zu 13% Tannin enthält, sind viele K.wälder der Gerberei zum Opfer gefallen. Gefürchtete Pilzkrankheiten der K. sind die Tintenkrankheit mit dem Erreger *Phytophthora cambivora* u. der durch den 1940 aus N-Amerika eingeschleppten Schlauchpilz *Endothia parasitica* hervorgerufene Rindenkrebs. Erwähnenswert ist auch die nahestehende Gatt. *Castanopsis* mit ca. 100–150 immergrünen Bäumen in den südostasiat. Berg- u. Regenwäldern. Die ♀ Blüten stehen in getrennten kurzen Ähren u. haben z. T. einen gerippten od. schupp. Fruchtbecher; die Fruchtreife dauert 2 Jahre. **2)** allg. Bez. für die Roß-K. (*Aesculus*), Gatt. der ↗ Roßkastaniengewächse. A. S.

Kaste, bes. Form des Polymorphismus bzw. Polyphänismus; bei ↗ staatenbildenden Insekten solche Gruppen v. Insekten, die gleiche Aufgaben erfüllen und dieser Tätigkeit oft in ihrer Morphologie angepaßt sind. So gibt es bei Ameisen u. Termiten die K. der Soldaten, die ausschl. der Verteidigung des Staates dient. Bei Honigbienen, Hummeln ob. sozialen Wespen unterscheidet man meist nur die K.n der Königinnen, Männchen (Drohnen) u. Arbeiterinnen.

Kastoröl [v. gr. kastór = Biber], das ↗ Rizinusöl.

Kastration w [Ztw. kastrieren; v. lat. castratio = Entmannung], **1)** Bot.: Wegschneiden der Staubblätter od. der staminaten Blüten bei selbstbefruchtenden Zuchtpflanzen. Damit werden eine der geplanten Kreuzung entgegenlaufende Bestäubung u. Befruchtung vermieden. **2)** Zool.: operative Entfernung der weibl. od. männl. Keimdrüsen in der Tierzucht mit dem Ziel größerer, fetterer, wohlschmekkender u. zahmerer Individuen, bes. bei Männchen (*Wallach* beim Pferd, *Ochse* beim Rind, *Hammel* beim Schaf, *Kapaun* beim Huhn). *Parasitäre K.* ↗ Parasitismus. **3)** Humanmedizin: *Entmannung;* führt zur Rückbildung der Geschlechtsmerkmale bzw. hemmt deren Ausbildung, da keine ↗ Sexualhormone mehr gebildet werden. Die *Früh-K.* des Mannes vor der Pubertät bewirkt ↗ Eunuchismus; sie erfolgte in islam. Ländern bei Haremswächtern (*Eunuchen*), in It. bes im 17. u. 18. Jh. bei Sängerknaben, um den Stimmbruch zu verhindern. Heute erfolgt K. als Therapie des Prostatakarzinoms, bei Ovarialtumoren und (problematisch) bei sexuellen Triebentgleisungen. *Hormonale K.* infolge längerer Zufuhr gegengeschlechtl. Sexualhormone; *Röntgen-K.,* durch Röntgenbestrahlung Zerstörung der Keimdrüsen.

Kasuare [Mz.; v. Malaiisch.], *Casuariidae,* Fam. der Kasuarvögel mit 1 Gatt. (*Casuarius*) u. 3 Arten; die größte Art, der Helmkasuar (*C. casuarius,* B Australien I), erreicht eine Scheitelhöhe von 1,8 m. Die federstrahlenfreien schwarzbraunen Federn hängen wie strähn. Haar vom Körper herab; Kopf u. teilweise der Hals sind leuchtend blau u. rot gefärbt, zusätzl. fleischige rote Halsklunker; auf dem Scheitel helmart. Hornaufsatz; Geschlechter gleich gefärbt. Leben in den trop. Regenwäldern Neuguineas u. der Nachbarinseln sowie N-Australiens, ernähren sich v. Früchten, Sämereien, Blättern u. bodenlebenden Kleintieren. Brutverhalten ist hpts. aus den wenigen erfolgreichen Zoo-Zuchten bekannt. Sonst scheu u. einzelgängerisch lebend, grenzen die K. zur Brutzeit paarweise ein Revier ab; die 3–8 in einer flachen Mulde des Waldbodens abgelegten Eier werden 7–8 Wochen lang vom Männchen bebrütet, das auch die Jungenführung übernimmt.

Kasuarinengewächse ↗ Casuarinaceae.

Kasuarvögel [v. Malaiisch.], *Casuariiformes,* Ord. großer Laufvögel der austr. Region; Bürzeldrüse v. Schwanzfedern fehlen; Gefieder aus weichen, zerschlissenen Federn ohne Federstrahlen. Zwei Fam.: die ↗ Kasuare (*Casuariidae*) u. die ↗ Emus (*Dromaiidae*).

Kasugamycin s, aus *Streptomyces kasugaensis* isoliertes Antibiotikum, das wie ↗ Streptomycin auf die 30S-Untereinheit bakterieller Ribosomen wirkt u. die Proteinbiosynthese v. Bakterien hemmt, indem es die Bindung von f-Met-t-RNA an den Initiationskomplex verhindert. Aufgrund seiner geringen Toxizität für Menschen, Tiere u. Pflanzen dient K. bevorzugt als Pflanzenschutzmittel, z. B. gg. Reisbrand. Med. Anwendung findet K. bei *Pseudomonas*-Infektionen.